KB274978

The Art of

Manipulating

Fabric

패션 섬유 조형 예술

콜레트 울프(Colette Wolff)

옷과 바느질, 퀼팅, 봉제완구 그리고 섬유 예술에 이르기까지 과거에서 기억할 만한 것들을 모아서 자서전을 쓸 수도 있다고 말하는 울프는 "아주 어렸을 때 할머니에게서 자수를 배웠고 열 살도 되기 전에 어머니는 할머니의 발 재봉틀 사용법을 가르쳐주셨는데, 그때부터 천·바늘·실·재봉틀과 함께하는 인생이 시작되었다"고 기억한다.

자서전을 쓰지는 않았지만, 울프는 천과 관련한 주제로 25년도 넘게 기사를 썼으며, 작품을 디자인하고 바느질하여 직물을 만들고, 학생들을 가르치고, 강연도 계속했다. 1969년부터 봉제 인형과 동물 디자인을 시작으로 통신판매 사업인 "플래티퍼스"를 위한 패턴을 만들어왔다. 최근 10년 동안 그녀가 관심을 갖는 분야는 조각으로 나눈 옷감을 울록볼록 입체감이 있는 형상으로 창조하기 위한 "퀼팅 태피스트리" 테크닉의 연구이다. 이 책은 계속되는 그러한 연구의 결과로 탄생했다. 현재 뉴욕의 맨해튼에서 살면서 작업하고 있다.

옮긴이 양경희

건국대학교 의상학과와 파리 에스모드를 졸업했다. 파리 7대학에서 석사, 건국대학교 대학원 의복 디자인·구성 전공 박사과정을 수료했다. 삼성물산 에스에스패션 디자이너, (주)아가방 디자인 실장, 에스모드 서울 전임을 지냈으며, 의류 상품기획과 디자인 개발 프로모션사인 에코모다 대표, 건국대학교 의상텍스타일학부 의상학과 겸임교수와 홍익대학교 산업미술대학원 의상디자인 전공 겸임교수를 지냈다. 현재 홍익대학교 패션대학원 교수이다.

패션 섬유 조형 예술

초판 1쇄 발행일 2011년 10월 10일
초판 2쇄 발행일 2018년 10월 19일

지은이 콜레트 울프 | 옮긴이 양경희
펴낸이 박재환 | 편집 유은재 김예지 | 관리 조영란
펴낸곳 에코모다 | 주소 서울시 마포구 동교로 15길 34 3층(04003) | 전화 702-2530 | 팩스 702-2532
이메일 ecolivres@hanmail.net | 출판등록 2001년 5월 7일 제10-2147호
디자인 오필민디자인 | 종이 세종페이퍼 | 인쇄·제본 상지사

ISBN 978-89-6263-057-2 13590

책값은 뒤표지에 있습니다.   잘못된 책은 구입한 곳에서 바꿔드립니다.
에코모다는 에코리브르의 디자인도서 브랜드명입니다.

패션 섬유 조형 예술

콜레트 울프 지음 · 양경희 옮김

에코모다

돌이켜보면, 내 이야기에 귀기울여준 모든 친구에게 진심으로 감사해야 할 것 같다. 천으로 만들 수 있는 것이나 섬유 조형과 관련한 여러 가지 것들에 사로잡혀 끊임없이 떠들어대는 나를 이해해주고, 그렇게 스트레스를 풀 수 있도록 도와준 덕분에 새로운 에너지를 충전해 다시 외로운 작업을 계속할 수 있었으니 말이다. 특히 친절한 도움의 손길을 준 앤 브래들리, 디 댄리-브라운, 노머 엘먼, 실비아 피시맨, 앨무스 페일린카스, 수전 프로코프, 디 디 트리플레트, 한 사람 한 사람에게 특별한 감사의 말을 전한다. 스트레스에 시달리던 늦은 밤마다 카페라테로 위로해준 남편 테드 울프에게도 감사의 말을 빼먹을 수 없다. 또 이 책이 나올 수 있도록 함께해준 훌륭한 팀에게도 감사한다. 빛에 대한 놀라운 감각으로 흑백의 멋진 사진을 완성해준 미셸 카건, 인내심을 갖고 치밀한 편집으로 이 책을 끝마칠 수 있도록 도와준 로잘리 쿡, 마술 같은 컴퓨터 작업으로 멋진 본문을 만들어준 로잘린 카슨, 동시에 편집이 이루어질 수 있도록 모든 일을 조절해준 편집자 펜실베이니아의 캐티 코노버, 캘리포니아의 로비 패닝 등에게 감사하지만, 특히나 처음부터 끝까지 신뢰를 보여준 로비에게 더욱 감사의 마음을 전한다.

차례

The Art of Manipulating Fabric
Contents

아마도 유명한 스크라이브너의 편집자 맥스웰 퍼킨스와 스콧 피츠제럴드나 어니스트 헤밍웨이 같은 작가들 사이에 오고간 편지들로 만들어진 책에 대해 들어본 적이 있을 것이다. 그것처럼 나와 콜레트 울프 사이에 오고간 편지와 전화 내용을 이 책에 소개해보면 어떨까.

콜레트와 인연은 1980년대 초반에 시작되었다. 콜레트는 뉴욕에서 "플래티퍼스"라는 우편통신판매용 카탈로그를 제작해 봉제완구와 인형 디자인 그리고 그 재료들을 판매하고 있었다. 나는 〈바늘과 실〉이라는 잡지에 칼럼을 쓰고 있었는데, 독자들에게서 그녀의 카탈로그에 대한 이야기를 듣게 되었다. 나는 그녀에게 편지로 카탈로그 한 부를 부탁했고, 깊은 인상을 받아 칼럼에서 그것을 언급하게 되었다. 그 일로 그녀는 내게 감사의 편지를 보내왔고, 그런 인연으로 우리는 멀리 떨어져 있는 친구가 되었다.

여러 해 동안, 나는 그녀의 작업 수준뿐만 아니라 퀼팅 작업, 장난감 만들기, 인형 만들기, 옷 만들기 등 다양한 작업의 범위를 보면서 늘 놀라움을 금치 못했다. 이 세상에 그녀가 만들지 못하는 것, 아니 잘하지 못하는 것이 있기나 할까 하는 생각이 든다. 게다가 그녀는 유능한 장인이면서 타고난 그래픽 아티스트이고 아주 완벽한 작가이며 훌륭한 선생으로서 귀한 재능도 갖고 있었다.

1980년대 중반 나는 칠턴 출판사(Chilton Book Company)에서 시리즈물을 시작할 기회가 생기자 자연스럽게 콜레트에게 책을 만들 것을 제안하게 되었다. 마침 그녀는 원단에 입체적인 효과를 내는 퀼트에 관한 시리즈 기사를 마친 상태였고, 여러 가지 기법을 활용해 섬유 예술의 모든 가능성을 보여줄 수 있는 책이 필요하다고 느끼고 있었다. 처음에 우리는 책 제목을 '입체감이 있는 원단'으로 했는데, 그것은 책을 마무리했을 때의 느낌을 미리 짐작한 것이었다. 내 오래된 노트의 1987년 6월 22일 기록에는 "1988년 6월까지 책을 완성할 수 있을 것이라고 콜레트가 말했다"고 적혀 있다. 나는 그녀가 재료를 구입할 수 있도록 100달러를 선불로 주었는데, 주름 샘플 하나를 만드는 데만 20야드(약 18미터) 이상의 재료가 드는 걸 감안하면 터무니없는 액수였던 것을 생각하니 지금도 웃음이 난다. "1989년 7월 ─ 콜레트가 또다시 표백하지 않은 광목 200야드를 받았다"는 또 다른 문서 기록도 있다.

유능한, 타고난, 특별한, 훌륭한 재능을 가진 사람들의 특징은 사소한 것 하나도 그냥 지나치지 않는다는 것이다. 마치 탐험가가 새로운 길을 발견하고 그것이 또 다른 커다란 강으로 연결되어 있다는 것을 알게 되면 흐름을 따라 끝까지 가려고 하는 것과 같다. 완성 날짜를 약속하는 콜레트의 편지에 쓰인 "더 이상 어떤 샘플이나 기법도 추가하지 않겠다고 나 자신과 약속하지만 반드시 포함돼야 하는 뭔가가 나타나면 어쩔 수 없이 계속할 수밖에 없다"는 구절을 보면 이 책이 나이아가라 폭포처럼 완성된 이유를 잘 알 수 있다.

잠깐 동안 콜레트와 같은 도시에 있게 되었을 때 내게 샘플들을 보여주었는데, 나는 그녀의 작품을 볼 때마다 그 솜씨와 가능성에 놀라게 된다. 콜레트가 아닌 누가 다트를 이용해 그런 예술작품을 만들 수 있을까 하는 생각이 들 정도다. 나는 단지 그녀가 몇 가지 샘플을 꺼내 보일 때 놀라는 사람들의 얼굴을 보는 재미로 다른 사람들을 미팅에 데려가기 시작했다. 한번은 칠턴 출판사의 누군가가 필라델피아의 미팅에 그녀의 샘플을 가져가자고 하자 콜레트는 조용히 물었다. "23상자 모두요?"

상자들처럼 책의 내용도 계속 늘어났고, 마감 날짜는 연기되고 또 연기되었다. 끝나갈 무렵, 나는 갑자기 두려움에 휩싸였다. 만약 그녀가 뉴욕의 난폭한 택시 때문에 사고라도 나고 그녀의 남편이 모든 샘플을 자선단체에 주어버린다면? 나는 그녀의 남편에게 전화를 걸어 그녀에게 어떤 일이 일어나더라도 샘플들은 내게 주어야 한다고 약속을 받아두었다.

그리고 마침내 끝이 났다. 거의 완벽에 가까운 원고를 교정하고 편집하면서 나는 무척이나 즐거웠다. 한 분야에서 고

전이 될 만한 이런 책은 편집자의 인생에 한두 번 올까 말까
한 일이기 때문이다. 그런데 그것도 미셸 카건의 사진을 보
기 전이었다.
마침내 이 책이 완성되었다! 이 책을 훑어보며 놀라는 여러
분의 얼굴을 볼 수 있고, 여러분이 하는 이야기를 들을 수 있
다면 좋겠다. **39쪽**의 다양한 요요, **153쪽**의 주름 잡은 천으로
만들어낸 원형 스모킹, 주름 기계로 만든 멋진 주름들을 보면
서 얼마나 감탄하고 있을지 궁금하다. **142쪽**의 옷감 뒷면에
심지를 부착하고 그것을 사각으로 잘라 다시 연결해서 또 다
른 느낌의 작품으로 만들어내는 것을 보면 감탄이 절로 난다.

그러나 감탄은 뒤로 하고 다시 편집자의 일로 돌아가야겠
다. 이제 내가 해야 할 첫 번째 일은 1988년 4월 8일 쓰인
콜레트의 편지, "입체적으로 표현하는 테크닉은 퀼트를 새
로운 방향으로 발전시킬 수 있다. 입체적인 원단으로 두 번
째 작은 책을 만들려 하는데 그것에 관해서는 나중에 더 얘
기하기로 하자"를 그녀에게 상기시켜주는 것이다.

로비 패팅(시리즈 편집자)

이 책은 천을 봉제하여 나타낼 수 있는 아이디어에 관한 것이다. 이 아이디어들은 실과 바늘로 천 조각들의 모양과 느낌에 변화를 주는 테크닉이라고 할 수 있다. 테크닉을 통해 원단에 새로운 질감을 주고, 원단을 아름답게 꾸미거나 과장되게 하거나 지탱해주기도 한다. 또 잔주름, 주름, 구불거리는 모양, 부풀어 오르거나 돌출한 모양, 트임 들을 만들어낸다. 편평하고 유연한 천 조각들을 손바느질이나 재봉틀로 박아 표면, 모양, 구조 등을 바꾸어 완전히 다른 성향의 천을 만들어내는 것이다.

이 테크닉들의 대부분은 천의 긴 역사와 함께했다. 긴 세월 동안 천을 사용하는 사람들이 테크닉의 요소들을 수정하고 바꾸어 다양하게 발전시켜왔다. 테크닉을 구분 짓는 개더링, 플리츠, 턱, 스모킹, 퀼팅 같은 단어들은 오늘날 우리 일상생활 속의 용어가 되었다. 역사와 생명을 가진 테크닉은 예전보다 요즈음 더욱 유효하게 사용되고 있다. 오늘날에는 누구라도 이러한 기법에 관해 무엇이, 왜, 언제, 어떻게 등 궁금한 게 있으면 인쇄물이나 실제로 봉제된 천으로 예를 든 수많은 정보를 쉽게 찾을 수 있다.

몇 년 전, 프로젝트를 위해 턱에 관한 연구조사가 필요했는데, 정말 '수많은 곳에서' 자료를 구할 수 있었다. 여러 책과 응용 샘플들을 통한 자료들은 실로 엄청난 양의 정보였다. 내가 발견한 몇몇 턱은 턱처럼 보이지 않아서 차이점을 이해하기 위해 플리츠를 연구하게 되었다. 그 연구는 플리츠가 스모킹, 셔링, 개더링과 어떻게 연관되어 있는지에 관한 호기심으로 이어졌다. 그 결과 여기저기 그림과 샘플을 통해 모은 모든 자료는 대부분 한 가지 특정한 사용법으로 테크닉과 결합되어 있다는 사실을 알게 되었다.

그러나 내가 원한 것은 정보를 한곳에 모아놓고 원하는 것을 고르고 선택해 어떻게 적용할지를 결정하는 방식이 아니었기 때문에 실망했다. 자수나 바느질을 하는 사람들은 작업에서 쓰는 스티치들을 묘사한 몇몇 메뉴얼을 갖고 있다. 뜨개질, 코바늘 뜨개질, 매듭, 직조를 하는 사람들을 위해서도 그런 유사한 지침서들이 있다. 나는 천을 봉제하는 테크닉을 위해서도 이해하기 쉽고 정리된 안내서가 있으면 좋겠다고 생각했다.

그래서 나는 이 책을 위해 봉제하고 글을 쓰고 그림을 그리는 작업을 시작하게 되었다.

내가 이루려는 목표는 섬유 조형 기법의 카탈로그로, 섬유 조형이 무엇이고 천 조각들로 어떻게 작업하는지, 제품과 상관없이 어떻게 만들어지는지를 강조하는 것이다. 그렇게 함으로써 독자 여러분이 선택한 프로젝트에 테크닉을 적용할 때 종합적인 안내서로서 참고할 수 있도록 하는 것이다. 또 사용법을 명확히 보여주기 위해 그림과 사진은 특정 환경의 영향을 받지 않고 테크닉의 예를 보여주려고 노력했다. 일반적인 하나의 원단이 다양한 테크닉에 어떻게 적용되고, 같은 조건에서 이러한 테크닉을 표현하는 원단의 무한한 가능성을 찾는 데 의미를 두려고 했다.

소재는 중간 두께의 평직으로 짜인 표백하지 않은 면 100퍼센트 광목을 선택했다. 사용하기 쉽도록 세제를 넣어 세탁기로 세탁해 말린 뒤 습기를 주고 다림질하여 부드럽게 만들었다. 샘플로 봉제했을 때 매끈하고 균일한 표면은 작업하는 데 적합했으며 온화한 색상은 특히 흑백사진의 빛과 그림자를 표현하기에 적절했다.

이 책의 주제는 각 구성을 알려주는 것이다. 각 장은 먼저 테크닉을 분석하고, 테크닉의 정의와 작업 과정으로 확대해 특징에서 내용을 풍성하게 한 다음, 다양한 응용 방법을 보여주고 장의 시작 부분에 있는 기본 사항을 응용해 다양한 테크닉을 구사할 수 있도록 적절한 기술적 정보를 제공하는 식으로 구성되었다. 연관성은 작업이 진행될수록 분명해진다. 방법 설명 다음의 그림들은 관계를 강조하는 순서로 연결되어 있다. 특정 조형 테크닉이 발전하고 변화하는 것을 쉽게 관찰할 수 있도록 시각적으로 편리하게 구성하려 노력했다. 여러분도 각자 새로운 발견을 할 수 있기를 바란다.

먼저 눈에 띄는 사진이 있는지 책을 한번 훑어본다. 마음에
드는 것이 있으면 멈추어 살펴보고 관심을 끈 것과 관련된
그림을 찾아본다.

이 책 어딘가에 비슷한 조형 작품이 있는지 찾아본다. 두 작
품의 서로 연관된 면과 대조적인 면을 비교해보고 연구한
다. 서로 적절하게 조합해본다. 더 자세히 알고 싶으면 선택
한 테크닉의 설명을 읽어본다. 직접 만들어보고 싶은 마음
이 들면, 먼저 그림이 실린 본문을 읽고 사진을 참조하면서
작은 크기부터 시작해본다.

**이 책은 천을 봉제하여 원하는 것을 '적절하게' 나타낼 수 있는 아이
디어에 관한 책이다.** '적절하게'라는 뜻은 '고유한, 적합한, 원
하는 형태와 크기에 어울리는'으로 해석할 수 있다. 이 책에
있는 모든 테크닉은 여러분이 선택하는 재료에 따라 다르게
나타날 수 있다. 어떻게 작품을 구성할지, 어떤 원단을 사용
할지에 따라 여러분이 선택한 테크닉을 잘 조합해야 한다.
테크닉의 '적절함'을 표현하는 데 영향을 미치는 요소들은
다음과 같다.

소재

이 책에서 사용한 광목의 두께와 유연성에 맞춘 테크닉은
지금 여러분이 갖고 있는 원단과 맞지 않을 수 있다. 또 그
원단의 성질이 테크닉을 무언가 특별한 것으로 변화시킬 수
있고, 일반적이지 않은 방법으로 테크닉을 사용할 경우 기
대하지 않은 독창적인 결과를 얻을 수도 있다.

색상/질감/무늬

아름다운 이 요소들은 빛과 그림자에 영향을 미치며, 따라
서 작업을 마친 뒤의 결과를 예견하기 힘들게 하기도 한다.
어떤 테크닉은 원단의 색상·질감·무늬에 의해 드러나지 않
을 수 있고, 또 어떤 것은 더욱 강렬하게 두드러져 보일 수
도 있다.

디자인

입체적인 조형 요소들은 다양하고 재미있게 형태를 만들어
갈 수 있게 한다. 테크닉에 의해 생겨나는 스티치, 솔기선,
주름, 돌출부, 파인 부분, 가장자리, 트임 들은 모두 조형 디
자인의 요소가 된다.

크기와 비례

같은 기법으로 작업한 큰 것과 작은 것을 나란히 배치해보
거나, 일반적이지 않은 방법으로 서로 사이를 띄우는 것을
생각해본다. 초고층 빌딩의 중앙 홀에 매달려 있는 거대한
크기의 작품처럼 테크닉을 확장하거나 아주 작은 인형의 집
과 인형에 맞게 축소해 상상해본다.

실제 적용

움직임이 있는 경우 어떤 테크닉을 적용해야 하는지, 일반
적인 작업이 당겨지거나 눌리는 것이 테크닉에 어떤 영향
을 미치는지, 세탁이나 드라이클리닝에 견뎌낼 수 있는지,
테크닉을 이용해 견고하게 하거나 채우거나 두껍게 만든 것
이 의도한 목적에 맞는지 등을 고려해 적용한다.

기술

바느질 솜씨에 따라서 테크닉의 결과가 달라지는 것은 사실
이다. 그러나 원하는 결과를 얻지 못했다고 포기하는 것은
바람직하지 않다. 실수는 위장하고 숨어 있는 혁신일 때가
많기 때문이다. 이 책에서 묘사한 설명에 따라 작업을 진행
하다보면 뜻하지 않은 엉뚱한 결과를 얻게 되기도 한다. 여
러분 나름대로 응용해보면서 새로운 것을 창조해낼 수도 있
을 것이다. 다양한 천과 그것으로 만들어낼 수 있는 무한한
가능성을 위해 끊임없이 시험해보고 많은 경험을 해보라고
말하고 싶다. 끊임없는 상상력과 모험 정신으로 도전해보길
바란다.

1부

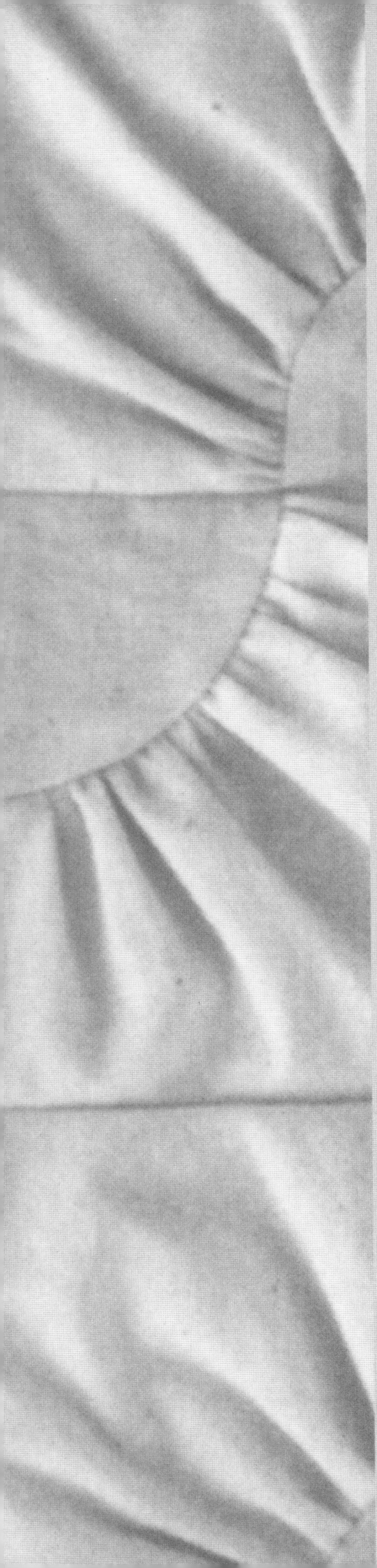

부피를
줄이는
방법

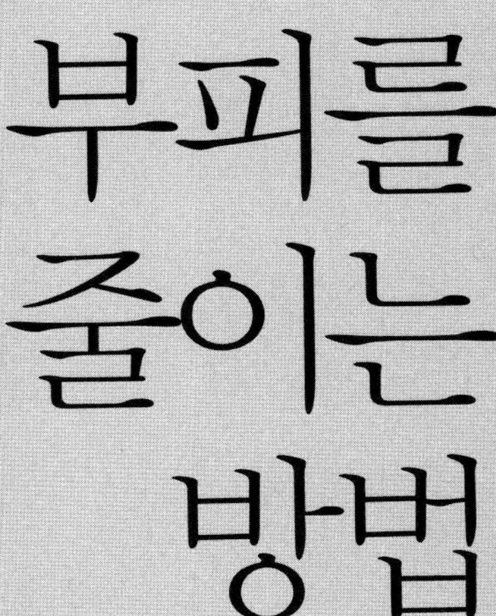

Controlled Crushing

개더링

Gathering

개더링은 원단의 가장자리 가까이에서 스티치를 한 다음 실을 잡아당겨 작은 주름을 만드는 것이다. 따라서 스티치선에서 원단의 길이가 줄어든다. 스티치선 아래로는 전체 원단의 길이가 불규칙하며 구불거리는 주름으로 나타난다.

맨 윗부분에만 개더 처리한 원단은 불규칙하게 나풀거리는 주름이 아래 자락으로 퍼지면서 늘어진다. 양쪽을 개더 처리한 원단은 두 가장자리 사이에 고정되지 않고 흐르는 다양한 주름이 만들어진다. 전체적으로 개더 처리한 원단은 가운데가 부풀어 올라 느슨한 주름이 만들어진다.

Gathering Contents

개더링에 관한 일반적 고찰
Gathering Basics

개더를 잡는 방법

개더를 잡는 방법에는 손바느질, 재봉틀, 자동기계, 고무줄, 채널(channel, 원단을 접어 박아서 생기는 통로) 이용 등 다섯 가지가 있다. 손바느질, 재봉틀, 자동기계, 고무줄 이용 등은 실로 스티치하여 개더를 잡는 기본적인 방법이다. 단순히 고무줄이나 채널을 이용해 잡을 수도 있다.

실을 이용해 손바느질이나 재봉틀로 개더를 잡기 위해서는 두 가지 과정을 거친다. (1) 개더를 잡으려고 하는 천의 가장자리를 따라 시접선 안쪽에서 스티치한다. (2) 스티치가 끝난 부분에서 아직 고정되지 않은 실을 잡아당기면서 다른 한 손으로는 팽팽하게 당겨진 실 안쪽으로 천을 밀어넣어 개더를 잡는다. 이때 접히는 주름의 밀도는 스티치한 땀의 길이에 따라 달라지며 스티치로 생겨난 주름의 양과 깊이에 따라 풍성함이 결정된다. 즉 땀의 길이를 길게 하고 촘촘하게 개더를 잡으면 가장 풍성한 볼륨을 얻을 수 있다.

손바느질 개더링은 홈질에 따라 좌우된다. 일반적인 재봉실은 팽팽하게 당기면서 개더를 고정하기에 약하기 때문에 두 겹을 쓰거나 장력이 강한 실을 사용한다. 스티치를 시작하는 지점에서는 실 끝에 매듭을 확실하게 지어 고정한다. **간단한 손바느질 개더링**은 일정하게 한 줄로 홈질을 한 다음 실을 잡아당겨서 실 사이사이로 천이 올라오게 하여 아주 간단하게 개더를 잡는 방법이다(**그림 1-1**). 실을 잡아당길 때 미세한 잔주름이 생길 정도로 개더를 잡으면 천에 전체적으로 나타나는 볼륨이 빈약하다. 깊이가 깊고 간격이 촘촘한 주름을 잡으면 아주 풍성한 볼륨을 얻을 수 있다. 그러나 한 줄로 홈질한 선에 천을 꽉 차게 밀어넣으면 개더가 잡히는 선에서 천들이 서로 불규칙하게 헝클어진다. 특히 스티치한 땀의 길이가 길수록 그런 현상이 두드러진다. 그렇게 촘촘하게 뭉친 개더를 정리하기 위해서는 **스트로킹**(stroking, 주름을 펴

는 작업)이 필요하다. 끝이 무딘 바늘로 스티치선의 위아래를 정리하여 천의 가장자리 위에서 아래까지 주름이 곧게 펴지게 매만진다. 차례대로 주름을 펴주어 평평하고 차곡차곡 정돈된 주름을 완성한다(**그림 1-2**).

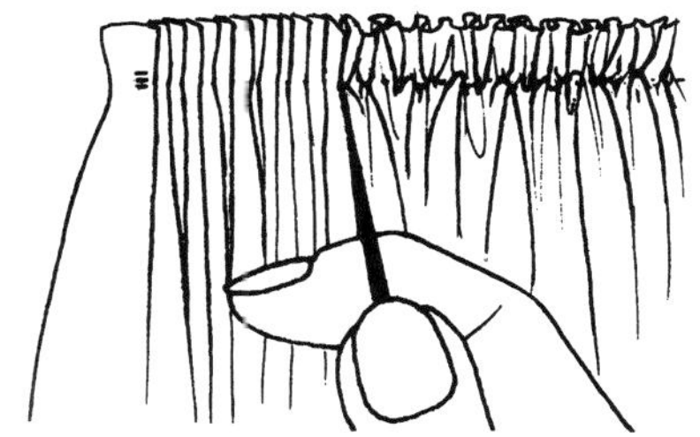

그림 1-2 홈질토 잡은 개더를 규칙적인 주름으로 펴주는 작업.

일반적인 손바느질 개더링은 두 줄 또는 세 줄로 나란히 홈질을 해서 작업한다. 보통 0.25인치(6mm) 또는 조금 더 좁은 두 줄 사이에 채워진 주름은 한 줄로 홈질하여 잡은 간단한 손바느질 개더링에 비해 더 깔끔하고 다루기가 쉽다(**그림 1-3**). 손바느질 개더링의 일종인 시침 개더링은 짧은 길이에 많은 원단을 개더 처리하여 풍성한 볼륨을 원할 때 사용하는 방법이다. 땀의 길이를 일정하게 하지 않는 것이 특징이다.— 천의 겉면에서는 땀의 길이를 짧게, 안쪽 면에서는 길게 한다. 겉면의 땀의 길이는 주름 사이의 거리에 따라, 안쪽 면의 땀의 길이는 주름의 깊이에 따라 정한다. 세 줄 정도가 좋으나 적어도 두 줄 이상 일정한 간격으로, 세로로도 줄을 맞추어 주름 잡을 천의 가장자리를 박아준다. 실을 촘촘하게 잡아당기면 안쪽 면은 평평하게 균일한 주름이 잡히고 겉면은 안쪽 면과 전혀 다른 모양의 주름이 생긴다(**그림 1-4**).

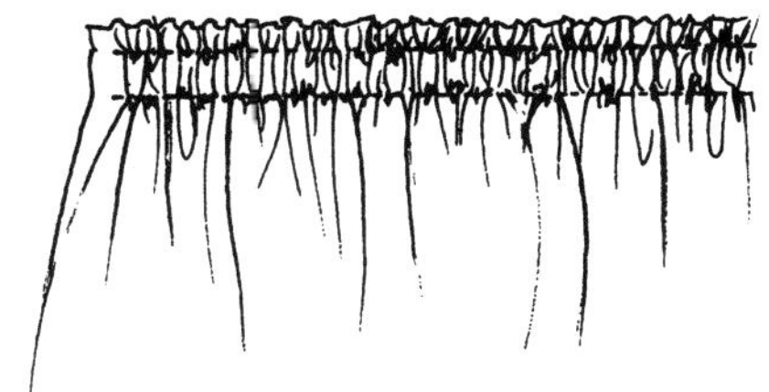

그림 1-3 손바느질이나 재봉틀로 두 줄을 박아 개더를 잡은 천의 모양.

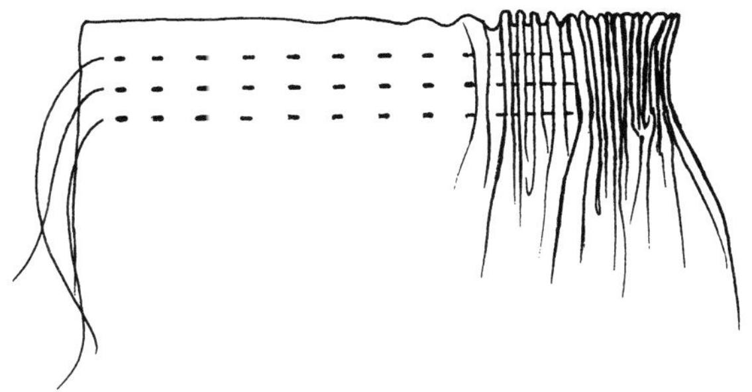

그림 1-4 세 줄 시침질로 만들어진 깊은 개더는 아주 섬세한 플리츠처럼 보인다.

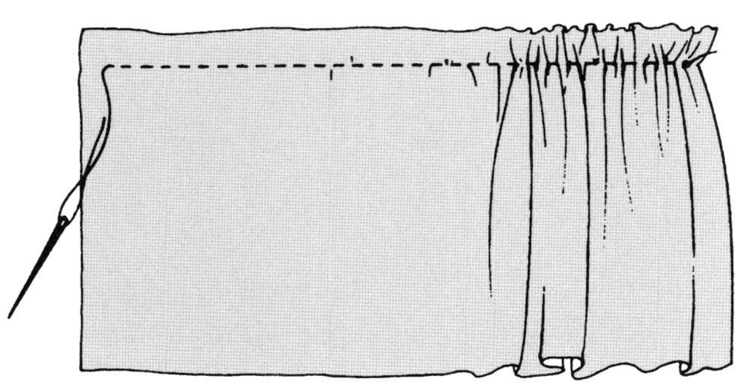

그림 1-1 일정하게 홈질을 한 다음 일부분만 개더를 잡은 모양.

(더 자세한 시침 개더 처리 방법은 126쪽, '고정된 카트리지 주름' 참조.)

재봉틀 개더링은 손바느질로 개더 잡는 것보다 훨씬 빠르다. 손바느질로 잡는 것과 마찬가지로 스티치 땀의 길이가 풍성함을 좌우한다. 땀의 길이가 길수록 주름의 깊이가 깊어져서 스티치한 곳의 볼륨이 좀더 풍성해 보인다. **재봉틀 직선 스티치 개더링**은 한두 줄 또는 세 줄 정도를 일직선으로 박은 다음 밑실을 당겨서 개더를 잡으므로 윗실에는 상대적으로 힘이 덜 가해진다. 따라서 안정되게 주름을 고정하기 위해 북집의 밑실은 장력이 강한 것을 쓴다.

재봉틀 지그재그 개더링은 길거나 무거운 천을 개더 처리할 때 장력이 강한 밑실이라도 일정한 개더를 잡기 위해 밀고 당기는 과정에서 끊어질 수 있는데 그것을 방지하고 개더를 버틸 수 있게 해준다. 지그재그 스티치한 터널 안쪽을 지나는 줄(string)이나 끈(cord)을 잡아당겨서 개더를 잡는 방법이다(그림 1-5). 지그재그 개더링을 효율적으로 하기 위해서는 (1) 개더를 잡으려는 치수에 맞게 줄이나 끈에 색깔로 표시를 하는데, 하나는 천에 고정할 부분을 표시하고 두 번째는 원하는 개더를 잡기 위해 필요한 위치에 표시한다. (2) 고정할 부분을 표시한 줄이나 끈을 시작점에 맞추고 직선으로 몇 번 되박음질한 뒤 스티치를 시작한다. 스티치를 할 선을 따라 실의 안쪽에 줄이나 끈을 끼운 채 지그재그로 박는다. (3) 줄이나 끈에 개더를 잡기 위해 정해놓은 표시가 나타날 때까지 잡아당겨 개더를 잡는다. 위의 방법보다는 약하지만 북실을 이용하는 방법도 있다. (1) 한 땀을 박고 멈춘 다음 북실에서 나온 밑실을 천의 겉면으로 빼낸다. (2) 빼내면 밑실을 개더 처리할 천의 길이에 맞춰 잡아당겨놓는다. (3) 밑실을 가운데 두고 그 위에 지그재그 스티치를 한다. (4) 밑실을 잡아당겨 개더를 잡는다.

그림 1-5 끈 하나를 사이에 두고 지그재그 스티치한 두 줄. 각 줄이 시작되는 곳을 스티치로 고정한다.

손바느질이나 재봉틀로 개더를 잡을 때, 스티치가 끝난 후 시작한 쪽으로 천을 밀어넣는 과정에서 천이 한쪽 방향으로 치우치거나 가운데로 몰리는 불안정한 상태가 되기도 한다. 그러므로 길이가 매우 긴 천에 개더를 잡아야 하는 경우 적절하게 구간을 나누어서 따로따로 개더를 잡는다. 두 천을 연결한 솔기를 지나 스티치하게 되면 시접의 두께 때문에 개더가 두꺼워진다. 솔기에서 두꺼워지는 것을 피하려면 재봉

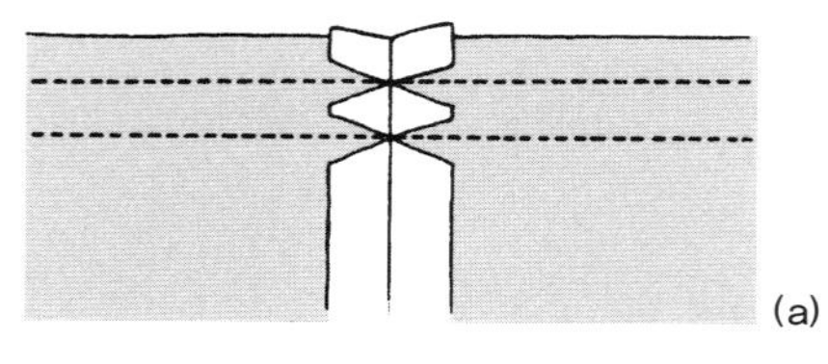

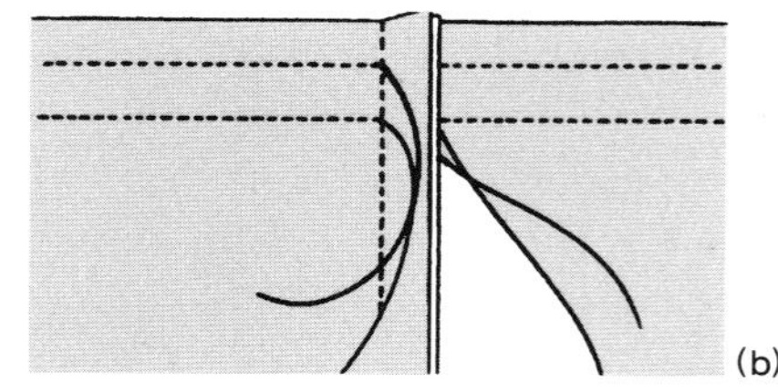

그림 1-6 재봉틀로 개더를 잡을 때 솔기를 가로지르는 경우. (a) 먼저 시접 끝을 삼각형으로 잘라 정리한다. (b) 시접을 지나가지 말고 스티치를 멈춘다.

틀의 스티치가 지나가는 곳의 시접을 삼각형으로 잘라내어 정리하거나 솔기의 양쪽 끝에서 스티치를 멈춘다(그림 1-6). 손바느질인 경우에는 시접을 건드리지 말고 계속 스티치한다.

원하는 개더를 잡은 뒤 고정하는 방법. (1) 끝나는 지점에서 작게 감침질한다(손바느질인 경우). (2) 윗실과 밑실을 묶어 고정한다(재봉틀 작업인 경우). 지그재그 스티치로 처리한 줄이나 끈을 묶어줄 때도 마찬가지다. (3) 스티치가 끝난 지점에 핀을 꽂고 그 핀의 둘레에 8자 모양으로 실을 감아 고정한다(일시적인 고정에 사용한다). 스티치선을 따라 고르게 개더를 잡는 것이 일반적이지만, 원한다면 일정하지 않게 변화를 줄 수도 있다. 완전히 고정하기 전까지는 실을 풀거나 당겨서 조절할 수 있다(17쪽, '개더 스티치 고정하기' 참조). 개더를 잡은 천의 끝부분을 다른 천과 연결하여 고정할 때, 개더를 잡은 한 줄(또는 두 줄)의 스티치선은 시접 안쪽에 있고 한 줄의 스티치선은 시접선 밖에 있는 상태에서 솔기선을 박으면 개더가 움직이지 않아 작업하기 쉽다. 솔기선을 박은 뒤 원단 겉면에 보이는 개더를 잡았던 스티치 실은 제거한다.

어떤 면에서는 자동기계, 고무줄, 채널 등을 이용해 개더를 잡는 방법이 앞에서 설명한 손바느질이나 재봉틀을 이용한 방법보다 더 실용적일 수 있다. 손이나 재봉틀을 사용하는 경우에는 작업 후에 주름을 조절해야 하지만 **자동 개더링**은 개더의 정도나 수량이 봉제하는 동안에 자동으로 정해진다. 사용하기 쉬운 개더용 노루발(그림 1-7)과 좀더 복잡하지만 아주 유용한 러플러(ruffler, 러플 처리하는 부속)(그림 1-8) 등은

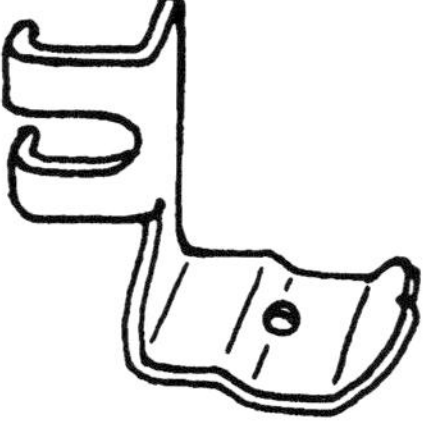

그림 1-7 일반 노루발처럼 사용하기 쉬운 개더용 노루발. 스티치 땀의 길이를 가장 길게 하고 윗실의 장력을 높여주면 풍성한 개더를 잡을 수 있다.

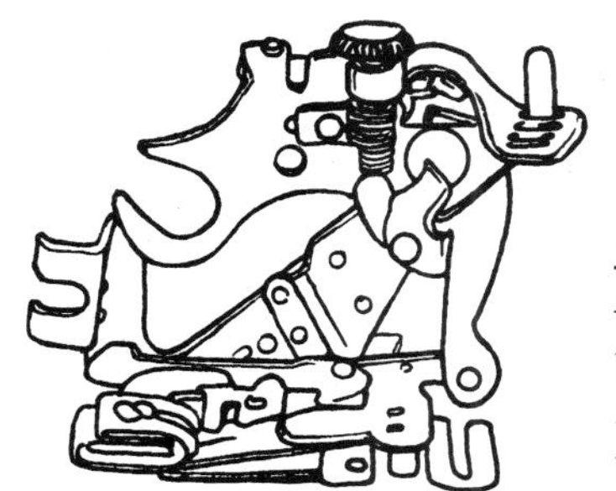

그림 1-8 러플러는 봉제가 되는 동안 주름을 잡아 가두는 구실을 한다. 스티치 땀의 길이를 다르게 함으로써 약한 주름에서 풍성한 주름까지 조절할 수 있다.

평편한 천을 개더나 아주 섬세한 플리츠로 바꿔준다. 두 가지 모두 봉제 과정에서 여분의 천이 스티치에 조금 맞물리게 한다. 개더용 노루발이나 러플러를 사용할 때는 자동으로 개더 처리할 천이 원하는 치수가 될 때까지 봉제한다. 필요한 천의 길이를 계산하는 방법으로, 작은 천 조각에 자동으로 개더를 잡아보고 개더가 잡히기 전과 후의 길이를 측정해 알아보는 다음과 같은 계산법을 이용한다.

(개더 처리 전의 길이÷개더 처리 후의 길이)×원하는 길이
=필요한 천의 길이

자동으로 개더 처리된 천 역시 원하는 치수가 되면 실을 잘라낸 부분에 섬유용 접착제를 살짝 발라 정돈한다. 자동으로 개더를 잡게 되면 여분의 천이 조금 더 스티치에 물리지만 완전히 고정하기까지 약간의 조절은 가능하다.

고무 실, 고무줄, 고무 밴드 등을 이용한 **고무줄 개더링**은 탄성 때문에 저절로 풍성함과 신축성이 생긴다. (1) 고무 실을 북실로 사용하여 직선으로 박으면 아주 부드럽게 주름진 천을 얻을 수 있다. 고무 실을 살짝 늘여주면서 북에 감는다. 스티치를 하는 동안 바늘의 앞뒤에 놓인 천을 팽팽하게 잡아준다. (2) 고무줄로 생기는 풍성함은 스티치하는 동안 지그재그 스티치 안쪽에 놓인 고무줄을 당길수록 증가하며, 스티치 후 고무줄 위에 개더가 잡힌다. (3) 고무 밴드는 원하는 치수보다 조금 짧게 잘라서 사용한다. 고무 밴드를 천에 맞

취 늘인 상태에서 지그재그 스티치로 박아주면 개더가 잡힌다(그림 1-9). (4) 채널에 고무줄을 넣어서 개더를 잡을 수도 있다.

채널 개더링은 천의 끝에서 단을 접어 박거나, 테이프 등을 덧붙여 생기는 통로를 이용하는 것이다. 단 끝의 트인 입구나 테이프 중간의 갈라진 구멍으로 개더를 잡기 위한 재료를 끼워 넣을 수 있다. 재료로는 스트링, 코드, 테이프, 리본, 고무줄, 로프, 체인, 와이어, 봉, 막대 등이 있다. 안에 들어가는 재료보다 채널이 조금 넓어야 쉽게 개더를 잡을 수 있다.

또 다른 방법은 재료가 겉으로 드러나게 하는 것이다. 천의 끝에 고리를 달거나, 구멍을 뚫어서 열린 공간이 있는 채널을 만들고 재료를 끼워 넣어 개더를 잡는다. 채널을 이용한 모든 개더 처리 방법은 개더의 정도를 조절할 수 있고, 사용한 재료를 언제든 제거할 수 있는 두 가지 특징이 있다. 따라서 천은 개더가 잡히기 전의 상태로 되돌아갈 수 있다(그림 1-10).

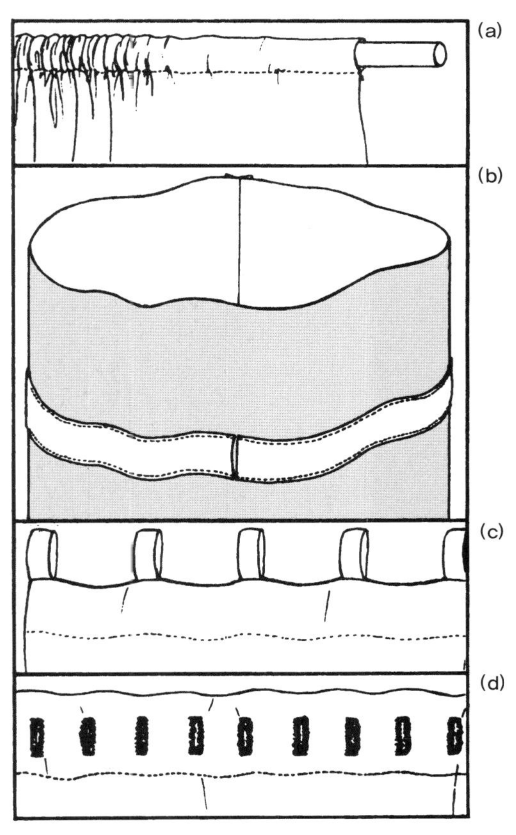

그림 1-10 (a) 접어 박은 단 속에 막대를 끼워 넣어 개더를 잡은 모양. (b) 원통형의 천에 테이프를 덧박아 생긴 채널. 개더를 잡기 위해 돗바늘이나 안전핀으로 스트링을 끼워 넣고 당겨준다. (c) 천과 안단을 연결하는 솔기선 사이에 끼워 만든 고리에 막대를 끼우고 천을 밀어주어 개더를 만든다. (d) 개더를 잡을 수 있도록 미리 단춧구멍을 뚫어놓은 리본을 원단 끝에 덧대어 단 처리.

개더 스티치 고정하기

손바느질이나 재봉틀로 작업한 개더가 더 이상 움직이지 않도록 마무리하는 것이다. 개더를 잡은 실이 끊어지는 것을

그림 1-9 고무 밴드와 천을 4등분하여 표시한 뒤 각각의 부분끼리 맞추어 핀을 꽂아둔다. 시침질로 고정하고 핀을 제거한다. 구간별로 고무 밴드를 늘여주면서 천과 맞추어 지그재그로 박아준다.

막고 겉으로 보이지 않게 감추어 개더의 형태가 움직이지 않도록 하기 위함이다.

고정한 것이 보이게 하는 방법으로 바인딩, 연장, 바탕천에 고정, 러플 끝단 등이 있다. 보이지 않게 하는 방법으로는 버팀천이나 안단을 이용하는 것이 있다. 고정하는 천과 개더를 잡은 스티치선은 서로 연결되는 부분에서 길이와 모양이 일치해야 한다. 개더가 잡혀 이미 두꺼워진 상태에서 고정하는 천으로 인해 한 겹 또는 여러 겹의 두께가 더해지게 된다. 고정하는 과정에서 개더를 잡았던 스티치선은 보이지 않게 된다.

바인딩은 부드러운 원단으로 스티치선과 시접을 앞뒤로 감싸면서 개더링을 고정하는 것이다. 가장자리가 깔끔하고 견고하게 마무리되지만 개더로 인해 생긴 부피에 원단 서너 겹이 더해진다.

좁고 가느다란 원단으로 개더 처리한 가장자리를 바인딩하기 위해 두 단계의 솔기 처리 과정을 거친다. 첫 번째와 두 번째 방법의 경우 바인딩할 천의 길이를 따라 한쪽 시접을 안쪽으로 접어 다림질해둔다. 첫 번째 방법은 바인딩 천에서 시접을 접지 않은 부분을 개더 처리한 끝자락에 겉과 겉을 마주대고 박는다. 바인딩 천으로 시접을 둘러 감싼 다음 안쪽에서 솔기선과 개더를 고정하면서 시접을 접어놓은 바인딩 끝부분을 손바느질로 마무리한다〔그림 1-11 (a) 참조〕. 두 번째 방법은 개더를 잡은 천의 안쪽 면에 시접을 접지 않은 바

인딩 천의 겉을 마주대고 박는다. 바인딩 천으로 시접을 둘러 감쌀 때 먼저 박은 스티치선이 보이지 않게 덮고, 시접을 접어놓은 바인딩 끝부분을 겉에서 눌러 박는다〔그림 1-11 (b) 참조〕. 세 번째 방법은 바인딩할 천의 길이를 따라 한쪽 시접을 잘라 없애고 올이 풀리지 않도록 가장자리를 처리해둔다. 가장자리를 처리하지 않은 바인딩의 시접과 개더를 잡은 천의 끝자락을 겉과 겉을 마주대고 박는다. 시접을 둘러 감싼 다음 가장자리를 처리해둔 부분이 먼저 박은 솔기선을 덮을 만큼 내린 뒤 겉에서 숨은상침으로 눌러 박아 고정한다〔그림 1-11 (c) 참조〕. 개더가 잡힌 시접의 너비보다 바인딩의 너비가 넓으면 바인딩 처리 후 시접 윗부분에 빈 공간이 생기게 되므로 주의한다.

다른 천과 연결하여 **연장**하는 방법은 개더 처리한 스티치와 시접이 겉에서 보이지 않는다. (1) 연결할 다른 천의 끝자락과 개더 처리한 천의 끝자락을 겉과 겉을 마주대고 박는다. (2) 개더 처리한 스티치 위에 연결할 천의 끝자락 시접을 접어서 올려놓고 끝스티치로 눌러 박는다. (3) 앞의 (1)번과 (2)번 방법을 같이 사용하기도 한다〔그림 1-12〕. 끝스티치를 두 줄 이상 박으면 개더 때문에 두꺼워진 안쪽의 시접도 눌리므로 솔기선이 견고하게 마무리된다.

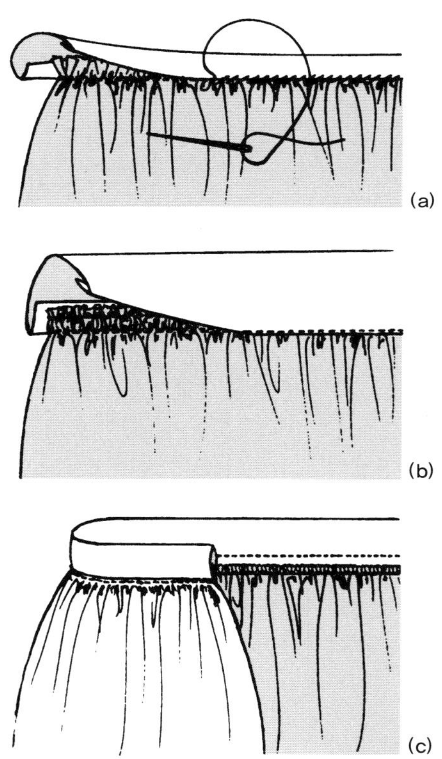

그림 1-11 개더 처리한 끝부분을 감싸 박는 방법. (a) 겉에서 스티치선이 보이지 않는다. (b) 겉에서 끝스티치선이 보인다. (c) 겉에서 숨은상침으로 처리한다.

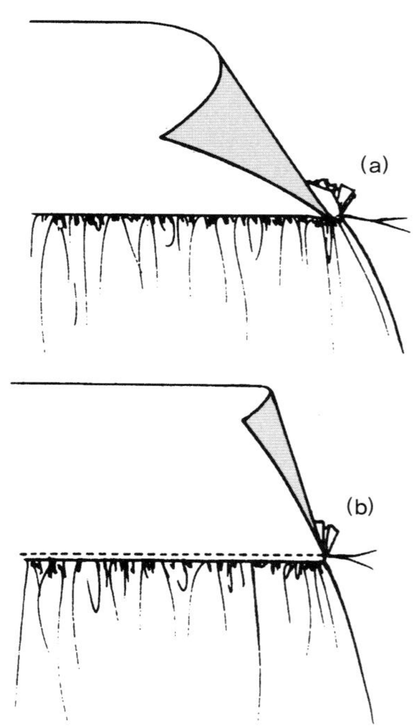

그림 1-12 다른 천을 연결하여 개더를 고정하는 방법. (a) 겉에서 스티치선이 보이지 않는다. (b) 겉에서 끝스티치선이 보인다.

바탕천에 고정하는 방법은 개더 처리한 천을 끼워 넣고 주위를 둘러싸는 것이다. 먼저 바탕천을 잘라내고 개더 처리한 천을 끼워 넣는 방법이 있다. 끼워 넣은 천의 가장자리 위에 잘라낸 부분의 시접을 접어놓고 끝스티치로 눌러 박아주거

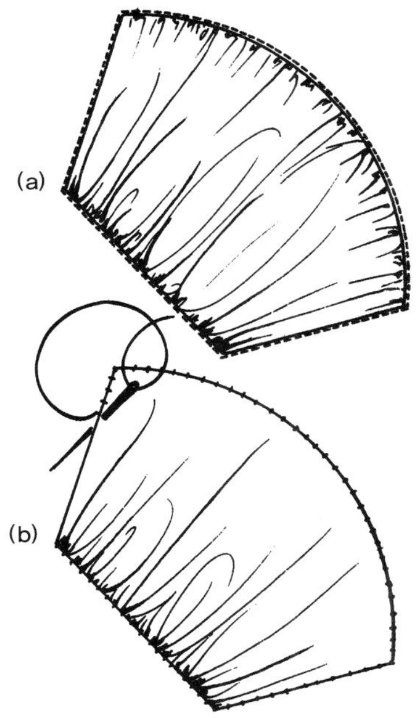

그림 1-13 개더 처리한 천을 끼워 넣고 바탕천을 박는 방법. (a) 끝스티치를 한다. (b) 공그르기를 한다. 끝스티치를 하면 외곽선을 강조하게 된다. 좀더 강조하기 위해 끝스티치를 한 위에 새틴 스티치를 하기도 한다.

나, 공그르기로 고정한다(그림 1-13).

두 번째 방법은 개더 처리해 형태를 갖춘 천을 바탕천의 윗면에 표시된 외곽선에 맞추어 아플리케하는 것이다. 직선으로 된 개더는 작업하기가 아주 수월하다. 스티치를 한 다음 먼저 시접을 안으로 접어서 다림질하거나 손톱으로 꺾어서 준비해놓고 실을 잡아당겨 개더를 잡는다. 개더를 잡은 다음 외곽선을 공그르기한다. 바늘에 실을 꿰어 준비한 뒤 개더를 잡은 실과 바탕천 몇 올을 바늘에 걸고 1/8인치(3mm) 앞쪽으로 찔러 넣어 개더의 끝자락 바로 앞으로 빼낸다. 다음 스티치도 같은 방법으로 계속한다(그림 1-14 (a) 참조).

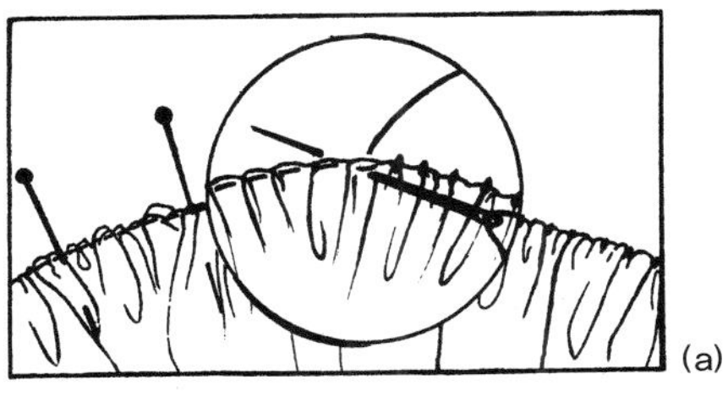

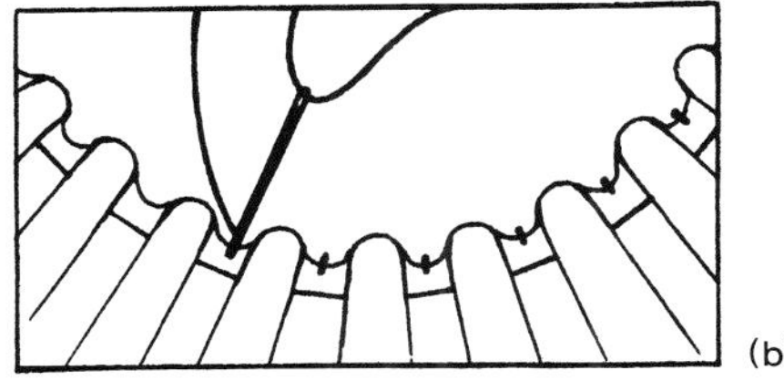

그림 1-14 개더 처리한 천을 아플리케하는 방법. (a) 재봉틀로 개더를 잡은 다음 공그르기로 고정한다. (b) 손바느질로 개더를 잡은 다음 홈이 파인 것 같은 긴 주름 모양이 되도록 징거준다.

플루팅(fluting)은 손으로 개더 처리하여 아플리케하는 방법으로, 겉에 깊은 홈이 파인 것 같은 모양의 주름을 만드는 것이다. 가장자리 시접을 먼저 접어놓고 일정한 간격으로 홈질해서 개더를 잡는다. (땀의 길이를 길게 할수록 플루팅의 높이는 더 높아진다.) 개더를 일정하게 분산한다. 가장자리에서 홈이 파인 것 같은 주름이 되도록 정리한다. 주름의 골진 부분이 고정되도록 바탕천의 외곽선을 따라 몇 올씩 떠주면서 징거준다. 같은 방법으로 계속해서 고정한다(그림 1-14 (b) 참조). 모든 주름을 고정한 후 개더를 잡았던 실을 제거한다.

보이지 않는 **버팀천**을 이용하는 방법은 바탕천에 개더 작업한 것을 고정하기 전에 개더가 움직이지 않도록 다른 천을 덧대는 것이다. 바인딩 처리를 하거나 다른 천을 연결해 연장할 경우 개더 잡힌 천이 부드럽고 미끄러우면 끝부분을 부분적으로 고정해준다. 버팀천에 사방으로 고정해놓으면 바탕천에 끼워 넣고 봉제하기가 쉬워진다(그림 1-15). 덧댄 천 때문에 두께가 두꺼워지는 것을 원하지 않을 때는 일시적으로 사용할 수 있는 것—종이나 이러한 목적으로 개발된 상업용 제품—으로 대체한 다음 작업이 끝난 후 제거하면 된다.

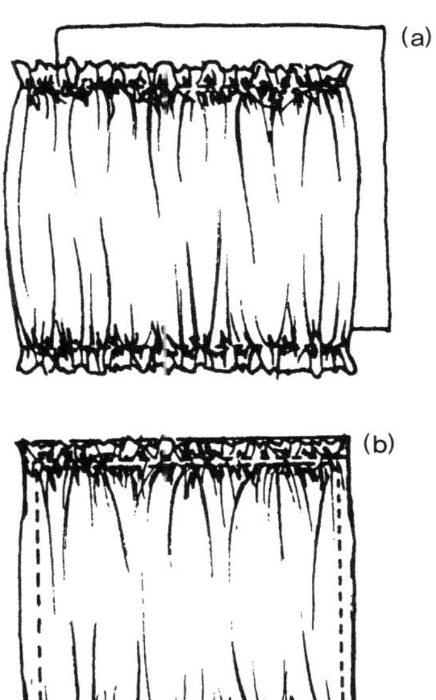

그림 1-15 (a) 개더가 잡힌 사각형에 맞게 준비한 버팀천. (b) 두 천을 박아 고정한 상태.

겉에서 보이지 않는 **안단**은 작업한 개더를 안에서 고정하면서 마무리하는 것이다. 개더가 잡힌 천의 끝자락과 안단을 서로 겉과 겉을 마주대고 박은 다음 안단이 뒤로 가도록 뒤집으면 시접이 감춰진다. 한쪽만 안단으로 처리한 끝부분의 주름은 겉에서 느슨하게 보인다. 양쪽 끝이나 전체 개더링을 위해서는 전체 면에 안단 처리를 해야 한다(그림 1-16).

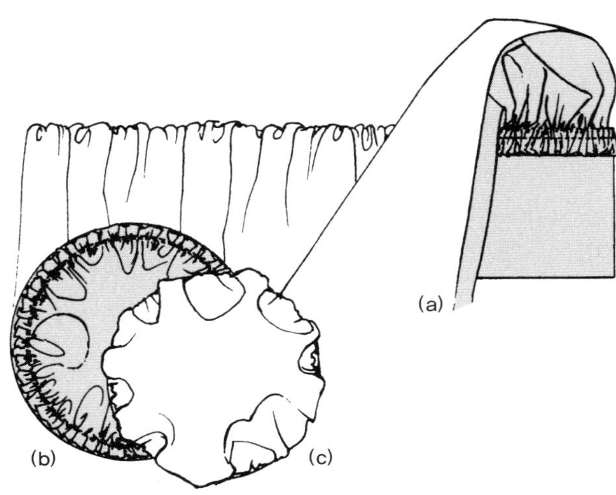

그림 1-16 (a) 개더 처리한 끝자락을 부분적인 안단 처리로 고정한다. (b) 원하는 치수에 맞추어 준비한 안단에 개더를 잡은 천의 끝자락을 박아둔다. (c) 안단에 창구멍을 내어 겉으로 뒤집는다. 개더가 잡힌 원은 가장자리 부분이 살짝 부풀어 오르면서 동그랗게 된다.

러플 끝단은 개더를 잡은 끝부분을 나풀거리게 마무리하여 장식적인 효과를 주는 것이다. 끝자락에서 조금 떨어진 위치에 스티치선을 만들면 개더를 잡고 난 후 끝자락이 러플의 형태를 띠게 된다. 고정하는 방법은 다음과 같다. (1) 연장할 천의 끝자락을 개더 처리한 스티치선 아래에 받쳐놓고 스티치선 위를 상침한 다음, 장식 스티치를 하거나 아플리

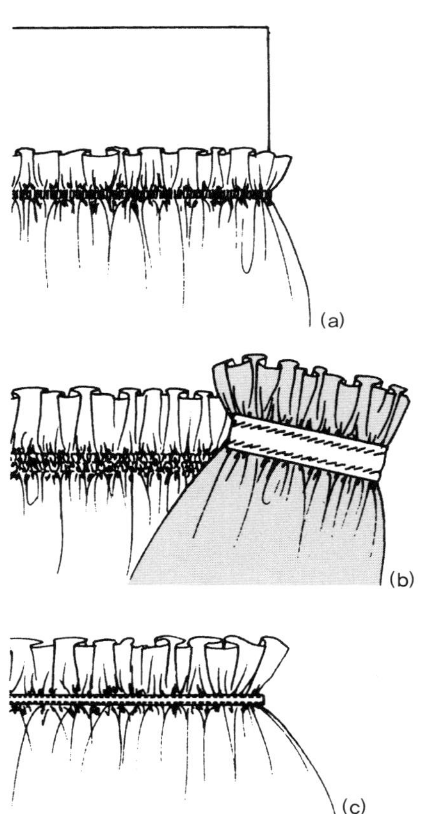

그림 1-17 러플 끝단을 고정하는 방법. (a) 연장할 천을 아래에 놓고 개더 처리한 스티치선을 따라 새틴 스티치로 장식한다. (b) 개더를 잡은 스티치선의 뒷면에 테이프를 손바느질로 박아준다. (c) 겉에서 개더 처리한 스티치선 위에 테이프를 끝스티치로 눌러 박는다.

케 처리를 한다. 또는 개더를 잡은 스티치선 바로 옆을 박은 다음 개더를 잡았던 스티치 실을 제거한다. (2) 개더를 잡은 스티치선의 장식적인 효과를 위해 뒷면에 테이프를 대고 박아준다. (3) 겉에서 개더가 잡힌 스티치선 위에 장식적인 리본, 테이프, 브레이드(braid) 등을 박아준다**(그림 1-17)**. **(59쪽, '러플 가장자리 처리' 참조.)**

위에서 열거한 '개더 스티치 고정법'들은 늘어나는 성질이 있는 고무줄을 이용한 개더 처리법에는 적용되지 않는다. 채널 속에 고무줄을 넣을 경우에는 고무줄이 빠져나가지 않도록 **멈춤 장치**가 필요하다. 마찬가지로 채널에 넣을 수 있는 재료 중 섬유로 된 스트링, 코드, 테이프, 리본 등도 멈춤 장치가 필요하다. 어떤 것을 어떻게 넣을지에 따라서 천에 고정하거나 천보다 더 길게 늘여 매듭, 구슬, 술(tassels), 인조보석(baubles) 따위로 끝맺음할 수 있다**(그림 1-18)**. 채널이 원형일 경우에는 끝부분을 서로 묶거나 함께 징거주거나 호크, 똑딱단추, 단추, 벨크로(velcro) 등으로 연결한다. 섬유가 아닌 종류로 체인, 와이어, 봉, 막대 등이 있는데, 이런 것들은 그것에 맞는 단단한 재질의 멈춤 장치가 필요하다.

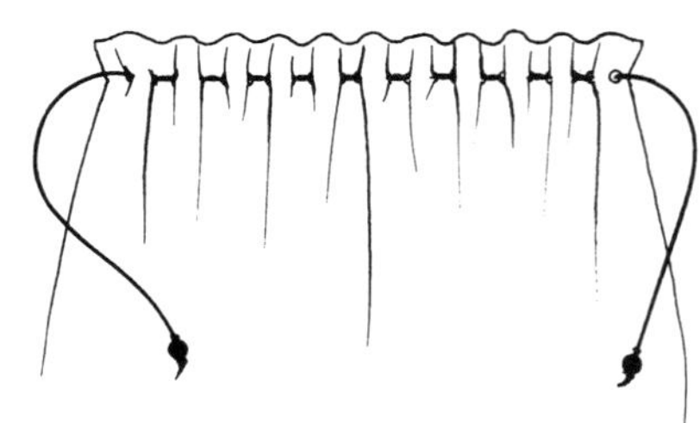

그림 1-18 늘어진 끈의 끝부분에서 끈이 빠지는 것을 막아주는 멈춤 장치. 커다란 매듭을 짓거나 그림에서처럼 매듭과 매듭 사이에 구슬을 끼워 넣는다.

퍼로잉

퍼로잉(furrowing)은 전체적으로 개더를 잡아 바탕천에 아플리케로 고정해 둥근 공 모양으로 부푼 천을 아주 살짝살짝 시침질로 징거주어 구불구불하고 소용돌이치며 올록볼록한 주름을 만드는 것이다. 넓은 간격으로 시작하여 점점 좁아지게 시침질을 하는 과정에서 시침질 사이에 남은 천은 줄어들고 주름은 더 늘어나게 된다.

퍼로잉으로 개더를 고정하려는 모양에 따라 바탕천 위에 외곽선을 표시한다. 일반적으로 외곽선보다 2배 정도 넓게, 좀 더 깊고 빽빽한 주름을 원하면 주름 잡을 천을 더 넓게 자른다. 잘라낸 천의 가운데에 점을 찍고 가운데와 가장자리 사이에도 일정한 간격으로 점을 찍는다. 바탕천에 표시해놓은 외곽선의 뒷면에도 비슷한 모양이 되도록 일정한 간격으로 점을 찍는다. 바탕천을 수틀 같은 것에 팽팽하게 끼워 고정한다. 잘라낸 천에 개더를 잡은 다음 바탕천에 표시된 외곽

1부 **부피를 줄이는 방법**

선을 따라 아플리케한다.

바탕천 뒷면의 표시된 중심점에서, 부풀어 오른 위의 천 중심점을 통과하여 수직 위로 실을 꿴 바늘을 찔러 넣는다. 서너 올을 뜬 뒤 바늘을 수직으로 찔러 넣어 바탕천의 뒷면으로 빼낸다. 실을 잡아당겨 위의 천을 바탕천과 맞닿게 한다. 처음 스티치한 위치에서 한 번 더 스티치를 해주어 견고하게 한다. 뒷면에서 바늘을 이동하여 인접한 점에서 같은 방법으로 이중 시침을 한다. 모든 점을 고정한 후에도 부푼 부분이 남아 있으면 새로운 주름을 만들어 징거준다. 바늘 끝으로 주름의 골진 부분을 다듬어 가면서 계속 징거준다(그림 1-19).

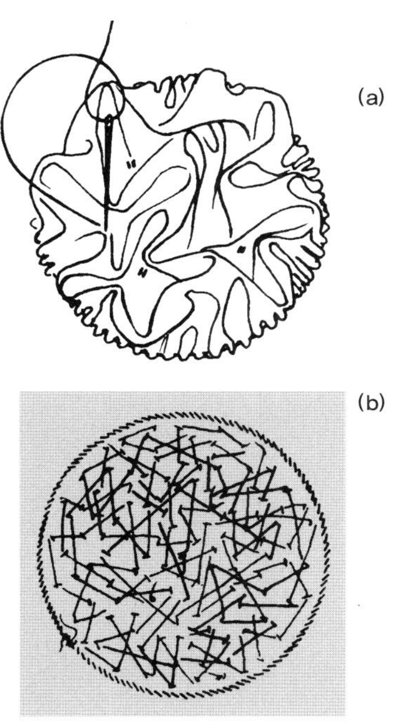

(a)

(b)

그림 1-19 (a) 개더를 잡아 부풀게 아플리케한 것을 이중 시침으로 퍼로잉. (b) 퍼로잉 후 바탕천의 뒷면에 실들이 서로 교차되어 있는 것을 볼 수 있다.

시침의 수가 늘어날수록 주름들 사이에 솟아오른 높이는 점점 줄어든다. 표면에 촘촘하게 주름을 잡더라도 부풀어 오른 천들이 가라앉을 수 있으므로, 주름 잡은 천과 바탕천의 사이에 솜 같은 것을 넣어 지지해줄 수도 있다.

한쪽 끝 개더링
Single-Edge Gathering

천의 한쪽 끝에 실로 스티치하거나 고무줄을 이용하거나, 채널을 만들어 뭔가를 집어넣어 당기는 등의 작업을 통해 조금 더 작은 치수의 천을 만드는 것이다. 그 결과, 개더 아래쪽으로 여유가 많아진 천이 우아하고 자연스러운 주름으로 퍼지면서 나풀거리게 된다.

작업 과정

❶ 개더 아래쪽으로 잡히는 주름을 어떻게—가볍게, 적당히, 넉넉하게, 풍성하게—잡을지 원하는 풍성함을 정한다. 개더를 잡은 뒤 원하는 풍성함을 얻는 데 필요한 원단의 길이를 계산하는 방법은 다음을 참조한다.

> 가벼운 볼륨＝완성 치수×1½
>
> 적당한 볼륨＝완성 치수×2
>
> 넉넉한 볼륨＝완성 치수×3
>
> 풍성한 볼륨＝완성 치수×4 이상

개더를 잡기 전 원단의 길이가 길수록 개더를 잡은 후에 생기는 볼륨도 증가한다.

❷ 계산한 치수에 따라 원하는 넓이로 원단을 자른다. 필요한 경우 원단을 연결하여 사용한다.

❸ 개더를 잡으려고 하는 끝자락을 1/2, 1/4, 1/8 등으로 나누어 핀, 집게, 너치(notches) 또는 초크 등으로 위치를 표시한다. 원하는 완성 치수에 맞춰—자, 얇고 긴 종이나 원단을—같은 등분으로 나누어 위치를 표시해둔다.

❹ 원하는 완성 치수에 맞도록 나누어놓은 구간을 따라 단계적으로 개더를 잡는다(15쪽, '개더를 잡는 방법' 참조). 원하는 모양으로 개더가 잡히도록 정리한다.

❺ 개더를 고정한다(17쪽, '개더 스티치 고정하기' 참조).

특징과 응용

한쪽 끝에 개더를 잡는 경우 '원단의 직선 결(식서 방향)을 따라 자르고, 박고, 개더 처리를 한 다음 직선으로 수평이 되게 고정'하는 것이 기본이다. 가로 결로 자르고 스티치를 박아 개더 처리하는 것을 선호하기도 하는데, 아래로 떨어지는 주름이 좀더 자연스럽기 때문이다. 원하는 형태에 따라 개더를 응용하기도 한다. 예를 들면 다음과 같다.

늘어진 한쪽 끝 개더링은 사각형 원단의 인접한 두 면에서 작업한다. 그러면 주름이 중심 쪽으로 모이게 되어, 끝자락은 똑바로 떨어지는 주름에서 보이는 형태와 달리 뾰족한 모양이 된다(그림 1-20 (a) 참조). 원래의 각도보다 좁거나 넓게 개더를 고정하는 것에 따라 늘어지는 곡선의 모양과 뾰족함의 정도가 달라진다.

모양이 있는 한쪽 끝 개더링 작업을 위해, 주름지면서 나풀거리는 반대쪽 자락은 그대로 두고 개더가 잡힌 끝자락을 똑바른 수평 상태에서 다양한 모양으로 변화를 준다. 직선으로 개더를 잡은 자락을 위아래로 기울여 고정하거나 다양한 모양의 곡선 또는 각지게 고정할 수 있다. 아치형이나 위를 향해 각지게 고정하면 주름이 더욱 깊어지고 부풀어 오르며, 늘어지는 가장자리는 고정된 윗부분의 모양과 같아진다〔그림 1-20 (b) 참조〕. 정돈되고 똑바로 떨어지는 주름을 원하면 가로 결에 맞추는 것이 좋다.

직선 개더를 안쪽으로 굽은 곡선으로 고정할 경우 (1) 개더가 수직으로 떨어질 수 있을 만큼 천이 충분히 길고 무겁지 않거나 (2) 나풀거리는 가장자리의 벌어지는 실루엣이 사전에 고려되지 않으면, 곡선의 깊이가 증가할수록 끝자락 바깥쪽으로 주름이 퍼지게 된다〔그림 1-20 (c) 참조〕. 오목한 모양으로 고정할 경우, 필요한 천의 길이를 측정할 때 개더가 잡힐 부분의 원하는 완성 치수 대신 나풀거리는 끝자락 실루엣의 완성 치수를 사용한다.

직선 결에서 수직으로 떨어지는 개더나 모양이 있는 가장자리에 개더를 잡아 다른 천과 연결할 경우, 패턴에 따라 개더 잡을 천을 자른다. (1) 개더 잡을 천을 연결할 모양과 같은 실제 크기의 패턴을 시접 없이 만든다. (2) 이 패턴을 주름이 늘어질 방향에 따라 여러 조각으로 나누어 자른다. (3) 잘라낸 조각들을 개더 잡은 후의 풍성함에 따라 원하는 완성 치수만큼 사이를 떼어 가면서 다른 종이 위에 붙인다. (4) 늘어놓은 조각들을 연결하는 외곽선을 다시 그린다. 이

것이 개더 잡을 천의 패턴이 된다. 응용: 끝자락의 주름이 더 풍성해 보이도록 하려면 잘라낸 조각들을 윗부분보다 아랫부분을 더 많이 벌려주어 패턴을 만든다〔그림 1-21〕. 완성된 패턴에 시접을 더해준다.

모양이 너무 커서 실제 크기의 패턴으로 작업하기에 무리가 있는 경우, 작업 가능한 규모와 모양으로 축소해 설계 도안용 패턴을 만든다. 축소된 패턴의 실제 치수를 기록해두었다가 천을 자를 때 이 치수를 적용한다.

고정된 한쪽 끝 개더링은 나풀거리는 자락이 없다. 개더를 잡은 다음 주름들이 쭈글거리거나 쏠리지 않도록 반대편 자락 쪽으로 가면서 점점 줄어들어 사라지도록 늘려준다. 평평하고 곧게 마무리되어 고정된 끝을 유지하기 위해 반대쪽 끝 자락은 한 점으로 모아 개더를 잡는다. 개더의 양이 많으면 마무리 고정점이 동그랗게 위로 솟는다. 동그랗게 도려낸 바탕천에 튜브처럼 원형으로 만든 천의 한쪽 끝을 연결하고 반대쪽 가장자리를 촘촘하게 개더 잡으면 방사형으로 퍼져 나가는 주름을 만들면서 원의 중심이 닫히게 된다.—튜브의 너비가 원의 반지름과 같도록 준비한다. 반지름보다 작으면

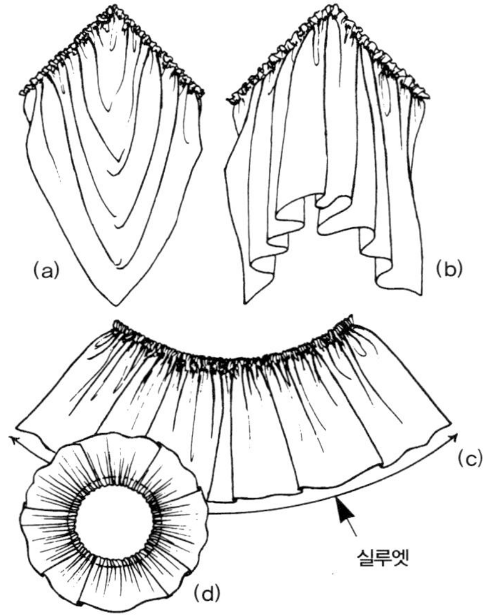

그림 1-20 한쪽 끝 개더링의 응용. (a) 인접한 두 면을 개더 처리하여 늘어뜨린 주름. (b) 직선으로 개더를 잡은 후 각이 지게 고정. (c) 직선으로 개더를 잡은 후 곡선으로 고정. (d) 직선으로 개더를 잡은 후 원형으로 고정한 러플.

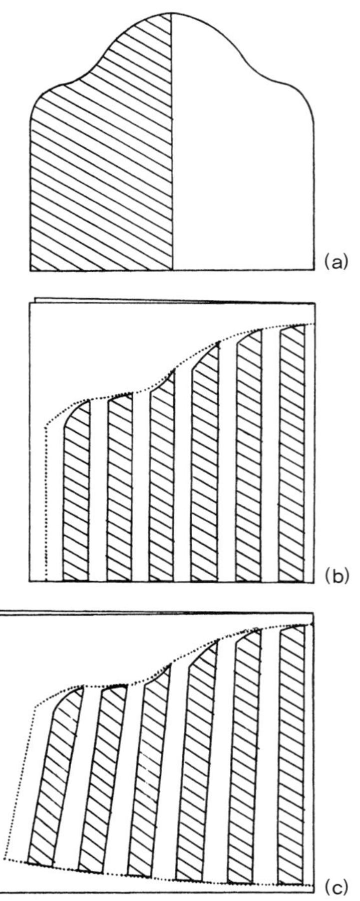

그림 1-21 모양이 있는 가장자리에 개더를 잡아 끼워 박기 위해 조각으로 잘라서 벌린 패턴. (a) 원하는 모양의 좌우대칭이 되는 패턴의 1/2 (b) 조각낸 패턴을 반으로 접은 종이 위에 벌려놓는다. 외곽선을 다시 그려 개더를 잡아 끼워 넣을 천의 패턴을 만든다. (c) 끝자락에 플레어를 추가하려면 아랫부분에 벌리는 양을 늘려준다.

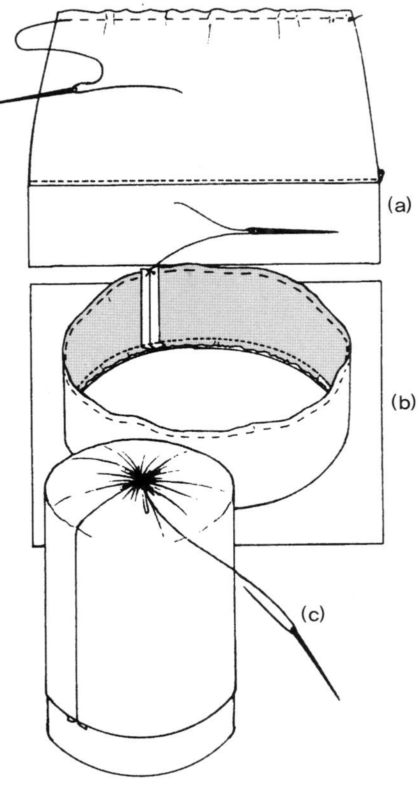

그림 1-22 (a) 반대쪽 자락이 직선으로 평평하게 고정되는 개더링. (b) 동그랗게 도려낸 바탕천과 연결된 튜브. 촘촘하게 개더를 잡으면 중심이 납작해지면서 닫힐 것이다. (c) 한쪽 끝을 개더 처리하여 막고 딱딱한 원통에 덧씌운 튜브.

개더로 둘러싸인 구멍이 만들어지고, 반지름보다 크면 개더가 잡힌 부분은 닫히지만 솟아오른다(**그림 1-22**).

개더를 잡지 않은 가장자리와, 다음 자락의 개더를 잡은 가장자리가 연결되기 때문에 **층이 진 한쪽 끝 개더링**의 볼륨은 여러 층을 연결할수록 증가하게 된다. 개더 잡은 두 번째 조각을 개더를 잡지 않은 첫 번째 조각에 연결한다. 개더 잡은 세 번째 조각을 개더를 잡지 않은 두 번째 조각에 연결한다. 같은 식으로 반복한다. 층이 늘어남에 따라 개더 잡을 길이가 늘어난다(**그림 1-23**). 연결되는 다음 층의 개더 분량이 늘어나면 볼륨은 엄청나게 증가한다.

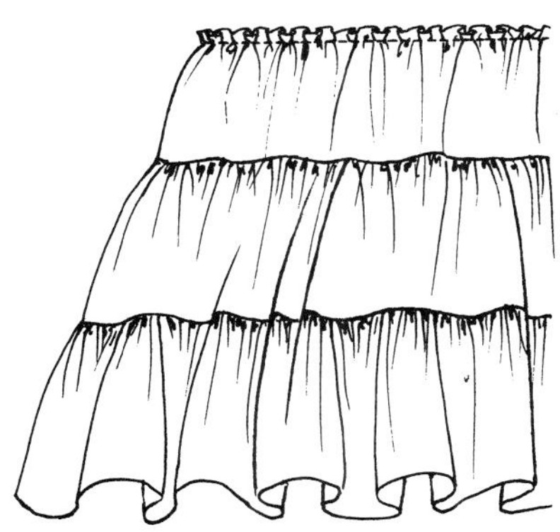

그림 1-23 맨 위에 살짝 개더를 잡은 스티치를 시작으로 층이 지게 되면 볼륨이 엄청나게 증가한다.

한쪽 끝에만 개더를 잡아 고정하는 또 다른 방법으로 개더를 잡을 끝자락을 넓혀주는 패턴 전개법을 이용할 수 있다. 패턴 전개 과정, 즉 그림 1-21에서 기준 패턴을 길게 조각으로 완전히 잘라서 전개하던 것과 달리 개더가 잡히지 않을 가장자리는 1/16인치(1.5mm)를 남기고 자른다. 자른 기본 패턴을 벌려주면서 다른 종이 위에 붙인다. 벌어진 밑단을 이어주면서 패턴의 외곽선을 다시 그린다(**그림 1-24**). 솔기 시접을 더하여 패턴을 완성한다. 기본 패턴은 개더를 잡은 조각을 고정할 버팀천의 모양으로 활용한다.

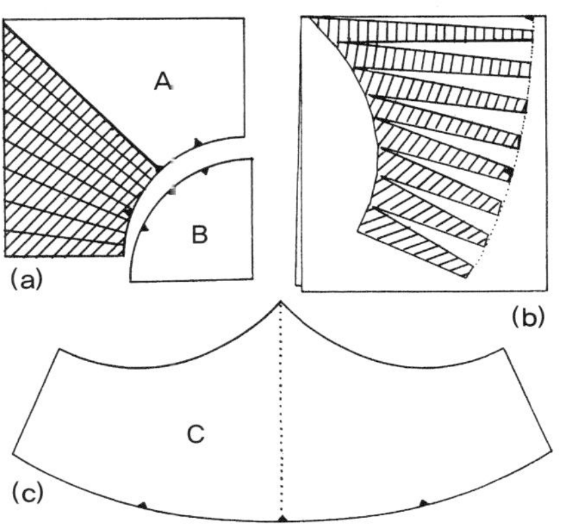

그림 1-24 한쪽 끝에만 개더를 잡아 연결하기 위해 패턴을 절개하여 벌려주는 패턴 전개법. (a) 빗금친 부분은 기본 패턴 A의 1/2. (b) 반으로 접어놓은 다른 종이 위에, 가장자리를 남기고 자른 패턴을 원하는 개더에 따라 부채꼴로 벌려 고정한 뒤 넓어진 외곽선을 다시 그린다. (c) 패턴 C를 잘라낸 다음 패턴 A와 B에 있던 접합점을 표시한다.

I-1 원래의 길이보다 1.5배 넓은 광목을 재봉틀로 박아 살짝 개더를 잡은 모양으로
끝자락의 물결무늬가 아주 부드러워 보인다.

I-2 재봉틀로 박아 원래 길이의 50%로 줄어들게 잡아당긴 개더의 모양.

I-3 재봉틀로 세 줄을 박아 원래 길이의 1/3이 되도록 촘촘하게 개더를 잡은 모양으로
풍성한 주름이 늘어지는 것을 볼 수 있다.

I-4 손으로 시침 개더 처리하여 원래 길이의 17%가 되도록 빡빡하게
개더를 잡은 모양으로 아주 풍성하고 깊은 주름이 늘어지는 것을 볼 수 있다.

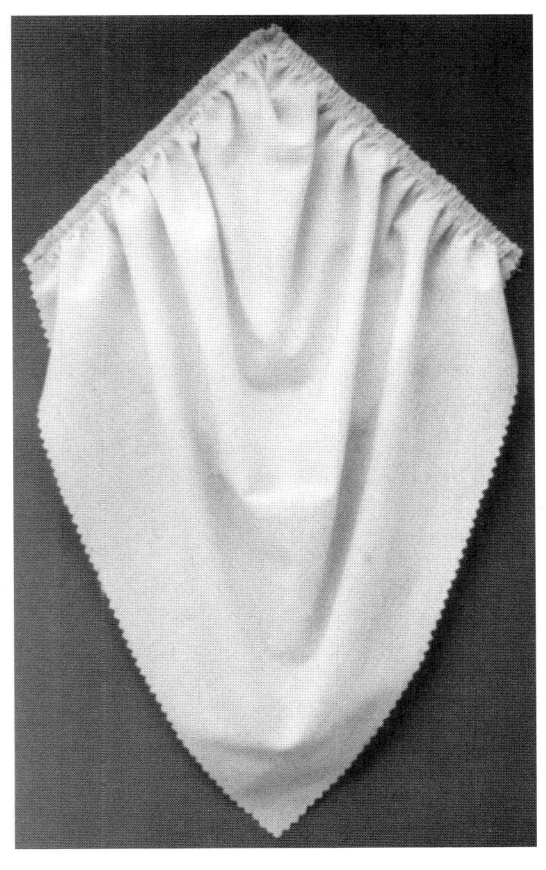

I-5 정사각형의 인접한 두 모서리를 원래 길이의 1/2이 되도록
개더를 잡다 늘어진 주름의 모양.

I-6 도려낸 바탕천에 맞추어 개더를 잡은 후 끼워 박은 모양
(그림 1-21 패턴 참조).

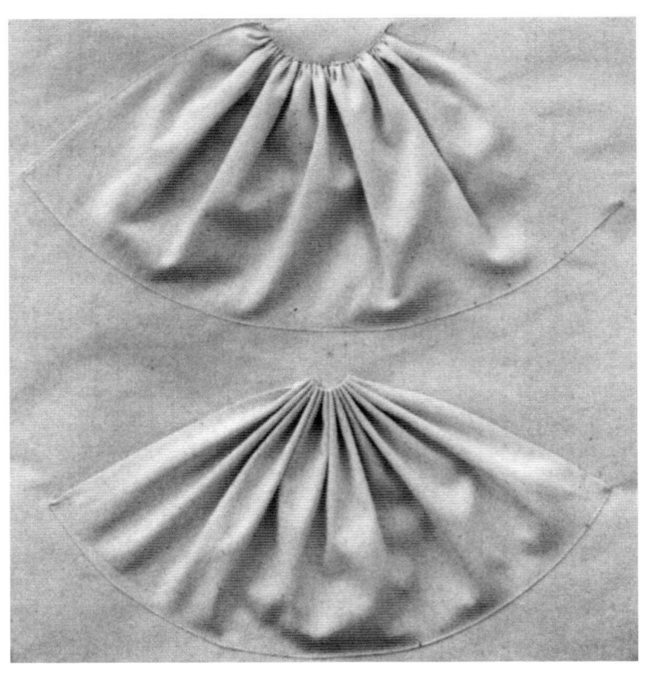

I-7 같은 크기의 직사각형 광목으로 개더의 밀도에 따라
곡선의 정도가 다르게 나타남을 보여주는 두 개의 부채꼴 아플리케.

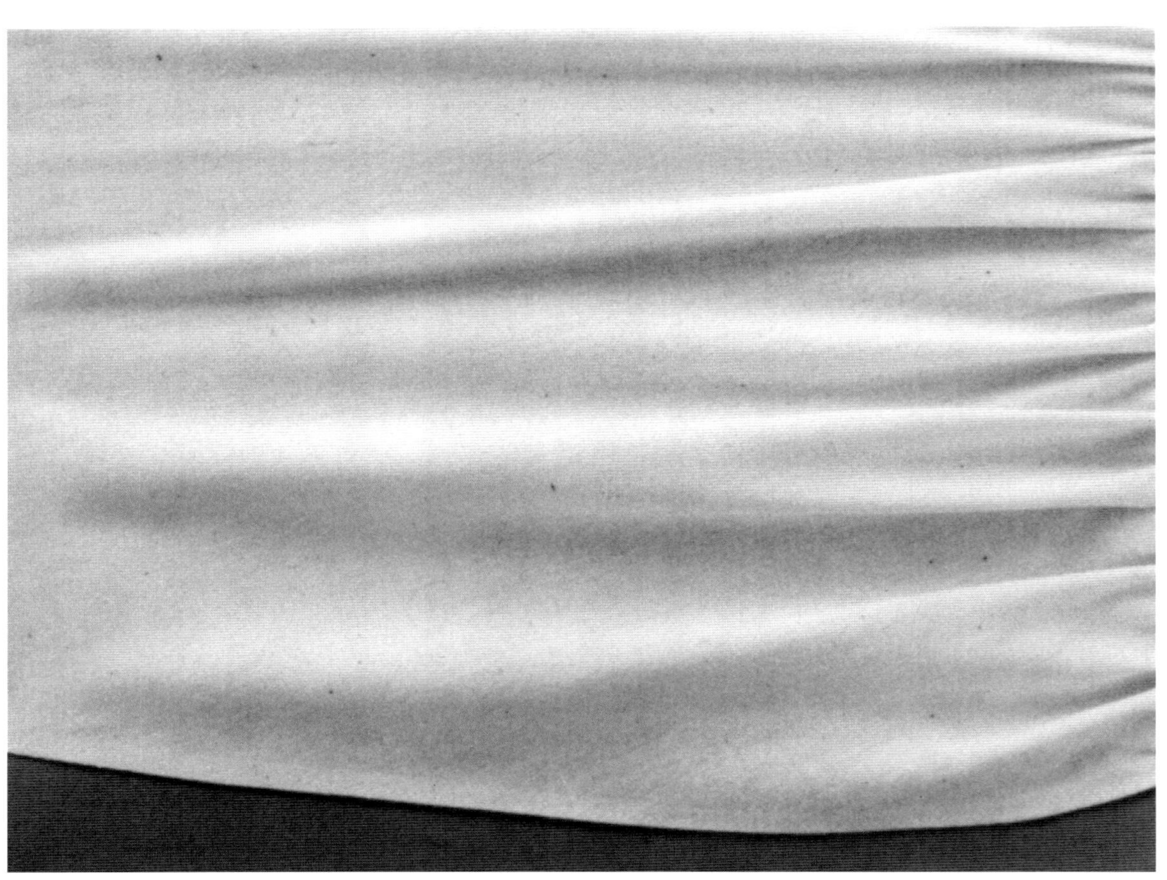

I-8 한쪽 면에 개더를 잡기 위해 확장한 패턴을 잘라 작업한 것으로
느슨한 아래 가장자리가 곡선으로 늘어지며 수평으로 고정되어 있는 모양.

I-9 개더를 잡은 조각을 세 개의 층으로 연결한 형태로 위에서 아래로 갈수록
가장자리의 둘레가 늘어남으로써 풍성해지는 것을 볼 수 있다.
맨 윗부분에는 개더가 많이 모이지 않기 때문에 바인딩이 두꺼워지지 않는다.

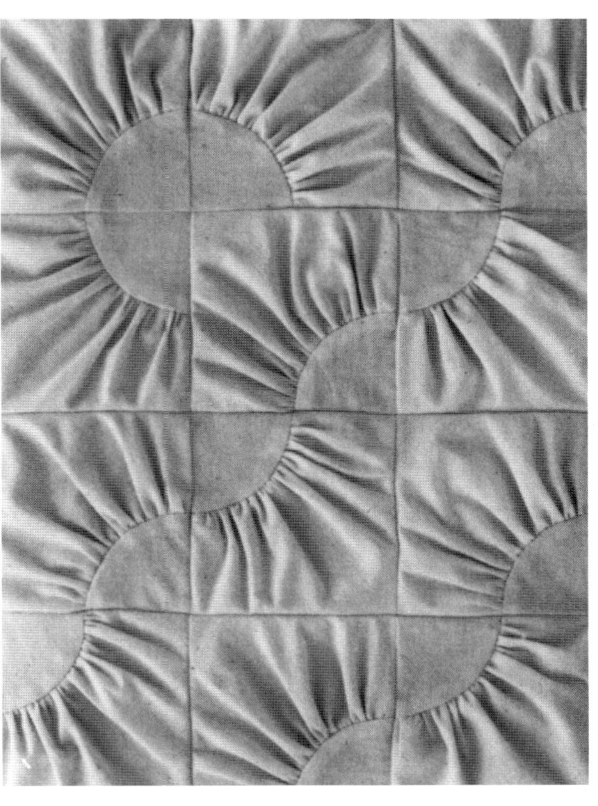

I-10 곡선으로 개더 처리한 솔기선에서 방사형으로 퍼지고
주름에 의해 구획이 나뉜 패치들로 이루어진 전통 패치워크 패턴,
'드런커드 패턴(Drunkard's path)'. 개더를 잡아 고정한 후
패치들을 서로 연결한다(그림 1-24 패턴 참조).

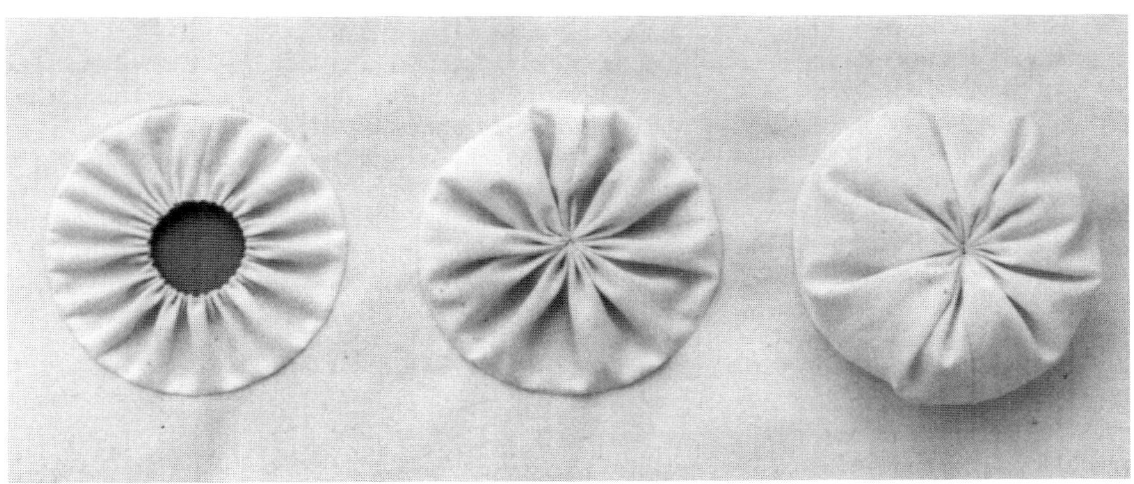

I-11 길게 자른 원단을 원통형으로 만들고, 한쪽 끝을 동그랗게 도려낸 바탕천에 끼워 박은 후 나머지 한쪽 끝에 개더를 잡는다.
개더를 잡은 다음 (왼쪽) 길게 자른 원단의 너비가 동그랗게 도려낸 바탕천의 반지름보다 작을 경우 가운데 부분이 뚫린 상태가 된다.
(가운데) 길게 자른 원단의 너비가 동그랗게 도려낸 바탕천의 반지름과 같을 때 중심에서 사방으로 퍼지는 주름을 만든다.
(오른쪽) 길게 자른 원단의 너비가 동그랗게 도려낸 바탕천의 반지름보다 클 때 광목은 공 모양으로 부풀어 오른다.

양쪽 끝 개더링
Opposite-Edge Gathering

원단의 양쪽 끝에서 스티치한 실을 잡아당기거나, 고무줄을 이용하거나 또는 채널 안쪽에 무언가를 넣고 잡아당기는 방법으로 주름을 잡음으로써 길이를 줄어들게 만든다. 개더를 잡은 양쪽 끝 사이에 놓이는 원단은 다양한 방향성을 갖는다.

작업 과정

양쪽 끝에 개더를 잡는 방법은 21쪽 '한쪽 끝 개더링'의 작업 과정을 적용하면 된다.

특징과 응용

양쪽 끝 개더링에서 개더 처리한 양끝은 고정되어야 한다. 양끝을 고정해 생겨난 주름은 당겨지거나 늘어진 상태로 방향성을 갖는다. 개더 처리한 양끝 사이에서 주름의 모양은 직선이거나, 늘어지거나, 부풀거나, 방사형으로 퍼지거나, 사선이 되기도 한다. 개더 처리한 양끝 사이에서 생겨나는 다양한 형태의 주름이 양쪽 끝 개더링의 중요한 디자인 요소이다.

개더를 잡은 천보다 작은 버팀천에 고정하면 사이에 갇히게 된 주름들은 늘어지거나 부풀어 오르게 된다. **늘어진 양쪽 끝 개더링**은 길이가 충분히 긴 원단을 주름의 방향이 수평이 되도록 하면서 개더 처리한 양끝을 서로 가까이 고정하는 것이다(그림 1-25).

부풀어 오른 양쪽 끝 개더링은 개더가 잡히는 양끝의 거리가 비교적 짧아야 한다. 좁은 버팀천 위에 개더 처리한 것을 상침하면 주름들은 늘어지는 대신 울퉁불퉁하게 뒤틀리면서 위로 솟아오른다(그림 1-26). 늘어지거나 부풀어 오르는 효과는 버팀천이 작을수록 증가한다. 늘어진 양쪽 끝 개더링과 달리 부풀어 오른 양쪽 끝 개더링은 어느 쪽으로든 방향 전환이 가능하며, 다림질로 부풀어 오른 것을 납작하게 만들 수도 있다.

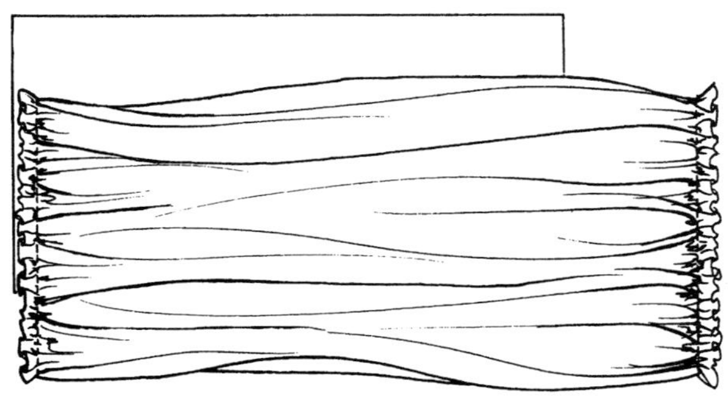

그림 1-25 더 짧은 버팀천에 고정하기 전의 양쪽 끝 개더링의 모양.— 길게 수평으로 살짝 늘어지는 주름이 생긴다.

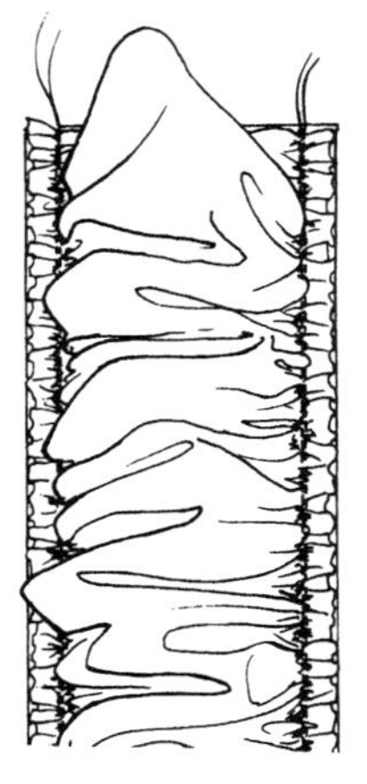

그림 1-26 가늘고 긴 조각 천의 양쪽 끝에 개더를 잡아 더 좁은 버팀천에 고정하면 울퉁불퉁한 주름이 생기면서 부풀어 오른다.

사선 양쪽 끝 개더링은 개더를 잡아 생긴 주름을 사선으로 고정하는 것이다. 개더 처리한 것을 왼쪽에 시침질로 고정하고 오른쪽에 시침 고정하기 전에 아래쪽으로 세게 잡아당긴다. 상침하는 동안 당겨진 자락의 위치가 움직이는 것을 막기 위해 버팀천에 안내선을 표시하고 가장자리를 맞춘다(그림 1-27). 사선이 되면서 개더를 잡은 원래 천에 비해 너비가 줄어든다.

곡선 양쪽 끝 개더링은 활모양으로 구부러지며 돌아가는 형태를 띤다. 안쪽으로 굽는 곡선 부분은 촘촘하게 개더를 잡고, 대칭되는 바깥쪽 곡선 부분은 느슨하게 개더를 잡는 식으로 곡선의 형태를 조절하여 가장자리에 맞추어 고정한다(그림 1-28).

원형 양쪽 끝 개더링을 위해서는 먼저 긴 천의 양끝을 연결해 원통으로 만든다. 안쪽 끝이 될 부분은 땀의 길이를 길게 하여 촘촘하게 개더를 잡는다. (땀의 길이가 길수록 안쪽의 구멍은 작아진다.) 반대편 바깥쪽 끝이 될 부분은 개더를 조금만 잡는다. 바깥쪽 개더의 분량에 따라 개더를 잡은 긴 천은 바퀴 모양의 평평한 형태를 띠거나, 반구형으로 솟아오를 수 있

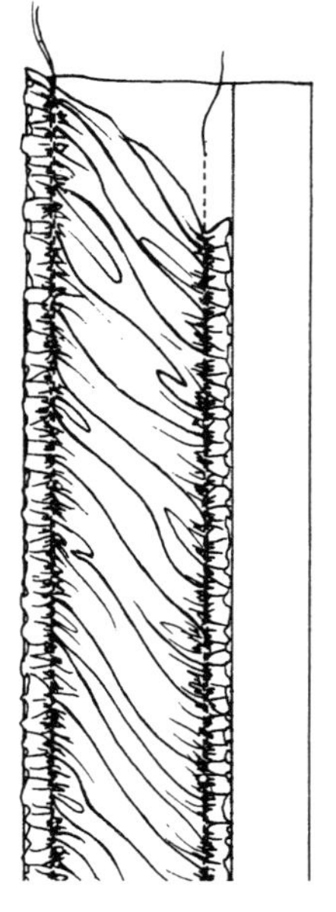

그림 1-27 버팀천에 고정하기 전, 주름에 각도를 주기 위해 오른쪽 아래로 잡아당겨 사선으로 양쪽 끝 개더를 잡은 모양.

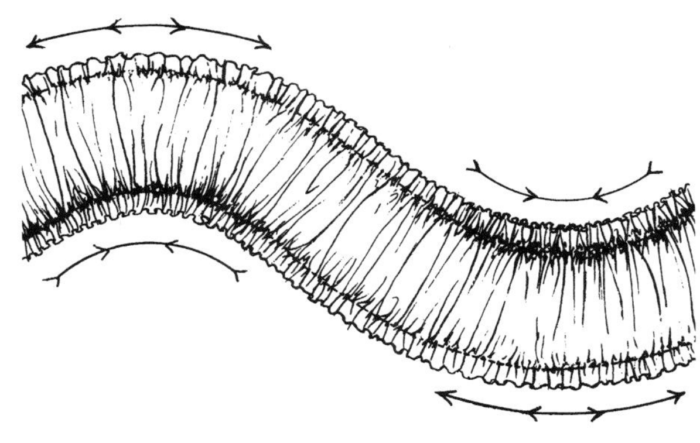

그림 1-28 한 면을 반대쪽 면보다 촘촘하게 개더를 잡아 곡선을 이루는 양쪽 끝 개더링의 모양.

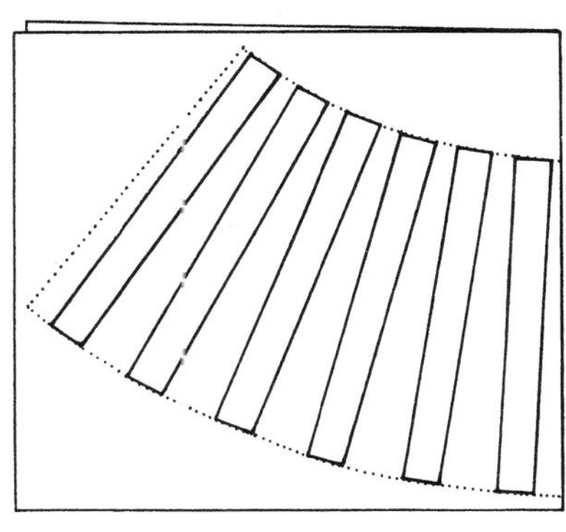

그림 1-30 절거하여 벌려주는 패턴 전개법을 이용한 양쪽 끝 개더링. 한쪽 끝이 다른 쪽보다 개더가 많이 잡힌 직사각형이 되게 한다.

다. 두 가지 모두 중심에 깊은 주름이 모여 있고 가장자리로 퍼져나갈수록 주름이 줄어든다(그림 1-29). 바깥쪽에 개더를 잡기 위해서는 긴 천 조각의 길이가 고정하려는 바깥쪽 원둘레보다 길어야 한다. 바깥쪽에 개더를 잡기 위해 필요한 길이를 계산할 때 원둘레의 치수(원둘레=지름×3.14)를 기준 치수로 삼는다. 천 조각의 너비가 고정하려는 원둘레의 반지름 치수와 같으면 외곽선 안에 평평한 모양으로 개더가 잡힌다. 반지름 치수보다 넓으면 개더가 잡히면서 솟아오른다.

지금까지 설명한 방법이 적절하지 않은 양쪽 끝 개더링의 경우 패턴을 잘라서 벌려주는 방법을 이용한다. 한쪽은 촘촘하게 개더를 잡고 다른 쪽은 살짝 개더를 잡은 형태이거나(그림 1-30) 전체적으로 주름이 잡힌 특별한 모양의 외곽선을 가진 형태(그림 1-31)를 끼워 박아야 하는 경우 패턴이 필요하게 된다. 원하는 모양을 베껴낸 패턴을 주름 방향으로 잘라 조각을 낸다. 다른 종이 위에 잘라낸 조각들을 개더 잡을 분량에 따라 따로따로 벌려서 붙인다. 벌어진 사이를 연결하면서 새로운 외곽선을 그린다. 패턴 전개가 끝나면 솔기에 시접을 더해준다.

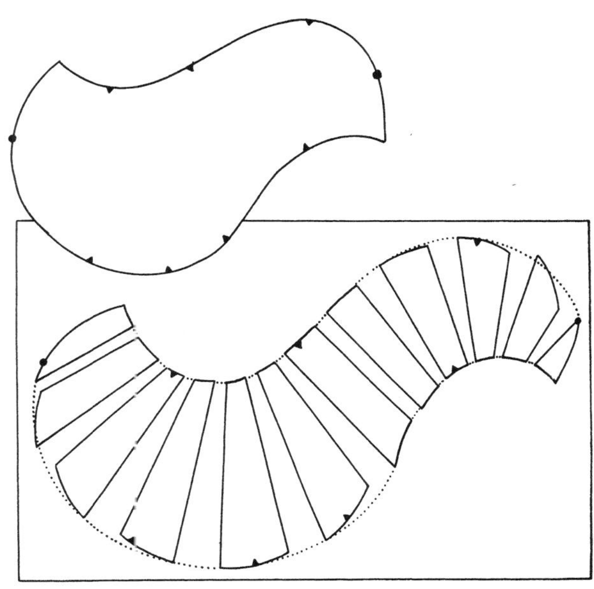

그림 1-31 절거하여 벌려주는 패턴 전개법을 이용한 특별한 형태의 양쪽 끝 개더링. 외곽선의 정해진 부분에 일정하지 않은 개더를 잡는다. 개더의 위치를 연결하는 접합점(▲)을 맞춘다.

개더를 잡은 끝을 고정하고, 필요한 경우 살짝 늘여주거나 판 위에 고정해 주름이 자리 잡도록 정돈해준다. 개더 잡은 부분 위에서 다리미로 스팀을 쏘여준다. 열기가 식고 완전히 마른 뒤 옮긴다.

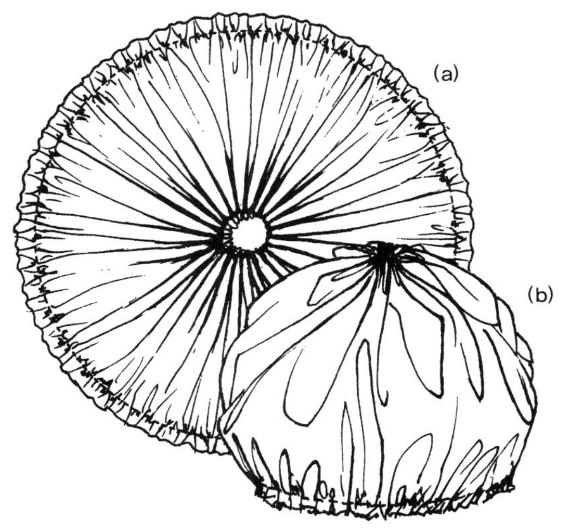

그림 1-29 긴 천 조각을 원통형으로 연결하고 양끝에 개더를 잡은 모양. (a) 바퀴 모양. (b) 반구형으로 솟아오른 모양.

I-12 봉을 끼워 넣은 양 끝단 사이에 잡힌 개더가 팽팽하게 당겨진 모양.

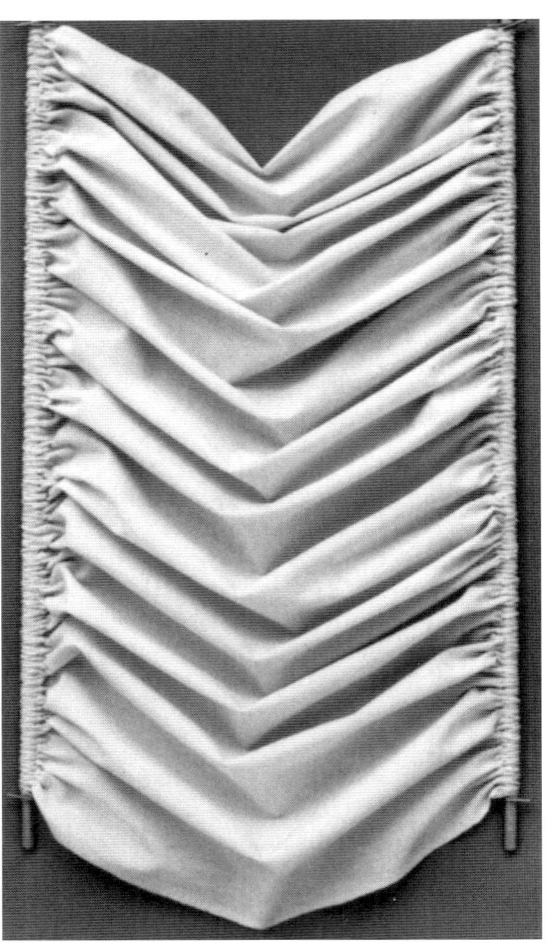

I-13 봉을 끼워 넣은 양 끝단 사이에 잡힌 개더가 늘어진 모양.

I-14 사다리꼴의 윗부분과 너비가 같은 직사각형 버팀천에
사다리꼴의 기울어진 옆선을 개더 잡아 연결한다.
주름은 아래쪽으로 주름의 깊이가 증가하면서 늘어진다.

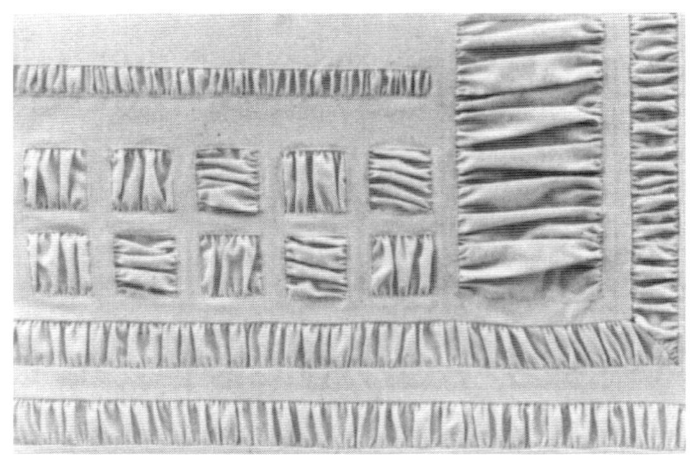

I-15 부드러운 소재와 대비되는 디자인으로 구성된 광목.
자동으로 개더를 잡아 크기와 방향이 다양한 주름을 끼워 박아
무늬를 만들었다.

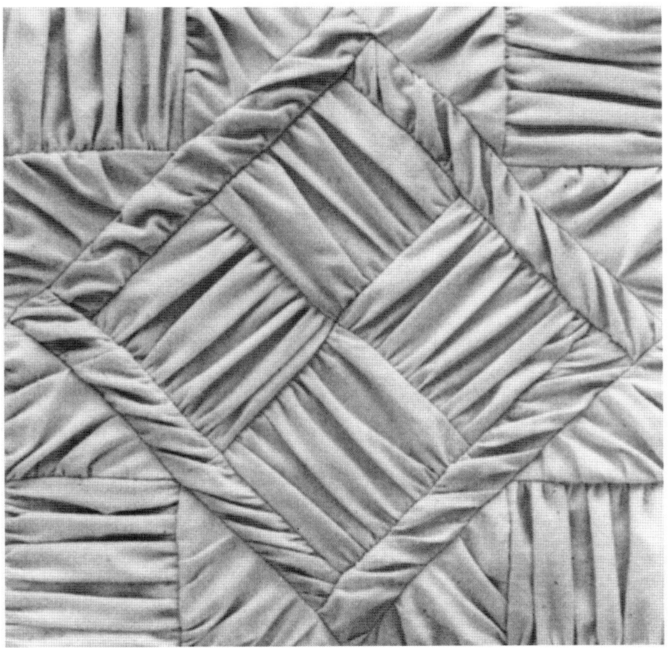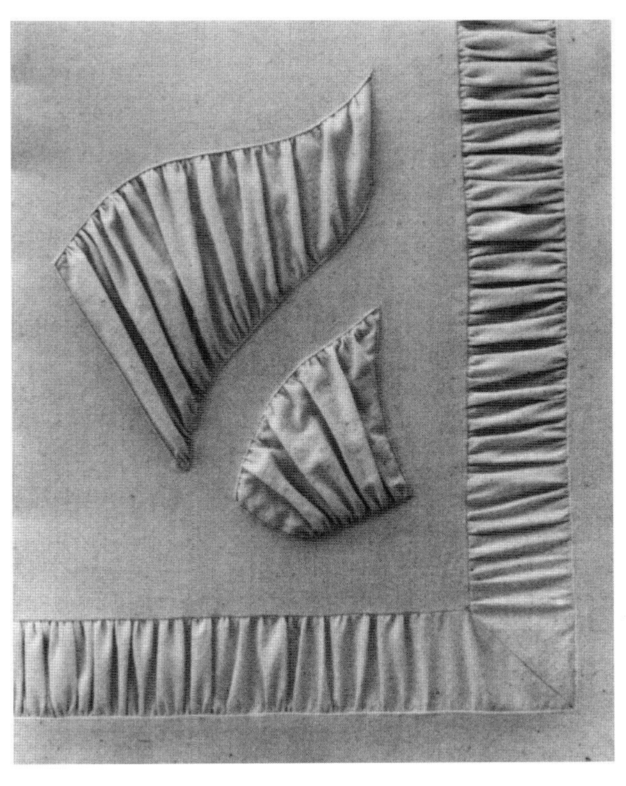

I-16 디자인에 따라 조각들의 각 부분이 구별되도록
개더 잡은 주름의 방향을 다양하게 한 구성.
가운데 정사각형들을 둘러싼 가장자리의 개더는 사선으로 주름이 진다.
외곽 부분은 한쪽 끝을 개더 처리한 8개의 삼각형으로 둘러싸여 있다.
모든 조각을 연결하기 전에 개더를 고정한다.

I-17 광목 소재의 바탕천에 특별한 모양으로 도려낸 형태에 맞추어,
적당한 볼륨의 개더를 잡아 끼워 박은 모양.
모서리에서 시작해 가장자리로 갈수록 개더의 밀도는 더 촘촘해진다.

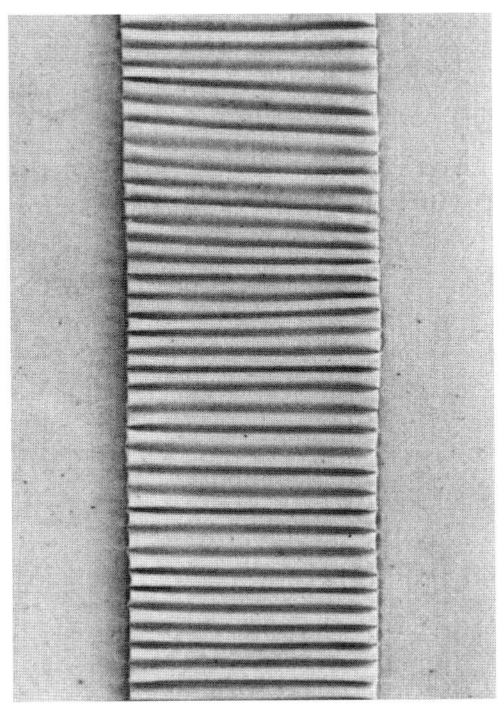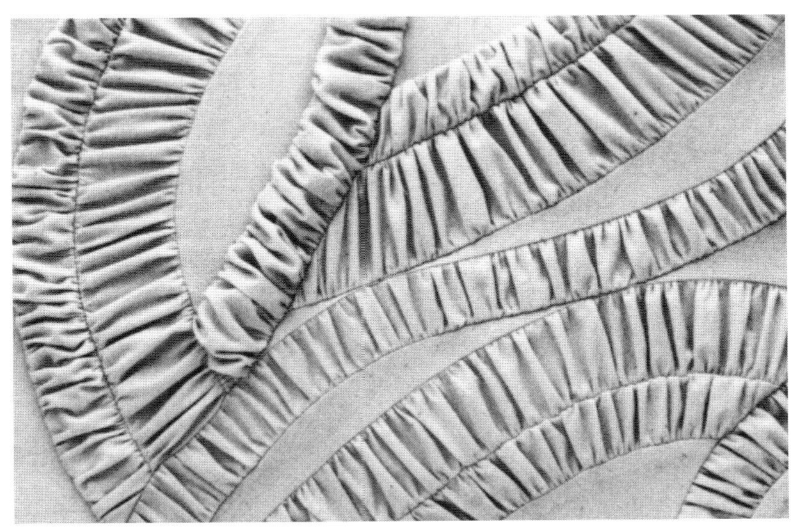

I-19 개더를 조절해 곡선의 가늘고 긴 조각을 연결하여
뱀처럼 구불거리는 모양을 만든다. 부드러운 원단을 사용해 강조했다.
모든 조각은 디자인에 따라 외곽선을 그린 버팀 종이에 꿰매둔다.
부풀어 오른 세 조각은 버팀천에 개더를 고정하는 역할을 한다.

I-18 오른쪽은 일정한 간격으로 홈질한 뒤 잡아당겨
바탕천에 고정한 골진 부분이 눌린 개더.
왼쪽은 골진 부분만 바탕천에 고정해
원통형으로 솟아오른 모양.

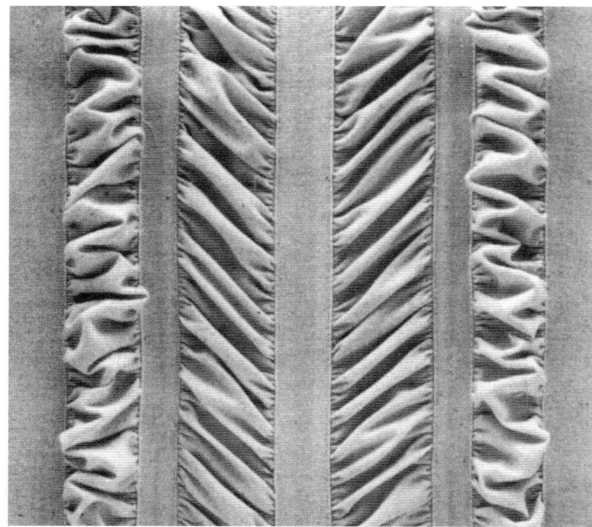

I-20 사선으로 주름진 가운데 조각들.
0.75인치(2cm) 높이로 부풀어 오른 양옆의 조각들.

I-21 가늘고 긴 조각의 광목을 원형으로 주름 잡아 만든 메달 모양.
힘 있는 바탕천에 박아 깊은 주름으로 둘러싸인 중심 입구에서부터
주름이 퍼져나가게 하고, 러플 끝자락 같은 가장자리 원형을 상침한다.
가장자리를 둘러싼 곡선 모양의 띠는 위로 솟아 있다.

I-22 긴 직사각형 원단을 개더 잡아 만든 두 개의 반구형. 하나는 광목의 모양에 따라 부푼 형태이고
다른 하나는 틀에 맞춰 스팀으로 둥글게 모양을 잡아 고정한 형태이다.

1부 **부피를 줄이는 방법**

전체 개더링
All-Sides Gathering

전체 개더링을 하게 되면, 가장자리 전체를 스티치하여 잡아당기거나 채널 안에 고무줄 또는 끈 같은 것을 넣어 당기기 때문에 개더 사이의 원단이 부풀어 올라 원래 모양보다 작아진다.

작업 과정

❶ 단순하고 복잡하지 않은 외곽선으로 기준 모양을 정한다. 원하는 모양에 맞는 전체 개더링 패턴을 전개하려면 솟아오르는 데 필요한 양을 기준 모양의 전체 둘레에 더해준다. 일반적으로 솟아오르는 전체 높이를 측정하고 그 양만큼 늘려준다(**그림 1-32**). 개더링 패턴의 곡진 가장자리 둘레를 1/2이나 1/4로 나누어 접합점을 표시한다. 같은 방법으로 긴 직선의 가장자리를 나눈다. 간격에 맞춰 접합점을 기준 패턴에 표시한다.

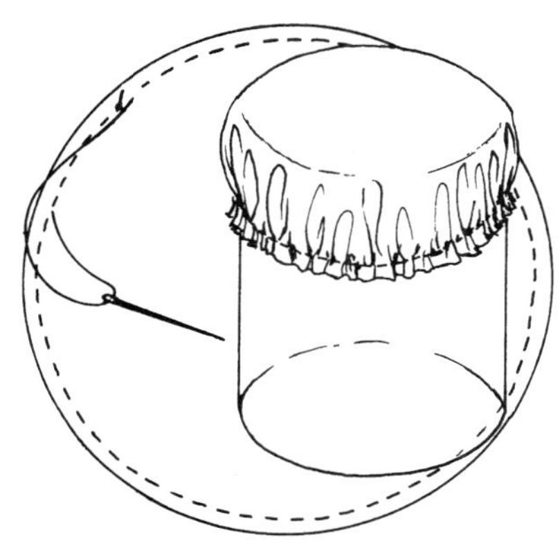

그림 1-32 전체 개더가 잡힌 동그란 천으로 원형의 덮개를 만들려면 윗부분에서 원형의 지름과 덮개가 멈추는 곳까지 양옆 길이를 측정한다. 높이를 위해 늘려주어야 할 치수를 포함한다.

❷ 개더링 패턴에서 잘라낸 천의 전체 가장자리를 따라 개더를 잡는다. 개더 처리한 길이를 접합점들과 패턴에 맞추어, 개더를 골고루 일정하게 잡아준다(**15쪽, '개더를 잡는 방법' 참조**).

❸ 연결하기에 적절한 방법을 정하여 개더 처리한 가장자리를 모양에 맞게 고정한다(**17쪽, '개더 스티치 고정하기' 참조**).

특징과 응용

전체 개더링의 기본은 개더를 잡아 정사각형을 더 작은 정사각형으로, 타원형을 더 작은 타원형으로, 원형을 더 작은 원형으로 만들고 가장자리를 적절하게 고정하는 것이다. 가장자리 사이에 공기가 차 있어 위쪽으로 불안정하게 부풀어 있는 것이 전체 개더링의 특징이다. 전체 개더링은 그런 특

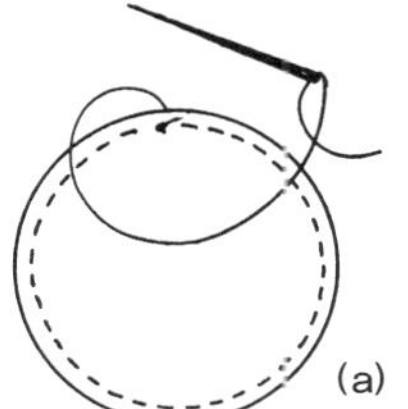

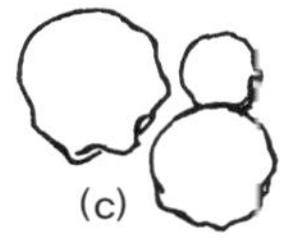

그림 1-33 퍼프 만들기. (a) 작은 원형의 원단 가장자리를 스티치한다. (b) 아주 촘촘하게 잡아당겨 뭉친 개더를 바탕천에 세워 단단히 고정한다. (c) 윗부분의 퍼프를 둥글게 만든다.

징을 적절하게 살려야 한다.

퍼로잉은 특별한 형태의 전체 개더링으로 실과 바늘을 이용해 부풀어 오른 부분을 불규칙하고 쭈글쭈글하게 만드는 것이다. 퍼로잉은 공처럼 부풀어 오른 원단을 스티치로 징거주는 방법으로 고정된 가장자리 안쪽에 미로처럼 꼬불꼬불하고 올록볼록한 주름을 만든다(**20쪽, '퍼로잉' 참조**).

퍼프(puff, 봉오리 모양)는 아주 작은 원형들의 가장자리를 손바느질로 전체 개더링하여 부풀리는 것이다. 가장자리의 개더를 아주 촘촘하게 잡아당기고 뭉친 개더를 바탕천에 세워서 단단히 고정한다. 바늘 끝으로 봉긋 솟은 윗부분을 매만져 뭉뚝한 버섯 모양이 되도록 펴준다(**그림 1-33**). 완성된 퍼프는 원래 원형 지름의 1/2보다 조금 작다.

러플 퍼프는 퍼프 작업을 좀더 발전시킨 것이다. 넓은 원형 원단의 가운데에 퍼프를 만들 원을 정한다. 퍼프를 만들 원을 따라 스티치하여 개더를 잡는다. 매듭을 짓기 전에 개더를 잡은 둘레를 실로 몇 번 감아준다. 러플과 퍼프 사이의 개더 처리한 부분을 바탕천에 고정한다(**그림 1-34**). 모여 있는 **러플 퍼프**는 바탕천에 여러 개의 볼록한 퍼프와 나풀거리는 러플을 부착하여 만든다. 요령은 간단하다. 러플들을 아주 가까이 고정하면 인접한 러플 자락이 위로 솟아오르게 된다. 받침 위의 러플 퍼프는 바탕천에서 솟아 개더가 잡히기 때

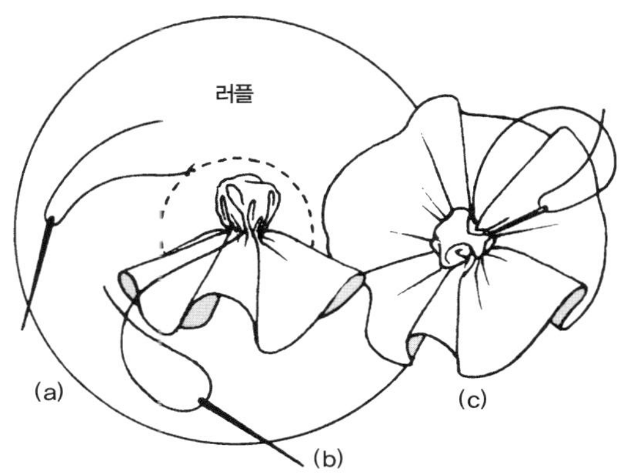

그림 1-34 러플 퍼프 만들기. (a) 안쪽 원을 스티치한다. (b) 촘촘하게 개더를 잡는다. (c) 바탕천에 개더 처리한 부분을 고정한다.

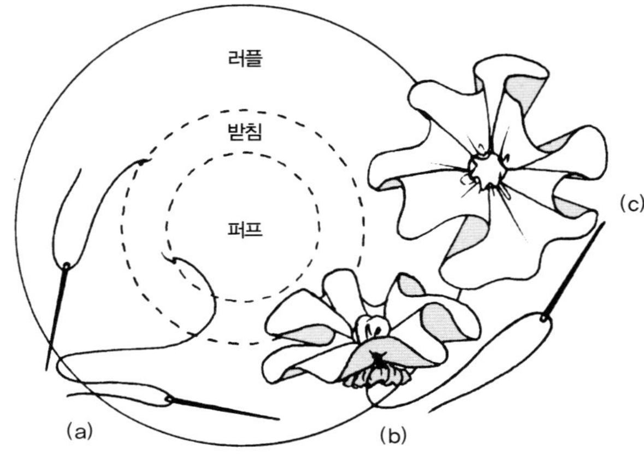

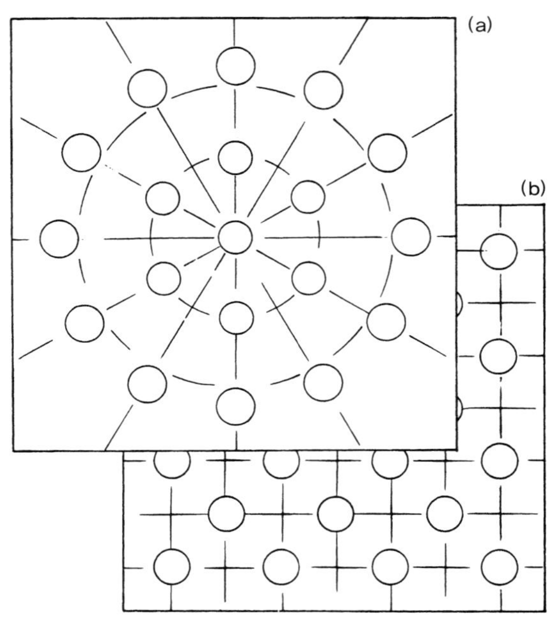

그림 1-35 받침 위의 러플 퍼프. (a) 안쪽의 두 원을 스티치한다. (b) 촘촘하게 개더를 잡아 중심원은 위로 밀어올리고 받침 부분은 아래로 가게 한다. (c) 바탕천에 받침 부분을 고정한다.

문에 더욱 풍성한 모양을 띤다. 넓은 원형의 원단 가운데에 약 0.5인치(1.3cm) 간격으로 두 원의 외곽선을 그린다. 두 외곽선을 따라 스티치한다. 두 줄을 촘촘하게 개더 잡아 중심원의 퍼프는 밀어올리고 두 번째 줄 사이의 원단은 퍼프와 러플 아래로 가게 하여 받침으로 삼는다. 바탕천에 받침 부분을 고정한다(그림 1-35). (59쪽, '러플 가장자리 처리' 참조.)

퍼프 개더링은 퍼프와 주름 들을 연결해 요철 무늬가 있는 원단으로 재구성하는 것이다. 퍼프 개더링은 격자 위에 도려낸 원들을 배열한 스텐실을 사용한다(그림 1-36). 스텐실을 사용해 원단의 겉면에 패턴을 베껴낸다. 각 원의 외곽선을 따라 스티치하고 개더를 잡는다. 퍼프를 위로 밀어올리고 뭉친 퍼프 천은 바늘 끝으로 정리한다. 완성 치수에 맞추어 원단의 가장자리를 개더 처리한다. 얇은 안감을 개더 뒷면에 고정하여 퍼프가 퍼져 있는 원단 전체를 지탱해주고 퍼프 개더를 잡은 실이 끊어지는 것을 막아준다.

스타 개더링(star gathering)은 퍼프 개더링의 안쪽 면이 겉으로 드러나는 것이다. 퍼프 대신 방사형으로 퍼져나가는 주름이 모아져 쏙 들어간 점의 형태를 띤다. 원의 외곽선을 원단의 안쪽 면에서 베끼고 작업 과정은 퍼프 개더링과 같다.

구멍 뚫린 스타 개더링은 안쪽에 동그란 구멍(dimple)들이 퍼져 있는 것이다. 스텐실을 만들 때 개더를 잡아 완성될 구멍 크기의 2배가량 되는 지름으로 원을 그린다. 원단의 앞면에 그려진 외곽선을 따라 원을 잘라낸다. 아주 작은 시접에 조금씩 가위집을 주어 아래쪽으로 꺾어둔다. 시접 둘레를 따라 촘촘하게 감침질하여 각 원에 연필이나 봉을 끼워 넣은 뒤 잡아당겨 개더를 잡는다. 장력이 센 실을 사용하여 개더 잡은 스티치가 풀어지는 일이 없도록 단단히 고정한다.

퍼프 개더링과 그 외 응용 방법에서 본 것처럼 원 사이의 간격이 넓어지면 개더링으로 생긴 주름들의 길이가 길어지고, 원의 크기가 커지면 주름의 깊이가 깊어진다.

그림 1-36 퍼프 또는 스타 개더링을 위한 두 개의 스텐실. (a) 원을 연결하는 선과 그 이등분으로 나눈 선을 연결하는 방사형 도안. (b) 사각형 도안. 서로 부딪히는 것을 방지하기 위해 퍼프의 넓이보다 퍼프 사이의 간격이 넓어야 한다.

요요(yo-yos)는 전체 개더링으로 부풀어 오른 원단을 납작하게 하여 윗면에 개더가 잡힌 원 모양을 만드는 것이다. 원하는 요요의 지름을 정하고 그것의 2배가 되는 지름으로 원형 천을 잘라낸다. 가장자리 시접을 안으로 접어 넣고 접힌 곳의 바로 옆을 일정하게 홈질한다(큰 땀수의 홈질=가운데 작은 구멍, 작은 땀수의 홈질=가운데 큰 구멍). 촘촘하게 개더를 잡고 중심을 맞추어 부풀어 오른 원단을 납작하게 한다. 원형 요

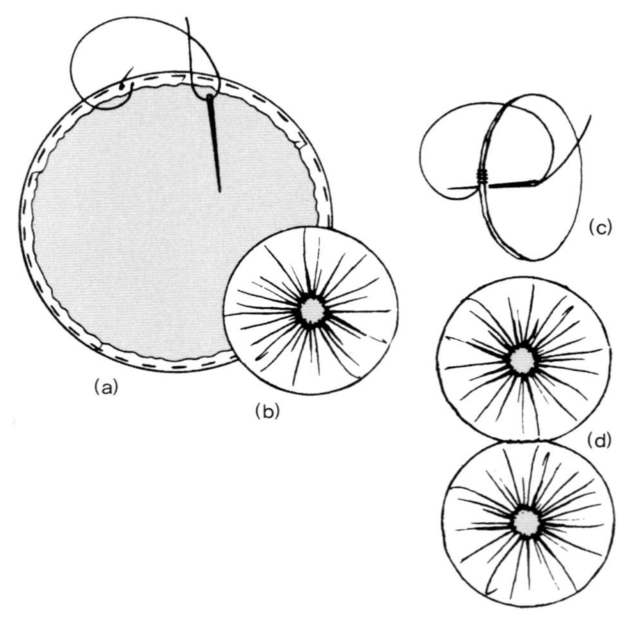

그림 1-37 요요 만들기. (a) 원형의 가장자리 시접을 접어 홈질한다. (b) 촘촘하게 개더를 잡아 납작하게 만든다. (c) 두 개의 요요를 연결한다. (d) 줄의 형태를 띤 두 개의 요요. 같은 방법으로 또 다른 요요와 연결해 줄을 이어간다.

1부 **부피를 줄이는 방법**

요를 여러 개 연결해 새로운 원단이나 주름, 구멍이 있는 독특한 장식을 만들 수 있다(**그림 1-37**).

바탕천에 덧붙인 요요로 표면 장식 효과를 낼 수도 있다. 요요를 만들기 위해 잘라낸 원단 안쪽에 완성할 요요의 둘레가 되는 작은 원을 그린다. 안쪽 원과 가장자리 사이의 원단은 개더를 잡고 안으로 접는 부분이므로, 안쪽 원과 가장자리의 거리는 안쪽 원의 반지름보다 작아야 한다. 시접을 안으로 접어 넣고 넓은 간격으로 일정하게 홈질한다. 안쪽 원을 바탕천에 박아 고정한 뒤 개더를 잡는다. 골이 파인 부분을 골고루 펴준 다음 고정한다(**그림 1-38**). 같은 치수의 원들을 덧붙이는 경우에도 요요의 완성 치수와 모양은 달라질 수 있다. 안쪽 원의 치수에 따라 개더를 잡아 고정하는 구멍의 크기가 달라질 수 있고 안쪽 원이 중심에 오지 않는 경우도 있다.

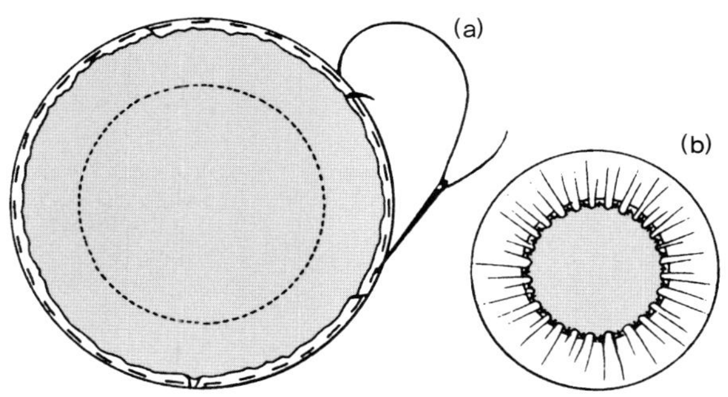

그림 1-38 요요 덧붙이기. (a) 원형의 가장자리 시접을 접어 홈질한다. 안쪽 원을 따라 바탕천에 박은 뒤 개더를 잡는다. (b) 개더를 고정하면서 가장자리의 주름을 곧게 펴준다.

I-23 원형으로 개더를 잡은 세 가지 형태. (왼쪽) 자연스럽게 솟아오른 퍼프. (오른쪽) 볼에 퍼프를 씌워 스팀으로 형태를 잡은 모양. (가운데) 채널을 만들어 스트링을 끼운 주머니.

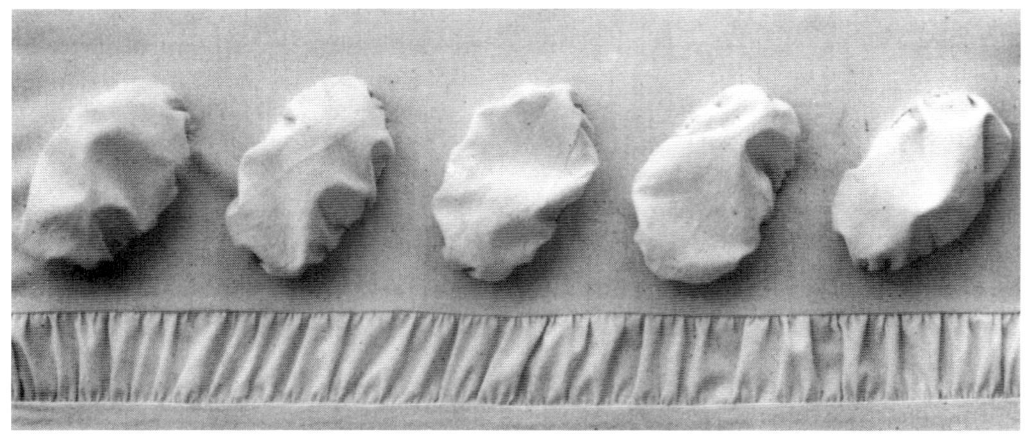

I-24 양쪽 끝 개더를 잡아 끼워 박은 위쪽에, 큰 타원형을 개더 처리하여 솟아오른 작은 타원형으로 만든 가장자리 디자인.

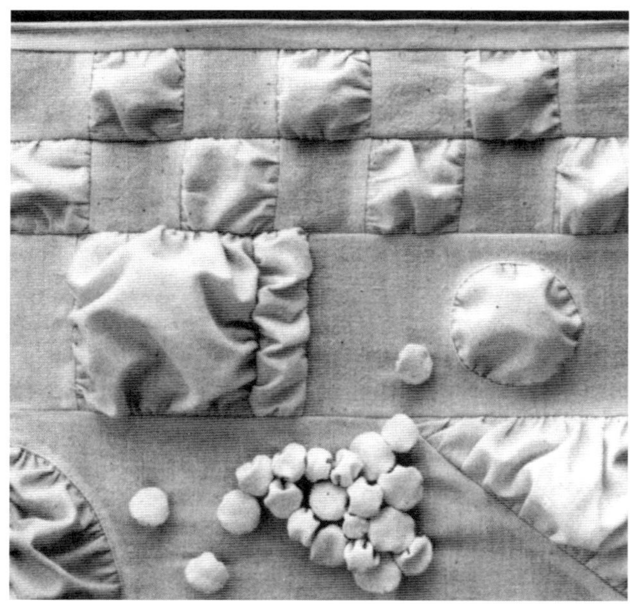

I-25 솟아오른 퍼프와 평평한 부분이 대조를 이루면서 여러 조각이 연결된 디자인. 표면에 고정한 작은 퍼프들을 제외하고 개더 처리한 모든 조각을 서로 연결하기 전에 개더를 고정해야 한다.

I-26 작은 퍼프들을 여기저기 덧붙여 원형을 개더 처리하여 만든 디자인을 강조. (위) 가운데가 위로 솟은 러플 퍼프 3개와, 퍼프의 아랫부분을 고정한 러플 퍼프 3개. (아래) 긴 직사각형 천의 양끝을 원통이 되게 연결하고 한쪽 면을 촘촘하게 개더 처리한 러플 퍼프 3개.

I-27 (오른쪽 아래) 여러 개를 모아 놓은 러플 퍼프.
(왼쪽) 러플 퍼프 4개. (가운데) 퍼프.
(오른쪽 위) 바닥에 고정한 받침 있는 러플 퍼프 3개.

I-28 퍼프 개더링 디자인. 원단에 나타나는 사선들은
사각형의 반복적인 패턴을 보여준다.

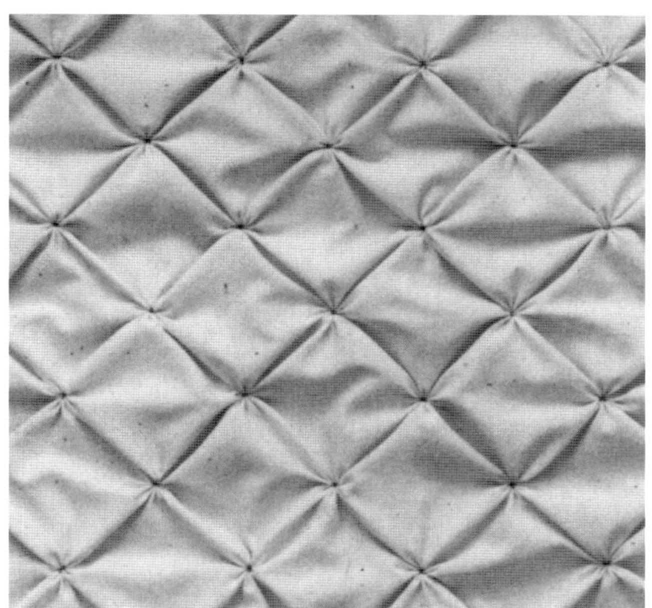

I-29 스타 개더링(퍼프 개더링 다자인을 뒤집은 것).

I-30 스타 개더링과 퍼프 개더링을 연결한 방사형 디자인.
가장자리 퍼프가 두 배로 넓어지면(예를 들어 12개가 아니라 24개가 되면)
더 많은 주름이 생기고 가운데 부분은 반구형으로 솟아오른다.

I-31 구멍 뚫린 스타 개더링.

I-32 요요를 연결한 상태. 원하는 크기에 따라 이어갈 수 있다.

I-33 가장자리의 빈 공간에 줄로 연결한 요요를 끼워 박은 모양.

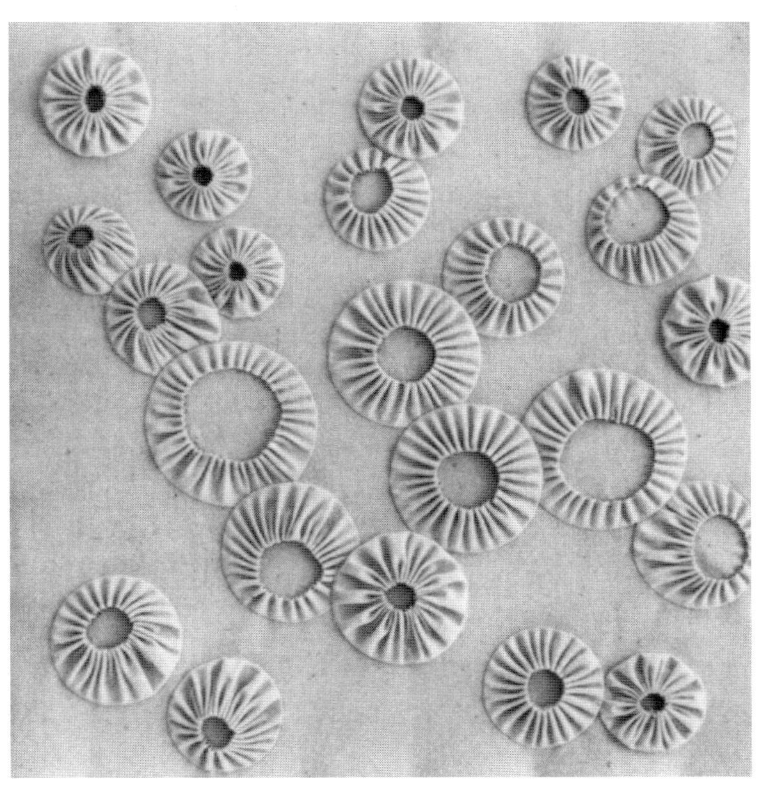

I-34 큰 구멍 주위로 곧게 퍼져나가는 주름을 잡아 덧붙인 요요.

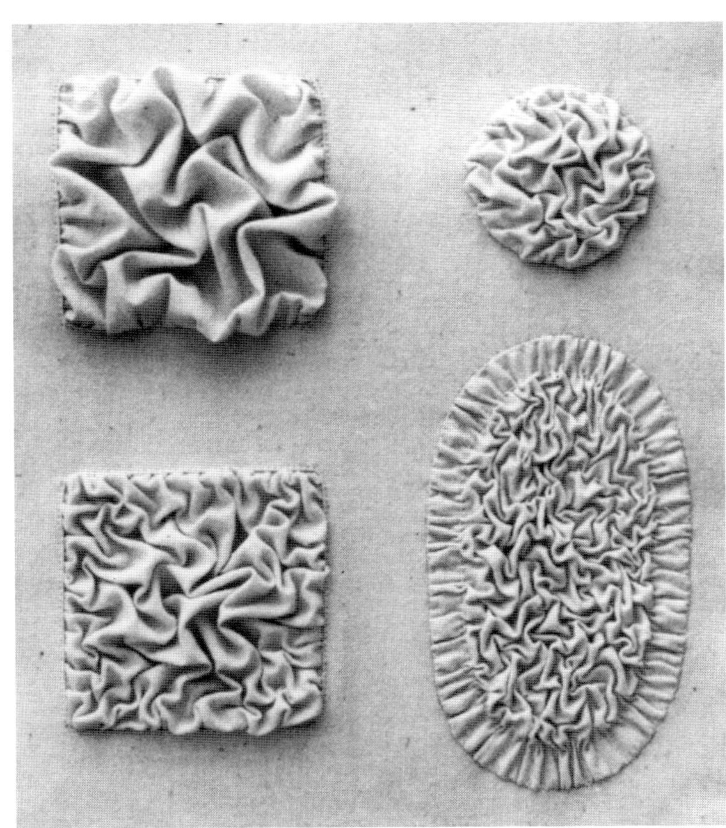

I-35 원하는 모양보다 2배 넓은 광목으로 불규칙하게 골진 주름을 만든 예.
(왼쪽 위) 넓게 고정한 것. 가장 깊은 주름을 보여준다. (왼쪽 아래) 좀더 촘촘하게 고정하여
솟은 부분이 줄어든 모양. (오른쪽 위) 촘촘하게 고정한 상태. 아래 샘플보다 높이가
2배 정도 솟아 있다. (오른쪽 아래) 가장자리에 띠 모양으로 개더를 잡아 둘러싸고
아주 빽빽하게 주름을 잡아 고정한 타원형.

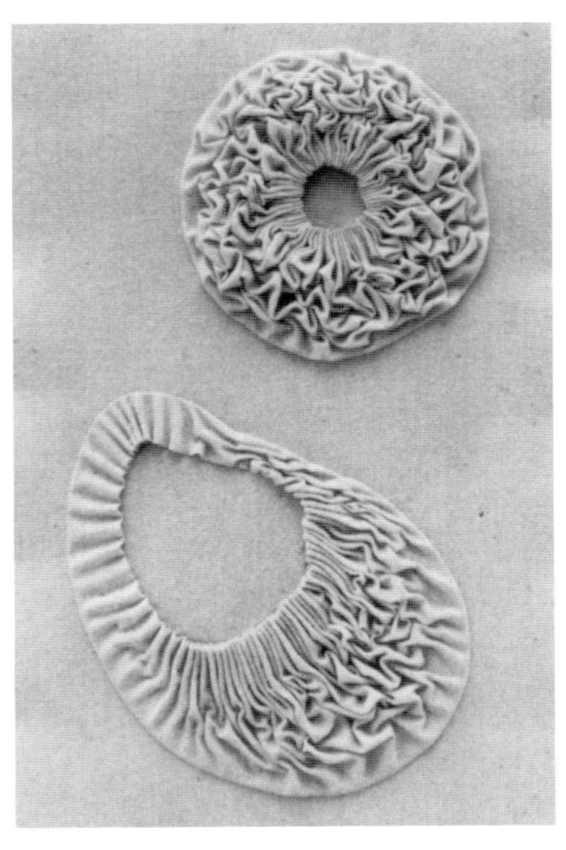

I-36 덧붙인 다음 불규칙한 주름을 잡은 요요.
아주 넓은 외곽선을 따라 주름을 잡고 아플리케 스티치하여
원단을 부풀린다.

셔링

Shirring

셔링은 개더를 잡은 줄 사이에 부드럽게 구불거리는 주름 잡힌 원단을 만든다. 셔링 잡힌 원단 사이의 스티치선은 원단의 가장자리와 평행하거나 사선이 되기도 하고 서로 교차하거나 다양한 패턴을 만들어내기도 한다. 개더 스티치선이 복잡하게 연결되면서 다양한 주름으로 가득 찬 장식적인 원단이 탄생한다. 결과적으로 셔링은 원단의 크기를 원래보다 줄어들게 만든다.

셔링
Shirring

작업하려는 공간을 가로질러 평행하게 여러 줄을 박은 뒤 개더를 잡아 원단의 치수를 줄이는 것이다.

작업 과정

❶ 셔링 잡을 천을 준비하기 위해 셔링 처리 후의 완성 치수를 정한다. 개더로 주름이 잡히게 될 원단의 풍성함 정도를 결정한다. 셔링을 잡은 뒤 원하는 풍성함을 얻는 데 필요한 원단의 길이를 계산하는 방법은 다음을 참조한다.

> 가벼운 볼륨＝완성 치수×$1\frac{1}{2}$
>
> 적당한 볼륨＝완성 치수×2
>
> 넉넉한 볼륨＝완성 치수×3 이상

❷ 계산에 따라 얻어진 치수에 맞추어 원단을 자른다.
셔링을 잡게 되면 개더를 잡은 스티치선뿐만 아니라 원단의 길이 방향으로도 약간 줄어든다. 〔예를 들면, 12인치 (30.5cm) 너비의 사각형을 6인치(15cm) 너비로 셔링을 잡으면 길이 방향으로는 0.25인치(6mm)가량 줄어들 수 있다. 개더 잡는 줄의 수가 늘어나는 만큼, 길이 방향으로 원단이 더 많이 줄어들게 된다.〕

❸ 셔링을 잡을 위치에 평행한 스티치선을 정해 셔링 패턴을 도안한다. 마커를 사용하거나 살짝 눌러 접어서, 원단의 안쪽 면에 스티치선을 표시한다. 스티치선의 길이를 1/2 또는 1/4로 나누어 표시하여 원하는 위치에 개더가 일정하게 놓이도록 조절한다.

❹ 원단에 개더 잡을 준비를 한다. 표시해둔 선을 따라 손바느질로 홈질하거나, 재봉틀로 박거나, 스트링이나 코드를 놓고 그 위를 지그재그로 박는다(**15쪽, '개더를 잡는 방법' 참조**). 각각의 봉제선에서 한쪽 끝(손바느질인 경우) 또는 양쪽 끝(재봉틀을 이용한 경우)에 실이나 스트링, 코드 등을 적어도 3인치(7.5cm) 정도 남겨둔다.

❺ 원하는 치수에 맞도록 각각의 스티치선에서 개더를 잡는다. 각 줄의 한쪽 끝이나 중심을 손으로 잡아주거나 핀 또는 시침으로 고정한다. 늘어진 여러 줄의 실이나 스트링, 코드 등을 한꺼번에 잡는다. 다른 손을 사용해 안쪽으로 원단을 밀어넣는다. 모든 스티치선이 원하는 치수에 맞게 개더가 잡힐 때까지, 원단의 앞뒷면에서 주름이 일정하게 놓이도록 조금씩 개더를 잡는다(**그림 2-1**).
손바느질로 개더를 잡은 경우 풀리지 않도록 한 땀 정도 되박음질해준다. 재봉틀로 스티치한 경우에는 윗실과 밑

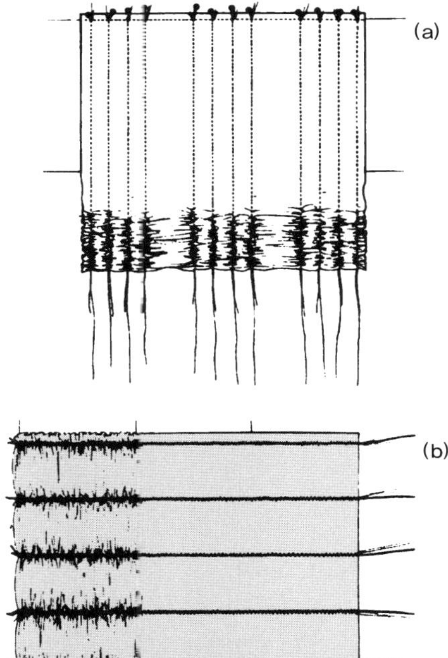

그림 2-1 셔링을 위한 원단 준비. (a) 바닥에 표시된 두 개의 완성선 중 한쪽 끝에 재봉틀로 스티치한 각 스티치의 끝을 맞추어 핀을 꽂는다. (b) 바닥에 표시된 중심에 지그재그로 스티치한 원단의 중심을 맞추어 고정하고 셔링을 잡는다.

실을 같이 묶은 매듭 위를 살짝 박아준다. 셔링을 잡은 줄의 끝이 시접의 안쪽이 아닌 원단의 안쪽에서 끝나게 되면 작은 턱(tuck)을 잡아주어 매듭지은 실을 감춰준다(**그림 2-2**). 셔링을 일정하게 정돈한다.

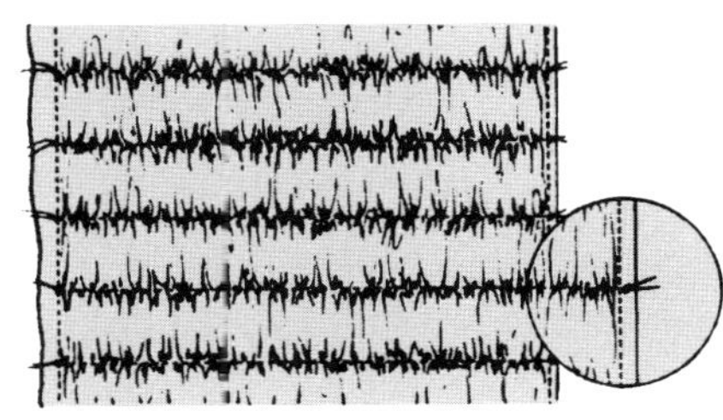

그림 2-2 (왼쪽) 개더를 잡은 뒤 윗실과 밑실을 함께 묶어 매듭을 짓고 각각의 매듭이 지나는 곳에 수직으로 한 줄을 박아준다. (오른쪽) 원단의 안쪽에서 개더를 잡은 스티치를 멈추고 수직으로 핀 턱을 잡아 턱의 솔기 안쪽에 각각의 매듭을 고정한다.

❻ 다리미판에 조심스럽게 펼친 뒤 핀으로 고정하고 원단 위에서 스팀을 쐬어 셔링의 형태를 잡아준다. 열기가 식고 완전히 마른 뒤 옮긴다.

❼ 실로 개더를 잡은 셔링 뒷면에 안단을 덧대어 고정한다(**그림 2-3**). 또는 셔링 잡은 천을 버팀천 위에 놓고 개더를 잡은 스티치선 위를 박아 셔링을 고정한다(**그림 2-4**). 위의 두 가지 방법을 같이 사용해도 된다.
셔링 아랫부분에 원단을 덧대고 싶지 않으면 일시적인 버팀천이나 좋은 리본, 테이프 등을 이용한다(**그림 2-5**).

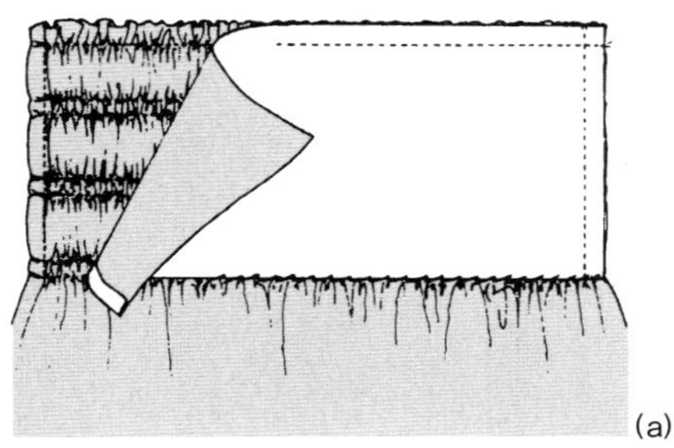

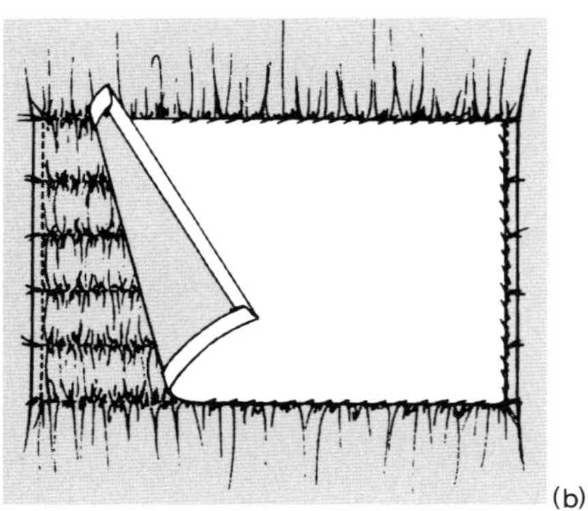

그림 2-3 마지막 개더를 잡은 스티치선에 버팀천을 손바느질로 고정한다. (a) 한쪽 면은 손바느질로 고정하고 나머지 세 면은 재봉틀을 이용해 느린 땀으로 박아준다. (b) 개더를 잡은 스티치선들의 맨 위와 아래 줄을 손바느질로 고정하고, 가장자리는 핀 턱으로 완성한다.

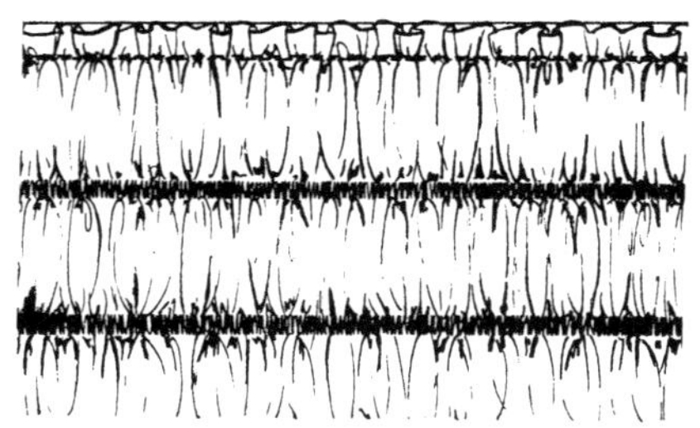

그림 2-4 버팀천 위에 셔링 잡은 천을 놓고 개더 처리한 스티치선을 따라 새틴 스티치로 박아 고정한다.

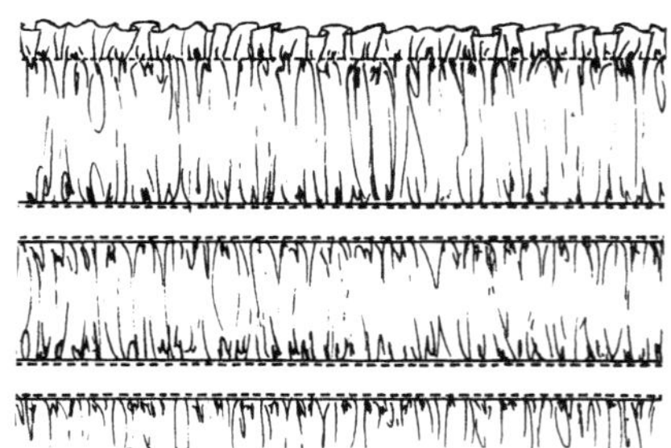

그림 2-5 개더를 잡은 스티치선 위에 리본이나 테이프를 대고 재봉틀로 박아 셔링을 고정한다.

스트링이나 코드 등으로 개더 처리한 셔링을 고정하기도 한다.

특징과 응용

전체적으로 셔링 처리한 원단은 일정한 간격으로 위에서 아래까지, 한쪽 끝에서 반대쪽 끝까지 주름이 잡힌다. 부분적으로 셔링 처리한 원단은 가운데 한 부분, 또는 위나 아래를 가로질러 주름이 잡히기도 한다. 윗부분에 셔링을 잡으면 아랫부분은 주름 때문에 나풀거리며 퍼져 떨어지게 된다. 셔링을 다른 원단과 연결하거나 바탕천의 도려낸 부분 뒤쪽으로 끼워 넣을 때 마지막 개더 처리한 스티치선은 늘 시접 안쪽에 놓여야 한다. 주름진 끝자락이 솔기선의 시접으로 쓰이지 않으면 러플처럼 마무리된다. (17쪽, '개더 스티치 고정하기' 참조.)

개더를 잡은 실이 끊어지는 것을 막고 개더가 골고루 펼쳐지도록 고정한다. 아래에 버팀천을 대주고, 각각의 개더 처리한 스티치선에 맞추어 정렬한 뒤 상침한다. 또 각각의 줄을 따라 듬성듬성 숨은 스티치로 고정하는 방법도 있다. 버팀천을 대주고 개더를 잡은 스티치선 위에 손바느질이나 재봉틀로 장식 스티치를 하는 셔링 처리법을 **모크 스모킹**(mock smocking)이라고 일컫기도 한다(그림 2-4와 152쪽, '모크 스모킹' 참조).

모든 스티치선을 같은 완성 치수로 개더를 잡으면 사각형의 원단은 좀더 작은 직사각형이나 정사각형이 된다. 그러나 원래의 솔기보다 느슨하게 개더를 잡으면 솔기선은 곡선이 되어 스티치가 끝난 부분의 셔링 잡힌 옆면들이 바깥쪽을 향해 부채꼴로 퍼지게 된다. 또한 연결된 주름들은 점차 간격이 넓어진다. 긴 원단을 따라 스티치하고 끝 시접을 연결한 뒤 개더를 잡으면 동심원 형태로 주름이 퍼져서 바퀴 모양이 되어 불규칙한 간격으로 개더를 잡을 수 있다. 또한 원형의 원단은 틀을 이용해 반구형으로 개더를 잡을 수도 있다 (28쪽, '원형 양쪽 끝 개더링' 참조). 셔링 처리한 원단은 솔기 때문에 빳빳해져서 형태가 있는 모양으로 덧붙이기에 유용하다.

고무줄 셔링을 선호하는 세 가지 이유는 따로 고정할 필요가 없고, 한 번에 자동으로 개더 처리가 되며, 신축성이 있다는 것이다. 고무 실을 재봉틀의 밑실로 쓰거나, 지그재그 스티치로 생긴 터널 사이에 고무줄을 끼워 넣는 방법의 셔링은 단단하거나 곡진 물체와 만나더라도 밀착해 형태를 이룬다. (17쪽, '개더를 잡는 방법' 참조.)

자동 개더 셔링은 각 스티치에 주름을 잡는 재봉틀의 특수 노루발을 이용해 만든다(16쪽, '개더를 잡는 방법' 참조). 장력과 땀의 길이를 조절해 개더의 밀도를 조절한다.―장력을 높이고 땀의 길이를 길게 하면 아주 풍성한 주름을 얻을 수 있다. 땀수를 적게 하면 풍성함이 줄어든다. 개더의 밀도, 노루발의 넓이, 원단의 성질 등은 스티치 사이의 간격을 조절하는 데 영향을 미친다. 재봉틀의 한계 내에서 개더용 노루

1부 **부피를 줄이는 방법**

발을 이용한 자동 개더링으로 모든 종류의 셔링을 빠르게
만들 수 있다.

서로 교차하여 박은 개더로 부풀어 오른 주머니 모양이나
구겨진 원단을 표현하는 것을 **외플 또는 교차 셔링**이라고 한
다. 원단의 뒷면에 표시한 격자 모양의 선을 따라 손바느질
이나 재봉틀로 박아주고 한쪽 방향으로 원하는 길이만큼 개
더를 잡은 뒤 교차된 쪽도 원하는 길이가 되도록 개더를 잡
는다(**그림 2-6**). 재봉틀을 이용해 직선으로 스티치할 때, 이
전에 박아놓은 스티치와 만나는 경우 건너뛰어 박도록 한
다. 같이 박으면 개더를 잡는 데 방해가 될 수도 있기 때문
이다. 외플 셔링은 줄 사이에 놓인 원단을 두드리거나 잡아
당겨 잘 펴고 다리미판에 핀으로 고정한 뒤 스팀을 쏘인다.
열기가 식고 마를 때까지 움직이지 않는다. 셔링 뒷면에 버
팀천을 대고 스티치선이 서로 교차하는 점을 손으로 시침해
고정한다.

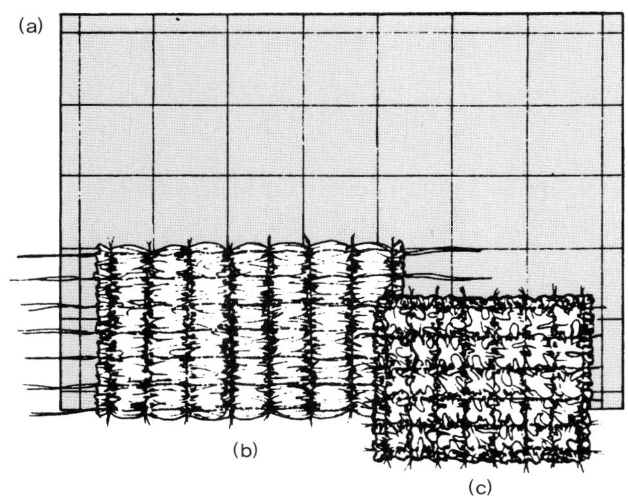

그림 2-6 외플 또는 교차 셔링. (a) 원단의 뒷면에 스티치선을 표시한다.
(b) 스티치한 후 한쪽 방향으로 평행한 줄들에 개더를 잡는다. (c) 교차된
줄들에도 개더를 잡는다.

퍼프 셔링은 개더 처리한 스티치를 버팀천에 가까이 상침하
면 그 사이의 느슨한 주름들이 밀려나서 소용돌이치며 부풀
어 올라 생겨난다. 버팀천에 가까운 간격으로 셔링 잡을 선
을 여러 줄 그린다. 간격이 좁을수록 퍼프는 더 부풀어 오른
다. 개더 잡힌 줄을 버팀천의 선에 맞추어 핀으로 고정한 뒤
박는다(**그림 2-7**). 다른 방법으로는 셔링과 버팀천 사이에 일
시적으로 튜브나 막대 같은 것을 끼워 넣어 주름이 솟게 한
뒤 개더 처리한 줄 위에 외노루발을 사용해 박는 것이 있다.
퍼프 셔링의 응용 방법 중 하나인 **퍼프 장식**은 개더 스티치의
줄들로 연결된 타원형이나 원형의 퍼프 체인으로 바탕천을
아름답게 장식하는 것이다. 좁고 긴 원단을 사용한다. (1)
길이 방향을 따라 시접을 안쪽으로 꺾어 다림질해놓는다.

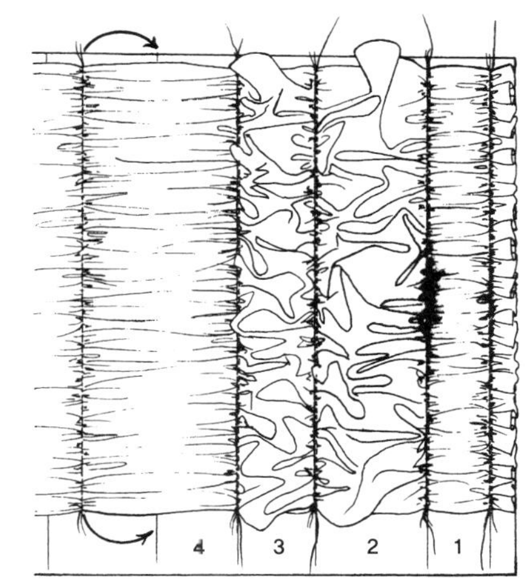

그림 2-7 버팀천에 상침하여 셔링을 부풀리기 위해 개더 처리한 줄들 사
이의 간격을 좁힌다. 이 그림에서 1은 퍼프가 생기지 않은 상태이고, 2와
3은 퍼프가 생겼고, 4는 버팀천에 표시된 안내선에 개더 잡힌 선을 상침
하면 퍼프가 생길 것이다.

(2) 원단에 계획허둔 간격에 따라 긴 천을 가로질러 박은 뒤
촘촘히 개더를 잡는다. (3) 개더 잡은 간격을 좁혀 퍼프가
생겨나도록 한다. 조개 모양의 외곽선을 만들고 개더 스티치
를 고정하면서 바탕천에 접힌 끝을 공그르기한다(**그림 2-8**).
간격이 좁을수록 바탕천에 고정되는 바깥쪽 가장자리의 곡
선은 더 동그래진다.

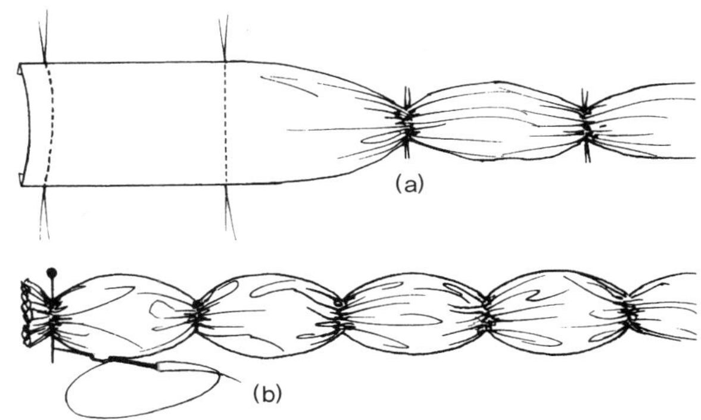

그림 2-8 퍼프 장식. (a) 간격에 맞추어 재봉틀로 박아놓은 긴 천에 셔링
을 잡는다. (b) 개더를 잡은 줄을 서로 가까이 밀면서 바탕천 사이에 곡진
가장자리를 공그르기로 고정한다.

여러 줄인 경우 주름이 퍼프 상태를 유지하려면 개더를 잡
은 줄의 간격이 충분히 좁아야 한다. 개더 사이의 간격이 넓
으면 사이의 주름은 솟아오르는 대신 밑으로 늘어지기 시작
한다. 개더 사이의 간격이 좁더라도 주름의 길이가 길면 원
단의 무게 때문에 늘어진다. 퍼프 셔링을 만드는 방법과 비
슷하지만 **드레이프 셔링** (draped shirring)은 규모가 비교적 크
다(**그림 2-9**). 퍼프 셔링은 위치에 관계없이 모양이 유지되지
만, 드레이프 셔링은 수직으로 개더를 잡아 늘어지게 해야
한다.

셔링을 비틀면 주름과 개더를 잡은 줄 사이의 모양이 수직
에서 사선으로 변하게 된다.

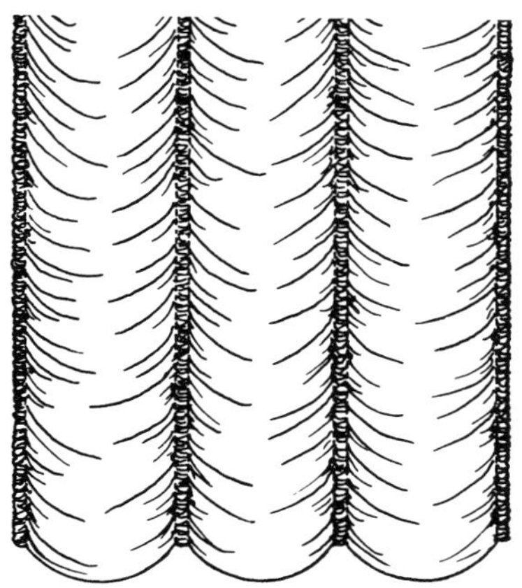

그림 2-9 테이프 안쪽에 코드를 끼워 넣은 뒤 개더를 잡아서 넓고 무겁게 늘어진 셔링의 응용(그림 2-11 참조). 테이프의 위아래를 지지대로 보강해 양 옆면이 직선이 되도록 한다.

사선 셔링은 기울기를 고려하여 개더 처리한 줄들의 간격만큼 넓은 버팀천이 필요하다. (바탕천이 힘이 없는 경우 스티치 후에 찢어버릴 수 있는 종이 등을 이용하거나 풀을 먹여 빳빳하게 해 준다.) 첫 번째 줄을 버팀천에 박은 뒤 개더를 잡아 생긴 주름을 위나 아래로 강하게 당겨 박는다. 이전에 박아놓은 줄과 간격이 일정하면서 직선이 되도록 치수를 재어 상침한다(그림 2-10). 사선이 되면 셔링 잡은 원단의 줄 사이 간격이 좁아진다.

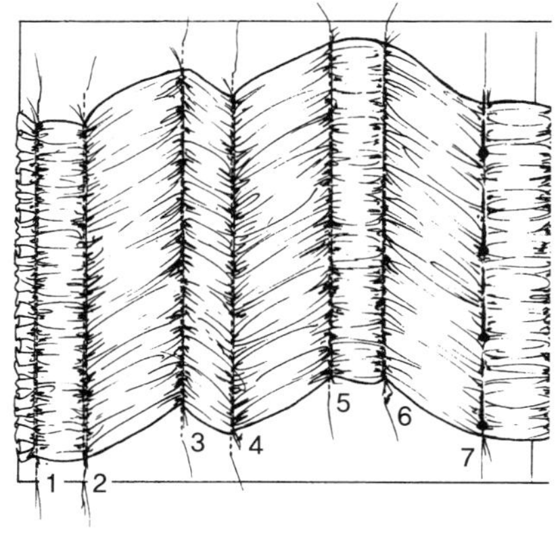

그림 2-10 사선 셔링 패턴. 1번 솔기 다음의 2번 솔기는 사선이 아니다. 3~5번 솔기는 사선이다. 6번 솔기는 사선이 아니다. 7번 솔기는 상침 후 사선이 되도록 버팀천의 선에 맞춰 핀으로 고정해둔다. 위를 향하는 사선 셔링일 경우 아래에서 위로 상침하고, 아래를 향하는 사선 셔링일 경우 위에서 아래로 상침한다.

채널 셔링은 원단 사이에 코드나 막대를 넣어 개더를 잡는 것이다(17쪽, '개더를 잡는 방법' 참조). 간격을 두고 채널 처리한 원단 사이에 줄을 끼워 넣어 주름을 잡는다. 채널은 솔기선 뒷면에 전체 또는 부분적으로 안감을 대거나 테이프를 대고 박아서 만든다(그림 2-11). 채널에 끼운 줄이나 막대 치수에 맞게 셔링을 잡은 뒤 끝에 멈춤 장치를 하여 개더가 풀리지 않게 하고, 필요한 경우 다시 개더를 조절할 수 있게 한다.

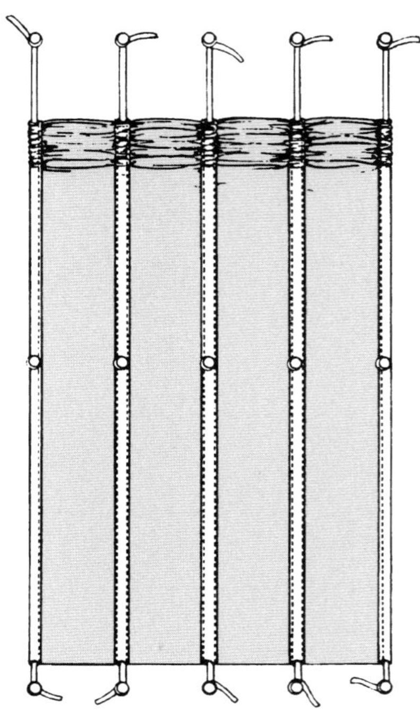

그림 2-11 가장자리의 접힌 단과 원단에 박아둔 테이프 안쪽으로 코드 등을 끼워 넣어 셔링을 잡는 과정.

1부 **부피를 줄이는 방법**

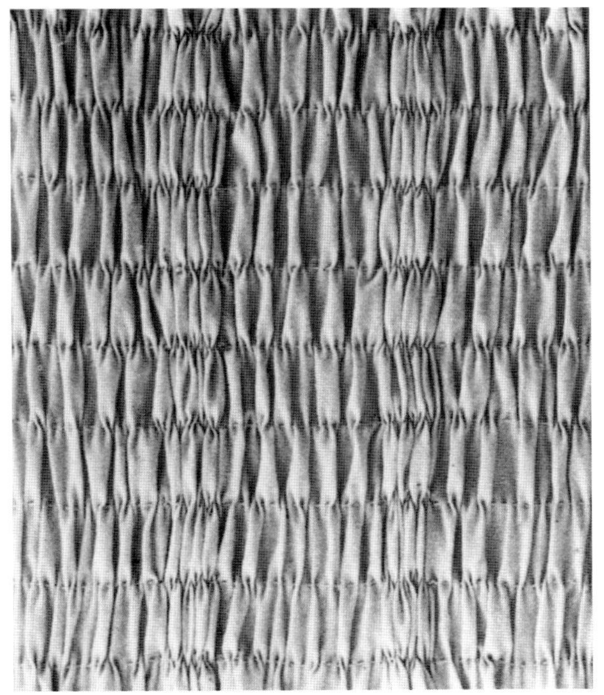

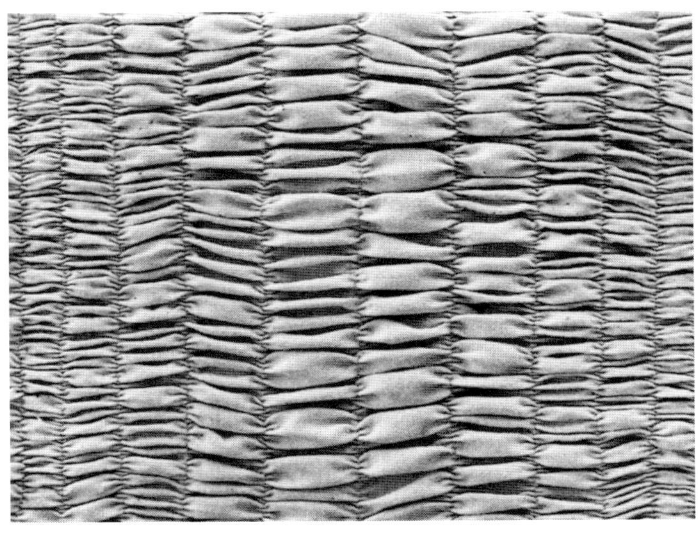

II-1 손바느질로 스티치하여 느슨한 정도에 따라 5개 부분으로 나눈 셔링.
가운데와 양옆의 느슨한 개더 사이에 촘촘하게 잡힌 개더.

II-2 재봉틀로 박은 후 밑실을 잡아당겨 만든 셔링.

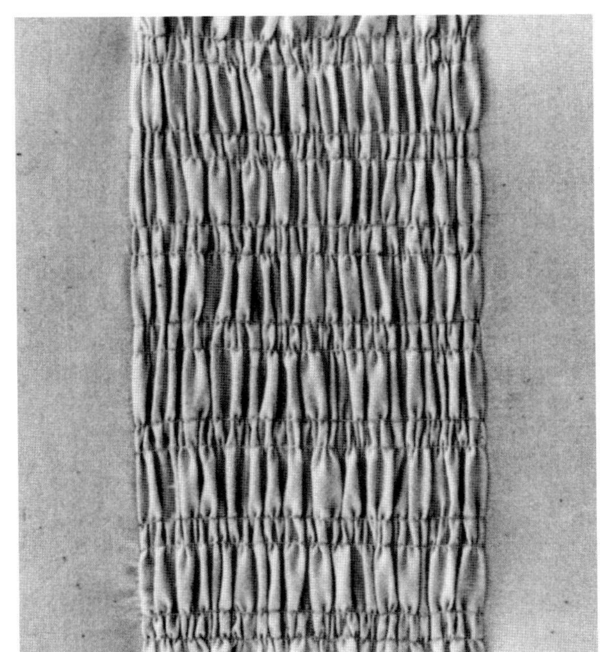

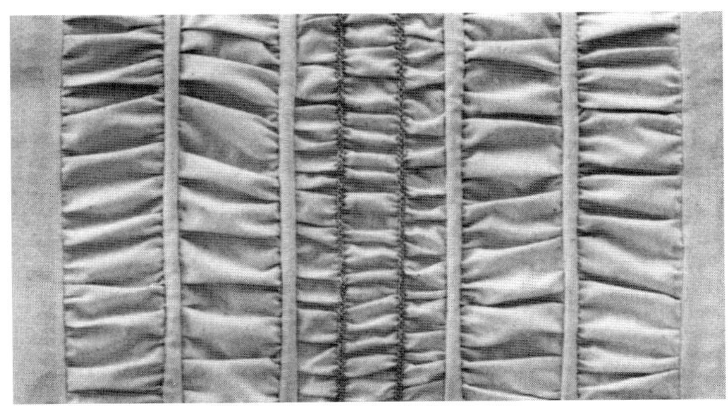

II-4 개더용 노루발을 이용해 자동으로 개더를 잡은 줄 위에
테이프나 장식 끈으로 셔링을 고정한 것.
개더를 잡을 때 가느다란 장식용 끈을 동시에 박으려면
먼저 노루발의 바늘구멍에 끈을 끼워 노루발 뒤로 뺀 뒤 박으면 된다.

II-3 양쪽의 평평한 원단 사이에 셔링 작업한 것이 구별되고
깔끔하게 보일 수 있도록 연결되는 부분에 수직 핀 턱을 잡아
앞면에서 솔기처럼 보인다.

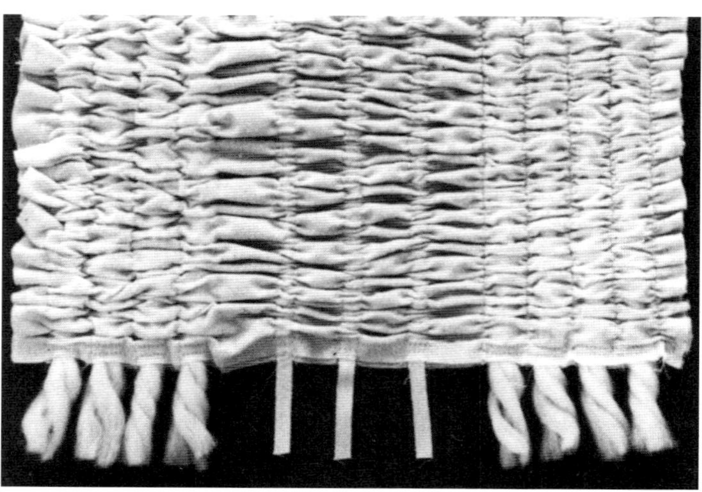

II-6 부드러운 털실과 능직 테이프를 이용한 채널 셔링.
왼쪽은 채널 사이의 털실을 잡아당겨 만든 모양.
오른쪽은 털실 길이에 맞추어 개더를 잡아놓은 채널에 털실을 끼워 넣은 모양.
왼쪽의 솔기선이 오른쪽에 비해 울퉁불퉁하다.

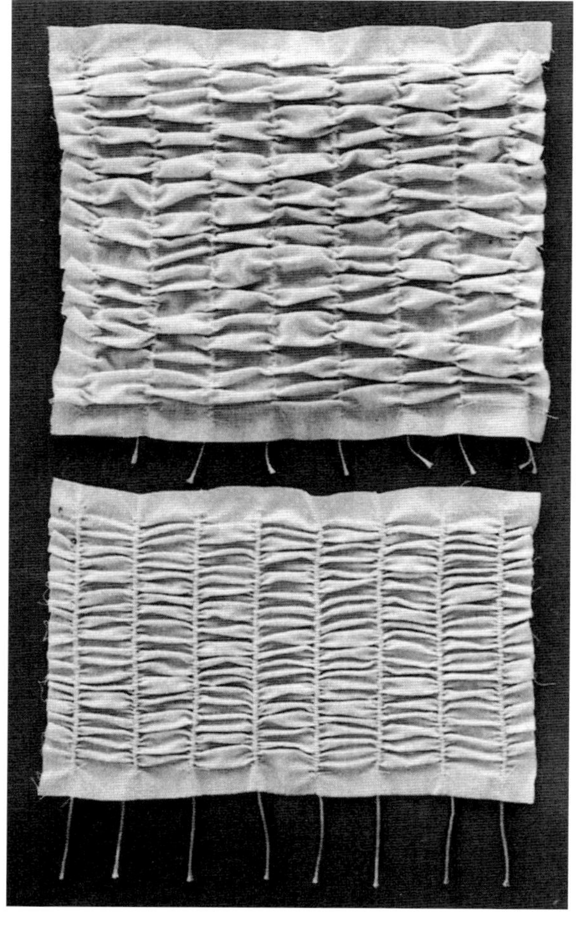

II-5 (위) 지그재그 스티치 사이에 스트링을 끼워 넣은 후
느슨하게 만든 셔링. (아래) 지그재그로 박고 스트링을 끼워 넣은 후
좀더 촘촘히 정리하여 균일하게 잡은 셔링.

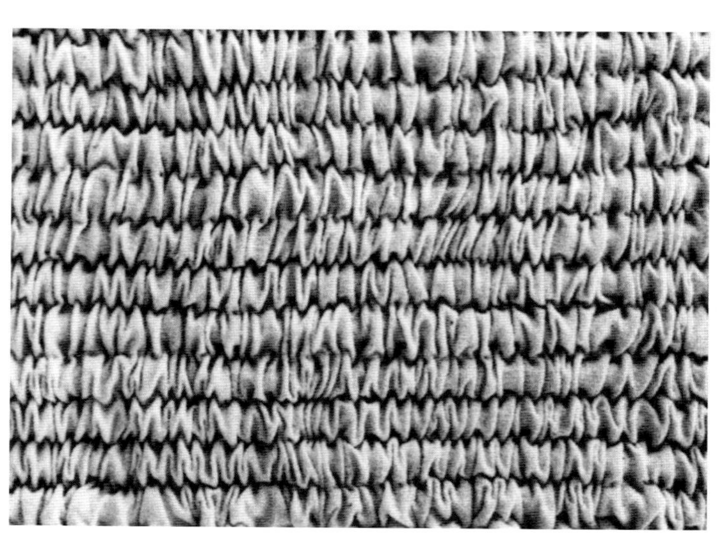

II-7 개더링 스티치 사이에 케이블 코드(cable cord)를 끼워 넣어 만든
두껍고 견고한 텍스타일. 두 겹으로 된 원단 사이에 코드를 끼워 넣기 위해
개더 스티치를 할 경우 장력이 아주 강한 실을 밑실로 사용한다.
밑실을 잡아당겨 개더를 잡으면 코드 위에 원단이 얹힌다.

II-8 긴 직사각형 광목에 셔링을 잡아 반원형으로 만든 모양.
중심으로 갈수록 셔링의 양을 늘려 촘촘하게 개더를 잡는다.
바탕천에 상침한 다음 개더를 잡기 위해 박아둔 실을 제거한다.

1부 **부피를 줄이는 방법**

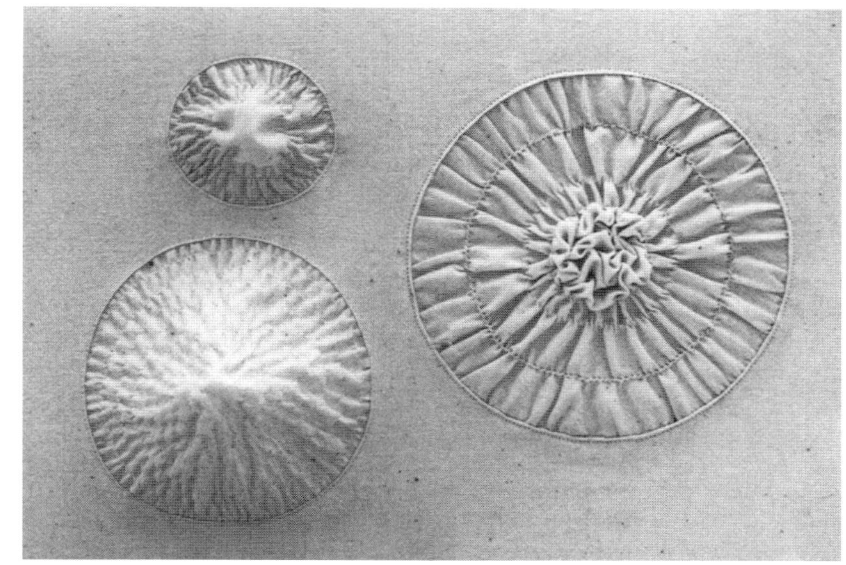

II-9 원형의 원단을 개더 처리하여
더 작은 원형에 끼워 박은 모양.
(왼쪽) 개더용 노루발을 이용해 자동으로
개더를 잡은 두 가지 모양.
가운데 부분이 원뿔 모양으로 솟아오른다.
(오른쪽) 손바느질로 개더를 잡고
밀도를 조절해 넓은 원형의 원단을
납작한 메달 모양으로 만든 뒤 가운데
솟아오른 부분은 퍼로잉으로 마무리한다.

II-10 단계적으로 개더의 밀도를 조절하여 틀의 모양에 따라
반구형으로 만든 조형적 형태. 마지막 줄의 개더를 느슨하게 풀어주고
바깥쪽으로 퍼지는 가장자리를 바인딩 처리한다.

II-11 수틀에 광목을 팽팽하게 당겨 고정하고 고무 실을 밑실로 사용하여
자유롭게 박아서 만든 주름진 형태의 신축성 있는 셔링.

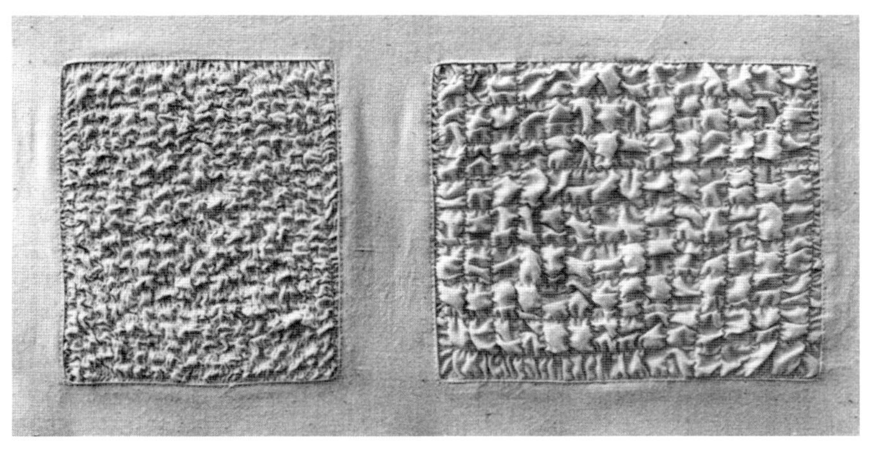

II-12 개더용 노루발을 이용한
외플 또는 교차 셔링의 두 가지 예.
한쪽 방향으로 개더를 잡은 뒤
다른 쪽을 스티치할 때 노루발을
약간 들어 올린 상태로 박아
느슨하게 개더를 잡는다.

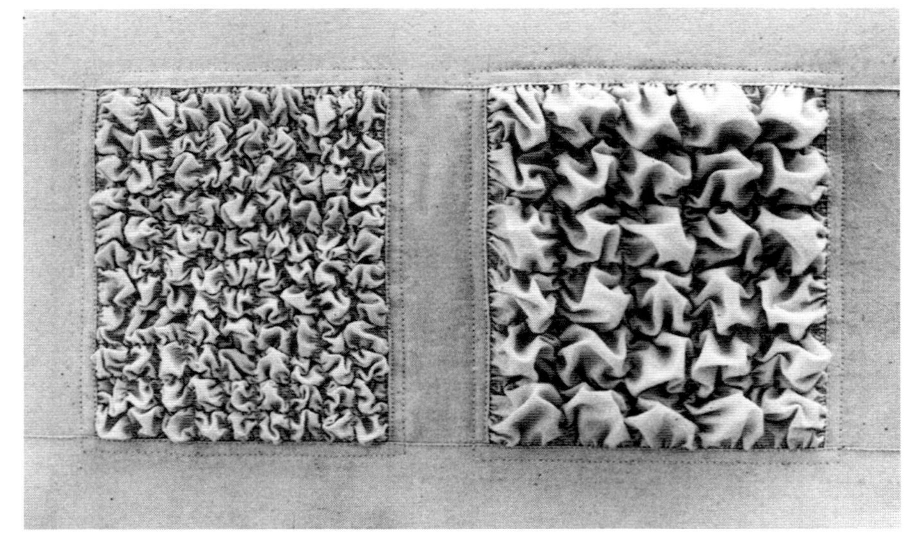

II-13 밑실을 잡아당겨 개더를 잡아 원래 원단 크기의 반으로 줄인 와플 또는 교차 셔링. 오른쪽의 예는 2인치(5cm) 간격의 정사각형을 1인치(2.5cm) 간격의 정사각형이 되도록 줄인 것으로, 가장 높이 솟아오른 부분은 개더 처리한 스티치선에서부터 위로 1인치(2.5cm) 정도 부풀어 있다.

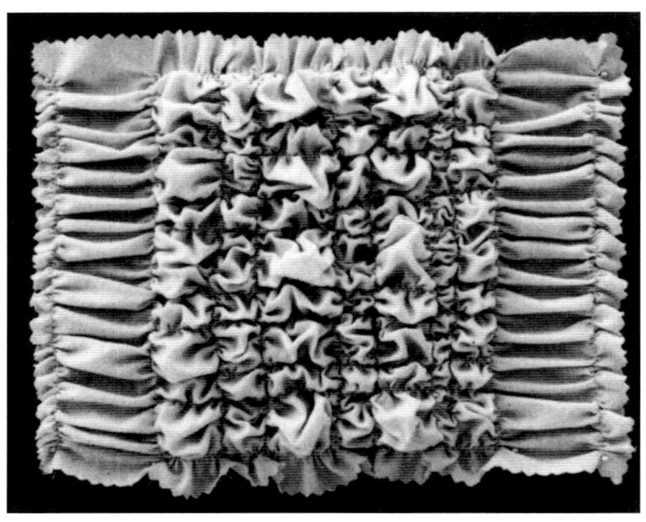

II-14 평평한 셔링의 밴드 가운데에, 불규칙한 격자무늬를 따라 재봉틀로 박고 손바느질로 개더 처리한 와플 또는 교차 셔링.

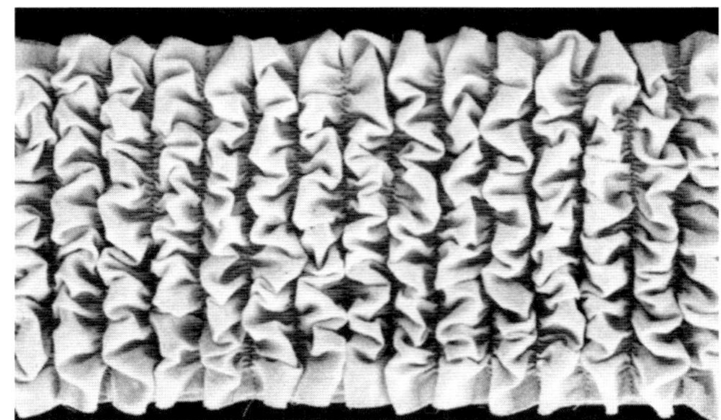

II-15 봉을 넣어 주름이 솟아오른 상태에서, 개더 처리한 줄들을 버팀천에 상침(외노루발 사용)하여 부풀어 오른 퍼프 셔링.

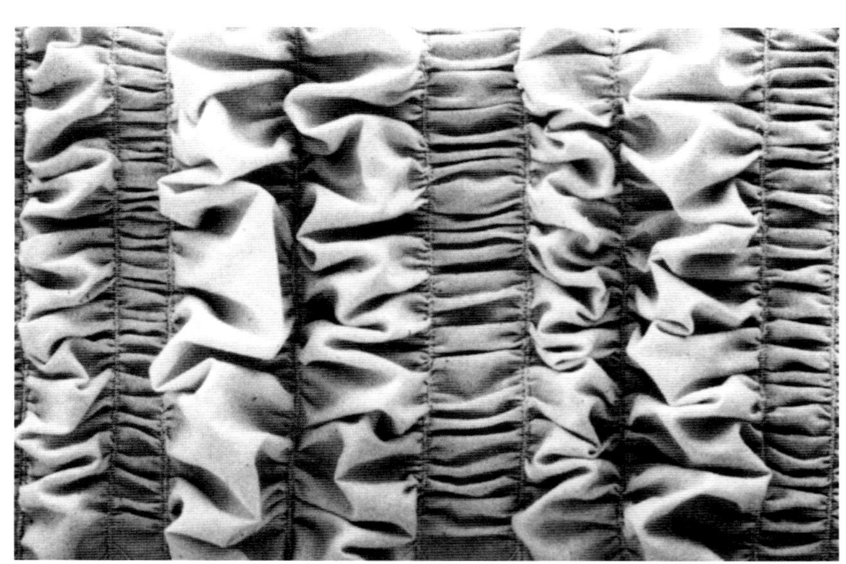

II-16 평평한 셔링 사이의 높게 솟아오른 퍼프 셔링.

II-17 바탕천에 덧붙인 퍼프 장식.

II-18 윗부분의 수평 셔링으로 원단 아래에 볼륨이 생긴다.
넓어진 밑단은 지그재그 스티치로 채널을 만들고
안쪽에 리본을 끼워 개더를 좁아 수평으로 늘어지게 한다.
채널 위쪽에 고정된 다른 리본과 채널 안의 리본을 같이 묶어 밑단 셔링을 고정한다.

II-19 직선 셔링 사이의 사선 셔링.

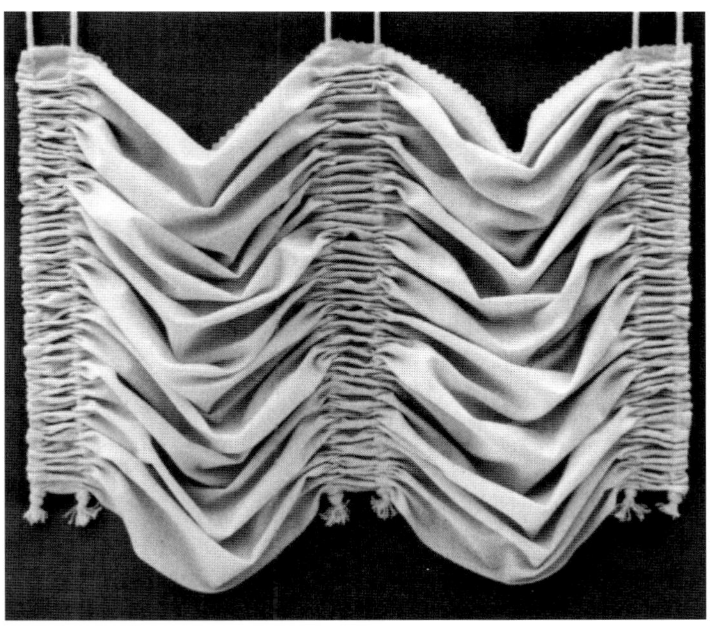

II-20 간격이 넓은 채널 개더링 사이의 드레이프 셔링.

패턴 셔링
Pattern Shirring

휘거나 앞뒤로 방향을 바꾸는 디자인선을 따라 개더용 노루발을 이용해 원단 전체에 자동으로 셔링을 잡는 것을 말한다.

작업 과정

❶ 원단의 한쪽 끝에서 다른 쪽 끝까지, 곡선이나 각을 이루면서 반복되는 패턴을 도안한다(그림 2-12).

❷ 의류용 마커로 원단의 뒷면에 디자인을 그린다.

❸ 재봉틀에 개더용 노루발을 끼우고(16쪽, '개더를 잡는 방법' 참조), 각 디자인선을 따라 스티치하여 개더를 잡는다. 솔기선의 방향 조절이 필요하면 노루발을 들고 원단을 돌려가면서 천천히 박는다. 일반적으로 적당한 정도의 개더링이 패턴 셔링에 어울린다.

❹ 패턴 셔링한 원단을 부드럽게 펴주면서 가장자리를 다리미판 위에 핀으로 고정한 뒤 위에서 스팀을 쏘여준다. 열기가 식고 완전히 마른 뒤 옮긴다.

특징과 응용

자동으로 개더를 잡을 경우 적당한 스티치 길이와 장력을 결정하기 위해, 작업하려는 원단의 샘플로 전체적인 패턴 디자인의 효과를 여러 번 시험해본 뒤 작업을 시작한다. 개더의 양이 너무 많거나 디자인의 스케일이 너무 작으면 패턴을 계속 연결하여 작업하기가 힘들 수도 있다. 정확한 작업에 필요한 원단의 양을 계산하기 위해, 패턴 셔링의 전과 후에 원단의 샘플 치수를 측정하여 시험한 뒤 실제 원하는 치수에 맞게 계산한다.

구불구불한 셔링은 즉흥적으로 만들어진다. 패턴을 따라가는 대신 자유롭게 앞, 뒤, 옆 또는 가로질러 스티치를 하여 개더가 생겨나는 과정에서 원단이 당겨지거나 주름지거나 솟아오르기도 하면서 모양이 생겨난다. 간격이나 스티치하는 방향을 다양하게 할 수 있으므로 여러 형태의 요철을 만들 수 있다. 스티치의 길이나 장력을 조절하여 개더를 촘촘하게 또는 느슨하게 잡을 수 있다. 노루발을 이용한 개더링 작업에서는 바늘 앞으로 쉽게 가지 못하게 인위적으로 원단을 잡아주어 주름의 양을 줄일 수 있다. 주름을 풍성하게 늘리려면 개더용 노루발 아래로 원단을 밀어넣어준다. 노루발 뒤쪽으로 1인치 정도의 원단이 모아지면 놓아주기를 반복한다.

촘촘하고 복잡하게 박는 패턴 셔링과 구불구불한 셔링은 비교적 강해서 당김이나 밀림을 따로 방지하지 않아도 된다. 그러나 패턴에 따라서 약간의 신축성이 생기게 되면 고정하

물결무늬

갈매기무늬

톱니무늬

조개무늬

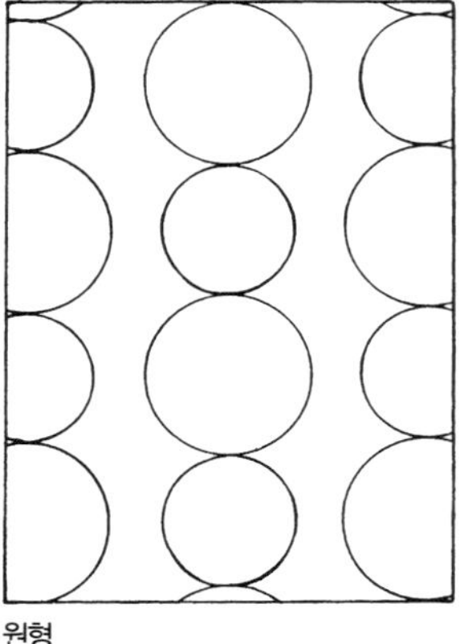

원형

그림 **2-12** 자동으로 개더를 잡는 패턴 셔링을 위한 디자인선들은 위에서 시작하여 방향을 바꿔가며 끊기지 않고 아래까지 계속된다.

는 작업이 필요할 수도 있다. 셔링 잡은 원단의 둘레를 버팀천에 연결하고 개더 스티치 간격에 맞추어 시침 고정한다

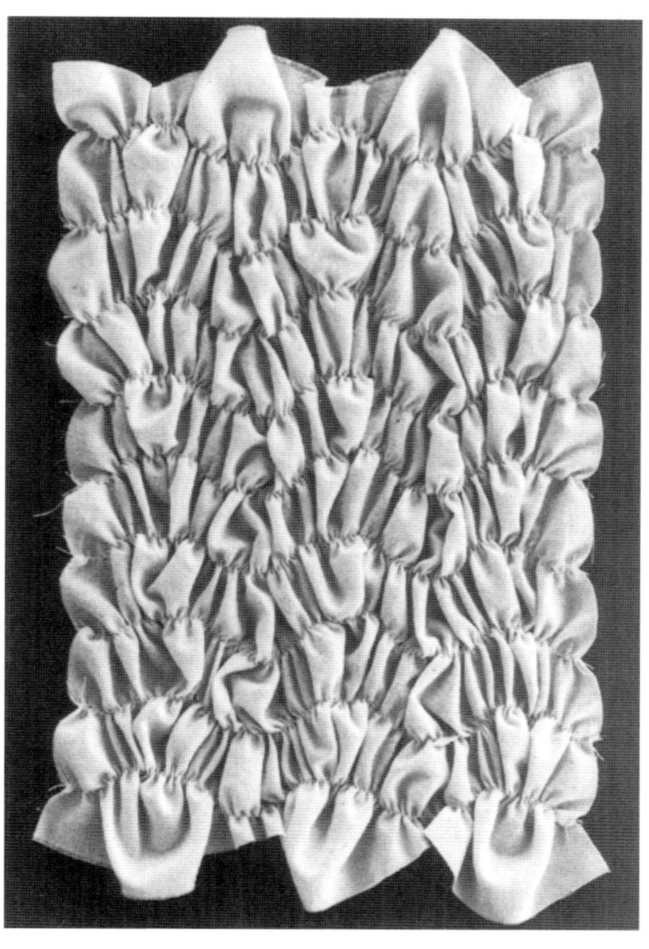

II-21 물결무늬 곡선에는 느린 땀의 자동 개더링이
필요하다(그림 2-12 패턴 참조).

II-22 역V자형 패턴에는 각진 곳에서 멈추고
방향을 바꾸는 자동 개더링이 필요하다(그림 2-12 패턴 참조).

II-23 (위) 서로 교차하며 깊게 곡이 진 선을 자동 개더링으로
처리하여 부풀어 올라 늘어선 원들. (아래) 원 안쪽에 선이 추가되어
덜 부풀어 오른 조개무늬 패턴(그림 2-12 패턴 참조).

II-24 톱니무늬 패턴(그림 2-12 패턴 참조).

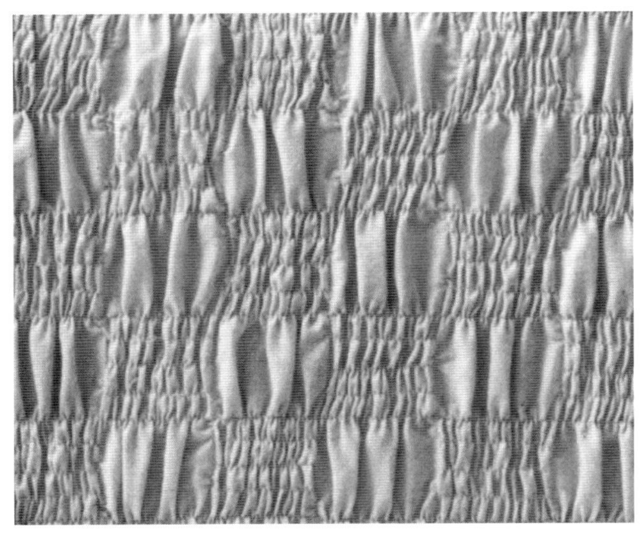

II-25 바둑판 모양 셔링은 격자무늬의 연속으로 보인다.
개더 처리한 사각형들이 한 칸씩 번갈아 나타나 사선으로 반복된다.

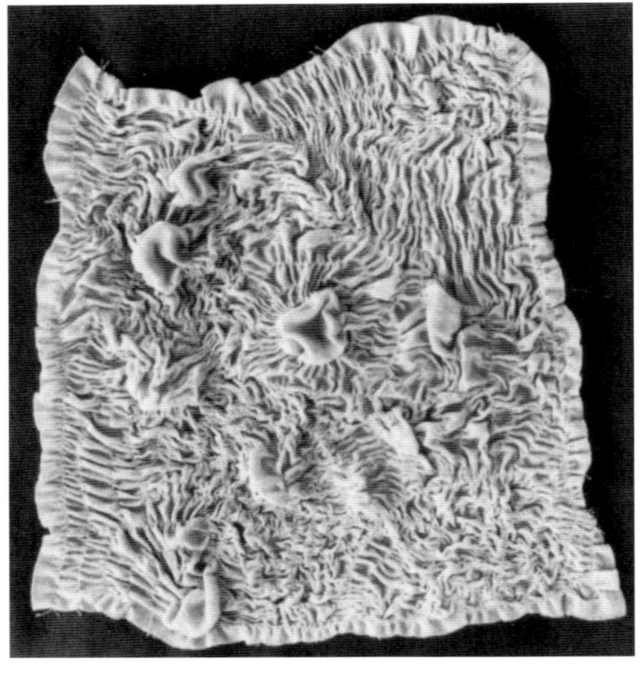

II-26 구불구불한 셔링은 자동 개더링을 통해
즉흥적으로 만들어진다.

부피를
부풀리는
방법

Supplementary
Fullness

러플 만들기

Ruffles

러플은 가늘고 긴 원단에 개더나 플리츠를 잡아 길이를 줄어들게 하여 가장자리에 구불거리는 주름을 만드는 것이다. 다양한 주름의 러플을 다른 원단에 부착하여 입체감을 더하고 나풀거리는 가장자리로 표면을 장식하는 효과를 낸다.

러플은 늘 작은 부분을 차지하며, 놓인 범위 내에서 좁거나 조금 넓게 작업할 수 있다. 한쪽 끝이나 양쪽 끝에서 나풀거리는 자락을 아래로 늘어지게 하거나 솟게 하거나 옆으로 퍼지게 한다. 러플은 부드러워서 직선, 곡선, 각진 선에 맞출 수 있다. 하나 또는 여러 개의 러플, 서로 분리되거나 가득 차게 작업한 러플, 띄엄띄엄 놓이거나 원단 전체에 작업한 러플 등을 이용해 단순하거나 복잡한 작품을 만들 수 있다.

Ruffles Contents

러플에 관한 일반적 고찰
Ruffle Basics

러플 가장자리 처리

러플을 만들기 전에 가장자리 처리 방법을 정한다. 가장자리에 스티치를 박아주거나 다른 원단을 겹쳐주게 되면 러플의 가장자리를 보호할 뿐 아니라 개더나 플리츠 처리한 한쪽 끝 또는 양쪽 끝 러플을 잡았을 때 러플의 볼륨에 영향을 끼친다. 부드러운 한 겹의 가장자리는 나풀거리는 자락에 최소한의 영향을 미친다. 겹으로 된 단단한 끝처리는 나풀거리는 가장자리의 모양을 바꿔놓는다(**그림 3-1**).

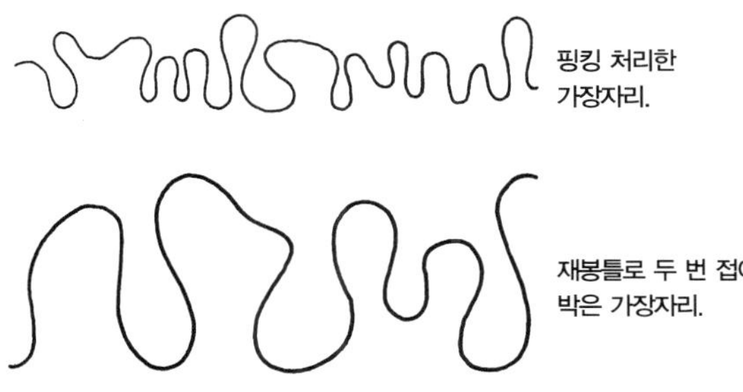

그림 3-1 가장자리 처리 방법에 따라 느낌이 얼마나 다른지 비교하기 위한 두 가지 러플 가장자리 단면(1.25인치(3cm)의 동일한 넓이, 같은 개더 처리).

가장자리 처리 방법은 러플의 나풀거림 정도뿐만 아니라 모양에도 영향을 미친다. 식서나 이중 원단을 사용해 간단하게 처리할 수 있고, 프린지나 이중으로 퍼프 처리하여 가장자리를 드러나지 않게 하거나 새틴 스티치나 겉에 덧대는 방법으로 드러나게 하기도 한다. 자른 채로 두거나, 접어서 솔기를 만들거나, 한 줄 스티치 처리법 등은 겉과 안의 구별이 없다. 러플의 양쪽 면에 스티치선이 분명하게 나타나기도 하고 스티치선이 눈에 띄지 않기도 한다.

가장자리 처리 방법은 원단의 성질, 러플의 너비, 개더나 플리츠 처리한 한쪽 끝 또는 양쪽 끝 러플의 밀도, 그리고 작업 방법을 고려해 정한다. 최종적으로 결정하기 전에 러플을 만들 원단 조각으로 시험해본다. 러플의 가장자리를 완성한 뒤 개더나 플리츠 처리한 한쪽 끝 또는 양쪽 끝 러플을 잡는다.

우븐이 아닌 소재에 적합한 **자르기**는 러플의 가장자리에 아무 처리도 하지 않아 나풀거림에 영향을 미치지 않는다. 우븐인 경우에 별다른 처리를 하지 않고 결에 맞춰 직선으로 자르면 가장자리가 풀리기 쉽다. 바이어스로 재단하면 약간 보풀이 일어나는 정도로 유지된다.

핑킹 처리한 우븐 소재의 러플 가장자리는 약간의 보풀이 일어나지만 올이 풀리지는 않는다. 러플의 나풀거림에 영향을 미치지 않으나 가장자리에 독특한 톱니무늬가 나타난다.

원단의 **식서**를 러플의 가장자리로 사용하면 튼튼하게 마무리된다. 세로 결로 재단한 원단은 가로 결로 재단한 원단보다 힘이 있어서 러플을 솟아오르게 한다.

프린지(fringe, 술)로 가장자리를 처리한 러플은 프린지의 깊이가 깊어짐에 따라 부드러운 느낌이 증가한다. 프린지가 짧을 경우, 일반 러플보다 더 두껍게 보인다. 꼬인 프린지 가장자리는 원단의 가장자리에 수평으로 가로 올을 한 줄씩 **빼**내는 것이다. 그러므로 프린지가 긴 경우, 가로 결이 러플의 길이가 되도록 재단한다. 실이 계속 풀려 조직이 성글어지는 것을 막기 위해 프린지의 시작점을 지나면서 좁은 지그재그 스티치를 한다. 가장자리를 수직으로 잘라 만드는 **스닙프린지 러플**(snip-fringe ruffle, 가위로 잘라 술 처리한 러플)은 러플의 길이를 따라 균일하고 좁게 자르는 것이다(**그림 3-2**). 깊은 프린지 러플은 개더를 잡은 후에 꼬이는 경향이 있으므로 작업 과정에서 풀어줘야 한다.

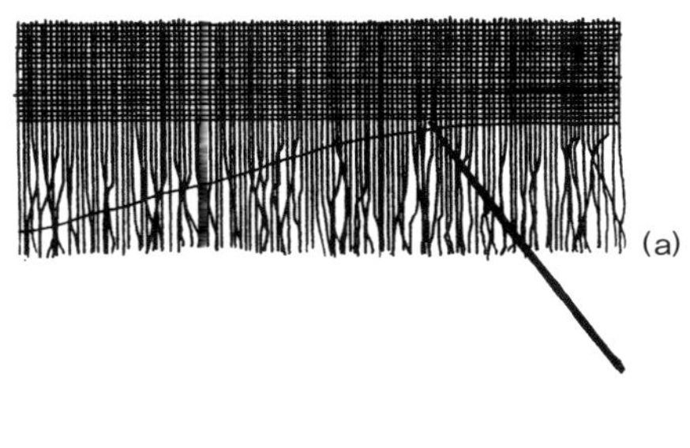

(a)

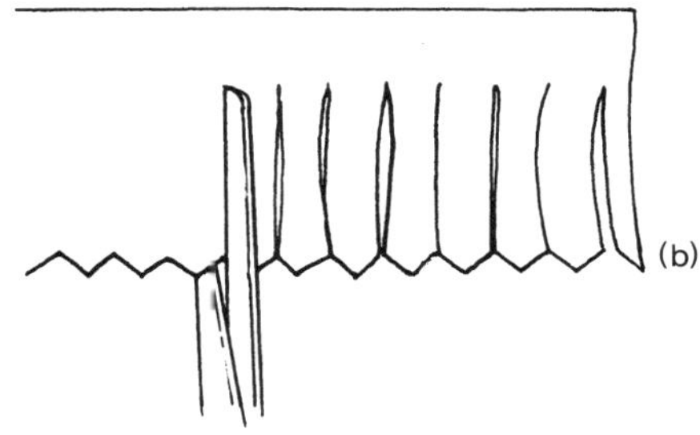

(b)

그림 3-2 (a) 꼬인 프린지 가장자리 처리를 위해 굵은 바늘로 원단의 조직에서 실을 빼낸다. (b) 스닙프린지 러플은 핑킹 처리한 가장자리의 내각을 따라 잘라 완성한다.

퓨징(fusing)은 봉제하지 않고 러플의 가장자리를 처리하는 방법이다. 한 번 접은 단 안쪽에 양면 접착 심지를 넣는다. 사용법에 따라, 달궈진 다리미로 심지를 붙인다(**그림 3-3**). 이 방법은 원단의 가장자리가 말리는 것을 막고 빳빳하게 해준다.

가장자리를 접거나 **두 겹**으로 만든 러플. 이 방법은 전체 러플을 겹으로 만든 것으로, 개더와 플리츠 처리한 한쪽 끝 또

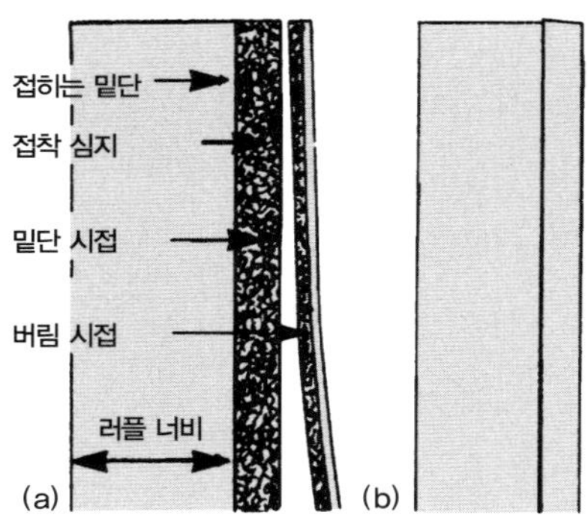

그림 3-3 퓨징. (a) 위의 그림과 같이 러플을 준비한다. (b) 가장자리를 접어 접착 심지를 안쪽에 넣고 열로 밑단을 붙인다.

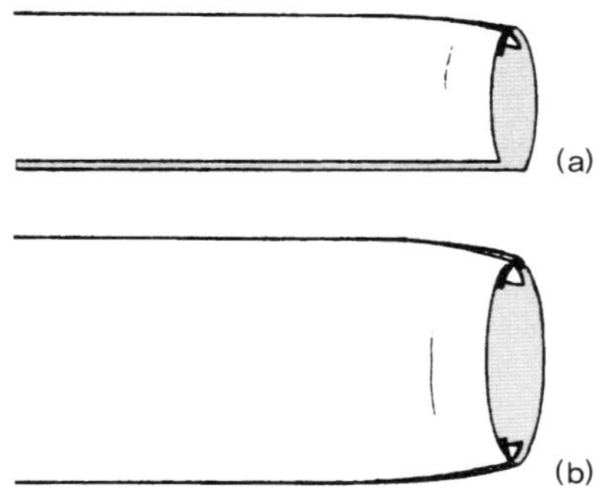

그림 3-5 러플에 안감을 대려면 (a) 한쪽 끝 러플의 한쪽 면이나 (b) 양쪽 끝 러플의 한쪽 면이 원단의 겉면이 되도록 한다. 양면에 서로 다른 원단을 사용할 수도 있다.

는 양쪽 끝 러플를 잡을 때 스티치선에서 한 겹으로 러플을 잡을 때보다 부피가 커진다. 너비(두 배의 러플 너비에 양쪽 시접을 더한 치수)와 길이(일치시켜야 할 길이의 두 배가 되는 치수)를 맞추어 한쪽 끝 러플을 자른다. 같은 방법으로 양쪽 끝 러플도 자른다. 한쪽 시접을 안으로 꺾어놓는다. 러플의 중심선에서 시접들을 겹쳐놓아 두 겹으로 만든다(**그림 3-4**). 끝단의 접힌 부분을 납작하게 할 수 있고, 러플을 바이어스로 재단해 접힌 부분이 눌리지 않고 살아나게 할 수도 있다.

가장자리에 솔기선이 있는 러플은 똑같은 모양을 박은 후 솔기를 접어 만든다. **안감**을 낸 러플은 한쪽 끝이나 양쪽 끝 가장자리 자락에서는 솔기 시접 때문에 네 겹이 된다. 스티치선을 포함한 러플의 나머지 부분은 두 겹이다. 한쪽 끝이나 양쪽 끝 러플 너비에 시접을 더해 러플을 잘라낸다. 같은 크기로 안감을 자른다. 러플과 안감의 겉면을 마주대고 봉제한 후, 뒤집어서 접힘선에 솔기가 오도록 하여 시접을 눌러 다림질한다(**그림 3-5**). 가장자리 솔기선 옆에 끝스티치를 할 수도 있다.

가장자리 솔기선을 **안단** 처리한 러플. 안감과 달리 안단은 러플보다 좁고, 스티치선이 보이지 않는다. 겉에서 보이게 안단 처리한 러플을 만들기 위해 러플 가장자리에 시접을 더해 원단을 자른다. 러플의 너비보다 넓지 않은 안단에 양쪽 시접을 더하여 자른다. 다음의 두 단계를 거친다. (1) 러

플의 한쪽 끝에서 러플 안쪽 면과 안단 겉면을 마주대고 봉제하여 연결한다. 안단이 러플의 겉면으로 나오도록 뒤집고, 솔기선을 접어서 다림질한다. (2) 안단 시접을 안으로 접어 넣고 가장자리 끝을 박는다. 겉에서 **보이지 않는** 안단으로 처리할 때는 러플과 안단의 겉면을 마주대고 박은 후 안단을 러플의 뒤로 가게 뒤집는다. 장식적인 안단은 안단의 겉면과 러플의 안쪽 면을 마주대고 봉제하여 연결한 후 러플의 겉면으로 안단을 뒤집어 만든다. 모양이 있는 가장자리를 만들 수 있다. 솔기선을 정리한 후 가장자리에 끝스티치를 할 수도 있다(**그림 3-6**).

바인딩은 다른 원단으로 러플의 가장자리를 감싸는 방법으로, 바인딩 처리한 부분은 다섯 겹이 된다. 전통적인 바인딩 방법은 보이는 바인딩의 2배 너비에 양쪽 시접을 더한 만큼의 너비로 바이어스 천을 자른다. 바인딩의 한쪽 끝 시접을 안쪽으로 접어 다림질해둔다. 다음의 두 단계를 거친다. (1) 러플에 바인딩의 접히지 않은 가장자리를 봉제한다. (2) 바인딩을 뒤집어서 러플의 가장자리를 감싼 후 바인딩의 접힌

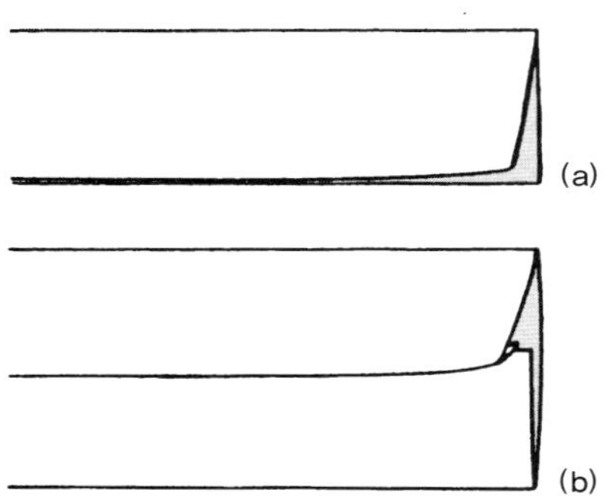

그림 3-4 가장자리를 눌러서 납작하게 만든 두 겹 러플. (a) 한쪽 끝 러플. (b) 가운데 스티치/개더/플리츠선에서 네 겹을 이룬 양쪽 끝 러플.

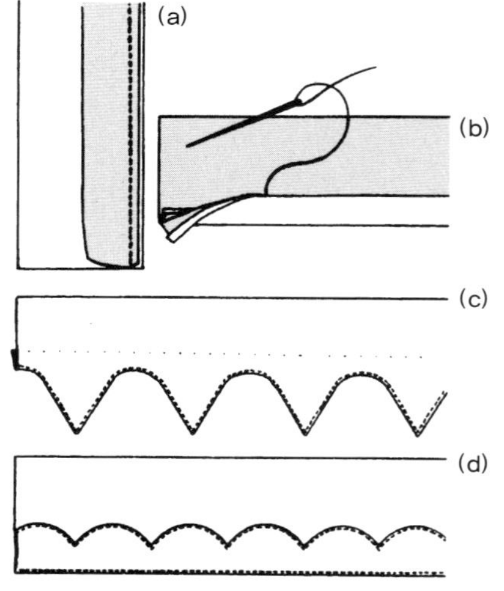

그림 3-6 (a) 러플의 겉에서 보이지 않도록 연결한 안단. (b) 안단을 러플의 뒤로 가도록 뒤집어 공그르기한다. (c) 겉에서 보이지 않는 안단 처리는 모양이 있는 가장자리에 끝스티치를 하고 뒷면에서 공그르기한다. (d) 양쪽 가장자리에 끝스티치가 있는 장식적인 안단.

　　　　　　　　　　　　　　　　　　　　　　2부 부피를 부풀리는 방법

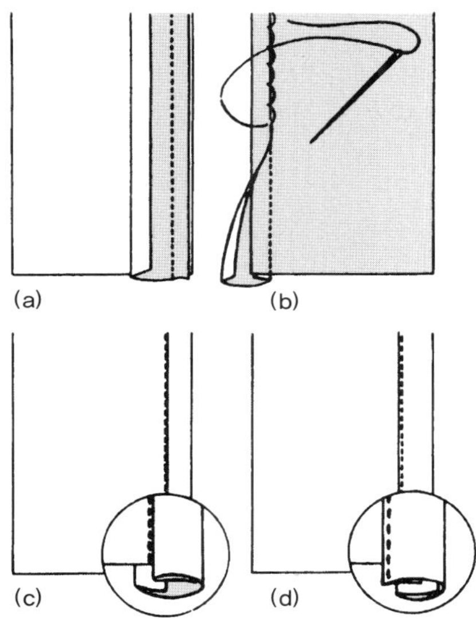

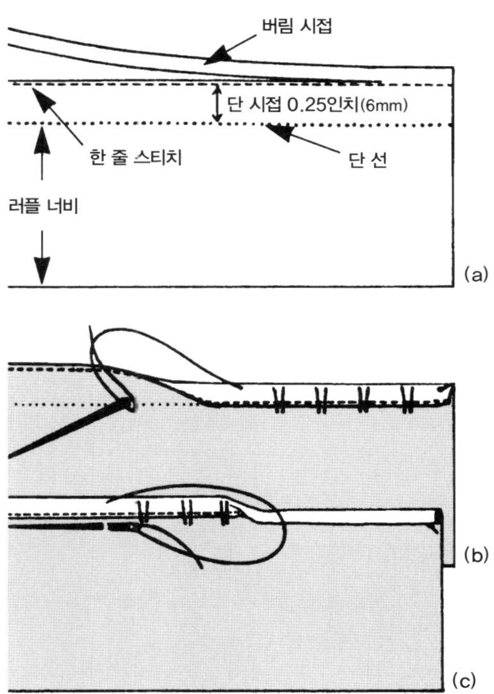

그림 3-7 러플의 가장자리를 감싸는 세 가지 방법. (a) 러플의 겉면과 바인딩의 겉면을 마주대고 재봉틀로 박는다. (b) 러플에 연결된 바인딩을 뒷면으로 넘겨 솔기의 끝을 손 스티치하거나 (c) 러플에 연결된 바인딩을 (앞에서 보이는 바인딩의 너비보다 조금 넓게) 뒷면으로 넘기고 겉면에서 바인딩 옆에 숨은 스티치를 한다. (d) 러플의 뒷면과 바인딩의 겉면을 마주대고 봉제한 후 바인딩을 앞으로 뒤집어 끝스티치한다.

그림 3-9 손으로 말아 박은 단. (a) 러플을 준비한다. (b) 공그르기 방법: 시접을 아래로 8분의 1인치(3mm)만큼 접는다. 접어놓은 선 바로 아래(시접 끝에서 0.25인치(6mm) 떨어진 위치)에서 공그르기를 시작한다. 바늘을 직선 아래로 움직여, 밑단 아래에서 원단의 한두 올을 뜬다. 바늘을 직선 위로 움직여, 접힌 단 시접에서 0.25인치(6mm) 옆으로 이동한다. 1인치(2.5cm) 정도 계속한다. 접힌 단 시접에 한 땀을 스티치한 후 멈추고 (c) 실을 팽팽하게 잡아당겨 단이 말리면 공그르기를 다시 시작한다.

가장자리를 러플에 박는다(그림 3-7).

재봉틀에 부착된 바인더 노루발로 솔기를 작업한다. 바인더의 홈을 통해 바인딩될 원단이 러플의 윗면과 아랫면에 깔끔하게 접혀 들어가며 가장자리가 정돈된다(그림 3-8). 응용: 시접 없이 잘라 바인딩 처리할 때는 접착 심지로 뒤를 보강해 작업한다.

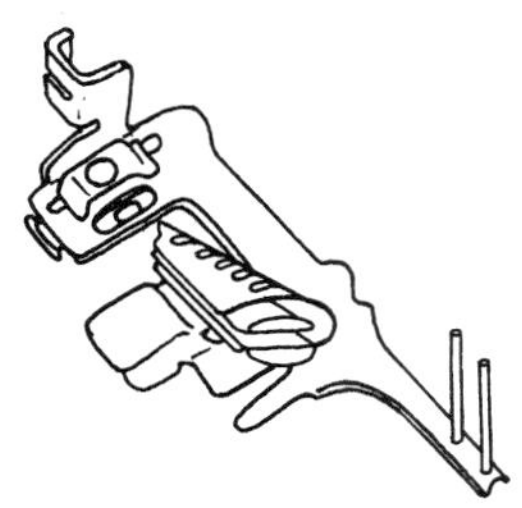

그림 3-8 바인더는 한 번의 작업으로 러플의 가장자리를 바인딩 처리한다.

아주 얇게 **손으로 말아 박기**한 단 처리 방법은 겉에 보이는 미세한 바느질 자국을 제외하고는 아무것도 보이지 않으며 가장자리가 부드럽게 말려 있다. 전통적인 방법에서는 손 바늘과 실만을 이용하여 시접을 둥글게 만다. 그러나 잘린 가장자리 바로 옆에 스티치를 한 줄 박아두면 아주 섬세한 원단의 시접 끝을 다루기가 쉬워진다. 러플을 자를 때, 시접 0.25인치(6mm)와 한 줄 스티치를 박은 후 잘려 나갈 버림 시접을 더한다. 스티치를 하면서 밑단을 둥글게 처리한다(그림 3-9).

조개 모양 단은 섬세한 조개 모양으로 러플의 가장자리를 완성하는 것이다. 손바느질 조개 모양 단은 러플 너비에 단 시접

0.25인치(6mm)를 더하여 재단한다. 단 시접을 8분의 1인치(3mm)만큼 안쪽으로 접어 다림질한다. 접힌 시접을 다시 8분의 1인치(3mm)만큼 접어 다림질한다. 단의 가장자리를 스티치하면서 실을 팽팽하게 잡아당기면 꼬인 모양으로 완성된다(그림 3-10). 재봉틀 조개 모양 단은 가장자리에 둥글게 말린 팽팽한 스티치 실과 겉면에 스티치 자국이 보인다. 재봉틀 스티치 너비에 적합한 단 너비를 정하기 위해 다른 원단에 시험한 후 실제 작업할 원단의 가장자리를 두 번 접어 다림질한다(그림 3-11).

직선으로 **두 번 접은 단**은 깔끔하고 튼튼한 가장자리 처리법이다. 러플을 재단할 때, 단 시접을 좁게 준다. 단 시접을 두 번 접어 다림질한다. 좁은 단 시접의 안쪽 끝에 스티치를 한다(그림 3-12). 스티치의 모양을 다양하게 하기 위해 장식 스티치 기능이 있는 재봉틀을 이용하거나, 겉면에 스티치가 보이지 않게 하려면 손바느질로 단을 마무리하는 것이 좋다. 말아 박기 노루발(hemmer foot)을 이용하면 직선으로 두 번 접어 박는 작업이 한꺼번에 이루어져서 길이가 긴 러플을 완성할 때 시간을 절약할 수 있다(그림 3-13).

일반적인 단은 재봉틀로 한 번 접어 박아 겉면에 스티치선이 보이도록 하는 처리법이다. 뒷면으로 한 번 접은 단 끝은 소재에 따라서 원단의 올이 풀리는 것을 막기 위해 적절한 처

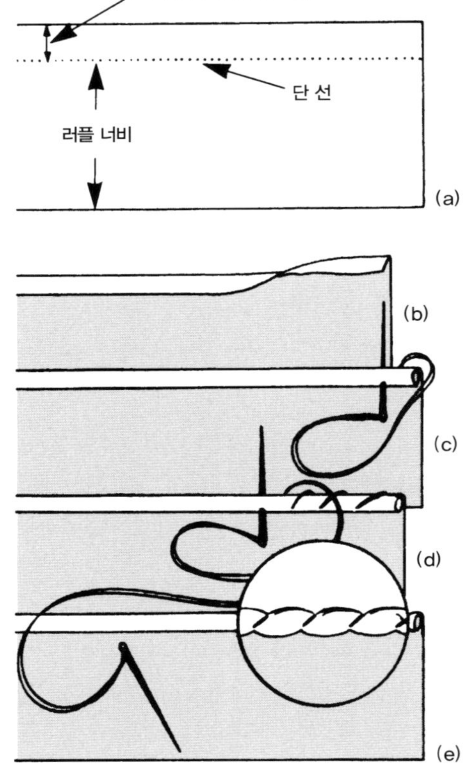

그림 3-10 (a) 조개 모양 단을 위한 러플. (b) 단 시접을 겹으로 접어 다림질한다. (c) 스티치: 바깥쪽 접힌 단 안쪽으로 매듭을 숨긴다. 바늘을 아래에서 위로 0.25인치(6mm) 시접을 통과하여 뒤로 빼낸다. (d) 바늘을 위로 옮기고 시접에 실이 걸쳐지도록 하면서 같은 과정을 반복한다. (e) 실을 팽팽하게 잡아당기고 계속한다.

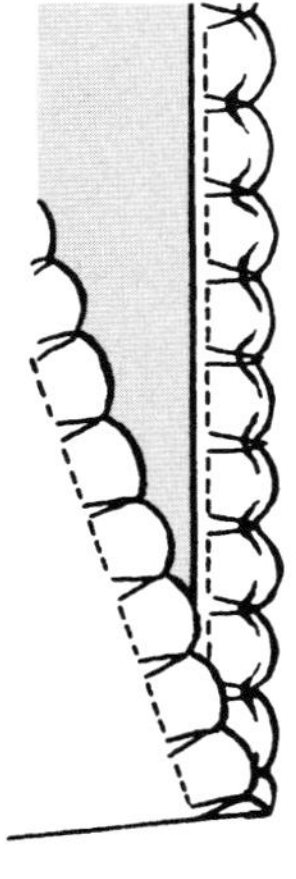

그림 3-11 재봉틀 조개 모양 단은 가장자리에 박은 스티치 실의 장력이 증가함에 따라 나타난다.

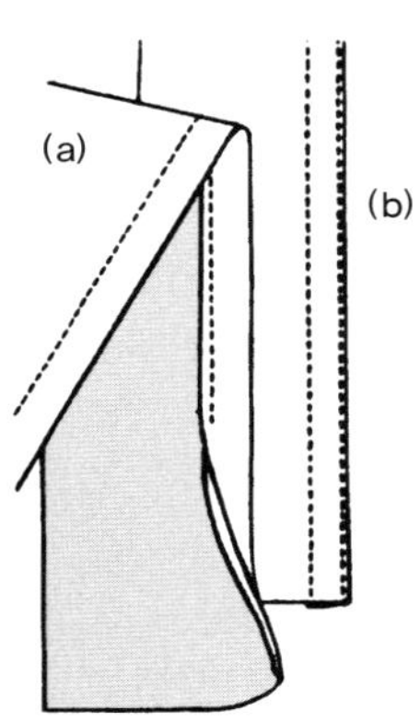

그림 3-12 (a) 두 번 접은 단을 직선 스티치한다. (b) 바깥쪽 접힌 부분에 끝 스티치를 하여 가장자리를 강조하기도 한다.

리가 필요하다. 러플 너비에 단 시접을 더하고, 필요하다면 버림 시접을 추가해서 재단한다. 한 번 박은 일반적인 단은 단 시접을 뒤로 접어 다림질하고 직선 스티치, 지그재그 스티치, 또는 이중 스티치로 고정한다(**그림 3-14**). 두 번 박은 일반적인 단은 버팀 스티치를 하거나, 오버로크를 하거나, 직선으로 재단한 가장자리에 테이프를 부착해 접어 다림질한 뒤 박아서 밑단을 고정한다(**그림 3-15**).

새틴 스티치 가장자리는 러플의 직선 가장자리를 실로 감아 단단하게 만드는 처리법이다. 새틴 스티치의 모양은 사용하는 실과 러플 원단에 따라 달라진다. 먼저 다른 원단에 시험해 본다. 중간이나 넓은 너비의 지그재그를 선택하고, 0 또는 거의 0에 가깝게 땀의 길이를 줄인다. 러플 가장자리를 노루발의 중심에 맞추고 지그재그 스티치를 하면, 바늘이 오른쪽에 올 때 원단이 없으므로 실이 원단에 감기게 된다. 이 방법을 사용할 경우, 시접을 더해주지 않고 러플 너비만큼만 자른다. (1) 한 번 박은/홑겹 새틴 스티치 처리법은 직선

그림 3-13 말아 박기 노루발.

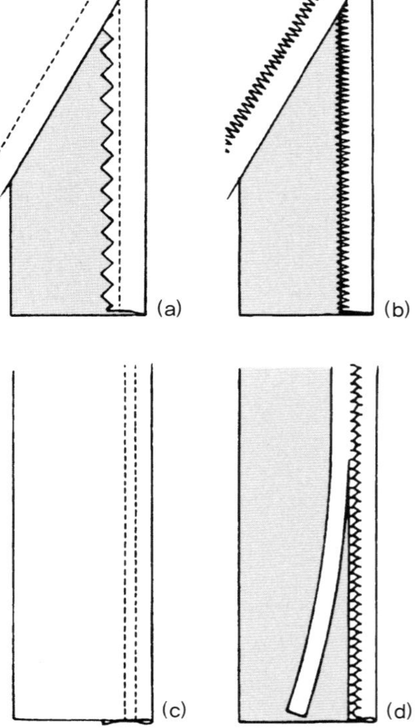

그림 3-14 한 번 박은 일반적인 단. (a) 가장자리를 핑킹 처리한 뒤 직선 스티치. (b) 가장자리를 직선으로 자른 뒤 지그재그 스티치. (c) 이중 스티치. (d) 스티치한 후 남는 시접을 바짝 잘라낸다.

2부 부피를 부풀리는 방법

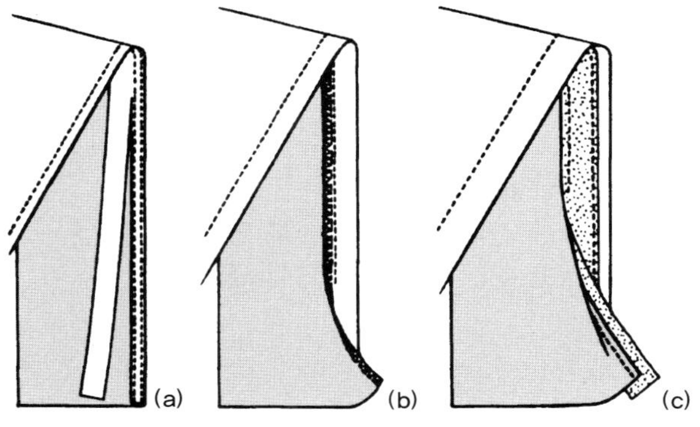

그림 3-15 두 번 박은 일반적인 단. (a) 아주 얇은 원단이나 니트 원단의 경우, 밑단 끝에 버팀 스티치를 한 후에 0.25인치(6mm) 너비로 직선 스티치를 한다. 남은 밑단은 자른다. (b) 일반적인 원단의 경우, 가장자리를 지그재그나 오버로크 한 뒤 접어 스티치한다. (c) 두꺼운 원단의 경우에는 가장자리에 테이프를 박고 테이프의 다른 가장자리는 러플에 박는다.

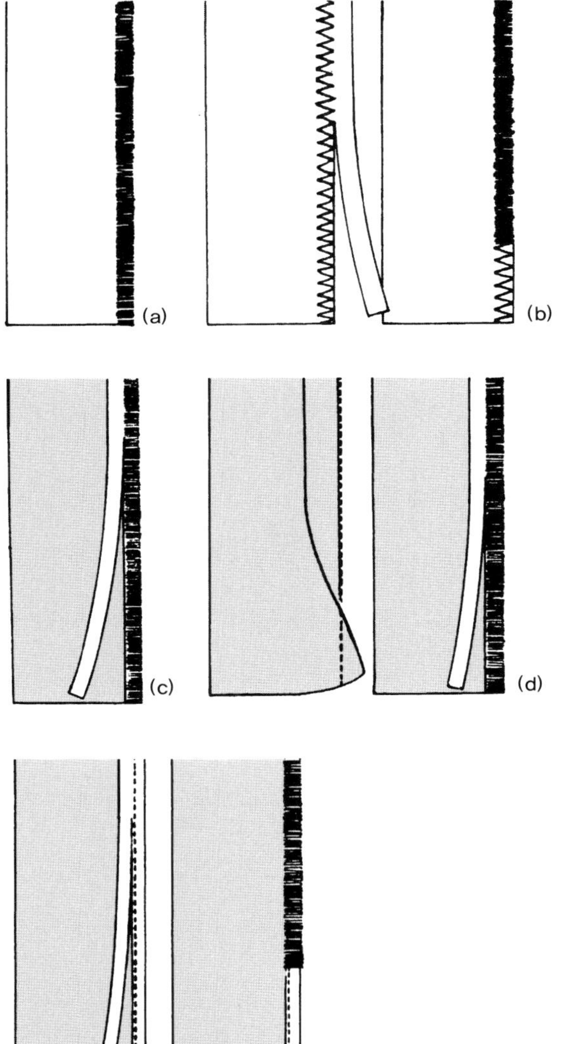

그림 3-16 새틴 스티치 가장자리. (a) 잘라낸 가장자리에 직접 작업한다. (b) 지그재그 스티치를 한 뒤 잘라낸 가장자리에 작업한다. (c) 접어서 새틴 스티치를 한 뒤 버림 시접을 자른다. (d) 가장자리의 접힘선에 버팀 스티치를 하고 접어서 새틴 스티치를 한 뒤 버림 시접을 자른다. (e) 한 번 접어 박은 좁은 밑단에 새틴 스티치를 한다.

으로 자른 가장자리에 직접 새틴 스티치를 하는 것이다. 이 방법으로 가장자리 모양을 완성하려면, 새틴 스티치에 적합한 조개 모양의 장식 스티치를 선택한다. 모양을 따라 바깥쪽을 잘라내어 정리한다. (2) 두 번 박은/홑겹 새틴 스티치 처리법을 사용할 경우에는 가장자리를 지그재그 스티치로 처리하여 준비한다. 지그재그 스티치 위에 새틴 스티치를 한다. (3) 말리는 경향이 있는 원단의 경우, 한 번 박은/두 겹 새틴 스티치 처리법을 사용하면 가장자리를 자르는 대신 접어서 두 겹으로 새틴 스티치를 하므로 가장자리가 말리지 않는다. (4) 두 번 박은/두 겹 새틴 스티치 처리법은 부드럽고 움직이는 원단을 다루기 쉽도록 가장자리의 접힘선을 직선 스티치로 고정한 뒤 접어서 새틴 스티치하는 것이다(**그림 3-16**). 이때 뭉치는 현상을 방지하기 위해 재봉틀에 부착된 오버로크 노루발을 사용한다(**그림 3-17**).

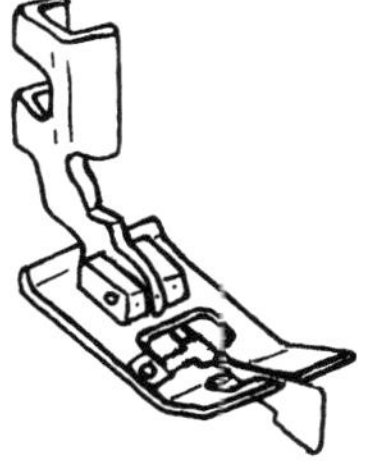

그림 3-17 오버로크 노루발을 사용하면 중간이나 넓은 너비의 새틴 스티치 가장자리가 평평해진다.

실로 감싸는 방법 중 가장 섬세한 **헤어라인 가장자리**(hairline edging)는 얇고 견고하며 튼튼하다. 지그재그 스티치의 너비는 중간이나 넓은 정도로 하고 윗실의 장력을 7~9로 올린다. 러플의 안쪽 면을 위로 하여 박으면 오른쪽은 박히지 않고 실이 감기게 된다. 바늘이 왼쪽으로 돌아오면, 센 장력 때문에 밑실이 의로 끌려와 원단의 가장자리에 감기게 된다. 이때 스티치 안쪽으로 주름이 잡힌다. 헤어라인 가장자리는 재봉틀에서 선택한 지그재그 너비의 1/2 넓이로 나타난다(**그림 3-18**). 부드럽고 얇은 원단에 헤어라인 가장자리로 지그재그 스티치를 할 경우, 먼저 가장자리 끝에 버팀 스티치를 하여 보강해준다. 지그재그 스티치 땀의 길이가 0에 가까워지면, 가장자리는 더욱 튼튼해진다. 한 번 접은 헤어라인 가장자리는 한 번 접은 밑단 위에 지그재그 스티치나 새틴 스

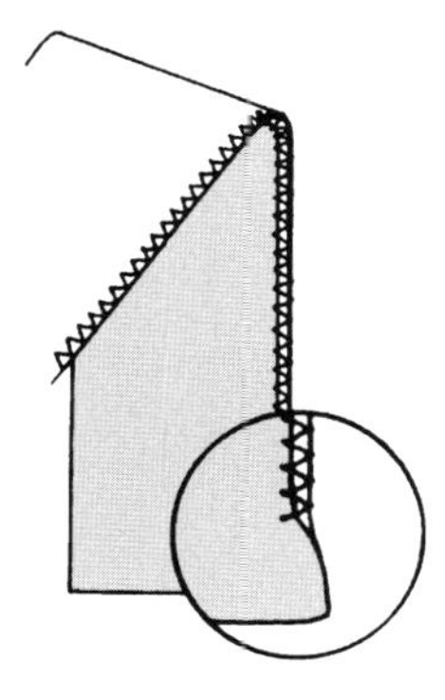

그림 3-18 헤어라인 가장자리로 처리한 러플에서 원래 너비의 일부분은 말려 들어가는 시접으로 사용된다.

티치로 마무리되어 더욱 튼튼하고 깔끔하다.

와이어 가장자리(wired edge)는 뻣뻣해서 원하는 형태를 유지해준다. 헤어라인 가장자리의 접힌 부분 안에 플라스틱으로 코팅한 가는 와이어를 넣어 곡이 지거나 뒤틀리는 다양한 모양의 러플 가장자리를 만들 수 있다. 감쌀 가장자리 옆에 와이어를 놓고 장력이 센 지그재그 스티치나 새틴 스티치로 노루발에 맞추어 봉제한다(**그림 3-19**). 선택 사항: 뻣뻣하지 않으면서 견고한 가장자리를 만들기 위해 가는 줄이나 강한 실, 낚싯줄 등을 사용할 수 있다. 좁게 한 번 접은 단 안쪽에 단단하거나 뻣뻣한 재료를 집어넣고 가장자리에 지그재그 스티치를 한다.

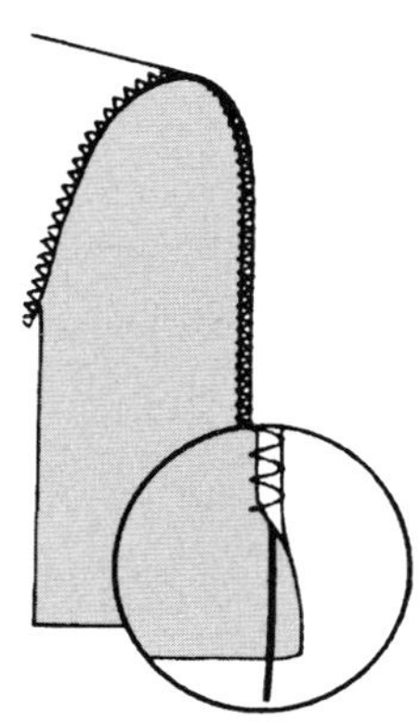

그림 3-19 헤어라인 가장자리 안쪽에 가는 와이어를 넣어 감싼다.

꼬불거리는 가장자리 처리법은 주름이 많고 펄럭거리는 니트로 된 러플을 마무리하는 방법이다. **물결무늬 가장자리** 처리법은 직물 소재의 러플을 바이어스로 재단해서 가장자리가 동그랗게 말리고 뒤틀릴 때 마무리하는 방법이다. 두 방법 모두 원하는 효과를 얻으려면 신축성이 있어야 한다. 앞서 설명한 헤어라인 가장자리 방법 때처럼 재봉틀을 조절한다. 봉제하는 동안, 늘어났으면 싶은 부분에서는 노루발 앞뒤의 원단을 잡아주어 가장자리 끝을 늘여준다. 러플이 원래 상태로 되돌아가더라도 지그재그 스티치한 가장자리는 늘어난 상태를 유지한다(**그림 3-20**).

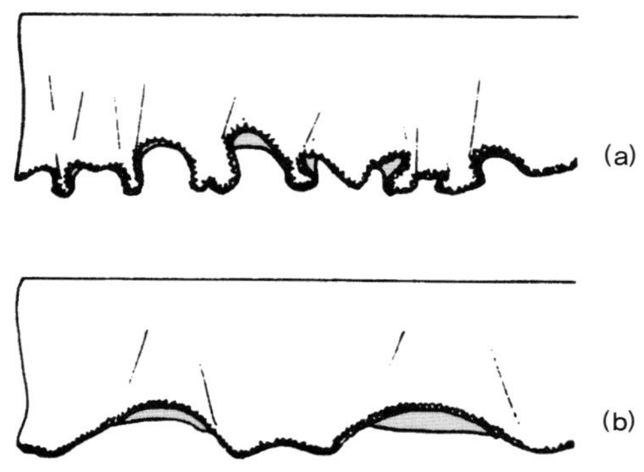

그림 3-20 (a) 저지 니트의 꼬불거리는 가장자리. (b) 바이어스로 재단한 원단의 물결무늬 가장자리.

오버로크 가장자리 처리법을 하기 위해서는 오버로크 재봉틀이 필요하다. 오버로크 스티치는 잘린 가장자리를 고리 모양의 실로 연속해서 휘갑치는 것이다(**그림 3-21**). 땀의 길이를 짧게 하여 오버로크를 촘촘하게 치면, 앞에 설명한 새틴 스티치 가장자리처럼 완성할 수 있다. 오버로크 재봉틀의 칼이 버림 시접을 제거한다.

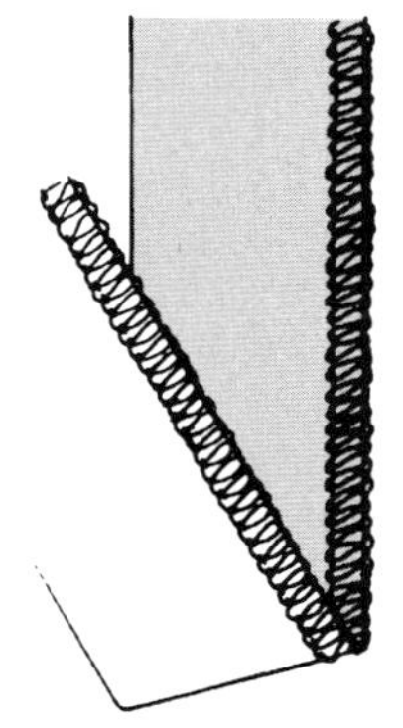

그림 3-21 오버로크 스티치로 처리한 러플의 가장자리.

둥글게 말린 오버로크 가장자리는 오버로크 재봉틀로 헤어라인 가장자리를 완성하는 것이다. 원단의 겉면을 위로 하여 스티치한다. 세 가닥 실 오버로크 기계를 사용해서 아래 루퍼(looper, 실 고리를 만드는 장치―옮긴이)의 장력을 팽팽하게 하여 위 루퍼 실을 원단의 뒤쪽으로 말리게 한다. 위 루퍼 실과 함께 원단의 가장자리도 뒤로 접힌다.

2부 **부피를 부풀리는 방법**

개더 처리한 한쪽 끝 러플
Gathered Single-Edged Ruffle

길게 자른 원단의 한쪽 가장자리를 완성 치수에 맞게 개더 처리하고 평면의 원단과 연결하는 것이다. 반대편 가장자리는 불규칙적이고 구불구불하게 주름이 진다.

작업 과정

❶ 적절하고 효과적인 러플의 가장자리 처리법을 선택한다 **(59쪽, '러플 가장자리 처리' 참조)**. 러플의 너비를 정하기 위해, 완성 너비에 시접을 더한다. 선택한 가장자리 처리법에 알맞은 시접을 다시 더한다**(그림 3-22)**.

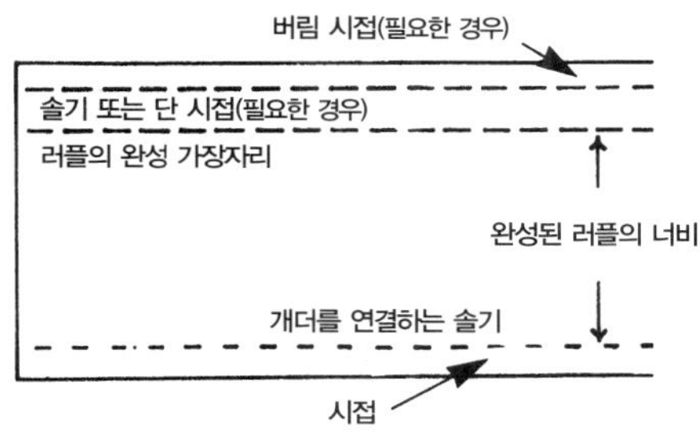

그림 3-22 개더 처리한 한쪽 끝 러플을 위한 원단은 원하는 러플 너비에 개더 잡을 때 필요한 시접 치수와 선택한 가장자리 처리법에 필요한 치수를 더해 준비한다.

❷ 개더 처리한 러플의 품성함—가볍게, 적당하게, 넉넉하게, 풍성하게—을 정한다. 개더를 잡은 후의 완성 치수를 정한다. 원하는 만큼 풍성하게 만드는 데 필요한 원단의 길이를 계산하는 방법은 다음을 참조한다.

    가벼운 볼륨=(완성 치수)×1½

    적당한 볼륨=(완성 치수)×2

    넉넉한 볼륨=(완성 치수)×3

    풍성한 볼륨=(완성 치수)×4 이상

너비와 처리법을 동일하게 하고, 예에서처럼 서로 다른 비율로 개더를 잡아 러플의 풍성함을 비교해본다.

❸ 치수에 맞게 러플을 자른다.

- 원단의 식서에 긴 러플의 양옆이 오도록 줄을 맞추어 자른다. 러플의 길이를 연장하기 위해 짧은 가장자리의 겉면과 겉면을 마주대고 봉제한다. 시접을 갈라 다림질한다**(그림 3-23). (직선 결로 재단해 길게 연장한 러플을 위해 230쪽, 그림 10-1 참조.)**

- 바이어스로 재단한 러플을 만들기 위해, 바르게 편 원단에 45도 각도로 선을 긋는다. 러플의 길이를 연장하려면, 두 러플의 비스듬한 가장자리를 겉면끼리 마주대

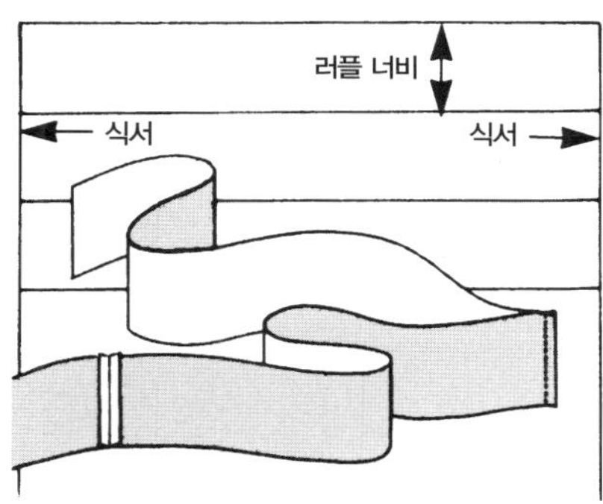

그림 3-23 가로 결 러플. 식서를 이용해 가장자리를 완성하고, 긴 러플을 얻거나 원단을 힘 있게 사용하기 위해서는 세로 결(식서 방향)로 자른다.

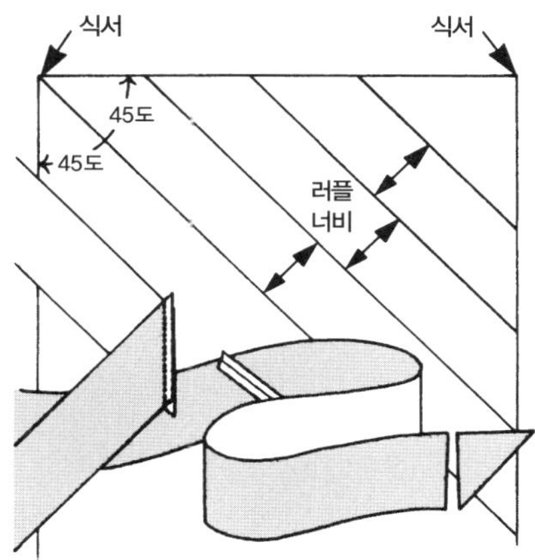

그림 3-24 바이어스로 재단한 러플. 양쪽 선을 일정한 각도로 재단해 재단선들 사이의 치수를 정확히 맞춰준다.

고 솔기 끝을 맞추어 봉제한다. 시접을 갈라 다림질한다**(그림 3-24). (바이어스로 재단해 길게 연장한 러플을 위해 222쪽, 그림 9-18 참조.)**

❹ 원하는 방법으로 러플의 한쪽 긴 가장자리를 처리한다.

❺ 정해진 솔기선 옆의 시접 안쪽을 봉제하여 완성 치수에 맞게 개더를 잡는다**(15쪽, '개더를 잡는 방법' 참조)**. 긴 러플을 개더 잡을 때, 가장자리를 1/2, 1/4, 1/8 등으로 나누어 핀, 가위집, 너치, 초크 등으로 표시한다. 완성 치수에 맞게 서로 간격을 맞추어 개더를 잡는다. 개더를 고르게 정리한다.

❻ 부착할 원단에 러플의 개더 처리한 가장자리를 핀으로 고정한다. 개더 처리한 스티치 바로 위에 시침한다. 시침/개더 스티치 옆에 완성 솔기를 재봉틀로 박는다. 연결 과정에서 모든 스티치와 개더 처리한 시접이 감춰진다.

- 두 조각의 원간이 연결되는 솔기**(그림 3-25)**.

- 밑단 러플을 다는 방법과 마찬가지로 원단의 윗부분이나, 연장된 원단에 러플을 부착한다. 윗부분에 고정한 러플의 경우, 바인딩으로 시접을 처리한다**(18쪽, 그림 1-11 참조)**. 러플을 달아 연장하는 경우, 시접을 처리하는

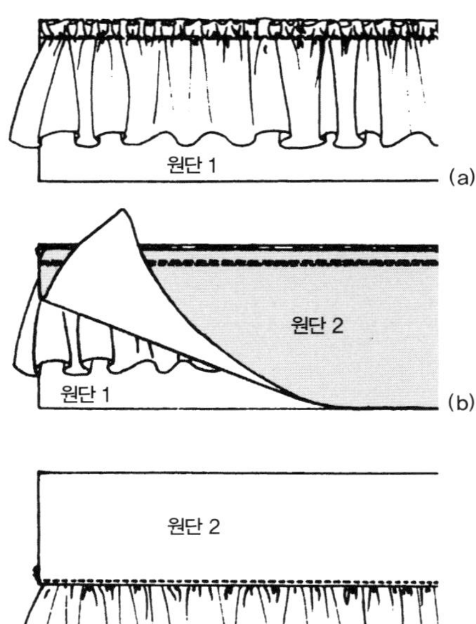

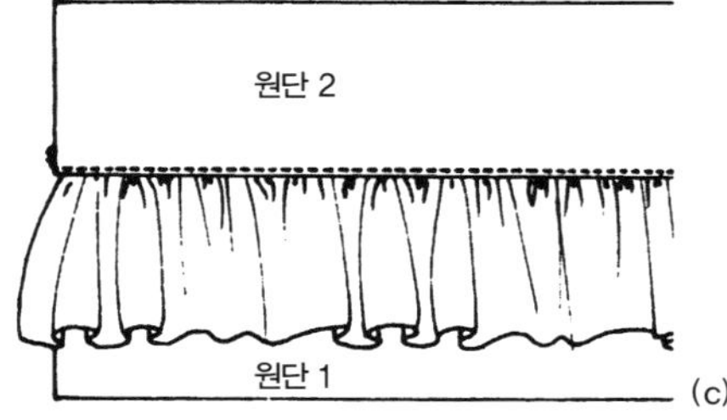

그림 3-25 솔기에 러플을 끼워 박기. (a) 원단 1에 러플을 시침한다. (b) 러플 위에 원단 2를 핀으로 고정한다. 이때 러플 겉면과 원단 2의 겉면을 서로 마주보게 한다. 시침선 옆을 스티치한다. (c) 끝스티치를 한다.

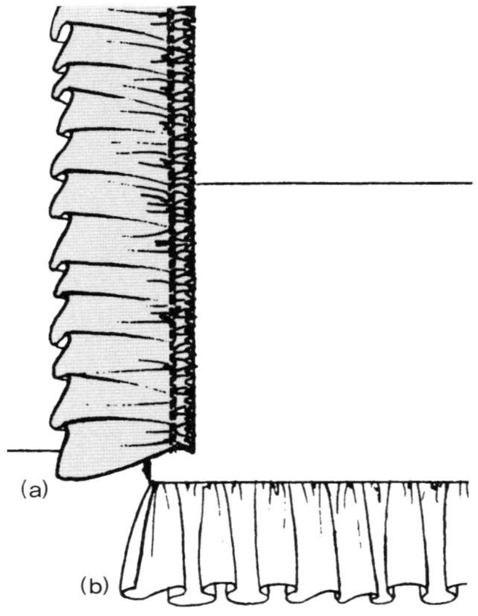

그림 3-26 밑단에 러플을 달아 연장하는 경우. (a) 원단의 가장자리에 러플을 박는다. 시접 가장자리를 지그재그 스티치나 오버로크로 처리한다. (b) 러플 처리한 밑단.

방법. (1) 가장자리를 지그재그 스티치 또는 오버로크로 처리한다(그림 3-26). (2) 보이지 않게 안감이나 안단으로 처리한다(87쪽, 그림 4-9 참조). (3) 장식적인 안단으로 처리한다. (안단의 겉면과 러플의 안쪽 면을 마주대고 박은 뒤 안단을 앞으로 오게 한다.) (4) 모든 연결 작업을 마친 뒤 끝스티치하기도 한다.

◆ 바탕천에 층층으로 겹친 러플(그림 3-27). 위 러플의 자락은 아래 러플에 겹쳐져 아래 러플의 연결 부분을 가

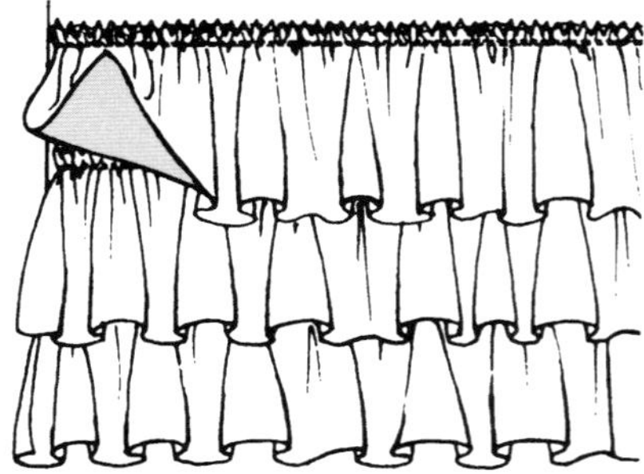

그림 3-27 러플 시접의 가장자리에 지그재그 스티치를 하고, 개더 처리한 다음 바탕천에 직선 스티치로 층이 지게 러플을 부착한다.

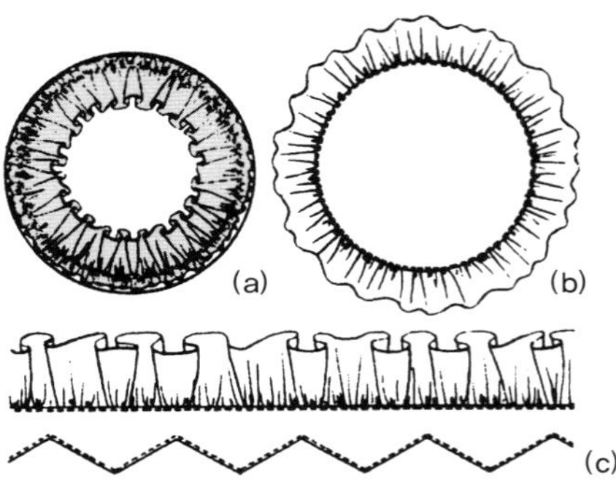

그림 3-28 (a) 바탕천에 러플의 원형 가장자리를 시침한다. (b) 러플을 원형 바깥쪽으로 젖힌 후 바탕천에 원형으로 끝스티치한다. (c) 러플을 부착한 밴드를 바탕천에 끝스티치로 덧붙인다.

려준다. 위 러플의 위 시접은 바인딩, 아플리케 테이프, 또는 원단을 연결해서 가릴 수 있다. 아래 러플은 연장된 밑단 러플처럼 보이기도 한다.

◆ 원하는 모양으로 바탕천에 덧붙인 러플(그림 3-28).

특징과 응용

부드럽고 얇은 원단으로 작업한 러플은 뻣뻣하고 무거운 원단으로 작업한 러플보다 촘촘하게 주름이 잡힌다. 바이어스로 재단해 작업한 러플은 스티치선에 개더가 흡수되기 때문에, 같은 원단의 직선 결로 재단해 작업한 러플보다 더 촘촘하게 개더를 잡아야 한다. 끝자락에 풍성한 느낌을 주기 위해 넓은 러플은 좁은 러플보다 더 촘촘하게 개더를 잡아야 한다.

러플은 손바느질이나 재봉틀을 이용해 직선이나 지그재그 스티치로 개더를 잡을 수 있다. 좁은 너비의 원단에 적당한 밀도로 가볍게 개더를 잡을 때는 한 줄 스티치로 충분하다. 그러나 더 촘촘하게 개더를 잡으려면 두 줄 스티치를 사용하는 것이 좋다. 긴 원단에 개더를 잡을 때, 개더용 노루발을 사용하거나 러플을 만드는 부가 장치를 사용하면 자동으로 개더가 잡혀 빠르고 효과적이다. (16쪽, '개더를 잡는 방법' 참조.) 개더를 잡을 때 밀도가 증가함에 따라 시접이 두꺼워진다. 뭉쳐 있는 개더들을 평평하게 하려면 (1) 러플의 시접 부분

만 다리미로 강하게 누른다. (2) 직선, 지그재그, 오버로크 스티치로 뭉친 시접을 박는다. (3) 러플을 부착한 후 한꺼번에 끝스티치한다. (4) 위의 세 가지 방법을 조합해 사용하기도 한다. 개더 때문에 두꺼워진 시접은 연결 부위의 아랫부분을 튼튼하게 만든다.

한쪽 끝 러플의 개더 처리한 가장자리는 곡이 지거나 각이 지게 덧붙일 수 있을 만큼 유연하다. 곡선, 원형, 또는 각진 바깥쪽에 봉제된 러플은 곡선이나 원형, 각진 부분에서 특별히 촘촘하게 개더를 잡지 않으면 끝자락에서 늘어지거나 말리게 된다. 곡선이나 각진 곳에 촘촘하게 개더를 잡기 위해 러플의 길이를 더해준다. 그러나 곡선, 원형, 또는 각진 안쪽에 봉제된 러플은 개더를 너무 촘촘하게 잡으면 주름 때문에 튀어나오게 된다. 곡선과 원형의 바깥쪽에 부착되는 러플은 개더를 더 많이 잡고, 곡선과 원형의 안쪽에 부착되는 러플은 개더를 더 적게 잡는다(**그림 3-29**).

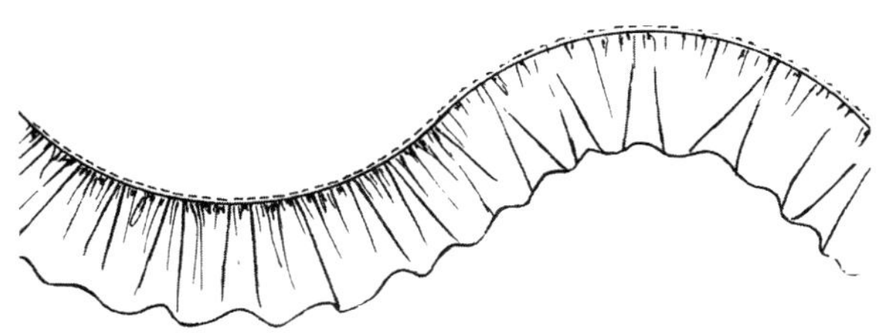

그림 3-29 물결무늬 선을 따라 러플을 부착할 때, 곡선의 바깥쪽에 부착하는 러플은 촘촘하게 개더를 잡고 곡선의 안쪽에 부착하는 러플은 느슨하게 개더를 잡는다.

원형 바깥쪽을 둘러싸는 러플은 두 끝을 같이 봉제하여 연결한다. 그러나 대부분의 경우 러플은 시작과 끝이 느슨하게 늘어지기 마련이다. 바탕천의 끝부분까지 연결되는 러플의 끝은 가장자리를 완성하는 솔기선에 끼워 박는다. 바탕천의 안쪽에서 러플이 마무리되는 경우, 끝부분은 부채꼴로 퍼지거나 점점 가늘어지는 모양을 띠며, 원단의 솔기 안쪽으로 끼워 박힌다(**그림 3-30**).

러플은 안감이나 안단을 사용하면(60쪽, '**러플 가장자리 처리**' 참조), 직선부터 각진 모양이나 곡선 모양의 외곽선까지 원하는 형태의 가장자리를 만들 수 있다. 안감이나 안단을 사용하기에 적당하지 않지만 모양이 있는 가장자리를 원하는 경우, 개더 잡을 쪽을 원하는 형태로 만들고 러플의 가장자리를 직선으로 유지하면 쉽게 작업할 수 있다(**그림 3-31**).

한쪽 조개 모양 러플은 개더 처리한 가장자리가 조개 모양이다. 개더 처리한 곡선을 직선이 되게 고정하면 끝자락이 원하는 조개 모양으로 완성된다(**그림 3-32**). 원단을 두 겹으로 사용하면(59쪽, '**러플 가장자리 처리**' 참조), 작업 후에 조개 모양이 부풀어 오를 수 있다.

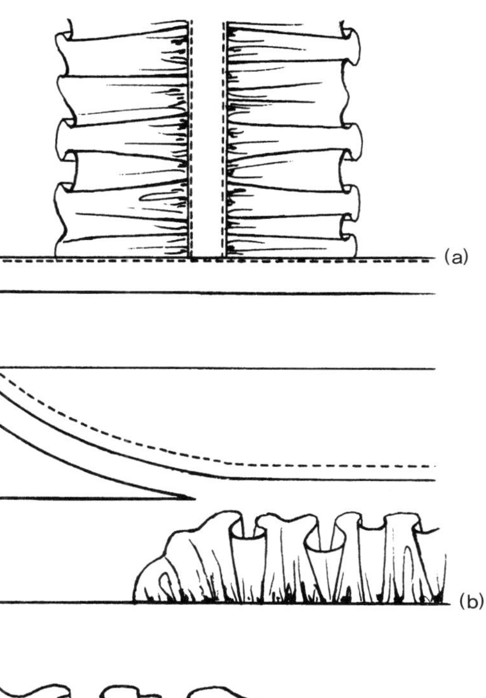

그림 3-30 (a) 직선으로 잘린 러플의 끝을 바인딩으로 고정. (b) 점점 가늘어지는 러플: 개더 잡을 스티치선을 가장자리 끝에서 곡선이 되도록 한다. 자르고 개더를 잡아, 시작 부분부터 가늘어진 끝부분까지 러플을 부착한다. (c) 부채꼴로 퍼지는 러플: 개더가 잡혀 있지 않은 직선 모양의 끝부분을 아래로 잡아당겨 솔기선에서 한꺼번에 스티치한다.

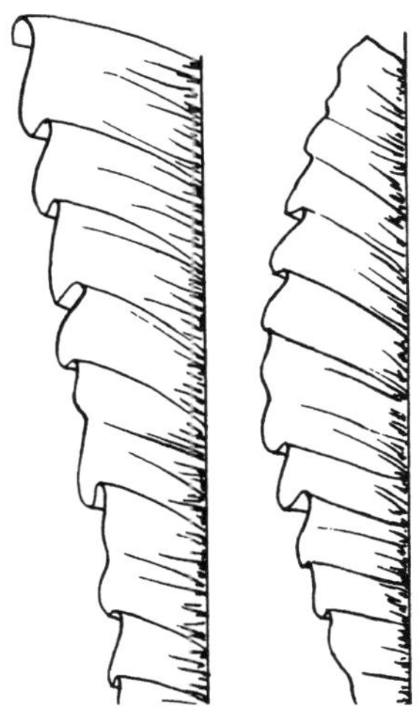

그림 3-31 개더 처리한 가장자리의 형태에 따라 넓은 너비에서 좁은 너비로 변화하는 두 개의 러플.

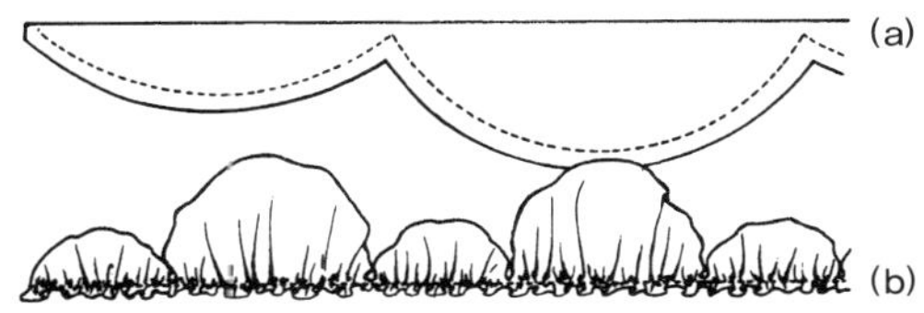

그림 3-32 (a) 긴 곡선 모양의 한쪽 조개 모양 러플 패턴. (b) 개더를 잡은 후의 조개 모양 러플.

겹친 한쪽 끝 러플은 주름이 많은 가장자리로 장식 효과를 더해준다. 각각 개더를 잡은 두 개 이상의 러플 윗부분 가장자리를 맞추어 겹쳐놓고, 한꺼번에 바탕천에 봉제한다. 러플들의 너비에 상관없이, 위 러플의 끝자락은 아래 러플의 주름 위에 놓이게 되어 끝자락의 전체 높이를 부풀어 오르게 한다(그림 3-33).

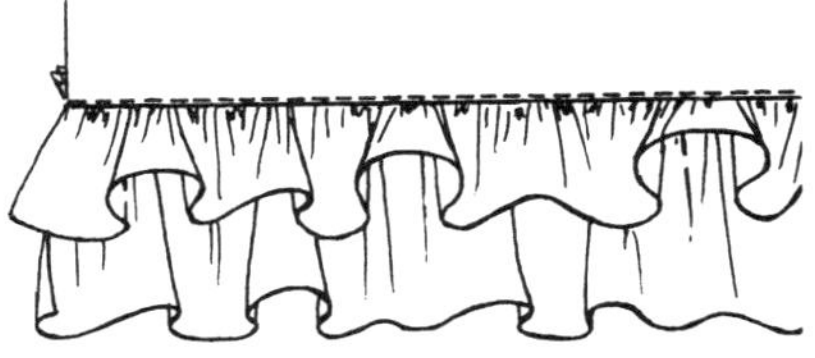

그림 3-33 아래 러플보다 위 러플이 짧은, 두 개의 러플이 원단의 가장자리에 한꺼번에 연결되었다.

퍼프 처리한 한쪽 끝 러플은 울퉁불퉁한 모양으로 소용돌이친다. 두 겹의 원단을 사용해 작업한다(59쪽, '러플 가장자리 처리' 참조). 러플의 가장자리를 직선으로 재단한 경우, 개더를 잡을 때 가장자리를 비껴서 함께 스티치한다. 바이어스로 재단한 경우에는 비껴서 스티치하지 않아도 된다. 울퉁불퉁한 가장자리 주름을 눌러 다림질하지 않는다. 개더를 잡아 부착한 후에는 러플을 부풀리기 위해 두 겹으로 된 러플을 분리한다(그림 3-34). 러플의 너비가 1인치(2.5cm)보다 작으면 러플이 제대로 부풀어 오르지 않는다. 2인치(5cm) 이상으로 넓고 바삭바삭한 재질의 원단으로 작업한 경우 최대로 부풀어 오른다. 부드럽고 흐느적거리는 원단으로 작업한 두 겹의 러플은 거의 부풀어 오르지 않는다. 퍼프를 고정하기 위해 부착할 솔기선에 간격을 맞춰 러플을 징거준다. 바탕천이 끝나는 지점에서 부풀어 오른 러플을 마무리하기 위해 튜브 입구 주변에 개더를 잡아 평평하게 만들어 시접에 시침한다.

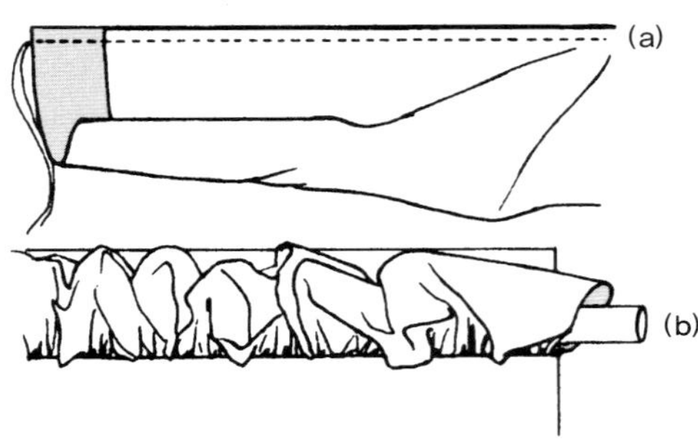

그림 3-34 (a) 직선으로 재단한 두 겹 러플에서는 부풀리기 위해 각각의 끝을 비껴서 박는다. (b) 개더 처리한 두 겹의 원단을 봉 같은 도구를 이용해 분리한다.

    2부 **부피를 부풀리는 방법**

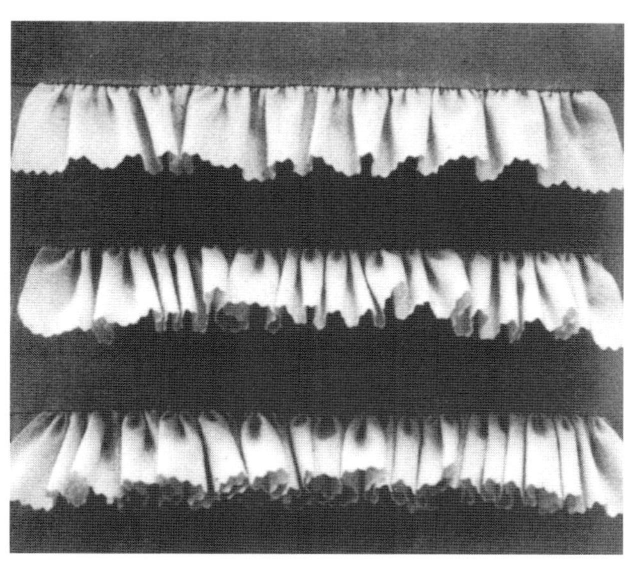

III-2 각각 완성 치수보다 200% 길게 재단한 원단을 개더 처리한 러플.
위 러플보다 너비가 2배인 다래 러플은 덜 풍성해 보인다.
한 번 접은 새틴 스티치 단은 가장자리를 힘 있게 만들고
나풀거리는 모양에 많은 영향을 미친다.

III-1 동일한 너비로 같은 완성 치수에 맞게 개더를 잡은 러플의 예.
길이에 따라 풍성함이 달라지는 효과를 보여준다.
(위) 완성 치수보다 200% 길게 재단한 원단을 개더 처리한 러플.
(가운데) 완성 치수보다 300% 길게 재단한 러플.
(아래) 완성 치수보다 400% 길게 재단한 러플.
가장자리를 핑킹으로 처리하면 끝자락의
나풀거리는 상태에 영향을 미치지 않는다.

III-3 층을 이루면서 솔기선에 연결된
바이어스 러플. 맨 위에 있는 층은
완성 치수보다 150% 길게 재단해
개더를 잡은 것이다. 아래층으로
갈수록 50%씩 길이를 늘린다.
구불구불하게 완성된 바이어스
러플의 가장자리는 가볍게 나풀거린다.

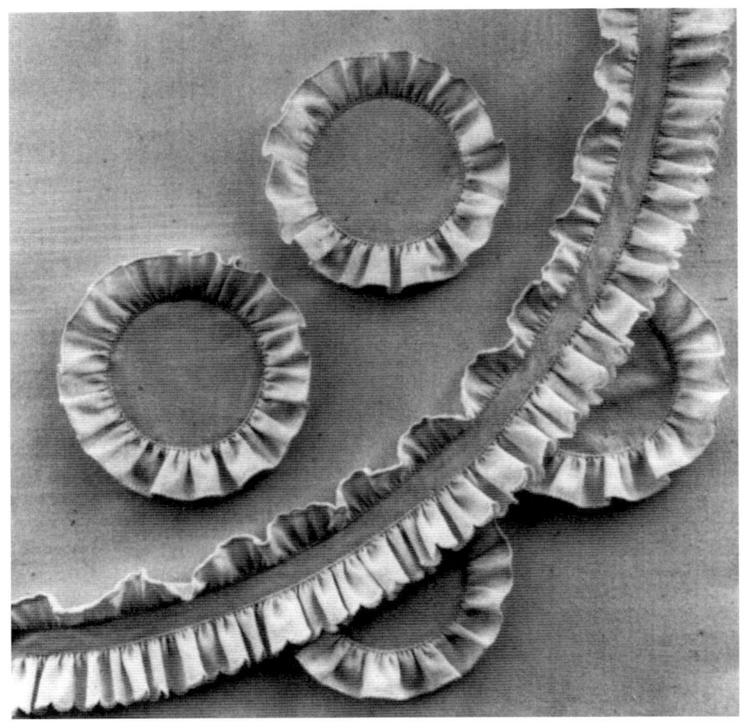

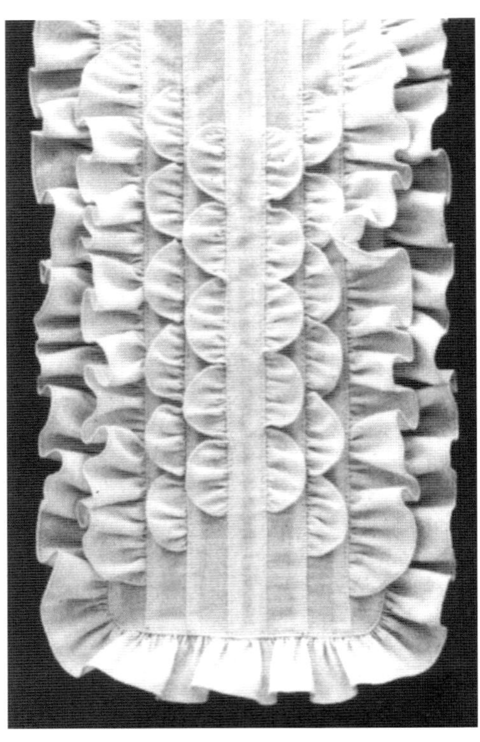

III-4 원형의 둘레와 곡진 바이어스 원단의 양옆에 좁은 러플을 봉제한 후
끝스티치로 덧붙인다. 곡선 모양 띠의 양옆에 부착된 러플. 안쪽 러플은 재봉틀로
스티치한 조개 모양 가장자리, 바깥쪽 러플은 새틴 스티치로 처리한
조개 모양 가장자리. 원형을 감싸는 러플은 헤어라인 가장자리로 완성한다.

III-5 가운데의 조개 모양 러플, 솔기선에서 끝이
사라지는 러플, 모서리 곡선 부분에 촘촘하게 개더 처리한
넓은 테두리의 러플까지 다양한 모양을 보여준다.
모든 러플은 헤어라인 가장자리로 완성한다.

III-6 겹친 러플. 좁은 위 러플은 완성 길이에 2배로
재단하여 개더를 잡고 지그재그로 밑단을 처리한다.
넓은 아래 러플은 완성 길이에 3배로 재단하여
개더를 잡고 가장자리는 조개 모양으로 처리한다.

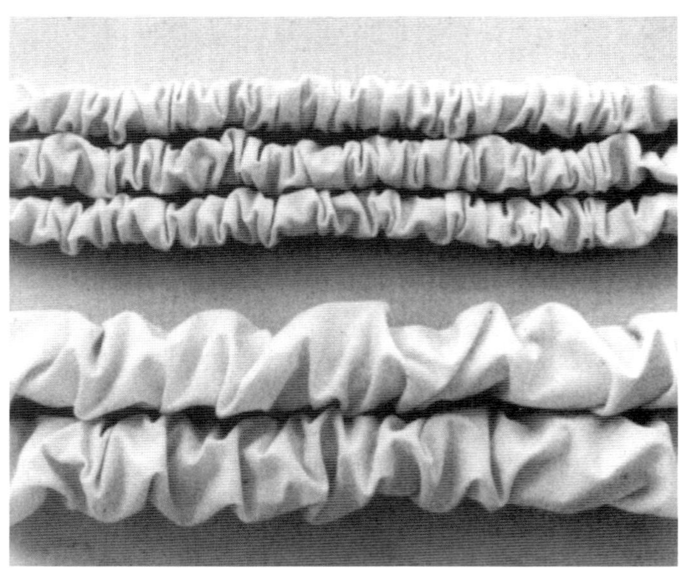

III-7 퍼프 처리한 러플. (위) 1인치(2.5cm)
너비로 접은 바이어스 원단을 개더 잡아
완성한 세 개의 줄. (아래) 2.25인치(5.8cm) 넓이로
접은 직선 원단을 개더 잡아 완성한 두 개의 줄.

2부 **부피를 부풀리는 방법**

개더 처리한 양쪽 끝 러플
Gathered Double-Edged Ruffle

긴 원단의 가운데에 스티치를 하여 개더를 잡아 완성 치수에 맞추는 것이다. 바탕천에 부착된 양쪽 끝 러플의 가장자리는 다양한 모양으로 자유롭게 나풀거리는 것이 특징이다.

작업 과정

❶ 적절하고 효과적인 러플의 가장자리 처리법을 선택한다. 각각의 가장자리를 같거나 다른 처리법으로 작업할 수 있다. (59쪽, '러플 가장자리 처리' 참조.) 러플의 너비를 결정하기 위해 가운데 스티치선을 기준으로 양쪽 러플의 완성 너비를 정한다. 각 면에 적용할 가장자리 처리법에 필요한 시접을 더한 전체 원단 양은 다음과 같다(그림 3-35).

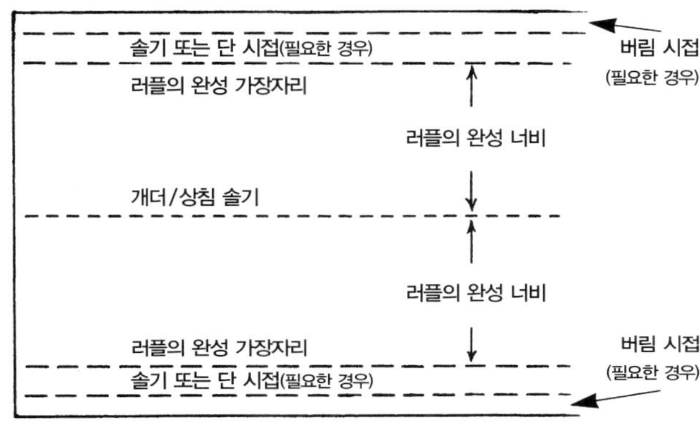

그림 3-35 개더 처리한 양쪽 끝 러플을 만들기 위해, 가운데 솔기선의 양쪽으로 완성 너비에다가 가장자리 처리법에 따라 필요한 치수를 더해주어야 한다.

❷ 65쪽, '개더 처리한 한쪽 끝 러플'의 작업 과정 2~3단계를 따른다.

❸ 선택한 처리법에 따라 러플의 양쪽 가장자리를 완성한다.

❹ 러플의 가운데에, 접어서 자국을 내거나 의류용 마커로 스티치선을 표시한다. 또는 재봉틀의 노루발 아래에 있는 치수판을 이용해 러플의 겉면 가장자리에서 스티치 거리를 가늠한다. 표시한 선을 따라 스티치하고 완성 치수에 맞게 개더를 잡는다(15쪽, '개더를 잡는 방법' 참조). 길이가 긴 러플의 경우 1/2, 1/4, 1/8 등으로 개더 잡을 간격을 나눈다. 러플을 부착할 부분도 같은 방법으로 간격을 나눈다. 핀이나 초크로 간격을 표시한다. 개더를 잡아 표시한 간격에 맞추어 완성한다. 개더를 골고루 분산해 정리한다.

❺ 바탕천에 의류용 마커로 개더 처리한 러플을 고정할 위치를 표시한다. 좀더 쉽고 정확하게 표시하기 위해 러플

의 양쪽 가장자리와 만나는 선을 겉면에 표시한다. (초크, 의류용 마커, 핀, 또는 임시로 주름을 접어 표시한다.) 안내선을 따라 러플의 가장자리를 맞추고, 개더 처리한 스티치 위에 상침하여 러플을 부착한다. 재봉틀을 이용해 직선 스티치나 적절한 장식 스티치를 한다(그림 3-36). 또는 손바느질로 반박음질한다.

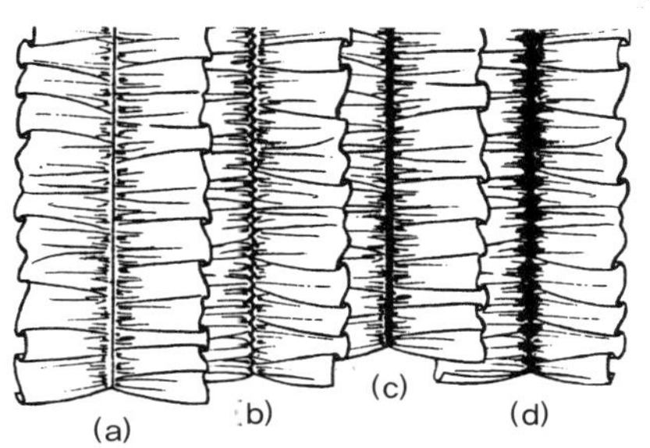

그림 3-36 상침하여 부착한 양쪽 끝 러플. (a) 개더를 잡기 위해 스티치한 실은 작업 후 제거한다. (b) 개더 처리한 스티치선을 가로질러 지그재그 스티치를 한다. (c) 새틴 스티치. (d) 장식 스티치로 개더 처리한 스티치선을 가린다.

특징과 응용

가장자리 처리법, 개더의 정도, 원단의 성질, 러플 너비 등은 서로 영향을 주어 양쪽 끝 러플의 가장자리를 구불구불하게 만든다. 보통 양쪽 끝 러플은 직선 스티치나 지그재그 스티치를 이용하거나, 재봉틀에 러플러나 개더용 노루발을 사용해 자동으로 개더 처리한다(15쪽, '개더를 잡는 방법' 참조). 러플의 가운데에 직선으로 개더가 잡힌다.

두세 줄 또는 그 이상 평행한 스티치선을 따라 잡은 개더 — **여러 줄의 솔기 또는 셔링 잡힌 러플** — 는 가장자리에 느슨하게 주름이 잡히고 그 사이에는 스티치 줄로 인해 주름이 있는 장식적인 밴드가 생긴다(그림 3-37). 다른 방법: 가운데에서 약간 떨어진 위치에 스티치를 하거나 곡선으로 스티치를 하여 개더를 잡은 러플. 개더 처리한 스티치선을 직선으로 박아 바탕천에 부착한다. 개더를 잡기 전에 스티치 처리한 곡선 모양대로 끝자락이 굴곡지게 표현된다.

러플을 만들 때 직선으로 개더를 잡지 않고 가장자리에서 가장자리까지 방향을 바꿔가며 개더를 잡으면, 나풀거리는 자락은 조개 모양이 된다. **양쪽 조개 모양 러플**을 만들기 위한 패턴에는 스티치선으로 둘러싸인 공간이 필요하다. 러플의

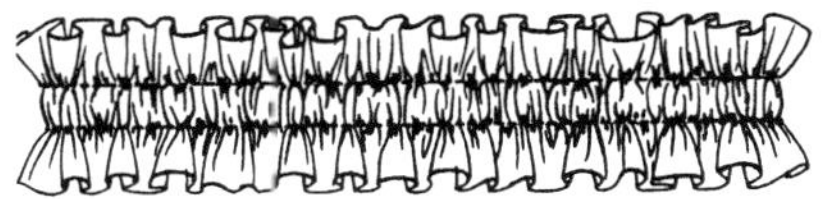

그림 3-37 두 줄 개더 사이에 셔링이 잡힌 여러 줄의 솔기선이 있는 러플. 개더를 잡으면 러플의 너비가 줄어드는 것을 감안해 재단할 때 여분의 치수를 더해준다

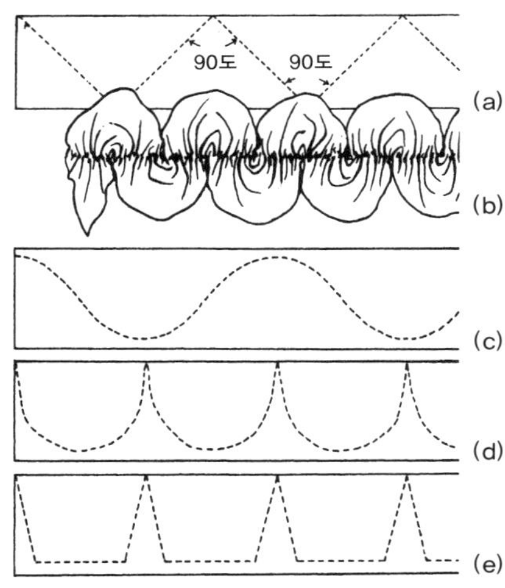

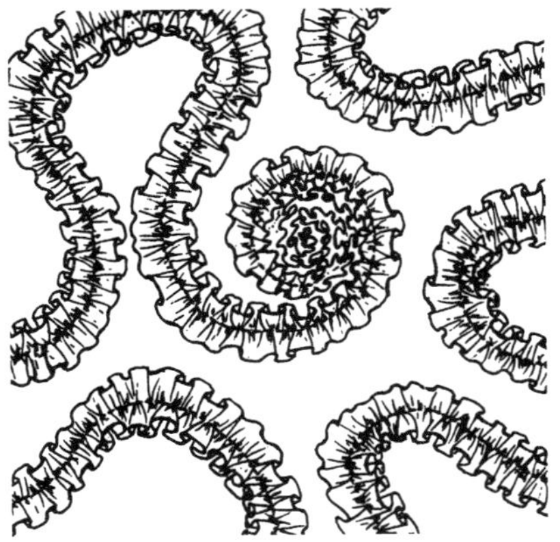

그림 3-40 입체적인 효과를 위해 상침하는 동안 한쪽 끝을 소용돌이 모양으로 휘감으며 다양하게 표현한 좁은 너비의 양쪽 끝 러플.

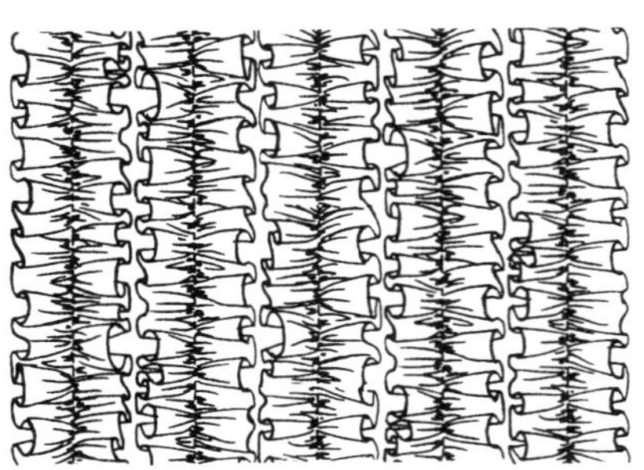

그림 3-38 (a) 양쪽 조개 모양 러플 패턴에 나타난 90도 각도로 스티치한다. 스티치선이 직선을 이룰 때까지 개더를 잡아 고정한다. (b) 개더 처리한 양쪽 조개 모양 러플. (c) (a) 패턴의 곡진 모양. (d)와 (e)의 패턴으로 개더를 잡은 러플은 양쪽이 다른 모양을 띤다.

그림 3-41 러플의 너비보다 조금 가깝게 간격을 두고, 가장자리들이 서로 닿도록 선을 따라 상침한다.

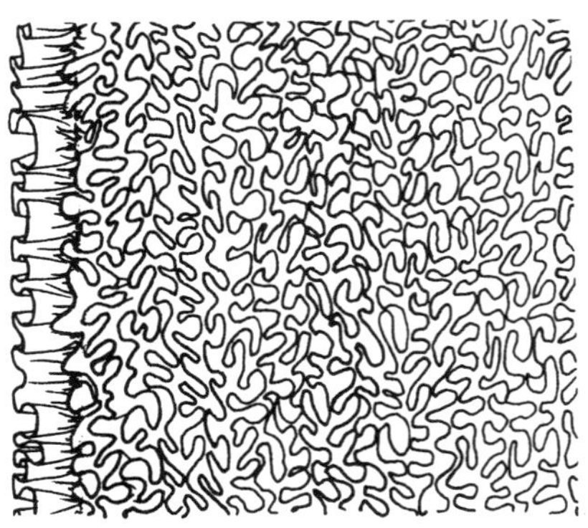

뒷면에 스티치선을 표시한 뒤 조개 모양을 조절하기 위해 손으로 개더를 잡는다. 모양이 일반적이지 않기 때문에, 손바느질로 바탕천에 부착하는 것이 더 쉽다(그림 3-38).

양쪽 끝 러플은 부드럽기 때문에 곡선으로 작업할 수 있다. 곡진 러플은 양쪽 가장자리의 나풀거리는 모양을 바꾼다. 곡선의 안쪽 가장자리 주름은 모아지고 바깥쪽 가장자리 주름은 펼쳐진다. 러플의 너비가 넓고 곡이 심한 경우, 촘촘하게 개더를 잡지 않으면 바깥쪽에 나풀거리는 가장자리가 펼쳐지거나 뒤집힐 수도 있다. 안쪽에 나풀거리는 자락은 모아진 주름들로 인해 부풀어 올라 풍성해진다. **러플 디자인**은 너비가 1인치(2.5cm) 이하인 러플만을 사용한다. 적당하거나 넉넉하게 개더를 잡아, 한쪽에서는 러플을 부드럽게 잡아당기고 반대쪽에서는 밀어넣는 식으로 심하게 곡진 부분을 조절한다. 러플 디자인은 평평한 바탕과 꼬불거리는 러플 밴드의 가장자리를 대비시켜 시각적인 효과를 얻는 것이다. 소용돌이치는 러플 디자인은 바탕천의 겉면에 구상한 반복적인 선을 따라 형태가 만들어진다(그림 3-39). 전체에 무늬가 있는 러플 디자인은 러플을 부착할 때 즉흥적으로 구불구불한 모양의 패턴이 만들어진다(그림 3-40).

모여 있는 러플로 작업하면 아래의 바탕천은 거의 보이지 않거나 사라지게 된다. 낮게 모여 있는 러플은 나풀거리는 자락이 서로 닿도록 양쪽 끝 러플을 직선이나 곡선으로 바탕천

그림 3-42 아주 촘촘하게 상침한 양쪽 끝 러플은 소용돌이치며 솟아올라 입체감이 있는 새로운 바탕천을 이룬다.

에 부착하는 것이다. 개더 잡아 상침한 솔기는 표면에 새로운 디자인을 만들어낸다(그림 3-41). 높게 모여 있는 러플에서는 개더 잡아 상침한 솔기선이 보이지 않을 만큼 러플을 서로 가깝게 부착해서 양쪽 끝 러플의 가장자리가 한쪽 러플 너비만큼 솟아올라 나풀거린다(그림 3-42).

러플을 직선이나 직선에 가까운 곡선에 상침할 경우 재봉틀로 작업할 수 있다. 먼저 부착한 러플은 노루발의 왼쪽으로 제쳐두고 자로 눌러놓아 상침하는 작업에 방해되지 않도록 한 뒤 새로운 러플을 상침한다. 러플을 소용돌이 모양으로 상침할 경우 처음 시작 부분은 손바느질이 필요하다. 뒤틀

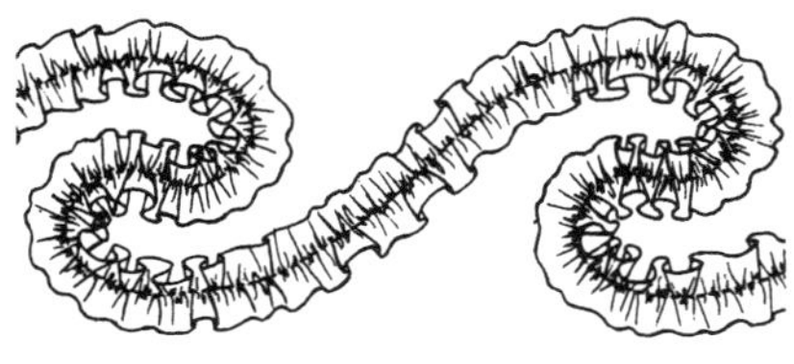

그림 3-39 반복되는 물결무늬로 소용돌이치는 좁은 너비의 양쪽 끝 러플.

2부 부피를 부풀리는 방법

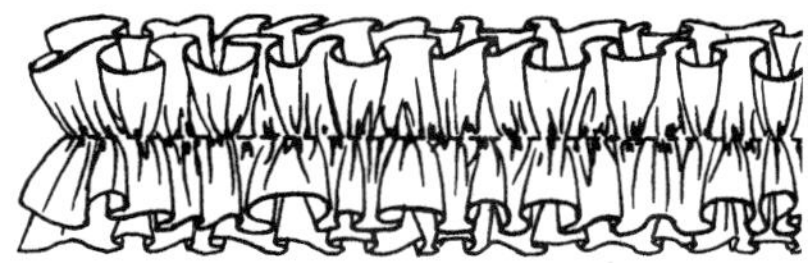

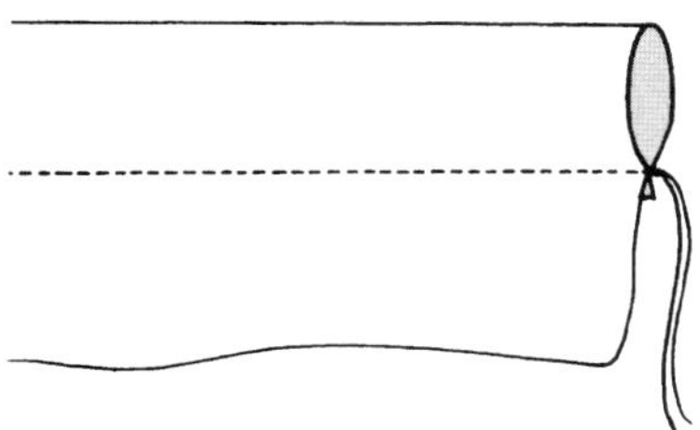

그림 3-43 두 개의 양쪽 끝 러플을 겹쳐놓고 상침하면 나풀거리는 자락이 높이 솟아오른다.

그림 3-44 개더를 잡아 부착한 뒤 한쪽만 퍼프 처리하는 양쪽 끝 러플의 준비 모양.

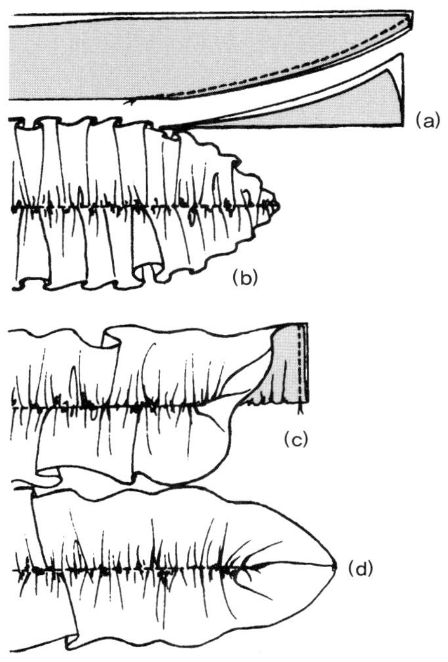

그림 3-45 양쪽 끝 러플의 끝처리를 위한 두 가지 방법. (a) 러플의 끝을 점점 가늘게 한다. (b) 개더를 잡는다. (c) 개더를 잡은 뒤 러플의 끝을 봉제한다. (d) 바탕천에 부채꼴로 펼쳐 고정한다.

리지 않도록 바탕천을 임시로 빳빳하게 만들어 작업한다.

겹친 양쪽 끝 러플은 두 개의 러플을 개더 처리한 스티치선에 맞추어 포갠 후 바탕천에 하나로 상침하는 것이다(그림 3-43).

퍼프 처리한 양쪽 끝 러플은 눌리지 않은 두 겹 원단을 재단하여 스티치해야 한다(59쪽, '러플 가장자리 처리' 참조). 개더를 잡아 부착한 뒤 두 겹의 원단을 서로 분리해 부풀어 오르게 한다(68쪽, '퍼프 처리한 한쪽 끝 러플' 참조). 응용: 한쪽만 퍼프 처리한 양쪽 끝 러플(그림 3-44).

양쪽 끝 러플의 끝부분을 점점 가늘어지거나 부채꼴로 만들

어 바탕천에 고정한다. 점점 가늘어지는 러플의 끝부분은 스티치할 선에 맞추어 접고, 가늘어지기 시작하는 부분부터 가장자리까지 점차적으로 곡선을 이루며 봉제한다. 남은 부분을 자르고 러플을 펼쳐 개더를 잡은 뒤 바탕천에 상침한다. 부채꼴 러플의 끝부분은 양끝을 같이 봉제하고 부채꼴로 펼쳐 바탕천에 시침하여 고정한다(그림 3-45).

턱 처리한 러플은 세 개의 러플과 개더 처리한 한 개의 솔기선으로 만들어진다. 러플의 전체 너비는 두 겹의 중심 러플 너비와 양옆의 러플 너비 등 세 부분으로 이루어진다(그림 3-46). 중심 러플의 가장자리는 항상 접힌 선에 위치한다. 접힌 선에서 러플의 너비만큼 떨어진 위치에 두 겹을 같이 스티치하여 개더를 줍는다. 개더 잡아 스티치한 양쪽 끝 러플은 중심 러플 아래의 솔기선 양쪽으로 펼쳐진다(그림 3-47). 바탕천에 외노루발을 이용해 중심 러플의 개더 처리한 솔기선 옆을 상침한다. 같은 방법으로 반대쪽 솔기선 옆도 상침한다. 두 스티치선 사이에 개더 처리한 솔기선을 손바느질로

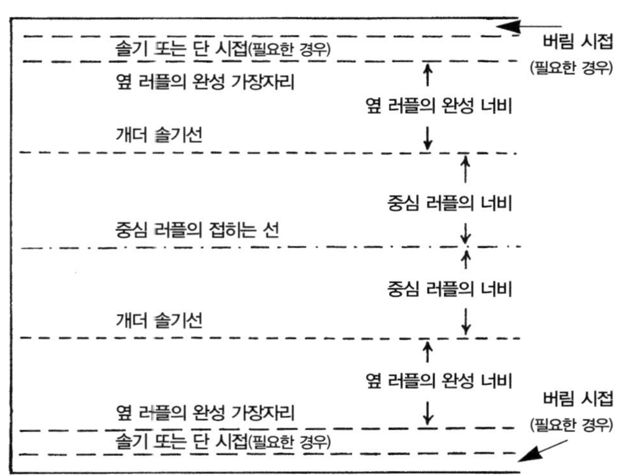

그림 3-46 턱 처리한 러플을 위한 원단은 두 겹의 중심 러플 너비와 양옆의 러플 너비, 원하는 가장자리 처리법에 따른 시접을 더해 준비한다.

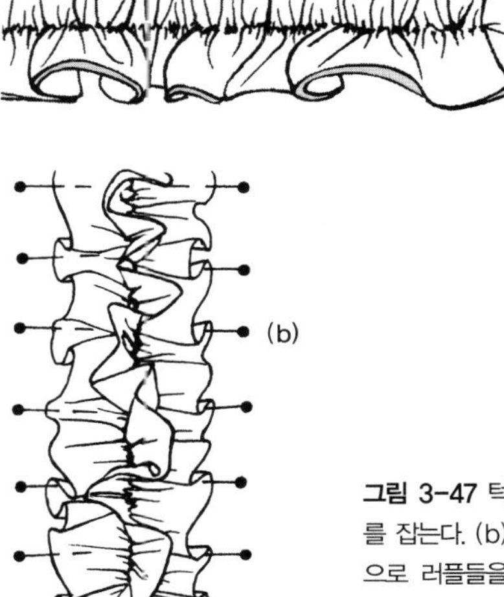

그림 3-47 턱 처리한 러플. (a) 개더를 잡는다. (b) 개더 처리한 선의 양옆으로 러플들을 펼치고 상침하기 전에 바탕천에 핀으로 고정한다.

고정한다. 턱 처리한 러플은 중심 러플의 너비를 다양하게 하고, 스닙프린지로 처리하거나 부풀리고, 접힌 부분 안쪽에 줄을 넣은 뒤 당겨서 개더를 잡는 등 여러 가지 방법으로 표현할 수 있다.

양쪽 끝 러플은 소재나 러플의 너비, 가장자리 처리법에 상관없이 수평, 수직, 또는 여러 방향으로 잔주름을 만든다. 부드러운 소재로 작업한 너비가 넓은 러플의 경우, 수직으로 부착하면 개더 잡아 상침한 솔기선 양쪽으로 늘어지고 수평으로 부착하면 솔기선 위쪽의 러플이 아래쪽 러플 위로 얹히는 모양이 된다.

러플 너비의 가운데에서 개더를 잡지 않고 너비가 좁은 윗부분과 넓은 아랫부분의 러플로 나누어 개더를 잡는 **헤드 러플**(headed ruffles)은 늘 수평으로 작업한다. 원단의 성질과 가장자리 처리법에 따라 뻗치거나 나풀거리는 정도를 감안해 윗부분의 너비를 계산한다(**그림 3-48**). 헤드 러플은 개더 솔기선을 여러 줄로 하거나 윗부분을 부풀리거나 턱 처리를 하거나 러플을 여러 겹으로 하는 등 다양하게 선택할 수 있

다. 나뉜 헤드 러플(split headed ruffle)은 윗부분과 아래 러플 사이에 원단을 사용하거나 촘촘하게 개더를 잡거나 플리츠 처리하여 여러 모양으로 표현할 수 있다. 나뉜 헤드 러플은 실제로 한쪽 끝 러플 두 개가 개더 처리한 시접끼리 만나 만들어진 것이라고 할 수 있다. 넓은 러플 부분과 좁은 윗부분을 밴드의 양쪽에 연결한 후 바탕천에 덧대어 상침하거나, 러플을 바탕천에 부착한 뒤 그 위에 밴드를 덧대고 끝스티치로 상침하거나, 양쪽 끝 러플을 덧대어 시접을 가린다.

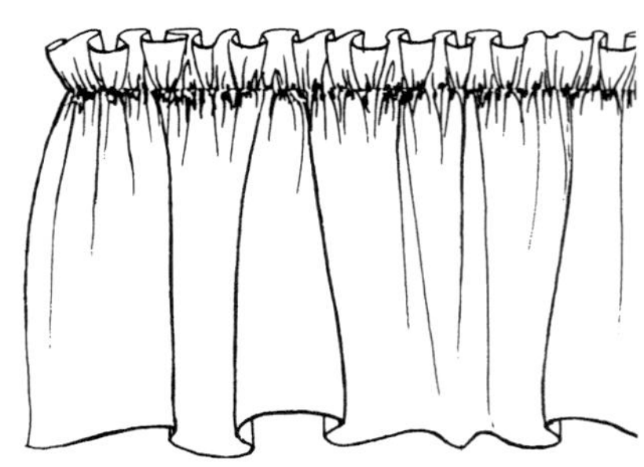

그림 3-48 헤드 러플.

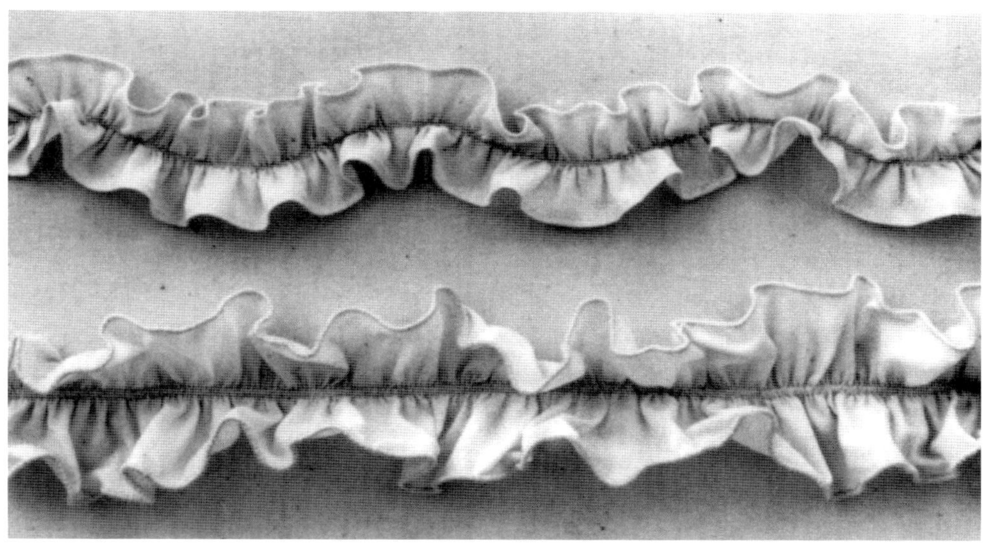

III-8 새틴 스티치로 바탕천에 부착한 두 개의 러플.
곡선 모양 러플은 가장자리를 두 번 접어 박았다.
아래 러플은 가장자리에 와이어를 넣어 자유롭게 구불거리는 형태를 띤다.

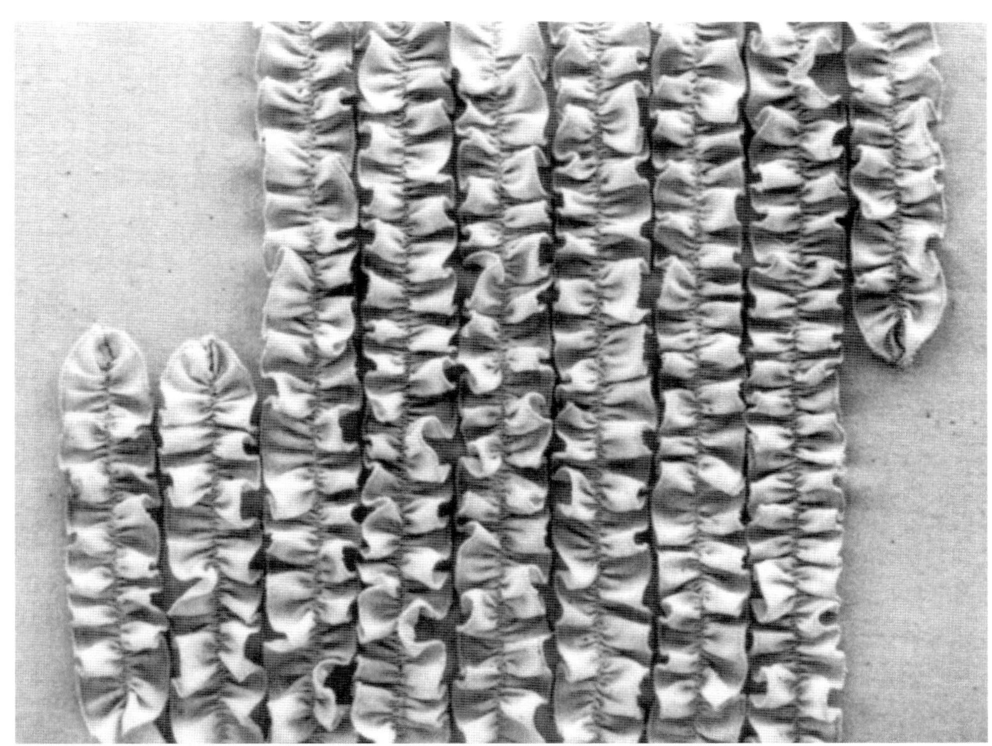

III-9 헤어라인 가장자리로 완성한 러플의 가장자리가 서로 맞닿을 만큼
가깝게 일렬로 부착되어 있다(낮게 모여 있는 러플들).

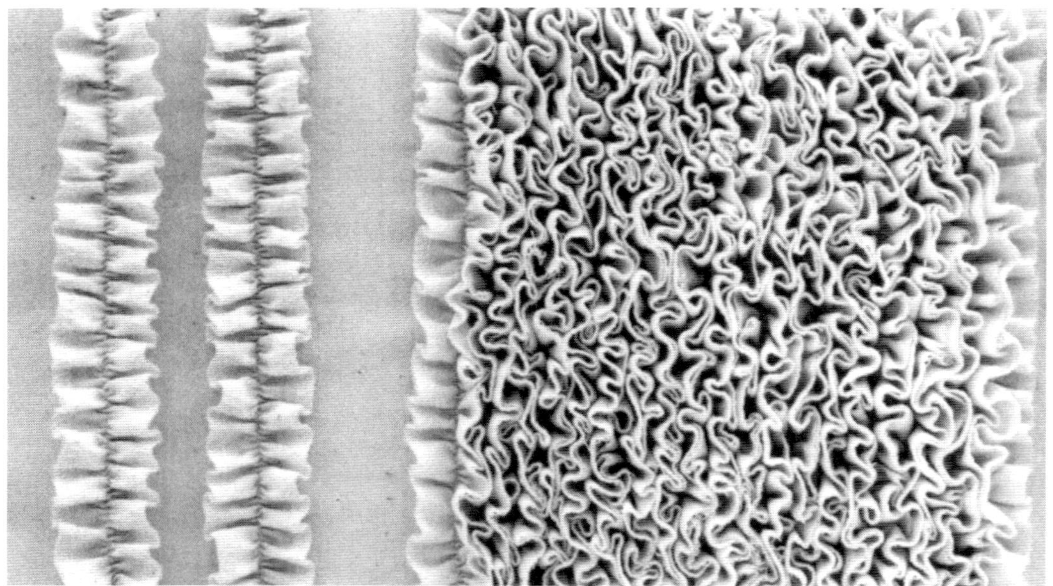

III-10 (왼쪽) 가장자리가 서로 떨어져 부착된 두 줄 러플. (오른쪽) 모양이 같은 러플들이 매우 가깝게 일렬로 부착되어
가장자리가 위로 솟아 있다(높게 모여 있는 러플들). 러플들로 새롭게 만들어진 표면 때문에 광목은 두껍고 무거워진다.
모든 러플의 가장자리는 오버로크로 처리했다.

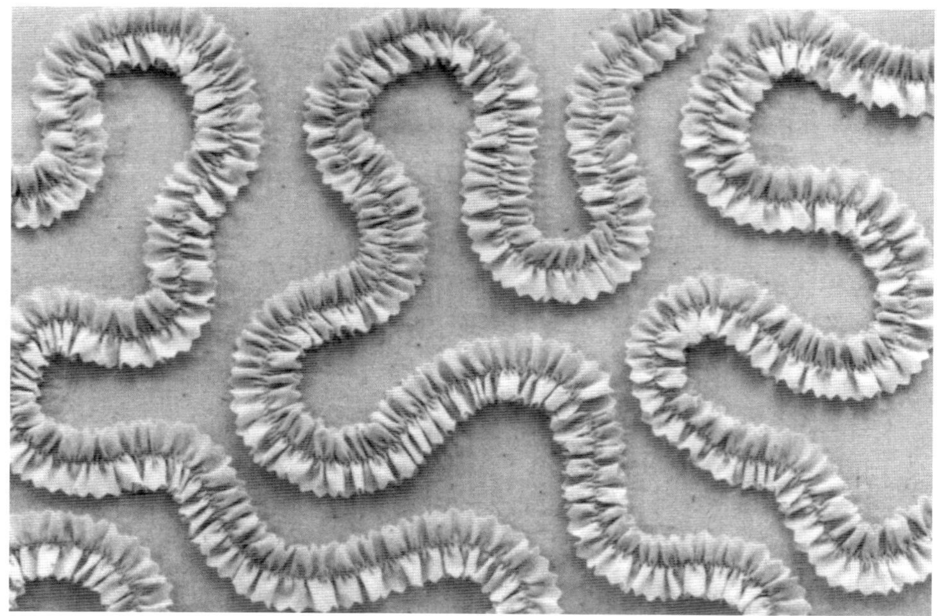

III-11 핑킹 처리한 0.75인치(2cm) 너비의
러플을 전체에 즉흥적으로 구불구불하게
나타나도록 디자인한 광목 패턴.

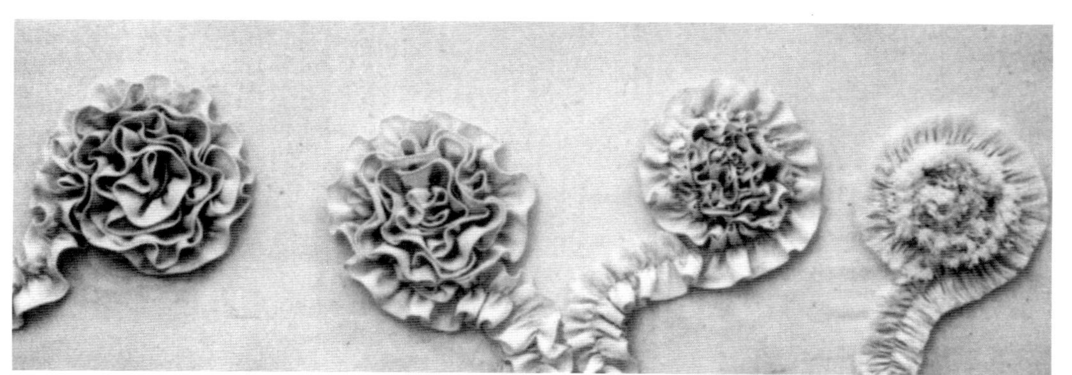

III-12 빽빽하게 휘감아
부착한 네 개의 러플.
(왼쪽에서 오른쪽으로) 두 번 접어
박은 가장자리. 헤어라인
가장자리. 한 쪽은 핑킹으로,
다른 쪽은 식서를 이용한
가장자리. 프린지 가장자리.

III-13 (위) 스닙프린지 가장자리로 처리해 한쪽 끝을 휘감은 모양의 러플.
(아래) 두 개의 양쪽 조개 모양 러플, 좁은 너비의 러플은 빽빽하게 손바느질하여 꽃 모양으로 말았다.

III-14 완성 길이보다 2배 정도 길게 잘라 개더를 잡은
응용 디자인 러플 네 가지. (왼쪽에서 오른쪽으로) 여러 줄의 개더 솔기선에
두 개의 끈을 끼워 개더를 잡고 헤어라인 가장자리로 처리한 러플.
단단하게 두 번 접어 박아 헤어라인 가장자리로 처리한 러플 위에 겹쳐진
스닙프린지 가장자리 러플. 너비가 좁은 중심 러플과
가장자리를 넓게 한 번 접어 박아 단을 처리한 양쪽 끝 러플로 이루어진
턱 처리한 러플. 퍼프 처리한 중심 러플, 가장자리를 한 번 접어
이중 스티치로 단을 처리한 양쪽 끝 러플로 이루어진 턱 처리한 러플.

III-15 바탕천에 부착하지 않고 스트링 위에 지그재그로 개더를 잡아
고정해서 길고 유연하며 푹신해 보이는 원기둥 모양의
매달린 러플들. 각각의 원기둥은 완성 길이의 3배가 되는
두 개의 러플을 하나로 개더 처리한다. (왼쪽) 두 번 접은
헤어라인 가장자리. (오른쪽) 스닙프린지 가장자리.

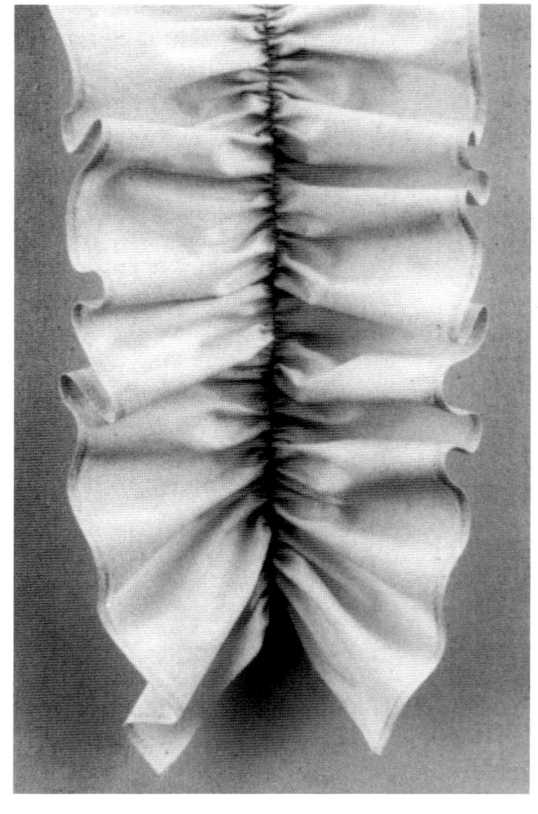

III-16 4.5인치(11.5cm) 너비의 러플 가장자리는
원단의 무게 때문에 아래로 늘어진다.

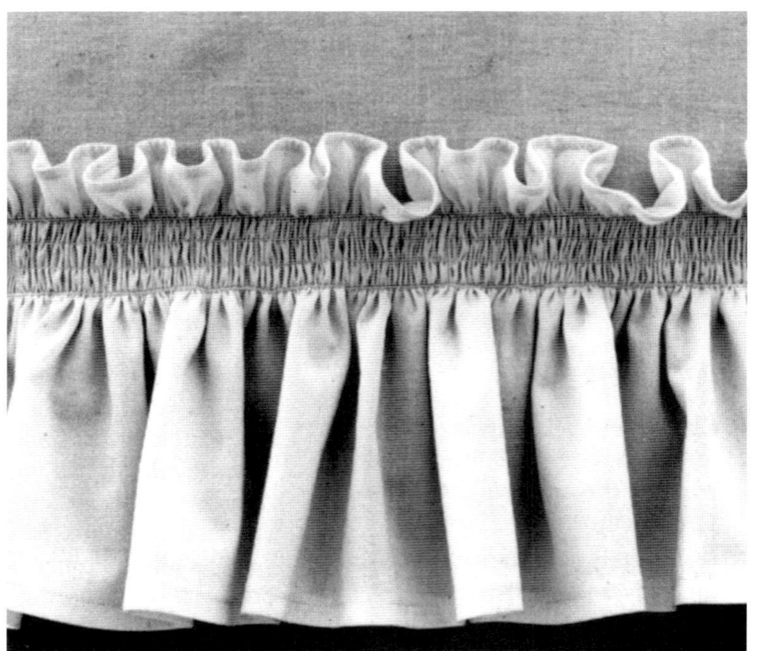

III-17 셔링 잡힌 밴드를 사이에 두고 위아래로 나뉜 헤드 러플.
가장자리는 두 번 접어 박아 마무리한다.

III-18 나뉜 헤드 러플. 러플 부분의 개더 처리한 시접과 겹쳐진 윗부분의 시접이
두꺼워지지 않도록 테이프를 덧대어 끝스티치로 박아준다.

플리츠 처리한 한쪽 끝
또는 양쪽 끝 러플
Pleated Single- or Double-Edged Ruffle

원단을 규칙적으로 접으면서 한쪽 끝이나 중심을 스티치로 고정하여
길이가 줄어들게 작업하는 것이다. 플리츠 처리한 러플의 가장자리는
규칙적으로 일정하게 접혀 나타난다.

작업 과정

❶ 러플을 위해 플리츠 잡을 위치를 정한다(**그림 3-49**). 주름
을 눌러 다릴지 여부를 결정한다.

❷ 원하는 가장자리 처리법을 정한다. 플리츠를 다림질하지
않고 부드럽게 단 처리를 하거나 다림질하여 납작한 가
장자리로 완성할 수 있다(**59쪽, '러플 가장자리 처리' 참조**).

❸ 원하는 가장자리 처리법에 따라 시접을 더한 플리츠 러플
의 너비를 정한다. 한쪽 끝 러플의 경우, 65쪽 그림 3-22
참조. 양쪽 끝 러플의 경우, 71쪽 그림 3-35 참조.

❹ 완성 치수에 맞게 러플을 플리츠 잡기 위해 필요한 길이
를 계산하는 방법은 다음과 같다. 플리츠의 접히는 간격
을 표시하기 위해 플리츠 깊이와 작업 방법에 적절하도
록 0.25인치(6mm) 또는 0.5인치(1.3cm) 간격으로 점을 찍
은 종이 띠를 사용한다. 점은 플리츠의 접히는 부분을 나
타내며, 점 사이의 거리는 플리츠 깊이를 나타낸다. 플리
츠 간격을 조절하기 위해 점의 개수를 계산한다. 정해진
플리츠 위치에 점과 점을 맞추어 접는다. 아래 공식을 적
용한다.

> (접기 전의 길이÷접은 후의 길이)×플리츠 러플의 완성 치수
> =원하는 러플의 길이(종이를 이용한다.)

❺ 원단의 직선 결을 따라 치수에 맞게 러플을 자른다. 필요
하면 러플을 연결해 사용한다(**65쪽, 그림 3-23 참조**). 한쪽
끝 러플의 경우, 한쪽의 긴 가장자리에 원하는 방법으로
가장자리를 처리한다. 양쪽 끝 러플의 경우에도 양쪽의
긴 가장자리에 원하는 방법으로 가장자리를 처리한다.

❻ 미리 구상한 대로, 의류용 마커나 초크로 한쪽 끝 러플을
만들 경우 완성되지 않은 가장자리를 따라서, 양쪽 끝 러
플을 만들 경우 중심을 따라서 러플의 겉면에 0.25~0.5인
치(6mm~1.3cm) 간격으로 점을 찍어 표시한다. 점과 점을
맞추어 손으로 시침하거나 재봉틀로 스티치하여 주름을
고정하고 플리츠 러플을 완성한다. 러플의 너비가 넓거
나 원단이 늘어지는 경우, 핀을 꽂고 손으로 시침질을 하
여 형태를 만들어놓은 뒤 재봉틀로 박는다. 적절한 너비
와 소재인 경우에 재봉틀로 스티치를 하면서 플리츠를

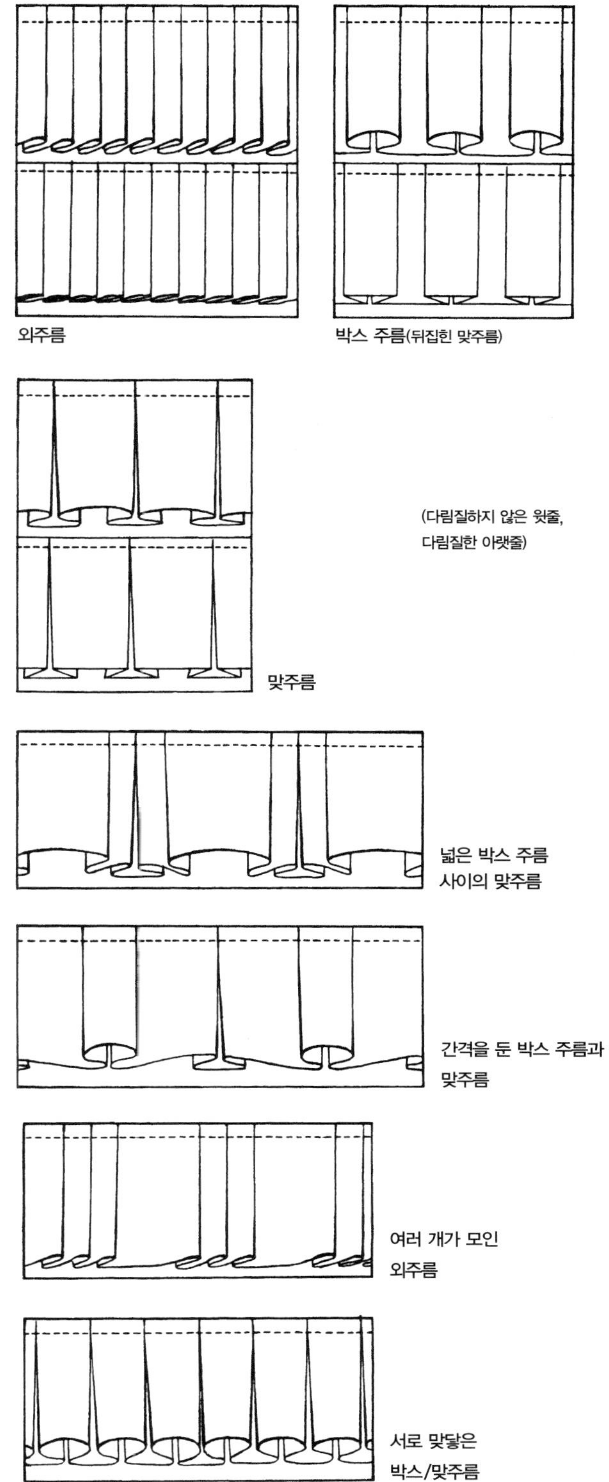

그림 3-49 다양한 플리츠 러플.

만들 수 있다(**그림 3-50**). 납작하게 접힌 플리츠 러플은
솔기선부터 완성된 가장자리까지 주름을 다림질하여 마
무리한다.

❼ 평평한 원단에 플리츠 처리한 한쪽 끝 러플을 부착하기
위해, 다른 솔기 또는 밑단 안으로 시접을 감추거나 아플
리케로 시접을 숨긴다(**66쪽, 그림 3-25~28 참조**). 바탕천에
플리츠 처리한 양쪽 끝 러플의 솔기선 위를 상침한다. 원

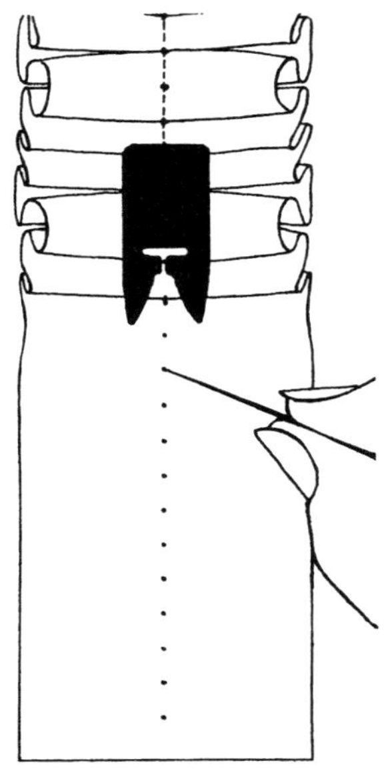

그림 3-50 재봉틀로 스티치하는 동안 플리츠를 만들기: 바늘이나 뾰족한 기구의 끝으로 러플 위에 표시된 점을 찌른다. 그 점을 아래로 밀거나 위로 들어 올려, 작업할 점의 위치에 정확하게 맞추어 겉주름선을 만든다. 노루발 아래로 원단이 지나갈 때 뾰족한 끝으로 만든 주름의 모양을 유지해준다.

단에 표시된 안내선에 러플의 솔기선이나 가장자리를 맞춘다(71쪽, 그림 3-36 참조).

플리츠 러플은 부착된 솔기선 아래에 여러 층의 주름을 부드럽고 질서 있게 만들어낸다. 플리츠 처리한 한쪽 끝 러플의 시접은 같은 길이, 같은 완성 치수로 개더 처리한 한쪽 끝 러플의 시접보다 덜 두껍다. 플리츠 처리한 러플의 끝자락은 다림질하지 않을 경우 둥글게 접히는 반복적인 주름이 되고, 다림질할 경우에는 각을 이루는 납작한 주름이 된다. 플리츠의 모양은 끝자락의 상태에 영향을 미친다. ─박스 주름의 끝자락은 위로 접혀 올라가지만 맞주름의 끝자락은 바탕천에 닿는다. 부분적으로 주름을 잡은 러플 끝자락의 경우, 플리츠를 잡지 않은 부분은 평평하고 플리츠를 잡은 부분은 풍성해서 대조를 이룬다.

간격이 0.5인치(1.3cm) 이하의 점을 기준으로 만들어진 플리츠 깊이는 러플의 너비와 부착 방법 등에 영향을 미친다. 플리츠 잡는 과정을 살펴보면, 연속된 점들은 겉주름선과 안주름선을 나타내며 겉주름선은 플리츠선과 일치한다. 플리츠 모양에 변화를 주기 위해, 어떤 점은 플리츠 사이의 간격을 나타내는 것이 되기도 한다. 넓은 러플의 플리츠를 눌러서 주름 잡기 위해, 솔기선의 점들을 복사해 가장자리에 점을 표시한다. 연결된 모든 점을 맞추어 각각 플리츠를 접고 핀으로 고정한다. 솔기선뿐만 아니라 가장자리에도 시침을 한다. 원단의 직선 결에 맞춰 플리츠를 놓는다. 플리츠를 고정하기 위해 가볍게 다림질하고 가장자리의 시침실을 없앤다. 날카로운 주름의 러플을 원하면 완전하게 눌러 스팀다리미로 다림질한다. 열기가 식고 마를 때까지 움직이지 않는다. 주름을 완전한 상태로 유지하기 위해 플리츠 처리한 러플을 직선으로 바탕천에 부착한다.

개더 처리한 러플과 마찬가지로 눌리지 않게 플리츠 처리한 러플도 다양한 곡선으로 부착할 수 있다. 좁은 **박스/맞주름 러플**은 소용돌이치는 구불구불한 모양의 곡선 또는 전체적인 러플 패턴으로 표현할 수 있다(그림 3-51).

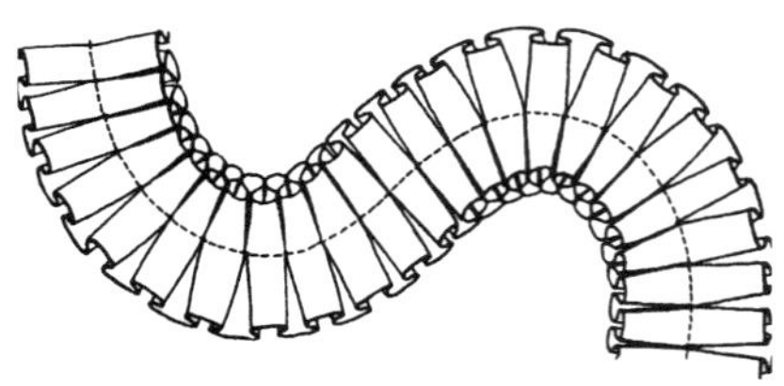

그림 3-51 좁은 박스/맞주름 러플은 심하게 곡을 이루면, 바깥쪽에서는 평평하게 펴지고 안쪽에서는 빽빽하게 모아지는 현상이 번갈아 나타난다.

여러 줄의 개더 솔기선 러플, 겹친 러플, 낮게 모여 있는 러플, 헤드 러플 등의 개더 처리한 한쪽 끝 러플과 양쪽 끝 러플에서 설명한 방법은 플리츠 처리한 러플들을 작업할 때도 마찬가지로 적용될 수 있다. 플리츠 처리한 러플을 대량으로 만들려면, 자동으로 외주름을 잡고 직선 스티치한 한쪽 또는 양쪽 끝 러플을 완성해주는 러플러를 이용한다. 러플러는 개더 잡는 방식에서 플리츠 잡는 방식으로 간단하게 바꿀 수 있다. 각 땀마다 플리츠, 6땀마다 플리츠, 12땀마다 플리츠를 잡는 등 땀수로 외주름의 간격을 조절할 수 있다. 땀의 길이로는 플리츠의 깊이를 조절한다(그림 3-52).

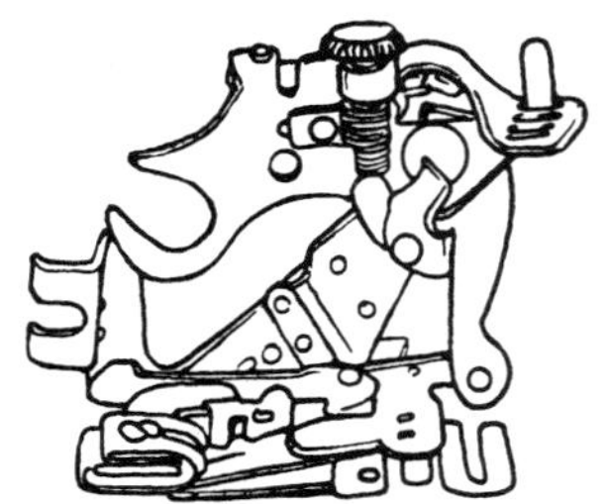

그림 3-52 재봉틀에 부착된 러플러는 보기보다 작동하기 쉽다.

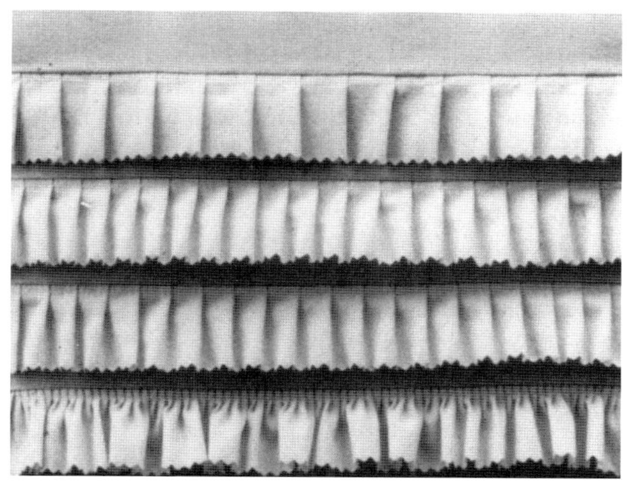

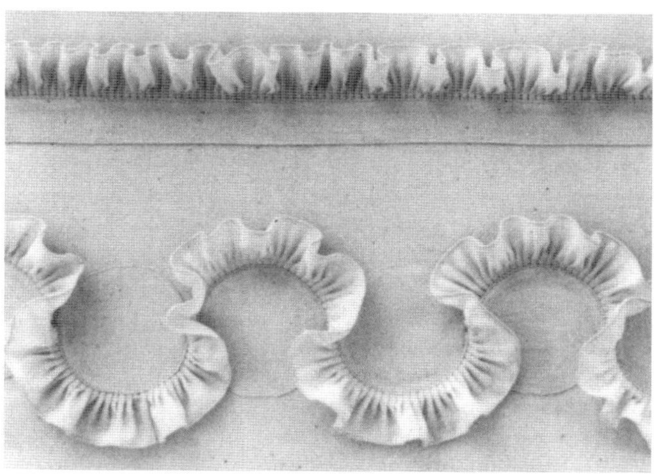

III-19 러플러를 부착하여 자동으로 외주름을 잡은 러플의 예.
(위) 12땀마다 플리츠 처리한 러플.
(가운데) 6땀마다 플리츠 처리한 두 개의 러플.
(아래) 각 땀마다 플리츠를 잡아서 개더 처리한 것처럼 나풀거리는 러플.

III-20 자동으로 각 땀마다 외주름을 잡아 헤어라인 가장자리로 처리한 좁은 러플. (위) 바탕천에 끝스티치로 고정하기 전에 러플을 부착한 밴드.
(아래) 먼저 고정한 러플의 시접 위에 아플리케한 원형.

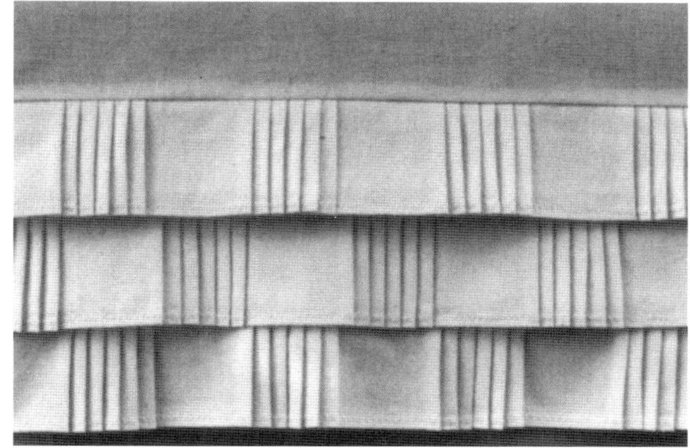

III-21 1인치(2.5cm) 너비로 작업한 네 개의 러플.
(위에서부터) 다림질한 외주름. 다림질하지 않은 박스 주름.
박스 주름 양쪽에 다림질하지 않은 두 개의 외주름.
스팀다리미로 다림질하여 고정한 주름들로 이루어진 좁은 간격의 외주름.

III-22 한 번 접어 이중 스티치로 가장자리를 처리하고
다리질하여 외주름을 잡은, 서 개의 층으로 겹쳐진 러플.

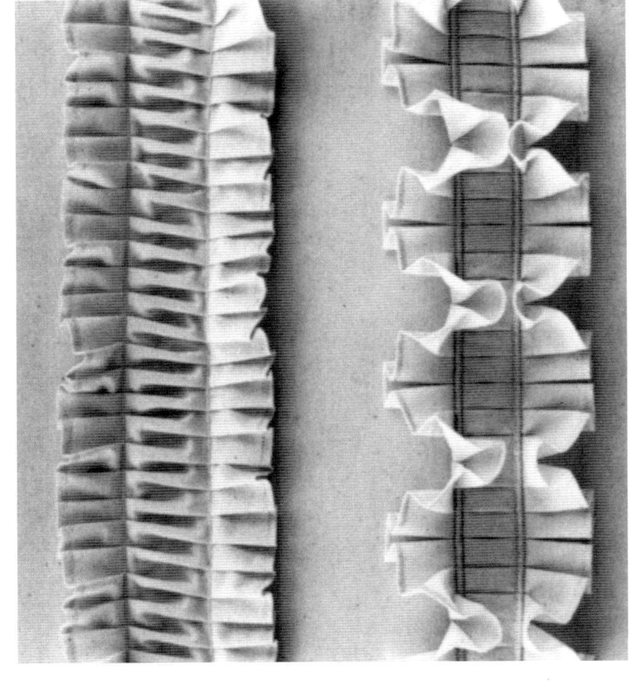

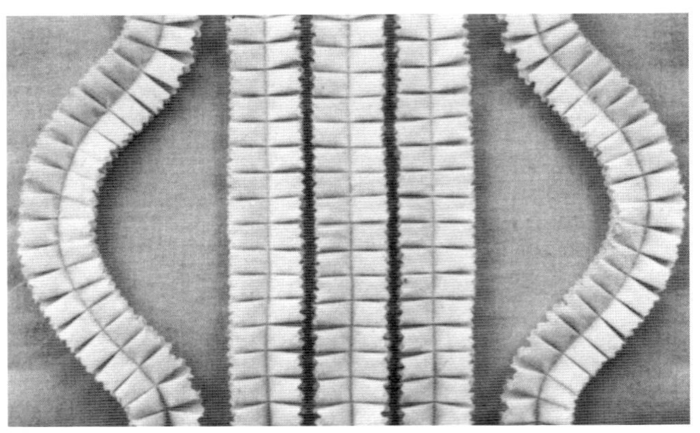

III-23 (왼쪽) 상침하는 스티치선 사이에서 주름의 방향이 바뀌는 외주름.
(오른쪽) 새틴 스티치 솔기선 사이에 주름진 사다리 모양 양쪽으로
박스 주름, 외주름, 맞주름이 나타난다.

III-24 1.5인치(4cm) 너비의 박스/맞주름 러플.

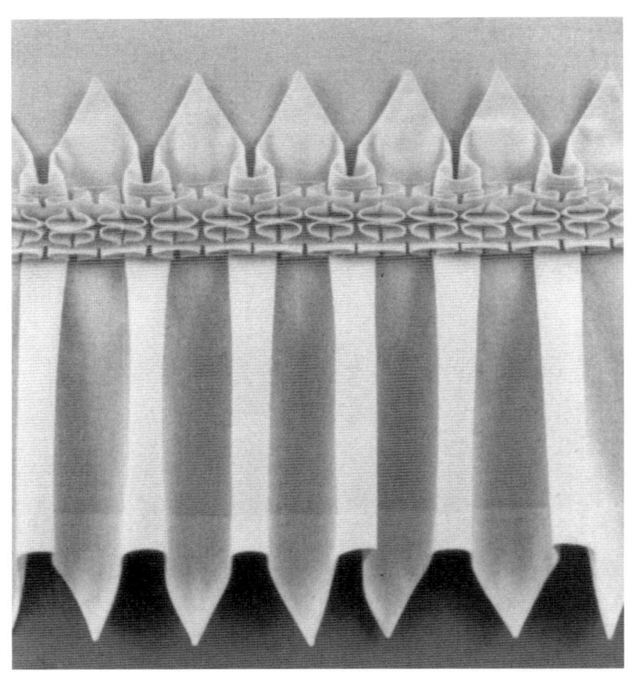

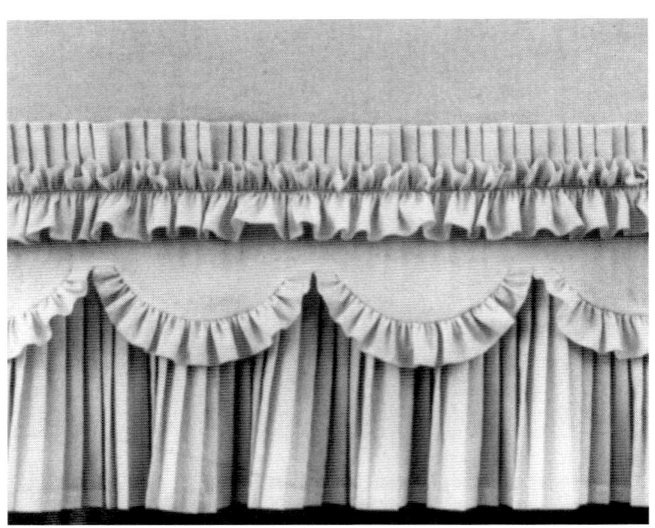

III-25 삼각뿔 사이에 박스 주름이 있는 헤드 러플은
가장자리의 삼각형 모양이 서로 마주보고 있다. 헤어라인 가장자리로 처리한
두 개의 박스/맞주름 러플은 삼각뿔이 부착된 솔기선을 덮는다.
위에 놓인 러플의 '박스들'은 가운데에서 같이 시침해 고정한다.

III-26 플리터로 완벽하게 잡은 외주름의 헤드 러플 위에 정교한
러플을 덧대었다. 외주름 잡은 러플 위에 겹쳐놓은 조개 모양 밴드의
가장자리는 개더 처리한 러플로 완성했다. 중심에서 벗어나
개더 처리한 양쪽 끝 러플은 조개 모양 밴드를 연결한 선을 감춘다.

2부 **부피를 부풀리는 방법**

플라운스 만들기

Flounces

플라운스는 솔기선에서부터 점차 플레어지면서 부풀어 올라 끝자락에서 구불거리는 주름으로 늘어지는 것이다. 다른 쪽보다 한쪽이 더 긴 원형의 원단으로 작업한다. 안쪽의 짧은 곡선을 직선으로 펴서 다른 원단에 고정하면 반대쪽 긴 가장자리가 풍성하게 늘어진 주름이 된다. 전체를 플라운스 하나로 작업하거나, 부분적으로 여러 줄의 플라운스를 부착하거나, 바닥천을 완전히 덮는 등 다양하게 표현할 수 있다.

원형 플라운스
Circular Flounce

중심에 둥글게 도려낸 부분이 있는 원형의 원단을 절개하여 벌려준 다음 안쪽의 짧은 가장자리를 다른 원단의 솔기에 연결하는 것이다. 바깥쪽 긴 가장자리는 구불구불 주름지면서 떨어진다.

작업 과정

❶ 용어 정의.

원주: 원 둘레의 길이.

지름: 원의 중심을 지나며 원주의 두 점을 연결하는 직선.

반지름: 원의 중심에서 원주까지 직선.

원의 곡진 부분의 반지름: 원의 곡진 부분 어느 점에서도 반지름은 같다.

❷ 원형 플라운스 패턴의 중심에서 잘라낼 원의 반지름에 따라 결정되는 플레어의 정도(최대, 보통, 최소)와 플라운스의 길이를 정한다.

◆ 중심에서 잘라내는 원의 반지름이 작을수록 작업 후 플라운스 가장자리의 볼륨은 더욱 풍성해진다(**그림 4-1**).

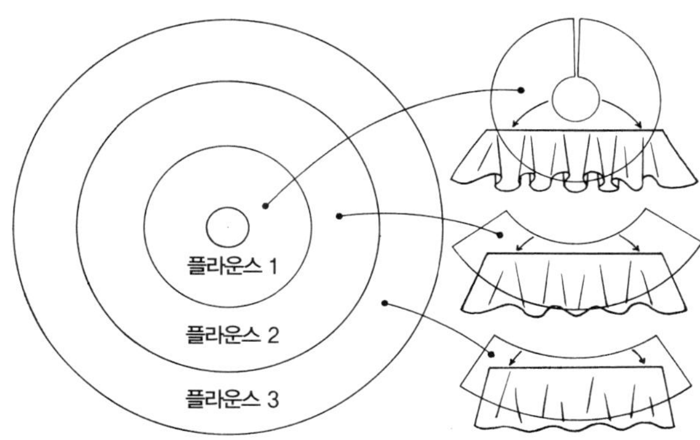

그림 4-1 직선으로 펼쳐질 안쪽 곡선과 나풀거리는 자락이 될 바깥쪽 곡선의 관계를 보여주는 원형 플라운스 세 개.

◆ 플라운스의 깊이가 늘어나면 플레어의 볼륨도 증가한다. 중심에서 잘린 원의 둘레와 플라운스 바깥 가장자리의 원둘레 차이가 크면 가장자리는 더 풍성하게 접히면서 플레어진다(**그림 4-2**).

플라운스를 좀더 연구해보기 위해, 플라운스의 깊이를 같게 하고 직선으로 펼쳐서 솔기에 연결할 중심원의 크기를 다양하게 하여 그에 따른 효과를 살펴본다.

❸ 원형 플라운스 패턴을 그리는 데 필요한 치수는 중심원의 반지름과 플라운스의 깊이 두 가지다.

ⓐ 반지름 치수에 맞추어 컴퍼스로 중심원을 그린다(**그림 4-3 (a)**). 반지름에 플라운스의 깊이 치수를 더하여 컴

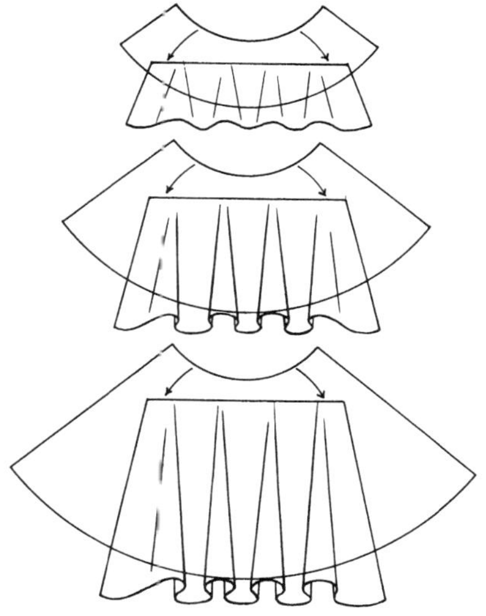

그림 4-2 윗부분은 동일한 원형 곡선이면서 깊이만 다르게 한 세 가지 플라운스.

퍼스를 다시 조정하고 첫 번째 그린 원의 바깥쪽에 두 번째 원을 그린다(**그림 4-3 (b)**).

ⓑ 시접선을 위해 중심원 안쪽에 시접만큼 더 작은 원을 그린다. 곡진 가장자리의 끝마무리 방법(**59쪽, '러플 가장자리 처리' 참조**)에 알맞은 밑단 시접을 위해 바깥쪽으로 시접만큼 더 큰 원을 그린다.

ⓒ 하나 이상의 절개선을 표시한다. 외곽원의 반지름에 절개선을 맞춘다(**그림 4-3 (c)**). 원형 플라운스 패턴을 잘라낸다.

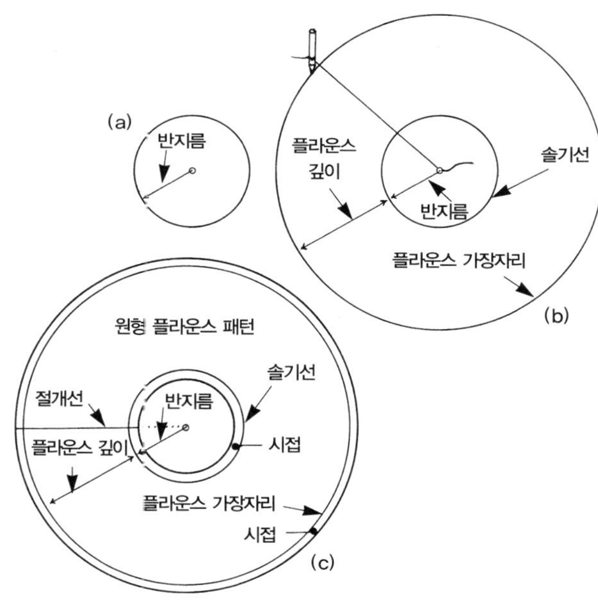

그림 4-3 (a, b, c) 원형 플라운스 패턴을 그리기 위해 스트링 컴퍼스와 자를 사용한다.

❹ 원형 플라운스를 덧붙이는 작업에 필요한 원단의 양을 계산하는 방법(**그림 4-4**).

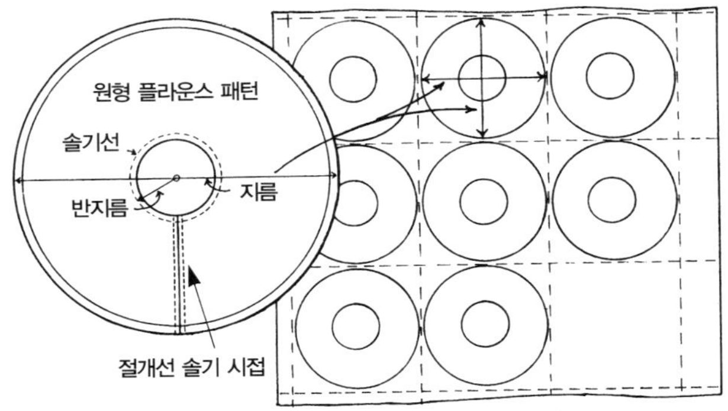

그림 4-4 덧붙이려고 하는 원단에 필요한 플라운스 패턴 조각의 수를 계산한다. 얼마나 재단할지를 계획하기 위해 플라운스 패턴의 지름을 사용한다. 필요한 원단이 어느 정도인지 알아낸다.

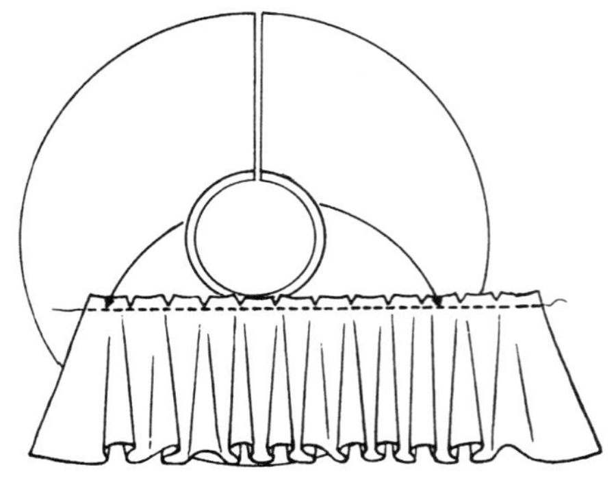

그림 4-6 부착하는 솔기선에 직선으로 놓이도록 시접에 가위집을 준다.

ⓐ 패턴에서 원형 솔기선 길이를 측정한다.

(2×반지름)×3.14(π)=전체 원형의 솔기선 길이

전체 원형의 솔기선 길이−절개선 시접=원형 솔기선 길이

ⓑ 덧붙이려고 하는 천의 솔기선 안에 몇 개의 원형 플라운스가 필요한지 살펴본다.

덧붙이려고 하는 원단의 솔기선 길이÷원형 솔기선 길이
=재단해야 할 플라운스의 개수

ⓒ 필요한 플라운스 패턴 조각들을 재단하는 데 얼마나 많은 원단이 필요한지 결정한다.

원단 너비÷플라운스 패턴의 지름
=가로 결에 놓이는 플라운스의 개수

재단해야 할 플라운스의 개수÷가로 결에 놓이는 플라운스의 개수=세로 결에 놓이는 플라운스의 개수

세로 결에 놓이는 플라운스의 개수×플라운스 패턴의 지름
=필요한 원단의 길이

❺ 패턴의 외곽선을 따라 플라운스를 잘라낸다. 잘라낸 각각의 플라운스에서 원단의 직선 결에 따라 절개선을 만든다. 플라운스의 솔기선을 길게 하기 위해 두 개 이상의 플라운스 절개선을 연결할 경우, 주름진 자락이 나풀거리면서 원단의 뒷면이 보일 수 있으므로 통솔이나 쌈솔로 시접을 처리한다(**그림 4-5**).

❻ 각각의 플라운스에 적합한 끝단 처리를 한다.

❼ 플라운스를 붙이거나 원하는 솔기선에 봉제하여 원단에 고정한다. 원형의 솔기선이 당겨지지 않고 직선으로 봉제될 수 있도록 시접에 일정하게 가위집을 주는데, 지나치지 않도록 필요한 만큼만 준다(**그림 4-6**). 플라운스의 솔기선 시접을 정돈한다.

◆ 겉면에서 덧붙이는 알맞은 방법—의류용 마커로 바탕천에 솔기선과 가장자리선을 맞추어 안내선을 그려둔다. 안내선을 따라 바탕천에 플라운스를 펼쳐 박는다. 시접의 가장자리에 지그재그 스티치를 하거나 밴드를 대고 끝스티치를 하여 시접을 가린다(**그림 4-7**).

◆ 솔기 안쪽에 끼워 박는 경우—가장자리 끝을 맞추면서, 원단 1의 겉면 위에 플라운스의 겉면을 위로 향하게 놓고 시침한다. 플라운스와 연결된 원단 1의 겉면과 원단 2의 겉면을 마주대고 핀으로 고정한 뒤 시침선을 따라 한꺼번에 박는다. 또는 플라운스의 솔기선에 원단 2의 가장자리 시접을 접어서 맞추어놓고 한꺼번에 끝스티치로 박는다(**그림 4-8**).

◆ 끝단으로 이용하는 경우—ⓐ 연결하는 원단의 윗부분에 플라운스가 놓일 때 시접 끝을 바인딩으로 감싼다. 바이어스로 가늘게 자른 바인딩 천의 겉면을 아래로 향하게 플라운스 위에 놓고 박는다. 시접선을 따라

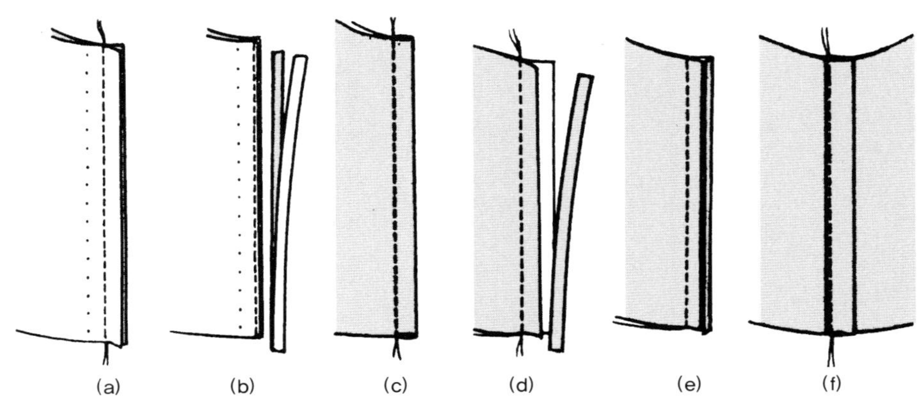

그림 4-5 통솔. (a) 원단의 안과 안을 마주대고 가장자리를 맞춘 다음 시접의 가운데 부분을 박는다. (b) 박은 선 가까이 시접을 조금만 남기고 자른다. (c) 박은 부분을 접어 뒤집은 뒤 원단의 겉과 겉을 마주대고 솔기선을 맞추어 박는다. 쌈솔. (d) 원단의 겉과 겉을 마주대고 솔기선을 맞추어 박는다. (e) 시접 하나는 반으로 잘라낸다. 잘라내지 않은 시접은 잘라낸 시접 쪽으로 접어 넣고 다림질한다. (f) 원단을 펼쳐놓고 안쪽에서 접힌 시접선 위를 끝스티치로 눌러 박는다.

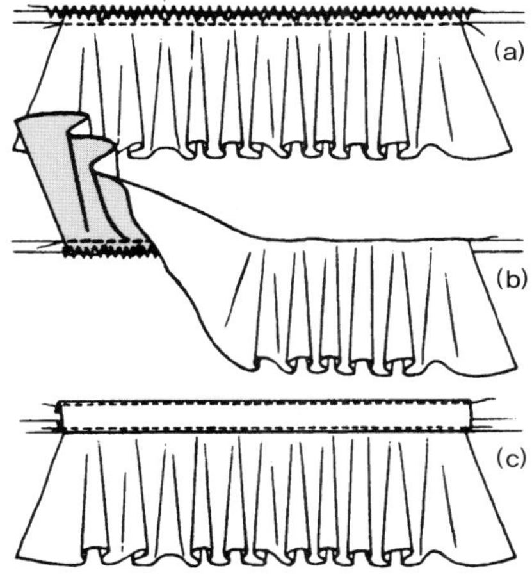

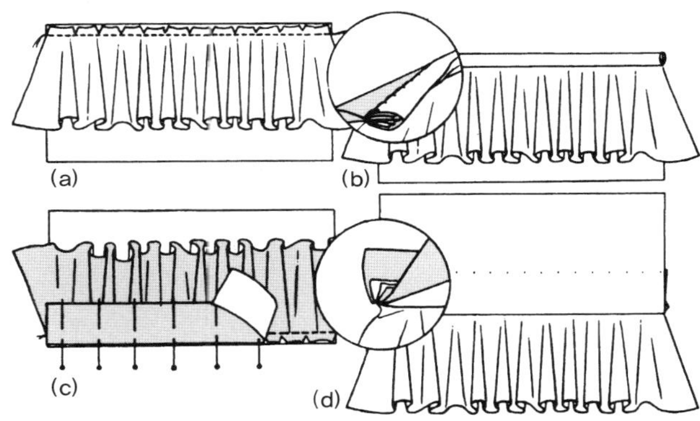

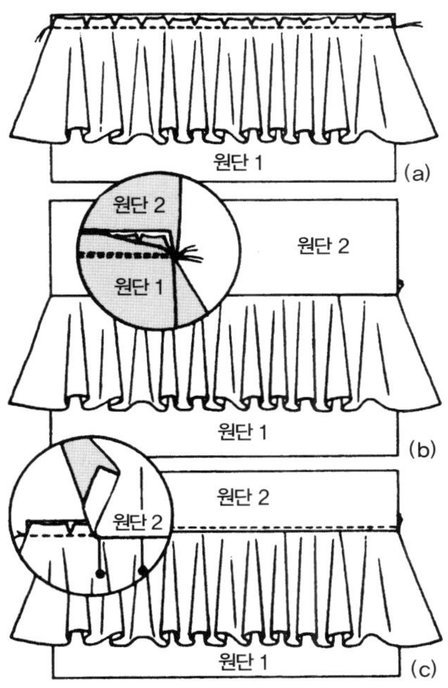

그림 4-7 바탕천에 플라운스 부착하기. (a) 아래의 플라운스와 겹치는 경우 각각 겉면을 위로 하여 박는다. (b) 플라운스의 안쪽 면을 위로 하여 봉제한 뒤 솔기 시접 위로 내려 덮는다. (c) 겉면을 위로 하여 박은 다음 시접을 가릴 수 있도록 덧대어준다.

그림 4-8 솔기 안쪽으로 플라운스 끼워 박기. (a) 원단 1에 플라운스를 재봉틀로 시침한다. (b) 플라운스를 시침한 원단 1의 겉면과 원단 2의 겉면을 마주대고 안쪽에서 한꺼번에 박는다. 또는 (c) 원단 2의 가장자리 시접을 접어 핀으로 고정한 뒤 시접선 끝을 스티치로 눌러 박는다.

그림 4-9 (a) 바닥천에 플라운스를 재봉틀로 시침 고정한다. (b) 바인딩으로 시접을 감싼다. (c) 연결하는 천에 시침 고정해둔 플라운스 위에 안단을 놓고 핀으로 고정한 다음 한꺼번에 박아준다. (d) 안단을 뒷면으로 보내고 원단에 공그르기로 고정한다.

바인딩 천을 뒤로 보내어 플라운스 뒷면에서 시접을 접어 넣고 손바느질로 고정한다〔그림 4-9 (a), (b)〕.

(b) 연결하는 원단의 아래에 플라운스가 놓일 경우 안단을 대어준다. 원단의 겉면에 시침질한 플라운스의 안쪽과 안단의 겉면을 마주대고 박는다. 안단을 뒤로 가게 하여 플라운스의 겉이 보이게 한다. 안단 시접을 위로 보내어 공그르기로 고정한다〔그림 4-9 (c), (d)〕.

선택 사항: 안단을 장식적으로 처리할 수도 있다. 원단의 뒷면에 시침으로 고정해둔 플라운스의 앞면과 안단의 겉면을 마주대고 박는다. 안단을 겉으로 나오게 한 다음 가장자리 시접을 접어 넣고 끝스티치로 눌러 박는다.

특징과 응용

원형 플라운스는 솔기선을 두껍게 하지 않으면서 플레어가 늘어져 풍성한 볼륨이 생기게 한다. 플라운스의 원 둘레 길이, 플라운스의 깊이, 원단의 성질, 끝단 처리 방법 등에 따라서 주름의 풍성함은 달라진다. 원형 플라운스는 늘어지면서 결 방향이 계속 변하므로 중심점의 양쪽에서 같은 결 방향으로 늘어지게 하려면 플라운스를 덧붙일 때 결 방향의 균형을 맞춰야 한다. 중심에서 플라운스의 직선 결 방향으로 고정하여 양쪽으로 똑같이 결 방향이 변화하도록 하거나, 중심에서 플라운스의 정바이어스 결 방향으로 고정하고 양쪽으로 똑같은 결 방향으로 늘어지도록 한다. 여러 줄의 플라운스를 덧붙일 때도 같은 방법으로 균형을 잡아주도록 한다.

길이를 길게 하거나 여러 층의 플라운스를 만들기 위해서는 많은 원을 서로 연결해야 한다. 적당하게 플레어지는 짧은 길이라면 전체 원형 플라운스 하나 정도로 가능할 수도 있다. 모든 줄에서 결 방향의 균형을 맞추고, 원단을 낭비하지 않도록 줄을 맞추어 패턴을 재단한다(그림 4-10).

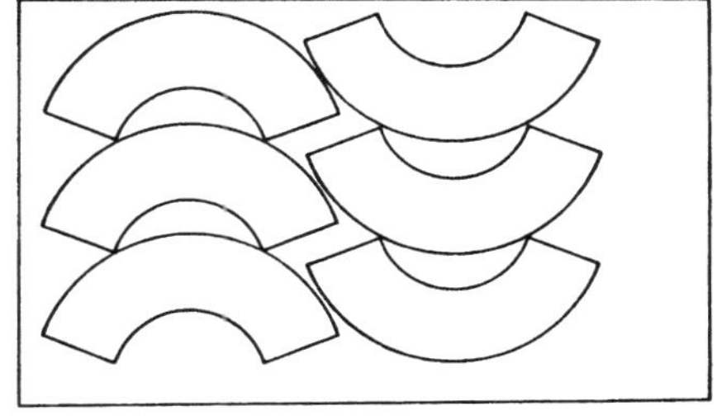

그림 4-10 각각의 플라운스에 같은 결 방향이 반복되도록 줄을 맞추어 재단한다.

계속 곡이 지면서 결 방향이 바뀌는 끝단을 처리하는 것은 어렵다. 작업의 난이도, 소재의 성질, 끝단이 나풀거리는 정도에 미치는 영향(59쪽, '러플 가장자리 처리' 참조) 등을 고려해 끝단 처리 방법을 결정한다. 작업 후 플라운스의 양쪽 면이 모두 보이게 되는 경우, 끝단 처리한 뒷면이 어떻게 보이는지도 중요하다. 플라운스를 수직선에 연결하여 양쪽 면이 모두 보이며 늘어지는 경우, 곡이 지거나 꺾이지 않도록 하고 끝부분을 둥글게 또는 뽀족하게 처리한다. 안단이나 바인딩 처리도 좋은 방법이다. 또 다른 방법으로는 부착하기 전에 가장자리 끝에 버팀 스티치를 한 줄 박아주어 노루발 아래로 원단이 밀려들어갈 때 밑단 주름에 살짝 이새가 들어간 상태를 유지할 수 있게 하는 것이다.

플라운스가 원통형의 바탕천을 둘러싸거나 양쪽 면이 솔기선과 만나거나 원단의 중간에 멈추게 되는 경우에는 플라운스를 달기 전에 먼저 끝단과 옆면을 마무리해야 한다. 플라운스가 각지게 늘어지는 것을 원하지 않으면 끝처리를 하기 전에 둥글게 잘라낸다(그림 4-11).

그림 4-11 한 면을 곡선 처리한 원형 플라운스 패턴. 곡진 부분과 직선 부분의 가장자리를 처리한 후 수직 솔기에 끼워 박으면 곡진 윗부분에서부터 끝에 늘어지는 지점까지 좌우로 빙글빙글 돌면서 떨어지는 주름이 생긴다.

플라운스의 깊이가 크면 가장자리를 먼저 처리한 후 연결한다. 바이어스 결 방향으로 늘어지는 부분을 정돈하기 위해 24시간 정도 걸어둔다. 지나치게 늘어진 밑단은 일정하게 잘라 다듬은 후 밑단을 마무리한다.

원형 플라운스의 솔기선은 신축성이 있기 때문에 곡선이나 직선에 연결할 때 무리가 없다. 안쪽으로 휘어진 곡선으로 봉제한 플라운스는 주름이 빽빽하고 깊게 늘어진다. 바깥쪽 곡선으로 봉제한 플라운스는 주름이 퍼지면서 줄어들게 된다(그림 4-12). 플라운스와 연결하는 곡진 솔기선의 길이 차이가 크면〔그림 4-12 (b)〕봉제하기 전에 시접에 가위집을 주어야 한다. 차이가 크지 않으면〔그림 4-12 (c)〕미리 가위집을

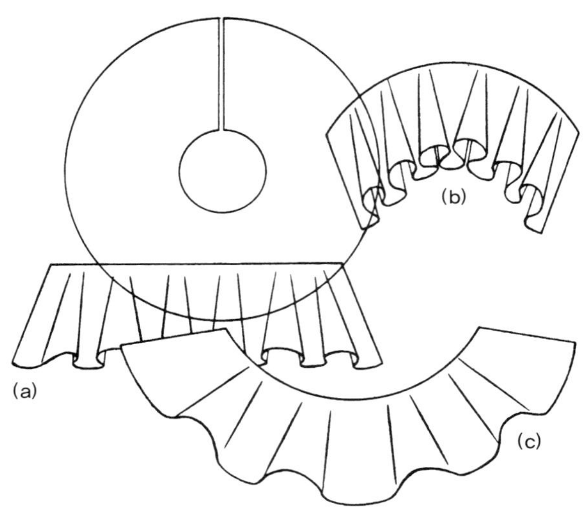

그림 4-12 같은 치수의 원형 플라운스를 (a) 직선에, (b) 안쪽으로 휘어진 곡선에, (c) 바깥쪽으로 휘어진 곡선에 작업할 때 나풀거리는 자락에 나타나는 효과가 서로 다르다.

주지 않고 봉제하는 동안 자주 멈추어 노루발을 들고 솔기선과 맞춰가면서 플라운스를 연결한다. 연결한 후에 원단에 당겨지는 부분이 있으면 시접에 가위집을 준다. 원형 플라운스의 시접에 주는 가위집은 솔기를 약하게 하므로 적게 줄수록 좋고 가능하면 봉제하기 전에는 주지 않는다.

나선형 플라운스의 가장자리는 원형의 중심에서 바깥쪽으로 갈수록 플레어지는 분량이 줄어든다. 점점 주름이 줄어드는 곳에 이용할 수 있으며 원단이 절약되기도 한다. 플라운스의 깊이에 따라 각각의 동심원을 기준으로 나선형 플라운스 패턴을 그린다. (안감 처리를 할 경우에는 약간 크게 그린다.) 플

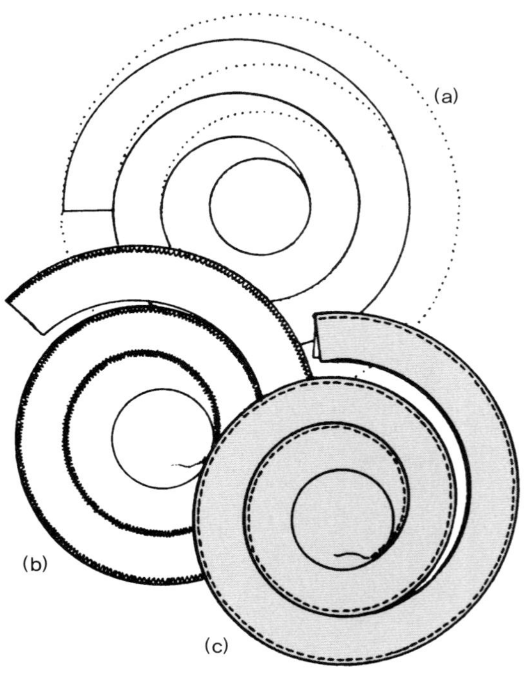

그림 4-13 (a) 나선형 플라운스 패턴. (b) 스티치선 바깥쪽으로 잘라내기 전에 외곽선을 따라 지그재그로 끝처리를 한다. (c) 겉과 겉을 마주대고 외곽선의 바로 안쪽 선을 따라 안감을 박은 뒤 플라운스를 잘라낸다.

2부 **부피를 부풀리는 방법**

라운스를 잘라내기 전에 지그재그로 끝처리를 하거나 안감으로 처리한다. 원형 플라운스와 비교해서 나선형 플라운스의 솔기선은 훨씬 길다(그림 4-13).

겹친 원형 플라운스는 두 개 이상의 플라운스를 겹쳐서 솔기선에 한꺼번에 연결하는 것이다. 소재가 힘이 있고 **빳빳할** 경우, 플라운스를 봉제한 후 서로 떼어내 분리해주면 가볍게 뜨면서 부푼 상태를 유지한다(그림 4-14). 부드럽게 흐르는 듯한 원단으로 된 겹친 플라운스는 수직으로 연결되어 주름들이 각각 미끄러져 늘어지는 경우가 아니면 서로 달라붙는 경향이 있어 분리하기가 쉽지 않다.

층을 이루는 원형 플라운스에는 두 가지 종류가 있다. (1) 아래에 있는 플라운스의 솔기선을 덮으면서 또 한 줄의 플라운스를 바탕천에 연결하는 것이다. (2) 플라운스를 서로 연결하는 것이다. 1번 플라운스에 2번 플라운스를, 2번 플라운스에 3번 플라운스를 연결하는 방법으로 계속한다. 플라운스가 연결되는 가장자리의 치수는 기하급수적으로 늘어나며 가장 나중에 연결되는 플라운스의 가장자리 길이는 매우 넓어진다.

양쪽 끝 원형 플라운스는 연결하기 전에 두 플라운스의 겉과 겉을 마주대고 박아준다. 플라운스를 펼치고 바탕천에 눌러 박는다. 플라운스는 가운데 솔기선의 양옆으로 펼쳐지면서 플레어진다(그림 4-15). 두 플라운스를 연결하기 전에 각각의 플라운스 안쪽 면을 연결하고 끝단 처리를 한다. 안감으로 마무리 작업을 하려면 안감은 안감끼리 플라운스는 플라운스끼리 먼저 연결한다(그림 4-16). 한쪽만 트임을 남기고 플라운스와 안감을 연결한다. 겉으로 뒤집은 다음, 트임 부분의 시접을 안으로 접어 넣고 마무리한다.

겹친 양쪽 끝 원형 플라운스는 두 개 이상의 양쪽 끝 플라운스를 한꺼번에 시침한 뒤 하나의 플라운스처럼 바탕천에 눌러 박는 것이다. (앞서 설명한 것처럼 소재의 성질은 플라운스의 겹쳐지는 모양에 영향을 미친다.)

하나의 플라운스 깊이보다 짧은 간격으로 겹쳐지도록 다른 플라운스를 연결한 **모여 있는 양쪽 끝 원형 플라운스**는 서로 가깝게 모여 있기 때문에 힘 있게 설 수 있다.

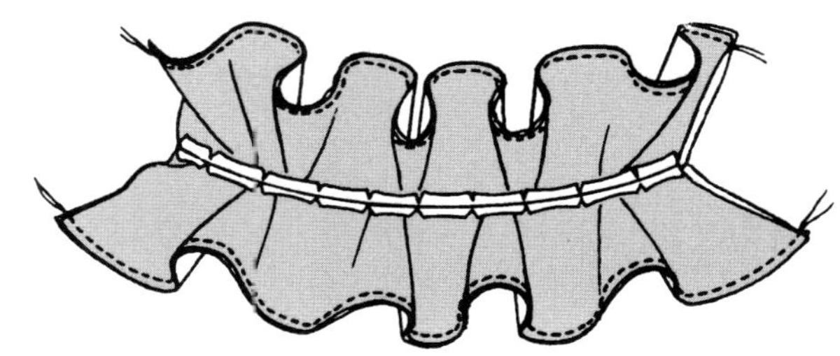

그림 4-16 겉면으로 뒤집기 전, 안감 처리한 양쪽 끝 원형 플라운스.

그림 4-14 두 겹 플라운스.

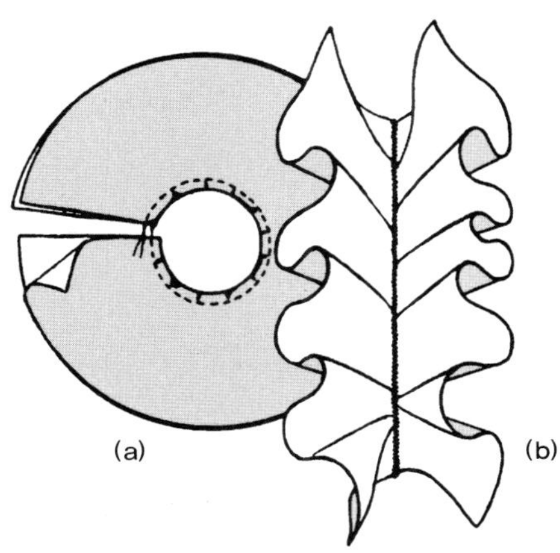

그림 4-15 (a) 두 개의 원형 플라운스를 같이 봉제한다. (b) 연결할 솔기선 위에 지그재그 스티치로 눌러 박는다.

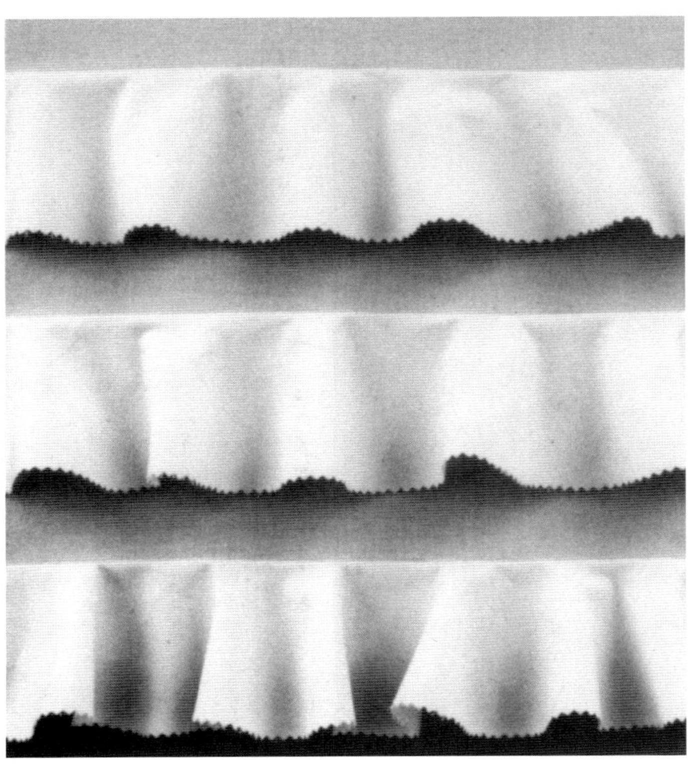

IV-1 동일한 3인치(7.5cm) 깊이의 광목 플라운스.
(위) 안쪽 원형의 반지름이 4.5인치(11.5cm)인 플라운스, 약간 플레어지는 가장자리.
(가운데) 안쪽 원형의 반지름이 3인치(7.5cm)인 플라운스, 보통 정도로 플레어지는 가장자리.
(아래) 안쪽 원형의 반지름이 1.5인치(4cm)인 플라운스, 풍성하게 플레어지는 가장자리.

IV-2 안쪽 원형의 반지름이 1.5인치(4cm)인
2인치(5cm) 깊이의 플라운스. 아래의 네 줄이 겹친 플라운스 위로
연결되는 플라운스는 위로 올라감에 따라 짧아지고
앞뒤로 방향이 바뀌면서 줄을 이룬다.

IV-3 안쪽 원형의 반지름이 1인치(2.5cm)인 플라운스.
주름이 깊고 풍성하며 밑단을 말아 박아 가장자리가 힘 있게 유지된다.

IV-4 동일한 4인치(10cm) 깊이의 플라운스 두 개.
수직으르 연결하여 주름들이 빙글빙글 돌면서 늘어지는
독특한 느낌이 난다. 두 번 박은 헤어라인 가장자리 처리는
늘어지는 자락의 느낌을 더욱 살려준다.

IV-5 (위) 두 겹의 플라운스는 서로 분리되어
가장자리가 벌어진다.
(아래) 아치 모양의 선을 따라 연결하고
밑단을 말아 박아 튼튼하게 처리한,
살짝 플레어진 플라운스 세 개.

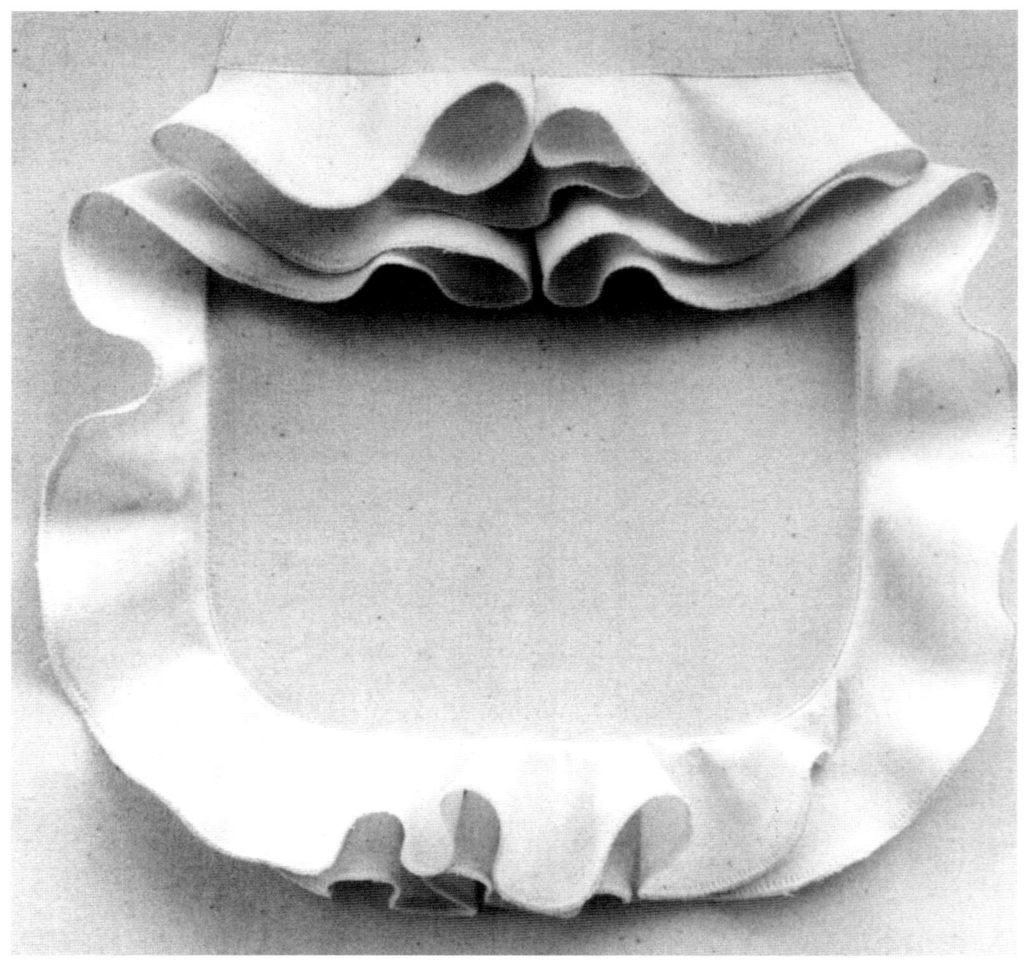

IV-6 동일한 2인치(5cm) 깊이의 나선형 플라운스 두 개.
지그재그로 가장자리를 처리하고 주머니 모양으로 둘러 덧붙였다.
각 플라운스의 볼륨은 위로갈수록 줄어든다.
아랫부분에서 최대로 플레어지고 윗부분에서 최소로 플레어진다.

IV-7 적당하게 플레어지면서
선 모양을 이루고,
서로 가깝게 연결되어
물결무늬를 나타내는 겹으로 된
양쪽 끝 플라운스 네 개.

IV-8 곡선으로 이루어진 줄에 매우 가깝게 부착되어 떠 있는 효과를 내는 다섯 개의 플라운스. 가장자리는 한 번 접어 박아 마무리한다.

IV-9 가장자리를 탄력 있게 둘러싸며 신축성 있는 소용돌이 모양의 원기둥을 이루는 두 겹의 양쪽 끝 플라운스. 바이어스 테이드로 바인딩 처리한 플라운스는 최대한의 플레어 효과를 주기 위해 안쪽 원형의 반지름을 1인치(2.5cm)로 했으며 깊이는 3.5인치(9cm)에서 1.5인치(4cm)로 줄어든다.

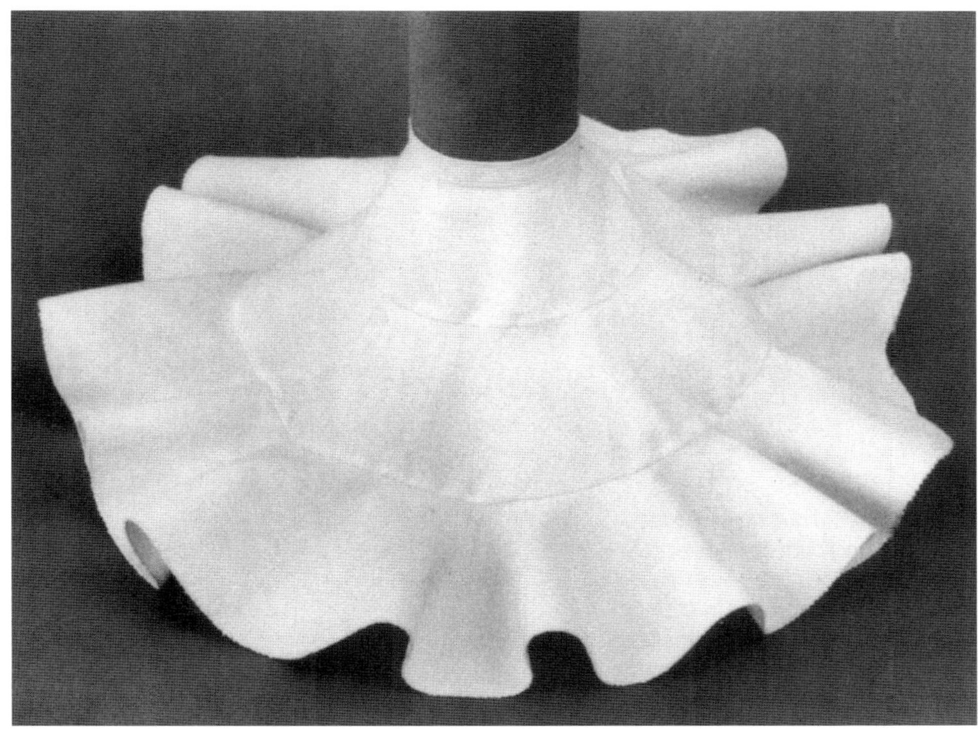

IV-10 층을 이루는 플라운스. 위에서 바닥까지 길이가 8.5인치(21.8cm)에 불과하지만 끝자락 가장자리의 둘레는 맨 위의 바인딩 처리한 원둘레보다 10배 더 크다.

다양한 형태의 플라운스
Controlled Flounce

다양한 디자인에 따라 원하는 위치에서 주름져 떨어지도록 패턴을 전개하는 것이다. 패턴에 맞추어 자른 천 조각의 짧은 쪽을 바탕천과 연결한다.

작업 과정

❶ 플라운스를 연결할 부분의 크기와 모양대로 패턴을 자른다. 서로 대칭되거나, 같은 모양이 여러 번 반복되는 경우 반복되는 부분을 패턴으로 만들어놓는다(**그림 4-17**).

그림 4-17 다양한 형태의 플라운스를 만들 기본 패턴 세 가지. 빗금 친 부분을 잘라 펼쳐서 패턴을 만든다.

❷ 기본 패턴을 활용해 늘어질 가장자리에 알맞은 주름의 정도를 결정한다.
　ⓐ 기본 패턴 위에 주름지게 할 위치를 정하고 연필로 선을 그린다〔**그림 4-18~20 (a)**〕.
　ⓑ 각각의 연필 선을 따라 주름이 늘어질 가장자리부터 자르기 시작해 솔기선에서 16분의 1인치(1.5mm) 정도 남기고 멈춘다. 주름이 늘어질 가장자리 부분을 벌리면서 각 조각을 부채꼴로 펼친다. 풀이나 테이프로 다른 종이 위에 고정해 패턴을 완성한다. 원하는 주름의 양에 따라 벌려주는 정도를 조절한다. 부드럽게 약간 물결치는 정도의 주름을 원하면 조금만 벌리고, 풍성한 주름이 늘어지길 원하면 아주 넓게 벌려준다. 양옆은 기존의 패턴에서 벌려준 분량의 1/2만 벌려주어 물결치는 느낌의 주름 높이나 겹쳐지는 주름의 정도가 전체적으로 일정하게 되도록 한다. 가장자리에서 조각들이 벌어지는 정도를 측정하고 컴퍼스를 이용해 베껴낸다〔**그림 4-18~20 (b)**〕.
　ⓒ 기본 패턴의 길이를 유지하면서 벌려준 선을 따라 부드럽게 연결되도록 가장자리선을 다시 그린다. 솔기선에 시접을 준다. 끝처리 방법에 따라 필요한 밑단 시

접을 준다(**59쪽, '러플 가장자리 처리' 참조**). 시접이 필요 없는 곳선 한 면을 제외하고 나머지 옆면에 모두 시접을 준다. 플라운스의 위치와 연결할 수 있게 벌려놓은 모든 조각의 솔기선 시접에 너치 표시를 한다. 너치 표시를 따라 가위집을 준다〔**그림 4-18~20 (c)**〕.

❸ 그려놓은 외곽선이나 패턴에 따라 원하는 형태의 플라운스 모양으로 원단을 잘라낸다. 중심이 직선 결 방향이 되도록 플라운스의 위치를 조절한다. 플라운스와 플라운스를 연결한다.

❹ 가장자리에 선택한 끝처리를 한다(**59쪽, '러플 가장자리 처리' 참조**). 플라운스의 깊이가 크면 플라운스를 먼저 연결한 다음에 끝처리를 한다. 바이어스 결 방향으로 늘어지는

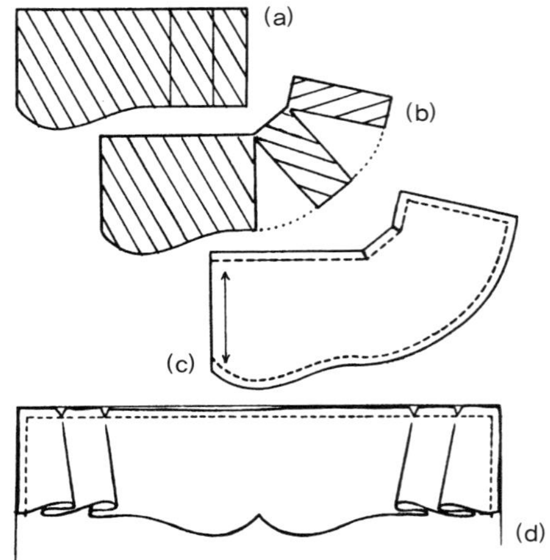

그림 4-18 (a) 주름 위치를 나타내는 선을 그려놓은 기본 패턴. (b) 절개하여 일정하게 벌려준다. (c) 솔기선, 가위집 위치, 결 방향을 표시한 완성 패턴. 원단의 접히는 곳선에 맞추어 재단하는 것을 잊지 않도록 한다. (d) 패턴에 따라 완성한 플라운스의 모양.

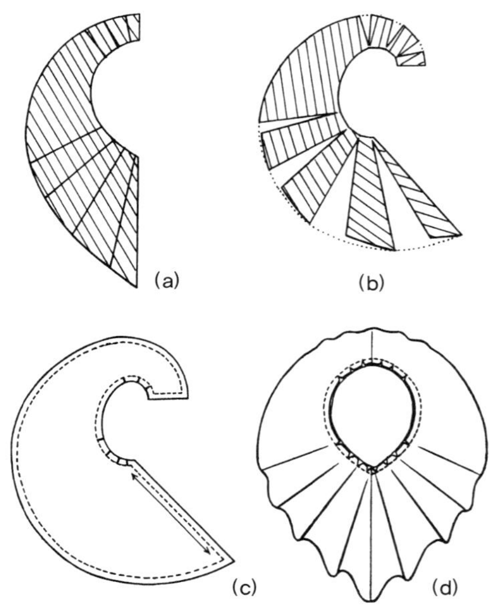

그림 4-19 (a) 주름 위치를 나타내는 선을 그려놓은 기본 패턴. (b) 절개하여 일정하게 벌려준다. (c) 솔기선, 가위집 위치, 결 방향을 표시한 완성 패턴. (d) 패턴에 따라 완성한 플라운스의 모양.

부분을 정돈하기 위해 24시간 정도 걸어둔다. 지나치게 늘어진 밑단은 일정하게 잘라 다듬은 후 밑단을 마무리한다.

❺ 플라운스의 솔기선에 가위집을 주면서 연결하려는 원단의 솔기선에 맞추어 플라운스를 봉제한다(그림 4-18~20

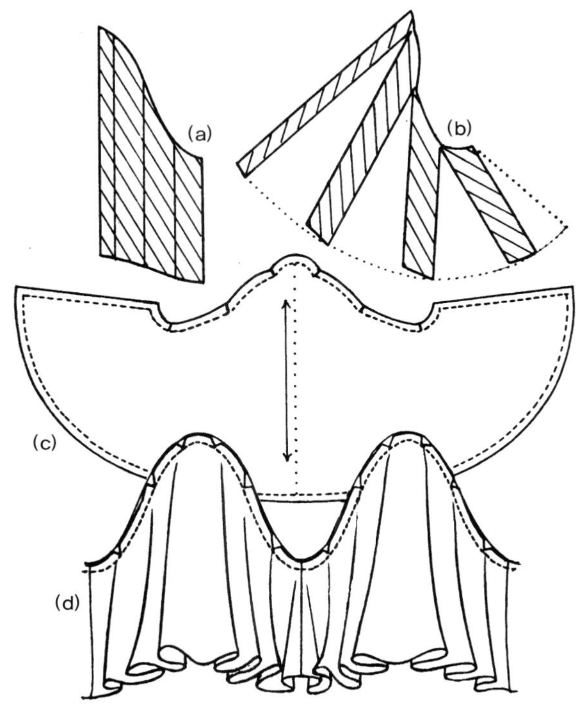

그림 4-20 (a) 주름 위치를 나타내는 선을 그려놓은 기본 패턴. (b) 절개하여 넓게 벌려준다. 옆 부분은 1/2만 벌려주어 완성 후 패턴을 펼쳤을 때 다른 부분과 주름 분량이 같아지게 한다. (c) 솔기선, 가위집 위치, 결 방향을 표시한 완성 패턴. 원단의 접히는 곬선에 맞추어 재단하는 것을 잊지 않도록 한다. (d) 패턴에 따라 완성한 플라운스의 모양.

(d)). 알맞은 방법으로 솔기선의 시접이 보이지 않도록 마무리한다(87쪽, 그림 4-7~9 참조).

특징과 응용

원형 플라운스가 적절하지 않은 경우, 원하는 형태에 따라 패턴을 전개하여 작업한다. 절개하여 벌려주는 패턴 전개법을 이용해 한 곳에 깊은 주름을 만들거나 여러 곳에 분산된 작은 주름을 만들 수 있다. 이러한 방법으로 원하는 위치에 주름을 만들 수 있고 주름과 주름 사이의 간격을 일정하게 조절할 수 있다. 뜨 곡선형 솔기선에서 떨어지는 주름의 양을 일정하게 할 수 있다.

원하는 주름의 모양에 따라 절개하여 벌려줄 분량을 결정한다. 많이 벌려줄수록 주름의 양은 많아진다. 또 원단의 성질이나 가장자리의 끝처리 방법에 따라서 떨어지는 주름의 풍성함이 달라진다. 패턴을 완성하기 전에 시험해본다.

플라운스를 고정한 뒤 패턴에서 의도한 대로 주름이 떨어지도록 조절한다. 플라운스를 늘어뜨리거나 평면에 핀으로 고정한 상태에서 스팀을 쏘여준다. 열기가 식고 완전히 마른 뒤 옮긴다.

원형 플라운스와 마찬가지로 두 겹 이상을 **겹치게** 할 수 있고, 두 플라운스를 연결하여 솔기선 양쪽으로 주름이 지는 **양쪽 끝** 플라운스를 만들 수도 있다.

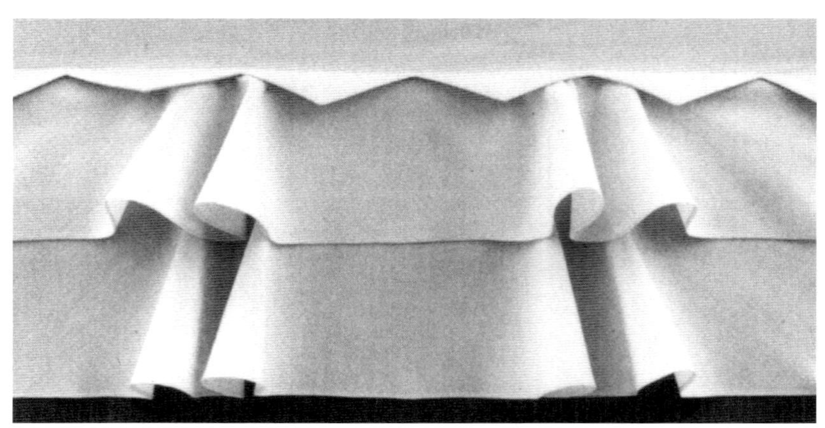

IV-11 윗자락의 톱니 모양 사이에
두 개의 늘어지는 주름으로 디자인한
층을 이루는 플라운스.
좁게 두 번 접어 박은 밑단 처리.

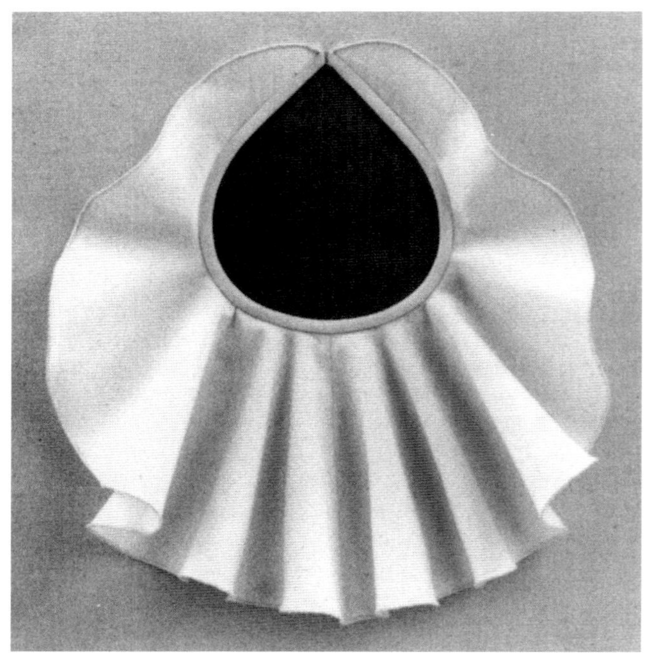

IV-12 윗부분에서 평평하게 시작해
원의 아랫부분에 깊은 주름을 만드는 플라운스.
새틴 스티치로 헤어라인 끝처리를 하여
가장자리의 곡선을 유지한다.

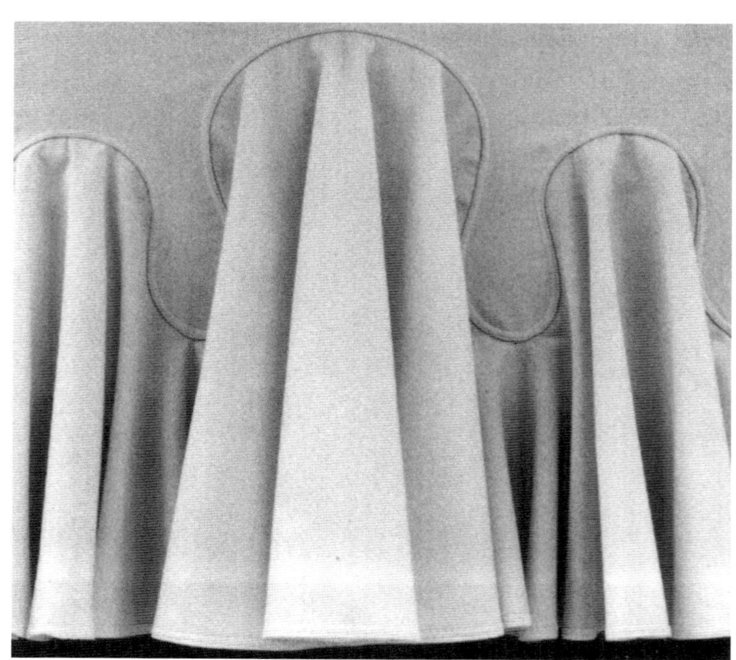

IV-13 상하 아치형의 솔기선에서
풍성한 주름이 늘어지는 플라운스.
한 번 접어 지그재그 스티치로 밑단 처리.

무 만들기

Codes

무는 평평한 원단에 플레어지는 풍성함을 더해주기 위해 끼워 넣는 삼각형의 원단을 말한다. 원단을 연장해 구불거리면서 주름이 지는 자락을 만들고 싶으면 어느 위치에서나, 하나뿐만 아니라 여러 개의 무를 끼워 넣을 수 있다. 넓이가 좁은 무는 원단을 트럼펫 모양으로 만들고, 중간 넓이의 무는 콘 모양으로, 넓은 무는 원래의 원단에서 솟아나와 펼쳐지는 주름을 만든다.

Godets Contents

무
Godet

무(godet, '고데'라고 발음하기도 한다)는 나풀거리는 자락을 좀더 연장하기 위해 원하는 위치의 솔기 또는 원단을 잘라 만든 트임에 끼워 박는 부채꼴의 원단 조각을 말한다. 구불거리는 자락을 만들거나 주름으로 늘어진다.

작업 과정

❶ 각각의 무를 만들기 위해, 패턴 또는 원단에 무가 시작될 꼭짓점을 정한다. 꼭짓점에서부터 가장자리까지 길이는 무의 길이와 같으며, 밑단의 시접분을 포함해야 한다.

　◆ 솔기선이 아닌 곳에 무를 연결하려면, 무를 연결할 위치에서 원단을 수직으로 자르고, 잘린 선을 따라 무를 연결한다. 패턴에 표시한 뒤 원단의 수직 결을 따라 표시하거나, 원단의 안쪽에 바로 위치를 표시한다〔그림 5-1 (a)〕.

　◆ 솔기선에 무를 연결하려면, 솔기선에 무의 꼭짓점을 연결할 위치를 정하고 무를 연결할 부분의 솔기는 트인 상태가 되도록 한다〔그림 5-1 (b)〕.

❷ 컴퍼스(또는 스트링 컴퍼스)로 무의 길이를 정해 패턴을 그린다. 원 또는 부분 원을 그린다. 원하는 볼륨을 얻기 위해 끼워 넣으려는 무의 넓이를 정한다. 원하는 무의 넓이에 따라 컴퍼스로 원주를 그린다. 무의 넓이를 정하면 꼭짓점과 무의 양쪽 면을 직선으로 연결한다. (밑단 처리 후 길이가 약간 줄어드는 것을 고려한다.) 원뿔 모양의 양쪽 직선 면에 시접을 더한다〔그림 5-1 (c), (d)〕. 잘라서 사용할 수 있도록 패턴을 완성한다.

❸ 원단에서 패턴의 외곽선을 따라 무를 자른다. 무의 중심축은 항상 원단의 직선 결과 맞춘다. 무의 안쪽 면에서 양옆 솔기선과 만나는 무의 꼭짓점을 표시한다. 절개선에 무를 끼워 박을 경우 양옆 솔기선도 표시한다.

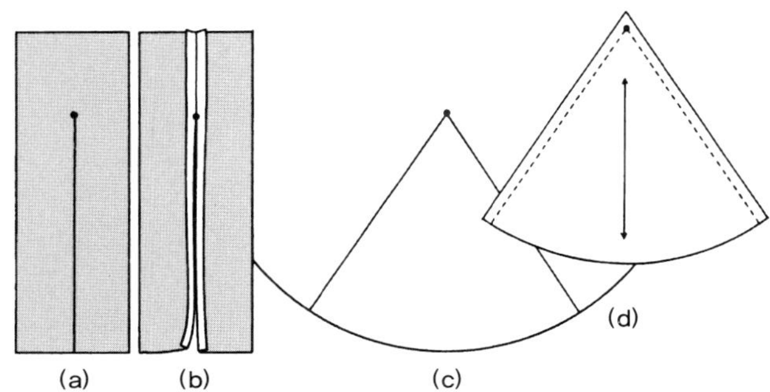

그림 5-1 (a) 절개선. (b) 솔기 트임. (c) 끼워 넣을 무의 형태가 될 원호. (d) 스티치선, 무가 시작되는 꼭짓점, 직선 결 방향을 표시한 무의 패턴.

❹ 무 끼워 박기.

　◆ 무의 길이에 맞추어 트인 솔기선에 연결할 경우, 겉과 겉을 마주대고 무의 꼭짓점과 솔기의 트인 시작점을 핀으로 고정한 뒤 무의 가장자리와 솔기선을 맞추어 핀으로 꽂아둔다. 시작과 끝은 되박음질해주고 봉제하여 연결한다. 반대쪽도 마찬가지 방법으로 연결한다. 완성 후에 솔기선과 무의 연결선이 자연스럽게 이어지도록 한다〔그림 5-2 (a), (b)〕.

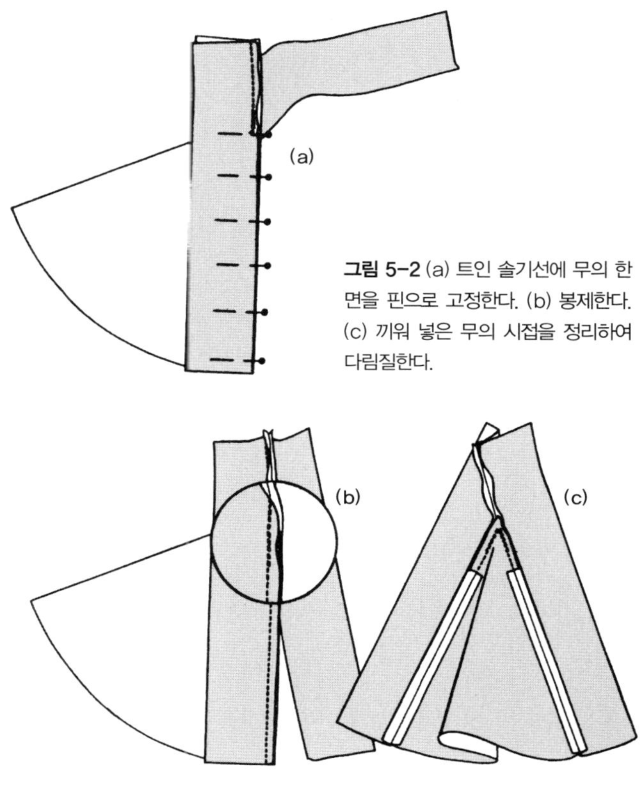

그림 5-2 (a) 트인 솔기선에 무의 한 면을 핀으로 고정한다. (b) 봉제한다. (c) 끼워 넣은 무의 시접을 정리하여 다림질한다.

　◆ 솔기선이 아닌 곳에 무의 길이에 맞추어 잘라서 끼워 박는 경우.

　ⓐ 천을 자르기 전에 가장자리부터 무의 꼭짓점까지 비스듬하게 솔기선을 표시한다. 천의 겉면에서 자를 꼭짓점 부분에 오간자나 안감용으로 2～3인치(5～7cm)의 사각형 버팀천을 덧대어 손으로 시침해 둔다. 재봉틀로 사각형의 아랫부분에서 시작해 꼭짓점까지 박은 후, 방향을 바꾸어 꼭짓점에서 수평으로 한 땀을 박아주고, 다시 방향을 바꾸어 사각형 부분까지 나머지 솔기선을 박는다. 스티치는 땀수를 매우 작게 하여 솔기선의 바로 옆에 위치하도록 한다〔그림 5-3 (a), (b)〕.

　ⓑ 가장자리에서부터 꼭짓점에서 수평으로 한 땀 박은 곳까지 자른다. 시침실을 제거한다. 덧댄 사각형 천 조각을 당겨 뒤로 넘긴다. 사각형 쪽으로 시접을 눕힌다. 덧댄 천을 솔기 시접 대용으로 사용한다. 무

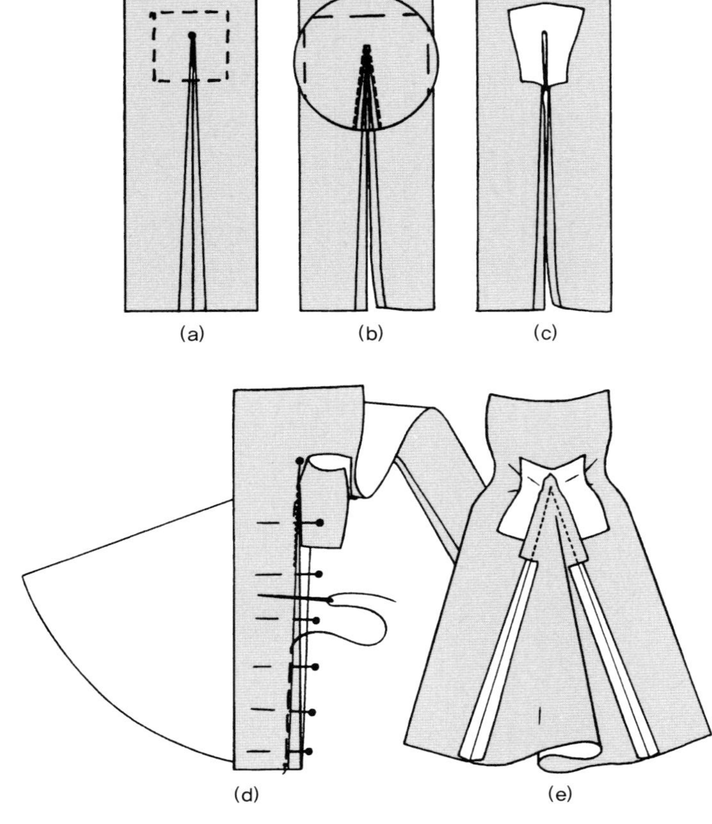

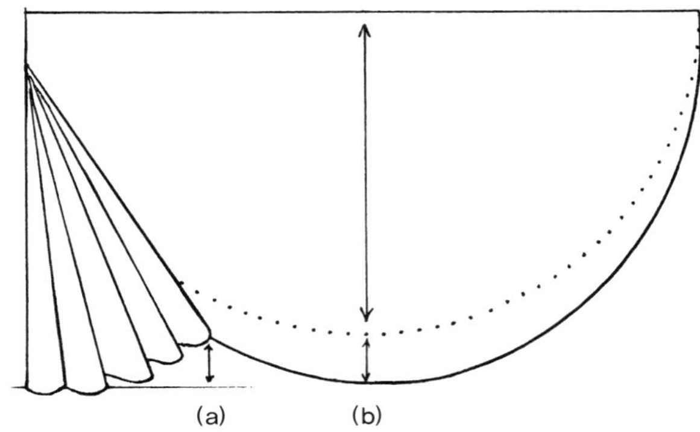

그림 5-4 뻣뻣한 원단의 반원형 무는 주름지며 떨어진다. (a) 주름이 겹쳐짐에 따라 끝자락은 달려 올라간다. (b) 따라서 무 패턴의 원형 길이를 조금씩 늘려준다.

무가 넓고 길면 바이어스 자락이 자리를 잡도록 24시간 정도 걸어두었다가 밑단을 처리한다. 원단이 부드럽고 늘어지는 경우 끼워 넣기 전에 무를 늘이지 않으면 솔기선에서 쉽게 축 늘어지기 때문이다. 솔기선이나 트임에 무를 연결하기 전에 무가 달릴 위치에 24시간 정도 무를 고정해 걸어둔다. 지나치게 늘어진 자락은 일정하게 잘라서 정돈하고 밑단을 처리한다.

무의 밑단을 처리할 때 나풀거리는 자락의 곡선 정도, 원단의 특성, 가장자리 처리에 따른 효과 등을 고려한다. 59쪽 '러플 가장자리 처리'에서 설명한 여러 가지 방법을 참조한다. 넓은 무의 밑단은 한 번 접어서 시접 끝 곡선의 남는 분량을 이새 처리하고, 일반적인 밑단 처리법으로 완성한다. 또 밑단이 접히는 안쪽을 심지로 적절하게 처리하는 방법 등이 있다.

손수건 모양 가장자리는 독특한 무의 형태다. 보통 가볍고 섬세한 사각형 천을 많이 사용한다. 사각형의 한쪽 모서리가

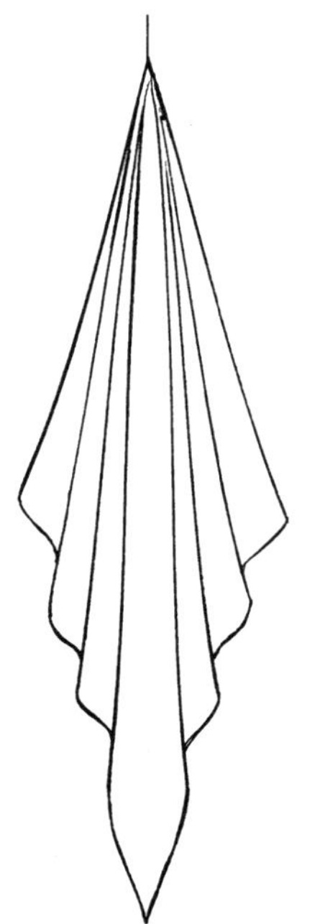

그림 5-5 사각형의 무는 손수건 모양 가장자리를 만든다. 원하는 길이에 따라 나풀거리는 무의 모양과 가장자리의 길이를 조절할 수 있다.

그림 5-3 (a) 사각형의 천을 덧대어 시침으로 고정한다. (b) 트임 끝부분을 재봉틀로 박는다. (c) 자른 뒤 사각형 천을 당겨 뒤로 넘긴다. (d) 잘린 천의 솔기선과 무의 솔기선을 맞추어 핀으로 고정하여 시침한다. (e) 끼워 박은 무의 시접을 다림질하여 완성한다.

의 꼭짓점과 덧댄 천에서 수평 스티치한 꼭짓점의 겉과 겉을 마주대고 핀으로 고정한다. 무의 가장자리와 솔기선을 맞추어 핀으로 꽂고 필요하면 시침한다. 반대쪽 가장자리도 같은 방법으로 작업한다. 재봉틀로 봉제하여 연결하고 시침실을 제거한다(그림 5-3 (c), (d)).

❺ 꼭짓점에서 1~2인치(2.5~5cm) 떨어진 곳에 가위집을 준 뒤 가위집 윗부분은 원단 쪽으로 무의 시접을 눕혀 다림질하고 아랫부분은 시접을 가름솔로 펼쳐 다림질한다(그림 5-3 (e)).

❻ 나풀거리는 무의 밑단과 옆선을 정리한다.

특징과 응용

삼각형의 무가 일반적이지만 특별히 풍성한 주름을 원할 때는 반원이나 원형에 가까운 넓은 무를 사용하기도 한다. 이러한 넓은 무의 경우, 연결된 곳에서 멀리 떨어져 있는 자락은 주름지면서 위로 달려 올라가는 경향이 있다. 따라서 무의 모양을 정할 때 가운데 낮은 자락의 길이를 약간 더 길게 해준다(그림 5-4).

2부 **부피를 부풀리는 방법**

무의 꼭짓점이 된다. 꼭짓점의 양쪽 면은 무의 길이와 동일하다. 나머지 두 면은 부드럽고 우아한 느낌의 가장자리가 된다(그림 5-5). 꼭짓점 반대쪽의 연결되지 않은 사각형의 나머지 모서리는 나풀거리는 무의 가운데로 늘어지게 된다.

절개선 사이에 무를 끼워 넣는 방법은 솔기선에 끼워 박는 것보다 복잡하다. 트임 윗부분의 아주 작은 시접은 사각형의 천을 덧댐으로써 좀더 깔끔하게 끼워 박을 수 있다. 또 잘린 선에서 조금 떨어져 비스듬하게 솔기선을 정한다. 좁은 V자 형태로 자르면 꼭짓점 부분의 시접을 활용하기가 쉽지만 잘린 선과 무 솔기선의 바이어스 경사도가 서로 달라진다. 이런 점은 서로 늘어나는 정도가 달라서 문제를 일으킬 수 있으므로 미리 고려해야 할 사항이다(그림 5-6). 절개선을 좁은 아치 모양으로 자르면, 둥근 꼭짓점에서 무의

시접과 같아지게 할 수 있다. 그러나 삼각형 무에서 볼 수 있는 독특한 모양은 사라진다(그림 5-7).

무가 벌어지는 것을 막기 위해 뒷면에 버팀천을 대주면 무의 풍성함이 앞으로 향하게 되고, 부드럽고 미끄러지는 소재인 경우 무를 끼워 넣은 후 솔기 안쪽으로 무가 쏠리는 것을 막을 수 있다(그림 5-8).

무가 포함된 형태는 솔기선 사이에 무를 덧대는 것이 아니라 솔기선에 무의 양을 포함시키는 것이다. 따로 무를 잘라내는 대신 솔기선에 원하는 무의 1/2 분량을 연장한다. 두 개의 옆 솔기로 이어지던 것과는 달리 무의 가운데에 하나의 솔기선이 생긴다(그림 5-9). 무가 포함된 형태는 재단과 봉제 과정이 쉽지만, 무의 연결되는 면이 바이어스로 되기 때문에 스티치로 인해 늘어질 수도 있다.

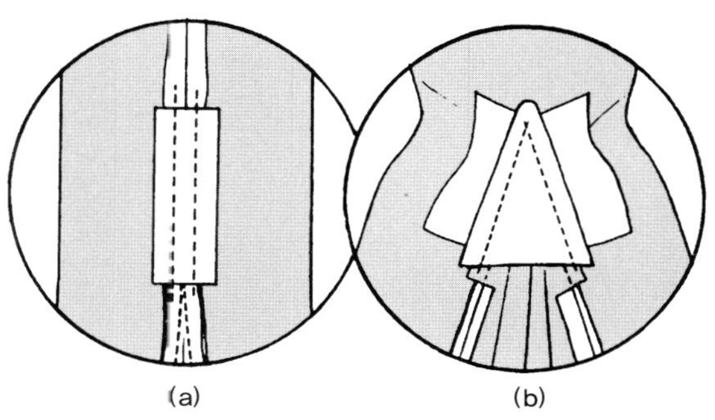

그림 5-8 시접이 고정한 버팀천. (a) 트임 끝의 안쪽 솔기 윗부분을 박아준다. (b) 절개선의 윗부분에서 벌어지는 정도를 제한하여 천을 덧대어 박아준다.

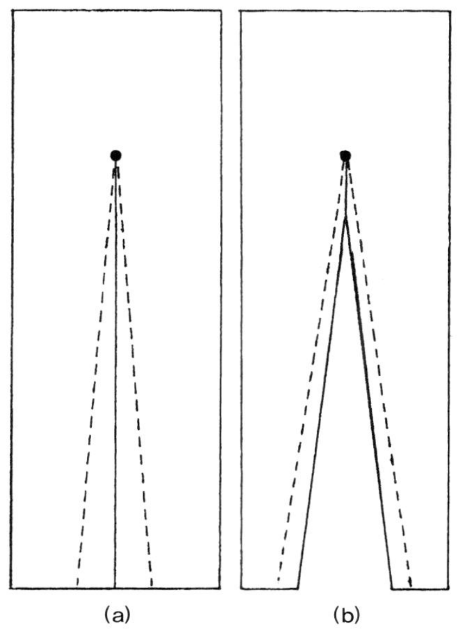

그림 5-6 잘린 꼭짓점의 시접이 부족한 것을 보완하기 위해 (a) 아래 가장자리 절개선에서 떨어진 곳으로 솔기선을 이동한다. 또는 (b) V자로 잘라내고 그 옆으로 솔기선을 정한다.

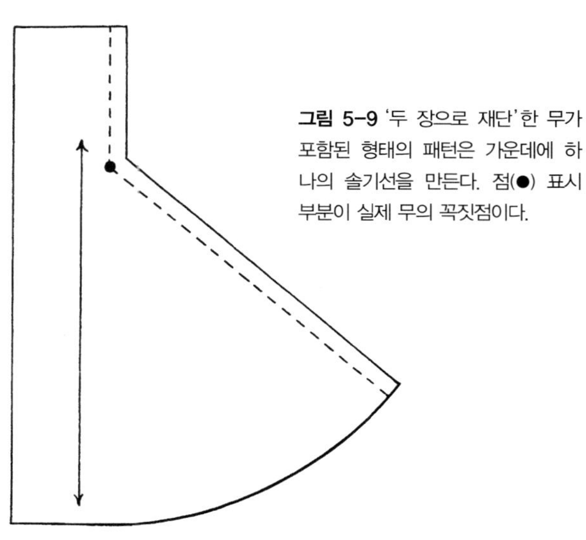

그림 5-9 '두 장으로 재단'한 무가 포함된 형태의 패턴은 가운데에 하나의 솔기선을 만든다. 점(●) 표시 부분이 실제 무의 꼭짓점이다.

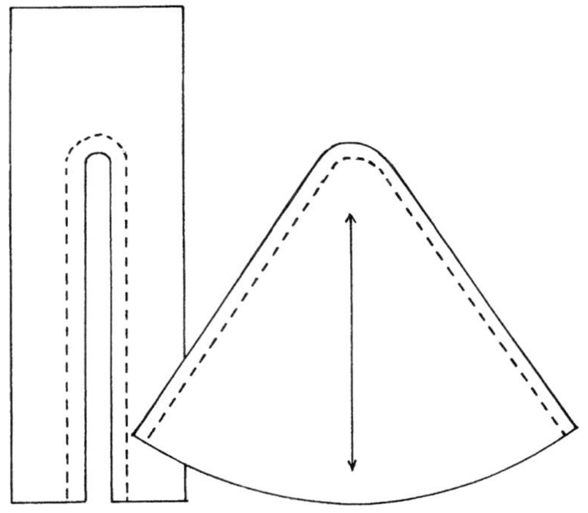

그림 5-7 아치 모양으로 자른 곡선 시접에 잘게 가위집을 주고 무를 끼워 박는다. 둥근 무의 끝 모양은 트임의 아치 모양과 일치한다.

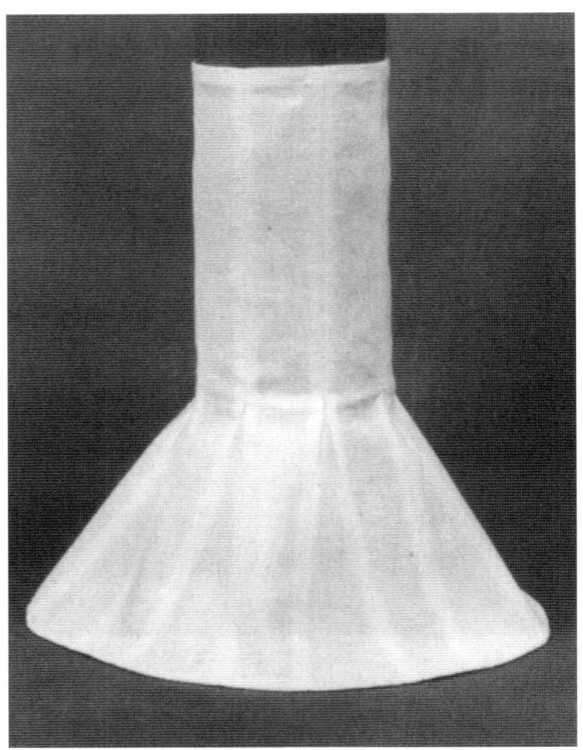

V-2 원통형으로 연결한 여덟 개의 솔기선 사이에 끼워 박은
여덟 개의 좁은 무. 무가 시작되는 부분에서 플레어지기 시작한다.

V-1 솔기선에 연결한 세 개의 무. 가운데에 솔기선에서부터 솟아올라
길게 늘어지는 자락을 보이는 반원형의 긴 무와 양옆에 삼각형 모양의 짧은 무.

V-3 절개선에 끼워 박은 네 개의 무.

V-4 길이가 서로 다른 절개선에 끼워 박은 다섯 개의 무.
모두 50도 각도의 원형이지만 무의 길이가 증가함에 따라서 밑단 치수가 늘어난다.

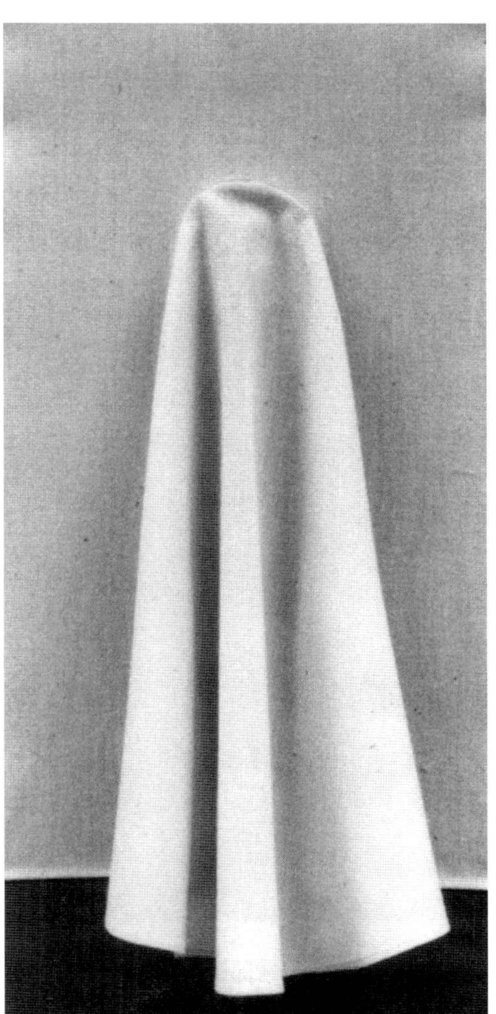

V-5 가늘고 둥근 아치 모양의
트임에 끼워 박은,
끝이 둥근 1/4원 모양의 무.

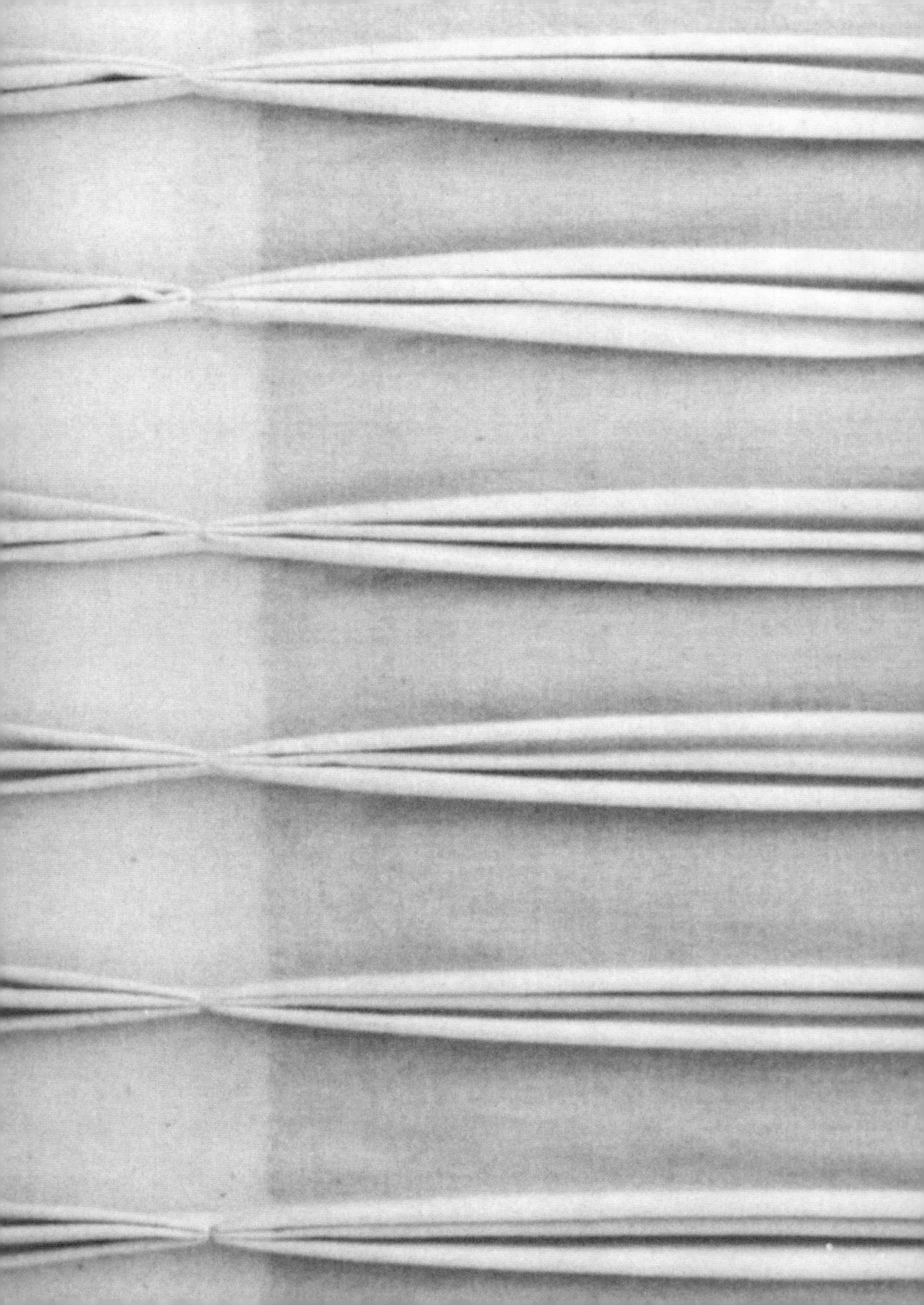

규칙적인 주름

Systematic Folding

플리츠

Pleats

플리츠는 원단 가장자리에서 치수에 맞추어 만든 주름이 스티치로 고정된 것이다. 스티치선 아래로 늘어지는 주름이 끝자락까지 계속된다.

가장자리에서 플리츠의 주름을 평평하게 하거나 돌출되게 한다. 주름은 납작하게 눌러 규칙적으로 떨어지게 하거나, 눌리지 않은 채로 부드럽게 구불거리며 퍼지도록 한다. 주름이 잡힌 부분은 원단의 길이가 줄어들지만, 주름이 놓이는 부분부터는 원래의 원단이 고정되지 않은 주름의 형태로 풍성함을 나타내면서 반대편 자락으로 구불거리며 늘어진다. 또는 반대쪽으로 늘어지는 부분에서 스티치로 다시 고정하기도 한다.

플리츠에 관한 일반적 고찰
Pleat Basics

원단을 플리츠 잡기 위해 다리미는 필수 도구이다. 바늘과 실 이외에도 열과 스팀, 압력이 중요한 요소이기 때문이다. 접힌 주름들의 간격을 일정하게 유지하기 위해 스팀으로 마무리해주기도 한다.

평면과 부분 플리츠를 날카롭게 유지하고 쉽게 펴지는 것을 막기 위해 다리미로 조절하기보다 프레스로 눌러주는 것이 효과적이기도 하다. 플리츠를 시침으로 고정한 후 스팀을 쏘이면서 살짝 눌러주어 예비 주름선을 만든 다음 마지막으로 세게 눌러준다. 작업 면적이 넓으면 보통 다리미판보다 넓은 누름 판을 사용하는 것이 효과적이다. 탁자 위에 알루미늄 포일을 깔고, 담요나 타월을 여러 겹으로 겹쳐놓고 시트를 덮어서 누름 판을 준비한다. 보통의 좁은 다리미판을 사용한다면, 탁자나 의자를 가까이 붙여놓아 원단이 흘러내리는 것을 막도록 한다.

누르고 난 뒤 자국이 남지 않도록, 누르려고 하는 첫 번째 부분의 플리츠에서 모든 핀과 시침실을 제거한다. 누름 판 위에서 조심스럽지 플리츠가 직선을 유지하며 올바른 위치에 자리하도록 정리한다. 아래 원단에 겉주름선 자국이 남지 않도록, 누르려고 하는 각 주름의 주름 바닥 안쪽에 플리츠 길이보다 길고 플리츠 깊이보다 넓은 마분지 등을 끼워놓는다.

다림질에 사용할 다리미 천을 물에 담갔다가 짠 뒤 축축한 상태로 플리츠 위에 덮는다. 아래의 주름까지 스팀이 통과해 다려지도록, 한 위치에서 다리미를 단단히 잡고 천이 마를 때까지 뜨거운 다리미로 누른다. 움직일 때는 다리미를 밀지 말고 그대로 들어 다시 위치를 잡는다. 다음 플리츠 무리로 옮기기 전에 건조된 다리미 천을 걷어내 원단이 완전히 식고 마르도록 놓아둔다. 전통적인 양복점에서는 약 12인치 (30.5cm) 길이의 좁고 매끄러우며 단단한 나무 방망이로 남은 열기가 식을 때까지 두드리기도 한다. 모든 플리츠를 누르고 스팀을 쐬어 주름이 완성되면 천을 뒤집어 같은 과정을 반복한다.

또 다른 효과적인 방법으로, 물과 식초를 9 대 1로 섞은 물에 다리미 천을 담갔다가 사용하기도 한다. 플리츠 위아래에 각각 다리미 천을 댄다.

눌리지 않은 플리츠를 완성하기 위해, 걸어놓은 상태에서 균일하게 배열하여 주름을 잡아당기거나, 패드 처리한 판에 가장자리를 핀으로 꽂으면서 주름을 정렬한다. 필요하다면 안주름선도 핀으로 꽂는다. 주름에서 조금 떨어진 위에서 스티머나 다리미를 천천히 움직이면서 스팀을 가해 주름 위치를 고정한다. 열기가 식고 완전히 마른 뒤 옮긴다.

긴 원단을 플리츠 잡을 때, 두 원단을 연결한 솔기의 위치에 늘 주의해야 한다. 플리츠를 배치할 때 불가피한 경우를 제외하고, 절대로 연결한 솔기선이 겉주름선에 놓이지 않도록 한다. 평면 플리츠를 만들 경우, 연결한 솔기선은 안주름선이나 맞주름의 뒷면 중심에 놓이게 한다.

평면 플리츠와 부분 플리츠의 안주름선에 생긴 솔기는 단 처리할 때 문제가 된다. 두 가지 시접 처리 방법이 있다. (1) 주름 고정점에서 밑단까지 안주름선 시접을 가르고 눌러주어 평평하게 한다. 밑단을 접어 올리고 스티치한다. 밑단을 접어 올린 끝부분에서 주름을 잡을 때 시접이 가로막지 않

평면 플리츠	외주름	
	박스 주름	
	맞주름	
돌출된 플리츠	한 개의 박스 주름	
	두 개의 박스 주름	
	세 겹 커튼 주름	
	네 겹 커튼 주름	
	롤백 커튼 주름	
	파이프 오르간 주름	
	롤백 카트리지 주름	
	카트리지 주름	
아코디언 플리츠		
불규칙한 플리츠		

그림 6-1 플리츠 개요.

도록 가위집을 주고, 플리츠를 다시 접은 다음, 단 처리한
플리츠 주름을 스팀으로 눌러주어 완성한다. (2) 원단의 각
조각을 먼저 밑단 처리한 뒤 밑단 주름들을 정확히 맞추면
서 같이 연결한다. 연결한 시접이 안주름선에 위치하도록
플리츠를 잡는다. 밑단 주름에서 사선으로 시접을 잘라 정
리한다. 밑단의 시접 가장자리를 휘갑치기한다(**그림 6-2**).

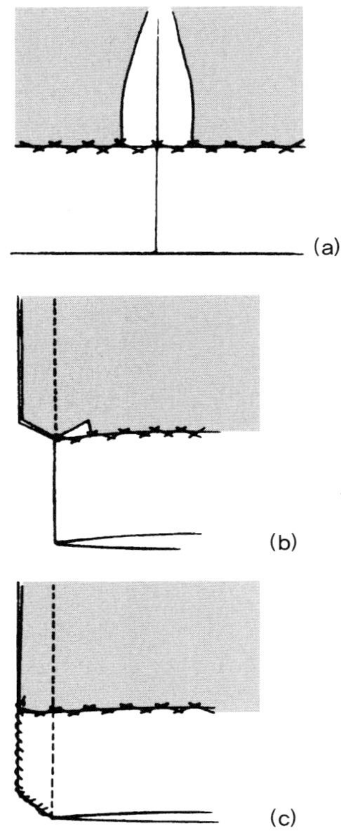

그림 **6-2** 안주름선에 솔기가 있는 플리츠의 밑단 처리. (a) 시접을 갈라
다림질하고, 밑단을 처리한다. (b) 밑단 끝에서 시접에 가위집을 준다. (c)
밑단을 처리한다. 밑단 처리한 부분들을 같이 연결한 후 대각선으로 잘라
정리한 시접을 휘갑치기한다.

밑단을 처리할 때 플리츠의 끝을 스티치로 눌러 박는 경우.
(1) 먼저 원단의 밑단을 처리한 다음 플리츠에 끝스티치를
한다. (2) 완성된 밑단에서 적어도 1인치(2.5cm) 위에서 끝
스티치를 멈춘다. 플리츠를 단 처리한다. 끝스티치가 멈추
는 바로 직전의 끝부분에서 바늘로 끝스티치를 마무리한다.
밑단의 가장자리에서 3인치(7.5cm) 정도의 실을 남겨 안쪽
에서 북집의 실과 묶어 고정한다. 고정한 실 두 올을 바늘에
꿰어둔다. 마지막 고정 스티치가 끝난 곳에서 접힌 밑단 안
쪽으로 바늘을 꽂아 밑단의 반쯤 되는 곳에서 빼내 실을 자
른다.
접힌 플리츠의 밑단을 스팀다리미로 다림질한다. 열기가 식
고 완전히 마른 뒤 옮긴다.

평면 플리츠
Flat Pleats

평면 플리츠는 원단의 표면에 평행한 주름들을 옆으로 고르게 접는
것이다. 규칙적인 주름의 윗부분은 스티치로 고정하고 아랫부분은 자
연스럽게 놓아둔다.

- **외주름** – 속주름들을 계속 같은 방향으로 접는다.
- **박스 주름** – 같은 깊이의 속주름들을 서로 반대 방향으로 접는다.
- **맞주름** – 같은 깊이의 속주름들을 가운데에서 만나도록 접는다.

(109쪽, '플리츠 개요' 참조.)

작업 과정

❶ 주름을 잡은 후의 완성 치수에 맞춰 원단의 치수를 정한다.

❷ 완성 치수에 맞도록 플리츠의 위치를 정한다. 각 겉주름
선의 위치를 표시하기 위해 완성 치수와 같은 길이의 긴
종이를 사용하거나, 작은 모눈종이에 주름의 위치를 표
시한다(**그림 6-3**).

❸ 원하는 플리츠를 잡기 위해 필요한 원단의 양을 계산한다.

ⓐ 구상한 대로 각 주름을 만들기 위해, 겉주름선과 안주
름선 사이의 치수에 해당하는 주름 깊이를 정한다.

ⓑ 계산.

2×플리츠 깊이=하나의 플리츠에 필요한 속주름 치수

하나의 플리츠에 필요한 속주름 치수×플리츠의 개수

=전체 플리츠에 필요한 속주름 치수

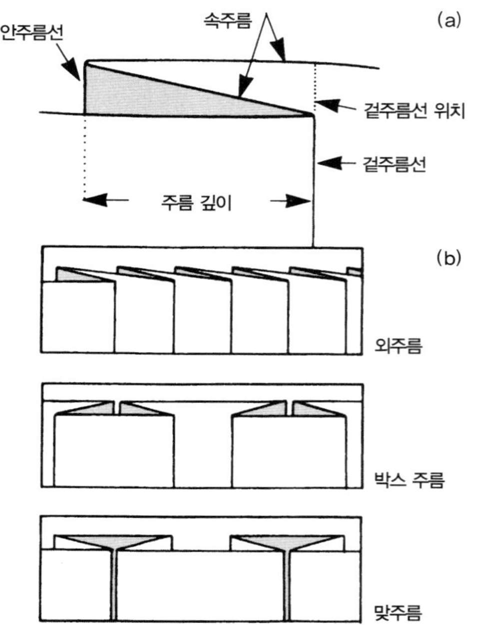

그림 **6-3** (a) 평면 플리츠의 구조. (b) 평면 플리츠의 유형. 플리츠를 잡는
방법은 한 가지 유형의 플리츠로 작업하거나 다른 유형의 플리츠를 조합하
여 작업할 수 있다. 플리츠의 간격과 깊이도 다양하게 할 수 있다.

전체 플리츠에 필요한 속주름 치수+완성 치수

=플리츠를 잡기 위해 필요한 원단의 치수

❹ 플리츠를 잡기 위해 필요한 원단의 치수만큼 다른 긴 종이나 작은 모눈종이를 사용해, 수직선으로 나눈 속주름의 간격에 맞추어 플리츠 잡을 패턴을 만든다. 계속해서 구상한 대로 표시한 모든 플리츠를 잡기 위해 주름 위치, 속주름선, 겉주름선을 표시한다. 겉주름선이 주름 위치에 놓이도록 화살표로 방향을 표시하여 혼동을 막는다. 또 패턴에 '겉면' 표시도 해둔다.

❺ 플리츠를 잡기 위해 밑단 시접을 포함한 길이를 정한 뒤 원단을 자른다.

❻ 플리츠의 모양을 결정한다.

- ◆ 눌리지 않고 부드럽게 접히는 주름.

- ◆ 눌리고 날카롭게 접히는 주름.

- ◆ 겉주름선 그리고(또는) 안주름선을 끝스티치로 처리하여 영구히 날카롭게 접히는 주름〔그림 6-4 (a)〕.

- ◆ 주름 고정점이 있는 플리츠: 원단의 위에서 아래쪽으로 어느 일정한 부분만 고정하기 위해 고정시킬 부분의 주름 바로 옆에서 한꺼번에 끝스티치로 박아주어 스티치선이 보이게 하거나, 겉주름선 위치에 맞춰 안에서 봉제하여 스티치선이 보이지 않게 할 수 있다〔그림 6-4 (b), (c)〕. 또는 두 가지 방법을 결합해서 작업할 수 있다.

❼ 원단의 뒷면에 패턴을 뒤집어놓고 플리츠선을 표시한다.

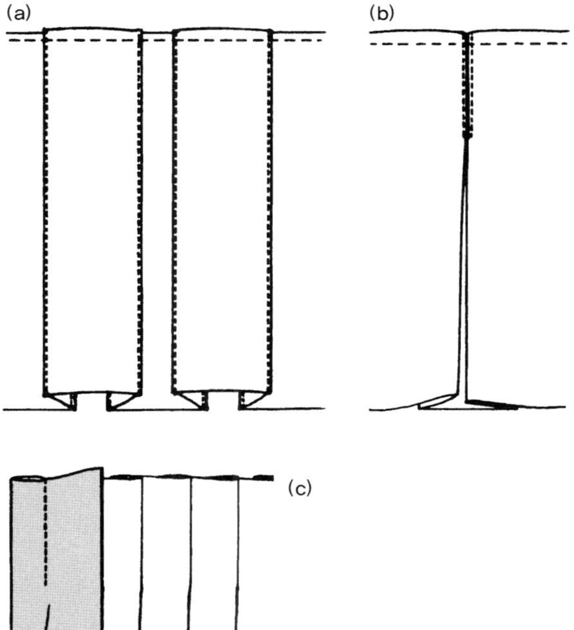

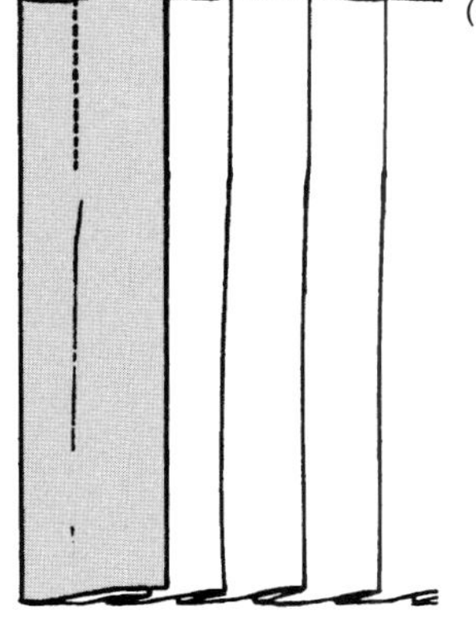

그림 6-4 (a) 겉주름선과 안주름선에 끝스티치 처리한 박스 주름 두 개. (b) 주름 고정점까지 끝스티치 처리한 맞주름. (c) 주름 고정점이 보이지 않는 외주름.

예외로 끝스티치 처리할 플리츠는 원단의 겉면에 표시한다. 긴 직선으로 모든 플리츠의 주름 위치와 겉주름선을 표시한다. (안주름선은 저절로 생긴다.) 원단의 위아래에 가장자리선을 따라 시접에 가위집 표시를 한다. 원단의 직선 결을 따라 위와 아래의 가위집을 직선으로 연결한다. 주름 위치와 접히는 선을 구별한다.

- ◆ 의류용 마커(초크, 사라지는 펜 등)를 사용해 실선과 점선으로 표시한다〔그림 6-5 (a)〕.

- ◆ 두 가지 색실로 솔기들을 시침한다.

- ◆ 스티치의 길이를 다르게 하여 솔기들을 시침한다〔그림 6-5 (b)〕.

- ◆ 핀의 머리 색상을 다르게 하여 선들을 표시한다.

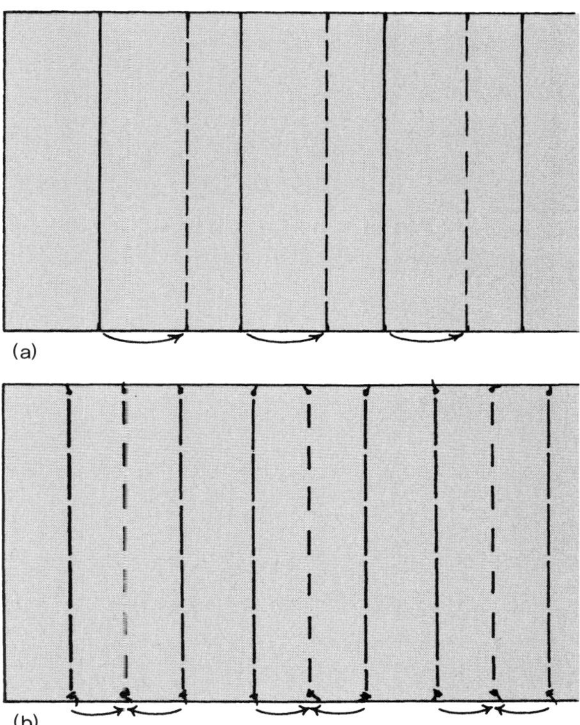

그림 6-5 임시로 플리츠를 표시하는 방법. (a) 외주름: 실선으로 표시된 겉주름선과 점선으로 표시된 주름 위치를 초크로 표시한다. (b) 맞주름: 긴 시침으로 주름선을 표시하고, 짧은 시침으로 나뉘는 주름 위치를 표시한다.

❽ 플리츠 만들기.

- ◆ 외주름 또는 박스 주름을 잡을 때, 원단의 뒷면에서 각각의 겉주름선과 주름 위치를 시침한 다음 두 겹을 같이 박아준다. 원하는 방향으로 속주름을 눕히고 핀으로 고정한다. (원단의 뒷면에 표시하여 작업한 외주름은 원단의 겉면에서는 주름 방향이 반대가 된다는 것을 기억해야 한다.) 맞주름을 잡을 경우, 플리츠의 두 겉주름선을 같이 시침한다. 시침한 솔기를 기준으로 양쪽의 주름 위치를 맞추어 속주름을 핀으로 고정한다. 보이지 않는 주름

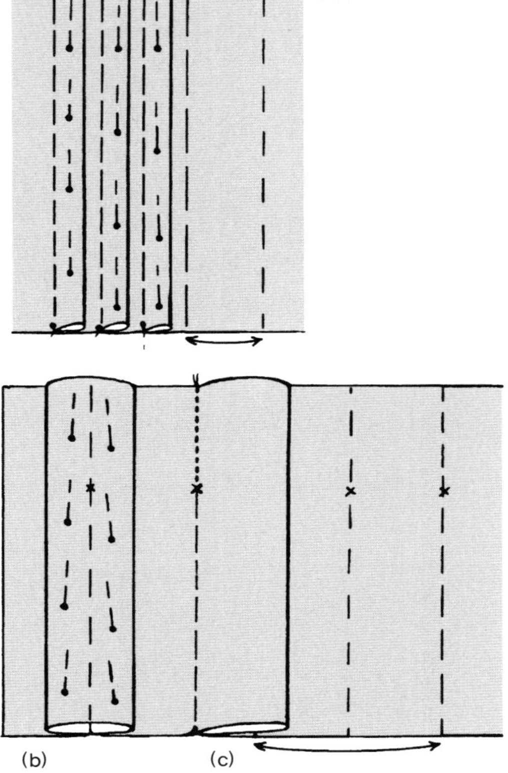

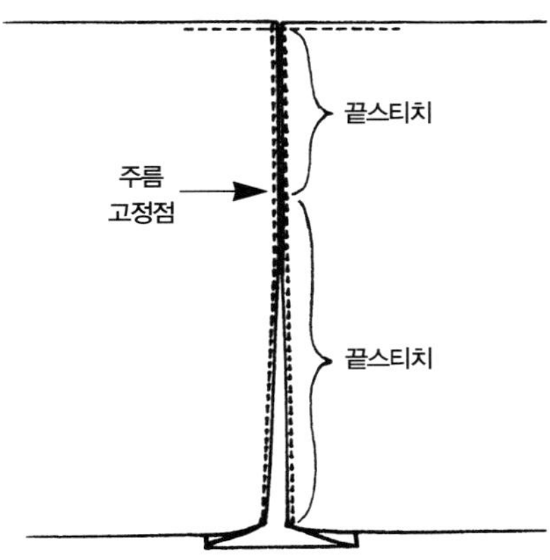

그림 6-8 주름 고정점 아랫부분의 주름은 두 겹을 끝스티치하여 영구히 풀리지 않게 하고, 위에서부터 주름 고정점까지 세 겹을 같이 16분의 1인 치(1.5mm) 끝스티치로 처리한 맞주름.

그림 6-6 원단의 뒷면에서 플리츠 만들기. (a) 겉주름선과 주름 위치를 같이 시침한 외주름. (b) (c) 작업 후에 주름 분량을 양쪽으로 나누어 핀으로 고정한다. (c) 주름선들을 같이 시침하고 주름 고정점까지 재봉틀로 박는다.

고정점이 있으면, 윗부분부터 주름이 풀리기를 원하는 위치까지 시침한 위를 재봉틀로 박아준다(**그림 6-6**).

◆ 원단의 겉면에서 작업하려면, 각각의 겉주름선을 접어서 주름의 위치에 맞춘다. 핀으로 고정한 다음 세 겹을 한꺼번에 시침한다. 겉주름선에 끝스티치를 할 경우 겉주름선에서 조금 떨어져 시침한다(**그림 6-7**).

그림 6-7 모든 겹을 같이 시침하여 플리츠를 만든 원단의 겉면.

◆ 납작하게 눌릴 모든 주름을 스팀다리미로 살짝 다려준다.

❾ 주름에 끝스티치를 하고자 하면 다음의 방법 중 하나를 선택한다.

◆ 위에서 시작해 겉주름선, 안주름선, 또는 둘 다 접힌 끝까지 끝스티치한다. (**109쪽, '평면과 부분 플리츠의 밑단 처리' 참조.**)

◆ 주름선과 주름 고정점까지 모두 끝스티치 처리한 경우. (1) 주름 고정점에서 시작해 아래의 각 주름선에 끝스티치한다. (2) 위에서부터 주름 고정점까지 세 겹을 같이 끝스티치한다(**그림 6-8**).

◆ 위에서부터 원하는 주름 고정점까지만 끝스티치한다.

❿ 플리츠가 풀리지 않도록 윗부분에서 시접 안쪽을 눌러 박아둔다.

⓫ 플리츠가 눌리는 것을 원하지 않을 경우를 제외하고, 모든 플리츠는 스팀다리미로 납작하게 눌러 다림질한다 (**109쪽, '플리츠 잡기' 참조**).

⓬ 손이나 재봉틀로 한 번 접은 일반적인 밑단으로 처리한다(**109쪽, '평면과 부분 플리츠의 밑단 처리' 참조**). 한 번 더 스팀다리미로 납작하게 눌러 다림질한다. 플리츠 처리한 원단의 윗부분 가장자리는 바인딩으로 처리하거나 다른 원단과 연결해 솔기로 처리한다(**적합한 방법은 17쪽, '개더 스티치 고정하기' 참조**).

특징과 응용

평면 플리츠는 반복되면서 규칙적으로 평행한 모양을 보이며 움직임에 따라 주름이 펴지는 것이 특징이다. 플리츠의 깊이와 사이 간격에 변화를 주고, 외주름·박스 주름·맞주름 등을 다양하게 조합하는 것이 평면 플리츠의 디자인 요소이다. 여러 개의 외주름은 방향을 서로 반대되게 할 수 있다. 간혹 주름 깊이 8분의 5인치(1.5cm)가 같은 방향으로 옆의 외주름까지 거리 8분의 5인치(1.5cm)보다 더 긴 특별한 외주름도 있다. 주름 깊이가 깊어 속주름들이 서로 겹쳐지는 이런 외주름을 **킬트 플리츠**(kilt pleats)라고 한다.

실제로 작업을 해보면 플리츠와 관련한 전문 용어는 일람표에서 보는 것보다 훨씬 기억하기 쉽다. 옆면에서 겉주름 아래로 자를 밀어넣는다. 아래에 가려진 속주름의 접힌 부분에 자가 닿으면 겉주름의 위치에 나타난 치수를 확인한다. 그것이 플리츠의 깊이다. 그러므로 속주름에 필요한 분량은 플리츠 깊이의 두 배가 된다. 플리츠 간격은 겉면에서 접힌 두 주름 사이의 거리를 나타낸다.

플리츠를 잡을 때, 윗부분부터 아랫부분까지 원단이 부족하지 않게 큰 원단에 작업한다. 원단을 평평하게 유지하고 격자무늬 판을 사용해 플리츠선들을 표시한다. 원단을 연결할 때 생기는 솔기는 맞주름 뒷면의 주름선 위치에 놓거나 안주름선에 놓는다.

플리츠들을 가로질러 스티치하는 독특한 장식적 방법으로 플리츠가 풀리는 위치를 조절한다. **플리츠 상침**은 평범한 수평 상침이나 장식 상침과 주름의 수직선들이 결합해 선을 이룬 디자인으로 플리츠 윗부분에 패턴을 만든다(**그림 6-9**). 플리츠가 뒤틀리는 것을 막기 위해, 플리츠 아래에 버팀천을 시침하여 상침한다. 상침이 멈춘 곳에서 버팀천을 잘라 정리한다.

그림 6-9 주름 고정점을 낮추고, 플리츠의 주름선들과 결합해 디자인 요소가 된 사선 상침.

이중 또는 삼중 플리츠는 늘어지는 자락에 과장된 풍성함을 만든다. 이중 또는 삼중 플리츠를 만들기 위해, 주름 깊이를 같게 하거나 가장 작은 주름이 위에 오도록 주름 깊이를 조절한 여러 겹의 속주름을 만든다(**그림 6-10**). 원단이 여러 겹이라 윗부분 가장자리가 두꺼워진다.

맞주름의 뒷부분 또는 두 박스 주름 사이에 보이는 **주름 바닥천**은 다른 원단을 사용할 수 있다. 주름 바닥천은 두 인접한 안주름선 사이의 간격과 같은 너비로 안주름선들 사이에 잘라낸 속주름의 뒷부분을 대신한다(**그림 6-11**).

주름 깊이가 깊지 않은 경우, 간단하지만 아주 효율적인 **주**

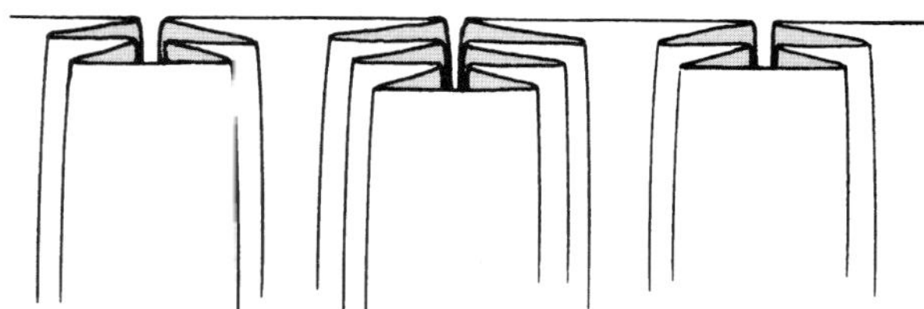

그림 6-10 양쪽은 이중으로, 가운데는 삼중으로 주름의 깊이에 변화를 준 박스 주름.

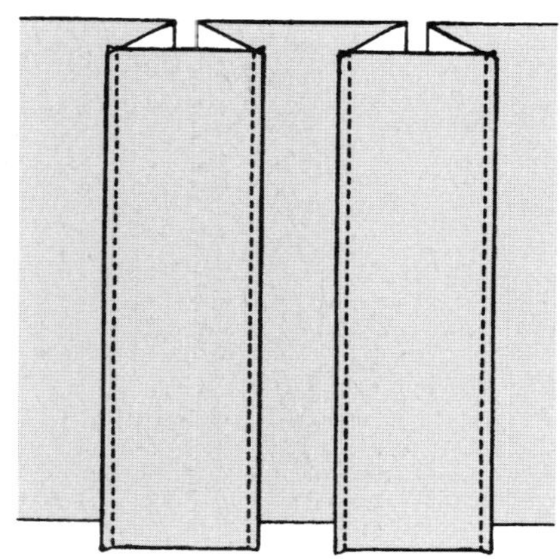

그림 6-11 속주름의 뒷부분을 주름 바닥천으로 대신한 두 개의 맞주름.

름판을 이용하면 미리 표시하거나 시침을 하지 않고 원단의 길이대로 플리츠를 잡을 수 있다. 루버의 뒤쪽으로 연속해서 밀리면서 주름판 안에서 스팀으로 다림질되는 동안 원단에는 외주름이나 박스 주름이 만들어진다. 루버 구멍을 두 번째, 세 번째, 또는 네 번째마다 건너뛰어 원단을 밀어넣음으로써 플리츠 사이의 간격에 변화를 준다. 주름판은 원단의 길이와 상관없이 연속적인 플리츠를 만들 수 있지만, 11인치(28cm), 22인치(56cm), 또는 27인치(68.5cm)로 넓이가 한정되고 주름 깊이를 8분의 3인치(1cm) 또는 1과 8분의 3인치(3.5cm)로 제한한다. 이러한 범위 내에서 주름판은 사용하기 쉽고 시간을 절약할 수 있는 도구이다(**그림 6-12**).

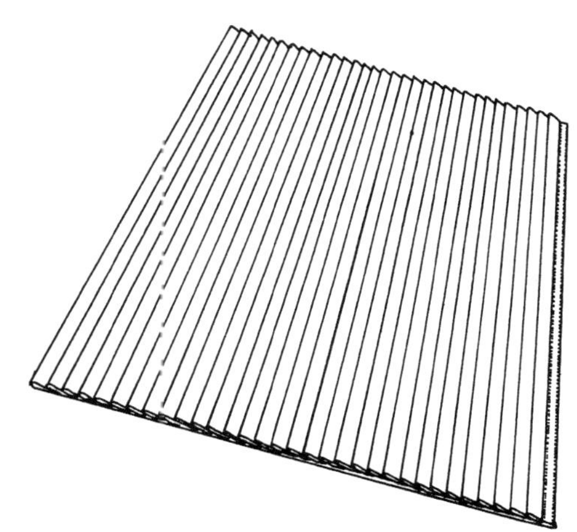

그림 6-12 외주름을 잡는 주름판.

VI-1 눌리지 않은 외주름.

VI-2 세 개씩 모여 있는 눌린 외주름.

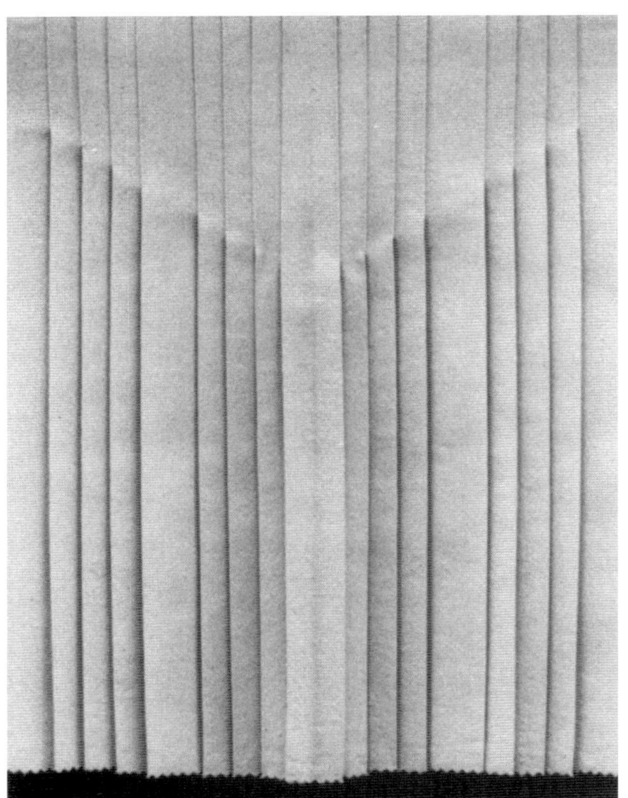

VI-3 가운데의 박스 주름 양쪽으로 주름의 방향이 서로 반대이며,
주름 고정점이 있는 눌린 외주름.

VI-4 겉주름선을 따라 끝스티치한 네 개의 박스 주름.

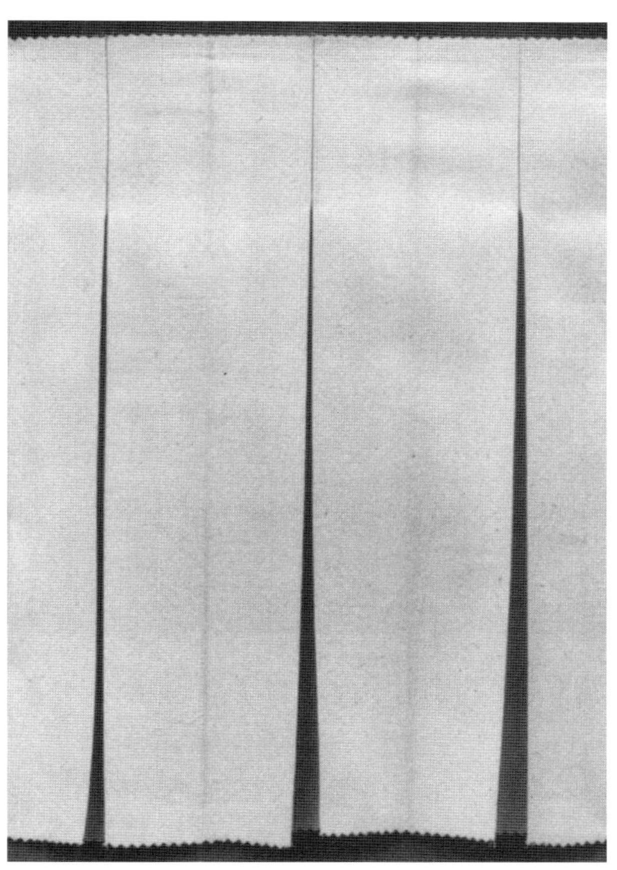

VI-5 뒤의 주름은 끝스티치하고, 앞의 주름은 누르지 않은
이중 박스 주름.

VI-6 안주름선과 겉주름선에 끝스티치를 하고
주름 고정점이 있는 세 개의 맞주름.

VI-7 모든 주름을 서로 맞추고 누르지 않은 채로 포갠 세 개의 맞주름.

VI-8 주름을 가로질러
한쪽 끝부터 다른 쪽 끝까지
불규칙하게 상침하여
주름 고정점을 낮춘 외주름.

VI-9 주름판으로 만든 외주름.

부분 플리츠
Partial Pleats

속주름에서 주름 고정점 윗부분의 원단은 없애고 아랫부분 원단만 남긴 평면 플리츠이다. 부분 플리츠를 만드는 데는 두 가지 방법이 있다.

- **연장된 주름** – **외주름** 또는 **박스 주름**은 특별히 디자인한 플리츠 부분을 같이 봉제함으로써 만들어진다. **맞주름**은 특별히 디자인한 플리츠 부분들 사이의 주름 바닥천에 봉제함으로써 만들어진다. 주름 고정점의 윗부분 플리츠선은 솔기선이 된다.

- **끼워 박은 주름** – 원단 아랫부분의 잘라낸 모양에 따라 외주름, 박스 주름, 또는 맞주름을 끼워 넣어 박는다.

작업 과정

❶ 플리츠 부분을 위한 패턴을 그린다.

연장된 외주름 또는 박스 주름

하나의 플리츠 부분에 대한 패턴을 전개하기 위해 아래의 치수를 정한다(**그림 6-13 (a)**).

(1) 플리츠의 깊이. (2) 플리츠의 간격(특별히 주름이 많이 펼쳐지기를 원하면 플리츠 깊이를 더 깊게 한다). (3) 윗부분에서 끝자락까지 플리츠의 길이. (4) 윗부분에서 주름 고정점까지 플리츠의 길이.

연장된 맞주름

플리츠 부분이 연결되는 옆면에서 연장할 속주름을 베껴

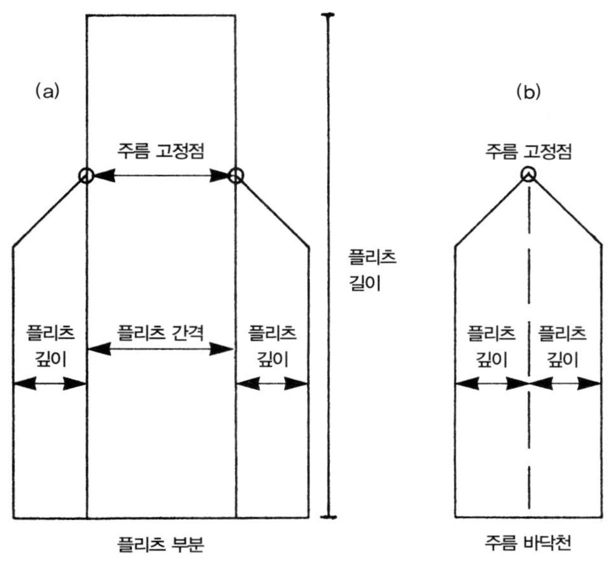

그림 6-13 (a) 부분 플리츠의 패턴. 옆으로 연장되는 부분은 외주름 또는 박스 주름의 속주름이 된다. (b) 옆으로 연장되는 부분을 대칭으로 베껴내어 맞주름의 바닥천으로 사용할 수 있는 패턴. 완성 패턴에 시접을 더한다.

내어, 주름 바닥천을 위한 두 번째 패턴을 만든다(**그림 6-13 (b)**).

끼워 박은 주름

(1) 원단에서 잘라낼 모양에 따라 패턴을 그린다. (2) 잘라낸 모양보다 약간 길고 많이 넓은 종이를, 외주름, 박스 주름, 또는 맞주름에 맞추어 길이 방향으로 접는다. (3) 종이로 접어놓은 주름 위에 잘라낸 패턴을 올려놓는다. 접은 주름 위에 패턴을 놓을 때 주름의 위치를 고려해 배치한다(**그림 6-14**). 외곽선을 따라 그린 뒤 자른다. 접힌 것을 펴고 접힐 주름 안내선을 연필로 그린다.

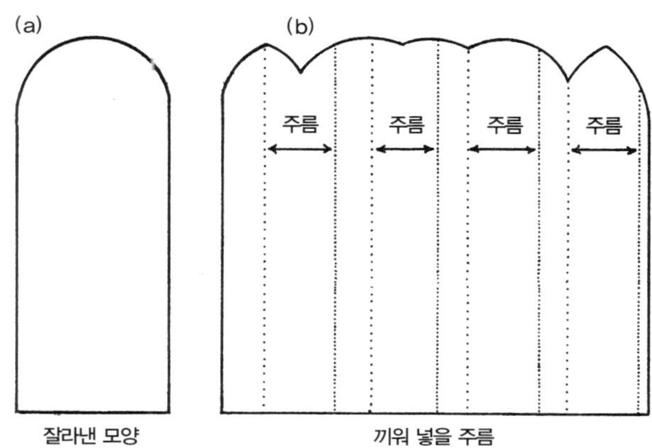

그림 6-14 (a) 플리츠 잡은 천을 끼워 넣을 부분의 잘라낸 모양. (b) 주름 접힌 종이 위에 잘라낸 패턴을 놓고 모양을 완성한, 끼워 넣을 플리츠 패턴. 완성 패턴에 시접을 더한다.

❷ 플리츠의 재단과 봉제.

연장된 외주름 또는 박스 주름

(1) 패턴의 외곽에 시접을 더하여 잘라주거나, 시접을 포함한 패턴에 따라 잘라 필요한 수만큼 플리츠 부분을 재단한다. (2) 겉과 겉을 마주대고, 플리츠 부분을 같이 봉제한다. 솔기를 가름솔로 처리한다. (3) 플리츠를 접어 방향을 잡을 때, 정확히 하기 위해 각 플리츠의 깊이를 측정한다. 여러 겹의 플리츠를 한꺼번에 시침한다. (4) 주름 고정점에서 시접에 가위집을 준 후 연장된 플리츠 윗부분의 시접은 가름솔로 처리하여 다림질한다(**그림 6-15**).

연장된 맞주름

(1) 패턴의 외곽에 시접을 더하여 잘라주거나, 시접을 포함한 패턴에 따라 잘라 필요한 수만큼 플리츠 부분과 주름 바닥천을 재단한다. (2) 겉과 겉을 마주대고, 윗부분부터 주름 고정점까지 플리츠 부분을 봉제한다. (3) 주름 고정점에서부터 가장자리까지 봉제하여 양쪽의 플리츠 연

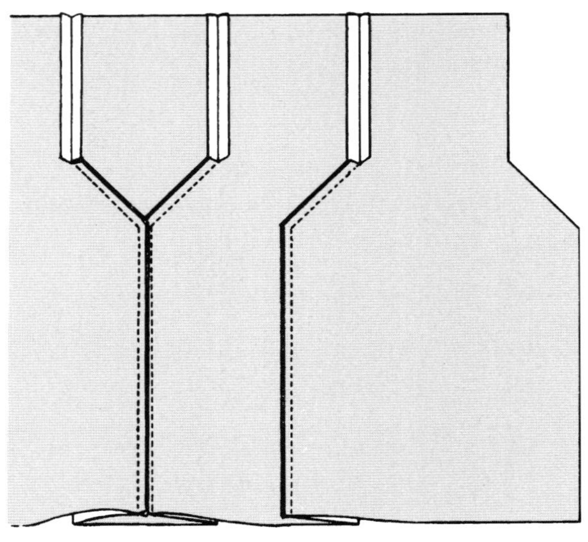

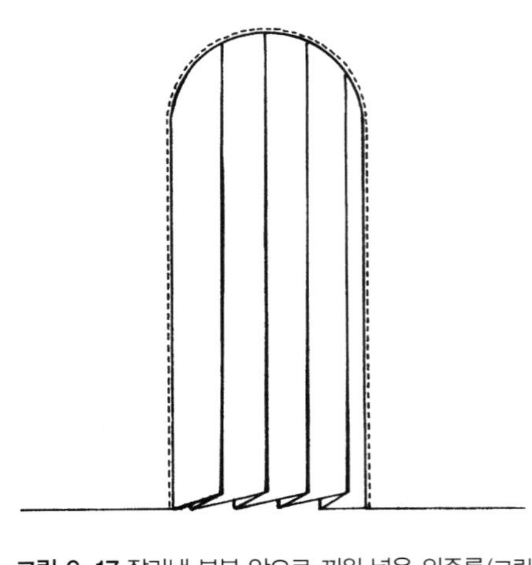

그림 6-15 연장된 플리츠 부분들을 같이 봉제하여 만든 왼쪽의 박스 주름과 오른쪽의 외주름.

그림 6-17 잘라낸 부분 안으로 끼워 넣은 외주름(그림 6-14 패턴 참조).

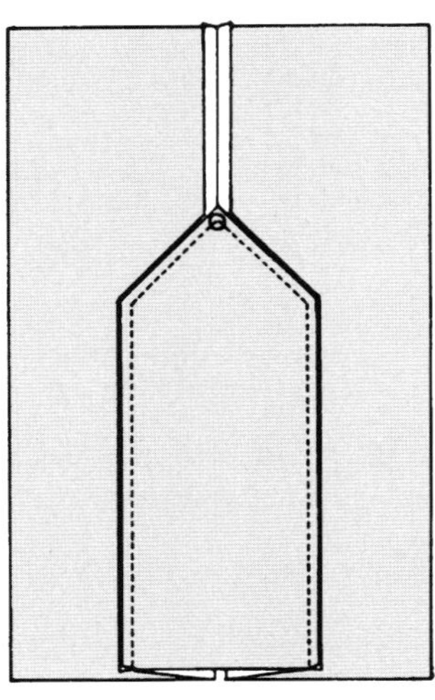

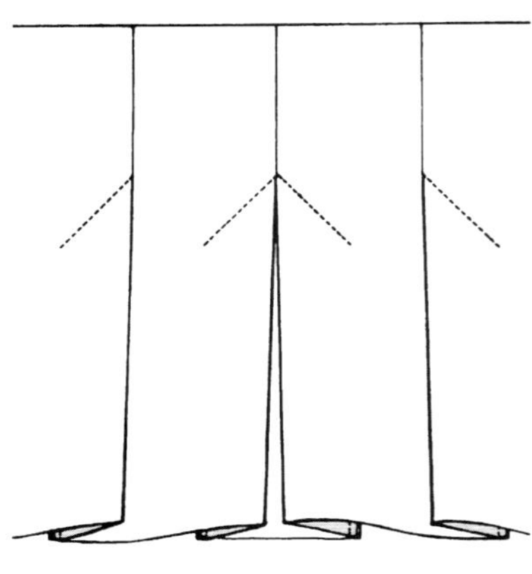

그림 6-16 겉면의 중심에 맞주름이 잡히면서 연장된 주름과 연결한 주름 바닥천

그림 6-18 주름 아래, 비스듬하게 연장된 부분을 상침으로 고정하여 완성한 플리츠.

장 부분과 주름 바닥천을 연결한다. (4) 플리츠 연장 부분 위의 시접을 가름솔로 처리하여 다림질한다. 아래 주름 바닥천의 중심에 주름선을 서로 만나게 놓고, 시침한 뒤 가볍게 다림질한다(그림 6-16).

끼워 박은 주름

(1) 원단의 겉면에 의류용 마커로 솔기선(잘라낼 부분의 외곽선)을 그린다. 솔기선 안쪽으로 시접을 두고 자른다. 시접에 가위집을 주면서 솔기선 안으로 접어 넣고 시침한다. (2) 원단에 그려진 외곽선을 따라 끼워 넣을 플리츠를 잘라낸다. 주름과 주름 위치를 표시한다. 주름을 접고, 시침한 뒤 플리츠를 가볍게 다림질한다. (3) 준비한 솔기선에 끼워 넣을 플리츠를 핀으로 고정하고 시침한다. 솔기선을 따라 끝스티치한다(그림 6-17).

❸ 주름 고정점에서 플리츠가 연장된 가장자리까지 모든 겹

의 주름을 한꺼번에 상침하여 주름 바닥천이 늘어지지 않도록 고정한다(그림 6-18).

❹ 플리츠를 스팀다리미로 납작하게 다림질한다(109쪽, '플리츠 잡기' 참조).

❺ 한 번 접은 일반적인 밑단을 손바느질로 처리하거나 재봉틀로 박아준다. (109쪽, '평면과 부분 플리츠의 밑단 처리' 참조.) 다시 다림질한다.

특징과 응용

끼워 넣은 주름의 응용 방법으로 주름을 누르지 않는 것도 있다. 다른 선택 사항으로는 끼워 넣기를 하기 전에 주름선에 끝스티치하기, 좀더 풍성하게 만들기 위해 둘 또는 세 겹으로 플리츠를 겹치기, (113쪽에서 설명한 것처럼) 주름판으로 플리츠 만들기 등의 방법이 있다. 주름을 끼워 넣기 위해 잘라내는 모양의 윗부분은 곡선·직선·뾰족한 모양 등이 될 수 있고, 잘라내는 부분은 하나의 플리츠 또는 연속적인 플리

3부 **규칙적인 주름**

츠를 위해 넓이를 얼마든지 넓힐 수 있다.

겉에서 보이는 상침으로 고정하는 대신, 버팀천을 이용해 연장된 부분과 바닥천이 늘어지지 않도록 보이지 않게 고정할 수도 있다. 버팀천을 사용할 경우 윗부분의 패턴은 경사지지 않게 직선으로 속주름을 연장한다.

플리츠가 연결된 부분들을 가릴 수 있도록 윗부분에서 주름을 고정할 위치까지의 길이와 필요한 너비에 각각 시접을 더해준 치수에 따라 안감으로 버팀천을 자른다. 버팀천의 한쪽 끝자락 시접을 속으로 접어서 다림질해놓는다. 연장된 플리츠 원단의 뒷면에서 작업한다. 윗부분에 버팀천의 가장자리를 시침한다. 연장된 플리츠의 위 시접에 접어놓은 버팀천 아래 자락을 손바느질로 고정한다(**그림 6-19**).

속주름에 있는 솔기가 마치 주름 잡힌 것처럼 작용하기 때문에, 연장된 플리츠는 일반적으로 빳빳하게 눌린 모양을 나타낸다.

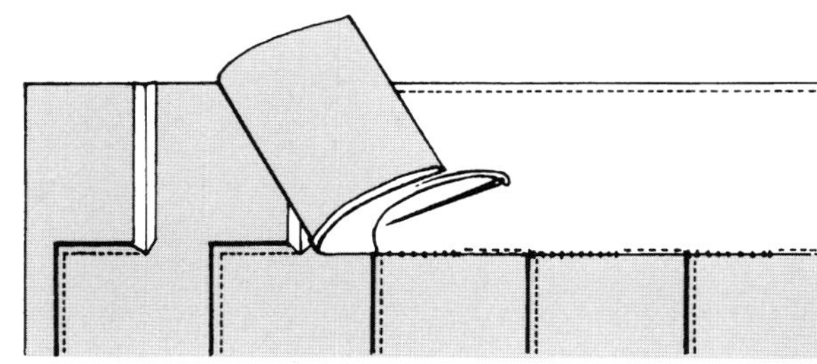

그림 6-19 연장된 속주름에 버팀천을 손 스티치하여 고정한다. 연장된 부분 사이의 공간은 버팀천에만 홈질하여 겉에서 스티치가 보이지 않게 한다.

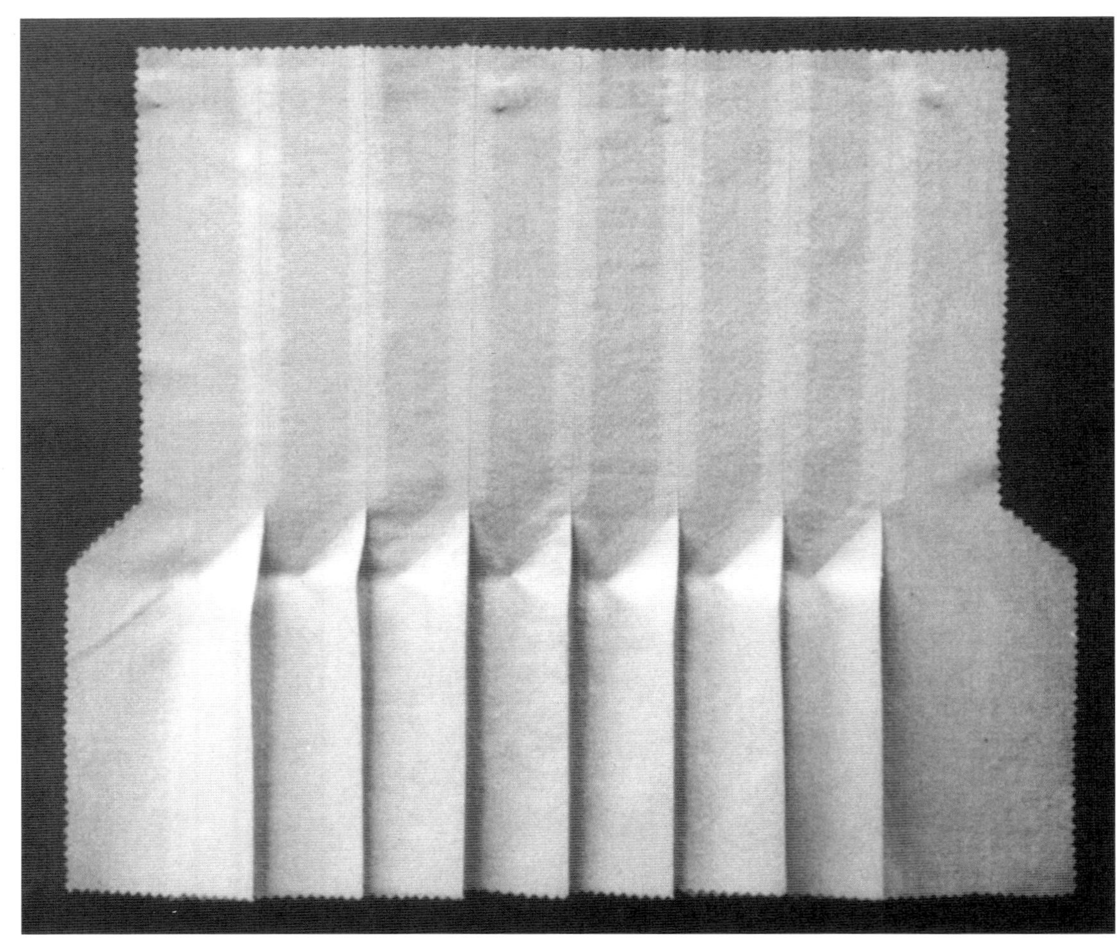

VI-10 여덟 개의 부분 플리츠로 만든 외주름 일곱 개.
옆면들을 같이 봉제하면 또 다른 플리츠를 만들 수 있다.

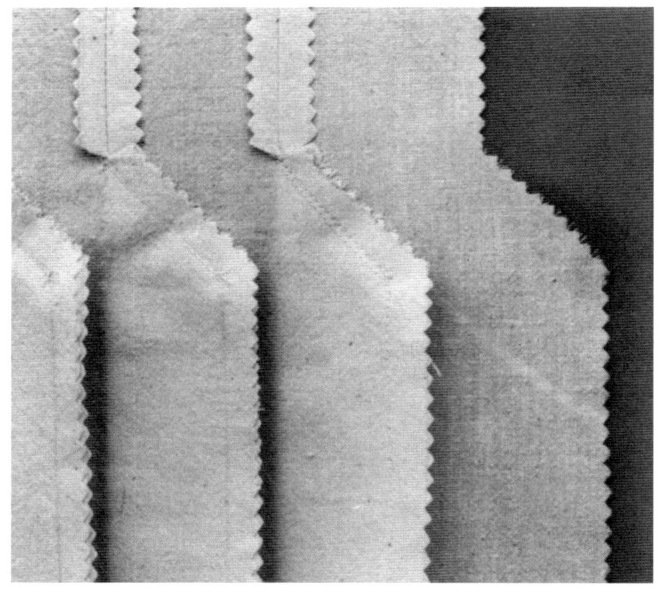

VI-11 솔기의 구조를 보여주는 외주름의 뒷면.

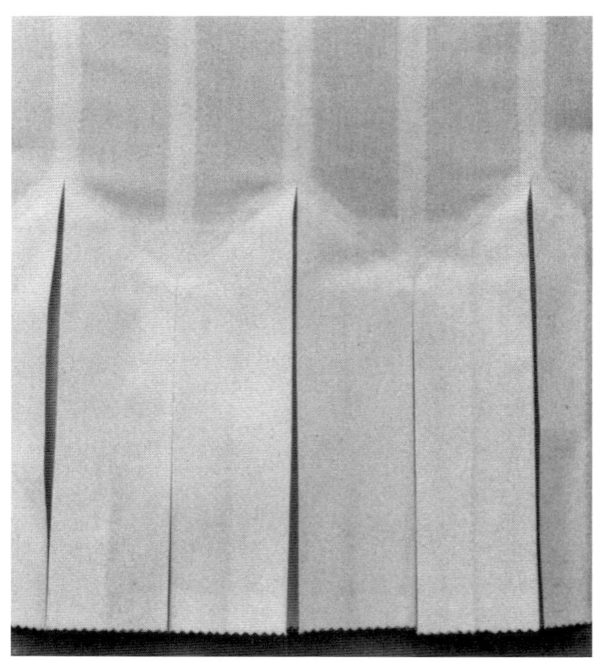

VI-12 여섯 개의 부분 플리츠를 서로 연결한 다음
주름 바닥천을 덧댄 연장된 맞주름 다섯 개.
솔기선을 연속 상침하여 연장된 주름의 윗부분을 고정한다.

VI-13 주름 바닥천이 보이는 맞주름 뒷면.

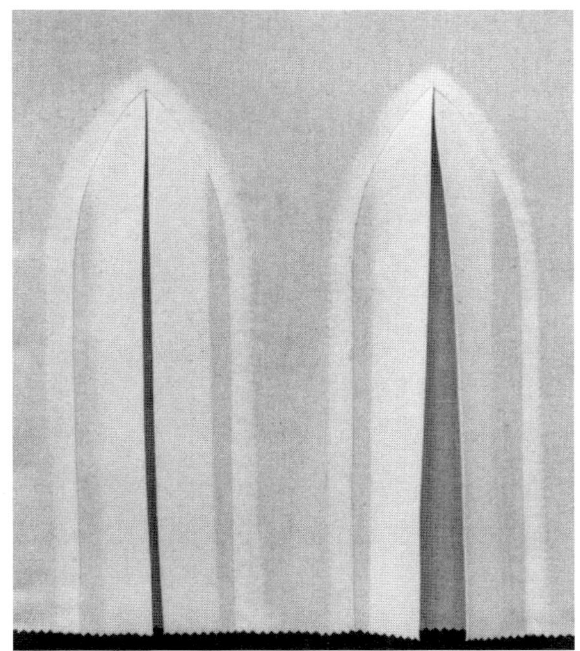

VI-14 곡선으로 잘린 부분에 끼워 넣은
맞주름 두 개.

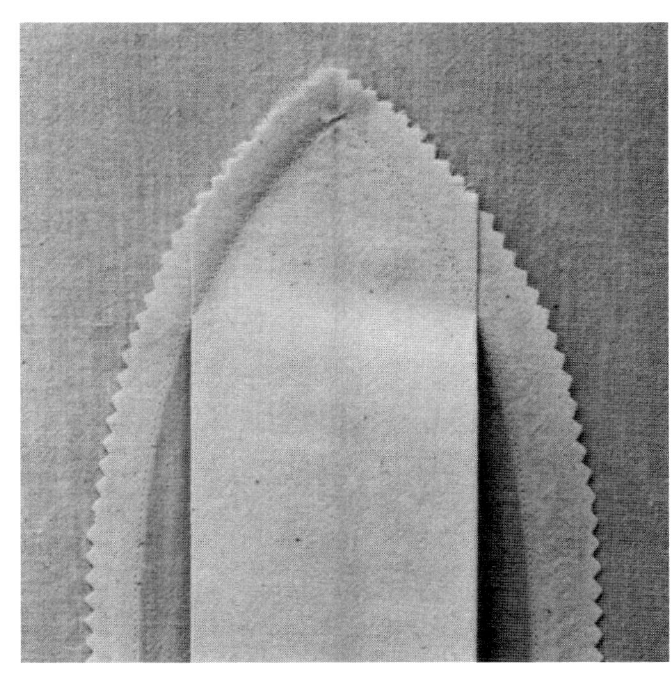

VI-15 끼워 넣은 주름의 뒷면. 플리츠의 속주름은
윗부분에서만 솔기와 같이 콩제한다.

돌출된 플리츠
Projecting Pleats

윗부분이나 헤드 부분의 구조를 원단보다 돌출되게 만들어 주름이 입체감 있게 잡히게 된다. 아랫부분의 주름은 깊고 규칙적이며 구불구불하게 주름지는 형태로 늘어진다. 돌출된 플리츠를 만드는 데는 일곱 가지 기본 방법이 있다.

- **두 개의 박스 주름** – 헤드 부분에서 바깥쪽으로 돌출된 박스 주름이 두 개의 층으로 겹쳐진 형태.
- **한 개의 박스 주름** – 바깥쪽으로 돌출된 한 겹의 박스 주름.
- **세 겹과 네 겹 커튼 주름** – 헤드 부분에서 주름 분량을 세 개 또는 네 개로 작게 나누어 만든 부채꼴 주름.
- **롤백 커튼 주름** – 바깥쪽 주름의 방향을 바꾼 주름.
- **파이프 오르간 주름** – 원통 모양이 되도록 헤드 부분의 주름 분량에 충전재를 채워 넣은 주름.
- **롤백 카트리지 주름** – 주름 분량을 작은 주름 둘로 나누고, 아래의 작은 주름을 겉의 박스 주름으로 감싸는 주름.
- **카트리지 주름** – 버팀천에 고정된 주름 분량이 아치를 이루는 주름. (109쪽, '플리츠 개요' 참조.)

('카트리지 주름의 작업 과정'은 125쪽에서 시작된다.)

❶ 어떤 유형의 플리츠가 가장 적절한지를 결정한다. 그것에 따라 플리츠 잡을 원단의 필요한 치수를 정한다.

❷ 플리츠를 잡기 위해 필요한 원단의 양을 계산한다.

ⓐ 각 플리츠를 위한 주름 분량을 정한다. 뒤에서 설명하겠지만, 주름 분량은 플리츠의 유형, 원단의 성질, 작업의 규모, 취향에 따라 달라진다. 주름 분량이 늘어나면 헤드 부분의 주름은 더 돌출하고 아랫부분의 주름은 더 깊고 넓게 늘어진다. 주름 분량을 결정하기 전에 작은 천 조각을 사용해 다양한 치수의 플리츠를 핀으로 잡아보면서 시험해본다.

ⓑ 두 플리츠 사이의 간격을 정한다. 그리고 아래 방법들 중 하나를 선택해 완성 치수를 위해 필요한 플리츠의 양을 결정한다.

◆ 완성 치수에 플리츠를 몇 개 넣을지 플리츠의 개수를 정한다. 플리츠 사이에 간격을 정하기 위해 임의로 완성 치수를 나눈다.

◆ 가장 적절한 간격을 정하기 위해 작은 천 조각으로 시험해본다. 완성 치수를 플리츠 사이의 간격으로 나눈다. 완성 치수 안에 들어가는 플리츠의 개수를 얻기 위해 필요한 만큼 치수를 조절한다.

돌출된 플리츠의 경우, 보이는 플리츠의 간격이 일정하지 않다. 돌출된 플리츠의 다양한 형태에 따라서 주름 사이의 간격이 원래 치수보다 더 작아 보이기 때문이다.

ⓒ 원단의 필요량을 추정한다.

주름 분량×플리츠의 개수=전체 주름 분량

완성 치수+전체 주름 분량=원단의 필요량

ⓓ 플리츠를 잡는 데 필요한 원단 넓이에, 헤드 부분에서 뒤로 접어 넣을 분량과 단 처리를 위한 시접 등 필요한 길이를 더하여 원단을 자른다.

❸ 헤드 부분과 주름 분량을 위한 준비.

ⓐ 원단의 윗부분을 뒤로 접어 넘겨 헤드 부분을 두 겹으로 만든다. 다림질한다. 헤드의 뒤로 접히는 부분은 주름 잡는 길이의 1/2 이상이 되도록 한다. 플리츠를 지탱하는 데 필요하다면, 심지를 덧대어 헤드 부분을 빳빳하게 한다.

ⓑ 원단의 겉면에서, 헤드 부분을 플리츠 간격으로 나눈다. 의류용 마커, 초크, 핀 등으로 플리츠 위 끝부분부터 주름 고정점까지 간격에 맞추어 직선으로 솔기선을 표시한다〔그림 6-20 (a)〕.

ⓒ 겉면을 바깥쪽으로 하고 접어 핀으로 고정한 뒤 각 주름 분량의 양쪽 솔기선을 같이 봉제한다. 이 주 솔기선 바깥쪽으로 돌출하는 부분이 플리츠가 되는 것이다〔그림 6-20 (b)〕.

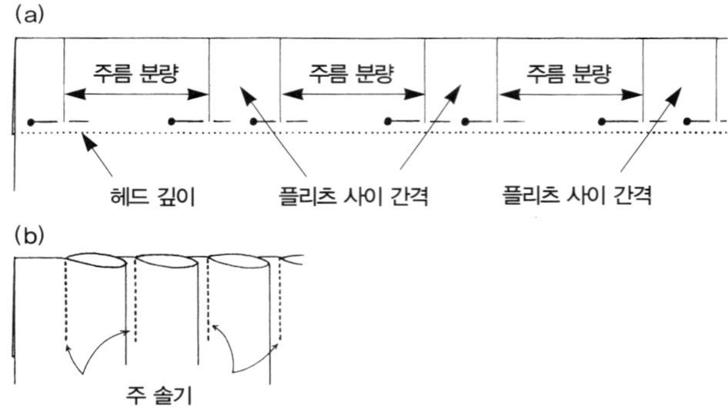

그림 6-20 (a) 헤드 부분에서 각 주름 분량의 양옆에 솔기선을 표시한다. (b) 같이 봉제한 솔기선들. 솔기는 헤드의 주름 고정점 바로 위에서 멈춘다.

❹ 주름 분량을 유형에 따라 작업한다.

두 개의 박스 주름

(1) 각 플리츠에서 첫 번째 주름의 길이만큼 솔기에 평행하게 두 번째 솔기를 박아, 주름 분량을 두 부분으로 나눈다. 각 부분의 크기를 동일하게 하거나 한쪽을 좀더 작게 만든다. (2) 주 솔기 위에 두 번째 솔기가 오도록 중심을

맞추어 주름 분량을 납작하게 한다. 맨 윗부분 가장자리에서 두 솔기를 같이 징거준다. (3) 느슨한 주름 분량을 가운데로 맞추고, 주 솔기선 끝에서 모든 주름을 가로질러 직선으로 상침하여 고정한다. 또는 윗부분에서 보이지 않게 손바느질로 플리츠의 속주름을 징거준다(그림 6-21).

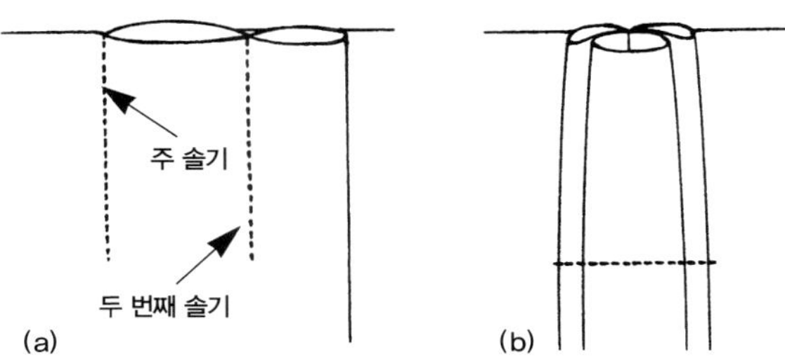

그림 6-21 두 개의 박스 주름 만들기. (a) 두 번째 솔기를 박는다. (b) 주 솔기 위에 두 번째 솔기가 오도록 중심을 맞추고 주름 분량을 다시 접는다. 주름 시작점을 가로질러 상침한다.

한 개의 박스 주름

(1) 각 플리츠를 잡기 위해 주 솔기에 주름의 중심을 맞추어 주름 분량을 납작하게 한다. (2) 주 솔기 끝에 주름 시작점을 가로질러 직선으로 상침하거나 스티치가 보이지 않게 원단 뒤에서 속주름을 징거준다(그림 6-22).

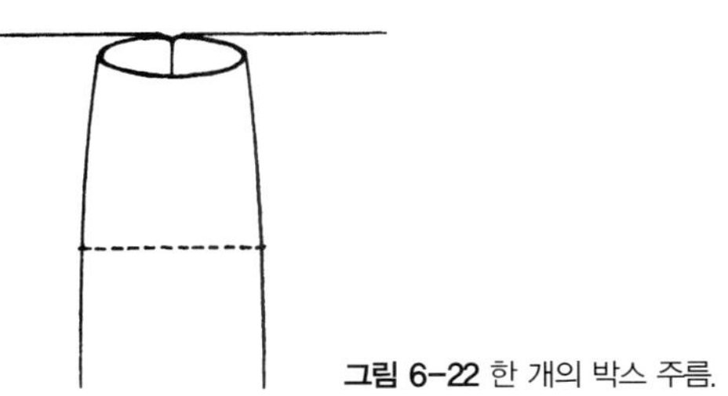

그림 6-22 한 개의 박스 주름.

세 겹 커튼 주름

(1) 각 플리츠를 잡기 위해 주름 분량을 3등분하여, 세 번째 위치에서 접힌 주름선에 평행하게 핀을 꽂아 표시한다. (2) 주 솔기선에 핀으로 표시한 솔기선을 맞추어 아래 주름 분량을 양옆으로 나누어놓는다. 즉 핀으로 고정한 중심의 플리츠 한 개와 양옆에 두 개의 플리츠로 이루어진, 동일한 크기의 플리츠 세 개가 만들어진다. 윗부분 가장자리에서 주 솔기의 주름을 징거준다. 핀을 제거하기 전에 손톱으로 눌러 세 개의 플리츠에 주름선을 잡는다. (3) 주름 시작점에서, 주 솔기의 끝부터 세 개의 주름을 직선으로 가로질러 재봉틀로 박아 고정하거나, 주름들을 한꺼번에 손바느질로 징거준다(그림 6-23).

네 겹 커튼 주름

(1) 각 플리츠를 잡기 위해 주 솔기에 주름의 중심을 핀으

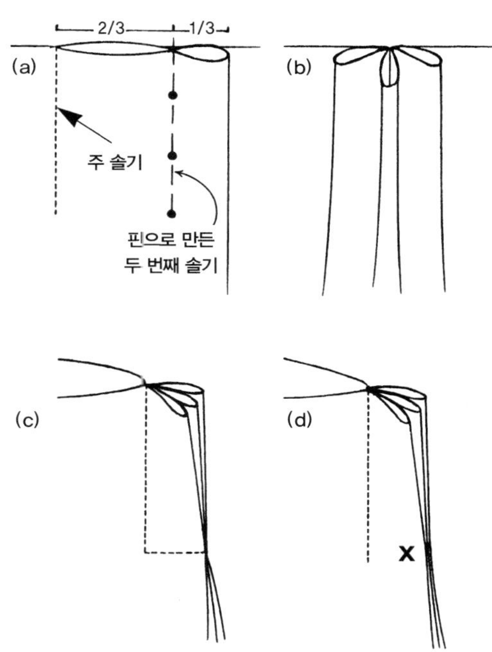

그림 6-23 세 겹 커튼 주름 만들기. (a) 핀으로 솔기를 만든다. (b) 세 개의 플리츠로 다시 접고 핀을 제거한다. (c) 주름 시작점을 가로질러 상침하거나 (d) X 지점에서 손바느질로 징거준다.

로 맞추면서 주름 분량을 납작하게 한다. 양쪽에 새로 생긴 두 개의 주름을 손톱으로 눌러 주름선을 잡는다. (2) 옆의 주름선들을 안쪽의 주 솔기 쪽으로 밀어넣어 같은 크기의 주름 네 개를 만든다. 윗부분 가장자리에서, 안에 있는 세 개의 속주름을 주 솔기에 징거준다. 새로운 겉주름선들을 손톱으로 눌러둔다. (3) 세 겹 커튼 주름에서와 마찬가지로 고정한다(그림 6-24).

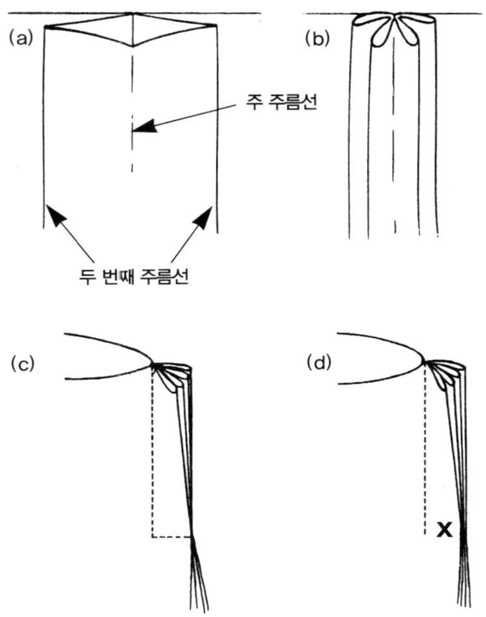

그림 6-24 네 겹 커튼 주름 만들기. (a) 주 주름선을 주 솔기에 맞추어 양옆에 두 번째 주름선을 만든다. (b) 양옆의 주름선들을 주 솔기 쪽으로 밀어넣어 같은 치수의 주름 네 개를 만든다. (c) 주름 시작점을 가로질러 상침하거나 (d) X 지점에서 손바느질로 징거준다.

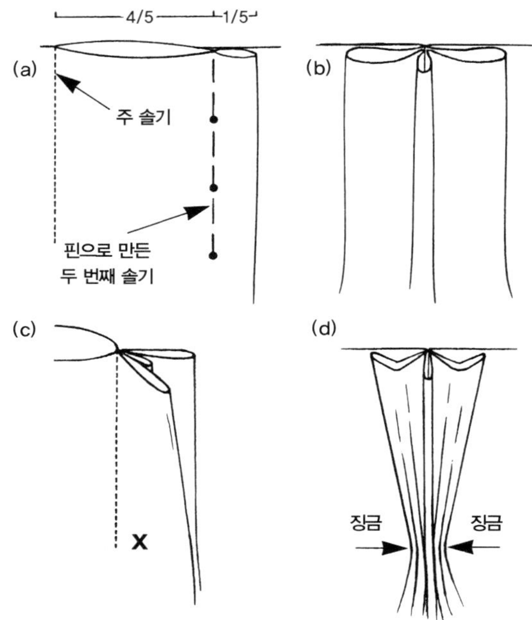

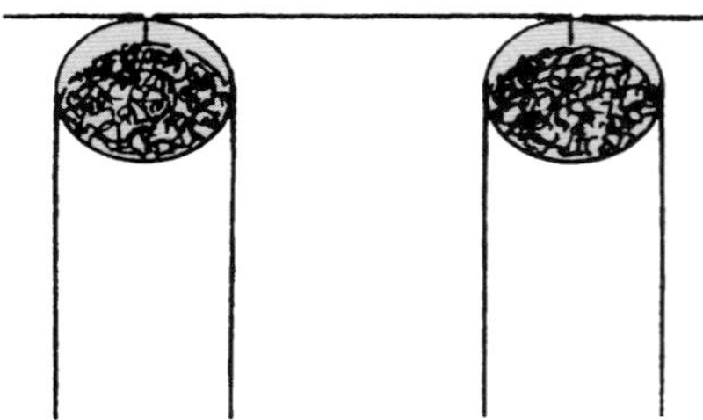

그림 6-26 두 개의 파이프 오르간 주름.

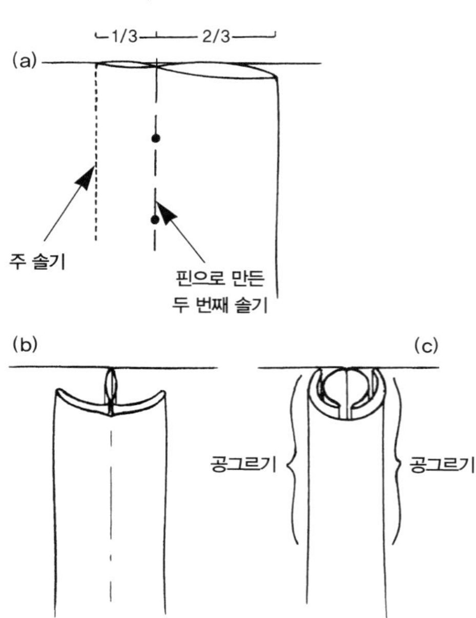

그림 6-25 롤백 커튼 주름 만들기. (a) 핀으로 솔기를 만든다. (b) 동일하지 않은 주름 세 개로 다시 접고 핀을 제거한다. (c) X 지점에서 모든 주름을 징거준다. (d) 주름 시작점에서 주 솔기에 양옆 주름들을 징거준다.

그림 6-27 롤백 카트리지 주름 만들기. (a) 핀으로 두 번째 솔기를 만든다. (b) 핀으로 만든 솔기를 세워 아래 주름을 지탱하고, 나머지 주름 분량을 다시 접는다. (c) 핀을 제거하고 헤드를 감싸도록 주름을 동그랗게 말아 주 솔기에 맞추어 겉주름선을 공그리기한다.

롤백 커튼 주름

(1) 각 플리츠를 잡기 위해 주름 분량을 다섯 개로 나눈다. 주름에 평행하게 핀으로 꽂아 다섯 번째 부분을 표시한다. (2) 핀으로 만든 솔기를 주 솔기 쪽으로 밀어 맞춘다. 주 솔기선과 핀으로 만든 솔기선의 양쪽으로 주름 분량을 나누어놓는다. 양옆에 생긴 주름은 중심에 있는 주름 깊이의 2배가 된다. 윗부분 가장자리에서, 주 솔기에 두 개의 속주름을 징거준다. 핀을 제거하기 전에 손톱으로 눌러 모든 플리츠의 주름선을 잡는다. (3) 주름 시작점에서 중심의 작은 주름을 포함한 세 개의 주름을 한꺼번에 손바느질로 징거준다. (4) 주름 시작점에서 헤드 부분의 주름들을 뒤로 접으면서 주 솔기에 각각의 겉주름선을 징거준다(그림 6-25).

파이프 오르간 주름

주름 분량 안에 폴리에스테르 섬유충전재를 채워 넣어 원통형으로 만들거나, 뻣뻣한 천 같은 것을 말아 넣거나, 헤드 부분만큼 길고 뻣뻣한 원통형의 물체를 끼워 넣는다. 원통 모양을 유지하기 위해 원단의 뒷면 윗부분과 주름 시작점에서 주 솔기의 양쪽 옆면을 징거준다(그림 6-26).

롤백 카트리지 주름

(1) 각 플리츠를 잡기 위해 주름 분량의 접힌 선을 손톱으로 눌러준다. 주름 분량을 세 개로 나눈다. 주 솔기에 가장 가까운 1/3 지점을 솔기에 평행하게 핀으로 고정한다.

(2) 핀으로 만든 솔기를 세워 아래 주름을 지탱하고, 핀으로 만든 솔기에 손톱으로 자국을 내둔 주름선을 맞추고 나머지 주름 분량을 양옆으로 납작하게 붙인다. 양쪽에 새로 생기는 주름을 손톱으로 눌러둔다. (3) 핀을 제거한다. 풀어진 두 개의 안쪽 주름은 둥글게 감싼 넓은 외부 주름을 지지하는 구실을 한다. 바깥의 겉주름선을 주 솔기에 맞추어 공그리기한다(그림 6-27).

❺ 플리츠 처리한 원단의 늘어진 자락을 한 번 또는 두 번 접은 단 처리로 마무리한다. 막대 등을 이용하여 플리츠를 매달기 위해, 헤드 부분 뒷면 아래에 천 조각을 덧대어주기도 한다.

특징과 응용

돌출된 플리츠의 유형을 비교해보면, 한 개 또는 두 개의 박스 주름은 다른 주름에 비해 평면적이며, 파이프 오르간 주름이 가장 입체적이다. 작고, 정돈되고, 파이프 오르간처럼 보이는 롤백 카트리지 주름은 매우 깔끔해 보이지만 안쪽에 풍성한 주름을 숨기고 있다. 두 개의 박스 주름은 주름 잡힌 아랫부분을 풍성하게 만들기 위해 원래 넓이의 3배로 작업하기도 한다. 풀어진 주름의 깊이와 윗부분의 모양을 다양하게 하기 위해 돌출된 플리츠의 여러 유형을 조합하기도 한다.

커튼 주름은 주름을 두 개로 하거나 다섯 개로 할 수도 있다. 주름 분량은 원단이 허용하는 범위에서 많은 주름으로 다시 나눌 수 있고 주름의 깊이도 다양하게 할 수 있다. 세 겹 커튼 주름은 **고블릿 주름**(goblet pleats, 와인 잔 모양의 주름)으로 바꿀 수도 있다. 윗부분에 두 개의 안주름선이 고정되지 않아, 폴리에스테르 섬유충전재를 넣으면 주름이 펴져 와인 잔 같은 모양이 된다(**그림 6-28**).

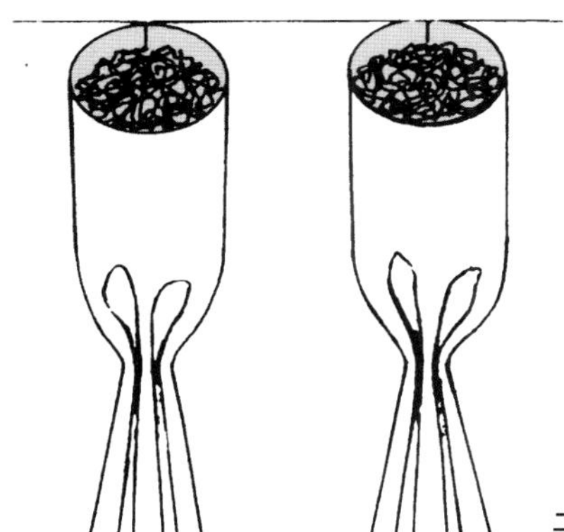

그림 6-28 고블릿 주름.

두 개의 박스 주름·커튼 주름·파이프 오르간 주름은, 주름이 앞으로 쏠리거나 흔들리는 것을 막기 위해 헤드 부분에서 주 솔기 옆에 모든 주름을 시침 고정해야 한다. 모양이 완성된 주름들은 손가락으로 눌러 자리를 잡고 스팀을 쐬여 고정한다.

평면 주름은 경우에 따라 주름을 눌러 다리지만 돌출된 주름은 헤드 부분에서 떨어지는 끝자락까지 누르지 않고 처리한다. 주름이 일정하게 펼쳐지도록, 헤드 부분과 늘어지는 밑단 사이에서 주름을 서로 시침하여 고정하거나, 늘어지는 원단 주변을 하나 또는 여러 줄의 원단으로 감싼 뒤 핀을 사용해 일시적으로 고정한다. 스팀을 쐬인 후 열기가 식고 마르면 감싼 천을 제거한다.

원단을 연결한 솔기들은 겉으로 드러나지 않게 주 솔기 시접선이나 그 옆에 고정한다.

(롤백 카트리지 주름은 122쪽, '작업 과정' 참조.)

❶ 주름을 잡은 후의 완성 치수에 맞춰 원단의 치수를 정한다. 완성 치수만큼 길게 종이 띠를 자르거나 완성 치수를 모눈종이에 축소해 표시한다. 형태를 만든 후 각 카트리지 주름의 너비를 고려해 주름 사이의 간격을 완성 치수로 나눈다.

❷ 완성 치수를 위해 카트리지 주름의 개수에 따라 필요한 원단의 양을 계산한다.

ⓐ 각 주름에서 곡선으로 돌출되는 부분을 결정하기 위해, 주름 간격에 맞추어 원단 조각이나 종이를 핀으로 꽂아 시험해본다. 핀 사이에 아치 모양을 이룬 원단의 길이가 주름 분량이 된다.

ⓑ 필요한 원단의 양을 계산한다.

주름 분량-주름 간격=주름 높이에 필요한 치수

주름 높이에 필요한 치수×주름의 개수

=주름 높이를 위해 필요한 별도의 치수

주름 높이를 의해 필요한 별도의 치수+완성 치수

=전체 주름에 필요한 원단 치수

ⓒ 주름을 잡기 위해 필요한 넓이에 맞추어 원단을 재단한다. 길이는 헤드 부분의 뒤로 접어 넘긴 부분과 밑단 처리를 위해 필요한 시접의 양을 포함한다.

❸ 완성 치수와 주름의 헤드 부분 길이에 맞게, 빳빳한 원단으로 버팀천을 자른다. 주름 잡을 원단의 윗부분을 버팀천의 넓이만큼 뒤로 접어 넘기고 다림질하면 헤드 부분이 완성된다. 필요하면 뒤로 넘긴 부분에 심지를 덧대어 보강한다.

❹ 주름 간격으로 나눈 버팀천에 연결하기 위해 원단에 주름 분량 간격을 표시한다. 의류용 마커나 초크 등을 이용해 버팀천에 직각이 되도록 솔기선을 표시한다. 원단의 윗부분에서 직각으로 스티치선을 그린다. 뒤로 넘긴 원단의 길이보다 짧은 위치에서, L자 모양의 자를 사용하거나 원단의 결을 따라 멈춤 표시를 한다(**그림 6-29 (a), (b)**).

❺ 버팀천과 원단의 윗부분 가장자리를 맞추고, 위에서 표시해놓은 스티치선을 핀으로 꽂아 같이 봉제한다(**그림 6-29 (c)**).

❻ 주름 잡은 원단의 끝자락을 한 번 또는 두 번 접은 단으로 처리해 완성한다. 막대 등을 이용해 주름을 매달 경우, 헤드 부분의 뒷면에 적절한 버팀천을 부착한다.

버팀천은 일반적으로 주름을 잡는 윗부분에 맞추어 좁게 처리하지만, 길게 연장하면 헤드 부분 아래까지 카트리지 주름을 잡을 수 있다. 카트리지 주름은 돌출되도록 디자인하기 때문에, 카트리지 주름 뒤에 버팀천이 보일 수 있다. 그러므로 버팀천은 기능적이면서도 장식적이어야 한다.

부드러운 카트리지 주름은 바깥쪽으로 돌출되는 대신 버팀천이 드러나면서 늘어진다. 늘어뜨리기 위해 각 주름의 분량은

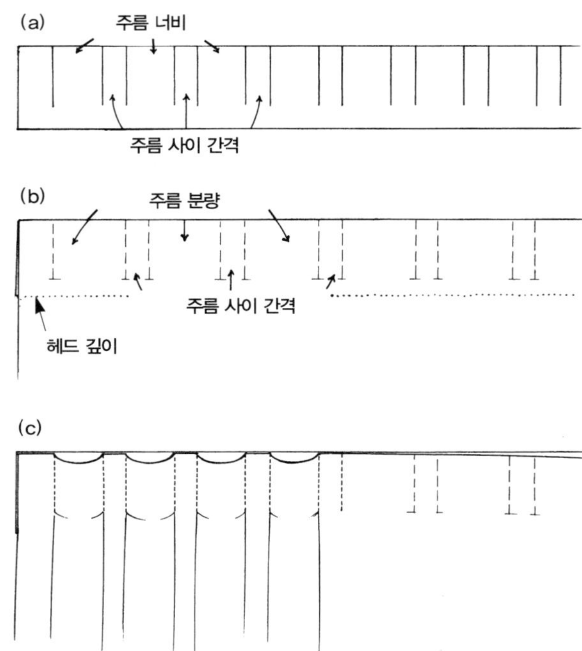

그림 6-31 고정된 카트리지 주름은 넓고 균일한 간격으로 손바느질하여 개더를 잡아 완성한다.

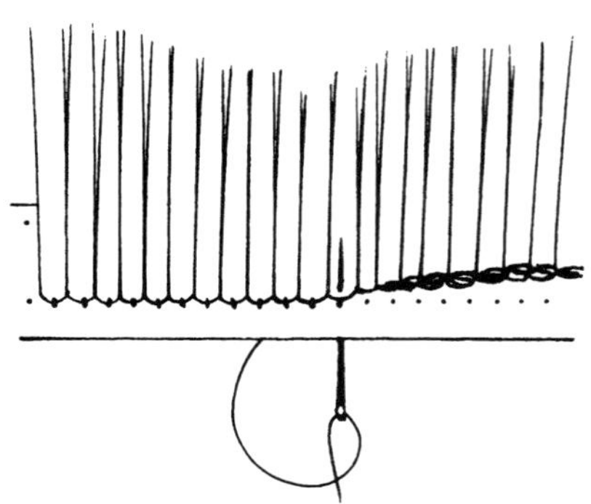

그림 6-29 (a) 버팀천. (b) 카트리지 주름을 잡기 위한 솔기선들을 표시한 원단. (c) 버팀천에 솔기선을 맞추고 원단을 봉제하여 주름의 형태를 만든다.

그림 6-32 고정된 카트리지 주름은 버팀천에 윗부분을 먼저 시침한 후 아랫부분도 시침한다.

부착할 버팀천의 주름 간격보다 넓게 한다. 그러므로 버팀천은 충분히 길고 장식적이어야 한다.

연속적인 카트리지 주름은 주름 사이에 간격이 없이 서로 맞닿아 있다〔그림 6-30 (b)〕.

고정된 카트리지 주름은 카트리지 주름이라고 하기에 부적합한 것처럼 보인다. 개더 처리한 시침실 위에 빽빽한 주름이 만들어져(15쪽, '개더를 잡는 방법' 참조) 가장자리가 두꺼워진다〔그림 6-30 (c)〕. 고정된 카트리지 주름은 많은 양의 원단이 필요하다. 필요량을 계산하기 위해, 아래 방법에 따라 원단 조각으로 시험해본다. 주름을 잡기 위해, (1) 뒤로 접어 넘긴 헤드 부분에 두 줄로 같은 간격의 점을 찍는다. 점의 간격은 플리츠의 깊이가 된다. (2) 튼튼한 실로 각 줄의 점을 따라 홈질한다〔그림 6-31〕. 개더를 잡아 빽빽하게 겹쳐진 주름을 만든다. (3) 빽빽하고 튼튼한 버팀천 위에 플리츠를 세워 먼저 윗부분을 따라 각 주름을 시침하고 같은 방법으로 아랫부분도 작업한다

〔그림 6-32〕.

일정한 주름 간격을 위해 버팀천에 두 점으로 이루어진 안내선을 표시한다. 각 점은 주름선과 만나게 된다. 카트리지 주름이 잡힌 원단은 가장자리를 향해 풍성한 주름으로 떨어지는 대신, 바깥쪽으로 돌출되면서 버팀천에 고정된다. 버팀천이 원형을 이루면 실루엣은 종 모양이 된다. 원단이 매우 빳빳하고 주름이 깊으면, 고정된 카트리지 주름은 저절로 똑바로 서거나 판판하게 펼쳐진다.

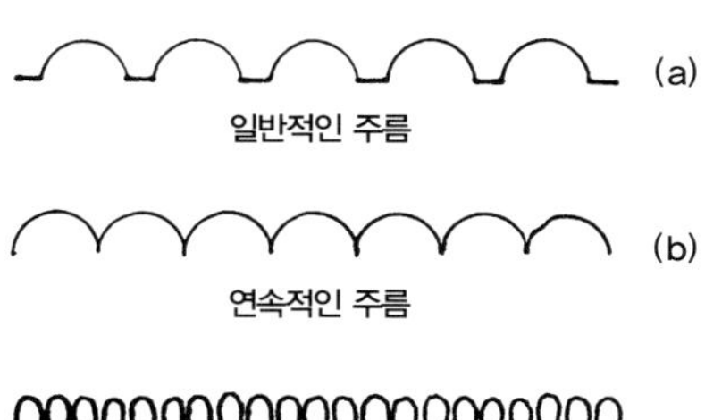

그림 6-30 위에서 내려다본 카트리지 주름의 단면.

VI-16 교대로 나타난 두 개의 박스 주름과 한 개의 박스 주름.

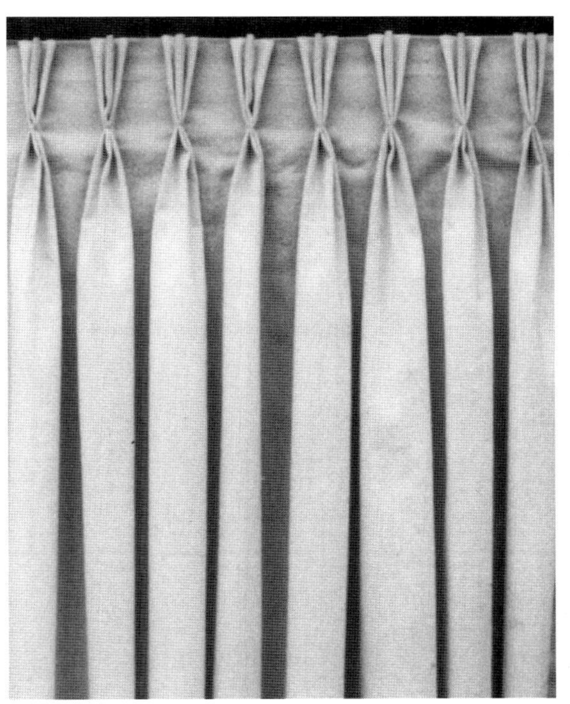

VI-17 주름 시작점을 시침 고정하여 윗부분이
부채꼴로 펼쳐진 세 겹 커튼 주름.

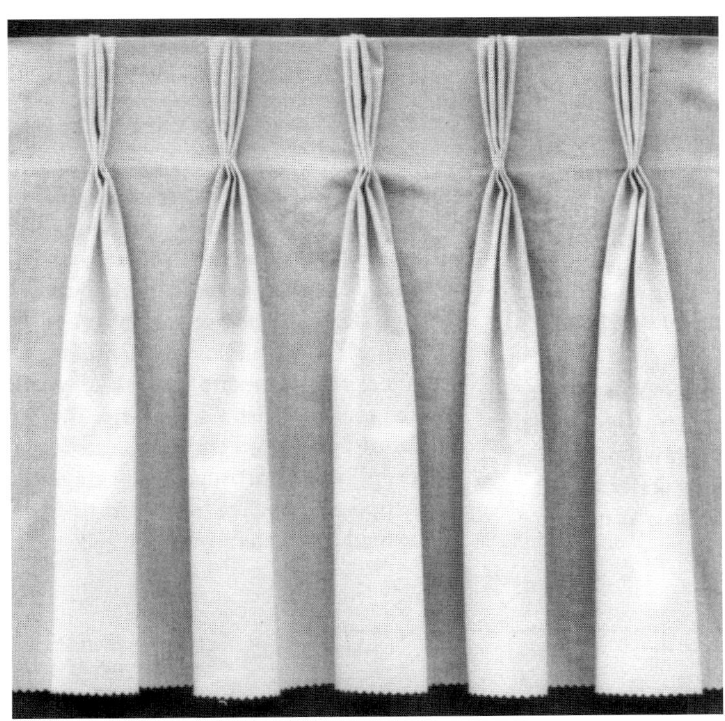

VI-18 네 겹 커튼 주름.

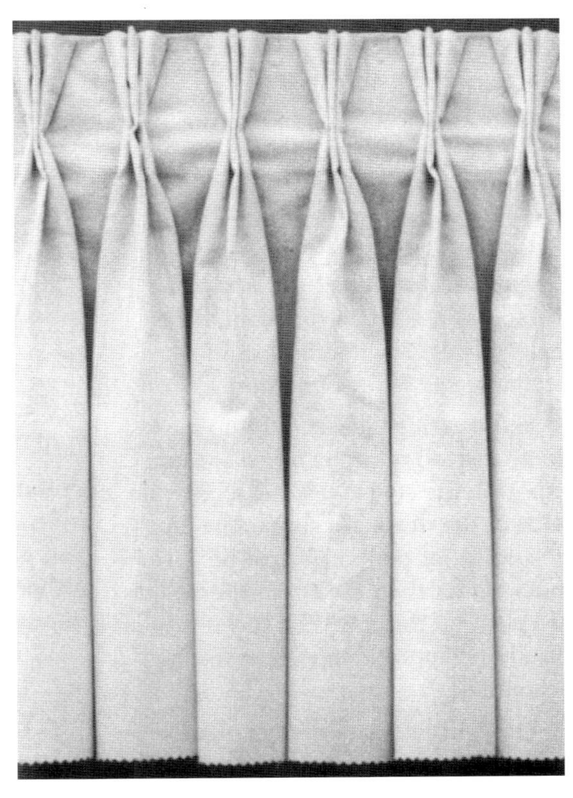

VI-19 날개처럼 뒤로 꺾인 부분 때문에, 세 겹 커튼 주름보다
많은 원단이 필요한 롤백 커튼 주름. 헤드 부분 아래로
넓고 깊은 기둥 모양의 주름이 떨어진다.

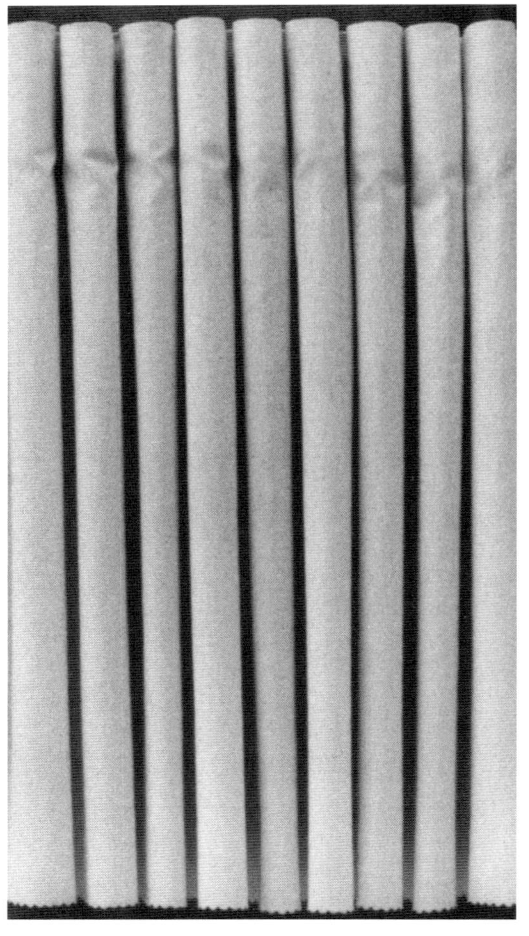

VI-20 서로 밀착된 파이프 오르간 주름.
헤드 부분은 튜브 모양으로 크게 돌출된다.

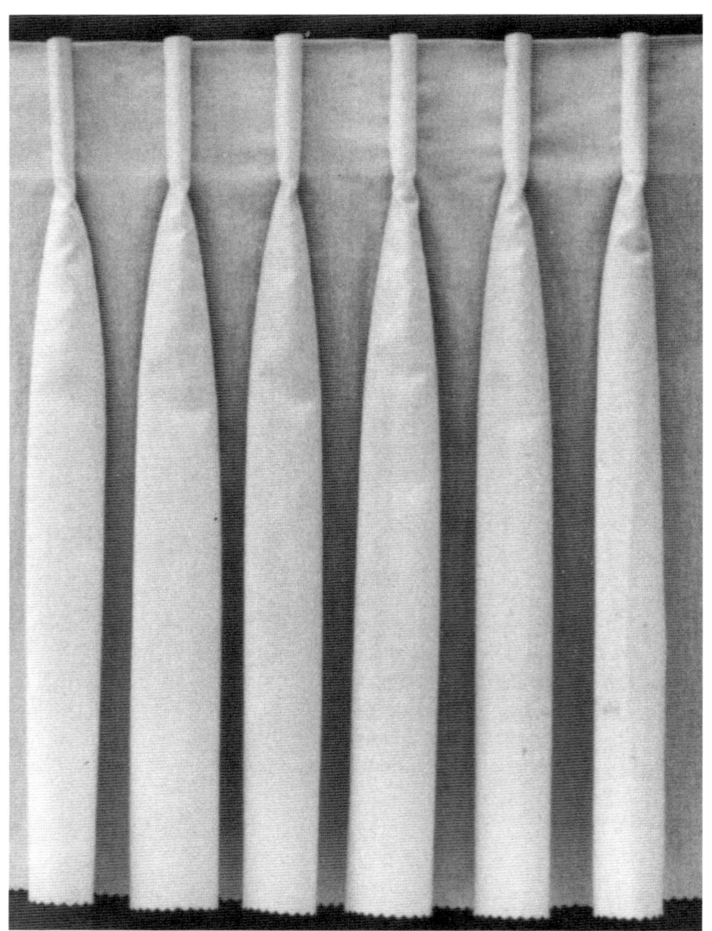

VI-21 안쪽에 둥근 모양을 지지하는 플리츠가 감춰져 있어서
보기와 달리 풍성하게 떨어지는 깔끔한 구조의 롤백 카트리지 주름.

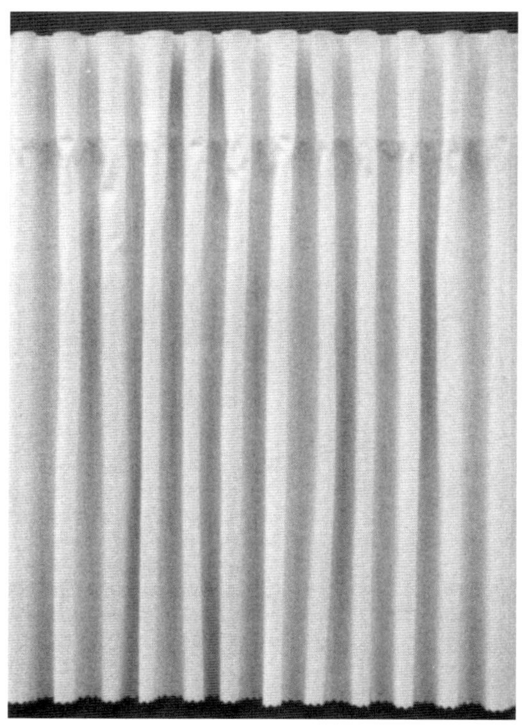

VI-22 연속적인 카트리지 주름.

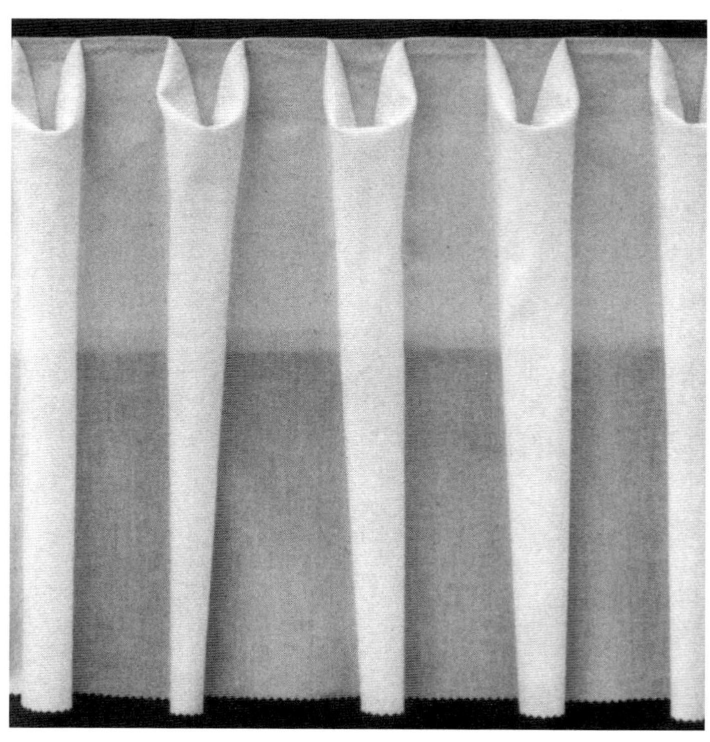

VI-23 늘어진 주름 뒤로 버팀천이 보이는 부드러운 카트리지 주름.

VI-24 스티치한 가장자리에
8분의 3인치(1cm) 두께로
주름을 잡아 고정하여,
종 같은 실루엣을 보이는
고정된 카트리지 주름.

VI-25 심지를 덧대어
뻣뻣해진 원단으로
두꺼운 가장자리를 따라
시침 개더 처리하여,
버팀천에 고정한 카트리지 주름.
저절로 똑바로 선 주름은 모양을
유지하며 판판하게 펼쳐진다.

아코디언 플리츠
Accordion Pleats

기능과 모양 면에서 아코디언의 주름과 유사하다. 평행한 주름 사이에 안과 밖으로 균일하게 접혀 돌출된 플리츠를 만든다. 아코디언 플리츠를 만드는 방법은 두 가지가 있다.

- **손으로 만든 아코디언 주름** – 주름은 적어도 0.5인치(1.3cm) 간격을 이루고 손으로 자국을 낸 후 스팀다리미로 다림질하여 만들어진다.
- **미니 아코디언 주름** – 주름은 8분의 1인치(3mm) 이상 간격을 두지 않는다. 스모킹 플리터에서 자동으로 만들어진다.

(109쪽, '플리츠 개요' 참조.)

손으로 만든 아코디언 주름의 작업 과정

(131쪽, '미니 아코디언 주름의 작업 과정' 참조.)

❶ 완성 치수에 맞추어 원단을 준비한다. 0.5인치(1.3cm) 이상의 주름을 잡는다.

❷ 안과 밖에 교대로 나타나는, 주름 깊이에 맞게 주름 사이의 거리를 일정하게 한 종이 띠로 시험한다. 원하는 만큼 동일하게 주름을 표시한다. 시험한 띠를 측정한다. 그에 맞춰 주름을 잡는 데 필요한 원단의 양을 계산한다. 주름을 잡는 데 필요한 넓이, 헤드 부분에서 뒤로 접어 넘기는 분량, 밑단 처리에 필요한 시접 등을 포함한 길이를 고려하여 재단한다.

❸ 윗부분의 원단을 뒤로 접어 넘겨 헤드 부분을 만들고, 아래 끝자락의 밑단을 완성한다.

❹ 주름 깊이의 2배로 간격을 표시한다. 각 주름 윗부분과 아랫부분의 가장자리에 직각으로 핀을 꽂는다. 우븐 원단의 경우, 주름선은 직선 결과 평행해야 한다.

❺ 주름보다 긴 빳빳한 종이의 직선 가장자리를 사용해 주름을 접어 다림질한다.

ⓐ 먼저 안쪽 주름을 다림질한다. 원단의 겉면을 위로 하여, 눌린 가장자리를 맞추어 첫 번째 주름을 잡아 핀으로 표시한다. 핀을 제거하고, 눌린 가장자리 위에 원단을 놓은 뒤 스팀다리미로 다림질한다. 원단을 펼친다. 같은 방법으로 반복하여 완성한다〔그림 6-33 (a)〕.

ⓑ 원단을 위로 겹쳐서, 이전의 주름 사이에 새로운 주름을 만든다. 처음의 두 주름을 서로 맞추고, 중간에 생긴 새로운 주름을 스팀다리미로 다림질한다. 두 번째 주름에 세 번째 주름을 정렬하고, 다른 새로운 주름을 만들어 스팀다리미로 다림질한다. 모든 안과 밖의 주름에 납작하게 주름선이 잡힐 때까지 계속 반복한다〔그림 6-33 (b)〕.

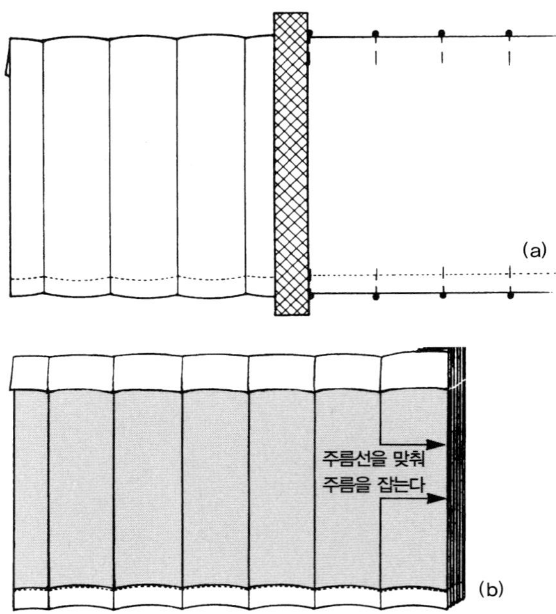

그림 6-33 원단의 길이를 따라 아코디언 주름을 잡는다. (a) 주름선에 종이를 대고 같은 방향으로 첫 번째 주름선을 눌러 다림질한다. (b) 인접한 주름선을 맞추어, 그 사이에 생기는 두 번째 주름을 눌러 다림질한다.

❻ 주름을 조절한다.

- 움직일 수 있도록 헤드 부분을 완성한다. 헤드 부분에 고리나 링을 부착하여, 또는 구멍을 뚫어서 막대·봉·끈 등을 끼워 넣어 주름을 매단다.
- 헤드 부분을 영구히 고정한다. 완성 치수만큼 길고 좁은 버팀천을 자른다. 아코디언 주름이 원하는 만큼 넓게 펴지도록 일정한 간격으로 버팀천을 나누어 표시한다. 직각 핀이나 선으로 간격을 표시한다. 버팀천 윗부분에 주름 잡힌 원단의 윗부분을 맞추고, 가장자리에서 각각 뒤에 있는 안주름선을 버팀천에 손으로 시침하거나 재봉틀로 박아준다. 뒤로 넘긴 버팀천의 아래 가장자리에 다다르기 전에 멈춘다(그림 6-34). 주름 잡은 것을 매달기 위해, 적절한 방법으로 버팀천을 부착한다. 선택 사항: 버팀천처럼 주름 잡은 원단의 위와 아래로 연장되는 원단을 사용한다.

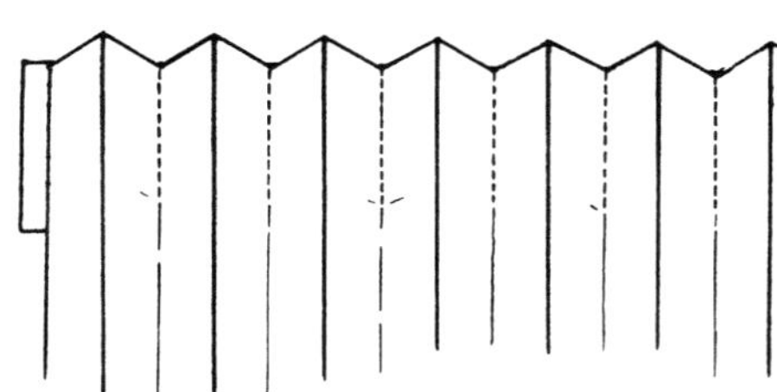

그림 6-34 아코디언 주름은 윗부분의 모양을 조절하여 펼치면서 뒤 주름선을 버팀천에 상침하는 것이다.

특징과 응용

다림질 과정에서 뒤 주름선과 앞 주름선으로 정렬되어 다음 주름선 위에 계속 쌓이기 때문에 스팀다리미를 이용해 주름 깊이가 0.5인치(1.3cm) 이하인 아코디언 주름을 잡기는 어렵다. 깊은 주름을 잡는 것이 훨씬 쉽다. 뒤로 접어 넘긴 부분과 밑단을 처리하면서 생기는 원단의 부피를 최소화하기 위해 밑단이나 가장자리를 식서로 사용하기도 한다. 다림질 후에 밑단을 봉제하고 플리츠를 다시 정리하기도 하며 끝스티치로 주름을 영구히 고정할 수도 있다.

아코디언 주름 원단은 주름 방향으로는 신축적이지만, 안과 밖으로 잡힌 주름 때문에 다른 방향에서는 힘이 생기게 된다. 힘을 받으면 주름을 가로질러 구부러지면서 '꺾이는 현상'이 나타난다. 뻣뻣한 원단으로 아코디언 주름을 잡을 경우, 유연성이 떨어진다. 주름의 형태를 유지하기 위해 녹말풀이나 심지를 이용해 원단을 뻣뻣하게 만들기도 한다. 버팀천에 주름의 두꺼운 가장자리를 같은 간격으로 시침하여 고정한다(126쪽, '고정된 카트리지 주름' 참조).

헤드 부분 또는 가운데의 교차 지점이 빽빽이 뭉쳐진 아코디언 주름은 끝자락에서 퍼지면서 펼쳐진다. 아코디언 주름을 부채꼴로 만들기 위해, 튼튼한 실이나 끈으로 주름을 통과해 주름 사이를 빽빽하게 잡아당긴 다음 끝을 단단히 고정한다(그림 6-35).

두 조각을 연결하는 솔기선은 뒤 주름선에 놓이도록 한다.

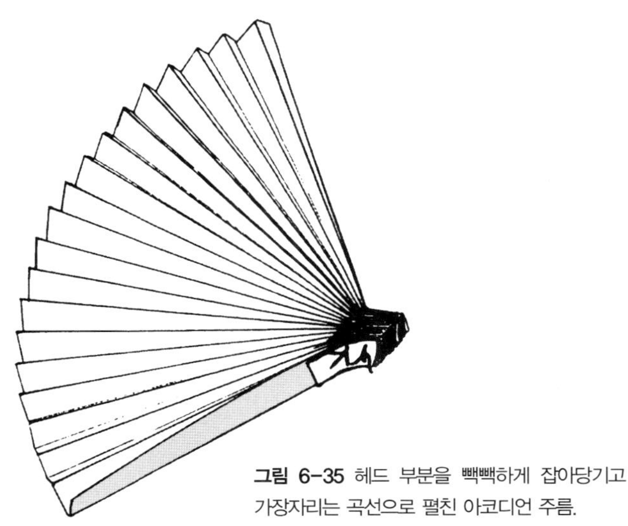

그림 6-35 헤드 부분을 빽빽하게 잡아당기고 가장자리는 곡선으로 펼친 아코디언 주름.

미니 아코디언 주름의 작업 과정

❶ 스모킹 플리터로 주름을 잡는다. (145쪽, '스모킹 플리터 사용' 참조.)

❷ 주름 잡을 실로 스티치한 다음 원단을 펴고 단 처리할 가장자리를 접어 살짝 다림질해둔다. 필요한 경우 밑단과 윗부분 가장자리의 시접을 처리한다.

◆ 주름 잡은 후 가장자리를 처리하는 경우, 주름 잡은 실의 마지막 줄에서 다음 줄에 닿지 않을 만큼 좁게 두 번

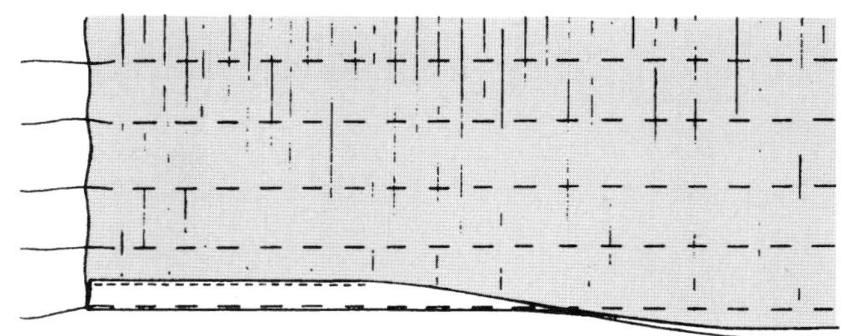

그림 6-36 스모킹 플리터에서 미니 아코디언 주름을 잡은 뒤 펼친 원단의 밑단을 재봉틀로 박는다. 밑단 처리 후 다시 주름을 잡는다.

접어 마무리한다(그림 6-36). 밑단을 포함하여 다시 주름을 잡는다.

◆ 프릴 가장자리를 만들기 위해, 주름 잡은 실의 마지막 줄 바로 바깥 부분을 단 처리한다. 러플 가장자리를 만들기 위해서는 주름 잡은 실의 마지막 줄에서 떨어져서 단 처리를 한다. 단 처리한 가장자리를 제외하고 다시 주름을 잡는다. (완성 방법을 선택하기 위해 59쪽, '러플 가장자리 처리' 참조.)

❸ 주름 잡은 실을 당겨 모든 주름을 빽빽하게 밀착시킨다. 주름 위에서 살짝 스팀을 쏘여준다. 열기가 식고 완전히 마른 뒤 옮긴다.

❹ 윗부분을 가로질러 주름을 고정하기 위해 완성 치수만큼 길게 자른 원단에 봉제한다.

ⓐ 다른 천을 연결하거나 바인딩 처리하여 주름 잡은 시접을 덮는다. (1) 종이 띠나 작업 후 떼어낼 수 있는 일시 고정 장치를 자른다. 주름 잡은 실에 균일하게 주름을 펼친다. 고정 장치 위에 주름의 가장자리를 핀으로 꽂는다. (2) 다른 천을 연결하거나 바인딩 처리를 위해 평면 원단을 자른다. 겉면을 마주대고, 가장자리들을 맞추어 원단으로 주름을 덮는다. 주름을 밀어넣으면서 재봉틀로 박는다. 주름은 윗부분에 개더 처리되어 나타난다. (3) 솔기선에서 일시 고정 장치를 제거한다. 선택 사항: 영구 고정을 위해 천을 사용한다. (17쪽, '개더 스티치 고정하기' 참조.)

ⓑ 다른 천과 연결하거나 주름 잡은 실의 마지막 줄 아래에 버팀천을 부착하여 주름의 가장자리를 완성한다.

◆ 주름의 규칙성과 입체감을 유지하기 위해 다음과 같이 처리한다. (1) 주름을 뒤로 뒤집는다. (2) 주름 잡은 실의 마지막 줄을 따라 체인 스티치를 한다. 필요한 경우, 몇 줄 더 한다. 주름의 펼쳐지는 정도는 실의 신축성에 좌우된다. (3) 체인 스티치한 부분 위에 다른 천을 연결하거나 버팀천을 핀으로 고정한 뒤 손 스티치한다(그림 6-37).

◆ 대체 방법: 프릴 또는 러플 가장자리 아래에 다른 천

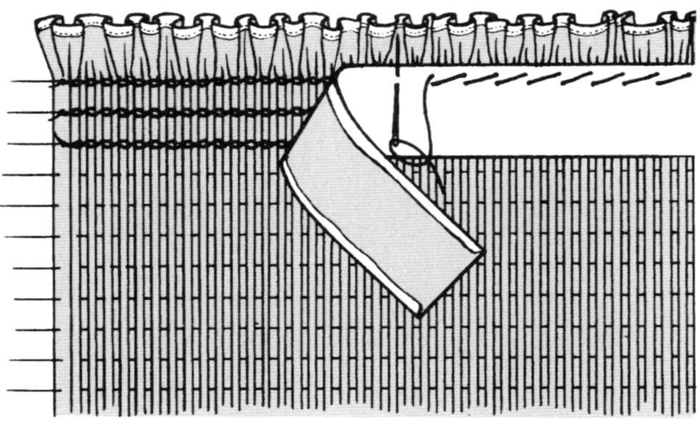

그림 6-37 주름의 뒷면에서 세 줄의 체인 스티치를 따라 버팀천을 손 스티치하여 고정한 미니 아코디언 주름.

을 연결하거나 버팀천을 놓는다. 주름 잡은 실을 따라, 아래에 있는 원단에 주름을 시침한다. 시침한 주름 위에 리본이나 테이프를 대고 주름을 밀어넣으면서 끝스티치한다.

❺ 주름 잡은 실을 제거한다.

특징과 응용

미니 아코디언 주름을 잡기 위해서는 완성 치수의 3~4배만큼 원단이 필요하다. 스모킹 플리터를 사용하는 경우에는 일반적으로 원단의 양을 넉넉하게 정한다.

스모킹 플리터에서 1인치당 3~4개 이상의 주름이 잡힌 원단은, 깊은 아코디언 주름보다 주름 방향으로는 더 신축적이지만 주름의 위와 아래 방향으로는 신축성이 떨어진다. 손으로 만든 아코디언 주름은 보통 다림질로 되살릴 수 있는 반면, 기계로 잡은 미니 아코디언 주름은 움직임·습기·세탁 등으로 인해 주름의 모양이 흐트러지면 되살릴 수 없다.

원단에 표시된 격자무늬 점을 따라 손으로 미니 아코디언 주름을 잡을 수 있다. 주름은 헤드 부분에서 장식 스티치로 고정할 수 있다(149쪽, '잉글리시 스모킹' 참조).

VI-26 손으로 납작하게 잡은 주름. 주름은 윗부분에 구멍을 뚫고
막대를 끼워 펼친 것으로 언제든 움직일 수 있다.

VI-27 뒤 주름을 버팀천에 짧게 박아서
영구 고정한 손으로 잡은 주름.

VI-28 바늘이 24개인 샐리 스탠리(Sally Stanley) 플리터로 잡은
8분의 1인치(3mm) 깊이의 미니 아코디언 주름은
체인 스티치 세 줄과 버팀천을 이용해 윗부분을 가로질러 고정했다.
곬 방향의 2/3 지점에서 곬이 맞지 않는 현상은 길이가
긴 원단으로 작업하기 위해 두 번째로 주름을 잡는 과정에서 생긴 것이다.

구겨진 플리츠
Wrinkled Pleating

길쭉하게 솟은 부분과 파인 모양이 불규칙적으로 나타나는 주름으로,
축축한 원단을 돌돌 뭉치고 단단히 고정한 상태로 건조시켜 만든다.
구겨진 플리츠에는 두 가지 종류가 있다.

- **긴 빗자루 주름** – 축축한 원단을 개더 잡아 원통을 감싼 뒤 띠로
  돌돌 말아서 마를 때까지 고정한다. 마른 후 주름을 펼치면 한 방
  향으로 구겨진 주름이 나타난다.
  (109쪽, '플리츠 개요' 참조.)
- **뒤틀린 주름** – 축축한 원단을 밧줄 모양으로 꼰 후 휘감아 묶어서,
  전자레인지에서 말린다. 주름을 펼치면 여러 방향으로 구겨진 주름
  이 나타난다.

작업 과정

❶ 필요한 경우, 원단의 한쪽 또는 양쪽 가장자리에 좁게 밑
단 처리를 한다.

❷ 구겨진 플리츠를 위해 원단을 준비한다.

긴 빗자루 주름

ⓐ 원단의 양쪽에서 넓은 간격으로 홈질한다. 촘촘하게
개더를 잡는다. 매우 넓고 긴 원단은 중간에도 홈질이
필요하다.

ⓑ 원단을 완전히 적신 다음, 비틀어 짠 뒤 나머지 수분을
제거하기 위해 타월에 말아놓는다.

ⓒ 개더 처리한 사이를 잡아당기면서 긴 원통(긴 빗자루,
긴 플라스틱 파이프, 또는 수분과 녹을 막는 단단한 물체)에
원단을 말아놓는다. 원통 윗부분에서 원단을 묶는다.
1∼2인치(2.5∼5cm) 너비의 좁은 띠로 원단을 완전히
에워쌀 때까지 빙 돌아가며 빽빽하게 감는다(**그림 6-
38**). 선택 사항: 축축한 원단을 잡아당기고 뭉치면서
말아 원단 자체로 개더를 잡는다. 나일론 스타킹에 넣
고 다른 나일론 스타킹이나 끈을 이용해 좁은 간격으
로 묶는다.

뒤틀린 주름

ⓐ 원단을 물에 담갔다가 짠다. 타월에 말아놓아 나머지
수분을 제거한다.

ⓑ 여러 겹의 축축한 원단을 한 방향으로 계속해서 꼬아
준다. 꼬인 원단의 한 끝을 기구나 손으로 고정한다.
원단을 팽팽하게 잡아당긴다. 계속 비틀어 두 끝이 만
나면 저절로 나선형으로 꼬이게 된다. 뒤틀기와 휘감

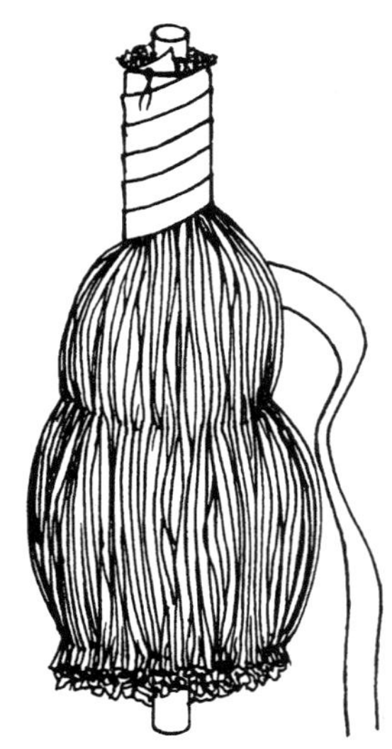

그림 6-38 긴 막대 둘레를 감싼 축축한 원단을 좁은 띠로 빈틈없이 감는다.

(a)

(b)

그림 6-39 (a) 축축한 상태로 빽빽하게 꼬인 원단은 반으로 접히면서 저
절로 돌돌 감긴다. (b) 휘감아 묶어놓은 원단 뭉치.

기를 계속하여 공 모양으로 만든다(**그림 6-39**). 끈으로
단단하게 묶어둔다.

❸ 준비한 원단을 말린다.

- 곰팡이가 슬지 않도록 따뜻하고 건조하며 환기가 잘 되
  는 곳에서 며칠 동안 원단을 말린다. 그러나 원단의 양
  이 적을 때만 자연 건조하도록 한다.
- 자동 건조기로 건조하는 경우, 긴 빗자루 주름은 주름
  이 흐트러지지 않게 나일론 스타킹 안에 넣어 말린다.
  뒤틀린 주름은 자동 건조기로 말린 후 공기 중에서 완
  전히 말린다.
- 전자레인지를 이용해서 수분을 증발시킨다. 나일론 스
  타킹 안에 긴 빗자루 주름과 뒤틀린 주름을 넣어 완전하
  고 신속하게 건조시킨다. 이때 곁에서 주의 깊게 살펴봐
  야 한다.

❹ 묶거나 감았던 원단 띠를 풀어 완전히 마를 때까지 놓아
둔다. 개더 처리한 실을 제거한다.

❺ 긴 빗자루 주름을 고정하기 위해 완성 치수에 맞게 재단한

원단을 봉제한다. 필요한 경우 뒤틀린 주름을 원하는 방법으로 고정한다. **(131쪽, '미니 아코디언 주름' 작업 과정 4단계 참조.)**

특징과 응용

중국 실크나 가벼운 면처럼 부드럽고 얇은 자연섬유 원단은 구겨진 플리츠를 잡기에 가장 적합하다. 작업에 필요한 원단의 양은 구김 정도에 따라 달라진다. 그러나 작업 가능한 최소한의 양은 완성 치수의 3배 정도이다.

주름을 잡은 후에 긴 빗자루 주름 원단의 양쪽 가장자리는 구겨져 있긴 하지만 어느 정도 직선을 이룬다. 그러나 뒤틀린 주름 원단의 양쪽 가장자리는 안쪽에 나타나는 주름처럼 불규칙하고 고르지 않다. 긴 빗자루 주름은 원단 전체에 방향이 있는 길쭉한 주름선을 만든다. 뒤틀린 주름은 원래 접힌 층과 일치하는 지배적인 방향의 주름—그다음의 뒤틀리고 휘고 복잡하게 구겨져 꺾이고 끊어지는 모양의 주름—이 합쳐져 복합적인 형태의 주름을 만든다.

말린 뒤 묶어놓은 원단 띠를 풀고 나면, 구겨진 플리츠는 그것의 준비 과정에 따른 자국이 남는다. 작업 방법을 바꿔 결과를 다르게 할 수 있다. 긴 빗자루 주름을 잡기 위해 축축한 원단을 준비할 때를 예로 들어보자. 실로 개더를 잡는 대신에 손가락으로 원단을 돌돌 뭉친다. 원단을 꼬아서 원통에 말아놓는다. 묶지 않은 상태로, 말아놓은 원단을 그대로 둔다. 말아놓은 원단을 간격을 두고 끈으로 꽉 조여 묶는다. 뒤틀린 주름을 원할 경우에는 좀더 촘촘하게 묶어준다.

그 상태를 유지하기 위해, 원단을 둥글게 말아 나일론 스타킹 안에 넣어두거나 느슨하게 감아 서랍이나 상자 안에 놓아둔다. 수분과 무게 때문에 구겨진 플리츠의 주름선은 조금 풀어진다. 그러나 작업과 건조를 반복하여 다시 주름을 잡으면 반복 과정에서 다양한 결과가 나타난다.

VI-29 긴 빗자루 주름을 잡는
방법으로 작업한,
들쑥날쑥 불규칙한 주름.

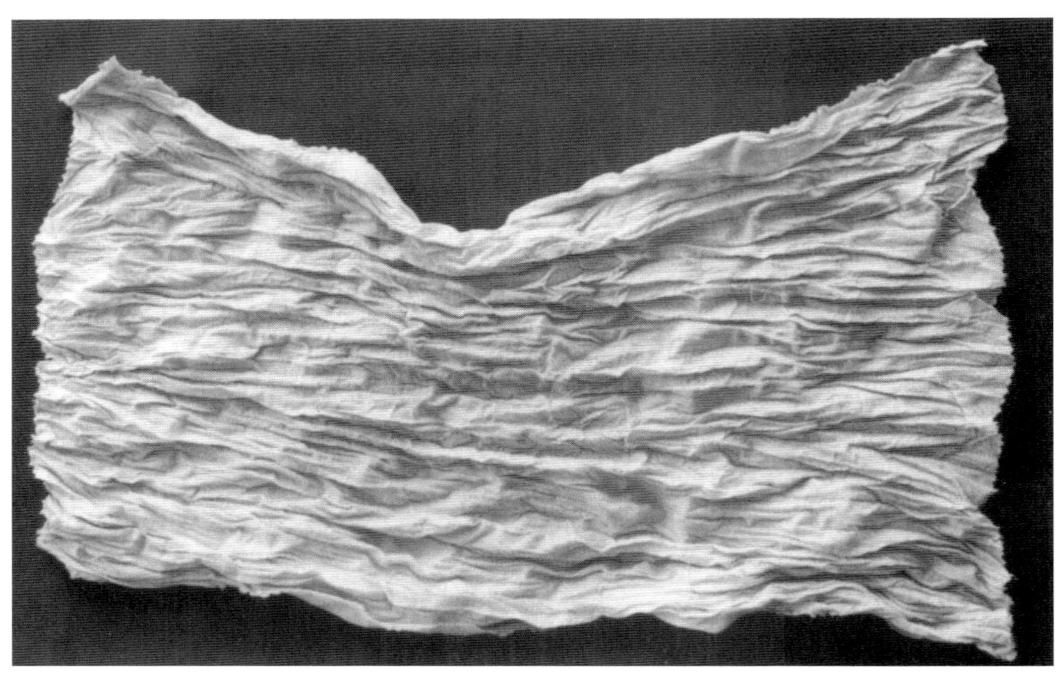

VI-30 뒤틀린 주름을 잡는
방법으로 작업한
사각형 원단.

3부 **규칙적인 주름**

양쪽에 고정된 플리츠
Double-Controlled Pleats

가운데에 느슨한 주름이 잡히고 양쪽 끝이 고정된 플리츠이다. 어느 쪽으로든 방향을 바꿔 주름을 고정할 수 있다.

작업 과정

❶ 작업에 적합한 플리츠의 유형을 선택한다. 주름의 유형에 맞게 적절한 방법으로 원단의 양쪽에 주름을 잡는다. (부분 플리츠는 '양쪽에 고정된 플리츠'의 방법으로 작업하기에는 적합하지 않다.)

❷ 양쪽 끝에 플리츠를 고정한다. 바인딩하거나 다른 원단과 연결하여 봉제하기 전에 플리츠 원단 아래에 안감이나 버팀천을 댄다. 특별한 경우나 원단에 따라서는 안감 처리를 하지 않고 고정하기도 한다. 플리츠의 유형과 양쪽에 고정하는 방법은 가운데 주름의 모양에 영향을 미친다.

부드러운 주름

뻣뻣한 안감이나 버팀천 위에서 양쪽이 고정되면서 원단이 자연스럽게 놓여 편안한 주름을 만든다.

뒤집힌 주름

뻣뻣한 안감이나 버팀천 위에서 가장자리로 당겨지면서 팽팽하게 고정된다. 고정되는 양쪽 면에서 주름의 방향을 바꾸거나, 주름의 깊이·수·유형 등을 다르게 할 수 있다.

늘어지거나 솟아오른 주름

고정된 양쪽의 거리가 플리츠의 길이보다 짧을 때, 가운데 주름은 원단의 무게 때문에 늘어지거나 솟아오른다. 넓은 면적에 잡은 주름은 양옆을 수직으로 고정하고, 주름이 수평으로 놓여야 늘어진다. 좁은 면적에 잡은 퍼프는 전체적으로 뻣뻣한 버팀천에 시침하면 솟아올라 완성된다.

❸ 원단의 표면에 스팀을 쏘여 주름을 고정한다. 열기가 식고 완전히 마른 뒤 옮긴다.

특징과 응용

양쪽에 고정된 플리츠의 두 가지 응용 방법에는 패턴이 필요하다. (1) 양쪽 가장자리가 서로 맞닿은 모서리에 주름들이 모이면서 만들어진다. (2) 한쪽 가장자리에는 주름이 잡히고, 반대쪽 가장자리로 가면서 주름들이 점점 줄어들어 사라지게 된다. 플리츠 패턴은 완성 패턴에서 주름 위치를 절개하여 만든다. 가장자리에서 가장자리까지 원하는 주름의 방향을 정한다. 모든 절개선에서 주름 분량을 만들기 위해 패턴을 벌려준다. **(플리츠에 적용하기 위해 21쪽의 '한쪽 끝 개더링'의 특징과 응용, 그리고 28쪽의 '양쪽 끝 개더링'의 특징과 응용 참조.)** 눌린 주름, 아코디언 플리츠, 구겨진 플리츠는 이런 방법을 사용하기에 부적합하다.

교차된 주름은 가운데에서 주름이 서로 만나 솟아오르게 하는 것이다. 원단을 축소하기 위해 사각형 또는 삼각형 천의 각 면에 평면 플리츠 방법을 사용해 주름을 잡는다. 더 작은 사각형 또는 삼각형의 버팀천에 주름 잡은 가장자리를 시침한다. 솟아오른 채 두거나 퍼로잉으로 미로 같은 소용돌이 모양을 만든다(20쪽, '퍼로잉' 참조). 또는 비스킷(biscuit) 모양으로 처리한다(281쪽, '비스킷' 참조). 응용: 원단을 축소하기 위해 커튼 주름을 사용하고 바탕천에 주름의 가장자리를 상침하기도 한다.

고정된 주름은 움직이지 않게 주름을 영구히 고정하는 것이다. 플리츠를 고정하면, 나풀거리는 자락이나 늘어진 주름은 보이지 않는다. 예를 들어 접착 심지에 평면 플리츠 모양으로 원단을 부착하여, 스티치하지 않은 장식 턱(tuck)으로 보이게 한다. 카트리지 주름이나 손으로 만든 아코디언 주름은 뒤 주름선을 단단한 버팀천에 재봉틀로 박아 조각 같은 구조를 유지하게 한다. 미니 아코디언 주름, 긴 빗자루 주름, 뒤틀린 주름은 보이지 않게 작은 손 스티치로 주름을 버팀천에 고정하여 물결무늬를 만든다. 스모킹 방법을 참조할 수도 있다. 고정하는 동안, 주름이나 구김의 방향을 바꿀 수 있고 길쭉한 주름 사이의 간격을 다양하게 할 수도 있다.

바늘로 만든 주름은 바늘로 둥근 모양의 주름을 만들며 손 스티치로 고정한 것으로, 연속적으로 부드럽게 흘러내리는 모양이 특징이다. 미리 표시하거나 다른 준비 과정 없이, 작고 뻣뻣한 버팀천의 윗부분 가장자리에 원단의 윗부분 가장자리를 시침하며 주름을 잡는다. 위에서 아래로 작업한다. 바늘의 끝으로 원단을 잡아 올려 주름을 만들고 필요한 경우 핀으로 고정해둔다. 작은 박음질로 버팀천에 주름을 고정한다. 첫 번째 주름 아래로 다음 주름을 밀어 올려주고 고정한다. 줄을 따라 작업을 계속하면서 바늘의 움직임과 스티치로 주름의 길이와 방향에 약간의 변화를 준다. 주름을 고정하는 스티치는 주름 사이의 홈에 자리하여 보이지 않게 된다. 버팀천 위에 고정된 주름은 입체적인 표면을 나타낸다.

빽빽한 미니 아코디언 주름은 표면 질감이 섬세하게 골져 있으며, 빽빽하게 잡힌 주름 때문에 원단이 두껍고 단단한 질감으로 변한다. 주름 잡는 실에 플리터로 만든 주름을 빽빽하

게 채워 넣는다. 완성 치수가 될 때까지 주름 잡힌 원단을
더 많이 채워 넣어 길이를 연장한다. 주름이 풀리는 것을 막
기 위해 주름 잡은 실의 끝을 묶어둔다. 주름의 질감에 또
다른 효과를 주기 위해, 플리터 작업에 구김이 있는 원단을
사용하기도 한다. (145쪽, '스모킹 플리터 사용' 참조.)

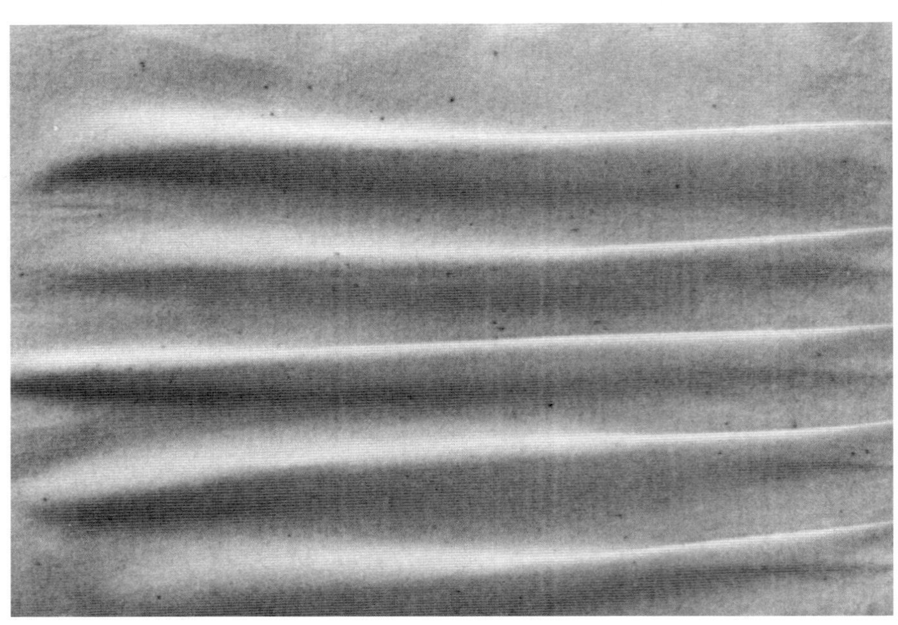

VI-31 반대편 가장자리로 갈수록
줄어들면서 사라지는, 눌리지 않은 외주름.

VI-32 서로 맞닿은 양쪽 가장자리에서 시작하고 멈추는,
눌리지 않은 외주름.

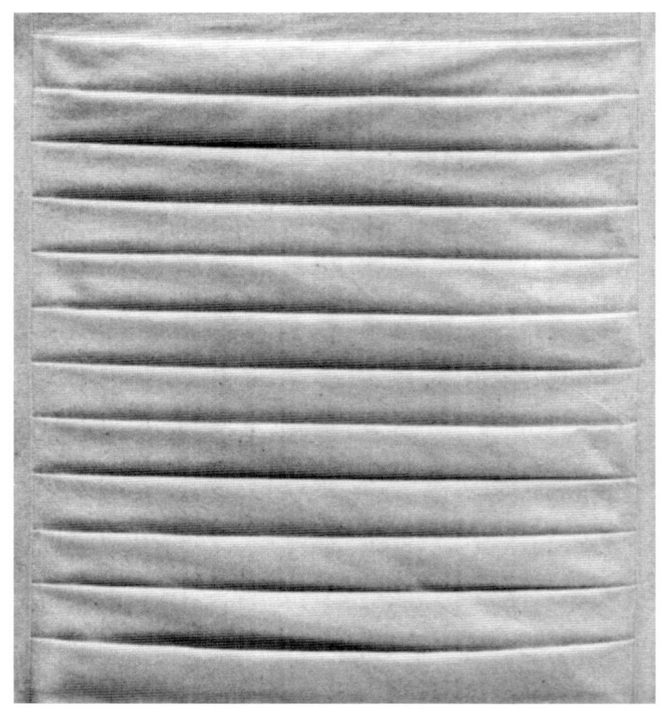

VI-33 양쪽 끝이 고정된
수평 루버처럼 보이는 외주름.

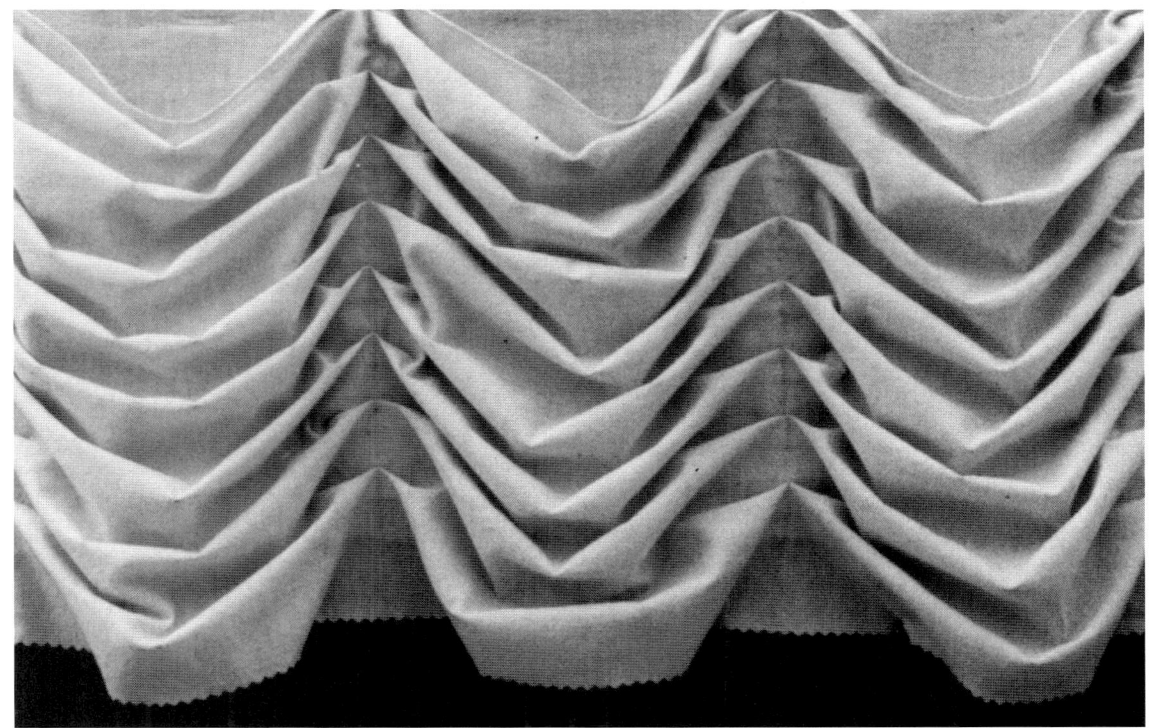

VI-34 늘어진 외주름.

VI-35 원단의 조각들 사이에서 수직으로 늘어져 있는 맞주름, 박스 주름, 외주름.
가운데 외주름은 주름의 방향이 바뀌어 잔물결무늬를 이룬다.

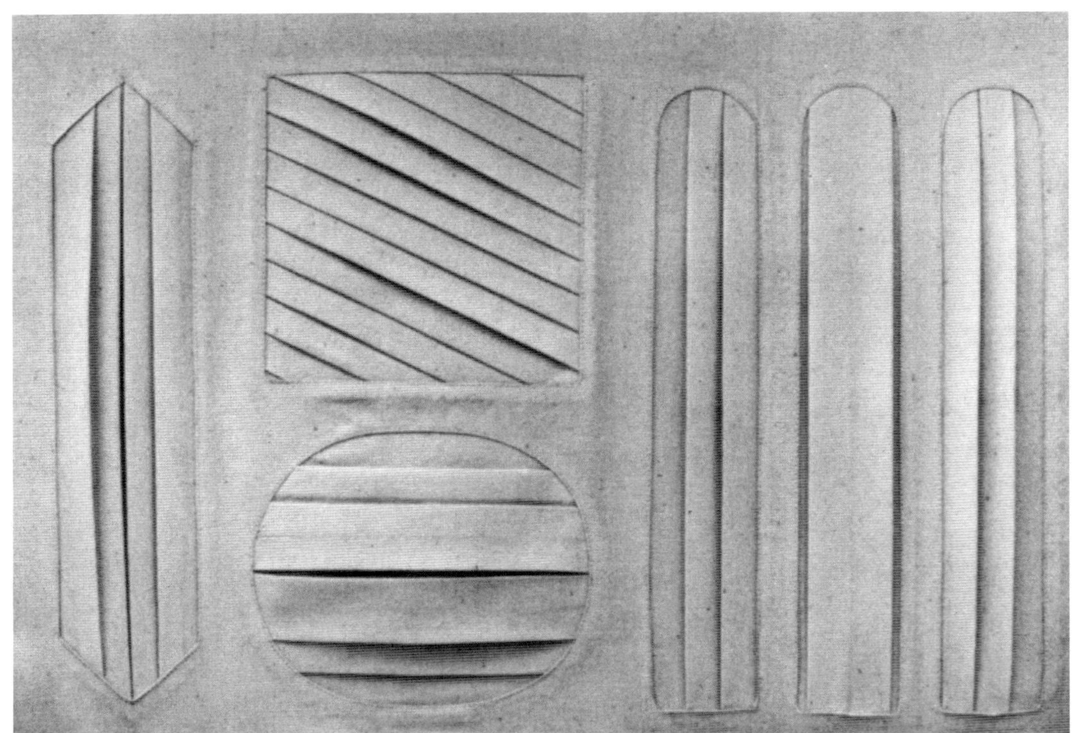

VI-36 잘라낸 부분에 끼워 넣은 외주름, 박스 주름, 맞주름.

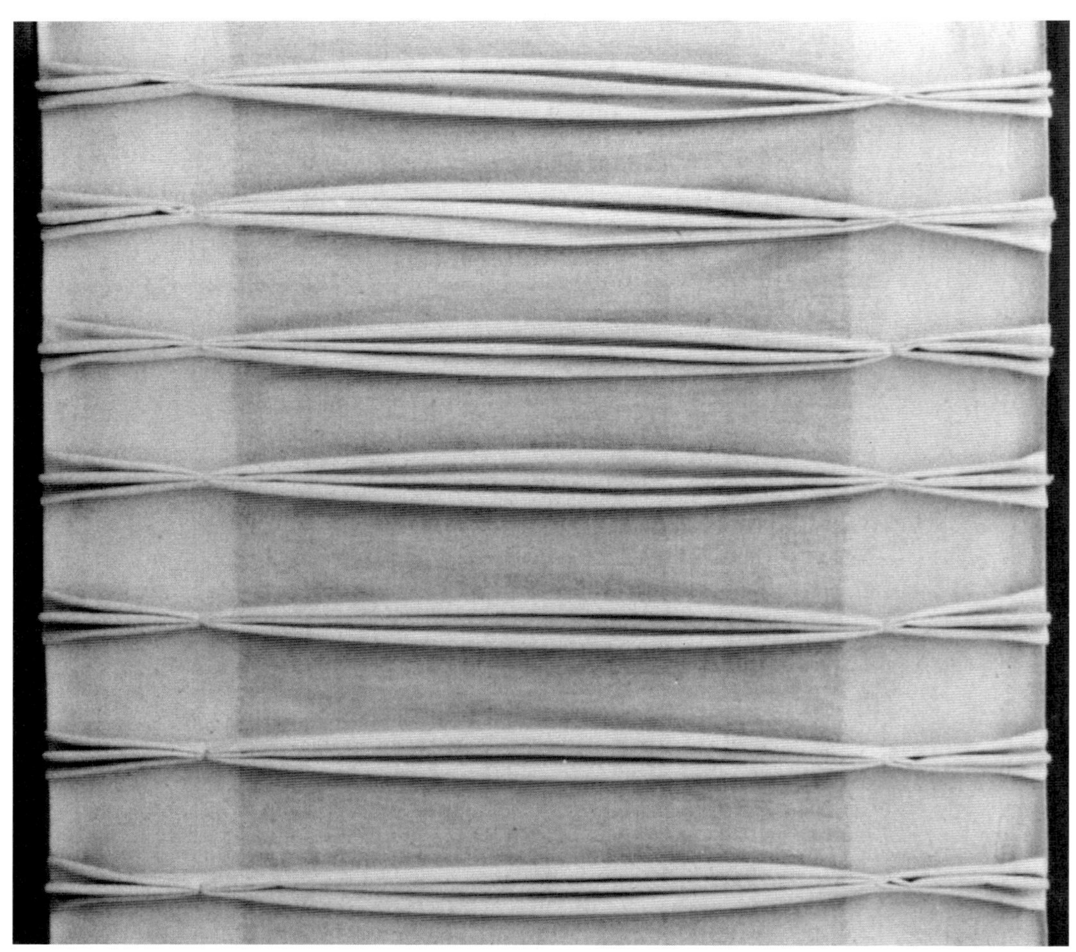

VI-37 원단의 양쪽 끝에서 모양을 잡고 고정한 세 겹 커튼 주름.

VI-38 끝에서 끝까지
뻣뻣한 버팀천에 고정해
기둥 같은 형태를 유지한
연속적인 카트리지 주름.

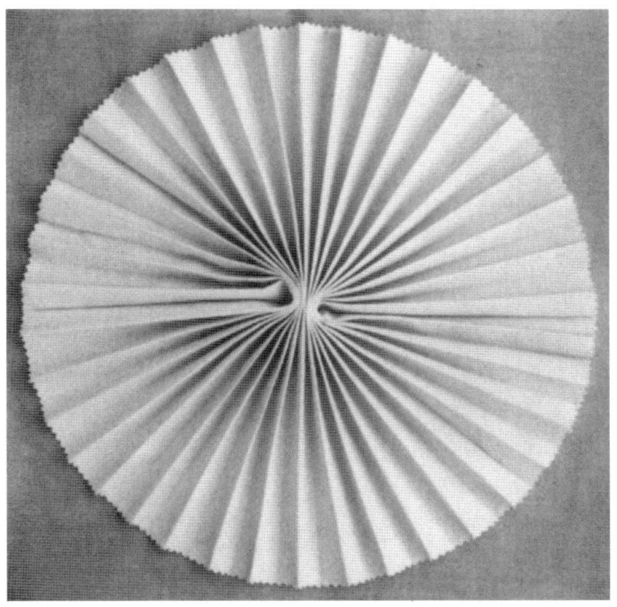

VI-39 주름을 중심에서 단단히 고정하고, 옆면을 같이 연결하여
원으로 펼친 아코디언 플리츠. 원 둘레에서, 안쪽 주름선들을
작은 시침으로 뻣뻣한 버팀천에 고정한다.

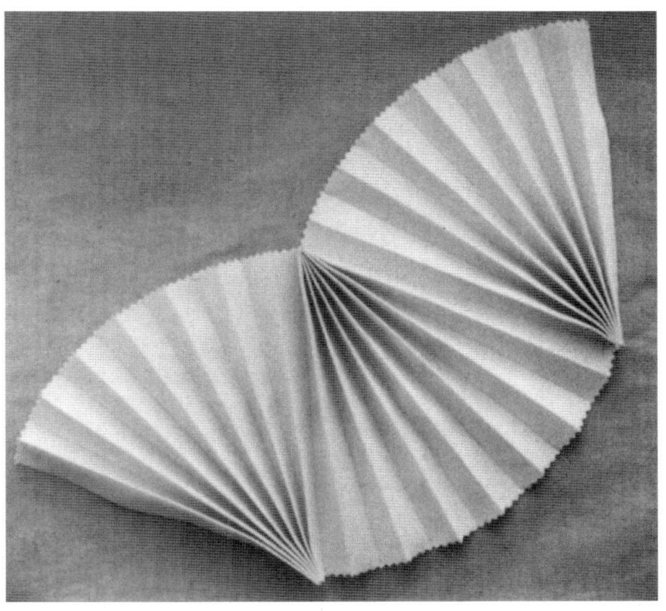

VI-40 연속된 부채꼴 띠를 만들어
뻣뻣한 버팀천에 징거주어 고정한 아코디언 플리츠.

VI-42 패치워크로 연결한 여러 가지 모양의 교차된 주름.
큰 사각형 세 개와 직사각형은 중심에 주름을 징거주었다.

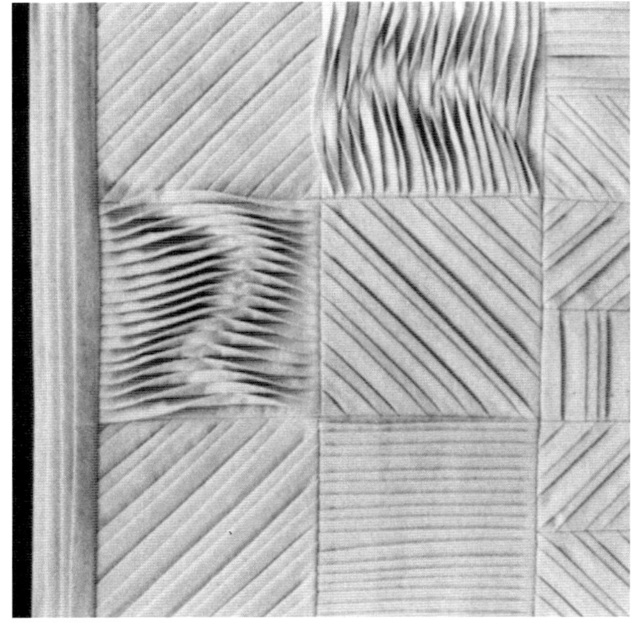

VI-41 주름판으로 주름을 잡고, 뒷면을 접착 심지로 보강한 플리츠.
사각형으로 자른 후 블록에 패치워크로 연결한다.
두 사각형의 방향이 뒤집힌 주름은 스티치 때문에 뒤로 당겨진 부분을
주름 아랫부분에서 시침한 것이다.

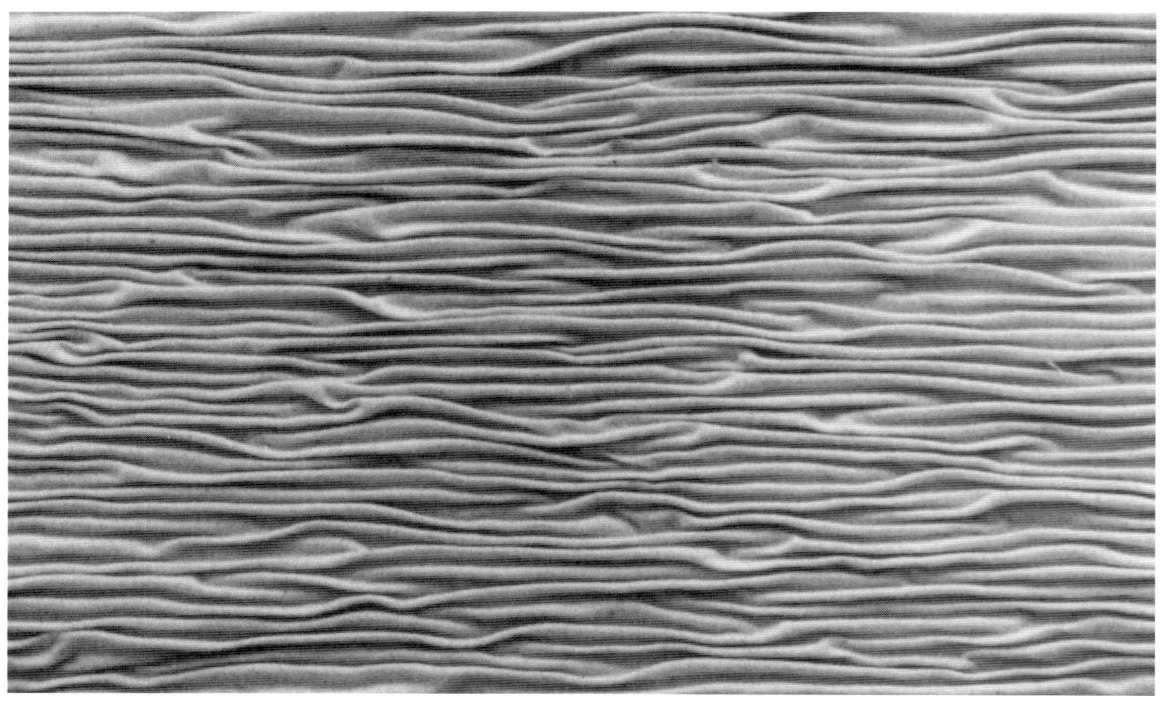

VI-43 바늘로 작업하여 만든 잔물결무늬 주름.

스모킹

Smocking

스모킹은 섬세하게 플리츠 처리한 원단의 주름들을 손바느질로 고정하면서 정돈하는 작업을 말한다. 스티치가 보이게 작업하는 경우에는, 아래 주름의 형태를 정돈하거나 구부리면서 주름의 표면에 장식적인 실을 사용한 디자인으로 표현한다. 스티치가 보이지 않는 경우에는 주름의 다양한 움직임을 장식적인 요소로 활용해 작업한다. 스모킹 처리한 원단은 주름 때문에 두꺼워지고, 주름을 가로지르는 방향으로 유연성이 떨어지게 된다.

스모킹에 관한 일반적 고찰
Smocking Basics

스모킹에 필요한 원단

전통적인 방법의 스모킹 작업을 위해서는 기본적으로 완성 치수의 3~4배만큼 원단이 필요하다. 이 방법은 얇은 원단에 0.25인치(6mm) 간격의 징금 스티치를 이용해 플리터나 손으로 잉글리시 스모킹을 작업할 경우 적합하다. 그러나 다른 조건에서 작업할 때는 적합하지 않다.

◆ **원단의 종류**: 모직물처럼 두꺼운 원단으로 주름을 잡으면, 잡힌 주름의 부피가 커진다. 따라서 같은 간격으로 원하는 완성 치수를 만드는 데 얇은 평직 원단을 사용할 때보다 적은 원단이 든다.

◆ **플리츠 깊이**: 깊이가 깊은 플리츠는 얕은 플리츠보다 같은 완성 치수를 만드는 데 더 많은 원단이 필요하다. 손 스티치한 플리츠의 경우 점 사이의 간격을 넓힐수록 원단이 더 많이 필요하다. 또 같은 격자 위에 스티치한 홈질 개더링은 징금 개더링보다 더 많은 원단이 필요하다.

◆ **플리츠 밀도**: 플리츠 처리한 주름이 무더기로 모여 패턴을 이루는 플리츠는 다른 플리츠에 비해 많은 원단이 필요하다. 셔링 처리한 이탈리안 스모킹에 가장 많은 원단이 필요하고, 문양이 있는 이탈리안 스모킹, 잉글리시 스모킹의 순서로 원단이 많이 필요하다.

◆ **스모킹의 구조**: 잉글리시 또는 다이렉트 스모킹을 작업하는 동안, 실을 빽빽하게 할수록 튜브를 가깝게 만들어서 더 많은 양의 원단이 필요하게 된다. 다이렉트 스모킹은 일반적으로 잉글리시 스모킹보다 적은 양의 원단을 사용한다. 잉글리시, 다이렉트, 셔링 처리한 이탈리안 스모킹은 플리츠의 길이 방향으로 약간 줄어든다. 여러 방향으로 잡아당기는 방식의 북아메리칸 스티치와 문양이 있는 이탈리안 스티치는 양쪽 방향에서 많이 줄어든다.

필요한 원단의 양을 정확히 계산하기 위해, 스모킹에 사용할 사각형 원단으로 원하는 간격과 스티치로 작업하여, 작은 샘플을 만들어본다. 스모킹 전후에 양쪽 방향으로 원단을 측정한다. 다음의 공식에 이 치수를 적용한다.

(스모킹 전의 샘플 치수÷스모킹 후의 샘플 치수)×완성 치수
=필요한 원단의 양

북아메리칸 스모킹과 문양이 있는 이탈리안 스모킹을 위해, 원단 길이에 관한 공식을 적용한 후 원단 너비에 관한 공식을 적용한다.

스모킹 처리한 원단의 길이를 연장하기 위해 원단을 연결해야 할 경우, 플리츠 안쪽에 솔기가 놓이도록 한다. 솔기 시접으로 두께가 더해지면 주름들을 불룩하게 만들므로 다른 곳으로 펼쳐서 분산시켜야 하기 때문이다.

스모킹 플리터 사용

미니 아코디언 주름은 잉글리시 스모킹을 위한 기초 작업이다. 손 스티치로 주름을 잡거나 스모킹 플리터를 사용한다. 스모킹 플리터를 사용하면 많은 양의 원단을 빠르고 쉽게 주름 잡을 수 있다.

플리터는 기어가 맞물려 돌아갈 때 섬세한 바늘을 통해 실들이 움직이며 원단을 통과해 스티치하면서 주름을 만든다. 기본 작동 방법은 간단하다. 주름을 잡기 위해 원단의 길이보다 4인치(10cm) 정도 긴 실을 모든 바늘에 꿰어놓는다. 플리터의 앞면에 실의 끝을 테이프로 고정해둔다. 식서를 정리하고, 봉 주변에 원단을 감는다. 플리터의 엔드플레이트(endplate) 입구로 봉을 넣는다. 원단이 기어를 통해 바늘에 끼워지기 위해 플리터 뒤에서 핸들을 돌린다. 바늘이 주름으로 가득 차면, 실 쪽으로 브드럽게 주름을 밀어둔다. 모든 원단이 주름 잡히고 실 쪽으로 밀릴 때까지 작업을 계속한다. 바늘 옆의 실을 자르고 주름 잡힌 원단을 바늘에서 떼어낸다.

스모킹 플리터는 깊이가 8분의 1인치(3mm) 이상 되는 일정한 미니 아코디언 주름을 만든다. 플리터에 따라서 원단 1인치마다 주름의 골기 3~4개로 약간 차이가 있다. 또 원단 너비도 5.5~12인치(14~30.5cm)까지 변화할 수 있다. 플리터로 두 번째 작업을 할 때 플리츠 잡을 원단의 너비를 2배로 한다. 실 위에 원단의 주름 잡힌 부분을 펼쳐 놓고(실의 한쪽 끝은 매듭을 지어둔다) 평평하게 스팀다리미로 다림질을 한다. 한쪽 끝에 실을 꿰지 않은 바늘 하나를 남기고 플리터 바늘에 실을 다시 꿴다. 봉에 원단을 다시 감는다. 실을 꿰지 않은 플리터의 한쪽 끝 바늘에 주름을 잡은 실의 마지막 줄을 맞추면서 엔드플레이트의 열린 입구로 봉을 집어넣는다. 가능하면 전에 작업한 구멍에 맞춰 찌르면서, 실이 없는 바늘에 주름 잡힌 원단의 마지막 줄이 맞도록 원단을 조절하며 작업한다. 바늘에 꿰어 있는 실을 자른다. 바늘에서 원단을 지탱하고 있던 실을 자른다. 원단을 실 위에 평평하게 정돈해놓은 다음 다시 주름을 잡는다.

바늘에 실을 꿰지 않고 작업한 부분은 주름 띠 사이에 개더 처리하는 부분이 된다. 주름을 잡고 실 위에 원단을 펼친 뒤 개더 처리한 부분을 제외하고 바깥쪽 주름을 다리미질하여 다시 주름을 잡는다. 실험적인 주름의 질감을 만들기 위해, 의도적으로 헝클고 잡아당긴 원단을 플리터로 작업한다.

원단이 충분히 길지 않으면, 조각을 각각 주름 잡은 후 주름 잡은 실을 맞추어 같이 봉제한다. 솔기는 주름 잡힌 두 튜브 사이에 놓이게 한다. 솔기 옆에 주름 잡은 실을 묶고, 주름 이 모이도록 작업한다.

원단 조각의 중간에 솔기가 있는 경우, 시접은 플리터의 인 접한 두 바늘 사이 거리 이상으로 넓어서는 안 된다. 주름 잡는 동안, 솔기가 두 바늘 사이를 지나가도록 조절한다. 각 도나 곡이 있는 시접은 미리 시침해야 한다. 너무 두껍고 무 거운 원단으로 작업하면 바늘이 부러질 수 있다.

스모킹 자수 스티치

잉글리시 스모킹과 다이렉트 스모킹의 자수 스티치는 장식 적인 효과와 기능적인 효과를 낸다. 잉글리시 스모킹에서는 플리츠 처리한 실을 제거한 후 자수 스티치가 주름을 고정 한다. 다이렉트 스모킹의 경우, 자수 스티치는 주름을 고정 할 뿐만 아니라 주름을 만들기도 한다.

각각의 자수 스티치는 주름의 표면에 전체적인 장식 디자인 과 아래에 주름 모양을 잡는 구실을 한다. 자수 스티치는 주 름 잡은 스티치의 줄 사이에 생기는 튜브를 다양하게 배열 하여 연속적인 주름을 만들거나 튜브의 끝을 연결한다. 일 정한 경로를 따라 스티치한다. (그림에서 화살표는 스티치선의 시작점을 표시한다.)

박음질은 스모킹 자수 스티치의 가장 기본적인 방법이다. **아 우트라인** 스티치는 실을 꿴 바늘을 주름의 위에서 아래 또는 아래에서 위로 통과시킨 박음질로 나타난다(**그림 7-1**).

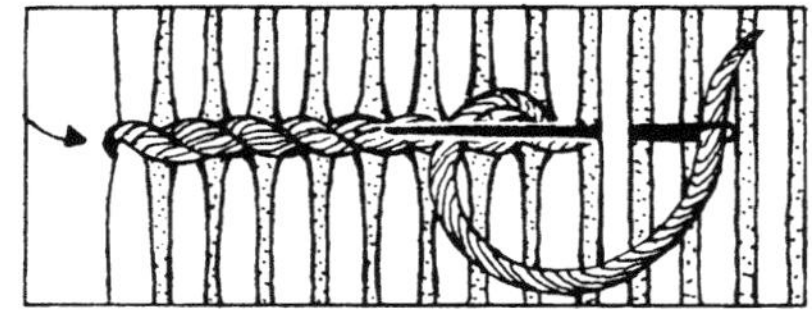

그림 7-1 아우트라인 스티치.

모크 체인(mock chain) 스티치는 실의 방향이 반대이면서, 맞 닿은 두 줄의 아우트라인 스티치로 만들어진다(**그림 7-2**).

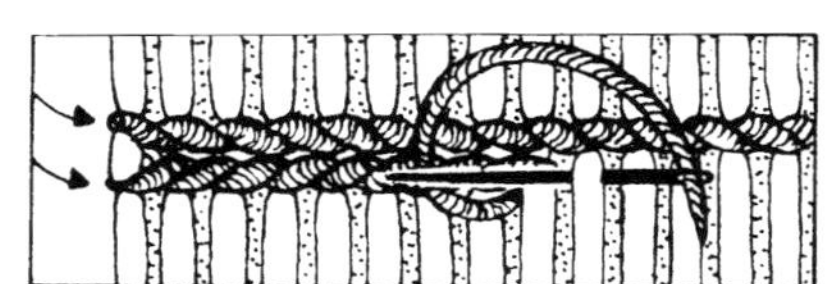

그림 7-2 모크 체인 스티치.

케이블(cable) 스티치는 아우트라인 스티치의 응용 방법으로 연속적으로 박음질한 실이 엇갈려서 나타난다(**그림 7-3**).

간격이 있는 **이중 케이블** 스티치의 경우, 같은 방법으로 튜브

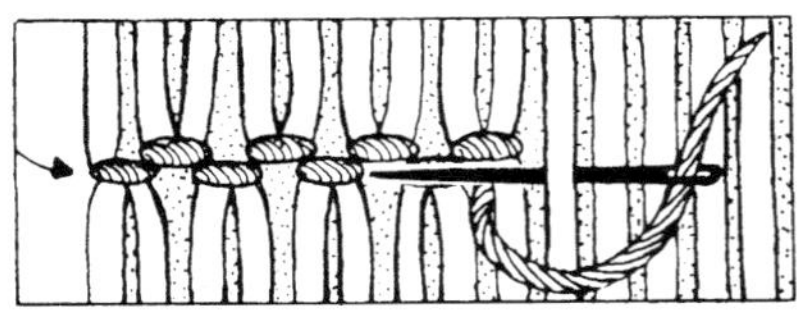

그림 7-3 케이블 스티치.

를 정렬하면 연속적인 두 줄의 스티치 모양이 같아진다. 대 칭으로 튜브를 정렬하면 연속적인 두 줄의 스티치 모양은 위아래가 바뀌어 나타난다(**그림 7-4**).

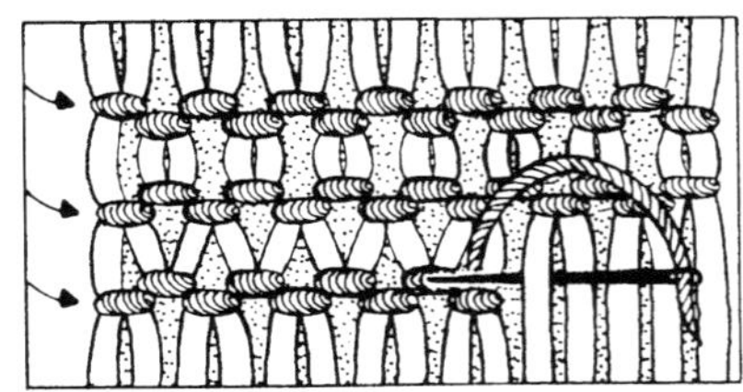

그림 7-4 이중 케이블 스티치.

물결무늬 스티치는 사선으로 위와 아래 방향을 따라 작업한 케이블 스티치와 아우트라인 스티치가 혼합된 방식이다. 위 로 진행할 때는 비스듬하게 꽂은 바늘 아래에 실이 위치한 다. 아래로 진행할 때는 비스듬하게 꽂은 바늘 위에 실이 위 치한다(**그림 7-5**).

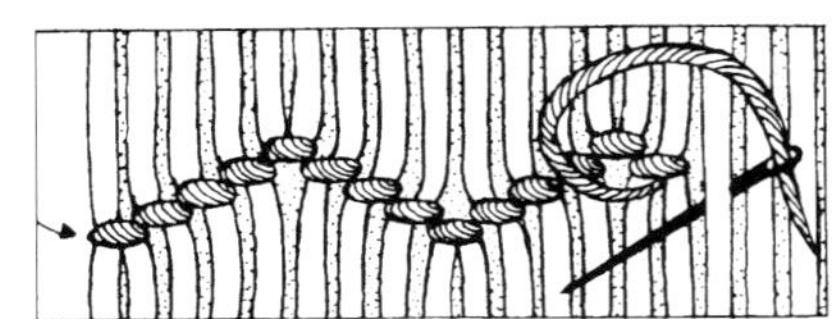

그림 7-5 물결무늬 스티치.

격자무늬 스티치는 물결무늬 스티치 두 줄이 대칭으로 만나 완성된다(**그림 7-6**).

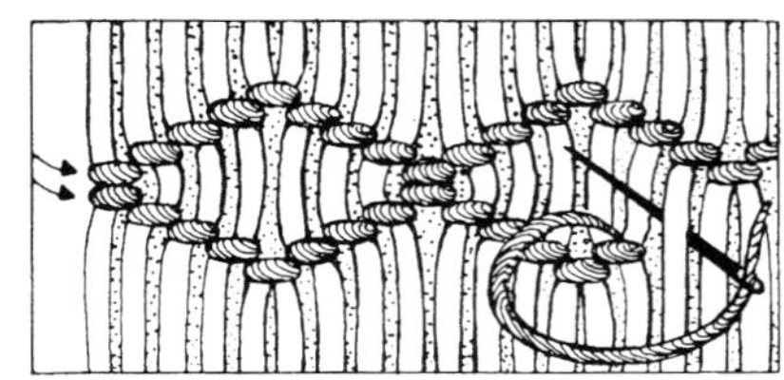

그림 7-6 격자무늬 스티치.

다이아몬드 스티치는 위아래로 번갈아가며 박음질하여 만든 다. 위로 가면서 튜브 두 개를 가로질러 박음질하고, 아래로 가면서 튜브 두 개를 가로질러 박음질한다. 같은 방법으로 대칭을 이루도록 반복하면서 중간 지점에 케이블 스티치를 놓아 다이아몬드 스티치를 완성한다(**그림 7-7**).

3부 **규칙적인 주름**

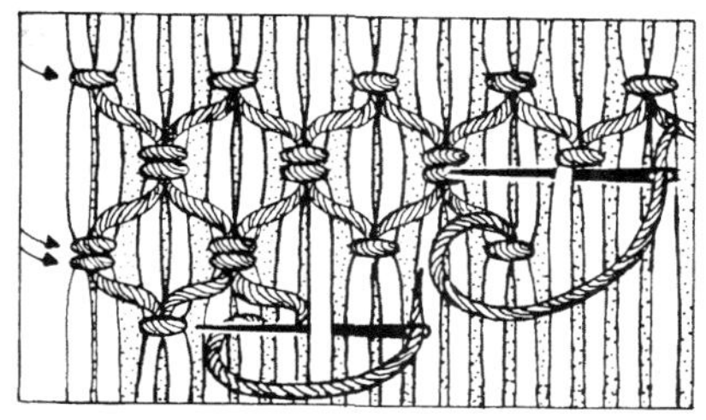

그림 7-7 다이아몬드 스티치.

두 줄의 허니콤(honeycomb)과 반다이크(vandyke) 스티치는 주름이 만드는 튜브가 다이몬드 모양이 되어 표면을 벌집 모양으로 만든다. 한 줄의 **허니콤** 스티치는 튜브 안쪽에서 바늘을 위아래로 빼 바로 옆의 튜브와 아주 작은 스티치로 묶어주므로 두 줄이 서로 엇갈려 있는 것처럼 보인다(**그림 7-8**).

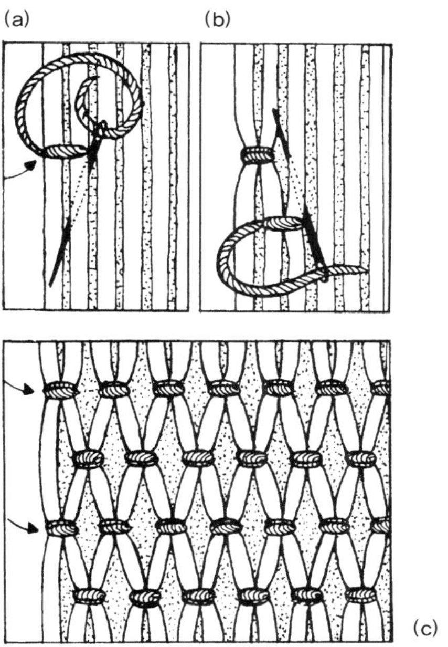

그림 7-8 (a) 튜브 안쪽에서 아래로 움직인다. (b) 두 개의 튜브를 같이 스티치로 묶어주고 위로 움직인다. (c) 허니콤 스티치가 완성된다.

표면 허니콤은 허니콤 스티치 사이에서 위아래로 움직이면서 튜브 위를 스티치로 감아주는 것이다(**그림 7-9**).

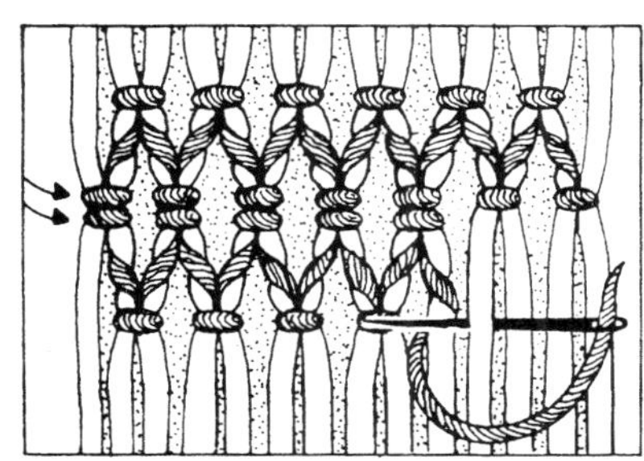

그림 7-9 표면 허니콤 스티치.

표면 허니콤 같은 **반다이크** 스티치는 튜브를 묶은 스티치 사이에서 위아래로 움직이면서 튜브 위를 스티치로 감아주는 것이다. 반다이크는 오른쪽에서 왼쪽으로 작업한다. 두 개

의 튜브를 연결할 때 한 번 스티치하여 완성한다(**그림 7-10**). **깃털** 스티치는 수평으로 주름 잡은 튜브 위에 작업한다. 한 번 스티치하여 두 개의 튜브를 묶는다. 오른쪽에서 왼쪽으로, 앞뒤로 움직이며 지그재그로 작업한다. 바늘 끝을 사선 아래로 향하게 하고 스티치로 고리를 만든다(**그림 7-11**).

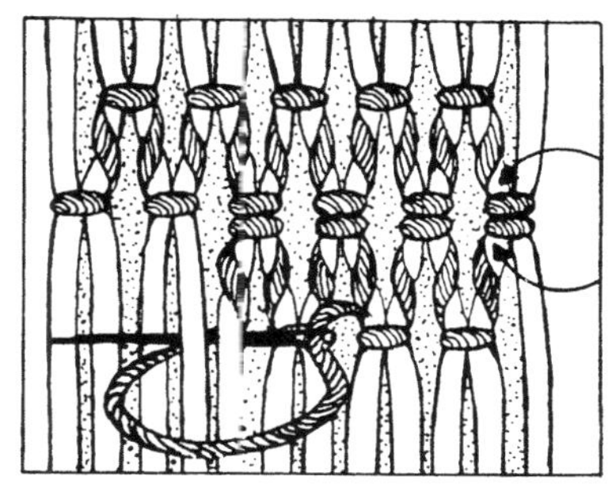

그림 7-10 반다이크 스티치.

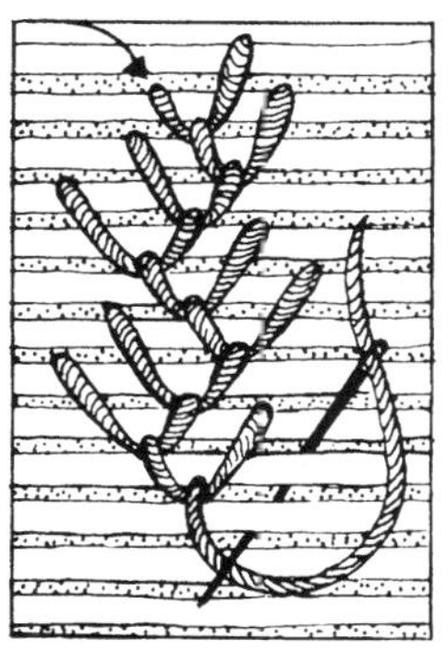

그림 7-11 깃털 스티치.

스풀(spool)(**그림 7-12**)과 **작은 꽃 모양 케이블**(**그림 7-13**) 스티치는 점 모양을 띠는 스티치다. 튜브를 연결한 스티치는 흩어져 나타난다.

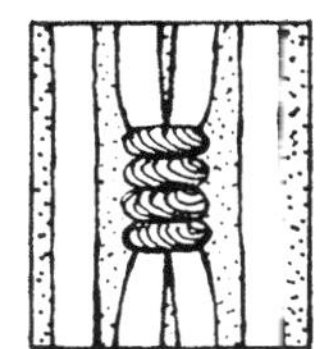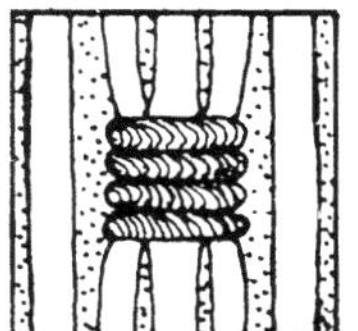

그림 7-12 스풀 스티치.

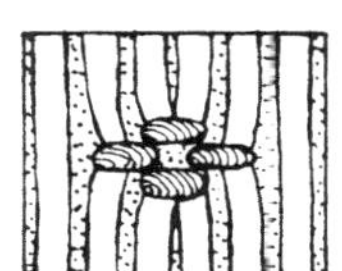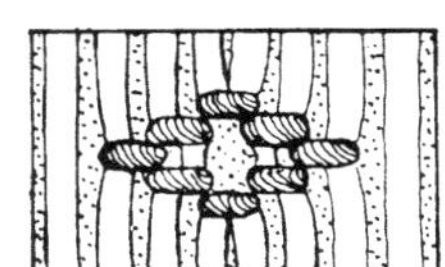

그림 7-13 작은 꽃 모양 케이블 스티치.

스모킹 플리츠 가장자리 처리

재봉틀로 스모킹 플리츠 가장자리의 튜브를 눌러 박아 평평한 솔기선을 만들거나 손바느질로 튜브의 모양이 눌리지 않

게 고정한다. 두 방법 모두, 스모크 처리한 스티치의 마지막
줄에서 작업한다.

눌러서 납작하게 만든 주름

잉글리시 스모킹으로 주름 잡을 때에는 시접 안에 주름 잡
은 실 한 줄을 남겨둔다. 다른 스모킹의 경우에는 가장자리
에 개더를 잡거나 시접선 안쪽에 시침질을 하여 준비한다.
다른 원단과 연결하거나 바인딩을 하기 위해 치수에 맞게
준비한 원단의 겉면과 스모크 처리한 원단의 겉면을 마주대
고 봉제한다. 이때 남겨놓은 주름 잡은 실, 개더 처리한 실,
또는 시침해놓은 실과 마지막 스모킹 스티치 사이를 박아준
다(그림 7-14).

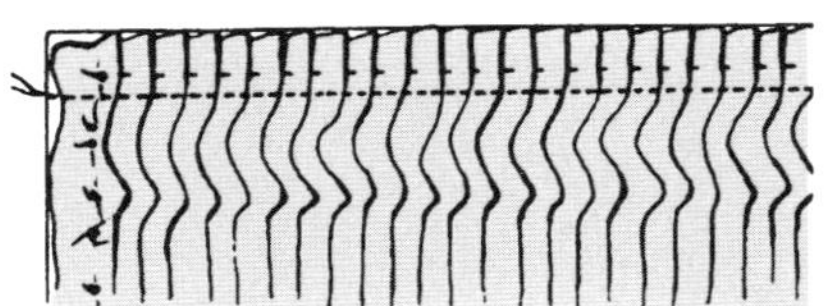

그림 7-14 잉글리시 스모킹으로 주름 잡은 가장자리의 겉면과, 연결할 원
단의 겉면을 마주대고 재봉틀로 박아준다. 시접 안쪽에 개더 처리한 스티
치 실을 한 줄 남겨놓는다.

연결한 원단을 위로 펼치면, 가장자리가 다른 원단과 연결된
스모킹이 완성된다. 바인딩 처리할 경우, 위로 펼친 원단의
시접을 시접 뒤로 접어 넣어 가장자리를 완성한다. (**스모크 처리
한 가장자리에 적용할 수 있는 방법은 17쪽, '개더 스티치 고정하기' 참조.**)
스모킹 플리츠의 가장자리를 러플 모양으로 완성하려면, 러
플의 가장자리와 스모킹 스티치의 마지막 줄 사이에 간격을
둔다. 그리고 러플의 가장자리를 처리한다(**59쪽, '러플 가장자
리 처리' 참조**). 러플이 시작되는 지점의 아랫부분에, 다른 원
단이나 좁은 테이프를 대고 개더를 잡거나 시침을 하여 스
모킹 플리츠의 모양을 잡는다. 개더선이나 시침선에 직선이
나 장식 스티치로 상침한다(그림 7-15).

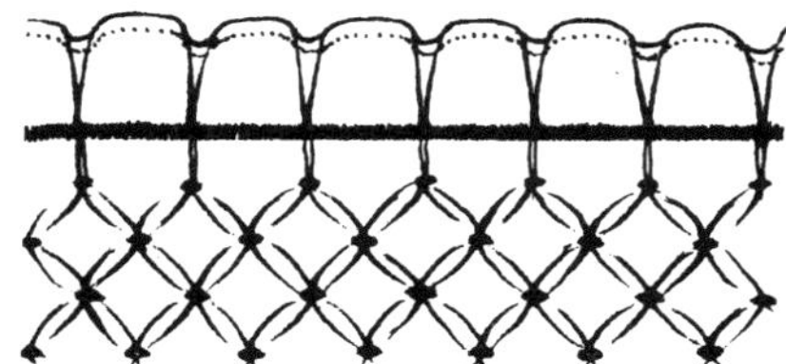

그림 7-15 다른 원단에 새틴 스티치로 고정하여 허니콤 플리츠의 가장자
리를 주름진 러플로 완성한다.

스모킹 처리한 원단이 얇고 가볍거나 주름 깊이가 얕으면,
위에서 설명한 것처럼 재봉틀로 눌러 박아 평평한 솔기선으
로 처리한다. 원단이 무겁고 주름의 깊이가 깊거나 모양이
있는 이탈리안 스모킹의 경우, 눌리지 않게 고정하는 가장

자리 처리법을 선택한다.

눌리지 않은 주름

원단을 스모킹하기 전에 스티치의 마지막 줄 끝에서 가장자
리를 좁게 두 번 접어 밑단을 준비한다. 스모킹 후에는 정해
진 주름의 간격을 유지하면서 아래에 연결된 원단에 각 주
름의 홈을 시침하여 가장자리를 고정한다(그림 7-16).

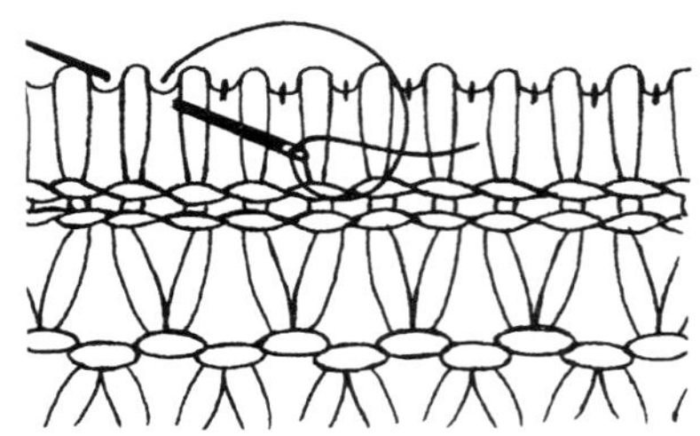

그림 7-16 스모킹 플리츠의 모양을 눌리지 않게 하기 위해, 접어서 처리
한 가장자리 아래에 원단을 연결하고 손바느질로 각 주름의 홈을 작은 스
티치로 고정한다.

러플 처리한 가장자리의 주름이 눌리지 않게 하기 위해, 스
모킹 스티치의 마지막 줄 아래에 원단이나 테이프를 대고
손바느질로 작업한다(132쪽, 그림 6-37 참조).
모양이 있는 이탈리안 스모킹에 불규칙하게 놓인 스티치는
주름 잡힌 원단의 가장자리에 고르지 않은 곡을 만든다. 장
식적인 효과를 위해 모양이 있는 가장자리를 그대로 두거
나, 직선으로 솔기를 처리하고 잘라내기 위해 원단의 가장
자리에서 멀리 떨어져 스티치를 시작해 마무리한다.

잉글리시 스모킹
English Smocking

잉글리시 스모킹은 스티치선을 따라 원단을 얇게 주름 잡고, 주름 잡힌 튜브를 조절해 자수로 무늬를 만드는 두 단계를 거친다. 작업 후에 나타나는 신축성이 잉글리시 스모킹의 특징이다.

작업 과정

❶ 필요한 원단의 양은 145쪽, '스모킹에 필요한 원단' 참조.

❷ 기계로 원단에 주름을 잡는다(**145쪽, '스모킹 플리터 사용' 참조**). 3~5단계를 건너뛰고, 6단계를 계속한다.

❸ 손으로 원단을 주름 잡기 위해, 원단의 안쪽 면에서 격자 모양의 점으로 직선 결에 맞추어 표시한다. 줄에 있는 점 사이의 간격은 튜브의 주름 깊이에 따라 결정된다. 다음 네 가지 방법 중에서 적절한 표시법을 선택한다.

◆ 원단 위에 스모킹 점이 표시된 시트를 덮는다. 다리미로 눌러 원단에 점을 베껴낸다.

◆ 원단과 점이 표시된 종이 패턴 사이에 의류용 먹지를 끼우고, 각 점을 송곳으로 찔러 원단에 표시한다.

◆ 원단과 스모킹 점이 표시된 시트를 겹쳐서 같이 시침하고 핀으로 꽂는다. (한꺼번에 스티치한 후 조심스럽게 종이를 떼어낸다.)

◆ 의류용 마커로 격자 모양의 점을 원단에 직접 표시한다.

　• 원단 아래에 점이 표시된 종이 패턴을 놓고, 잘 보이도록 라이트 박스를 사용해 베껴낸다.

　• 원단 위에 점 모양 스텐실을 놓고 표시한다〔그림 7-17 (a)〕.

　• 템플레이트로 직접 점을 표시한다〔그림 7-17 (b)〕.

　• 직물 원단의 직선 결을 따라 L자 모양의 자로 치수에 맞춰 간격을 두고 점을 표시한다.

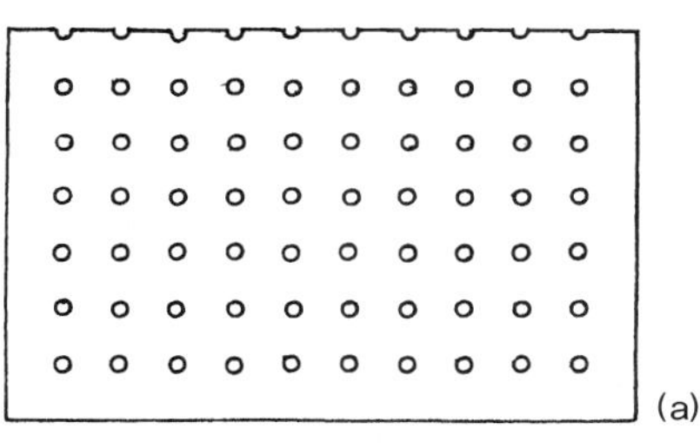

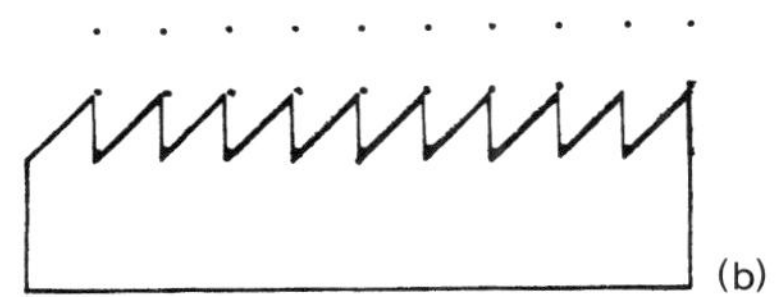

그림 7-17 (a) 스텐실. (b) 줄을 따라 스모킹 점을 원단에 표시하기 위해 템플레이트를 사용한다.

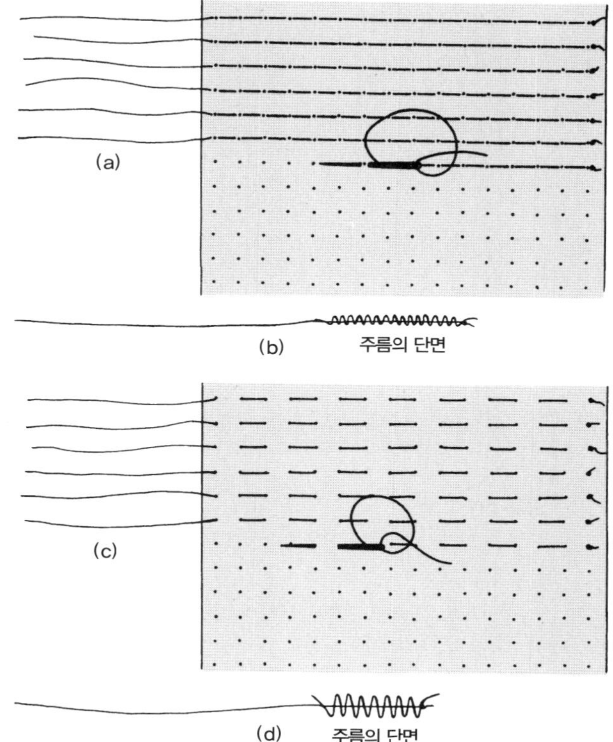

그림 7-18 점으로 표시된 원단을 손바느질로 주름 잡는 방법. (a) 징금 스티치. (c) 홈질 스티치. (b) 점의 간격이 같지만, (d)보다 2배 많은 얇은 튜브를 만드는 **징금 스티치**. (d) 깊은 튜브를 만드는 **홈질 스티치**.

❹ 한쪽 끝에 매듭을 짓고 스티치 길이보다 3인치(7.5cm) 더 길게 자른 튼튼한 실로 각 점을 홈질한다. 위에서 작업한 줄과 같은 간격으로 다음 줄을 계속 작업한다.

◆ 점 사이에 간격의 1/2 깊이의 튜브로 이루어진 주름을 잡기 위해 작은 스티치로 각 점을 징거준다. 개더를 잡은 실은 주름 잡은 튜브의 끝부분을 통과한다〔그림 7-18 (a), (b)〕.

◆ 점 사이에 간격만큼 깊은 튜브로 이루어진 주름을 잡기 위해 일정한 간격으로 홈질한다. 개더를 잡은 실은, 주름 잡은 튜브의 중심을 통과한다〔그림 7-18 (c), (d)〕.

❺ 실의 끝을 잡고, 원단을 안쪽으로 밀어넣으면서 개더를 잡아 주름을 만든다.

❻ 주름을 빽빽이 채운 뒤 튜브를 직선으로 만들기 위해, 길이 방향으로 펴주고 원단의 표면에 스팀을 쏘여준다. 열기가 식고 마른 뒤 튜브 사이에 개더 처리한 실이 충분히 보이게 튜브 사이를 펼친다. 솔기 끝에 느슨한 실을 한 쌍으로 묶어주거나 핀 둘레를 감아 고정한다(**그림 7-19**).

❼ 주름 잡은 바탕천의 겉면에서, 튜브 위에 자수 스티치를 하여 고정한다. 일정한 간격과 직선을 유지하기 위해 개더 처리한 실을 이용한다. 실을 당기는 정도를 일정하게 유지해 각 튜브의 끝부분으로 바늘을 통과시키면서 직접 자수 스티치를 한다(**146쪽, '스모킹 자수 스티치' 참조**). 스티치

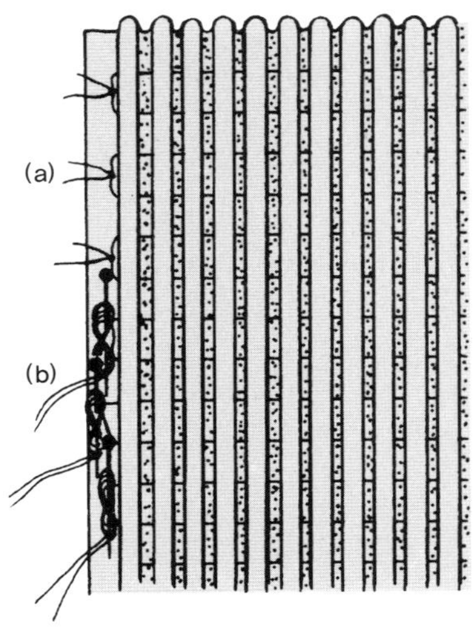

그림 7-19 주름을 잡은 후 고정한 솔기. (a) 옆에 있는 실을 함께 묶어 고정한다. (b) 마지막 튜브 옆의 원단에 핀을 고정하고 핀 둘레에 8자 모양으로 한 쌍의 실을 감아준다.

패턴을 따라 작업한다.

◆ 모눈종이에 디자인을 준비한다. 주름 잡을 튜브를 나타내는 수직선에 개더 잡을 실의 위치를 나타내는 점선을 표시한다. 다양한 디자인에 따라 여러 가지 색으로 스티치의 경로를 표시한다(그림 7-20). 튜브의 개수를 세면서 디자인에 따라 스티치한다. 대칭을 이루는 디자인일 경우 중심 튜브를 기준으로 색이 다른 실을 이용하여, 양옆으로 간격을 계산한 후 튜브를 시침한다.

◆ 다양한 스티치로 자수를 놓으면서 즉흥적으로 디자인한다.

❽ 튜브의 모양을 강조하기 위해 조심스럽게 원단을 펴면서, 다리미판에 스모킹의 가장자리를 핀으로 꽂는다. 원단에 스팀을 쏘여준다. 열기가 식고 완전히 마른 뒤 옮긴다. 개더 처리한 모든 실을 제거한다.

❾ 완성 방법은 147쪽, '스모킹 플리츠 가장자리 처리' 참조.

특징과 응용

주름의 깊이는 스모킹 플리터와 점이 표시된 시트의 브랜드에 따라 결정된다. 그러나 실제 '주름 깊이'는 원단과 적용 방법에 따라 달라질 수 있다. 손으로 점을 표시한 패턴과 손바느질로 개더 처리한 스티치를 이용하여, 주름의 깊이는 어떤 상황에도 적합하도록 조절할 수 있다. 개더를 잡은 스티치의 간격은 튜브를 고정하는 모양과 자수 디자인을 위한 안내선에 영향을 미친다. 예를 들어 홈질은 실이 주름의 중간을 통과하기 때문에 안정적이고 깊은 튜브로 주름을 만든다. 시트에 표시된 점들은 가로:세로=2:3의 비율을 이루는 직사각형 격자를 나타낸다. 3:3 비율의 정사각형 모양으로 개더를 잡으려면, 점과 점이 아니라 점과 공간을 연결하여 스티치한다. 결과적으로, 분량은 적고 깊이는 깊어지는 주름

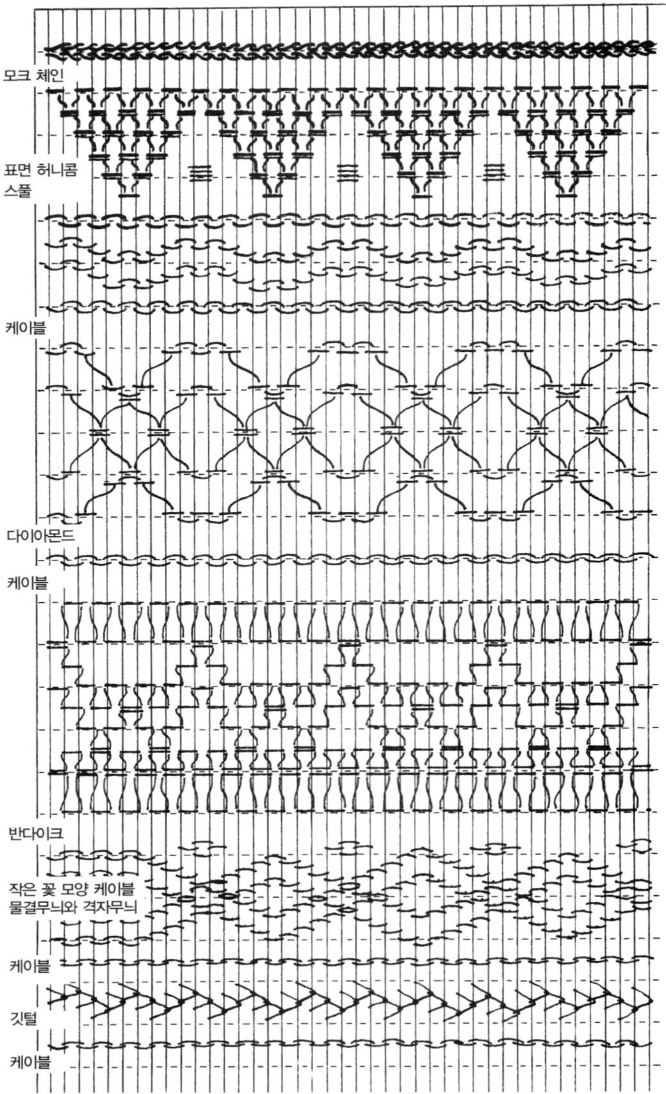

그림 7-20 자수 스티치를 조합하여 장식용 밴드를 이룬 전통적인 잉글리시 스모킹 패턴. 외곽선의 튜브를 고정한 모크 체인이나 디자인의 시작과 끝을 표시하는 케이블 스티치.

이 된다(그림 7-21). 보통 불규칙한 개더를 반복적으로 만들려면 세 개 이상의 점을 건너뛰어 작업해야 한다.

다음 두 가지 경우에는 원단에 점을 표시할 필요가 없다. (1) 균일하게 패턴을 이룬 깅엄(gingham), 격자무늬, 줄무늬, 점무늬 원단은 무늬에 따라 스티치한다. (2) 스모크 처리한 원단의 조직이 뚜렷할 때, 스티치의 길이와 공간을 조절하기 위해 원단 조직에서 실의 개수를 세어 작업한다.

잉글리시 스모킹으로 처리한 원단은 신축성이 있어서 약간 곡이 지게 스팀으로 세팅할 수 있다. 좀더 깊은 곡선을 원하는 경우에는 처음부터 곡선으로 원단을 자르고 스모킹 점들이 안쪽 곡선에서 바깥쪽 곡선으로 퍼져나가는 모양이 되도록 조절한다. 종이나 점이 표시된 시트를 점 사이의 줄을 따라 절개한다. 곡선 안쪽부터 바깥쪽까지 점들 사이의 거리를 늘리면서 자른 부분을 벌려 원단 위에 펼친다(그림 7-22).

그림 7-21 시트에 표시된 점을 따라 스티치한다. (a) 줄에 있는 각 점을 징금 스티치한다. (b) 점을 징거주고, 다음 점을 건너뛰어 두 점 사이 공간을 징거준다. 같은 과정을 반복한다. 그 밖에 홈질 개더링이 있다.

바깥쪽 곡선은 가장 신축성이 있는 큰 물결무늬·다이아몬드·허니콤·반다이크 등의 자수 스티치를 이용하고, 안쪽 곡선은 단단한 아웃라인이나 케이블 스티치를 이용한다.

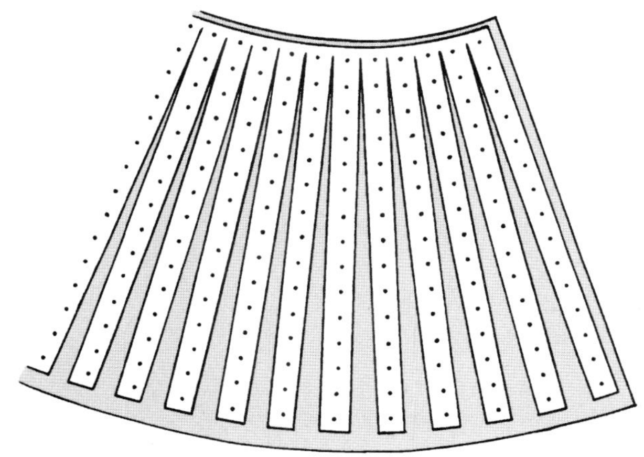

그림 7-22 점 사이의 줄을 따라 패턴을 절개하고, 곡선으로 재단한 원단에 맞춰 일정하게 펼친다.

주름이 퍼지는 부분에서는 약간 높이가 낮아지지만, 잉글리시 스모킹 처리한 원단은 주름의 깊이만큼 두꺼워진다. 스모킹 처리한 원단은 튜브의 방향으로는 신축성이 있지만 반대 방향으로는 그렇지 않다. 원단을 전체적으로 스모킹 처리하여 장식용 직물로 만든다. 부분 스모킹은 스모킹이 멈추는 곳에서 풍성한 주름이 펼쳐진다.

스모킹 자수를 위한 전통적인 디자인은 일정한 양식이 있고 반복적이며 대칭적이다. 때때로 그림 같은 무늬를 만들고 또 주름을 가로질러 밴드를 덧붙여 무늬를 만들기도 한다. 디자인에 따라 스티치할 때 일반적으로 가닥을 나누어 더 가는 실로 만들어 쓸 수 있는 여섯 가닥 면 자수 실을 사용한다.

실험적 스모킹은 고전적인 잉글리시 스모킹의 전통 방식을 따르지 않는다. 균일하지 않은 주름, 창의적인 자수 방법, 독특한 실의 질감, 기이하게 잡힌 주름과 성근 조직, 그리고 스스로 형태를 만드는 구조가 두드러진다. 일반적인 기법에서 변형된 방법으로 다음과 같은 것이 있다. 불규칙한 간격으로 개더를 잡는 것(**그림 7-23**), 비대칭 모양의 자수 패턴을 이용하는 것, 특이한 자수 스티치와 스티치의 조합을 사용하는 것, 다양한 튜브를 스티치로 묶는 것, 스티치 사이를 과장되게 건너뛰는 것, 스티치들을 겹치는 것, 실의 당김 정도를 다양화하고, 표면에 실들을 느슨하게 처리하는 것, 스티치로 물체를 부착하는 것 등이 있다.

보이지 않는 스모킹 스티치로 처리하여 주름 잡힌 튜브의 물결무늬를 만드는 **뒤집힌 스모킹**은 장식적인 요소가 있다. 뒤집힌 스모킹은 잉글리시 스모킹의 뒷면이 겉으로 나온 것으로 주름의 뒷면에서 작업한다. 각 스티치와 스티치의 조합으로 겉면 주름의 움직임에 다른 효과를 나타낸다. (원단 아래로 실이 지나가야 하는 허니콤 스티치는 뒤집힌 스모킹에 적합하지 않다. 대신 표면 허니콤 방법을 이용한다.) 뒤집힌 스모킹과 일반적인 스모킹은 같은 원단에서 조합하여 작업할 수 있다.

인테리어 스모킹은 잉글리시 스모킹의 변형으로, 전혀 스모킹처럼 보이지 않는다. 튜브 사이의 홈 안쪽 뒷면에 놓인 버팀천에 주름을 고정한다. 끝에서 끝까지 각 홈을 따라 봉제하거나 홈 안에 고정하는 직선 자수 스티치(홈질, 박음질, 줄기, 체인 스티치 등)로 뻣뻣하게 만든 버팀천에 주름 잡은 원단을 부착한다. 또 다른 질감 표현 방법으로, 튜브의 윗부분에 실을 통과시킨 후 잡아당겨서 주름이 끊어져 보이게 하는 것

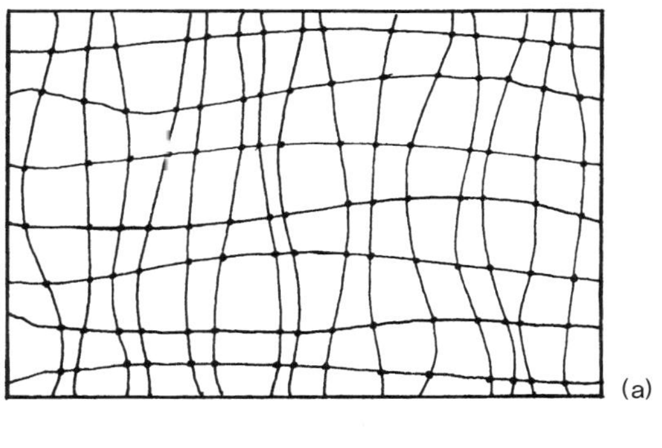
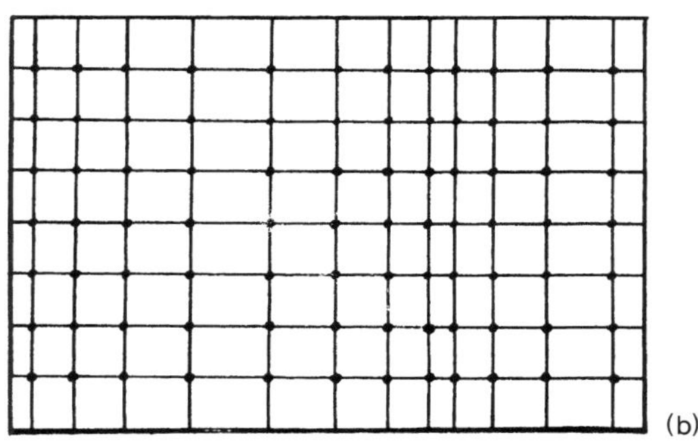

그림 7-23 징금 스티치로 개더를 처리하여 균일하지 않은 표면 질감을 표현할 수 있는 실험적인 점 모양 격자. (a) 무작위로 그린 격자. (b) 공간을 불규칙하게 디자인한 격자.

이 있다. 버팀천에 부착하기 때문에 인테리어 스모킹은 신축성이 없다.

모크 스모킹은 자수와 셔링을 조합하는 방법이다. 실제 스모킹 처리한 작은 주름 대신 개더 스티치 작업에 의한 불규칙한 주름들이 나타난다. 아래에 영구적이거나 일시적인 버팀천을 두고, 재봉틀로 스티치하여 개더 처리한 위에 작업하는 장식 기계 자수는 손으로 만드는 실제 스모킹 주름을 대신한다. 완전히 기계로 생산하는 모크 스모킹은 작업 시간을 줄여주기 때문에 가장 많이 사용된다. (43쪽, '셔링' 참조.)

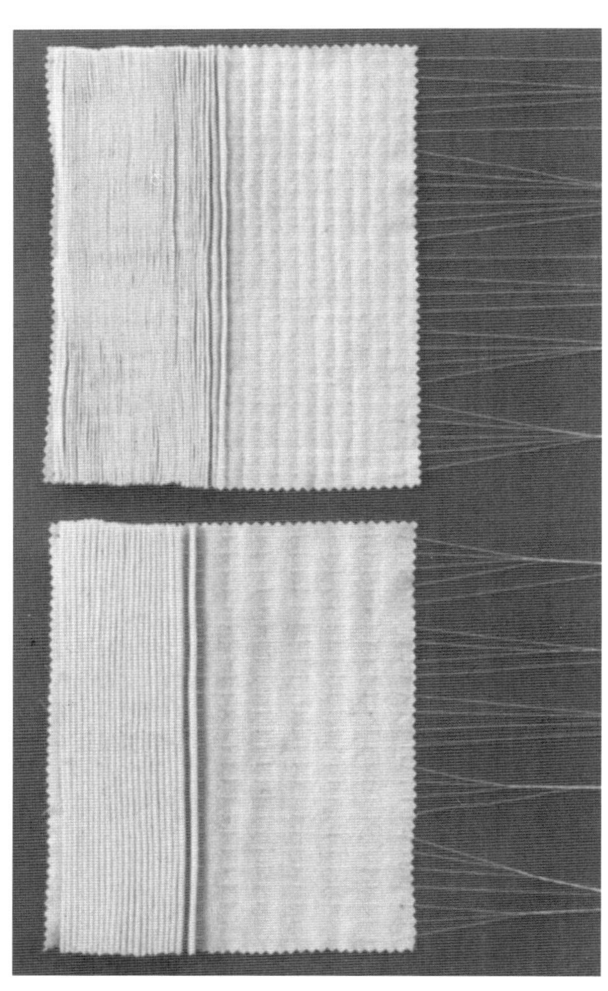

VII-1 길이와 간격을 같게 한 점무늬 격자에 따라 손 스티치한 일정한 길이의 원단. (위) 징금 스티치로 개더 처리한 샘플은 얇은 튜브들로 이루어진 얕은 주름을 만든다. (아래) 홈질 스티치로 개더 처리한 샘플은 더 넓고 깊이가 2배인 주름을 만든다.

VII-2 샐리 스탠리 스모킹 플리터로 섬세하게 주름 잡은 원단.

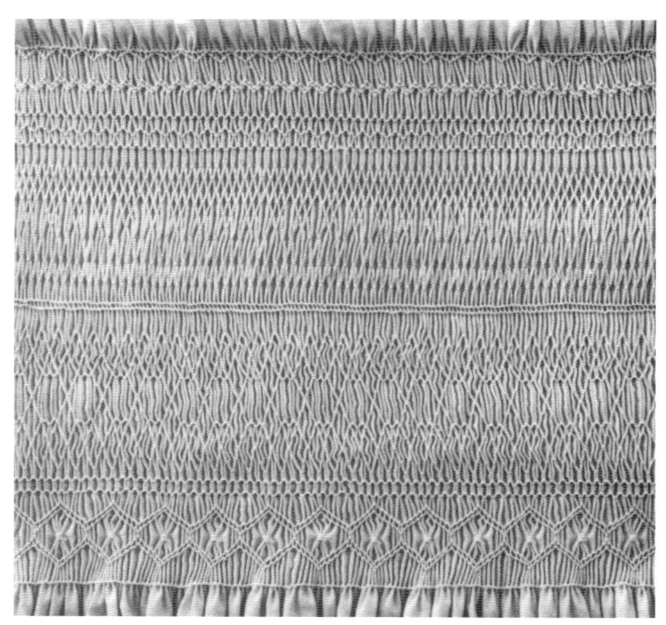

VII-3 기계로 주름을 잡고, 세 가닥 자수 실로 작업한 전통적인 잉글리시 스모킹.

3부 **규칙적인 주름**

VII-4 기계로 주름을 잡고, 뾰족한 모양으로 디자인하여 스팀을 쐬어 곡선으로 처리한 허니콤 스모킹.

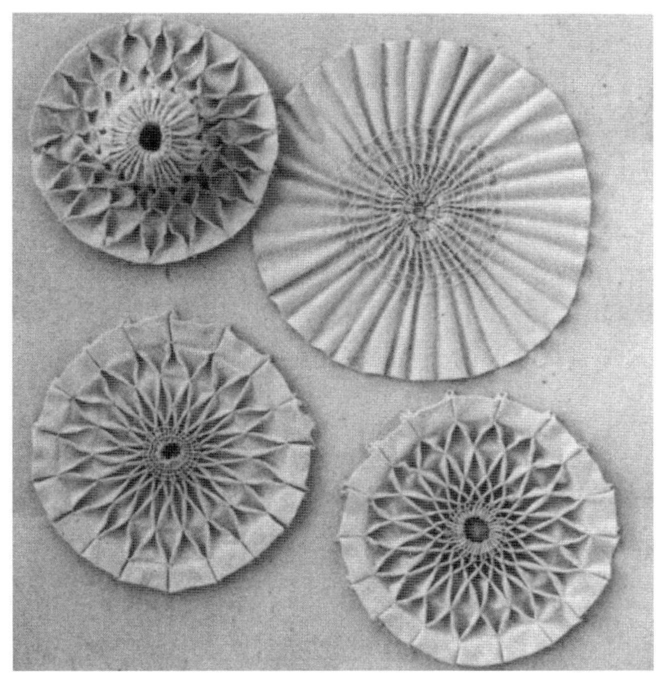

VII-5 퍼지는 모양으로 주름 잡은 원형 스모킹의 예. (오른쪽 아래) 안쪽은 지름 4인치(10cm), 바깥쪽은 지름 8인치(20.5cm)로 잘라낸 원형을 스모킹 처리하여 완성한 메달 모양. 더 작은 규격으로 자른 다른 스모킹은 퍼지는 효과가 감소한다. 왼쪽 위의 스모킹은 원뿔 모양을 이룬다.

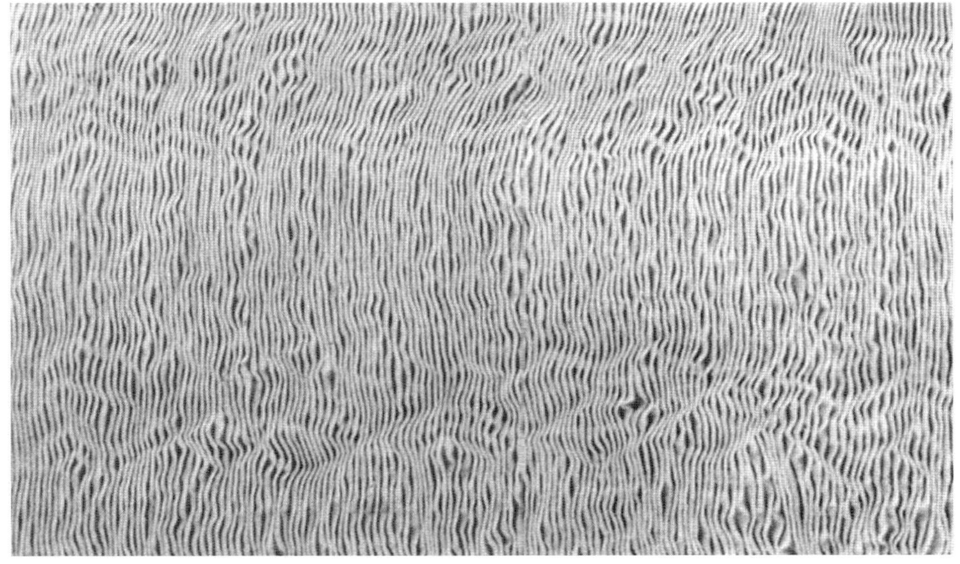

VII-6 뒤집힌 스모킹은 모여 있는 주름의 모양을 나타낸다. 스모킹은 즉흥적이고 불규칙하다.

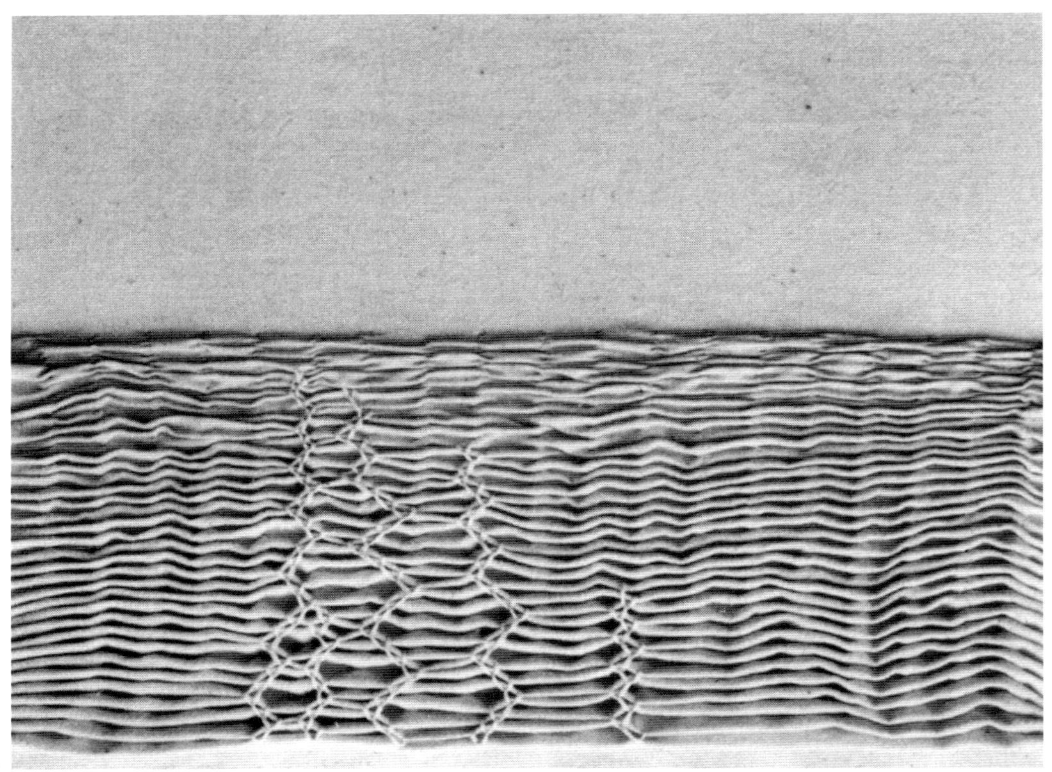

VII-7 주름 깊이가 점차 감소하는 수평 주름.
겉면에서 깃털 스티치로 스모킹하고 뒷면에서 아우트라인 스티치로
고정한 뒤집힌 스모킹.

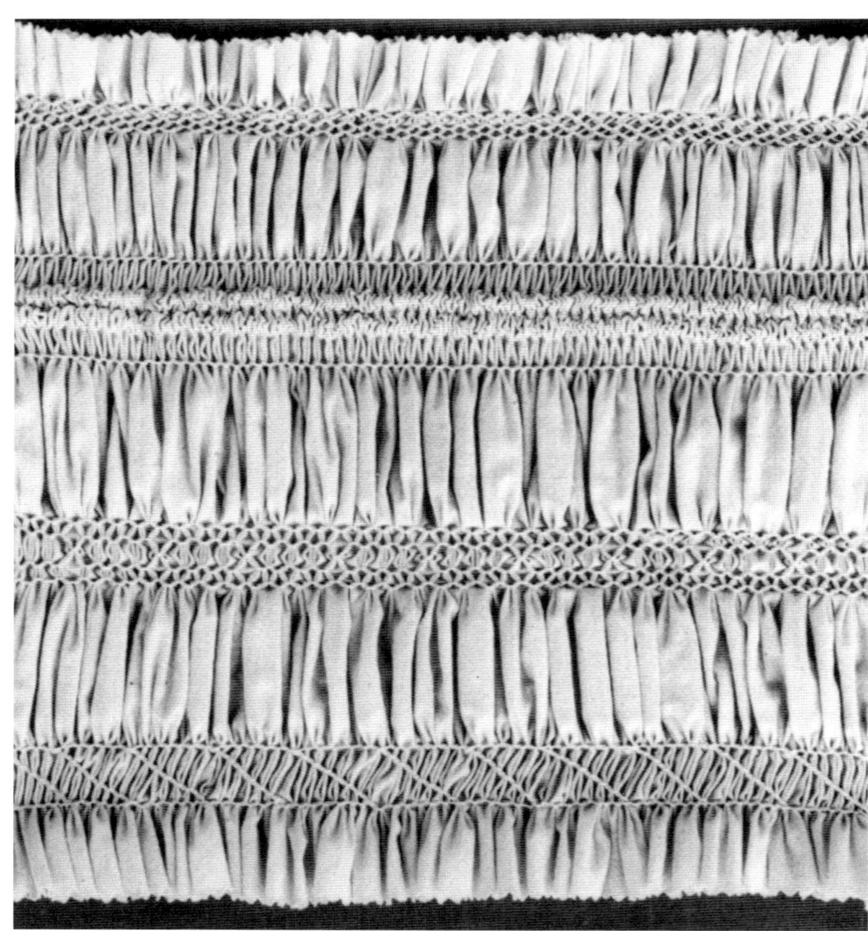

VII-8 한 번에 두 개의 주름을 통과해
스티치 처리한 스모킹 밴드 사이에
개더 처리한 부분이 있는 원단.
한 개의 스모킹 밴드에 위아래로 팽팽하게
실을 잡아당기면서 작업한 두 줄의 허니콤 스티치는
그 사이에 입체적인 주름을 만든다.

VII-9 실험적이고 즉흥적인 스모킹은 플리터로 만든 주름을 이용해
다시 무작위로 주름을 만들어 작업한다.

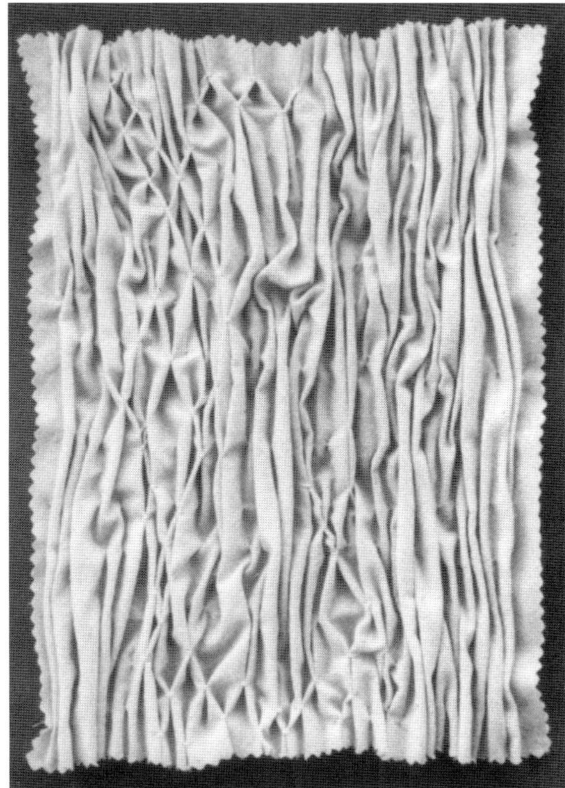

VII-10 무작위 격자무늬에 손으로 개더 처리한 울퉁불퉁한 플리츠.
허니콤 스티치를 개더 처리한 실을 이용해 불규칙한
스모킹 구조 속으로 감춘다.

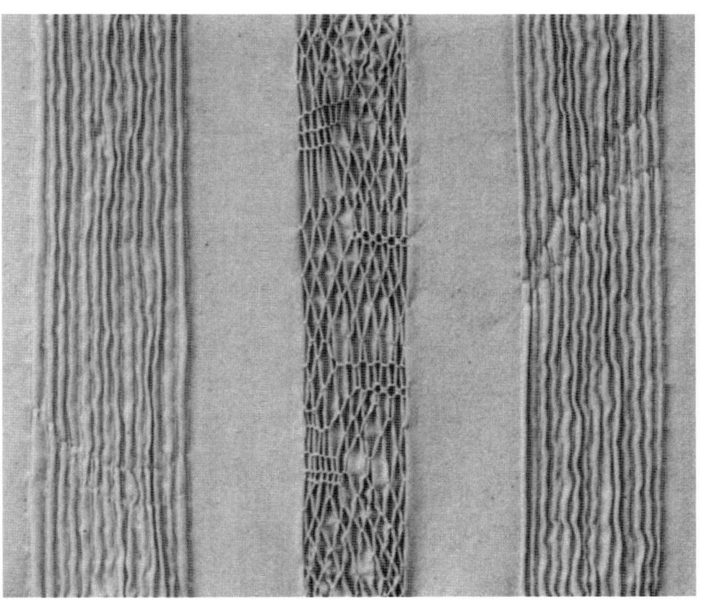

VII-11 손으로 개더 처리한 플리츠 세 개.
(가운데) 원단 사이에 끼인 평범하게 스모크 처리한 주름.
(양옆) 뒷면에 버팀천이 있고, 인테리어 스모킹 처리한 플리츠.

다이렉트 스모킹
Direct Smocking

스티치는 점으로 표시된 격자무늬 패턴을 이용해 작업한다. 패턴에 따라 장식 스티치를 하면서 실을 잡아당겨 짜임새 있는 주름 원단을 만든다. 모양은 같지만 두 번의 스티치로 작업해야 하는 잉글리시 스모킹과 달리 다이렉트 스모킹은 한 번의 스티치로 효과를 낼 수 있다.

작업 과정

❶ 149쪽, '잉글리시 스모킹'의 작업 과정을 참조한다.

❷ 짜임새 있는 주름 원단을 만들기 위해, 모눈종이에 점을 찍어 선택한 스모킹 자수 스티치 패턴을 준비한다(146쪽, '스모킹 자수 스티치' 참조). 각 점은 주름의 끝부분을 나타내며 징금 스티치로 작업할 것이다. 점 사이의 공간은 두 점이 스티치로 함께 당겨질 때 주름이 된다(간격은 보통 0.25인치(6mm) 또는 8분의 3인치(1cm) 넓이로 정한다). 수평 점선은 허니콤, 표면 허니콤, 반다이크, 아웃라인, 케

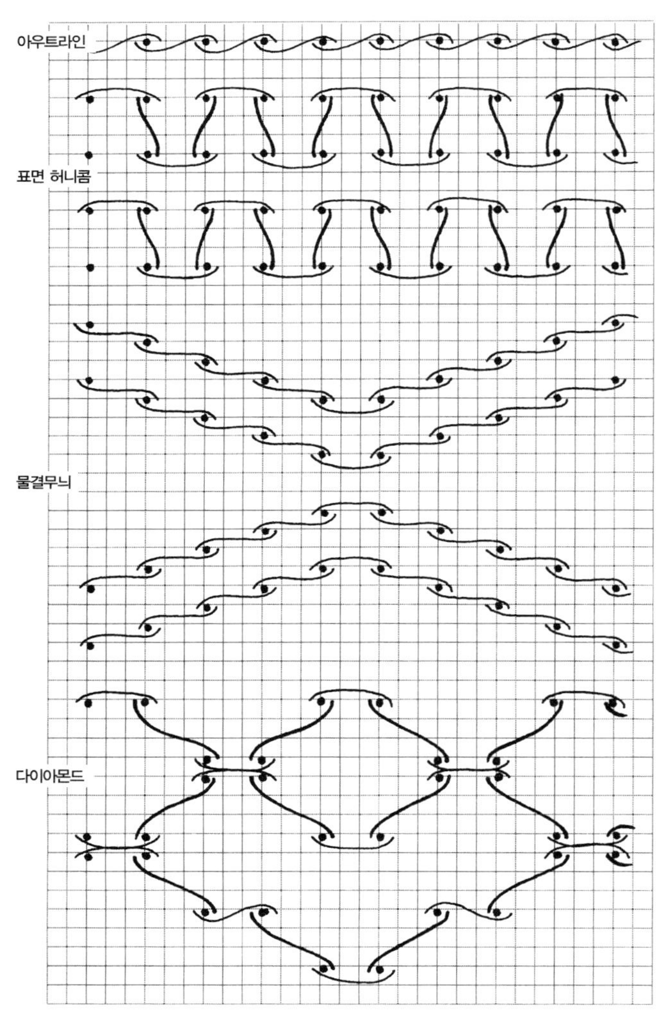

아웃라인
표면 허니콤
물결무늬
다이아몬드

그림 7-24 다이렉트 스모킹 패턴. 곡선은 스티치의 실 방향을 표시한다. 원단 위에는 점들만 표시한다.

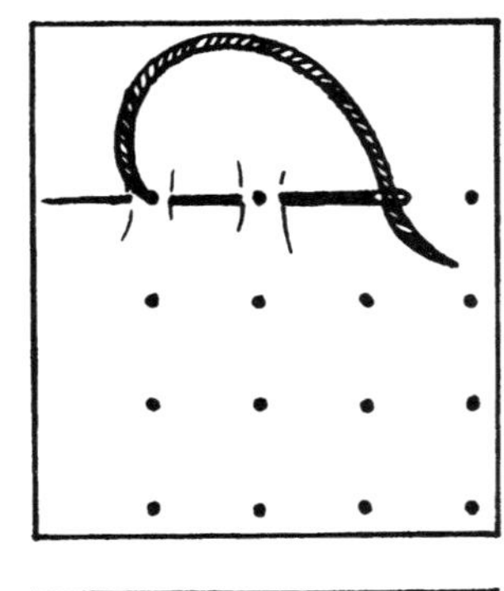
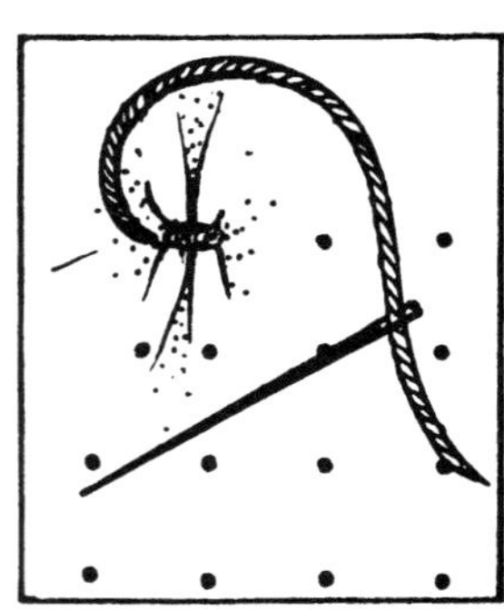
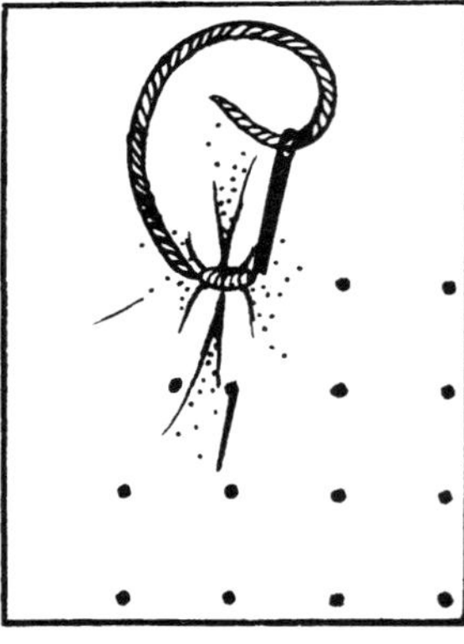
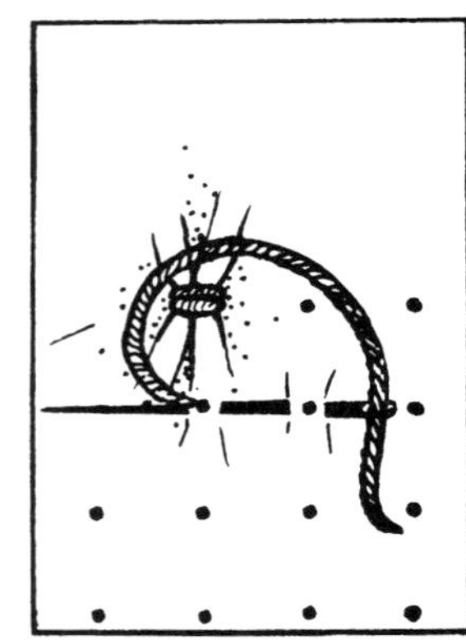

그림 7-25 다이렉트 스모킹을 위한 허니콤 스티치 방법. (a) 점 2와 1을 징거준다. (b) 실을 잡아당겨 두 점을 끌어당긴다. (c) 바늘을 점 2에 꽂아 아래 줄에 있는 점 3으로 빼낸다. 점 2와 3은 같이 잡아당기지 않는다. (d) 점 4를 징거주고 실을 잡아당겨 점 3과 같이 끌어당긴다. 같은 방법으로 작업을 계속한다.

이블 스티치 등을 위한 스티치 경로를 표시한다. 물결무늬, 격자무늬, 다이아몬드 스티치 디자인 들은 점으로 표시된 선의 방향을 바꿔가며 표시한다. 수평과 마찬가지로 수직 점선도 정리한다(그림 7-24).

❸ 직물 원단의 직선 결에 맞추면서 패턴을 이용해 원단의 겉면에 점의 위치를 표시한다. 표시한 자국이 작업 후에 완전히 사라지는지를 시험용 원단으로 확인해본 후, 아래의 점 표시 방법 중 하나를 고른다.

◆ 원단과 점 패턴 사이에 의류용 먹지를 끼워 넣는다. 송곳으로 찔러 점을 표시한다.

◆ 원단 아래에 패턴을 놓고 점을 복사한다. 잘 보이도록 라이트 박스를 사용한다.

◆ 원단 위에 스텐실을 놓고 그 구멍을 통해 점들을 표시한다.

◆ L자 모양의 자로 점들의 직선 줄을 찾아 표시한다.

❹ 주름의 끝부분을 징금 스티치하는 것처럼 원단의 각 점들을 징거준다. 방향에 따라 작업하기 위해 패턴의 물결무늬 선을 참조한다. 같은 줄에서 바로 옆의 두 점을 연결하는 스티치(아웃라인과 케이블), 또는 높이가 차이 나는 바로 옆의 두 점을 연결하는 스티치(물결무늬와 격자무늬)를 작업하려면, 두 점을 팽팽하게 같이 잡아당겨 스모

킹의 튜브와 채널을 조합해 만든다. 위아래의 방향이 바뀌는 스티치(표면 허니콤, 허니콤, 다이아몬드, 반다이크)는 점 사이가 떨어지도록 두 점 사이를 연결한 실을 잡아당기지 않고 느슨한 상태로 둔다(**그림 7-25**).

❺ 완성한 스모킹의 가장자리를 모양에 따라 조심스럽게 펴면서 다리미판에 핀으로 고정한다. 원단 위에서 다리미로 스팀을 쏘인다. 열기가 식고 완전히 마른 뒤 옮긴다.

❻ 완성 방법은 147쪽, '스모킹 플리츠 가장자리 처리' 참조.

다이렉트 스모킹은 스티치 아래에 주름이 나타난다. 완벽하게 주름 잡힌 뒷면이 특징인 잉글리시 스모킹과 비교할 때 명백한 차이를 보인다. 다이렉트 스모킹은 잉글리시 스모킹보다 유연하고, 같은 패턴으로 작업해도 잉글리시 스모킹에 비해 두껍지 않다. 잉글리시 스모킹과 달리 신축성이 없다. 격자무늬 패턴(깅엄, 체크, 점무늬 디자인)이 있는 소재에 작업하는 경우, 패턴에 따라 스모킹 처리한다.

뒤집힌 다이렉트 스모킹은 뒤집힌 잉글리시 스모킹의 잔물결무늬 주름과 비교하여, 주름 모양이 매우 독특하다. 뒤집힌 다이렉트 스모킹은 원단의 뒷면에 점을 표시하고 스티치한다. 허니콤 스티치는 뒷면에 실이 보이므로 사용하지 않는다.

실험적 다이렉트 스모킹은 불규칙한 격자무늬 점에 따라 작업한다. 점을 표시하지 않고 자유롭게 작업하기도 한다.

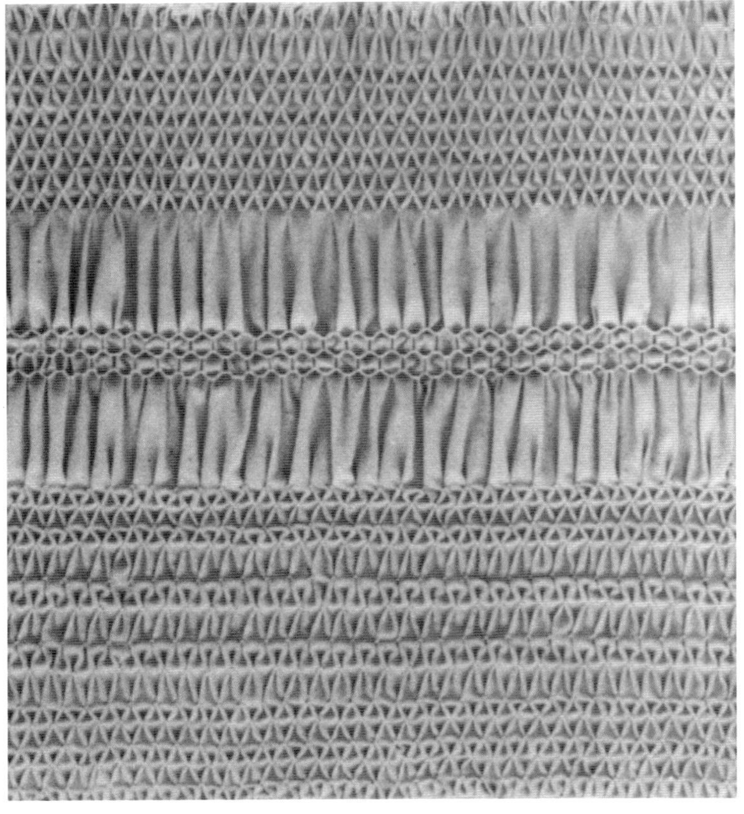

VII-12 윗부분에 반다이크 스티치, 아랫부분에 허니콤 스티치,
가운데에 케이블 스티치. 모두 세 가닥 자수 실로 스모킹 처리했다.

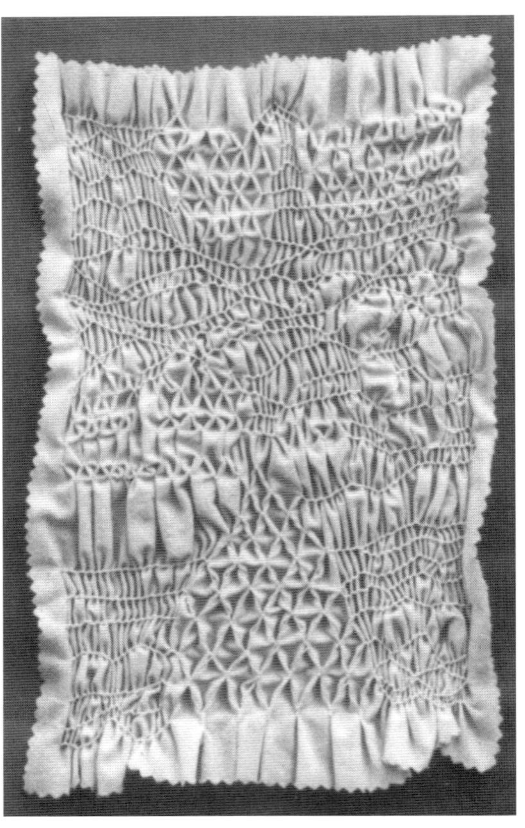

VII-13 불규칙한 격자에 무작위로 작업한
아웃라인, 케이블, 허니콤, 표면 허니콤 스티치를 이용한
실험적 다이렉트 스모킹.

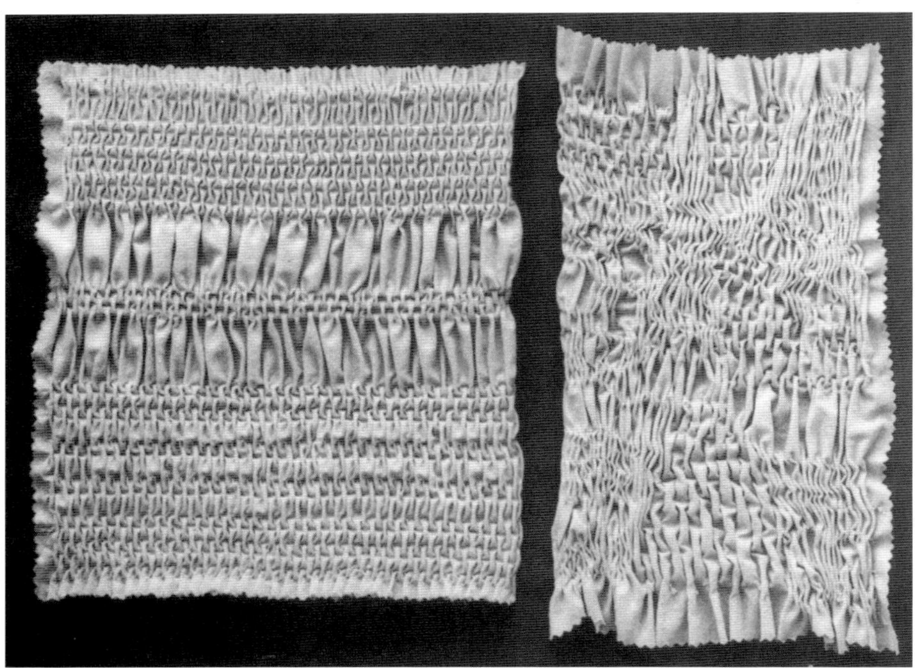

VII-14 다이렉트 스모킹의 뒷면이 겉면이 된 뒤집힌 다이렉트 스모킹.

북아메리칸 스모킹
North American Smoking

뒷면에서 잡아당기는 스티치와 느슨하게 늘어뜨리는 스티치를 번갈아 사용하여 격자무늬를 조절하는 방법으로 아주 복잡한 모양의 주름 원단으로 변한다.

작업 과정

❶ 그림 7-26 중에서 패턴을 선택한다. (145쪽, '스모킹에 필요한 원단' 참조.)

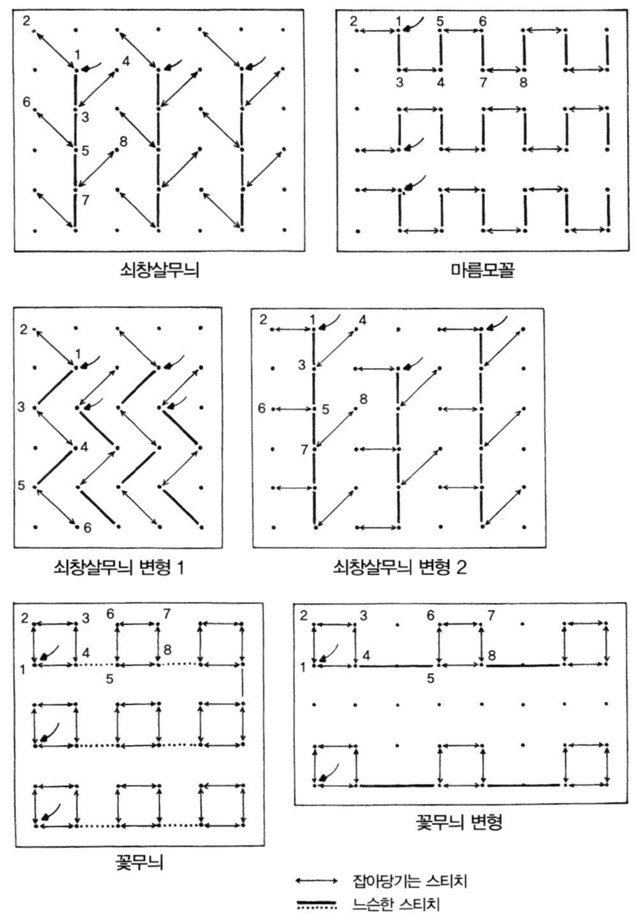

그림 7-26 북아메리칸 스모킹 패턴.

❷ 원단에 점을 표시하기 위해 149쪽 '잉글리스 스모킹' 작업 과정 3단계를 참조한다. 적절한 방법으로 원단의 안쪽 면에 일정한 간격의 격자무늬 점을 표시한다. 꽃무늬 패턴은 의류용 마커로 원단의 겉면에 점을 표시한다. (꽃무늬 변형은 원단의 안쪽 면에 스티치한다.)

❸ 실을 잡아당겨 두 점을 연결하거나 느슨한 스티치를 한 후 매듭을 지어 두 점 사이를 띄운다. 튼튼한 실로 패턴에 표시된 경로를 따라 스티치하여 모든 줄을 스모킹 처

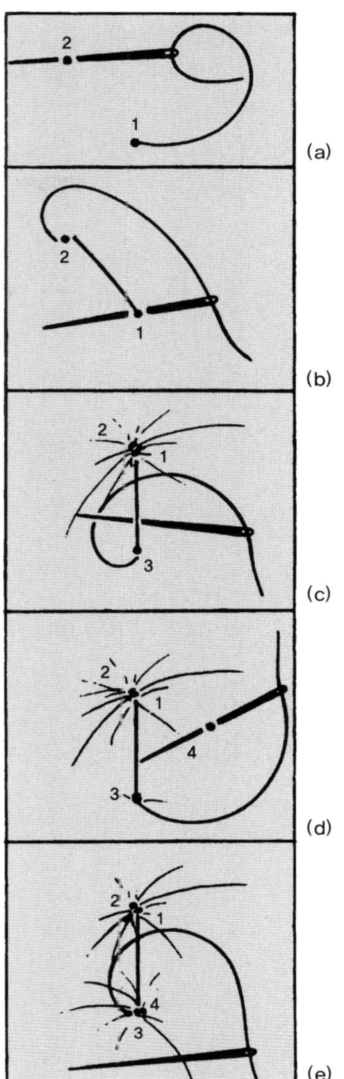

그림 7-27 쇠창살무늬, 쇠창살무늬 변형, 마름모꼴 패턴을 스티치하는 방법. (a) 점 1에서 시작해 점 2를 징거준다. (b) 다시 점 1을 징거준다. (c) 점 1과 2를 같이 잡아당긴다. 점 3을 징거준 후 실을 당기지 않고 매듭을 짓는다. (d) 점 4를 징거준다. (e) 다시 점 3을 징거준다. 점 3과 4를 같이 잡아당긴다. 잡아당기는 스티치와 느슨한 스티치를 번갈아가며 같은 방법으로 작업을 계속한다.

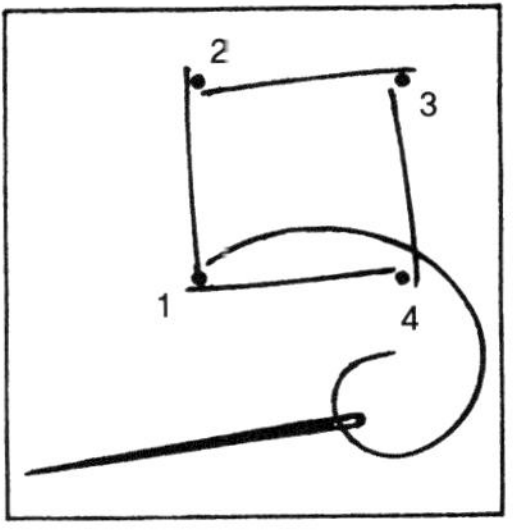

그림 7-28 꽃무늬 패턴에서는 사각형 모양의 점 1, 2, 3, 4를 징거준 다음 실을 단단하게 잡아당겨 가운데로 모은다. 보이지 않게 작은 스티치로 고정한다. 뒷면에서 연결한 실을 잡아당기지 않고 위치를 옮긴 후 다음 무늬의 점 네 개를 같은 방법으로 작업한다.

리한다(**그림 7-27**). 꽃무늬와 꽃무늬 변형 패턴에서는 점 네 개를 스티치 하나로 잡아당겨 연결한다(**그림 7-28**).

❹ 완성한 스모킹의 양옆을 조심스럽게 펴면서 다리미판에 핀으로 고정한다. 원단 바로 위에서 다리미로 스팀을 쏘인다. 열기가 식고 완전히 마른 뒤 옮긴다.

❺ 완성 방법은 147쪽, '스모킹 플리츠 가장자리 처리' 참조.

특징과 응용

선이나 점으로 스모킹 패턴을 표시한 원단은 별도로 격자무늬 점을 표시할 필요가 없다. 잉글리시 스모킹과 다이렉트 스모킹과는 달리, 북아메리칸 스모킹은 모든 방향에서 유연하지만 신축성이 없다.

뒤집힌 북아메리칸 스모킹의 경우, 뒷면이 겉면이 되도록 구상한 대로 표시하고 스티치한다. 느슨하고 스티치 매듭이 보이기 때문에 장식적인 실을 사용한다.

실험적 북아메리칸 스모킹은 다양하게 변형 가능하다. 정사각형 격자에서 직사각형 격자로 변화한다. 격자의 크기는 점차 증가 또는 감소한다. 꽃무늬 스티치를 조합하여 꽃무늬가 아닌 패턴을 만든다. 독창적인 스티치 경로를 디자인한다.

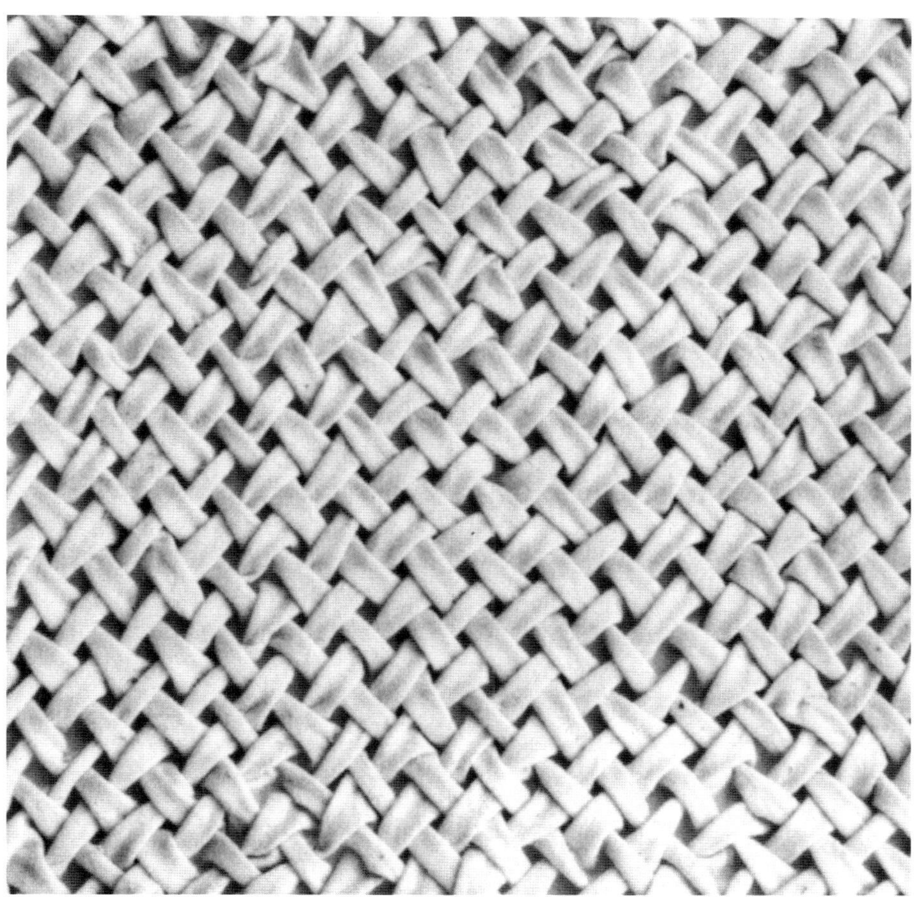

VII-15 쇠창살무늬 패턴.

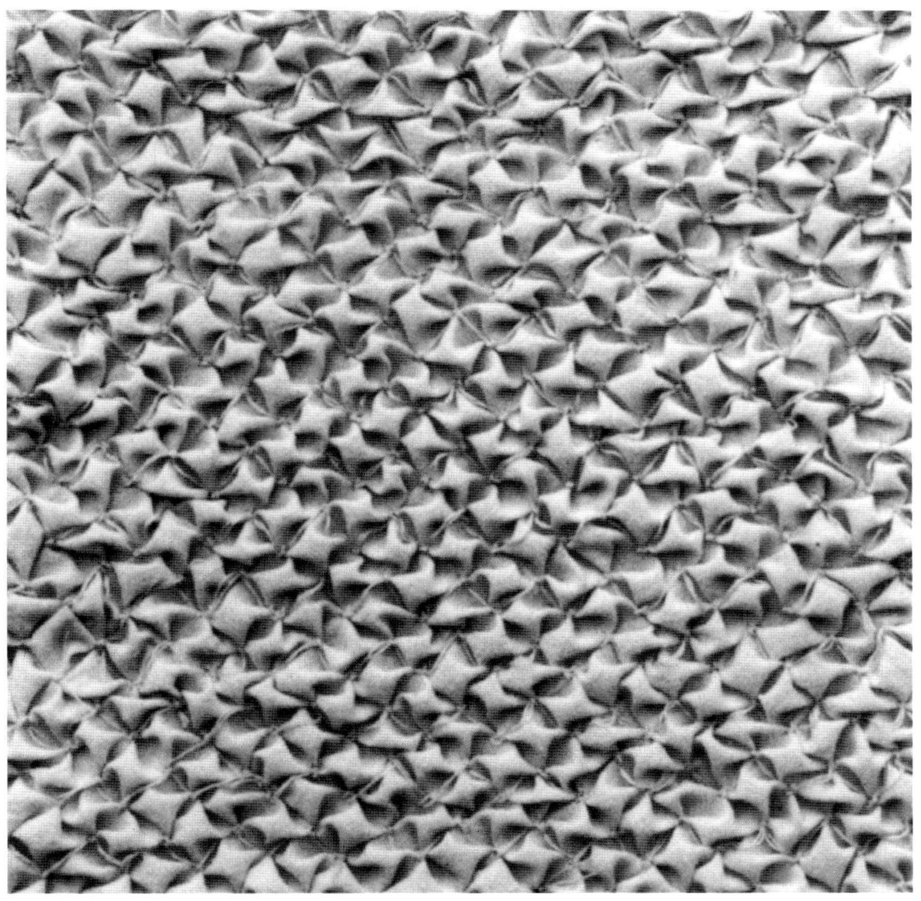

VII-16 쇠창살무늬 스모킹의
뒤집힌 면이 드러난 스모킹 구조.

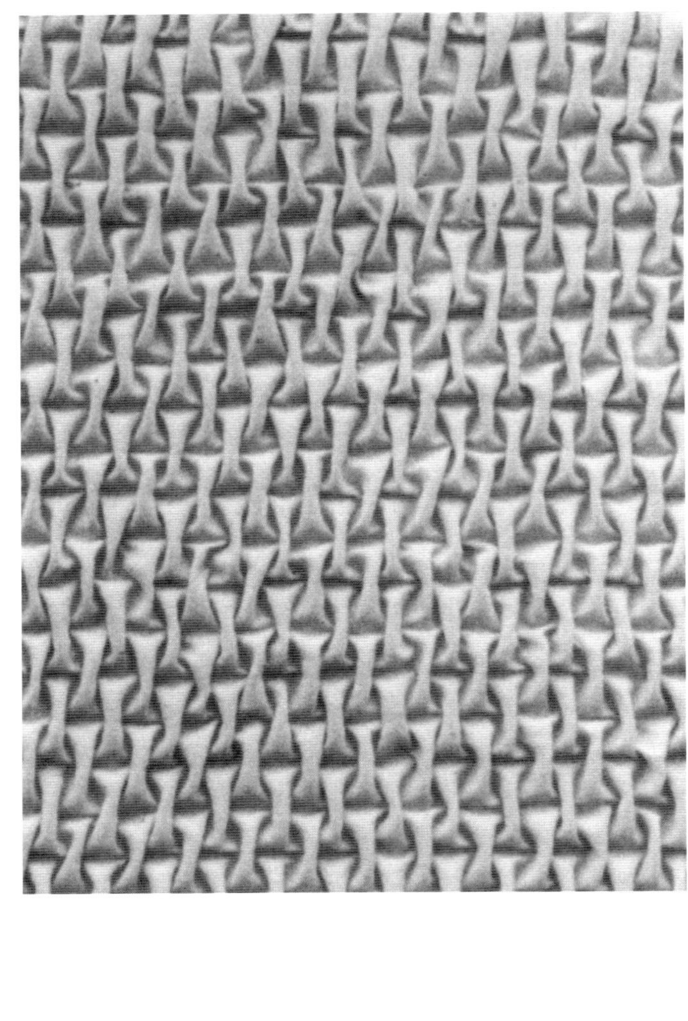

VII-17 마름모꼴 패턴.

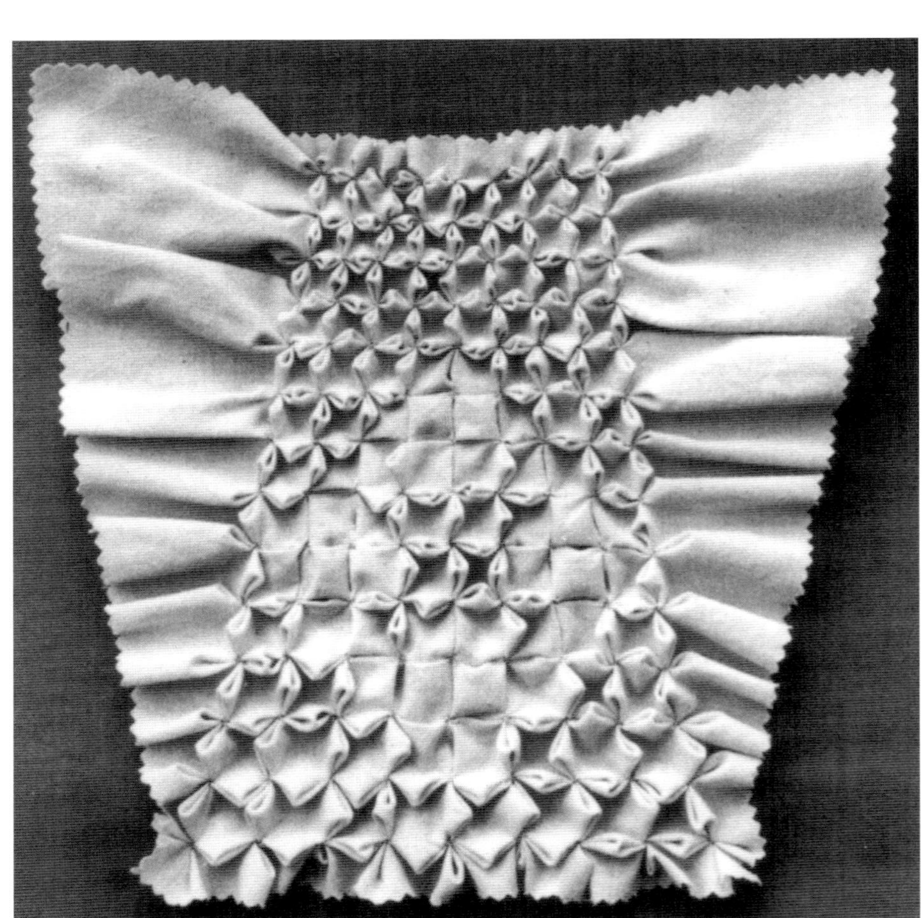

VII-18 점점 퍼져나가는 모양의
격자에 작업한 꽃무늬 패턴.
스모킹 후 가운데의 다이아몬드
외곽선을 제외하고 모든 주름이
꽃잎 모양을 이루며 위로 솟아오른다.

이탈리안 스모킹
Italian Smocking

스티치한 줄로 촘촘하게 주름 잡힌 원단은 불규칙한 패턴을 이룬다. 이탈리안 스모킹은 두 가지 종류가 있다.

- **문양이 있는 이탈리안 스모킹** – 각도를 이루며 방향을 바꾸는 스티치의 줄에 개더를 잡아 주름을 만든다. 스티치가 방향을 바꾸는 곳에서 주름은 구부러지고 구겨진다.
- **셔링 처리한 이탈리안 스모킹** – 건너뛴 스티치 덕에 섬세하게 솟아오르는 입체적인 디자인을 이루며 직선 스티치의 줄에서 주름이 만들어진다.

문양이 있는 이탈리안 스모킹의 작업 과정

❶ 적절한 크기의 모눈종이에 그림 7-29의 디자인 중 하나를 복사한다. 혼돈을 피하기 위해 두 가지 색깔의 펜을 이용해 모든 줄을 교대로 표시한다. 짧은 선과 사이 공간의 치수가 같고, 그들의 길이는 스티치 후에 개더를 잡았을 때 주름의 깊이와 같다는 것을 유의해야 한다.

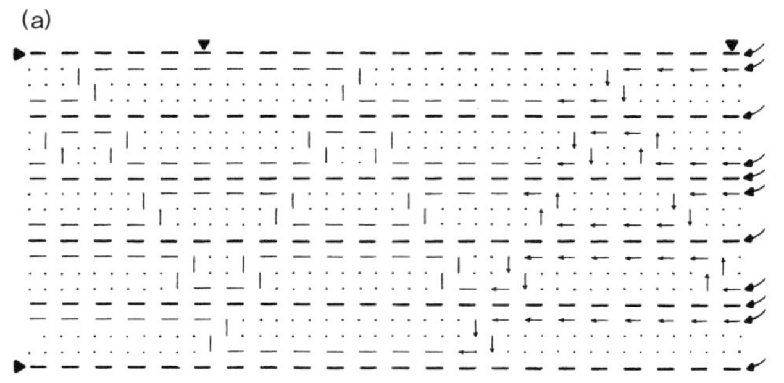

(a)

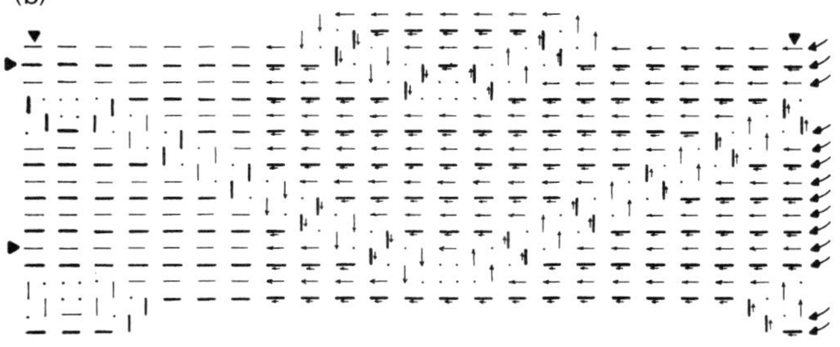

(b)

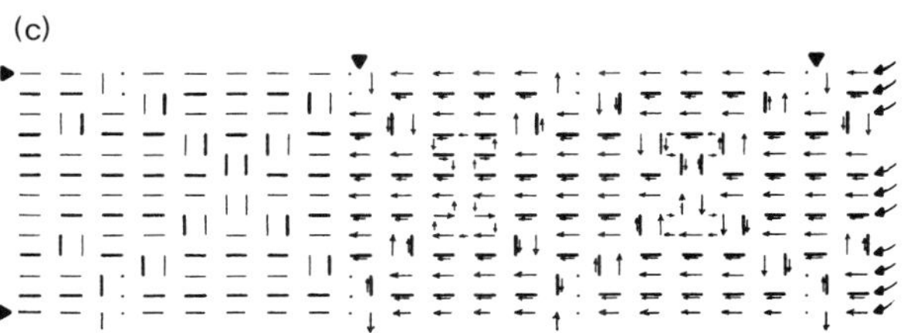

(c)

그림 **7-29** 모양이 있는 이탈리안 스모킹을 위한 세 가지 패턴. 오른쪽의 화살표는 스티치를 시작하는 줄을 표시한다. 각각의 짧은 선은 표면의 스티치를 나타낸다. 선 사이의 공간에서 안팎으로 움직이는 스티치는 직선 경로를 따르지 않는다. 큰 삼각형(▲)은 반복되는 패턴의 한 단위를 표시한다. (점선은 스티치가 아니라 격자선을 표시한 것이다.)

❷ 원단의 안쪽 면에 스티치 경로들을 표시한다. 원단 조직의 직선 결에 스티치선을 맞추고, 원단 아래에 패턴을 놓는다. 의류용 마커로 표시된 선들을 베낀다. 다른 색깔의 펜을 사용해 모든 줄을 교대로 표시한다. 잘 보이도록 라이트 박스를 사용한다. 조심스럽게 패턴을 다시 정렬하고, 필요한 만큼 반복해서 디자인을 베낀다. 응용 방법: 패턴이 표시된 종이를 겹쳐서 사용한다.

❸ 각 줄의 끝에 스티치 길이보다 3인치(7.5cm) 긴 튼튼한 실로 표시된 줄을 따라 겉에서 각 줄을 스티치한다. 솔기선 끝에서 실을 자르거나 고정하지 않는다.

❹ 실의 끝을 두 개씩 잡고 잡아당겨서 원단에 촘촘한 주름을 잡는다. 주름이 풀리지 않도록 실의 끝을 한 쌍으로 묶은 후 불필요한 실은 잘라낸다.

셔링 처리한 이탈리안 스모킹의 작업 과정

❶ 적절한 크기의 모눈종이에 그림 7-30의 디자인 중 하나를 복사한다. 수평 줄의 두 점 사이 공간은 스티치를 개더 처리할 때 주름이 된다.

❷ 원단의 겉면에 점들을 표시한다. 우븐 원단의 직선 결에

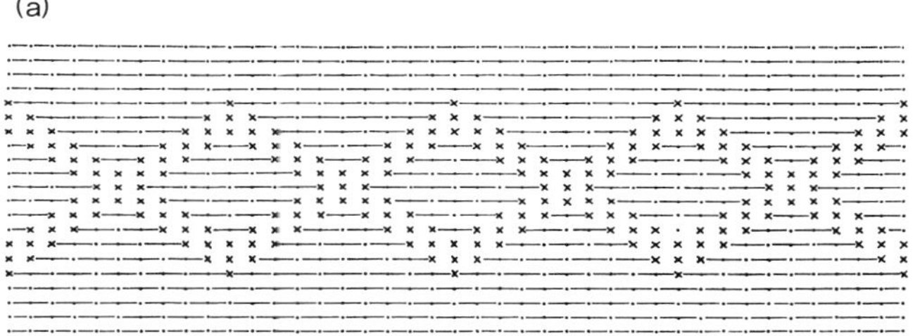

(a)

(b)

(c)

그림 **7-30** 셔링 처리한 이탈리안 스모킹을 위한 세 가지 디자인.

맞춰 점의 줄을 정렬한다. 의류용 마커로 시험용 원단에
시험해본다.

- 원단과 점 패턴 사이에 의류용 먹지를 끼워 넣고 점을
  베낀다.
- 원단 아래에 패턴을 놓고 점을 복사한다. 잘 보이도록
  라이트 박스를 사용한다.
- 원단 위에 스텐실을 놓고 그 구멍을 통해 점들을 표시
  한다.
- L자 모양의 자로 점들의 직선 줄을 찾아 표시한다.
- 디자인의 위에서 아래로 점을 세면서 문양을 이루는 점
  에 X 표시를 한다.

❸ 각 줄의 끝에 스티치 길이보다 3인치(7.5cm) 긴 튼튼한 실
로 표시된 줄을 따라 겉에서 각 줄을 징금 스티치로 스티
치한다. 솔기선 끝에서 실을 자르거나 고정하지 않는다.

ⓐ 첫 번째 줄에서 아주 작은 스티치로 각 점을 징거준다.

ⓑ 두 번째와 나머지 모든 줄에서 작은 스티치로 두 점마
다 한 번씩 징거준다. 각 줄에서 징거주는 점들이 엇갈
리도록 교대로 작업한다. X 표시된 점이 있는 부분에
서는 징거주지 않고 뒷면에서 건너뛰어 다음 점에서
작업한다(그림 7-31).

ⓒ 마지막 줄에서 작은 스티치로 각 점을 징거준다.

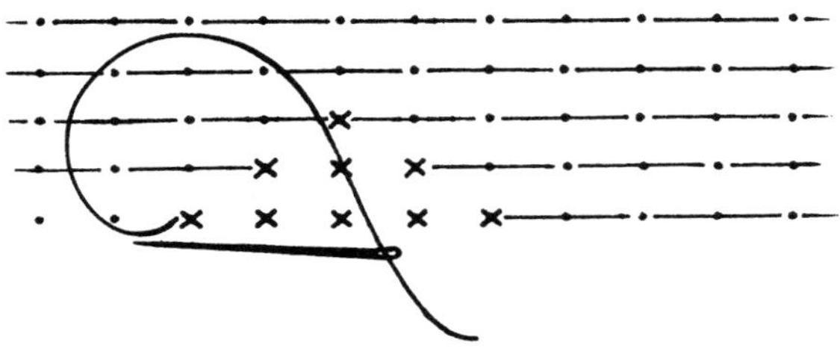

그림 7-31 X 표시된 점들 뒷면에서 건너뛰어 징금 개더링으로 작업한 셔
링 처리한 이탈리안 스모킹. X 표시된 점들은 늘 3개 또는 5개씩 무리를
이룬다.

❹ 실의 끝을 두 개씩 잡고 잡아당겨서 원단에 촘촘한 주름을
잡는다. 한쪽에서 가운데까지 개더 처리하고 나서, 다른
쪽에서 가운데까지 개더 처리한다. 주름이 풀리지 않도록
실의 끝을 한 쌍으로 묶은 후 불필요한 실은 잘라낸다.

특징과 응용

전통적으로 이탈리안 스모킹에는 부드럽고 얇은 원단이 쓰
였으나, 현대로 오면서 기법의 발달로 평범하지 않은 소재에
다양하게 적용되고 있다. 일반적으로 이탈리안 스모킹 작업
을 위해서는 많은 양의 원단이 필요하다(145쪽, '스모킹에 필요
한 원단' 참조). 완성 방법은 147쪽, '스모킹 플리츠 가장자리
처리' 참조.

개더 처리 후 이탈리안 스모킹 디자인을 작업하면 원단이
줄어든다. 줄어드는 양을 감안해 디자인을 구상할 때 항상
옆으로 긴 원단을 준비한다. 셔링 처리한 이탈리안 스모킹
디자인은 점 사이의 간격보다 줄 사이의 간격이 더 촘촘하
도록 계획한다. 스티치의 진행과 작업 방법을 먼저 이해한
후 패턴에 따라 작업한다.

반복적인 디자인을 쉽게 작업하기 위해 스티치 경로를 원
단에 표시한다. 쉽게 지워지는 초크 등으로 표시한 후에 원
단의 아래에서 위로 스티치한다.

두 줄의 스티치를 한 줄의 실로 작업하는 것은 효율적이고
주름의 한 끝을 영구적으로 고정한다. 튼튼한 실을 한 줄에
필요한 길이의 2배가 되는 길이에 6인치(15cm)를 더하여
자른다. 시작하는 부분에 실의 꼬리를 3인치(7.5cm) 남기고
한 줄을 스티치한 후, 이어서 다음 줄을 스티치한다. 같은
실로 스티치한 두 줄을 한 끝에서 시작 부분까지 주름을 밀
어 모으면서 개더 처리한다. 끝을 묶어 고정한다.

셔링 처리한 디자인을 작업하기 위해 스티치를 한 다음, 세
탁하여 점 표시를 없애고 다림질한 후 개더를 잡는다. 개더
처리한 것을 고정하기 위해 실을 묶는다. 그러나 실의 끝은
자르지 않는다. 셔링 처리한 스모킹은 세탁과 다림질로 풀
릴 수 있으나 다시 주름을 잡을 수도 있다. 셔링 처리한 이
탈리안 스모킹을 위해 개더 처리한 실은 바스켓 조직 주름
의 보이는 부분이 되기 때문에, 실의 내구성뿐만 아니라 장
식적인 면도 고려해야 한다.

이탈리안 방식으로 스모킹 처리한 원단은 튼튼하고 견고하
게 느껴진다. 원단은 주름의 깊이만큼 두꺼워지고 신축성
이 없어진다. 두 종류의 이탈리안 스모킹은 주름이 잡히는
방향으로는 둥글게 말리지만 반대 방향으로는 그 모양을
유지한다. 셔링 처리한 스모킹의 주름은 빽빽하게 개더 처
리되기 때문에, 문양이 있는 스모킹보다 뻣뻣하다.

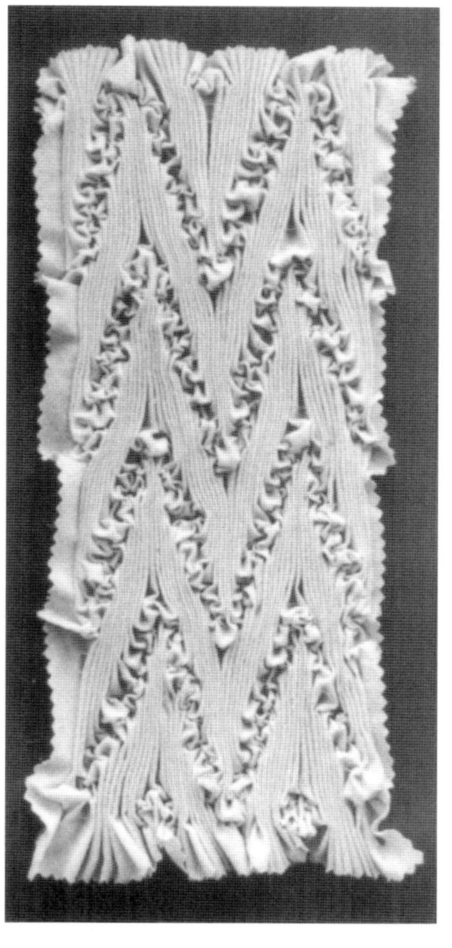

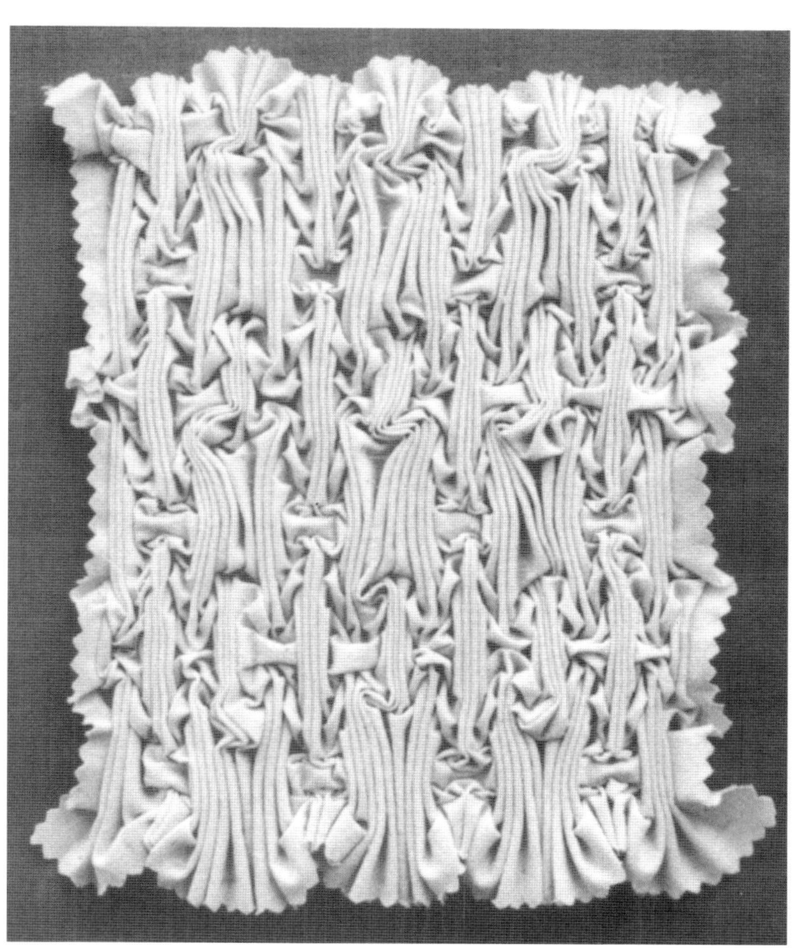

VII-19 그림 7-29 (b)처럼 스티치한
문양이 있는 디자인.

VII-20 그림 7-29 (c)처럼 스티치한 문양이 있는 디자인.

VII-21 그림 7-30 (c)처럼 스티치한,
셔링 처리한 디자인은 입체적으로
돌출한 문양 주변에 섬세한 바스켓 조직의
주름을 만든다. 8분의 1인치(3mm) 깊이로
촘촘하게 셔링 잡은 원단은 풍성한
주름으로 떨어진다.

08

턱

턱은 원단의 끝에서 끝까지 박아 가느다란 주름을 도드라지게 나타내는 것이다. 그 모양은 바탕천의 솔기선에서 높게 돌출되게 하거나 다림질을 하여 낮게 만들기도 한다. 턱의 너비를 넓거나 아주 좁게 하여 변화를 줄 수 있으며, 원단 전체 또는 한 곳에 무리 지어 나타나게 작업할 수 있다. 턱 처리한 원단은 안정적이다. 뒷면에 나타난 턱의 모양은 솔기처럼 보인다. 원단에 턱으로 인한 두께가 더해진다.

턱에 관한 일반적 고찰
Tuck Basics

턱을 작업하면 한 방향 또는 양쪽 방향으로 원단이 줄어든
다. 그러므로 작업을 시작하기 전이나 후에 원단을 덧붙여
길이를 연장해야 한다. 연장하는 방법은 턱의 종류와 마찬
가지로 다양하다.

턱과 동시에 작업하는 솔기

턱 뒤쪽으로 솔기가 감춰지도록 하면서, 두 조각의 원단을
턱과 평행하게 연결하는 것이다. 첫 번째 원단의 끝에서 접
어놓은 턱의 아랫부분에 시접을 더해주고 마무리한다. 두
번째 원단의 가장자리에 첫 번째 원단의 접힌 턱을 길이 방
향으로 겹쳐놓고 핀으로 고정한 후 턱을 봉제한다. 계속 턱
을 잡는다(**그림 8-1**).

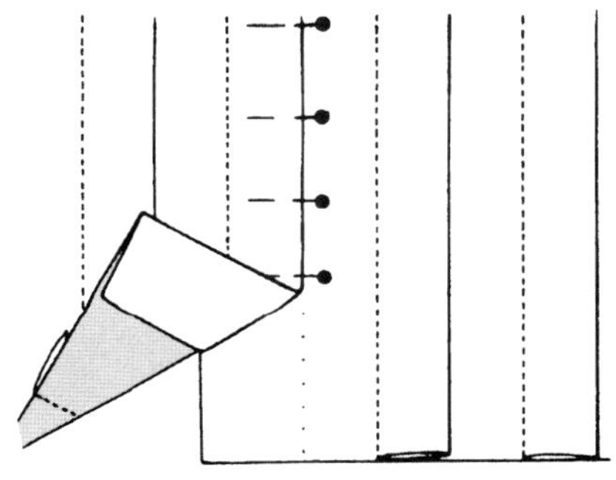

그림 8-1 연장할 원단 위에 마지막 턱을 겹쳐놓고 봉제하여 연결 부분이
보이지 않게 원단을 덧붙인다.

턱에 직각인 솔기

턱을 잡은 후 솔기를 연결해야 하는 특별한 이유가 없다면
먼저 두 조각의 원단을 연결한 다음 턱을 접고 솔기선을 가
로질러 봉제한다(**그림 8-2**).

턱을 먼저 잡은 후 솔기를 연결할 때, 두 원단에 나타난 턱
의 배치를 다르게 하면 수직의 턱 모양을 변화시킬 수 있다.
또는 턱 처리한 조각들을 연결할 때 정확하게 맞지 않으면
의도한 것처럼 턱의 배치를 달리할 수 있다. 장식적인 목적
으로, 정교하게 턱 처리한 조각들을 정확히 맞추어 서로 다
른 원단을 연결하거나 디자이너의 의도에 따라 수평의 솔기
선을 만들 수 있다.

납작하게 눌린 턱의 가장자리에 다른 원단을 연결하는 것은
간단하다. 두 겉면을 마주대고 같이 봉제하거나 턱이 접힌
부분을 연장할 원단의 가장자리에 겹쳐놓고 봉제하면 된다.

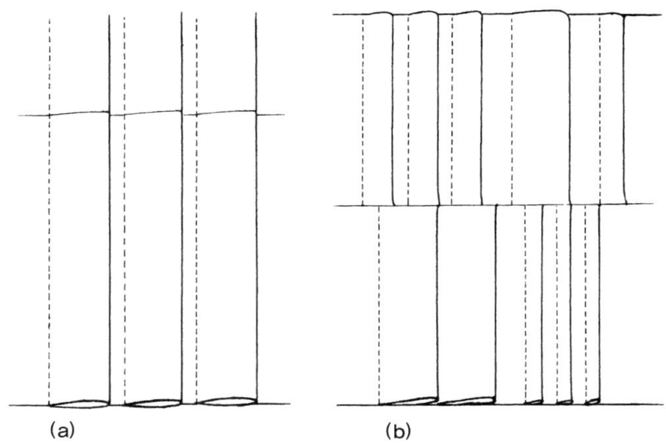

그림 8-2 (a) 먼저 연결한 솔기를 가로질러 작업한 턱. (b) 턱을 작업한
후 함께 연결한 것.

턱의 접힌 부분이 눌리지 않고 돌출되게 하려면, 다른 원단
과 연결하기 전에 턱의 가장자리를 먼저 준비해두어야 한
다. (1) 패턴과 주름의 방향에 따라 턱을 납작하게 만들면서
시침하여 자리를 잡는다. (2) 손바느질이나 재봉틀로 스티
치의 간격과 땀수를 조절하면서 교차 턱, 솔기가 없는 턱,
패턴 턱의 시접을 고정한다.

턱의 접힌 부분이 눌리지 않고 돌출되게 유지하려면, 연장
할 원단에 턱을 스티치하기 전에 밑단을 한 번 접어 다림질
한다. 밑단 처리한 턱을 연장할 천의 가장자리 위에 겹쳐놓
고 손바느질로 고정하거나 재봉틀로 지그재그 또는 밑단 스
티치 한다(**148쪽, 그림 7-16 참조**). 각 턱의 접힌 부분이 눌리지
않게 피해 가면서 그 사이를 재봉틀로 천천히 스티치하여
고정한다(**그림 8-3**).

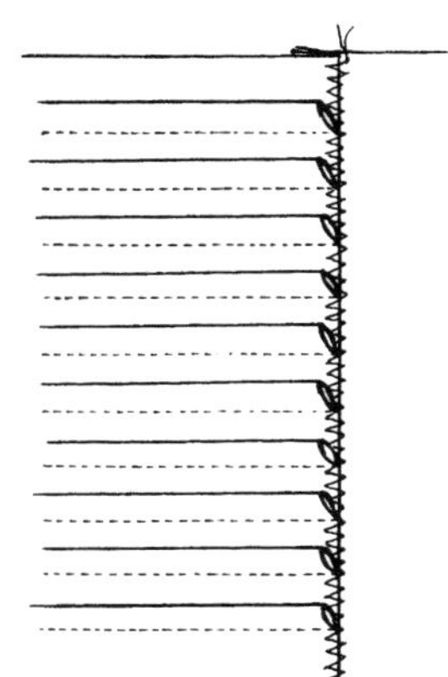

그림 8-3 턱의 접힌 부분을 돌출되게
유지하면서 연장할 원단에 지그재그
상침으로 덧붙인다.

<h1 style="text-align:center">기본 턱
Standard Tucks</h1>

한 끝에서 다른 끝까지 스티치로 고정하여 원단의 표면에 입체감 있는 평행한 주름을 만드는 것이다. 기본 턱의 솔기는 대부분 직선이고, 접힌 가장자리에서부터 거리를 같게 하거나 기울어지게 봉제한다. 기본 턱에는 일곱 가지 종류가 있다.

- **핀 턱** – 턱의 너비가 핀의 지름 정도이거나, 8분의 1인치(3mm) 이하인 아주 좁은 턱이다.
- **간격이 있는 턱** – 각 턱 사이의 간격이 일정하고, 턱의 너비가 같은 턱이다.
- **간격이 없는 턱** – 주름들이 서로 닿거나 턱의 솔기선이 서로 겹쳐서 턱 사이의 간격이 보이지 않는 턱이다.
- **점차적으로 변화하는 턱** – 턱의 너비와 턱 사이의 간격이 점차적으로 변화하는 턱이다.
- **솔기선에 중심을 맞춘 턱** – 솔기선에 턱의 중심을 맞추어 양쪽으로 주름이 나타나는 턱이다.
- **솔기선에 중심을 맞춘 이중 턱** – 첫 번째 솔기선에 두 번째 솔기선의 중심을 맞추어 양쪽으로 두 개의 턱이 겹쳐서 나타나는 턱이다.
- **좁아지는 턱** – 접힌 가장자리와 평행하지 않고 사선으로 봉제한 턱이다.

(그림 8-4 참조.)

작업 과정

❶ 완성 치수에 맞춰 턱을 잡기 위해, 아래의 방법들 중 하나를 적용하여 필요한 원단의 양을 정한다.

불규칙한 디자인

턱의 너비와 턱 사이의 간격이 일정하지 않은 디자인은 주름의 배치에 따라 종이를 접어 시험해본다. 접기 전과 후에 치수를 측정한다. 그것을 기준으로 다음과 같이 계산한다.

（접기 전÷접은 후)×완성 치수=원단 필요량

규칙적인 디자인

규칙적인 디자인은 공식 1 또는 공식 2를 사용한다.

- **공식 1**
  ⓐ 턱의 너비(턱의 솔기와 턱의 주름 사이 공간)와 두 턱 사이의 보이는 공간을 측정한다(그림 8-5).
  ⓑ 완성 치수에 적합한 턱의 개수를 정한다.
  완성 치수÷(턱 1개의 너비+두 턱 사이의 보이는 공간)

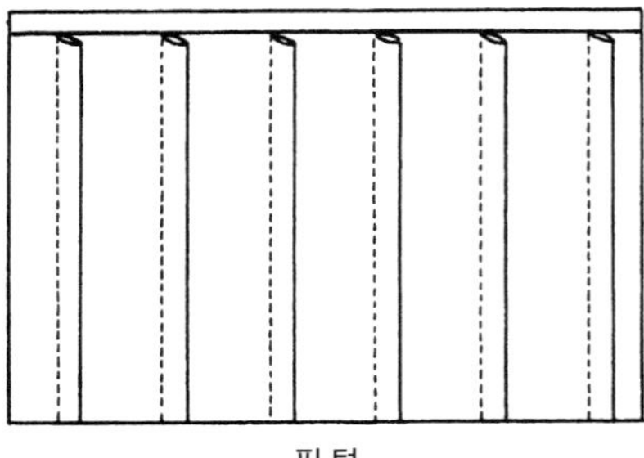

핀 턱

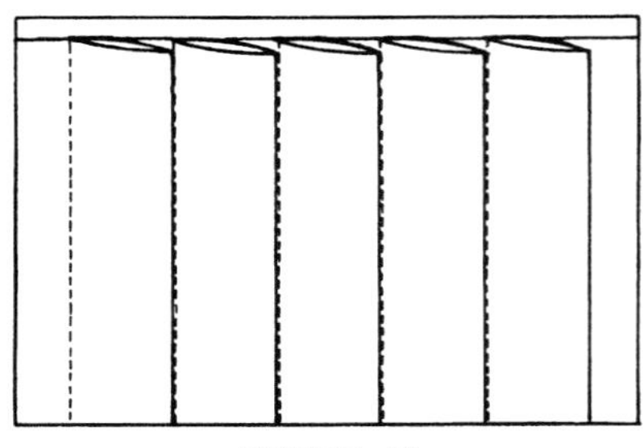

간격이 있는 턱

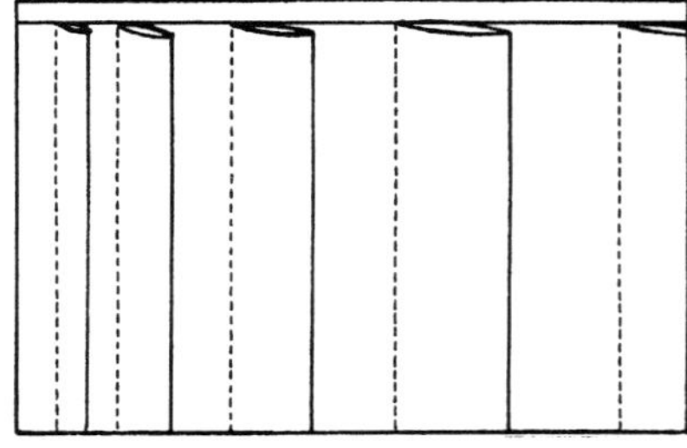

간격이 없는 턱

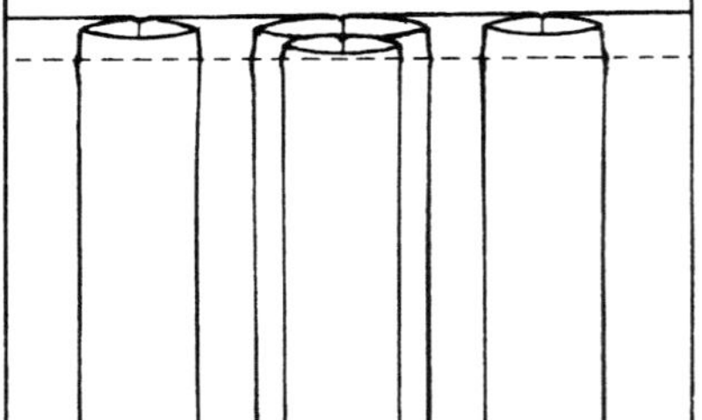

점차적으로 변화하는 턱

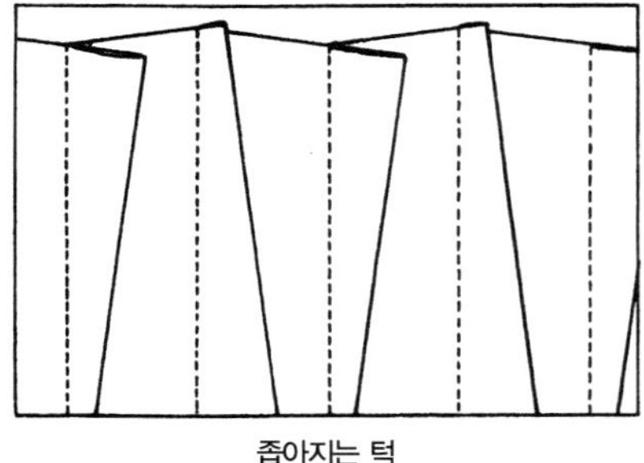

솔기선에 중심을 맞춘 턱과
솔기선에 중심을 맞춘 이중 턱

좁아지는 턱

그림 8-4 기본 턱.

　　＝턱의 개수

ⓒ 턱을 잡기 위해 필요한 원단의 전체 양을 계산한다.

　　턱의 너비×3＝1개의 턱에 필요한 원단

　　1개의 턱에 필요한 원단×턱의 개수

　　＝전체 턱에 필요한 원단

　　두 턱 사이의 보이는 공간×턱의 개수

　　＝전체 턱 사이의 보이는 공간

　　전체 턱에 필요한 원단＋전체 턱 사이의 보이는 공간

　　＝원단 필요량

· 공식 2

ⓐ 턱의 너비(턱의 솔기와 턱의 주름 사이 공간)와 두 턱의 솔기선 사이의 공간을 측정한다(**그림 8-5**).

ⓑ 완성 치수에 적합한 턱의 개수를 정한다.

　　완성 치수÷두 턱의 솔기선 사이 공간＝턱의 개수

ⓒ 턱을 잡기 위해 필요한 원단의 전체 양을 계산한다.

　　턱의 너비×2＝솔기선 안쪽 1개의 턱 너비

　　솔기선 안쪽 1개의 턱 너비×턱의 개수

　　＝전체 솔기선 안쪽 턱의 너비

　　전체 솔기선 안쪽 턱의 너비＋완성 치수＝원단 필요량

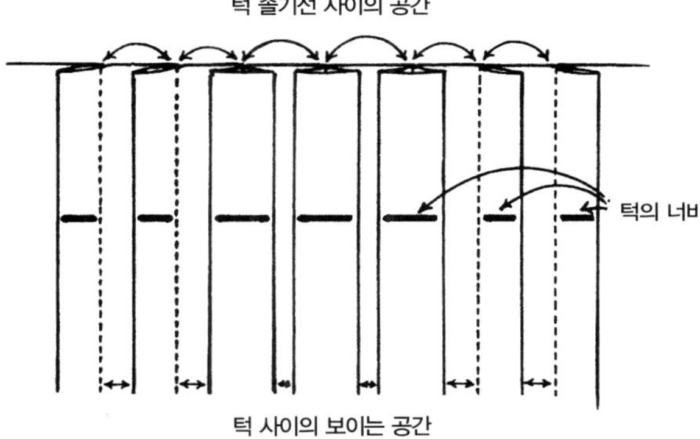

그림 8-5 턱에 관한 용어 설명. 솔기선에 중심을 맞춘 턱 세 개. 양쪽에 간격이 있는 턱 두 개.

유의: 솔기선에 중심을 맞춘 턱의 경우, 주름에서 주름까지 치수는 중심을 맞추기 전에 주름에서 솔기선까지 치수와 같다. 솔기선에 중심을 맞춘 이중 턱의 경우도 마찬가지다(**그림 8-5, 8-10, 8-11**).

❷ 치수에 맞게 재단한 원단의 겉면에 턱을 잡는 안내선을 표시한다(**169쪽, '턱 원단의 연장' 참조**). 모든 턱은 솔기가 되는 두 스티치선을 맞추어 봉제하면, 가운데 부분이 접혀 주름선이 생기게 된다(**그림 8-6**). 그러나 모든 안내선을 표시할 필요는 없다.

ⓐ 긴 자로 원단의 위아래 가장자리에서 턱의 접히는 위

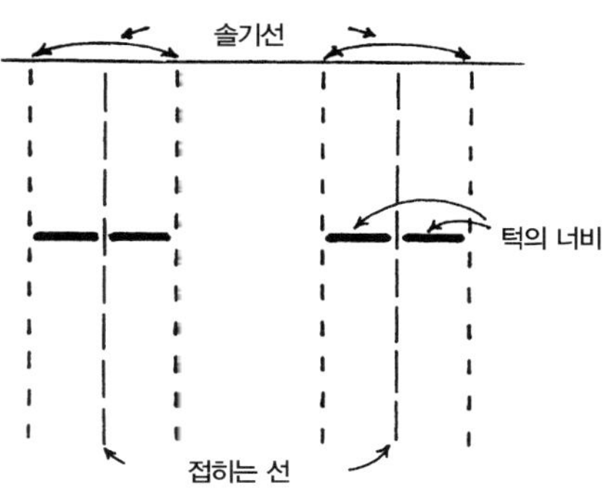

그림 8-6 봉제하기 전의 턱 두 개.

치를 의류용 마커, 초크, 또는 가위집으로 표시한다. 의류용 마커나 초크로 가장자리 표시들을 연결하는 선을 그리거나 실로 시침하여 접히는 선들을 표시한다. 또는 가장자리의 표시된 위치에 맞춰 다리미로 납작하게 눌러준다(솔기선에 중심을 맞춘 턱은 가볍게 눌러준다). 우븐 원단의 직선 결에 접히는 선을 맞춘다.

ⓑ 접히는 선을 표시하는 방법과 마찬가지로 다른 색깔, 길이가 다른 시침 스티치, 또는 각 솔기선 옆에 라인 테이프를 쳐서 스티치선을 표시한다. 전체에 표시를 해야 하는 경우, 턱을 접어 솔기선을 박을 때 보이도록 접히는 선의 왼쪽에 스티치선을 표시한다(**그림 8-7**). 손바느질을 하거나 재봉틀의 바늘판에 표시된 치수로 턱의 너비를 조절할 수 있을 때에는 솔기선을 표시하지 않을 수도 있다. 핀 턱의 경우에도 솔기선을 표시하지 않는다. 좁아지거나 특이한 너비의 턱은 솔기선을 표시해야 한다. 솔기선에 중심을 맞춘 이중 턱은 두 개의 스티치선이 필요하다(**그림 8-11**). 미끄러운 원단의 경우에는 원단이 움직이는 것을 막고 정확하게 봉제하기 위해 접히는 선 양쪽에 연결될 두 스티치선을 모두 표시한다.

❸ 손바느질이나 재봉틀로 턱을 봉제한다. 턱을 잡기 위한 선들이 미리 그려져 있지 않으면, 원단의 안쪽 면끼리 서로 마주대고 표시된 선을 접어서 다리미로 눌러준다. 또

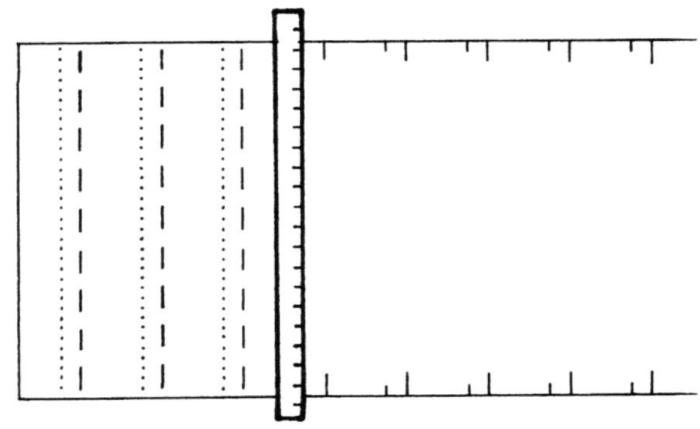

그림 8-7 접히는 선과 스티치선을 표시해 턱을 잡기 위한 원단을 준비한다.

는 원단을 탁자의 모서리에서 팽팽하게 잡아당겨 훑어주
어 자국을 낸다(솔기선에 중심을 맞춘 턱의 경우, 가볍게 눌러
준다). 솔기선을 맞추어 접은 뒤 핀으로 고정하고, 왼쪽부
터 각 턱을 스티치한다. 봉제 과정에서 먼저 박은 턱은
솔기선의 왼쪽으로 제쳐두면서 작업한다.

ⓐ 스티치선이 표시되어 있지 않을 때, 마분지 등을 이용해
치수에 맞추어 균일한 홈질로 손바느질한다(**그림 8-8**).

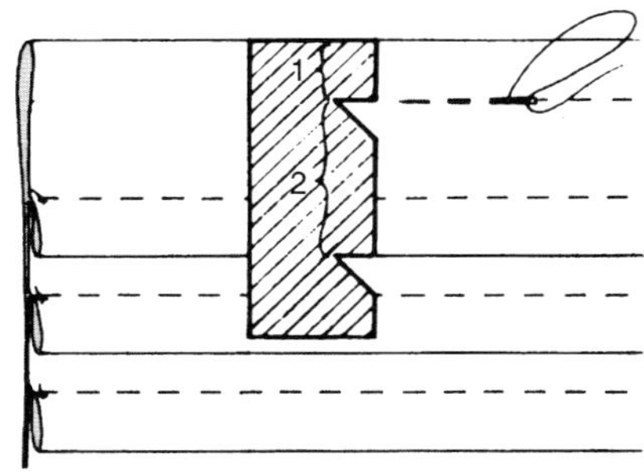

그림 8-8 표시된 선을 따라 (1) 턱의 너비와 (2) 먼저 박아놓은 턱의 주
름과 스티치선 사이의 간격을 맞춰 곧바로 솔기선을 손바느질한다.

재봉틀로 봉제하는 경우, 바늘판 위에 표시된 치수에
자석이나 마스킹 테이프를 붙여놓고, 접힌 가장자리에
서 솔기선까지 거리를 일정하게 유지하면서 봉제한다.
또는 노루발의 오른쪽 가장자리로 치수를 조절한다(**그
림 8-9**).

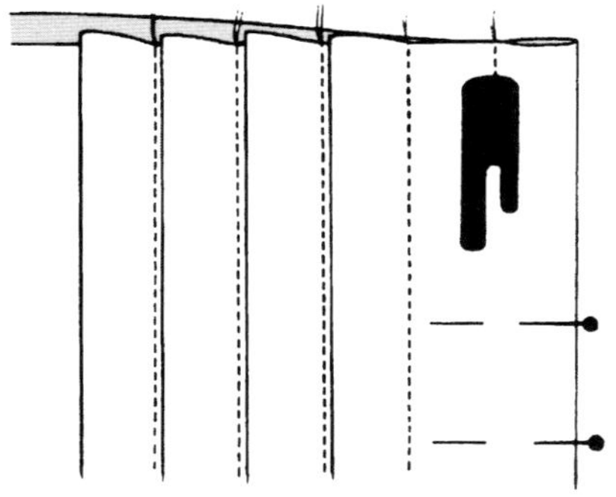

그림 8-9 턱을 봉제할 때 정확한 스티치를 위해, 직선 스티치 노루발과
재봉틀에 부착된 바늘판의 둥근 구멍을 이용한다.

전문적인 재봉틀 부속〔주변 감침 노루발(overedge foot), 끝
스티치 노루발(edge stitcher), 밑단 스티치 노루발(blindhem
foot)〕은 핀 턱이 흐트러지는 것을 막는다. 넓은 턱을
작업할 때 턱 만드는 기구와 치수를 맞춘 노루발은 표
시 시간을 절약해주고 정확한 작업을 돕는다.

ⓑ 스티치선의 표시를 따라 봉제한다. 양쪽 스티치선이
표시된 경우, 봉제를 시작하기 전에 각각의 스티치선
을 핀으로 맞추고 시침한다. 솔기선에 표시가 걸리거

나 시침하는 것을 피한다. 솔기선에 중심을 맞춘 이중 턱의
경우, 주 솔기와 마찬가지로 두 번째 솔기도 봉제한다
(**그림 8-11**).

❹ 턱을 납작하게 다림질한다.

◆ 솔기선에 중심을 맞춘 턱을 제외한 모든 턱의 경우, 원단 보호
를 위해 다림질용 천을 덮고 먼저 반대쪽으로 다린 뒤 다
시 꺾어서 본래의 방향으로 다림질한다. 턱 잡은 원단의
뒷면에서 다시 한번 다림질해준다. 자국이 나지 않게 하
려면, 턱과 원단 사이에 두꺼운 종이를 끼워 넣고 다림질
한다(**109쪽, '평면과 부분 플리츠의 밑단 처리' 참조**).

◆ 솔기선에 중심을 맞춘 턱은 솔기선에 턱의 가운데 접힌 선
을 맞추고 다림질한다(**그림 8-10**). 솔기선에 중심을 맞춘
이중 턱은 솔기선에 두 번째 턱의 가운데 접힌 선을 맞
춘 다음, 주 솔기선 위에 두 번째 솔기선을 겹쳐놓고 다
림질한다(**그림 8-11**). 턱의 튜브 안쪽으로 봉을 밀어넣어
주름을 양쪽으로 펴기도 한다.

❺ 시접 안쪽을 시침하여 각 턱의 주름 끝을 고정한다. 솔기
선에 중심을 맞춘 턱과 솔기선에 중심을 맞춘 이중 턱의 가운데
부분을 눌러 상침한다. 반드시 상침을 해야 하는 것은 아

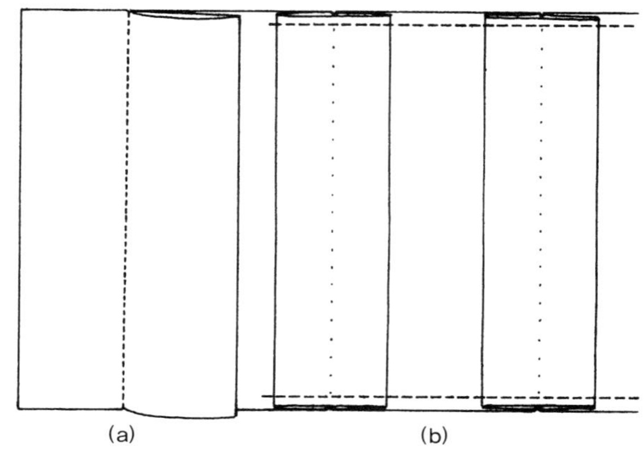

그림 8-10 솔기선에 중심을 맞춘 턱. (a) 솔기선을 봉제한 뒤 (b) 솔기선
에 가운데 접힌 선을 맞추고 다림질한다.

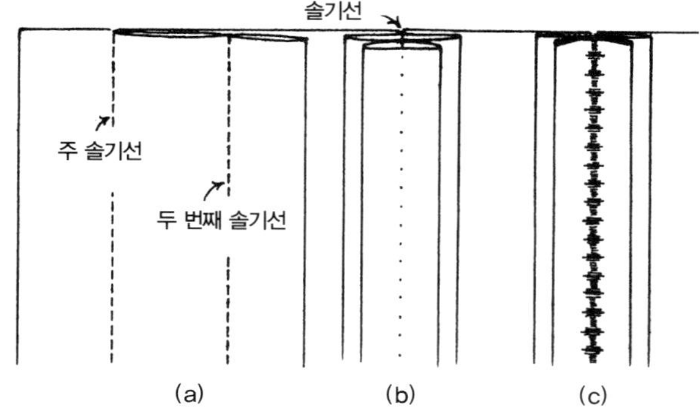

그림 8-11 솔기선에 중심을 맞춘 이중 턱. (a) 솔기선을 봉제한 뒤 (b) 두
솔기선에 가운데 접힌 중심선을 맞추고 다림질해준다. (c) 장식 상침으로
고정한다.

니지만, 중심에 맞춘 이중 턱의 경우 누름 상침을 하는 것이 좋다. 상침한 후에 다시 다림질해준다.

❻ 169쪽, '턱 원단의 연장' 참조.

평평하고 대칭적인 특징을 지닌 기본 턱은 정해진 치수와 표시에 따라 정확하게 접고, 균등한 간격의 일직선으로 스티치하여 만들어진다. 위의 여러 가지 요소에 따라 결과가 달라진다.

우븐 원단의 결을 바로하고 스팀다리미로 다림질해준다. 작업하는 원단의 길이와 너비보다 더 큰 작업대에 원단을 팽팽하게 펼쳐놓고, 필요한 선들을 표시한다. 직선으로 접히는 선을 표시하기 위해 격자무늬 재단 판을 사용한다. 접힌 선을 표시하기 위한 다른 방법으로 다음과 같은 것들이 있다. 원단 조직에서 실을 한 올 빼낸다. 뭉툭한 태피스트리 바늘을 이용해 원단의 뒷면에 자국을 낸다. 실표뜨기로 줄을 표시한다.

스티치하기 위해 주름선을 표시할 때, 양끝의 표시에 따라 두꺼운 종이를 원단의 직선 결에 맞추어놓고 가장자리를 접어 다림질한다. 바늘 왼쪽에 위치한 서로 인접한 턱의 솔기선 사이 공간은 적어도 노루발의 너비만큼 떨어져야 한다. 마지막으로 다림질을 할 때, 원단에 잔주름이 생길 수 있으므로 지나치게 스팀을 쐬지 않도록 한다.

턱의 방향이 어긋나거나(**그림 8-4 참조**) 같거나(**그림 8-12**), 원단의 직선 결에 주름선을 맞춘다.

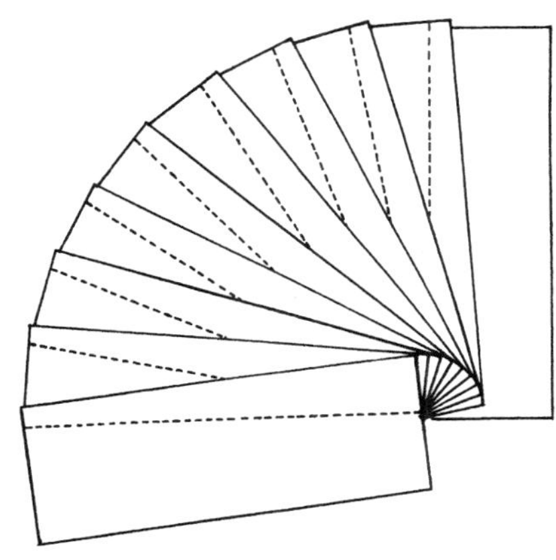

그림 8-12 같은 방향으로 비스듬하게 좁아지며 가장 넓은 끝에서 모아지는 턱의 솔기선. 원단을 부채꼴로 만든다.

주름을 결에 맞추어 작업하면, 솔기선이 늘어나고 무너지는 것을 방지한다. 일부러 결을 맞추지 않은 주름과 솔기로 디자인한 턱을 작업하려면, 힘 있는 원단을 선택하고 턱의 길이를 제한하며 바이어스 방향으로 늘어나는 것을 막기 위해 강한 실을 사용한다. 바이어스 방향으로 턱을 잡아 사선으

로 작업하면, 원단의 모양이 변하게 된다. 정사각형의 원단을 사선으로 평행하게 턱 처리하면, 다이아몬드 모양으로 완성된다. 직사각형의 원단은 평행사변형처럼 완성된다. 턱이 평행하지 않을 경우에는 완성 모양을 예측할 수 없다(**그림 8-13**).

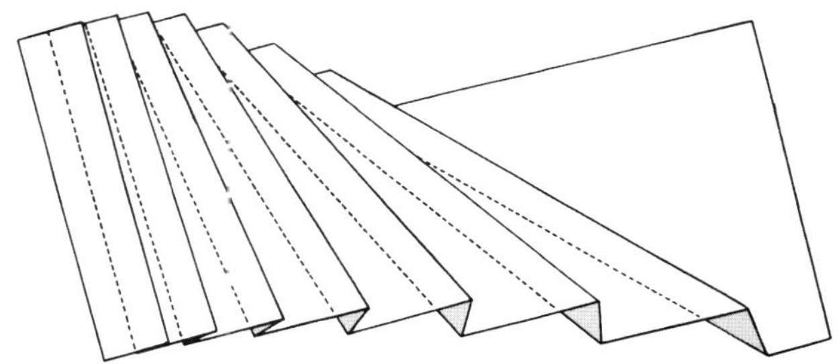

그림 8-13 각 주름 사이의 한쪽 끝 간격을 더 넓게 하면서 주름에 평행하게 스티치하여 원단의 모양이 변화한 턱.

디자이너 턱은 기본 턱의 여러 가지 종류를 자유롭게 섞거나 크기를 대비시켜 독특한 패턴을 만드는 것이다. 모눈종이 위에 패턴을 그리고 종이를 접는다. 종이 위에 주름선과 스티치선을 표시하고 원단에 옮긴다.

교차 턱은 수평과 수직 주름을 교차하여 원단에 무늬를 만드는 것이다. 모든 수직 턱을 먼저 스티치한 후 수평 턱을 스티치하면, 밑의 턱이 뒤로 물러나 보인다. 수직과 수평 스티치를 교대로 작업하면, 턱의 모양이 꼬여서 나타난다. 다른 방법으로는, 방향을 바꾸기 전에 먼저 다림질을 해두는 것이다. 이전에 작업한 턱 위에 새로운 턱을 스티치할 때에는 노루발을 살짝 들어서 피해 가도록 한다. 그러므로 두꺼운 원단은 교차 턱에 적합하지 않다.

무작위 턱은 규칙을 무시한다. 아무런 표시가 되어 있지 않은 원단을 자유롭게 접어 스티치한다. 주름과 솔기는 계획 없이 불규칙하게 다양한 각도로 기울어지거나 교차되어 나타난다.

모크 핀 턱은 이중 바늘로 스티치하여 일반적인 핀 턱처럼 솟아오르게 만드는 것이다. 윗실의 탄성을 팽팽하게 조절하거나, 특수한 재봉틀의 북집 핑거 구멍에 밑실을 꿰어 준비한 후(**그림 8-14**), 뒷면에서 이중 바늘 스티치를 하면 두 스티치가 가깝게 같이 당겨지면서, 앞면에 가느다란 주름이 만들어진다.

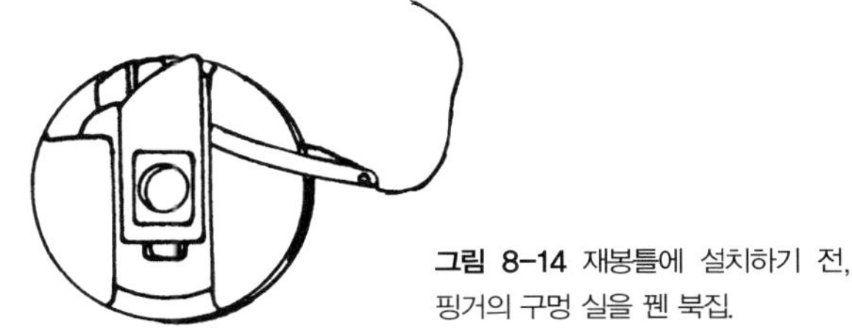

그림 8-14 재봉틀에 설치하기 전, 핑거의 구멍 실을 꿴 북집.

이중 바늘 사이의 간격으로—1.6mm, 2mm, 2.5mm, 3mm, 4mm, 6mm— 모크 핀 턱의 크기와 높이를 조절한다. 적합한 핀 턱 노루발을 사용하여 재봉틀로 작업하면, 평행한 이중 바늘 턱 사이의 간격을 조절하기가 쉽다(**그림 8-15**). 이중 바늘 스티치로 만들어진 핀 턱은 직선으로 평행한 선뿐만 아니라 곡지고, 뒤틀리고, 교차하는 선을 표현할 수 있다. 턱을 작업하면 원단은 겹이 되어 두꺼워지고 단단해져서 턱을 잡은 방향으로는 쉽게 접히지 않는 등 그 성질이 변화한다. 솔기선에 중심을 맞춘 이중 턱은 네 겹이 되어 원단이 무거워진다. 교차 턱으로 처리한 원단은 양쪽 방향 모두 유연성이 줄어든다.

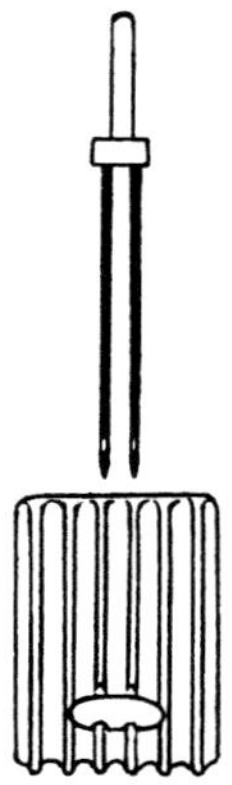

그림 8-15 이중 바늘과 홈이 다섯 개인 핀 턱 노루발. 이전에 박은 턱에 노루발의 홈을 맞추어 턱 사이의 간격을 일정하게 조절하면서 작업한다.

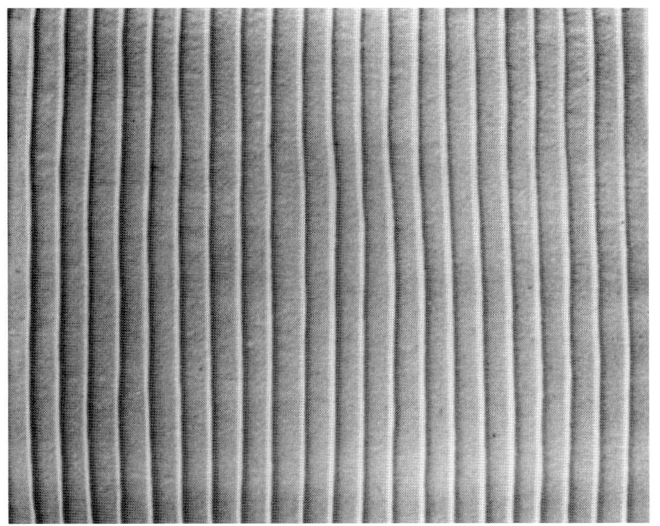

VIII-1 규칙적인 작업을 위해 끝스티치 노루발을 이용해
봉제한 핀 턱.

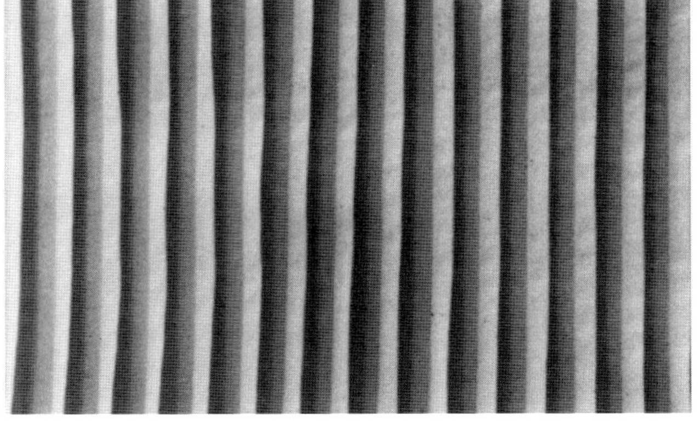

VIII-2 턱의 너비와 턱 사이의 보이는 공간이 같은 턱.

VIII-3 원단의 두께가 세 겹이 되는 간격이 없는 턱.

VIII-4 점차적으로 변화하는 턱.

VIII-5 솔기선에 중심을 맞춘 턱. 지그재그 상침으로 눌러 박은 턱과
눌러 박지 않은 턱이 교대로 나타난다.

VIII-6 중심을 촘촘한 지그재그로 눌러 박은,
솔기선에 중심을 맞춘 이중 턱.

VIII-7 같은 방향으로 기울어지는 솔기로 이루어진 좁아지는 턱.

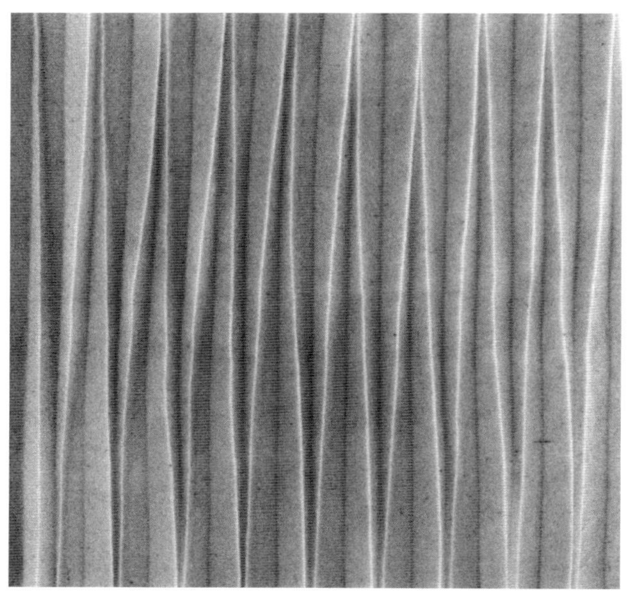

VIII-8 방향이 교대로 나타나며 기울어지는
솔기로 이루어진 좁아지는 턱.

VIII-9 좁은 핀 턱의 무리와
넓은 턱이 대조를 이루는 디자이너 턱.

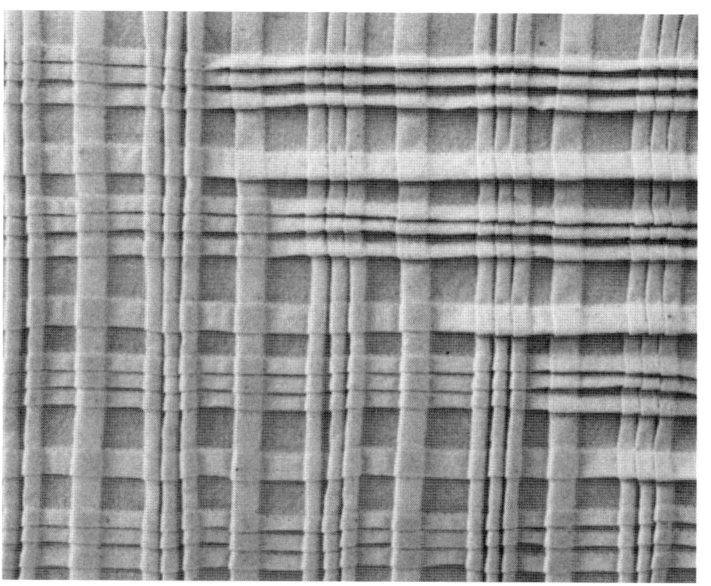

VIII-11 수평과 수직 턱을 교대로 작업하여 복잡하고
입체적인 모양을 나타내는 교차 턱.

VIII-10 수직 턱과 그 뒤로 물러나 보이는
수평 턱으로 이루어진 교차 턱.

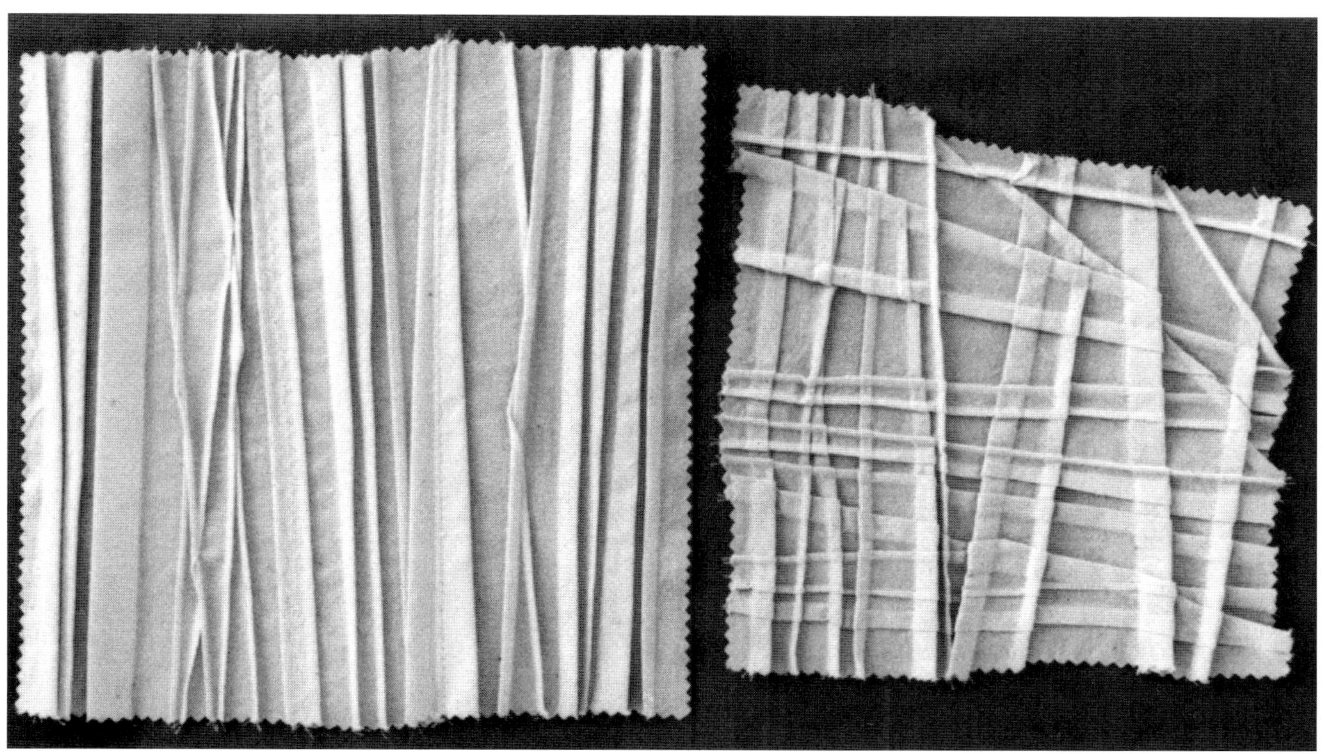

VIII-12 무작위 턱의 예. (왼쪽) 대체로 수직 방향의 비대칭 솔기로 처리한
다양한 턱. (오른쪽) 다양한 방향으로 서로 교차하는 턱.

VIII-13 골진 것처럼 솟아 있는 주름 패턴으로 이루어진
눌리지 않은 핀 턱.

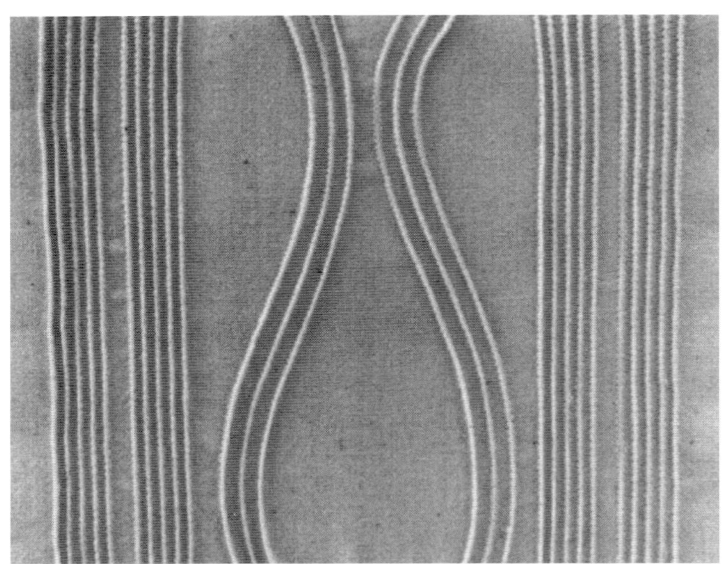

VIII-14 이중 바늘과 홈이 있는 핀 턱 노루발을 이용해
스티치한 모크 핀 턱.

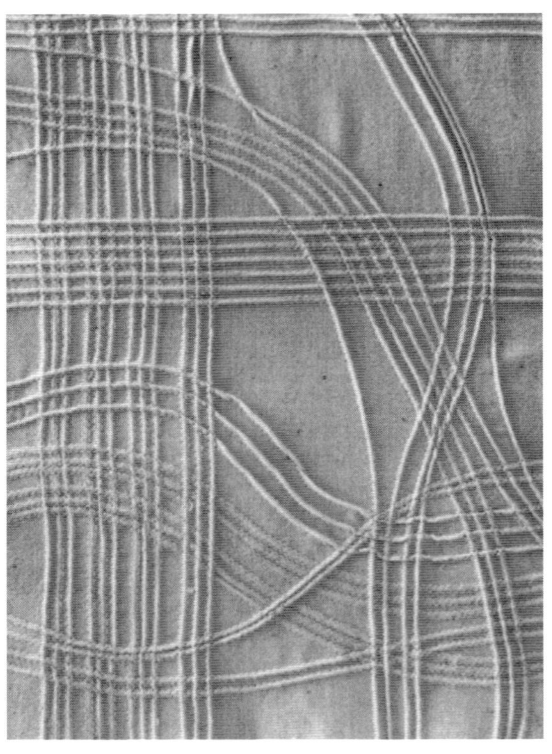

VIII-15 이중 바늘을 이용해 자유롭게 스티치해 곡을 이루며
교차하고, 위아래로 엮인 모양을 띠는 모크 핀 턱.

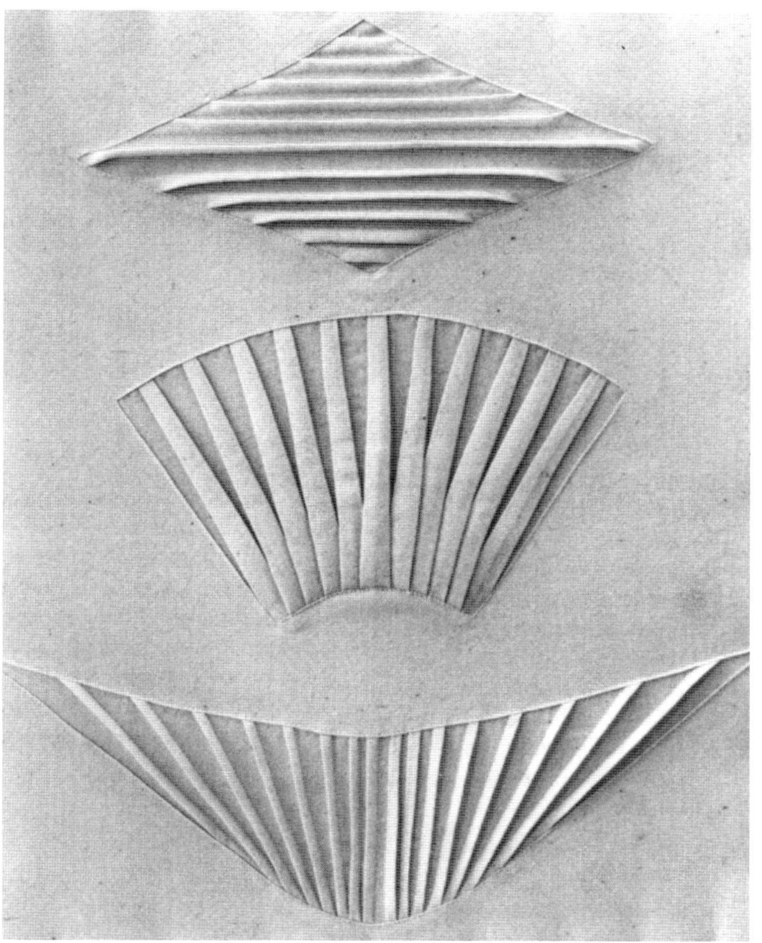

VIII-16 끼워 박은 턱. (위) 정사각형을 사선으로 스티치한 눌리지 않은 턱.
(가운데) 좁아지면서 솔기선에 중심을 맞춘 턱. (아래) 기울어진 주름으로 이루어진 턱.

VIII-17 턱 처리한 원단을 좁은 너비로 자른 다음
주름선을 엇갈리게 맞추어 연결한 원단.

VIII-18 두 종류의 턱을 정사각형으로 자른 후 주름의 방향을 바꿔
연결하여 무늬를 만든 원단.

곡선 턱
Curved Tucks

보통 원단 아랫부분의 곡선 가장자리에, 간격이 없는 턱, 간격이 있는 턱, 또는 점차적으로 변화하는 턱을 평행하게 작업하는 것이다. 곡선 턱 아래의 원단은 플레어진다.

❶ 170쪽 '기본 턱'의 작업 과정을 참조한다.

❷ 원단의 둥근 모양에 따라 곡선 턱의 위치를 잡는다. 턱 작업을 위한 원단을 재단할 때 원단의 길이 또는 반지름에 각 턱 너비의 2배를 더한다. 원단을 연결해 작업해야 하는 경우, 턱을 잡기 전에 먼저 원단을 연결한다.

❸ 원형의 중심이나 정점에서 아래로 측정하여, 또는 원단 아랫부분의 곡진 가장자리에서 위로 측정하여 각 턱의 접히는 선과 그것의 위아래 솔기선을 표시한다(그림 8-16). 다리미 끝으로 접히는 선을 눌러둔다.

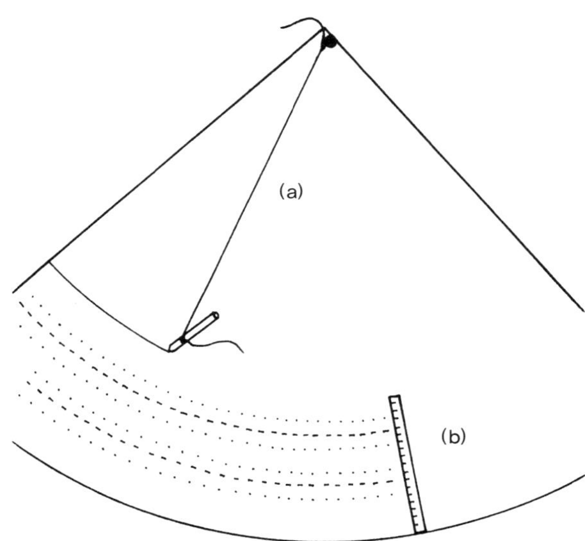

그림 8-16 곡선 턱의 접히는 선과 스티치선을 표시하기 위한 두 가지 방법. (a) 스트링 컴퍼스를 이용하여 아래로 측정한다. (b) 아래 가장자리에서 90도 각도로 자를 놓고 위로 측정한다.

❹ 각 턱을 봉제한다.

ⓐ 아랫부분의 솔기선을 손바느질로 홈질하거나 재봉틀의 땀수를 크고 느슨하게 조절해 봉제한다. 턱을 접고, 아랫부분 솔기선의 스티치를 부분 부분 개더 처리하거나 이새 처리하여 윗부분의 짧은 솔기선과 맞춘다. 이새 처리한 스티치를 스팀다리미로 다림질하고 두 솔기선을 같이 핀으로 꽂거나 시침한다(그림 8-17).

ⓑ 위 솔기선을 따라 턱을 봉제한다.

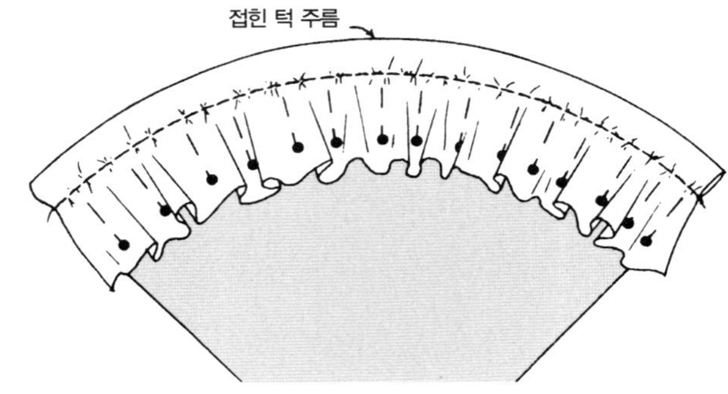

그림 8-17 위 솔기선과 맞추기 위해 아래 솔기선을 개더 처리한 곡선 턱.

ⓒ 시침실을 제거하고 스팀다리미로 다림질한 후 다음 턱을 작업한다.

턱의 위아래 솔기선의 길이 차이는 부드럽게 이새 처리하여 작업함으로써 곡선 턱 사이에 원단이 주름지지 않도록 한다. 곡선 턱의 플레어는 턱의 깊이와 수가 증가함에 따라 점차 늘어난다. 플레어는 연속적인 턱의 너비가 점차 넓어지면 더욱 증가한다.

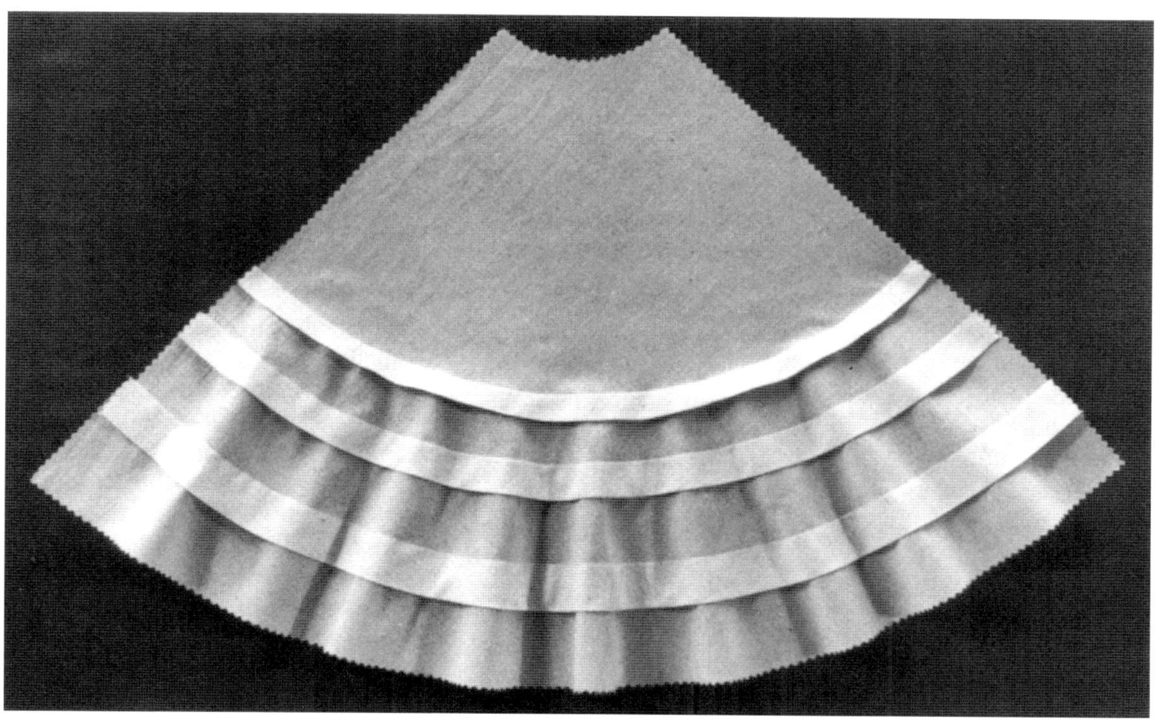

VIII-19 연속적인 턱으로 인해 플레어가 증가한 모양.

유의: '조개 모양 턱'의 작업 과정은 182쪽.

VIII-20 재봉틀로 주변 감침 스티치하여
조개 모양으로 처리한 턱.

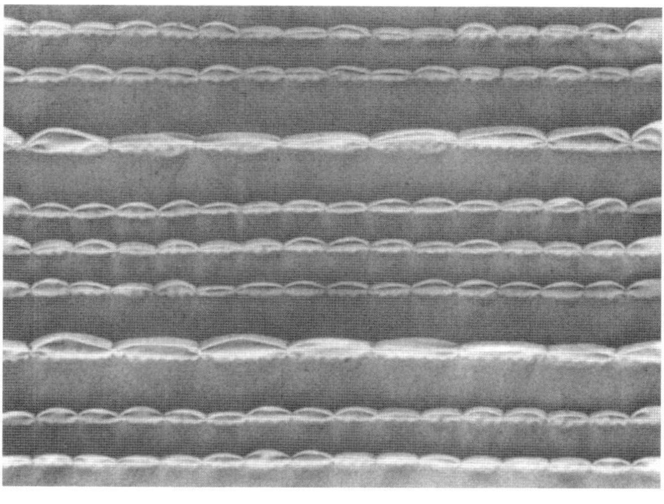

VIII-21 손바느질로 작업한 조개 모양 턱.

조개 모양 턱
Shell Tucks

규칙적인 간격으로 주름 위에 스티치하면서 실을 팽팽하게 당겨 가장
자리를 조개 모양으로 처리한 좁은 턱이다. 조개 모양 턱은 손바느질
이나 재봉틀로 작업할 수 있다.

작업 과정

❶ 170쪽 '기본 턱'의 작업 과정을 참조한다.

❷ 재봉틀로 조개 모양 턱을 만드는 방법.

ⓐ 시험용 원단 조각을 접어 재봉틀로 주변 감침 스티치
를 하는 동안, 바늘이 오른쪽으로 박힐 때 원단의 접힌
끝이 바늘의 오른쪽 바로 안에 놓이도록 조절하며 시
험해본다. 원하는 조개 모양 가장자리가 될 때까지 스
티치의 길이와 당기는 정도를 조절한다(**그림 8-18**).

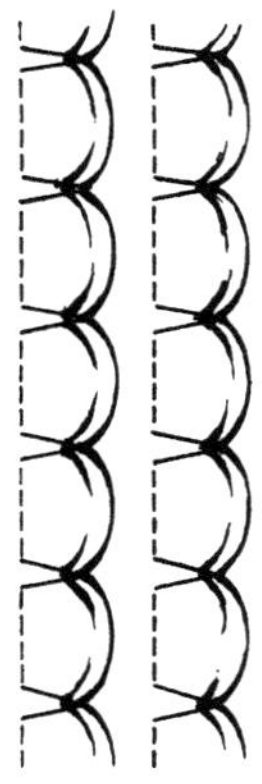

그림 8-18 재봉틀로 촘촘하게 주변 감침
스티치를 하여 만든 조개 모양 턱.

ⓑ 간격이 있는 턱이나 간격이 없는 턱의 위치를 잡고 주
변 감침 스티치를 하기 위해 턱의 너비를 정한다. 원단
에 접히는 위치를 표시한 후 다리미로 눌러 접는다.

ⓒ 시험해본 결과에 따라 각 턱을 주변 감침 스티치한다.

❸ 손바느질로 조개 모양 턱을 만드는 방법.

ⓐ 0.25~0.5인치(6mm~1.3cm) 너비로 간격이 있는 턱이
나 간격이 없는 턱의 위치를 정한다. 원단에 솔기와 접
히는 선의 위치를 표시한다. 접히는 선이 표시된 곳을
다리미로 눌러 접는다.

ⓑ 적어도 턱 너비의 2배에 해당하는 길이를 홈질하고 턱
주위로 실을 팽팽하게 감는다. 이 과정을 반복한다. 원
하는 결과를 얻기 위해 먼저 시험용 원단에 시험해본
다. 균일한 조개 모양을 만들기 위해 핀, 초크, 의류용
마커 등으로 주변 감침 스티치를 할 위치를 표시하거
나 홈질의 땀수를 세어 가면서 작업한다(**그림 8-19**).

❹ 다리미판 위에, 조개 모양으로 턱 처리한 원단의 겉면을

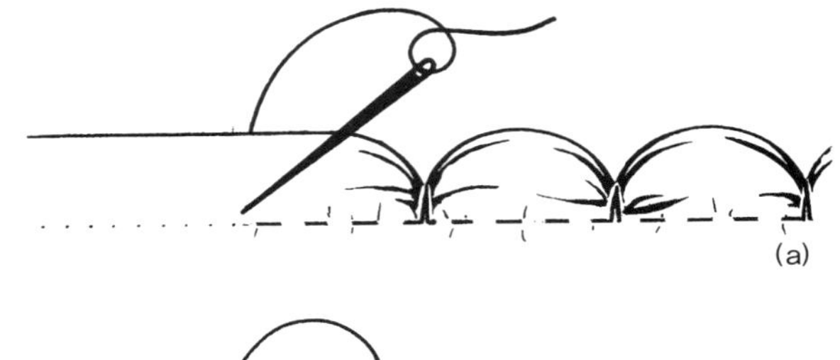

(a)

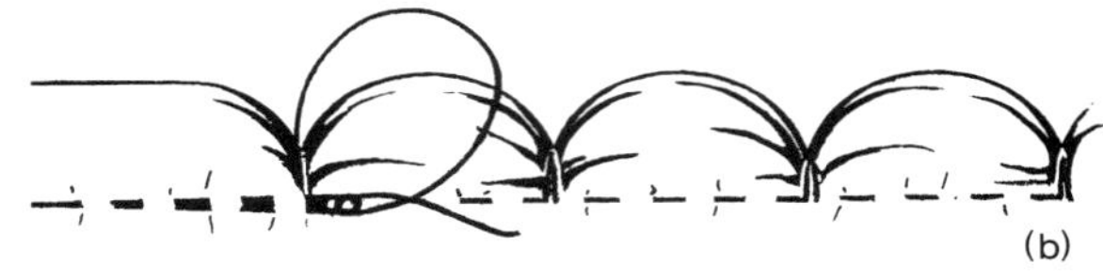

(b)

그림 8-19 손바느질로 조개 모양 턱을 만드는 방법.
(a) 홈질한다. 미리 정해놓은 위치에서 멈춘다. 바늘을 뒤로 빼낸다. 접히
는 선을 지나 앞으로 바늘을 옮겨 원래 자리로 돌아온다.
(b) 홈질이 멈춘 위치에 바늘을 밀어넣는다. 실을 당겨 턱을 조개 모양으로
만든다. 다시 앞으로 바늘을 옮기고, 다음 주변 감침 스티치 위치까지 홈질
한다.

위를 향하게 놓고 가장자리를 평평하게 펴서 핀으로 고
정한 뒤 바로 위에서 스팀을 쏘여준다. 열기가 식고 완전
히 마른 뒤 옮긴다.

특징과 응용

재봉틀로 만든 조개 모양 턱의 너비는 한계가 있다. 그러나
넓은 턱과 점차적으로 변화하는 턱, 솔기에 중심을 맞춘 턱,
좁아지는 턱 등으로 턱을 작업한 후에 주변 감침 스티치를 하
여 조개 모양 가장자리를 만들 수 있다. 재봉틀로 만든 조개
모양 턱은 손바느질로 만든 조개 모양 턱보다 더 뻣뻣하다.
손바느질로 만든 조개 모양 턱은 독특하다. 뒤에서 앞으로
실을 잡아당겨 턱을 고정하기 때문에 주름 가장자리가 앞으
로 살짝 말려서 조개 모양을 연상시키는 형태가 된다. 턱이
0.5인치(1.3cm)보다 넓으면, 주름이 심하게 말린다. 넓은 턱
은 주름 밖에 별도로 스티치를 해주면 좀더 손쉽게 조개 모
양을 만들 수 있다. 주변 감침 스티치가 턱의 너비에 비해
너무 가까우면, 볼록한 조개 모양이 만들어지지 않는다. 적
절한 간격을 찾기 위해 시험해본 후 작업한다.

(181쪽, '조개 모양 턱'의 사진 참조.)

모양이 있는 턱
Contoured Tucks

턱의 너비가 0.5인치(1.3cm)보다 넓은, 간격이 있는 턱이나 간격이 없는 턱의 접힌 가장자리를 곡이 지고 각이 진 모양으로 다시 만드는 것이다.

작업 과정

❶ 170쪽 '기본 턱'의 작업 과정을 참조한다.

❷ 턱의 너비와 간격을 정하기 위해 종이를 접어 여러 가지 턱의 모양을 시험해본다. 원단의 필요량을 정한다. 턱의 가장자리 모양에 맞는 템플레이트를 만든다(**그림 8-20**).

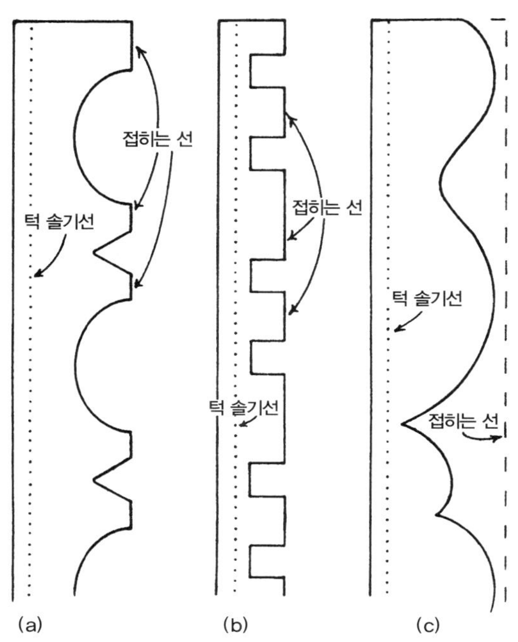

그림 8-20 모양이 있는 턱 패턴. (a, b) 턱의 접히는 선을 유지한 채 필요 없는 부분은 잘라낸다. (c) 가장자리를 완전히 다른 새로운 모양으로 만든다. 패턴에 시접을 포함하지 않는다.

❸ 원단의 겉면에 턱을 잡기 위한 표시를 한다.
  ⓐ 긴 자로 원단의 위아래 가장자리에 모든 턱의 접히는 위치를 정하고 가위집을 주어 표시한다. 접히는 선의 왼쪽에 솔기선의 위치를 표시한다(턱을 접어 박을 때 윗부분이 되는 솔기선).
  ⓑ 초크, 의류용 마커, 또는 시침실로 원단의 위아래 가장자리에 표시한 솔기선의 위치를 직선으로 연결한다.

❹ 턱의 가장자리에 모양을 만든다.
  ⓐ 원단의 뒷면에서 양쪽 가장자리에 가위집으로 표시한 접히는 선의 위치를 초크, 의류용 마커, 또는 시침질로 직선으로 연결하여 표시한다. (원단의 겉면끼리 마주대

어) 선 위에 각각 턱을 접는다. 핀으로 꽂거나 시침한다. 다리미로 가볍게 눌러 주름을 잡는다.
  ⓑ 템플레이트를 사용해 각 턱의 길이 방향으로 모양이 있는 솔기선을 베긴다. 베긴 윤곽선을 따라 스티치한다. 시접을 주고 잘라낸다. 곡선과 각진 가장자리 안쪽 시접에 가위집을 준다(**그림 8-21**). 작업한 것을 뒤집어 턱의 가장자리 윤곽선을 다림질해준다.

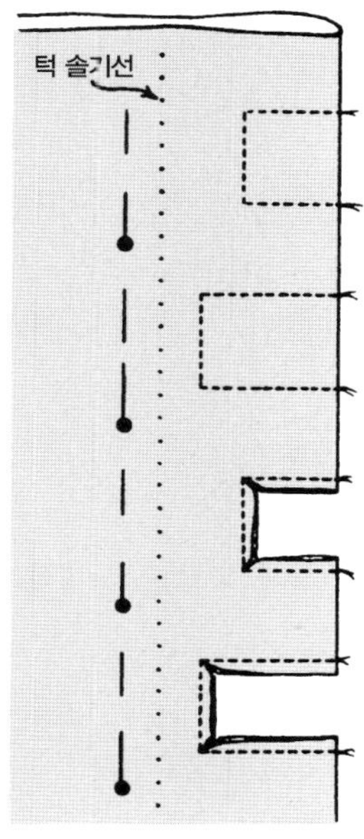

그림 8-21 베긴 윤곽선을 따라 스티치하여 모양을 이룬 턱. 겉면이 밖으로 나오도록 뒤집기 전에, 솔기 안쪽 부분에 시접을 주고 잘라낸 뒤 각진 곳에 가위집을 준다.

❺ 핀으로 꽂거나 시침하고, 표시된 솔기선을 따라 재봉틀이나 손바느질로 턱을 봉제한다.

❻ 턱을 잡은 원단을 스팀다리미로 다림질해준다.

특징과 응용

모양이 있는 턱의 패턴을 디자인할 때, 줄이 반복되어 나타나는 디자인의 효과를 고려한다. 턱의 줄과 줄 사이에 간격을 다양하게 하거나 턱 사이의 간격을 띄우거나, 한 쌍의 턱을 마주보게 하는 등 여러 가지 패턴을 종이로 시험해본다(**그림 8-22**).

다른 모양의 패턴을 조합한다. 모양이 있는 턱을 간격 없이 작업할 때, 모양의 깊이만큼 충분히 겹쳐지지 않으면 턱의 솔기선이 보일 수 있으므로 주의해야 한다.

아래 원단이 드러나도록 위의 원단을 잘라낸 것처럼 보이는 **열쇠구멍 턱**은, 실제로는 똑같은 모양의 턱 한 쌍을 중심에서 만나도록 한 것이다. 이때 각 쌍의 모양은 정확하게 일치해야 한다. 좁다란 종이의 접은 선을 열쇠구멍 모양의 턱 패턴으로 자른다(접힌 선은 턱이 만나는 곳이 된다). 디자인을 확인

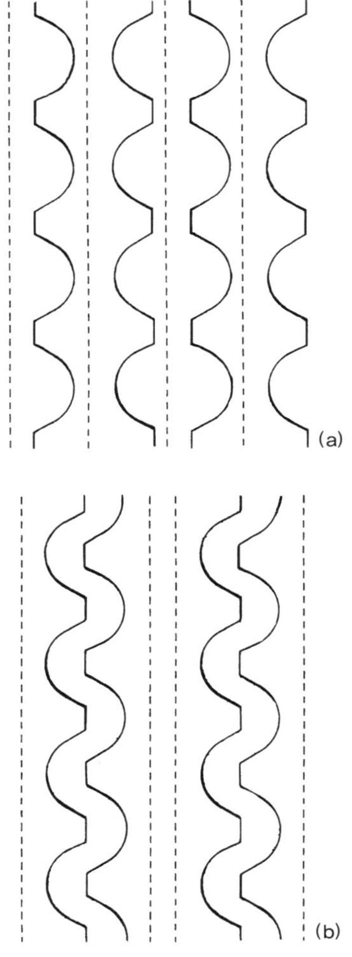

(a)

(b)

하기 위해 종이를 펼친다. 스티치하여 가장자리의 모양을 만든 후 다림질하고 두 턱이 서로 만나도록 한다. 만나는 곳을 보이지 않게 손바느질로 스티치하거나 장식으로 서로 연결한다(**그림 8-23**).

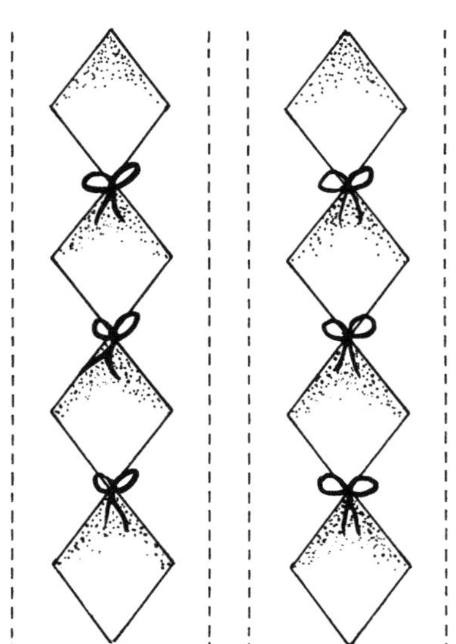

새틴 스티치로 모양을 만든 턱은 스티치 후에 모양이 완성된다. 턱의 모양을 강조하고 원단의 잘린 가장자리가 풀리는 것을 막아준다. 턱을 접어 박은 후 모양에 따라 윤곽선을 자르고 재봉틀에 부착된 주변 감침 노루발로 잘린 가장자리에 새틴 스티치를 한다. 대체 방법으로는 다음과 같은 것이 있다. 모양에 따라 윤곽선을 새틴 스티치한다. 새틴 스티치한 실을 자르지 않도록 주의하면서 작고 예리한 가위를 이용해 윤곽선 바깥쪽 원단을 바짝 잘라낸다(**그림 8-24**).

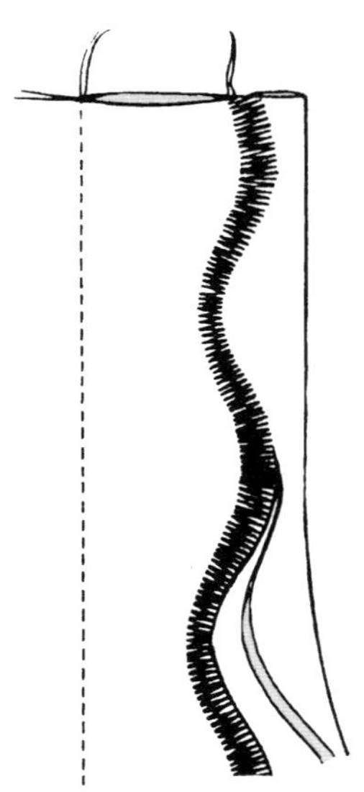

원하는 새틴 스티치의 모양을 재봉틀의 프로그램에서 선택해 사용할 수 있다. 또 오버로크로 완성할 수도 있다.

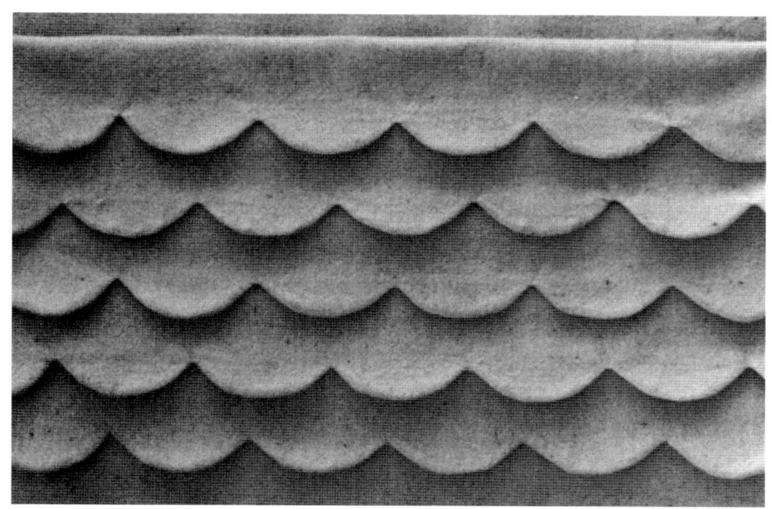

VIII-22 조개 모양으로 솔기선을
박아 뒤집은, 너비가 넓은 간격이 없는 턱.
턱 솔기선이 보이지 않도록
턱을 겹쳐 작업한다.

VIII-23 톱니 모양의 가장자리를
새틴 스티치로 처리한 간격이 있는 턱.

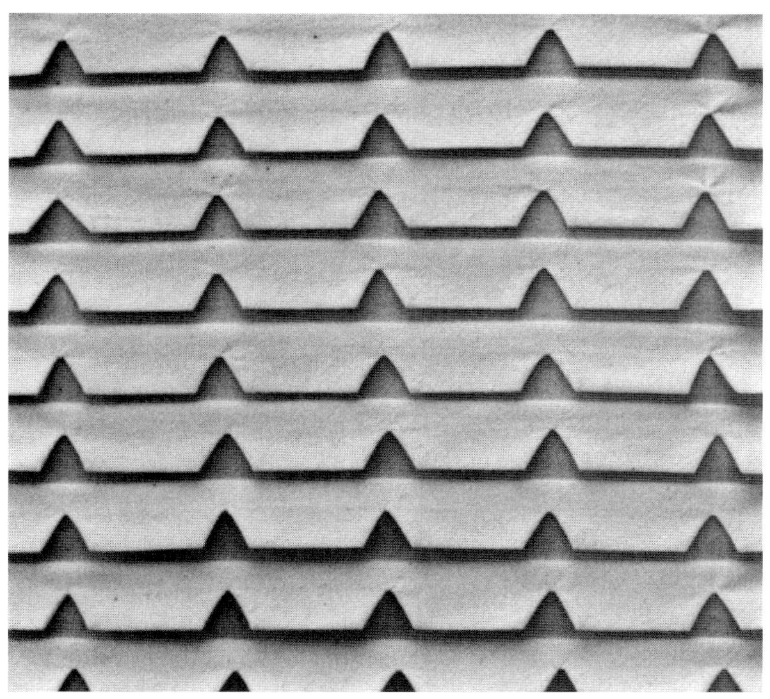

VIII-24 접히는 선에
일정한 간격으로 홈을 판 턱.

VIII-25 홈이 있는 패턴의 턱이
서로 엇갈려 간격 없이 반복되면서
턱의 수직선이 두드러지는
독특한 디자인이 나타난다.

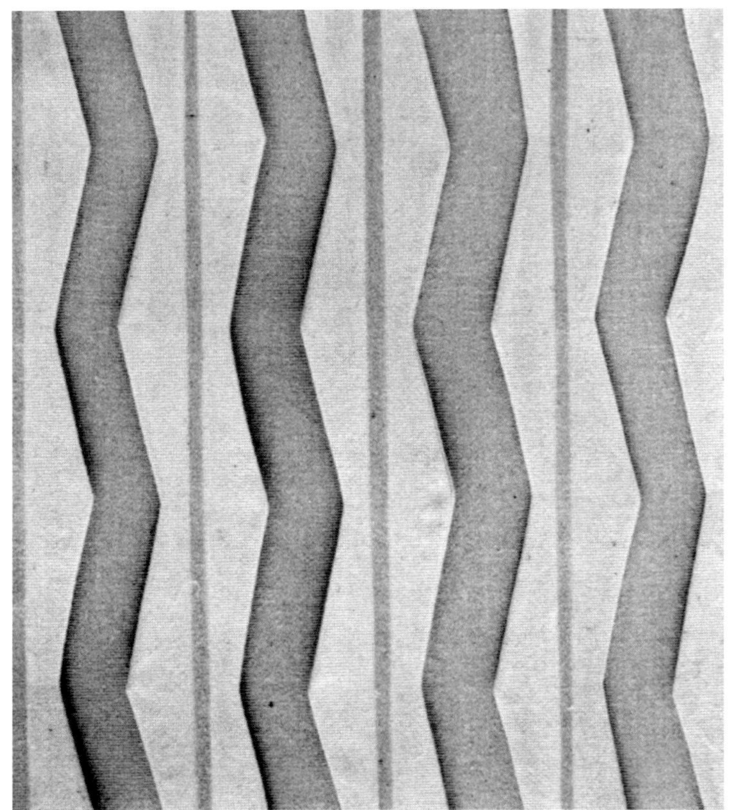

VIII-26 지그재그 모양의 가장자리 사이에
지그재그 채널이 있는 마주보는 턱.

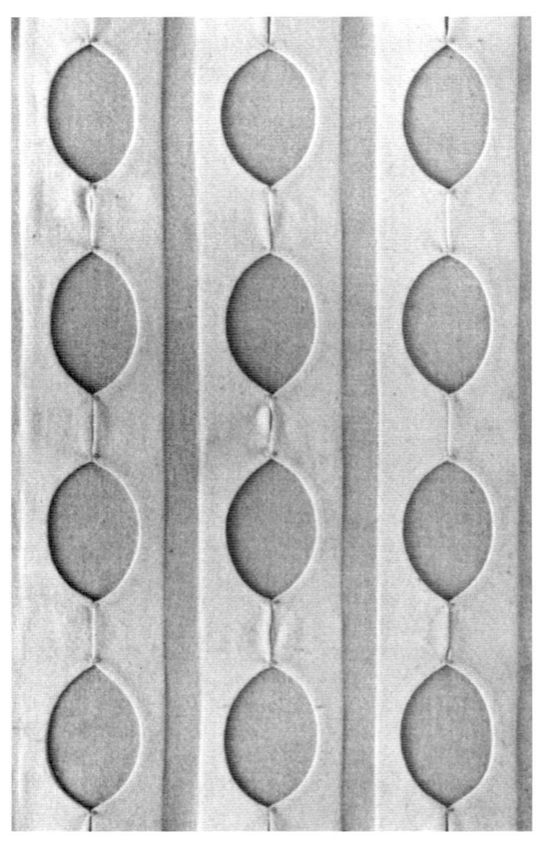

VIII-27 서로 맞닿은 곳을 같이 징거주어 고정한
열쇠구멍 턱.

절개된 턱
Slashed Tucks

간격이 있는 턱이나 간격이 없는 턱의 접히는 선과 솔기선 사이를 적어도 0.5인치(1.3cm) 간격으로 일정하게 잘라서 완성하는 것이다. 절개된 턱에는 두 가지 종류가 있다.

- **상어 이빨 턱** – 턱을 절개하고, 절개된 면을 아래로 접어 넣어 뾰족하게 만드는 것이다.
- **스닙프린지 턱(가위로 잘라 술 처리한 턱)** – 절개하여 좁은 고리 모양을 만드는 것이다.

작업 과정

❶ 170쪽 '기본 턱'의 작업 과정을 참조한다.

❷ 적절한 원단을 사용해 0.5인치(1.3cm)나 그 이상의 너비로, 간격이 있는 턱이나 간격이 없는 턱을 계획하고 표시하여 연속적으로 봉제한다.

❸ 상어 이빨 턱을 만드는 방법.

ⓐ 의류용 마커나 초크를 이용해 턱의 접히는 선과 솔기선에 직각으로 원단의 겉면에서 절개선을 표시한다. 턱 너비의 2배가 되는 위치에 절개선을 표시한다. 하나의 턱에는 두 개의 절개선이 필요하다. (두 개의 절개선은 하나의 상어 이빨을 만들고, 세 개의 절개선은 두 개의 상어 이빨을 만든다. 네 개의 절개선은 세 개 등.) 접히는 선에서 솔기선까지 표시된 곳을 직선으로 절개한다(그림 8-25 (a)).

ⓑ 절개된 가장자리를 솔기선에 45도 각도를 이루도록 아래로 접어 넣는다. 뾰족한 모양이 되도록 다림질하여 절개선 사이에 새로운 주름을 만든다(그림 8-25 (b)).

ⓒ 턱 아래로 접어 넣은 절개된 가장자리를 고정할 수 있도록 충분히 넓은 지그재그 스티치로 솔기선을 다시 봉제한다(그림 8-25 (c)).

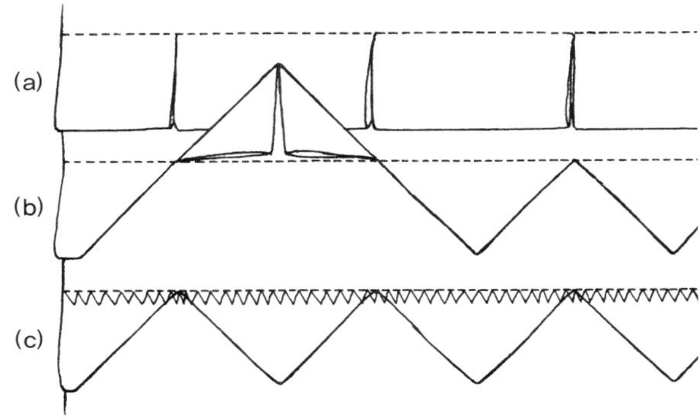

그림 8-25 상어 이빨 턱을 만드는 방법. (a) 턱 너비에 2배만큼 떨어진 위치를 절개한다. (b) 절개된 가장자리를 각이 지도록 아래로 접어 넣는다. (c) 접어 넣은 가장자리를 지그재그 스티치로 고정한다.

ⓓ 다리미판 우에 상어 이빨 겉면이 아래로 가도록 놓고 스팀다리미로 다림질해준다.

❹ 스닙프린지 턱을 만드는 방법.

ⓐ 초크와 의류용 마커를 이용해 각 턱의 겉면에 솔기선에서 '안전한' 거리까지 절개선을 그린다. '안전한' 거리는 술과 솔기선 사이의 아주 짧은 거리를 말한다.

ⓑ 표시된 대로 주름에서 안전한 거리까지 직선으로 자른다(그림 8-26).

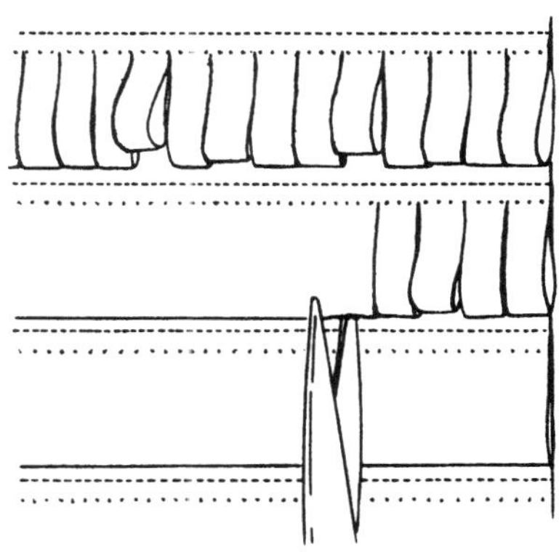

그림 8-26 술을 만들기 위해 규칙적이고 좁은 간격으로 턱을 자른다.

특징과 응용

상어 이빨은 턱이 넓거나 절개선 옆을 조금 깎아내면 뾰족하게 만들기가 더 쉬워진다. 상어 이빨을 표현하는 여러 가지 방법으로 다음과 같은 것이 있다. 일정하게 절개하여 같은 모양의 뾰족한 상어 이빨 턱으로 이루어진 줄을 만든다. 연속되는 줄에서 같은 모양의 턱을 엇갈리게 배치하여 사선을 강조한다. 턱의 줄 사이를 겹치거나 간격에 변화를 준다. 턱 너비를 바꾸거나 턱 너비에 2배 이상 떨어진 위치를 절개하여 다양하게 표현한다(그림 8-27). 상어 이빨을 뭉툭한 모양으로 만든다. 턱 너비에 2배 이상 떨어진 위치에서 V자 모양으로 원단을 잘라낸다. 자른 부분을 아래로 접어 넣는다(그림 8-28). 지그재그 스티치 대신, 적합한 너비의 장식 스티치로 처리한다.

상어 이빨 구조의 응용 방법: 절개한 후 잘린 가장자리를 턱 안으로 밀어넣어 각이 지도록 한다(그림 8-29). 안으로 접어 넣은 원단의 실이 풀리지 않도록 접힌 가장자리를 사다리 스티치한다. 또는 접어 넣은 가장자리를 재봉틀로 좁은 지그재그 스티치로 마무리한다.

턱의 솔기선에서 떨어져 짧게 절개하거나, 접어 넣은 가장자리의 각도를 다양하게 할 수 있다.

부직포 소재는 스닙프린지 턱에 아주 적합하다. 점차적으로 변화하는 턱, 좁아지는 턱, 중심을 눌러 박은 솔기선에 중심을 맞춘 턱도 술을 만들어 처리할 수 있다. 겹으로 된 턱의

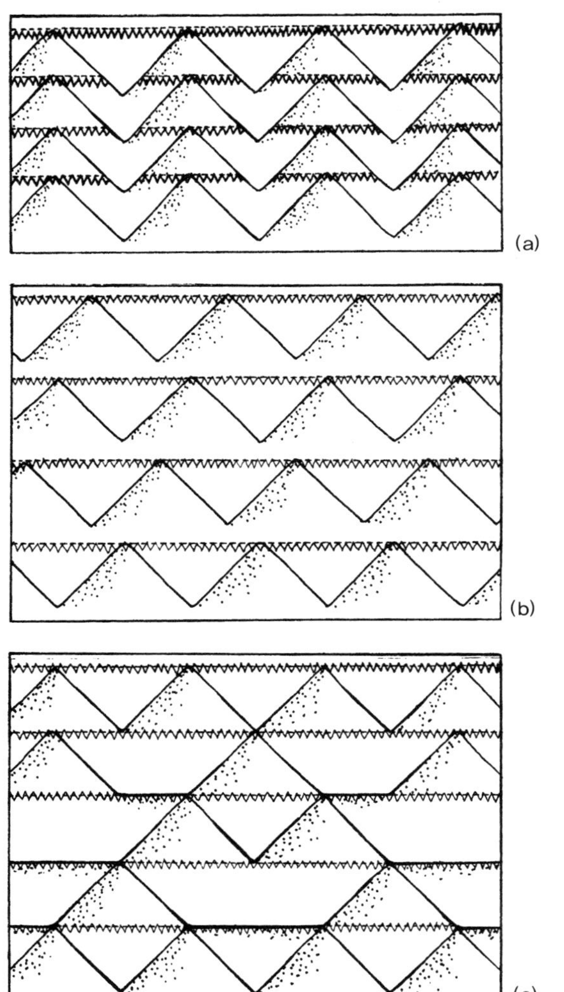

그림 8-27 다양한 상어 이빨 디자인. (a) 겹쳐진, 간격이 없는 턱. (b) 간격이 있는 턱. (c) 상어 이빨의 모양이 다양한, 간격이 없는 턱.

그림 8-28 V자 모양으로 원단을 잘라내어 90도 각도보다 더 큰 각도를 이루는 상어 이빨 모양을 만든다.

그림 8-29 턱 안으로 절개한 가장자리를 밀어넣어 상어 이빨 모양을 만든다.

접힌 부분을 먼저 잘라서 갈라놓은 후에 일정한 너비로 절개하여 술을 만든다. 우븐 소재의 원단으로 만든 술은, 세탁을 하다 보면 올이 풀리고 해지게 된다.

원단 전체를 술로 처리하면 파일 직물처럼 될 수 있다. 눌리지 않은 턱으로 원단 전체에 빽빽하게 작업한다. 턱을 술 처리한다. 우븐 소재의 경우 술이 헝클어지고 부드러워지도록 세탁기에 세탁해 건조한다.

올을 풀어 술을 만든 턱(꼬인 프린지 턱)은 절개하지 않으며, 가는 실 고리로 나타난다. 직선 결에 맞추어 접힌 턱에서 긴 바늘이나 핀으로 원단의 조직에서 한 번에 한 올씩 집어서 잡아당긴다. 올을 뽑기 전에, 작업하기 쉽도록 턱의 길이 방향으로 구간을 나누어 핀을 꽂아 중간 중간 올을 잡아당겨둔다. 술을 만든 후에는 술이 시작되는 부분을 가로질러 좁은 너비로 지그재그 스티치하여 올이 더 이상 풀리지 않게 고정한다(**그림 8-30**). 솔기가 풀리는 것을 막기 위해 안감이나 접착 심지를 이용해 보강하면 솔기선에서 술 처리할 수 있다. 올을 풀어 술을 만든 턱은 두꺼운 실로 짠 우븐 원단을 이용할 때 가장 효과적이다. 우븐 원단은 날실과 씨실이 서로 다른 소재인 경우가 많으므로 술의 느낌을 가장 효과적으로 나타낼 수 있는 방향을 찾도록 시험해본다.

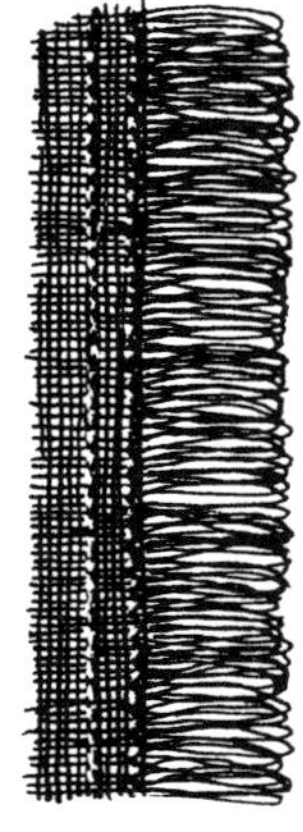

그림 8-30 올을 풀어 술을 만든 턱.

VIII-28 작은 상어 이빨 모양의
테두리 위에 간격 없이 작업한
큰 상어 이빨 모양의 넓은 턱.

VIII-29 턱의 중심을 맞추면서
상어 이빨의 크기를 점차적으로
늘린 간격이 없는 턱.

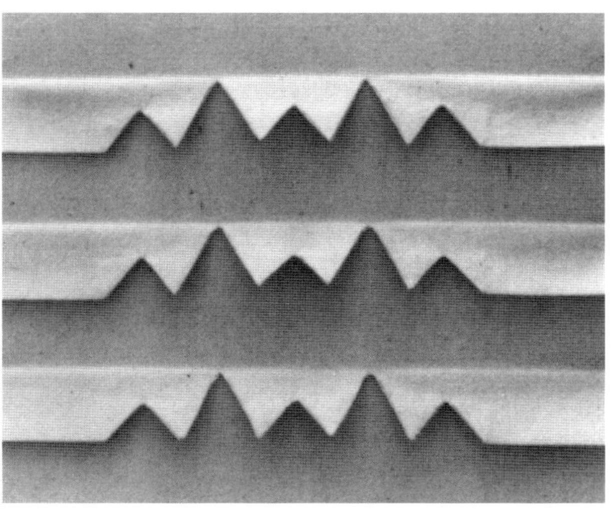

VIII-30 턱 안으로 잘린
가장자리를 밀어넣어
각도와 깊이를 다양하게 만든,
상어 이빨 턱.

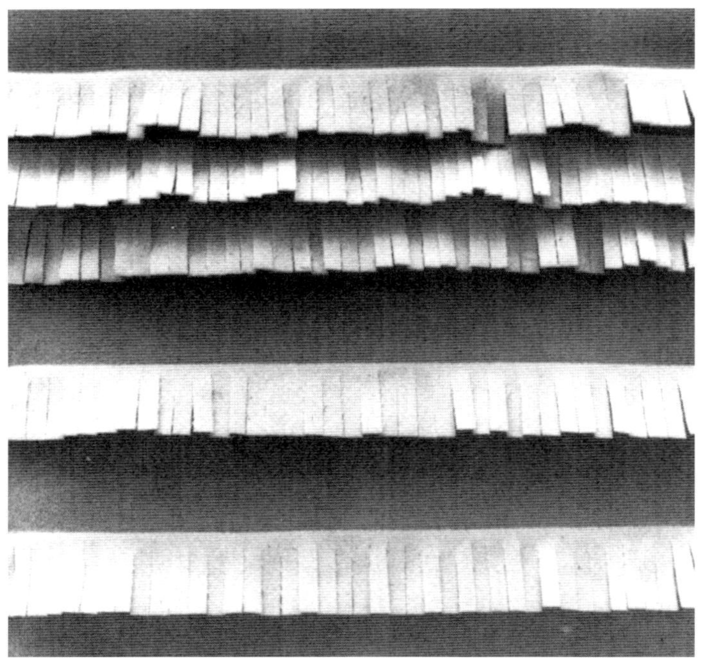

VIII-31 스닙프린지 턱.

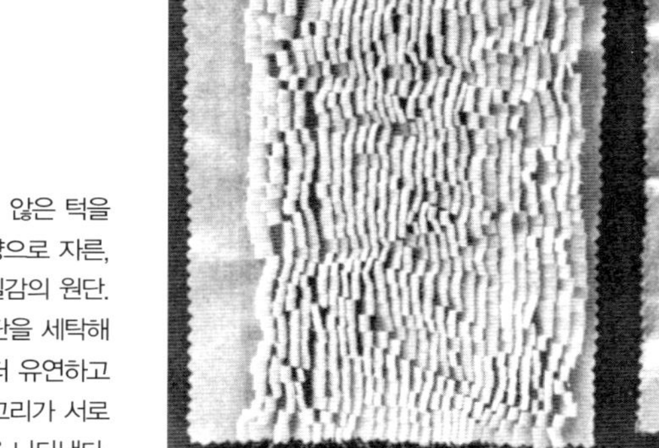

VIII-32 (왼쪽) 눌리지 않은 턱을
빽빽하게 작업하여 고리 모양으로 자른,
특별한 질감의 원단.
(오른쪽) 왼쪽의 원단을 세탁해
건조하면 좀더 유연하고
부드러우며 고리가 서로
뒤엉킨 질감을 나타낸다.

VIII-33 각각 78개의 올을 풀어
술을 만든 턱.
술을 만들기 위해 턱의
접힌 선을 먼저 잘라놓는다.

교차 스티치 턱
Cross-Stitched Tucks

턱의 주름을 아래로 향하게 고정한 스티치 사이에 턱의 주름을 위로 향하게 스티치하여 주름이 들리게 하는 것이다. 교차 스티치 턱에는 두 가지 종류가 있다.

- **물결무늬 턱** – 턱을 반대 방향으로 엇갈리게 교차 스티치하여 작은 물결무늬를 만드는 턱이다.
- **리본 모양 턱** – 솔기선에 중심을 맞춘 턱의 주름 사이를 스티치로 고정하고, 그 스티치 사이의 중심을 같이 시침 고정하여 만드는 턱이다.

작업 과정

❶ 170쪽 '기본 턱'의 작업 과정을 참조한다.

❷ 턱을 작업할 원단을 준비한다.
- ◆ 물결무늬 턱을 위해 핀 턱, 간격이 있는 턱이나 간격이 없는 턱을 선택한다.
- ◆ 리본 모양 턱은 솔기선에 중심을 맞춘 턱으로 작업한다.

❸ 초크나 의류용 마커를 이용해 일정한 간격으로 안내선을 표시하고, 표시된 선을 따라 턱을 가로질러 상침한다.
- ◆ 물결무늬 턱은 교차 스티치한 줄 사이에 턱의 방향이 반대쪽을 향해 엇갈리게 나타난다. 방향을 바꾸어 스티치할 때 원단이 위로 당겨지지 않고 평평하게 유지되도록 교차 스티치 사이에 충분한 공간을 둔다(**그림 8-31**).

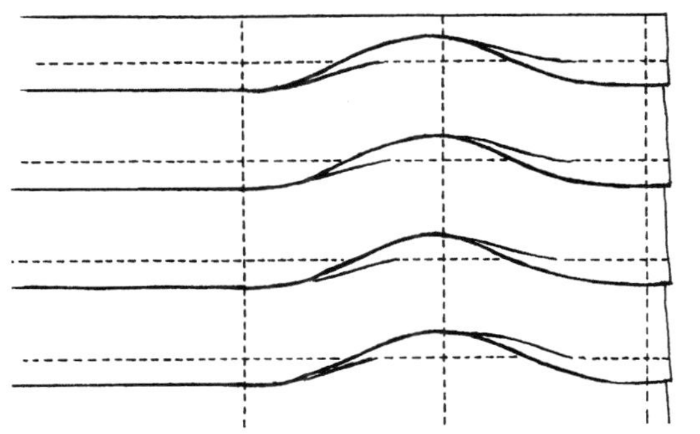

그림 8-31 턱의 접히는 방향을 바꾸는 교차 스티치로 만들어진 물결무늬 턱.

- ◆ 리본 모양 턱에서도 솔기선에 중심을 맞춘 턱의 주름을 잡아당겨 시침 고정할 때 물결무늬 턱과 마찬가지로 원단이 평평하게 유지되도록 교차 스티치 사이에 충분한 공간을 둔다.

❹ 솔기선에 중심을 맞춘 턱을 리본 모양 턱으로 바꾼다. 교차 스티치 사이에 접힌 가장자리를 중심에서 같이 시침 고정한다(**그림 8-32**).

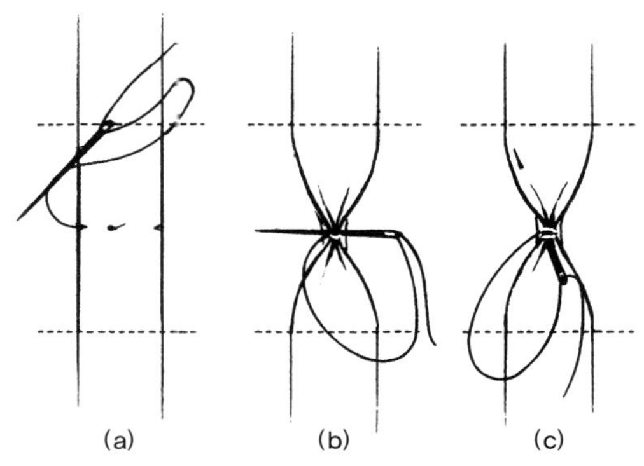

그림 8-32 손바느질로 리본 모양 턱을 만드는 방법. (a) 턱 튜브에 바늘을 넣어 중심의 왼쪽 끝으로 빼낸다. (b) 반대쪽 주름을 잡아당겨 한꺼번에 스티치한다. 다시 한번 스티치하여 튼튼하게 고정한다. (c) 턱 튜브에 바늘을 넣어 바늘 길이의 1/2 정도 떨어져 밖으로 빼낸 다음 살짝 당긴 상태에서 실을 자른다.

❺ 턱을 잡은 원단을 조심스럽게 펴고 다리미판에 핀으로 고정한다. 돌출된 턱의 모양을 고정하기 위해 원단 바로 위에서 다리미로 스팀을 쏘여준다. 열기가 식고 마른 뒤 핀을 제거한다.

특징과 응용

턱이 넓으면, 원단을 평평하게 유지하기 위해 교차 스티치 사이의 간격이 더 넓어져야 한다. 물결무늬 턱은 방향을 바꾸는 곳에서 턱의 깊이와 같은 높이를 갖는다. 리본 모양 턱의 높이는 솔기선에 중심을 맞춘 턱 너비의 1/2보다 약간 낮다.

항상 턱의 양끝에 있는 시접선 안쪽으로 교차 스티치가 놓이도록 한다. 전체적으로 교차 스티치를 디자인의 요소로 활용하려면, 교차 스티치를 작업할 때 장식 스티치를 이용한다. 불규칙한 간격의 교차 스티치는 형식이 없고 일정하지 않은 모양의 턱을 효과적으로 표현하여 자유로운 작업이 가능하다.

눈에 띄지 않게 주름을 시침 고정하는 대신, 장식용 실이나 코드를 이용해 중심을 리본 모양으로 묶고 리본의 끝을 조금 늘어뜨려둔다. 솔기선에 중심을 맞춘 이중 턱처럼 두 겹으로 이루어진 디자인은 윗부분을 리본 모양 턱으로 만든다.

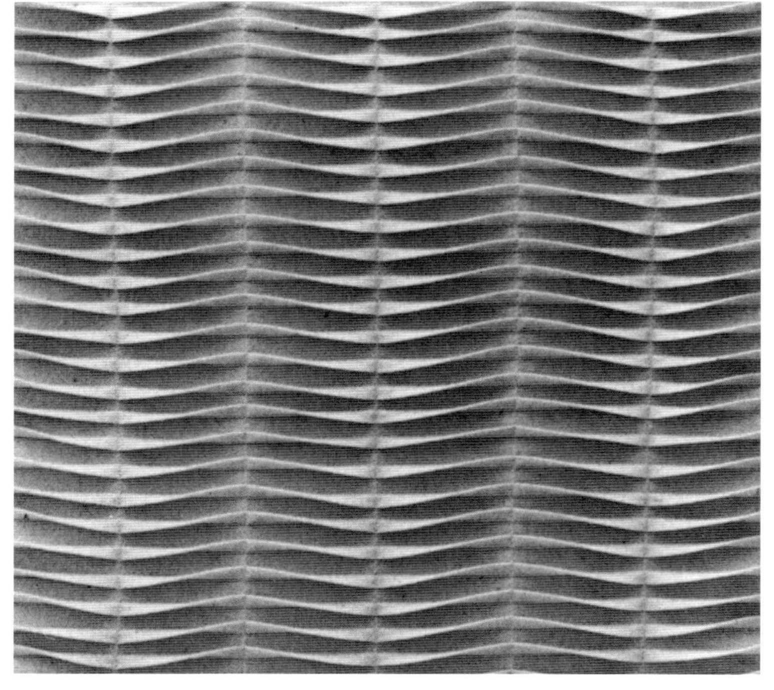

VIII-34 좁은 간격으로 교차 스티치하여 물결무늬를 이루는 간격이 있는 턱.

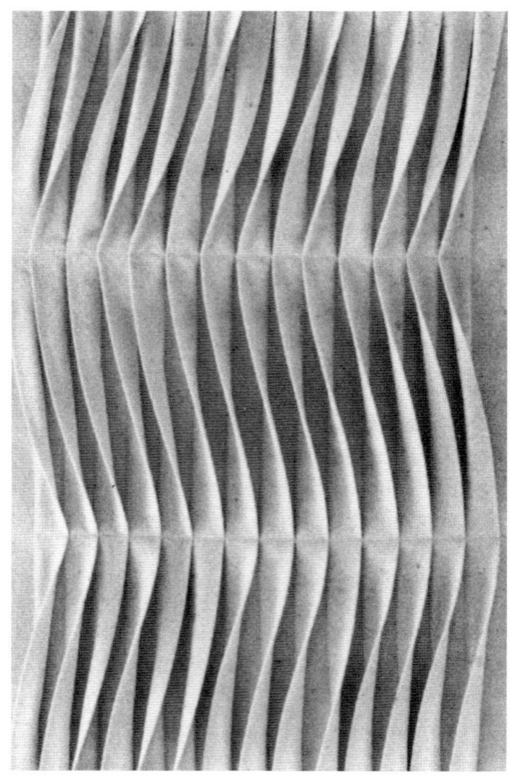

VIII-35 넓은 간격으로 교차 스티치하여 물결무늬를 이루는 간격이 없는 턱.

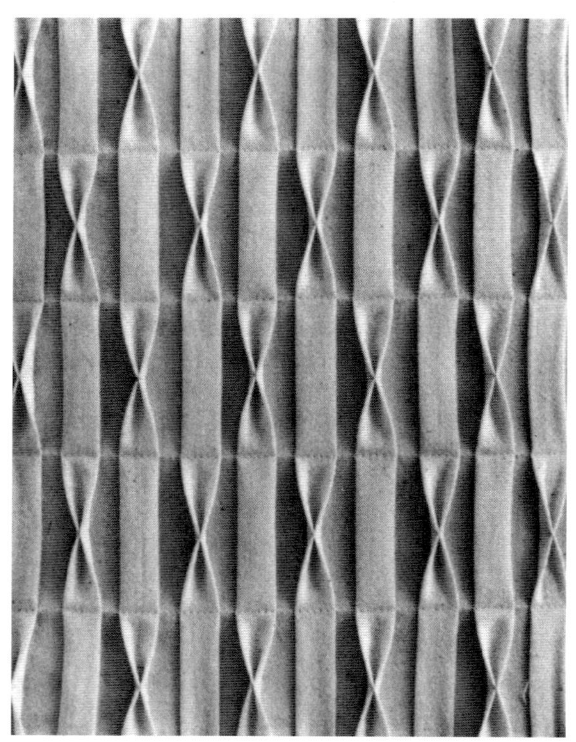

VIII-36 각 부분마다 일정한 간격으로 엇갈리게 리본으로 묶은 솔기선에 중심을 맞춘 턱.

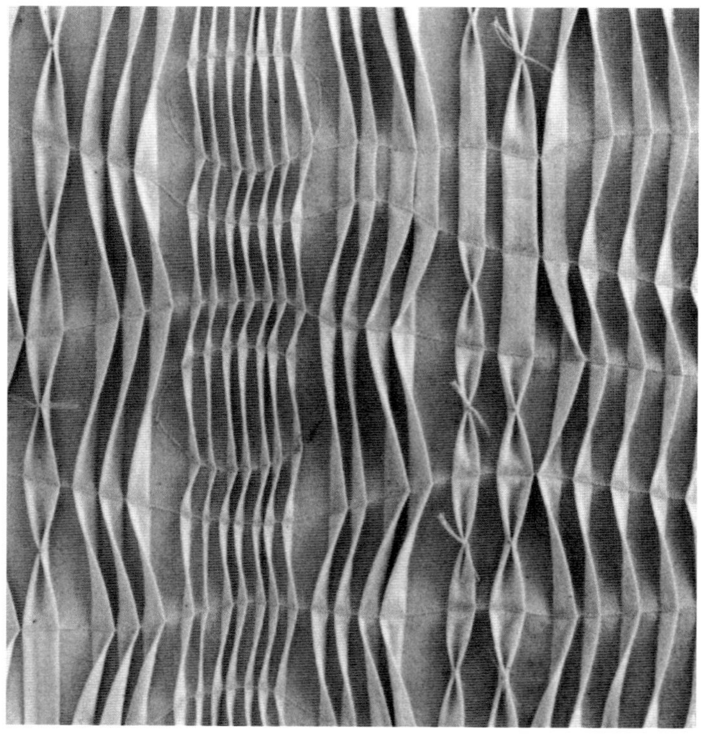

VIII-37 지그재그 스티치의 구불구불한 줄에 따라 평평해진 다양한 너비의 물결무늬 턱과 리본 모양 턱.

교차 시침 턱
Cross-Tacked Tucks

솔기선에 중심을 맞춘 턱을 일정한 간격으로 손바느질하여 주름을 같이 시침 고정하는 것이다. 교차 시침 턱에는 두 가지 종류가 있다.

- **비눗방울 턱** – 솔기선에 중심을 맞춘 턱의 주름을 같이 묶은 뒤 가운데를 벌려주는 것이다.
- **꽈배기 턱** – 솔기선에 중심을 맞춘 턱의 주름을 같이 묶어서 고정하고 그 사이를 벌려 다시 시침 고정하는 것이다.

작업 과정

❶ 170쪽 '기본 턱'의 작업 과정을 참조한다.

❷ 원단의 길이를 따라 솔기선에 중심을 맞춘 턱을 연속적으로 스티치한다.

❸ 턱의 겉면에서 핀, 의류용 마커, 초크 등으로 간격을 두고 시침 고정할 위치를 표시한다. 먼저 시험용 턱에 선택한 방법을 적용해 턱의 간격을 시험해본다. 표시된 위치에서 주름의 양끝을 시침 고정한다.

ⓐ 손바느질로 **비눗방울 턱**을 만드는 두 가지 방법.

- 시침 고정한 사이를 불룩한 턱으로 만드는 방법. (1) 턱 아래에 있는 솔기선에서 작업을 시작한다. (2) 턱의 위쪽을 감으면서 실을 팽팽하게 잡아당겨 시침 고정한다. (3) 한번 더 시침 고정해 뒤에서 실을 매듭지어 자르거나, 다음 시침 고정 위치로 이동한다[그림 8-33 (a)].

- 넓은 턱을 평평하게 만드는 방법. (1) 뒷면 솔기에서 턱으로 바늘을 넣는다. 왼쪽 주름 밖으로 바늘을 빼낸다. (2) 스티치로 반대편 주름을 같이 잡아당긴다. (3) 시침 고정하고, 턱의 중심에 바늘을 넣어 뒷면으로 빼낸다. 주름을 아래로 잡아당긴다. (4) 실을 매듭지어 자르거나 다음 고정 위치로 옮긴다[그림 8-33 (b)].

ⓑ **꽈배기 턱**은 턱의 주름을 같이 묶어서 고정하고 그 사이를 벌려 원단에 시침 고정하는 것이다(그림 8-34). 이

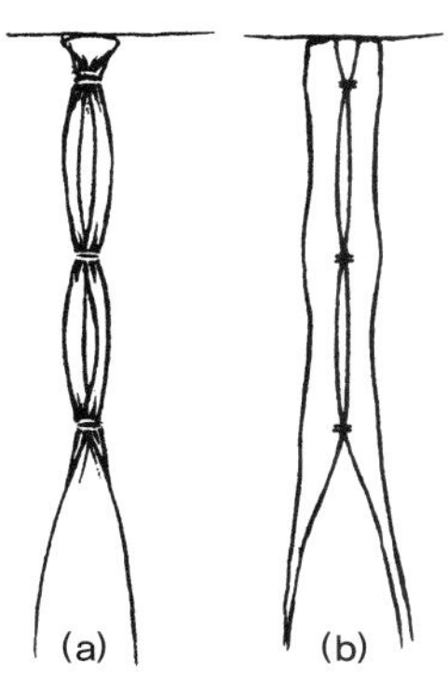

그림 8-33 비눗방울 턱. (a) 턱을 실로 감아 시침하고 아래로 잡아당겨 고정한다. (b) 주름의 끝을 같이 시침하여 아래 솔기에 고정한다.

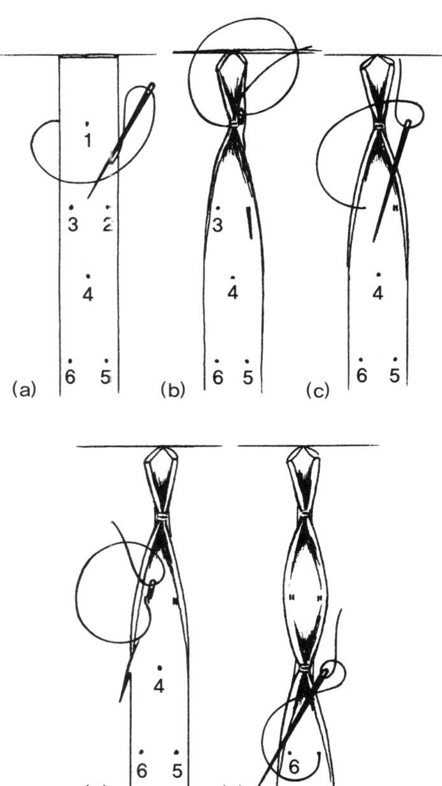

그림 8-34 솔기선에 중심을 맞춘 꽈배기 턱. (a) 아래에 있는 솔기에서 턱으로 바늘을 통과하여 점 1 위치 왼쪽의 주름 밖으로 빼낸다. (b) 스티치로 반대편 주름을 같이 잡아당겨 고정한다. 턱의 오른쪽 주름 끝에서 바늘을 넣고 점 2 위치어서 바늘을 빼낸다. (c) 작은 스티치로 원단에 고정하고 점 3 위치로 바늘을 빼낸다. (d) 작은 스티치로 원단에 고정하고 점 4 위치 왼쪽의 주름 밖으로 빼낸다. (e) 주름을 같이 시침하고 같은 방법으로 점 5와 6의 위치에서 계속 작업한다.

때 주름 바로 안쪽에서 시침 고정하여 가장자리가 위로 살짝 말리도록 한다.

특징과 응용

비눗방울 턱은 턱 사이의 공간에 따라 모양이 정해진다. 장식실이나 좁은 너비의 리본으로 턱을 고정할 수 있다. 고정한 리본의 끝을 조금 남겨 늘어뜨린다.

꽈배기 턱은 작업 후에 턱이 당겨지는 것을 막기 위해 시침 고정의 간격이 충분히 넓어야 한다. 꽈배기 턱의 높이는 솔기선에 중심을 맞춘 턱의 1/2 넓이보다 약간 작다.

교차 시침 턱의 두 종류(비눗방울 턱, 꽈배기 턱)는 턱의 시작과 끝의 솔기선을 시침 고정하는 것으로 완성된다. 또 이 작업은 솔기선에 중심을 맞춘 이중 턱의 윗부분에도 적용될 수 있다. 교차 시침 턱은 길이 방향으로 원단을 뻣뻣하게 만든다.

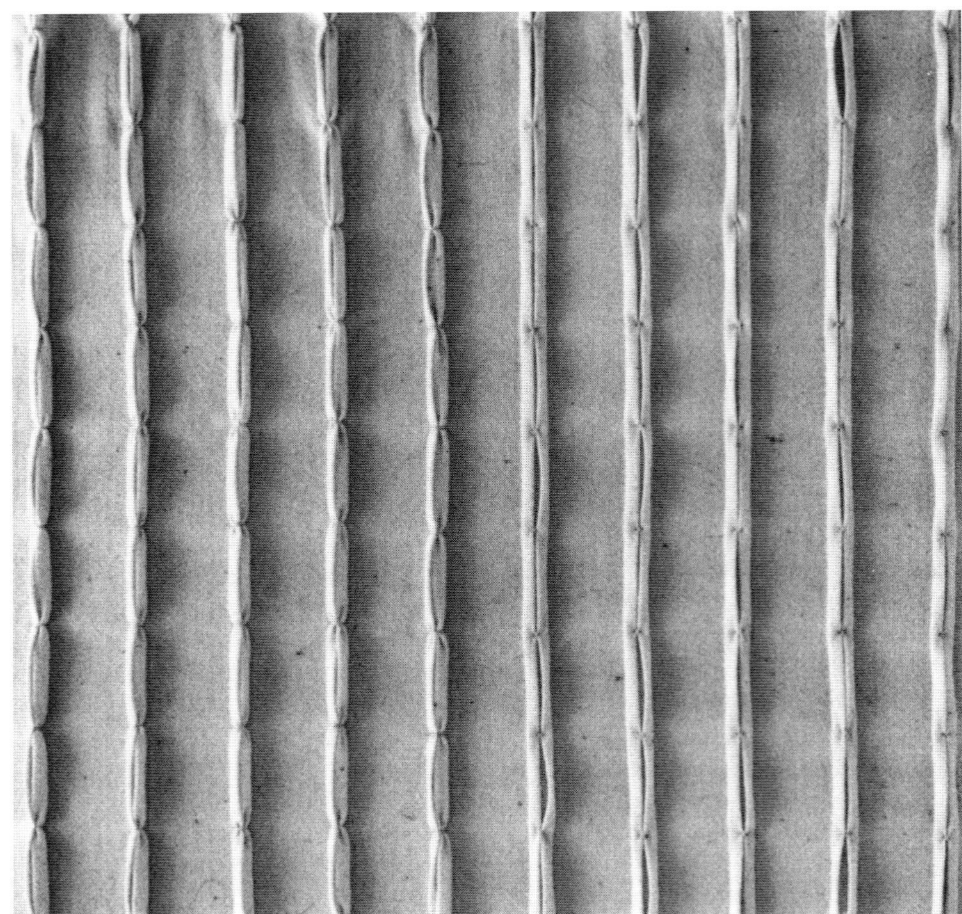

VIII-38 비눗방울 턱.
(왼쪽) 턱 위에 시침 고정하여
아래로 밀어넣는다.
(오른쪽) 주름 끝을 서로 연결하여
솔기 아래에 고정한다.

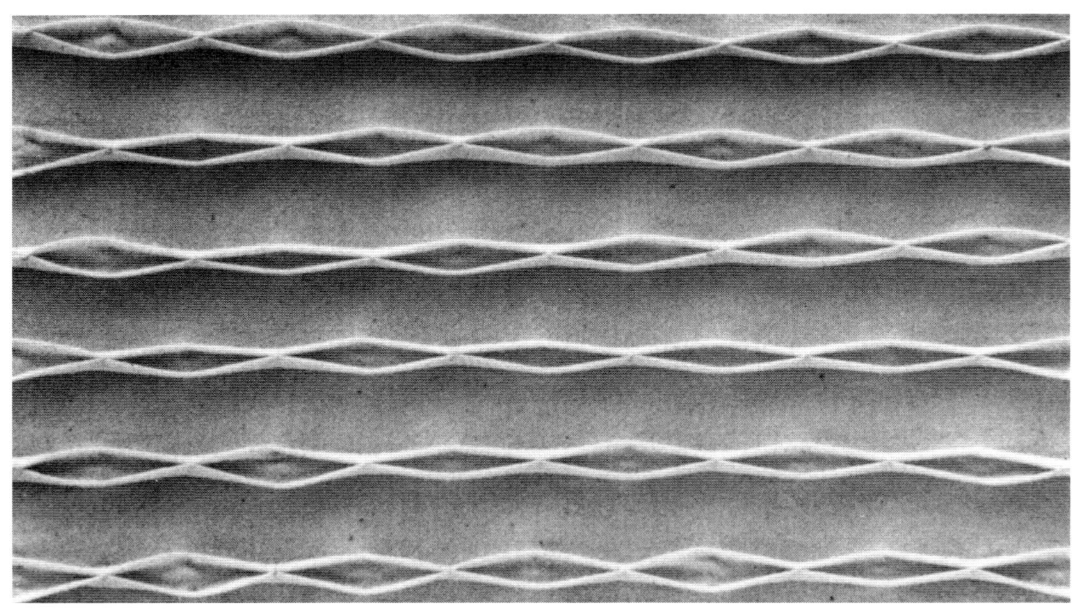

VIII-39 꽈배기 턱.

부분 솔기 턱
Partially Seamed Tucks

의도적으로 부분 부분 스티치하여 만든 솔기로 이루어진 턱을 말한다. 부분 솔기 턱에는 두 가지 종류가 있다.

- **풀어진 턱** – 평행한 모양의 턱 솔기선 끝에서 스티치하지 않은 부분이 느슨한 주름으로 풀어지는 턱이다.
- **끊어진 턱** – 교차 부분을 스티치하지 않아 솔기 사이에 퍼프가 생기는 턱이다.

작업 과정

❶ 170쪽 '기본 턱'의 작업 과정을 참조한다.

❷ 모눈종이에 부분 솔기 턱의 위치를 정한다. 솔기와 접히는 선의 위치를 표시한다.

- ◆ 풀어진 턱에서는 핀 턱, 간격이 있는 턱, 간격이 없는 턱, 점차적으로 변화하는 턱, 솔기선에 중심을 맞춘 턱, 좁아지는 턱 등을 표시하기 위해 주름이 풀어지는 위치까지 평행선을 그린다〔**그림 8-35 (a)**〕. 턱의 종류와 너비, 턱 사이의 간격, 주름이 눕는 방향을 표시한다.
- ◆ 끊어진 턱을 작업하기 위해 교차 턱의 패턴을 그린다. 턱의 스티치를 멈출 위치를 표시한다〔**그림 8-35 (b)**〕. 턱 주름 사이의 간격, 턱의 솔기선, 접히는 선의 중심선이 표시된 전체 크기의 패턴으로 옮긴다. 턱의 너비는 최대 0.25인치(6mm) 정도로 제한한다.

❸ 의류용 마커 등을 이용해 정해진 위치를 따라 접히는 선과 솔기선을 원단의 겉면에 표시한다. 솔기의 시작과 끝점을 표시한다. **풀어진 턱**을 작업하기 위해 접히는 선 옆에 턱 너비를 더하여 구상한 크기로 종이에 확대한다. **끊어진 턱**을 작업하기 위해 패턴에서 접히는 선을 베긴다. 필요하다면 솔기선도 베긴다.

❹ 턱을 접고 표시한 시작과 끝점을 따라 재봉틀로 봉제한다. 솔기의 시작과 끝점에서 윗실을 뒷면으로 빼내어 밑실과 같이 묶은 후 실을 잘라 정리한다. 눈에 띄지 않게 되박음질이나 박음질로 솔기를 고정한다. 교차 턱의 패턴 작업에는 재봉틀보다 손바느질이 더 수월할 수 있다.

❺ 표시한 방향으로 **풀어진 턱**의 주름을 납작하게 눌러 다림질한다. 턱의 풀어진 부분은 의도에 따라 눌러 다림질하거나 누르지 않아도 된다. 눌러 다림질하지 않은 풀어진 턱과 **끊어진 턱**의 가장자리를 다리미판에 핀으로 고정한다. 턱의 바로 위에서 다리미를 이용해 스팀을 쏘여준다. 열기가 식고 완전히 마른 뒤 옮긴다.

❻ 169쪽, '턱 원단의 연장' 참조.

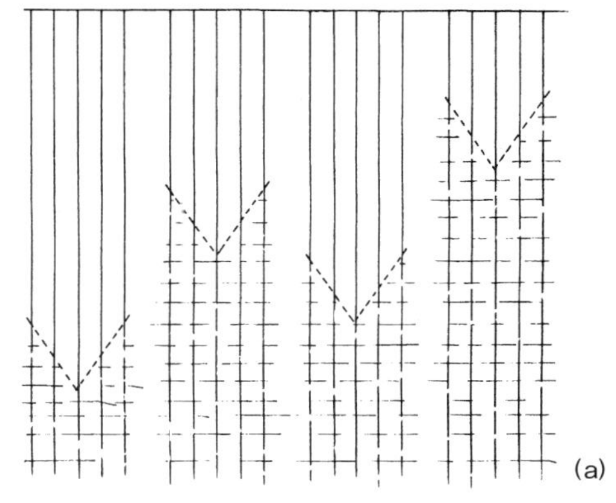

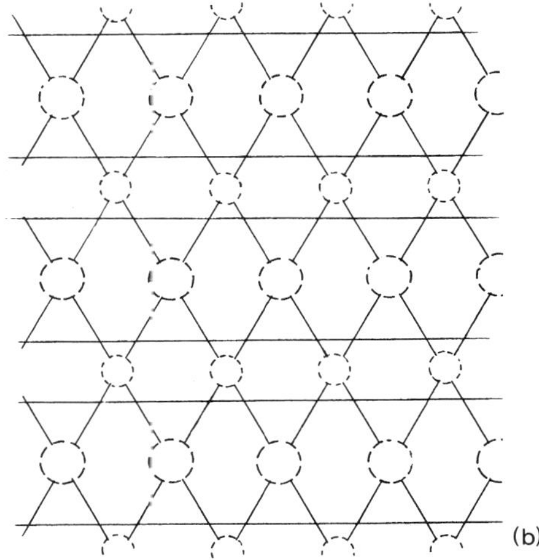

그림 8-35 솔기와 접히는 선을 표시한 부분 솔기 턱의 디자인. (a) 점선의 V자 모양으로 턱의 스티치가 멈춘 풀어진 턱. (b) 점선의 원형 모양으로 턱의 스티치가 끊어진 턱.

특징과 응용

풀어진 턱이 장식적인 것만은 아니다. 원단의 턱 처리되지 않은 부분에 풍성함을 만들고 조절하여 플리츠와 같은 기능을 한다. 이런 풍성함은 턱의 한쪽이나 양쪽 끝, 또는 가운데에 작업할 수 있다. 풀어진 턱에서는 턱을 잡은 면이나 솔기 처리한 면 중 한쪽을 겉면으로 이용할 수 있다. 솔기 처리한 면이 겉면이 되면, 뒷면의 턱은 납작하게 눌러 다림질한다.

풀어진 턱과 달리, 끊어진 턱은 원단 전체에 일정한 패턴으로 고정되어 입체적인 모양을 만든다. 턱의 주름보다 중간에 끊어진 턱에 의해 만들어지는 퍼프는 더욱 솟게 된다. 솟아오르는 정도는 퍼프를 만드는 턱의 개수와 깊이에 따라 결정된다. 종이어 도안한 끊어진 턱은 원단으로 완성된 결과를 예측하기 어려우므로 먼저 시험해보고 작업하도록 한다.

VIII-40 세 개씩 무리를 이루며 턱이 멈추는 위치에서
느슨한 주름으로 풀어진 평행한 턱.

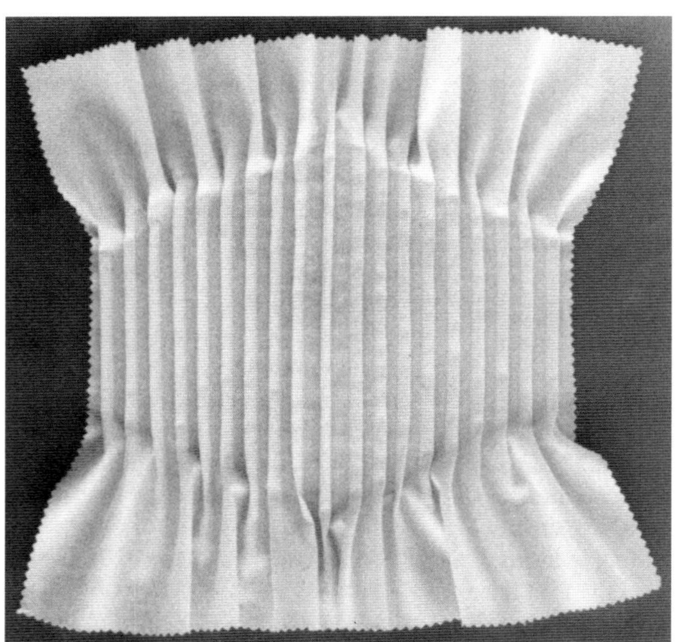

VIII-41 가운데 솔기선에 중심을 맞춘 턱. 양옆에는 반대 방향으로 눌러
다림질한 간격이 있는 턱. 솔기의 위와 아래에 느슨한 주름이 풀어진다.

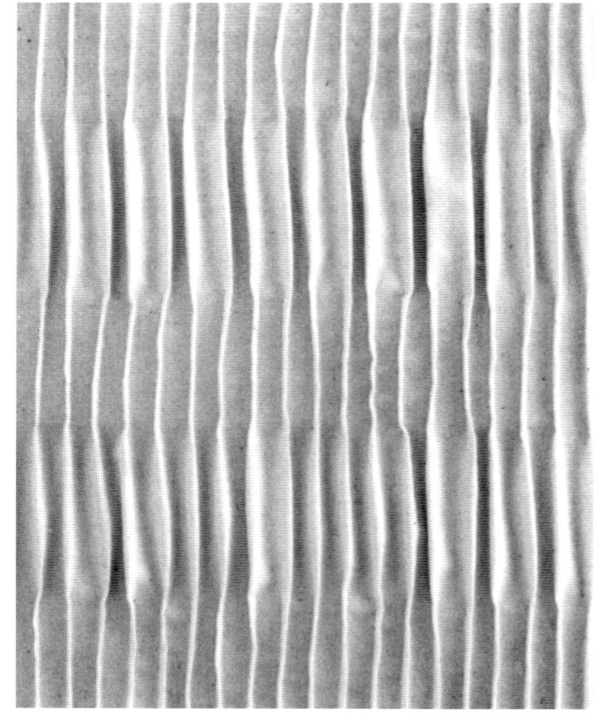

VIII-42 눌리지 않고 평행하며 좁은 턱은 스티치가 멈춘 곳에
느슨한 주름의 밴드가 만들어진다.

VIII-43 끊어진 핀 턱 처리로 표현된
교차 턱.

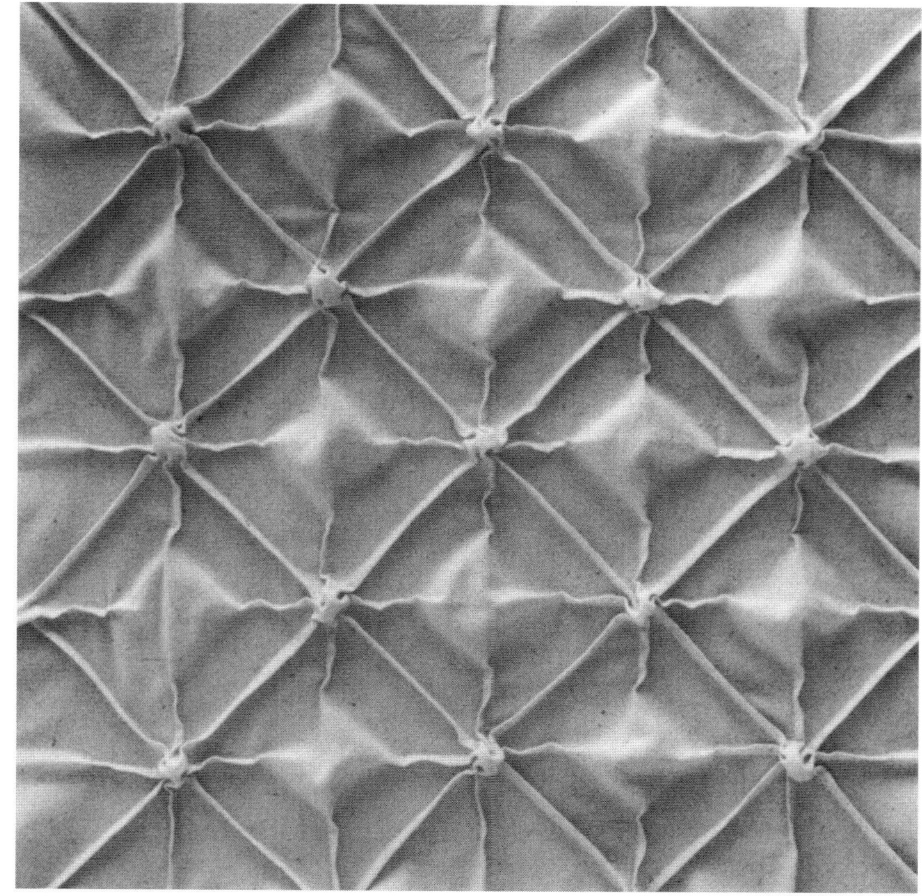

VIII-44 다른 모양의 끊어진 교차 턱.

솔기가 없는 턱
Seamless Tucks

길이 방향으로 떨어져 있는 점들을 손바느질로 고정 스티치하여 만든 턱이다. 솔기가 없는 턱에는 두 가지 종류가 있다.

- **무리 지은 턱** – 주름의 밑부분을 손바느질로 고정 스티치하여 세 개 또는 그 이상의 부채꼴 턱을 일정한 간격으로 모아놓은 것이다. 이것은 원단의 표면에 서 있는 모양을 이룬다.
- **묶은 턱** – 끈을 이용해 일정한 간격으로 턱의 주름을 묶어 형태를 만든다. 묶은 턱은 원단의 표면에 부풀어 오른 모양을 이룬다.

■ 무리 지은 턱의 작업 과정

❶ 한 무리에 들어갈 턱의 개수와 높이를 정한다. 완성 치수에 얼마나 많은 수의 무리를 넣을지 결정한다. 무리 사이의 간격은 완성 치수를 무리의 전체 개수로 나누어 계산한다. 원단 필요량을 정한다.

    턱의 높이×2=턱 1개의 너비

    턱 1개의 너비×한 무리 안에 들어갈 턱의 개수

      =한 무리에 필요한 턱의 너비

    한 무리에 필요한 턱의 너비×전체에 들어갈 무리의 개수

      =전체에 필요한 무리의 너비

    전체에 필요한 무리의 너비+완성 치수=원단 필요량

❷ 치수에 따라 재단한 원단의 안쪽 면에 간격을 맞춰 수직으로 점을 표시한다.

  ⓐ 수직으로 표시한 점을 가로지르는 수평선을 따라 작업을 시작한다. 뒷면에서 무리에 속하는 각 주름에 점을 표시하고 한 점을 더해준다.—세 개의 턱을 위한 네 개의 점, 네 개의 턱을 위한 다섯 개의 점 등. 각 턱의 높이는 뒷면에 표시한 두 점 사이 간격의 1/2 치수가 된다. 점의 무리 사이에 일정한 간격을 두고 작업한다.

  ⓑ 같은 간격으로, 수직 줄을 따라 아랫부분까지 뒷면에서 주름 점을 표시한다. 각각의 점은 스티치 위치이므로 가장자리부터 가장자리까지 길이 방향으로 무리가 흐트러지지 않도록 정확하게 간격을 표시한다〔**그림 8-36 (a)**〕.

❸ 뒷면에서 긴 바늘과 튼튼한 실로 작업한다. 한 무리에 수평으로 표시되어 있는 점들을 작은 스티치로 집어, 같이 잡아당긴다. 반복해서 작업하고 고정한 뒤 실을 정리한다. 한 무리에 수평으로 표시되어 있는 점들을 스티치로 연속하여 연결한다. 턱의 길이 방향을 따라 아래로 작업한다〔**그림 8-36 (b)**〕.

❹ 턱의 길이 방향으로 펴서, 원단의 끝을 다리미판에 핀으

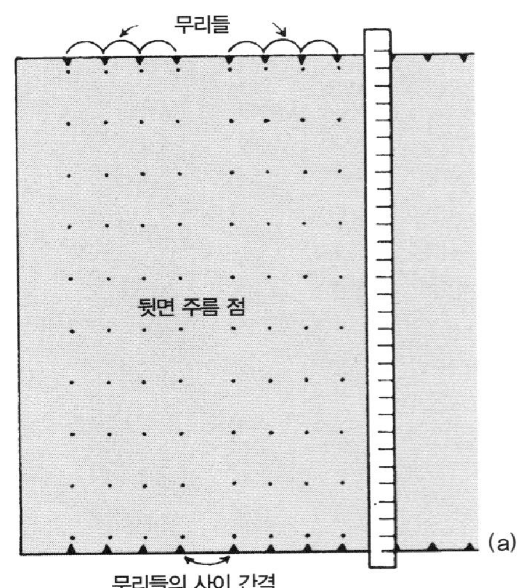

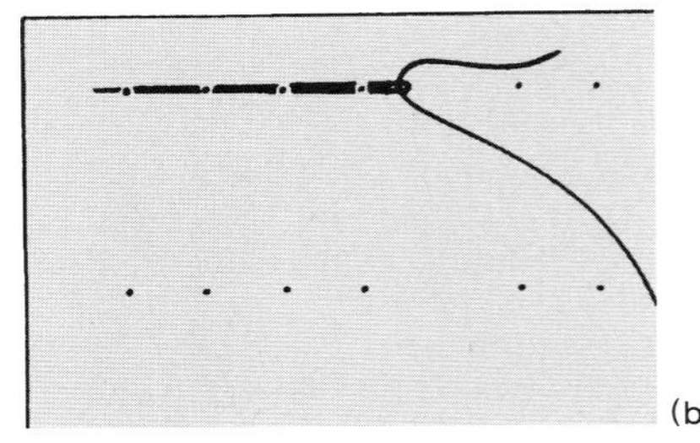

그림 8-36 무리 지은 턱을 만드는 방법. (a) 수평과 수직으로 정렬된 점의 줄을 따라 원단에 표시한다. (b) 한 무리에 수평으로 표시되어 있는 점들을 작은 스티치로 집어, 같이 잡아당긴다.

로 고정하고 스팀을 쏘여준다. 열기가 식고 완전히 마른 뒤 옮긴다.

■ 묶은 턱의 작업 과정

❶ 한 묶음을 표시하기 위해 연결한 두 점을 반복해서 그려 모눈종이에 전체 크기의 턱 패턴을 완성한다(**그림 8-37**). 점 사이의 간격은 묶을 원단의 양과 묶은 후 턱이 어떻게

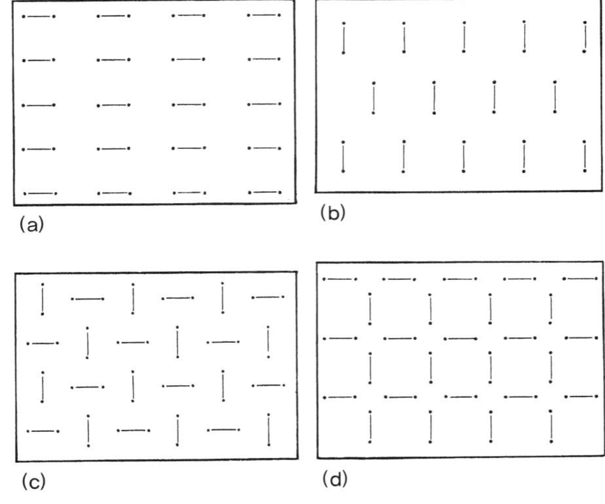

그림 8-37 격자 모양으로 묶은 턱 패턴. (a) 동일한 간격으로 한 쌍의 점을 같이 묶으면, 점의 줄은 수직 모양의 턱이 된다. (b, c, d) 엇갈리게 하거나 방향을 바꾸어 묶으면, 턱이 아닌 것 같은 모양이 된다.

펼쳐지고 부풀어 오를지를 좌우한다. 정사각형 원단에 패턴을 시험해본다. 시험 전과 후에 원단을 측정하고 그 치수를 기준으로 묶은 턱을 작업하기 위한 원단의 필요량을 계산한다.

(시험 전 치수÷시험 후 치수)×완성 치수=원단 필요량

❷ 치수에 맞게 재단한 원단에 의류용 마커나 연필 등으로 서로 묶을 한 쌍의 점을 표시한다. 겉에서 묶을 경우 겉면에, 뒤집어서 묶을 경우 뒷면에 점을 표시한다. 스텐실이나 의류용 먹지를 이용해 점을 베긴다.

❸ 바늘에 튼튼한 실을 꿰어 쌍을 이룬 각 점을 연결한다. 한 점에서 바늘을 넣고 다른 점 밖으로 빼낸다. 묶기 위해 실의 꼬리를 충분히 남기고, 스티치를 반복한다(그림 8-38).

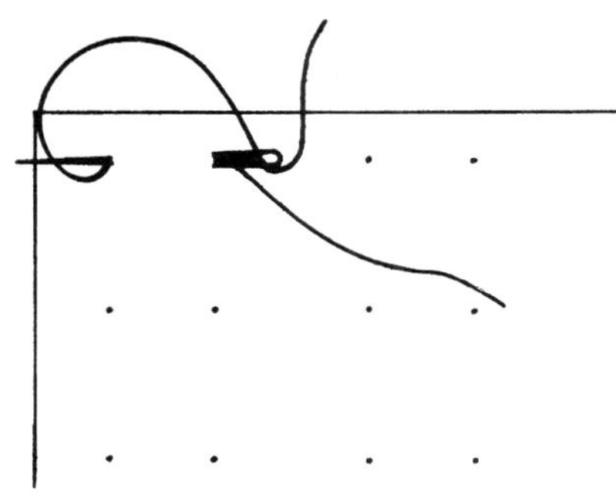

그림 8-38 한 쌍의 점을 연결하는 스티치를 반복하여 묶은 턱을 준비한다.

점을 연결한 실을 잡아당겨 턱을 모은다. 두 번 묶어 끝을 확실히 고정한다(그림 8-39).

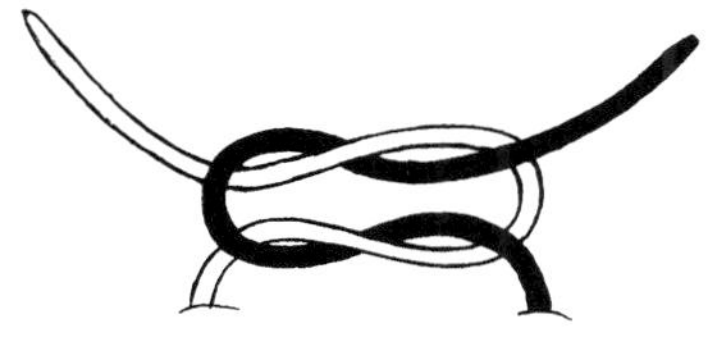

그림 8-39 사각 매듭. 두 번 묶어 0.5인치(1.3cm) 정도 실을 남기고 정리한다.

◆ 겉면에서 묶을 경우, 당겨진 스티치 아래로 모인 원단이 미끄러져 빠져나가지 않게 한다. 잘린 실의 끝은 원단 표면에 질감을 더해준다.

◆ 뒤집어서 묶을 경우, 두 점을 연결하여 잡아당기면 겉면 쪽으로 원단이 밀려난다. 잘린 실의 끝은 뒷면에 남아 보이지 않는다.

❹ 다리미판에 완성한 턱의 가장자리를 조심스럽게 펴서 핀으로 고정한다. 턱의 바로 위에서 다리미로 스팀을 쏘여준다. 열기가 식고 완전히 마른 뒤 옮긴다.

특징과 응용

169쪽, '턱 원단의 연장' 참조.

무리 지은 턱이 뒤집힌 경우, 당겨진 스티치 사이에 뒤 주름이 모이고 당겨지거나 밀려날 때 주름이 퍼진다. **뒤집어 무리 지은 턱**에서 아래가 솟아오르는 것을 최소화하려면 턱의 높이를 줄여야 한다. 뒷면에서 시작과 끝의 실을 감추거나 겉면에서 장식실로 묶어 끝을 고정한다.

격자 모양으로 묶은 턱 패턴 외에, 곡이 지고 갈라지고 합쳐지고 치수에 변화를 주어 점점 줄어들고 사라지는 선 등으로 디자인을 다양화할 수 있다. **구불구불하게 묶은 턱**의 패턴은 점으로 표시하기보다는 선으로 표시한다. 디자인선뿐만 아니라 중심 부분을 묶어 시침 고정할 위치를 종이에 선으로 표시한다. (1) 구불구불한 디자인의 선을 그린다. 디자인에 따라 원단을 둚을 때, 턱이 되어 당겨질 위치에 선을 그려 패턴을 만든다. (2) 의류용 마커나 초크로 원단의 겉면에, 연필로 원단의 안쪽 면에 패턴을 베끼거나, 시침실로 디자인의 윤곽선을 따라 시침한다. (3) 눈으로 가늠하거나 치수를 재어, 턱이 되어 당겨질 위치에 그린 선의 양끝을 스티치하여 앞서 설명한 것처럼 실로 묶는다. 곡선과 다양한 디자인으로 작업하기 위해 묶는 부분 사이의 간격에 변화를 준다. (4) 작업이 끝나면, 턱 사이를 부드럽게 늘여주고 디자인의 입체감은 강조하면서 원단의 가장자리를 조심스럽게 펴서 다리미판에 핀으로 고정한다. 턱 사이와 솟은 부분을 나누어 스팀을 쏘이고, 열기가 식고 완전히 마른 후에 핀을 제거한다. (5) 구불구불하게 묶은 턱은 원단의 가장자리가 변하여 비틀리므로 이전의 모양으로 정리한다. 필요하면 아랫부분에 안감을 덧대어 고정한다.

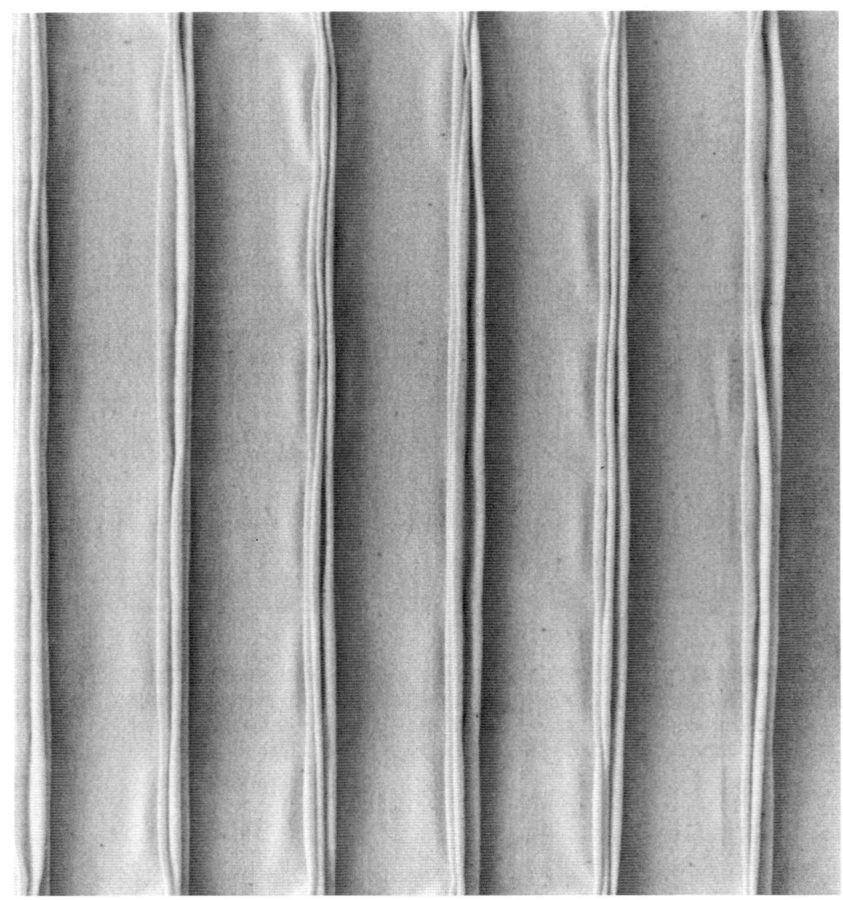

VIII-45 세 개의 무리 지은 턱으로 이루어진 밴드.

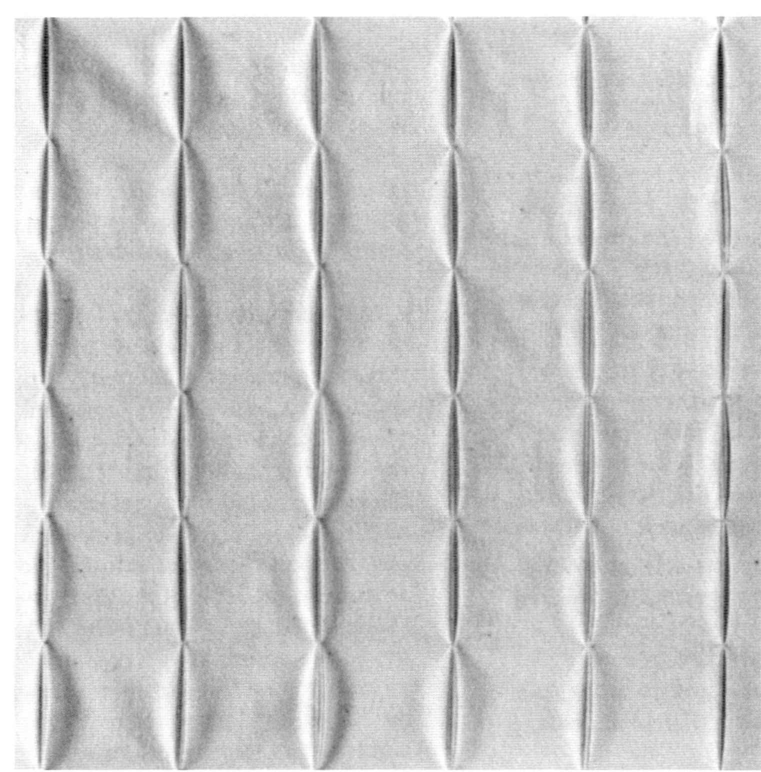

VIII-46 뒤집어 무리 지은 턱.

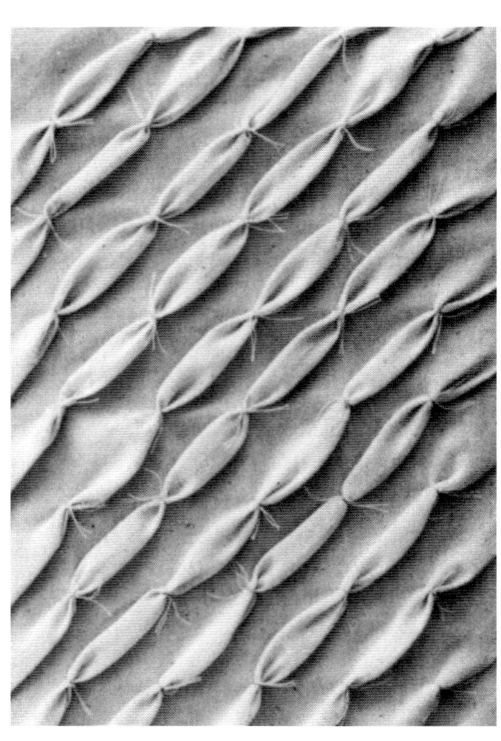

VIII-47 바이어스 방향으로 겉면에서 묶은 턱.

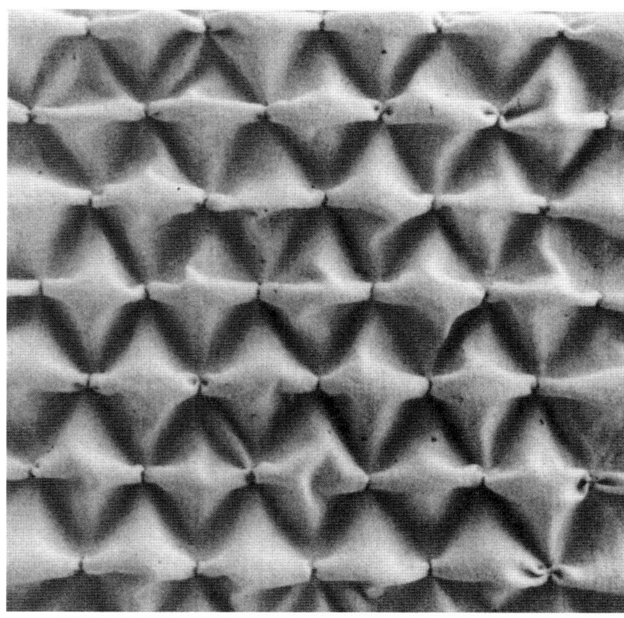

VIII-48 뒤집어 묶은 턱. 패턴은 그림 8-37 참조.
(왼쪽 위) (a)와 (d) 참조. (오른쪽 위) (b) 참조.
(왼쪽 아래) (c) 참조. (오른쪽 아래) (d) 참조.

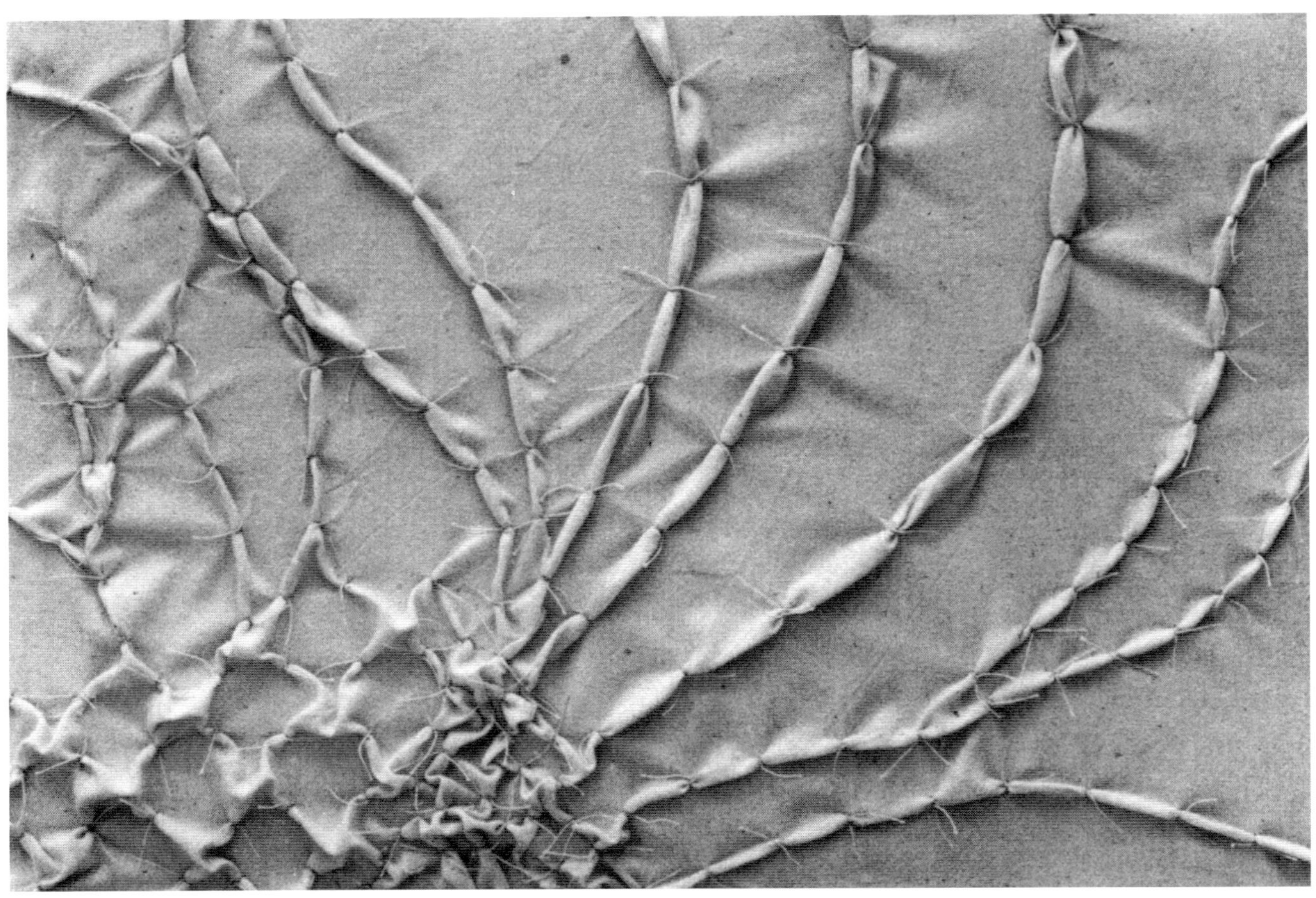

VIII-49 곡이 지고 갈라지고 합쳐지고 사라지고 교차하는 여러 선으로 이루어진 묶은 턱.

패턴 턱
Pattern Tucking

손바느질로 핀 턱을 스티치하여 직선뿐만 아니라 곡이 지고 각이 진 입체적인 디자인을 만드는 것이다. 핀 턱의 골진 부분을 둘러싸는 패턴 턱은 원단에 부드러운 잔주름을 만든다.

작업 과정

❶ 선을 핀 턱으로 처리한 후에 줄어드는 것을 보충하기 위해 선 사이에 공간을 두면서 종이 위에 전체 치수의 디자인 초안을 선으로 그린다. 디자인을 확인하기 위해 정사각형의 원단으로 시험해본다. 시험 전후에 원단을 측정하고 원단 필요량을 계산하기 위한 기준으로 이 치수들을 사용한다. 또는 완성 치수보다 양 방향으로 거의 1.75배 더 큰 원단으로 작업한다.

❷ 의류용 마커, 초크, 또는 시침실로 원단의 겉면에 디자인을 베낀다.

- ◆ 종이 패턴 위에 원단을 올려놓은 뒤 핀으로 꽂고, 패턴의 선이 잘 보이도록 라이트 박스나 햇빛이 있는 창문 위에 놓고 작업한다.
- ◆ 얇은 종이 등에 패턴을 옮긴다. 원단 위에 패턴을 올려놓은 뒤 핀으로 꽂아 고정한다. 패턴의 선을 따라 한꺼번에 시침하고, 조심스럽게 패턴을 떼어낸다.

❸ 디자인에 따라 손바느질한다.

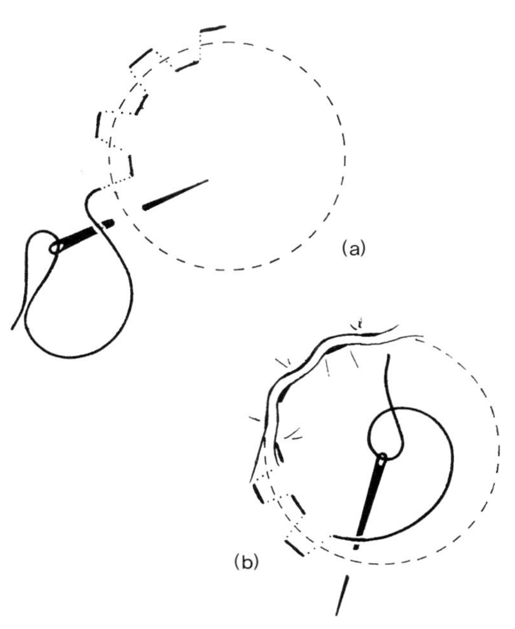

그림 8-40 곡이 진 핀 턱 디자인은 교차 홈질로 작업한다. (a) 선에서 16분의 1인치(1.5mm) 떨어진 위치에서 바늘을 집어넣어 선에서 16분의 1인치(1.5mm) 떨어진 바로 건너편 위치로 빼낸다. 약간의 간격을 두고 같은 작업을 반복한다. (b) 여섯 땀 정도 스티치한 후 턱을 잡기 위해 실을 팽팽하게 잡아당긴 다음 계속 작업한다.

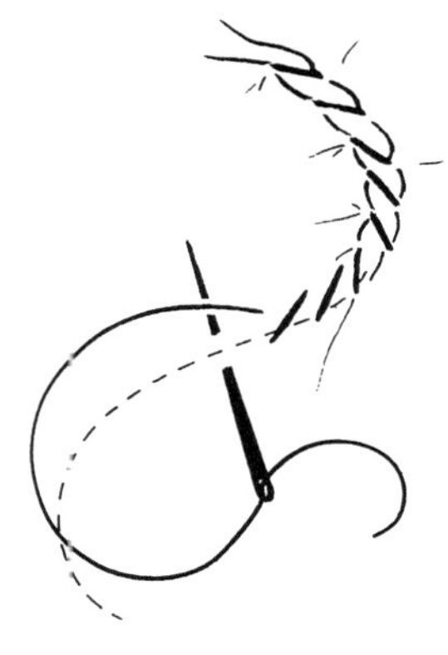

그림 8-41 휘갑치기로 패턴 턱을 만든다. 선의 왼쪽에서 약 16분의 1인치(1.5mm) 위로 바늘을 가져온다. 선을 가로질러 앞으로 이동하고, 선에서 약 16분의 1인치(1.5mm) 떨어진 바로 건너편 아래로 바늘을 옮긴다. 선을 가로질러 앞으로 움직이고, 같은 방향으로 다시 스티치한다. 몇 땀을 스티치하고, 실을 팽팽하게 잡아당긴 후 계속 작업한다.

- ◆ 홈질로 핀 턱을 잡는다. 직선과 약간의 곡선은 표시된 선을 따라 접고 주름에서 16분의 1인치(1.5mm) 이상 떨어지지 않은 위치에서 작은 홈질로 봉제한다. 여섯 땀 또는 그 이상 스티치한 후 핀 턱을 잡기 위해 실을 잡아당긴다(그림 8-40). 심한 곡선의 경우, 안쪽은 작은 스티치로 바깥쪽은 큰 스티치로 조절하여 작업한다.
- ◆ 휘갑치기로 핀 턱을 잡는다. 늘 같은 방향에서 휘감으면서 8분의 1인치(3mm) 넓이로 바늘을 선 안쪽으로 통과시켜 잡아당긴다. 작고 길쭉하게 솟아오른 밧줄 모양의 가장자리로 입체감 있게 처리한다(그림 8-41).

❹ 패턴 턱으로 작업한 원단을 조심스럽게 펴서, 가장자리를 다리미판에 핀으로 고정한다. 턱의 바로 위에서 다리미로 스팀을 쏘여준다. 열기가 식고 완전히 마른 뒤 옮긴다.

❺ 169쪽, '턱 원단의 연장' 참조.

특징과 응용

패턴 턱은 매우 다양하다. 구불구불하고, 합쳐지고, 각이 지고, 나뉘고, 교차하고, 아무곳에서나 시작하고 멈추는 선을 작업할 수 있다. 턱을 잡는 방법에 익숙해지면, 스티치를 하면서 즉흥적으로 패턴을 만들며 턱을 처리할 수 있다.

다양한 곡선을 이루는 이례적인 주름 패턴은 원단을 입체감 있게 한다. 그러나 길쭉하게 솟아오르면서 턱 처리되는 부분 이외의 원단은 평평함을 유지해야 하며, 패턴 턱의 특징인 약간의 잔주름 외에 과도한 개더가 잡히는 일이 없도록 해야 한다. 예외: 만약 디자인이 원형 안에 원형이나 사각형 안에 사각형을 포함하는 경우라면, 평평함을 유지하기 위해 바깥쪽 무늬에는 개더링이 필요할 것이다. 그러나 턱 자체는 늘 아주 작은 크기가 되도록 하여야 한다.

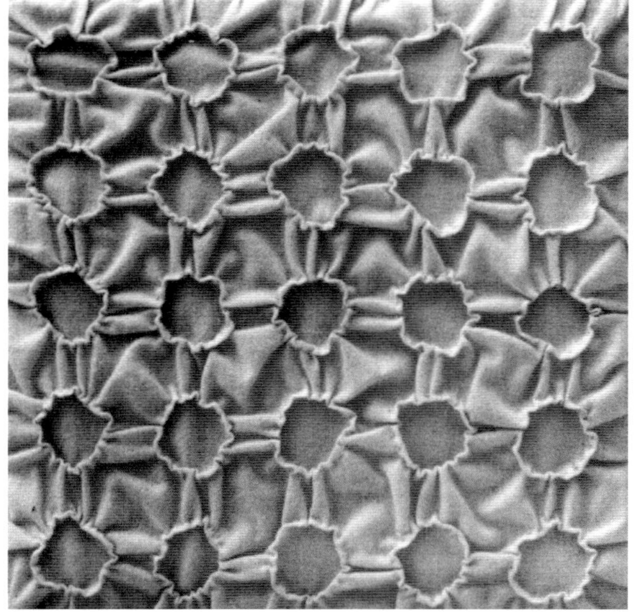

VIII-50 사다리 스티치로 핀 턱 처리한 원형.

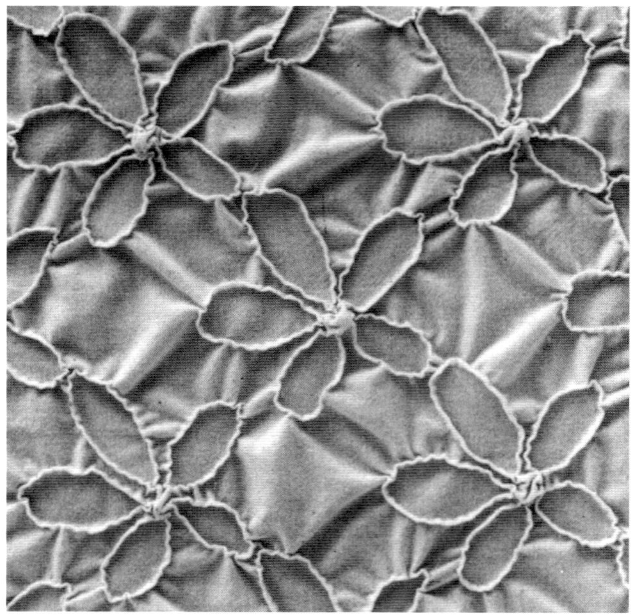

VIII-51 사선으로 반복되는, 홈질 처리한 꽃무늬.

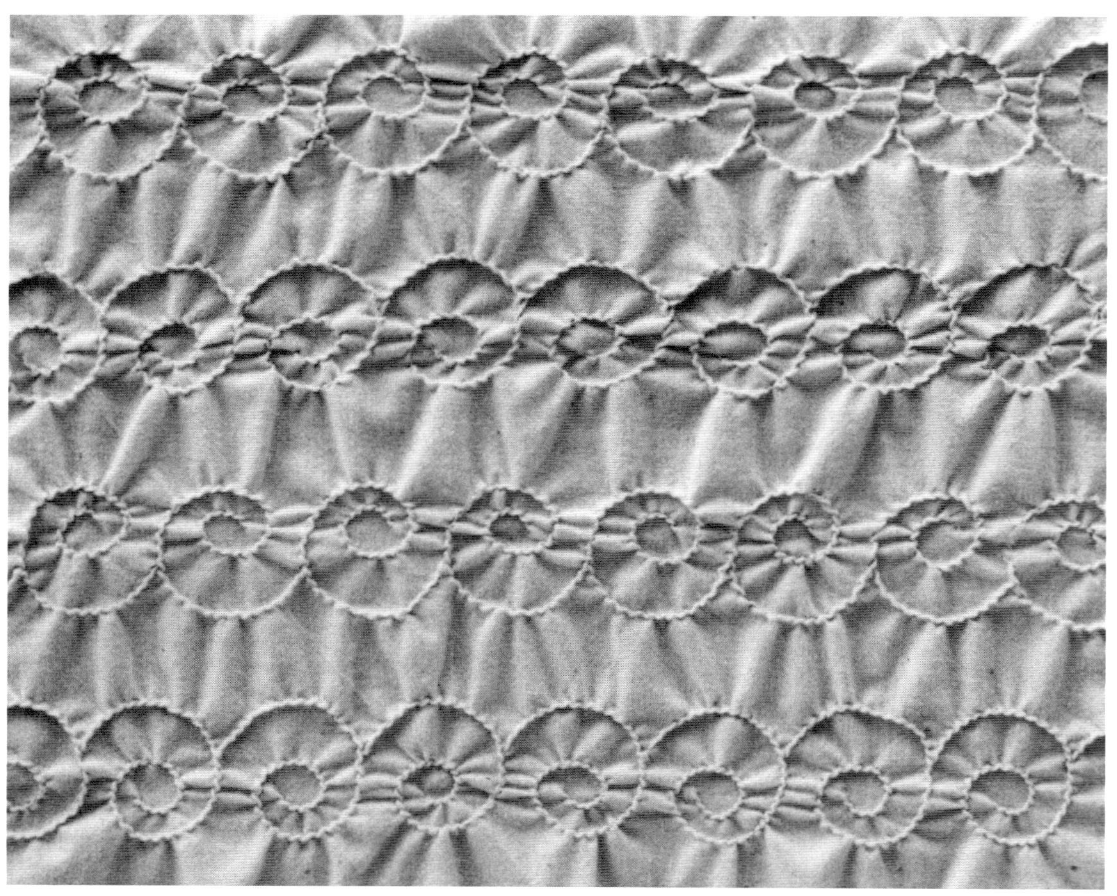

VIII-52 얕은 휘갑치기로 가장자리를 구불구불하게 처리한
핀 턱의 소용돌이 디자인.

입체감을 표현하는 방법

Filled Reliefs

09

코딩

Cording

코딩은 원단에 선모양의 디자인을 두드러지게 하는 것이다. 두 겹의 원단을 스티치하여 생긴 채널에 끼워 넣은 코드는 원단의 표면에서 낮게 두드러지며 서로 엇갈리거나 다양한 형태를 나타낸다. 홑겹 원단을 박아 만든 튜브에 끼워 넣은 코드는, 원단의 표면에서 엇갈리지 않고 나란한 모양으로 높게 돌출되어 나타난다.

코드는 원단을 두드러지게 하는 것 외에 그 자체로도 원단에 영향을 미친다. 코드 처리를 하고 나면 원래의 원단보다 두껍고 무거워진다. 코드의 두께와 코드 사이의 간격, 코드를 감싸는 원단의 두께에 따라서 작업 후 유연성도 달라진다.

코딩에 관한 일반적 고찰
Cording Basics

코딩 작업을 위한 코드

원단의 재질을 고려해서 코딩 작업 방법에 적합하고, 채널이나 튜브의 치수에 맞도록 실용성을 감안해 코드를 선택한다. 최근에는 입체감이 있고 부드러우며 퍼프의 형태를 띠거나 탄력성 있는 복합적인 디자인을 위해 가벼운 아크릴 원사를 코드로 사용하여 손바느질로 작업하는 것을 선호하는 경향이 있다. 코드를 두껍게 만들기 위한 비교적 쉬운 방법은 바늘에 2~4가닥의 실을 한꺼번에 꿰어 채널에 집어넣는 것이다. 원사를 코드로 사용하면 원단의 유연성을 유지할 수 있다.

단단한 케이블 코드의 경우에는 손바느질이나 재봉틀의 외노루발을 사용해 스티치하기가 어렵다. 아크릴 원사에 비해서 케이블 코드는 복잡한 디자인에 입체감을 주며, 코딩 부분을 단단하고 동글동글하게 보이고 싶을 때 사용한다.

느슨한 꼬임의 면실이나 폴리에스테르 실, 여러 겹의 케이블 코드는 잘 휘어지고 안정적이다. 지름에 따라 6번수에서 300번수까지 다양한 굵기의 코드가 가능하다. 원단 안에 빽빽하게 끼우면 케이블 코드는 단단해진다. 100% 면 케이블 코드의 경우에는 세탁하면 줄어드는 경향이 있다.

두껍고 굵은 형태로 두드러지는 웰팅 코드(welting cord)는 연결되어 있든 따로 분리되어 있든 상관없이, 아주 굵은 케이블 코드보다 더 큰 지름이 필요한 작업에 사용된다. 웰팅 코드는 안쪽에 실로 짠 면섬유로 둥근 모양을 만든다.

이중 바늘이나 지그재그 스티치를 사용한 코딩, 좁은 채널이나 튜브에 작업하는 섬세한 코딩, 그리고 코드를 표면에 드러내는 코딩을 작업하기 위해 면 크로셰(crochet), 굵은 스트링(string), 마크라메 코드(macramé cord), 가늘고 긴 코드(rattail) 등을 사용한다. 얇고 부드러운 느낌의 원단 아래에 균일하지 않고 마디가 있는, 크로셰 질감의 스트링이나 노끈, 매듭을 짓거나 꼰 실 등을 사용하여 코딩을 작업하면 울퉁불퉁 불규칙한 표면이 만들어진다.

손바느질로 코드 처리한 퀼팅
Hard-Sewn Corded Quilting

두 겹의 원단을 스티치하여 생긴 채널에 코드를 넣어 원단의 표면을 요철감 있게 디자인하는 것이다.

작업 과정

❶ 원하는 디자인에 따라 균일한 간격의 평행선으로 실제 크기의 패턴을 그린다. 위와 아래로 엮이며 곡지고, 각이 지고, 꼬인 모양의 선으로 채널의 윤곽을 나타낸다. 두

전체적인 디자인

테두리 디자인

메달 모양 디자인

그림 9-1 손바느질로 코드 처리한 퀼팅을 위한 디자인.

채널이 교차하는 곳에서 하나의 채널은 다른 채널의 진
행을 가로막는다. 이때 각 채널의 윗부분에서는 이어지
고 아랫부분에서는 사라지면서 번갈아 나타나기 때문에,
채널은 짧은 부분으로 나뉜다(그림 9-1). 평행선의 적당한
간격은 0.25인치(6mm) 이하이다.

❷ 원하는 치수로 재단한 안감 또는 겉감에 의류용 마커를
이용해 가늘지만 선명한 선으로, 디자인을 베낀다(229쪽,
'디자인 옮기기' 참조).

◆ 코드를 홈질로 퀼팅 작업할 경우에는 안감에 디자인을
대칭으로 베낀다.

◆ 코드를 박음질로 퀼팅 작업할 경우에는 의류용 마커 등
으로 겉감에 디자인을 베낀다. 겉감에 안감을 시침한다.

❸ 디자인을 베껴놓은 선을 따라 작고 균일하게 스티치한
다. 교차하는 채널 부분의 스티치선이 끊어지는 지점에
서, 끊어진 각 면에 작은 박음질로 시침 고정하면서 이어
지는 채널의 다른 쪽 원단 사이로 바늘을 옮긴다.

◆ 홈질할 때, 겉면의 스티치가 규칙적인지를 계속 확인
한다.

◆ 박음질할 때, 실의 탄성으로 원단이 당겨지는 것을 막
기 위해 스티치 부분을 계속 펴주면서 작업한다.

❹ 디자인에 따라 스티치한 채널 안쪽에, 케이블 코드 또는
아크릴 원사 등을 태피스트리 바늘이나 돗바늘로 끼워
넣는다(209쪽, '코딩 작업을 위한 코드' 참조).

ⓐ 안감을 위로 향하게 놓고 안감에만 구멍을 내어 코드
를 꿴 바늘을 채널의 한 끝으로 밀어넣는다. 모퉁이나
솔기에 닿을 때까지 계속한다. 그 위치에서 구멍을 내
어 채널의 바깥쪽으로 바늘을 빼낸다. 시작하는 부분
에 약간의 여유분을 남기고 코드를 잡아당긴다.

ⓑ 바늘의 길이와 맞지 않는 각도이거나 곡선 부분 등에
서 더 이상 바늘을 밀어넣을 수 없을 때, 바늘을 밖으
로 뺐다가 같은 구멍으로 다시 넣고 작업을 계속한다.
다시 가로막혀 바늘이 더 이상 안 들어갈 때까지 계속
밀어넣어 그 지점에서 바늘을 안감 밖으로 빼내고 코
드를 잡아당긴다. 각이 지거나 곡진 부분에서는 여유
분을 살짝 남겨두고 잡아당긴다. 방향이 바뀌는 긴 채
널은 드문드문 작은 고리를 바깥에 남기면서 작업하
면, 완성 후 코드가 당겨져 원단이 우글거리는 것을 막
을 수 있다.

ⓒ 채널이 교차하는 지점에서 더 이상 작업을 하지 않는
경우, 바늘을 안감 밖으로 빼내고 남은 코드를 잡아당
긴 뒤 끝을 0.25인치(6mm) 정도 남기고 자른다(그림 9-
2, 9-3).

ⓓ 코드를 잡아당겨서 원단이 우글거리게 되면 채널의

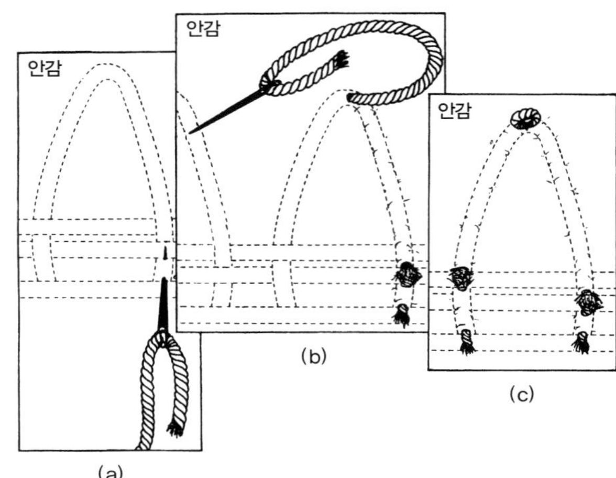

그림 9-2 케이블 코드를 이용한 코딩. (a) 안감에 바늘을 넣었다가 빼내
면서 작업을 시작한다. (b) 방향이 바뀌는 지점에서는 바늘을 밖으로 빼냈
다가 같은 구멍으로 다시 밀어넣어 작업한다. (c) 채널의 시작과 끝 부분에
코드의 끝을 조금 남겨두고, 각도가 바뀌는 곳에는 작은 고리를 남긴다.

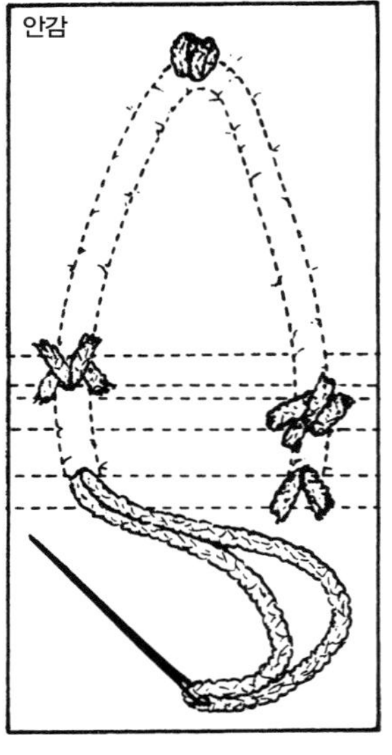

그림 9-3 두 겹의 실을
이용한 코딩.

길이를 따라 원단을 잡아당겨 펴준다. 이때 밖에 남겨
놓은 코드의 작은 고리가 채널 안쪽으로 들어간다.

❺ 다리미판에 코드 처리한 퀼팅을 펴고 핀으로 고정한다.
원단 위에서 다리미로 스팀을 쏘인다. 열기가 식고 완전
히 마른 뒤 옮긴다.

❻ 코드 처리한 원단에 외부 안감을 덧댄다. 필요한 경우,
눈에 띄지 않게 드문드문 안감에 시침한다. 방해가 될 경
우 시접 부분에서 코드를 잘라버리고 바인딩으로 처리하
거나, 다른 원단을 연결하여 마무리한다.

특징과 응용

코딩을 완성한 후 코드로 채워진 채널 사이 원단은 우글거리
지 않고 평평해야 한다. 그러기 위해 채널의 넓이는 0.25인
치(6mm)가 적당하다. 신축성 있는 원단은 코딩했을 때 생기
는 울퉁불퉁함을 흡수하여 채널 사이의 원단을 평평하게 한

4부 입체감을 표현하는 방법

다. 그렇지만 작업하기 전에 늘 시험해본다.

50번 케이블 코드나 네 겹의 아크릴 원사 두 가닥은 0.25인치(6mm) 채널을 작업하기에 충분하다. 한 가닥의 원사는 8분의 1인치(3mm) 너비를 채운다. 50번 케이블 코드로 채운 0.25인치(6mm) 채널을 네 겹의 아크릴 원사 두 가닥으로 채운 0.25인치(6mm) 채널과 비교해보면, 케이블 코드로 처리한 채널이 더 둥글고 볼록하다.

케이블 코드는 작업 후 한 줄의 코드로 완성되지만, 작업하는 동안에는 두 줄의 코드로 0.25인치(6mm) 채널을 통과해야 하므로 이중 원사로 작업하는 것보다 더 넓은 입구가 필요하고, 채널을 통과할 때 잡아당기기가 힘들다. 원사는 탄력적이기 때문에 작업을 시작하는 입구의 구멍은 작아도 채널에 들어가면 부풀어 올라 그 상태를 유지한다. 채널은 코드나 원사가 그 안에서 움직일 수 있을 만큼 충분히 여유가 있어야 하지만, 너무 느슨하면 완성된 디자인의 선명도가 떨어진다(**그림 9-4**). 코드 또는 원사를 끼울 수 있도록 구멍이 큰 태피스트리 바늘이나 돗바늘을 고른다. 안감에 작업하기 위해 필요한 바늘이나 돗바늘을 채널의 구멍 크기와 비교해본다. 채널의 구멍은 코드가 통과할 만큼의 크기면 충분하다.

그림 9-4 코드에 채널 너비를 맞추기 위해 겉감과 안감 사이에 코드를 끼우고 핀으로 고정한다. 코드의 미끄러지는 정도를 시험해본다. 코드를 빼내고 핀 사이의 거리를 측정한다.

원사로 조심스럽게 코드 처리하여 완성한 디자인은 양면을 모두 이용할 수 있다. 안감 조직의 실을 끊지 않고 실 사이를 구멍으로 사용하고, 입구에 여유분으로 남겨놓은 실과 작업 과정에서 남은 고리들을 모두 채널 안쪽으로 숨기고, 입구로 사용하느라 비틀어진 조직을 손톱이나 바늘로 긁어 원래의 상태로 만들면 지저분한 흔적이 남지 않아 외부 안감을 덧댈 필요가 없다. 이를 위해 느슨한 조직의 안감을 사용해야 한다.

스트링을 이용한 원사 코딩은 코드를 끼워 넣는 데 그리 큰 출입구가 필요하지 않다. 바늘귀가 크면서 가늘고 긴 바늘에 두 겹의 스트링 끝을 같이 꿰어 채널을 통과시킨다. 스트링 끝의 고리에 두 겹의 원사를 고리 모양으로 끼운다. 원사가 솔기 끝에 닿을 때까지 스트링을 잡아당긴다. 스트링을 잡고, 코드 처리한 채널을 평평하게 편 후 시작 부분에서 원사를 자른다. 원사의 끝부분을 조금 남겨두어, 작업 후 원단이

우글거리는 것을 펼 때 여유 분량으로 이용한다. 채널이 짧고 직선이면, 조금만 남겨놓아도 된다. 스트링을 제거한다(**그림 9-5**). 존 플린(John Flynn)은 스트링을 이용한 원사 코딩 방법을 개발해 복잡한 디자인의 코드를 작업했다.

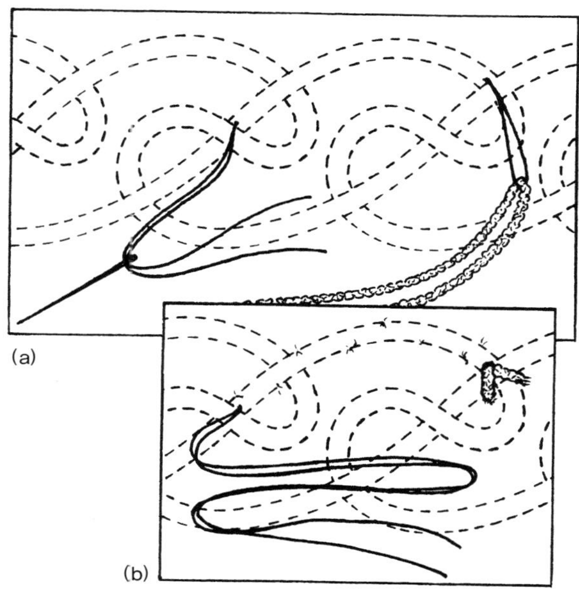

그림 9-5 스트링을 이용한 이중 원사 코딩. (a) 채널을 통과한 스트링 끝에 원사를 고리 모양으로 끼운다. (b) 원사를 스트링에 연결해 채널을 통과시켜 당긴다.

코드를 이용한 퀼팅과, 솜을 채워 넣어 선이나 모양을 볼록하게 만드는 스터프 퀼팅(stuffed quilting)을 함께 작업하는 것을 **트라푼토**(trapunto)라고 한다.

한쪽 면만 사용할 수 있게 작업한 케이블 코드 디자인과 원사 코드 디자인은 겉감·안감·외부 안감 등 세 겹의 원단으로 완성된다. 두께를 줄이기 위해 원단 전체에 무늬가 있는 패턴의 경우 얇은 안감을 사용하고, 드문드문 무늬가 있는 경우에는 무늬 주변에 코드 처리하지 않은 부분의 안감을 잘라낸다.

홑겹 원단에 작업하는 코딩은 뒷면에서 코드 위를 가로질러 스티치한 실이 안감을 대신한다. 특히 메달 모양의 디자인에 적합하며 디자인 전체가 들어갈 만큼 충분히 큰 수틀에 원단을 끼워놓고 손바느질로 작업한다. 원단의 겉면에 디자인을 베긴다. 한 손은 채널 아래의 케이블 코드를 고정한다. 다른 손은 위아래로 움직이면서 한 땀씩 코드 양쪽을 엇갈리게 박음질하여 코드를 고정한다. 케이블 코드 쪽의 스티치 실을 잡아당겨 원단으로 코드를 반쯤 감싼다(**그림 9-6**).

채널 부분이 시작하고 끝나는 곳의 코드를 자른다. 모든 곳에 채널 너비를 균일하게 유지한다. 곡선 주변에 박음질을 할 경우 채널의 바깥쪽 면에 긴 스티치를, 채널의 안쪽 면에 짧은 스티치를 하여 길이를 조절한다. 모서리에서는 사선으

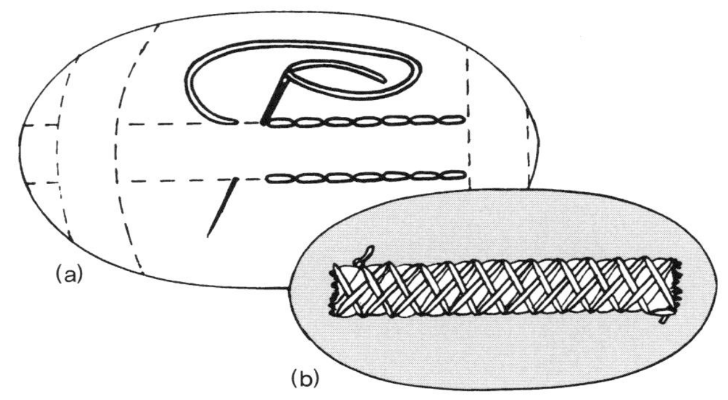

그림 9-6 (a) 엇갈리게 박음질하여 원단 아래 케이블 코드를 고정한다.
(b) 뒷면에서 교차된 실은 케이블 코드를 감싼다.

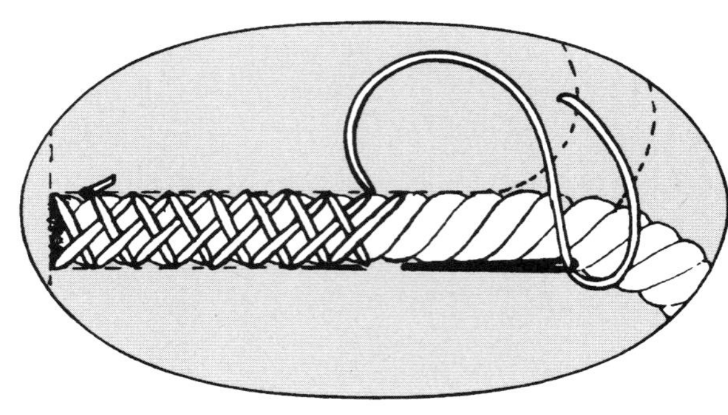

그림 9-7 원단의 뒷면에서 간격이 좁은 헤링본 스티치로 케이블 코드를
감싼다.

로 박음질을 한다. 끝에서는 겉에서 보이지 않게 뒷면에서
스티치하여 안쪽 모서리의 바깥 부분을 고정한다. 안감은
필요한 경우 덧대어준다. 응용 방법: 뒷면에서 손바느질로
간격이 좁은 헤링본 스티치(closed herringbone stitch)를 하
여 코드를 고정한다(**그림 9-7**).

외곽선을 홈질로 퀼트 처리한 코드 디자인의 채널은 부드럽
고 흐릿한 모양을 띤다. 박음질로 외곽선을 처리한 채널은
선이 끊어지지 않아 디자인이 선명하게 도드라진다. 홑겹
원단에 작업한 코딩은 가장 선명하다. 특히 정교하고 광범
위하게 코딩 작업을 할 때, 원단이 줄어드는 경향이 있다.

IX-1 홈질로 케이블 코드 처리한 디자인.

IX-2 동일한 디자인을 왼쪽은 홈질로 처리한 채널,
오른쪽은 박음질로 처리한 채널.

IX-3 케이블 코드의 끝부분과 고리 모양이 보이는,
홈질로 처리한 디자인의 뒷면.

IX-4 50번 케이블 코드 위에 박음질로 홑겹 원단에 작업하는 코딩.

IX-5 케이블 코드를 감싸며 교차하는 실이 보이는, 박음질한 디자인의 뒷면.

4부 **입체감을 표현하는 방법**

재봉틀로 코드 처리한 퀼팅
Machine-Sewn Corded Quilting

두 겹의 원단을 스티치하여 생긴 채널에 코드를 끼워 넣어 원단의 표면에 둥글고 길쭉하게 솟은 평행선이 나타나게 하는 것이다.

작업 과정

❶ 평행선을 그을 수 있는 도구로 직선, 곡선, 또는 각이 지는 줄무늬를 디자인한다. 재봉틀로 코드 처리한 퀼팅에 가장 실용적인 디자인은 서로 교차하지 않고 방향을 바꾸며 꼬이는 곡선이나 끊어짐이 없는 평행선으로 이루어진 것이다(**그림 9-8**). 평행선의 적당한 너비는 0.25인치(6mm) 이하이지만, 직선 줄무늬 패턴은 더 넓게 할 수도 있다.

❷ 의류용 마커를 이용해 가는 선으로 안감에 디자인을 대칭으로 베낀다(**229쪽, '디자인 옮기기' 참조**). 원단과 안감을 시침한다.

❸ 디자인을 베껴놓은 선을 따라 재봉틀로 직선 스티치한다. 떨어진 위치에서 스티치를 다시 시작하기 위해 봉제를 멈춰야 한다면, 뒷면에서 실 끝을 묶어 눈에 띄지 않게 스티치를 고정한다. (1) 윗실을 뒷면으로 빼낸다. (2) 윗실과 밑실을 묶어준다. (3) 묶은 실을 바늘에 꿴다. 솔기의 마지막 스티치에서 안감 안쪽으로 바늘을 밀어넣는다. 바늘의 1/2 길이만큼 떨어져 밖으로 빼낸 뒤 실을 자른다. (4) 스티치를 고정하기 위해 스팀을 쏘인다.

❹ '코딩 작업을 위한 코드'와 '손바느질로 코드 처리한 퀼팅'의 작업 과정을 참조하여, 디자인에 따라 외곽선을 스티치한 채널에 케이블 코드나 아크릴 원사를 채워 넣는다(**209쪽, '코딩 작업을 위한 코드'와 210쪽, '손바느질로 코드 처리한 퀼팅' 4단계 참조**). 대부분 재봉틀로 봉제한 디자인은 원단의 가장자리에 채널의 입구가 있지만, 입구가 막힌 채

널을 만들 수도 있다.

❺ 다리미판에 코드 처리한 퀼팅 원단을 펴서 핀으로 고정한다. 원단 위에서 다리미로 스팀을 쏘인다. 열기가 식고 완전히 마른 뒤 핀을 제거한다.

❻ 코드 처리한 원단의 가장자리를 다른 원단과 연결하거나 마무리하려면 시접 부분의 두꺼운 코드를 제거해야 한다. 코딩의 가장자리에 연결할 원단이나 안감을 재단할 때, 코드 처리한 원단 양 옆면 사이의 길이를 측정하여 그 치수를 이용한다. 코드가 비어 있는 가장자리를 이새 처리하여 연결 부분을 맞추고 두 원단을 같이 봉제한다.

특징과 응용

210쪽에서 시작하는 '손바느질로 코드 처리한 퀼팅'의 특징과 응용을 참조한다.

재봉틀로 스티치하여 코드 처리하는 디자인 중 가장 효과적인 것은 원단의 위에서 아래로 스티치가 끊김 없이 계속 이어지는 것이다. 안감에 그린 디자인선을 따라 작업하면 밑실로 작업한 쪽이 겉면이 된다. 따라서 봉제하기 전에 밑실의 스티치 상태에 특별한 주의를 기울이면서 시험용 원단에 실의 장력과 땀수를 시험해본다.

직선 채널은 채널의 너비와 채널 사이의 간격을 노루발의 넓이로 조절할 수 있다면, 겉면에서 작업할 수도 있다. 견고한 코딩 작업을 위해 바로 옆에 있는 채널들을 같은 솔기로 연결하는데, 새틴 스티치 또는 이중 바늘로 솔기를 처리하여 간격을 넓힐 수 있다. 보통 길이의 직선 채널은 태피스트리 바늘이나 돗바늘로 코드를 통과시킨다. 또는 채널보다 약간 긴 뻣뻣한 와이어의 한쪽 끝을 구부려 고리를 만들어 코드를 잡아당기는 데 사용한다.

직선 패턴을 위한 또 다른 방법은 코드 처리와 채널 스티치를 동시에 하는 것이다. (1) 힘 있는 안감을 치수에 맞게 재단하여 준비한다. 겉감은 안감과 채널의 길이와 같고, 코드

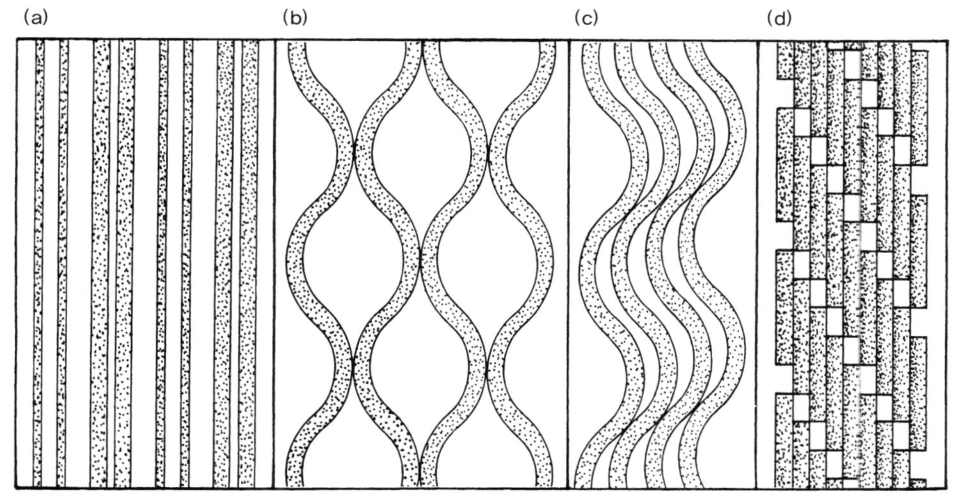

그림 9-8 재봉틀로 작업하기 위한 실선 디자인. (a, b, c) 지속적이고 평행한 채널로 이루어진 디자인. (d) 채널이 나뉜, 견고한 코딩을 위한 디자인. 먼저 직선을 스티치하고, 꺾어지고 가로지르는 부분을 봉제한 다음 나머지 직선 부분을 박는다.

위에 감쌀 것을 감안하여 안감보다 조금 더 넓게 자른다. 안감의 한쪽 가장자리에 겉감의 가장자리를 핀으로 고정한다. (2) 겉감을 위로 하여 첫 번째 솔기를 봉제한다. (3) 겉감과 안감 사이에 케이블 코드 같은 단단한 코드를 솔기에서 위로 밀어 올리면서 끼워 넣는다. 채널 안의 코드를 둘러싸면서, 코드의 바로 옆을 외노루발을 이용해 봉제한다. (4) 간격 없이 코드를 서로 붙여놓거나, 간격을 주어 디자인에 변화를 주면서 코드를 계속 추가한다(그림 9-9). 겉감에 가는 안내선으로 코드 사이의 간격을 표시한다. 겉감을 바이어스로 재단하고 조심스럽게 이새를 주거나 늘리면서 봉제하면, 코드를 곡선으로 처리할 수 있다.

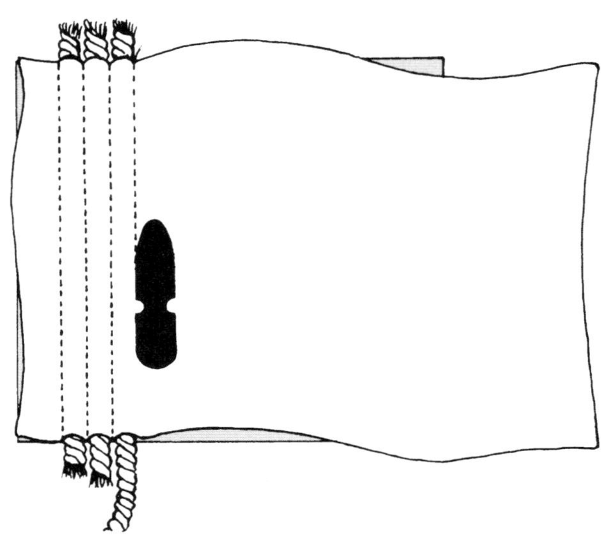

그림 9-9 한 번의 작업으로, 코드 처리와 채널 스티치가 동시에 이루어진다.

채널을 솔기 처리한 후에 코드를 끼워 넣는 것보다 채널을 스티치하면서 코드를 끼워 넣으면 표면이 더 볼록하게 솟아오른다(그림 9-10). 채널 안쪽에 마디가 있거나 꼬인 코드를 끼워 넣으면 솟아오른 표면에 독특한 질감이 생긴다. 겉면의 특정한 부분으로 코드의 끄나풀을 빼내어 원단이 잘린 효과를 나타내기도 하고, 끝을 솔질하여 전체적으로 볼록한

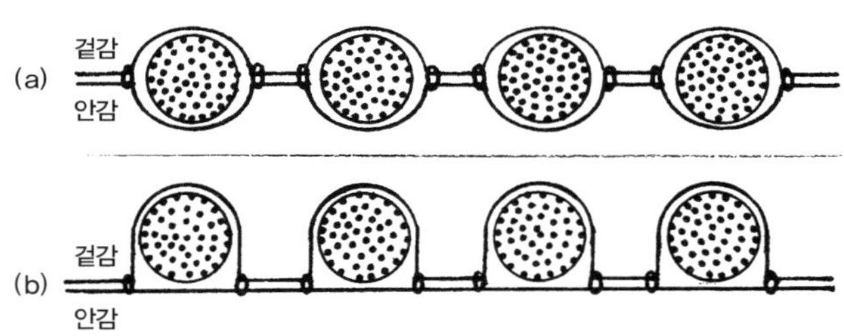

그림 9-10 표면이 솟아오르는 정도의 차이를 보여주는 단면도. (a) 채널을 봉제한 후에 코드를 끼워 넣은 모양. (b) 코드를 끼워 넣으면서 채널을 봉제한 모양.

느낌이 나게 하기도 한다.

홑겹의 원단에 재봉틀로 작업하는 코딩은 실을 엇갈리게 하여 코드를 에워싸는 것이다. 이중 바늘이나 지그재그로 작업한 스티치가 안감을 대신한다.

이중 바늘 코딩은 겉면에 두 줄의 스티치와 뒷면에 꼬인 스티치로 좁은 채널의 외곽선을 만든다. 이중 바늘 사이에 맞는 단단한 코드를 선택한다. 밑바닥에 홈이 있는 노루발을 사용하고 쉽게 코드를 감쌀 수 있는 얇은 원단을 사용한다(그림 9-11).

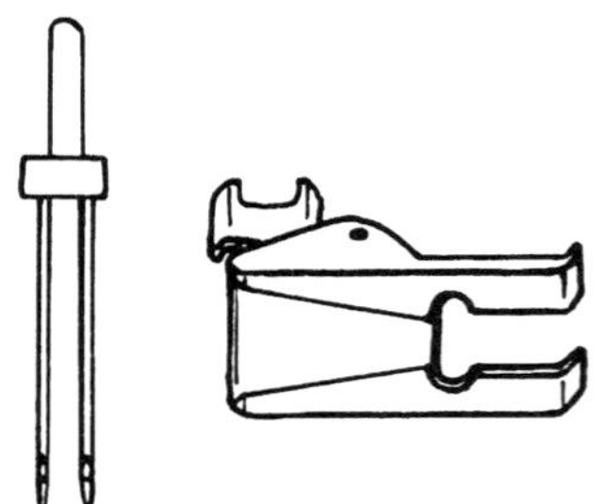

그림 9-11 이중 바늘의 사이즈—1.6mm, 2mm, 2.5mm, 3mm, 4mm, 6mm—는 두 바늘 사이의 간격을 나타내며, 스티치로 감쌀 수 있는 코드의 너비를 제한한다. 노루발의 밑바닥에 있는 홈은 스티치되는 코드를 위한 통로가 된다.

뒷면에서 코드를 가로지르는 실을 빽빽하게 하기 위해 스티치의 땀수를 촘촘하게 한다. 연습용 원단에 다양하게 시험해본다. 원단 아래에 코드를 놓고 스티치하기 시작한다. 노루발 아래에 코드를 맞추도록 조절하면서 스티치한다(그림 9-12).

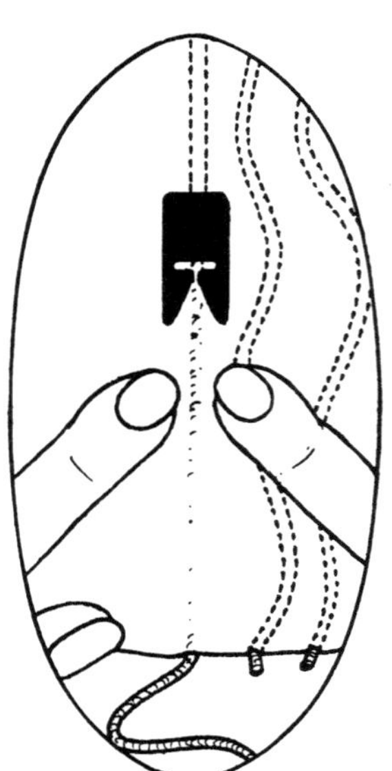

그림 9-12 이중 바늘 사이에 코드의 중심이 맞도록 코드의 양옆에 검지를 놓고 스티치한다.

홑겹 원단에 재봉틀로 직선이나 곡선을 따라 코딩을 작업한다. 흐릿한 선으로 원단에 디자인을 표시한다. 노루발로 줄 사이 간격을 조절하거나 봉제하는 동안 즉흥적으로 패턴을

4부 **입체감을 표현하는 방법**

만든다.

지그재그 코딩의 작업 과정은 이중 바늘 코딩 작업과 유사하
지만 겉면에 보이는 스티치의 모양이 다르다. 아래에 코드
를 놓고 솟아오른 부분에 지그재그로 가로질러 스티치한다.
단단한 코드를 선택하고 지그재그 스티치의 너비를 정한다.
원단의 표면에 지그재그 스티치로 코드를 부착하는 경우,
교차하는 실 사이로 코드가 보이게 하거나 촘촘하게 스티치
하거나, 새틴 스티치로 코드가 보이지 않게 하는 방법으로
원단을 장식한다.

고리나 실로 감긴 코드의 끝이 풀어져 생긴 **끄나풀**은 표면에
느슨한 질감을 더한다. 스티치를 멈춰 코드로 고리를 만들
고 고리의 중심을 지나 지그재그 스티치한다. 고리 부분을
고정하기 위해 뒤로 지그재그 스티치하고 다시 앞으로 작업
한다(**그림 9-13**).

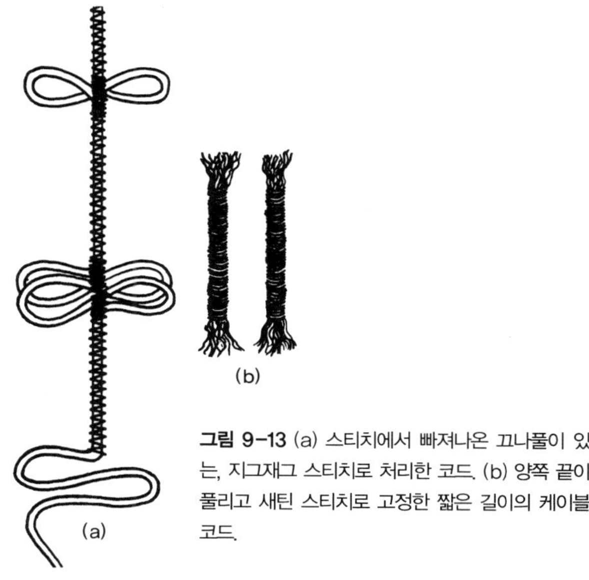

그림 9-13 (a) 스티치에서 빠져나온 끄나풀이 있
는, 지그재그 스티치로 처리한 코드. (b) 양쪽 끝이
풀리고 새틴 스티치로 고정한 짧은 길이의 케이블
코드.

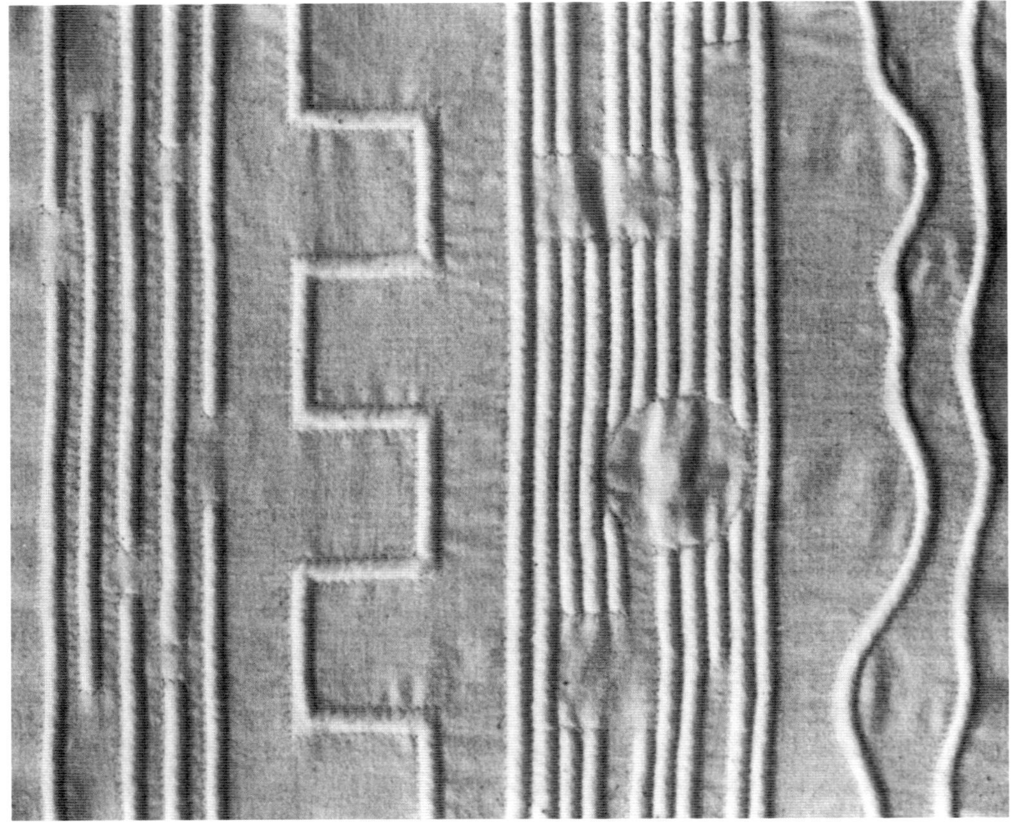

IX-6 재봉틀로 스티치한 후 코드 처리한 케이블 채널.

IX-7 솔기를 스티치하는 과정에서
원단으로 빽빽하게 둘러싸인
두 가지 사이즈의 케이블 코드.

IX-8 채널 안의 코드에 따라 질감이 다르게 나타나는 원단 표면.
(위에서부터) 원사, 플라스틱 구슬, 매듭 있는 노끈, 크로셰 처리한 코드, 매듭이 있고 꼬인 플라스틱 끈.

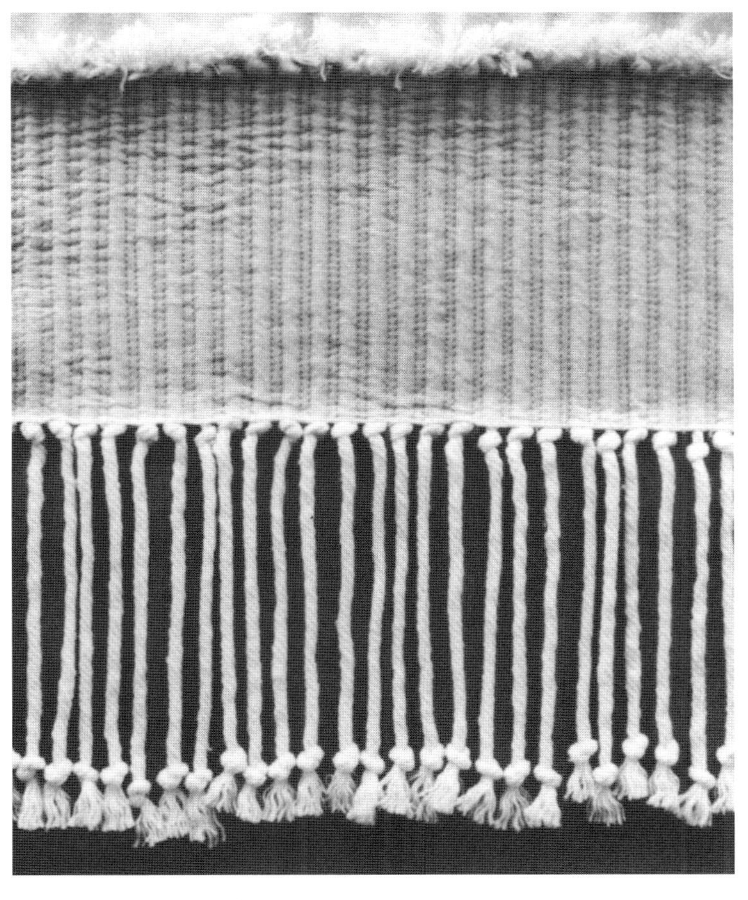

IX-9 매듭 있는 프린지처럼
채널 밖으로 나온
촘촘한 간격의 코딩.

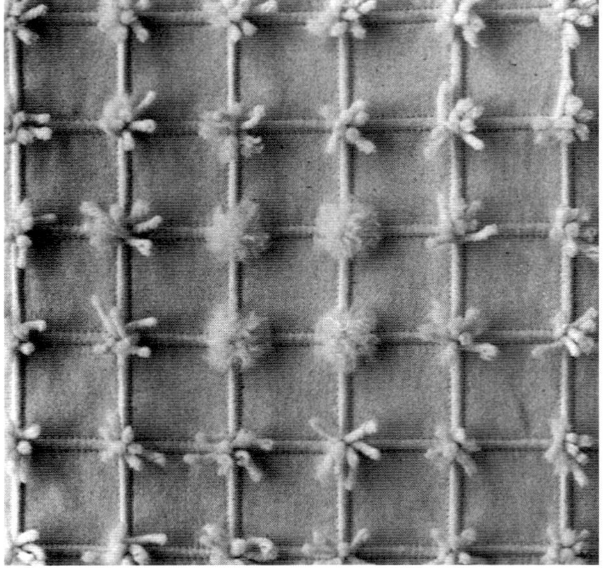

IX-10 격자 모양으로 코드 처리한,
채널이 교차하는 지점의 표면에 드러난 원사의 끄나풀.
가운데에 있는 원사의 끝은 솔질로 마무리했다.

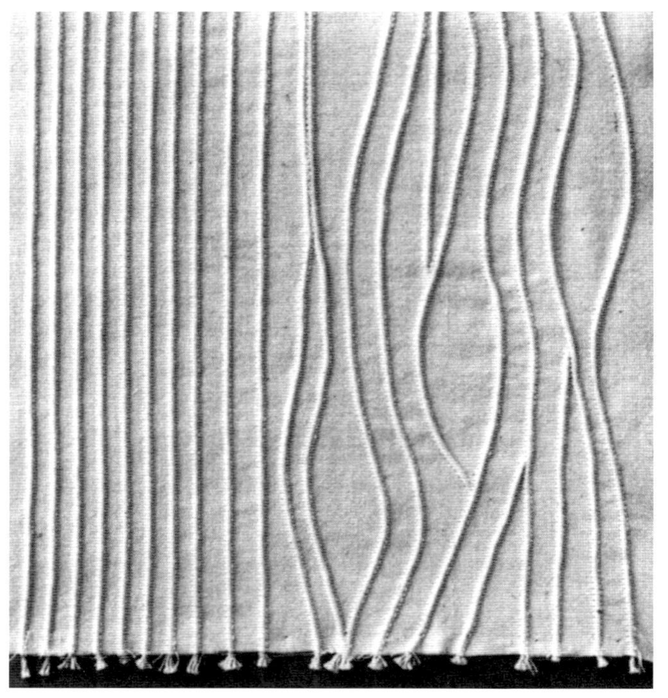

IX-11 한 겹의 두꺼운 면 소재 크로셰 원단에
이중 바늘로 작업한 코딩.

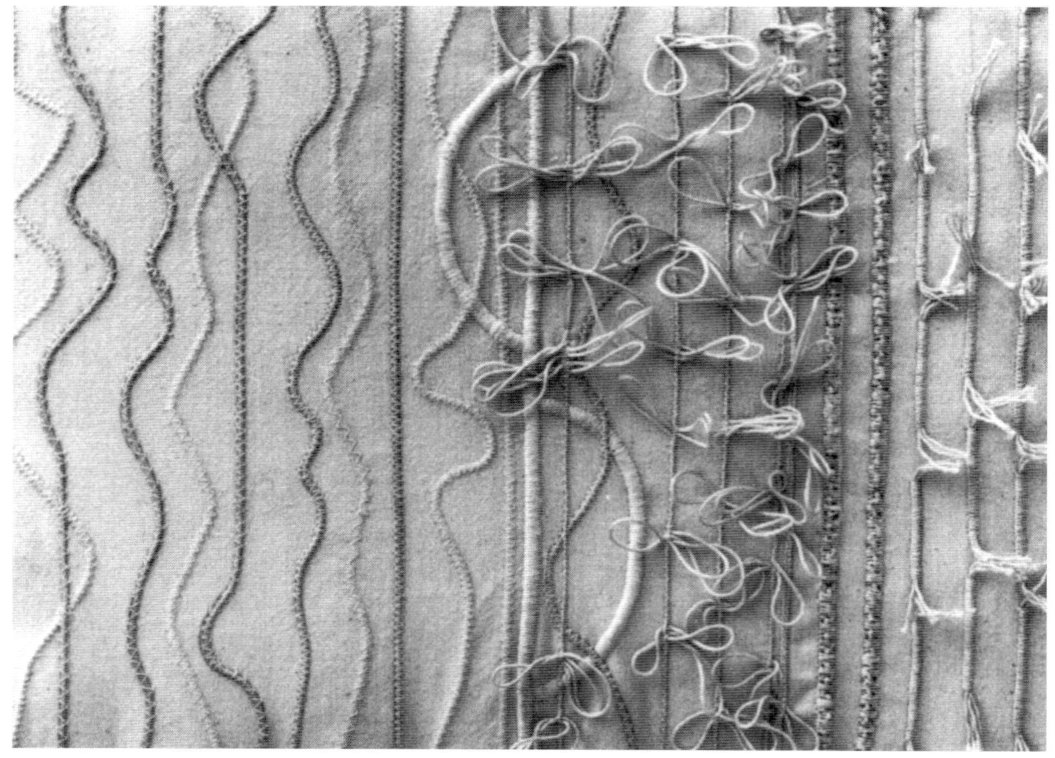

IX-12 홑겹 원단에 지그재그 스티치로 작업한 코딩. (왼쪽부터) 코드가 보이지 않는 지그재그 코딩,
코드가 보이는 지그재그 코딩. 새틴 스티치한 코드, 고리 모양이 있는 코드, 크로셰 처리한 코드,
중간에 풀어진 느슨한 끄나풀이 있고 새틴 스티치로 고정한 코드.

표면 코딩
Surface Cording

턱처럼 스티치하여 만든 평행한 튜브 모양의 원단에 코드를 처리하여 바탕천에 둥글게 튀어나온 모양을 만드는 것이다.

❶ 선택한 코드를 감싸기 위해 필요한 원단의 소요량을 결정한다(209쪽, '코딩 작업을 위한 코드' 참조). 원단으로 코드를 감싸고 핀을 꽂는다. 핀과 코드를 빼낸 뒤 핀 자국 사이의 거리를 측정한다.

  ◆ 접어서 스티치할 위치에 꼭 맞게 코드를 넣고 핀을 꽂는다.

  ◆ 봉제 후에 코드를 끼워 넣으려면, 원단 안쪽에 코드가 움직일 만한 공간이 필요하므로 약간의 여유분을 준다(그림 9-14).

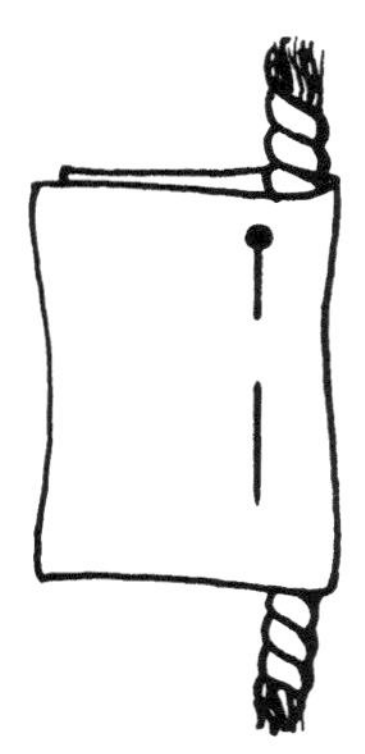

그림 9-14 코드를 감싸는 데 필요한 원단 소요량을 시험한다.

❷ 코드 처리에 필요한 원단 소요량의 측정. (1) 원하는 코드의 줄 수와 하나의 코드를 감싸는 데 필요한 원단의 양을 곱하여 코드를 감싸기 위해 필요한 원단의 소요량을 계산한다. (2) 원하는 완성 치수에 (1)의 값을 더한다. 원단의 세로 방향 치수도 감안하여 원단을 재단한다.

❸ 원단의 겉면 위아래 가장자리에 의류용 마커나 가위집을 이용해 코드에 필요한 공간과 코드 사이의 간격을 표시한다.

  ◆ 코드를 끼워 넣으면서 동시에 스티치하는 경우, 원단의 위아래 가장자리에 표시한 솔기선 사이에 중심점을 추가한다(그림 9-15 (a) 참조). 코드 사이 간격은 재봉틀의 외노루발 넓이보다는 넓어야 한다.

  ◆ 스티치한 후에 코드를 끼워 넣는 경우, 코드 간격은 코드들이 겹쳐지지 않을 정도여야 한다(그림 9-16). 원단의 위아래 가장자리를 연결하는 솔기선의 위치를 가늘지만 뚜렷한 선으로 그린다(그림 9-17 (a) 참조).

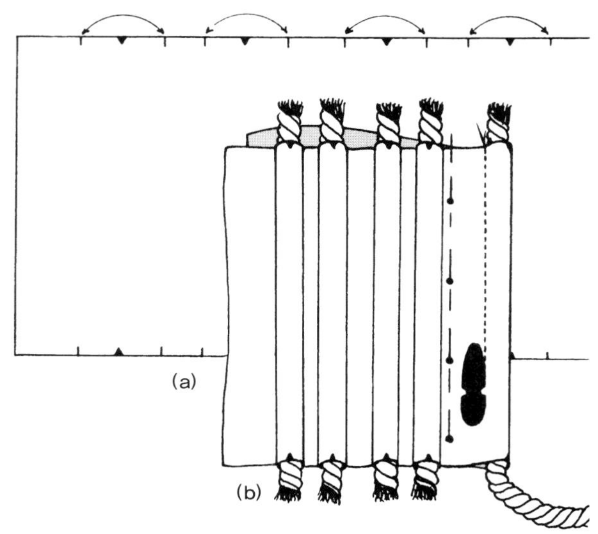

그림 9-15 (a) 튜브 모양으로 코드를 봉제하기 위해 준비한 원단. (b) 접힌 원단 안쪽에 코드를 넣고 핀으로 고정한 후 재봉틀로 스티치한다.

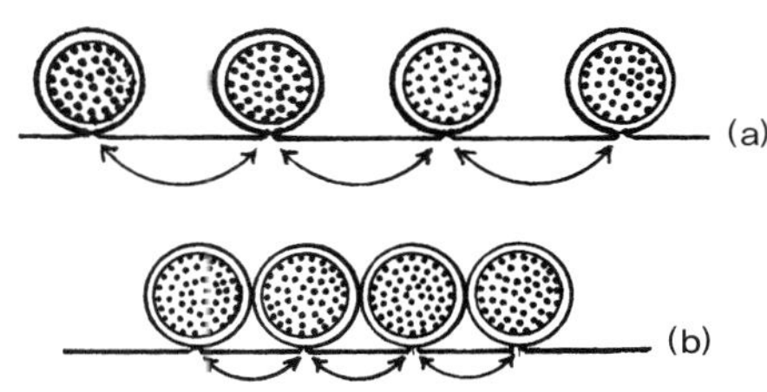

그림 9-16 원단 표면에 나타난 코딩의 단면. (a) 솔기선 사이의 실제 공간과 튜브 사이에 보이는 공간의 차이. (b) 서로 맞닿은 튜브를 위한 솔기선 사이 최소한의 공간.

❹ 턱을 스티치하고 코드 처리한다.

  ◆ 코드를 끼워 넣으면서 동시에 스티치하는 경우. (1) 가장자리의 표시를 따라 원단을 접는다. 솔기선에서 조금 떨어진 위치에 핀을 꽂는다. (2) 핀으로 고정한 접힌 원단 안으로 코드를 끼워 넣는다. (3) 접힌 안쪽으로 코드를 끝까지 밀어넣고, 외노루발을 사용해 코드 바로 옆을 스티치한다(그림 9-15 (b) 참조).

  ◆ 스티치한 후에 코드를 끼워 넣는 경우. (1) 솔기선에 맞춰 핀을 꽂는다. (2) 핀을 제거하면서 솔기선을 맞추어 봉제한다. (3) 태피스트리 바늘이나 돗바늘 또는 걸고리를 사용해 코드를 끼워 넣는다(그림 9-17 (b) 참조).

❺ 다른 원단과 연결하거나 마무리를 하기 위해 시접 부분의 코드는 잘라버린다. 코드를 제거한 부분의 원단 가장자리를 솔기선의 중심에 맞추어 납작하게 누르고, 시접 안쪽에서 시침한다.

표면 코딩을 작업할 때, 튜브는 끊어지지 않게 한다. 원단에 코딩 처리할 부분과 사이 간격을 표시하고, 그것에 맞추어

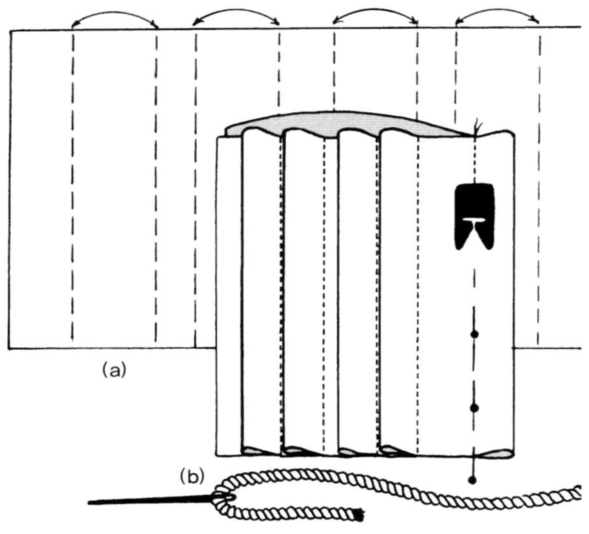

그림 9-17 (a) 봉제 후에 코드를 끼워 넣을 턱을 작업하기 위해 솔기선을 표시한 원단. (b) 코드를 넣기 전에 솔기선을 봉제한다.

같이 봉제한다. 코드를 끼워 넣으면서 동시에 스티치를 하거나 스티치한 후에 코드를 끼워 넣는다.

퀼팅 작업과 달리, 표면 코딩은 어떤 지름의 코드라도 작업

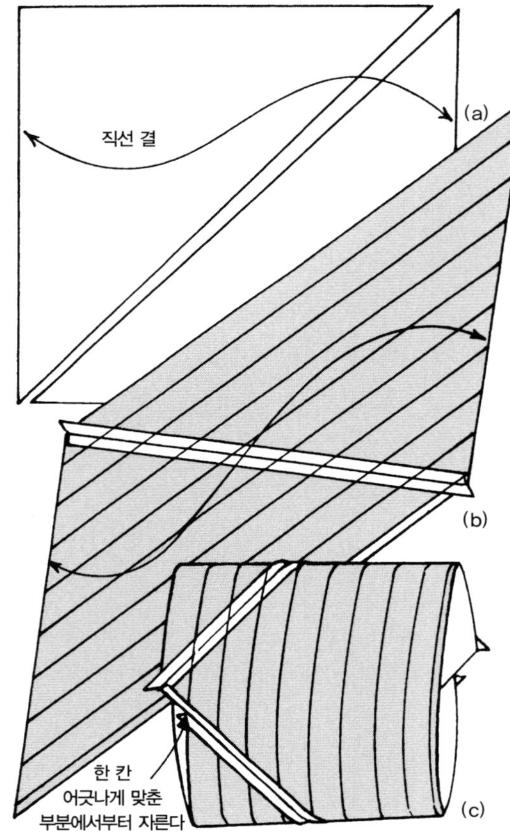

그림 9-18 계속 이어지는 바이어스 테이프를 만드는 방법. (a) 직선 결에 맞추어 정사각형으로 원단을 자른다. 사선으로 반을 자른다. 삼각형의 가장자리를 화살표시 한 직선 결을 따라 같이 봉제한다. (b) 원단의 안쪽 면에 원하는 간격으로 평행선을 그린다. 화살표시 한 원단의 반대편 가장자리를 같이 봉제한다. (c) 이때 시작 부분을 한 칸 어긋나게 맞추고 뒤이은 모든 선을 일치시킨다.

이 가능하다(209쪽, '**코딩 작업을 위한 코드**' 참조). 다양한 치수의 코드를 이용하며, 직선 줄로 작업한다.

분리된 코딩은 바이어스로 재단한 좁고 긴 원단을 접어, 안쪽에 코드를 넣고 외노루발로 스티치하여 만든다. 이것은 곡선이나 돌돌 말린 모양을 띨 수 있다(**그림 9-18**).

파이핑(piping) 또는 **웰팅**(welting)은 코드를 감싸기 위한 너비에 양쪽 시접 너비를 더해서 자른 길고 좁은 원단의 겉면을 밖으로 하여 접고 재봉틀로 스티치하여 만든다. 두 조각의 원단을 연결하는 솔기에 끼워 박거나 바탕천에 여러 줄을 겹쳐놓고 박기 위해, 적절한 시접을 주어 파이핑/웰팅을 준비한다(**그림 9-19**).

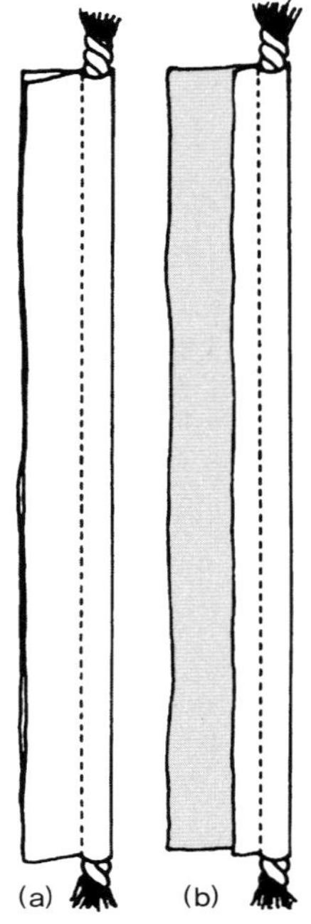

그림 9-19 (a) 끼워 박는 작업을 위한 파이핑/웰팅. (b) 겹쳐놓고 박는 작업을 위한 파이핑/웰팅.

솔기에 파이핑/웰팅을 끼워 박는 경우, 첫 번째 원단의 겉면과 파이핑/웰팅의 가장자리를 맞추어 시침한다. 솔기가 계속 이어지는 경우 파이핑/웰팅을 연결하여 사용하려면, 만나는 부분에서 2인치(5cm)쯤 전에 봉제를 멈춘다. 파이핑/웰팅을 둘러싼 바이어스 테이프를 펼치고 길이를 맞추어 그 끝을 같이 봉제한 다음, 다시 접어 시침한다(**그림 9-20**). 파이핑/웰팅을 사이에 두고 두 번째 원단과 첫 번째 원단을 겉면끼리 마주대고 봉제한다.

겹쳐놓고 박는 작업을 위한 파이핑/웰팅의 시접은 한 쪽은 좁게, 다른 한쪽은 최소한 코드 지름 2배 정도로 넓게 처리하여 서로 다르게 만든다[**그림 9-19 (b) 참조**]. 바탕천에 준비한 코드의 좁은 시접이 아래로 향하게 놓는다. 코딩 솔기 위에서 스티치하여 바탕천에 봉제한다. 다음 줄의 코드를 작업해놓은 코딩 줄에 바로 맞대어놓는다. 먼저 작업한 줄의 넓은 시접이 솔기에 맞물리도록 코드를 놓고, 바탕천에 봉제한다. 중간에서 줄을 시작하고 멈추는 경우, 파이핑/웰팅

4부 **입체감을 표현하는 방법**

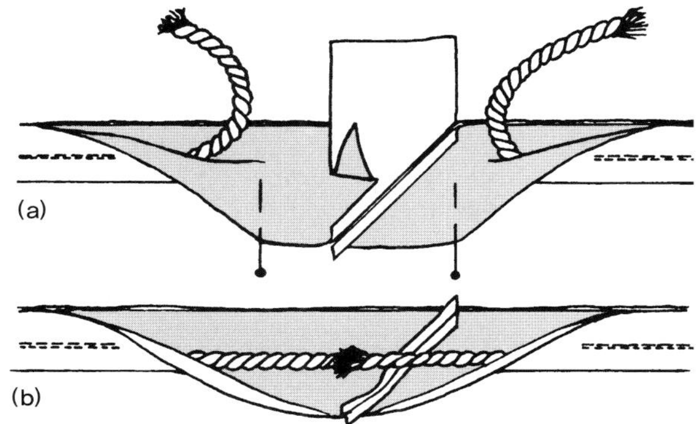

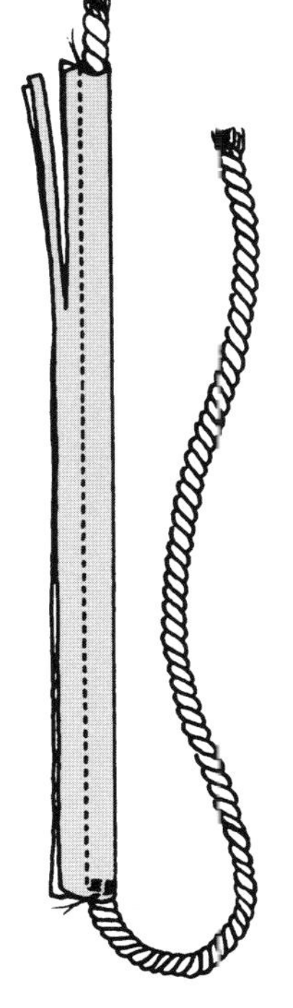

를 솔기선에 맞춰 손바느질로 고정한다. 바탕천을 수틀에 끼워놓고, 겉면에서 공그르기하거나 뒷면에서 박음질한다. 코드 처리한 튜브는 소용돌이 모양의 디자인을 표현하는 데 적절한 방법이다.

그림 9-20 계속 이어지는 솔기에서 파이핑/웰팅의 솔기 부분을 연결하는 방법. (a) 솔기가 만나는 지점에서 2인치(5cm) 정도 떨어져서 봉제를 멈추고 파이핑/웰팅을 옆으로 제쳐둔다. 솔기의 끝을 각이 지게 접고 그림과 같이 시접을 잘라 정리한다. (b) 솔기의 끝을 같이 봉제한다. 제쳐둔 코드를 길이에 맞게 잘라 정돈하고, 바이어스 테이프를 다시 접어 코드를 감싸고 모든 가장자리를 정렬한 후 스티치를 계속한다.

끝부분의 안쪽에 있는 코드를 조금 잘라내고 원단의 끝을 사선으로 뒤로 접는다(**그림 9-21**). 동그랗게 감기는 모양으로 코드를 작업하는 경우, 필요하면 넓은 시접 부분에 가위집을 준다. 특히 가장 안쪽의 시작 부분에서는 꼭 필요하지만 너무 깊게 잘라내지 않도록 한다.

그림 9-22 코드 처리한 튜브를 만들기 위해, 바이어스 원단의 끝에 연장된 코드 위로 겉면이 나오게 뒤집을 수 있도록 준비한 작업 과정.

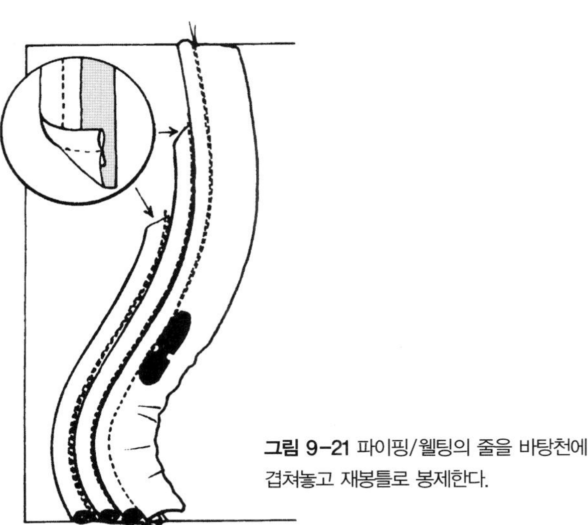

그림 9-21 파이핑/웰팅의 줄을 바탕천에 겹쳐놓고 재봉틀로 봉제한다.

분리된 코딩의 다른 종류인, **코드 처리한 튜브**는 겉에서 시접이 보이지 않는다. 코드 처리한 튜브를 만드는 방법. (1) 적당한 시접을 포함하여 코드를 둘러쌀 원단을 자른다. 코드를 감싸면서 안쪽 면이 보이도록 원단을 접는다. 코드의 길이는 최소한 원단 길이의 2배가 되게 한다. (2) 외노루발을 이용해 코드에 너무 가깝지 않도록 스티치한다. 원단의 끝에서 코드를 가로질러 여러 번 스티치하여 고정한다. 스티치에 가깝게 시접을 자른다(**그림 9-22**). (3) 코드의 윗부분을 잡고, 바이어스 원단의 겉면이 완전히 나올 때까지 뒤집어 필요 없는 코드를 잘라낸다. (4) 바탕천에 코드 처리한 튜브

IX-13 케이블 코드를 안쪽에 넣고 스티치하여 만든 튜브.

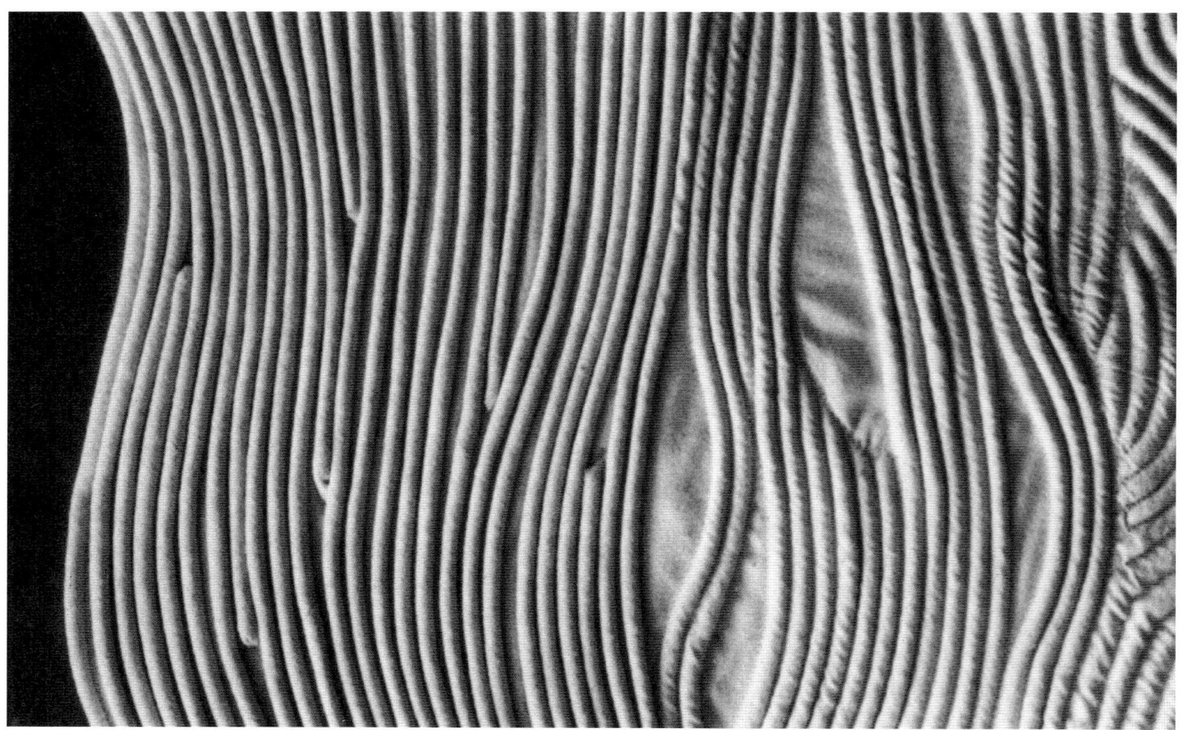

IX-14 (왼쪽) 바탕천에 곡선으로 작업한 파이핑. (오른쪽) 곡선으로 작업하기 쉽도록
바이어스 방향의 원단을 아래에 놓고 스티치하여 코드 처리한 퀼팅.

4부 **입체감을 표현하는 방법**

IX-15 소용돌이 모양으로 작업한 파이핑.

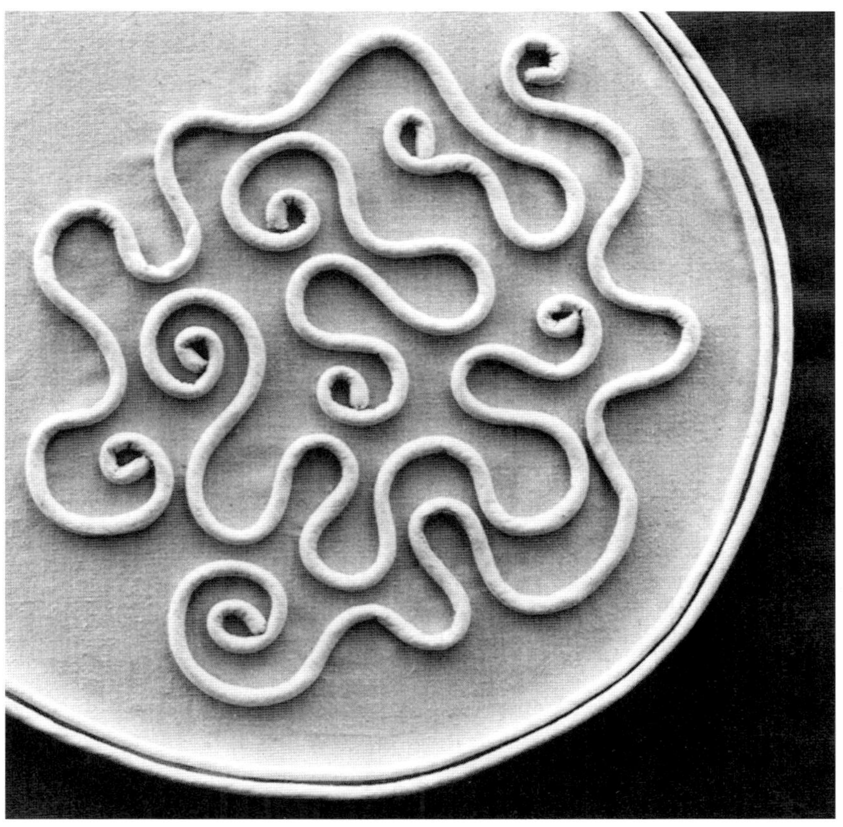

IX-16 가장자리는 이중 줄로, 가운데는 구불구불한 모양의
파이핑/웰팅으로 장식한 원단.

10

퀼팅

Quilting

기능적인 면에서 퀼팅은 세 겹의 원단(겉감, 퀼팅용 솜, 안감)을 고정함으로써 각각을 그냥 합쳐놓았을 때보다 더욱 안정적인 원단으로 만든다. 장식적인 면에서는 겹쳐 있는 원단을 점선이나 실선으로 스티치하여 부드럽게 움푹 들어간 디자인을 만든다. 패드 처리한 원단에 손바느질로 작업한 스티치선은 재봉틀로 박은 것과는 다른 효과를 나타낸다.

퀼팅한 원단은 부피와 보온성이 증가하며 원단의 성분과 재질, 작업자의 솜씨, 전체적으로 작업한 스티치의 종류와 양에 영향을 받는다.

퀼팅에 관한 일반적 고찰
Quilting Basics

디자인 옮기기

겉감에 디자인을 베끼는 작업은 퀼팅의 방법(손바느질이나 재봉틀)·디자인의 종류·겉감의 크기·작업 과정 등을 고려하여, 겉감을 퀼팅용 솜이나 안감에 시침하기 전에 할 것인지 후에 할 것인지를 결정한다. 시침하기 전에 표시하는 경우는 복잡한 디자인이 넓게 나타나거나, 작업물의 크기가 작아서 디자인을 미리 베끼기 쉽거나, 겉감/퀼팅용 솜/안감을 수틀에 끼워 손으로 퀼트할 때이다.

반복되는 디자인은 퀼팅 작업 과정 중에 표시할 수 있고, 즉흥적인 패턴은 전혀 표시하지 않고 작업하거나 필요에 따라 표시하기도 한다.

원단을 평평하게 다림질한 후 겉감의 겉면에 디자인선을 표시한다. 베끼는 동안 원단이 움직이지 않도록 고정하고 원단용 마커 등으로 섬세하게 선을 표시한다. 선은 퀼트 작업이 끝날 때까지 남아 있어야 하지만, 스티치할 때 보일 만큼만 뚜렷하고 가급적 스티치로 가려져야 한다. 퀼팅 후에도 선이 보이면 솔질이나 세탁 등으로 완전히 제거할 수 있어야 한다. 선을 표시한 물질의 화학 성분이 원단에 피해를 입히지 않도록 반드시 작업 전에 시험해본다.

베끼는 방법

- 디자인 위에 겉감을 올려놓고, 디자인선이 잘 보이도록 라이트 박스를 사용한다. 겉감이 작을 경우, 창문 유리를 통한 햇빛을 이용할 수 있다.

- 디자인과 겉감 사이에 의류용 먹지를 놓고 룰렛이나 심 없는 볼펜 등으로 디자인선을 베낀다.

- 다리미로 눌러 다림질하여 겉감에 디자인을 자동적으로 옮긴다. (이미지는 반대로 나타날 수 있다.) 복사용 연필을 사용해 종이에 디자인을 베끼고 그것을 원단 위에 놓고 다리미로 눌러 다림질한다.

- 재봉틀에 굵은 바늘을 끼워(실은 꿰지 않는다), 얇은 판지나 투명필름에 복사한 디자인선을 따라 박아서 구멍 뚫린 스텐실을 만든다. 구멍을 통해 원단에 피해를 주지 않는 가루(계피나 활석)를 뿌려 디자인을 나타낸다. 또는 구멍을 통해 겉감에 점을 찍어 디자인을 선명하게 나타낸다.

- 부드러운 플라스틱 소재의 상업용 스텐실이나 손으로 만든 스텐실을 원단에 놓고 스텐실에 표시된 안내선을 따라 디자인을 그린다.

- 디자인을 그린 종이 위에 나일론 망사를 테이프로 붙이고, 지워지지 않는 펜으로 망사 위에 디자인을 베낀다. 원단 위에 디자인을 베낀 망사를 올려놓고 핀으로 고정한 다음 표시된 선을 따라 디자인을 옮긴다.

- 템플레이트를 옮겨가면서 겉감에 디자인을 베낀다. 찻잔, 유리잔, 쿠키 틀, 또는 다양한 모양의 가정용품을 템플레이트로 활용할 수 있다. 또는 판자, 사포, 투명필름, 두꺼운 접착 심지, 가벼운 플라스틱 등을 잘라서 사용할 수도 있다.

- 팽팽한 원단에 곧은 자로 직선을 그린다. 운형자를 이용해 반복되고 구불구불한 모양을 그린다.

- 선을 그려놓지 않고 긴 직선으로 퀼트하기 위해, 겉면에 마스킹 테이프를 붙이고 테이프의 한쪽이나 양쪽 가장자리를 따라 스티치한다. 마스킹 테이프의 너비―0.25인치(6mm), 0.5인치(1.3cm), 0.75인치(2cm), 1인치(2.5cm)―로 스티치선 사이 간격을 조절한다. 작업 후 바로 마스킹 테이프를 제거한다.

- 스티커식 템플레이트를 이용해 가장자리 주변을 스티치한다. 스티커식 템플레이트는 다시 사용하는 데 한계가 있고, 겉감에 자국이 남지 않도록 퀼트 작업 후 즉시 제거해야 한다.

- 에코 퀼팅(echo quilting)에서 외곽선 사이의 거리를 측정하기 위해 엄지나 검지 손가락으로 스티치선의 위치를 조절한다.

겉감이 넓고 디자인 요소가 연속적으로 나타날 때, 원단을 접거나 시침하여 1/2, 1/4, 1/8로 나누어 표시한다. 원단을 팽팽하게 잡고 결을 맞춰 유지한다. 원단의 직선 결에 패턴의 직선 가장자리를 맞추어 사용한다. 모티프의 위치를 자주 확인하여, 균형 잡히고 대칭적인 디자인이 되도록 점검한다.

퀼팅용 솜

퀼팅용 솜은 천연섬유나 합성섬유를 혼합하여, 접착이 가능한 시트 형태로 생산된다. 안정성과 내구성을 위해 원단으로 덮고 스티치로 고정해야 한다. 원단에 보온성과 풍성함을 더해주고 스티치선을 부드럽게 보이도록 한다. 솜의 성분에 따라 활용도가 달라진다.

목화솜은 퀼팅을 하는 많은 사람들이 만족스러워한다. 얇고 부드러워 장식적인 패턴에 필요한 섬세하고 정교한 퀼팅을 할 수 있기 때문이다. 목화솜은 2인치(5cm)마다 퀼팅하고 간격은 가까울수록 좋다. 그렇지 않으면 사용하는 동안이나 세탁 과정에서 분리되어 덩어리진다. 또 줄어드는 경향이 있기 때문에 가벼운 애벌빨래가 바람직하다. 목화솜으로 패드 처리한 직물은 폴리에스테르 소재의 퀼팅용 솜을 사용한 직물보다 입체감이 덜하다.

최근 많은 사람들이 퀼팅용으로 폴리에스테르 솜을 선호하는 이유는 4~6인치(10~15cm) 간격으로 퀼팅을 해도 찢어지거나 분리되지 않아서이다. 게다가 두께와 치수를 다양하게 할 수 있고, 접착하거나 니들펀치(needle punch)로 마무리할 수 있으며, 유연성과 탄성이 우수하여 다용도로 활용할 수 있다. 이 솜의 단점은 '보풀'이 생긴다는 것인데, 겉감과 안감 사이에 솜을 넣고 봉제하면 솔기선에서 솜털이 빠져나오고, 특히 세탁하면 다른 색깔의 원단 표면에 솜털이 달라붙기도 한다. 이러한 단점을 보완하고 손바느질로 퀼팅하는 작업을 수월하게 하기 위해, 솜에 열이나 수지 처리한 폴리에스테르 섬유를 붙여서 생산한다. 보풀 현상은 폴리에스테르 원단과 질이 낮은 폴리에스테르 솜을 이용할 때 더욱 심해진다. 그러나 천연섬유로 된 우븐 원단에 질 좋은 솜을 사용하면 문제가 되지 않는다.

퀼팅용 혼합 솜은 면과 폴리에스테르 섬유를 섞어 만든 것이다. 이것은 각 섬유의 장점을 유지하고 문제점을 보완하기 위한 방법으로, 큰 치수로 제조할 수 있는 폴리에스테르의 장점과 보풀 현상을 막아주는 면 소재의 얇고 시원한 장점을 이용한 것이다.

면 소재의 플란넬이나 니트 원단으로 퀼팅용 솜을 대체하면, 얇게 패드 처리되어 원단이 유연하고 넓은 간격으로 퀼팅이 가능해 세탁 시 문제가 생기지 않는다. 그러나 퀼팅의 독특한 질감은 눈에 띄게 줄어든다.

양모솜은 부드럽고 따뜻하고 탄성이 있으며, 목화솜처럼 퀼트할 수 있다. 100% 양모솜도 세탁이 가능하고 3인치(7.5cm) 간격의 퀼팅을 견뎌낼 수 있다고 주장하는 제조사도 있다. 실크 원단에 아주 적합한, 깃털처럼 가볍고 호화스러운 실크 섬유로 된 퀼팅용 솜도 있다. 실크 섬유는 가격이 비싸고 원단의 너비가 좁기 때문에, 명주솜은 일반적으로 중간 크기나 작은 크기의 작품에만 사용된다. 목화솜이나 폴리에스테르 솜과 달리, 양모솜과 명주솜은 이용에 제한이 있다.

원하는 작품에 적합한 퀼팅용 솜을 고르기 위해, 여러 가지 샘플을 쭈그러뜨리거나 늘어뜨려 시험해본다. 작업을 시작하기 전에, 선택한 원단에 퀼팅용 솜을 적용해본다. (1) 겉감/퀼팅용 솜/안감으로 이루어진 작은 사각형에 다양한 간격으로 여러 선을 퀼팅해본다. (2) 퀼팅한 샘플의 치수를 측정한다. (3) 샘플을 잡아당기고, 비틀고, 문지르고, 세탁하고 건조시킨다. (4) 다시 치수를 측정하고, 이것을 원래의 치수와 비교한다. 스티치선, 질감, 퀼팅용 솜의 상태 등을 평가한다. (5) 그에 맞춰 조절한다.

퀼팅 원단을 보호하기 위해 매끈하고 좁은 바인딩으로 테두리를 처리하는 것이다. 또 이것은 가장자리의 견고함과 내구성을 증가시킨다.

퀼팅 원단이 사각형이면, 원단의 중심을 가로질러 길이와 너비를 재고, 그 치수에 따라 바인딩 테이프를 자른다. 겉면과 뒷면에서 보이는 완성된 바인딩 너비는 같다. 곡이 진 가장자리의 바인딩 길이를 측정하기 위해 퀼팅 원단을 평평하게 펴고, 테이프를 사용한다.

직선 가장자리를 바인딩 처리하기 위해, 직선 결로 바인딩 테이프를 재단하고, 필요한 만큼 연결하여 사용한다(65쪽, **그림 3-23 참조**). 또는 계속 이어지는 직선 결로 바인딩 테이프를 준비한다(그림 10-1). 곡이 진 가장자리를 작업하려면 바이어스 방향으로 테이프를 자른다(65쪽, **그림 3-24와 222쪽, 그림 9-18 참조**). 이중 바인딩에 필요한 너비는 겉면에 보이는 바인딩 너비의 4배에 양쪽 시접을 더한 너비다. 완성한 바인딩 너비는 퀼팅 원단의 가장자리 시접 너비만큼 좁게 하거나, 퀼팅용 솜을 채워 넣어 연장해서 최대한 넓은 바인딩을 만들 수 있다. 바인딩 테이프의 길이는 모서리 부분에 코너 박기를 위한 시접과 별도의 여유분을 더한다. 정해진 너비와 길이에 따라 재단한다. 바인딩 테이프를 길게 반으로 접어 다림질한다.

퀼트한 가장자리의 시접 안쪽에 재봉틀로 시침 고정한다. 원단의 직선 가장자리 길이를 따라 1/2과 1/4 지점에 접합점을 표시한다. 바인딩 테이프의 1/2과 1/4 지점에도 접합점을 표시한다. 원단과 테이프에 표시한 각 위치를 맞추어 핀으로 고정한다.

각진 모서리 꼭짓점에서 시작하고 멈추면서 퀼팅 원단의 가장자리에서 바인딩 테이프를 봉제한다. 퀼팅 과정에서 약간 늘어난 가장자리는 이새 처리하여 바인딩과 길이를 맞추어야 한다. 가장자리를 감싸며 안감 쪽으로 바인딩 테이프를 접는다. 봉제한 솔기선을 감추면서 접힌 테이프 가장자리를 안감에 공그르기하여 완성한다(**그림 10-2**). 재봉틀로 작업을

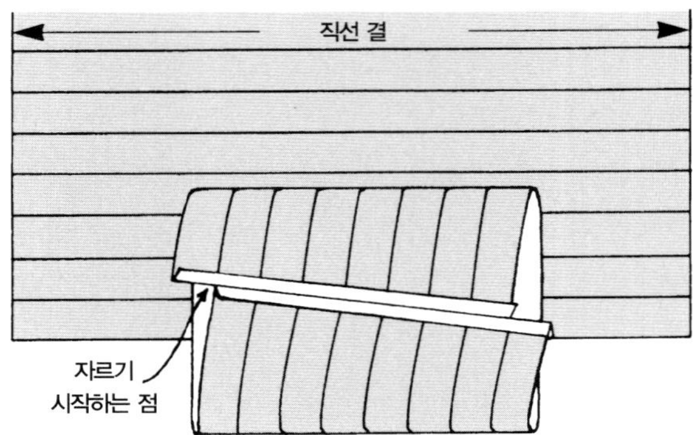

그림 10-1 직선 결의 계속 이어지는 바인딩 테이프를 자르기 위해, 원단의 뒷면에 테이프의 너비에 따라 간격을 두고 선을 그린다. 시작 부분을 한 칸 어긋나게 맞추고 끝을 같이 봉제한다. 선을 따라 자른다.

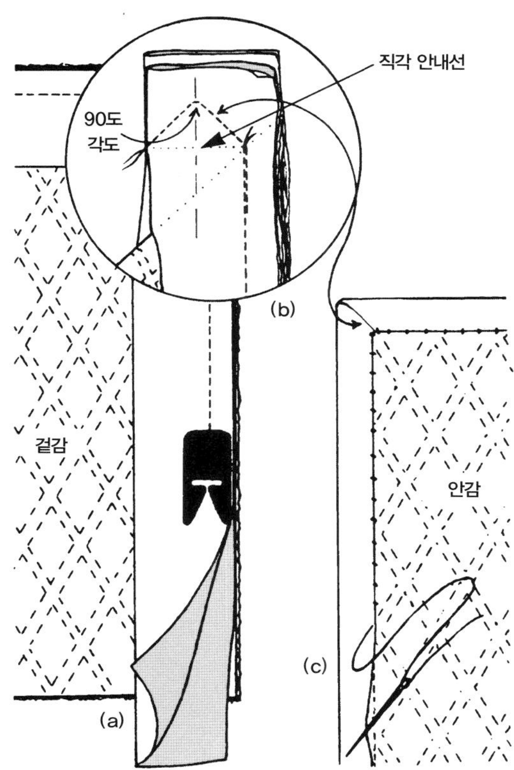

그림 10-2 (a) 퀼트한 가장자리에서 이중 바인딩을 봉제한다. (b) 모서리 꼭짓점에서 봉제를 멈춘다. 서로 만나는 가장자리를 연결하기 위해 바인딩 테이프를 겹쳐놓는다. 솔기 끝에 90도 각도로 안내선을 표시한다. 안내선을 따라 같이 봉제한다. 필요 없는 시접을 정리한다. (c) 안감에서 바인딩의 접힌 가장자리를 공그르기한다.

완성하려면, 퀼팅의 안감 쪽에서 바인딩 테이프를 봉제한 다음 원단 쪽으로 접어놓고 끝스티치로 고정한다. 이중 바인딩으로 처리하면 퀼팅 원단의 가장자리 두께가 일정하다.

조각 잇기

아래 방법 중 하나를 선택해 미리 퀼팅해놓은 조각들을 연결하여 큰 작품을 완성하는 것이다.

연결 부위를 보이지 않게 처리하는 방법

퀼팅을 연결할 때 가장자리 두 부분 중 적어도 한쪽은 퀼팅 간격을 유지하면서 시접을 접어 넣어 마무리하기 위해 퀼팅이 되어 있지 않아야 한다. 예를 들면, 시접이 0.25인치(6mm)라면 가장자리로부터 0.5인치(1.3cm) 떨어진 위치에서 퀼팅을 멈춘다. 시접이 0.5인치(1.3cm)라면 가장자리로부터 1인치(2.5cm) 떨어진 위치에서 퀼팅을 멈춘다. 가장자리의 안감과 퀼팅용 솜을 핀으로 꽂아 고정한 후 제쳐놓고, 겉감의 겉면을 서로 마주대고 봉제한다. 연결한 두 조각을 평평하게 펼치고, 솔기선 옆의 퀼팅용 솜을 잘라 정리한다. 시접을 아래로 접어 넣고, 공그르기한다(그림 10-3). 디자인을 완성하기 위해 필요한 만큼 퀼팅을 연결한다.

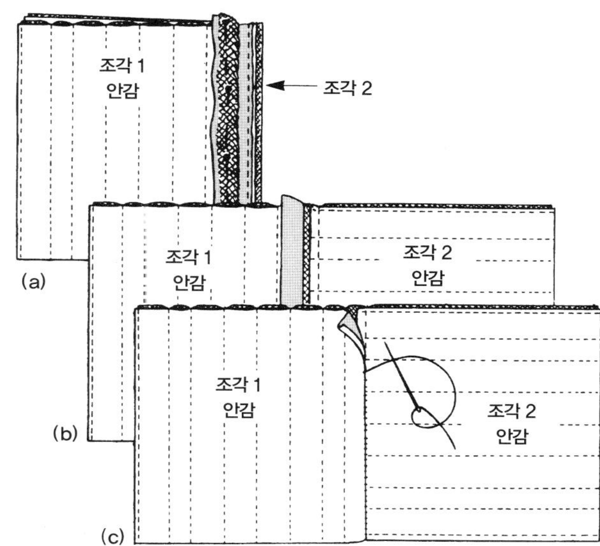

그림 10-3 연결 부위를 보이지 않게 처리하는 방법. (a) 조각 2와 조각 1의 겉감 가장자리를 봉제한다. (b) 솔기선을 납작하게 하기 위해 솔기선 옆의 퀼팅용 솜을 자른다. (c) 시접을 접어 봉제한 안감 위에서 공그르기한다.

연결 부위를 테이프로 감추는 방법

퀼팅해놓은 두 조각의 겉면을 마주대고 가장자리를 봉제한다. 솔기선을 납작하게 하기 위해 시접 부분의 퀼팅용 솜을 자르고 안감 시접도 1/2 정도 자른다. 평평하게 펼치고 시접을 갈라놓는다. 연결한 조각의 길이만큼, 시접의 4배 너비만큼 안감으로 테이프를 자른다. 테이프의 양쪽 가장자리 시접을 접어 다림질한다. 갈라놓은 시접에 테이프를 덮고 공그르기하여 시접을 감춘다(그림 10-4).

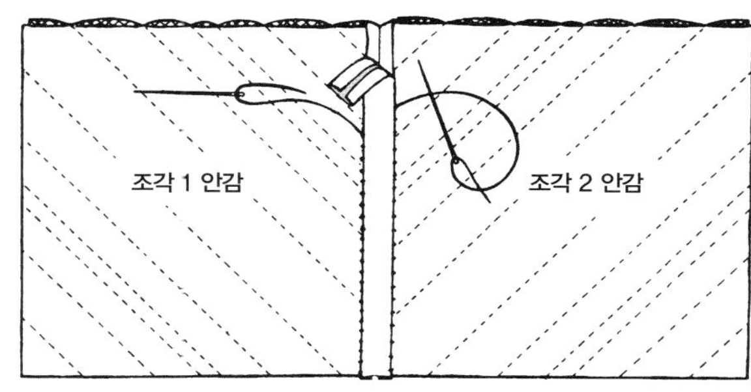

그림 10-4 연결 부위를 테이프로 감추는 방법. 두 조각을 같이 봉제한다. 테이프를 덮고 공그르기하여 시접을 감춘다.

좁은 너비의 원단으로 연결하는 방법

연결할 조각의 길이와 원하는 너비에 양쪽 시접을 더한 좁은 너비의 원단 두 장을 자른다. 하나는 겉감, 다른 하나는 안감을 위한 것이다. 두 개의 띠 사이에 퀼팅해놓은 한 조각의 가장자리를 끼워 넣고 한꺼번에 봉제한다. 퀼팅해놓은 두 번째 조각 가장자리의 겉면과 띠의 겉면을 마주대고 봉제한다. 연결한 두 조각을 평평하게 펼친다. 원단을 연결한 띠 아랫부분의 빈 공간을 채우기 위해 퀼팅용 솜을 잘라놓는다. 띠의 가장자리 시접을 접어 넣고 크고 느슨한 스티치

로 안감에 시침한다. 시접을 평평하게 하여 잘라놓은 퀼팅
용 솜을 집어넣는다. 시접을 퀼팅용 솜 아래에 놓고, 접힌
가장자리를 공그르기한다(**그림 10-5**). 같은 방법으로 다음 조
각을 계속 연결한다.

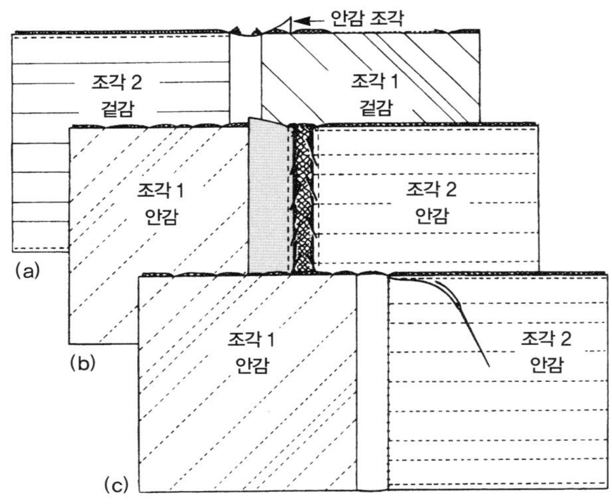

그림 10-5 좁은 너비의 원단으로 연결하는 방법. (a) 두 개의 띠 사이에
퀼팅해놓은 한 조각의 가장자리를 끼워 넣은 후 나머지 가장자리도 원단
조각에 연결한다. (b) 원단 띠의 아래 빈 공간을 퀼팅용 솜으로 채워 넣고
시접을 느슨하게 고정한다. (c) 띠의 접힌 가장자리를 손바느질로 마무리
한다.

핸드 퀼팅
Hand Quilting

아래 겹쳐진 안감과 퀼팅용 솜을 겉감 원단에 고정하는 홈질로 인해
나타난 스티치선은 원단을 장식하는 디자인으로 이용된다.

작업 과정

❶ 홈질로 전체 원단을 장식할 디자인을 도안한다. 스티치선
은 겉감, 퀼팅용 솜, 안감 등 세 개 층을 고정하기에 충분
하도록 촘촘해야 한다(**229쪽, '퀼팅용 솜' 참조**). 스티치선의
방향, 간격, 밀도 등을 고려해 퀼팅 후 원단에 나타나는
입체감을 조절한다. 가장 단순한 퀼팅 디자인은 테두리의
유무와 상관없이 원단 전체에 문양을 넣는 것이다. 여러
가지 문양을 연결해 복잡한 디자인을 완성할 수 있다.

◆ 규칙적으로 반복되는 형태가 있는 문양, 또는 강조되는
하나의 형태가 있는 문양(**그림 10-6**).

◆ 외곽선으로 처리한 문양 안쪽과 형태가 있는 문양 바깥
쪽의 바탕을 패턴으로 채운다. 또한 원단 전체를 처음
부터 끝까지 끊임없는 패턴으로 장식하기도 한다(**그림
10-6, 10-7**).

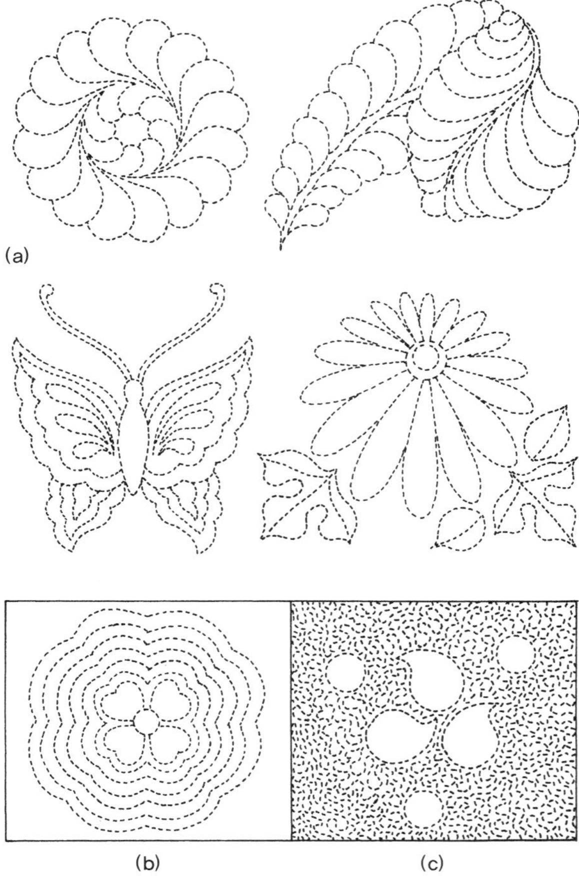

그림 10-6 핸드 퀼팅 디자인. (a) 전통적인 형태의 문양. (b) 에코 퀼팅.
(c) 문양 바깥쪽의 공간을 촘촘하게 퀼트하여 문양이 두드러지게 한 퀼팅.

4부 **입체감을 표현하는 방법**

◆ 바깥쪽 테두리는 안쪽 퀼팅을 둘러싸고 안쪽 테두리는 큰 디자인의 부분을 둘러싼다(그림 10-8).

❷ 겉감의 크기에 맞게 재단한 원단 겉면에 디자인을 옮긴

그림 10-7 배경을 채우기 위한 디자인.

그림 10-8 전통적인 테두리 패턴.

다(229쪽, '디자인 옮기기' 참조). 의류용 마커를 이용해 가는 선으로 스티치선을 표시한다. 배경을 채워 넣거나 즉흥적으로 디자인하는 퀼팅의 경우 표시가 필요하지 않다. 예를 들면 다음과 같다.

◆ 에코 퀼팅(그림 10-6 (b))은 0.25~0.75인치(6mm~2cm) 간격으로 갈수록 커지는 연속적인 외곽선을 이용해 디자인한다.

◆ 스티플 퀼팅(stipple quilting)(그림 10-6 (c))은 최대 0.25인치(6mm) 간격의 홈질로 구불구불하고 휘어진 형태를 이루며 문양을 둘러싼다.

◆ 즉흥적으로 디자인하며 스티치한다.

❸ 겉감보다 조금 더 크게 퀼팅용 솜과 안감을 자른다. 겉감이 크면(예를 들어, 어른 침대 커버 사이즈), 퀼팅용 솜과 안감을 사방 4인치(10cm) 정도 크게 자른다. 겉감이 작으면, 그에 맞춰 증가분을 조절한다.

❹ 겉감·퀼팅용 솜·안감을 같이 시침하기 위해, 원단을 펼쳐놓기 충분한 크기의 바닥이나 다용도 탁자를 준비한다. 또는 안감 테두리 치수에 맞는 틀을 사용한다(그림 10-22). 안감의 겉면을 아래로 하여 사각형으로 평평하게 펼치고, 가장자리를 작업대에 테이프로 부착하거나 틀의 가장자리에 고정한다. 안감 위에 퀼팅용 솜을 평평하게 놓고, 그 위에 겉감을 놓는다. 세 겹을 한꺼번에 시침핀으로 임시 고정한 후, 실로 시침하거나 옷핀으로 고정한다.

◆ 직선 또는 곡선의 긴 바늘에 실을 길게 꿴다. 아래는 0.5인치(1.3cm) 길이로, 표면은 1.5인치(4cm) 길이로 홈질한다. 6인치(15cm)나 더 가까운 간격의 직선 줄로 시

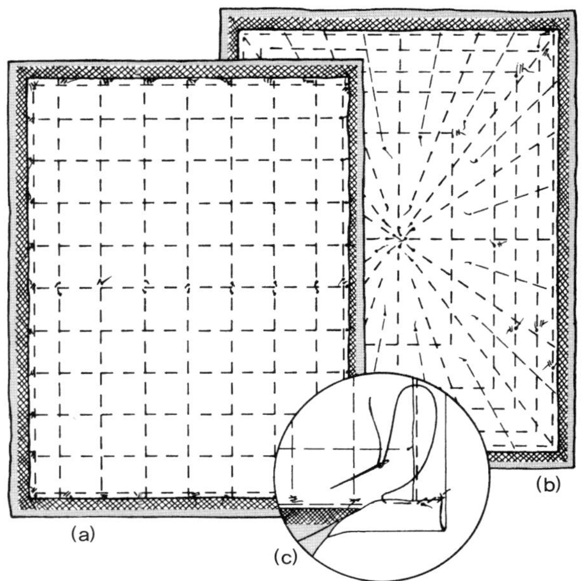

그림 10-9 겉감 퀼팅용 솜, 안감 등을 같이 시침하기 위한 패턴. (a) 격자 모양. (b) 중심에서 가장자리로 퍼져나가는 모양. (c) 겉감 둘레 시접에 여분의 안감 시접을 접어 넣고 시침하여 가장자리를 마무리한다.

침한다. 격자 모양이나 중심에서 가장자리로 퍼져나가
는 모양으로 작업한다. 바깥 가장자리의 시접 안쪽을
시침하여 완성한다(그림 10-9).

◆ 녹이 슬지 않고 튼튼한 옷핀을 사용한다. 겉감/퀼팅용
솜/안감의 한쪽 끝에서 시작한다. 바깥쪽으로 계속 평
평하게 펼치면서 4인치(10cm) 간격으로 옷핀을 꽂는
다. 바깥 가장자리를 시침한다(그림 10-10).

작업하기 쉽게 원단을 말아가면서 계속 시침 고정해 완
성한다. 원단에 퀼팅 디자인선이 표시되어 있으면, 선 사
이를 시침하도록 한다.

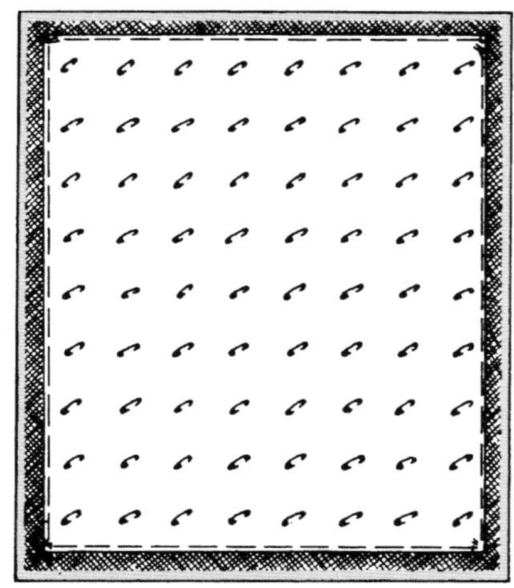

그림 10-10 옷핀으로 시침 고정한다.

❺ 퀼팅 디자인선을 따라 촘촘하고 균일하게 홈질한다. 짧
고 강한 퀼팅용 바늘에 튼튼한 퀼팅용 실을 꿰어 사용한
다. 바늘을 위아래로 움직여 겉면과 뒷면에 보이는 스티
치의 모양이 같도록 스티치한다. 실에 일정하고 적정한
탄성을 유지하면서 스티치 실을 잡아당겨 표면에 디자인
이 두드러지게 한다(그림 10-11~13).

시침한 겉감/퀼팅용 솜/안감을 틀이나 수틀에 고정하여
퀼팅하는 경우, 퀼팅 기법을 적용할 수 있도록 원단을 조
금 느슨하게 고정하여 작업한다. 또는 수틀을 사용하지
않고 무릎에 놓고 작업한다.

ⓐ 퀼팅 틀은 큰 사이즈의 전체 퀼팅 작품을 작업할 수 있
을 만큼 넓어야 한다. 퀼팅이 완성될 때까지 겉감/퀼
팅용 솜/안감을 시침 상태로 유지한다(그림 10-14). 퀼
팅 틀을 사용하려면 넓은 공간이 필요하고, 겉감에 디
자인을 표시한 후 시침하고 틀에 고정해야 하며, 작업
자가 한 방향에서 디자인을 마주하고 앉기 때문에 바
늘을 요령껏 움직여야 한다. 틀을 이용한 퀼팅은 작업
을 하는 동안 겉감/퀼팅용 솜/안감이 고정 상태를 유
지하므로 촘촘한 시침은 필요하지 않고, 표면 위 어느

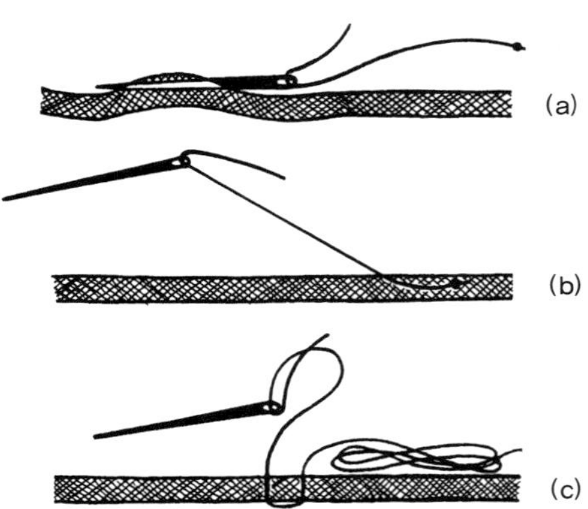

그림 10-11 (a) 18인치(46cm) 길이의 퀼팅 실 끝에 작은 매듭을 만들어
퀼팅을 시작한다. 스티치를 시작할 위치로부터 0.5인치(1.3cm) 떨어진 곳
에서 바늘을 집어넣고, 퀼팅용 솜을 통과하여 시작점에서 바늘을 빼낸다.
(b) 매듭이 퀼팅용 솜에 감춰지도록 실을 잡아당긴다. (c) 매듭을 감추는
다른 방법으로 36인치(91.5cm) 길이 실로 중심에서 작업을 시작하는 것
이 있다. 중심에서 실의 1/2을 사용해 퀼팅하고 나머지 1/2로는 다른 방향
으로 퀼팅한다.

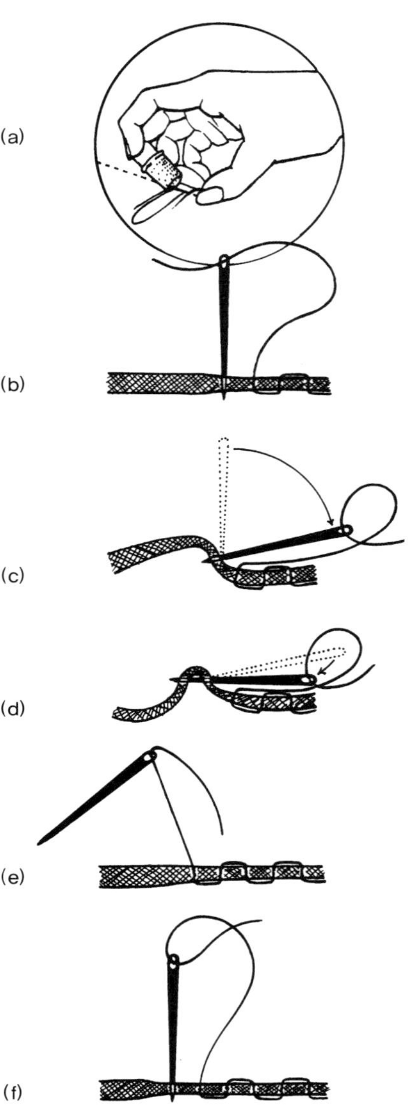

그림 10-12 홈질로 작업한 퀼팅. (a) 중지에 골무를 끼고, 바늘을 겉감/
퀼팅용 솜/안감을 통과하여 엄지손가락 쪽을 향해 밀어넣는다. 이때 다른
손의 검지나 중지로 아래에서 위쪽으로 원단을 받쳐준다. (b, c, d) 이 작
업으로 하나의 스티치가 완성된다. (e) 실을 바깥쪽으로 잡아당긴다. (f)
바늘을 수직으로 넣어 다음 스티치를 시작한다. 한꺼번에 2~3개의 스티
치를 한 후 실을 잡아당길 수 있다.

4부 입체감을 표현하는 방법

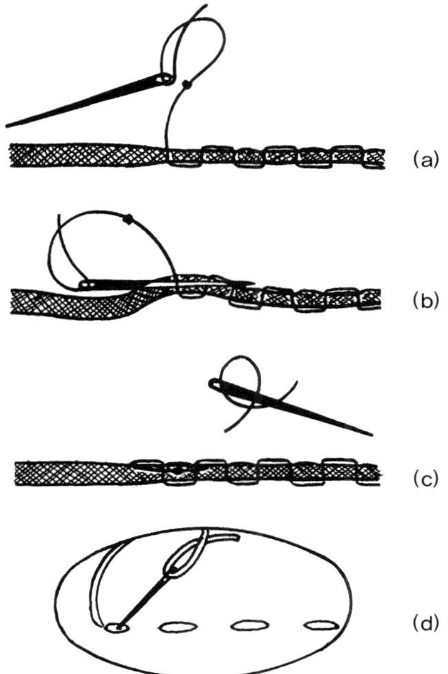

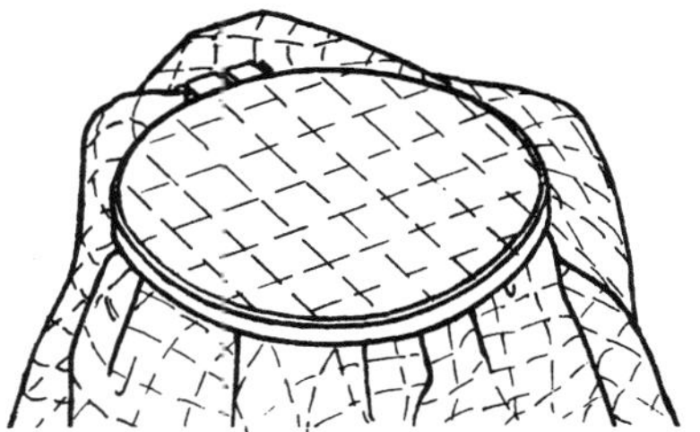

그림 10-15 겉감/퀼팅용 솜/안감은 29인치(73.5cm) 수틀에 죔쇠로 고정한다. 바깥쪽 가장자리를 퀼팅할 때 반원형 수틀로 바꾸어 작업하기도 하며, 원단의 끝부분을 퀼팅할 때에는 원형 수틀에 넣기 부족한 원단의 부분은 별도의 원단을 이어 사용한다.

그림 10-13 실이 빠져나가는 것을 막거나 퀼팅이 끝나는 부분에서 스티치를 고정하는 방법. (a) 원단 표면에서 0.5인치(1.3cm) 떨어져 실을 매듭짓는다. (b) 다음 스티치를 하기 위해 바늘을 집어넣은 후 반대 방향으로 빼낸다. 퀼팅용 솜을 통해 이전의 스티치 실 주변에 바늘을 옮기고 스티치의 1/2 길이만큼 떨어진 위치에서 바늘을 빼낸다. (c) 퀼팅용 솜 안으로 매듭을 잡아당긴다. (d) 바늘로 이전의 박음질 스티치를 통과하면서 작은 땀의 박음질로 완성한다. 퀼팅용 솜을 통과하여 바늘의 1/2 길이 밖으로 빼낸다. 겉에서 실을 자른다.

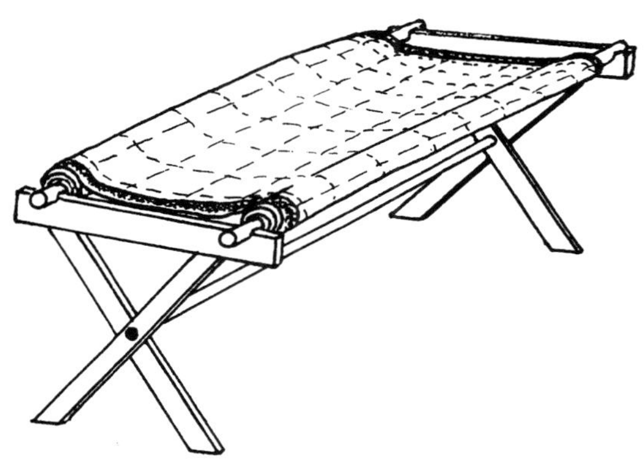

그림 10-14 퀼팅을 위해 충분히 넓은 긴 봉에 시침한 겉감/퀼팅용 솜/안감을 말아놓은 퀼팅 틀. 퀼팅하지 않은 부분을 작업하기 위해 풀었다가 다시 마는 작업을 반복한다. 안정감을 더하기 위해, 양끝에서 시침한 광목을 당겨 핀으로 고정한다.

곳에서든 퀼팅을 시작할 수 있다.

ⓑ 퀼팅용 수틀은 원형, 타원형, 반원형 등으로 지름이 10인치(25cm)부터 29인치(73.5cm)까지 다양하다. 죔쇠로 조여 두껍게 패드 처리한 원단을 끼워 넣을 수 있는 넓은 고리 모양이다(**그림 10-15**). 수틀을 사용해 퀼팅하면 이동이 쉽고 자유로워 어느 방향에서든 원하는 디자인 위치에서 작업할 수 있다. 수틀을 사용한 퀼팅을 준비하기 위해, 넓은 간격으로 시침하고 가장자리를 마무리한다. 옷핀으로 시침한 경우, 죔쇠로 고정하는

데 방해되는 핀은 제거한다. 편안한 스티치 작업을 위해 탁자의 가장자리에 수틀의 한 면을 지탱하고, 반대 면은 몸에 받치고 작업한다. 디자인을 베끼지 않은 상태에서 원단을 수틀에 끼워 작업하는 경우, 겉감/퀼팅용 솜/안감을 수틀에 끼워 팽팽하게 당긴 상태에서 디자인을 베끼고 퀼팅을 시작할 때 원단을 느슨하게 조절한다. 수틀을 사용한 퀼팅은, 디자인을 따라 중심에서 바깥쪽으로 가장자리까지 스티치한다. 구겨지는 것을 막기 위해, 작업이 끝난 후 수틀에서 즉시 빼낸다.

ⓒ 랩 퀼팅(lap quilting, 무릎에 놓고 작업하는 퀼팅)을 성공적으로 작업하기 위해서는 매우 촘촘하게 시침해야 하지만, 모든 방법 중에 가장 작업하기 쉬운 방법이다. 원단의 위아래에 손을 놓고 작업하는 대신, 한 손으로 바늘 앞에 원단을 움켜쥐고 다른 손으로 조절하여 퀼팅하기 때문에 작업이 쉬워진다. 랩 퀼팅은 늘 디자인의 중심에서 바깥쪽으로 작업한다. 퀼팅할 부분을 팽팽하게 작업하기 위해 천을 덧씌운 팔걸이의자에 앉아 팔걸이 천에 겉감/퀼팅용 솜/안감을 핀으로 고정하거나, 데님을 입고 무릎을 덮은 천에 겉감/퀼팅용 솜/안감을 핀으로 고정해놓고 퀼트한다. 랩 퀼팅은 작은 작품이나 작은 조각으로 이루어진 큰 작품을 작업할 때 적합하다.

❻ 퀼팅을 완성한 후 가장자리 시접 안쪽에 있는 실을 제외하고 모든 시침실을 제거한다. 겉감의 가장자리에 남은 퀼팅용 솜과 안감을 잘라 정리한다. 231쪽 '조각 잇기'에서 설명한 방법 중 하나를 선택해 퀼트 조각들을 연결한다. 완성된 퀼팅의 가장자리를 재봉틀로 이중 바인딩 처리하여 감싼다(**230쪽, '이중 바인딩 가장자리 처리' 참조**). 또는 퀼트하지 않은 넓은 면적의 원단 안쪽에 퀼트한 조각을 연결한다.

특징과 응용

초보자는 틀이나 수틀을 사용해 위아래로 손을 움직여 작업

하는 것을 어렵게 느낀다. 그러나 작고 균일한 스티치 작업은 여러 번의 경험을 통해 익숙해진다. 1인치(2.5cm)에 12땀 이상을 작업하는 것이 전통적인 핸드 퀼팅의 특징이다. 섬세한 핸드 퀼팅을 작업하려면, 손안에서 작업하기 수월하고 바늘을 통과하기 쉽도록 얇고 부드러운 원단과 퀼팅용 솜을 사용해야 한다.

최근의 경향에 따르면, 작은 퀼팅 스티치는 미학적으로 평가되지 않으며 형태가 있는 그림 같은 디자인이 기본 사항이다. 때때로 현대의 핸드 퀼팅은 자수와 같은 장식성을 갖는다.

스탭스티치 퀼팅(stabstitched quilting)은 홈질한 퀼팅처럼 보이지만 바늘을 움직이는 동작이 다르다. 양손을 사용해 작업한다. 틀이나 수틀에 겉감/퀼팅용 솜/안감을 끼워 넣은 다음, 위의 손으로 바늘을 수직 아래로 밀어넣고 아래 손은 바늘을 잡아당긴 후 다음 스티치를 위해 앞으로 이동한다. 안감 쪽에서 다시 바늘을 수직으로 꽂아 위를 향해 되돌아 나온다. 겉감에서 스티치가 완전히 끝날 때까지 뒤는 엉성해 보이는 경향이 있다.

홈질 대신 자주 사용하는, **박음질 퀼팅**은 스티치선이 끊기지 않아 홈질한 퀼팅과 달리 잔주름 잡힌 질감을 만들지 않는다. 오늘날은 퀼팅 스티치로 거의 사용하지 않는다. 퀼팅 디자인의 대부분은 홈질로 작업하고, 박음질 퀼팅은 외곽선을 뚜렷하게 하는 기능을 하므로 디자인의 선택된 부분을 강조할 때 쓰인다.

퀼팅 기법과 상관없이, 실을 조절하며 잡아당겨야 한다. 실의 탄성으로 인해 패드 처리한 표면에 스티치가 불규칙하게 튀어나오지 않도록 해야 하기 때문이다. 실의 탄성이 너무 강하면 퀼트한 원단이 쪼글쪼글해진다. 퀼팅 부분이 넓고 스티치가 촘촘할수록 많이 줄어든다. 완성 후 퀼팅의 크기를 원래 의도한 대로 유지하려면, 원단과 퀼팅용 솜을 재단할 때 줄어드는 것을 감안한 치수를 더해준다.

긴 직선으로 스티치한 퀼팅은 작업하는 동안 실이 끊어지는 경우가 있으므로 너무 긴 실을 사용하지 않는다. 긴 홈질선으로 이루어진 디자인을 작업하는 도중에 실의 길이가 부족하면, 바늘이 닿는 가까운 스티치선으로 이동해 마무리한다. 작은 박음질로 다음 작업을 시작한다.

짧게 끊어진 촘촘한 선으로 이루어진 디자인은 손으로 작업하는 것이 쉽다. 짧은 선을 스티치하고 나서 반대편 스티치선이나 가까운 선으로 이동한다. 이 퀼팅의 단점은 디자인을 표시해놓은 선이 스티치 작업 후에 보이며, 실의 매듭과 끄나풀이 눈에 띄고, 스티치선을 따라 원단이 평평하게 놓이지 않아 스티치선에 갇혀 쪼글거린다는 것이다. 완성한 퀼팅을 절대 눌러 다림질하지 않는다.

퀼트하지 않은 넓은 원단에 부분적으로 퀼트 디자인이 있는 경우, 이 부분에 덧댈 솜은 얇아야 하며 솜의 두께가 가장자리로 갈수록 점차 줄어들게 하려면 가장자리 주변을 잡아당기거나 얇게 잘라내야 한다. 그렇지 않으면 스티치가 멈추는 곳의 겉감에 길쭉한 주름선이 생길 수 있다. 퀼트한 특정 부분의 뒷면을 안감으로 받쳐주거나 겉감 전체에 안감을 덧대주고 이전에 설명한 것처럼 시침한다.

다른 가장자리 완성 방법과 달리, **봉투 모양 가장자리**(envelope edge)는 퀼팅 작업의 마무리가 아닌 시작 단계에서 사용된다. 다양한 모양과 크기로 비교적 간단하게 작업할 수 있다. 같은 크기의 겉감, 퀼팅용 솜, 안감으로 작업을 시작한다. (1) 퀼팅용 솜 위에 겉면이 위를 향하도록 안감을 평평하게 펴서 가장자리를 맞춘다. 뒤집는 동안 퀼팅용 솜이 헝클어지고 늘어나는 것을 막기 위해 시침실이나 옷핀으로 고정해둔다. (2) 겉감과 안감의 겉면을 서로 마주대고 가장자리를 맞추어, 안감/퀼팅용 솜에 핀을 꽂는다. 뒤집기 위해 충분히 넓은 창구멍을 남겨놓고, 모서리에서 두세 땀 사선 스티치를 하면서 가장자리 주변을 재봉틀로 봉제한다. 이때 창구멍 입구에서 되박음질을 한다. 시접을 갈라 다림질한다. 모든 모서리 시접을 사선으로 자르고 필요한 곳의 시접에 가위집을 준다(**그림 10-16**). (3) 뒤집어 사다리 스티치로 입구를 마무리한다. (4) 퀼팅용 솜과 안감 위에 겉감을 평평하게 펴고 시침을 하거나 옷핀으로 고정한다. (5) 뒤집기 전에 퀼팅용 솜의 시접을 잘라 가장자리를 납작하게 정리하거나, 시접을 정리하지 않고 가장자리에 퀼트하여 볼록한 모양의 디자인으로 활용한다. (**연결을 위해 그림 10-32 참조.**)

평평한 핸드 퀼팅의 방법과 기법은 다른 퀼트들과 같다. 그러나 솜 없이 겉감과 안감만으로 퀼팅하기 때문에 홈질한 선의 쪼글쪼글한 느낌이 나지 않는다.

묶어주기는 겉감, 퀼팅용 솜, 안감을 안정적으로 연결하는 빠르고 쉬운 방법이다. 격자 모양으로 간격을 두고 겉에서 보

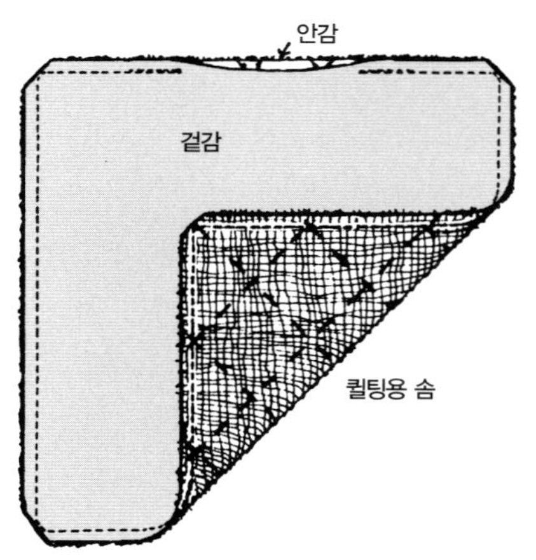

그림 10-16 봉투 모양 가장자리를 위한 겉감/퀼팅용 솜/안감.

이도록 매듭을 묶어 고정한 스티치가 띄엄띄엄 나타난다. 이것은 이불에 사용할 수 있을 만큼 두껍거나, 얇은 퀼팅용 솜을 여러 겹 겹쳐서 두껍게 부풀어 오르는 퀼팅용 솜을 고정하는 방법으로 사용된다. (1) 옷핀으로 겉감, 퀼팅용 솜, 안감을 시침 고정한다. (2) 겉감, 퀼팅용 솜, 안감을 넓은 탁자에 펼치거나 틀에 고정해놓고, 스티치할 위치를 표시하여 시침한 다음 한쪽 끝에서부터 묶기 시작한다. 구멍이 있는 템플레이트로 묶는 위치에 점을 찍는다. 적당한 간격은 6인치(15cm)이다. (3) 구멍이 큰 바늘에 자수용 실, 크로셰 면, 원사, 좁은 리본 등을 한 겹이나 두 겹으로 꿴다. 표면에 직각으로 바늘을 꽂아 0.25인치(6mm) 정도의 너비로 두 번 스티치한다. (두꺼운 원사나 리본은 한 번만 스티치한다.) 시작점에서 묶기 위해 필요한 꼬리를 남긴다. 끝을 같이 묶는다. 매듭에서 0.5인치(1.3cm) 이상 남기고 잘라 느슨하게 남은 끝을 장식으로 이용하거나 뒤로 보내 다시 묶을 수 있다. 이 경우 원단은 스티치가 당겨져 보조개처럼 들어간 모양을 띤다(그림 10-17).

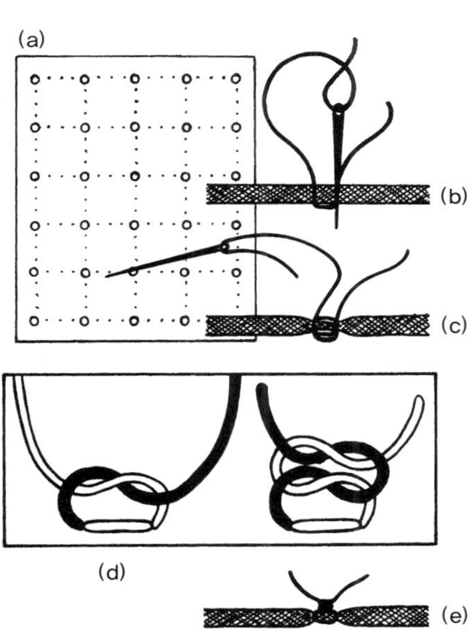

그림 10-17 (a) 묶는 위치를 표시하는 템플레이트. (b, c) 묶어줄 끝을 남기고 두 번 스티치한다. (d) 끝을 같이 두 번 묶어준다(사각 매듭). (e) 묶인 모양의 단면.

안감 바인딩은 묶어주는 방법으로 완성한 원단의 가장자리를 간단하게 처리하는 방법이다. (1) 겉감에 맞춰 퀼팅용 솜의 가장자리를 잘라 정리한다. 길게 남은 안감을 바인딩을 위해 일정하게 자르고 겉감 가장자리 위로 접어놓는다. (2) 모서리 부분을 사선으로 접어서 시접을 남기고 자른다. 모서리를 맞추어 다시 접고 코너 박기를 한다. (3) 겉감에 안감 바인딩을 핀으로 꽂는다. 재봉틀로 모든 겹을 한꺼번에 끝스티치하여 바인딩을 고정한다(그림 10-18).

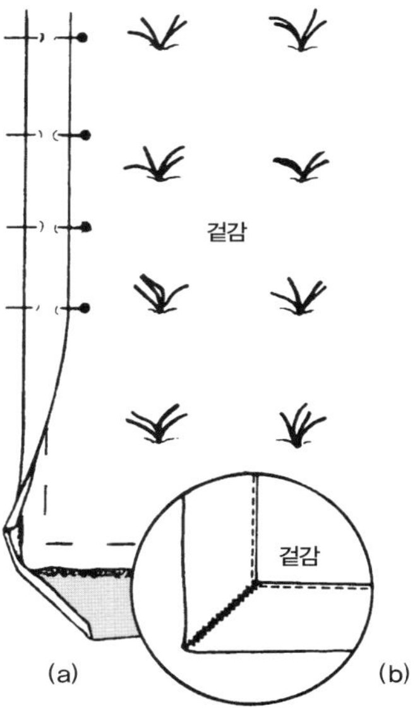

그림 10-18 (a) 재봉틀로 안감 바인딩을 하기 위해 모서리를 사선으로 접어 준비한다. (b) 코너 박기를 위한 빠른 방법: 모서리에서 직선 스티치를 멈추고 서로 만나는 코너에서 지그재그 스티치를 한다.

X-1 홈질로 스티치한 디자인.
(위에서부터) 직선 스티치로 바탕을
채운 타원형 테두리 디자인.
고전적 퀼팅 문양인 깃털.
즉흥적으로 스티치하여 만든
물결무늬 선. 꽃무늬.

X-2 촘촘한 스티치로 배경을
채워 중심의 꽃무늬를 두드러지게
처리한 홈질 스티치 디자인.
가장자리는 이중 바인딩으로 완성했다.

4부 입체감을 표현하는 방법

X-3 홈질로 에코 퀼팅한 배경 위에 박음질로 외곽선을 강조한 두 개의 원형 창문.
왼쪽 창문은 격자 모양 위에 다이아몬드 패턴. 오른쪽 창문은 즉흥적으로 처리한 다이아몬드 패턴.

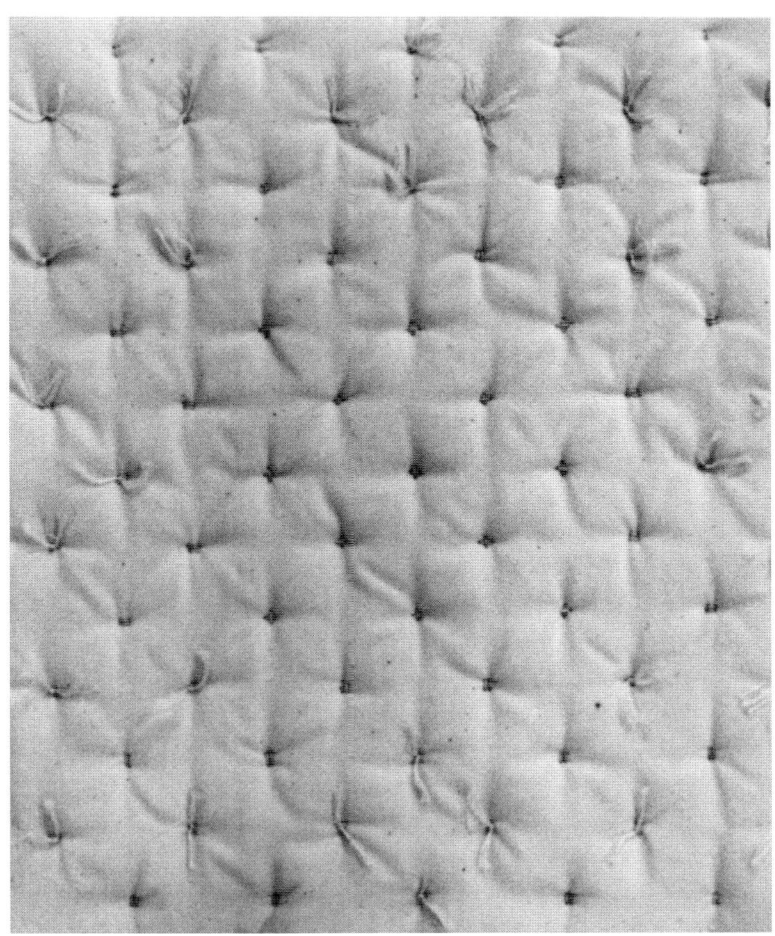

X-4 자수 실로 두꺼운 퀼팅용
솜을 묶는다. 가운데 교차 스티치는
뒷면에서 묶어 처리했다.

재봉틀 퀼팅
Machine Quilting

두 겹의 원단 사이에 퀼팅용 솜을 넣고 재봉틀로 같이 봉제하여 장식적인 패턴을 만든다. 연속적인 봉제선은 패드 처리한 표면에 디자인 선으로 나타난다.

작업 과정

❶ 재봉틀로 스티치하여 패드 처리한 겉면을 도드라지게 하는 선으로 이루어진 디자인을 만든다. 가장자리에서 시작하여 가장자리에서 끝나는 경우, 연속적인 선으로 배경을 채우거나 디자인을 묘사하는 경우에는 재봉틀로 작업하는 것이 효과적이다. 선 사이 간격을 다양하게 하여 퀼트한 표면에 재봉틀로 입체감을 준다. 그러나 간격이 너무 넓으면, 두 겹이 들뜨게 되어 바람직하지 않다(229쪽, '퀼팅용 솜' 참조). 재봉틀 퀼팅 디자인은 배경(그림 10-19), 테두리(그림 10-20), 문양(그림 10-21)으로 나뉘고, 작업 방법은 재봉틀에 설정된 모양에 맞춰 자동으로 퀼팅하는 것과 자유롭게 퀼팅하는 것으로 나뉜다.

❷ 퀼팅 후 줄어드는 것을 감안해 원하는 크기에 여유분을 더하여 겉감 원단을 자른다. 의류용 마커를 이용해 가는 선으로 겉감의 겉면에 디자인을 베낀다. 모양이 있고 반복되는 전체 디자인의 외곽선이나 중요한 안내선을 그린

다. 어떤 디자인의 경우, 시침을 하고 스티치하기 직전에 표시하는 것이 적절하다. 즉흥적으로 퀼팅하는 경우에는 표시할 필요가 없다. (229쪽, '디자인 옮기기' 참조.)

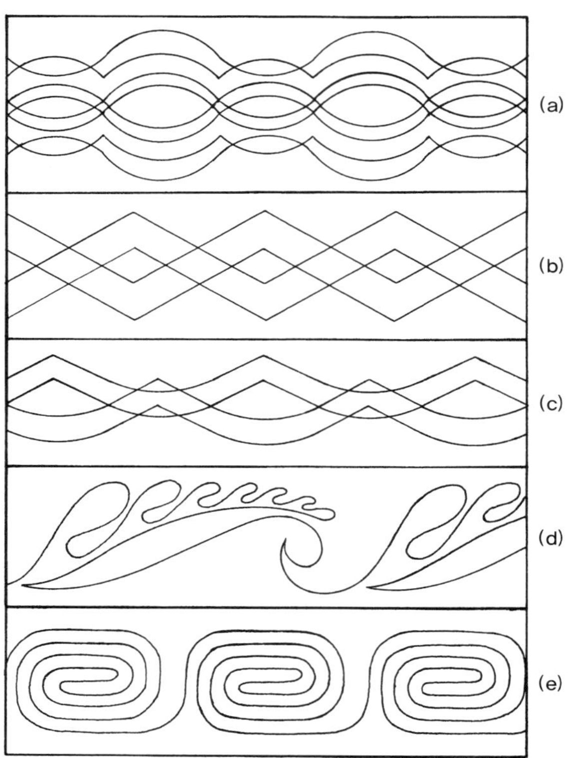

그림 10-20 테두리 디자인. (a, b, c) 재봉틀에 설정된 모양에 맞춰 작업한 퀼팅. (d. e) 자유롭게 작업한 퀼팅.

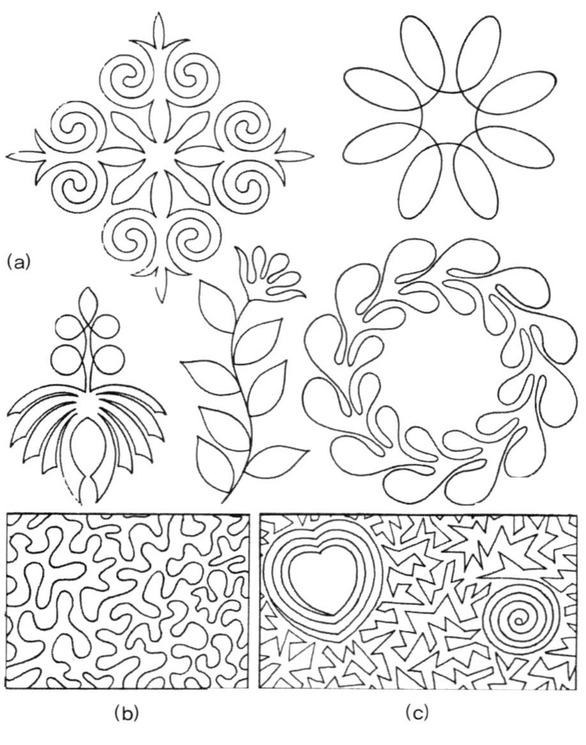

그림 10-21 자유롭게 작업한 퀼팅 디자인. (a) 연속적으로 스티치한 문양. 불규칙적으로 디자인한 줄기와 잎사귀가 있는 꽃문양은 가장 작업하기 어렵다. (b) 즉흥적으로 구불구불하게 스티치하여 배경을 채운다. (c) 즉흥적으로 나타나는 구불구불한 스티치의 배경에 에코 퀼팅으로 하트와 소용돌이 모양을 만든다.

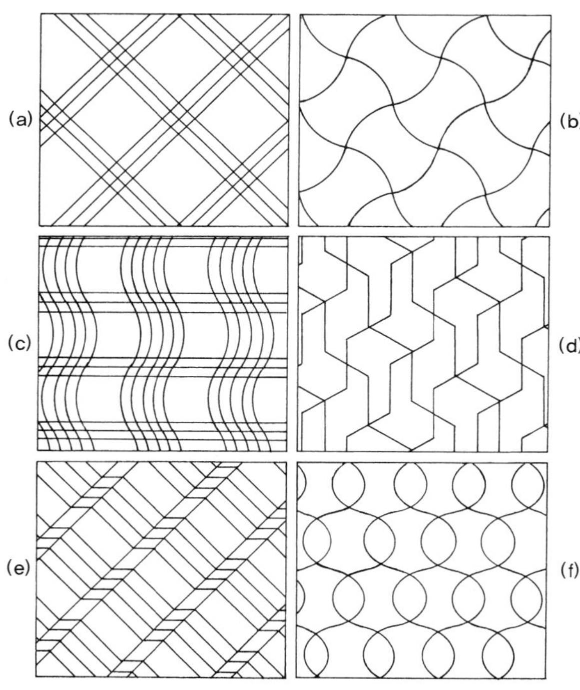

그림 10-19 배경 또는 원단 전체를 재봉틀에 설정된 모양에 맞춰 퀼팅하는 디자인. (a, b, c) 직선과 살짝 곡진 선이 작업하기 가장 쉽다. (d, e, f) 각지고 심하게 곡진 선은 계속 멈추면서 방향을 바꿔주어야 한다.

4부 **입체감을 표현하는 방법**

❸ 겉감보다 조금 더 크게 퀼팅용 솜과 안감을 자른다. 겉감이 크면(예를 들어, 어른 침대 커버 사이즈), 퀼팅용 솜과 안감을 사방 4인치(10cm) 정도 크게 자른다. 겉감이 작으면, 그에 맞춰 증가분을 조절한다.

❹ 겉감, 퀼팅용 솜, 안감을 같이 시침한다.

ⓐ 원단을 모두 펼 수 있을 만큼 큰 탁자나 깨끗한 바닥에 안감의 겉면을 아래로 하여 평평하게 펼친다. 원단의 가로 결과 세로 결을 맞추면서 사각형이 되도록 팽팽하게 잡아당기고 넓은 마스킹 테이프로 가장자리를 붙여 늘어나지 않게 고정하거나 집게로 탁자의 가장자리에 고정한다. 또 다른 방법은 안감만큼 큰 틀을 사용하는 것이다. 틀로 이용할 막대 네 개를 사각형으로 만들어 안감의 가장자리를 부착하고 틀 사이를 팽팽하게 당긴 후 모서리에서 C죔쇠로 고정한다(**그림 10-22**).

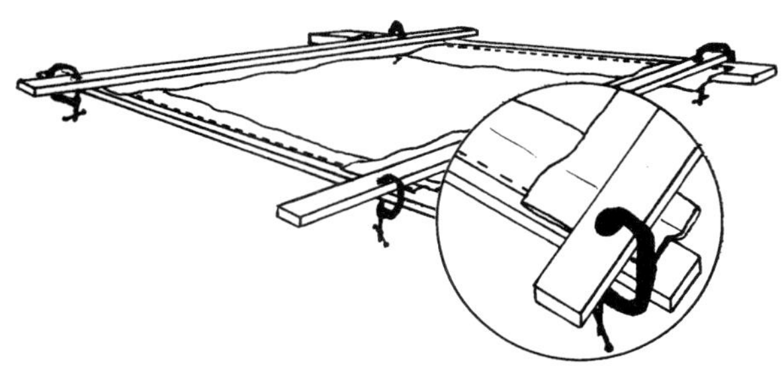

그림 10-22 원단의 가장자리를 긴 막대에 스테이플러로 고정한, 시침을 위한 틀. 각 모서리에서 C죔쇠로 같이 고정한다.

ⓑ 안감 위에 퀼팅용 솜을 놓고 평평하게 편다. 퀼팅용 솜 위에 겉감을 놓는다. 최대 6인치(15cm) 간격으로 긴 직선 바늘이나 곡이 진 바늘로 시침한다(**그림 10-9 참조**). 또는 4인치(10cm) 간격으로 옷핀을 꽂아 고정한다(**그림 10-10**). 크기가 작은 경우, 긴 퀼팅 핀들을 이용해 시침할 수도 있다. 퀼팅선이 있는 곳은 시침질을 피한다. 탁자가 작으면, 부분 부분 나누어 시침한다. 4단계 ⓐ에서 설명한 방법으로 늘이고 고정하기를 반복한다.

❺ 겉감에 재봉틀로 퀼팅할 디자인을 도안한다. 디자인에 적합한 재봉틀 스티치 방법을 정한다. 재봉틀에 설정된 모양에 맞춰 자동으로 작업하거나 손으로 조절하여 작업한다.

ⓐ 직선·넓은 곡선·작은 각으로 이루어진 전체, 배경, 테두리 디자인은 **노루발을 이용한 재봉틀 퀼팅**으로 작업하는 것이 가장 적합하다.

(1) 퀼팅선이 보이도록 적절한 노루발을 선택한다. 간격이 필요하면, 간격을 잰다. 특히 퀼팅선이 길면 모든 층을 균일하게 스티치한다(**그림 10-23**).

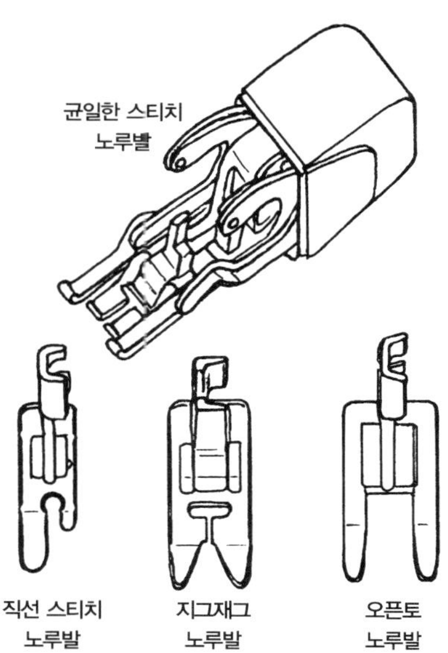

그림 10-23 재봉틀 퀼팅을 위한 노루발의 종류.

(2) 패드 처리한 원단을 봉제할 때 퀼팅용 솜 위치에서 윗실과 밑실이 서로 맞물리도록 하기 위해 윗실과 밑실의 장력을 맞춘다. 직선 스티치의 경우, 땀의 길이는 1인치당 8~12땀으로 한다.

(3) 디자인에 따라 가장 쉬운 방법을 찾아 작업을 시작한다. 예를 들면 시침한 세 겹을 고정하기 위해, 먼저 패턴의 중심을 퀼트하여 두 부분으로 나눈다. 그리고 패턴의 기준이 되는 선을 퀼트한다. 마지막으로 중심에서 시작하여 바깥쪽으로 움직이면서 기준선과 같은 모양으로 평행하게 나머지 선들도 퀼트한다(**그림 10-24**). 원단 전체에 패턴을 따라 봉제한다(**그림 10-25**).

(4) 균일하게 스티치되는 특수 노루발을 사용하지 않을 경우(**그림 10-26**), 핀을 이용해 솔기선 옆으로 원단을 집어넣으면서 작업하여 골고루 이새 처리한다. 바늘의 앞뒤에서 당겨지거나 늘어지지 않도록 주의하면서 천천히 봉제한다.

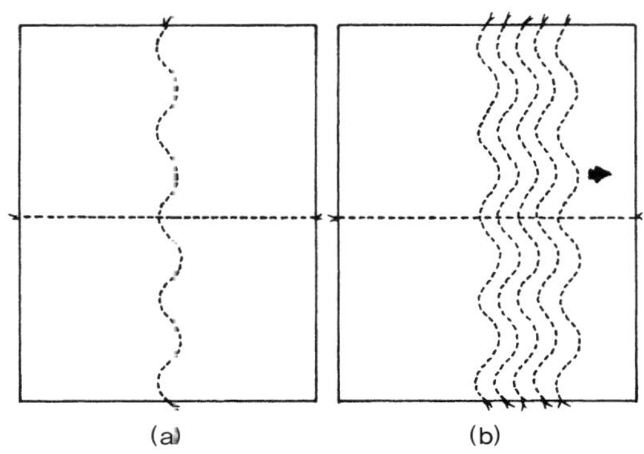

그림 10-24 원단 전체에 퀼트하기. (a) 중심을 가로지르는 선들을 스티치한다. (b) 중심에서 양방향으로 나머지 선을 스티치한다.

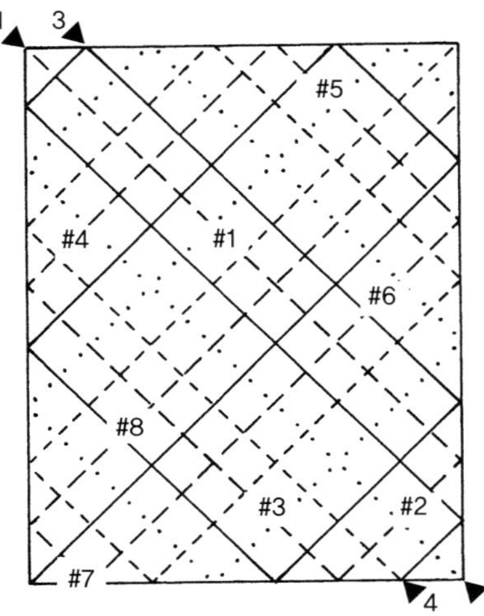

그림 **10-25** 재봉틀 퀼팅 연구가 어니스트 B. 해이트(Ernest B. Haight)는 노루발 왼쪽에 겉감/퀼팅용 솜/안감 등이 부풀어 오르는 것을 유지하면서 연속적으로 스티치하는 시스템을 개발했다. 사선으로 격자 모양을 그린다. 1번 화살표에서 퀼팅을 시작해 #번호를 따라 작업한다. 2번 화살표, 3번 화살표, 4번 화살표에서도 같은 방법으로 계속 작업한다.

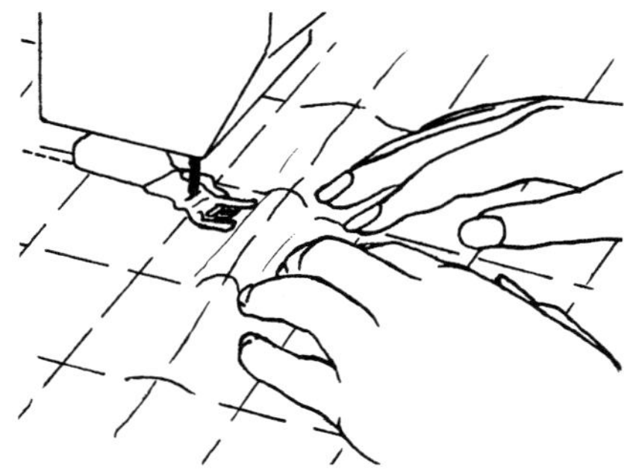

그림 **10-26** 노루발 앞쪽으로 겉감/퀼팅용 솜/안감을 밀어넣으면서 작업한다.

ⓑ 분산되어 있는 복잡한 디자인을 작업하기 위해 끊임없이 방향을 바꾸어야 하는 경우, **자유롭게 퀼팅**한다.

(1) 원단을 노루발 앞쪽으로 밀어넣어주거나 테이프를 붙여 눌러주어 원단이 밀려 솟아오르는 것을 막아준다. 땀수를 0으로 하여 직선 스티치를 선택하고, 자수용 감침질 노루발이나 감침질 스프링 또는 스프링 바늘을 재봉틀에 장착한다(**그림 10-27**).

(2) 퀼팅 작업할 문양이나 위치에 맞춰 재봉틀의 상판에 겉감/퀼팅용 솜/안감을 놓는다. 노루발을 내린다. 밑실을 위로 끌어 올려놓고 작업을 시작한다. 원단을 천천히 움직이면서 작업하여 촘촘하게 스티치한다.

(3) 바늘 주변 3~4인치(7.5~10cm) 넓이에서 손으로 원단을 팽팽하게 지탱해주어 작업할 공간을 만든다(**그림 10-28**). 디자인선을 따라 바늘 아래로 원단을 움직이면서 작업하는 동안 속도를 조절하여 일정하게 유지한다. 스티치의 길이를 같게 하여 자연

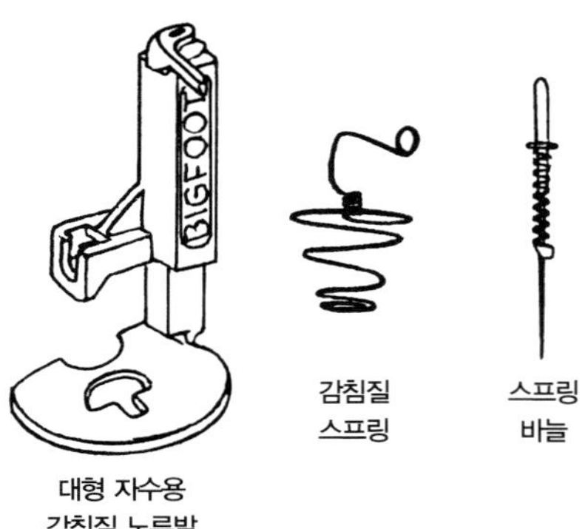

그림 **10-27** 자유롭게 퀼팅하기 위해, 재봉틀에 장착한 노루발은 스티치를 하는 동안 원단을 아래로 눌러준다.

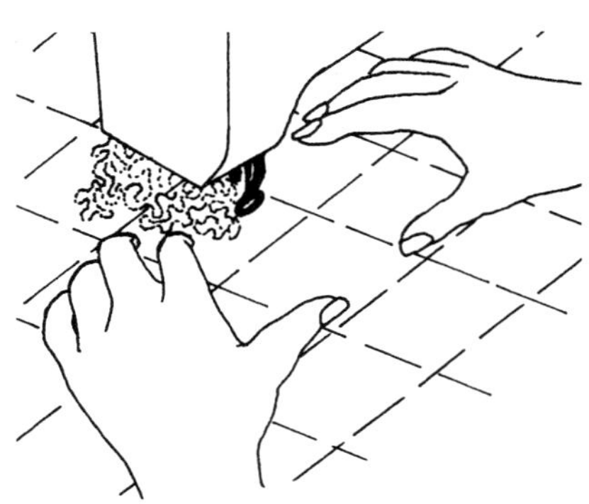

그림 **10-28** 자유롭게 퀼팅하기 위해 스티치할 위치에 겉감/퀼팅용 솜/안감을 놓고 손으로 조절하여 작업한다. 손가락에 고무 재질의 골무를 끼면 좀더 쉽게 작업할 수 있다.

스러운 선으로 퀼트한다. 바늘을 보지 않고 바늘 앞의 선에 집중한다. 디자인에서 벗어나지 않도록 앞, 뒤, 옆, 사선으로 움직인다. 방향 조절이 쉽도록 원단의 주변을 평평하게 유지한다.

(4) 손으로 팽팽하게 지탱하던 공간을 지나쳐 퀼팅이 되거나 원단이 바늘의 위아래로 달려 올라가면, 동작을 멈추고 위치를 다시 잡아 작업을 계속한다.

(5) 작업을 완성하려면, 서서히 속도를 줄이고 아주 작은 스티치로 마무리한다. 실을 자르지 않고 다음 작업할 위치로 이동한다. 퀼트를 작업하기 전에 실을 고정하고 시작한다. 작업이 끝난 후 모든 실을 잘라 정리한다.

ⓒ 재봉틀에 특수 노루발을 사용한 자동 퀼팅이나 자유로운 퀼팅 작업이 원단의 안쪽에서 시작하고 끝날 때.

(1) 윗실의 끝을 잡고 재봉틀 바퀴를 손으로 돌려 바늘을 원단에 꽂는다. 바퀴를 돌려 바늘을 가장 높은 위치로 올리고 핀으로 밑실의 고리를 잡아 끌어올린다. 바늘 뒤로 윗실과 밑실 두 가닥을 보내어 손으로 잡고 노루발을 내린다. 땀수를 0에 놓고 같은 위치를 몇 번 스티치하여 실을 고정한다. 점차 원하는 크기로 스티치 길이를 늘린다.

(2) 원단 내에서 퀼팅선을 끝내기 위해 스티치 길이를
점차 줄이고 마지막에 땀수를 0에 놓고 여러 번 스
티치한다. 원단 표면에 남은 모든 실을 잘라 정리
한다.

❻ 부피가 큰 원단을 작업할 경우, 재봉틀 노루발의 오른쪽
공간이 좁으므로 그 점을 감안하며 작업한다.

ⓐ 원단의 무게 때문에 연속적인 작업이 힘들어지고 스
티치가 뒤틀리지 않도록 재봉틀의 왼쪽과 뒤쪽에 작
업 공간을 충분히 확보한다. 재봉틀의 상판과 높이가
맞으면 더욱 좋다.

ⓑ 퀼팅을 시작하기 위해 원단을 아코디언 주름으로 잡
아 무릎에 올려놓고 재봉틀 작업을 시작한다. 스티치
가 당겨지지 않도록 노루발 앞쪽으로 원단을 밀어주
면서 작업한다. 안쪽에 있는 선을 퀼팅하려면 노루발
의 오른쪽에 있는 원단은 빽빽하게 말아 자전거 클립
(bicycle clips, 자전거를 타는 사람의 바지를 묶는 밴드—옮
긴이)이나 옷핀으로 묶어 고정하고 작업한다. 왼쪽의
원단은 접어둔다(**그림 10-29**). 작업에 방해가 되지 않
도록 오른쪽으로 밀려나는 원단을 계속 다시 묶어주
면서 작업한다.

ⓒ 큰 작품은 재봉틀에서 작업하기에 복잡하지 않도록
몇 개의 작은 부분으로 나누어 작업한다. 전체적으로
일관성 있는 퀼팅 디자인을 개발한다.

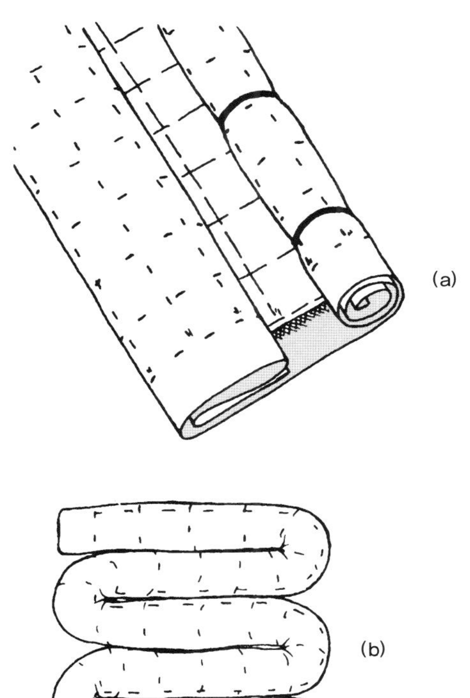

그림 10-29 (a) 안쪽의 선을 퀼팅하기 위해 원단의 왼쪽은 접어두고 오
른쪽은 말아서 자전거 클립으로 고정해둔다. (b) 아코디언 주름으로 접힌
원단을 무릎에 놓는다.

• **분할 퀼팅**은 퀼팅용 솜만 두세 조각으로 나누어 작업
하거나 모든 겉감/퀼팅용 솜/안감을 두 조각으로 나
누어 작업한다. 나누어놓은 첫 번째 부분의 겉감/퀼
팅용 솜/안감을 시침하고 퀼트한다.

퀼팅용 솜만 나눈 경우. (1) 원단을 제치고 안감 위에
퀼팅용 솜의 다음 부분을 펼쳐놓는다. (2) 퀼팅용 솜
끼리 만나는 가장자리를 크고 느슨한 스티치로 시침
한다. (3) 저쳐두었던 원단을 퀼팅용 솜 위에 다시 펼
치고 모든 겹을 같이 시침한다. (4) 나머지 부분을 퀼
트한다.

모든 원단을 나눈 경우. (1) 나머지 부분의 퀼팅용 솜
과 안감을 시침한다. (2) 이미 퀼트한 첫 번째 부분의
퀼팅용 솜/안감과 (1)에서 시침해놓은 퀼팅용 솜과
안감을 서로 연결한다. 두꺼워지지 않도록 퀼팅용 솜
의 시접을 잘라낸다. (3) 퀼팅용 솜/안감 위에 원단을
시침한다. (4) 나머지 부분을 퀼트한다(**그림 10-30**).

• 1/2, 1/4, 1/8, 필요하다면 더 많이 나누어서 조각 퀼
팅을 할 수 있다. 각 조각의 겉감/퀼팅용 솜/안감을
자른다(겉감과 안감은 시접을 더해준다). 세 겹을 같이
시침하고 원하는 방법으로 퀼트한다. 231쪽, '조각
잇기'에서 설명한 방법 중 하나를 선택해 조각들을

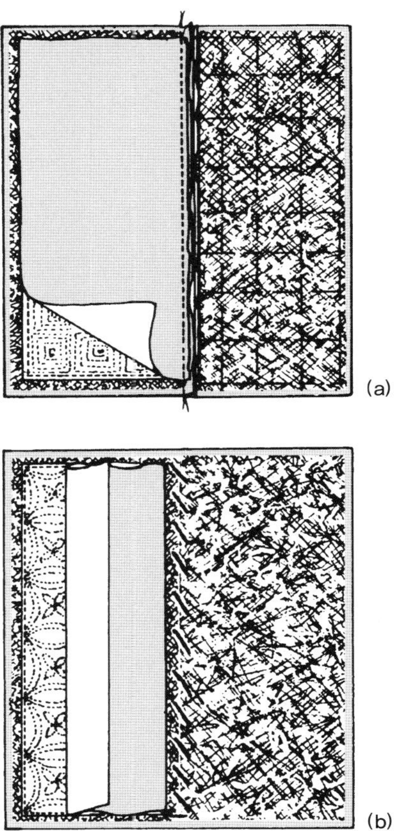

그림 10-30 분할 퀼팅. (a) 겉감/퀼팅용 솜/안감을 두 부분으로 나누고
첫 번째 부분을 퀼팅한 후에 같이 연결한다. (b) 퀼팅용 솜을 1/2(또는 1/3)
로 자르고, 첫 번째 부분을 퀼팅한 후에 원단과 안감 사이에 끼워 넣는다.

연결한다.

❼ 퀼팅을 완성한 후 눈에 띄는 실의 끄나풀을 잘라 정리한
다. 가장자리의 시접 안쪽에 있는 실을 제외하고 모든 시
침실을 제거한다. 겉감의 가장자리 바깥으로 튀어나온 퀼
팅용 솜과 안감을 잘라 깨끗하게 정리한다. 퀼팅한 원단
의 가장자리를 재봉틀로 이중 바인딩 처리하거나(**230쪽,
'이중 바인딩 가장자리 처리' 참조**) 퀼팅하지 않은 다른 원단과
연결한다.

재봉틀 퀼팅을 위해서는 반드시 여러 번의 '시험'과 '연습'
이 필요하다. 준비한 정사각형의 겉감/퀼팅용 솜/안감에 바
늘의 크기, 실의 장력, 겉면과 뒷면에 나타나는 스티치의 길
이와 모양, 실의 강도 등을 달리하여 그에 따른 결과를 시험
해본다. 또 여러 가지 노루발을 사용해 시험해본다. 자유로운
퀼팅 작업을 위해서는 충분한 연습 시간이 필요하다. 재봉틀
에 특수 노루발을 사용해 퀼팅하는 것은 일반적인 재봉틀로
봉제하는 것과 비슷하기 때문에 연습 시간이 덜 필요하다.

디자인과 시침한 겉감/퀼팅용 솜/안감의 크기에 따라 재봉
틀에 특수 노루발을 사용해 자동으로 퀼팅하는 방법과 자유
로운 퀼팅 방법 중에서 선택한다. 심한 곡선이나 각을 이루
는 디자인이거나 바늘이 위아래로 움직일 때 쉽게 회전할
수 있을 만큼 작품이 작은 경우, 재봉틀에 특수 노루발을 사
용해 퀼팅하는 것이 적합하다. 노루발을 계속 위아래로 올
렸다 내렸다 하면서 원단의 위치를 조절하여, 모양이 있는
문양을 12인치(30.5cm) 크기의 정사각형에 스티치할 수 있
다. 가장자리에서 가장자리까지 연결하는 긴 선은 특수 노
루발을 사용해 재봉틀로 퀼팅할 수 있다. 그러나 숙련된 작
업자는 짧은 간격의 문양 사이에 배경을 자유롭게 퀼팅하여
직선으로 작업할 수 있다. 하나의 스티치선에서 균일한 간
격으로 퀼트하는 것을 충분히 연습해서 아주 정확한 이중
스티치처럼 보이게 작업할 수 있도록 한다.

퀼트하지 않은 넓은 원단에 부분적으로 퀼트 디자인이 있는
경우 작업할 부분 아래에 안감과 얇은 퀼팅용 솜을 시침한
다. 시침한 후에 퀼팅하는 스티치 때문에 원단이 줄어드는
것을 방지하기 위해 수틀을 사용한다(**그림 10-31**). 겉면에 주
름이 생기지 않도록 뒷면에 남아 있는 퀼팅용 솜의 가장자
리를 얇게 펴거나 잘라낸다.

원단의 안쪽에서 스티치선의 시작과 끝을 동시에 고정하는
두 가지 방법이 있다. (1) 시작과 끝에서 8분의 1인치(3mm)
정도의 아주 작은 스티치로 되박음질한다. (2) 겉감이나 안
감 쪽에서, 윗실과 밑실의 끝을 두 번 묶는다. 묶은 실을 손
바느질용 바늘에 꿰고 솔기의 마지막 바늘구멍 안으로 밀어

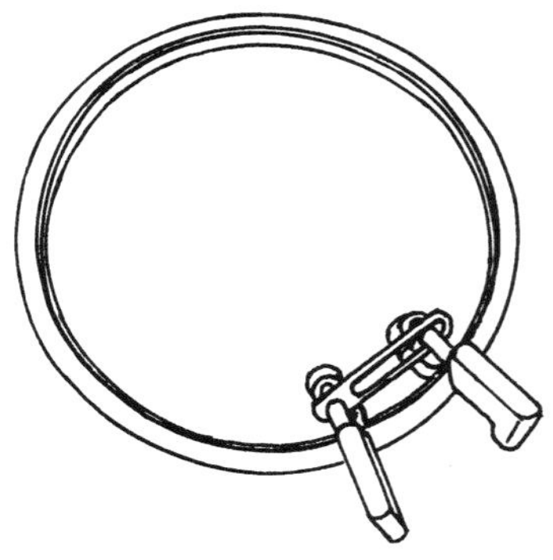

그림 **10-31** 수틀은 지름 10인치(25cm) 이하이고, 노루발 아래로 넣어
작업하기에 충분히 얇아야 한다. 바깥 수틀에 원단을 놓고 안쪽 수틀을 끼
워 원단을 평평하게 만든다.

넣어 퀼팅용 솜을 통과한 후, 바늘 길이의 1/2 떨어진 위치
에서 바늘을 빼낸다. 원단 아래로 매듭을 잡아당기고 실을
자른다. 늘어진 실의 끝을 깨끗하게 처리하는 이 방법을 습
관이 되도록 한다.

재봉틀 퀼팅에서는 마무리의 흔적이 남거나, 스티치 때문에
주름이 생기거나, 스티치선 사이에 원단이 뒤틀리므로 시작
과 끝 부분을 지나치게 되박음질하지 않도록 한다. 스티치
길이가 일정하게 나타나는 것은 재봉틀 퀼팅의 장점이다.
퀼팅 작업 과정에서 노루발의 압력에 의해 눌린 퀼팅용 솜
은 세탁 후에 다시 부풀어 오른다. 촘촘한 재봉틀 퀼팅은 원
단을 뻣뻣하게 만든다. 재봉틀 퀼팅은 핸드 퀼팅과 달리 스
티치가 잘 풀리지 않기 때문에, 작은 조각으로 나누어 연결
해 큰 작품을 만드는 데 용이하다.

자유롭게 퀼팅 작업을 하려면 바늘의 속도에 따라 눈으로
보면서 원단을 손으로 조절하는 능력을 길러야 한다. 또 중
간에서 실이 끊어지지 않으면서 스티치를 다시 시작하고 멈
출 수 있어야 한다. 이런 연습을 통해 자동 퀼팅으로 나타낼
수 없는 결과를 얻을 수 있다.

노루발을 내리는 것을 잊어버리고 작업하면 실이 엉키게 된
다. 자유로운 퀼팅에서 가장 어려운 점은 대칭적이고 반복
적인 문양과 끊어지지 않은 긴 선을 비뚤어지지 않게 작업
하는 것이다. 자수틀에 끼워서 문양을 작업하면 쉽게 조절
할 수 있다(**그림 10-31**). 크기가 크고 무거운 원단을 스티치하
는 경우, 일관성 있게 스티치를 하기 위해 순발력 있게 대처
할 수 있는 요령이 필요하다.

재봉틀로 스티치한 직선은 손으로 홈질하여 퀼팅한 질감과
다른 느낌을 준다. 요즘 재봉틀에 설정된 문양으로 퀼팅한
선은 특별한 효과의 패턴과 원단의 질감을 나타낸다. **아트 퀼
팅**은 모든 종류의 퀼트 스티치와 봉제 기계의 이점을 활용하
여 시각적으로 표현한 것이다. 차별화한 아트 퀼팅 스타일
을 개발하는 방법으로 다음과 같은 것들이 있다. 원단에 지

그재그 퀼팅을 여러 가지 너비로 연습하여 새틴 스티치 효과를 시험해본다. 이중 바늘로 퀼트한다. 장식 스티치를 활용한다. 직선, 지그재그, 장식 스티치를 조합하여 작업한다. 불규칙하게 구불구불하거나 배경을 채우는 패턴을 즉흥적으로 작업한다. 재봉틀에 특수 노루발을 끼워 퀼팅할 때 리버스 스티치(reverse stitch)를 사용해 간단하게 배경을 채운다. 자유롭게 퀼팅 작업을 하면서 실의 장력을 조절해 독특한 실의 효과를 나타낸다. 기존의 법칙에서 벗어나 새로운 시도를 해본다.

봉투 모양 가장자리로 처리한 조각들을 연결해 작업을 마무리하면 최종적으로 시간을 절약할 수 있다(**그림 10-16 참조**). 이 조각들을 연결하는 방법은 시침한 안감/퀼팅용 솜과 겉감을 연결하는 봉제선에 끈이나 태브(tab)를 끼워 박는 것이다(**그림 10-32**). 아래 설명하는 오픈워크(openwork)나 태브 처리를 위한 작은 조각은 크기가 너무 작아 봉투 모양 가장자리 방법으로 작업해야 한다.

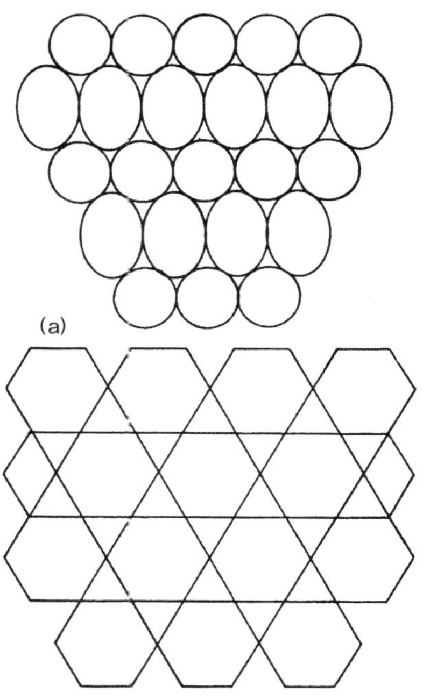

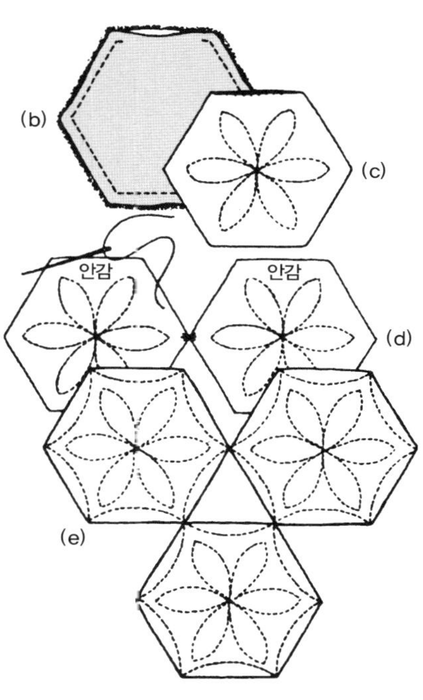

그림 10-33 (a) 오픈워크 디자인. (b) 봉제한다. (c) 퀼팅한다. (d) 작은 조각 두 개를 같이 시침한다. (e) 모든 조각을 튼튼하게 연결하여 완성한다.

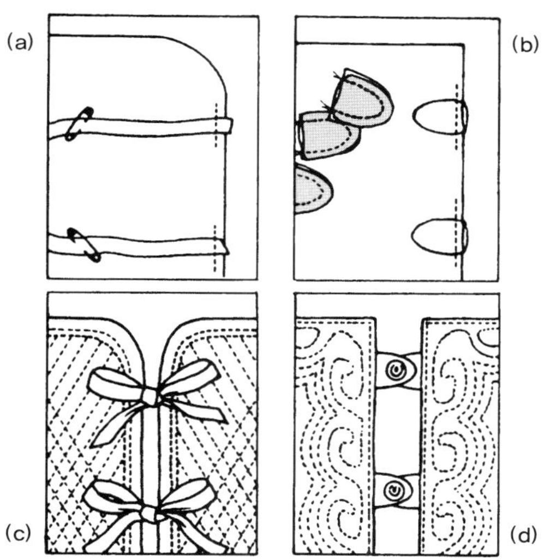

그림 10-32 (a) 리본으로 묶는다. (b) 연결할 태브를 원단의 겉면에 시침하고 안감/퀼팅용 솜과 겉감을 봉제한다. 봉투 모양 가장자리로 처리한 작은 조각들의 겉면이 밖으로 나오도록 뒤집는다. (c) 묶는다. (d) 똑딱단추로 잠근다.

작은 조각 오픈워크는 작게 퀼팅한 조각들을 디자인한 부분에 배치하여 손바느질로 연결하는 것이다. 같은 패턴으로 겉감, 안감, 퀼팅용 솜을 재단한다. 세 겹을 같이 봉제하고 겉면이 밖으로 나오도록 뒤집은 뒤 손바느질로 입구를 마무리한다. 재봉틀로 퀼트한다. 서로 맞닿은 조각들의 안감/퀼팅용 솜을 뒷면에서 시침 고정하여 같이 연결한다(**그림 10-33**). 오픈워크 방법으로 테두리를 만들거나 중간에 끼워 넣어 작업하거나 전체적인 디자인으로 활용한다.

태브는 작게 퀼트한 조각으로, 바탕천에 여러 줄로 겹쳐서 늘어뜨린 형태로 나타난다. 같은 패턴으로 겉감, 퀼팅용 솜,

안감을 재단한다. 위 가장자리를 창구멍으로 남기고 세 겹을 같이 봉제한다. 위 가장자리 퀼팅용 솜의 시접을 잘라내고 겉면이 밖으로 나오도록 뒤집는다. 재봉틀로 퀼트한다. 패드 처리하거나 두껍게 처리한 바탕천에 태브의 윗부분을 봉제하여 창구멍을 막는다(**그림 10-34**). 테두리나 작은 모양으로 이루어진 작품을 만들 때 태브를 사용한다.

납작하게 누른 퀼팅으로 작업한, 톱니 모양의 솔기선과 접힌 선은 스티치선을 대신한다. 좁은 너비로 원단을 잘라 퀼팅용 솜/안감과 같이 봉제한다. 납작하게 누른 퀼팅은 짜맞추기를 통해 디자인을 표현한다. (1) 좁은 너비의 원단으로 디

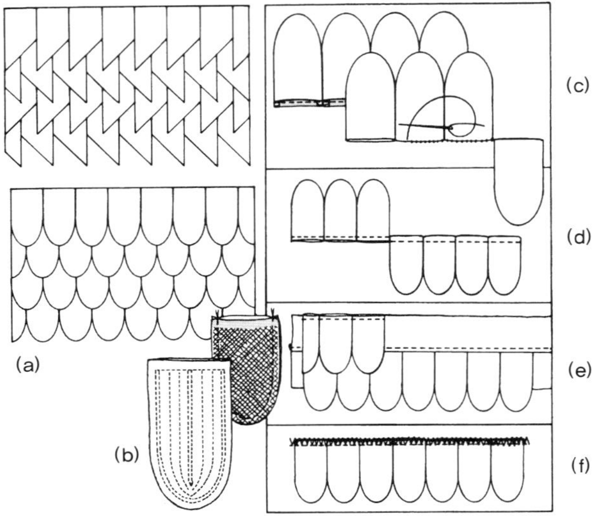

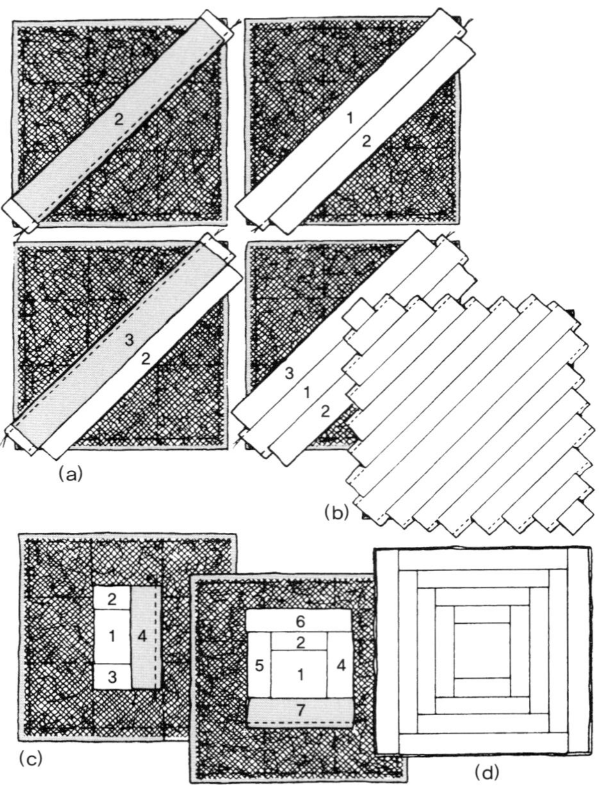

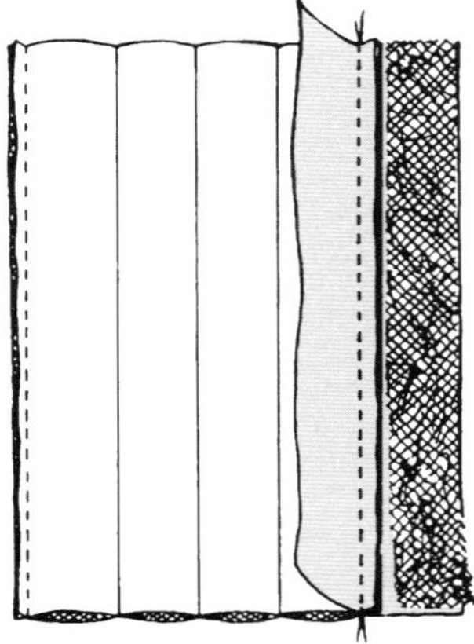

그림 10-34 (a) 태브를 활용한 디자인. (b) 태브를 봉제하고 퀼팅한 후 바탕천에 부착한다. (c), (d), (e), (f) 방법 중 하나를 선택해 태브의 윗부분 시접을 처리한다. (c) 시접을 안쪽으로 넣고 손바느질한다. (d) 뒤집어서 박은 후 제자리에 맞추어 상침한다. (e) 솔기에 끼워 박는다. (f) 지그재그 스티치로 고정한다.

그림 10-35 납작하게 누른 퀼팅은 바탕천인 퀼팅용 솜/안감 위에서 봉제한다. (a) 사선으로 배치된 원단 조각. (b) 크기에 맞춰 잘라내기 전에 완성된 모양. (c) 중심 사각형 주변에 '통나무' 모양으로 배치된 원단. (d) '통나무집' 모양으로 완성된 조각.

자인을 도안한다. (2) 완성 치수보다 조금 크게 각 조각의 안감과 퀼팅용 솜을 잘라 시침한다. (3) 원단의 넓이에 필요한 시접을 더하여 자른다. (4) 퀼팅용 솜 위에 크기에 맞게 자른 첫 번째 원단의 겉면을 위로 향하게 놓고, 중심이나 왼쪽 가장자리에서 작업을 시작한다. 첫 번째 조각 위에 크기에 맞게 자른 두 번째 조각의 겉면을 아래로 향하게 하여 얹어놓는다. 솔기선 가장자리를 맞추고 한꺼번에 스티치한다. (5) 두 번째 조각을 펼치고 솔기를 살짝 누른다. (6) 퀼팅용 솜/안감이 완전히 덮일 때까지 원단 조각을 연결하고 솔기를 눌러 다림질한다(**그림 10-35**). (7) 원하는 크기로 조각을 자른다. 231쪽 '조각 잇기'에서 설명한 방법 중 하나를 사용해 모든 조각을 연결한다. 가장자리를 이중 바인딩으로 완성한다(**230쪽, '이중 바인딩 가장자리 처리' 참조**).

양면 사용 가능한 납작하게 누른 퀼팅은 좁은 원단으로 이루어진다. 치수에 맞게 시접을 포함하여 좁은 너비로 겉감, 퀼팅용 솜, 안감을 모두 재단한다. 퀼팅용 솜의 시접은 첫 번째 조각에서만 양쪽 시접이 필요하고 나머지 조각에서는 한쪽 시접만 필요하다. (1) 첫 번째 조각 세 겹의 가장자리를 시침한다. (2) 1번 겉감에 2번 겉감, 1번 안감에 2번 안감의 겉면을 서로 마주대고 겹쳐놓는다. 네 겹의 가장자리와 퀼팅용 솜을 한꺼번에 봉제한다. (3) 두 번째 조각을 옆으로 펼치고 솔기선을 누른다. 퀼팅용 솜을 가장자리까지 밀어 끼워 넣는다. (4) 2번 겉감에 3번 겉감, 2번 안감에 3번 안감의 겉면을 서로 마주대고 겹쳐놓는다. 네 겹의 가장자리와 퀼팅용 솜을 한꺼번에 봉제한다. (5) 펼치고, 누르고, 디자인이 완성될 때까지 같은 방법으로 반복한다(**그림 10-36**).

그림 10-36 양면 사용 가능한 납작하게 누른 퀼팅의 경우, 안감·겉감·퀼팅용 솜을 양쪽 면에 스티치선이 보이지 않게 연결한다.

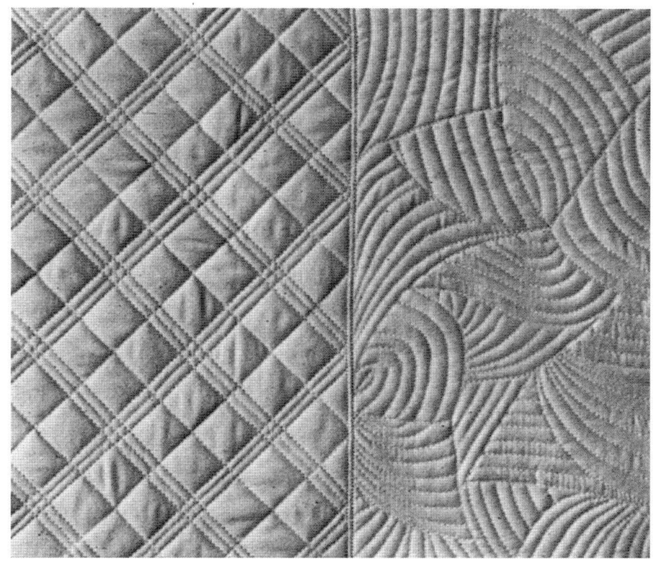

X-5 직선 스티치선과 재봉틀에
특수 노루발을 이용해 퀼팅한 선이
전체적으로 나타난 두 개의 패턴.

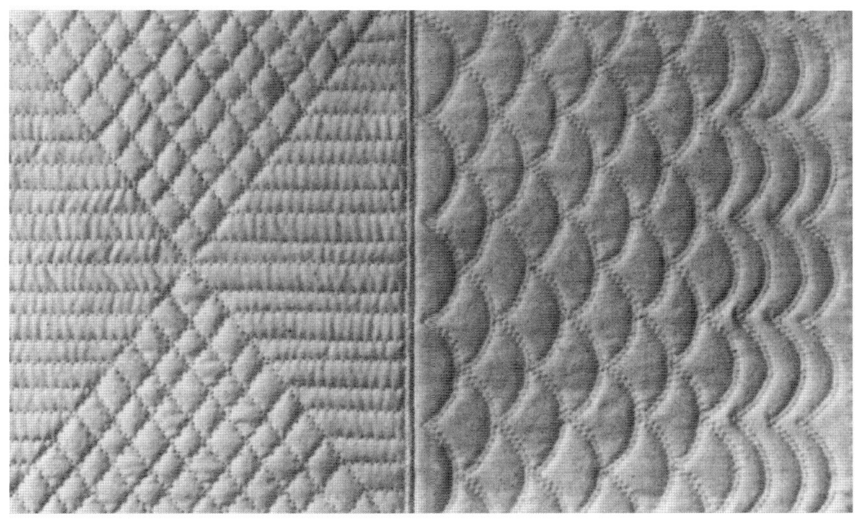

X-6 지그재그 스티치선과 재봉틀에
특수 노루발을 이용해 퀼팅한 선이
전체적으로 나타난 두 개의 패턴.

X-7 하트 모양의 외곽선,
손바느질로 박음질하여 채운 배경,
섬세하고 장식적인 모양으로
재봉틀에 특수 노루발을 이용해
작업한 퀼팅.

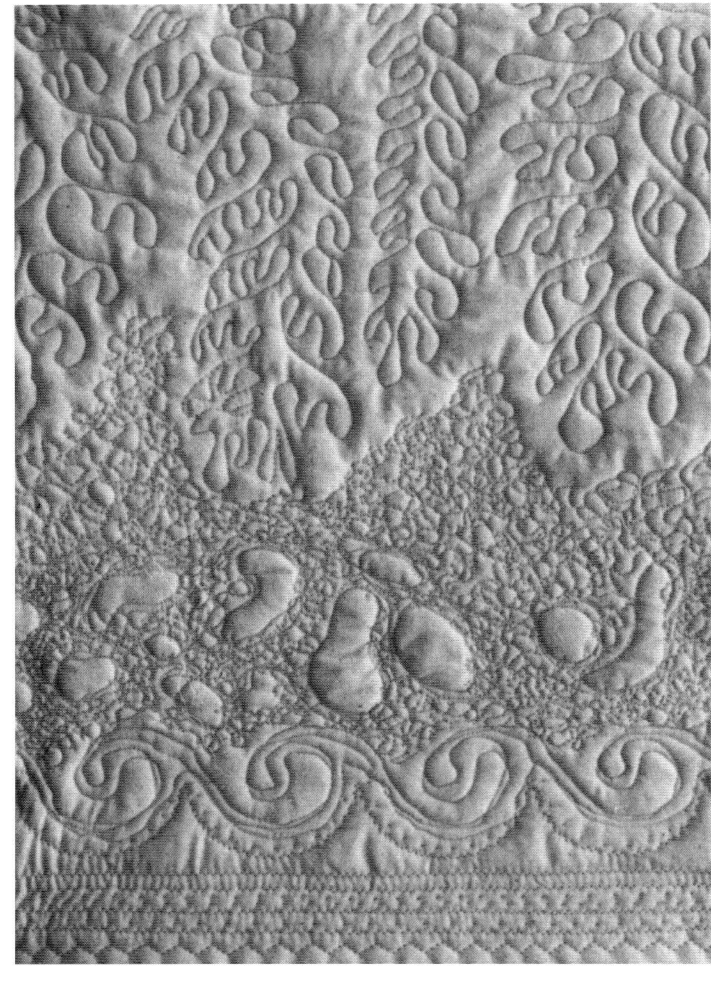

X-8 재봉틀에 특수 노루발을 이용해 작업한 스티치를 조합하고
테두리를 자유롭게 스티치하여 완성한 디자인.

X-9 즉흥적으로 자유롭게 퀼팅하여 나타난
독특한 모양의 디자인.

X-10 퀼트 처리한 밴드 사이에
작은 조각 오픈워크를 끼워 넣어
연결한 모양. 바깥쪽의 가장자리는
코드 처리한 파이핑으로 완성했다.

4부 입체감을 표현하는 방법

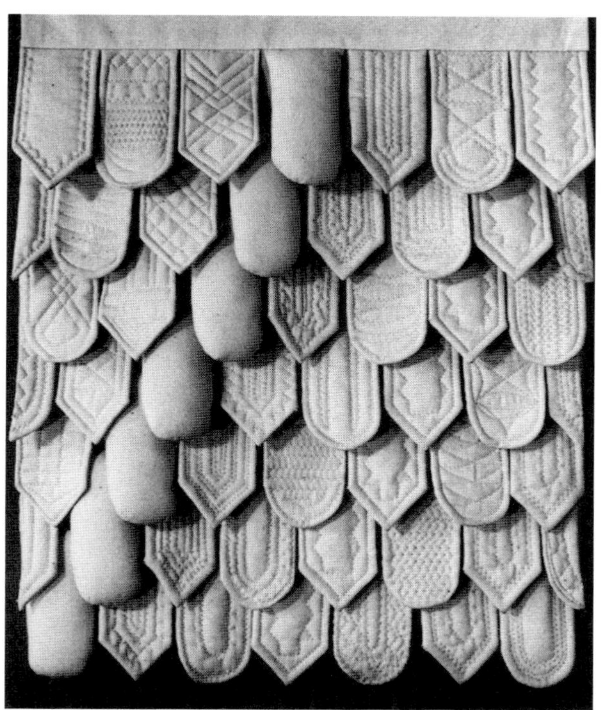

X-11 내려오는 줄 모양으로 스터프 처리한 태브와
퀼팅한 태브를 겹쳐 배치하여 대조적인 모양을 나타낸다.

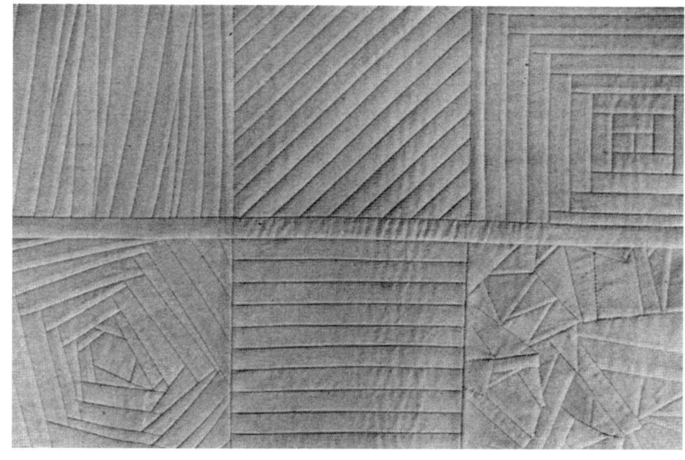

X-12 납작하게 누른 퀼팅 조각 여섯 개. 오른쪽 아래 모서리에 있는 조각은
불규칙하고 복잡한 형태의 천 조각을 손바느질로 연결한 것이다.

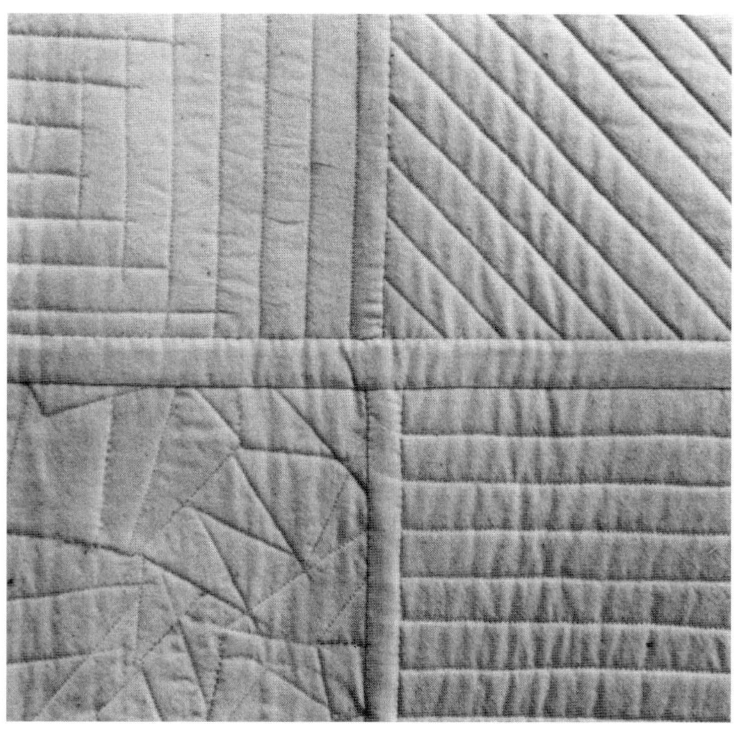

X-13 연결 방법을 보여주는
납작하게 누른 퀼팅 샘플의 뒷면.
겉면에서 연결한 시접이
뒷면에서 보이지 않도록
테이프로 감춘 연결 방법.

11
스터핑

stuffing

스터핑은 두 겹의 원단 사이나 솔기로 막힌 부분에 솜을 채워 넣어 원단이 부풀어 오른 상태를 유지하게 하는 것이다. 안쪽에 채워진 소재에 따라 독특한 촉감을 가지며, 퀼팅용 패드를 특별한 모양으로 잘라서 채워 넣어 스티치한 형태를 꺼지거나 높게 솟아오르도록 지지해준다. 스터핑으로 높이를 더해주면 유연성이 줄어드는데, 높이가 증가할수록 유연성은 더 작아진다. 스터핑한 것을 바탕천에 박은 솔기 부분이 그나마 가장 유연한 부분이다. 스터핑을 하면 원단에 무게와 부피가 더해진다.

Stuffing Contents

스터핑에 관한 일반적 고찰
Stuffing Basics

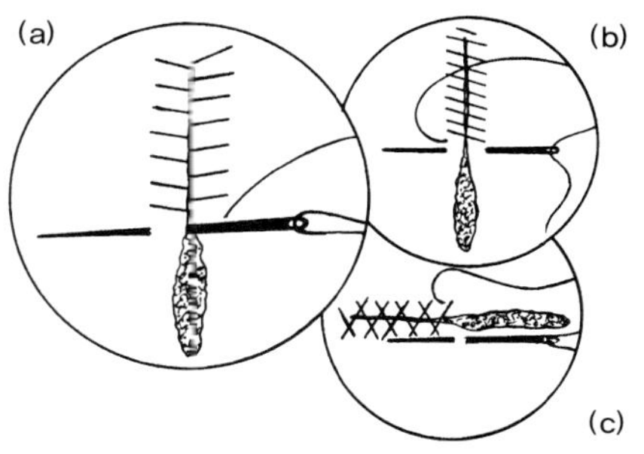

그림 11-1 솜을 채우고 난 후 창구멍을 막는 방법. (a) 원단의 끝부분을 마주대고 오버, 언더 스티치로 연결한다. (b) 휘갑치기한다. (c) 헤링본 스티치를 한다.

스터핑

스터핑은 성기고 부드러우며 푹신푹신한 성질을 가진 천연섬유나 합성섬유로 원단의 내부를 채우는 데 사용하는 솜을 말하며, 또 원단의 내부를 솜으로 채워 넣는 작업을 뜻하기도 한다.

합성섬유가 개발되기 전에는 목화솜과 케이폭(쿠션·인형 등의 속을 채우는 데 쓰이는 부드러운 물질. 열대우림지역에 서식하는 나무의 씨앗에서 추출한 섬유) 등을 넣어 옷을 누비기도 했다. 폴리에스테르 솜은 깨끗하고 탄력이 있으며, 자극이 없고 다루기 쉬우며 서로 뭉치지 않고 세탁이 용이하다는 장점 때문에 오늘날 가장 많이 쓰인다. 또 여러 회사에서 제작되어 다양한 품질로 보편화해 있다. 품질 좋은 솜은 푹신하고 원단의 재질감이 유지되며 섬유가 서로 분리되거나 엉키지 않아야 한다.

이 장에서 설명할 스터핑 작업은 솔기선에 남겨진 창구멍이나, 안감 또는 바탕천을 베어 만든 작은 틈을 통해 솜을 채워 넣는 방법이다. 불가피하게 틈을 만들어야 할 경우, 작고 날카로운 가위로 안감만 살짝 베어낸다. 안쪽의 원단을 절개할 때, 바이어스로 베어 여러 차례 솜을 채워 넣는 과정에서 마찰로 인해 올이 풀리지 않도록 주의한다. 구불구불하게 누비거나, 아플리케할 때는 여러 곳에 구멍을 내야 하는 경우도 있다.

작은 틈을 통해 큰 공간에 솜을 채워 넣기 위해 봉, 젓가락, 드라이버, 대바늘 등 끝이 뭉툭하고 충분한 길이의 도구를 사용한다. 채워 넣어야 할 부분의 크기와 모양에 따라, 뾰족하고 각진 부분이나 작은 원형 아플리케의 경우에는 솜을 조금씩 나누어 넣어주고, 넓은 부분의 경우에는 큰 덩어리로 채워 넣는다. 일반적으로 솔기 주변, 특히 모서리 부분을 먼저 채워 넣고, 나머지 부분은 먼저 넣은 솜과 섞어가면서 계속 채워 넣는다. 채워 넣은 솜을 평평하게 매만진 다음, 손가락으로 바깥쪽과 안쪽을 눌러 도드라진 형태를 만든다. 뒷면에서 채워 넣을 경우, 앞면의 모양을 계속 살펴봐야 한다. 퀼팅이나 아플리케 처리한 모양, 반원형을 부드럽고 평평하게 채워 넣기 위해 불빛에 비추어 채워진 솜이 안쪽에 골고루 분포되어 있는지 확인해가면서 작업한다. 원하는 만큼 부풀어 오르고, 사용 중에도 원래 상태를 유지할 수 있을 만큼 모양에 맞게 솜을 채워 넣는다. 지나치게 많이 넣어 모양이 일그러지지 않도록 주의한다.

솔기선에 남겨두었거나 안감 또는 바탕천에 만들어놓은 창구멍을 위의 방법을 사용해 손바느질로 마무리한다(**그림 11-1**).

작업을 마친 뒤 일정하게 채워지지 않아 다시 수정하는 일이 없도록 미리 살펴보면서 작업한다. 특히 뾰족하거나 모서리 부분이 비어 있지 않도록 주의해야 하며, 필요한 경우 바늘의 끝부분으로 솜을 밀어넣어 비어 있는 부분을 채워준다.

스터프 처리한 퀼팅
Stuffed Quilting

두 겹의 원단을 사방이 막힌 모양으로 디자인한 스티치로 서로 고정하고, 솜을 채워 넣어 부풀어 오르게 하는 것이다.

작업 과정

❶ 스터핑으로 강조할 닫힌 공간이 있는 선으로 디자인을 그린다(그림 11-2).

❷ 치수에 맞게 재단한 원단의 겉면에서 의류용 마커를 사용해 가느다란 선으로 디자인선을 베낀다(229쪽, '디자인 옮기기' 참조). 같은 크기로 재단한 안감에 겉감을 시침한다. 홈질로 처리할 디자인의 경우에는 안감에 디자인을 대칭으로 베끼고 겉감에 시침할 수도 있다.

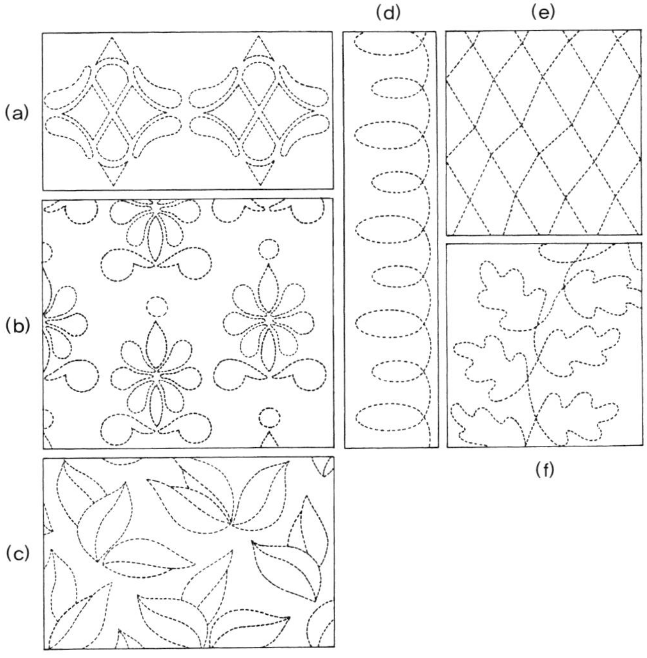

그림 11-2 원단 전체에 손바느질로 스티치하여 스터핑할 수 있는 모양을 이룬 디자인. (a) 테두리. (b, c) 전체 무늬. 솜을 채워 넣기 위해 사방이 막힌 모양을 따라 연속적인 선으로, 손바느질이나 재봉틀을 사용해 원단 전체에 스티치한다. (d) 테두리. (e) 원단 전체에 걸친 격자무늬. (f) 흩어져 있는 나뭇잎.

❸ 표시된 선을 따라 봉제한다.

♦ 손바느질로 작고 일정하게 홈질이나 박음질을 한다. 안감에 표시된 선을 따라 손바느질을 할 경우, 겉면에 보이는 홈질이 일정하도록 수시로 확인하며 작업한다.

♦ 재봉틀로 봉제할 경우, 원하는 디자인에 적합하도록 특수 노루발을 사용하거나 자유롭게 작업하여 직선이나 새틴 스티치로 봉제한다(240~241쪽, '재봉틀 퀼팅'의 작업 과정 참조).

♦ 실의 장력 때문에 원단이 당겨지지 않도록 원단을 수틀에 끼워 손바느질이나 재봉틀로 자유롭게 작업한다.

❹ 모양에 따라 스티치한 외곽선 안쪽 안감에 작은 틈을 낸다. 열린 틈으로 솜을 조금씩 나누어 채워 넣어, 각 모양이 부드럽고 균일하게 부풀어 오르도록 한다. 큰 모양에 솜을 채울 때 지나치게 채워지지 않도록 하고, 전체 디자인을 작업하기에 충분히 큰 틀이나 수틀에 안감을 위로 향하게 하여 원단을 팽팽하게 당겨 끼운다(그림 11-3). 손바느질로 창구멍을 막는다(253쪽, '스터핑' 참조).

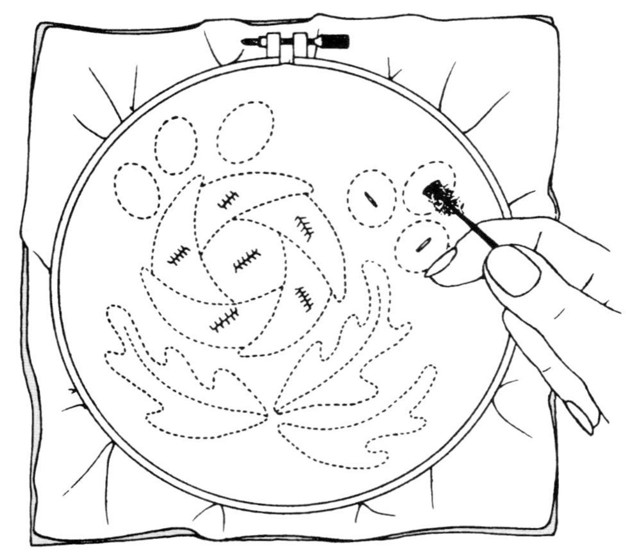

그림 11-3 홈질로 외곽선을 처리하고, 안감을 절개해 만든 작은 틈으로 솜을 채워 넣는다.

❺ 다리미판에 스터프 처리한 퀼팅 원단을 펴서 핀으로 고정하고 원단 위에서 스팀을 쏘인다. 원단의 열기가 식고 마를 때까지 놓아둔다. 스터프 처리한 퀼팅을 보호하고 창구멍을 감추기 위해 천을 덧대어 안감에 촘촘하게 고정한다.

특징과 응용

손바느질로 홈질한 외곽선은 독특한 모양의 쪼글쪼글한 주름을 만들어 형태의 윤곽선을 흐릿하게 만든다. 세부 디자인이 까다롭지 않고 부드럽게 연결되는 외곽선은 홈질로 작업하기에 가장 적합하다. 디테일한 문양의 외곽선은 손바느질로 박음질을 하거나 재봉틀로 봉제하여 끊어지지 않도록 스티치한다.

모양이 커질수록 넓은 공간을 채우기 위해 많은 양의 솜을 넣게 되고, 간혹 지나치게 많이 넣는 경우가 생기기도 한다. 그렇게 되면 윤곽선이 비뚤어지고 그 주위를 둘러싼 원단이 당겨지므로 주의한다. 스터프 처리한 퀼팅을 작업하는 이유

는 스터프 처리하지 않은 주변의 원단은 평평하게 유지하면
서 스터프 처리한 부분만 부풀어 오르게 하기 위함이다. 지
나치게 많이 넣지 않도록 틀이나 수틀에 원단을 잡아당겨
끼우고 작업하는 것도 좋은 방법이다. 작은 모양의 디자인이
나 재봉틀로 새틴 스티치한 경우에는 수틀을 이용하지 않고
작업할 수도 있다. 새틴 스티치로 촘촘하게 처리한 외곽선
덕에 원단이 당겨지지 않아 안정적으로 스터핑할 수 있기 때
문이다.

틀의 크기보다 디자인이 큰 경우, 수틀을 옮겨가며 디자인
부분을 잡아당겨 수틀 안에 보이는 부분만 스터핑한다. 더
이상 수틀로 작업할 수 없을 때까지 같은 방법으로 작업을
계속한다. 같은 밀도로 솜을 채워 넣으면서 나머지 부분을
완성한다.

스터프 처리한 퀼팅은 안감을 보호하기 위해 천을 덧대어
마무리하면, 겉감·안감·외부 안감으로 이루어진 세 겹의 원
단으로 완성된다. 스터핑을 하지 않는 가장자리나 배경, 다
른 디자인이 있는 경우 스터핑을 하기 위해 필요한 곳에만
안감을 대고 디자인에 따라 스티치를 한 다음 주위에 0.25인
치(6mm) 정도 시접을 남기고 잘라내어 정리한다. 솜을 채워
넣고 마무리한 다음 외부 안감을 덧대어주고 스터프 처리하
지 않을 부분을 겉감과 같이 스티치하여 고정한다(**그림 11-4**).
멀리 떨어진 곳의 문양이나 모티프 등은 크기에 맞게 자른
안감을 덧대고 외곽선을 스티치해 스터핑한 뒤 그대로 두기
도 한다.

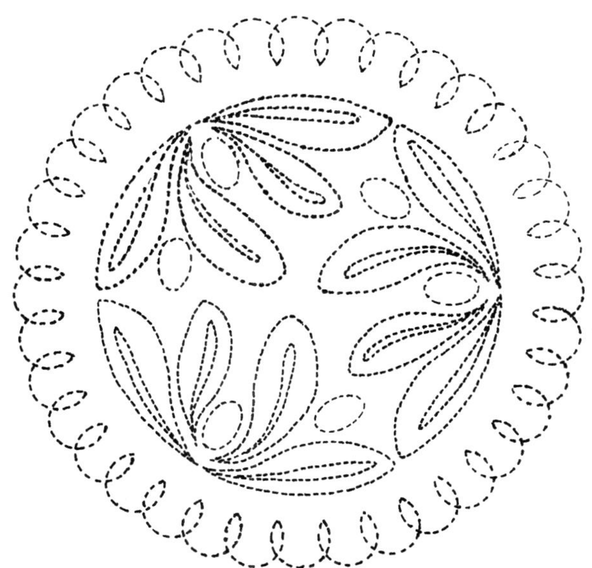

그림 11-4 스터프 처리하지 않은 테두리 안쪽에 스터프 처리할 모양을 디
자인한다. 먼저 안쪽 원형을 스티치하고 스터핑한다. 전체 디자인에 안감
을 덧대고 테두리를 스티치한다.

안감을 자르지 않고 외부 안감을 덧댈 필요 없이 스터핑하
는 세 가지 방법.

❶ 첫 번째 방법은 안쪽 원단의 조직을 느슨하게 만드는 것
이다. 바늘로 즈직 사이를 벌려 그 안으로 조금씩 솜을
채워 넣는다. 스터핑이 끝나고 나면 바늘이나 손톱으로
긁어 늘어난 조직을 제 위치로 돌아가게 한다(**그림 11-5
(a)**). 세탁 후 원단이 줄어들면 조직이 제자리로 돌아가도
록 놓아두기도 하는데 겉감과 안감이 같은 비율로 수축
하는 경우 활용할 수 있다.

❷ 두 번째 방법에는 작업하는 스티치선에 다다를 수 있는
방법이 필요하다. 스티치를 완성하기 직전, 외곽선의 남
은 틈을 통해 각 모양에 솜을 채워 넣는다. 솜을 채워 넣기
위해 이동 거리를 짧게 하려면, 겉감과 안감을 따로 분리
해 채워 넣을 모양 가까이에 말아놓고 작업한다. 말아놓
은 겉감과 안감 사이로 긴 도구를 사용해 스티치한 부분
안쪽에 솜을 밀어넣고 스티치를 완성한다(**그림 11-5 (b)**).
이 방법을 효과적으로 이용하려면 디자인의 가운데에서
바깥쪽으로 작업한다. 가장 적절한 위치에 스터핑을 위
한 틈을 남겨놓는다. 서로 가까이 있는 두 문양을 작업할
경우, 각기 다른 바늘로 스티치하되 같은 틈을 사용하도
록 한다. 원하는 만큼 솜을 채우고 외곽선을 이루는 스티
치를 완성한다. 자주 작업을 멈춰 겉감과 안감을 늘 평평
하게 정리한 뒤 다시 말아놓고 옷핀으로 고정해둔다.

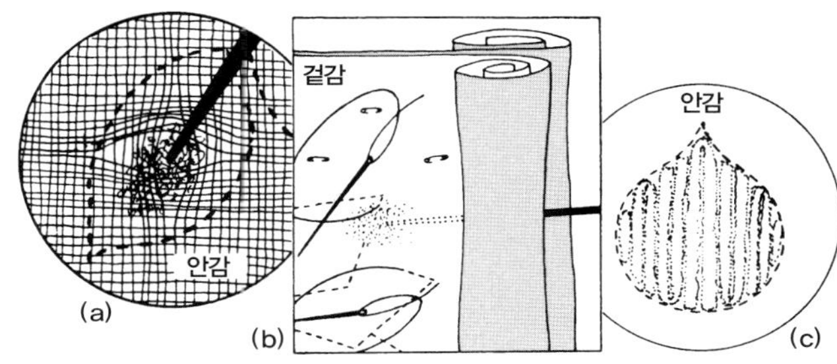

그림 11-5 스티치로 외곽선을 처리한 모양에 표시 나지 않게 솜을 채우는
방법. (a) 안감의 조직 사이를 벌려 생긴 틈으로 솜을 채워 넣는다. (b) 스
티치하는 중간 중간 멈추고 겉감과 안감 사이에 솜을 채워 넣으면서 스티
치를 완성한다. (c) 아크릴 원사로 패드 처리한다.

❸ 세 번째 방법은 작은 모양을 채우기 위해 느슨하게 자은
푹신한 아크릴 원사를 이용하는 것이다. 각 모양의 스티
치한 외곽선 안쪽으로 아크릴 원사를 채워 넣는다. 태피
스트리 바늘에 두 가닥의 실을 꿰고, 바늘로 조직 사이를
벌린 틈을 통해 안감에 들락날락하며 원사를 채워 넣는
다. (너무 굵은 바늘 때문에 원단 조직의 실이 끊어지지 않도록 주
의한다.) 작업이 끝나면 원사의 끝을 조금 남기고 자른 뒤,
실 끝이 안으로 당겨 들어가도록 원단을 조금 늘리거나,
바늘을 이용해 원사의 끝을 안쪽으로 집어넣어 마무리한
다. 벌어진 틈을 손톱이나 바늘로 조심스럽게 긁어 원래

상태가 되도록 정돈한다. 원단을 불빛에 비추어 안에 채워진 모양이 고르게 퍼져 있는지 확인한다(그림 11-5 (c)). 겉면에서 스트링을 이용한 원사 코팅 방법으로 작업할 경우 좀더 세심한 주의가 필요하다(211쪽, 그림 9-5 참조).

스터프 처리한 퀼팅과 코드 처리한 퀼팅은 상호 보완적인 기법이다. 스터프 처리할 모양과 코드 처리할 채널이 같은 디자인 안에 있을 때 두 방법을 서로 조합하여 작업하는 것을 **트라푼토**라고 한다. 두 방법 모두 안감 위에 얇은 퀼팅용 패드를 놓고 일반적인 퀼팅으로 둘레를 처리하여 작업할 수 있다.

양면을 사용할 수 있게 스터프 처리한 퀼팅은 모양에 따라 잘라 넣은 패드의 둘레를 따라 스티치하는 것이다. 퀼팅용 패드나 플리스(fleece), 펠트(felt), 테리 직물(terry cloth) 같은 두꺼운 소재로 모양을 자른 후 안감의 안쪽 면에 놓는다. 원단용 풀이나 시침으로 모양을 고정하고 그 위에 겉감을 올려 놓은 후 시침한다. 문양이 도드라지도록 가장자리 외곽선을 따라 손바느질하여 스티치선을 명확히 한다. 겉감이 얇아 외곽선뿐만 아니라 안쪽에 있는 도려낸 부분의 색깔까지 드러나는 것을 그림자 퀼팅이라고 한다.

겹쳐서 스터프 처리한 퀼팅은 앞의 문양이 돌출되도록 높낮이가 서로 다르게 솜을 채워 넣어 입체감을 살리는 것이다(그림 11-6). (1) 디자인을 준비하고 가장 돌출되는 부분에 '1번', 중간 높이로 돌출되는 부분에 '2번', 가장 낮게 돌출되는 부분에 '3번'을 표시한다. 좀더 다양한 높낮이로 표현할 수도 있다. (2) 겉감의 겉면에서 디자인을 그린다. (3) 1번 표시된 모든 문양 아래에, 그보다 좀더 크게 자른 얇은 안감을 핀으로 고정한다. 홈질이나 박음질로 1번 모양의 외곽선을 스티치한다. 안감을 베어낸 작은 틈이나, 외곽선 스티치를 마무리하기 직전에 남겨놓은 틈으로 솜을 채워 넣는다. 문양의 가장자리에 남아 있는 안감을 잘라내어 정리한다. (4) 2번 표시된 모든 겉감 아래에 그 문양보다 조금 큰 안감을 잘라 핀으로 고정한다. 2번 문양을 따라 외곽선을 스티치한다. 이때 작업해놓은 1번과 만나게 되면 안감을 통과해 바늘을 이동한 후 스티치를 계속한다. 가장 돌출한 1번 문양 뒷면에 균일하게 솜을 채워 넣는다. 2번 문양 주위에 남아 있는 안감을 잘라내어 정리한다. (5) 같은 방법으로 3번 문양도 마무리한다(그림 11-7).

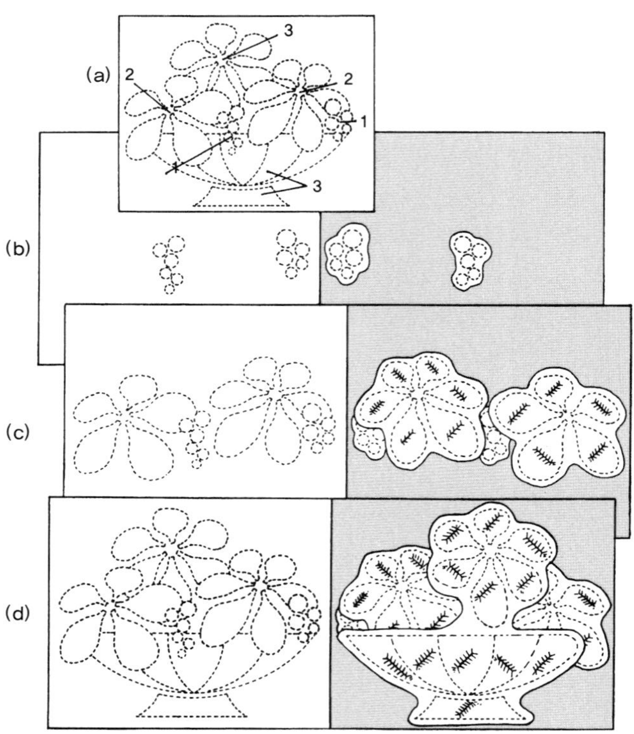

그림 11-7 (a) 돌출되는 순서에 따라 번호를 매겨놓은, 겹쳐서 스터프 처리한 퀼팅 디자인. (b) 원형으로 스티치를 하면서 솜을 채워 넣은 1번. (c) 2번의 채워 넣기가 끝난 후 더욱 솟아오른 1번. (d) 스터핑 완성 후 가장 낮게 나타나는 3번.

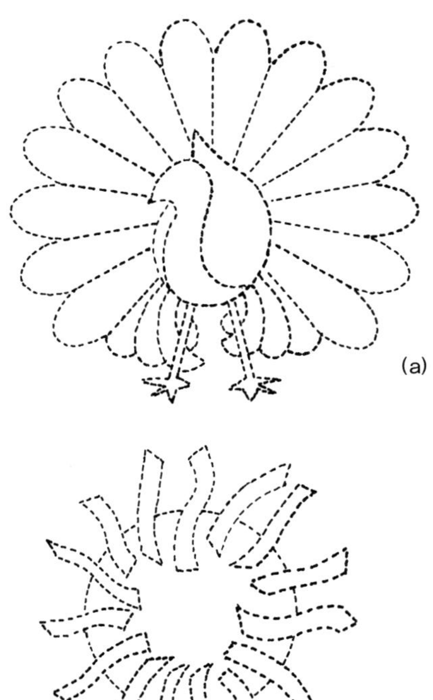

그림 11-6 겹쳐서 스터프 처리한 퀼팅 디자인으로 앞부분을 돌출되어 보이게 한다. (a) 공작의 머리/목, 다리/발을 돌출되게 표현한다. (b) 원형 위에 겹쳐진 구불구불한 선을 돌출되게 표현한다.

4부 입체감을 표현하는 방법

XI-1 홈질로 스티치한 테두리 디자인.
솜으로 채워 넣은 모양 사이에
코드 처리한 퀼팅선이 나타난다(트라푼토).

XI-2 재봉틀로 직선 스티치하여 만든
격자무늬 안에 일부분만 솜을 채워 넣어
표현한 디자인.

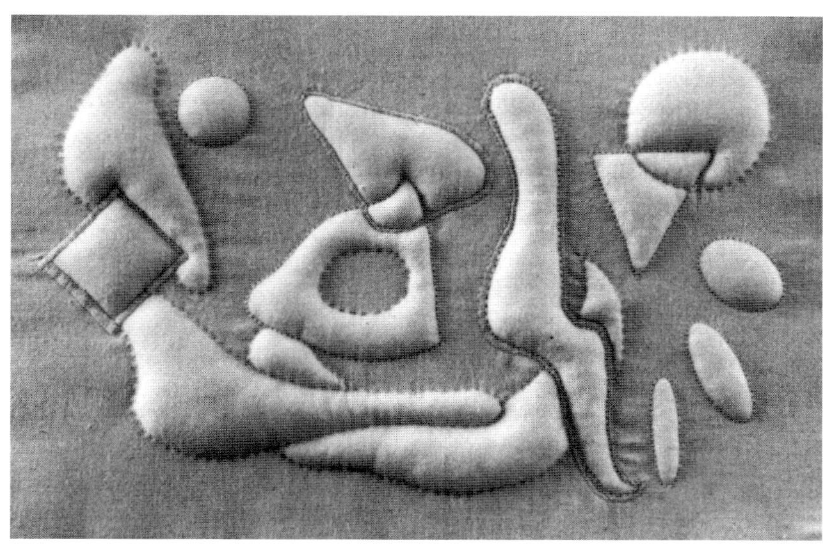

XI-3 외곽선을 손바느질로 홈질과
박음질하고, 재봉틀로 직선과
새틴 스티치하여 조합한 디자인.

XI-4 양면을 사용할 수 있게 스터프 처리한 퀼팅 디자인. (위에서부터) 라텍스(latex foam)를 잘라 만든 모양,
퀼팅용 패드를 잘라 만든 모양, 펠트를 잘라 만든 모양의 가장자리를 홈질로 스티치하여 연결되는 테두리를 표현했다.

XI-5 박음질 후 솜을 채워 넣은, 세 겹으로 겹쳐진 디자인.

XI-6 아홉 개로 나눈 정사각형 위에 박음질 후 솜을 채워 넣은,
세 겹으로 겹쳐진 꽃무늬 디자인. 테두리는 홈질로 평평하게
퀼팅 처리하여 마무리했다.

스터프 처리한 아플리케
Stuffed Appliqué

아플리케할 원단 조각에 솜을 채워 넣으면서 바탕천에 부착하는 것
이다.

❶ 아플리케 작업에 적합하도록 간단한 모양의 외곽선으로
디자인을 구성한다(그림 11-8). 크기에 맞게 재단한 바탕
천의 겉면에 의류용 마커를 이용해 가늘고 명확한 선으
로 디자인을 베낀다. 넓은 면적에 작업하려면 스티치에
따른 적합한 고정 방법을 선택해 바탕천을 임시로 고정
한 후 작업한다.

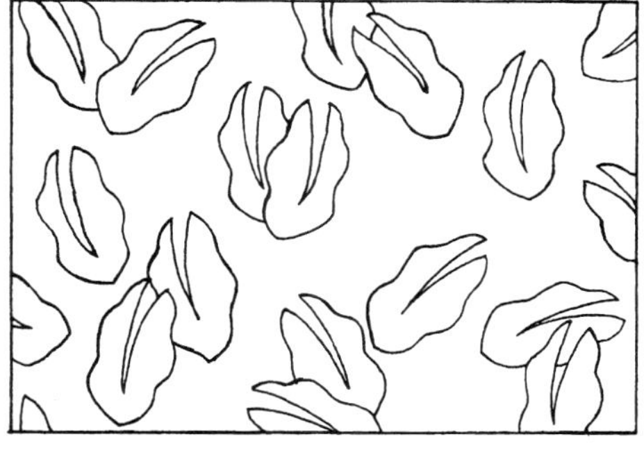

그림 11-8 형태에 맞게 원단을 잘라 뒷면에서 솜을 채워 넣고 원하는 모
양에 따라 배치한 아플리케 디자인.

❷ 아플리케를 하기 위한 각 부분의 모양에 따라 패턴이나 템
플레이트를 만든다. 바탕천과 아플리케할 원단 조각의 겉
면에 의류용 마커를 이용해 가는 선으로 디자인을 베낀다.

◆ 손바느질이나 재봉틀을 이용해 지그재그 스티치, 밑단
스티치로 아플리케를 고정하는 경우 아플리케할 원단
조각의 테두리에 시접을 더해 자른다.

◆ 재봉틀을 이용해 새틴 스티치로 아플리케를 고정하는
경우에는 아플리케할 원단 조각의 테두리에 시접이 필
요하지 않다. 다만 서로 겹친 모양의 아플리케를 작업
할 경우, 겹치는 곳의 아래에 놓이는 부분에는 시접을
더해준다.

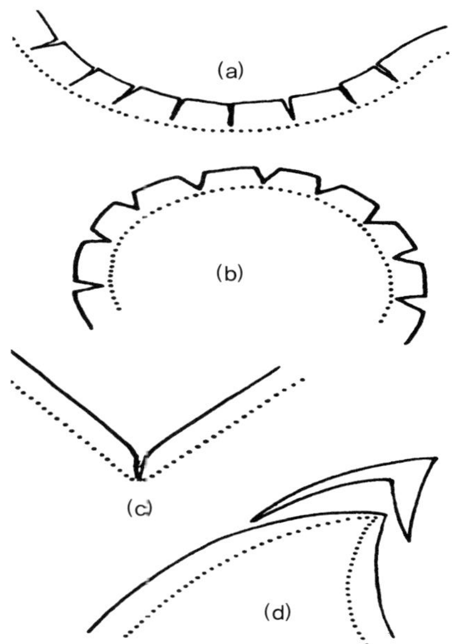

그림 11-9 곡선 시접을 부드럽게 접어 넘기는 방법. (a) 안쪽으로 휜 곡선
은 가위집을 준다. (b) 바깥쪽으로 휜 곡선은 간격을 두고 곡선을 접었을
때 겹쳐지는 시접 부분을 잘라 정리한다. (c) 접히는 모서리 부분은 시접에
가위집을 준다. (d) 바깥쪽 모서리 끝부분의 시접은 점점 좁게 잘라낸다.

❸ 바탕천의 외곽선에 아플리케할 조각의 외곽선을 맞추어
아플리케한다. 곡선 부분이나 각진 부분의 시접에 가위
집을 주거나 시접을 잘라내어 정리한 후 아플리케할 조
각의 시접을 뒤로 접는다(그림 11-9).

두 개 이상의 아플리케가 하나의 외곽선으로 이루어진
경우, 겹친 부분은 스티치하지 않고 아래쪽 아플리케를
먼저 부착한다. 위쪽 아플리케의 가장자리로 아래쪽 아
플리케의 시접을 가려주면서 위쪽 아플리케를 작업한다
(그림 11-10).

ⓐ 손바느질로 공그르기나 사다리 스티치한다. 정해진 위
치에 아플리케를 시침하여 고정하거나, 튀어나온 핀
에 작업하는 실이 걸리지 않도록 주의하면서 뒷면에
서 핀으로 고정한다. 아플리케 시접을 조금씩 뒤로 넘

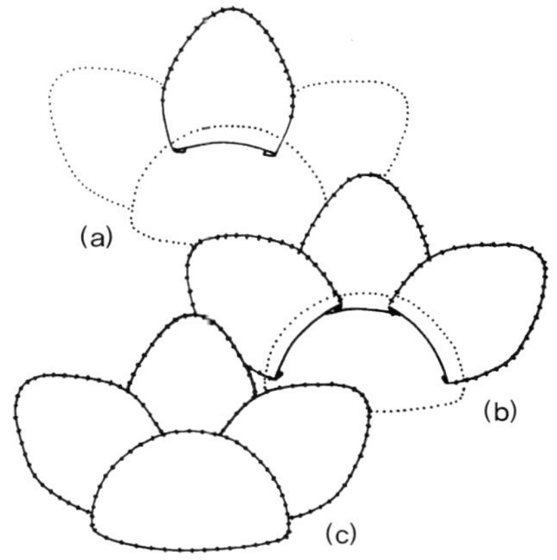

그림 11-10 (a, b, c) 세 단계로 작업한 아플리케 문양. 먼저 부착한 아플
리케의 시접을 가리면서 다음 아플리케를 계속 작업한다.

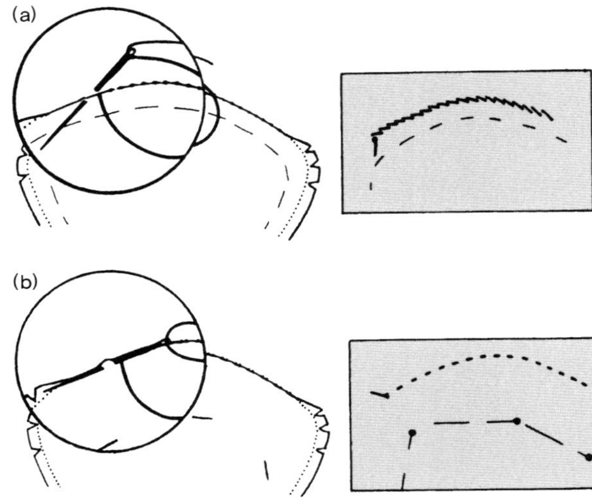

그림 11-11 (a) 바탕천에 공그르기로 아플리케한다. 앞면에서는 접힌 선을 따라 걸쳐진 작은 스티치가 보이고, 뒷면에서는 사선으로 계속되는 스티치가 보인다.
(b) 바탕천에 핀으로 시침 고정한 후 사다리 스티치로 아플리케한다. 앞면에서는 접힌 선을 따라 작은 스티치가 보이고, 뒷면에서는 홈질 스티치처럼 보인다.

겨 접어가면서 바탕천의 외곽선에 맞추어 스티치한다 (**그림 11-11**). 같은 방법으로 계속 작업한다. 특히 바깥쪽 모서리와 안쪽의 각진 부분은 바늘 끝으로 섬세하게 작업한다.

ⓑ **재봉틀**로 지그재그 스티치한다. 아플리케의 가장자리를 바탕천의 외곽선에 맞추고 재봉틀의 바늘이 아플리케 부분과 바탕천을 왕복하면서 지그재그 스티치한다. 이때 재봉틀 바늘의 오른쪽 바로 안쪽에 아플리케의 가장자리가 놓이도록 주의한다(**그림 11-12**). 바탕천을 지탱하기 위해 수틀을 사용하거나 힘 있는 종이나 심지 등을 대고 작업한다.

• 지그재그 스티치나 밑단 스티치로 아플리케를 할 경

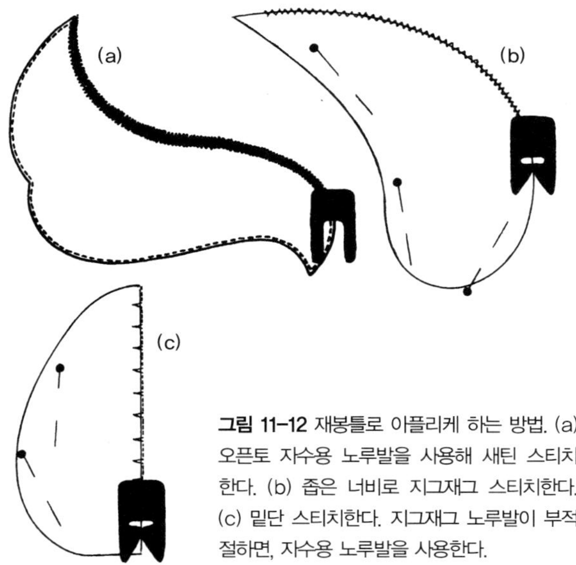

그림 11-12 재봉틀로 아플리케 하는 방법. (a) 오픈토 자수용 노루발을 사용해 새틴 스티치한다. (b) 좁은 너비로 지그재그 스티치한다. (c) 밑단 스티치한다. 지그재그 노루발이 부적절하면, 자수용 노루발을 사용한다.

우, 시접을 뒤로 접어 스팀다리미로 다림질하고 바탕천에 시침하거나 핀으로 고정한 다음 작업한다.

• 새틴 스티치로 아플리케를 할 경우, 아플리케할 원단 조각을 작업할 위치에 놓고 가장자리를 직선 스티치로 고정한 다음 새틴 스티치한다(**그림 11-13**).

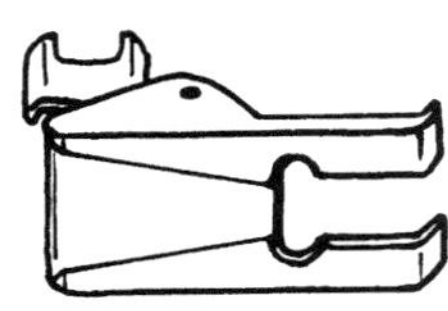

그림 11-13 새틴 스티치 작업에 맞게, 바닥에 아치 모양의 홈이 있는 노루발.

새틴 스티치로 모서리나 각진 부분을 작업할 경우, 작업을 멈추고 바늘을 원단에 꽂아둔 채로 회전하여 방향을 바꾸고 작업을 계속한다. 새틴 스티치로 곡선을 작업할 경우, 바늘을 원단에 꽂아둔 상태에서 조금씩 회전하면서 진행한다(**그림 11-14**).

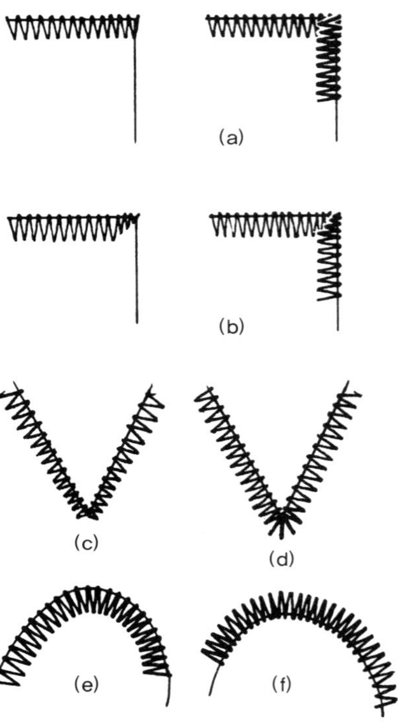

그림 11-14 새틴 스티치로 아플리케 작업하는 방법. (a) 스티치 너비를 일정하게 가장자리를 작업한다. (b) 모서리에 가까워질수록 스티치 너비를 좁게, 멀어질수록 넓게 한다. (c) 뾰족한 모서리에서도 같은 방법으로 스티치한다. (d) 뾰족한 끝부분의 스티치가 부채꼴로 퍼져나가도록 손으로 조절한다. (e) 아플리케 조각의 안쪽에서 지그재그 스티치하여 고정한다. (f) 아플리케 조각의 바깥쪽에서 지그재그 스티치하여 고정한다.

❹ 아플리케에 부드럽게 솜을 채워 넣는 방법(253쪽, '스터핑' 참조).

◆ 스티치를 마무리해 완성하기 전에 솜을 채워 넣는다. 서로 겹치는 외곽선의 경우, 아래쪽 아플리케에 솜을 채워 넣은 뒤 위쪽 아플리케를 작업한다(**그림 11-15 (a)**).

◆ 스티치를 완성한 후 아플리케 뒷면에 있는 바탕천의 창

4부 **입체감을 표현하는 방법**

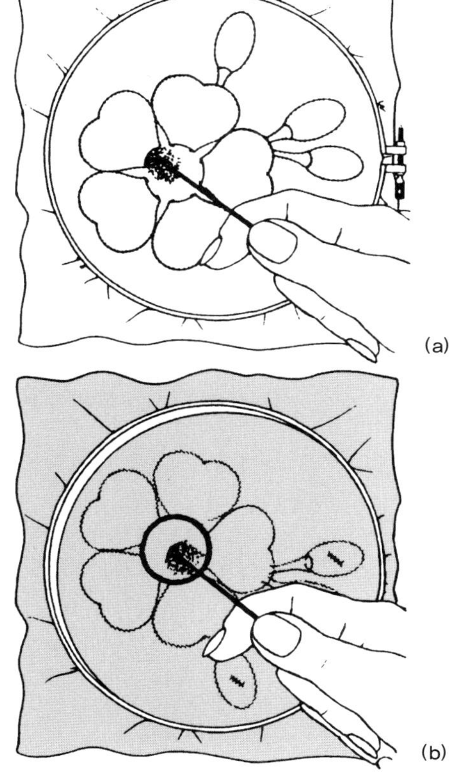

그림 11-15 (a) 솜을 채워 넣은 꽃무늬 아플리케. 가운데 둥근 부분을 아플리케하고 창구멍을 막는다. (b) 가운데 둥근 부분은 바탕천에 작은 틈을 내어 솜을 채워 넣는다.

구멍을 통해 솜을 채워 넣는다(그림 11-15 (b)]. 손바느질로 구멍을 막는다. 힘 있는 종이나 심지로 바탕천을 지탱하는 경우, 그것을 떼어내지 않고 틈을 내어 작업한다.

❺ 임시로 고정한 것을 제거한다. 다리미판에 바탕천을 펼쳐 가장자리를 핀으로 고정한다. 원단 위에서 스팀을 쏘인 후 열기가 식고 완전히 마를 때까지 놓아둔다. 뒷면에서 스터프 처리한 아플리케 디자인에 안감을 덧대준다.

특징과 응용

아플리케할 모양의 섬세하고 복잡한 수준은 작업하는 사람의 솜씨에 따라 차이가 있다. 가늘고 긴 끝부분이나 좁고 깊은 모서리 부분은 시접이 작기 때문에 작업하기 매우 어렵다. 간단한 모양과 충분한 시접으로 이루어진 아플리케는 작업하기 가장 쉽다.

아플리케를 가장 쉽게 하려면, 올이 풀리는 원단의 가장자리를 그대로 살려 작업하는 것이다. **가장자리를 처리하지 않고 스터핑한 아플리케**는 성근 원단에 가장자리가 직선인 간단한 모양을 그린 다음, 전체 둘레를 좀더 크게 잘라낸다. 표시한 외곽선을 따라 바탕천에 손바느질이나 재봉틀을 사용해 직선 스티치로 아플리케한다. 솜을 채워 넣기 전에 원단의 가장자리를 비벼주거나 세탁기로 세탁해 올이 충분히 풀리도

록 한다. 위의 방법보다 빠르지는 않지만 기본 아플리케보다 더 단순한 방법으로는 아플리케의 가장자리 시접을 접어 바탕천에 대고 재봉틀로 끝스티치하거나 접힌 선을 따라 손바느질하는 것이다.

두꺼운 접착 심지를 모양에 맞게 잘라 이용하면 아플리케의 시접을 정확하게 접어 다림질할 수 있다. 아플리케의 모양에 따라 두꺼운 접착 심지에 패턴을 옮겨 그린 후 선을 따라 자른다. 심지의 접착제가 붙어 있는 부분을 아플리케 원단의 안쪽에 놓고, 열을 가해 붙인다. 가장자리에 시접을 더하고 잘라낸다. 심지 가장자리를 따라 시접을 뒤로 넘겨 접고 다리미로 다림질한다. 심지를 제거한 후 바탕천에 솜을 채워 넣으면서 아플리케한다.

기본 스터핑으로 처리한 아플리케는 종이에 그린 원래의 디자인을 똑같이 재현했을 때 완벽하게 완성되었다고 할 수 있다. 예를 들면 원단 겉면에 표시해 작업한 외곽선이 보이지 않아야 하고, 원단의 조직을 벌려서 구멍으로 이용한 경우 작업한 흔적을 남기지 않아야 한다. 뒷면에 시접과 아플리케의 가장자리를 스티치한 선이 깔끔하게 마무리되어 있어야 하며, 아플리케 주변의 바탕천은 원래의 크기로 평평함을 유지해야 한다. 아플리케가 클 경우, 솜을 조금 넣으면 솜이 움직이고 뭉치는 현상이 생긴다. 그렇기 때문에 큰 아플리케를 바탕천에 봉제하고, 재봉틀이나 손으로 솔기를 상침하여 작은 구획을 나눈 뒤 각 구획에 솜을 채워 넣는다.

아플리케의 크기보다 조금 작게 바탕천에 외곽선을 그리고, 아플리케에 이새 처리하여 바탕천의 외곽선 크기와 맞춘다. **이새 처리해 스터핑한 아플리케**는 이새 처리하지 않은 같은 크기의 아플리케보다 조금 더 솟아오른다. 이새 처리하기 위해 아플리케의 크기를 전체적으로 8분의 1인치(3mm) 정도 확대한다. 아플리케의 크기에 따라 확대 비율을 달리한다. 바이어스로 재단한 가장자리는 직선으로 재단한 가장자리보다 이새를 쉽게 처리할 수 있기 때문에, 최대한 바이어스 방향으로 맞춰 자른다. 이새 분량을 골고루 분산해서 작업하고 솜을 채워 넣은 후 솔기 부분을 주름이 지지 않고 매끈하게 유지되도록 한다.

쌓아 올려 스터프 처리한 아플리케는 기준이 되는 가장 큰 조각을 바탕천에 고정하고, 그 위에 점점 작은 여러 개의 조각을 쌓아 아플리케하는 것이다(그림 11-16). 재봉틀로 봉제할 경우, 가장 위에 있는 조각부터 아플리케하기 시작한다. (1) 가장 작은 아플리케를 중간 크기의 아플리케에 봉제하여 고정한 다음, 가장 작은 아플리케에 솜을 채워 넣는다. (2) 중간 크기의 아플리케를 가장 큰 크기의 아플리케에 부착한 후 중간 크기의 아플리케에 솜을 채워 넣는다. (3) 가장 큰 아플리케를 바탕천에 부착한 후 솜을 채워 넣는다. 손바느

질로 봉제할 경우, 순서를 바꿀 수도 있다. 재봉틀로 작업하는 것처럼 윗부분부터 시작하거나, 같은 방법으로 가장 큰 아플리케를 바탕천에 부착하여 아랫부분부터 작업을 시작할 수 있다. 가장 아랫부분의 아플리케는 여러 구획으로 나누어 각 구획별로 솜을 채워 넣지 않으면 세 겹 이상 아플리케를 쌓아 올릴 경우, 바탕천 위로 부풀어 오른 쿠션 모양이 되면서 너무 커지는 경향이 있다.

그림 11-16 쌓아 올려 스터프 처리한 아플리케 디자인.

얇게 스터프 처리한 아플리케의 고정하지 않은 가장자리는 이미 채워 넣은 솜 때문에 입체감이 더하면서 바탕천으로부터 솟아오른다. 이것은 원단의 겉과 겉을 마주대고 박은 뒤 뒤집어 가볍게 솜을 채워 넣고, 중심 부분만 바탕천에 스티치해 고정하는 것이다(**그림 11-17**). (1) 안감의 뒷면에 각 패턴의 외곽선을 그린다. (2) 겉감의 겉면과 마주대고 그려놓은 외곽선을 따라 봉제한다. (3) 솔기 바깥쪽을 자른다(**그림 11-18**). 안감을 베어내 창구멍을 낸 뒤 뒤집는다. (4) 의류용 마커로 겉감에 스티치선을 표시한다. 얇게 솜을 채워 넣고 바탕천에 손바느질이나 재봉틀로 장식 스티치하여 고정한다.

그림 11-17 안쪽에 상침/아플리케의 스티치선이 보이는, 얇게 스터프 처리한 아플리케 디자인.

겉감의 아래쪽에 퀼팅용 패드를 깔고 안감에 스티치하는 **얇게 패드 처리한 아플리케**는 도톰하게 보이며, 솜을 전혀 채워 넣지 않고 **얇게 처리한 아플리케**는 평평한 모양을 띤다.

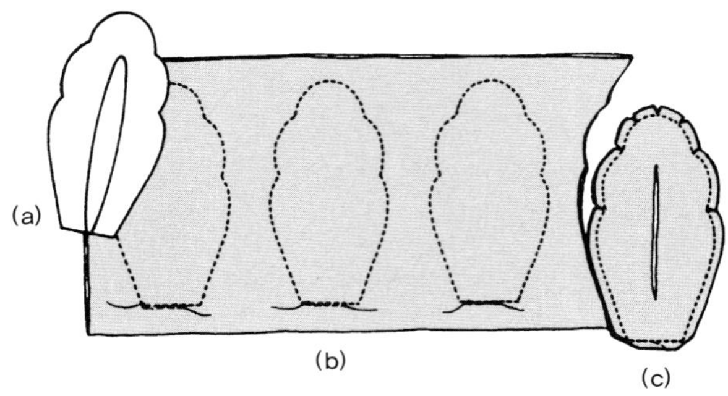

그림 11-18 (a) 상침선과 외곽선이 표시된 아플리케 패턴. (b) 외곽선을 따라 겉감과 안감을 스티치한다. (c) 안감에 창구멍을 내어 뒤집을 수 있도록 준비한 아플리케 조각. 솜을 넣은 아플리케를 바탕천에 놓고 상침선을 따라 스티치하면, 잘라낸 창구멍은 안쪽에 놓여 가려진다.

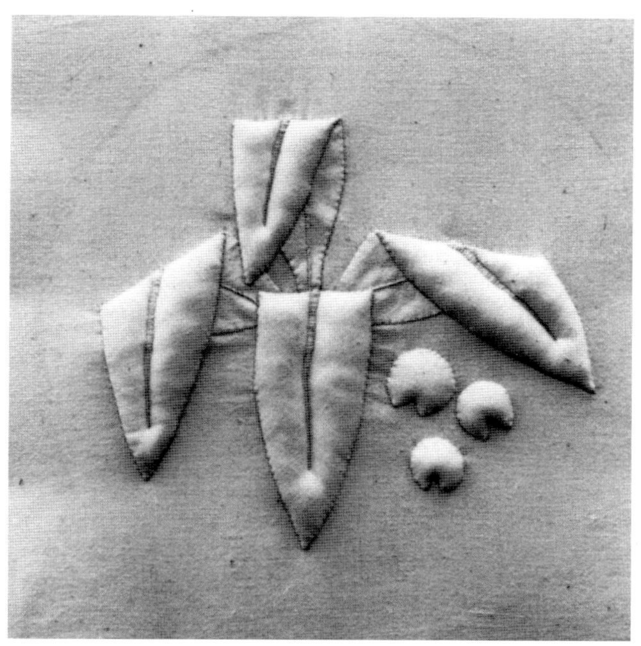

XI-7 새틴 스티치로 잎의 줄기를 표현하고 손바느질로
아플리케한 디자인. 솜을 채워 넣어 솟아오른 앞부분과
솜을 채워 넣지 않아 평평한 뒷부분으로 구별된다.

XI-8 손바느질로 공그르기를 하거나 재봉틀로 새틴 스티치를 하여
아플리케한 디자인. 아랫부분의 꽃잎 두 장과 그 중앙의 원형은
좀더 솟아오르게 하기 위해 이새 처리하여 고정했다.

XI-9 솜을 채워 넣으면서 손바느질로
쌓아 올린 디자인. 아랫부분의 가장 넓은 모양은
다른 모양이 위게 겹쳐지면서 바탕천에 고정되기 때문에
크기가 줄어든다. 마지막으로 걸쳐져 있는
뽀족한 부분을 스티치하고 솜을 채워 넣는다.

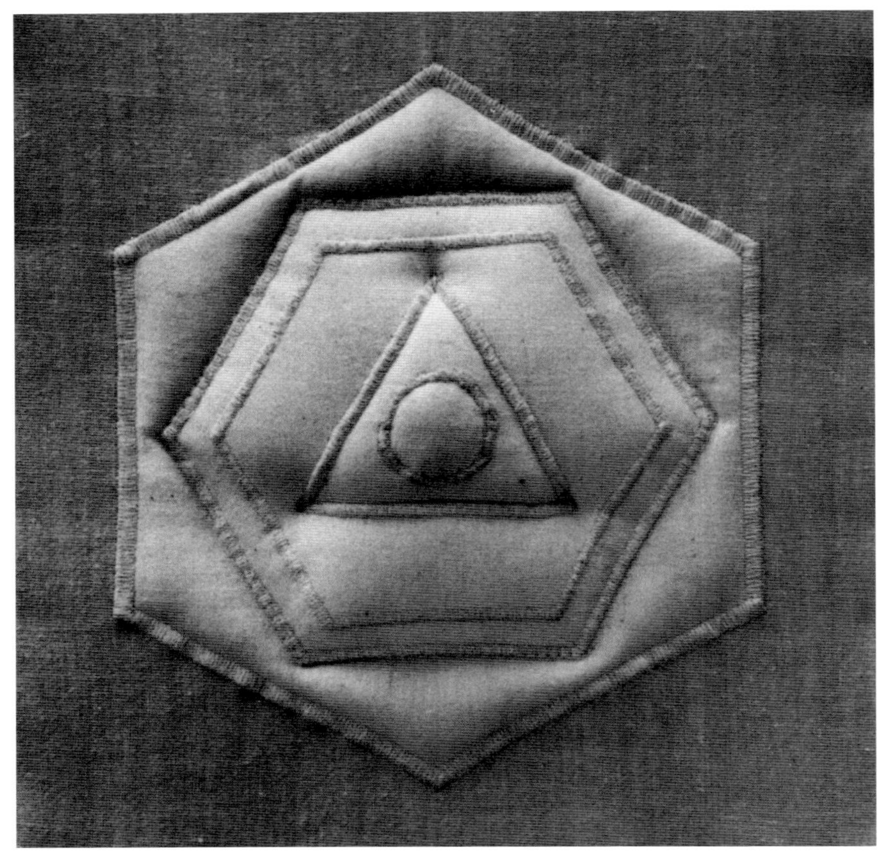

XI-10 위에서 아래로 솜을 채워 넣으면서
재봉틀로 아플리케한 디자인.
네 개 층의 외곽선을 상침하는 과정에서
가장 아랫부분의 육각형 크기가 줄어들었다.
삼각형의 모서리 부분은 손바느질로 징거주었다.

XI-11 (왼쪽) 퀼팅용 솜으로 얇게 패드 처리한 아플리케.
(오른쪽) 솜을 채워 넣지 않은 잎 하나와 얇게 스터프 처리한 꽃무늬 아플리케 디자인.

4부 입체감을 표현하는 **방법**

솟아오른 아플리케
Elevated Appliqué

솜을 채워 넣은 작은 원단 조각을 바탕천 위에 스티치하여 솟아오르게 하는 것이다.

- **개더 처리해 솟아오른 아플리케** – 가장자리에 개더를 잡아 잔주름이 생기며 부드럽게 말리면서 바탕천에서 솟아오르게 작업하는 것이다.
- **무를 덧대어 솟아오른 아플리케** – 수직으로 천을 덧대어주고 솜을 채워 넣어 윗부분이 평평하고 납작한 상자 모양을 이루면서 바탕천에서 솟아오르게 작업하는 것이다.

작업 과정

❶ 솟아오르는 부분과 다른 구성요소가 잘 어울리도록 아플리케를 디자인한다. 솟아오르게 하려는 부분의 형태는 단순하게 처리한다(**그림 11-19**). 베껴놓은 디자인에서 개더나 무로 솟아오르게 할 부분을 따로 잘라낸다.

그림 11-19 솟아오른 아플리케를 작업하기 위해 연속적인 모양으로 배치해놓은 디자인.

❷ 아플리케의 전체 가장자리가 솟아오른 패턴을 만드는 방법.

개더 처리하는 경우

솟아오르기를 원하는 정도의 1/2만큼 아플리케 가장자리를 늘려 패턴을 만든다. 오목하거나 안쪽으로 각이 진 가장자리를 늘려야 하는 경우에는 패턴을 절개한 후 개더를 잡을 치수만큼 벌려 완성한다(**그림 11-20**).

무를 덧대는 경우

ⓐ 솟아오르게 할 모양의 가장자리를 잰다.

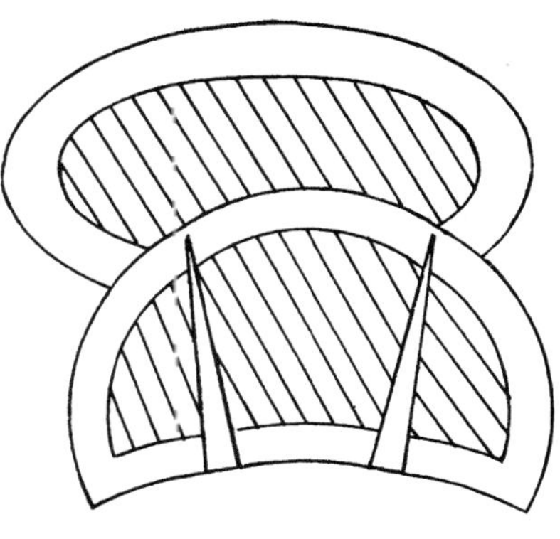

그림 11-20 아플리케 모양이 솟아오르도록 패턴을 전체적으로 늘려준 두 가지 모양. 아래 모양의 오목한 가장자리는 절개한 후 개더를 잡을 치수만큼 패턴을 벌려준다.

ⓑ 가장자리의 치수에 맞춘 길이와 솟아오르게 할 높이의 너비로 무를 만든다. 솟아오르게 할 모양과 무의 가장자리를 연결한다(**그림 11-21**).

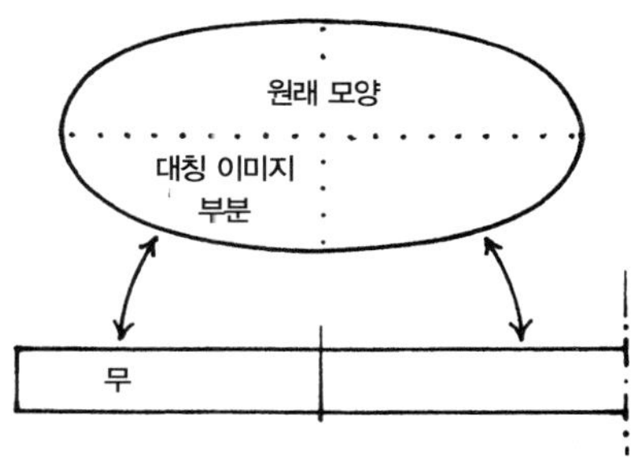

그림 11-21 타원형의 대칭 이미지 부분의 길이를 측정하여 만든 무는 타원형을 감싸며 솟아오르게 한다. 무를 곬선에 맞추어 그려준다.

❸ 아플리케의 한 부분만 제외하고 전체 가장자리가 솟아오른 패턴을 만드는 방법.

개더 처리하는 경우

솟아오르기를 원하는 가장자리에 원하는 분량만큼 길이를 늘려준다. 솟아오르지 않게 할 부분에서는 점차 커지는 곡선으로 연결한다(**그림 11-22**).

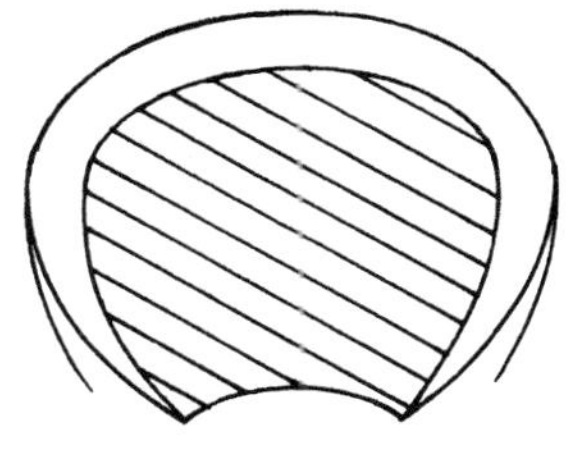

그림 11-22 개더링 방법을 이용해한 부분만 제외하고 전체 가장자리가 솟아오르게 처리한 패턴.

무를 덧대는 경우

ⓐ 솟아오르게 할 가장자리의 치수에 맞춘 길이와 솟아오르게 할 높이의 너비로 무를 만든다. 솟아오르게 할 부분의 모양에 따라 무의 길이를 나눈다. 무의 끝부분으로 가면서 점점 좁아지는 사선을 그린다.

ⓑ 사선의 길이를 측정한다. 원래의 길이와 비교해 차이
를 계산한다.

ⓒ 사선 때문에 늘어난 길이를 보충하기 위해 원래 모양
을 잘라 무의 길이와 맞도록 벌려준다(그림 11-23).

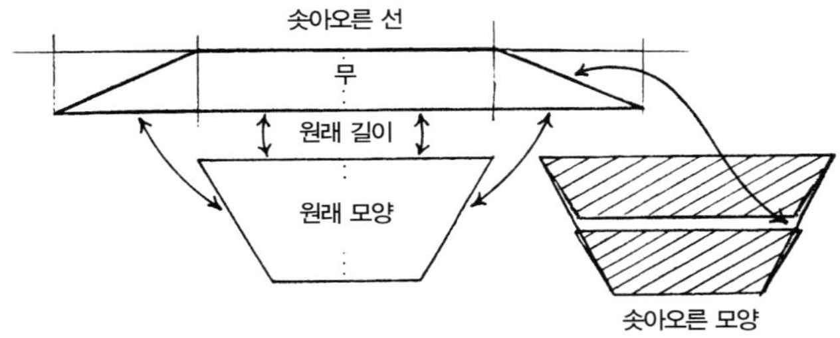

그림 11-23 네 면으로 이루어진 모양의 세 면을 솟아오르게 작업하기 위한 무를 그린다. 세 면의 길이에 각각 맞도록 무의 길이를 나눈다. 솟아오를 부분을 절개하고 벌려준 다음 선을 다시 그린다.

❹ 아플리케의 반대쪽 두 면이 솟아오른 패턴을 만드는 방법.

개더 처리하는 경우

ⓐ 아플리케의 솟아오를 부분을 가로질러 반으로 나누어
자른다.

ⓑ 솟아오르기를 원하는 만큼 벌려준다.

ⓒ 솟아오르기를 원하는 만큼 양쪽에서 늘려준다.

ⓓ 늘려준 부분을 원래 모양의 모서리에서 곡선으로 연
결한다(그림 11-24).

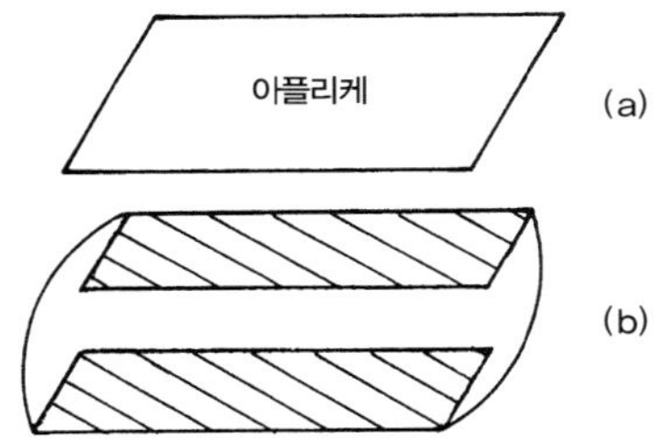

그림 11-24 (a) 개더를 잡아 반대쪽 두 부분을 솟아오르게 한다. (b) 아플리케를 자르고 원하는 만큼 벌려준다. 벌려준 끝부분에서 바깥쪽으로 원하는 만큼 늘려주고 곡선으로 연결한다.

무를 덧대는 경우

ⓐ 솟아오르게 할 반대쪽 두 부분의 가장자리 치수에 맞
춘 길이와 솟아오르게 할 높이의 너비로 각 무를 만든
다. 양끝에서 점점 가늘어지게 그린다.

ⓑ 가늘어진 무의 길이를 측정한다. 원래의 길이를 측정
하고 차이를 계산한다.

ⓒ 솟아오를 부분을 가로질러 자른다. 차이 나는 길이를
보충하기 위해 원래의 모양을 잘라 무의 길이와 맞도
록 벌려준다(그림 11-25).

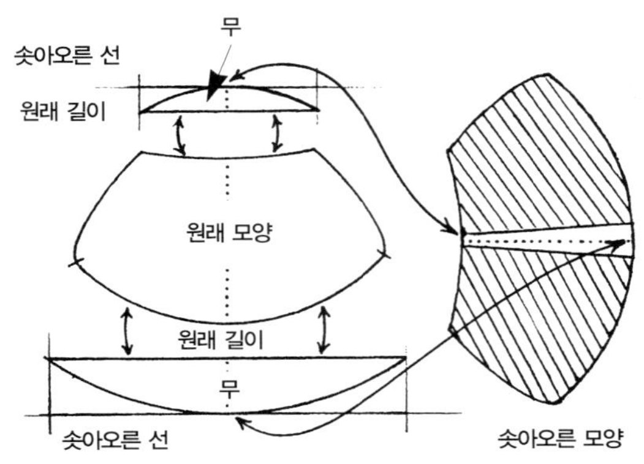

그림 11-25 반대쪽 두 부분에 높이가 다르게 무를 덧대어 솟아오른 패턴.

❺ 아플리케의 한 면 또는 인접한 두 면이 솟아오른 패턴을 만
드는 방법.

개더 처리하는 경우

ⓐ 솟아오를 부분을 가로질러 반대쪽 끝에 16분의 1인치
(1.5mm)를 남겨놓고 아플리케를 자른다.

ⓑ 솟아오르기를 원하는 높이만큼 부채꼴로 벌려준다.

ⓒ 벌려준 부분에서 솟아오르기를 원하는 높이만큼 늘려
준다. 원래 모양대로 곡선으로 연결한다(그림 11-26).

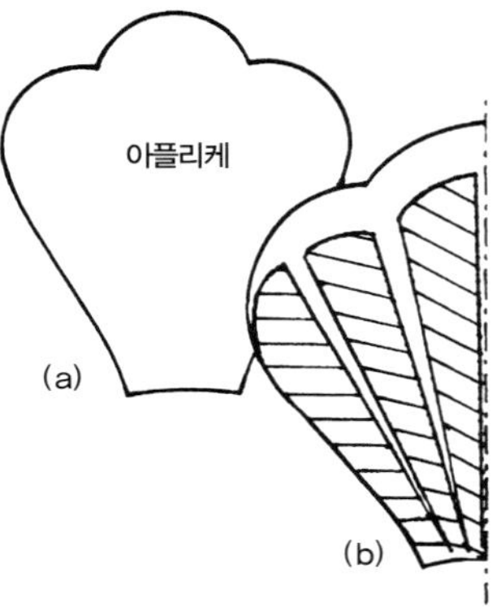

그림 11-26 (a) 곡선으로 이루어진 한 면에 개더 처리하여 솟아오른 아플리케. (b) 아플리케를 잘라서 부채꼴 모양으로 벌려준다. 패턴을 곬선에 맞추어 그린다.

무를 덧대는 경우

ⓐ 솟아오르게 할 가장자리의 치수에 맞춘 길이와 솟아
오르게 할 높이의 너비로 무를 만든다. 양끝으로 가면
서 점차 가늘어지게 선을 그린다.

ⓑ 가늘어지게 그린 선의 길이를 측정한다. 원래의 길이
와 비교해 차이를 계산한다.

ⓒ 솟아오를 부분을 가로질러 반대쪽 끝에 16분의 1인치
(1.5mm)를 남겨놓고 아플리케를 자른다. 무의 길이에
맞도록 벌려준다(그림 11-27).

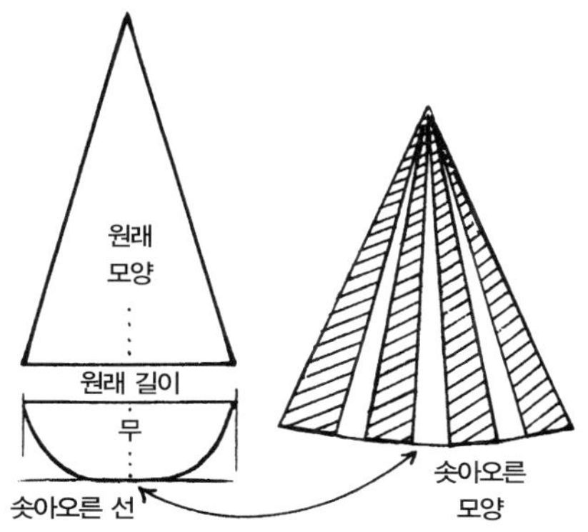

그림 11-27 삼각형 모양의 한쪽 부분만 무를 덧대어 솟아오른 패턴. 삼각형의 솟아오를 부분을 자르고 같이 봉제할 무의 길이에 맞춰 벌려준다.

❻ 솟아오른 아플리케를 작업하기 위한 완성 패턴 또는 템플레이트를 만드는 방법.

개더 처리해 솟아오른 아플리케 패턴

솟아오를 부분을 늘려놓은 패턴에 시접을 더하지 않고 완성한다. 아플리케의 원래 모양은 바탕천에 그리는 패턴으로 사용한다. 개더 처리할 아플리케의 패턴과 바탕천에 표시한 패턴을 서로 맞추어 작업할 수 있도록 접합점을 표시한다(그림 11-28).

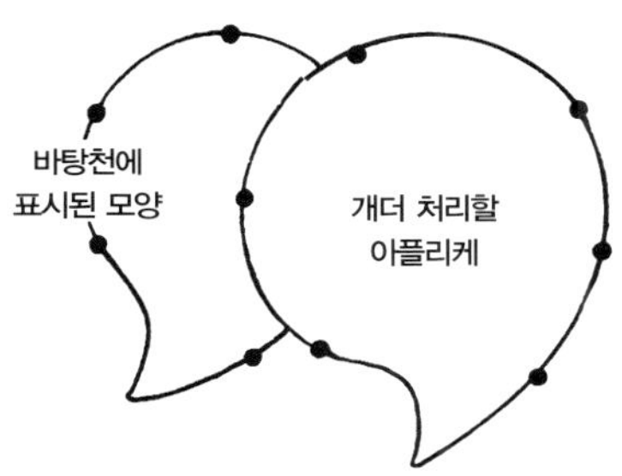

그림 11-28 접합점이 표시되어 있고 개더를 처리해 솟아오른 아플리케 패턴. 아플리케의 외곽선은 접어서 스티치할 선이다.

무를 덧대어 솟아오른 아플리케 패턴

각각의 무와 아플리케의 패턴에 시접을 더한다. 아플리케의 원래 모양은 바탕천에 그리는 패턴으로 사용한다. 무를 덧댄 아플리케의 패턴과 바탕천에 표시된 패턴을 서로

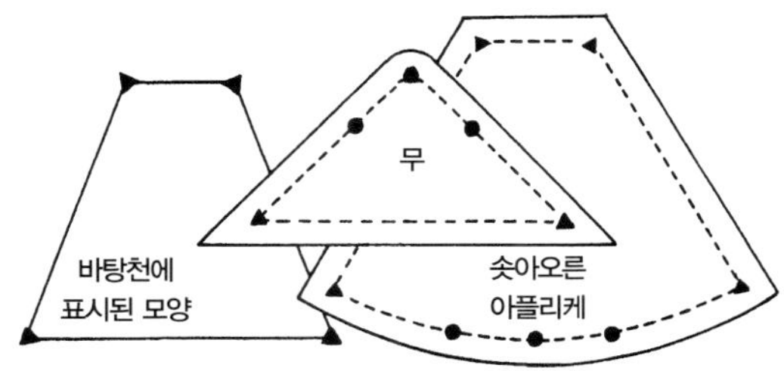

그림 11-29 아플리케의 한 면에 삼각형 모양의 무를 덧대어 솟아오른 패턴. 바탕천과 연결해 작업할 무에 접합점을 표시한다. (●은 솟아오른 아플리케 부분에 연결하는 점이다. ▲은 바탕천에 연결하는 점이다.)

맞추어 작업할 수 있도록 접합점을 표시한다(그림 11-29).

❼ 의류용 마커를 사용해 가느다란 선으로 바탕천의 겉면에 디자인의 외곽선을 그린다. 솟아오를 모양에 접합점을 표시한다.

❽ 적절한 원단에 의류용 마커를 사용해 가느다란 선으로 각 아플리케와 무의 외곽선을 흐릿하게 그린다. 모든 접합점을 표시한다.

개더 처리해 솟아오른 아플리케

원단의 겉면에 시접이 포함되어 있지 않은 완성 패턴을 따라 아플리케를 그린다. 시접을 주고 자른다.

무를 덧대어 솟아오른 아플리케

원단의 안쪽 면에 시접이 포함되어 있는 완성 패턴을 따라 각 아플리케와 무를 그린다. (선택 사항: 솔기선도 그린다.) 그려놓은 선을 따라 자른다.

❾ 솟아오른 아플리케를 바탕천에 봉제한다.

개더 처리해 솟아오른 아플리케

ⓐ 표시해놓은 외곽선이 보이지 않도록 각 아플리케의 시접을 뒤쪽으로 접어 넘기거나 스팀다리미로 다림질해준다.

ⓑ 바탕천에 표시된 접합점을 맞춰 개더 처리한 가장자리의 접힌 부분 바로 옆을 스티치한다.

ⓒ 접합점에 맞추면서 개더 처리한 아플리케를 바탕천에 공그르기한다(그림 11-30, 또 11-9와 11-11도 참조).

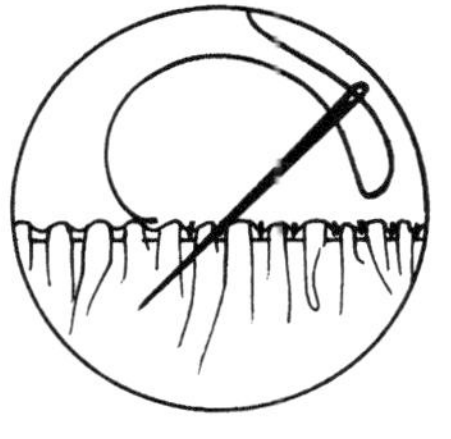

그림 11-30 아플리케 가장자리에 개더를 골고루 분산하면서 바탕천에 손바느질로 공그르기해 고정한다. 작업이 끝난 후 겉에서 보이는 개더 잡은 실을 제거한다.

무를 덧대어 솟아오른 아플리케

ⓐ 솟아오를 아플리케의 가장자리와 무를 겉면을 마주대고 양끝을 맞추어 스티치할 수 있도록 준비한다.

ⓑ 겉면을 마주대고 무의 솟아오를 가장자리와 각 아플리케의 부분을, 시접에 가위집을 주면서 접합점과 가장자리를 맞추어 봉제한다.

ⓒ 바탕천에 연결할 무의 시접과 솟아오르지 않을 아플리케 부분의 시접을 뒷면으로 접어놓는다. 겉면이 밖

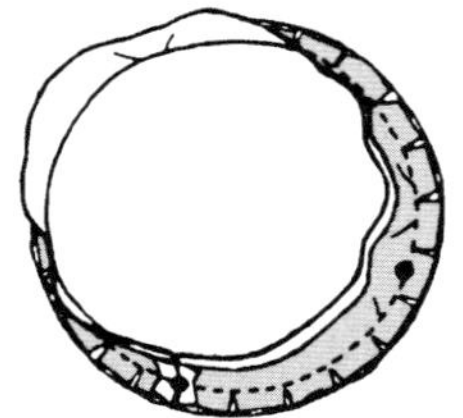

그림 11-31 무의 가장자리 시접에 가위집을 주면서 원형 아플리케와 같이 봉제하여 연결한다. 바탕천에 연결할 무의 가장자리 시접을 접어 다림질하여 준비해둔다.

을 향하게 하여 바탕천의 외곽선에 표시한 접합점에 맞춰 무와 아플리케를 공그르기한다(그림 11-31, 또 11-9와 11-11도 참조).

❿ 디자인의 크기에 적합한, 넓은 틀이나 수틀에 바탕천을 팽팽하게 끼운다. 바탕천을 베어낸 틈으로 아플리케에 솜을 채워 넣어 솟아오르게 한다(253쪽, '스터핑' 참조).

⓫ 다리미판에 바탕천을 평평하게 펼치고 가장자리를 핀으로 고정한다. 원단 위에서 스팀을 쏘인다. 원단이 식고 마른 후에 핀을 제거한다. 겉에서 스티치가 보이지 않도록 바탕천의 뒷면에 안감을 덧대고 징거준다.

특징과 응용

디자인에 가장 적합하게, 개더로 처리하거나 무를 덧대어 솟아오르게 한다. 작은 모양 사이에 좁은 무를 덧대어 작업하는 것은 매우 어렵다. 또한 무의 형태에 따라 솟아오르는 모양이 달라진다. 개더 처리해 작업하면 간단하고 둥근 형태를 만들 수 있다.

개더 처리해 솟아오르게 한 아플리케는, 특히 중심 부분에 솜을 많이 넣으면 기대보다 높게 솟아오르는 경향이 있다. 전체적으로 개더 처리한 아플리케는 솜을 채워 넣으면 둥근 형태로 완성된다. 중심 부분을 최대한 낮추기 위해 솟아오를 가장자리 쪽으로 솜을 밀어넣어준다. 솜을 채워 넣으면 어느 정도 사라지기는 하지만, 아플리케를 솟아오르게 하는 분량이 늘어나면 가장자리의 개더 처리 때문에 생기는 잔주름은 더 심해진다. 잔주름을 줄이려면 손바느질로 개더를 잡지 말고 재봉틀로 개더 처리한다. 아플리케의 외곽선에 재봉틀로 스티치를 하고 개더를 잡은 뒤 개더링 스티치선을 따라 시접을 접고 바탕천에 손바느질로 봉제한다.

무를 덧대어 솟아오른 형태의 상자 모양을 유지하기 위해서는 가장자리 솔기선과 모서리를 위로 밀면서 솜을 채워 넣는다. 윗부분이 평평하고 균일해지도록 바깥쪽을 눌러주면서 솜을 정리한다. 또는 윗부분에 평평한 퀼팅용 패드를 겹으로 쌓아 채운 뒤 아래쪽에서 솜을 채워 넣어 마무리한다. 퀼팅용 패드를 재단할 때는 '원래 모양' 패턴을 이용한다. 재단한 모든 겹을 느슨하게 시침해 고정한다. 안쪽에 퀼팅용 패드를 채워 넣고, 무를 덧댄 아플리케를 바탕천에 스티치한

다. 원단 표면에 느슨한 부분을 없애려면 바탕천의 창구멍을 통해 퀼팅용 패드 아래에 솜을 조금 더 채워 넣는다.

무를 덧대는 방법은 개더 처리하는 방법보다 이론적으로 이해하기 어려우나 유용하게 사용할 수 있다. 다시 언급하자면, 무의 양 끝부분을 솟아오르지 않을 끝부분과 연결해서 그리면 솟아오르게 되는 부분의 선은 원래의 길이보다 길어지게 된다. 그러므로 솟아오를 아플리케의 가장자리 길이를 보정해주어야만 서로 연결할 수 있다. 아플리케의 모양을 잘라 무의 길어진 길이에 맞게 벌려준다. 무의 형태에 따라 아플리케를 기울거나 뾰족한 모양, 아치 모양 등으로 만들 수 있다.

곡선 모양의 가장자리 치수를 재기 위해 줄자를 세워서 사용한다. 또는 좁은 너비의 종이를 세워 줄자 대신 이용한다. 작고 살짝 솟아오른 아플리케, 또는 적어도 한쪽 면은 솟아오르지 않은 아플리케는 스티치 사이의 창구멍으로 솜을 채워 넣고 바탕천에 아플리케하기도 한다. 그러나 일반적으로 솟아오르는 모양을 조절하고 솜을 골고루 채워 넣기 위해 바탕천의 중심을 베어내 그 틈으로 솜을 채워 넣는 것이 좀 더 쉬운 방법이다. 솟아오른 아플리케가 많은 디자인은 윗부분이 무거워지기 때문에 바탕천이 견고하게 받쳐줄 수 있어야 한다. 예를 들어 빳빳하거나 두꺼운 바탕천을 사용하거나 퀼팅용 패드로 처리한 안감을 사용해 원단이 팽팽한 상태를 유지하게 한다.

솟아오른 조각 잇기는 개더로 처리해 솟아오르게 하는 방법과 무를 덧대어 솟아오르게 하는 방법 중 하나를 선택해 사용한다. 솟아오르게 하려는 조각에 안감을 덧대어 시침한 후 다른 조각들과 겉면끼리 마주대고 모두 연결한다(그림 11-32). 연결한 후 솟아오르게 할 각 조각의 안감에 틈을 내어 솜을 채워 넣는다.

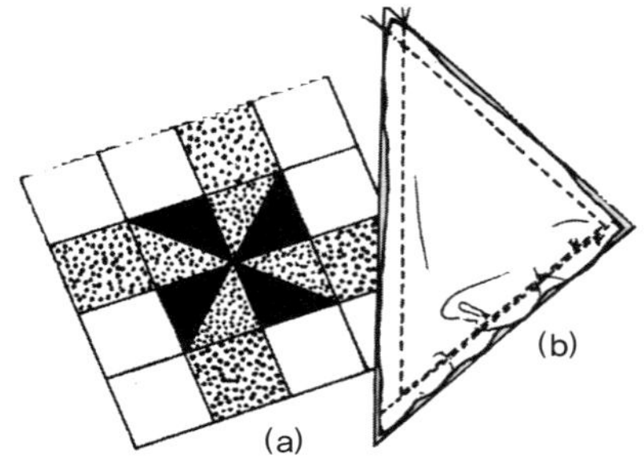

그림 11-32 (a) 솟아오른 조각 잇기 작업에 적합한 삼각형 모양의 패치워크 디자인. (b) 모든 조각을 연결하기 전에 삼각형의 한쪽 면에 개더를 잡아 안감에 시침해둔다.

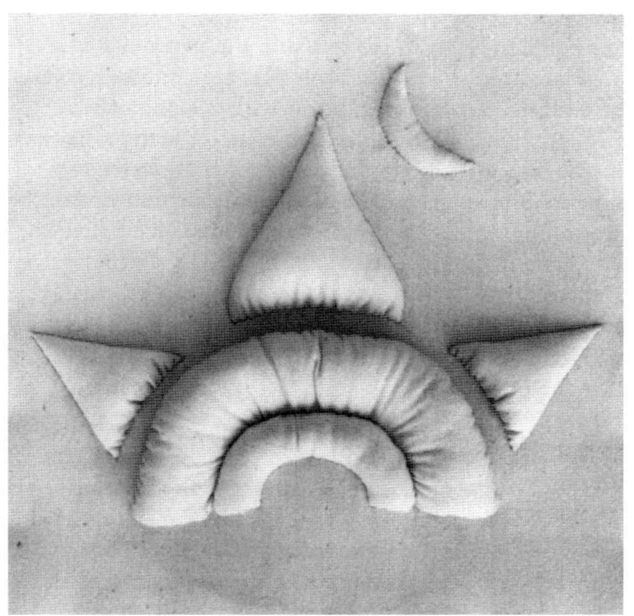

XI-12 잔주름과 동근 형태는 개더 처리해 작업한 디자인의 특징이다.
위쪽에 달 모양은 뒷면에서 솜을 채워 넣어 작업한 아플리케이다.

XI-13 개더 처리한 한쪽 견에 솟아오른 삼각형을 연결한 디자인.

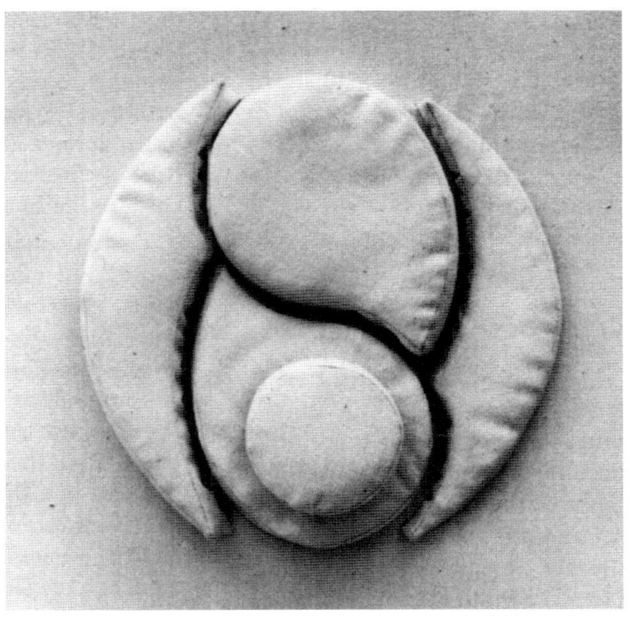

XI-15 덧댄 무의 안쪽에 퀼팅용 패드를 쌓아 올려
솟아오른 모양.

XI-14 (위에서 아래로) 한쪽 면에 무를 덧대어 솟아오른 아플리케.
세 면에 무를 덧대어 솟아오른 아플리케. 양쪽 끝부분에 무를
덧대어 솟아오른 아플리케. 아래에 있는 두 아플리케의 겉감은
접착 심지를 붙여 빳빳하게 만들어 작업했다.

반원형
Half-Rounds

반원형으로 솟아오른 형태는 길고 가느다란 천 조각에 솜을 채워 넣고 나란히 바탕천에 스티치해 표현하는 것이다.

작업 과정

❶ 가는 막대 모양을 수평, 끊김, 겹침, 사선 등의 요소를 이용해 어떻게 배치할지를 생각한다. 다양하고 대조적인 효과를 주기 위해 점점 가늘어지는 삼각형 모양과 채워 넣지 않을 부분을 정한다(**그림 11-33**). 연속되는 부분에 숫자를 표시한다. (이전에 작업한 반원형의 시접 위에 다음 반원형을 겹쳐놓고 작업한다.) 실제 디자인의 크기에 맞춰 확대한다.

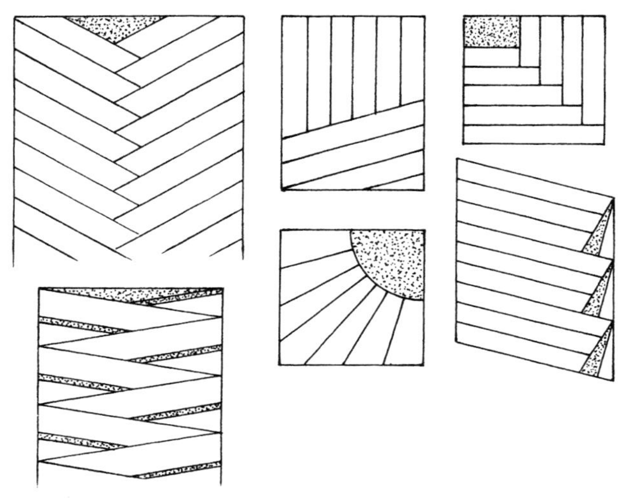

그림 11-33 반원형 디자인은 계속 이어지거나 반복되어 큰 모양을 만든다. 그림자 표시 부분은 솜을 채워 넣지 않을 부분이다.

❷ 안감을 디자인에 필요한 크기보다 약간 더 크게 잘라 바탕천으로 사용한다.

　ⓐ 안감의 뒷면에 접착 심지를 붙이거나, 가장자리에 두께가 있는 종이를 시침하거나, 풀을 먹여 힘 있게 만든다.

　ⓑ 의류용 마커로 바탕천에 디자인을 그린다. 그린 선은 솔기선이 되는 부분이다. 다른 색의 마커로 솔기선 옆에 시접선을 표시한다. 작업할 순서에 따라 일반적으로 오른쪽에 시접선을 표시한다. 이것은 가장자리를 맞추는 안내선이 된다(**그림 11-34**).

❸ 바탕천에서 반원형의 너비를 재고, 양쪽에 필요한 시접과 채워 넣은 뒤 솟아오르는 높이를 감안한 여유분을 더하여, 반원형의 적절한 너비를 결정한다. 솟아오르는 높

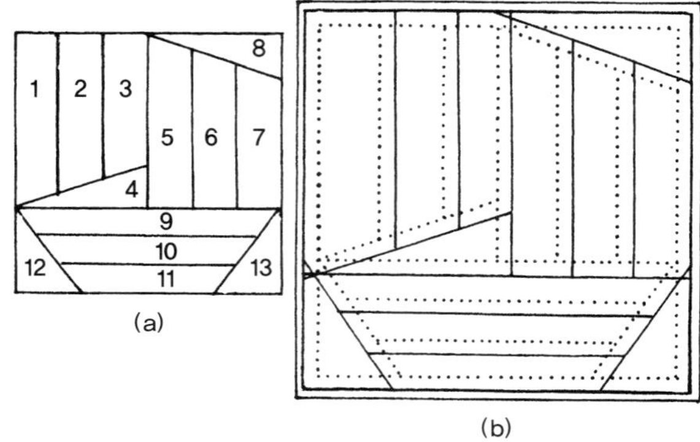

그림 11-34 (a) 봉제 순서에 따라 번호가 매겨진 조각으로 구성된 반원형 디자인. (b) 외곽선을 바탕천에 그린다. 점선은 솔기선을 나타낸다. 실선의 외곽선은 잘린 가장자리를 맞추는 선이다.

이를 고려해 더해주는 양은 바탕천에 표시된 반원형 너비의 1/3 이하여야 한다. 길이를 재고 반원형 원단을 자른다. 봉제하면서 필요한 만큼 계속 잘라 작업한다.

❹ 점점 가늘어지거나 삼각형 모양이 포함된 디자인 패턴을 그린다. 제일 넓은 부분에 솜을 채워 넣어 얼마나 솟아오르게 할지를 정한다. 끝부분에서 16분의 1인치(1.5mm) 정도를 남기고 넓은 부분에서 뾰족해지는 부분을 향해 자른다. 원하는 높이만큼 패턴을 벌려준다. 벌려진 모양에 맞춰 외곽선을 다시 그린다. 시접을 더한다(**그림 11-35**). 삼각형이나 점점 가늘어지는 반원형을 패턴이나 템플레이트를 이용해 그리고, 디자인에 필요한 만큼 자른다.

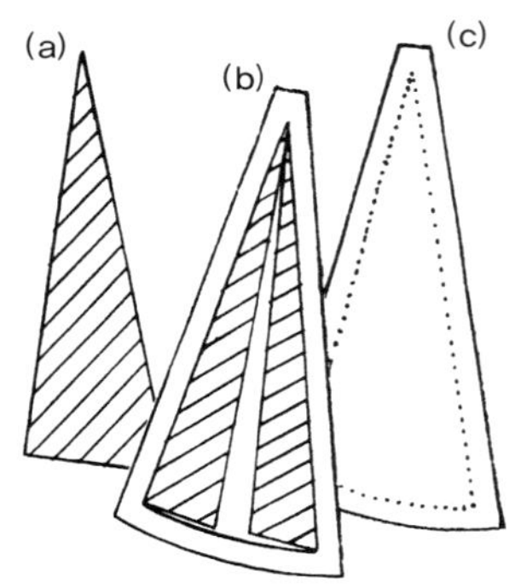

그림 11-35 (a) 그림 11-34 디자인에서 4번과 8번의 모양대로 삼각형을 자른다. (b) 패턴을 자르고 솟아오를 높이만큼 벌려준다. (c) 반원형 패턴.

❺ 정해진 디자인에 따라 다음과 같은 방법을 적용해 반원형을 봉제한다.

　ⓐ 바탕천의 첫 번째 반원형 외곽선을 덮을 만큼 충분한 크기로 반원형을 작업할 원단을 자른다. 1번 반원형의 가장자리를 표시한 안내선에 맞추어 시접선 안쪽에 있는 긴 솔기선을 따라 재봉틀로 바탕천에 봉제한다. 바탕천의 안내선에 따라 반원형의 끝을 잘라 정리한다〔**그림 11-36 (a)**〕.

　ⓑ 두 번째 반원형 외곽선을 덮을 만큼 충분한 크기로 반

원형을 작업할 원단을 자른다. 1번 바로 오른쪽에 2번 조각을 놓는다. 가장자리를 맞추고, 반원형 1번과 2번 조각의 공통 솔기선을 봉제한다. 2번 조각의 겉면이 위를 향하게 놓는다. 바탕천의 안내선을 따라 끝을 잘라 정리한다. 나머지 긴 부분의 가장자리를 안내선에 맞추어 바탕천에 시침한 후 시접선 안쪽에서 스티치한다. 또는 2번 솔기선을 시침하지 않고 2번과 3번 조각의 공통 솔기선을 봉제한다. 작업 과정을 나타낸 번호에 따라 반원형의 조각을 계속 연결한다〔**그림 11-36 (b), (c)**〕.

ⓒ 남은 원단을 이새 처리하면서 반원형의 끝부분을 바탕천에 재봉틀로 시침한다. 또는 먼저 손바느질로 개더 처리를 하고 그 위에 시침한다. 시접 바로 안쪽을 박아준다〔**그림 11-36 (d)**〕.

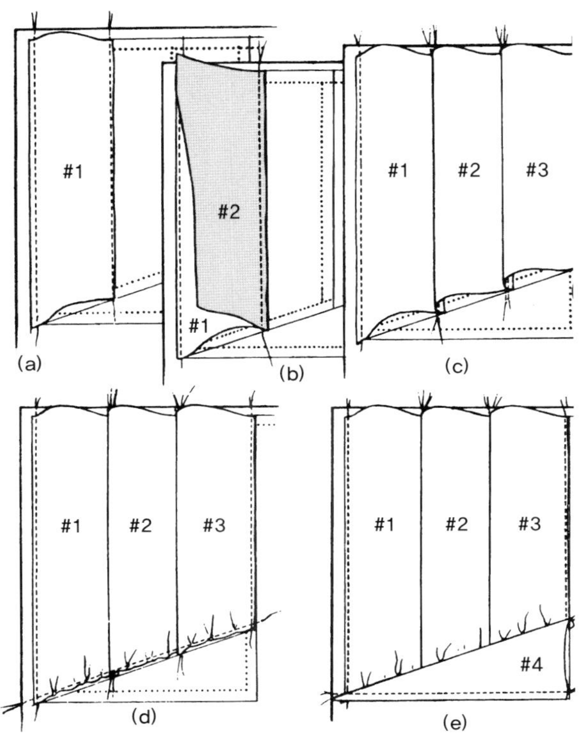

그림 11-36 그림 11-34를 참조해 표시한 바탕천에 반원형을 봉제한다. (a) 정해진 위치에 1번 조각을 시침한다. (b) 1번 조각의 가장자리에 맞춰 2번 조각을 봉제한다. (c) 2번 조각의 가장자리에 맞춰 3번 조각을 봉제하고 나머지 가장자리는 바탕천에 봉제한다. (d) 끝부분에서 이새 처리하여 솔기선에 시침한다. (e) 정해진 위치에 삼각형의 4번 조각을 봉제한다.

❻ 다음과 같은 방법으로 반원형을 부드럽게 채워준다(253쪽, '스터핑' 참조).

◆ 반원형의 한쪽이나 양쪽 끝을 열어둔다. 열린 부분으로 솜을 채워 넣는다. 가장자리 솔기선과 끝부분 쪽으로 가면서 얇아지고 가운데 부분은 볼록하게 솟아오르게 한다. 솔기선에 남은 원단을 이새 처리하거나 개더를 잡아 끝부분을 마무리한다(**그림 11-37**).

◆ 각 반원형을 봉제할 때 솜을 채워 넣으면서 작업한다.

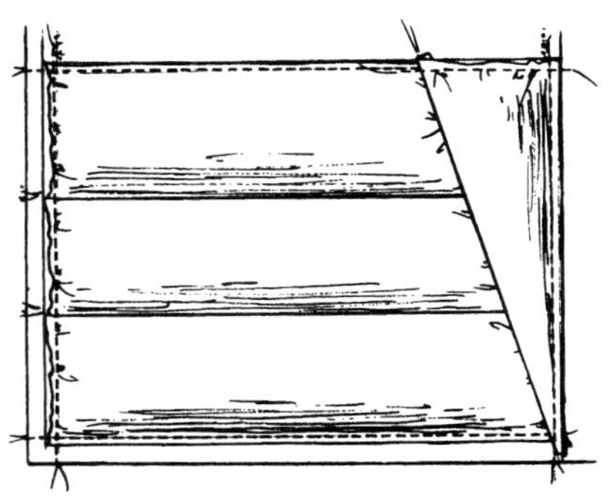

그림 11-37 반원형의 열린 끝부분으로 솜을 채워 넣은 후, 이새 처리하거나 개더 처리하여 바탕천에 봉제한다.

(1) 정해진 위치에 반원형의 첫 번째 면을 봉제한다.

(2) 반원형의 위쪽 끝을 이새 처리해 바탕천에 봉제한다. 모서리에서 바늘을 끼운 채 회전하여 반원형의 반대쪽 면을 봉제한다. 이때 자주 멈추면서 솜을 채워 넣는다. 아래쪽 모서리에서 바늘을 끼운 채 회전하고 남은 원단을 이새 처리하면서 스티치하여 끝부분을 마무리한다(그림 11-38). 시접 안쪽의 모든 솔기선을 박아준다.

그림 11-38 조금씩 솜을 채워 넣어가면서 동시에 반원형을 봉제한다.

❼ 임시로 고정한 것을 제거한다. 원하는 전체 크기가 될 때까지 반원형을 연결한다. 바탕천에 안감을 대고, 조각을 연결한 솔기선 부분과 간격을 두고 박아주어 마무리한다.

특징과 응용

이론적으로, 반원형의 바탕천 너비는 그것의 지름과 같다. 그러므로 반원형 너비에 반지름을 더하여 작업하면 반원 모양으로 채워 넣을 수 있다. 의도한 것이 아니라면 사실상 반원 모양으로 솜을 채워 넣는 것은 반원형 구조에서 너무 과하다. 반원형의 너비에 바탕천 너비의 1/4 이상을 더한 경우, 스터핑하여 솟아오를 것을 감안해 솔기선 옆의 안쪽에 공간이 생기도록 양 끝부분을 바깥쪽으로 곡이 지게 한다. 반원형 사이에 솔기선의 한쪽 끝부분을 바탕천에 박아 솟아오르게 한다. 가장자리 솔기선에서 약간 거리를 떼워 상침 솔기선을 더해준다. 정해진 위치에 반원형의 첫 번째 면을 봉제한 후 그 솔기선/접힌 선을 기준으로 상침할 거리를 정한다. 나머지 반원형 원단은 상침 솔기선과 바탕천에 고정한 두 번째 솔기선 사이의 공간이 된다(**그림 11-39**).

바탕천을 힘 있게 만들어주면, 봉제하는 동안 뒤틀리는 것을 막고 지나치게 솜이 채워지는 것을 방지한다. 지나치게 솜이 채워지면 아랫부분의 바탕천이 솔기선 사이에서 동그랗게 튀어나오기 시작한다. 솜을 채워 넣으면서 봉제할 때 재봉틀의 일반적인 노루발을 사용하면 솜이 지나치게 많이 채워지는 경향이 있다. 그러므로 직선 박기 노루발이나, 바늘의 중심을 왼쪽에 맞추고 지그재그 노루발을 사용한다.

가늘고 길게 솟아오르는 형태는 조금 솟아오른 반원형이다. 모든 점에서 반원형과 유사하지만 한 가지가 다르다. 바탕천에 스티치하는 반원형 조각에 스터핑 후 솟아오르는 양을 더해주지 않고 작업하는 것이다. 봉제 과정에서 아주 살짝 솜을 채워 넣어 가늘고 길게 솟아오르게 된다.

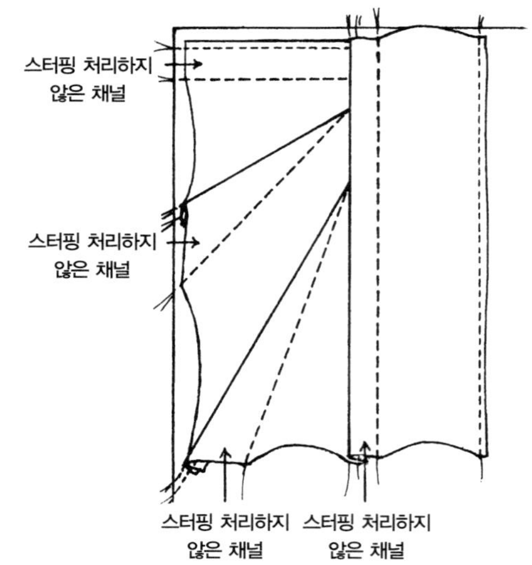

그림 11-39 반원형 구조에서 상침하여 채널을 만든다.

XI-16 아랫부분에서 서로 엮인 형태를 나타내는 응용 방법.

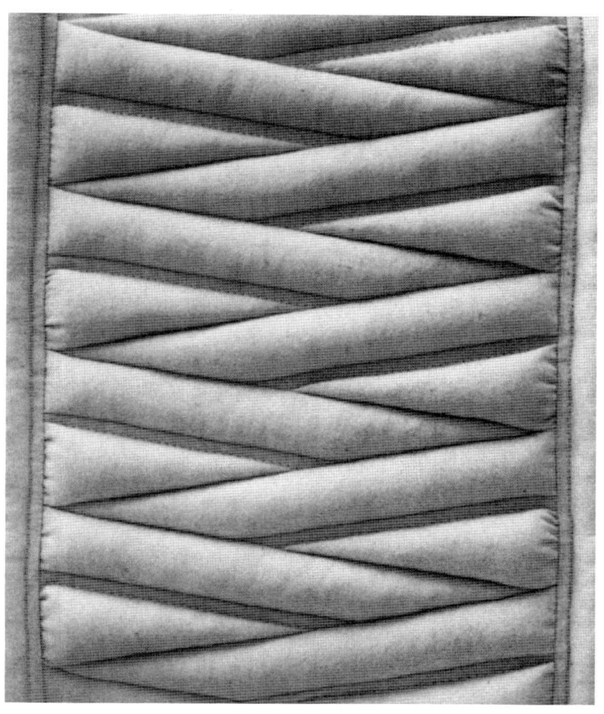

XI-17 양옆 반원형 가장자리 사이에,
상침한 채널로 분리한 지그재그 디자인의 반원형.

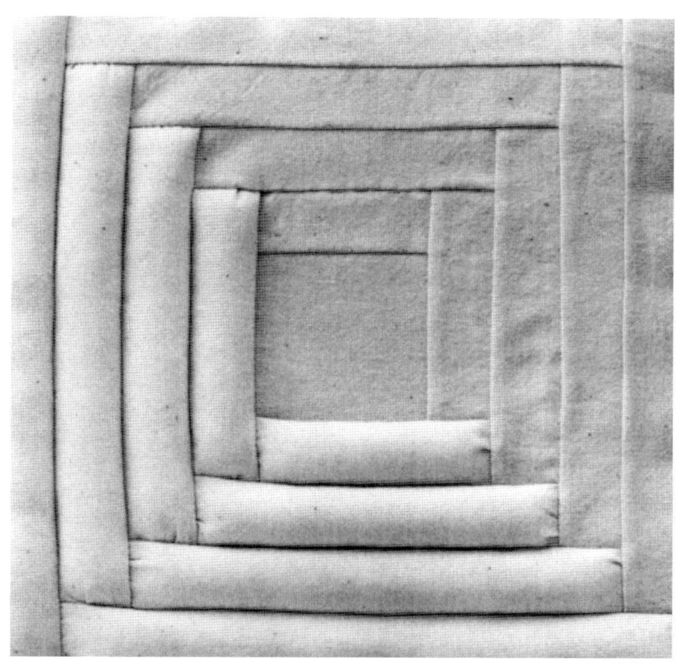

XI-18 두 면은 솟아오른 반원형으로,
다른 두 면은 솜을 채워 넣지 않은 부분으로 이루어진 전통적인 통나무집 패턴.

연결된 롤
Connected Rolls

턱을 만드는 방식으로 작업한 후 솜을 채워 넣은 긴 원통 모양을 배경이 되는 바탕천 위에 평행하게 줄지어 배열하는 것이다.

작업 과정

❶ 각 롤의 지름은 8분의 5인치(1.5cm)보다 길게 한다. 패턴에 각 롤의 위치를 정한다. 롤이 될 부분은 원단의 길이만큼 길고, 원하는 지름보다 3배 넓어야 한다. 롤의 양쪽 선은 서로 봉제할 솔기선이다〔그림 11-40 (a)〕. 각 롤의 솔기선 사이에 배경이 되는 공간을 놓는다.

◆ 서로 맞닿은 롤을 작업하는 경우, 지름이 같은 두 롤 사이에 지름 너비만큼 공간을 준다. 만약 서로 맞닿은 롤의 지름이 다를 경우, 두 롤의 반지름을 더한 만큼 공간을 만든다.

◆ 롤 사이로 배경이 되는 바탕천이 보이도록 작업하는 경우, 두 롤 사이에 보일 공간의 너비에다 옆에 있는 각 롤의 반지름을 더하여 공간의 너비를 정한다.

❷ 의류용 마커로 원단의 겉면에 각 롤의 봉제할 솔기선을 그린다. 원단의 위아래 가장자리 부분에서 솔기선을 측정하고 표시한 다음, 서로 직선으로 연결하여 그린다.

❸ 두 솔기선을 원단의 겉면을 위로 하여 접고 핀으로 고정한 후 맞추어 봉제한다. 위에 보이는 선을 따라 재봉틀로 스티치한다〔그림 11-40 (b)〕. 길이가 매우 긴 롤은 9~12인치(23~30.5cm) 간격으로 솔기에 1.5인치(4cm) 정도의 창구멍을 남겨두어 솜을 채워 넣고, 길이가 12인치(30.5cm) 이하의 롤은 끝부분의 열린 곳으로 솜을 채워 넣는다.

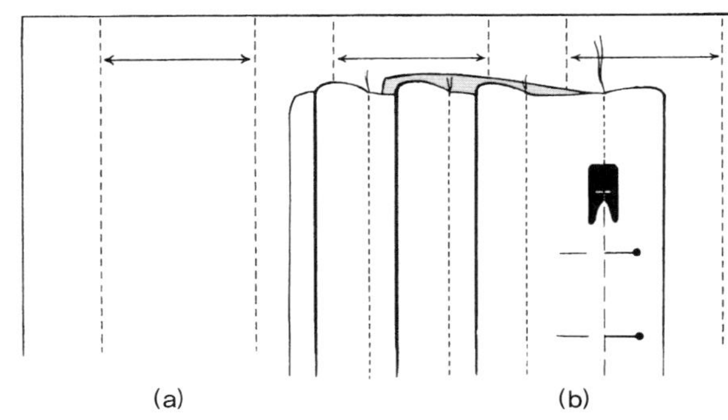

그림 11-40 (a) 연결한 롤을 작업하기 위해, 같이 봉제할 솔기선을 화살표로 표시한 패턴. (b) 핀으로 솔기선을 고정하고 봉제한다.

❹ 원통 모양으로 봉제하고 솔기나 끝부분에 남겨둔 창구멍으로 솜을 채워 넣는다(253쪽, '스터핑' 참조). 원하는 디자인에 적합하도록 유연한 정도를 유지하면서 둥글고 매끈

해질 때까지 솜을 채워 넣는다. 끝으로 갈수록 솜의 양을 줄여서 시접 부분에는 솜이 채워지지 않도록 한다. 열린 끝부분을 손바느질로 사다리 스티치하여 마무리한다.

❺ 끝부분을 바인딩으로 처리하거나 다른 원단과 연결하기 위해 솜을 채워 넣은 롤의 끝부분을 막는다.

◆ 채워진 롤의 지름에 맞게 시접 부분을 플리츠나 개더로 처리한다. 솔기선이 중앙에 오도록 시접을 놓는다. 시접 안쪽을 스티치하면서 손바느질이나 재봉틀로 배경 원단에 시침한다.

◆ 롤의 너비를 유지하면서 중심을 맞춰 시접을 눌러 박는다(그림 11-41).

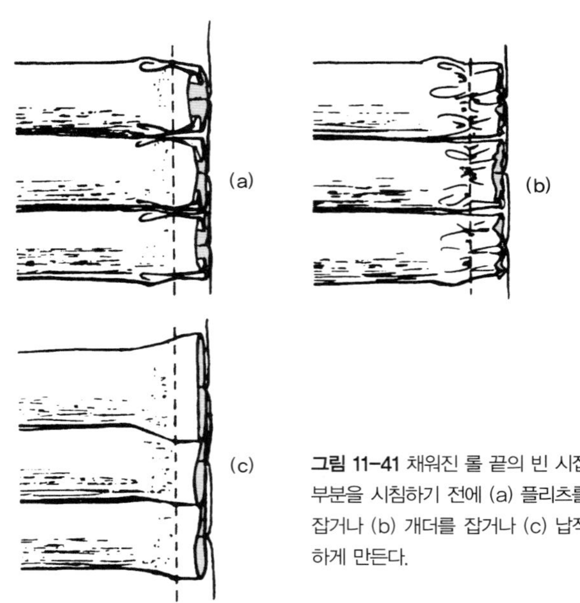

그림 11-41 채워진 롤 끝의 빈 시접 부분을 시침하기 전에 (a) 플리츠를 잡거나 (b) 개더를 잡거나 (c) 납작하게 만든다.

특징과 응용

원의 둘레는 지름의 3.1416배이다. 하지만 단순하게 지름의 3배로 계산하기로 한다. 만약 원단의 조직이 촘촘해서 탄력이 없다면, 3배보다 조금 넉넉하게 계산한다.

일정한 지름의 롤을 위한 솔기선은 접히는 곳으로부터 일정한 거리만큼 떨어져서 직선을 이루어야 한다. 솔기선을 다양하게 작업하면 스터핑한 롤의 모양과 크기, 작업 방법 등이 바뀐다. (1) 접히는 쪽으로 기울어지는 직선 솔기선은 가늘어지는 롤 모양이 된다(그림 11-42).

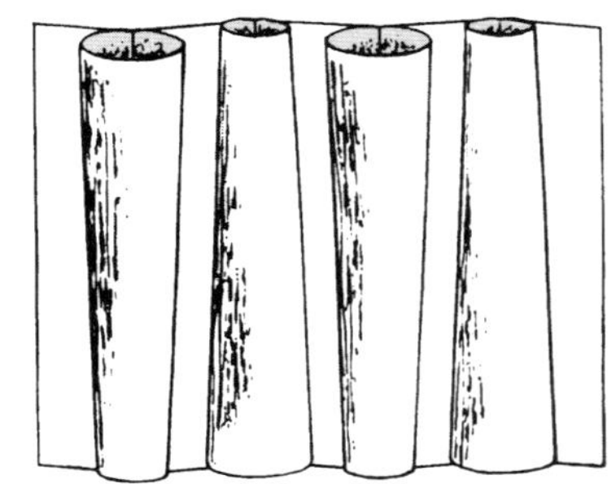

그림 11-42 가늘어지는 롤.

(2) 가로지르는 솔기선은 롤을 여러 부분으로 나눈다. 스터핑 후에 지름의 길이를 줄이기 위해 솜을 채워 넣지 않은 롤을 솔기선의 중심을 맞추어 납작하게 하고 양쪽에 주름을 잡는다. 주름 잡힌 롤을 가로질러 직선으로 상침한다(그림 11-43 (a)). (3) 솔기선으로 롤을 전체적으로 나누거나 일부분을 나누어 두 개의 롤을 만든다. 솔기선에 롤의 중심을 맞추고 중심을 상침한다(그림 11-43 (b)).

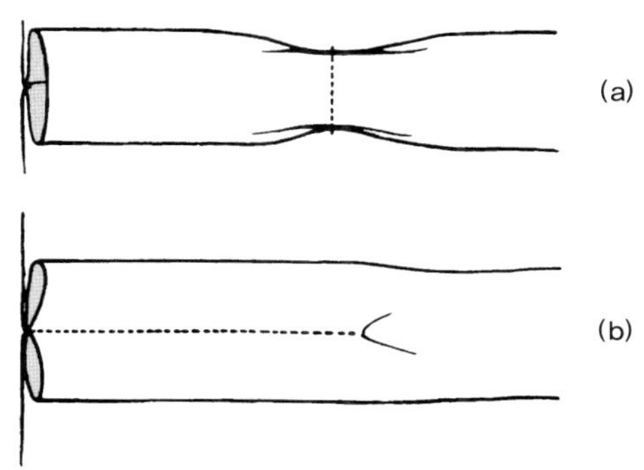

그림 11-43 스터핑한 롤의 응용. (a) 주름 잡힌 롤을 가로질러 상침한다. (b) 롤의 중심을 상침한다.

솔기선에 솜을 채워 넣을 창구멍이 있다면, 롤의 한쪽이나 양쪽 끝은 솜을 채워 넣기 전에 모두 막아도 된다. 원형으로 이루어진 롤을 만들기 위해서는 미리 표시해둔 솔기선에 맞추면서 원단의 끝부분을 같이 봉제한다. 솔기선을 같이 스티치하여 롤을 완성한다. 솔기선의 창구멍으로 솜을 채워 넣는다.

배경 원단에 롤을 납작하게 봉제해 끝을 막으면 채워진 솜이 나오지 않고 동시에 롤을 고정할 수 있다. 길고 굵은 수평 롤의 솔기선이 휘지 않도록 배경 원단에 손바느질로 롤의 솔기선 옆면을 시침 고정한다.

분리된 롤은 부착할 원단과는 별도로 봉제하고 스터프 처리한다. 롤 지름의 3배에 양쪽 시접을 더한 너비로 가늘고 긴 원단 조각을 자른다. 긴 양끝을 같이 스티치하여 롤을 만든다. 끝부분이나 솔기선에 있는 창구멍으로 솜을 채워 넣는다.

표면에서 분리된 롤은 원단의 겉면이 안쪽으로 가도록 접고, 양끝을 스티치한 후 겉면이 밖으로 나오도록 뒤집어 스터프 처리한다(그림 11-44 (a)). 표면 롤은 안쪽에 숨겨진 솔기선을 손바느질로 바탕천에 고정한다. 바이어스로 재단한 롤은 다양한 곡선을 표현할 수 있다.

솔기가 있는 분리된 롤은 원단의 겉면이 보이도록 천을 맞대어 봉제한다. 봉제하는 과정에서 작업을 멈추고 노루발을 든 상태에서 부드럽게 솜을 채워 넣는다(그림 11-44 (b)). 외노루발로 두 조각의 원단을 연결하는 솔기선 사이에 롤을 끼워 넣는다. 첫 번째 원단의 겉면에 가장자리를 맞추고 시침한다. 롤을 사이에 두고 두 번째 원단과 첫 번째 원단의 겉면

을 마주대고 봉제한다. 대체 방법: 솔기선에 창구멍을 남기고, 솜을 채워 넣지 않은 롤을 두 원단의 솔기가 맞닿는 부분 사이에 끼워 박는다. 솜을 채워 넣고 손바느질로 창구멍을 막는다.

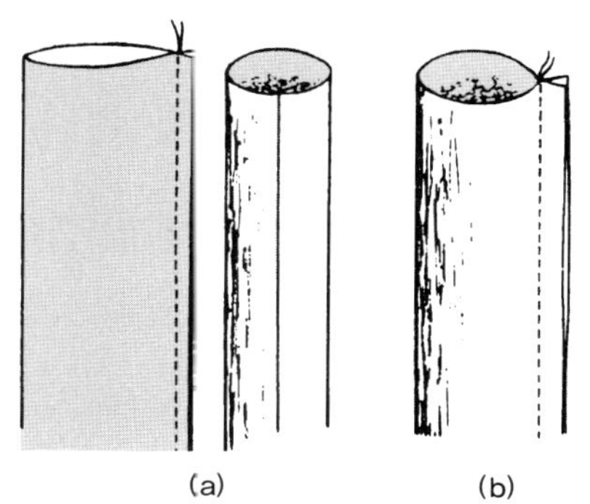

그림 11-44 분리된 롤. (a) 표면에서 분리된 롤은 봉제 후 솜을 채워 넣는다. (b) 솔기가 있는 분리된 롤은 봉제하면서 솜을 채워 넣는다.

XI-19 점차 커지는 형태의 채워진 롤.

XI-20 점점 가늘어지는 롤이 얇은 천을 지탱하면서 둘러싸고 있다.
솔기가 있는 분리된 롤로 원형의 위아래를 고정했다.

XI-21 롤을 가로지르는 솔기선은 전체 패턴을 복잡하게 만든다.

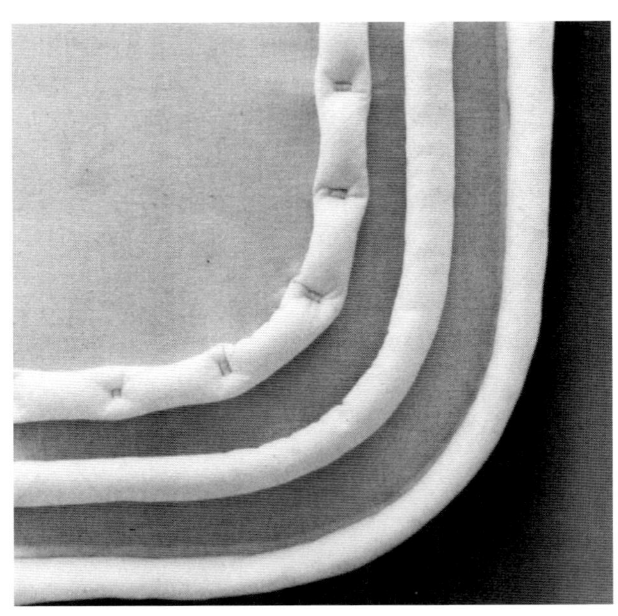

XI-22 바이어스로 재단해 만든, 표면에서 분리된 롤과
솔기가 있는 분리된 롤. 이것을 각각 곡선과 가장자리에 응용했다.

작은 쿠션
Little Pillows

두 겹의 원단을 기하학적인 모양으로 잘라 가장자리를 봉제해 뒤집고 솜을 채워 넣어 통통하게 만드는 것이다. 원하는 디자인에 따라 연결한 작은 쿠션은 안감을 처리할 필요 없이 양면을 모두 사용할 수 있다.

작업 과정

❶ 서로 맞닿은 가장자리에 빈 공간을 만들지 여부를 결정하고, 연결되는 기하학적 문양을 격자 모양의 바탕천에 구성한다(**그림 11-45**). 구성요소의 실제 크기를 정한다.

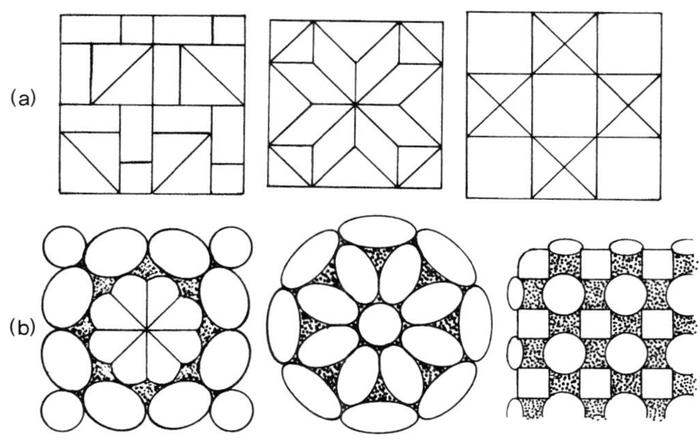

그림 11-45 직선과 곡선 면을 사용해 작은 쿠션을 디자인한다. (a) 연결해 하나의 조각으로 완성한다. (b) 빈 공간이 디자인의 일부가 되게 연결한다.

❷ 여러 가지 모양의 다자인으로 패턴을 그린다.

ⓐ 각 모양의 외곽선을 그린다. 솜을 채워 넣어 솟아오를 높이/깊이를 예측한다(**그림 11-46**). 각 외곽선을 예측한 높이의 1/4만큼 늘려준다. 예를 들어 예측한 깊이가 0.25인치(6mm)이면 원래 그려놓은 외곽선에서 16분의 1인치(1.5mm) 밖으로 그려준다. 만약 측정한 깊이가 0.5인치(1.3cm)이면 원래의 외곽선에서 전체적으로 8분의 1인치(3mm) 늘려준다.

그림 11-46 작은 쿠션의 단면. 솜을 채워 넣었을 때 생기는 높이를 예측하여 치수를 정한다.

ⓑ 원형이나 타원형의 패턴을 확대한다(**그림 11-47**).

ⓒ 정사각형, 직사각형, 삼각형, 그 밖에 다른 모양들의 확대한 외곽선을 원래 모양의 모서리에 곡선으로 연

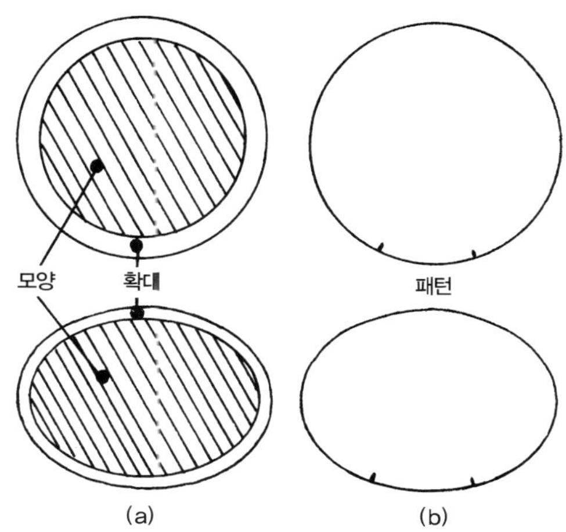

그림 11-47 원형과 타원형의 작은 쿠션을 위한 패턴. (a) 예측한 높이를 위해 패턴을 확대한다. (b) 솜을 채워 넣기 위해 창구멍을 표시한, 시접 없는 패턴.

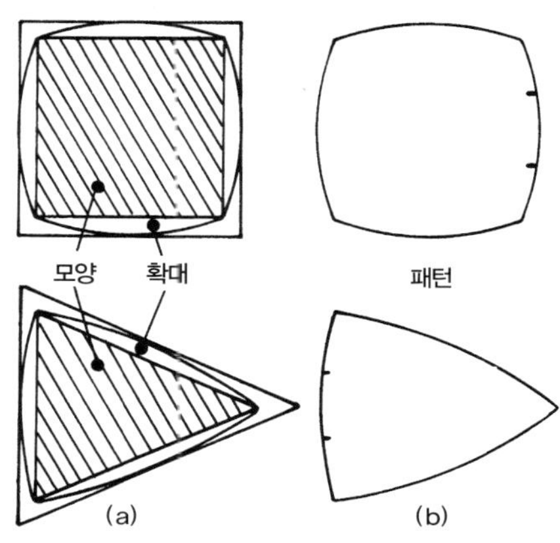

그림 11-48 직사·각형과 삼각형의 작은 쿠션을 위한 패턴. (a) 원래 모양의 모서리에 연결하면서 확대한 모양. (b) 솜을 채워 넣기 위해 창구멍을 표시한, 시접 없는 패턴.

결한다(**그림 11-48**).

ⓓ 패턴을 자른다. 뒤집고 솜을 채워 넣기에 적합한 크기의 창구멍을 표시한다. 패턴의 외곽선은 솔기선을 나타낸다.

❸ 의류용 마커로 원단 안쪽에 창구멍을 표시하고 외곽선을 그린다. 이때 인접한 외곽선 사이에 충분한 공간을 두어 원단을 자를 때 시접을 더할 수 있게 한다.

❹ 두 번째 원단과 겉면을 마주대고 그려진 외곽선에 맞춰 핀을 꽂는다. 재봉틀로 창구멍의 시작과 끝을 되박음질하고 직선 스티치한다. 작지만 충분한 시접을 더하여 잘라낸다(**그림 11-49**). 모서리 부분의 시접을 사선으로 잘라 정리한다. 겉면이 밖으로 나오도록 뒤집는다.

❺ 적절한 두께와 안정된 모양이 될 때까지 각 쿠션에 솜을 채워 넣는다(**253쪽, '스터핑' 참조**). 일직선 부분은 끝이 반듯하게 펴질 때까지 솜을 채워 넣는다. 원형이나 타원형은 솔기 모양이 찌그러지거나 주름지기 전에 채워 넣기

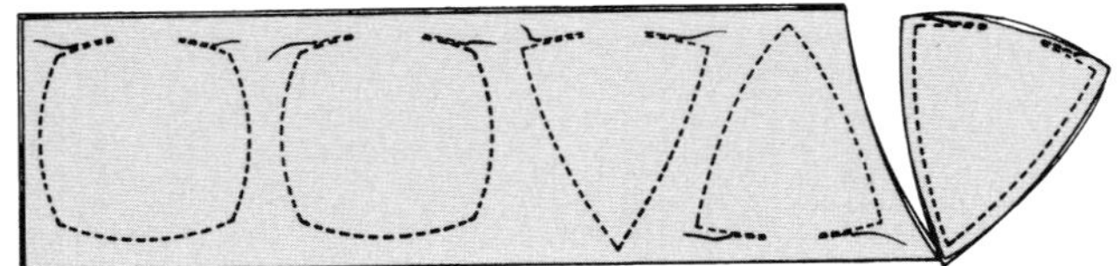

그림 11-49 창구멍을 남기고 외곽선을 봉제한 뒤 솔기의 바깥쪽을 잘라 낸다.

를 멈춘다. 손바느질로 사다리 스티치나 휘갑치기를 하여 창구멍을 닫는다.

❻ 미리 계획한 디자인에 따라 쿠션을 연결한다.

◆ 쿠션의 직선 면을 닫는 방법. (1) 모서리의 끝부분이 정확히 맞도록 한다. 특별히 솔기가 긴 경우, 사다리 스티치를 하거나 간격을 두어 시침한 후 봉제한다. (2) 앞면에서 바느질한 자국이 보이지 않도록 가장자리를 휘갑치거나, 지그재그 스티치, 새틴 스티치 또는 장식 스티치를 한다(그림 11-50).

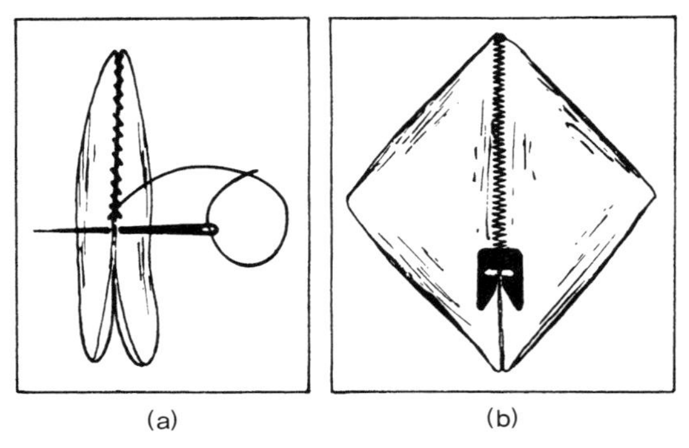

(a)　　　　(b)

그림 11-50 쿠션의 직선 면을 닫는 방법. (a) 쿠션의 뒤쪽 솔기를 촘촘하게 휘갑치기한다. (b) 서로 맞닿은 가장자리 위에 지그재그 스티치나 새틴 스티치를 한다.

◆ 원형, 타원형, 사각형의 쿠션을 빈 공간이 있게 연결하는 방법. 쿠션이 서로 맞닿은 부분을 손바느질로 휘갑치기하거나 끈으로 묶어준다. 쿠션의 직선 면을 끈으로 묶어주거나, 패고팅(fagoting) 처리하거나, 태브로 연결한다(그림 11-51).

특징과 응용

패턴의 높이는 전체적인 모양의 크기에 따라 달라진다. 큰 모양은 작은 모양보다 높게 만들 수 있다. 다양한 크기의 모양을 포함한 디자인은 솜을 채운 뒤 각기 다른 높이로 솟아오른 형태를 띨 것이다. 일반적으로 예측한 것보다 조금 더 솟아오르는 경향이 있다. 한 변의 길이가 4인치(10cm) 이상인 정사각형이 많은 디자인은 대부분 투박하고 크며 무거운 느낌을 준다.

각 면 사이에 길이 차이가 많은 패턴을 디자인하려면(길게

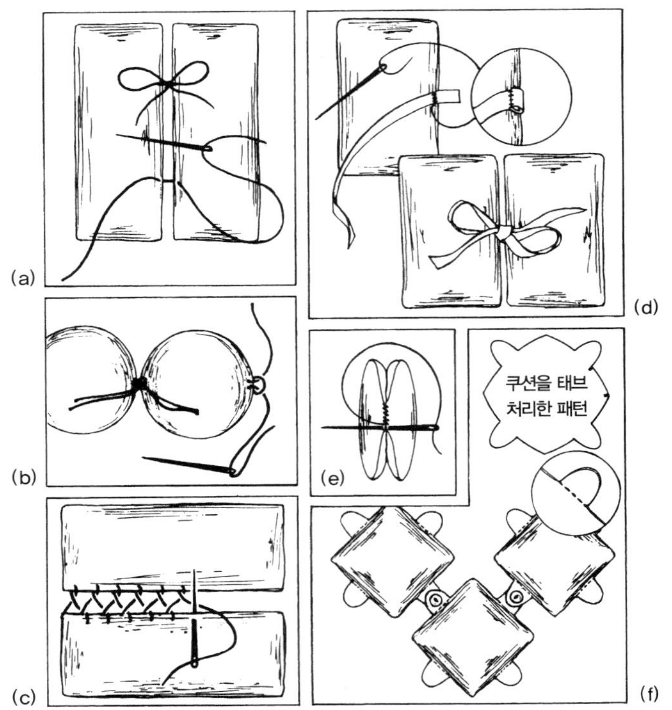

(a)　　　　(d)

(b)　　　　(e)

(c)　　　　(f)

그림 11-51 작은 쿠션을 빈 공간이 있게 연결하는 방법. (a, b) 스트링으로 묶는다. (c) 패고팅. (d) 리본으로 묶는다. (e) 맞닿은 부분을 휘갑치기한다. (f) 쿠션의 각 면에 곡선으로 돌출한 태브를 더해준다.

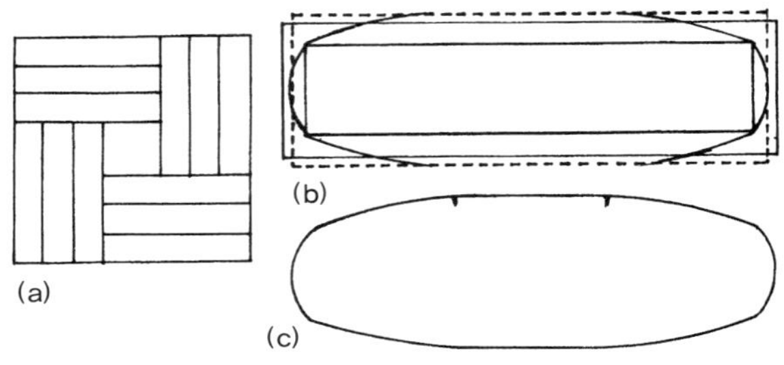

(a)　　　　(b)

(c)

그림 11-52 (a) 작은 쿠션 디자인. (b) 원하는 높이만큼 확대한다. 짧은 부분에서 줄인 만큼 긴 부분에 더해준다(점선). 확대한 부분을 원래 모양의 모서리와 만나도록 곡선으로 이어 그린다. (c) 창구멍이 표시된 패턴.

늘어진 직사각형, 삼각형, 타원형), 일반적인 방법으로 확대한 뒤 짧은 부분의 확대 분량을 줄여주고, 줄인 만큼 긴 부분에 더해준다(그림 11-52).

작은 쿠션의 두 가지 응용 방법. (1) 쿠션을 뒤집은 다음, 솜을 채워 넣기 전에 중심에 작은 모양의 외곽선(원형, 다이아몬드형, 직사각형, 클로버 잎 모양)을 그리고 손바느질이나 재봉틀로 봉제한다. (2) 솜을 채워 넣은 뒤 가장자리 중간에 장식 끈을 달거나 단추를 달아 뒷면에서 연결한다.

구멍이 있는 쿠션은 뚫린 부분이 있는 사각형 모양의 작은 쿠션이다. 패턴은 작은 쿠션과 같지만 외곽선에 시접을 더해주고 중심에 구멍을 나타내는 선도 있어야 한다. (1) 안감에 패턴의 외곽선과 작은 구멍을 위한 선을 그린다. (2) 겉감과 안감을 자른다. (3) 겉면을 마주대고 겉감과 안감을 작은 구

멍의 선을 따라 봉제한다. 솔기선 안쪽을 잘라내고 시접에 가위집을 준다. 겉면이 밖으로 나오도록 뒤집는다. (4) 모든 가장자리를 맞추고 계획한 대로 두 겹을 봉제한다. 정확하게 작업하기 위해 안감에 표시한 솔기선을 따라 봉제한다(그림 11-53). (5) 안감에 한두 군데를 잘라 솜을 채워 넣는다. (6) 일반적인 작은 쿠션과 달리 안감에 천을 덧대어 시접과 창구멍 등을 감추고 보호한다. 작은 구멍의 선을 따라 안감에 덧댄 천을 시침 고정한다. 뒷면에 덧댄 천은 구멍을 통해 겉면에서 보인다. 뒷면의 덧댄 천을 구멍 주변의 시접만 남기고 잘라버린 뒤 시접을 안으로 집어넣어 안감에 고정해 구멍을 뚫기도 한다.

도톰하고 힘이 있는 작은 쿠션에 비해 **솜을 넣은 패치워크**는 납작하고 부드러워 보인다. 솜을 넣은 패치워크는 직선 면을 손바느질이나 재봉틀로 작은 쿠션과 같은 방법을 이용해 연결한다. 예외: 1) 일반적인 경우는 솜을 채워 넣은 뒤 두꺼워지는 것을 고려해 패턴을 확대하지만 솜을 넣은 패치워크는 패턴을 확대하지 않는다. (2) 안쪽에 솜을 채워 넣어 패치워크의 모양이 줄어들면서 솟아올라 가장자리가 휘지 않도록 주의한다(그림 11-54). 작은 쿠션과 같은 방법으로 원단을 재단하여 작업한다. 또는 직사각형을 정사각형으로, 정사각형을 삼각형이나 직사각형으로 접어서 잘린 가장자리만 봉제하기도 한다.

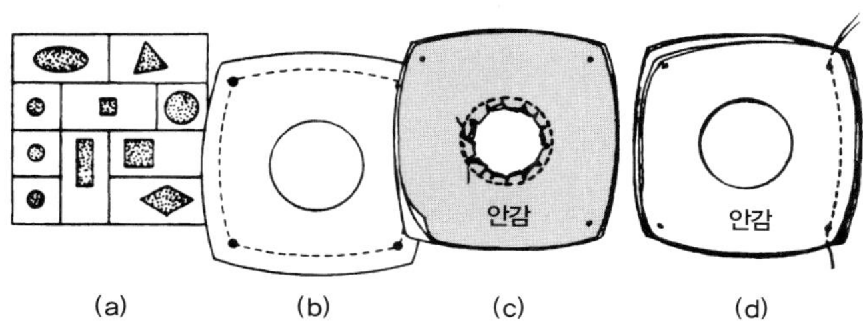

그림 11-53 (a) 구멍이 있는 쿠션 디자인. (b) 외곽선에 시접을 더해주고 가운데 구멍을 그려놓은 패턴. (c) 겉감과 안감을 같이 봉제하여 준비한 구멍이 있는 쿠션. (d) 두 가장자리를 같이 봉제한다.

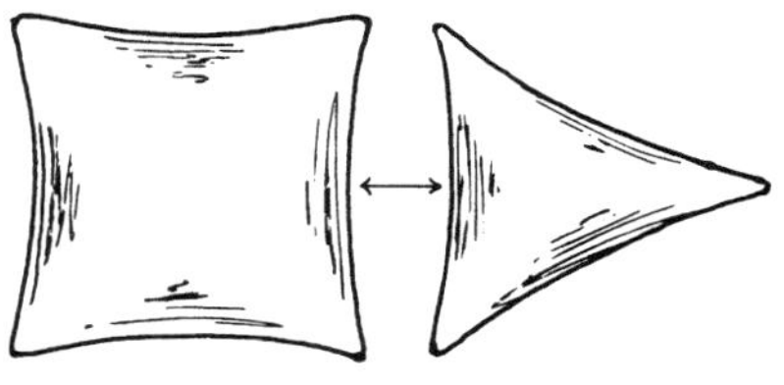

그림 11-54 너무 많이 채워 넣은 솜 때문에 가장자리가 휘어 연결하기 어려운 쿠션.

XI-23 정사각형, 삼각형, 직사각형을 손바느질이나 새틴 스티치로 연결한다.

XI-24 판 위에 원형과 타원형을 손바느질하여 서로 연결한다.

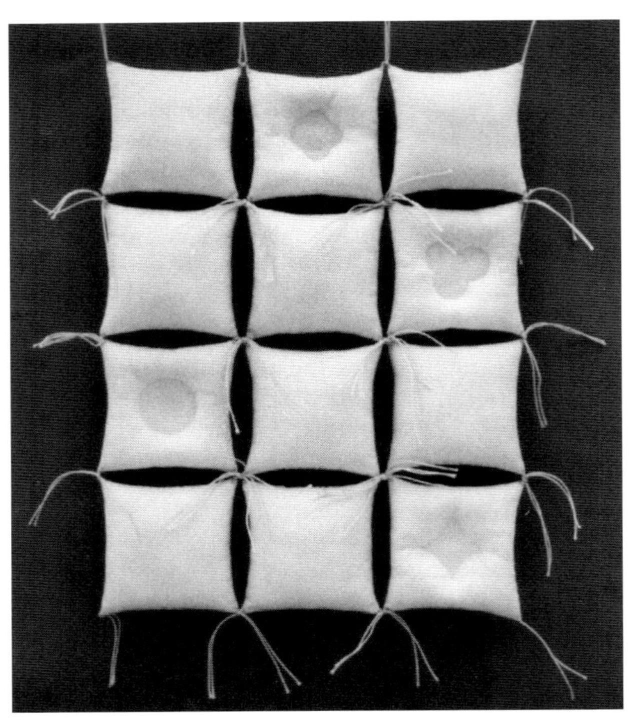

XI-25 두께를 감안해 확대하지 않은 패턴으로 작업하여 가장자리가 휜 쿠션. 가운데를 상침해 납작한 부분이 있는 네 개의 쿠션.

XI-26 16개의 정사각형: 채워 넣지 않은 3개, 작은 쿠션 5개, 구멍이 있는 쿠션 8개. 뒷면의 덧댄 원단을 잘라내어 삼각형의 구멍이 생긴다.

비스킷
Biscuits

크기가 큰 겉감을 작은 사각형의 바닥면에 같이 봉제하여 쿠션 모양
으로 솟아오르게 하는 것이다. 솔기 가장자리에 잡힌 주름은 솜을 채
워 넣을 수 있는 공간을 만든다.

작업 과정

❶ 바닥면이 될 정사각형을 그리고, 시접을 더해준다. 솜을
채워 넣었을 때 솟아오를 높이를 감안해 바닥면보다 치
수를 늘려주고 시접을 더하여 비스킷의 패턴을 만든다.
예를 들어 1인치(2.5cm)를 높이기 위해 3인치(7.5cm)의
사각형을 4인치(10cm)로 늘려주고, 0.5인치(1.3cm)를 높
이기 위해 3인치(7.5cm)의 사각형을 3.5인치(9cm)로 늘
려준다. 바닥면과 비스킷의 모든 가장자리에 중심점을
표시하고 패턴을 자른다.

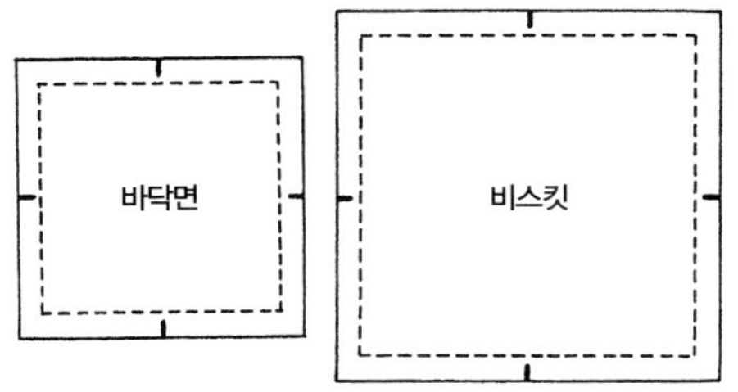

그림 11–55 중심점이 표시된 바닥면과 비스킷 패턴.

❷ 안감으로 바닥면을 자른다. 겉감으로 각 비스킷을 자른
다. 바닥면과 비스킷이 되는 원단 겉면의 시접 안쪽에 중
심점을 표시한다.

❸ 비스킷의 겉면을 위로 향하게 하여 바닥면에 모서리와
가장자리를 맞추어놓고 시접선 안쪽을 스티치한다. 비스
킷을 바닥면의 크기에 맞추어 줄이기 위해 각 면에 주름
을 잡는다.

  ◆ 비스킷과 바닥면의 차이가 1인치(2.5cm) 이하이면, 각
    면에 외주름을 잡는다(**그림 11–56**).
  ◆ 비스킷과 바닥면의 차이가 1인치(2.5cm) 이상이면, 각
    면에서 맞주름을 잡는다(**그림 11–57**).
  ◆ 마지막 가장자리를 봉제할 때 주름을 고정한 다음, 멈
    추어 창구멍을 남기면서 각 주름이 있는 네 면을 봉제
    한다.

❹ 비스킷을 연결한다. 주름으로 생긴 공간에 부드럽게 솜
을 채워 넣는다(**253쪽, '스터핑' 참조**).

  ◆ 각 줄의 바깥쪽에 창구멍이 위치하도록 하면서, 두 줄

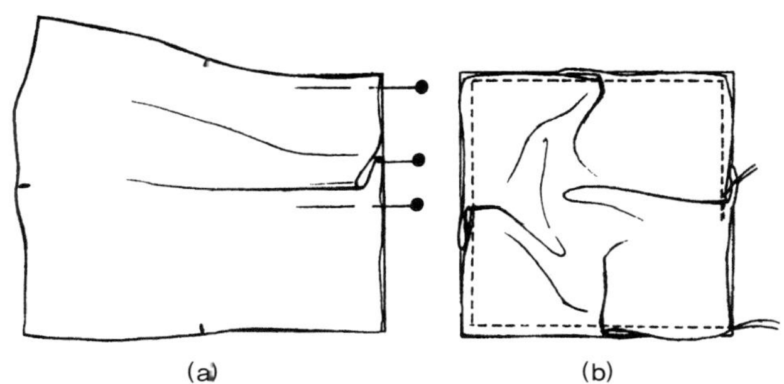

(a)　　　　　(b)

그림 11–56 비스킷에 외주름을 잡아 바닥면에 봉제한다. (a) 겉주름선이
중심점에 맞도록 핀으로 고정하고 주름을 잡는다. (b) 창구멍을 남기고 비
스킷을 봉제한다.

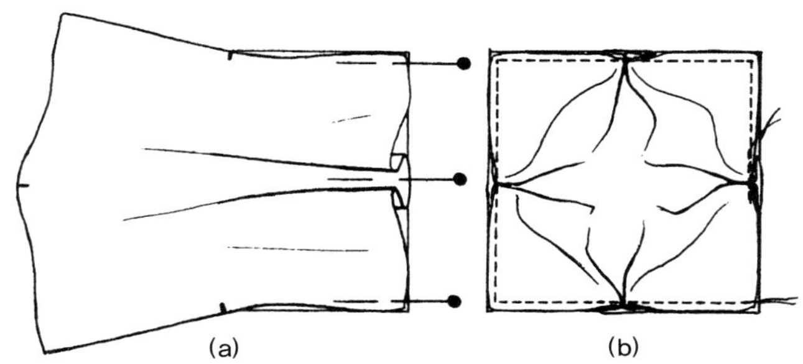

(a)　　　　　(b)

그림 11–57 비스킷에 맞주름을 잡아 바닥면에 봉제한다. (a) 맞주름선이
중심점에 맞도록 핀으로 고정하고 주름을 잡는다. (b) 창구멍을 남기고 비
스킷을 봉제한다.

의 비스킷을 겉면끼리 마주대고 봉제한다. 비스킷에 솜
을 채워 넣는다. 외노루발로 창구멍을 상침한다. 창구
멍이 바깥쪽에 위치하도록 하면서, 솜을 채운 비스킷
두 줄과 채우지 않은 비스킷의 겉면끼리 마주대고 시침
하여 봉제한다(**그림 11–58**).

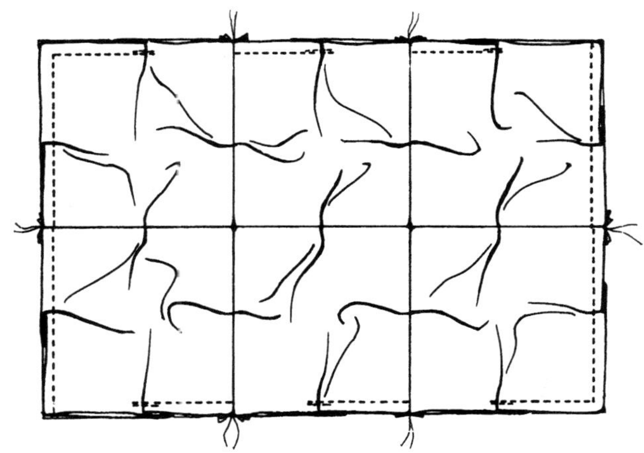

그림 11–58 바깥쪽으로 창구멍이 가도록 하고 비스킷 두 줄을 봉제하여
연결한다. 솜을 채워 넣은 후, 양쪽으로 채우지 않은 줄을 계속 연결한다.

◆ 다른 방법은 고든 비스킷을 연결한 후 솜을 채워 넣는
  것이다. 창구멍을 남기지 않고 비스킷을 만들어 모든
  비스킷을 연결하고 바닥면을 베어내 창구멍으로 사용
  한다. 솜을 채워 넣은 후 손바느질로 창구멍을 닫는다.

❺ 뒷면의 보이는 시접을 가리기 위해 안감을 덧대고, 각 쿠션이 만나는 교차점을 고정한다.

특징과 응용

비스킷은 부드럽게 채워진 솜으로 쿠션같이 볼록한 모양을 이룬다. 동그란 형태의 비스킷을 만들려면 사각형의 모서리 부분에 솜을 채워 넣지 않으면 된다.

크기가 커질수록 솜을 채워 넣은 비스킷 줄에 채워 넣지 않은 비스킷 줄을 연결하기가 어려워진다. 두 부분을 연결할 때, 넓은 부분은 솜을 넣지 않고 작업한 다음 바닥면을 베어내 그 틈으로 솜을 채워 넣는다.

쉽고 빠르게 비스킷을 만드는 방법으로 블록을 사용한다. (1) 네 개 이상의 비스킷을 서로 연결할 사각형의 바닥면을 격자 모양으로 그린다. 주름을 잡기 위해 확대하여 비스킷을 격자 모양으로 그린다. 두 패턴의 모든 가장자리에 주름의 위치를 표시하고 시접을 더해준다. (2) 의류용 마커로 원단에 바닥면과 비스킷의 격자 모양, 주름의 위치를 그린다. (3) 평행한 모든 솔기선에 주름을 핀으로 고정하고, 바닥면에 겉감을 봉제한다. 교차하는 솔기선도 같은 방법으로 작업한다(그림 11-59). (4) 전체 비스킷을 완성한다. 각 비스킷의 바닥면을 베어내 그 틈으로 솜을 채워 넣는다.

전통적인 비스킷의 바닥면은 정사각형이지만, 그렇지 않은 경우도 있다(그림 11-60). 솟아오를 높이의 1/2만큼 바닥면을 확대하여 패턴을 만든다.

비스킷 사이에 솜을 넣지 않은 부분과 원단을 아래로 잡아당겨 쭈글쭈글하게 만든 부분을 배치하여, 질감과 높낮이를 다르게 표현한다(20쪽, '퍼로잉' 참조).

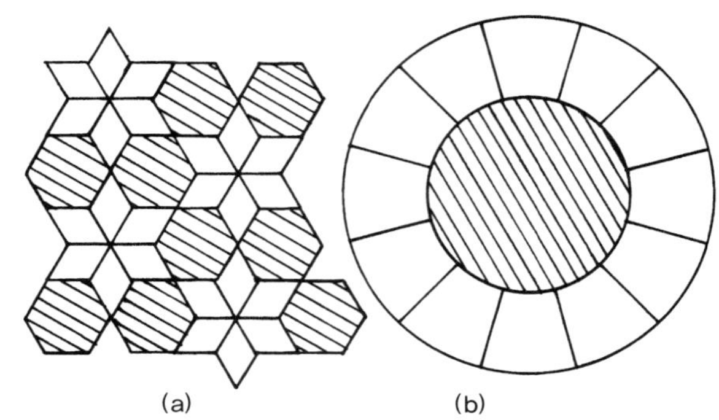

그림 11-60 일반적이지 않은 형태의 두 비스킷. (a) 평평한 육각형에 의해 분리된 다이아몬드형 무리. (b) 원형을 둘러싼 비스킷.

소시지는 비스킷의 응용 형태다. 직사각형이지만 길고 통통한 모양 때문에 소시지라고 일컬어진다. 모든 점에서 비스킷과 같은 방법으로 작업하지만 한 가지가 다르다. 모든 면에서 주름을 잡지 않고 마주보는 직사각형의 짧은 부분에서만 주름을 잡는다. 바닥면의 짧은 부분에서 원하는 높이만큼 확대해 소시지 패턴을 만든다.

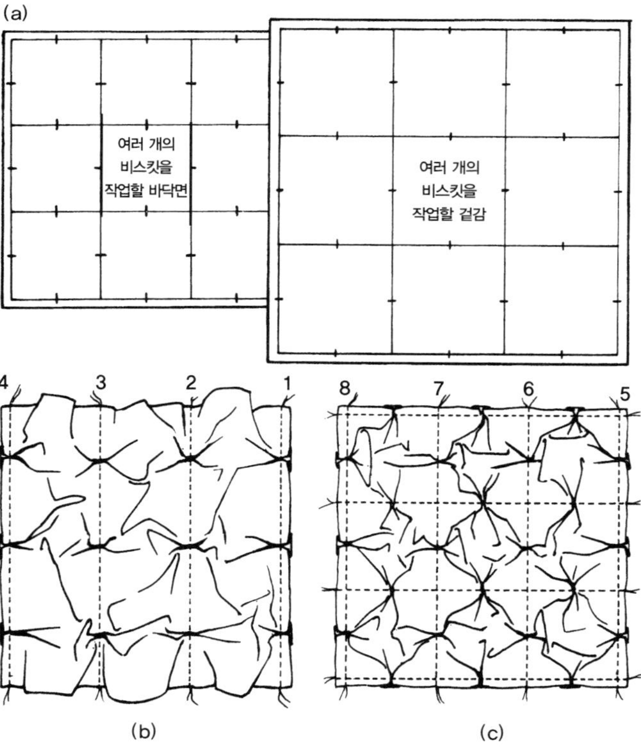

그림 11-59 비스킷 블록을 빠르게 봉제하는 방법. (a) 솔기선에 주름의 위치를 표시한 바닥면과 겉감 패턴. (b) 표시한 위치에서 맞주름을 잡으면서 겉감과 바닥면을 번호 순서대로 봉제한다. (c) 교차하는 솔기선도 번호 순서대로 봉제한다.

XI-27 이름에 걸맞은
전통적인 비스킷 디자인.

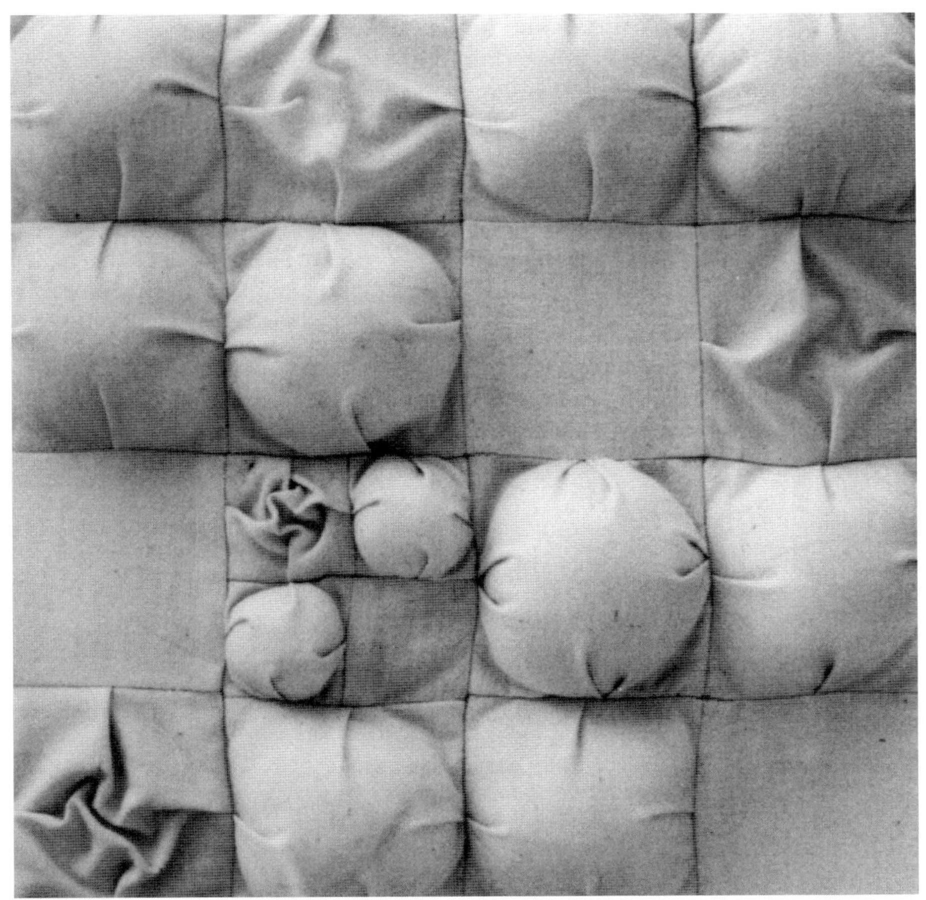

XI-28 솜을 채워 넣지 않아
평평한 모양, 구겨진 모양,
솟아오른 모양으로 이루어진
비스킷 디자인.

XI-29 맞주름으로 처리한
삼각형 비스킷.

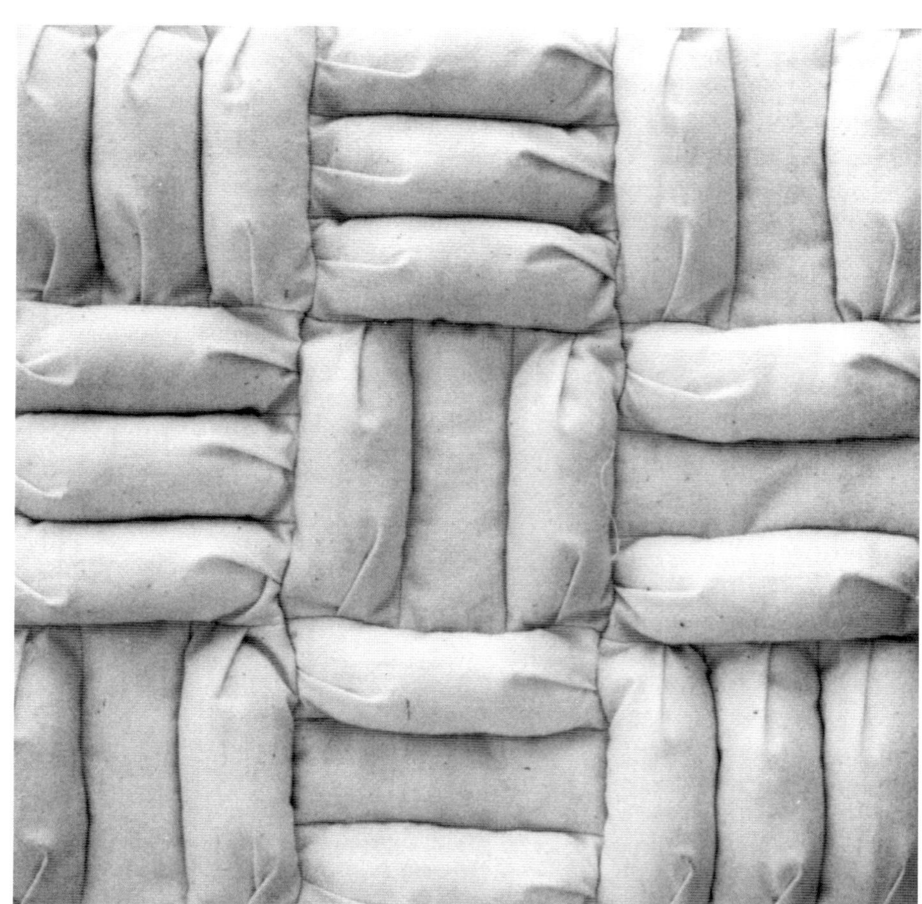

XI-30 주름을 잡지 않고
솜을 조금 채워 넣은
다섯 개의 직사각형이
섞인 소시지 디자인.

4부 입체감을 표현하는 방법

뾰족하게 솟아오르고 골이 파인 모양

Peaks and Valleys

삼각형이나 사각형의 바탕천에서 솜을 채워 넣은 작은 원뿔 모양이 솟아오르게 하는 것이다. 솟아오른 조각을 순서대로 연결하는 과정에서 솔기선은 깊게 파인 골의 형태를 띤다.

작업 과정

❶ 정사각형에 이등변삼각형을 연결해 디자인한다(**그림 11-61**). 실제 크기를 정한다.

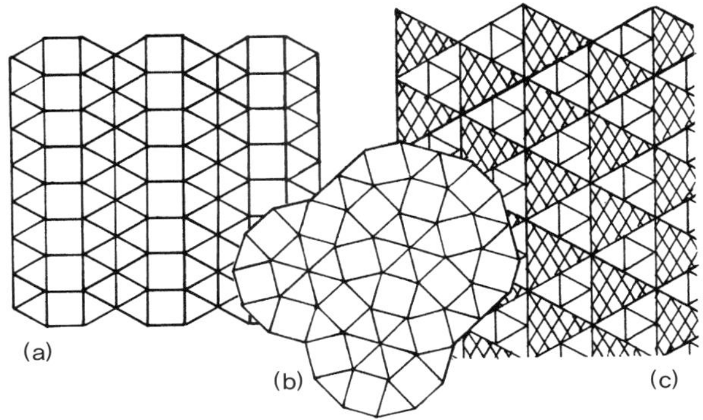

(a)

(b)

(c)

그림 11-61 뾰족하게 솟아오르고 골이 파인 모양의 디자인. (a) 사각형의 줄로 다양함을 표현한다. (b) 사각형 부분을 바닥에 고정한다. (c) 삼각형 사이에 납작하고 넓은 삼각형을 배치해 뾰족하게 솟아오르고 골이 파인 모양이 나타나게 한다.

❷ 디자인의 각 삼각형과 사각형의 바닥면 패턴을 시접 없이 그린다. 솟아오를 부분의 패턴을 시접 없이 그린다.

◆ 바닥면 패턴이 삼각형일 때, 솟아오를 부분의 패턴은 정사각형이 된다. 정사각형의 한 면의 길이는 삼각형의 한 면의 길이와 같다(**그림 11-62**).

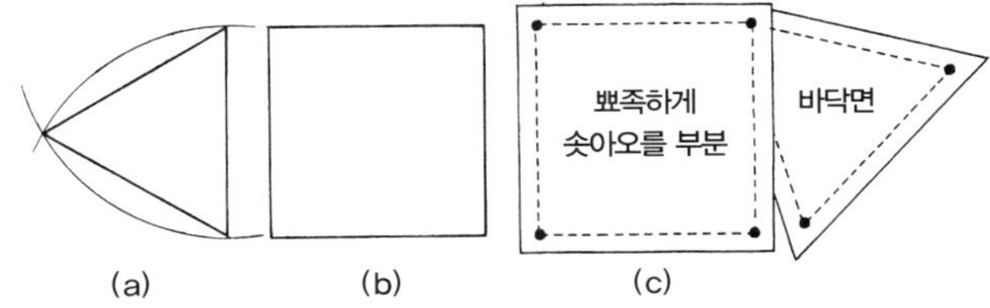

(a)

(b)

(c)

그림 11-62 (a) 바닥면이 될 삼각형의 한 면의 길이를 정하고, 컴퍼스를 사용해 정삼각형을 그린다. (b) 같은 치수로 뾰족하게 솟아오를 정사각형을 그린다. (c) 시접을 더해주고 모서리에 점(●)을 찍어 패턴을 완성한다.

◆ 바닥면 패턴이 정사각형일 때, 뾰족하게 솟아오를 부분의 패턴은 오각형이 된다. 오각형의 한 면의 길이는 정사각형의 한 면의 길이와 같다(**그림 11-63**).

◆ 각 바닥면과 뾰족하게 솟아오를 부분의 패턴에 시접을

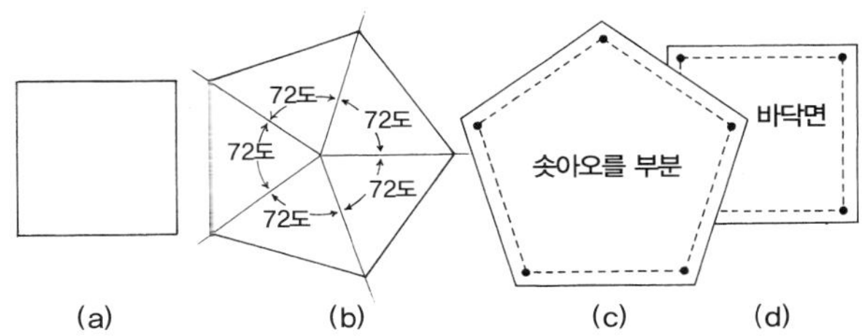

(a)

(b)

(c)

(d)

그림 11-63 (a)바닥면이 될 정사각형을 그린다. (b) 뾰족하게 솟아오를 부분은 각도기를 사용해 정사각형의 한 면과 치수가 같은 오각형을 그린다. (c) 시접을 더해주고 모서리에 점(●)을 찍어 패턴을 완성한다.

더해주고 봉제에 필요한 표시를 한다. 패턴을 자른다.

❸ 안감으로 디자인의 바닥면이 될 부분을 자르고, 겉감으로 뾰족하게 솟아오를 부분을 자른다. 각 바닥면과 뾰족하게 솟아오를 부분의 원단 겉면에서 솔기선의 모서리에 살짝 점을 찍는다.

❹ 각 뾰족하게 솟아오를 부분의 겉면을 위로 향하게 하여, 시접 안쪽으로 바닥면에 봉제한다. 모서리와 가장자리를 맞추고 전체 바닥면을 봉제한다. 각 모서리에서는 바늘을 꽂아둔 채로 회전하면서 각 면을 모두 작업한다. 마지막 모서리에서 남아 있는 한 면을 접어 뾰족하게 솟아오르게 한다(**그림 11-64**).

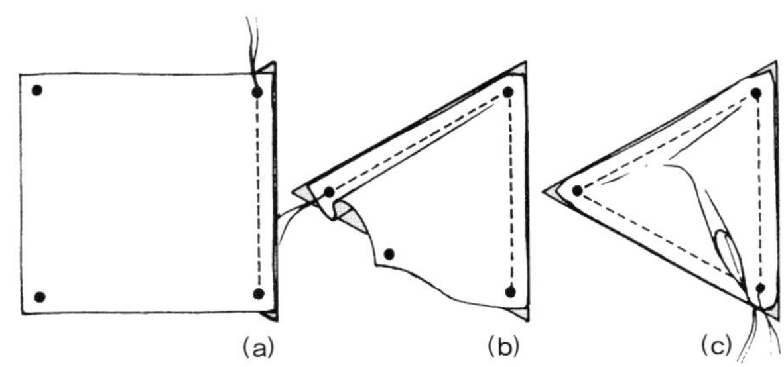

(a)

(b)

(c)

그림 11-64 (a) 뾰족하게 솟아오를 부분과 바닥면의 한 면을 봉제한다. (b) 다음 면을 맞추어 봉제한다. (c) 나머지 면을 봉제한다. 뾰족하게 솟아오를 한 면을 모서리에서 접어 창구멍으로 남긴다.

❺ 디자인에 따라 뾰족하게 솟아오를 부분을 연결하고 솜을 채워 넣는다(253쪽, '스터핑' 참조).

◆ 접힌 부분이 바깥쪽을 향하게 하고 솟아오를 부분들을 겉면끼리 마주대고 줄로 연결한다(**그림 11-65, 그림 11-66 (a)**).

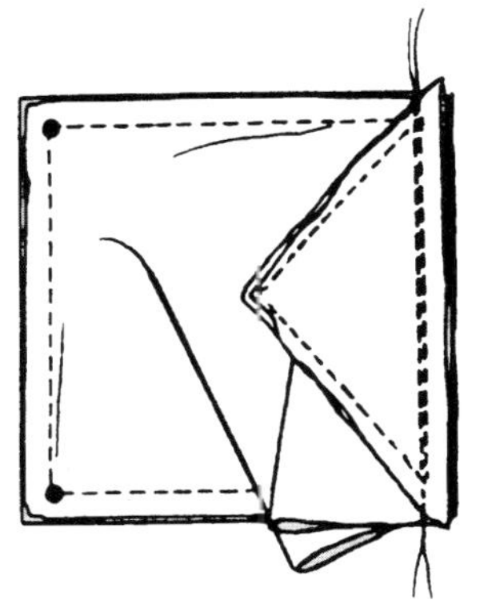

그림 11-65 첫 번째 솔기선의 바로 왼쪽을 스티치하여 뾰족하게 솟아오를 부분 두 개를 연결한다.

접힌 창구멍으로 솜을 채워 넣어 뾰족하게 솟아오르게
한다. 솜을 채워 넣은 후 접힌 면을 가장자리에 맞추고
외노루발로 상침한다(그림 11-66 (b)). 접힌 면을 바깥
쪽으로 향하게 하고, 솜을 채워 넣어 뾰족하게 솟아오
른 부분의 줄과 채워 넣지 않은 부분의 줄을 겉면끼리
마주대고 시침해 봉제한다. 솜을 채워 넣고 같은 방법
으로 계속 작업한다.

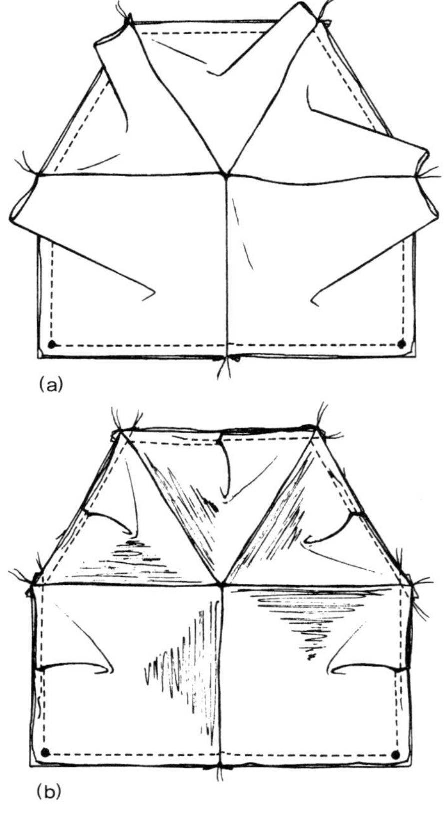

(a)

(b)

그림 11-66 (a) 접힌 창구멍을 바깥쪽으로 향하게 하여 같이 봉제한 뾰
족하게 솟아오를 부분. (b) 솜을 채워 넣고 접힌 부분을 가장자리에 맞추
어 상침한다.

◆ 뾰족하게 솟아오를 부분을 모두 연결한 후 솜을 채워
넣는 방법도 있다. 뾰족하게 솟아오를 부분을 작업할
때 접힌 면을 바닥면의 가장자리에 같이 봉제한다(그림
11-67). 디자인에 따라 뾰족하게 솟아오를 부분을 연결

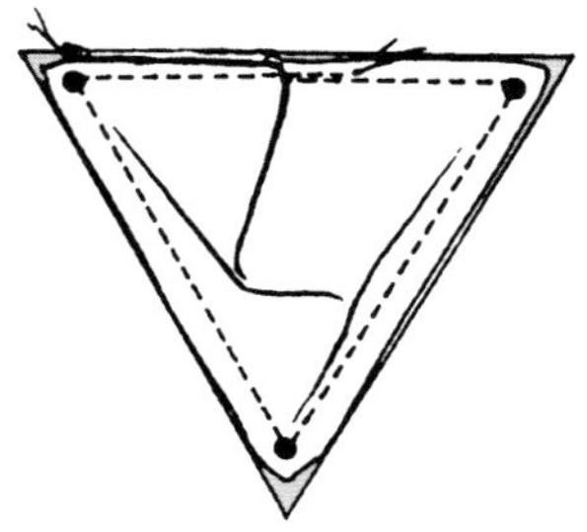

그림 11-67 뾰족하게 솟아오를 부분의 접힌 면을 접어서 스티치하고, 솜
을 채워 넣지 않은 상태.

한다. 바닥면을 조금 잘라 창구멍을 만들어 솜을 채워
넣은 후 손바느질로 마무리한다.

❻ 뾰족하게 솟아오를 부분을 연결한 후 뒤쪽에 보이는 시
접을 감추기 위해 안감을 덧대고 각 쿠션이 만나는 교차
점을 고정한다.

특징과 응용

솜을 채워 넣은 부분을 연결해 크기가 커지면 작업이 점점
더 어려워진다. 그러므로 솜을 채워 넣지 않은 부분을 남겨
두어 작업을 쉽게 한다. 모두 연결한 후 남겨둔 부분의 바닥
면을 조금 베어내 솜을 채워 넣어 솟아오르게 한다.

솜을 채워 넣은 후 작은 바늘로 피라미드의 끝점과 모서리
부분에 빈 공간이 생기지 않도록 솜을 밀어넣는다. 한 면의
길이가 같을 경우, 정삼각형에 비해 정사각형으로 완성한
것이 더 높게 솟아오른다. 면의 길이가 길어질수록 더 높아
진다.

주름을 어느 쪽으로 향하게 접을지 결정하고 모든 부분을
연결한다. 접히는 모양도 전체 디자인의 한 요소가 된다.

4부 입체감을 표현하는 방법

XI-31 한 면의 길이가 2인치(5cm)인, 뾰족하게 솟아오른 삼각형과
정사각형을 연결해 만든 메달.

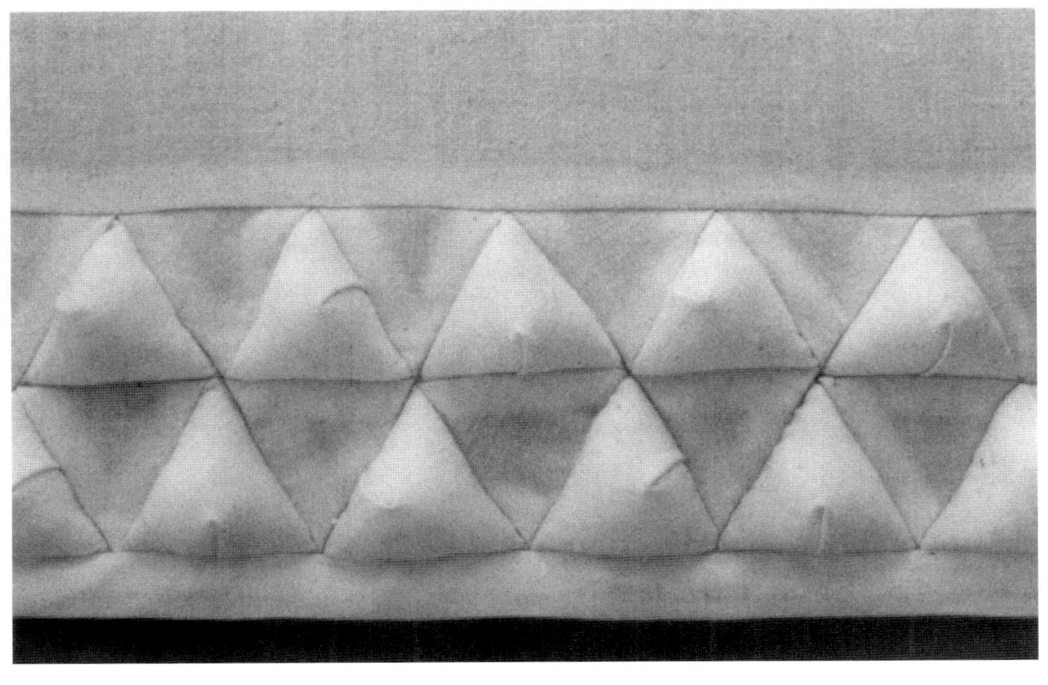

XI-32 뾰족하게 솟아오른
삼각형 사이에 납작한 삼각형을
연결한 테두리 디자인.

구조적인 표면

Structured Surfaces

12
다트의 활용

Darts

다트는 원단의 표면을 솟아오르거나 안으로 들어가게 하는 구조적인 형태를 만든다. 솔기에서 한 점이나 두 점 사이를 접으면서 짧게 봉제해 생기는 다트는, 접혀 없어지는 양에 비례해 원단을 솟아오르거나 가라앉게 만든다.

다트는 원단의 표면에서 솔기선이나 주름처럼 보인다. 다트 부분에서 겹이 되는 원단이 어느 정도 형태를 유지하는 지지대 구실을 하지만, 솟아오른 부분이 무너지지 않도록 추가 작업이 필요하다.

다트에 관한 일반적 고찰
Dart Basics

다트 솔기 고정하기

다트의 솔기는 원단의 안쪽에서 시작하고 끝나기 때문에, 양쪽 끝 다트를 포함해 모든 다트의 솔기가 끝나는 곳에서 스티치가 풀리지 않도록 고정해야 한다. 다음과 같은 적절한 방법을 사용한다.

❶ 사각 매듭으로 윗실과 밑실을 묶는다.

- ◆ 원단의 안쪽 면에서 다트를 봉제한 후 솔기가 끝나는 부분에서 실을 묶어준다.
- ◆ 원단의 겉면에서 다트를 봉제한 후 마지막 스티치 위치에서 바늘을 이용해 윗실과 밑실을 뒤쪽으로 빼낸 다음 묶어준다.
- ◆ 원단의 겉면에서 다트를 봉제한 후 겉면에서 윗실과 밑실을 같이 묶어준다. 묶어놓은 두 가닥의 실을 바늘에 꿰어 마지막 재봉틀 바늘구멍으로 집어넣는다. 매듭이 원단을 통과할 때까지 실을 잡아당긴다.

매듭 끝에서 적어도 0.5인치(1.3cm) 정도 실을 남기고 잘라서 정리한다.

❷ 스티치의 땀수를 줄인다.

- ◆ 원단의 안쪽 면에서 다트를 봉제할 때, 솔기선이 점점 좁아지면서 끝나기 전에 스티치의 땀수를 줄여 끝부분에서 0이 되도록 한다. 스티치의 땀수가 0인 상태에서 서너 땀을 스티치하고 실을 잘라낸다. 양쪽 끝 다트의 시작 부분은 반대로 작업한다. 0에서 시작해 일반적인 스티치의 땀수가 되도록 한다.
- ◆ 원단의 안쪽 면에서 다트를 봉제할 때, 좀더 작고 촘촘하게 스티치한다.
- ◆ 스티치 끝에서 0.5인치(1.3cm) 길이로 실을 남기고 잘라서 정리한다.

❸ 실 한 가닥으로 한쪽 끝 다트를 봉제한다.

(1) 다트를 박기 전에 먼저 윗실과 밑실을 사각형 매듭으로 튼튼하게 묶는다. (2) 바늘을 통과해 매듭이 빠져나오도록 윗실을 잡아당기면서 실패를 감아준다. 계속 잡아당겨 밑실을 윗실 위에 충분히 감아준다. (3) 바늘 바로 옆에 다트의 꼭짓점 부분을 맞추고 스티치를 시작한다. 스티치가 시작되는 부분에서 묶거나 잘라낼 실 없이 깔끔하게 봉제한다.

연속적으로 다트를 작업하는 경우, 효율적으로 다트를 봉제하기 위해 모든 다트를 접고 핀으로 꽂은 후 봉제한다. 하나의 다트를 완성한 후, 다음 다트를 시작하기 전에 적당하게 실을 잡아당겨 남겨놓고 계속해서 다음 다트를 봉제한다. 모든 다트를 봉제한 후 다트 사이에 남겨놓은 실을 잘라 정리한다.

원단의 겉면에서 봉제한 다트나 의도적으로 겉면에 솔기가 보이도록 봉제한 다트의 경우, 솔기의 끝부분에 남아 있는 실의 끄나풀은 입체적인 표면에 독특한 질감을 더한다.

한쪽 끝 다트
Single-Pointed Dart

원단의 V자 표시 부분을 반으로 접어, 항상 가장자리에 있는 V자 표시 입구부터 시작해 V자 표시 끝부분에서 사라지게 스티치한다. V자 표시 입구는 원단을 가라앉게, 끝부분은 원단을 솟게 한다.

작업 과정

❶ 평평한 모양의 패턴에 한 개 이상의 다트를 넣어 입체적인 패턴을 만든다. 다트의 너비와 솔기의 모양(직선, 안쪽으로 곡진 선, 바깥쪽으로 곡진 선)은 완성된 형태에 영향을 미친다(**그림 12-1**). 아래 방법 중 하나를 적용한다.

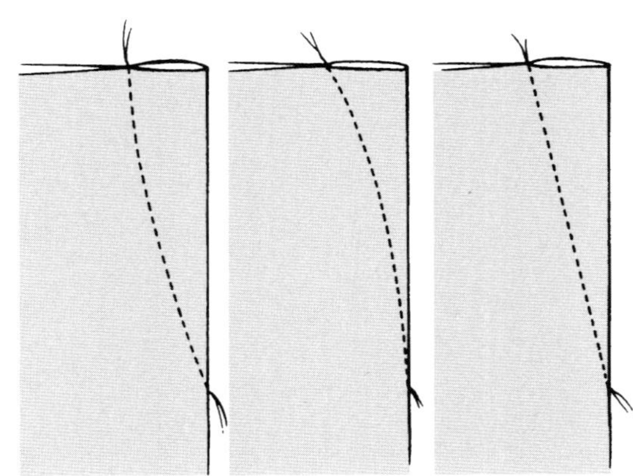

그림 12-1 한쪽 끝 다트.

임의로 다트를 그리고 정리하는 방법

다트가 놓이기 원하는 위치에서 패턴을 접는다. 다트의 스티치선을 임의로 그리고, 그 선을 자른다. 잘린 면을 서로 마주대고 테이프로 붙인다. 다트를 잡기 전의 모양이 되도록 가장자리를 정리한다.

유의: 정리한 가장자리의 치수는 원래 패턴의 치수와 같지 않다(**그림 12-2**).

절개해 벌려주는 방법

다트 패턴을 만들기 위해 각 다트의 솟아오를 높이(또는 깊이)를 정한다. 가장 높이 솟아오를 정점을 표시한다. 패턴의 가장자리에서 다트의 위치를 정하고 정점과 직선으로 연결한다.

ⓐ **한쪽 끝 다트:** (1) 반대편 가장자리로 다트선을 연장해서 그린다. (2) 반대편 가장자리에서 16분의 1인치(1.5mm)를 남기고, 선을 따라 패턴을 자른다. (3) 원하는 높이/깊이만큼 가장자리에서 다트의 입구를 벌려준다. 벌어진 사이의 뒷면에 종이를 덧대준다. (4) 컴

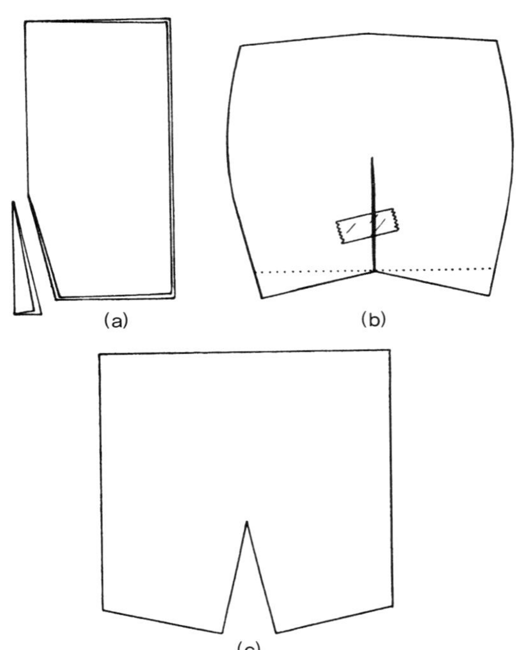

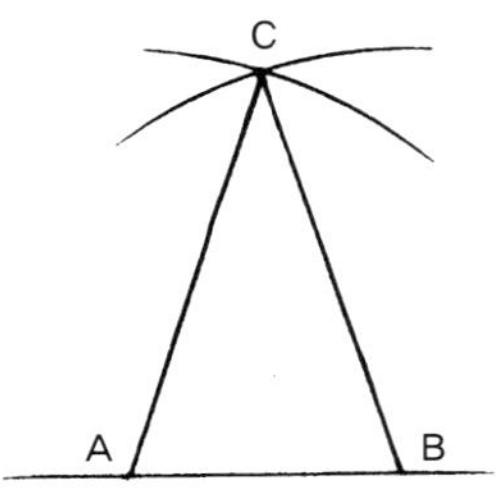

그림 12-2 다트가 있는 사각형을 만들기 위해 임의로 다트를 그리고 정리한다. (a) 다트를 자른다. (b) 다트의 가장자리를 서로 맞춰 테이프로 붙인다. (c) 완성 패턴.

그림 12-3 균형 잡힌 다트를 그리기 위해 다트의 길이에 맞추어 컴퍼스의 너비를 정한다. 다트 입구 A점에서 컴퍼스로 아치를 그린다. B점에서 같은 방법으로 그린다. 두 아치가 교차하는 C점을 A와 B점과 선으로 연결한다.

퍼스를 이용해 원하는 다트의 너비만큼, 그리고 원래 다트의 길이만큼 다시 다트를 그린다(**그림 12-3**). 다트를 잘라낸다. (5) 자른 다트의 가장자리를 서로 맞추어 테이프로 붙인다. 다트의 가장자리 아래에 종이를 덧대고, 원래 가장자리의 모양에 맞추어 양끝을 연결해 다시 그린다. (6) 다트를 다시 자르고 연다. 연장되어 약간 넓어진 입구를 원하는 높이/깊이에 맞게 다트의 너비를 조절한다(**그림 12-4**).

ⓑ **마주보는 두 개의 다트:** (1) 반대편 가장자리로 다트선을 연장해 그리고, 패턴을 자른다. (2) 뒷면에 종이를 덧대고, 원하는 높이/깊이의 1/2만큼 벌려준다. (3) 컴퍼스를 이용해 다트를 다시 그리고 잘라낸다. (4) 잘린 다트의 가장자리를 서로 맞추어 테이프로 붙인다. 종이를 덧댄 가장자리를 다시 그려 정리한다. (5) 다트를 다시 자르고 연다. 연장되어 약간 넓어진 입구를 원하

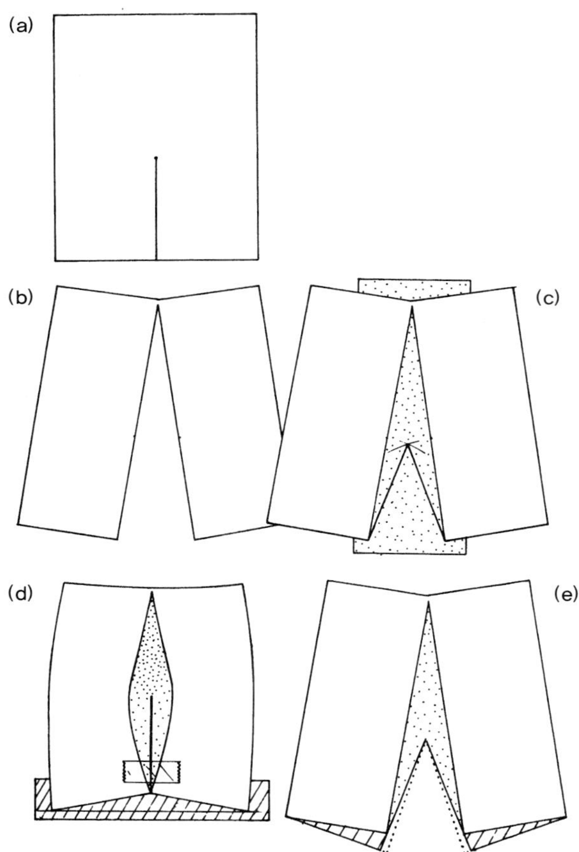

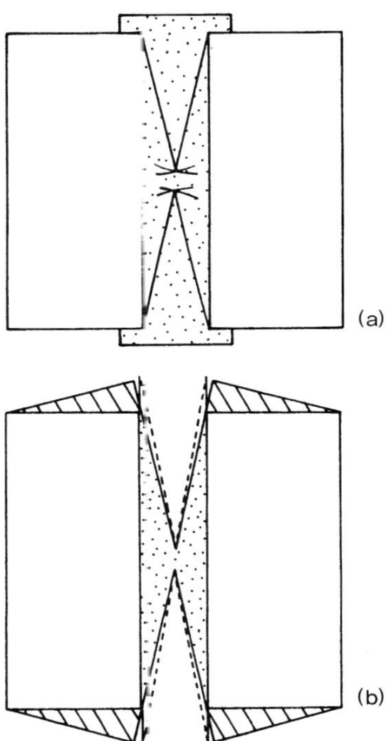

그림 12-4 한쪽 끝 다트를 만들기 위해 절개해 벌려준 패턴. (a) 다트의 위치와 길이. (b) 반대편 가장자리까지 다트선에 맞춰 직선으로 패턴을 절개한다. (c) 뒷면에 종이를 덧대고 원하는 높이/깊이에 맞게 벌린다. (d) 잘린 다트의 가장자리를 서로 맞추어 테이프로 붙이고, 종이를 덧댄 가장자리를 직선으로 그려 정리한다. (e) 수정한 다트(점선).

그림 12-5 마주보는 두 개의 다트를 만들기 위해 절개해 벌려준 패턴. (a) 패턴을 절개하고 뒷면에 종이를 덧대어 원하는 높이/깊이의 1/2만큼 벌려준다. (b) 패턴의 가장자리를 고쳐 다트의 너비를 수정한 패턴.

는 높이/깊이에 맞도록 다트의 너비를 조절한다. (6) 위의 단계를 반복해 마주보는 곳에 다트를 만든다(**그림 12-5**).

유의: 최종 수정 후 패턴의 가장자리 치수는 원래 치수와 일치한다. 그러나 다트의 길이는 더 길어진다.

확대 후 길이를 맞춰주는 방법

다트의 끝에서 솟아오를 높이나 깊이를 정한다.

ⓐ 모서리에서 다트를 수직으로 올리거나/낮추는 법: (1) 종이에 패턴의 모양을 그린다. (2) 원하는 높이나 깊이에 따라 패턴의 둘레를 확대한다. (3) 패턴의 각 모서리 끝점에서 패턴의 모양과 확대한 선의 가장자리 길이가 같도록 90도 각도로 연결한다. (4) 다트의 솔기선이 되는 선을 잘라낸다(**그림 12-6**). 모서리 끝이 90도인 다트 패턴은 상자 모양을 이룬다. 그렇지 않으면, 모서리와 옆면은 사각형이 되지 않고 기울어지는 형태가 된다.

ⓑ 원형의 패턴에 간격을 두고 다트를 잡아 둥근 형태를 만드는

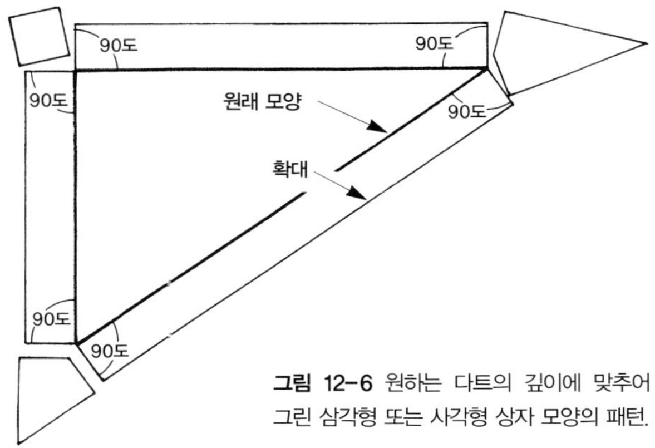

그림 12-6 원하는 다트의 깊이에 맞추어 그린 삼각형 또는 사각형 상자 모양의 패턴.

법: (1) 종이에 패턴을 그린다. 그려놓은 패턴의 안쪽에 최대한 둥글게 솟아오르는 중심 공간을 나타내는 선을 그린다. (2) 원하는 높이나 깊이의 1/2만큼 원래 모양 바깥쪽으로 패턴을 확대한다. (3) 중심점에서부터 방사형으로 원래 모양과 확대 부분을 직선으로 연결해 다트의 위치를 나타낸다. (4) 두 다트 위치선 사이 원래 모양의 길이를 측정한다. (5) 확대한 부분의 길이를 재어 비교한다. 이 길이의 차이는 확대한 선 위의 다트 너비가 된다. (6) 각 위치에서 중심 공간을 나타내는 선과 만나는 점을 꼭짓점으로 하여, 안쪽으로 곡진 다트를 그린다. 이것은 바깥쪽이 둥근 형태로 나타난다(**그림 12-7**). 바깥쪽으로 곡진 다트는 꺾이면서 안쪽으로 둥근 형태가 된다. 직선 다트는 꺾이면서 직

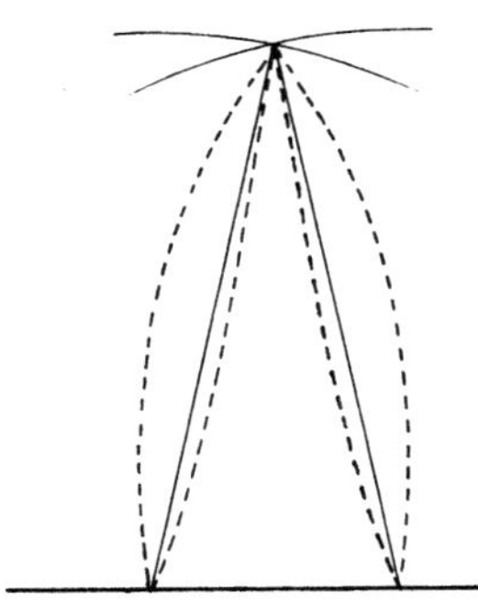

그림 12-7 직선을 기준으로 안쪽이나 바깥쪽으로 곡이 지는 솔기선을 가진 다트를 그린다(그림 12-3도 참조).

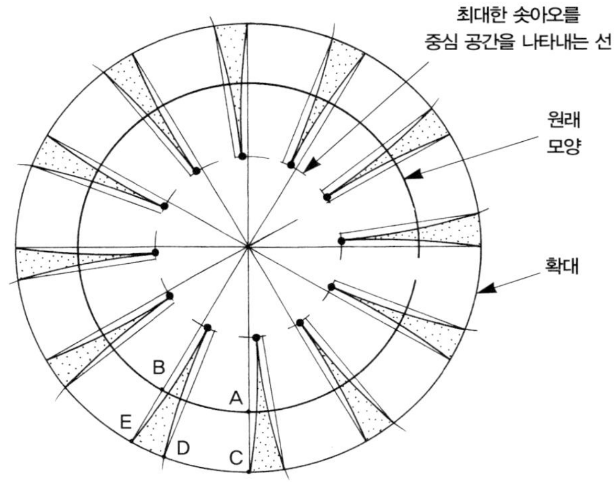

그림 12-8 각 부분에서 원래 모양의 길이와 확대한 길이가 같도록 여러 개의 다트로 구성한 패턴. (A, B의 길이와 같게 C, D의 길이를 정한다. D, E 의 거리는 다트의 너비가 된다.) 다트의 수, 길이, 곡진 모양에 따라 돔의 형태가 정해진다.

선 옆면을 이룬다. 각 다트를 직선으로 그리고, 다트의 꼭짓점을 중심 공간을 나타내는 선이 아닌 원래 모양을 나타내는 선에서 멈추면, 결과는 둥근 돔이 아닌 둥근 상자 형태가 될 것이다(그림 12-8).

유의: 이러한 방법으로 원래 모양과 동일한 치수를 유지하면서 솟아오른 형태를 만들 수 있다.

❷ 초크나 의류용 마커로 원단의 안쪽 면에 다트의 솔기선과 패턴을 베낀다. 다트가 바깥쪽에서 보이게 하려면 원단의 겉면에 베낀다. 솔기선을 맞추어 접고, 가장자리부터 꼭짓점까지 다트를 박는다(293쪽, '다트 솔기 고정하기' 참조). 원단의 안쪽 면에 있는 넓은 다트의 경우, 다트 바깥쪽에 남은 원단을 정리하여 자르고, 가위집을 주어 부드럽게 바깥쪽으로 곡지게 한다.

❸ 다트의 시접을 가르고 스팀다리미로 다림질한다. 다트의 형태를 유지할 수 있도록 적당한 다림질 도구를 사용한다. 너무 작거나 다림질로 작업하기 힘든 다트는 손톱으로 눌러준다.

❹ 다트의 가장자리는 바인딩이나 안단, 안감, 다른 원단과 연결해 마무리하거나 밑단 처리를 먼저하고 다트를 스티치하는 방법으로 완성한다. 원래 패턴의 모양에 맞춰 가

장자리를 봉제해 고정한다.

다트를 이용해 다양한 형태를 만들기 위해 '임의로 다트를 그리고 정리하는 방법'을 따른다. 원하는 높이/깊이에 따라 종이와 종이 테이프로 실험해본다. 직선과 곡선 다트를 이용해 실험적이고 입체적인 형태를 원단으로 작업해본다. 다트의 불규칙한 가장자리를 정리하지 않고 그대로 두면 '어떤 현상이 일어날지' 검토해본다.

입체적인 패턴을 개발하기 위해 '절개해 벌려주는 방법' 또는 '확대 후 길이를 맞춰주는 방법'을 적절히 사용한다. 다양한 다트를 이용해 조각적인 형태를 만드는 경우, '확대 후 길이를 맞춰주는 방법'이 가장 정확하고 예측 가능한 방법이다. '절개해 벌려주는 방법'은 '임의로 다트를 그리고 정리하는 방법'과 '확대 후 길이를 맞춰주는 방법'의 중간 정도 효과를 내며 정확하지는 않지만 어느 정도 예측이 가능하다. 다트 크기를 줄여 가장자리 길이를 맞춰주어야 하며, 가장자리를 정리하는 과정에서 다트의 길이가 늘어나게 된다. 위의 방법을 적절하게 적용해 효과적으로 표현하도록 한다.

같은 가장자리에서 절개하고 벌려서 다트를 그릴 때, 솟아오르기 원하는 넓이를 여러 개의 다트로 나누어 작업할 수 있다. '확대 후 길이를 맞춰주는 방법'으로 원의 형태를 만들 경우, 다트의 수가 많을수록 자연스러운 둥근 형태를 띤다. 깊은 곡선으로 이루어진 형태는 더 많은 다트가 필요하다. 예를 들어, 타원형의 경우 완만하게 곡진 부분보다 가파르게 곡진 끝부분에서 더 많은 다트가 필요하다.

'확대 후 길이를 맞춰주는 방법'을 조금 더 쉽게 이해하기 위해 패턴의 원래 모양을 입체적으로 가상해본다. 크기와 모양을 유지하면서 패턴의 솟아오르거나 가라앉는 부분을 상상해본다. 높이를 다양하게 조절해 입체적인 형태를 상상해본다. 원하는 결과를 얻기 위해 다음 세 가지 기본 규칙을 조합해 적용한다. (1) 원하는 높이/깊이의 1/2만큼 확대한다. (2) 다트의 너비에 따라 다트의 꼭짓점에서 솟아오르는 정도가 정해진다. (3) 다트를 닫은 후 확대한 가장자리를 원래의 모양과 치수에 맞도록 조절한다.

'절개해 벌려주는 방법'과 '확대 후 길이를 맞춰주는 방법' 모두 봉제 후 다트 모양은 그려진 것과 정확히 일치하지 않는다. '절개해 벌려주는 방법'으로 작업하는 한쪽 끝 다트와 '확대 후 길이를 맞춰주는 방법'으로 작업한 모서리에서 직각을 이루는 다트는 가장 정확하게 형태를 예측할 수 있다. 곡진 형태의 경우, 처음의 패턴으로 완전히 원하는 형태를 얻기 어렵다. 작은 변화가 큰 차이를 만들 수 있으므로 적어

5부 **구조적인 표면**

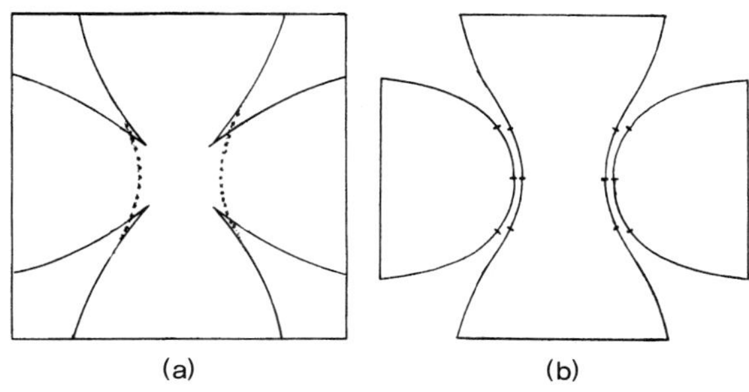

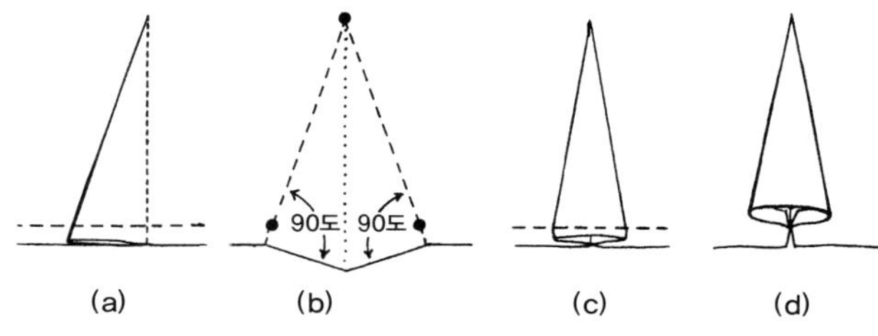

그림 12-9 (a) 솔기선으로 연결한 모서리 다트의 패턴. (b) 봉제를 위해 솔기선을 수정·보완한 세 조각의 패턴. 시험 후 패턴에 시접을 더해준다.

그림 12-10 겉으로 드러나는 다트. (a) 한쪽으로 눕힌다. (b) 다트의 시작 부분에서 가장자리선을 맞추어 패턴을 조절한다. (c) 솔기에 다트의 중심을 맞춘다. (d) 시작 부분에서 밑단을 먼저 처리한 후 원뿔 모양으로 돌출된 다트를 만든다.

도 한 번 이상 시험해보고, 다트의 길이나 곡의 정도를 조절한다. 시험을 마친 뒤 조절한 부분들을 기록하고 패턴을 완성한다. 원단을 재단할 때 시접을 주고 자르거나, 시접을 포함한 최종 패턴을 만들어둔다.

반대편이나 인접한 두 다트의 꼭짓점을 연결할 경우, 다트는 솔기로 변화될 수 있다. 다트의 곡진 끝부분이 점점 가늘어지면 봉제하기가 어려워지기 때문에 **솔기 처리한 다트**로 해결한다. 결과를 시험해보고 표면에 나타나는 장식적인 효과를 위해 솔기선을 수정해 보완하기도 한다(**그림 12-9**).

원단의 바깥쪽에서 점점 가늘어지는 주름으로 나타나는 **겉으로 드러나는 다트**는 입체적인 형태를 만들 뿐만 아니라 장식적

인 효과도 있다. 다트를 한쪽으로 눕히거나, 중심을 맞추어 납작하게 처리하기도 한다. 한쪽으로 눕힌 다트의 시작 부분은, 다트를 닫았을 때 가장자리가 안쪽으로 들어가게 된다. 다트의 너비가 넓으면 더욱 심해지므로 가장자리선을 다시 그려서 치수와 모양을 조절해야 한다(**그림 12-10**). 돌출된 다트는 다트의 시작 부분이 눌리지 않고 원단의 바깥쪽으로 튀어나온 형태다. (다트의 양쪽 시작 부분에 가위집을 주고 시접을 안쪽으로 꺾어놓는다.) 동그란 형태를 유지하기 위해 가위집을 주어야 하는 곡진 솔기의 다트는 겉으로 드러나는 다트를 작업하기에 적합하지 않다. **풀어진 다트**는 다트의 꼭짓점에 다다르기 전에 멈추는 솔기선으로 인해 원단에 주름을 만든다.

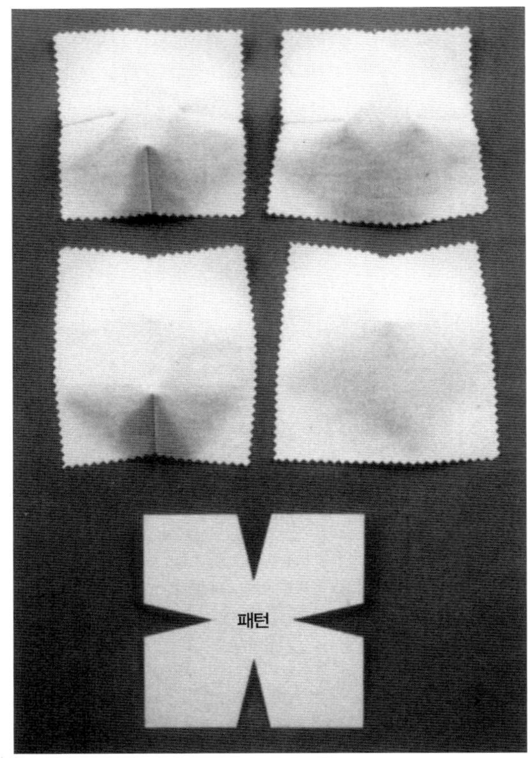

XII-1 가장자리에 0.75인치(2cm) 너비로
다트 처리해 솟아오른 사각형 광목.
(왼쪽 위) 네 개의 다트—1.5인치(4cm) 높이.
(오른쪽 위) 세 개의 다트,
(왼쪽 아래) 두 개의 마주보는 다트—1.25인치(3cm) 높이.
(오른쪽 아래) 한 개의 다트—0.75인치(2cm) 높이.

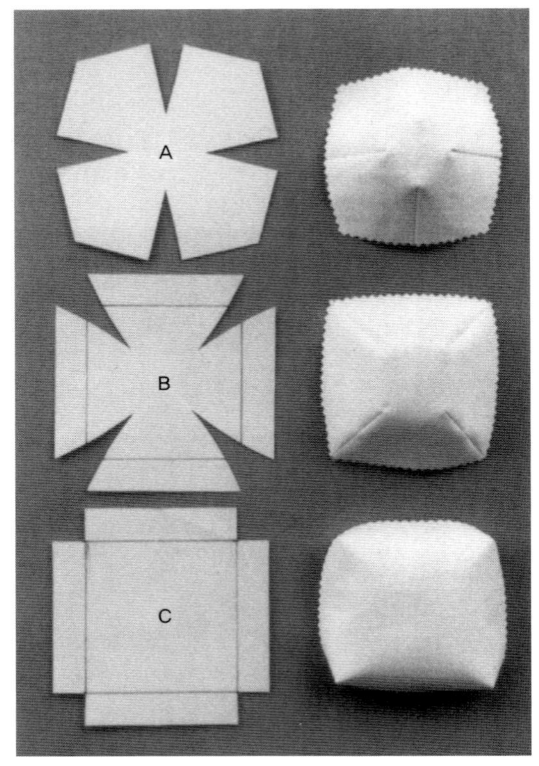

XII-2 한 변의 길이가 3.5인치(9cm)인 정사각형으로
패턴을 그린다. '절개해 벌려주는 방법'을 사용해
너비 0.75인치(2cm), 길이 1.5인치(4cm)의 다트로
이루어진 패턴 A. '확대 후 길이를 맞춰주는 방법'을 사용해
모든 가장자리를 0.75인치(2cm) 확대한 패턴 B와 C.
패턴 B는 1.5인치(4cm) 높이의 기울어지는 형태를 띤다.
패턴 C는 0.75인치(2cm) 높이의 수직 형태를 띤다.

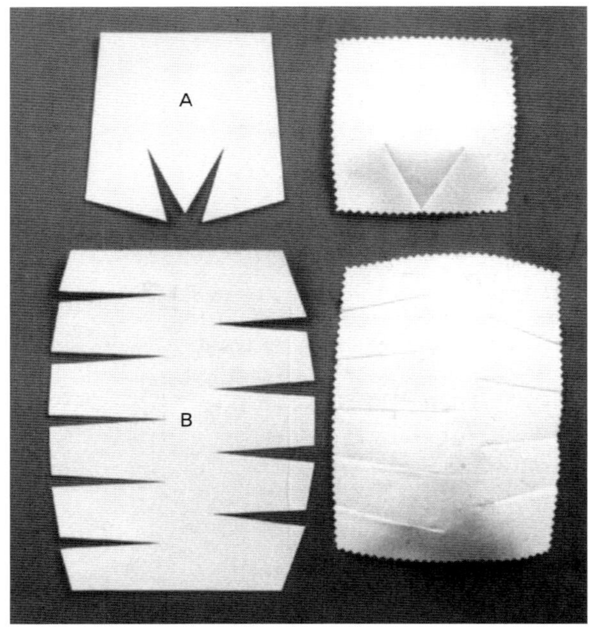

XII-3 방향이 다른 두 다트 사이에 솟아오르는 부분이 만들어진 패턴 A와
한 면에 다섯 개의 다트, 반대편에 네 개의 다트로 이루어진 패턴 B.
패턴 A는 0.75인치(2cm), 패턴 B는 2인치(5cm) 높이.

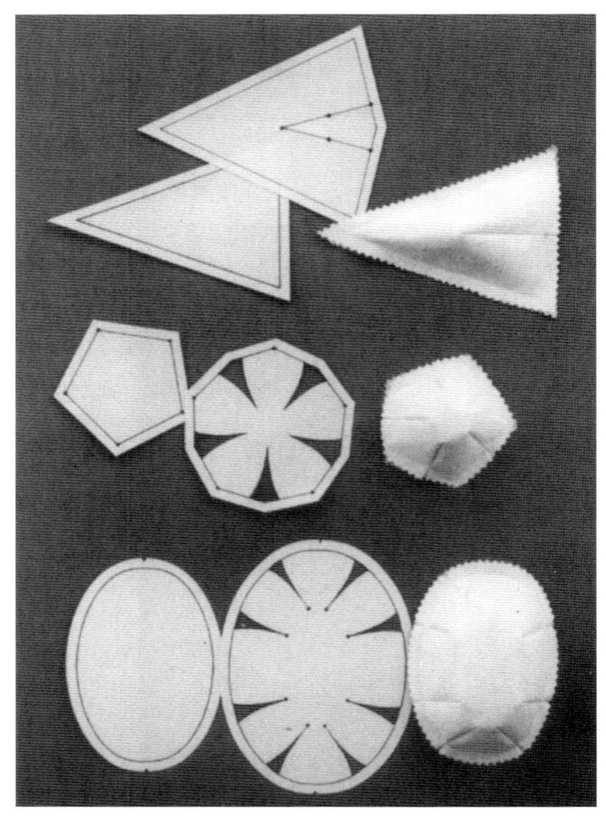

XII-4 바탕천에 나타난 솔기선은
완성 후 가장자리 모양과 같다.

XII-5 다트로 구조적인 형태를 이룬 모양.
뻣뻣한 광목으로 4인치(10cm) 높이의 모서리 다트로
돔 처리한 큰 정사각형. 부드러운 광목을 사용해
풀어진 다트로 구성한 세 개의 작은 사각형.

XII-6 (왼쪽) 지름 3인치(7.5cm) 원형 패턴의
바깥쪽으로 4인치(10cm)를 확대하고
원래 모양의 가장자리와 맞추기 위해 12개의
돌출된 다트를 처리한 광목 원통.
(오른쪽) 윗면 중심에 다트가 모인 둥근 상자 모양.

XII-7 지그재그 상침으로 평평하게 처리한 지름 6인치(15cm),
깊이 4인치(10cm)의 안쪽으로 곡진 16개의 다트.

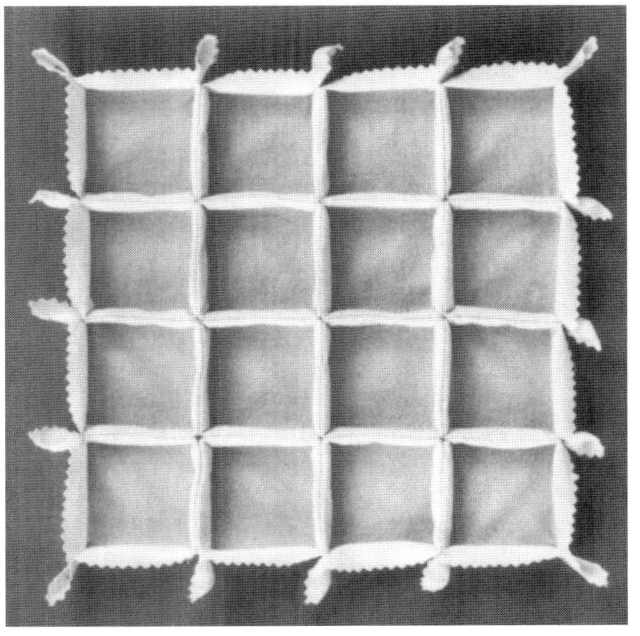

XII-8 16개의 상자로 만들어진 모양. 각 상자는
한 변의 길이가 2인치(5cm)이고 높이는 0.75인치(2cm)인 정사각형이다.
모서리 다트를 봉제한 후 인접한 '상자'의 가장자리를 손바느질로
연결한다. 각 상자의 모양을 정리하고 다트의 꼭짓점들을
뒤에서 같이 고정한다.

양쪽 끝 다트
Double-Pointed Dart

길이 방향으로 원단을 접고 다이아몬드 모양으로 봉제한다. 다트의 양쪽 끝부분에서 솟아오르거나 낮아지는 형태를 만든다.

294쪽, '한쪽 끝 다트', 특히 '절개해 벌려주는 방법' 참조.

가장 넓은 부분의 다트 너비와 길이는 다트의 양쪽 끝에서 솟아오르거나 낮아지는 정도에 영향을 미친다(**그림 12-11**).

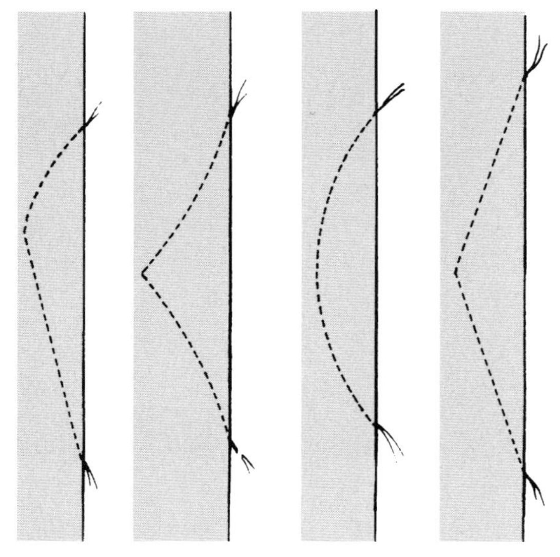

그림 12-11 양쪽 끝 다트의 솔기선 모양은 완성 후 형태에 영향을 미친다.

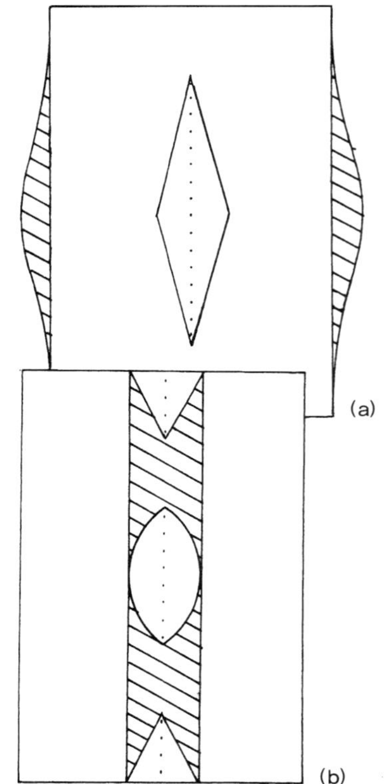

그림 12-12 (a) 다트 때문에 줄어든 원단을 보충하기 위해 양옆을 늘려준, 양쪽 끝 다트가 있는 직사각형. (b) 절개해 벌려주는 방법을 이용한 두 개의 한쪽 끝 다트 사이에 있는 곡진 양쪽 끝 다트.

양쪽 끝 다트를 봉제한 후 접힌 부분을 그대로 두면 다트의 양쪽 끝에서 원단이 당겨지기 때문에 다트에 가위집을 주어 시접을 갈라주어야 한다. 가위집 때문에 솔기선이 약해지므로 필요한 경우 스티치를 보강한다.

양쪽 끝 다트를 봉제하면 솔기 옆쪽의 원단 치수가 줄어들지만, 양쪽 끝 가장자리에서는 원단의 전체 치수가 유지된다. 부드러운 원단에 작업한 양쪽 끝 다트는 개더를 잡은 것과 비슷한 모양이 되고, 두꺼운 원단으로 작업하면 규칙적이고 다트의 너비만큼 깊은 주름의 가장자리가 나타난다. 양쪽 끝 다트는 모래시계 같은 형태를 만든다. 때때로 옆면에 줄어든 것을 보강할 필요가 있을 때에는 양쪽 가장자리에서 줄어든 다트의 1/2만큼 추가해 늘려준다(**그림 12-12 (a)**).

양쪽 끝 다트는 원단의 안쪽 모양을 만들고, 한쪽 끝 다트는 가장자리에서 원단의 볼륨에 영향을 미친다. 가운데에 있는 양쪽 끝 다트의 너비와 같게 양쪽 가장자리에 처리한 한쪽

끝 다트는 가장자리의 치수를 줄어들게 한다. 쉽게 작업하기 위해 한쪽 끝 다트의 두 꼭짓점 사이를 절개해 벌려주고 그 사이에 양쪽 끝 다트를 그린다(**그림 12-12 (b)**).

한쪽 끝 다트와 양쪽 끝 다트를 같이 사용해 입체적인 모양을 만든다. 다트의 솔기선을 안쪽 또는 바깥쪽으로 곡지게 하여 가장자리의 완성된 모양을 다양하게 한다(**그림 12-11**). 형태를 더욱 다양화하기 위해 양쪽 끝 다트 두 개를 서로 교차해 가운데 부분에서 네 개의 꼭짓점을 모으면서 솔기 처리할 수 있다. 또 양쪽 끝 다트는 T자 모양으로 다른 다트의 끝에서 플레어로 펼쳐지게 할 수 있다.

다트 패턴은 원단을 입체적으로 만든다. 다트의 너비가 넓을수록 더욱 강조된다. 모눈종이를 이용해 한쪽 끝 다트와 작은 양쪽 끝 다트를 조합해 반복하는 다트 패턴을 만든다. 원단에 디자인을 베끼기 위해 다트의 모양대로 패턴을 잘라내고 스텐실로 옮긴다(**그림 12-13**).

원단의 안쪽에서 봉제한 다트의 경우, 원단이 당겨지는 것을 방지하기 위해 가위집을 주기 때문에 솔기선이 약해질 수도 있다. 겉면에서 봉제한 다트의 주름은 양끝의 높이를 지탱해준다(**293쪽, '다트 솔기 고정하기' 참조**). 다트 패턴을 완성하기 전에, 사각형 원단으로 시험해본다. 다트를 봉제하기 전과 후의 원단 치수를 측정해 비교한 뒤 그 치수로 원하는 다트 패턴을 만들고, 원단의 필요량을 계산하기 위한 샘플

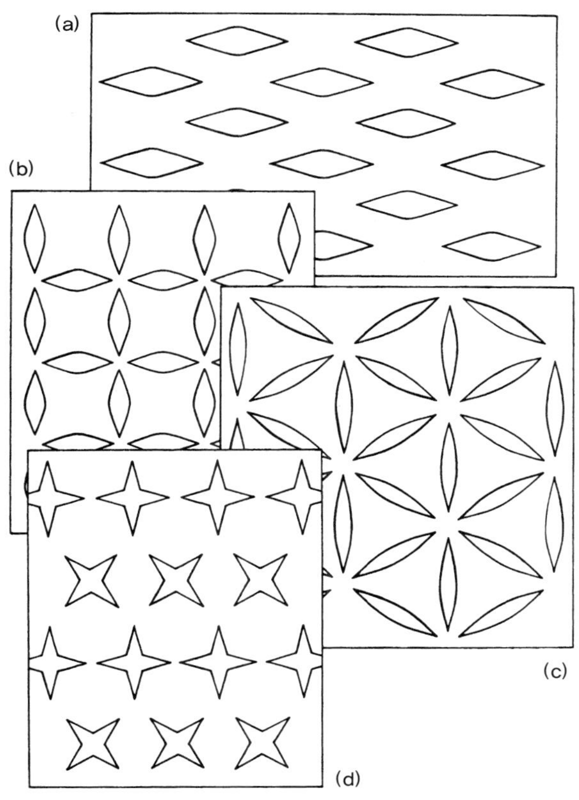

그림 12-13 원단에 다트 패턴을 베끼는 데 사용되는 네 개의 스텐실.

을 만든다. 다트를 봉제한 후 스팀으로 고정한다. 다리미판에 입체적인 모양의 낮은 부분을 핀으로 꽂고, 바로 위에서 스팀을 쏘여준다. 열기가 식고 완전히 마르기 전까지 움직이지 않는다. 움직이지 않게 고정하기 위해 입체적인 모양의 낮은 부분을 버팀천에 시침 고정한다.

가느다란 다트를 임의로 봉제해 만들어진, **즉흥적인 다트**는 일반적이지 않은 자연스러운 원단을 나타낸다. 다트의 길이·너비·방향에 변화를 주고, 다트를 겉면에서 보이거나 보이지 않게 처리하고, 또 위의 모든 방법을 조합해 입체적인 모양을 다양하게 표현할 수 있다.

패턴을 이용하거나 즉흥적으로 작업한, 겉에서 보이는 다트는 주름진 원단보다 더 뚜렷하게 조형적인 디자인 요소가 된다. 매듭을 지은 뒤 잘라내지 않은 실 끄나풀은 솜털 같은 장식 효과를 더해준다.

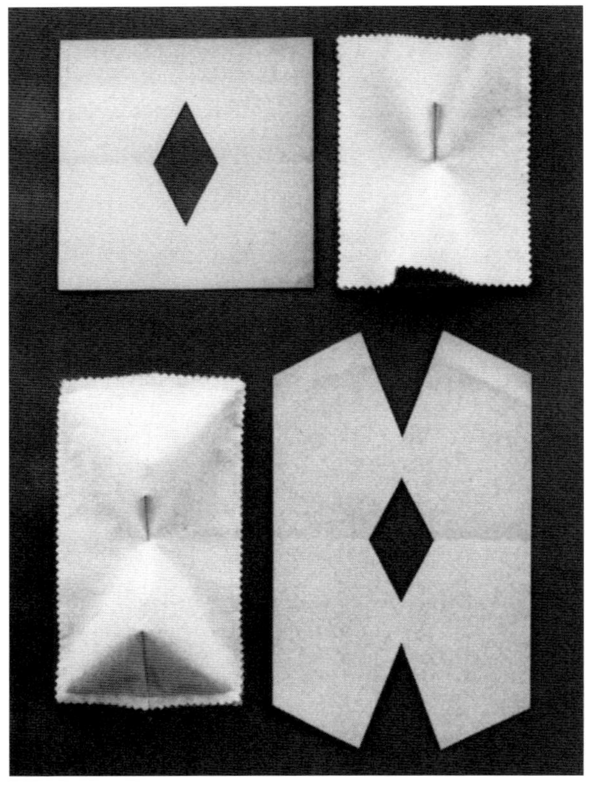

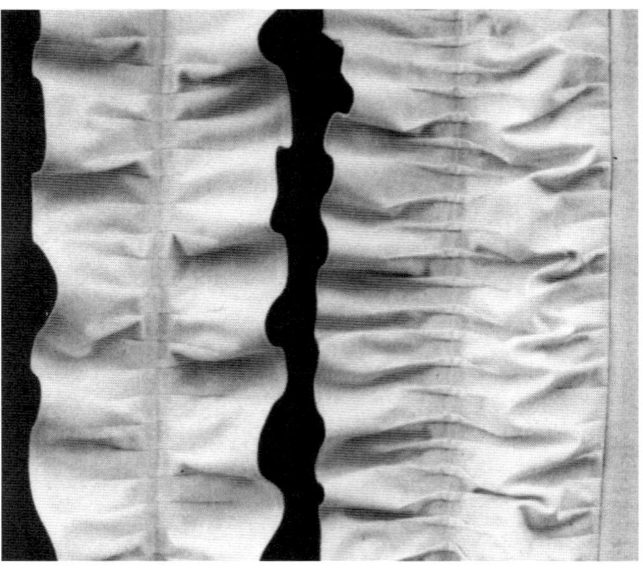

XII-10 (왼쪽) 균일한 다트로 작업한 좁은 너비의 긴 광목.
가장자리로 갈수록 넓어지는 원단은 양쪽 끝 러플처럼
부드러운 주름을 만든다. (오른쪽) 겉으로 드러나는 양쪽 끝 다트를
한쪽으로 눕히면서 중심을 봉제한다. 가장자리의 한쪽 끝 다트로
인해 사이의 원단이 소용돌이치며 부풀어 오른다.

XII-9 (위) 다트의 중심 너비 0.5인치(1.3cm),
길이 각 1.5인치(4cm)인 양쪽 끝 다트.
시접을 더하고 가위집을 주어 작업한다.
(아래) 위의 작업에다 양쪽 가장자리에서
한쪽 끝 다트를 작업해 한 쌍의 피라미드 형태로
버팀천에 스티치하여 고정한다.

XII-11 심지를 부착해 원단을 뻣뻣하게 처리한 후 안쪽에서 양쪽 끝 다트로 작업해 형태를 만든 원통형.
양쪽 두 개는 한쪽 끝 다트로 입구의 둘레를 축소했다.

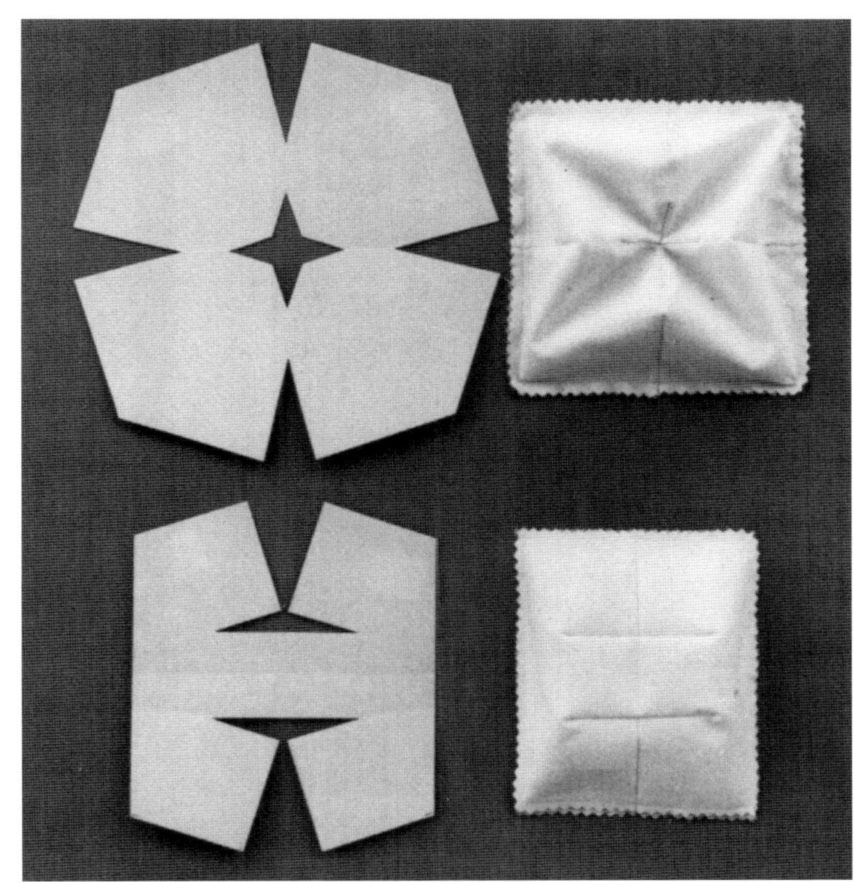

XII-12 (위) 서로 가로지르는 다트.
(아래) 다른 다트의 끝을 가로지르는 다트.
가장자리에 한쪽 끝 다트를 처리해 변화를 준다.
모두 버팀천에 봉제해 고정한다.

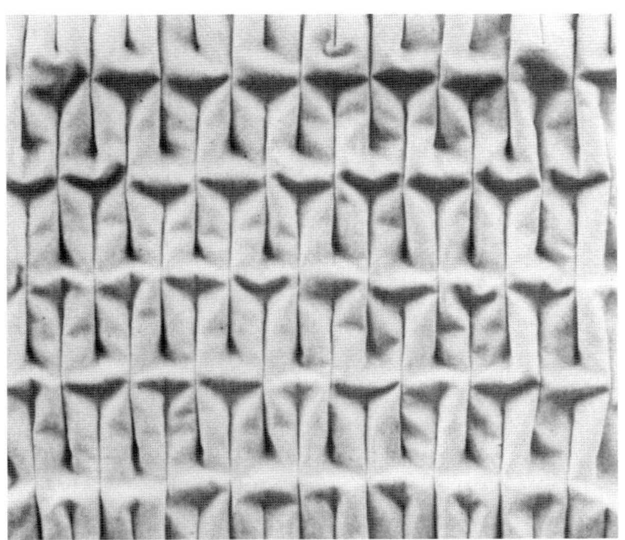

XII-13 입체적인 디자인의 패턴으로 이루어진 광목
〔그림 12-13 (a) 패턴 참조〕.

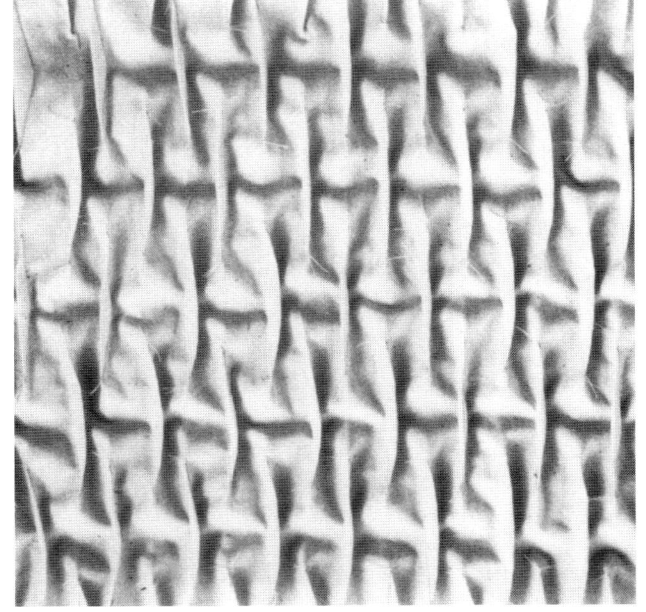

XII-14 사진 XII-13의 뒷면

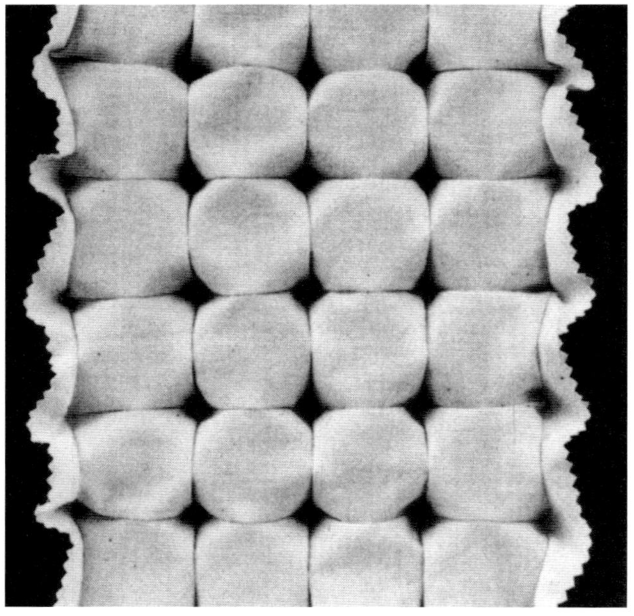

XII-15 상자에 든 마시멜로처럼 보이는 광목
〔그림 12-13 (b) 패턴 참조〕.

XII-16 다트 끝 사이가 움푹 꺼지는 대신 솟아오르게 처리한
사진 XII-15의 뒷면.

XII-17 육각형 모양으로 다트를 배열한 광목〔그림 12-13 (c) 패턴 참조〕. 각각
의 낮은 부분은 뻣뻣한 바탕천에 시침 고정한다.

XII-18 교차하는 양쪽 끝 다트로 만들어져
입체적인 형태를 띠는 광목〔그림 12-13 (d) 패턴 참조〕.

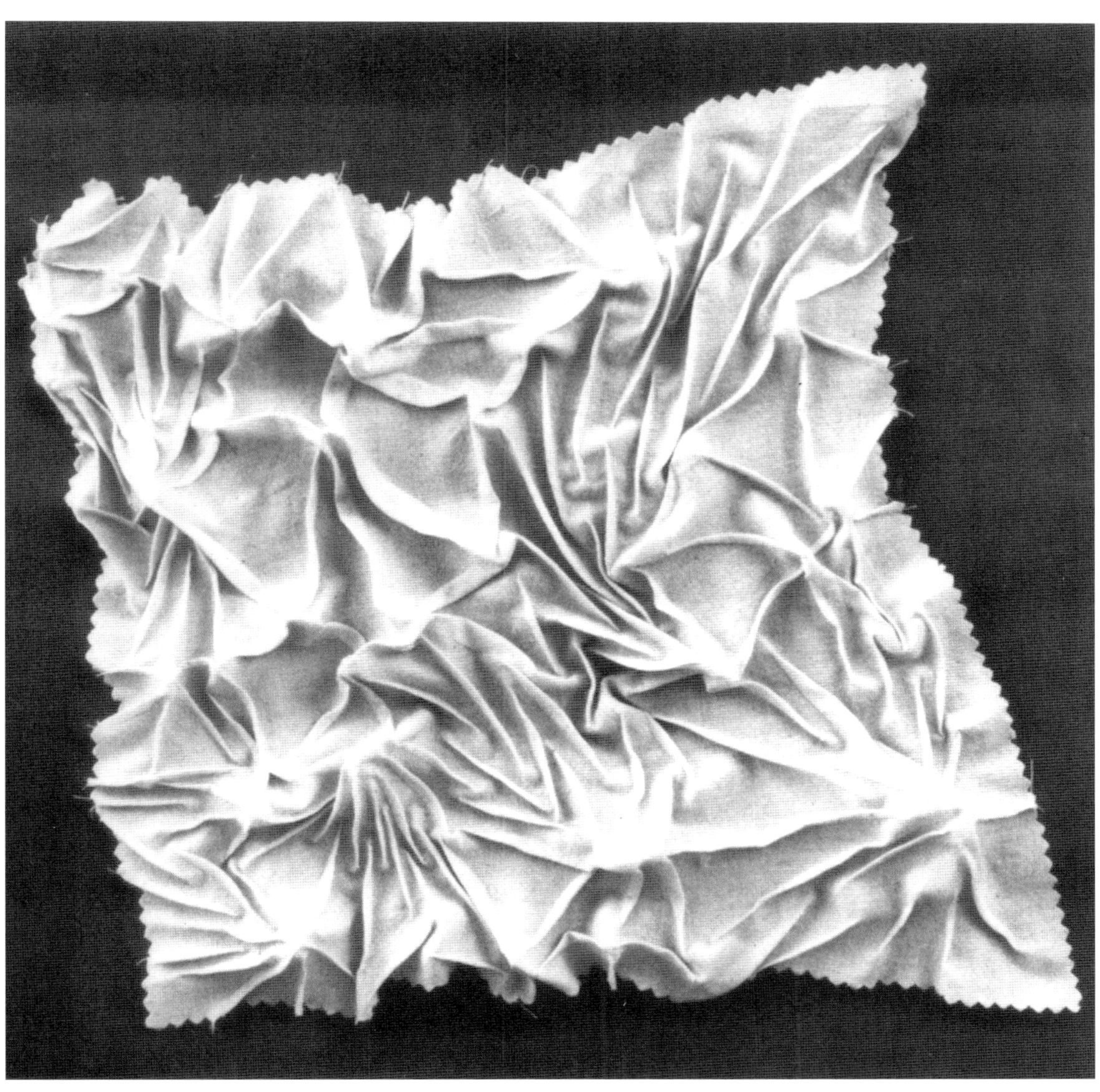

XII-19 겉으로 보이는 즉흥적인 다트로 입체적이고 복잡한 모양을 이룬 원단.

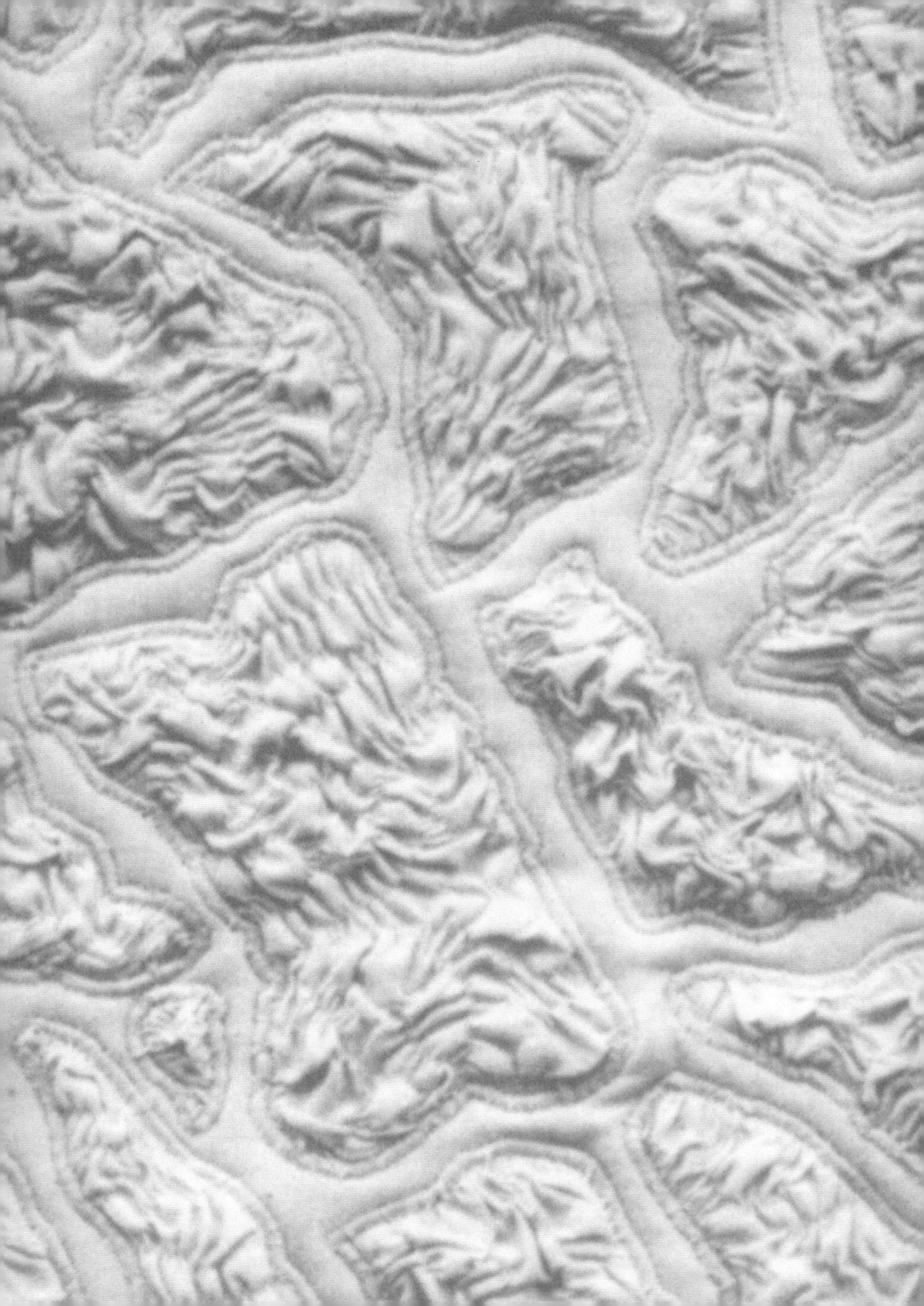

여러 가지
기법을
혼합한 조형

Mixed
Manipulations

콤비네이션

Combinations

기능적·장식적·예술적 목적으로 작업하는 콤비네이션
의 종류에는 한 가지 기법을 다양하게 표현하거나 두세
가지 기법을 조합하는 두 가지 방법이 있다. 여러 방법을
섞어서 표현하는 것에 비해 한 가지 기법으로 작업하는
것은 제한적일 수밖에 없다.

콤비네이션

Combinations Contents

기법의 응용
Technique Variations

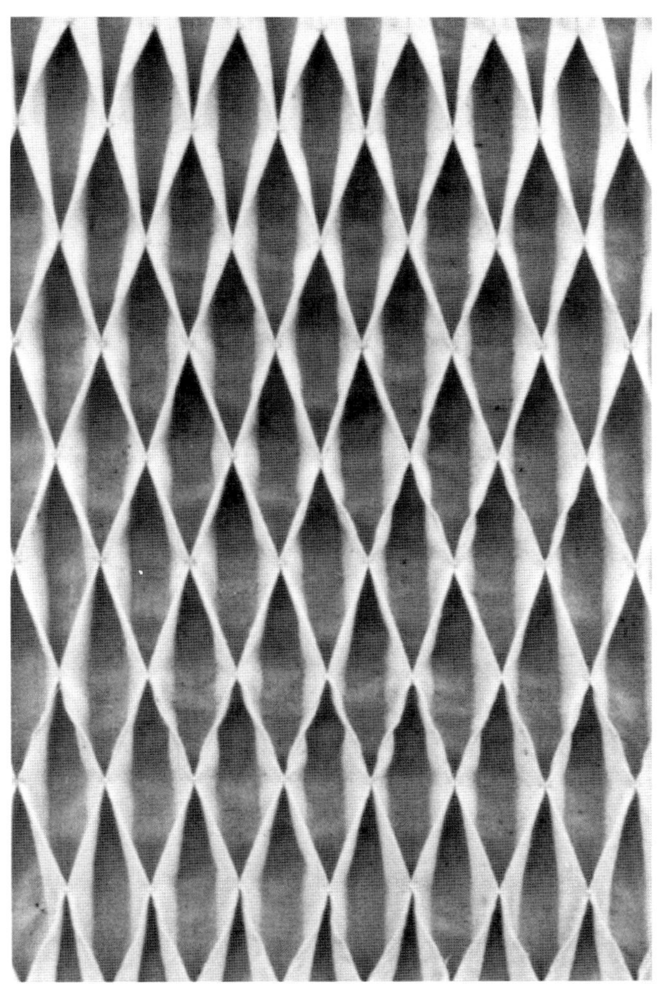

XIII-1 스모크 처리한 턱—간격 없는 턱을
전체적으로 허니콤 스티치하여 채널이
납작해지면서 벌집 모양을 이룬다.
샘플은 비교적 견고하며 안정적이다.

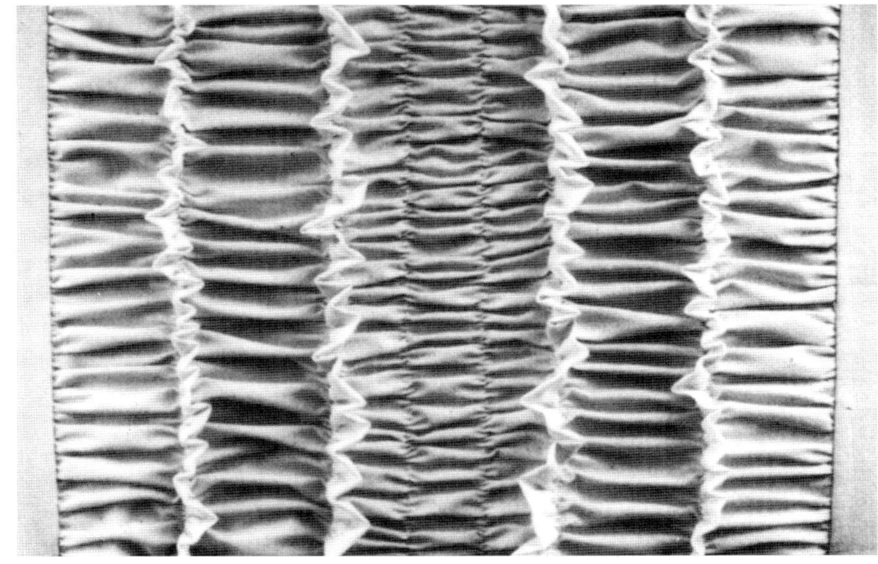

XIII-2 셔링 처리한 턱—일반적으로
셔링 처리한 밴드를 중심으로
양쪽으로 개더 처리한 솔기가 있는 턱.

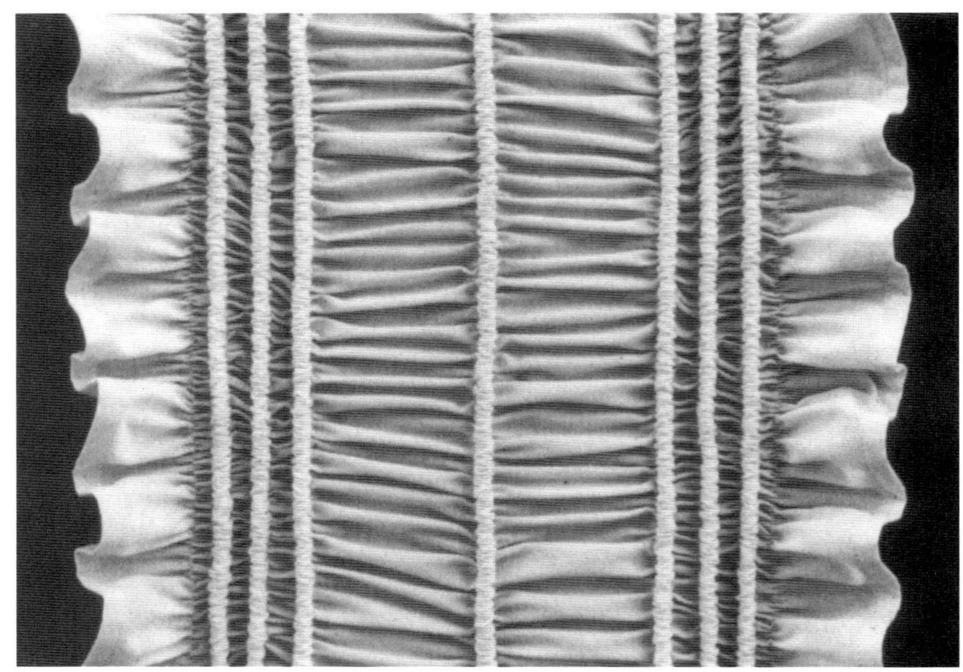

XIII-3 셔링 처리한 표면 코딩(코드로 셔링 처리한 턱)—원단으로 코드를 감싸고
밑실로 개더를 잡으면서 동시에 스티치한다.

XIII-4 코드를 넣어 개더 처리한 튜브 모양—겉면으로 뒤집는
과정을 보여주는 것으로, 코드를 감싼 튜브가 빡빡하거나
느슨한 개더 형태로 나타난다. 솜을 넣은 공 모양의 끝처리로
가늘고 긴 코드를 강조하기도 한다.

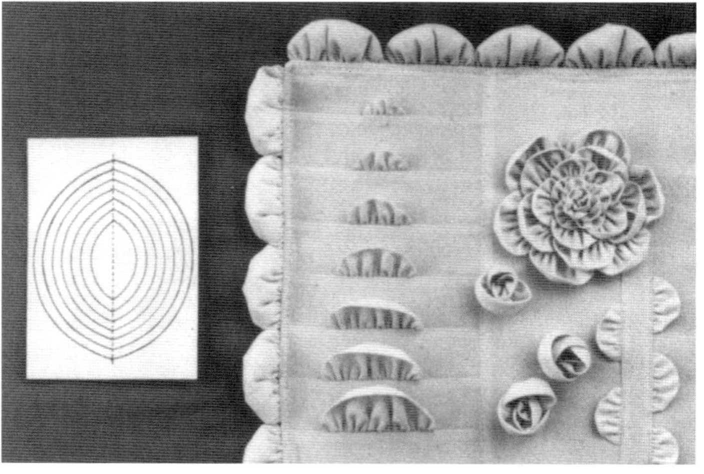

XIII-5 조개 모양—(왼쪽) 점차 커지는 타원형 패턴.
(오른쪽) 크기가 다양한 원단을 반으로 접어 개더 처리하여 만든
조개 모양을 솔기에 끼워 넣고, 원형의 큰 꽃과 세 개의 꽃봉오리를 만들었다.
아플리케 처리한 밴드의 가장자리에 조개 모양을 끼워 넣고,
테두리에는 솜을 채워 넣은 조개 모양을 끼워 넣었다.

XIII-6 분리된 공 모양—(오른쪽 위에서부터 시계반대 방향) 솜을 채워
넣은 공 네 개. 솜을 채워 넣고 러플처럼 솟아오르게 한 후
가장자리를 개더 처리하여 바닥에 고정한 공 세 개. 솜을 채워 넣고
러플처럼 솟아오르게 한 공 네 개. 러플처럼 솟아오르게 하고
바탕천에 부착한, 솜을 채워 넣은 공 네 개. 가운데에 공이 있고
원형으로 셔링 처리해 솟아오른 가장자리로 이루어진 디자인.

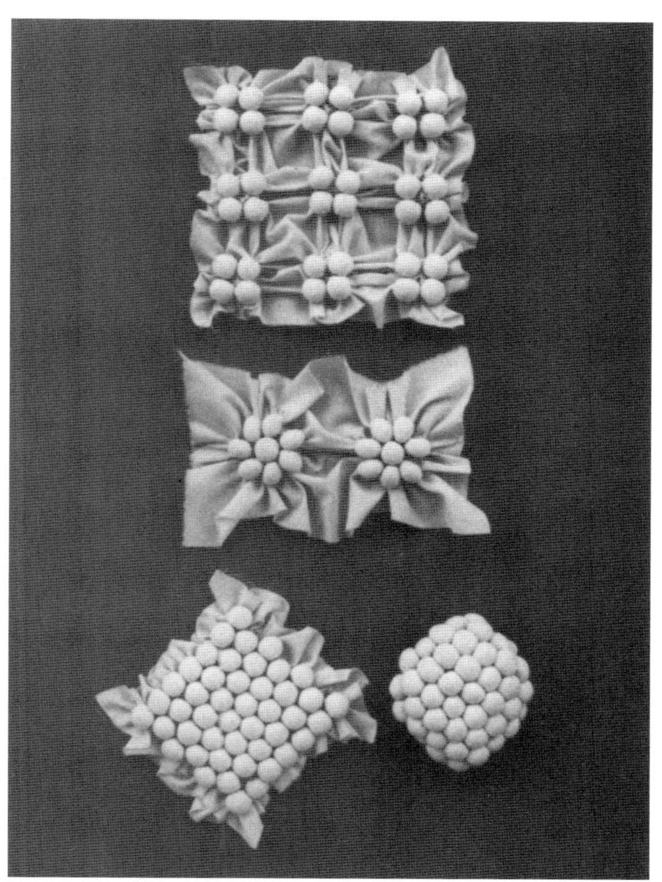

XIII-7 공 개더링—(위) 개더 처리한 퍼프와 솜을 채워 넣어 처리한,
간격을 둔 공 개더링은 전처 디자인에 주름을 만든다.
(아래) 개더 처리한 공이 촘촘하게 모여 있는 샘플.
오른쪽은 매우 가까운 간격으로 공이 모여 있어 곡을 이룬다.

XIII-8 공 개더링—밴드에 손바느질로
아플리케 처리한 공 때문에
원단의 길이 방향으로 개더가 잡힌다.

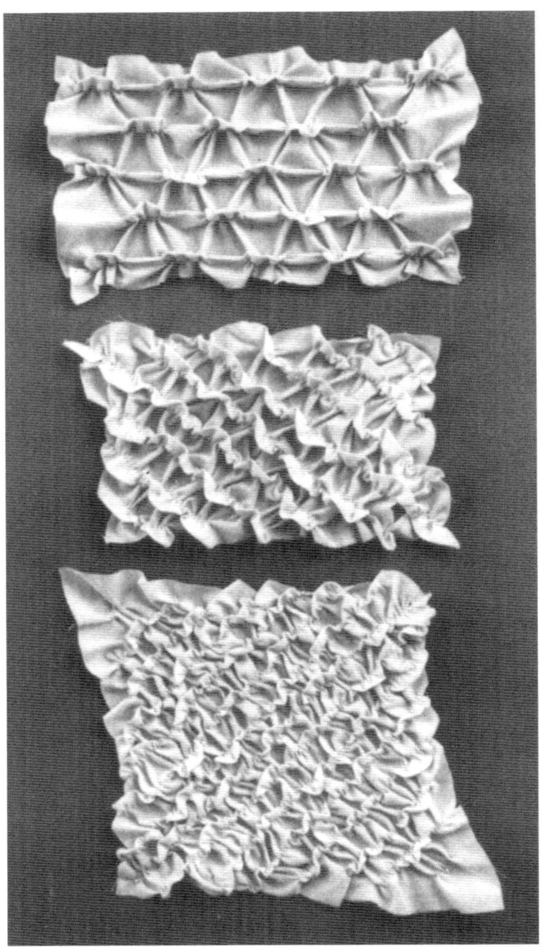

XIII-9 개더 처리한 다트 패턴—
연결된 양쪽 끝 다트를
손바느질로 개더 처리하여
솟아오른 초승달 모양 사이에
불규칙하게 주름 잡힌 원단.

XIII-10 개더 처리한 다트 패턴—
(위) 꼭짓점이 서로 맞닿게 정사각형으로
배치한 네 개의 개더 처리한 다트.
(아래) 끼워 넣기 위해 준비한,
안감으로 고정한 두 개의 샘플.

XIII-11 다트 개더링—개더 처리한 양쪽 끝 다트는 원단을 풍성하게 하고
조개 모양의 가장자리를 만든다.

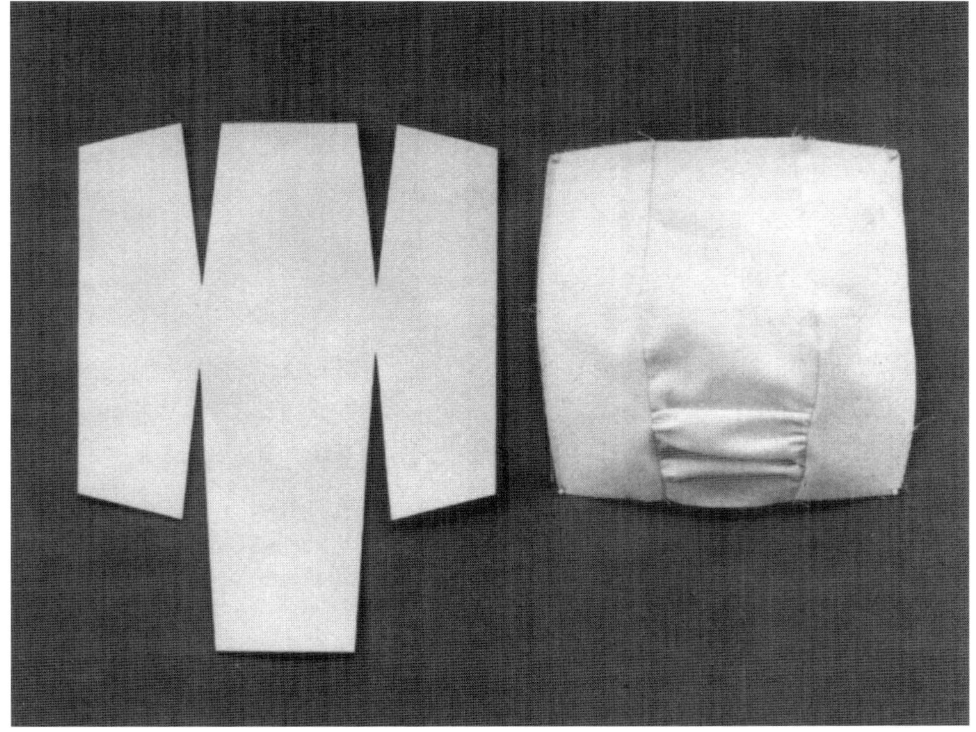

XIII-12 개더 처리한 한쪽 끝 다트—(왼쪽) 패턴.
(오른쪽) 다트의 한쪽 면을 개더 처리하여 시험해본 후 다트를 봉제한다.

독창적인 콤비네이션
Creative Combinations

XIII-13 원형의 광목에 퀼팅용 솜을 넣고 안감 처리한 뒤
여섯 개의 한쪽 끝 다트로 솟아오르게 한 모양.
겉면은 개더 처리한 부분과 기계로 퀼팅한 부분이 나타난다.
가장자리는 개더 처리한 파이핑으로 완성.
윗부분은 러플 처리한 공 장식으로 마무리했다.

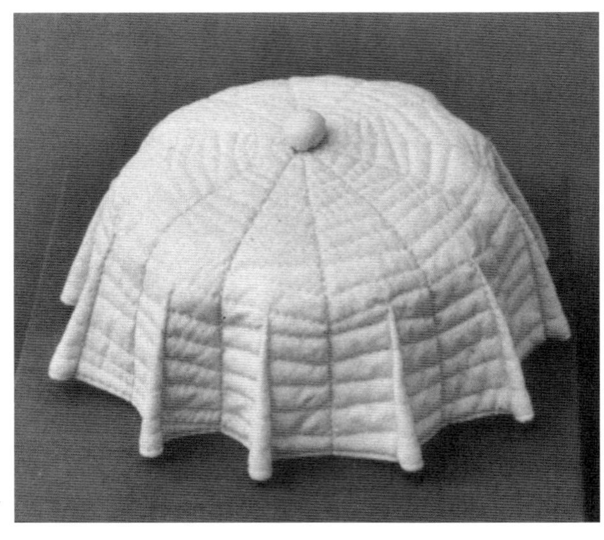

XIII-14 원형의 광목에 퀼팅용 패드를 넣고 기계로 누빈 뒤
돌출된 한쪽 끝 다트를 처리해 솟아오르게 만든 형태.
봉투 모양 가장자리 처리법을 사용하고
윗부분은 공 장식으로 마무리했다.

XIII-15 솜을 채워 넣은 12개의 두툼하고
입체적인 부분으로 이루어진 메달 형태.
안쪽에서 낮게 시작해 가장자리에서 높아지고
중심에 솜을 채워 넣은 반구형으로 완성
연결된 한쪽 끝 다트를 솔기선으로 처리.

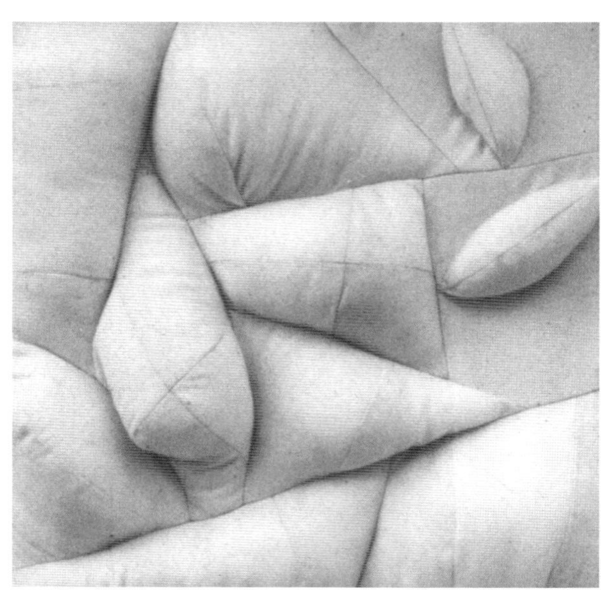

XIII-16 한쪽 끝 다트를 솔기선으로 처리한 뒤
솜을 채워 넣고 입체적으로 만들어 자연스럽게 연결한 형태.

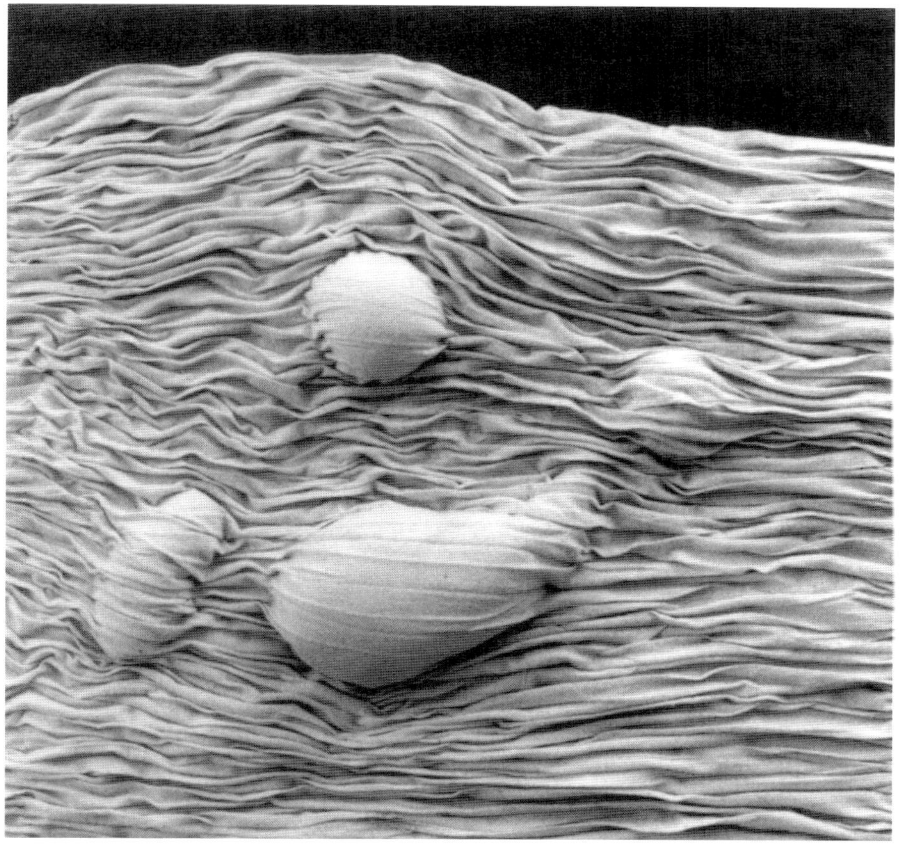

XIII-17 솜을 채워 넣은 형태 위에 개더를 잡으면서 솟아오르게 아플리케하여
버팀천에 고정한 긴 빗자루 주름.

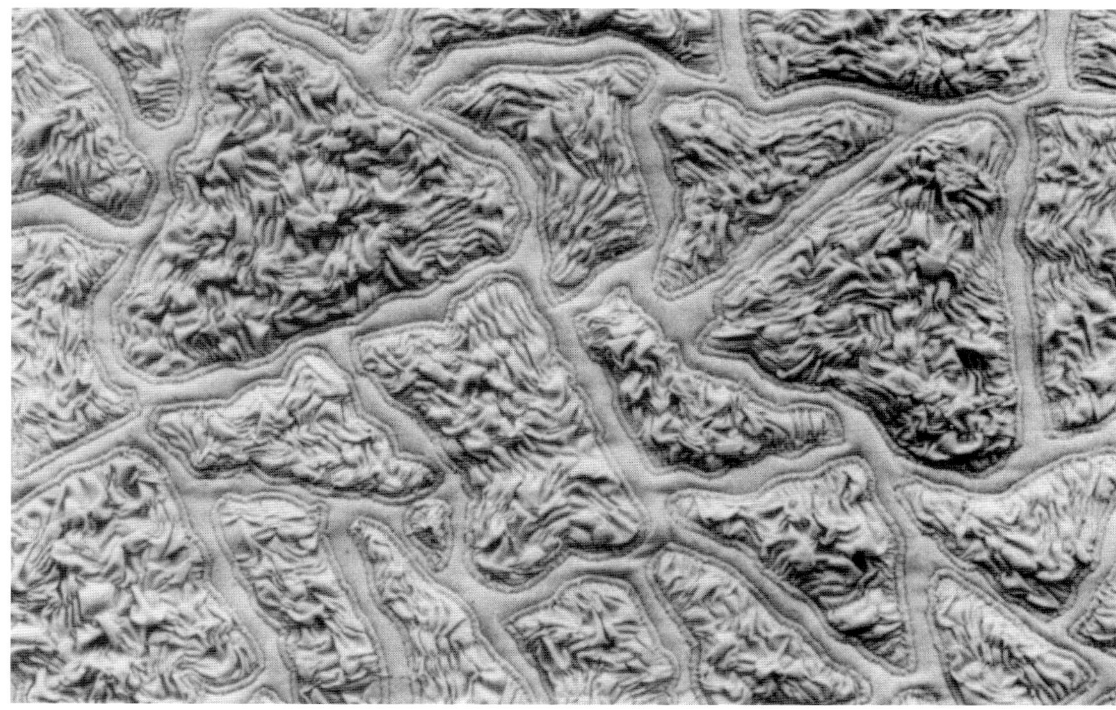

XIII-18 개더링 노루발로 구불구불하게 셔링 처리한 원단을 새틴 스티치로
원단/퀼팅용 솜/안감으로 이루어진 바탕천에 아플리케했다.

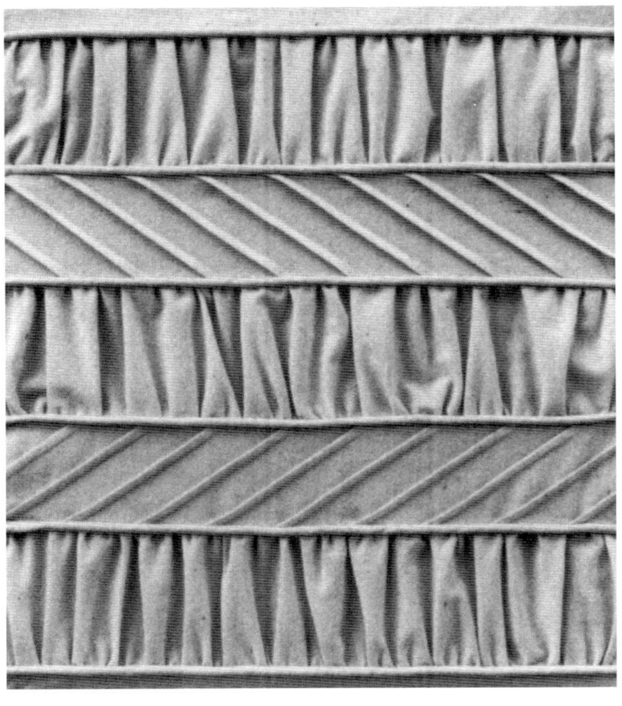

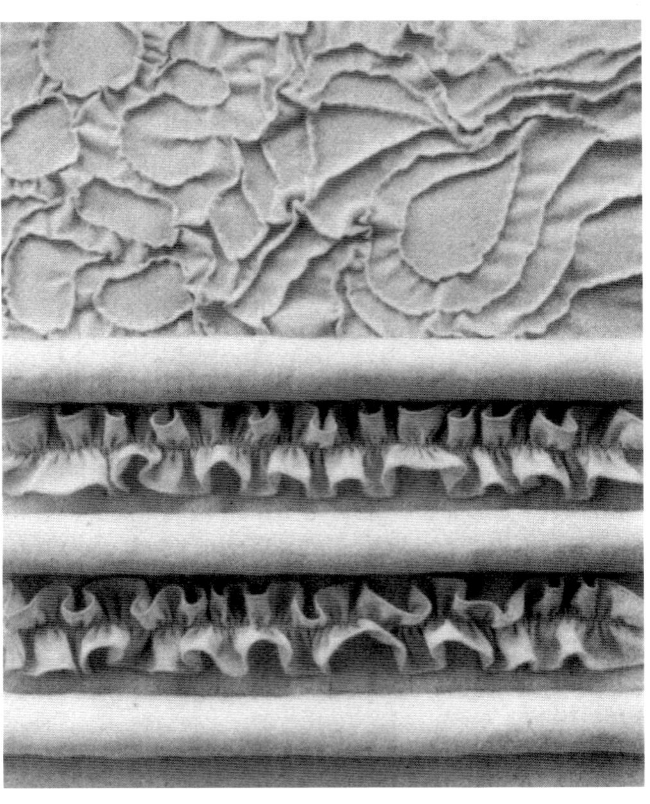

XIII-20 사이사이에 양쪽 끝 러플이 있는 세 개의 롤.
윗부분은 즉흥적으로 턱을 잡아 작업한 패턴.

XIII-19 파이핑 처리한 솔기로 연결하면서 사선으로 턱을 잡은 밴드는
개더 처리한 밴드와 교대로 나타난다.

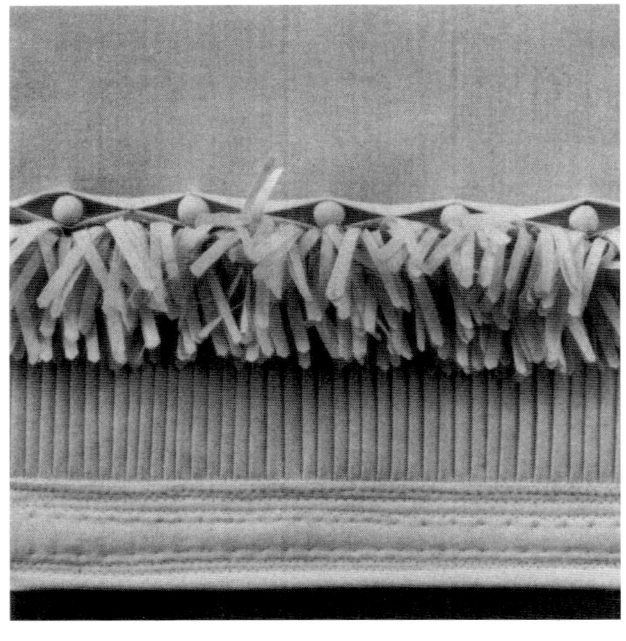

XIII-22 연결된 끝부분에 공이 있는 열쇠구멍 턱 사이로
구불구불한 셔링이 보인다. 옆쪽으로 서 있는 턱 사이에
낮게 모여 있는 좁은 너비의 러플.

XIII-21 (위에서부터) 벌어진 주름 안쪽에 시침 고정한 공,
스닙프린지 처리한 러플, 주름판 형태의 플리츠 밴드,
퀼팅용 패드를 넣고 재봉틀로 퀼트 처리한 테두리.

6부 여러 가지 기법을 혼합한 조형

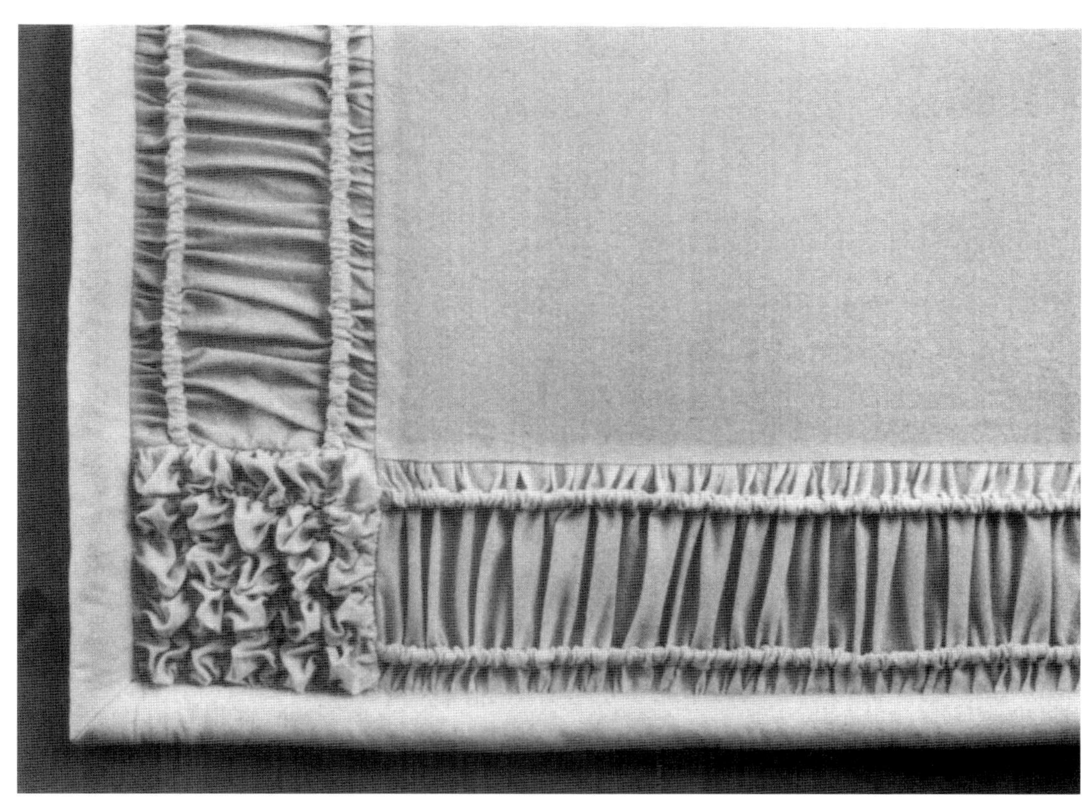

XIII-23 솔기를 표면 코드 처리해 주름을 잡은 테두리. 모서리에 와플 셔링한 사각형.
두툼하게 솜을 채워 넣은 롤로 처리한 가장자리.

XIII-24 리본 모양의 턱과 솜을 채워 넣거나 넣지 않은 턱으로 이루어진 가장자리.
파이핑과 여러 개의 턱으로 외곽선 처리.

XIII-25 개더 처리한 파이핑 가장자리. 턱 처리한 사이에
입체감이 있는 모양으로 이루어진 테두리.

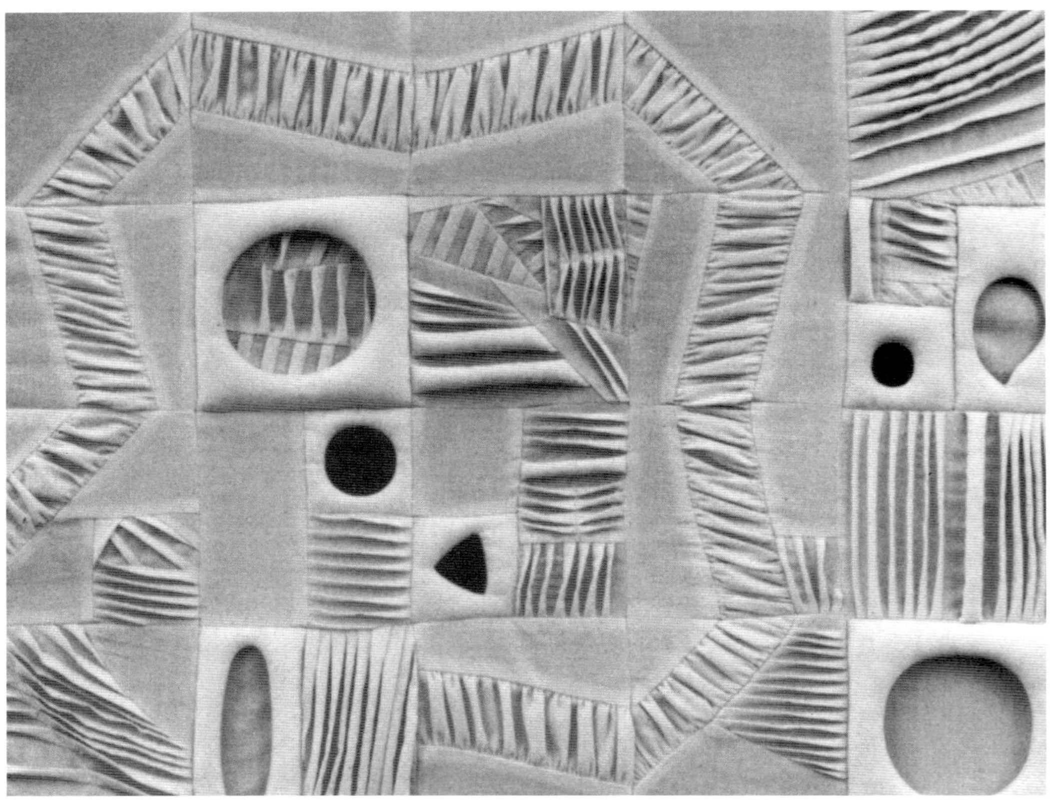

XIII-26 작은 구멍, 스터핑과 턱, 불규칙한 양쪽 끝 개더링으로 다양하게 디자인한,
한 변의 길이가 4인치(10cm)인 정사각형 패턴.

XIII-27 주름진 바탕천에 부착한 요요.

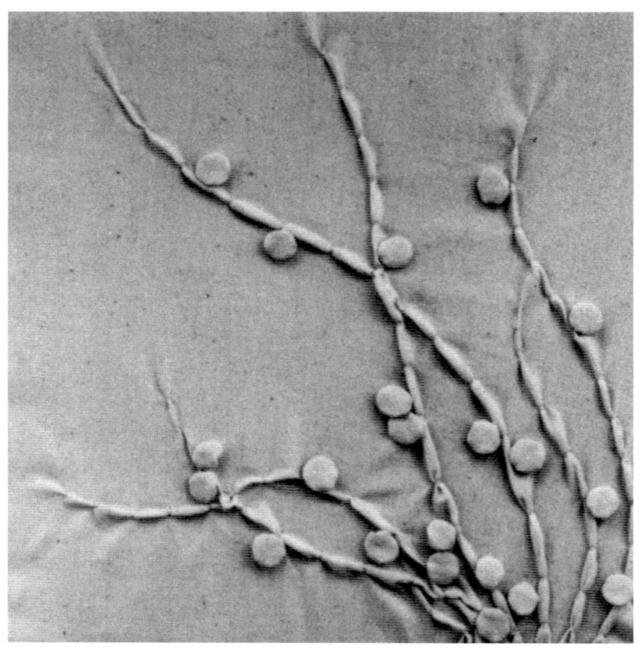

XIII-28 퍼프로 강조한 뒤집어 묶은 턱.

6부 **여러 가지 기법을 혼합한 조형**

XIII-29 느슨하게 아플리케 처리한 잎사귀와 요요 꽃, 퍼로잉 처리한 가운데를 둘러싼 러플 가장자리로 이루어진 꽃 한 송이, 스터프 처리한 파도 모양 턱 장식의 화분.

XIII-30 가장자리를 풀어놓은 양쪽 끝 러플을 꼬아서 만든 꽃 일곱 송이. 퍼로잉으로 둘러싸인 공 개더링으로 만들어진 꽃 두 송이. 개더 처리한 다트로 만들어진 꽃 네 송이. 느슨하게 아플리케 처리한 잎사귀, 턱을 잡아 만든 화분.

XIII-31 다양한 기법으로 만든 입체적인 꽃. 양쪽 끝 러플, 한쪽 끝 러플, 요요, 공 개더링, 퍼로잉, 퍼프, 공, 느슨하게 처리한 아플리케, 턱.

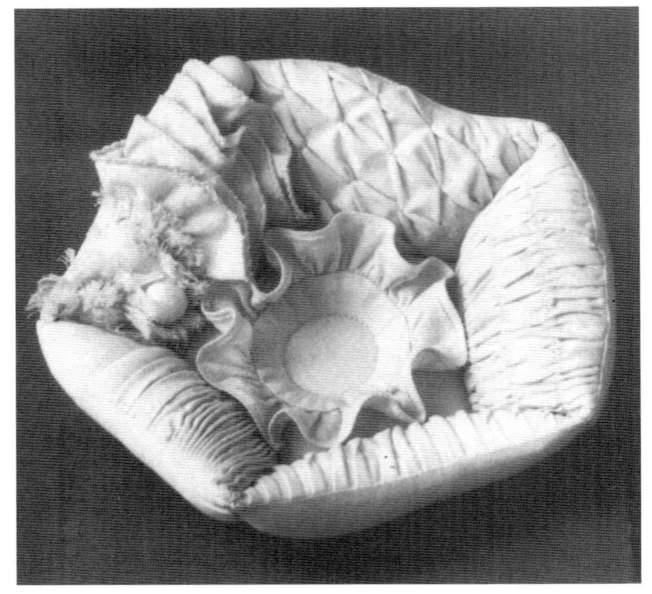

XIII-32 가운데에 원형을 상침한 오각형의
작은 쿠션에 연결된, 윗부분 가장자리가 곡지고
작은 쿠션의 모양을 이루는 다섯 개의 부등변사각형.
모든 쿠션의 안쪽 면을 다양한 방법으로 처리했다.

XIII-33 입체적인 질감으로 다양하게 표현한 원단. 겉감/퀼팅용 솜/안감으로 이루어진 바탕천 위에
여러 조각을 스티치로 고정하여 만든다.

부록

Appendix

Appendix Contents

손바느질
Hand Stitches

감침질

두 번 접거나 완성한 가장자리를 오버핸드 스티치로 마무리하는 손바느질 방법이다.

공그르기

튼튼하고, 눈에 띄지 않는 손바느질 방법으로 원단의 가장자리를 접어 아플리케하는 데 사용한다. 오른쪽에서 왼쪽으로 작업한다(왼손잡이의 경우 반대 방향으로 작업한다). 아플리케를 하기 위해 접힌 가장자리 아래에서 위로 바늘을 뺀다. 접힌 곳을 두세 올 통과해 바늘을 밖으로 빼낸다. 실이 빠져나온 바로 그 지점에서 바탕천에 바늘을 꽂아 넣는다. 가장자리 8분의 1인치(3mm) 앞으로 바늘을 가져온다. 접힌 안쪽으로 두세 올을 뜨고 밖으로 빼낸다. 네다섯 땀을 스티치한 후 실을 팽팽하게 잡아당긴다(260쪽, 그림 11-11 (a)).

밑단 공그르기

안쪽과 바깥쪽에서 실 땀이 거의 보이지 않도록 밑단과 안단을 고정하는 데 사용하는 손바느질 방법이다. 원단의 안쪽 면에서, 오른쪽에서 왼쪽으로 작업한다(왼손잡이의 경우 반대 방향으로 작업한다). 접어놓은 밑단과 원단 사이를 스티치로 연결한다. 0.25인치(6mm) 앞으로 바늘을 옮겨 한두 올 원단을 떠주고 잡아당긴다. 다시 0.25인치(6mm) 앞으로 옮겨 밑단이나 안단의 두세 올을 집고 잡아당긴다. 대여섯 땀을 스티치한 후 조심스럽게 실을 잡아당겨 밑단이나 안단을 고정한다(그림 A-1).

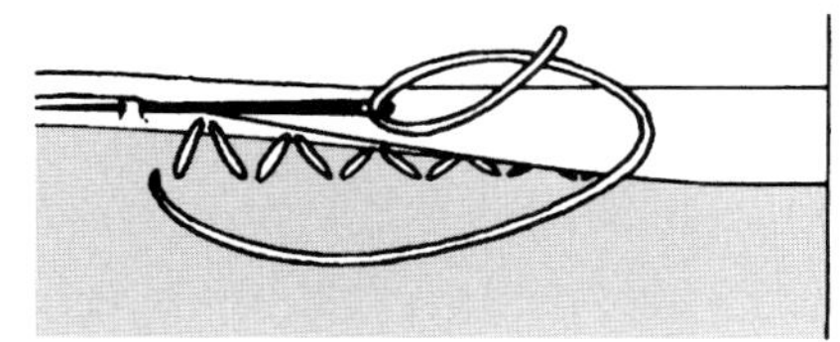

그림 A-1 밑단 공그르기.

박음질

박음질은 튼튼해서 잘 터지지 않아야 하는 솔기나 핸드 퀼팅 등에 다양하게 사용되는 손바느질 방법이다. 봉제를 시작하는 부분이나 스티치를 마치는 곳에서 매듭 대신 사용하기도 한다. 오른쪽에서 왼쪽으로 작업한다(왼손잡이의 경우 반대 방향으로 작업한다). 실을 뗀 바늘을 겉면으로 뺀다. 오른쪽으로 8분의 1인치(3mm) 옮겨 바늘을 뒤로 끼워 넣는다. 온박음질의 경우, 0.25인치(6mm) 길이로 뒷면에서 스티치하고

바늘을 겉면으로 뺀다. 다시 바늘을 오른쪽으로 8분의 1인치(3mm) 옮겨, 같은 방법으로 계속한다. 온박음질은 재봉틀로 직선 스티치한 것처럼 보인다(그림 A-2 (a)). 반박음질은 홈질처럼 보인다. 오른쪽으로 8분의 1인치(3mm) 떨어진 곳에 바늘을 꽂고 뒷면에서 0.5인치(1.3cm) 길이로 스티치해 바늘을 겉면으로 뺀다. 다시 바늘을 오른쪽으로 8분의 1인치(3mm) 옮겨, 같은 방법으로 계속한다(그림 A-2 (b)). 솔기의 뒷면에서 박음질을 고정한다. 마지막 스티치에서 바늘에 실을 8자 모양으로 고리를 만들면서, 서로 겹치도록 두 땀의 작은 박음질을 한다(그림 A-2 (c)).

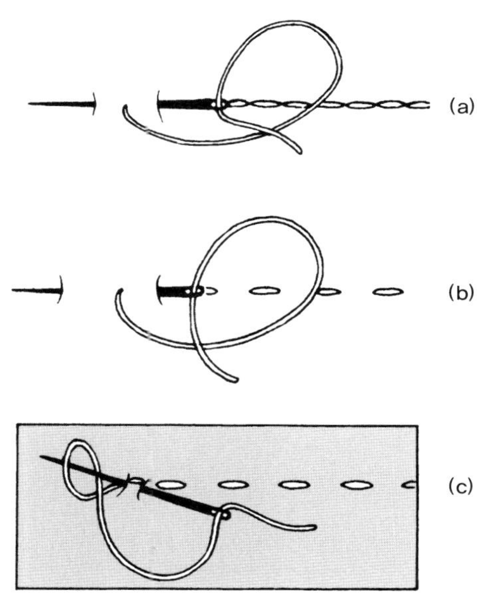

그림 A-2 (a) 온박음질. (b) 반박음질. (c) 박음질 고정.

사다리 스티치

솜을 채워 넣기 위해 솔기선에 남겨두었던 창구멍을 막거나 아플리케의 접힌 가장자리를 바탕천에 바늘땀이 보이지 않게 부착하는 손바느질 방법이다. 오른쪽에서 왼쪽으로 작업한다(왼손잡이의 경우 반대 방향으로 작업한다). 솔기에 있는 창구멍을 막는 경우, 마주보는 가장자리의 접힌 곳을 통과해 실을 밖으로 빼낸다. 반대편 가장자리를 가로질러 접힌 안쪽에 8분

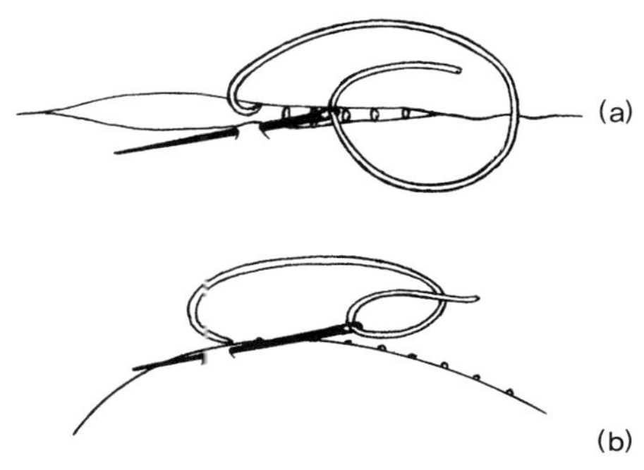

그림 A-3 사다리 스티치. (a) 창구멍 닫기. (b) 아플리케.

의 1인치(3mm) 길이로 스티치한다. 대여섯 땀을 스티치한 후 실을 팽팽하게 잡아당긴다〔그림 A-3 (a)〕.

아플리케하는 경우, 접힌 가장자리에서 바탕천을 통해 바늘을 위로 빼낸다. 아플리케의 접힌 가장자리 안쪽에 8분의 1인치 (3mm) 길이로 스티치한다. 바로 그 지점에서 바탕천 안으로 바늘을 끼워 넣고, 8분의 1인치(3mm) 옮겨 바깥쪽으로 빼낸다. 같은 방법으로 대여섯 땀을 스티치한 후 실을 팽팽하게 잡아당긴다〔그림 A-3 (b), 또 260쪽, 그림 11-11 (b)도 참조〕.

새발뜨기

핑킹가위로 자르거나 테이프로 처리한 후 한 번 접은 밑단, 안단의 가장자리, 안감에 시접을 납작하게 고정하는 데 사용하는 손바느질 방법으로 겉면에 스티치가 거의 보이지 않으며 신축성이 있다. 원단의 안쪽 면에서 왼쪽부터 오른쪽으로 작업한다(왼손잡이의 경우 반대 방향으로 작업한다). 접힌 사이로 매듭을 감추면서 겉감 위로 바늘을 가져온다. 접힌 가장자리와 아래에 놓인 원단을 번갈아가며 각을 이뤄 박음질한다. 아래 놓인 원단을 한두 올 뜨고, 접힌 가장자리에서는 큰 땀으로 박음질한다. 새발뜨기는 헤링본 스티치처럼 보인다(그림 A-4).

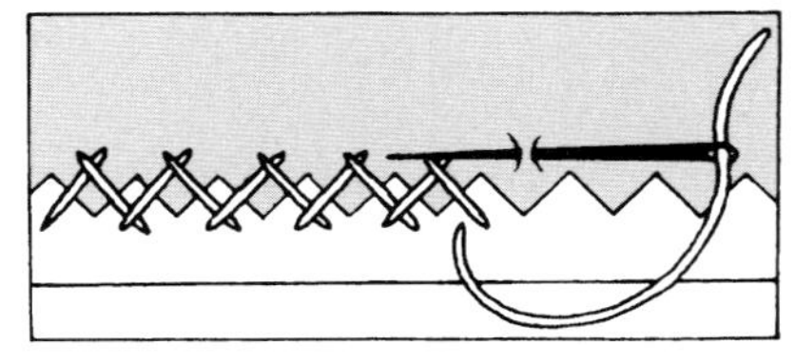

그림 A-4 새발뜨기.

스탭스티치(stabstitch)

두 과정으로 이루어지는 손바느질이다. (1) 바늘을 아래로 꽂고 스티치의 길이만큼 지나 원단의 겉면 위로 빼낸다. (2) 박음질과 같은 방법으로 바늘을 뒤로 옮겨 다시 꽂는다. 스탭스티치는 징거주거나 퀼팅할 때 사용한다.

시침질

영구적으로 스티치하기 전에 여러 겹의 원단을 일시적으로 고정하기 위한 손바느질 방법이다. 오른쪽에서 왼쪽으로 작업한다(왼손잡이의 경우 반대 방향으로 작업한다). 스티치의 길이가 긴 홈질과 같은 균일한 시침질은 겉면과 뒷면의 스티치 길이를 같게 한다〔그림 A-5 (a)〕. 균일하지 않은 시침질은 겉면에는 길게, 뒷면에는 짧게 스티치한다〔그림 A-5 (b)〕.

실표뜨기

패턴에 표시한 접히는 선, 솔기선, 그 밖에 필요한 봉제 위치 등을 원단이 손상되는 것을 막으면서 실로 나타내는 방법이다. 작고 예리한 가위로 원단에 표시할 부분의 패턴에 구멍을 낸다. 원단의 겉면에 패턴을 핀으로 고정한다. 매듭을 짓지 않은, 두 겹의 긴 실을 이용해 오른쪽에서 왼쪽으로 작업한다(왼손잡이의 경우 반대 방향으로 작업한다). 패턴에 표시한 구멍을 따라 실을 느슨하게 남기면서 작은 땀으로 스티치한다(그림 A-6). 실 고리의 가운데를 자르고 조심스럽게 패턴을 떼어낸다. 두 겹의 원단을 0.75인치(2cm) 정도 벌려 그 사이의 실을 자른다.

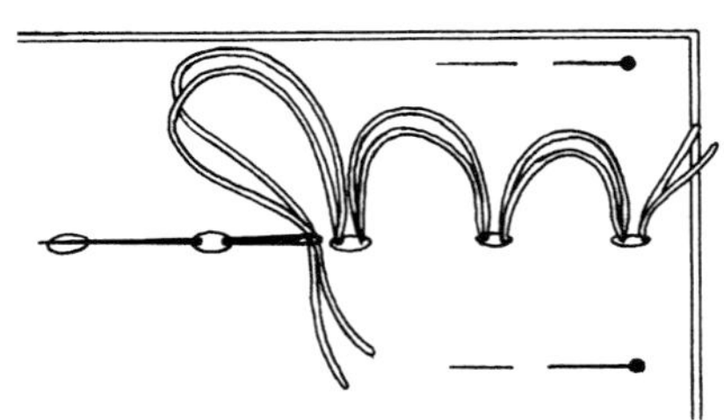

그림 A-6 실표뜨기.

오버핸드 스티치

두 겹으로 접힌 부분 또는 완성된 가장자리를 서로 연결하거나 아플리케하는 데 사용하는 촘촘하고 튼튼한 손바느질 방법으로 오른쪽에서 왼쪽으로 또는 왼쪽에서 오른쪽으로 작업한다. 두 겹으로 접혀 있거나 완성된 가장자리의 연결을 위해 겉면을 마주대고 가장자리를 맞춘다. 실 끝에 매듭을 짓고 주름 안쪽으로 매듭이 놓이도록 하거나, 매듭을 짓지 않은 실로 제자리 박음질을 하여 고정한다. 각 스티치는 8분의 1인치(3mm) 앞쪽의 가장자리를 바늘로 살짝 떠주면서 작업하므로 같은 방향과 일정한 각도를 이룬다. 이런 방법으로 아플리케를 하면 스티치가 보이고 튼튼하게 처리된다(그림 A-7).

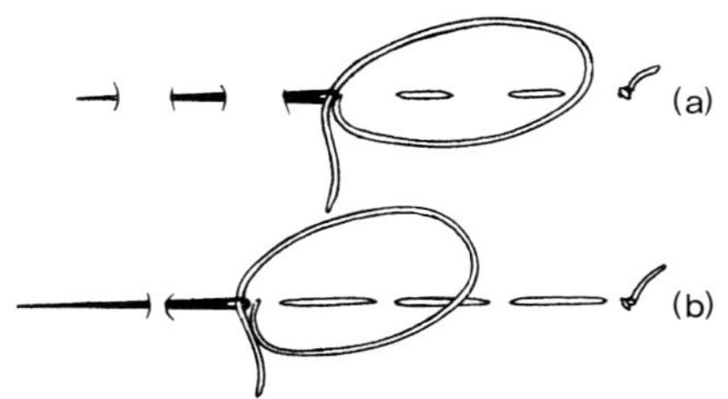

그림 A-5 (a) 균일한 시침질 (b) 균일하지 않은 시침질.

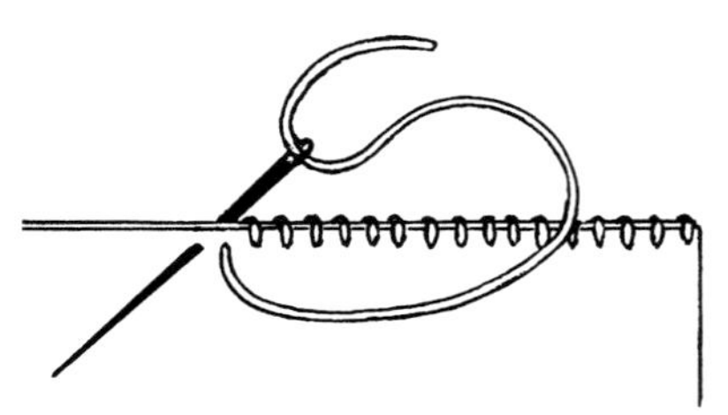

그림 A-7 오버핸드 스티치.

패션 섬유 조형 예술

징금

손바느질로 아주 촘촘하게 또는 겹쳐서 스탭스티치하여 두 부분을 연결하는 것이다.

홈질

튼튼한 솔기가 필요 없는 개더링·셔링·퀼팅 등에 사용하는 기본 손바느질 방법이다. 또 아플리케, 상침, 보이는 밑단 등에 장식실을 이용해 작업한다. 오른쪽에서 왼쪽으로 작업한다(왼손잡이의 경우 반대 방향으로 작업한다). 바늘로 모든 겹의 원단을 균일한 간격으로 안과 밖에 스티치한다. 실을 잡아당기고 반복한다. 특별한 경우를 제외하고 스티치 사이의 간격은 8분의 1인치(3mm) 정도로 한다(그림 A-8).

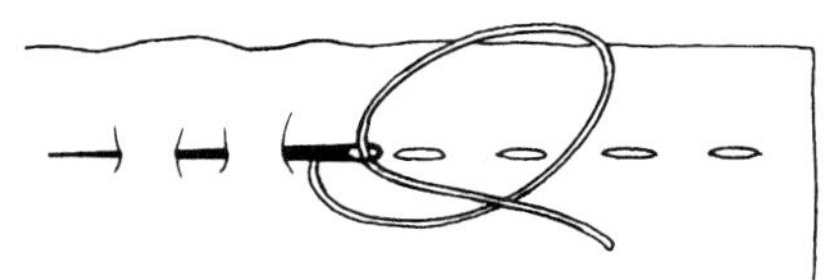

그림 A-8 홈질.

휘갑치기

재단한 시접의 끝이 풀리는 것을 방지하고, 시접이나 밑단을 고정하기 위해 사선으로 실을 감아주는 손바느질 방법이다. 스티치 실을 팽팽하게 당기면 스티치의 깊이만큼 원단이 뒤로 말리며 주름이 진다. 촘촘하게 작업해 패턴 턱에도 사용한다. 오른쪽에서 왼쪽으로 또는 왼쪽에서 오른쪽으로 작업한다. 올이 풀리는 것을 방지하기 위해 재단한 가장자리 아래 8분의 1인치(3mm) 정도 바깥쪽으로 바늘을 빼낸다. 가장자리를 감싸면서 0.25인치(6mm) 앞으로 옮겨 다음 스티치를 한다(그림 A-9). 시접을 고정하기 위해 안감을 살짝 떠준 뒤 앞으로 0.25인치(6mm) 옮기고, 솔기 안쪽으로 8분의 1~4분의 1인치(3~6mm) 들어가서 스티치한다. 한 번 또는 두 번 접은 밑단을 고정하기 위해 원단을 두세 올 떠서 밑단의 가장자리 아래로 바늘을 통과시킨다. 개더 처리하기 위해 손톱으로 가장자리에 주름을 잡아놓고 대여섯 땀 휘갑치기한다. 실을 팽팽하게 잡아당겨 개더를 잡은 뒤 같은 방법으로 계속한다.

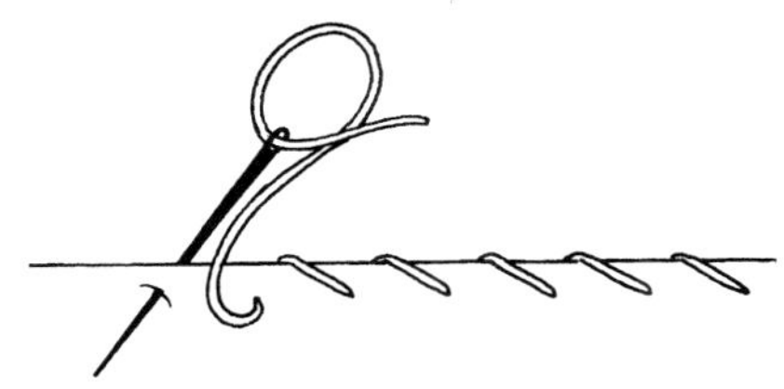

그림 A-9 휘갑치기.

용어 설명
Glossary

- **가로 결** 식서에서 식서를 가로지르는 원단의 실 또는 **씨실**의 방향을 말하며 세로 결보다 유연하다.
- **가위집** 서로 연결되어야 하는 위치나 주름이 접히는 곳의 시접 원단 가장자리를 살짝 자르는 것이다.
- **결** 우븐 원단의 조직을 말하며 가로 결과 세로 결의 원사가 90도 각도로 짜여서 원단이 만들어진다. 원단이 뒤틀린 경우, 바이어스 방향으로 잡아당겨 가로 결/세로 결을 90도 각도로 정돈하고 스팀을 쐬어 고정한다.
- **고정** (1) 다른 원단 조각에 봉제하여 개더 스티치나 플리츠를 고정하고, 다른 원단에 작업한 것을 부착할 때 늘어나거나 뒤틀리는 것을 방지하기 위해 또는 지탱하기 위해 (2) 지나친 스티치에 의해서 원단이 집히고 당겨지고 비틀리는 것을 방지하면서 원단에 힘을 더해주기 위해 필요한 작업이다.
- **고정 방법** 원단에 힘을 더해주기 위해 사용하는 것이다. (1) **영구적인 고정 방법**은 광목, 오건디, 접착 심지, 퀼팅용 솜을 붙인 안감 등을 스티치하기 전에 원단의 뒷면에 시침하여 부착하는 것이다. 접착 심지는 열을 가해 부착한다. 녹말풀로 작업하는 것은 세탁하지 않는 한 영구적이다. (2) **일시적인 고정 방법**은 그 목적을 위해 개발된 상업적인 얇은 종이를 스티치하기 전에 바탕천 뒤에 시침하여 사용하는 것이다. 퀼팅용 종이(freezer paper)의 광택이 있는 면을 바탕천 뒤에 열을 가해 붙인다. 봉제한 후 스티치 실이 흐트러지지 않도록 조심스럽게 떼어낸다. 수틀이나 틀 안에 원단을 팽팽하게 당겨 고정하는 것도 하나의 방법이다.
- **고정 스티치** 한 겹 원단의 시접 안쪽 솔기선 옆을 재봉틀로 직선 스티치하여 가장자리가 늘어나는 것을 막아준다. 원단을 뒤집기 위해 남겨놓은 창구멍에 고정 스티치가 되어 있으면, 마무리할 때 시접을 안쪽으로 접어 넣기가 수월해진다.
- **끝스티치** 원단 겉면의 솔기선에서 16분의 1인치(1.5mm) 떨어져 모든 겹을 재봉틀로 스티치하는 것이다.
- **누름 상침** 시접이 밖으로 밀려나오지 않도록 겉감을 제외한 안단과 모든 시접을 솔기에서 16분의 1인치(1.5mm) 떨어져 재봉틀로 박아주는 것이다.
- **다림질** 원단의 주름을 펴고 표면을 매끄럽게 하기 위해 다리미를 사용하는 것이다.
- **돗바늘** 테이프, 리본, 스트링, 코드, 고무줄 등을 끼워 넣을 수 있도록 바늘귀가 크고 길며 뭉툭한 바늘이다.

- **루시, 루싱**(Rushe, Rushing) 촘촘하게 개더를 잡거나 섬세하게 플리츠를 잡은 좁고 긴 원단을 장식처럼 부착하는 것으로 때때로 개더링이나 셔링의 동의어로 사용된다.
- **밑단 시접** 단 끝에서 접어 올리는 원단의 너비.
- **바이어스** 우븐 원단의 사선으로 기울어진 방향이다. 정바이어스는 정확하게 45도 각도를 이룬다. 우븐 원단의 바이어스는 신축성이 있다.
- **바탕천** 아플리케를 하거나 작업을 하기 위해 기초가 되는 원단이다. 바탕천은 부착된 작업물의 사이나 그 둘레에서 보이게 된다.
- **버팀천** (1) 작업한 것의 형태가 늘어나거나 풀어지거나 움직이지 않도록 고정하기 위해 사용한다. (2) 작업한 것의 뒷면이 보이지 않게 원단을 고정한다. 전체적인 버팀천은 가장자리에서 가장자리까지 전체를 받쳐준다. 부분적인 버팀천은 원단의 부분을 받쳐준다. 바탕천, 안단, 안감 등은 모두 버팀천의 구실을 할 수 있다. 장식적인 버팀천은 원단의 겉면에서 작업한다. (예를 들어, 개더 잡거나 플리츠 처리한 솔기에 좁고 긴 원단, 테이프, 리본 등을 덧대어 처리한다.)
- **상침** 손바느질이나 재봉틀로 가장자리와 평행하게 원단의 겉면에서 모든 겹을 한꺼번에 박아주는 것을 말하며, 한 줄 이상의 일반적이거나 장식적인 스티치를 한다.
- **서퍽 퍼프**(suffolk puffs) 작은 원형 안에 개더 처리한 원형이 나타나는 패치워크 형태로, 미국과 이 책에서는 '요요'로 일컫는다.
- **세로 결** 식서 방향과 평행한 실 또는 날실 방향을 말하며 가로 결보다 강하고 튼튼하다.
- **손가락으로 자국 내기** 작업 과정에서 필요한 경우 짧은 시접을 손가락으로 평평하게 하거나 손톱으로 눌러주는 것이다.
- **손바느질로 형태 잡기** 솜을 채워 넣은 표면에 움푹 들어간 여러 개의 자국을 만들기 위해, 긴 바늘로 손바느질하는 방법이다. 실을 잡아당기면서 솜을 통과한 후 자국을 만들려는 위치의 겉면으로 바늘을 빼낸다. 원단의 여러 올을 작은 스티치로 고정하고 바늘을 뒷면으로 보낸다. 움푹 들어간 자국을 만들기 위해 실을 잡아당긴 뒤 그것을 유지하기 위해 몇 땀 박음질을 해준다.
- **숨은상침** 원단의 겉면에서 솔기선 바로 옆, 홈을 따라 스티치하여 바늘땀이 보이지 않는 상침이다.
- **스팀 처리** 작업을 마무리하면서 솟아오른 원단이나 바탕천을 다시 가다듬고 펴주기 위해 부분 또는 전체적으로 스팀 처리하는 것이다. 원하는 치수와 형태에 맞도록 가장자리와 중요한 안쪽 포인트를 다리미판에 핀으로 꽂아 고정한다. 필요한 경우 늘어진 부분에 핀을 꽂아 정리한다. 다리미로 겉면 위에서 천천히 움직이면서 스팀을 쏘여준다. 열기가 식고 마른 후 핀을 제거한다. 걸어놓은 채로 주름을 정리하고 스티머를 사용해 마무리하기도 한다.
- **시접** 솔기선과 원단 가장자리 사이의 공간. 봉제 후에 가름솔 또는 홑솔로 눌러 다림질한다.
- **식서** 풀리지 않게 짜여 있는 직물 원단의 세로 결 가장자리.
- **아플리케** (1) 작고 모양이 있는 원단 조각을 큰 원단에 부착한 것이다. (2) 손바느질이나 재봉틀로 바탕천에 고정한다.
- **안감** 겉감 아래에 같은 크기와 형태로 놓이는 원단. 겉감 뒷면의 지저분한 것을 감추고 버팀천과 같은 기능을 한다. 겉감과 겉면을 마주대고 봉제하여 뒤집어 가장자리를 완성한다.
- **안단** 버팀천과 같은 기능을 하는 원단으로, 잘린 가장자리에서 겉감과 한꺼번에 봉제한 후 뒷면으로 접어 넣는다. 장식적인 안단은 겉면에서 보이게 처리하기도 한다.
- **와딩**(wadding) 영국에서 사용하는 용어로, 퀼팅용 솜을 의미한다.
- **원단에 안전하게 표시하는 방법** 솔기선, 접힌 선, 접합점, 위치, 외곽선 등을 표시하기 위한 것으로 원단의 표면을 훼손하지 않도록 한다. 늘 작업할 원단의 작은 조각에 시험해본 후 사용한다. (1) 핀을 꽂아두거나 살짝 눌러 자국을 내어 둔다. (2) 시접 가장자리에 가위집과 접합점을 표시한다. (3) 시침질이나 실표뜨기를 한다. (4) 다양한 종류의 초크를 사용한다. (5) 공기와 물로 지워지는, 펠트 포인트의 가는 마킹 펜을 사용한다. (6) 원단에 사용할 수 있는 색연필을 이용한다. (7) 심이 단단한 연필과 지우개를 이용한다. (8) 은비누(Silvers of soap)를 사용한다. (9) 헤라 또는 바늘의 뭉툭한 끝을 이용해 자국을 만들고 그 자국이 사라지기 전에 즉시 작업한다. (10) 좁은 마스킹 테이프를 이용한다.
- **원단의 직선 결** 원단의 직선 결을 나타내는 긴 직선으로, 패턴에 양쪽 화살표로 표시된다.
- **이새** 길이가 조금 다른 두 가장자리를 봉제하는 경우, 긴 길이의 가장자리를 살짝 오그라들게 하여 두 길이를 맞추어 부드럽게 봉제하는 것이다.
- **접합점** 패턴의 가장자리에 서로 연결되어야 하는 위치나 주름이 접히는 곳 등에 (▲) 표시를 한다. 원단에서는 시접 가장자리에 작은 V자 모양으로 표시한다.
- **조각 잇기** 크기가 큰 원단/퀼팅용 솜/안감을 작은 부분으로 나누어 작업한 후 전체 크기로 합치는 퀼팅 방법이다. '랩 퀼팅', '아파트 퀼팅', '조각 퀼팅' 등으로 일컫는다.
- **직선 결** 원단의 가로 결 또는 세로 결.
- **템플레이트** 판지, 플라스틱, 또는 잘 마모되지 않는 물질로 만든 패턴이나 보조 도구.

패션 섬유 조형 예술

- **프레스**　작업해놓은 것과 시접을 손상하지 않으면서 원하는 부분을 프레스기로 눌러 평평하고 매끈하게 펴주는 것이다.
- **플루팅**　개더를 잡은 후 규칙적이고 뚜렷한 주름이 생기도록 가장자리의 홈이 파인 곳을 균일한 홈질 스티치로 각각 고정하여 아플리케한 것이다.
- **핀 고정**　두 부분을 정확하게 맞추어 봉제해야 하거나 두 솔기선을 동시에 스티치하기 위해 특정 위치에서 두 겹의 원단을 핀으로 고정한다.

참고문헌
Selected Bibliograpy

책

나는 이 책을 쓰면서 주제와 관련한 여러 종류의 책을 읽었고, 섬유 조형의 기본 자료에 조금이나마 보탬이 될 것 같은 작은 기법이나 아이디어나 힌트가 될 만한 여러 자료를 훑어보았다. 그 결과 내 노트에는 수많은 기록이 쌓였다. 내게는 매우 중요하지만 독자들에게 참고문헌으로 추천하기에는 부족한 스케치나 간단한 메모는 제외하고 다음과 같은 문헌을 추천한다.

Andrew, Anne. *Smocking*. London: Merehurst Press, 1989.

The Art of Sewing The Editors of Time-Life Books. 16 vols. New York, NY: Time-Life Books, 1976.

Carr, Roberta. *Couture: The Art of Fine Sewing*. Portland, OR: Palmer/Pletsch Associates, 1993.

Carroll, Alice. *The Good Housekeeping Needlecraft Encyclopedia*. Sandusky, Oh: Stanford House, 1947.

Caulfeild, S. F. A., and Saward, Blanche C. *Encyclopedia of Victorian Needlework*. 2 vols. New York, NY: Dover Publications, Inc.; originally published by A. W. Cowan, London, 1882.

Cave, Œnone, and Hodges, Jean. *Smocking: Traditional & Modern Approaches*. London: B. T. Batsford Ltd, 1984.

Clabburn, Pamela. *The Needleworker's Dictionary*. New York, NY: William Morrow and Company, Inc., 1976.

Colby, Averil. *Quilting*. New York, NY: Charles Scribner's Sons, 1971.

Coleman, Elizabeth Ann. *The Opulent Era: Fashions of Worth, Doucet and Pingat*. Brooklyn, NY: The Brooklyn Museum in association with Thames and Hudson, 1989.

The Complete Guide to Needlework Techniques and Materials. Mary Gostelow, Consultant Editor. Secaucus, NY: Chartwell Books Inc. First published by Quill Publishing Limited, London, 1982.

Cunningham, Gladys. *Singer Sewing Book*. New York, NY: Golden Press, 1969.

Cunnington, C. Willett. *English Women's Clothing in the Nineteenth Century*. New York, NY: Dover Publications, Inc., 1990. Unabridged republication of work originally published by Faber and Faber, Ltd., London, 1937.

da Conceição, Maria. *Wearable Art.* New York, NY: The Viking Press (A Studio Book), 1979; Penguin Books, 1980.

Durand, Dianne. *Smoking: Technique, Projects and Designs.* New York, NY: Dover Publications, Inc., 1979.

Dyer, Ann. *Design Your Own Stuffed Toys.* U. S. Edition. Newton, MA: Charles T. Branford Company, 1970.

Ericson, Lois. *Texture...a closer look.* Self-published by the author, 1987.

Every Kind of Smocking. Kit Pyman, Editor. New York, NY: Henry Holt and Company, Inc., 1987.

Fanning, Robbie and Tony. *The Complete Book of Machine Quilting.* 2nd Edition. Radnor, PA: Chilton Book Company, 1994.

Fons, Marianne, and Porter, Liz. *Quilter's Complete Guide.* Birmingham, AL: Oxmoor House, Inc., 1993.

Gibbs-Smith, Charles H. *The Fashionable Lady in the 19th Century.* London: Her Majesty's Stationery Office for the Victoria and Albert Museum, 1960.

Gioello, Debbie Ann, and Berke, Beverly. *Fashion Production Terms.* New York, NY: Fairchild Publications, 1979.

Guild, Vera P. *Good Housekeeping New Complete Book of Needlecraft.* New York, NY: Good Housekeeping Books, 1971.

Haight, Ernest B. *Practical Machine-Quilting for the Homemaker.* David City, NE: self-published by author, 1974.

Hall, Carolyn Vosburgh. *Soft Sculpture.* Worcester, MA: Davis Publications, Inc., 1981.

_____. *The Sewing Machine Craft Book.* New York, NY: Van Nostrand Reinhold Company, 1980.

Hargrave, Harriet. *Heirloom Machine Quilting.* Lafayette, CA: C & T Publishing, 1995.

Hutton, Jessie, and Cunningham, Gladys. *Singer Sewing Book.* New York, NY: Golden Press, 1972. Earlier editions by Gladys Cunningham, 1969; and Mary Brooks Picken, 1953, 1949.

Ingham, Rosemary, and Covey, Liz. *The Costume Technician's Handbook.* Portsmouth, NH: Heinemann Educational Books, Inc,. 1992.

Ireland, Patrick John. *Encyclopedia of Fashion Details.* London: B. T. Batsford Ltd, 1987.

Kimball, Jeana. *Loving Stitches: A Guide to Fine Hand Quilting.* Bothell, WA: That Patchwork Place, Inc., 1992.

Leman, Bonnie. *Quick and Easy Quilting.* Great Neck, NY: Hearthside Press, 1972.

Link, Nelle Weymouth. *Smocking and Gathering for Fabric Manipulation.* Berkeley, CA: Lacis, 1987. Originally published under the title *Stitching for Style: Fabric Manipulation for Self Trim.* New York, NY: Liveright Publishing Corporation, 1948.

Margolis, Adele P. *The Encyclopedia of Sewing.* Garden City, NY: Doubleday & Company, Inc., 1987.

Martin, Richard, and Koda, Harold. *Infra-Apparel.* New York, NY: The Metropolitan Museum of Art, 1993.

_____. *Haute Couture.* New York, NY: The Metropolitan Museum Of Art, 1995.

McGehee, Linda F. *Texture with Textiles.* Shreveport, LA: self-published by the author, 1991.

Meilach, Dona Z. *Soft Sculpture and Other Soft Art Forms.* New York, NY: Crown Publishers, Inc., 1974.

Morgan, Mary, and Mosteller, Dee. *Trapunto and Other Forms of Raised Quilting.* New York, NY: Charles Scribner's Sons, 1977.

The New Butterick Dressmaker. New York, NY: The Butterick Publishing Co., 1927.

Penn, Irving. *Issey Miyake.* New York Graphic Society: Little, Brown and Company (Inc.), 1988.

Reader's Digest Complete Guide to Sewing. Pleasantville, NY: Reader's Digest Association, 1976, 1995.

Rodgers, Sue H. *The Handbook of Stuffed Quilting.* Wheat Ridge, CO: Leman Publications, Inc., 1990.

Scott, Toni. *The Complete Book of Stuffedwork.* Boston, MA: Houghton Mifflin Company, 1978.

Short, Eirian. *Introducing Quilting.* New York, NY: Charles Scribner's Sons, 1974.

Sienkiewicz, Elly. *Dimensional Appliqué: Baskets, Blooms & Baltimore Borders.* Lafayette, CA: C & T Publishing, 1993.

Simms, Ami. *How to Improve Your Quilting Stitch.* Flint, MI: Mallery Press, 1987.

The Singer Sewing Reference Library. The Editors of Cy DeCosse Incorporated in cooperation with the Singer Education Department. 31 vols. Minnetonka, MN: Cy DeCosse Incorporated, 1984.

Thom, Margaret. *Smocking in Embroidery.* New York, NY: Drake Publishers Inc., 1972.

Thompson, Sue. *Decorative Dressmaking.* Emmaus, PA: Rodale Press, 1985.

Victorian Fashions and Costumes from Harper's Bazaar 1867-

1898. Stella Blum, Editor. New York, NY: Dover Publications, Inc., 1974.

The Vogue/Butterick Step-by-step Guide to Sewing Techniques. Editors of Vogue and Butterick patterns. New York, NY: Simon & Schuster, 1989.

The Vogue Sewing Book. Vogue Patterns. New York, NY: Butterick Publishing, 1975.

Waugh, Norah. *The Cut of Woman's Clothes 1600-1930*. New York, NY: Theatre Arts Books, 1968.

Woman's Institute of Domestic Arts & Sciences. *Decorative Stitches and Trimmings*. Scranton, PA: International Educational Publishing Company, 1929.

______. *Designing and Decorating Clothes*. Scranton, PA: International Educational Publishing Company, 1929.

______. *Dressmaking, Trimming, Finishing*. Scranton, PA: International Educational Publishing Company, 1936.

Yarwood, Doreen. *The Encyclopedia of World Costume*. New York, NY: Bonanza Books, 1986; originally published by Charles Scribner's Sons, 1978.

기사

나는 잡지나 신문에서 오린 기사로 채운 두꺼운 '자료집'과 스크랩북을 갖고 있다. 그 안에는 흥미로운 디테일의 옷 그림, 집안 꾸미기에 사용하는 직물, 작업 과정에 관한 사소한 자료 들이 가득하다. 이 책을 만드는 데 많은 도움이 되었지만 여기에 언급하지 못한 자료들도 많다. 뜻밖의 자료나 원하는 정보를 얻었던 다음의 정기 간행물들을 소개한다.

Allen, Alice. "Improving the Bottom Line: How to choose hand- and machine-sewn hem finishes." *Threads*. Vol. #16 (Apr/May 1988): pp. 46-49.

Avery, Virginia. "Embellish with Scraps." *American Quilter*. Vol. II, #4 (Winter 1986): pp. 21-24.

Breland, Nancy, and Weinrich, Judy. "It's a Frame Up! Taking the Drudgery out of Basting." *American Quilter*. Vol. XI, #1 (Spring 1995): p. 46.

Callaway, Grace. "Handsewing Stitches: Which to use when and how to sew them." *Threads*. Vol. #12 (Aug/Sept 1987): pp. 53-57.

Carr, Roberta. "Couture Quilting: Geoffrey Beene adds structure and decoration to both day and evening wear with channel stitching." *Threads*. Vol. #42 (Aug/Sept 1992): pp. 30-35.

______. "Dior Roses: Add a touch of haute couture." *Threads*. Vol. #34 (Apr/May 1991): pp. 72-73.

Douglas, Sarah. "Smocking Meets the Flat Pattern: How to shape fabric into clothing with the pleater." *Threads*. Vol. #26 (Dec/Jan 1990): pp. 50-55.

______. "What is This Thing Called Pleater? Creating texture with machine-made pleats." *Threads*. Vol. #21 (Feb/Mar 1989): pp. 54-57.

Duffey, Judith. "Quilt Meets Soft Toy: Padding and stitching add structure with less batting." *Threads*. Vol. #43 (Oct/Nov 1992): pp. 42-45.

Ericson, Lois. "A Surprising Turn of the Pleat: Simple techniques for jacket construction and fanric manipulation." *Threads*. Vol. #39 (Feb/Mar 1992): pp. 32-35.

______. "Manipulating Fabric." *American Quilter*. Vol. #1 (Spring 1989): pp. 26-30.

Flynn, John. "Dots and Dashes: Quilting experiments in the art of stippling." *Threads*. Vol. #35 (June/July 1991): pp. 58-62.

Fons, Marianne. "Quilting Makes the Quilt: Design your own whole-cloth quilt." *Threads*. Vol. #33 (Feb/Mar 1991): pp. 50-53.

Gaugel, Barbara Conte. "My Small Obsession: A Touch of Tucking." *American Quilter*. Vol. IX, #4 (Winter 1993): pp. 18-19.

Goddu, Carol. "Relief Appliqué for Pictorial Quilts." *American Quilter*. Vol. VI #1 (Spring 1990): pp. 48-50.

Hartman, Sember. "Sew Right! Mastering the Quilt Stitch." *American Quilter*. Vol. III, #1 (Spring 1987): pp. 44-45.

Jackson, Damaris. "Drawing a Line With a Sewing Machine: Free-motion embroidery for creative quilting." *Threads*. Vol. #20 (Dec/Jan 1989): pp. 30-33.

Kling, Candace. "Decorative Ribbon Work: Folding and stitching methods for turning fabric into flights of fancy." *Threads*. Vol. #12 (Aug/Sept 1987): pp. 58-61.

LaPierre, Jeanne E. "How to Stretch a Quilt." *American Quilter*. Vol. VIII, #4 (Winter 1992): pp. 64-65.

Loeb, Emiko Toda. "On the Reverse Side." *American Quilter*. Vol. IV, #4 (Winter 1988): pp. 33-35.

Lotta-Sellars, Jeanne. "Textured and Tailored: How to machine quilt garments without sacrificing shape." *Threads*. Vol. #55 (Oct/Nov 1994): pp. 37-41.

Mattfield, Elizabeth. "Practical Smocking: A fitting approach to fullness in garment design and embellishment." *Threads*. Vol. #19 (Oct/Nov 1988): pp. 36-38.

Morrison, Lois. "Layered Trapunto: A technique for raised

quilting that you can stretch and frame or spread on the bed." *Threads*. Vol. #12 (Aug/Sept 1987): pp. 50-52.

Rathfon, Constance. "Quilt Batts—Which One's for You?" *Threads*. Vol. #58 (Aug/Sept 1995): pp. 65-67.

Saint-Pierre, Adrienne. "Embellishing with Fabric: Trims adapted from the nineteenth century decorate clothing in the twentieth." *Threads*. Vol. #50 (Dec/Jan 1994): pp. 66-69.

Schaeffer, Claire. "Clothing Connections: Variations on a seam." *Threads*. Vol. #22 (Apr/May 1989): pp. 24-29.

Shanks, Carol Lee. "Long Live Wrinkles! Add texture and shape to the simplest garments with just a twist." *Threads*. Vol. #58 (Apr/May 1995): pp. 58-61.

Shirer, Marie. "A Quilter's Picture Dictionary: Hand Quilting." *Quilter's Newsletter*. Vol. #227 (Nov 1990): pp. 58-59.

______. "Basting the Quilt Layers with Running Stitches." *Quilter's Newsletter*. Vol. #268 (Dec 1994): pp. 32-33.

______. "Basting the Quilt Layers with Pins or Tacks." *Quilter's Newsletter*. Vol. #269 (Jan/Feb 1995): p. 39.

Sienkiewicz, Elly. "Flowers from Baltimore Album Quilts: Tucks and gathers transform ribbon into lifelike blossoms." *Threads*. Vol. #44 (Dec/Jan 1993): pp. 40-43.

Simms, Ami. "Toward Smaller Quilting Stitches: Improve the variables of your environment; then to needle anew." *Threads*. Vol. #21 (Feb/Mar 1989): pp. 63-65.

Smith, Barbara. "Machine Quilting Tips: Using the Walking Foot." *Quilter's Newsletter*. Vol. #251 (Apr 1993): pp. 38-40.

______. "Machine Quilting Tips: Using the Darning Foot." *Quilter's Newsletter*. Vol. #252 (May 1993): pp. 29-31.

Stewart, Helma S. "Floral Appliqué: Making a Three-dimensional Rose." *American Quilter*. Vol. VII, #1 (Spring 1991): pp. 18-22.

Tornquist-Smith, Lois. "Machine Gathering for Surface Texture." *Quilter's Newsletter*. Vol. #205 (Sept 1988): p. 51.

Townsend, Louise O. "Hand Quilting: What Does the Quilting Do?" *Quilter's Newsletter*. Vol. #229 (Jan/Feb 1991): p. 48.

______. "Hand Quilting: Transferring the Design to the Quilt Top." *Quilter's Newsletter*. Vol. #230 (Mar 1991): p. 52.

______. "Hand Quilting: Preparation for Quilting." *Quilter's Newsletter*. Vol. #231 (Apr 1991): p. 54.

______. "Hand Quilting: Choosing a Frame, a Hoop, or One's Lap." *Quilter's Newsletter*. Vol. #232 (May 1991): pp. 52-53.

______. "Hand Quilting: About the Quilting Stitch." *Quilter's Newsletter*. Vol. #233 (June 1991): p. 41.

______. "Hand Quilting: The Quilting Stitch from Start to Finish." *Quilter's Newsletter*. Vol. #234 (July/Aug 1991): pp. 44-45.

______. "Hand Quilting: Tools for Designing and Drafting Quilting Patterns." *Quilter's Newsletter*. Vol. #235 (Sept 1991): p. 52.

______. "Hand Quilting: Using Traditional and Printed Patterns." *Quilter's Newsletter*. Vol. #236 (Oct 1991): p. 60.

______. "Hand Quilting: Designing Your Quilting Pattern." *Quilter's Newsletter*. Vol. #237 (Nov 1991): p. 52.

______. "Hand Quilting: Designing Alternate Block and Border Quilting." *Quilter's Newsletter*. Vol. #238 (Dec 1991): pp. 50-51.

Wagner, Debra. "Debra Wagner Defines Machine Quilting." *American Quilter*. Vol. XI, #2 (Summer 1995): pp. 26-32.

Wakefield, Linda. "On Piping: The Basics and Beyond." *Threads*. Vol. #56 (Dec/Jan 1995): pp. 40-43.

의상 전시회
Costume Exhibitions

내가 살고 있는 도시의 박물관에 소장된 많은 직물과 의상 자료들 역시 큰 도움이 되었다. 그 귀중한 자료가 없었다면 아마 이 책은 만들어지지 못했을 것이다. 또 박물관이 개최한 인상적인 전시회를 통해 여러 가지 아이디어와 확신, 끝까지 해낼 수 있는 영감을 얻었다.

The Galleries at the Fashion Institute of Technology, Shirley Goodman Resource Center, New York, NY.

The Metropolitan Museum of Art, The Costume Institute, New York, NY.

맺음말
Endnote

이 책에 실린 샘플들은 사진을 찍기 위해 연출된 것이다. 표면에 빛과 그림자의 효과를 극대화하여 미셸 카건의 흑백사진 촬영에 도움을 주기 위해 다림질이나 스팀을 쏘인 후 팽팽하게 잡아당겨 드리미판에 핀으로 고정하거나 회색을 배경으로 설치해 작업했다. 원단의 표면에 보이는 작은 반점은 표백하지 않은 광목에서 나타나는 자연스런 현상이다.

좀더 참고가 될 수 있도록 작업 과정을 자세히 작성하려던 것을 그만두기도 하였는데, 원래 의도한 계획을 넘어 계속 욕심을 부리다가는 원고의 분량이 너무 많아져서 참을성 있게 기다려주는 출판팀들을 너무 놀라게 할 것 같아서이다. 그렇긴 해도 욕심을 버리기는 쉽지 않았다. 늘 샘플 하나가 더 있었으면 하고 아쉬워하며 '구조, 디테일, 응용, 조언 등에서 혹시 놓친 것은 없는지' 끊임없이 계속되는 질문들로 괴로웠다. 마지막 교정까지 고치고 또 고치기를 계속했지만, 결국 "이제 그만"이라며 독자에게 넘기기로 했다. 이제 여러분의 차례다. 나는 여러분이 무엇을 발견하고 고안해냈는지, 무엇을 창조했는지 알고 싶다. 패션 섬유 조형 예술은 언제까지나 끊임없이 계속되므로…….

옷을 구성하는 기본 요소는 크게 다트, 절개선, 플레어, 주름 등으로 나뉜다. 이 책은 이러한 요소들을 좀더 세분화하여 장별로 자세히 설명하고 있어서 옷을 만드는 봉제 테크닉뿐만 아니라 원단의 소재 개발에 다양하게 응용할 수 있게 도움을 준다.

각 장에서 설명하는 기본적인 테크닉을 익힌 뒤 그것을 응용하면 다양하고 창의적인 섬유 조형 작품들을 창조해낼 수 있을 것이다.

기초 지식이 없는 초보자를 배려한 지나치다 싶을 만큼 상세한 설명과 그림, 사진 들을 보면서 감탄을 금할 수 없었다. 그림이나 사진을 보면 거의 이해가 가능하지만, 원서의 이론적인 설명을 이해하기 힘들어하는 학생들에게 조금이나마 도움이 되었으면 하는 마음에서 이 책을 번역하게 되었다.

원서의 제목(The Art of Manipulating Fabric)은 '섬유 조형 예술'이라고 번역해야 하지만, 섬유뿐만 아니라 옷을 만드는 봉제 테크닉과도 연관되어 있어서 우리는 '패션 섬유 조형 예술'로 결정했다. 흔히 사용하지 않는 스티치의 명칭이나 용어들은 억지로 우리말로 옮기면 오히려 이해하기 어려울 것 같아 영어 발음을 그대로 사용했다. 영어의 플리츠(pleats)나 폴드(fold), 셔링(shirling) 등도 우리는 보통 '주름'이라고 하다 보니 용어를 우리말로 옮기는 데에도 한계가 많았다. 이 책을 통해서 플리츠나 셔링, 개더처럼 구분이 모호한 용어들을 좀더 명확히 이해할 수 있기를 기대한다.

원서를 읽으며 머릿속으로 번역을 한 다음 자판을 두드리려고 하면 금세 잊어버리는 기억력의 한계로, 그 두 작업을 동시에 하려니 무척 힘들었다. 끝으로 엄청난 인내심을 요구하는 이 책의 편집을 맡아주신 오필민 디자인과 에코리브르 출판사 여러분께도 감사의 마음을 전한다.

2011년 9월
양경희

여기에서 설명하지 않은 추가적인 용어 설명을 위해 손바느질은 325~327, 용어는 327~329쪽을 참조하라.

굵은 글씨로 나타낸 모든 쪽 번호는 사진이 수록된 쪽수이다. 굵은 쪽 번호 옆의 괄호 안에 있는 숫자는 그 쪽의 특정한 사진을 가리킨다.

The Art of

Manipulating
Fabric

WITH
481 CHORDS

UKULELE CHORD MASTER

우쿨렐레코드마스터

UKULELE
CHORD
MASTER

PREFACE

우쿨렐레는 멜로디 연주, 리듬 연주, 화음 연주를 모두 할 수 있는 악기입니다. 연주 방법에 따라서 다양한 표현이 가능한데, 그 중에서도 가장 쉽게 접근할 수 있는 방법이 코드 연주입니다.

코드란, 화음 연주를 이야기합니다. 모든 음악이 코드만으로 이루어져 있지는 않지만 많은 음악들이 코드로 이루어져 있어 코드를 완벽하게 마스터 한다면 훌륭한 음악을 만들어 내거나 연주할 수 있습니다.

이 책에서는 각 키별, 코드 유형별로 가장 많이 사용하는 코드를 엄선하여 수록하였습니다. 사진과 코드표를 통해 쉽게 익힐 수 있을 것입니다. 앞부분에서는 우쿨렐레의 기본 지식과 각 코드 유형이 어떻게 만들어지는지, 그 느낌은 어떤지를 간략히 설명하여 코드의 원리를 이해할 수 있습니다.

코드를 하나씩 정복해 나갈수록 표현의 영역도 넓어지고 더 멋진 사운드가 나옵니다. 아무쪼록 이 책을 통해서 멋진 코드 연주에 한 발 더 다가서기를 기대합니다.

WITH
481 CHORDS

UKULELE
CHORD
MASTER

WITH
481 CHORDS

UKULELE

CHORD

MASTER

Part. 1

기본 지식

우쿨렐레를 연주하기 위해 필요한
기본 지식을 배웁니다.

1 우쿨렐레의 부분별 명칭

> 우쿨렐레를 배우거나 연주할 때 각 부분 명칭을 알아 두는 것은 중요합니다. 악기를 구입할 때 어디에 어떤 재질이 쓰였는지 확인하거나 나중에 A/S를 맡길 때 편리합니다. 또 명칭을 알아야 다른 사람에게 우쿨렐레에 관해 물어보기도 편합니다. 아래 그림을 보며 우쿨렐레의 부분별 명칭을 알아보겠습니다.

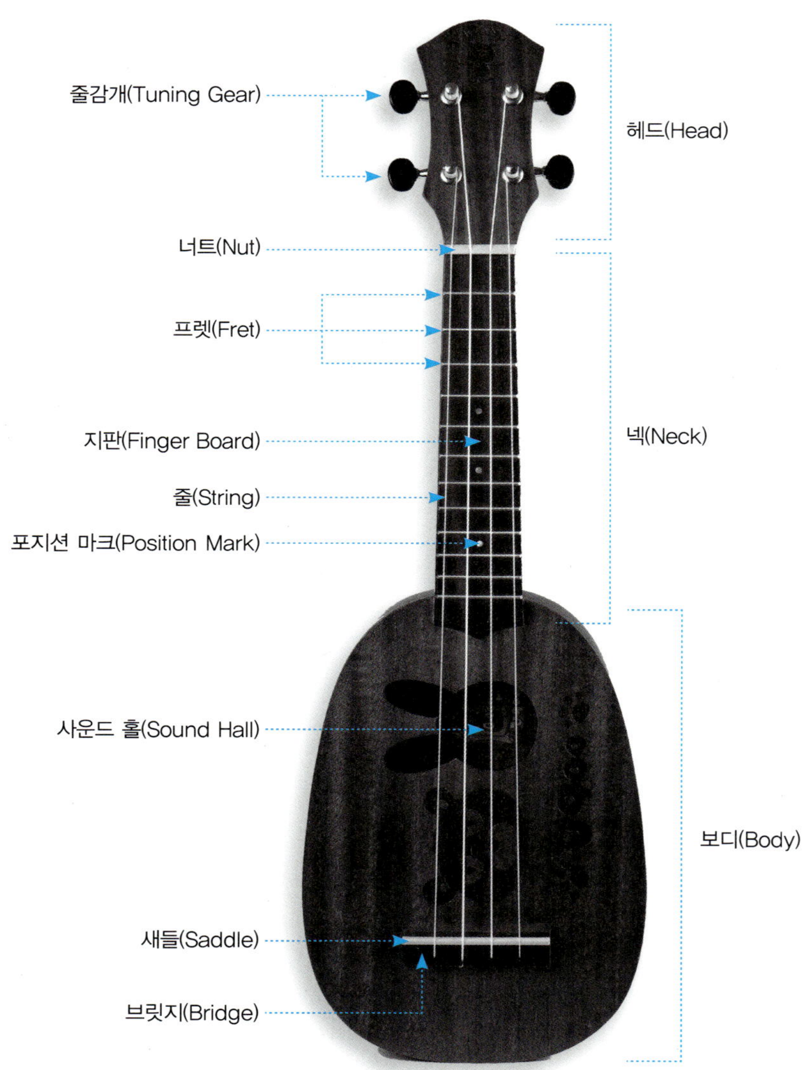

우쿨렐레 헤드에는 기어를 돌려 줄의 음정을 조율할 수 있는 4개의 줄감개가 있습니다.

우쿨렐레 줄은 헤드와 넥의 경계에서 줄을 받쳐주는 너트에서 일정하게 고정됩니다.

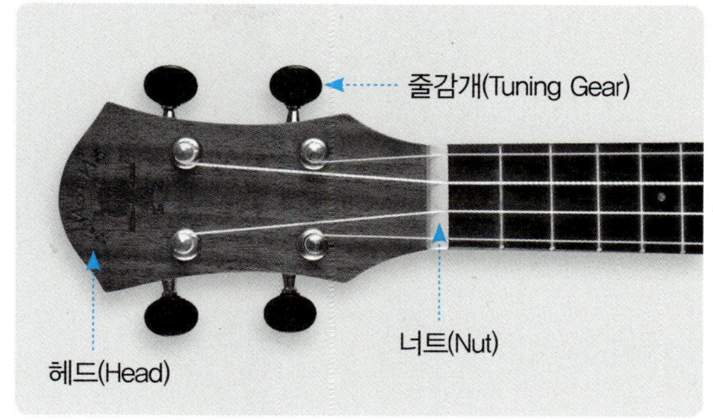

프렛은 각 줄로 다른 음을 내기 위해 지판에 박은 금속입니다. 프렛의 위치를 바꿔 줄을 누르면 다른 음이 나게 됩니다.

지판은 보통 로즈우드로 만들고 자개로 된 포지션 마크가 박혀있어 프렛 위치 찾는 것을 도와줍니다.

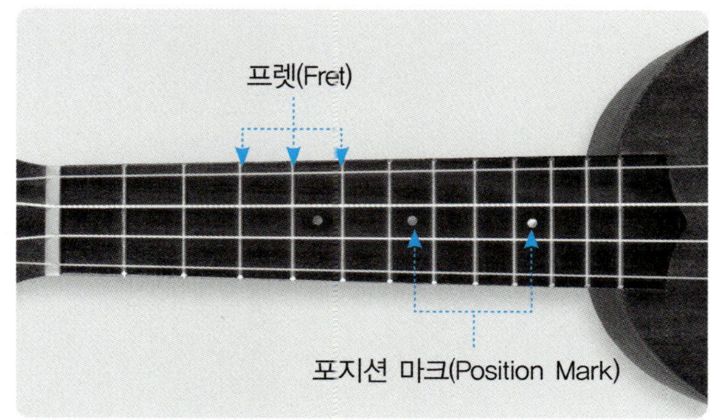

우쿨렐레 줄은 보디에 있는 브릿지로 연결되고 브릿지는 줄의 진동을 보디에 전해주는 역할을 합니다.

브릿지 위에 있는 새들은 지판 위로 줄을 띄워줍니다. 또 사운드 홀은 보디 안에서 울리는 소리가 밖으로 빠져 나오는 곳입니다.

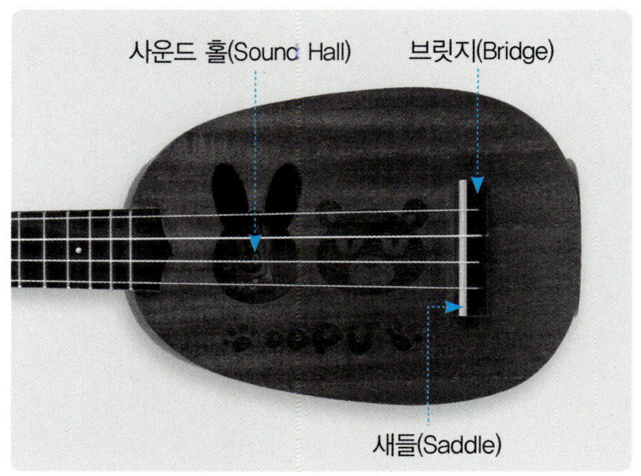

2 우쿨렐레 이외에 필요한 것

> 우쿨렐레만 있어도 연주는 문제없지만 연습과 관리를 도와줄 액세서리를 구비해 놓는 것이 좋습니다. 요즘은 액세서리까지 패키지로 판매하고 있으니 우쿨렐레를 구입할 때 패키지를 구입하는 것이 비용을 절약하는 방법이 될 수 있습니다. 우쿨렐레 전용용품을 사용하면 좋지만 없으면 기타용품을 사용해도 상관 없습니다.

• 케이스

우쿨렐레를 보관하거나 들고 이동할 때 반드시 있어야 하는 필수 아이템입니다. 케이스는 겉 표면이 딱딱해 충격에 강한 하드 케이스와 이동할 때 가벼운 소프트 케이스가 있습니다.

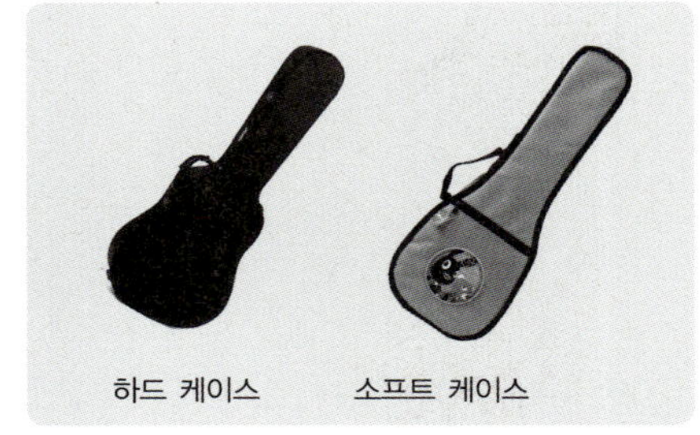

• 튜닝 도구

우쿨렐레의 각 줄을 정확한 높이의 음으로 맞추는데 필요한 도구입니다. 예전에는 조율 피리나 소리굽쇠의 소리를 듣고 줄을 맞췄는데 요즘은 거의 사용 하지 않고 튜너를 많이 사용합니다.

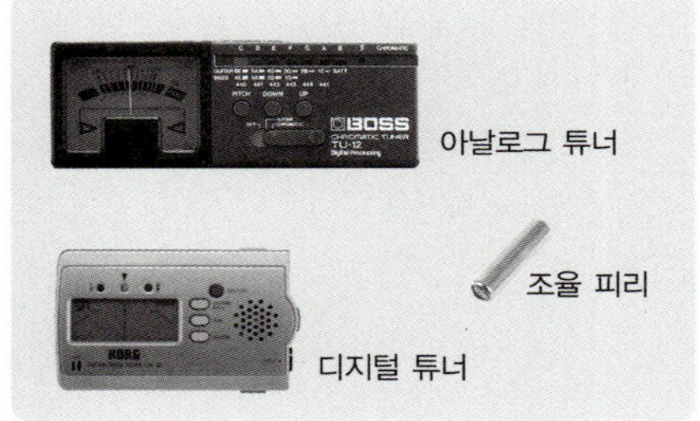

• 피크

우쿨렐레 줄을 치기 위해 필요한 도구입니다. 우쿨렐레는 보통 부드러운 펠트 피크를 많이 사용하지만 구하기 힘들다면 가장 얇은 기타 피크를 사용해도 괜찮습니다.

• 스트랩

우쿨렐레를 서서 연주할 경우 우쿨렐레에 연결해 우쿨렐레를 지탱하는 끈입니다. 없어도 상관 없지만 안정적으로 우쿨렐레를 지탱하기 힘들다면 사용해도 좋습니다. 기본적인 스트랩을 사용하다 나중에 자신이 선호하는 디자인의 스트랩으로 바꾸어도 좋습니다.

· 카포

우쿨렐레 줄을 눌러 음정을 바꿀 때 사용하는 도구입니다. 줄을 한 꺼번에 눌러 키를 높일 수 있습니다. 우쿨렐레 전용 카포를 구할 수 없다면 기타 카포를 사용해도 좋습니다.

· 스탠드

우쿨렐레를 사용하지 않을 때 잠시 세워 둘 수 있는 도구입니다. 없으면 불편하므로 갖추는 것이 좋습니다.

A자 스탠드

· 우쿨렐레 스트링

우쿨렐레를 구입할 때 이미 줄이 끼워져 있는 상태이지만 연습을 하다 줄이 끊어지는 경우나 줄을 너무 오래 사용해 음색이 변한 경우 줄을 교체해야 합니다. 이럴 때를 대비해 1번부터 4번 줄까지 한 묶음 여분으로 준비해 놓는 것이 좋습니다.

Aquila 우쿨렐레 스트링

· 줄 교체 도구

줄을 교체하기 쉽게 도와주는 도구들입니다. 줄감개는 줄을 쉽고 고르게 감을 수 있도록 해주고 스트링 핀 뽑게는 브리지에 줄을 고정 시키는 핀을 쉽게 뽑는데 사용합니다. 또 스트링 커터는 줄을 감고 남아 있는 줄을 잘라내는 도구입니다. 보통 기타에 사용되는 도구를 함께 사용할 수 있습니다.

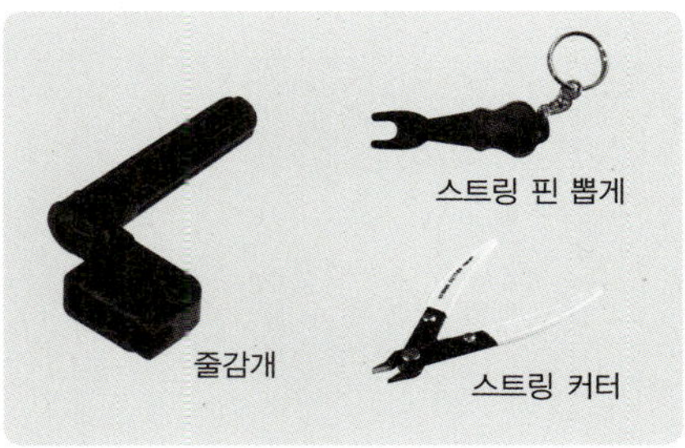

· 관리 도구

우쿨렐레의 유지, 보수, 관리에 도움을 주는 도구들입니다. 보디, 지판, 줄을 닦을 때 사용해 산화 방지와 광택을 유지해 줍니다. 각 용도에 맞는 부분에 사용하면 됩니다. 역시 기타에 사용되는 것을 함께 사용해도 됩니다.

각종 세정제와 극세사 천

3 우쿨렐레의 연주자세

> 우쿨렐레를 올바른 자세로 잡으면 피로를 느끼지 않게 되므로 오랫동안 연습할 수 있어 연주 실력이 빨리 향상되는 비결입니다. 서서 연주하든 앉아서 연주하든 중요한 것은 몸에 긴장을 풀고 허리를 세우는 것입니다. 초보의 경우 손가락의 위치를 확인하려고 고개를 숙이거나 우쿨렐레 지판을 위로 향하도록 하는 경우가 많은데 이것은 잘못된 자세입니다. 아래 사진들을 보고 올바른 자세로 잡아보겠습니다.

· 연주자세

❶ 우쿨렐레를 오른팔 안쪽과 가슴 사이에 끼워 넣어 가볍게 지탱합니다.

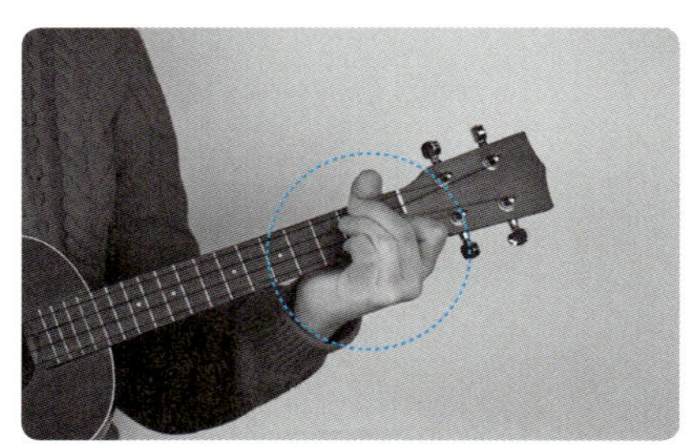

❷ 왼손으로 집게손가락으로 넥의 아랫부분을 받쳐 헤드가 수평보다 조금 들리도록 합니다.

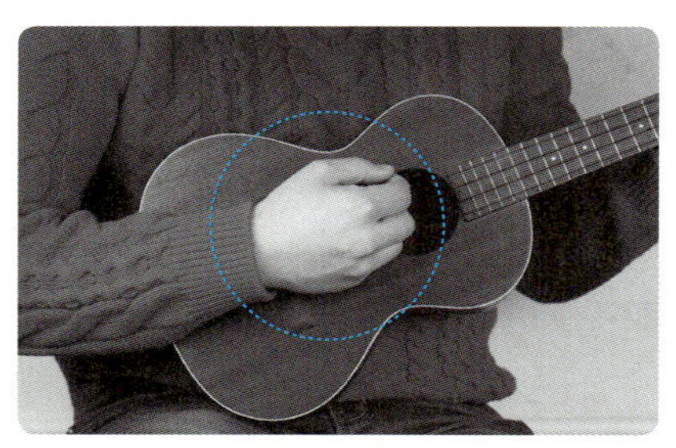

❸ 오른손은 탁구공을 가볍게 쥔 것처럼 동그랗게 하고 사운드 홀과 넥 경계에 오도록 합니다. 손목을 줄에 대지 말고 손등이 보디와 평행이 되도록 합니다.

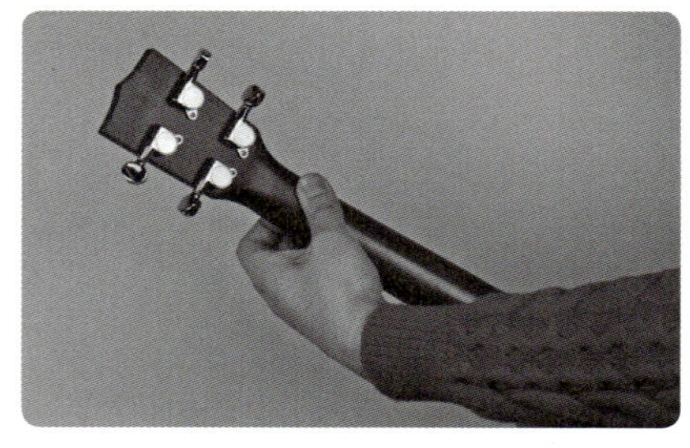

❹ 왼손 엄지손가락은 넥의 뒷면에 대고 우쿨렐레를 지탱합니다.

· 손가락번호

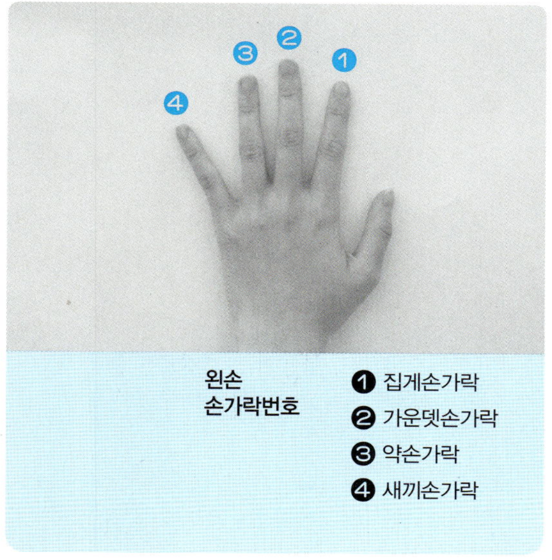

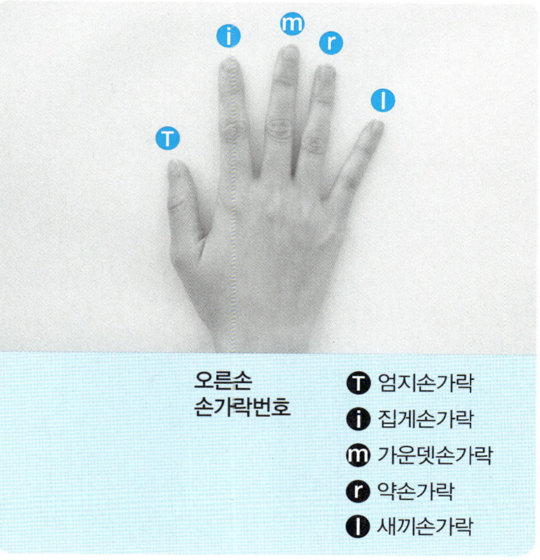

· 피크 쥐는 방법

우쿨렐레는 일반적으로 손가락을 이용해 스트로크하지만 피크를 사용하기도 합니다. 피크는 아래 사진처럼 오른손 집게손가락 위에 올려두고 엄지손가락으로 잡습니다. 너무 꽉 잡으면 스트로크가 뻣뻣해지고 헐겁게 잡으면 피크를 놓치는 경우도 있으니 적당한 힘으로 편안하게 잡습니다.

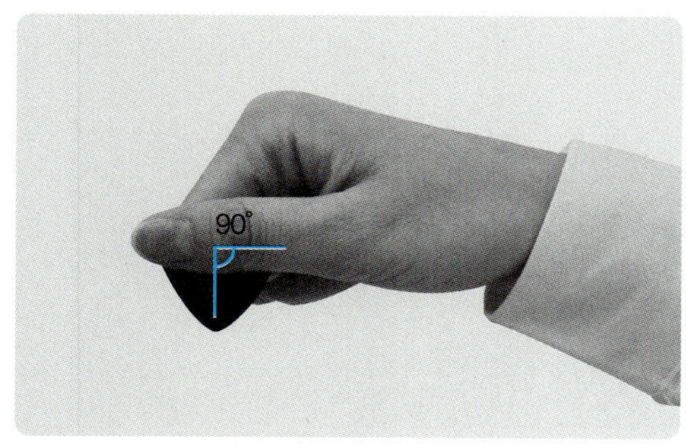

집게손가락 첫번째 마디에 피크를 올려두고 엄지 손가락은 피크와 직각이 되도록 잡습니다.

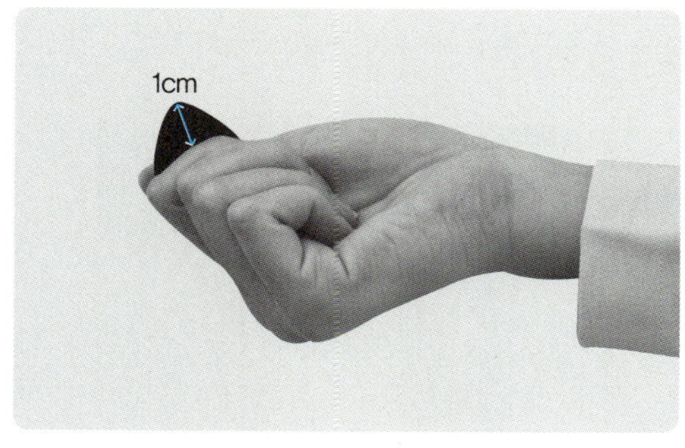

피크를 쥔 손가락에서 피크가 1cm정도 나오도록 잡습니다.

5 리듬 스트로크

> 리듬 스트로크는 여러 줄을 동시에 쳐서 화음과 리듬을 만들어내는 주법입니다. 주로 노래를 부르며 우쿨레레로 반주할 때 많이 사용하고 아래로 내려치는 것을 다운 스트로크, 위로 올려 치는 것을 업 스트로크라고 합니다. 우쿨렐레에서는 엄지손가락으로 스트로크하는 방법과 집게손가락으로 스트로크하는 방법이 있으며 피크를 사용하기도 합니다.

• 엄지손가락을 사용하는 스트로크

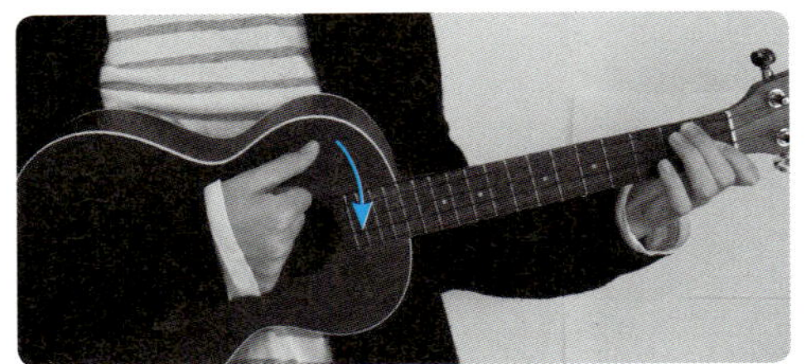

다운 스트로크 ⊓

엄지손가락을 쭉 펴서 밀듯이 내려칩니다.

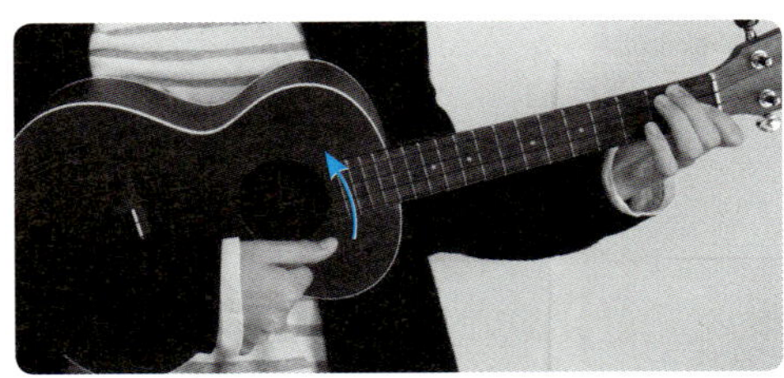

업 스트로크 ∨

엄지손가락으로 부드럽게 쓸어 올리듯 칩니다.

• 집게손가락을 사용하는 스트로크

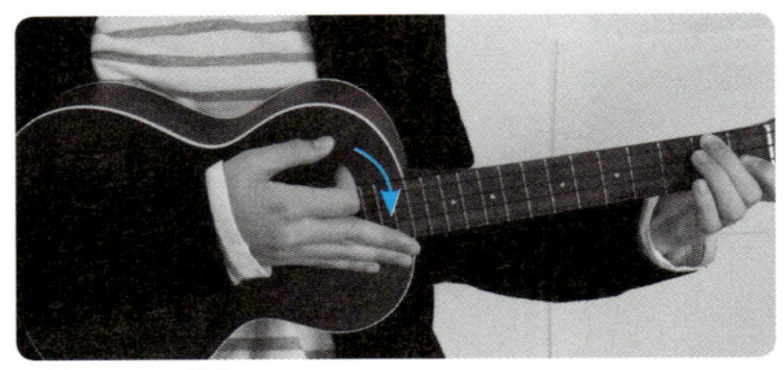

다운 스트로크 ⊓

집게손가락을 구부렸다가 쭉 펴면서 내려칩니다.

업 스트로크 ∨

집게손가락으로 부드럽게 쓸어 올리듯 칩니다.

• 피크를 사용하는 스트로크

다운 스트로크 ⊓

피크의 각도를 살짝 기울여 부드럽게 쓸어 내리듯 칩니다.

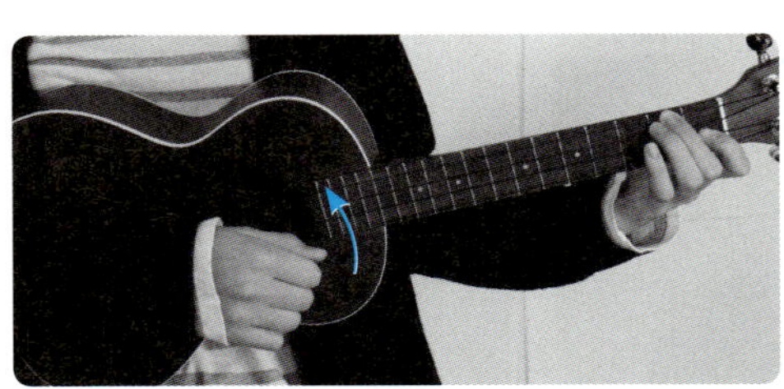

업 스트로크 ∨

피크의 각도를 살짝 기울여 부드럽게 쓸어 올리듯 칩니다.

6 아르페지오

> 아르페지오는 분산화음이란 뜻으로 시간차를 두고 한 음씩 뜡기는 연주법입니다. 소리가 아름답고 부드러워 느린 곡이나 부드러운 연주에 어울리며 주로 손가락을 이용해서 연주합니다.

• 포 핑거 아르페지오

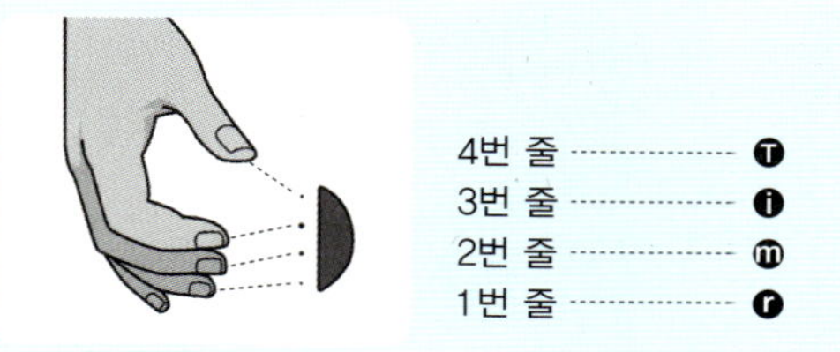

엄지손가락(T)으로 4번 줄을 뜡기고 집게손가락(i)은 3번 줄, 가운뎃손가락(m)은 2번 줄, 약손가락(r)은 1번 줄을 뜡깁니다. 포 핑거 아르페지오는 새끼손가락을 제외한 나머지 네 손가락으로만 연주합니다.

• 쓰리 핑거 아르페지오

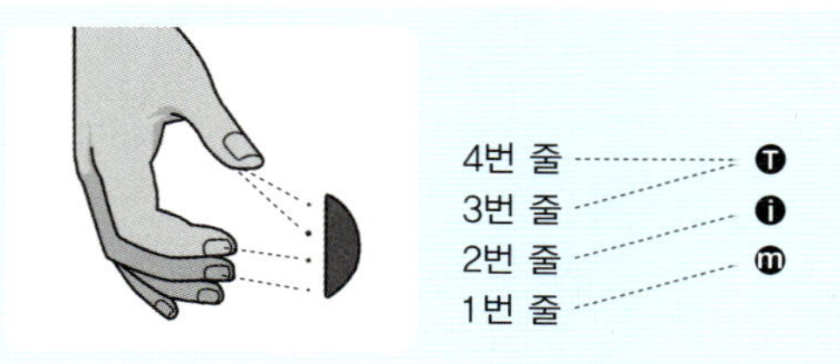

엄지손가락(T)으로 4~3번 줄을 뜡기고 집게손가락(i)은 2번 줄, 가운뎃손가락(m)은 1번 줄을 뜡깁니다. 쓰리 핑거 아르페지오는 T, i, m 세 손가락으로만 연주합니다.

• 투 핑거 아르페지오

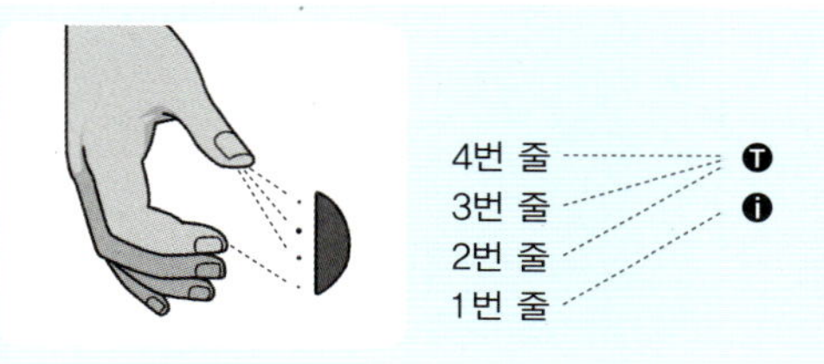

엄지손가락(T)으로 4~2번 줄을 뜡기고 집게손가락(i)은 1번 줄을 뜡깁니다. 투 핑거 아르페지오는 엄지손가락과 집게손가락만으로 연주합니다.

UKULELE
CHORD
MASTER

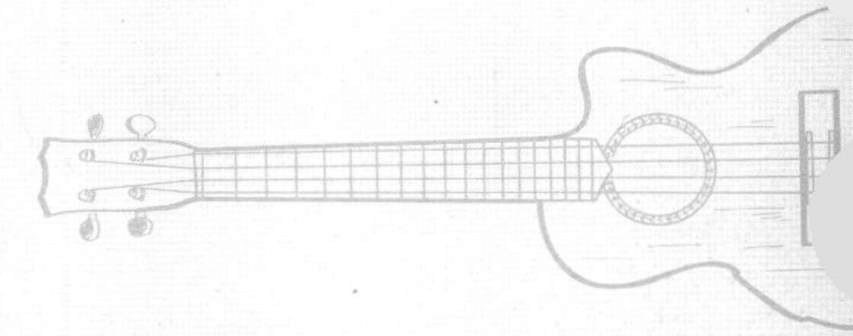

Part. 2

코드 분석

———

코드를 분석하기 위한 음악이론과
다양한 코드 형식을 배웁니다.

1 음정

> 음정(Interval)이란 음과 음 사이의 거리를 말합니다. 모든 음정은 반음으로 나뉘며, 한 옥타브 안에는 12개의 음이 있습니다. 반음 두 개가 합쳐지면 온음(한음)입니다.

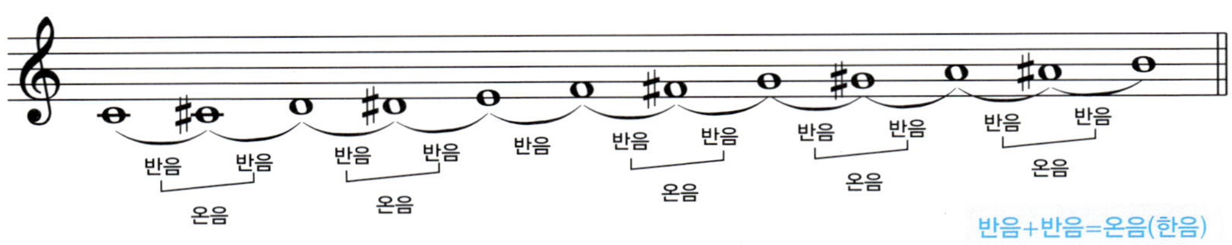

위의 악보에서 미~파(E~F)와 시~도(B~C) 사이는 온음이 아니라 반음 간격입니다. 아래 건반을 살펴보면 E~F와 B~C 사이에는 검은 건반이 없음을 알 수 있습니다.

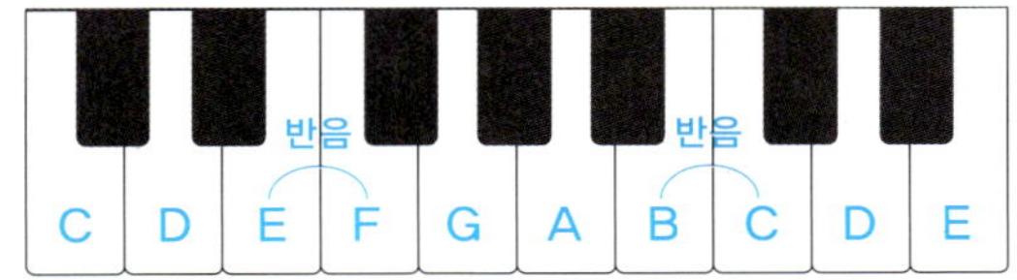

즉, E~F와 B~C는 다른 음들과는 달리 원래부터 반음 간격입니다. 반음의 위치를 외워서 두 음 사이의 간격을 정확히 파악해야 합니다.

· 두 음정 사이 반음의 개수

2 도수 표현

> 도수란 음정 관계를 숫자로 표현한 것으로 가장 낮은 음(근음)을 1도로 기준 잡아 벌어진 음정 거리만큼 숫자를 매깁니다. 시작 음부터 1도, 하나씩 올라가는 거리만큼 2도, 3도, 4도, 5도..등으로 나타냅니다.

·반음 간격 표현

한 옥타브 안에는 12개의 음이 있는데, 위의 악보처럼 도수로만 표현하면 반음 간격까지 모두 나타낼 수 없습니다. 때문에 도수 앞에 '장, 단, 완전, 감, 증' 같은 말머리를 붙여 반음을 표현합니다.

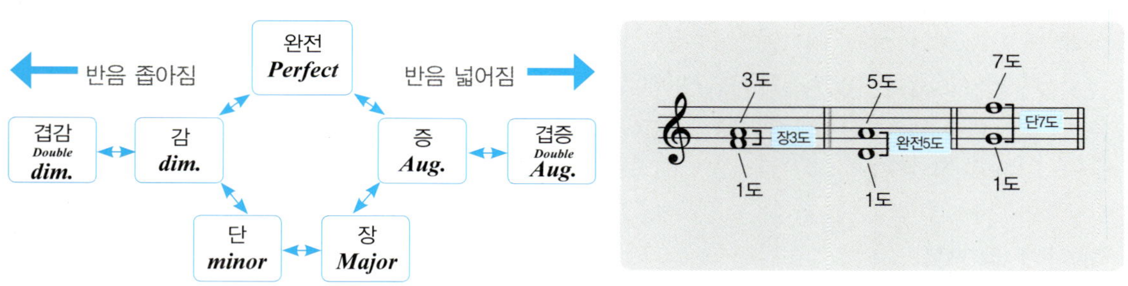

음정 도수	음정 이름	구성 음정	음정 도수	음정 이름	구성 음정
1도	완전 1도	같은 음	5도	완전 5도	온음 3개 + 반음 1개
2도	장 2도	온음 1개		감 5도	온음 2개 + 반음 2개
	단 2도	반음 1개	6도	장 6도	온음 4개 + 반음 1개
3도	장 3도	온음 2개		단 6도	온음 3개 + 반음 2개
	단 3도	온음 1개 + 반음 1개	7도	장 7도	온음 5개 + 반음 1개
4도	완전 4도	온음 2개 + 반음 1개		단 7도	온음 4개 + 반음 2개
	증 4도	온음 3개	8도	완전 8도	온음 5개 + 반음 2개

3 음계

> ▶음계(Scale)란 '도레미파솔라시도' 처럼 음을 나열한 것을 말하며 보통 스케일이라고 부릅니다. 한 옥타브 안에 12개의 음 중 선택하여 어떻게 배열하느냐에 따라 다양한 스케일이 나올 수 있습니다.
> 7개의 음을 사용하면 7음계, 5개의 음을 사용하면 5음계라고 부르며, 온음과 반음의 위치에 따라 메이저 스케일, 마이너 스케일, 펜타토닉 스케일, 블루스 스케일, 비밥 스케일 등 여러 가지가 있습니다. 가장 기본으로 쓰이는 메이저 스케일과 마이너 스케일은 아래와 같습니다.

• 메이저 스케일

W – Whole (온음)
H – Half　 (반음)

7개의 음을 사용해서 3~4번째, 7~8번째 음 사이를 반음으로 배열합니다.

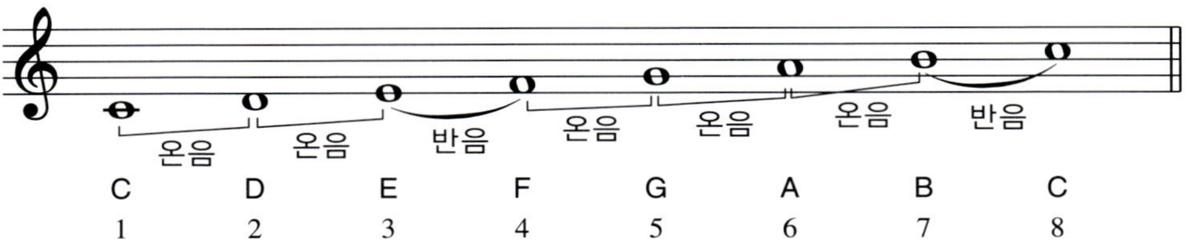

E~F(3~4)와 B~C(7~8) 사이가 원래부터 반음이므로 C 메이저 스케일에는 ♯나 ♭이 붙지 않았습니다.

• 마이너 스케일

7개의 음을 사용해서 2~3번째, 5~6번째 음 사이를 반음으로 배열합니다.

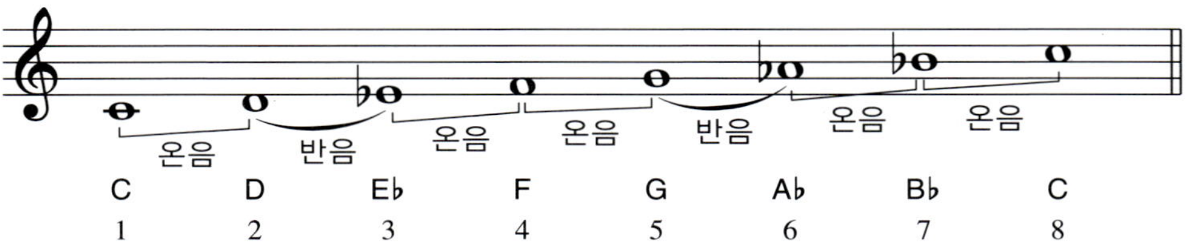

2~3번째, 5~6번째 음 사이가 반음이어야 하므로 C 마이너 스케일에서는 E, A, B음에 ♭을 붙였습니다.

4 코드

> 코드(Chord)는 화음이란 뜻으로 여러 음이 동시에 울리는 것을 말합니다. 음이 하나씩 울리면 멜로디(Melody), 동시에 울리면 코드입니다.

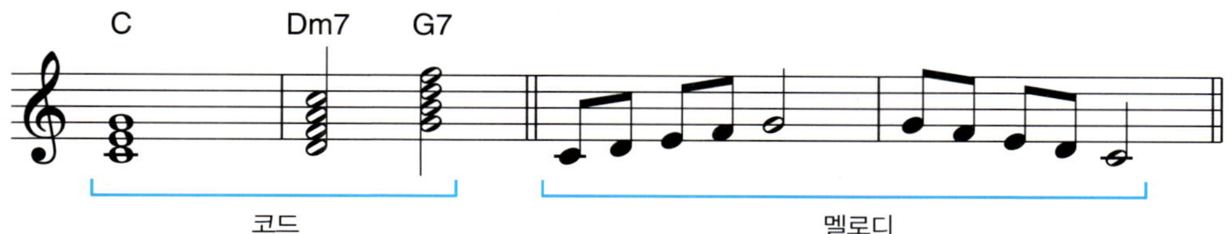

• 코드 네임

악보를 보면 영어로 C, Dm7, G7 같은 것들이 표기되어 있는데, 이것을 코드 네임(Chord Name)이라고 합니다. 코드 네임은 C, D, E♭, F♯ 같은 근음과 m, 7, M7, sus4 같은 코드 유형이 합쳐져서 만들어집니다.

근음
C D E F G A B
C♯ D♯ F♯ G♯ A♯
C♭ D♭ E♭ G♭ A♭ B♭

+

코드 유형
(M) m sus4 aug dim
M7 m7 7 mM7 6 9
...

• 우쿨렐레에서 코드 연주

여러 개의 우쿨렐레 줄을 동시에 치면 코드 연주입니다. 왼손으로 코드를 잡고 오른손으로 '드르륵~' 치면 됩니다.

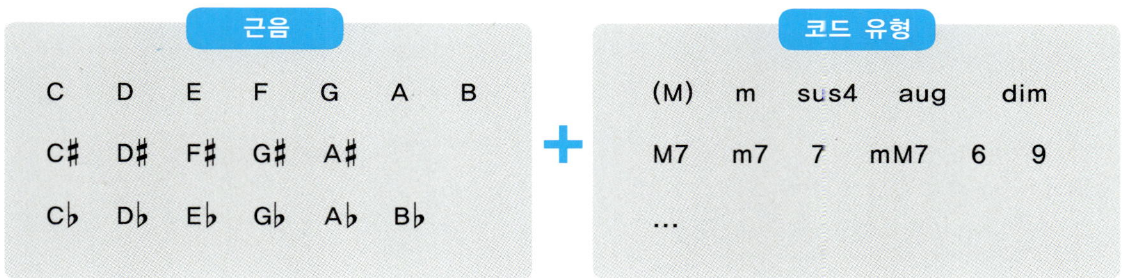

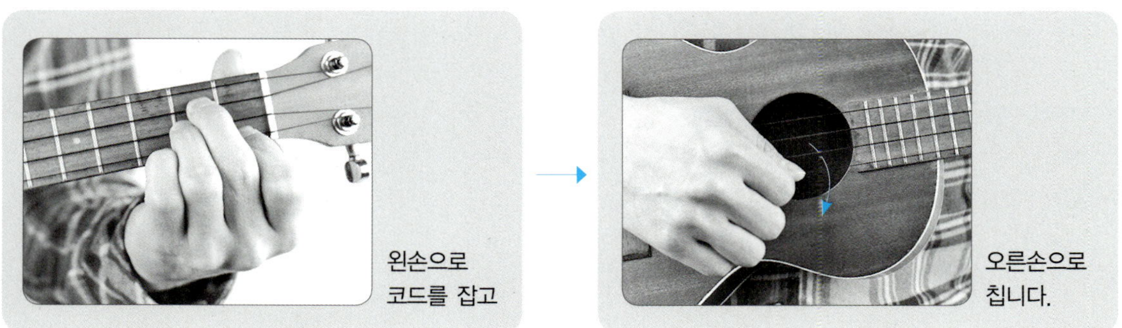

왼손으로 코드를 잡고

오른손으로 칩니다.

5 코드의 종류-3화음

> 코드는 3개 이상의 음이 합쳐져서 만들어집니다. 음의 개수에 따라 3화음, 4화음, 텐션 등이 있으며, 울리는 화음이 적을수록 깔끔하고 단순한 소리가 나고 많을수록 풍성하고 복잡한 소리가 납니다. 기본적인 구성인 3화음부터 알아보겠습니다.

· 3화음

3화음(Triad)은 1도, 3도, 5도 음으로 이루어집니다. 모든 코드의 기본 구성이며 4가지로 나눌 수 있습니다.
(근음을 C로 해서 코드 유형을 설명)

1. 메이저 코드 (Major chord)

- 구성음 : 근음 + 장3도 + 완전5도
- 표기 : C, CM
- 모든 코드 중에 가장 기본입니다. 밝은 소리가 나며 보통 메이저 표시인 대문자 M을 생략해서 표기합니다.

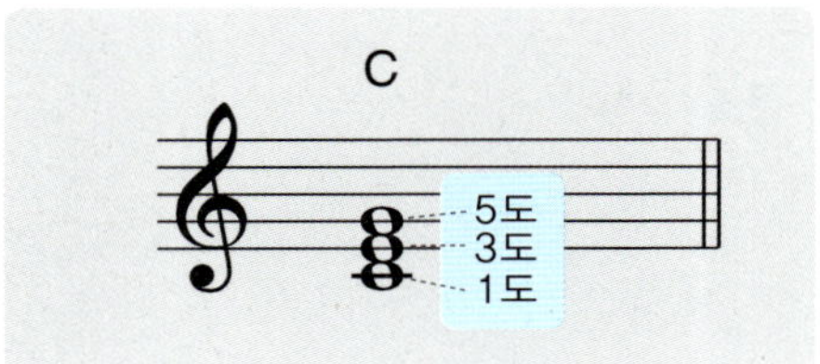

2. 마이너 코드 (minor chord)

- 구성음 : 근음 + 단3도 + 완전5도
- 표기 : Cm, C-
- 메이저 코드와 함께 많이 쓰이는 기본 코드입니다. 어두운 소리가 나며 마이너를 소문자 m으로 표기합니다.

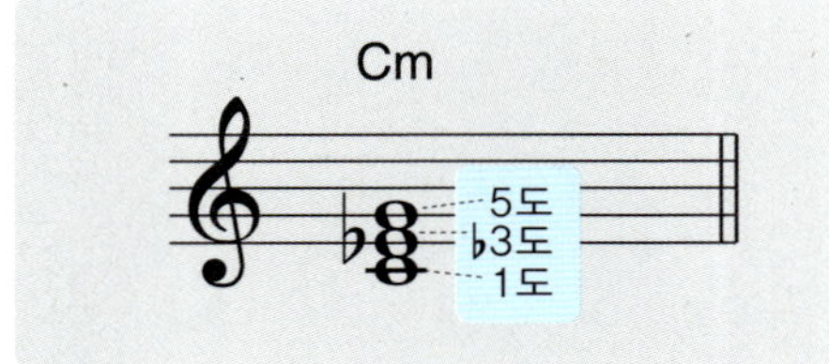

3. 오그먼트 코드 (Augmented chord)

- 구성음 : 근음 + 장3도 + 증5도
- 표기 : Caug, C+
- 메이저 코드에서 5도 음을 반음 올렸습니다. 불안정하면서 독특한 느낌을 주는데 코드와 코드 사이를 이어주는 용도로 주로 사용합니다.

4. 디미니쉬 코드 (Diminished chord)

- 구성음 : 근음 + 단3도 + 감5도
- 표기 : Cdim, C°
- 마이너 코드에서 5도 음을 반음 내렸습니다. 많이 어둡고 불안정한 소리가 나며, 이 코드를 그대로 사용하기 보다는 감7도 음을 추가한 디미니쉬 세븐 코드로 많이 사용합니다.

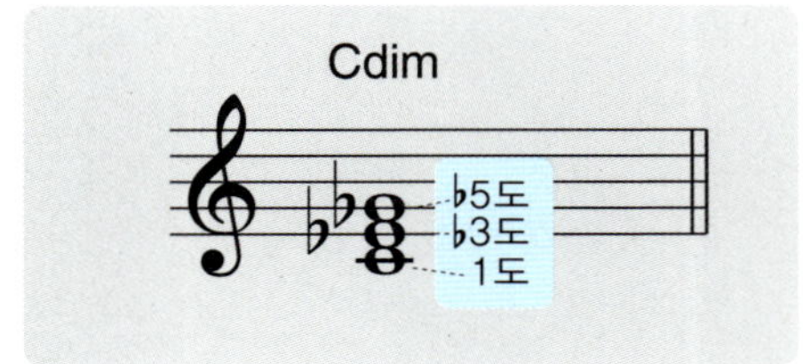

6 코드의 종류-4화음

> 4화음은 3화음 위에 음을 하나 더 추가합니다. 기본적으로 7도 음을 추가하기 때문에 정확하게는 세븐스 코드(7th Chord)라고 부릅니다. 3화음에 7도 음이 아닌 다른 음(6도)을 추가해도 4화음이지만, 4화음이라 함은 일반적으로 세븐스 코드를 이야기한다고 보는 것이 좋습니다. 세븐스 코드는 8가지로 나눌 수 있습니다.

1. 메이저 세븐 코드 (Major7 chord)

- 구성음 : 근음 + 장3도 + 완전5도 + 장7도
- 표기 : CM7, CMaj7, C△7
- 메이저 코드에 장7도 음을 추가했습니다. 몽롱하면서도 풍성하고 부드러운 소리가 나서 보사노바 음악에 자주 사용합니다.

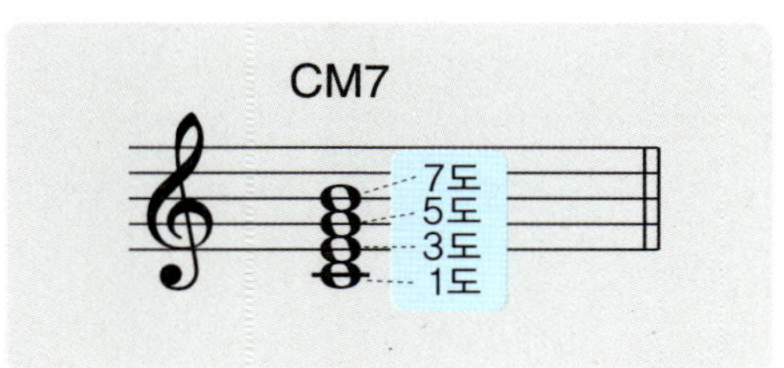

2. 마이너 세븐 코드 (minor7 chord)

- 구성음 : 근음 + 단3도 + 완전5도 + 단7도
- 표기 : Cm7, C-7
- 마이너 코드에 단7도 음을 추가했습니다. 마이너 코드보다 풍성하고 너무 어둡지 않은 세련된 느낌이 나서 마이너 코드 대신 자주 사용합니다.

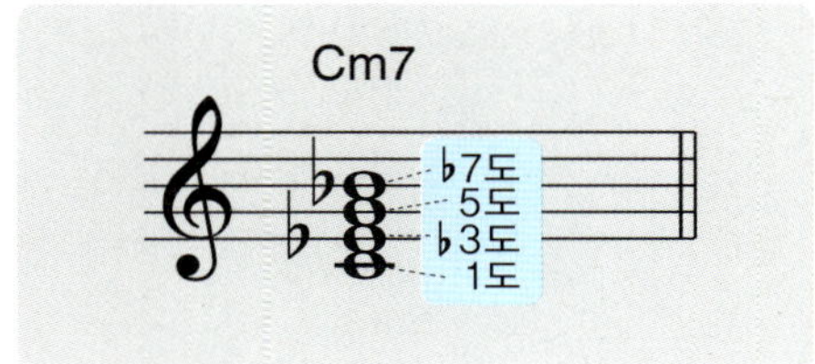

3. 세븐 코드 (7 chord)

- 구성음 : 근음 + 장3도 + 완전5도 + 단7도
- 표기 : C7
- 메이저 코드에 단7도 음을 추가했습니다. 긴장감을 조성하고 안정된 코드로 해결하려는 성질이 강합니다. 텐션으로의 발전을 통해 다양하게 쓰이며, 블루스나 컨트리 음악에 특히 많이 사용합니다.

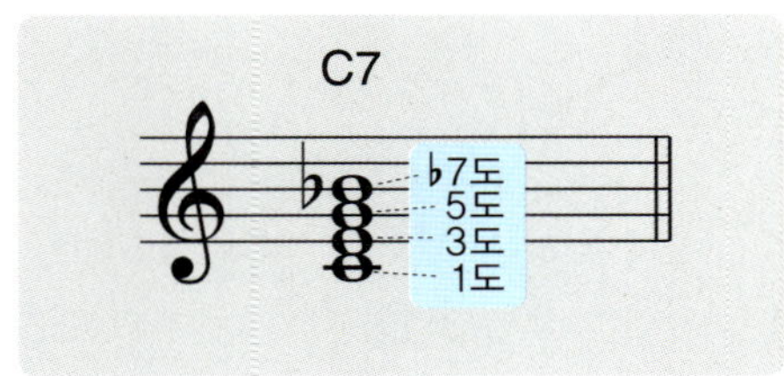

4. 세븐 플랫 파이브 코드 (7(♭5) chord)

- 구성음 : 근음 + 장3도 + 감5도 + 단7도
- 표기 : C7(♭5), C7-5
- 세븐 코드에서 5도 음을 반음 내렸습니다. 텐션 코드인 ♯11 코드와 비슷한 코드입니다. 세븐 코드와 느낌이 비슷하면서도 독특합니다.

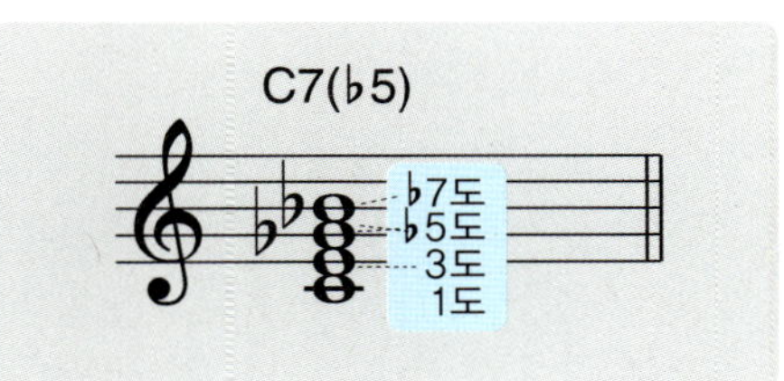

5. 마이너 메이저 세븐 코드 (minor Major7 chord)

- 구성음 : 근음 + 단3도 + 완전5도 + 장7도
- 표기 : CmM7, C-M7, Cm△7, C-△7
- 마이너 코드에 장7도 음을 추가했습니다. 약간 불안정한 소리가 나며 사용 빈도는 낮습니다.

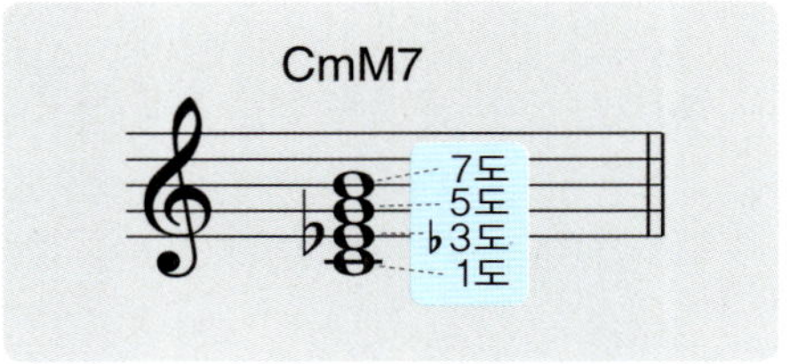

6. 세븐 오그멘트 코드 (7 Augmented chord)

- 구성음 : 근음 + 장3도 + 증5도 + 단7도
- 표기 : C7aug, C7+
- 오그멘트 코드에 단7도 음을 추가했습니다. 이 코드보다는 오그멘트 코드를 주로 사용하며 오그멘트와 비슷한 소리가 납니다.

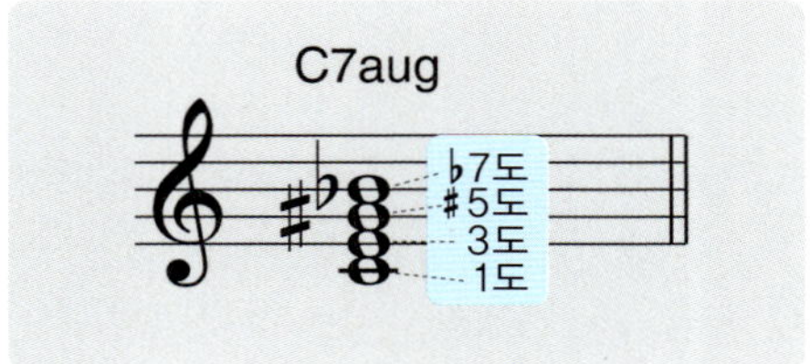

7. 마이너 세븐 플랫 파이브 코드 (minor7(♭5)chord)

- 구성음 : 근음 + 단3도 + 감5도 + 단7도
- 표기 : Cm7(♭5), Cm7(-5), C-7(♭5), C-7(-5)
- 디미니쉬 코드에 단7도 음을 추가했습니다. 그러나 마이너 세븐 코드에서 5도 음을 반음 내린 것으로 생각하는 것이 좋습니다. 어둡지만 디미니쉬 코드보다는 조금 밝은 느낌입니다.

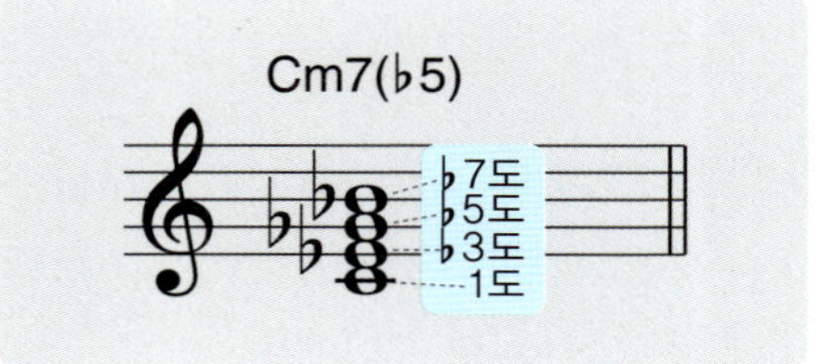

8. 디미니쉬 세븐 코드 (diminished7 chord)

- 구성음 : 근음 + 단3도 + 감5도 + 감7도
- 표기 : Cdim7, C°7
- 디미니쉬 코드에 감7도(장6도) 음을 추가했습니다. 디미니쉬 코드라고 하면 보통 디미니쉬 세븐 코드를 말합니다. 어둡고 불안한 소리가 납니다.

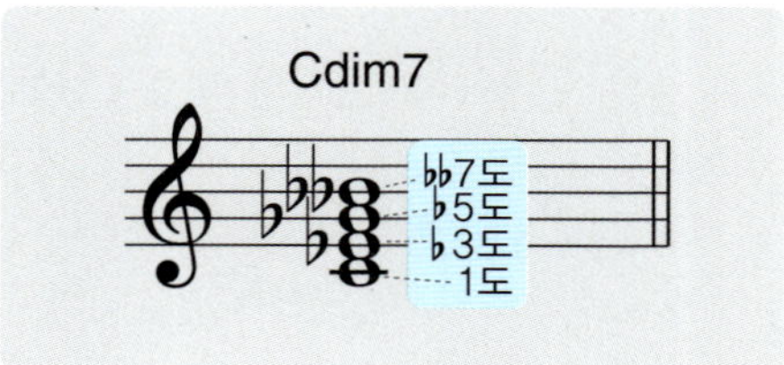

Tip

세븐스 코드는 원래 세븐 뒤에 스(th)를 붙여 메이저 세븐스 코드, 마이너 세븐스 코드, 디미니쉬 세븐스 코드 등으로 표기합니다. 그러나 편의상 붙여 부르지 않는 경우가 많기 때문에 이 책에서는 '~스'를 생략했습니다.

7 코드의 종류-특수한 코드

> 지금까지의 코드는 3도씩 위로 음을 쌓아가는 원리였지만 몇 가지 예외의 코드들이 있습니다. 6, sus4, add9 등에 대해서 알아봅시다.

1. 식스 코드 (6 chord)

- 구성음 : 근음 + 장3도 + 완전5도 + 장6도
- 표기 : C6
- 메이저 코드에 장6도 음을 추가했습니다. 메이저 코드보다 서정적인 느낌으로 재즈에서 자주 사용합니다.

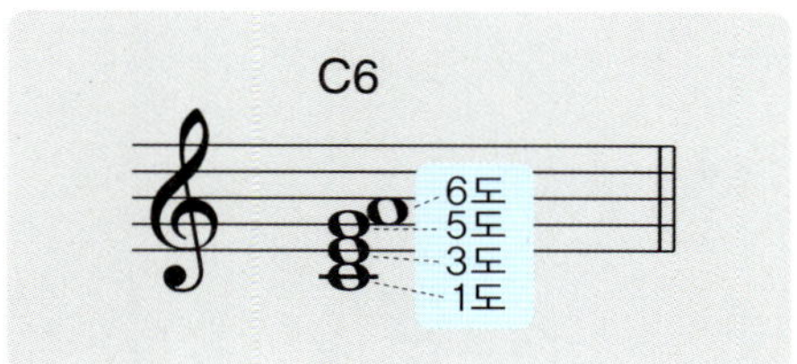

2. 마이너 식스 코드 (minor6 chord)

- 구성음 : 근음 + 단3도 + 완전5도 + 장6도
- 표기 : Cm6, C-6
- 마이너 코드에 장6도 음을 추가했습니다. 마이너 코드보다 조금 더 깊이 있는 소리가 납니다.

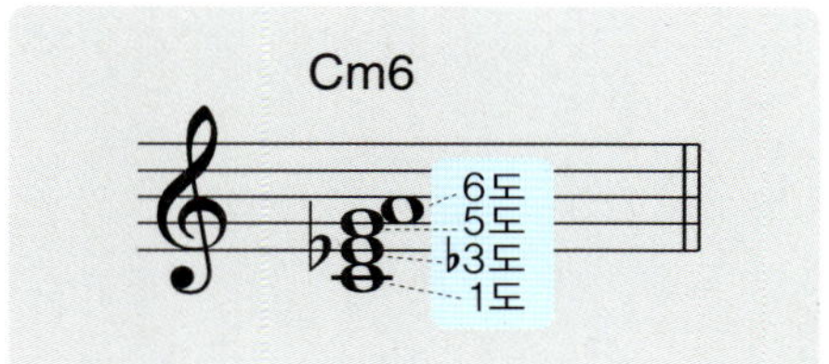

3. 서스포 코드 (sus4 chord)

- 구성음 : 근음 + 완전4도 + 완전5도
- 표기 : Csus4
- 메이저 코드의 장3도 음을 반음 올려 완전4도가 된 형태입니다. 음이 해결되지 않고 계속 이어지는 느낌이 납니다.

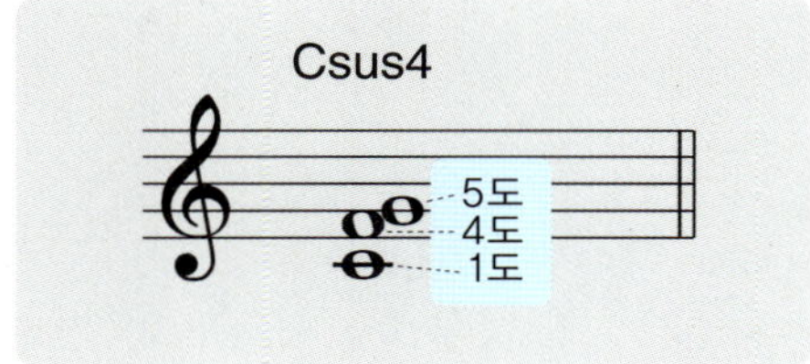

4. 세븐 서스포 코드 (7sus4 chord)

- 구성음 : 근음 + 완전4도 + 완전5도 + 단7도
- 표기 : C7sus4
- 서스포 코드에 단7도음을 추가했습니다. 서스포 코드와 비슷한 느낌입니다.

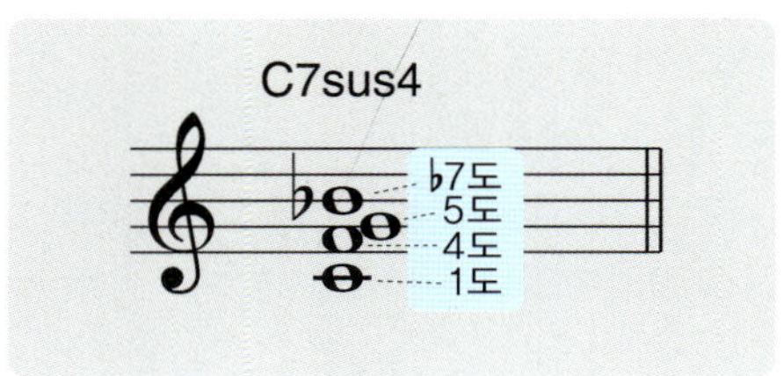

5. 애드 나인 코드 (add9 chord)

- 구성음 : 근음 + 장3도 + 완전5도 + 장9도
- 표기 : Cadd9, Cadd2, C2
- 메이저 코드에 장9도(장2도) 음을 추가했습니다. 텐션 코드인 9(나인)과 구분하기 위해 add를 붙였고, 2(투) 코드로 부르기도 합니다. 메이저 코드를 보다 풍성하게 만들어주기 때문에 모던한 음악에 많이 쓰입니다.

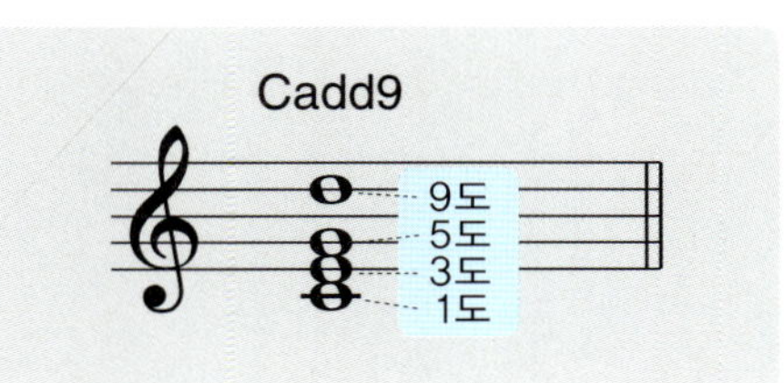

8 코드의 종류-텐션 코드

> 텐션(Tension) 코드는 세븐스 코드인 4화음 위에 음 하나를 더 추가합니다. 이미 1도, 3도, 5도, 7도는 사용했기 때문에 그 위로 한 옥타브 올라간 9도(2도), 11도(4도), 13도(6도)만 사용할 수 있습니다. 텐션은 울리는 음이 5개나 되기 때문에 자칫하면 지저분한 소리가 날 수 있습니다. 그래서 음악 장르나 상황에 맞는 적절한 사용이 필요하며, 우쿨렐레 연주에서는 영향력이 약한 몇몇 음을 생략하기도 합니다.

· 텐션의 종류

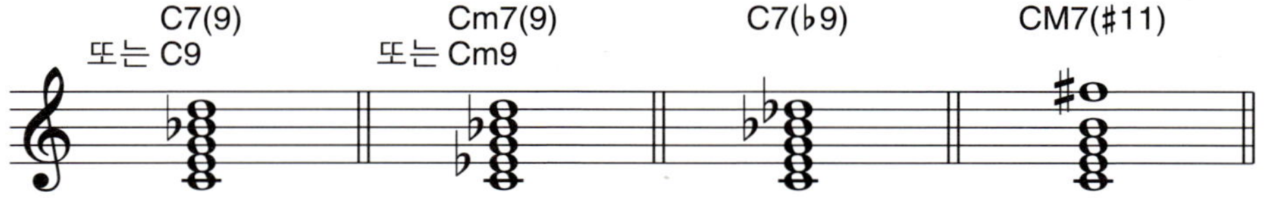

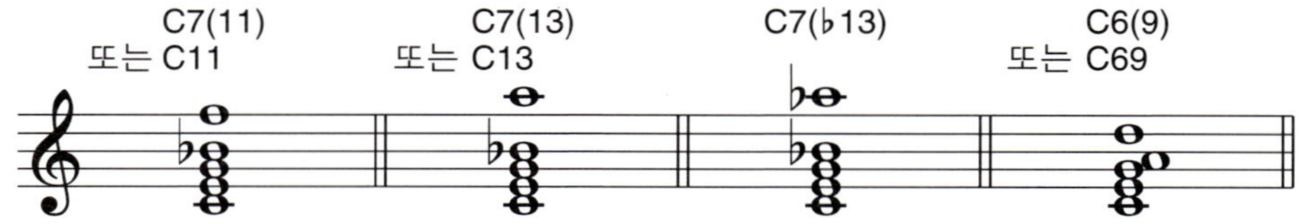

1. 나인 코드 (9 chord)
- 구성음 : 세븐스 코드 + 장9도(장2도)
- 표기 : 코드 이름에 9을 추가합니다.

2. 플랫 나인 코드 (♭9 chord)
- 구성음 : 세븐스 코드 + 단9도(단2도)
- 표기 : 코드 이름에 ♭9을 추가합니다.

3. 샤프 나인 코드 (♯9 chord)
- 구성음 : 세븐스 코드 + 증9도(증2도)
- 표기 : 코드 이름에 ♯9을 추가합니다.

4. 일레븐 코드 (11 chord)
- 구성음 : 세븐스 코드 + 완전11도(완전4도)
- 표기 : 코드 이름에 11을 추가합니다.

5. 샤프 일레븐 코드 (♯11 chord)
- 구성음 : 세븐스 코드 + 증11도(증4도)
- 표기 : 코드 이름에 ♯11을 추가합니다.

6. 서틴 코드 (13 chord)
- 구성음 : 세븐스 코드 + 13도(6도)
- 표기 : 코드 이름에 13을 추가합니다.

7. 플랫 서틴 코드 (♭13 chord)
- 구성음 : 세븐스 코드 + 단13도(단6도)
- 표기 : 코드 이름에 ♭13을 추가합니다.

8. 식스 나인 코드 (6(9) chord)
- 구성음 : 식스 코드 + 장9도(장2도)
- 표기 : 코드 이름에 9을 추가합니다.

9 코드의 종류-분수 코드

> 악보를 보다 보면 'C/G'나 'C on G' 같이 표기된 코드를 볼 수 있습니다. 이와 같은 코드를 분수 코드 또는 온 코드라고 합니다. 'C/G' 코드는 C코드를 치지만 베이스(Bass)는 G음을 치라는 표시입니다. 베이스는 그 코드에서 가장 낮은 음을 말합니다. 일반적으로 근음(1도)이 코드의 가장 아래에 위치하지만, 베이스를 근음이 아닌 다른 음으로 배치해서 색다른 코드를 만들 수 있습니다.

· 분수 코드의 예

분수 코드의 형식은 두 가지가 있습니다. 하나는 그 코드의 구성음(코드톤) 중 하나를 골라서 베이스로 놓는 것입니다. 코드의 자리바꿈(Inversion)과 같습니다.

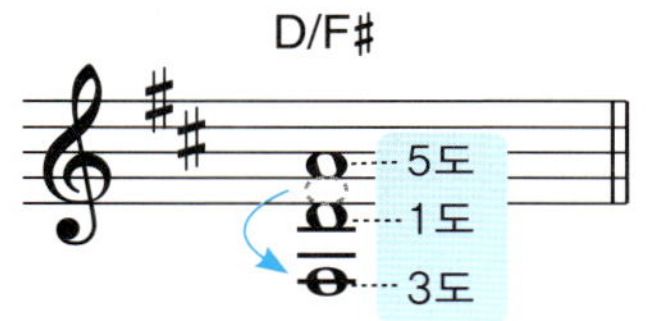

다른 방법으로 그 코드의 구성음이 아닌(논 코드톤) 음 중 하나를 골라서 베이스로 놓는 것입니다.

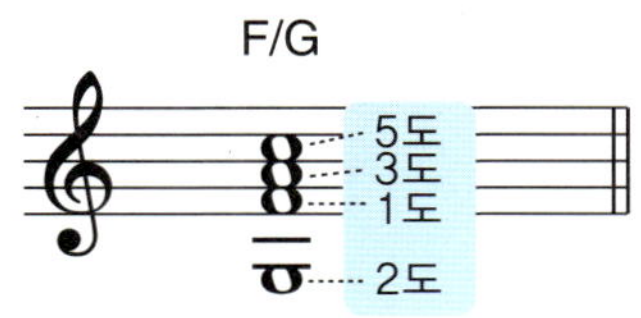

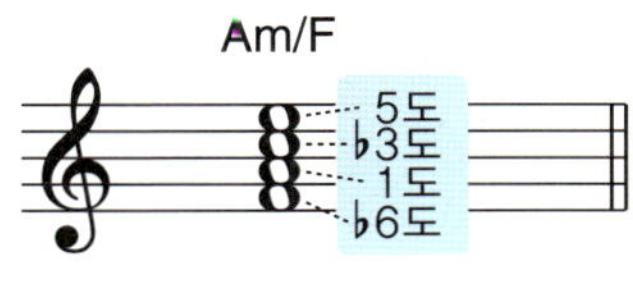

이런 식으로 코드의 구성음을 조합하면 기본 코드와 느낌이 다른 여러 가지 코드 스타일이 생깁니다. 지판의 음정과 코드의 구성음을 참고하여 자신만의 코드를 만들어 봅시다.

UKULELE
CHORD
MASTER

Part. 3

코드표

많이 쓰이는 코드들을 모아
코드표와 사진을 실었습니다.

C

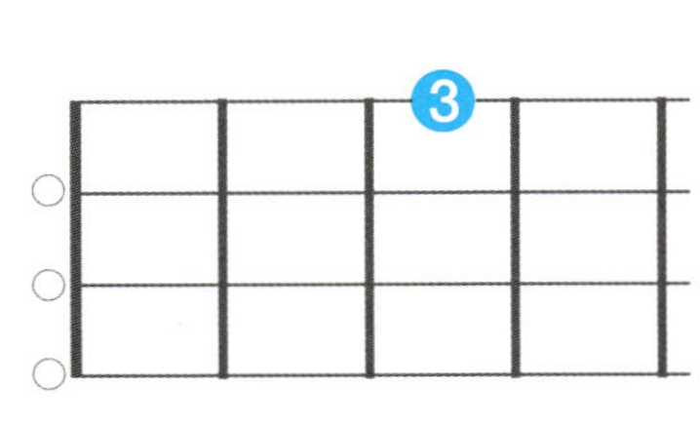

C

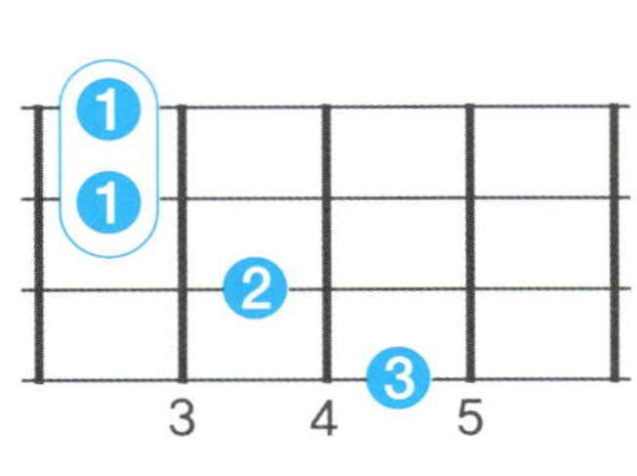
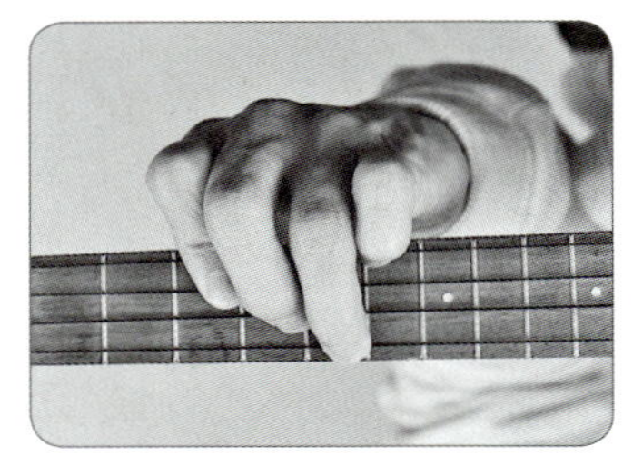

C

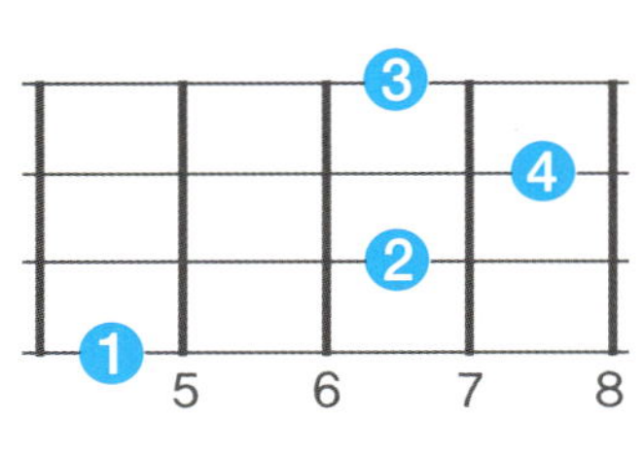

C

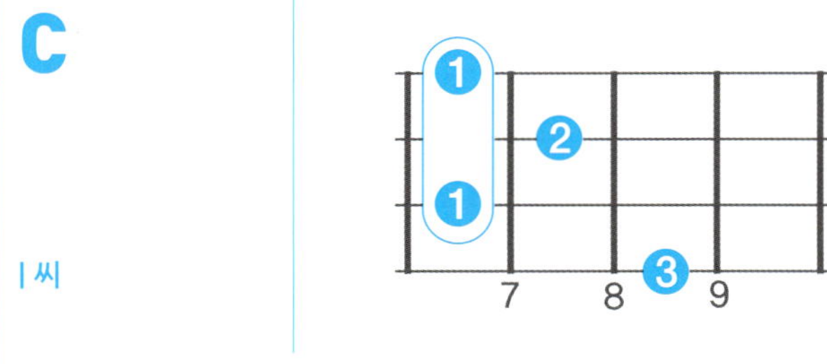

C7

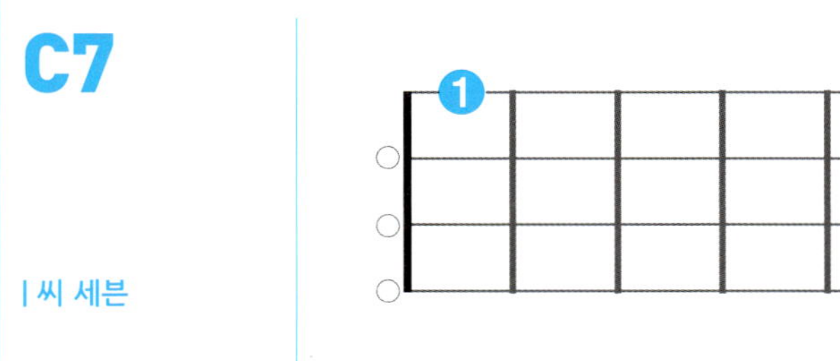
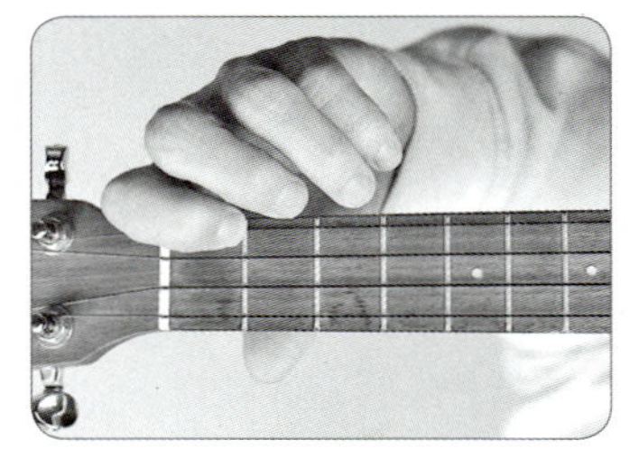

C7
| 씨 세븐

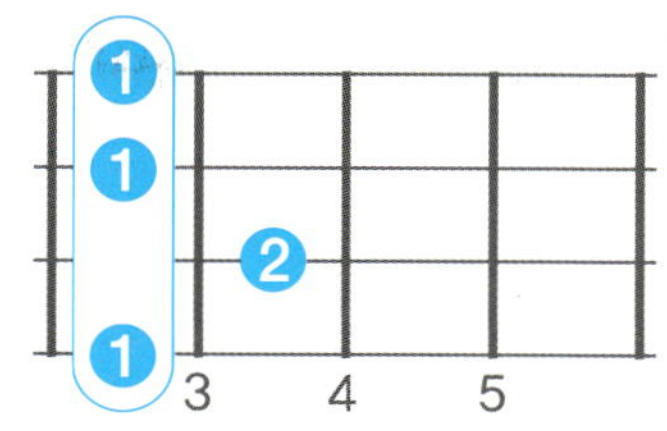

C7
| 씨 세븐

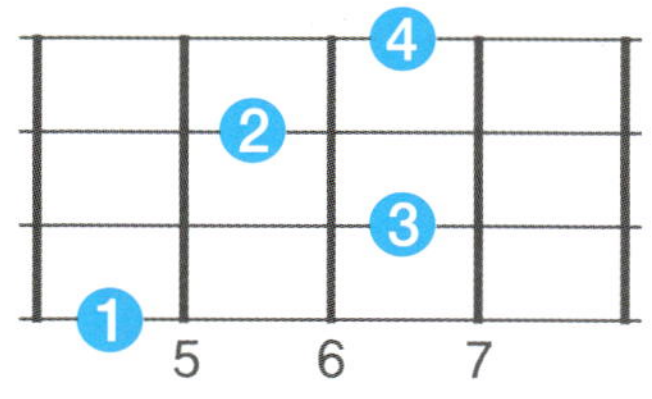
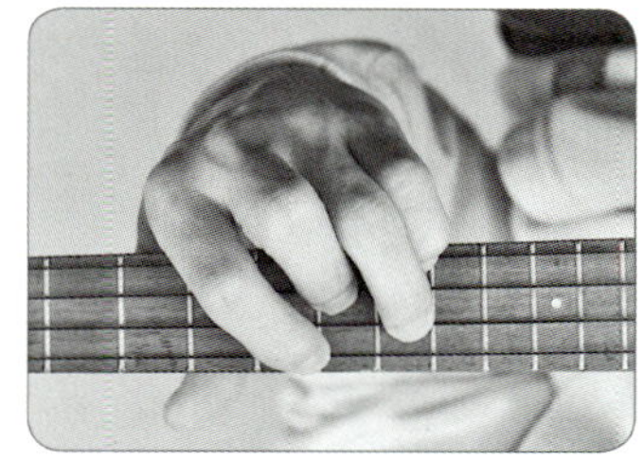

C7
| 씨 세븐

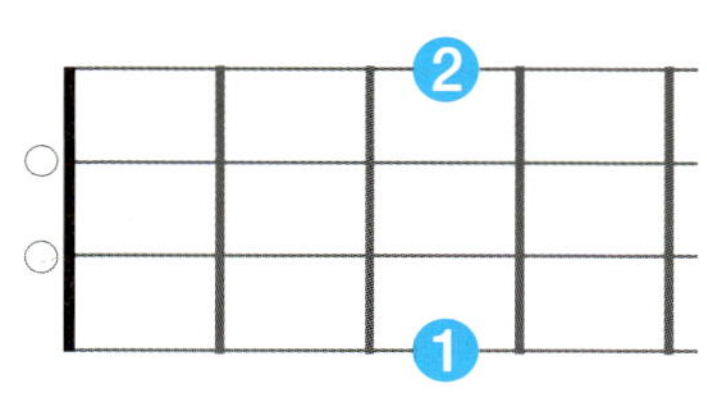
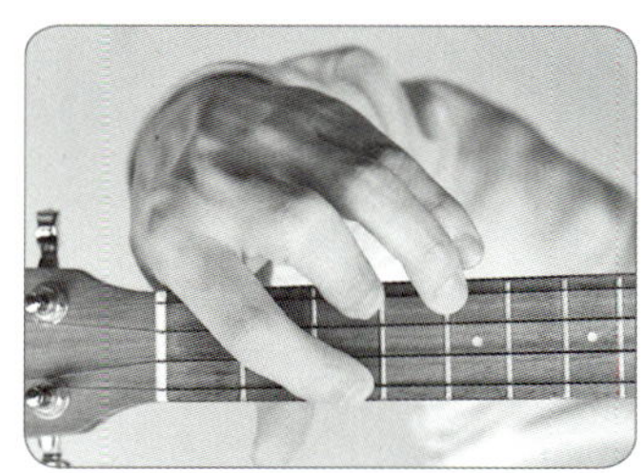

Cm
| 씨 마이너

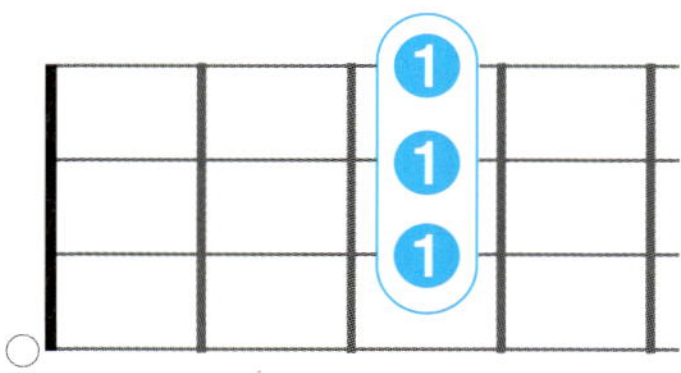

Cm
| 씨 마이너

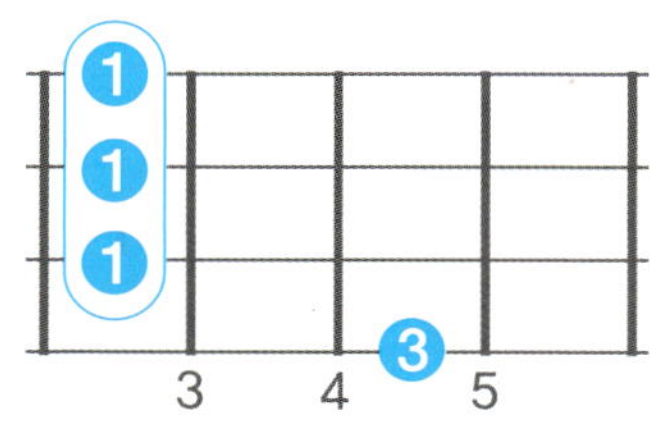

Cm

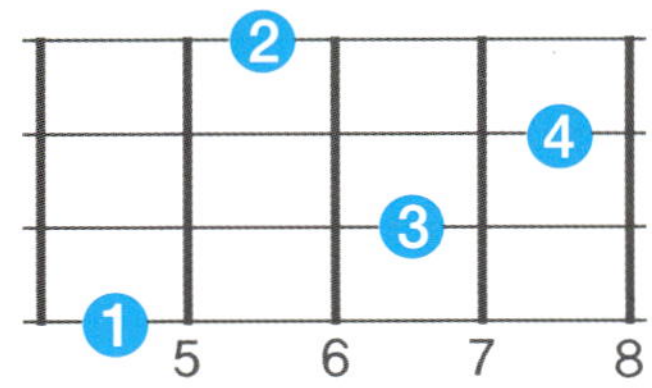
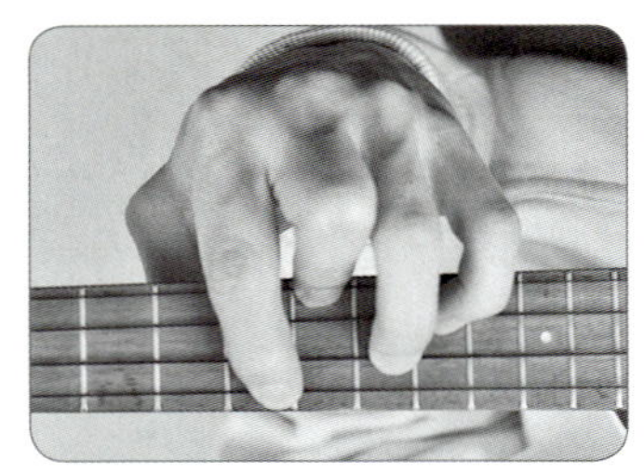

Cm7

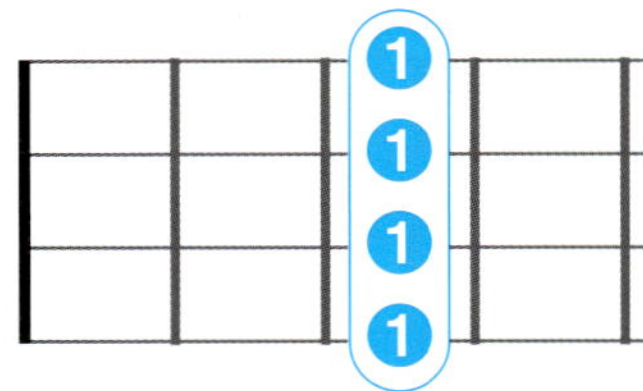
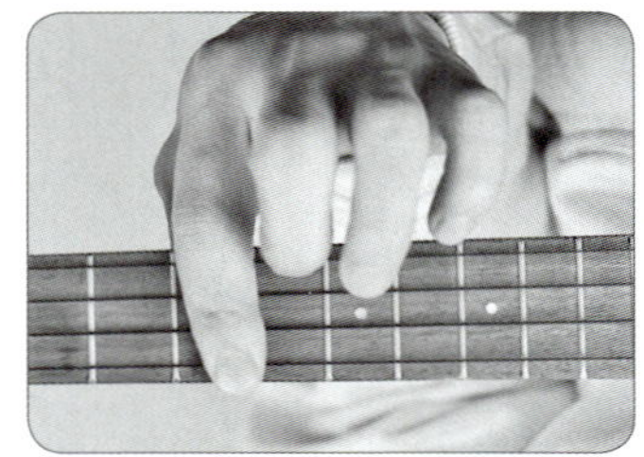

Cm7

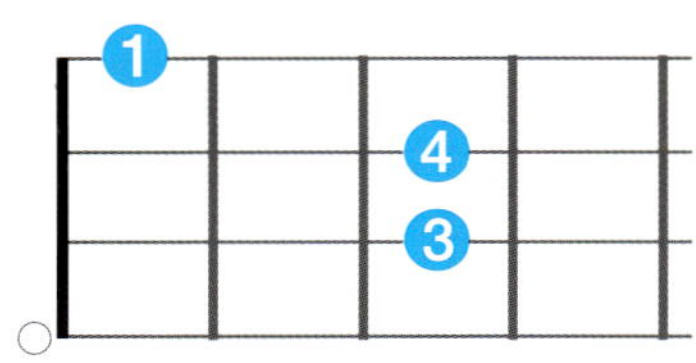

Cm7

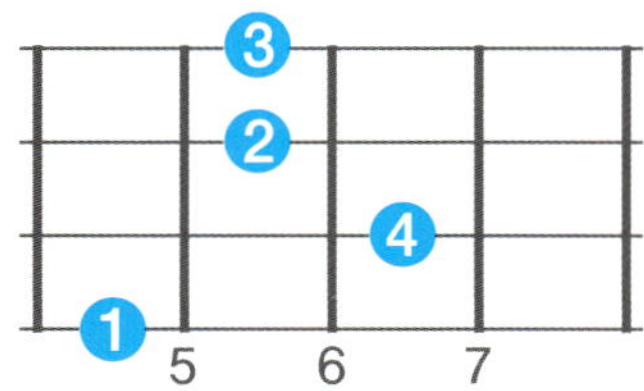

C6

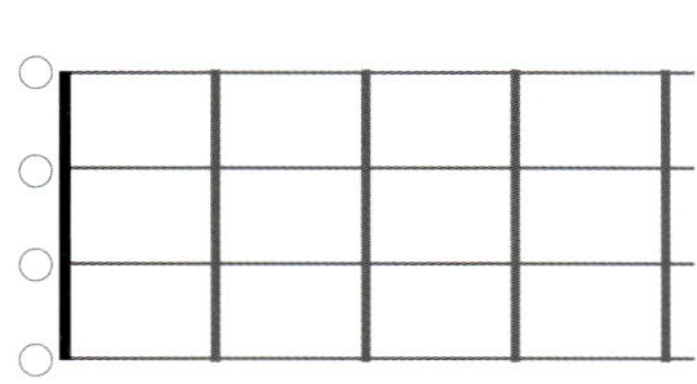
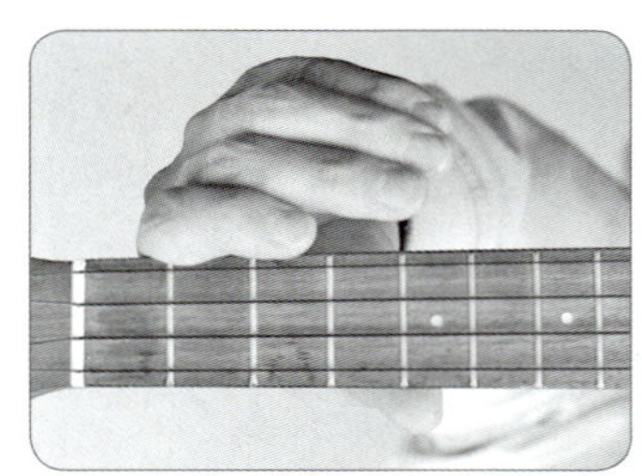

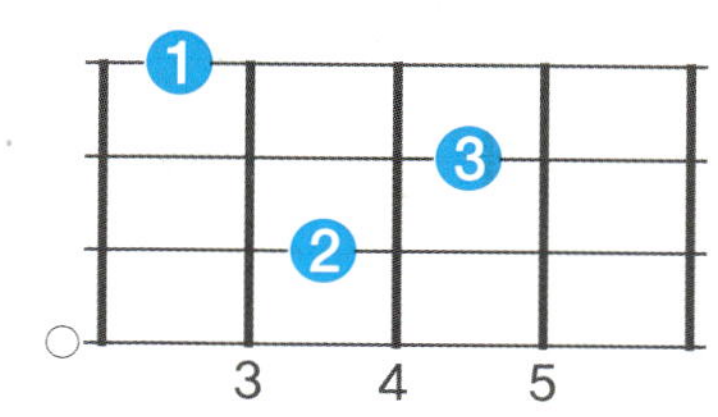
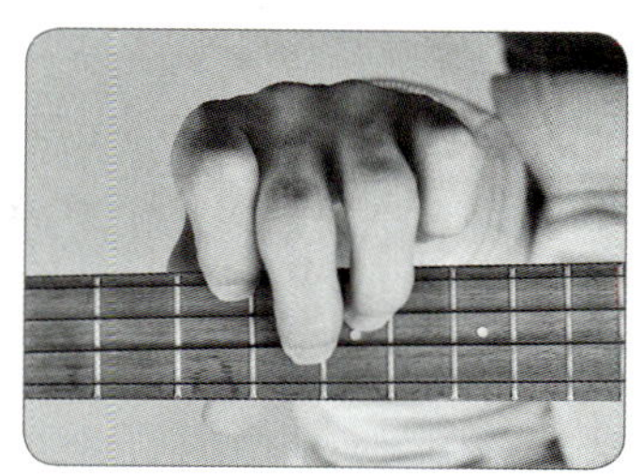

C6
| 씨 식스

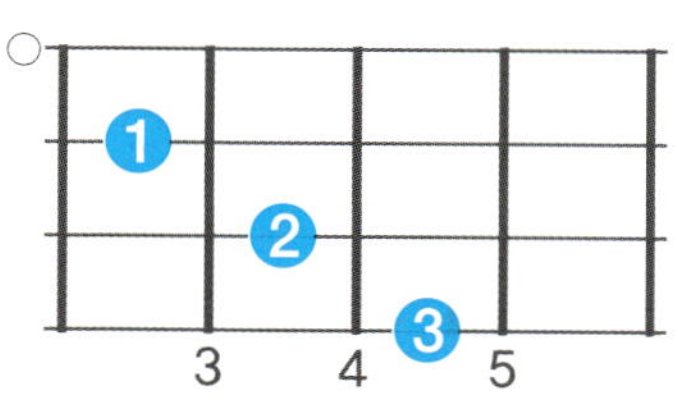
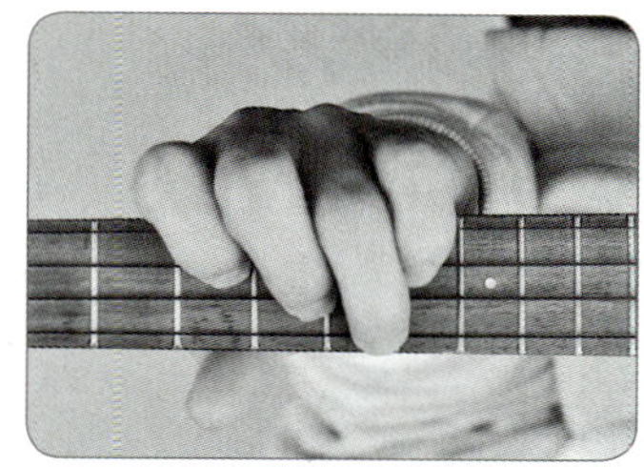

C6
| 씨 식스

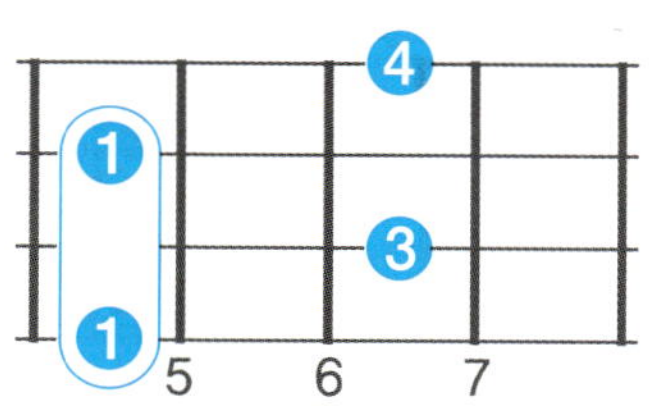

C6
| 씨 식스

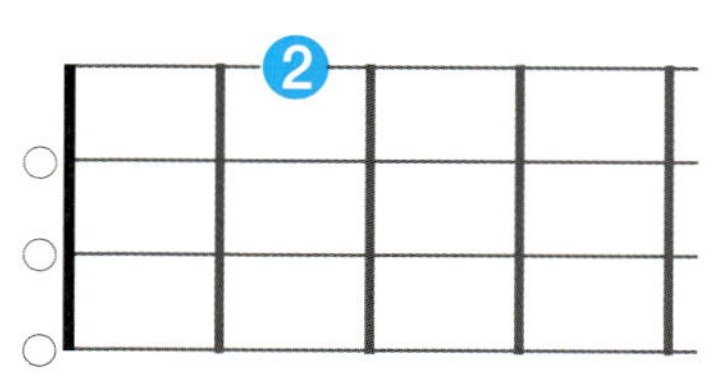
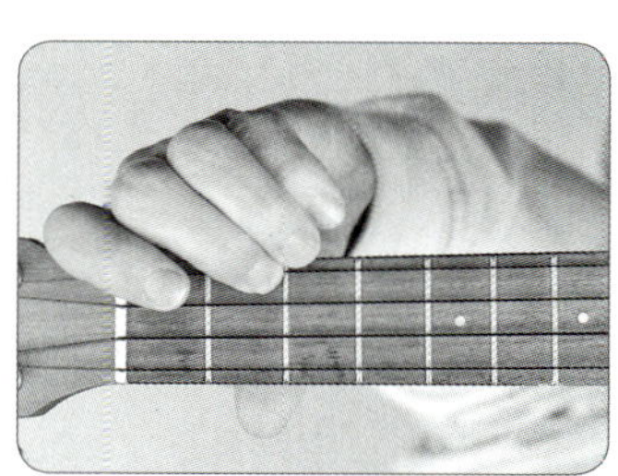

CM7
| 씨 메이저 세븐

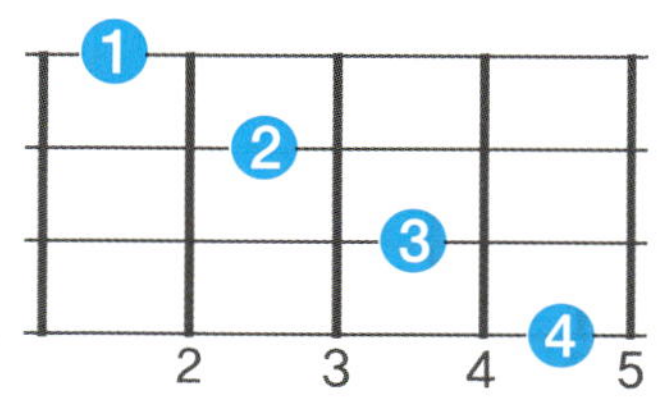
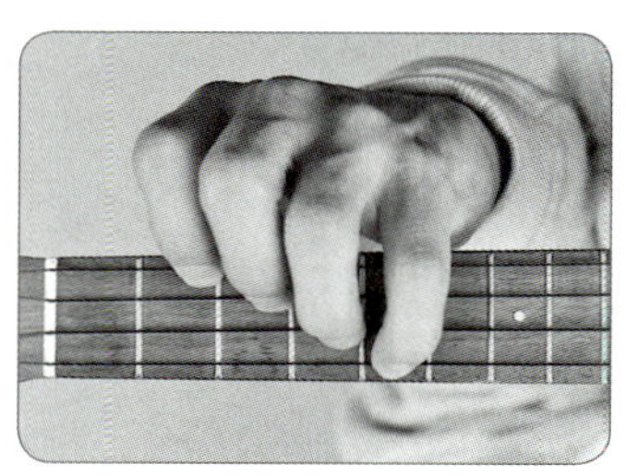

CM7
| 씨 메이저 세븐

CM7

| 씨 메이저 세븐

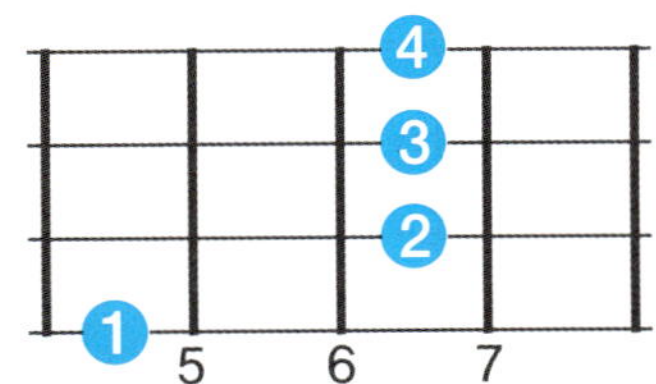

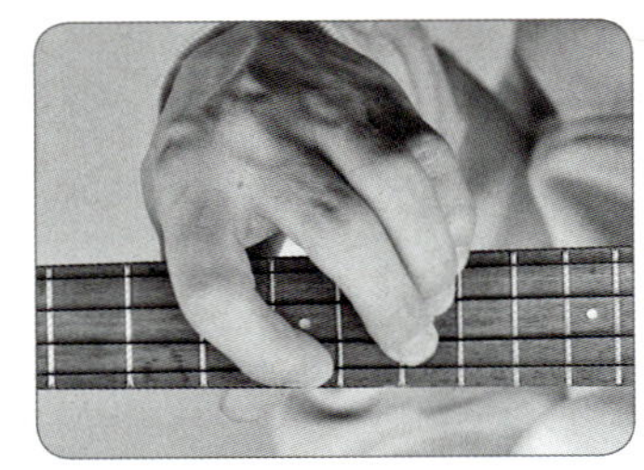

Cm7(♭5)

| 씨 마이너 세븐 플랫
파이브

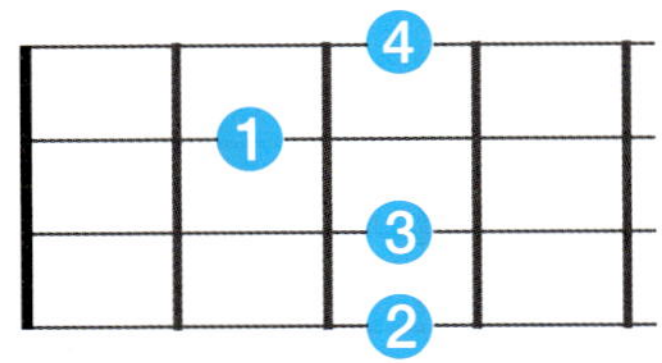

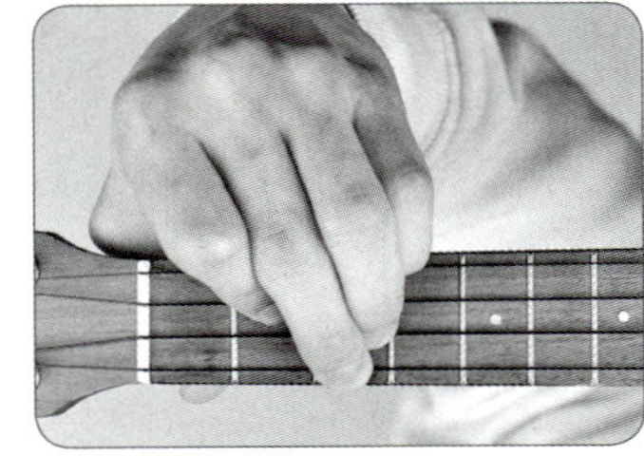

Cm7(♭5)

| 씨 마이너 세븐 플랫
파이브

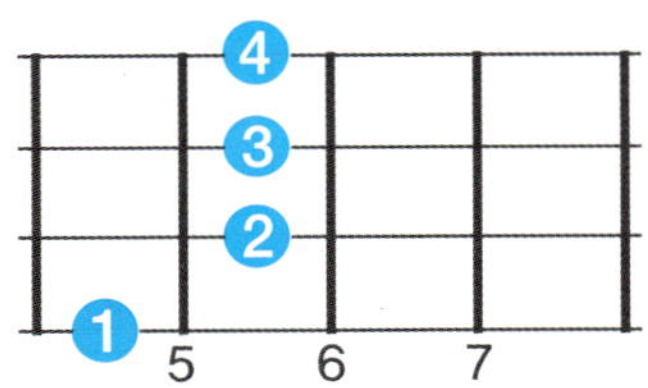

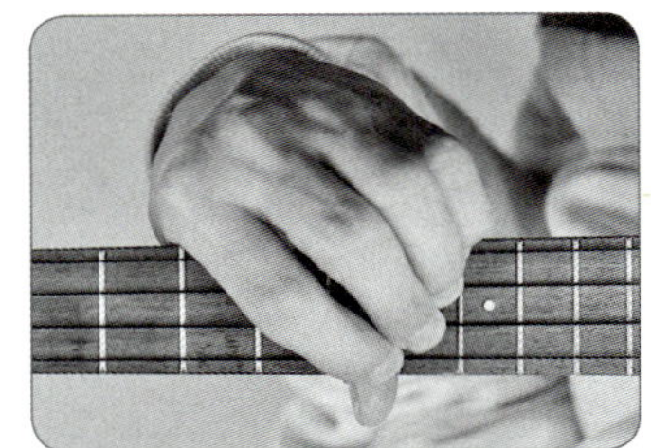

Cdim

| 씨 디미니쉬

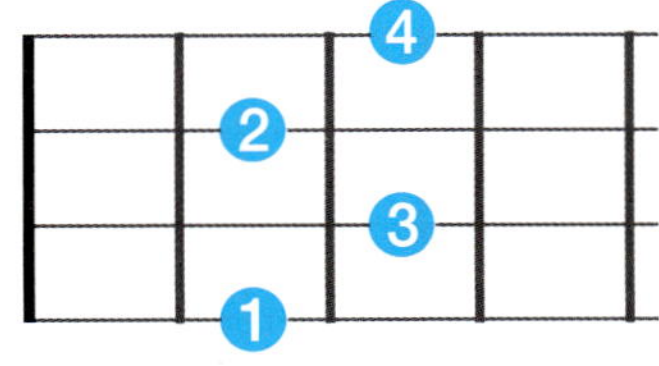

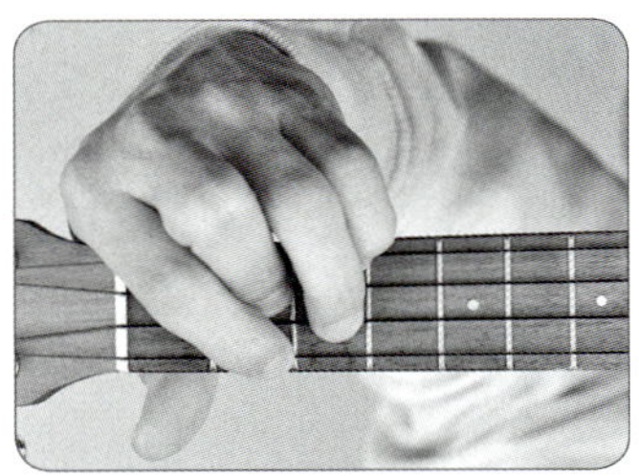

Cdim

| 씨 디미니쉬

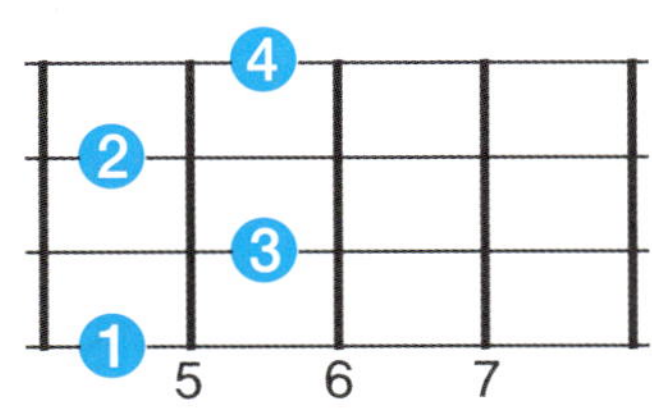

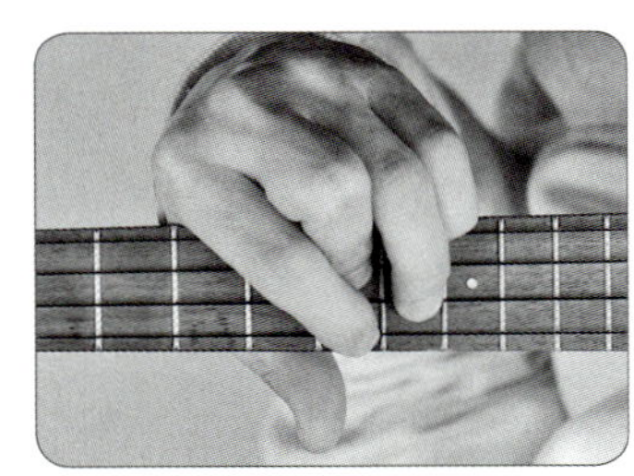

Csus4

| 씨 서스포

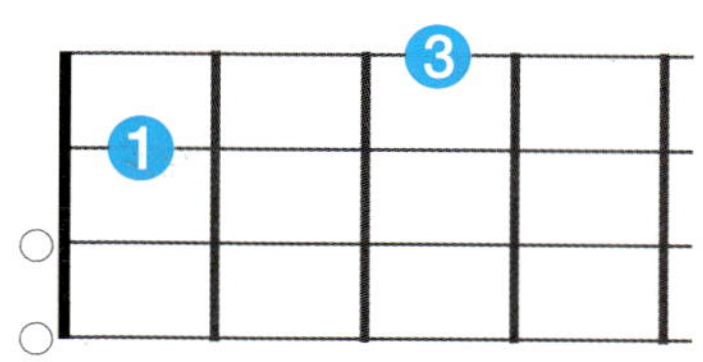

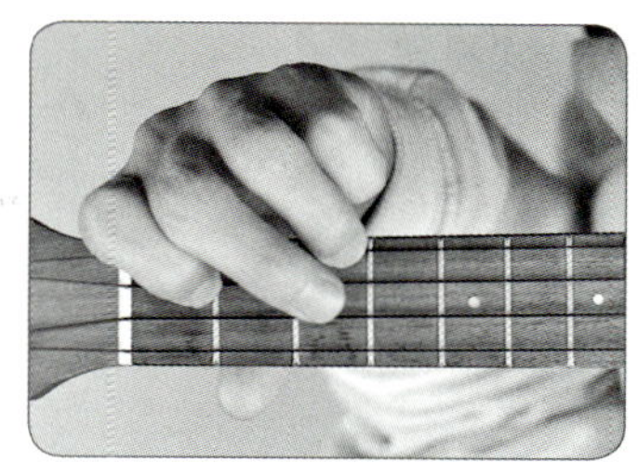

Csus4

| 씨 서스포

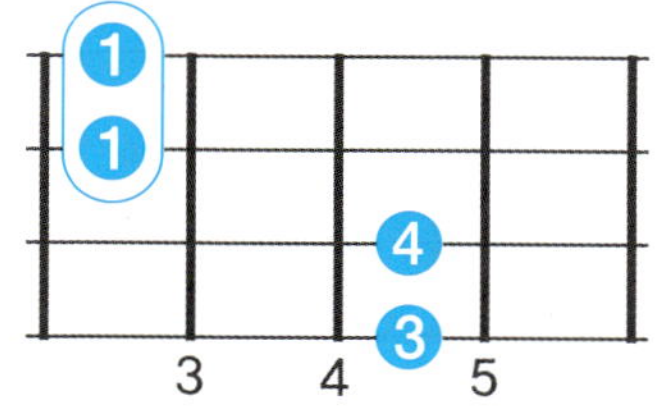

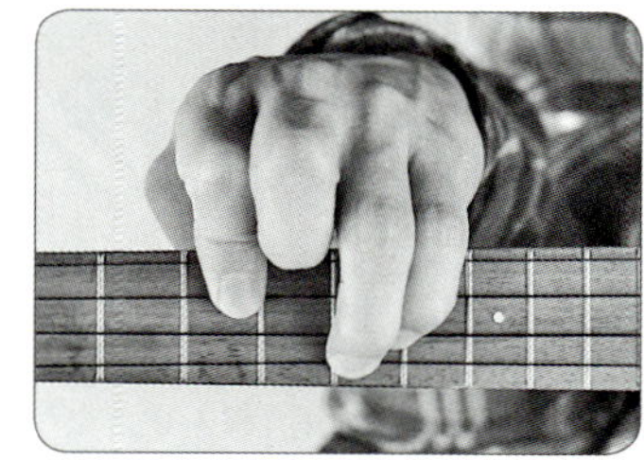

Caug

| 씨 오그먼트

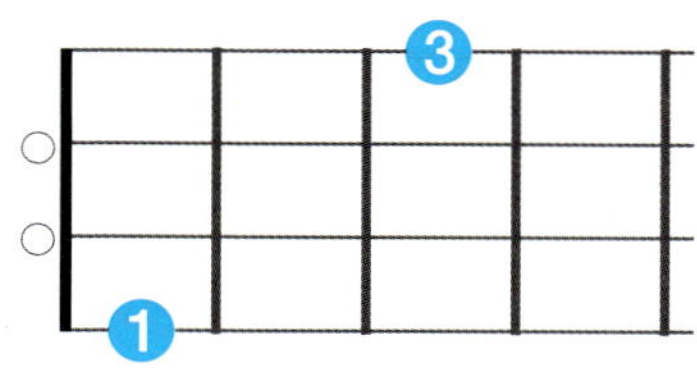

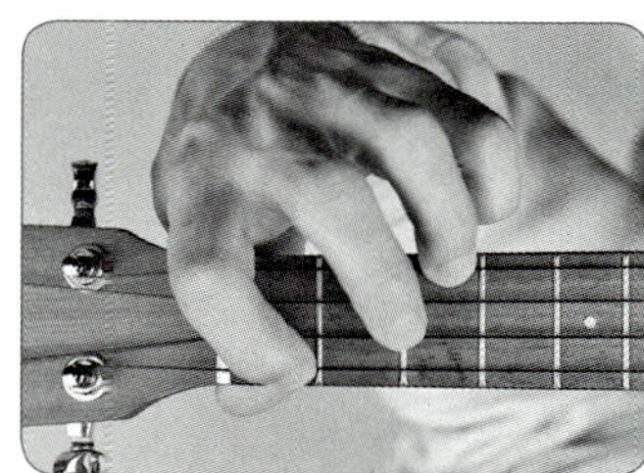

Caug

| 씨 오그먼트

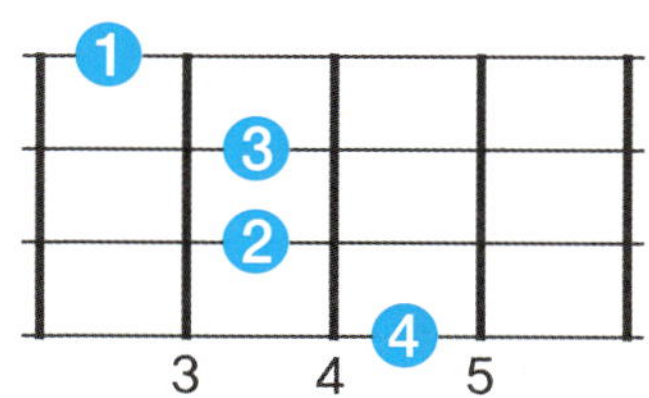

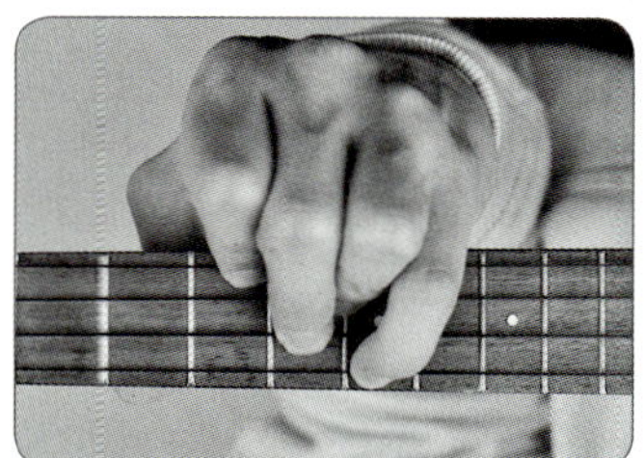

Caug

| 씨 오그먼트

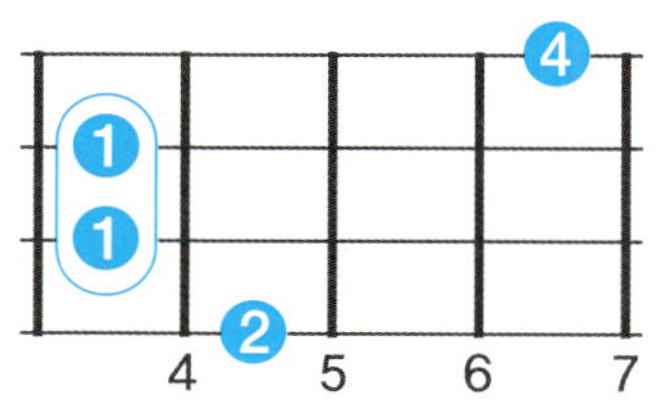

Cadd9

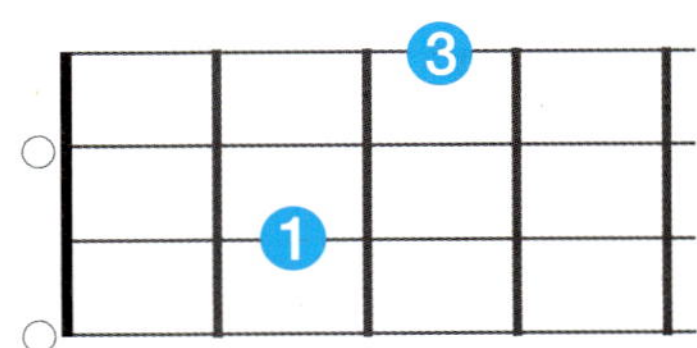

| 씨 애드 나인

Cadd9

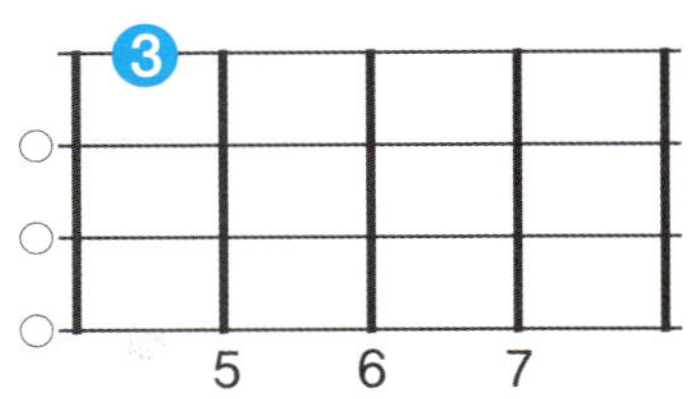

| 씨 애드 나인

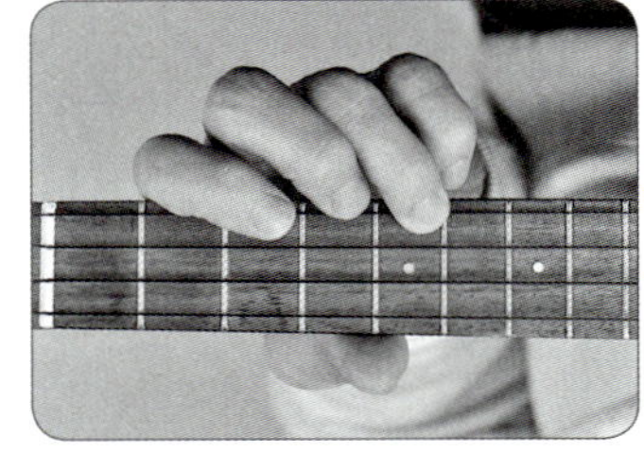

Cadd9

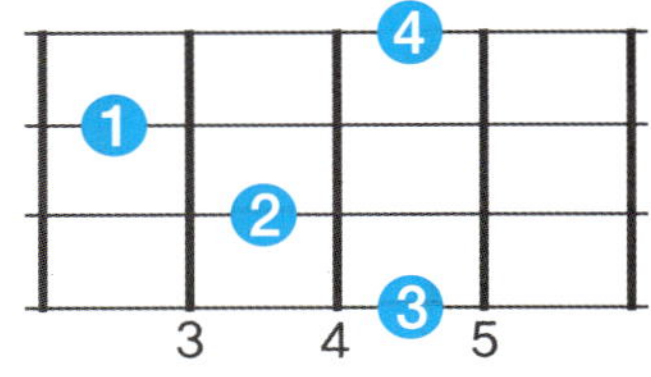

| 씨 애드 나인

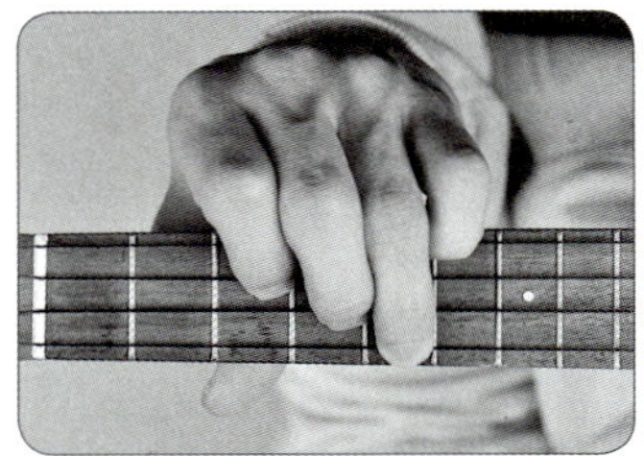

C6(9)

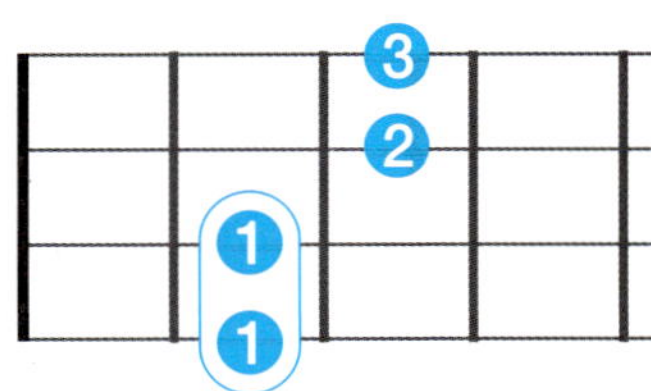

| 씨 식스 나인

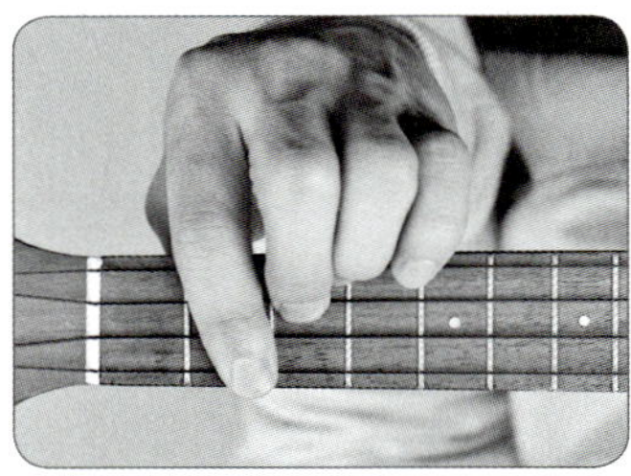

CM7(9)

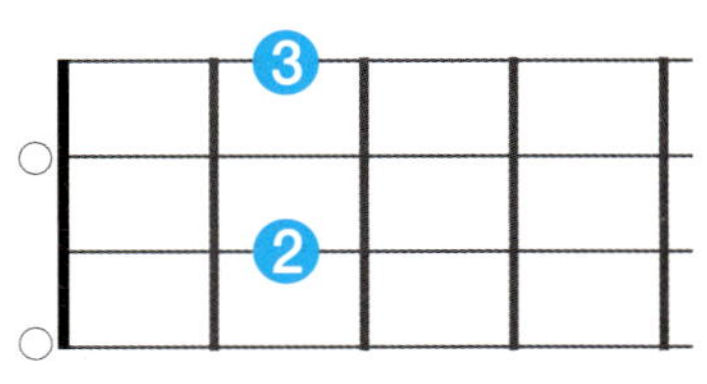

| 씨 메이저 세븐
  나인

Cm6

| 씨 마이너 식스

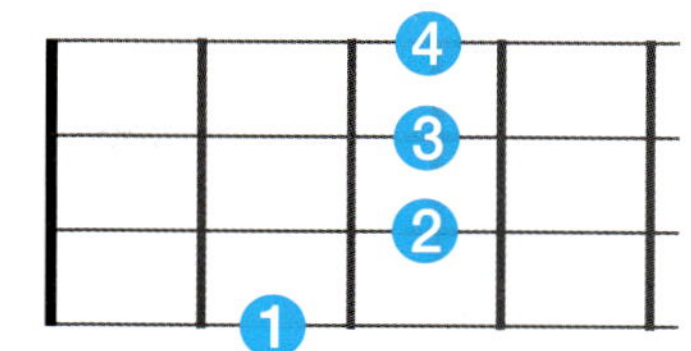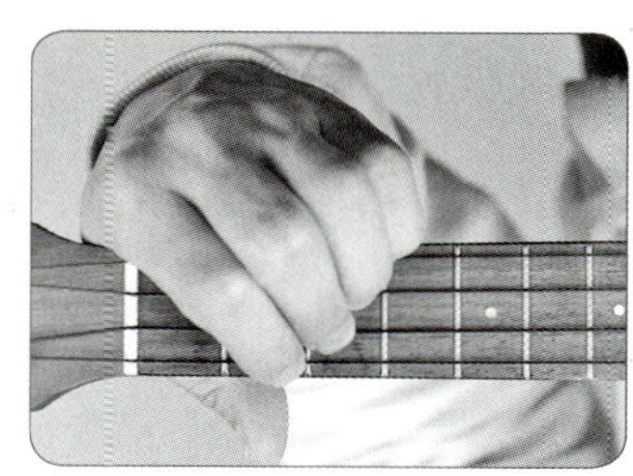

CmM7

| 씨 마이너 메이저
세븐

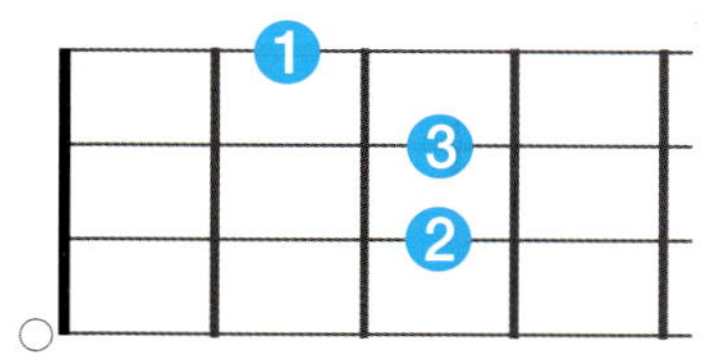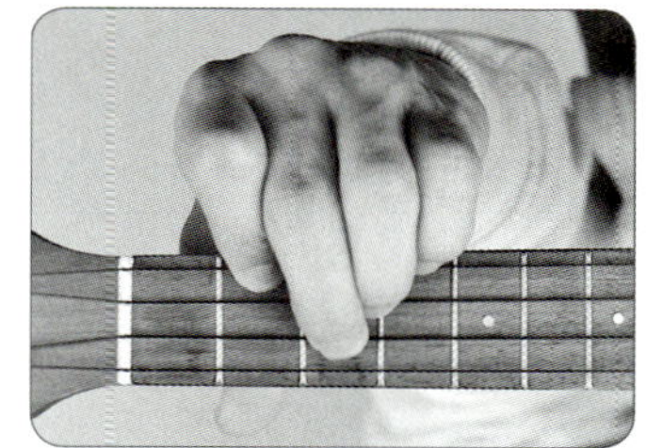

Cm7(9)

| 씨 마이너 세븐
나인

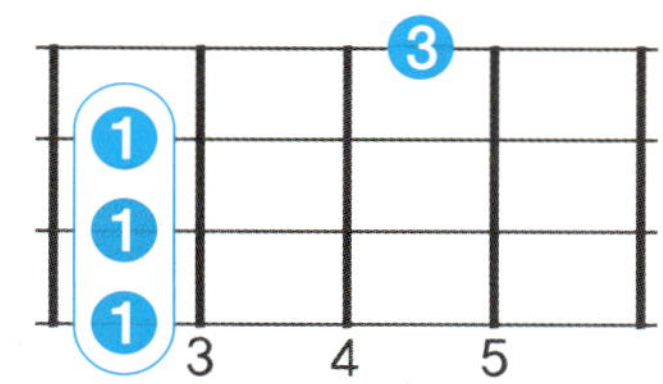

Cm7(11)

| 씨 마이너 세븐
일레븐

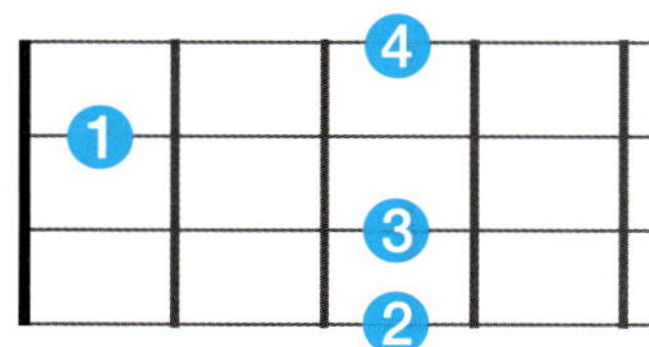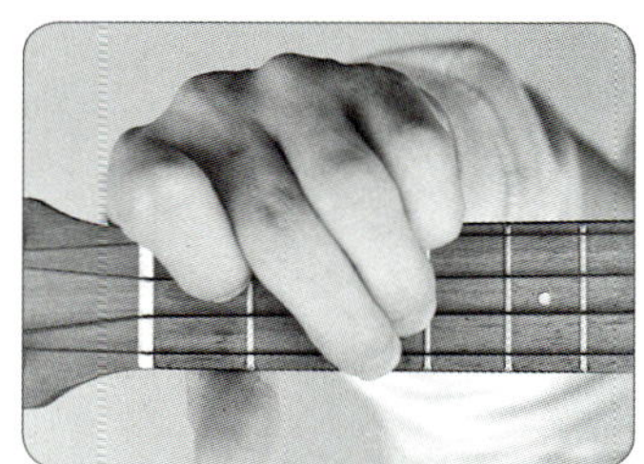

C7sus4

| 씨 세븐 서스포

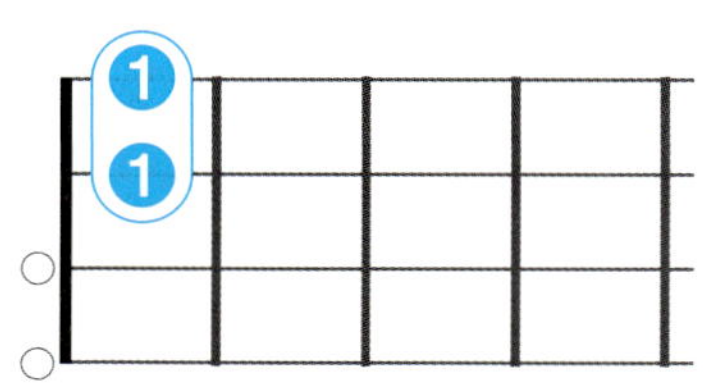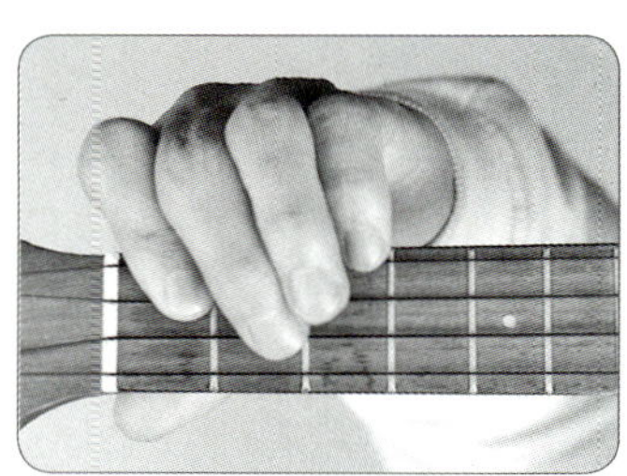

C7(♯5)

| 씨 세븐 샤프
파이브

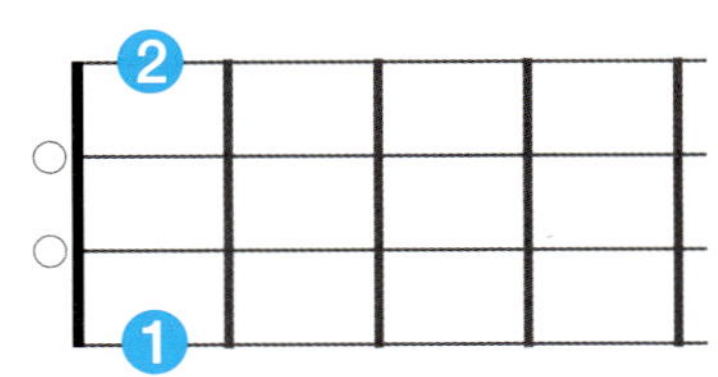

C7(♭5)

| 씨 세븐 플랫
파이브

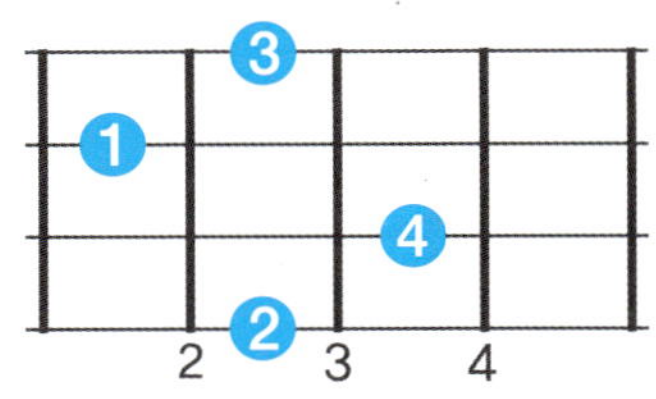
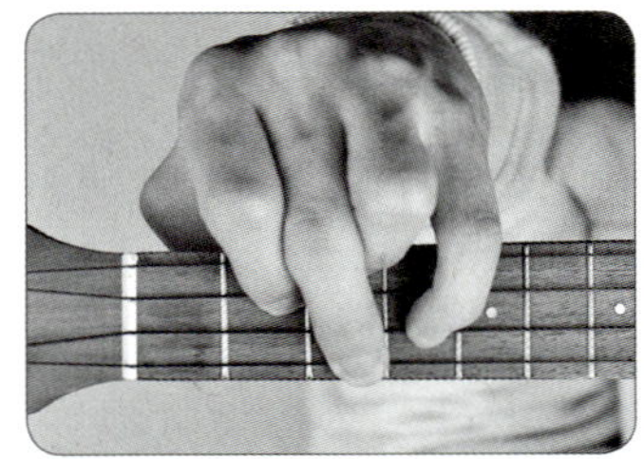

C7(9)

| 씨 세븐 나인

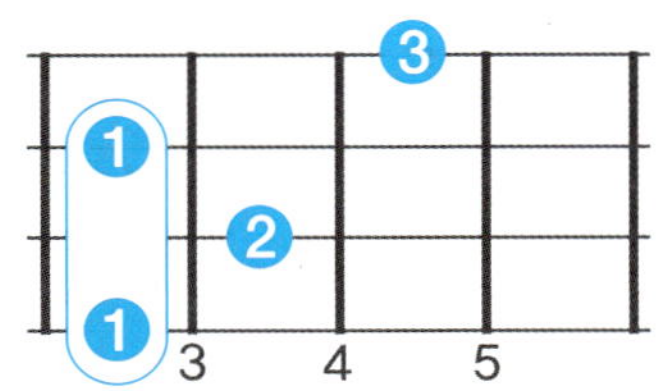
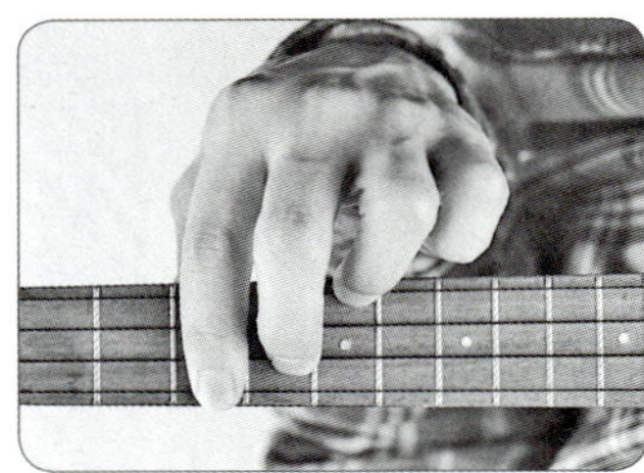

C7(♭9)

| 씨 세븐 플랫
나인

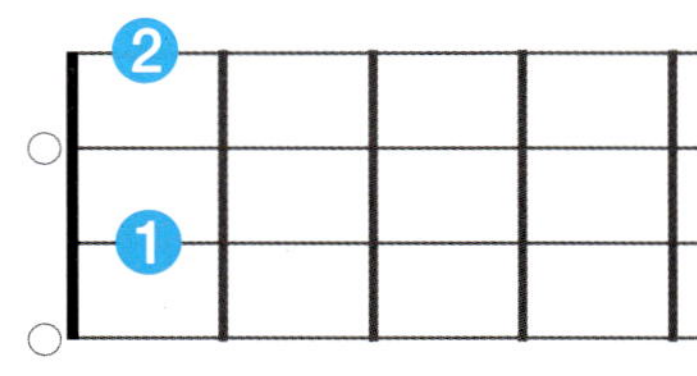

C7(♯9)

| 씨 세븐 샤프
나인

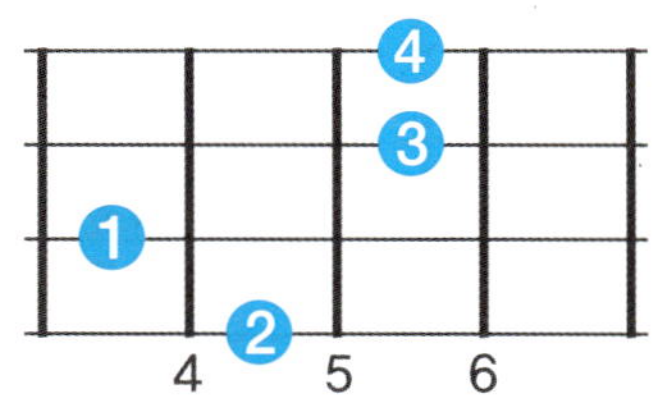
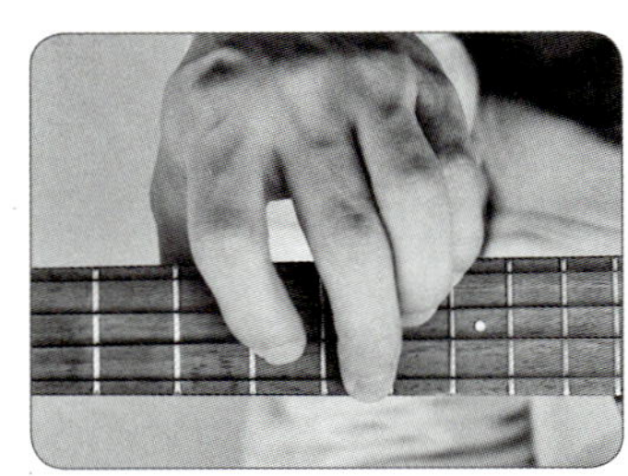

C#
| 씨 샤프

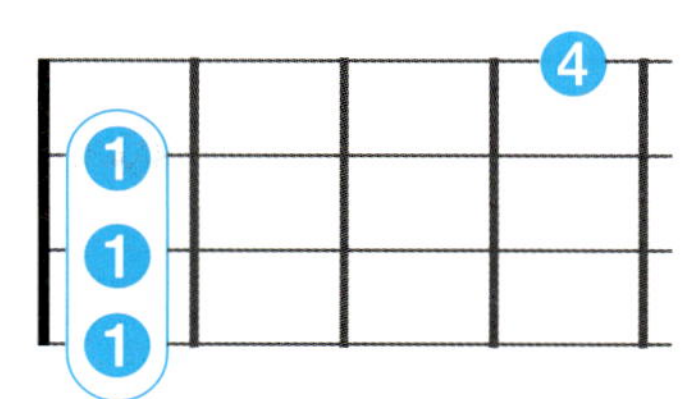
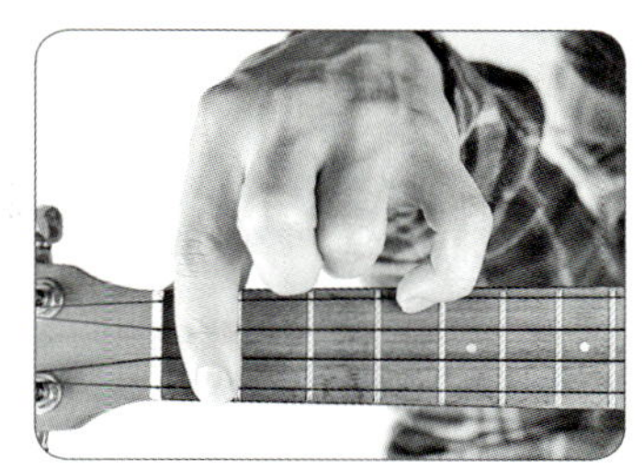

C#
| 씨 샤프

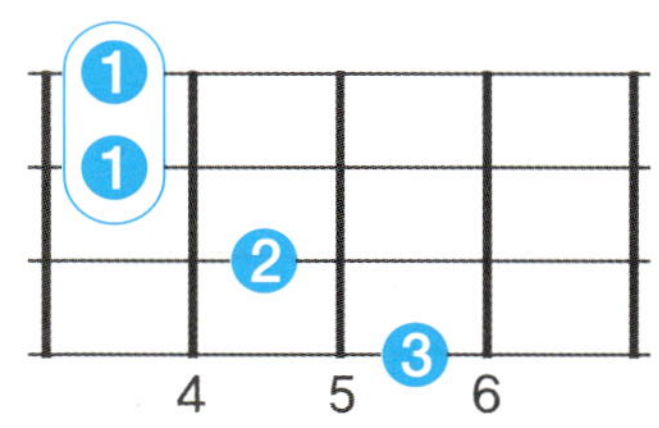
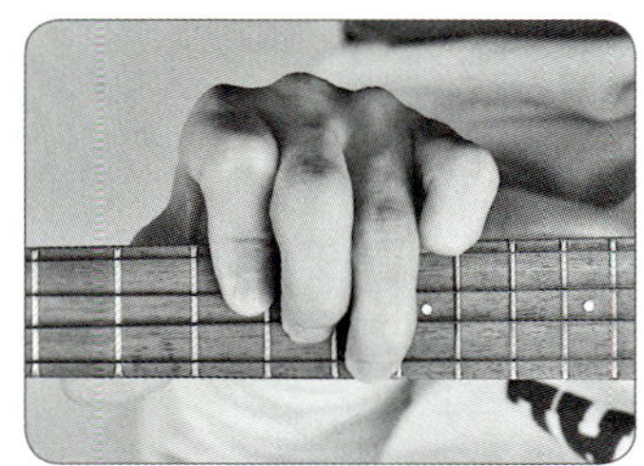

C#
| 씨 샤프

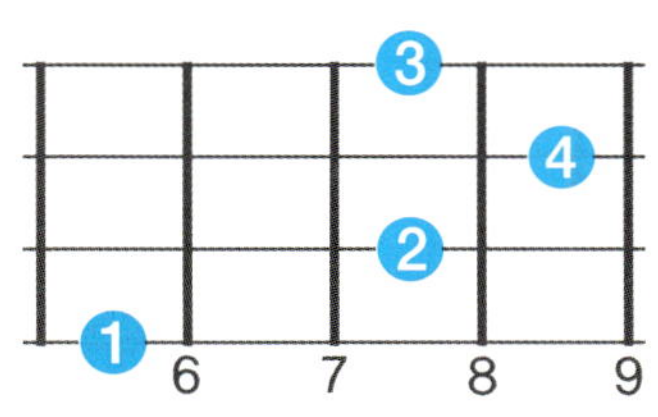
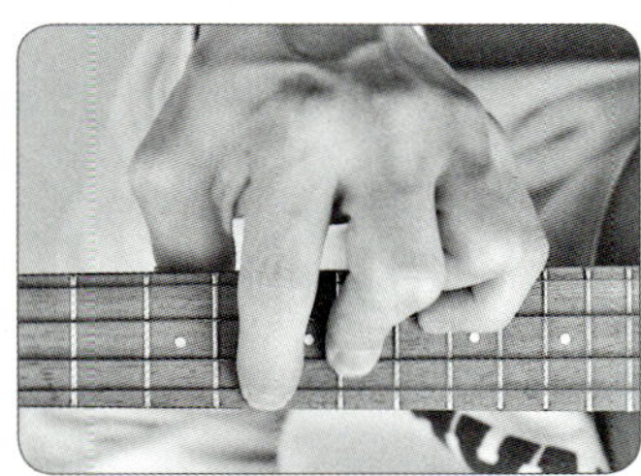

C#7
| 씨 샤프 세븐

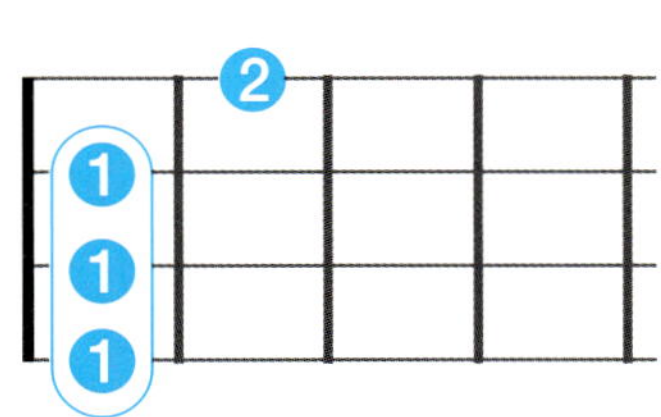
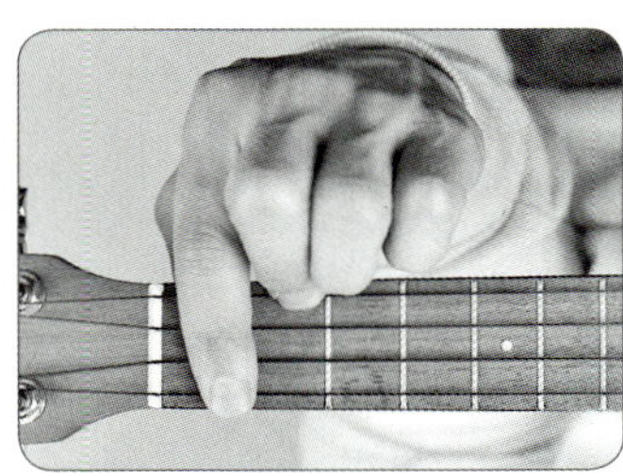

C#7
| 씨 샤프 세븐

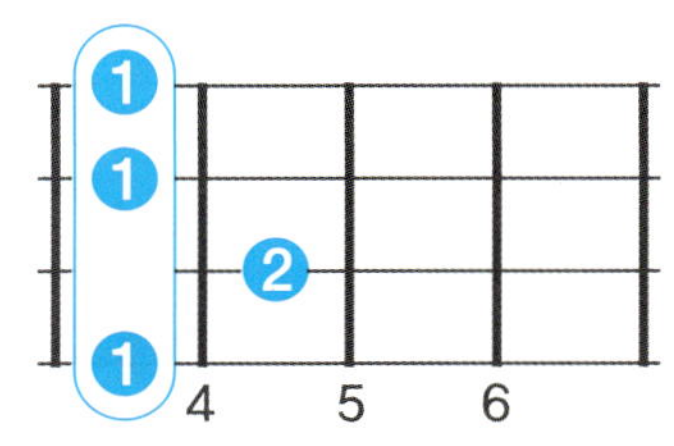
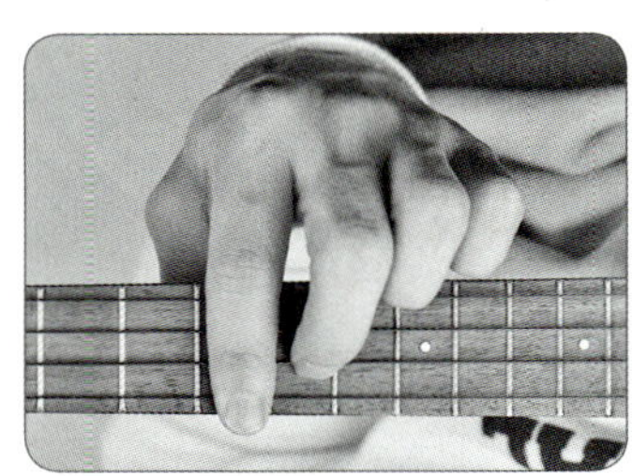

C#7

| 씨 샤프 세븐

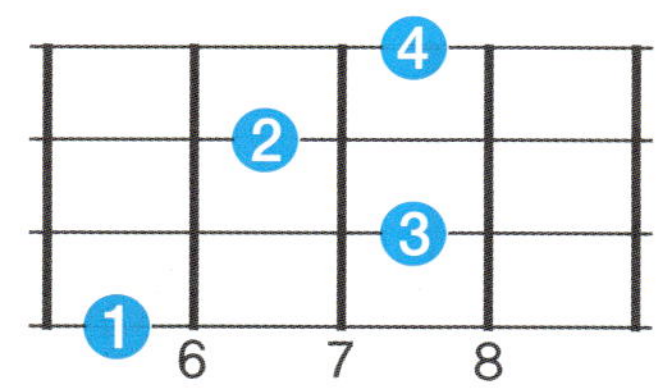
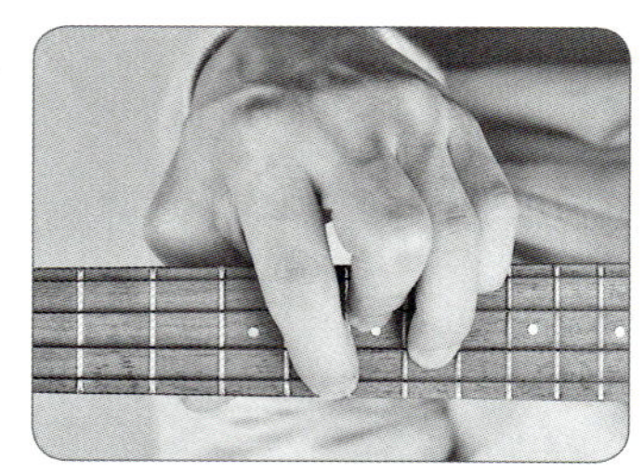

C#m

| 씨 샤프 마이너

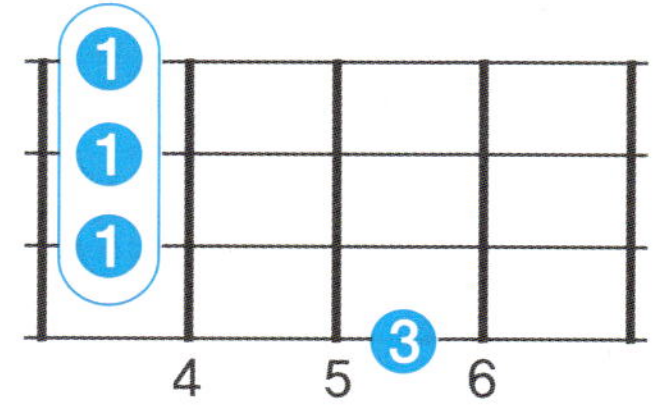
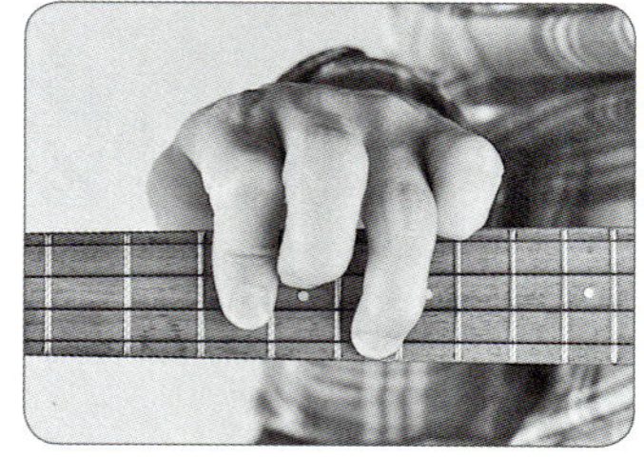

C#m

| 씨 샤프 마이너

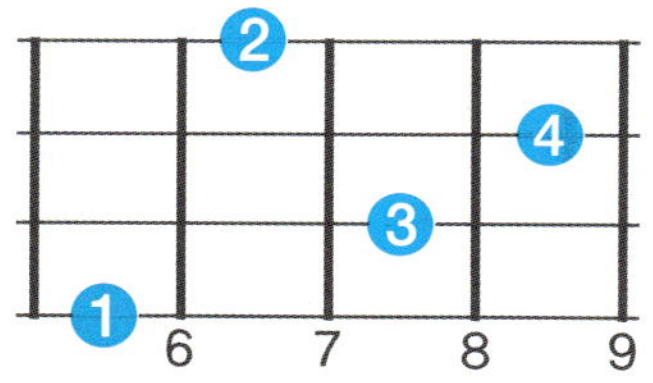
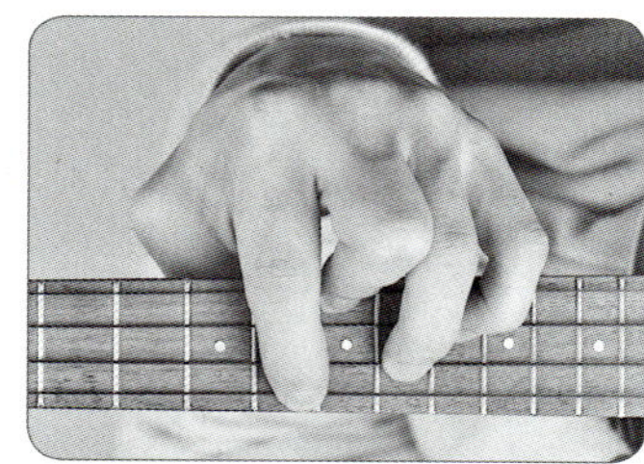

C#m7

| 씨 샤프 마이너 세븐

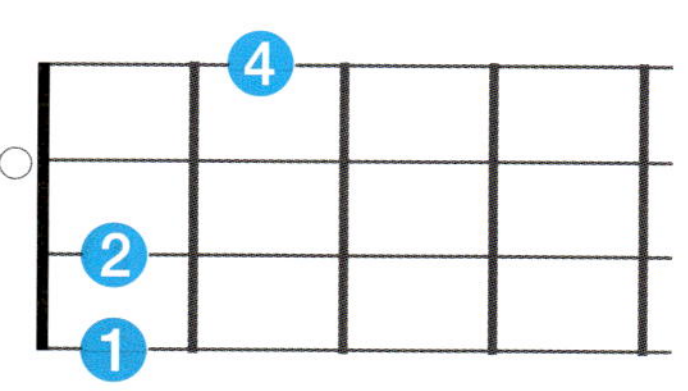
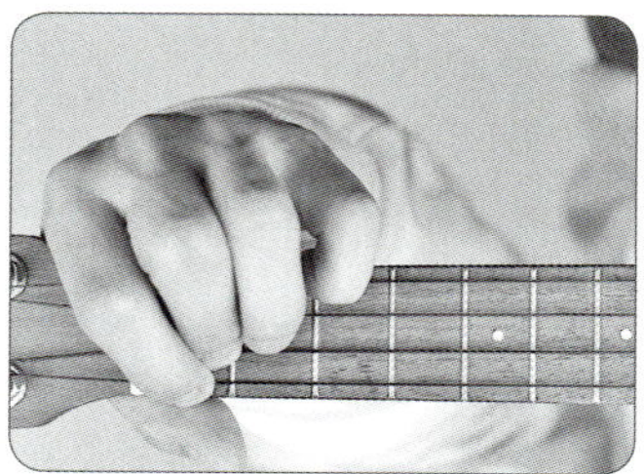

C#m7

| 씨 샤프 마이너 세븐

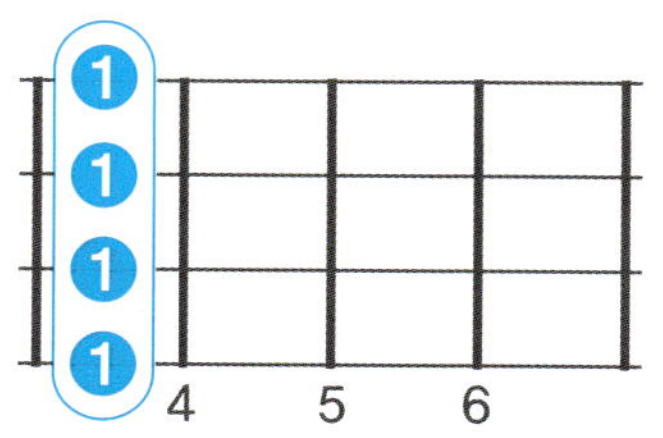

C#m7

씨 샤프 마이너 세븐

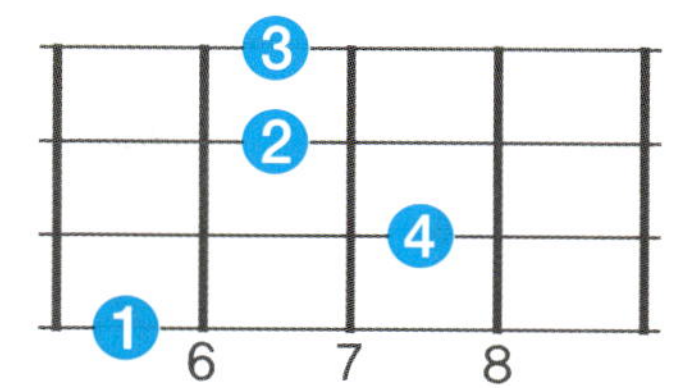

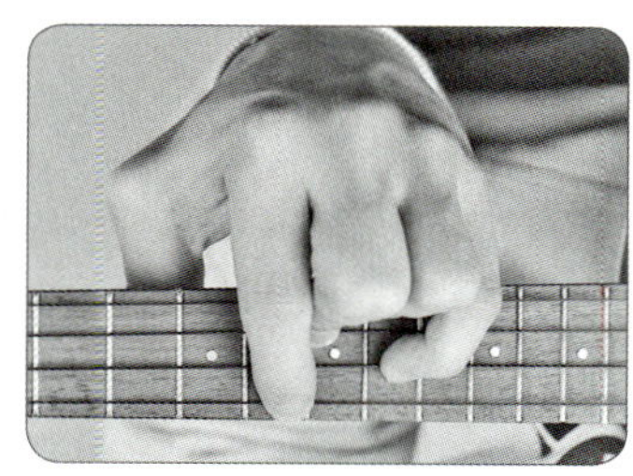

C#6

씨 샤프 식스

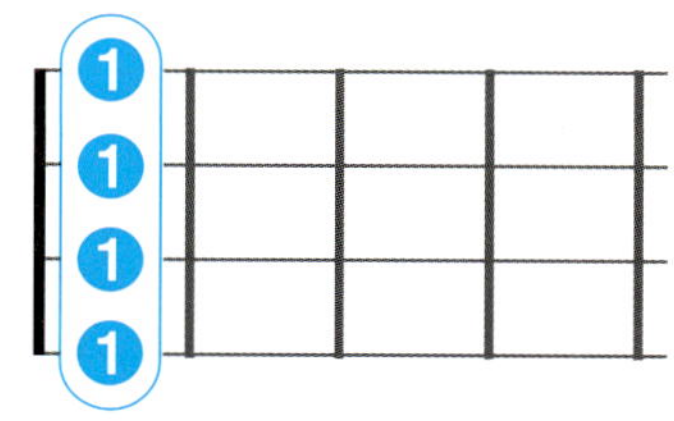

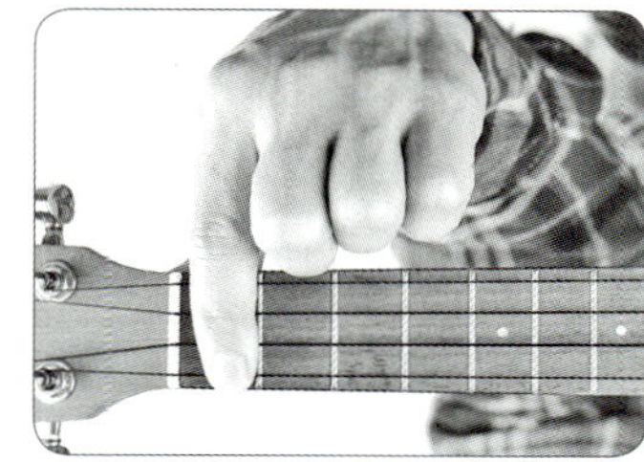

C#6

씨 샤프 식스

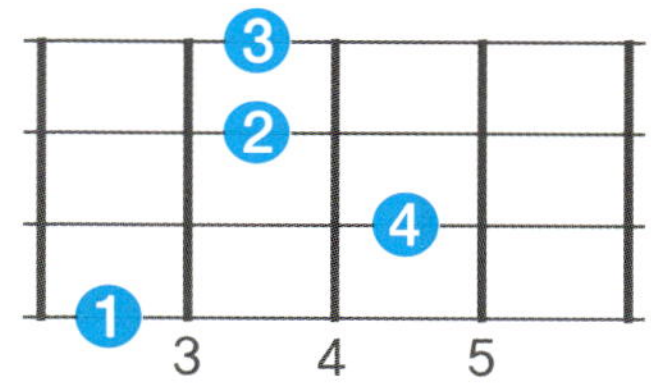

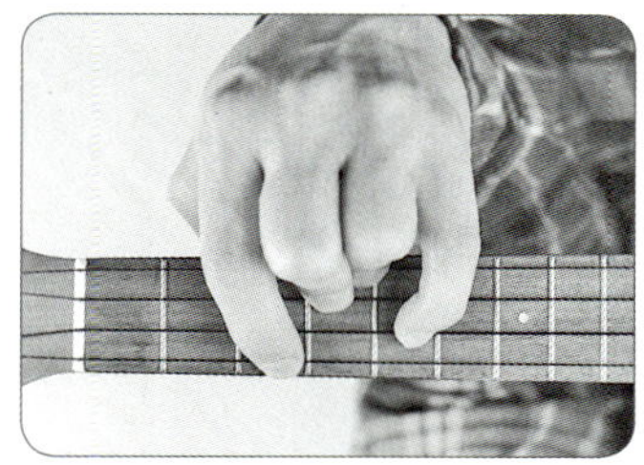

C#6

씨 샤프 식스

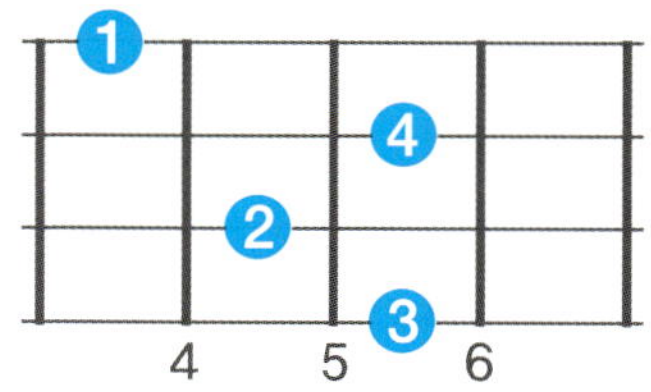

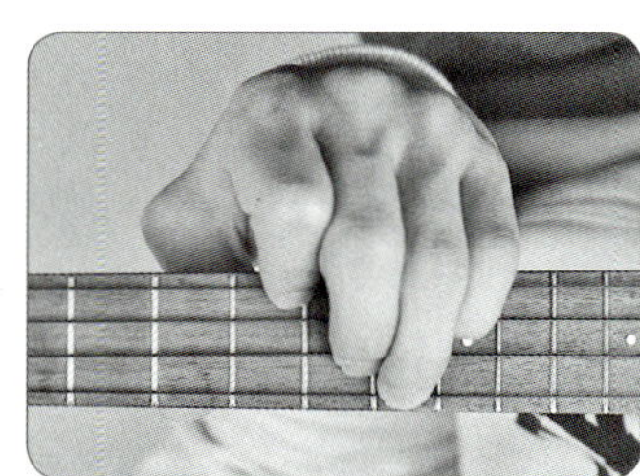

C#M7

씨 샤프 메이저 세븐

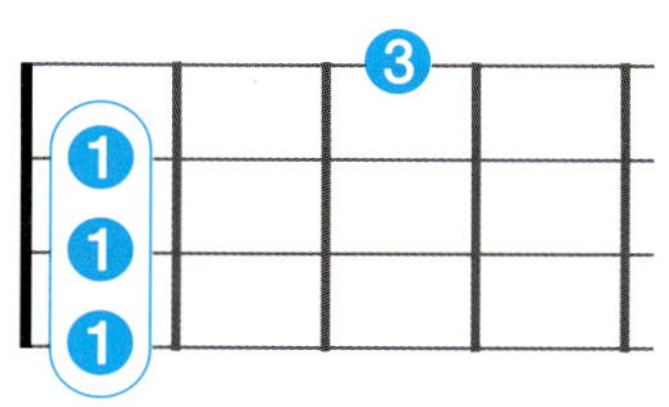

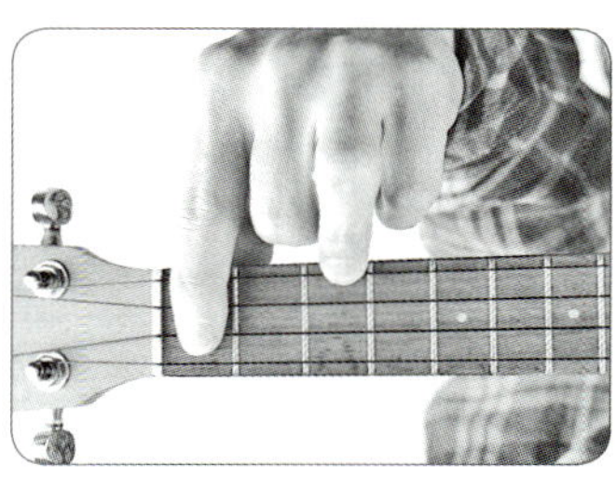

C#M7

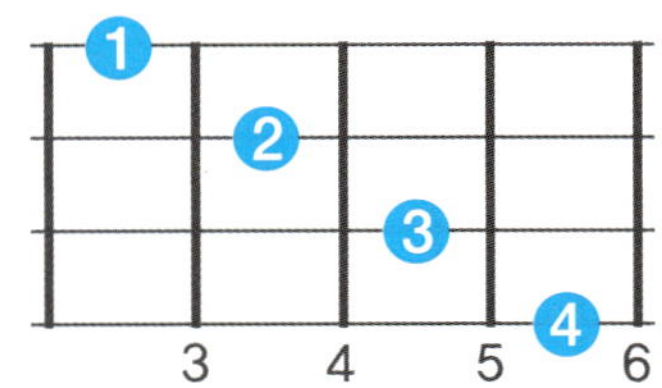

| 씨 샤프 메이저 세븐

C#M7

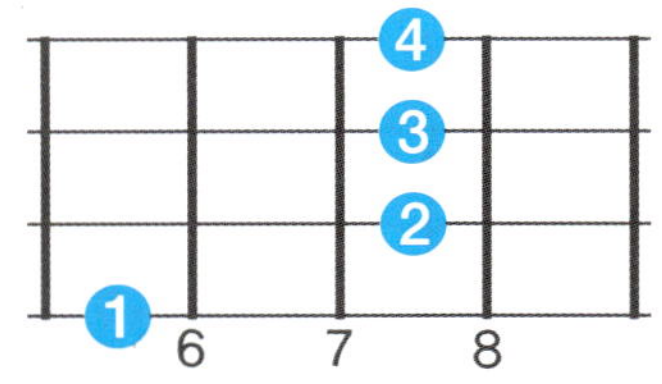

| 씨 샤프 메이저 세븐

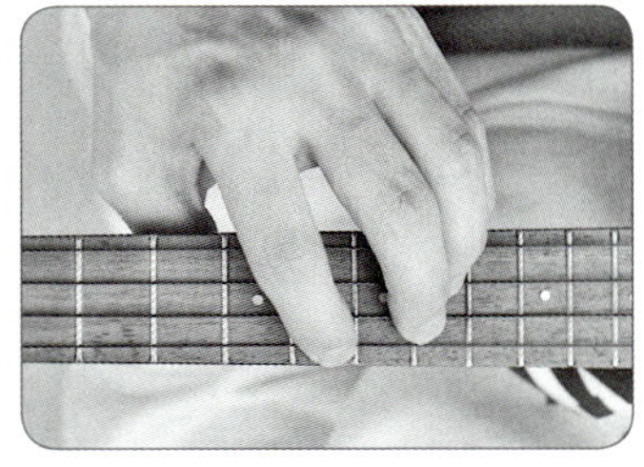

C#m7(♭5)

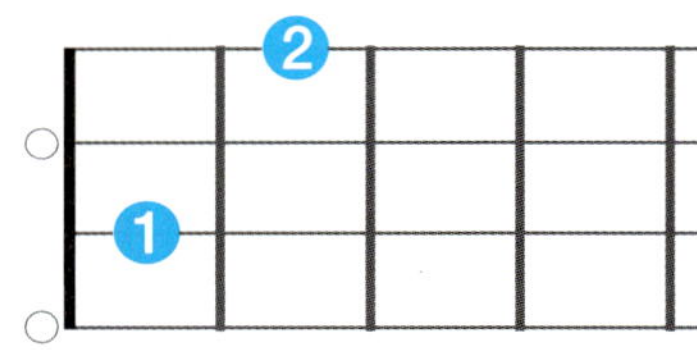

| 씨 샤프 마이너 세븐
플랫 파이브

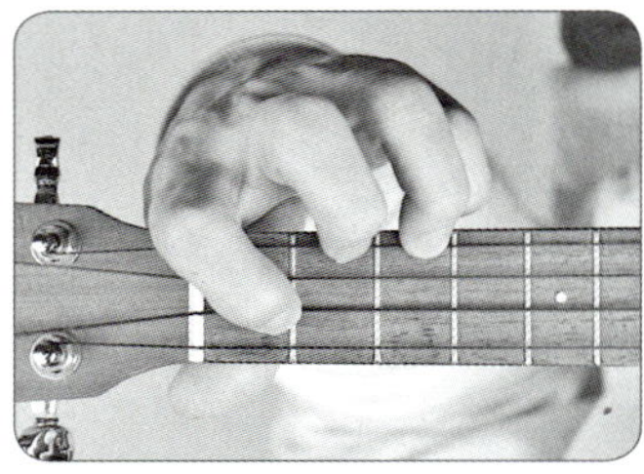

C#m7(♭5)

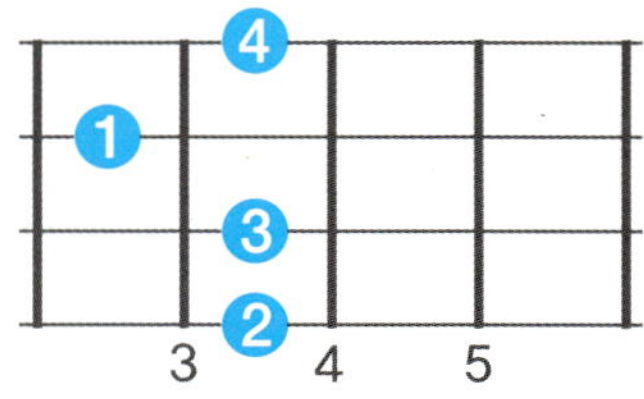

| 씨 샤프 마이너 세븐
플랫 파이브

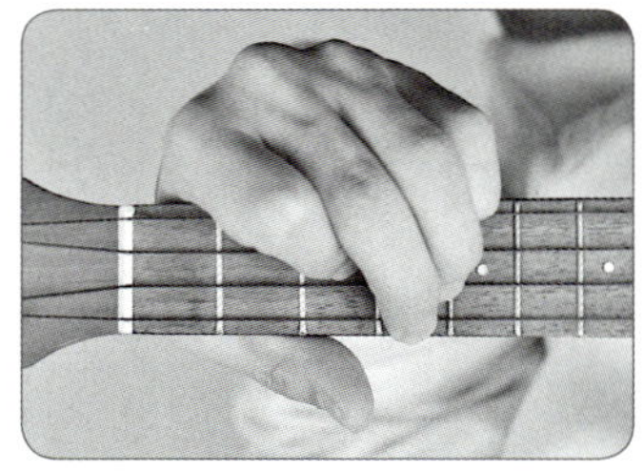

C#m7(♭5)

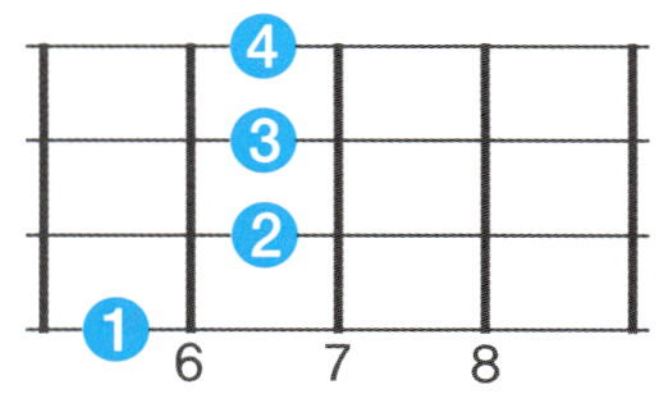

| 씨 샤프 마이너 세븐
플랫 파이브

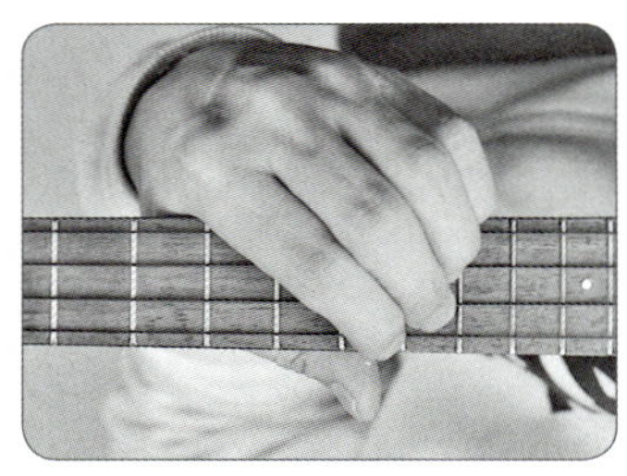

C#dim

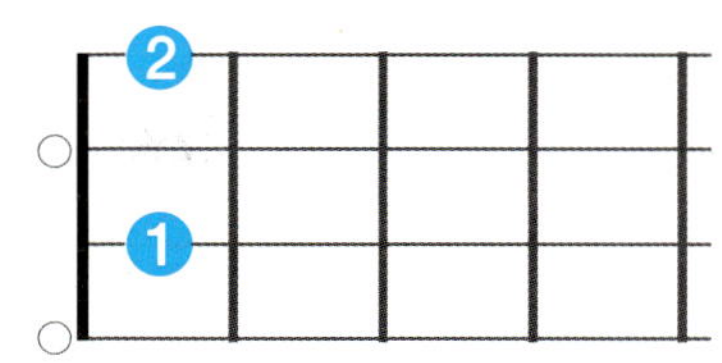

| 씨 샤프 디미니쉬

C#dim

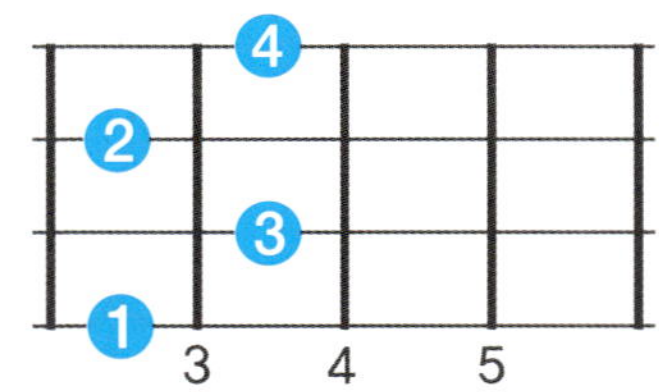

| 씨 샤프 디미니쉬

C#sus4

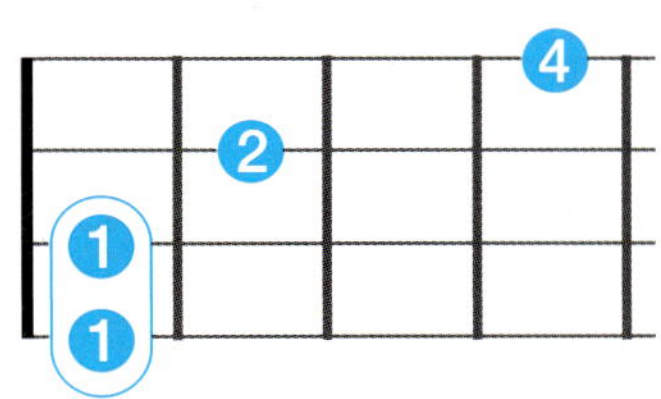

| 씨 샤프 서스포

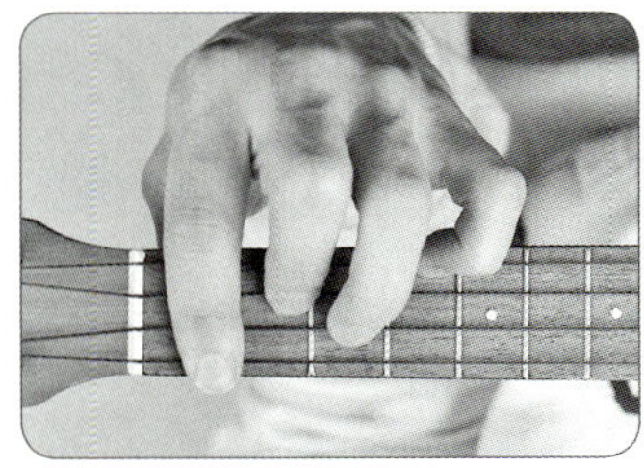

C#sus4

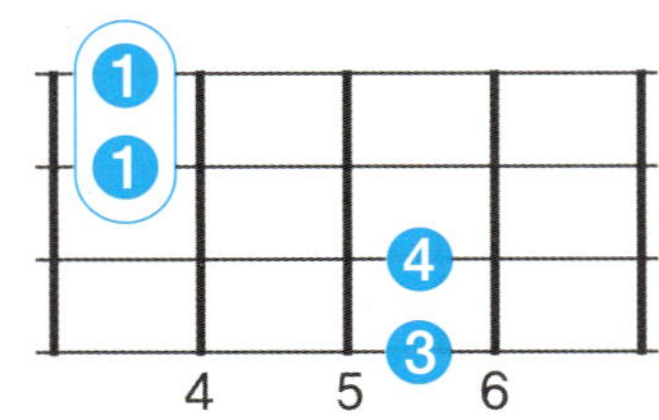

| 씨 샤프 서스포

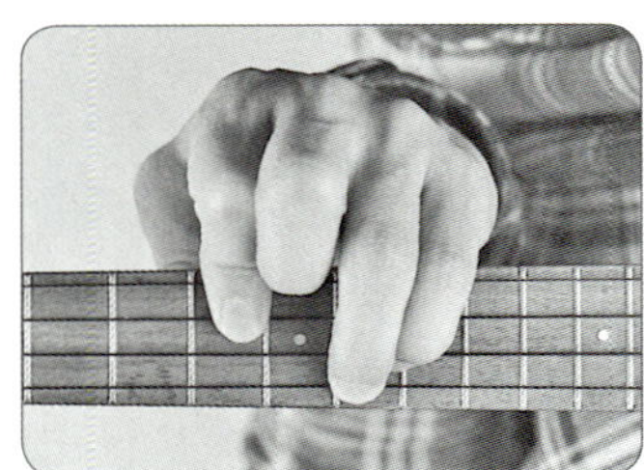

C#aug

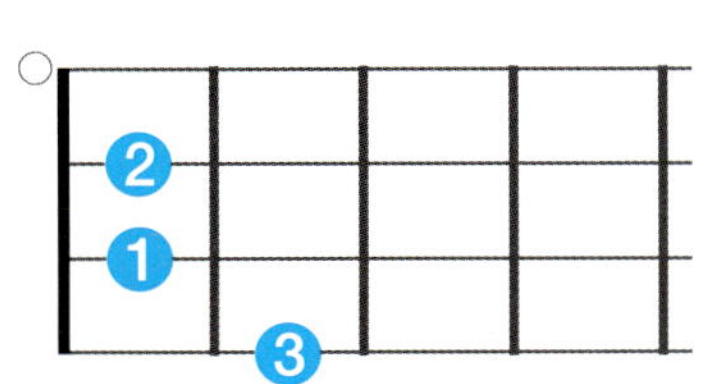

| 씨 샤프 오그먼트

C#aug

| 씨 샤프 오그먼트

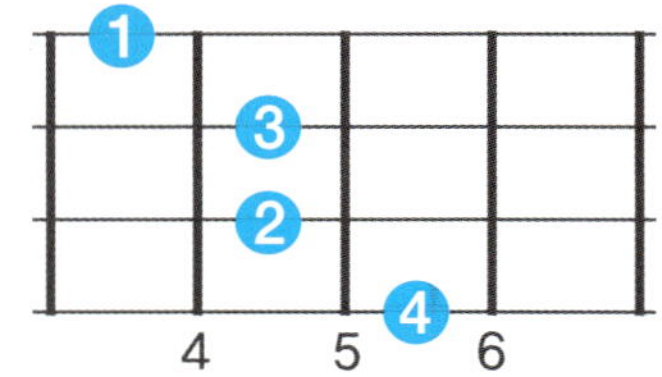
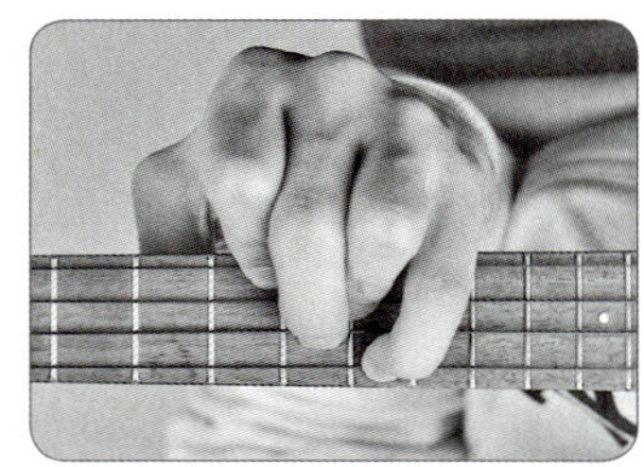

C#aug

| 씨 샤프 오그먼트

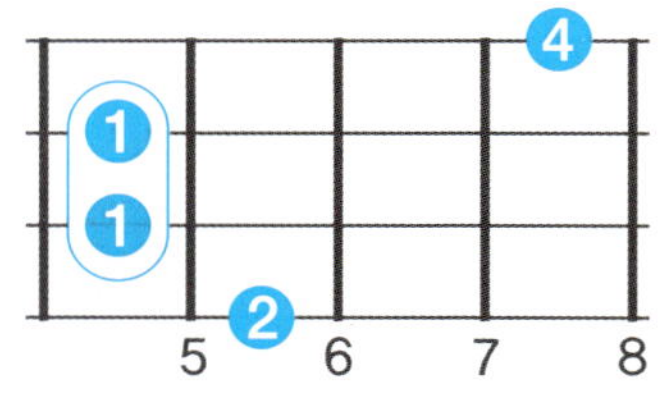

C#add9

| 씨 샤프 애드 나인

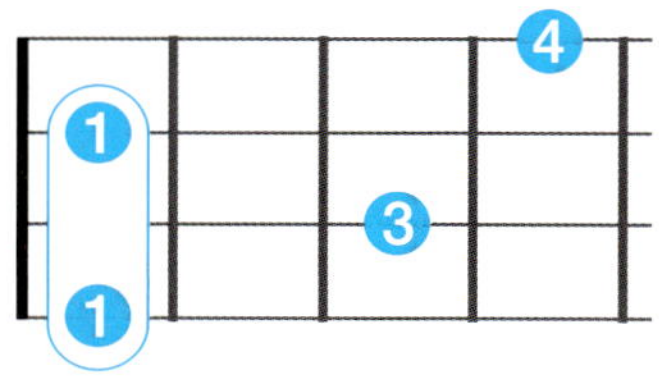
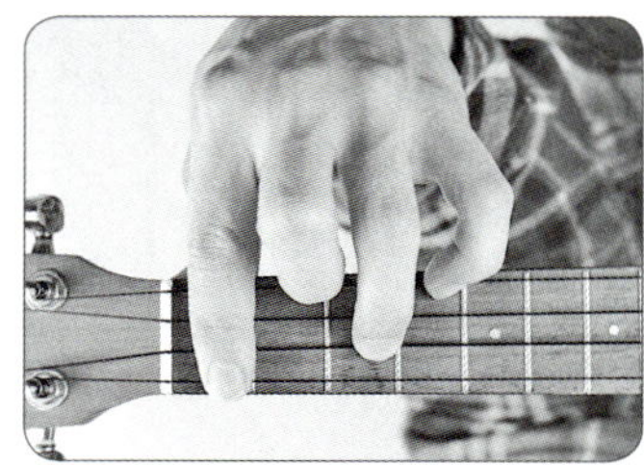

C#add9

| 씨 샤프 애드 나인

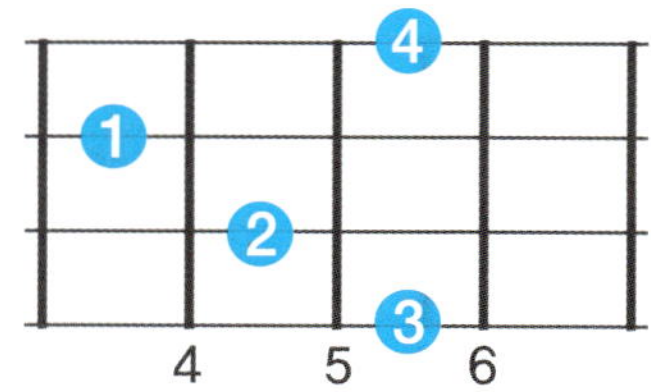
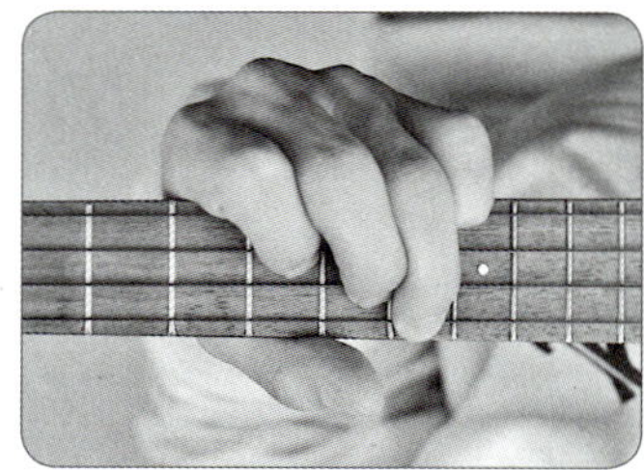

C#6(9)

| 씨 샤프 식스 나인

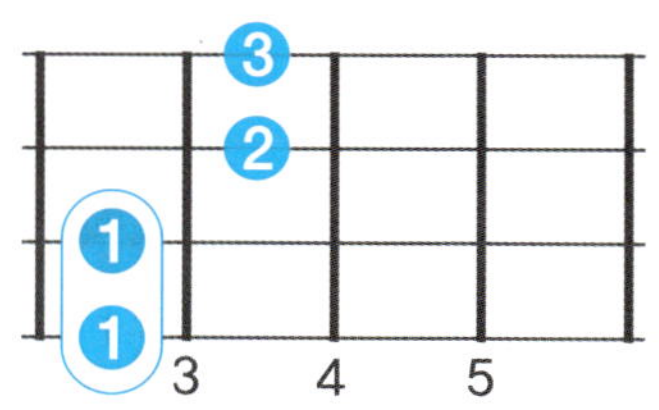
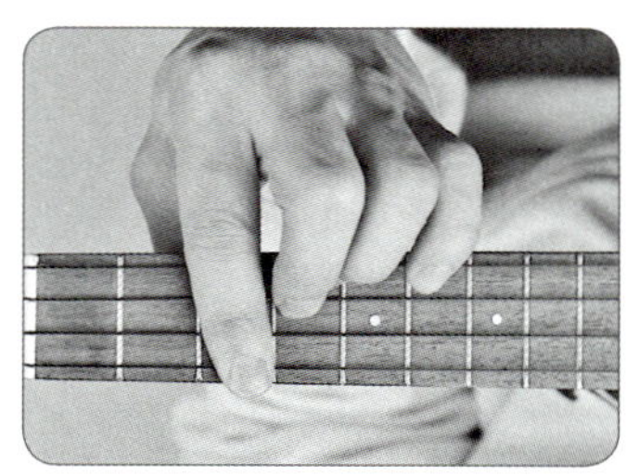

C#M7(9)

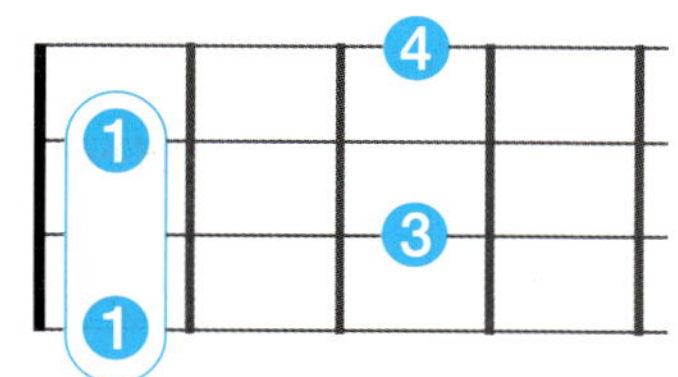

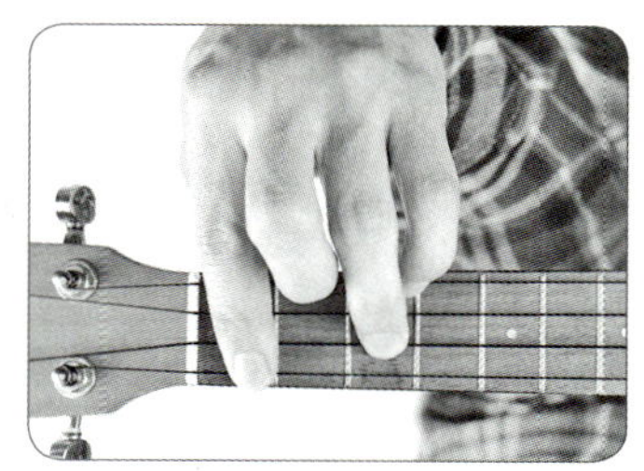

| 씨 샤프 메이저 세븐 나인

C#m6

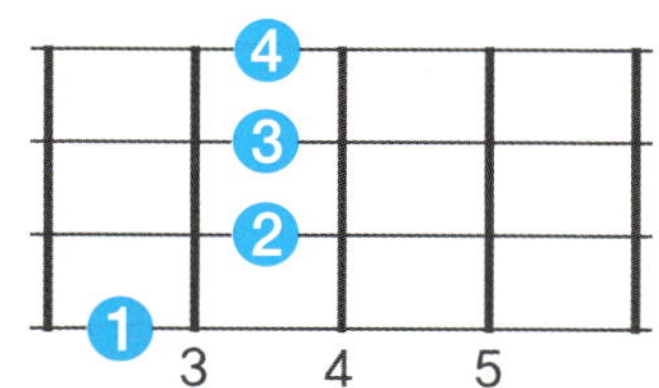

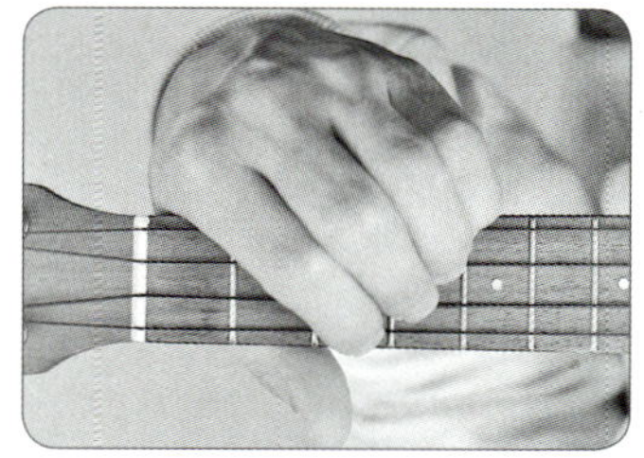

| 씨 샤프 마이너 식스

C#mM7

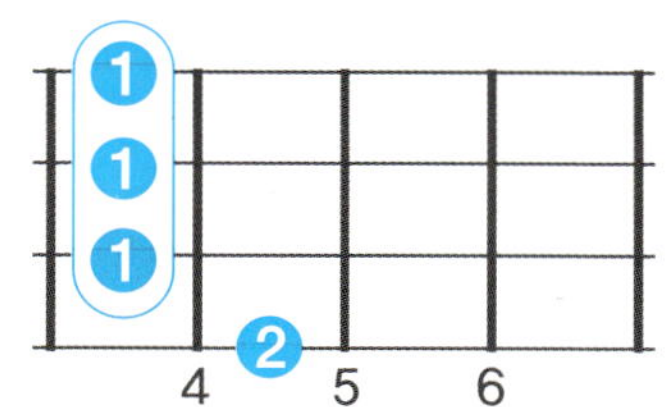

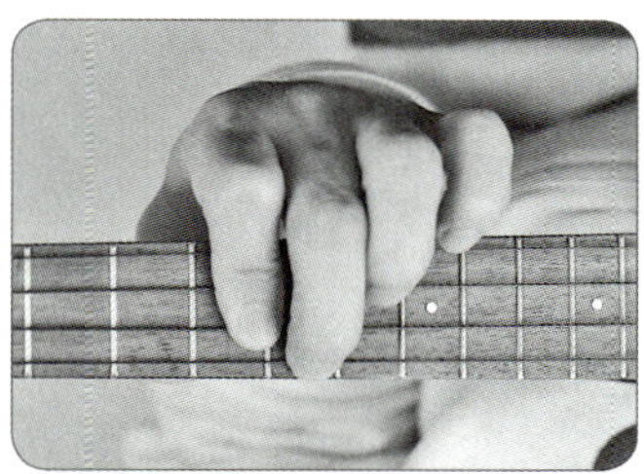

| 씨 샤프 마이너 메이저 세븐

C#m7(9)

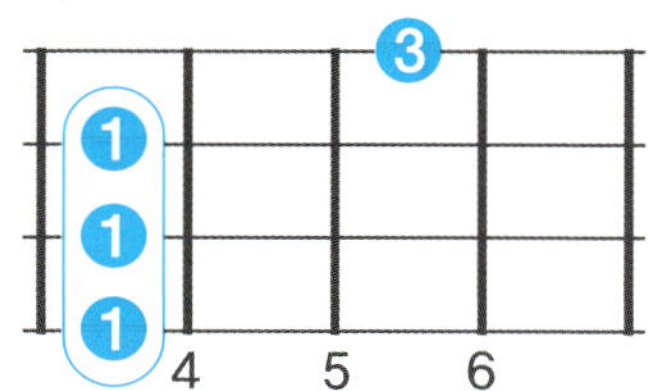

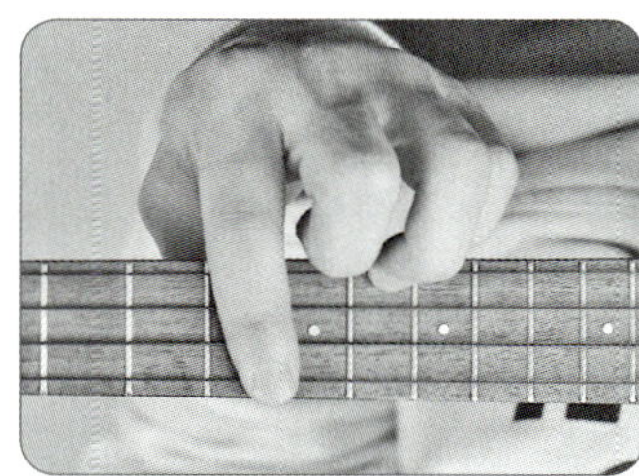

| 씨 샤프 마이너 세븐 나인

C#m7(11)

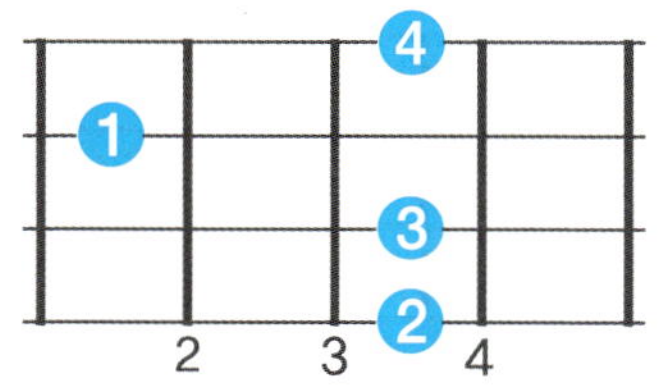

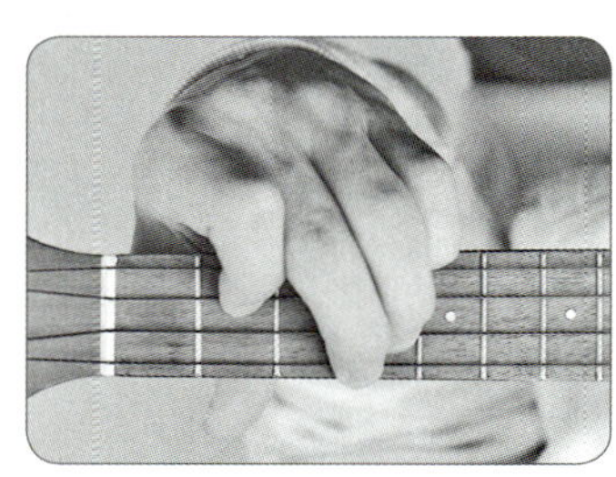

| 씨 샤프 마이너 세븐 일레븐

C#7sus4

| 씨 샤프 세븐 서스포

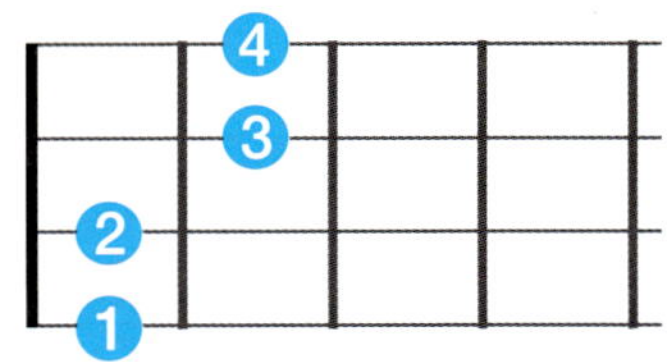

C#7(#5)

| 씨 샤프 세븐 샤프 파이브

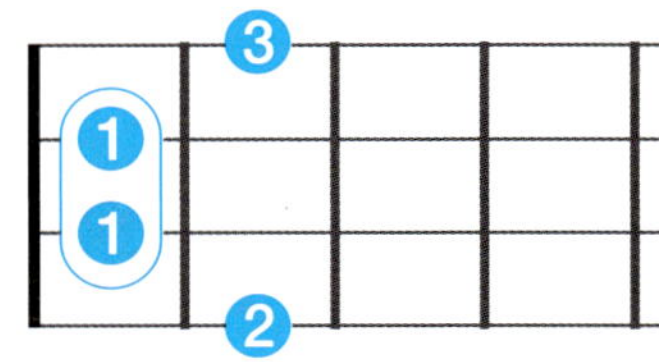
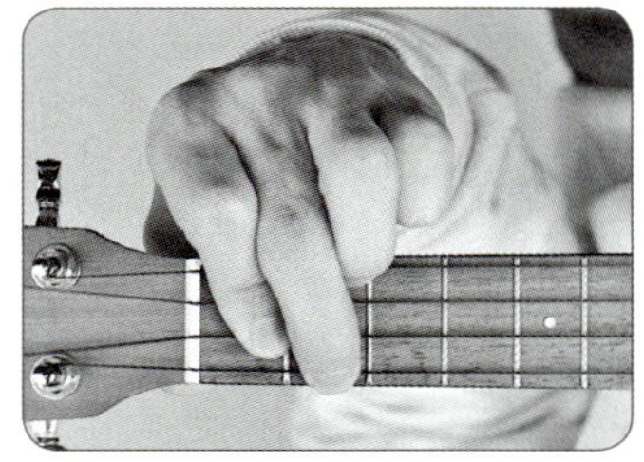

C#7(♭5)

| 씨 샤프 세븐 플랫 파이브

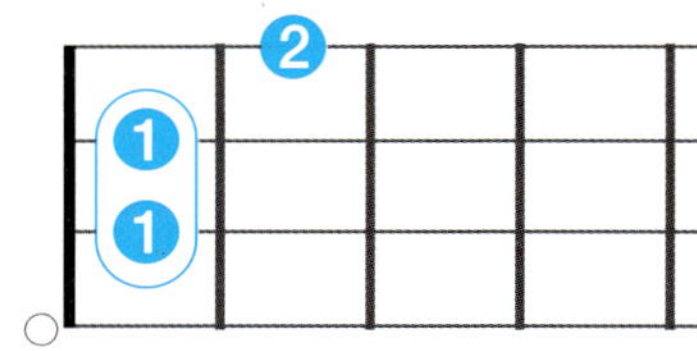
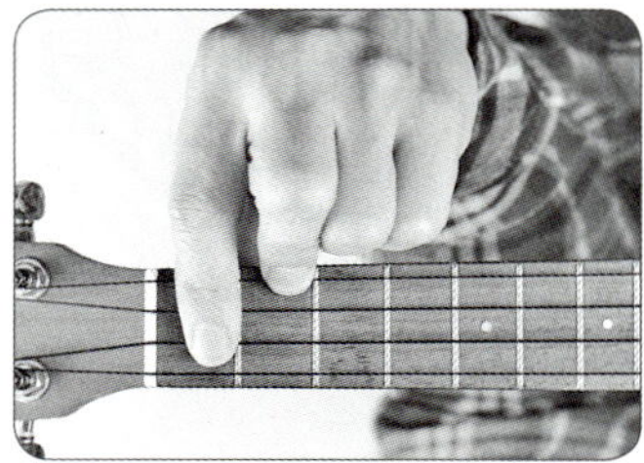

C#7(9)

| 씨 샤프 세븐 나인

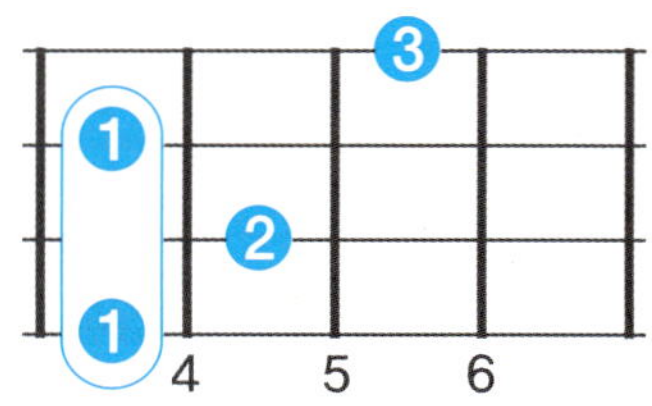
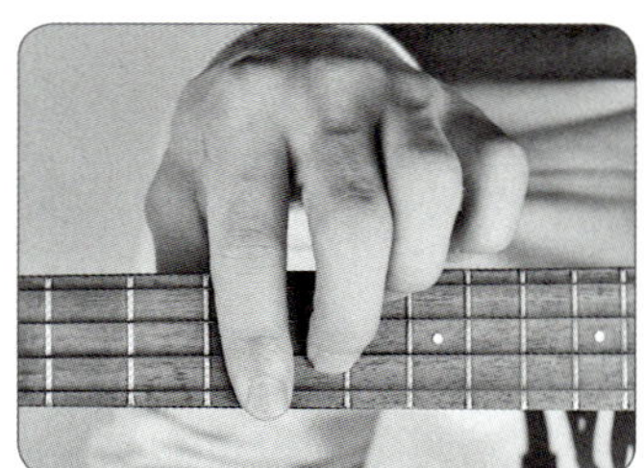

C#7(♭9)

| 씨 샤프 세븐 플랫 나인

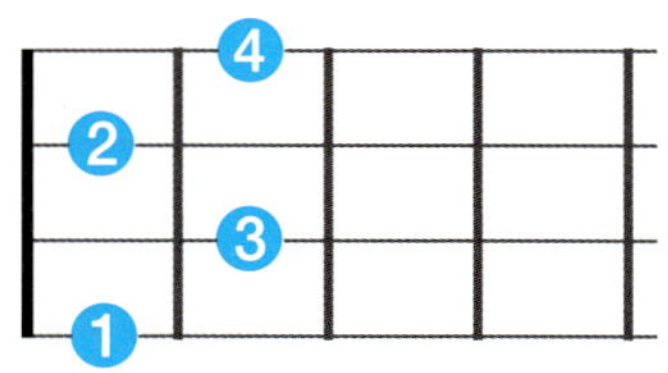

C#7(#9)

| 씨 샤프 세븐 샤프 나인

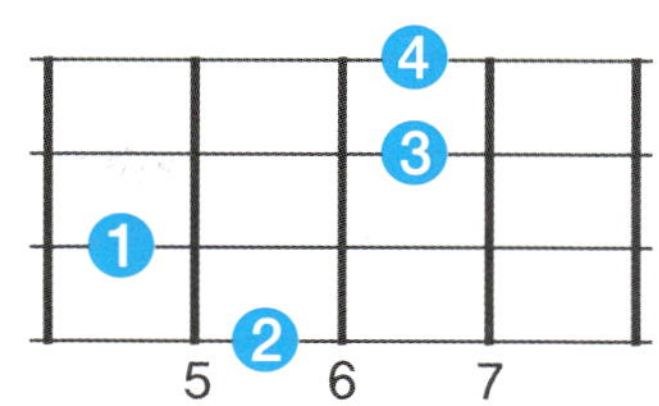

D

| 디

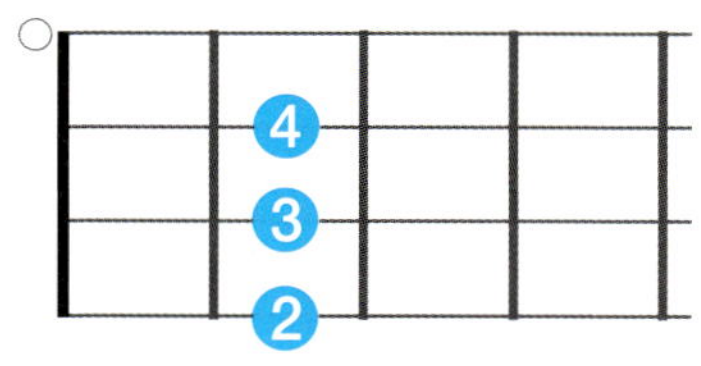

D

| 디

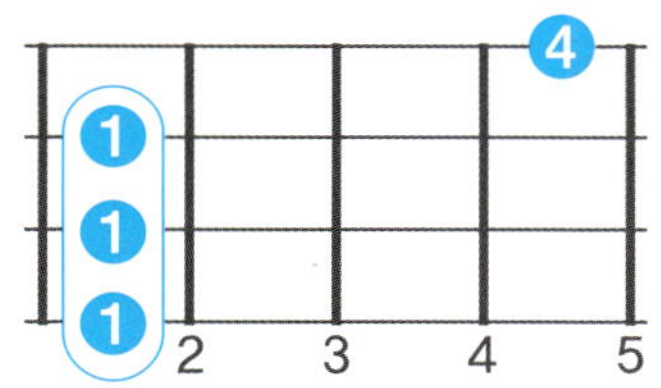

D

| 디

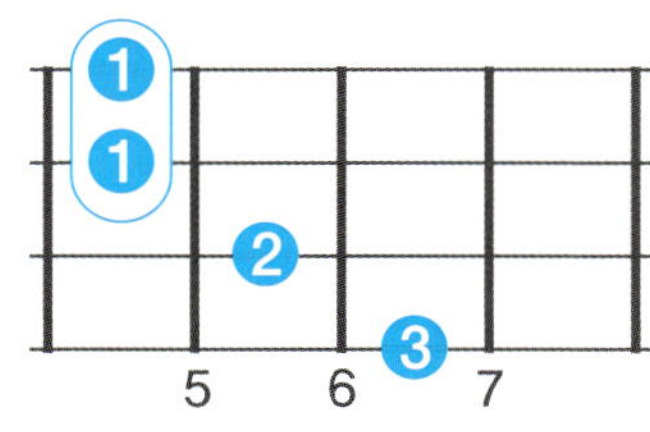
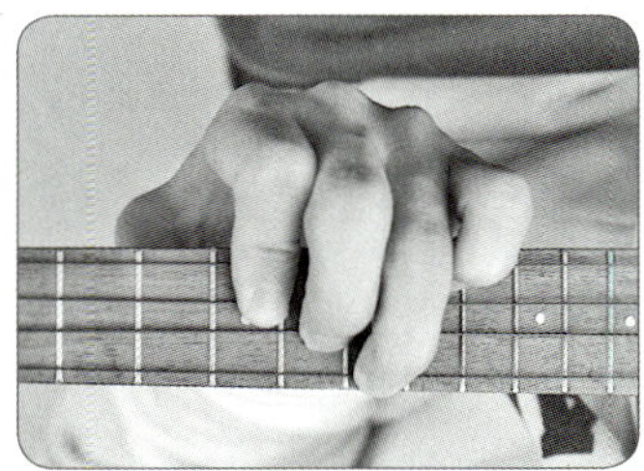

D7

| 디 세븐

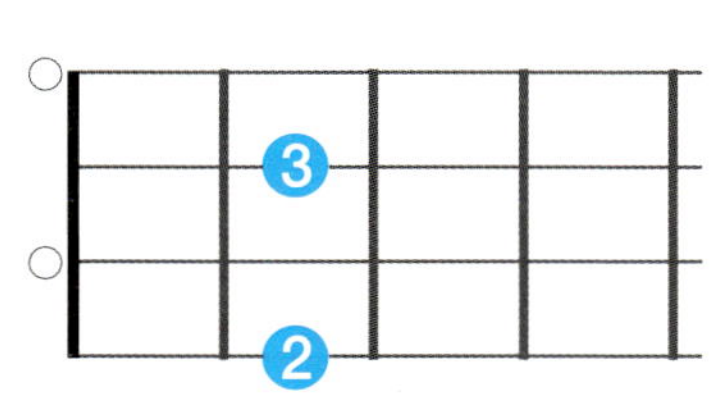

D7

| 디 세븐

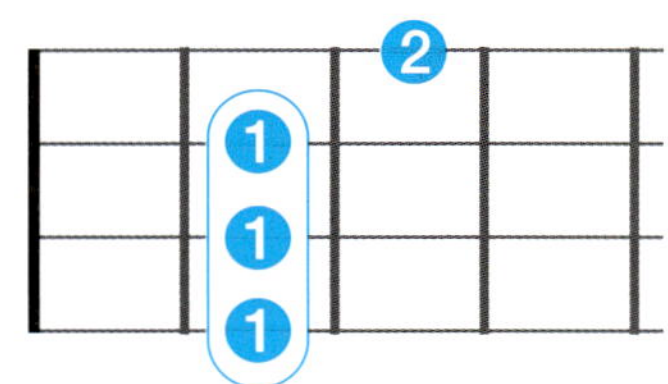
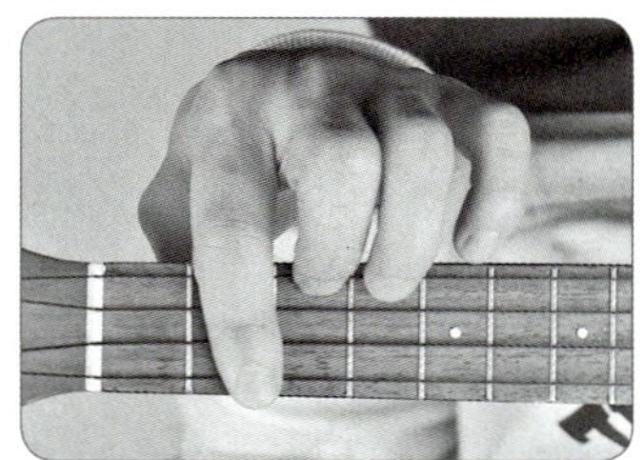

D7

| 디 세븐

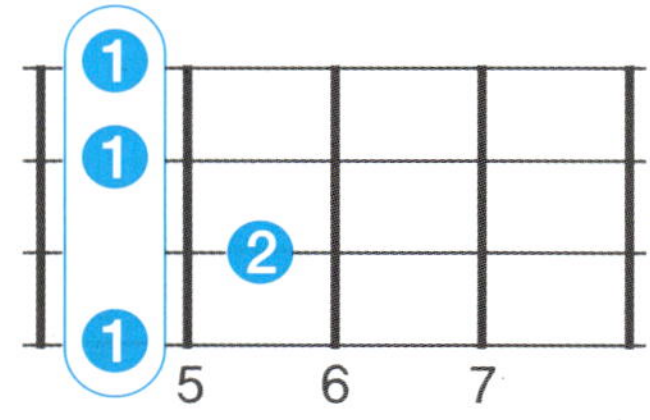

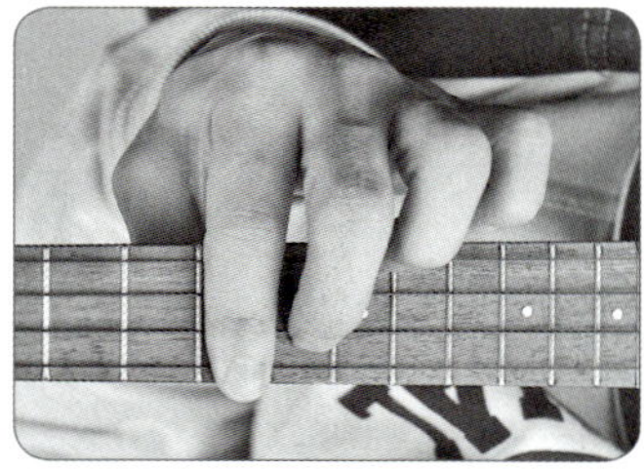

Dm

| 디 마이너

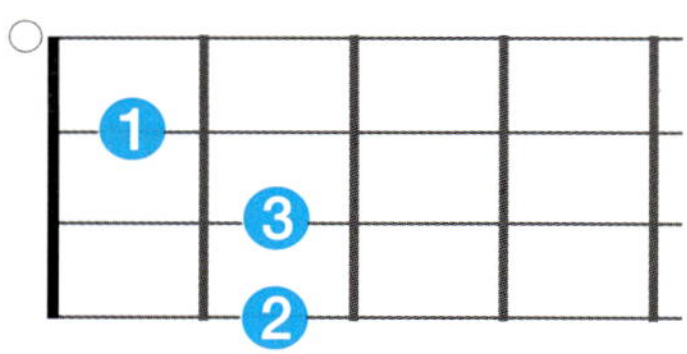
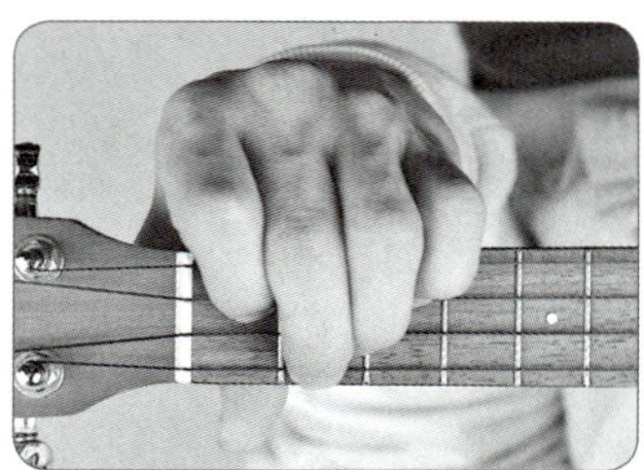

Dm

| 디 마이너

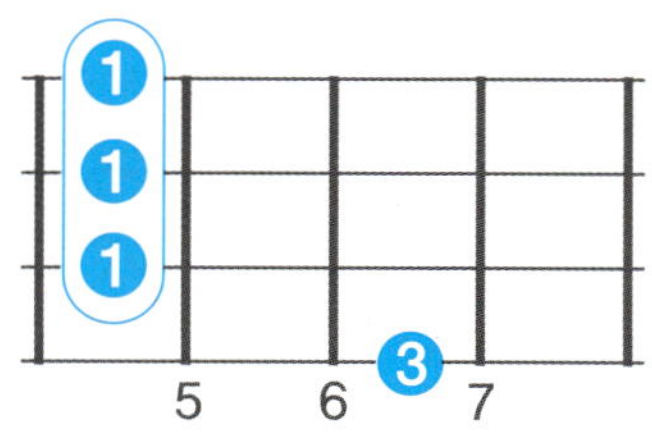

Dm7

| 디 마이너 세븐

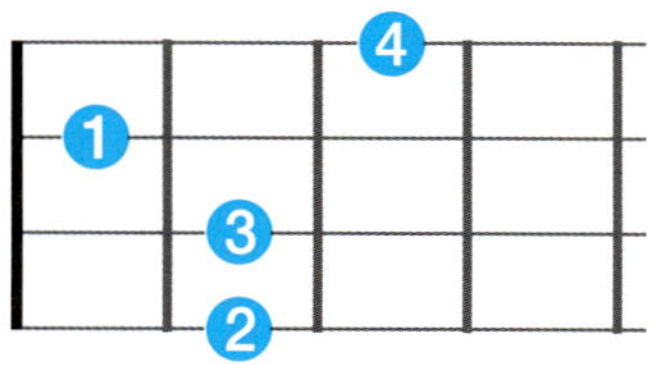

Dm7

| 디 마이너 세븐

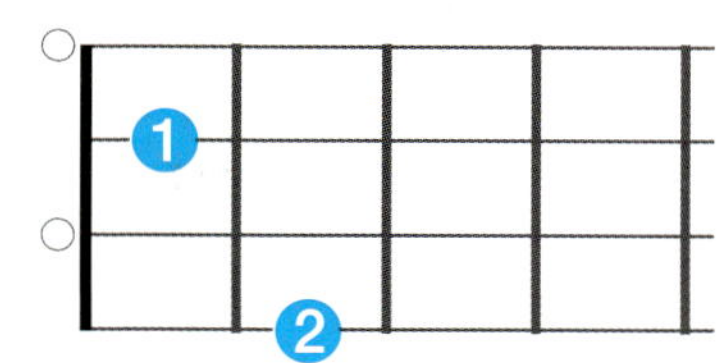
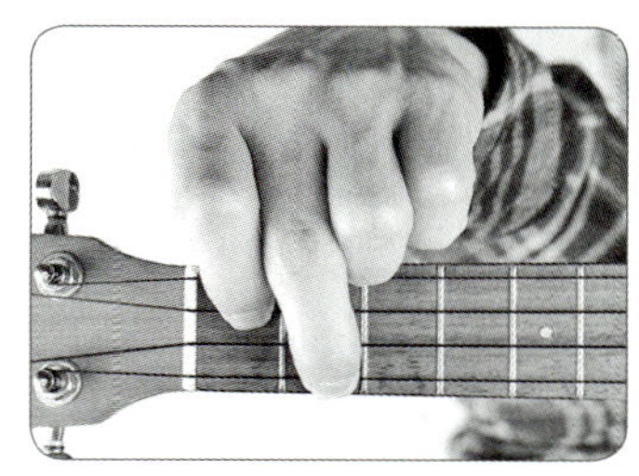

Dm7

| 디 마이너 세븐

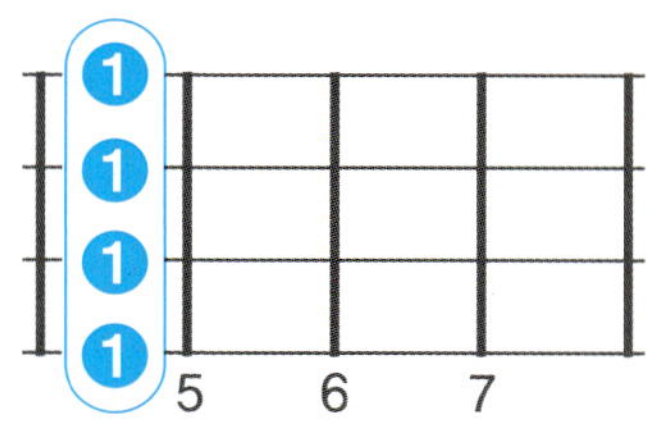
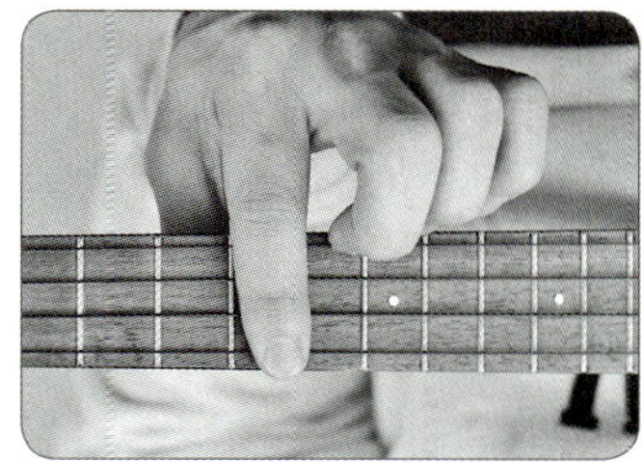

D6

| 디 식스

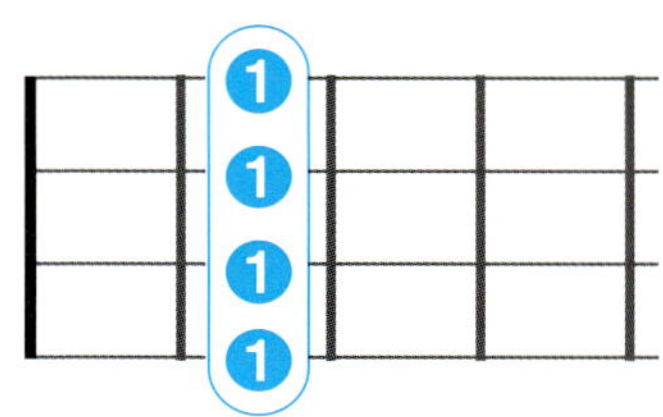

D6

| 디 식스

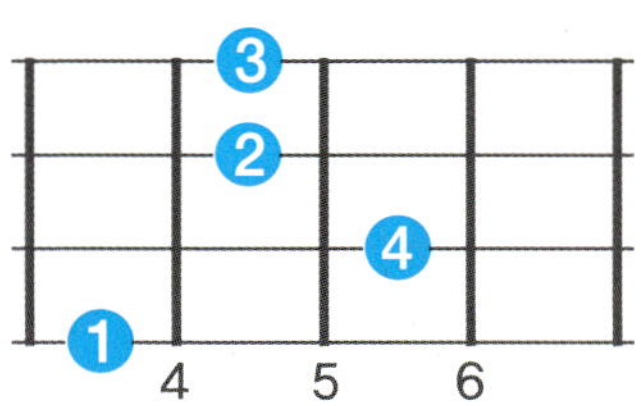
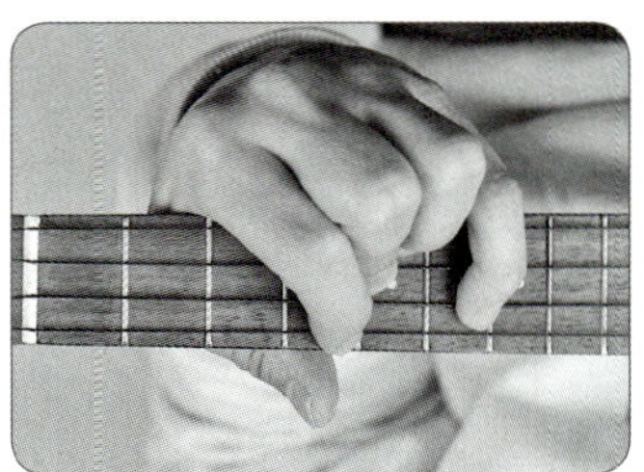

D6

| 디 식스

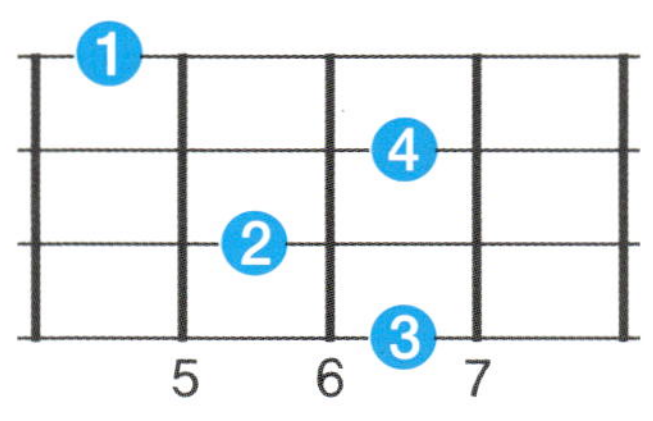
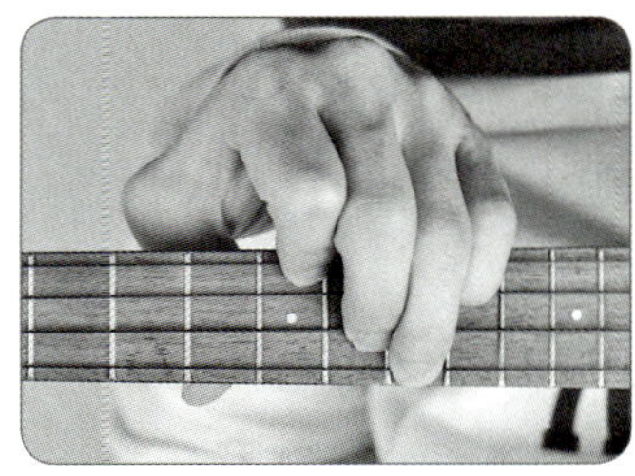

DM7

| 디 메이저 세븐

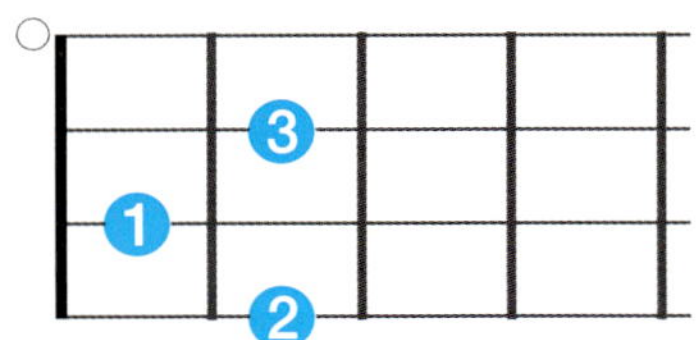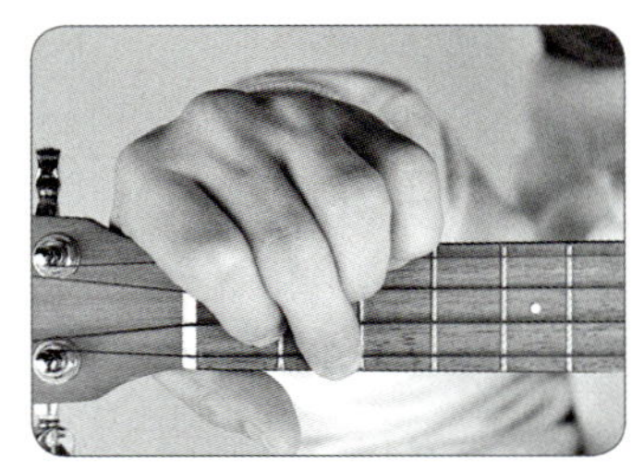

DM7

| 디 메이저 세븐

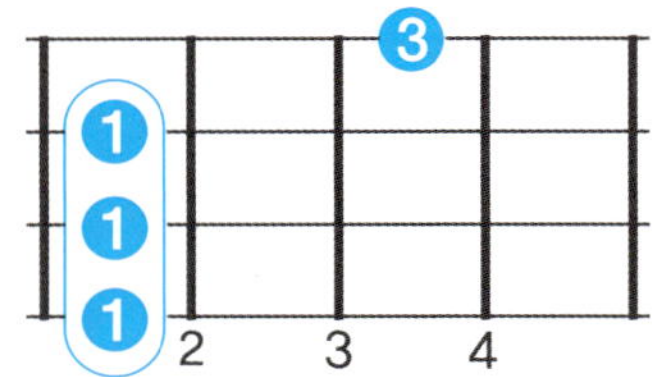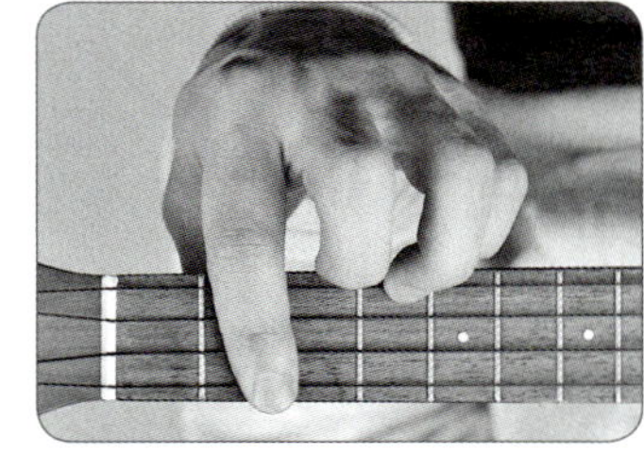

DM7

| 디 메이저 세븐

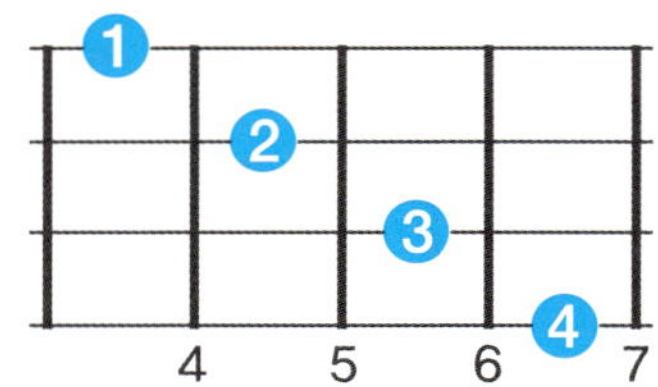

Dm7(♭5)

| 디 마이너 세븐 플랫
파이브

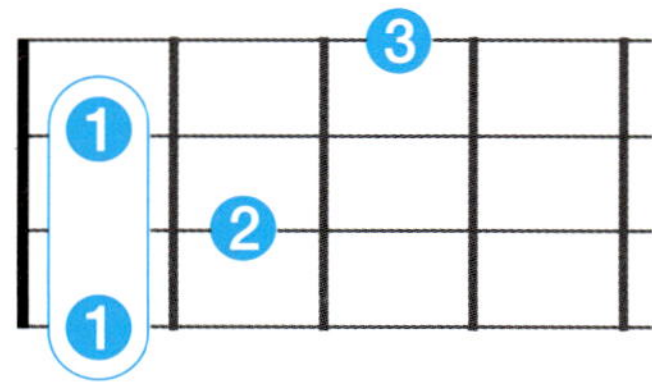

Dm7(♭5)

| 디 마이너 세븐 플랫
파이브

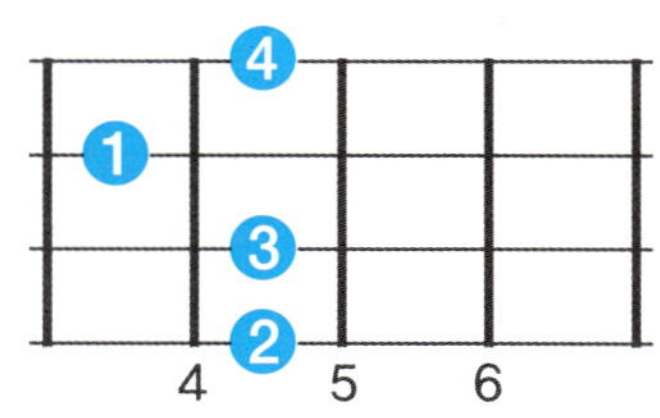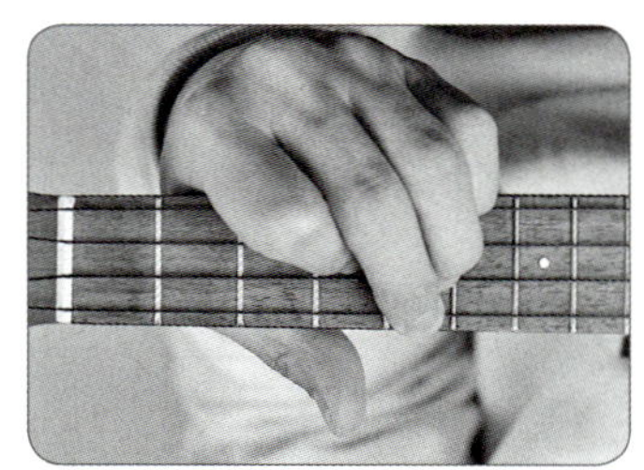

Dm7(♭5)

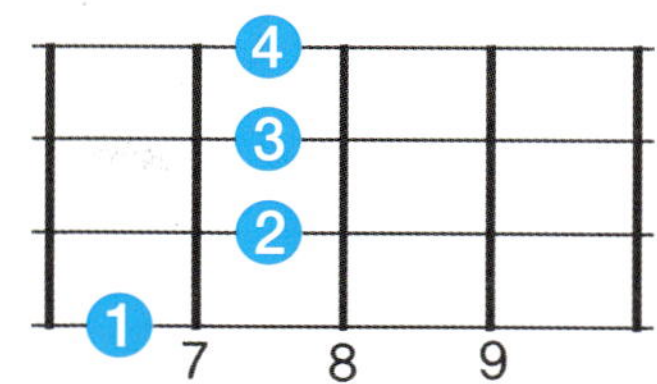
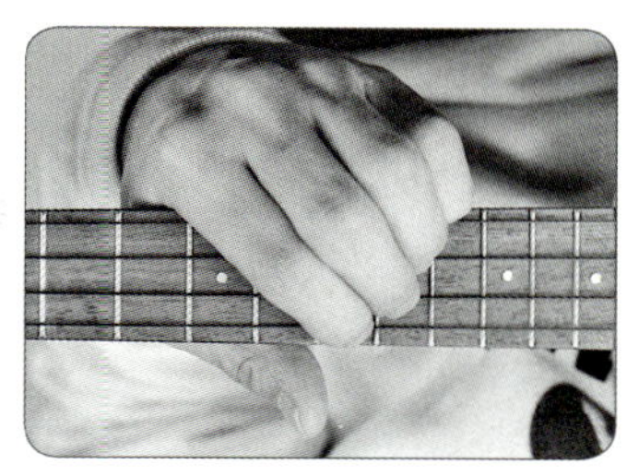

| 디 마이너 세븐 플랫 파이브

Ddim

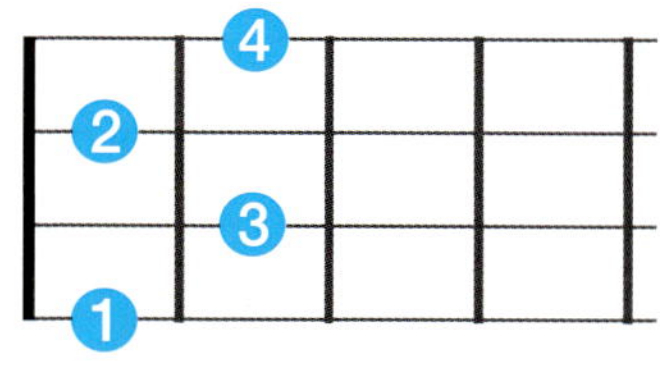
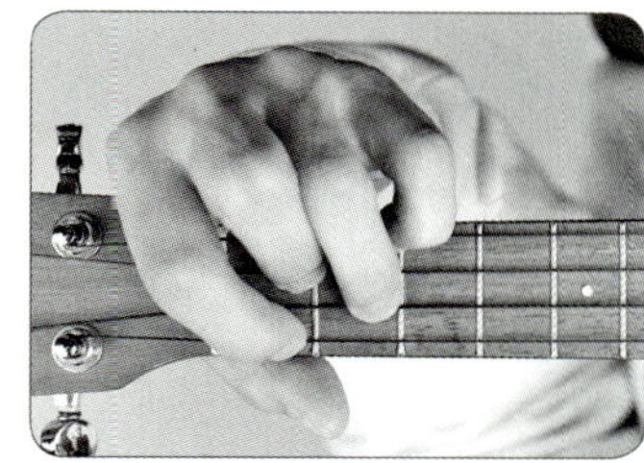

| 디 디미니쉬

Ddim

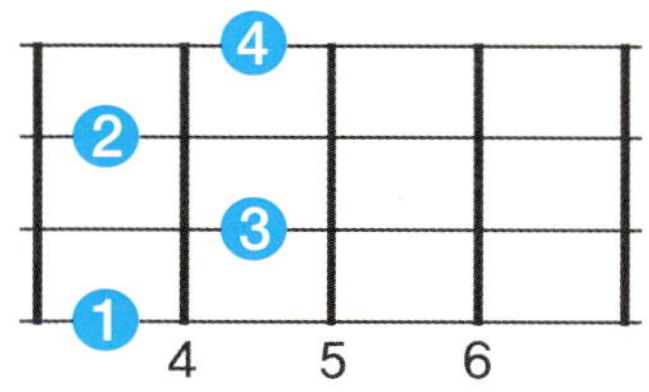
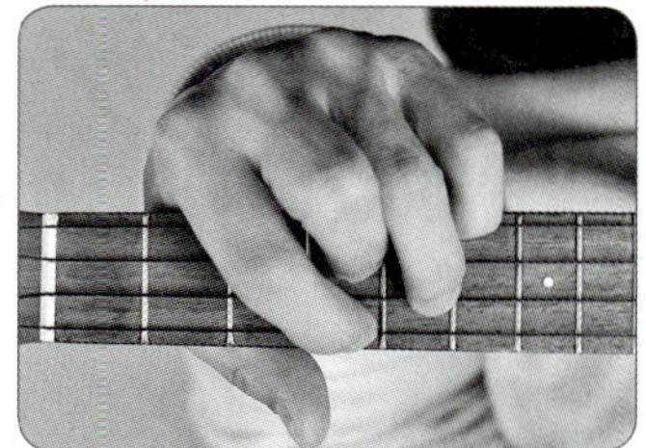

| 디 디미니쉬

Dsus4

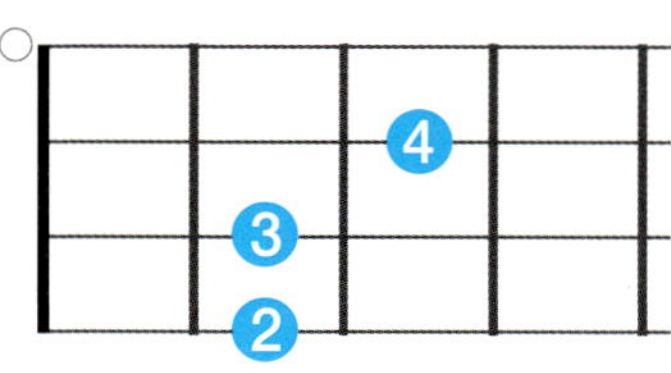
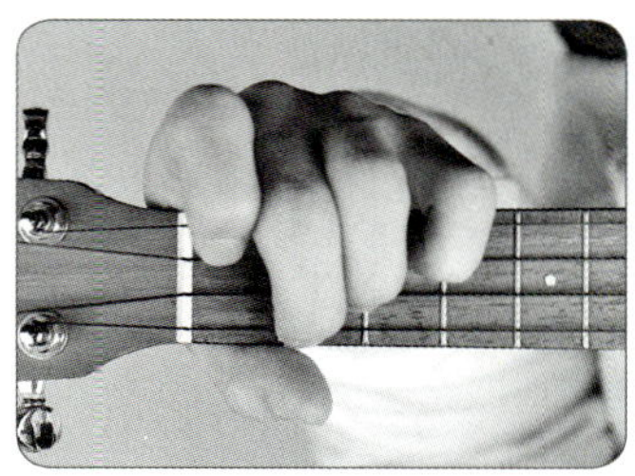

| 디 서스포

Dsus4

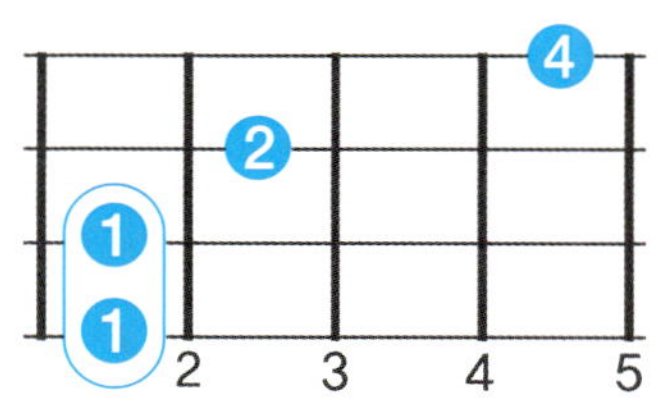
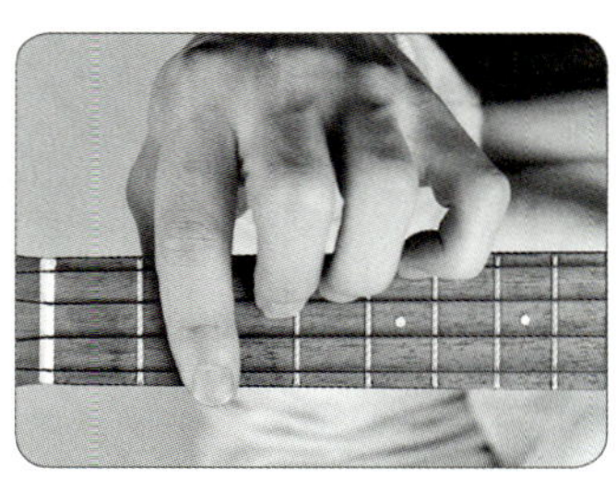

| 디 서스포

Dsus4

| 디 서스포

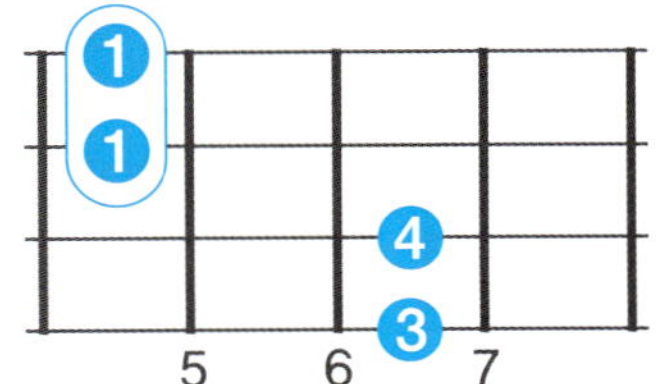

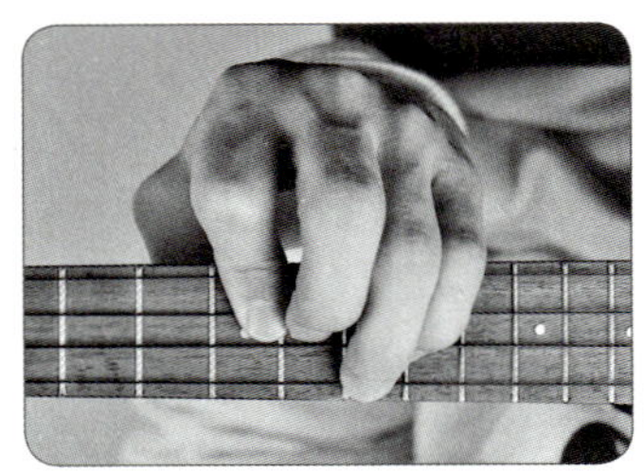

Daug

| 디 오그먼트

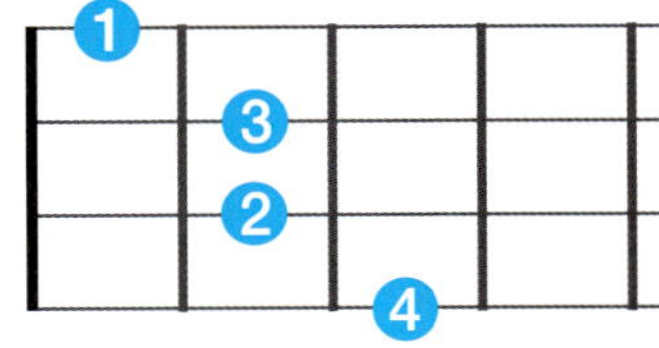

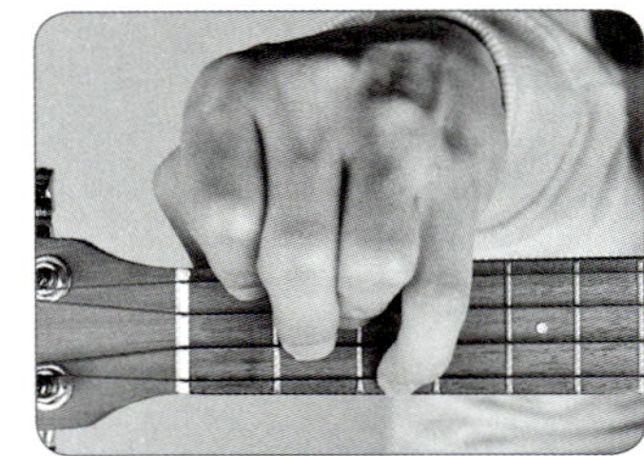

Daug

| 디 오그먼트

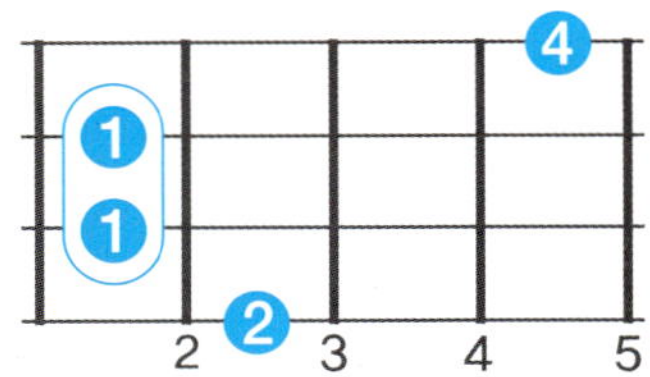

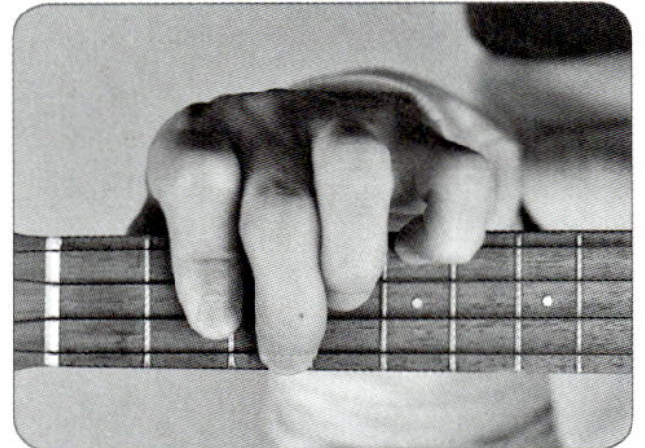

Dadd9

| 디 애드 나인

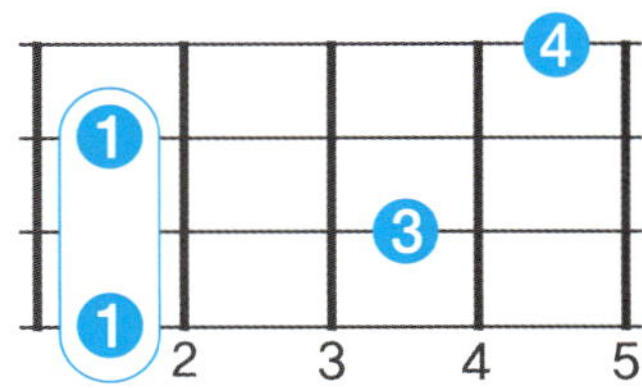

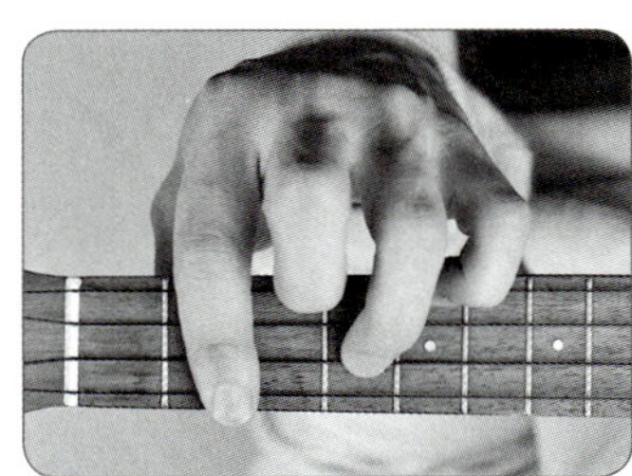

Dadd9

| 디 애드 나인

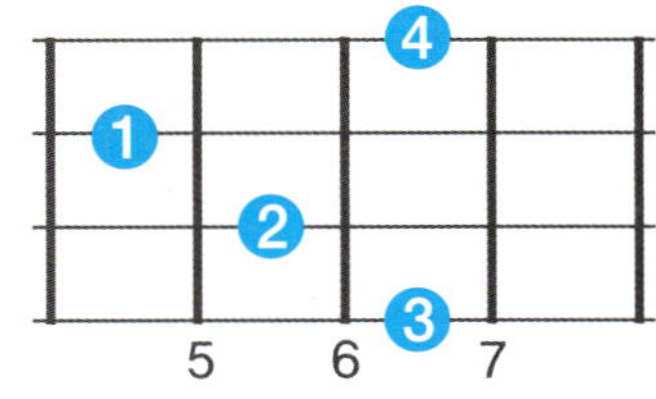

D6(9)

ㅣ디 식스 나인

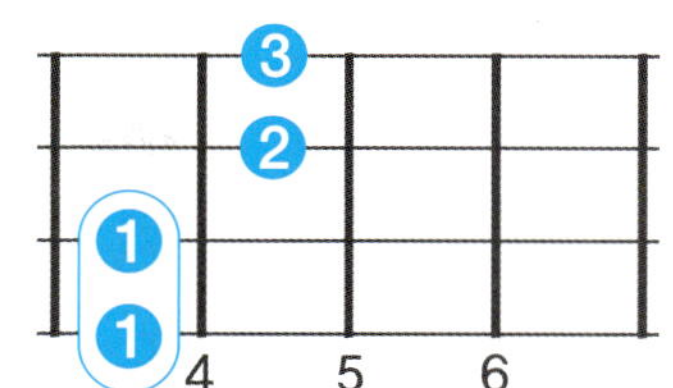

DM7(9)

ㅣ디 메이저 세븐
나인

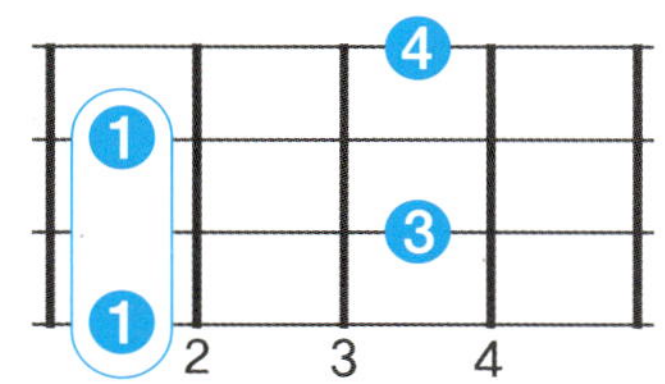
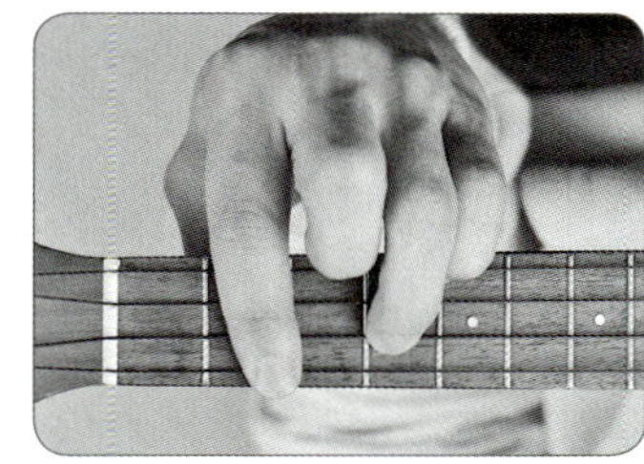

Dm6

ㅣ디 마이너 식스

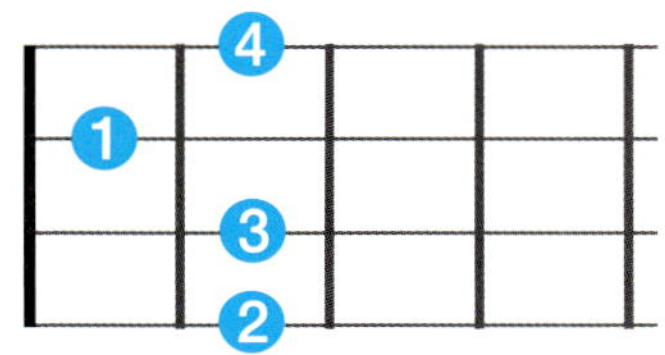
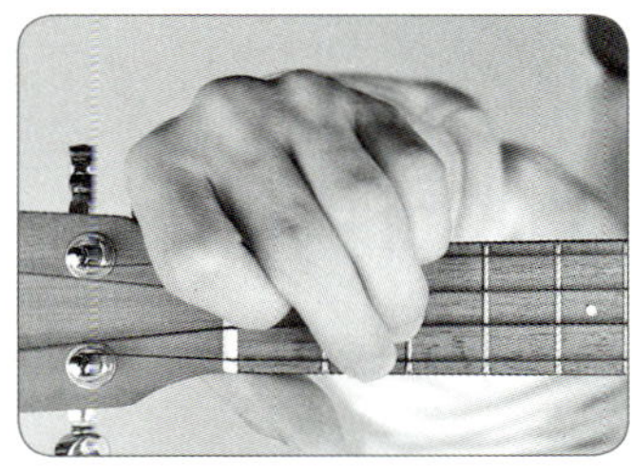

DmM7

ㅣ디 마이너 메이저
세븐

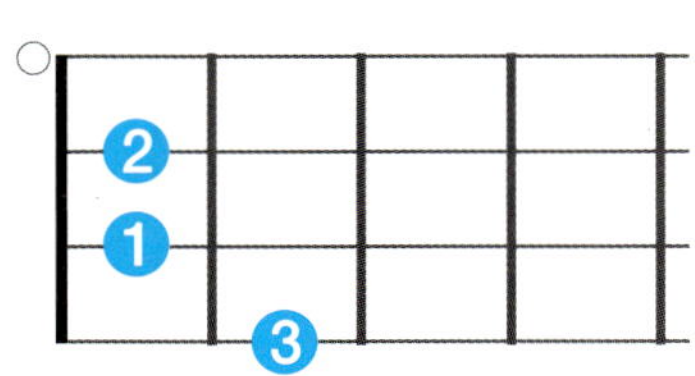
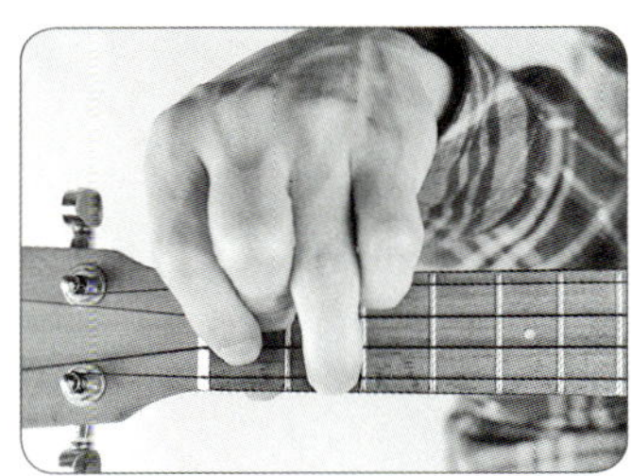

Dm7(9)

ㅣ디 마이너 세븐
나인

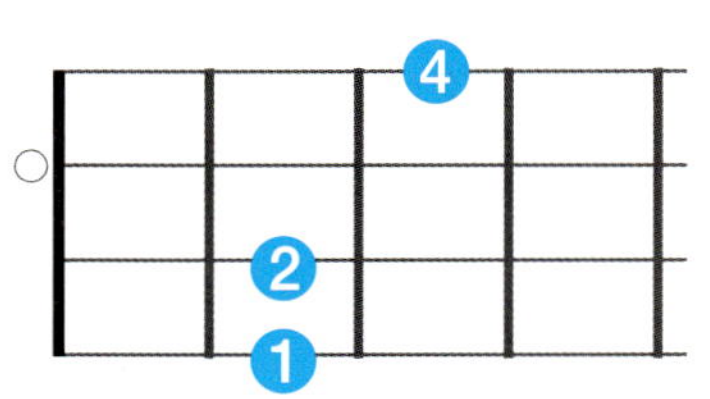

Dm7(11)

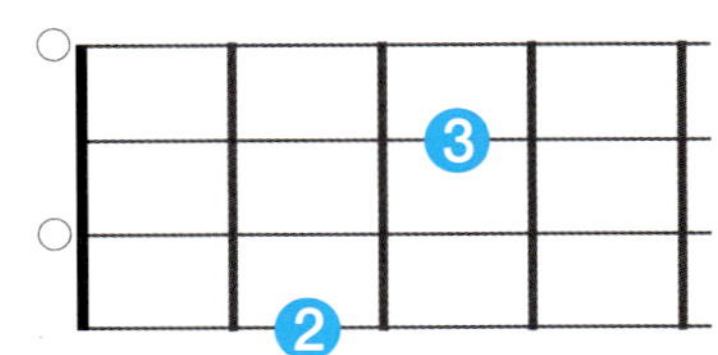
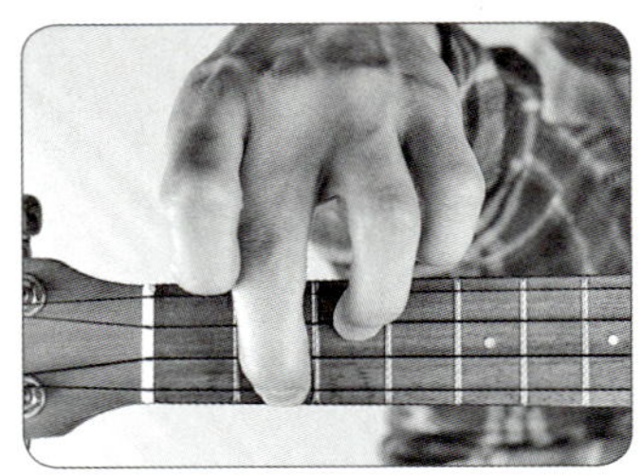

D7sus4

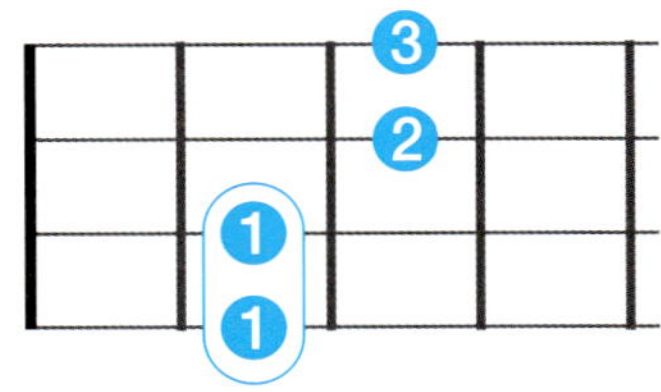
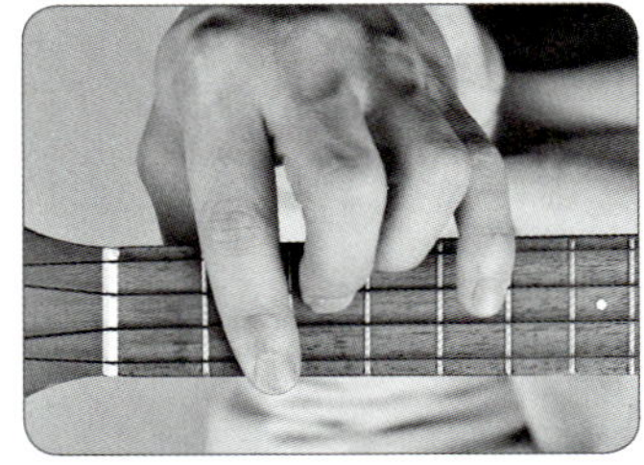

D7(♯5)

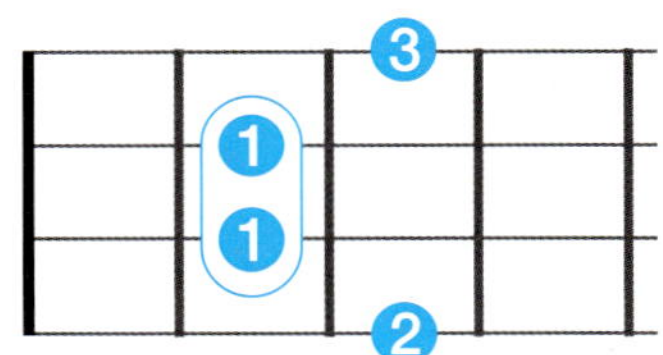
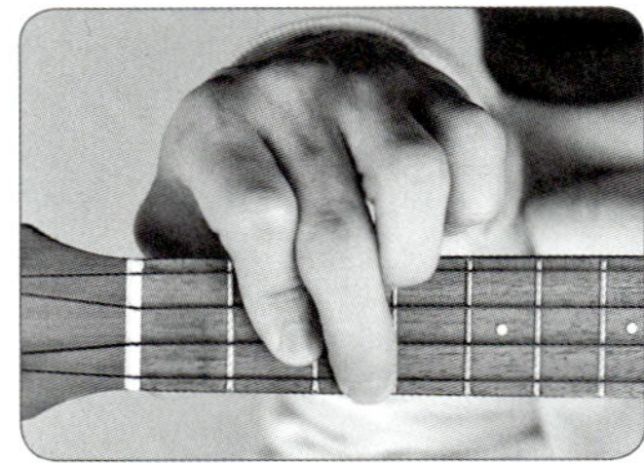

D7(♭5)

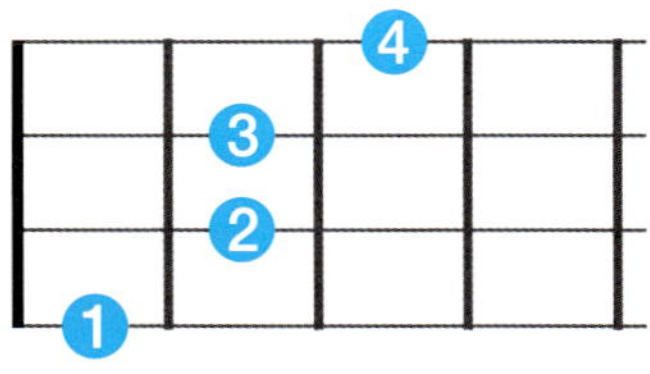
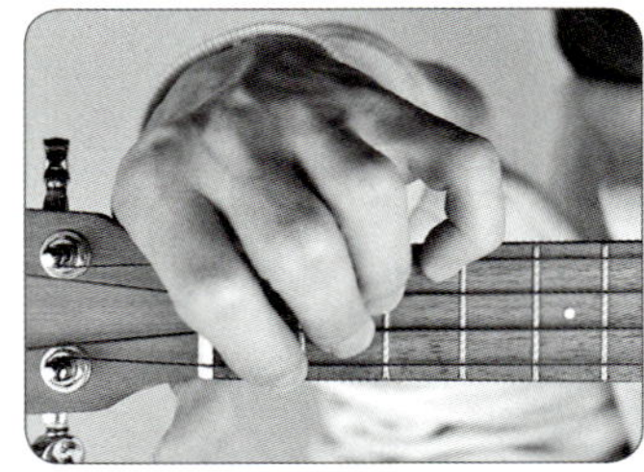

D7(9)

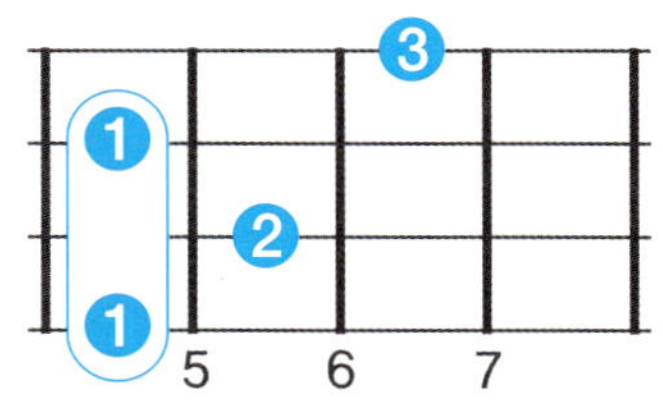
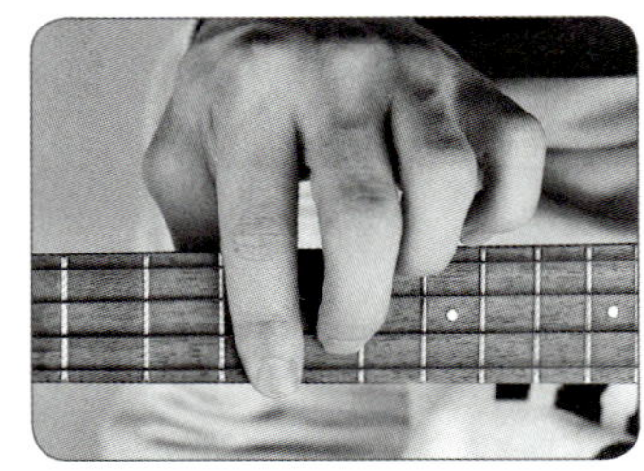

D7(♭9)

| 디 세븐 플랫 나인

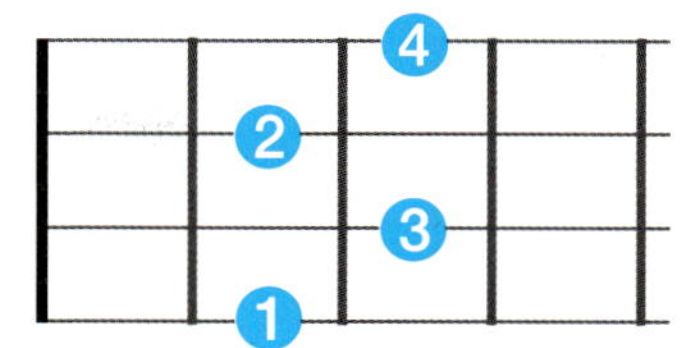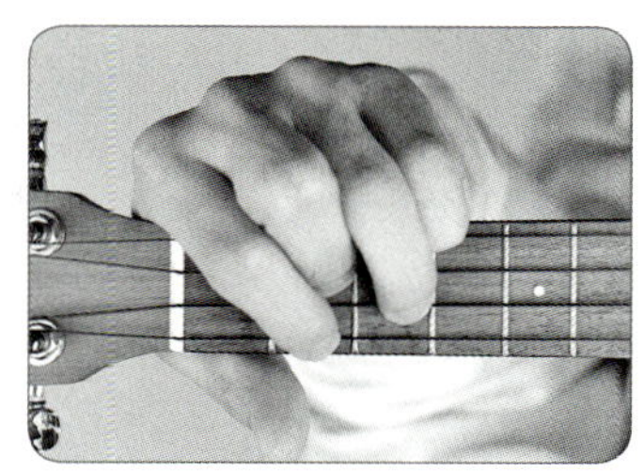

D7(♯9)

| 디 세븐 샤프 나인

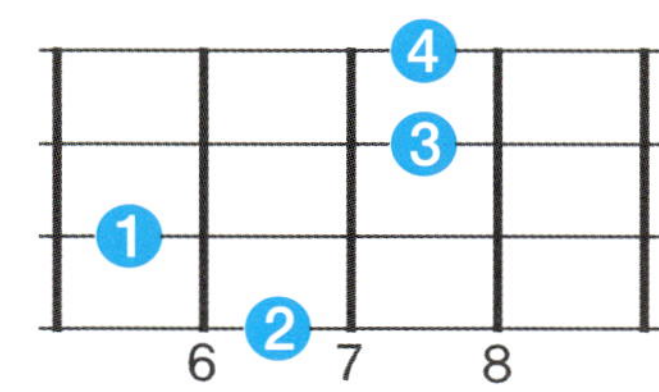

D♯

| 디 샤프

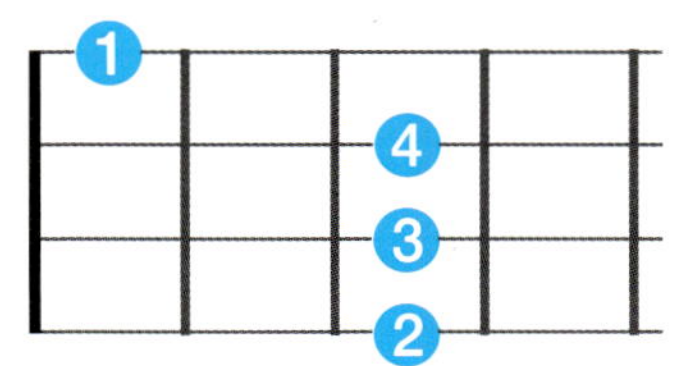

D♯

| 디 샤프

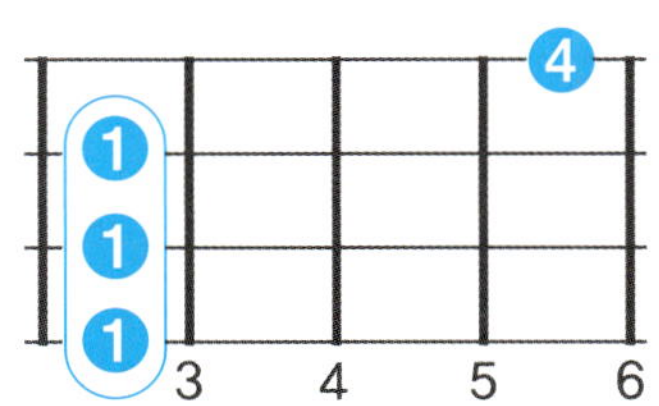

D♯

| 디 샤프

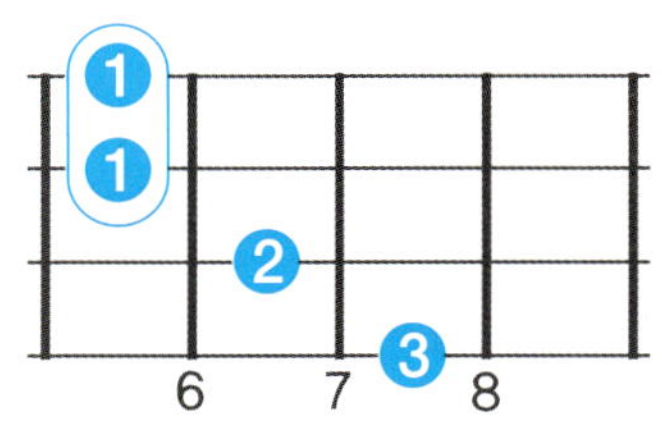

D#7

| 디 샤프 세븐

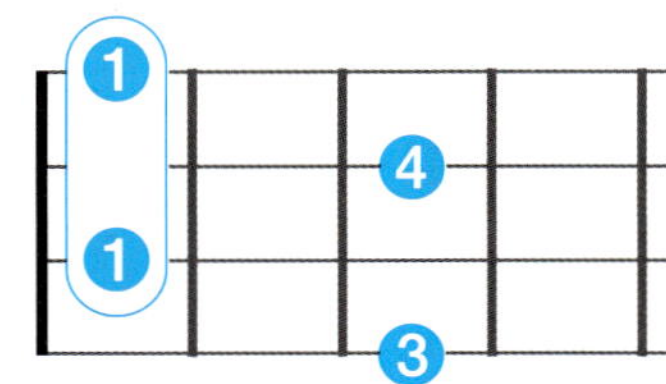

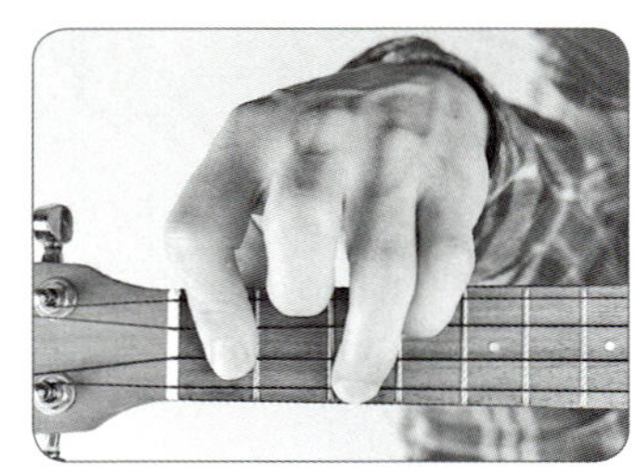

D#7

| 디 샤프 세븐

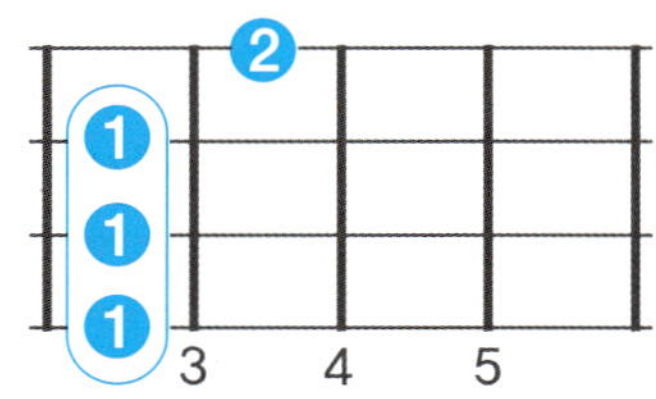

D#m

| 디 샤프 마이너

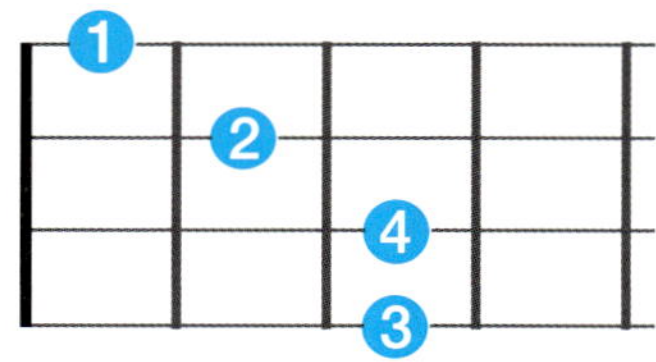

D#m

| 디 샤프 마이너

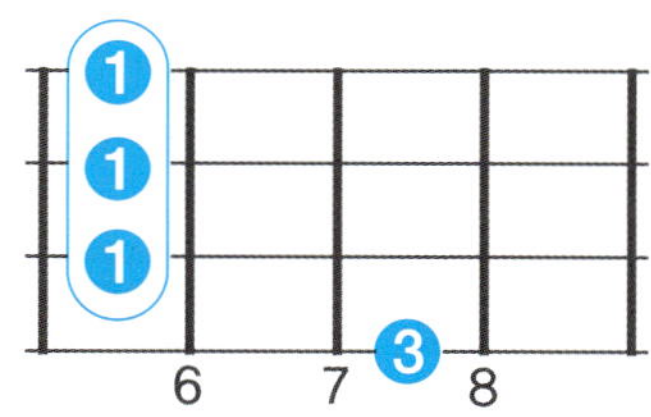

D#m7

| 디 샤프 마이너
세븐

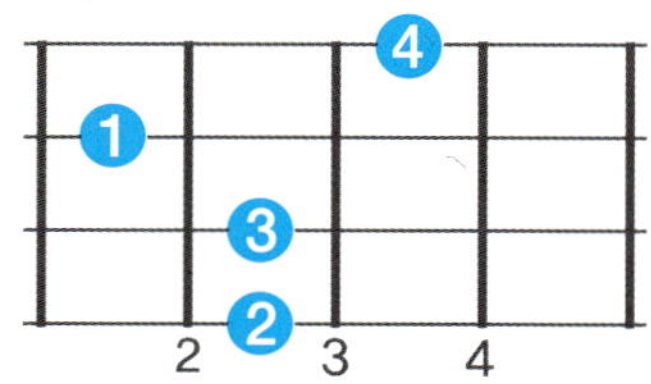

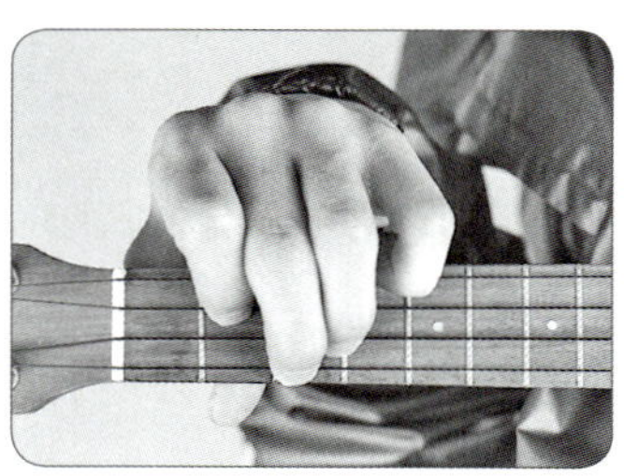

D#m7

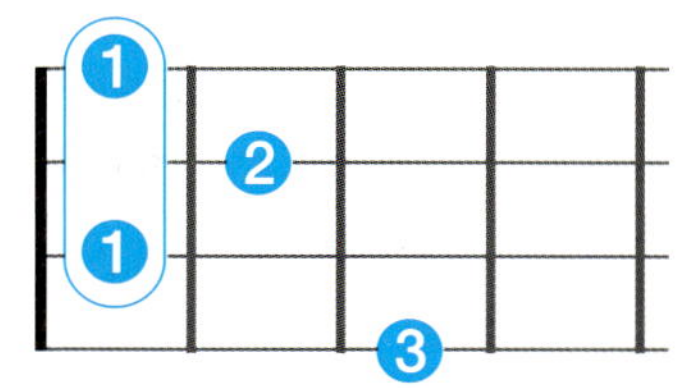 

| 디 샤프 마이너 세븐

D#m7

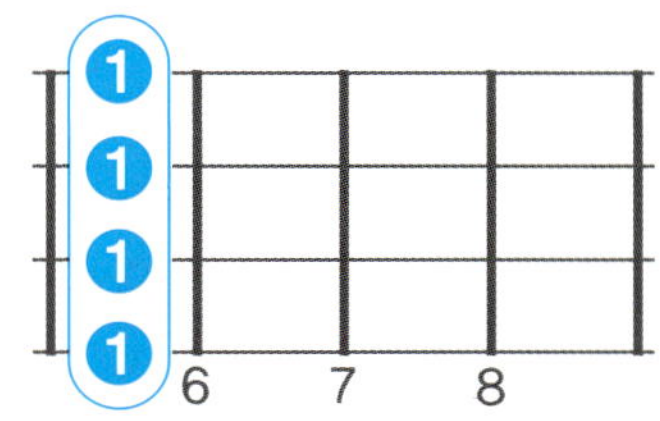 

| 디 샤프 마이너 세븐

D#6

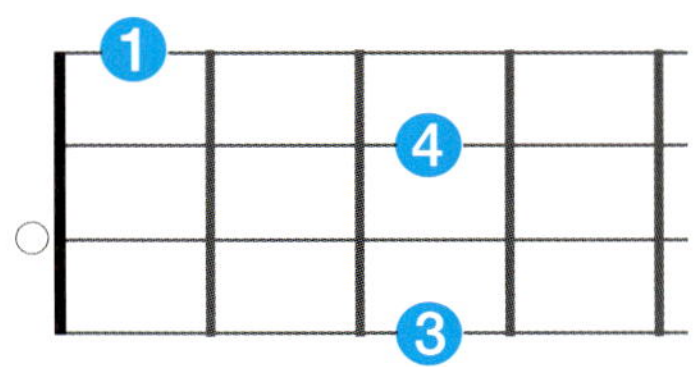 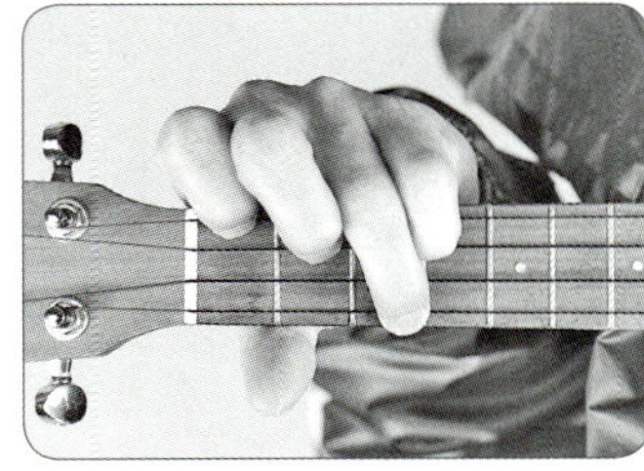

| 디 샤프 식스

D#6

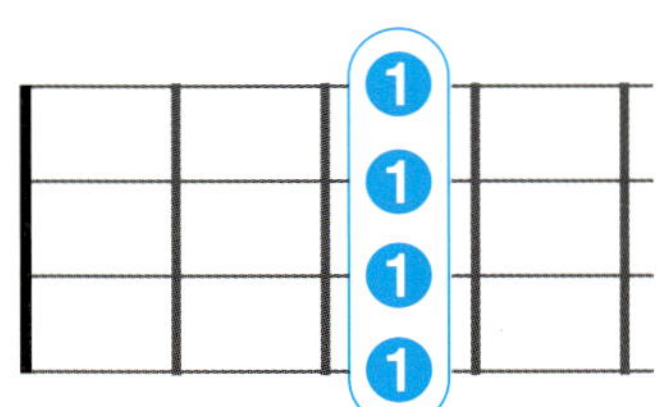 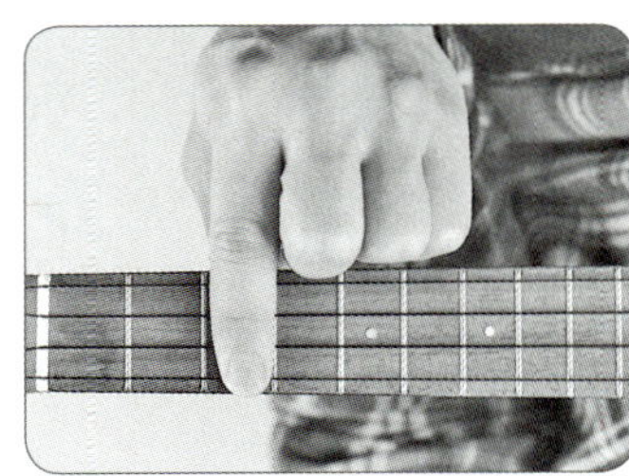

| 디 샤프 식스

D#6

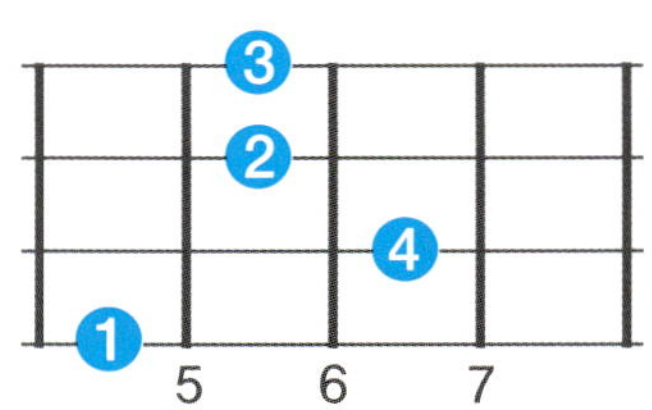 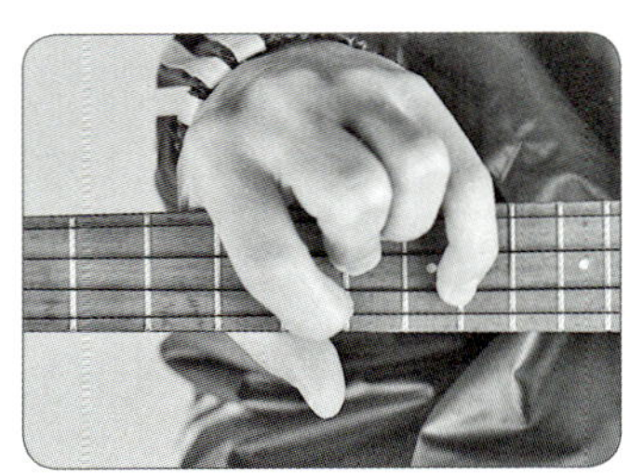

| 디 샤프 식스

D#M7

| 디 샤프 메이저 세븐

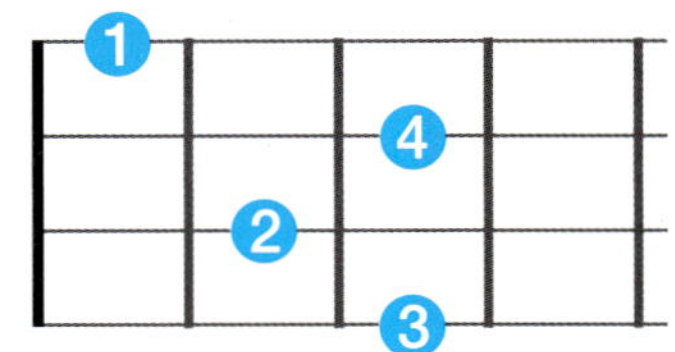
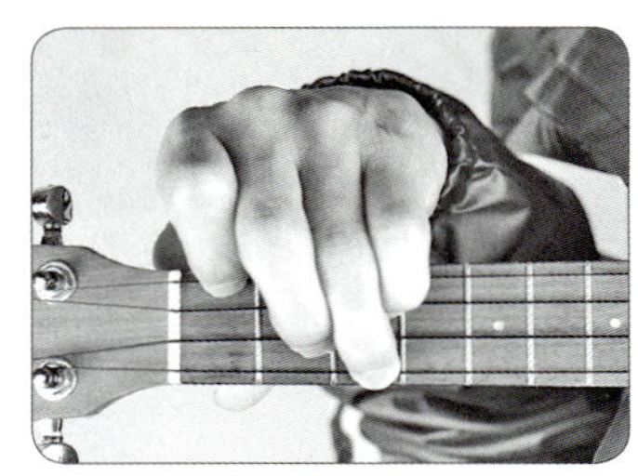

D#M7

| 디 샤프 메이저 세븐

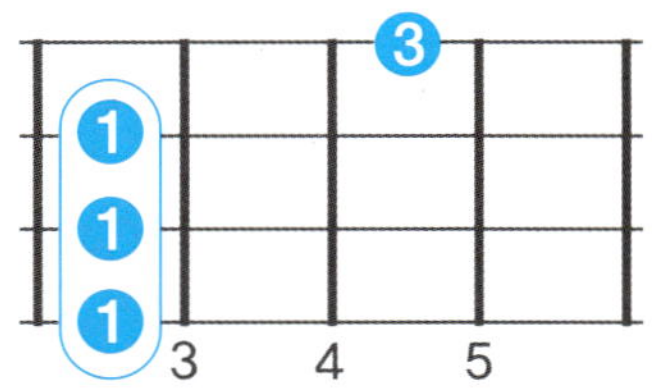

D#m7(♭5)

| 디 샤프 마이너 세븐
플랫 파이브

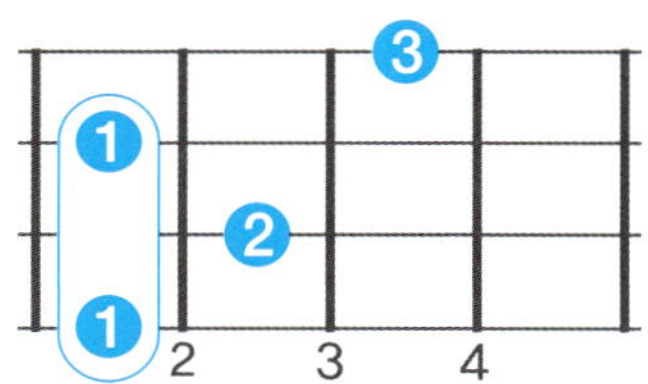

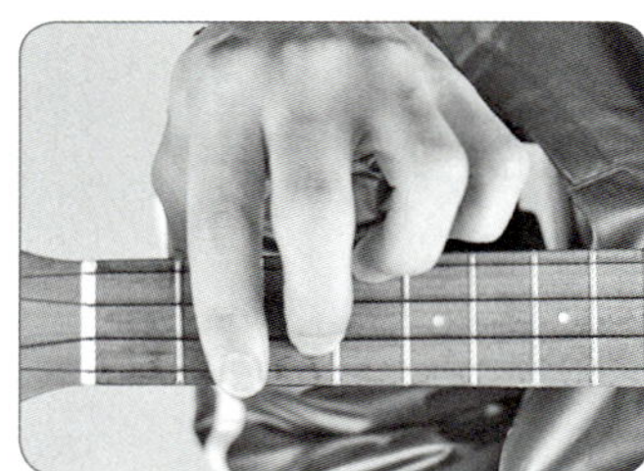

D#m7(♭5)

| 디 샤프 마이너 세븐
플랫 파이브

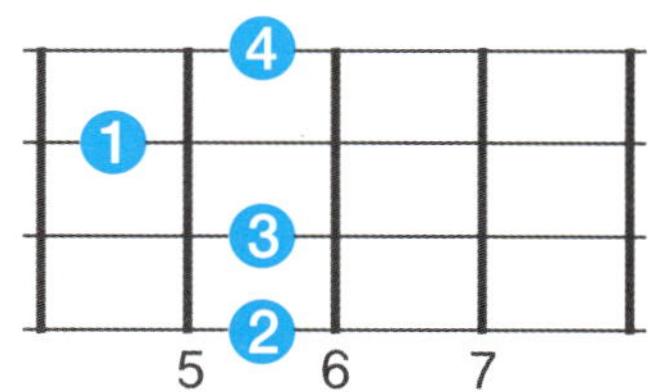

D#m7(♭5)

| 디 샤프 마이너 세븐
플랫 파이브

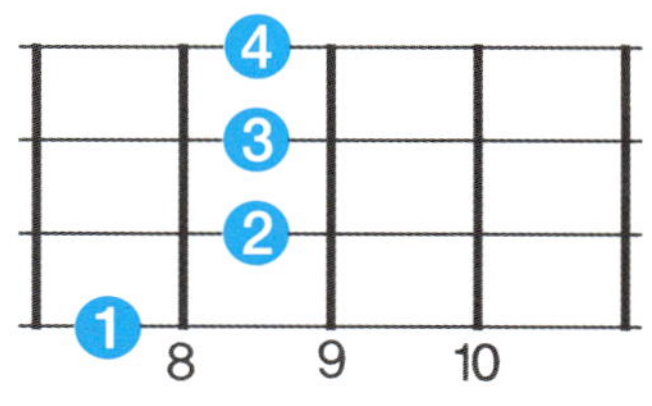

D#dim

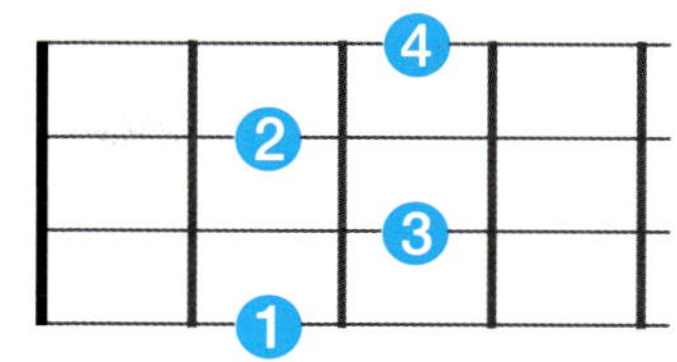

D#dim

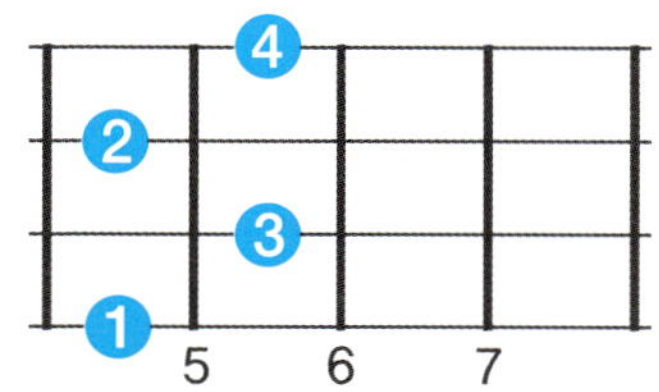

D#sus4

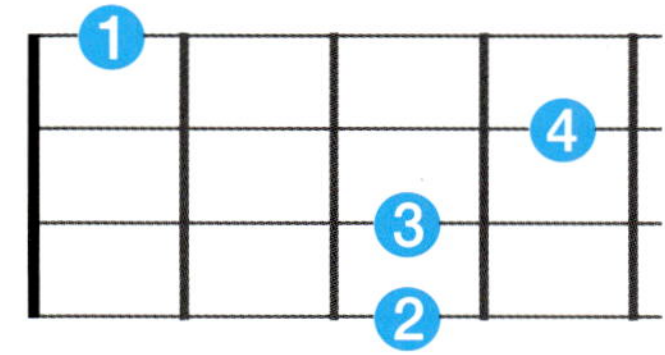
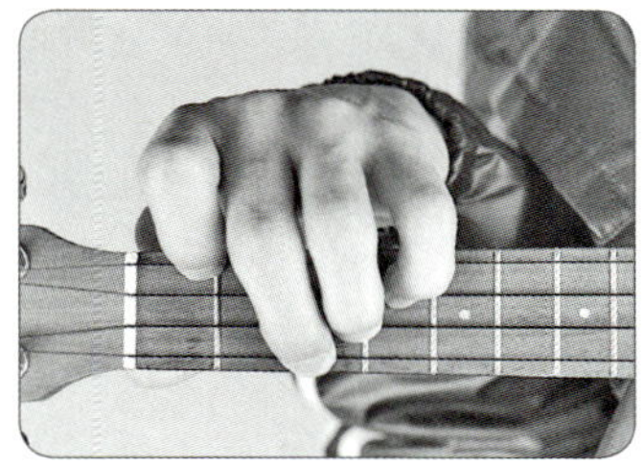

D#sus4

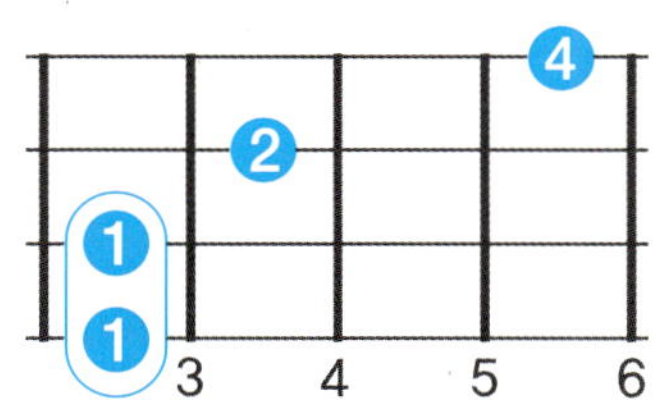
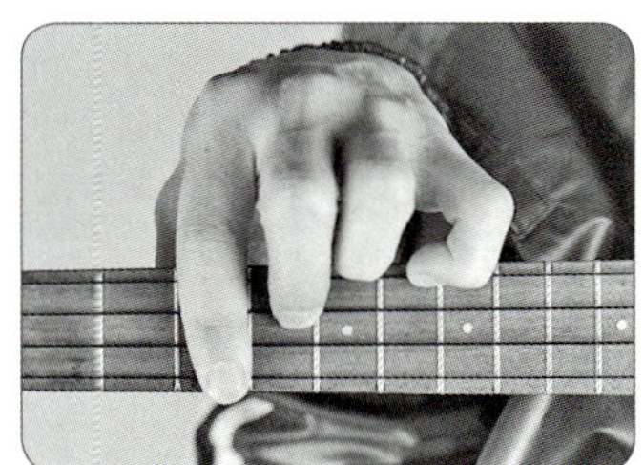

D#aug

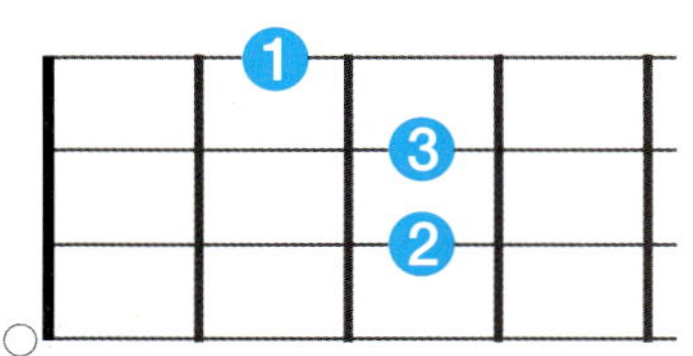
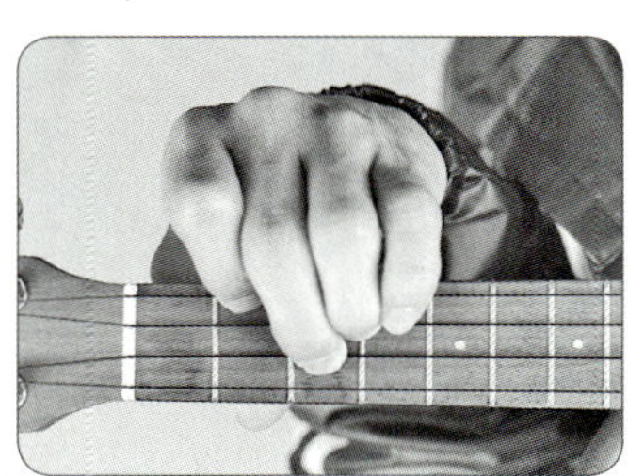

D#aug

| 디 샤프 오그먼트

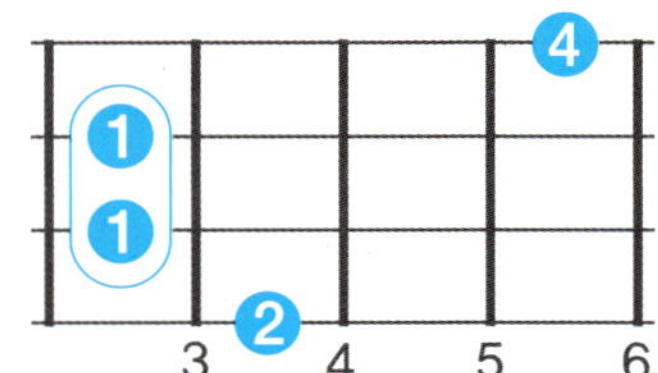
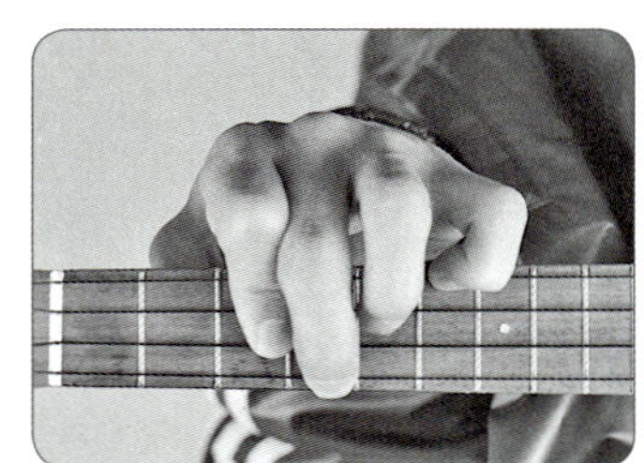

D#add9

| 디 샤프 애드 나인

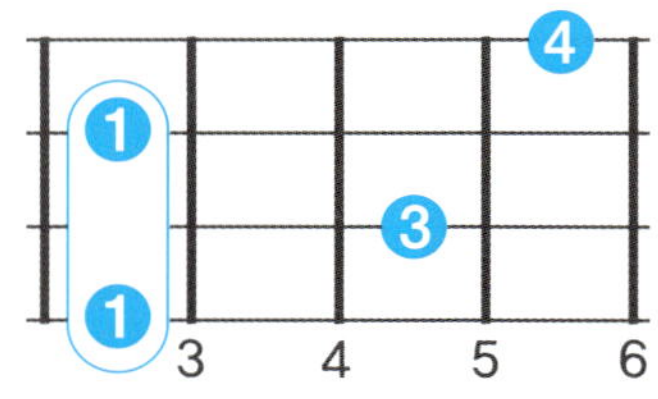

D#add9

| 디 샤프 애드 나인

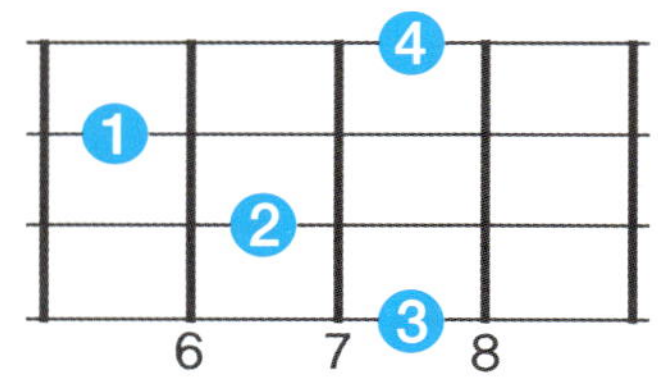

D#6(9)

| 디 샤프 식스 나인

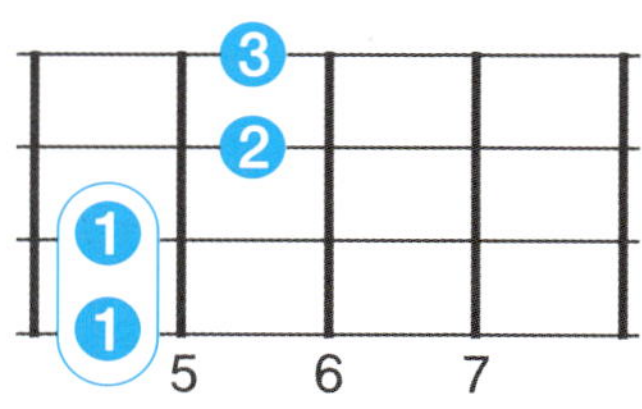
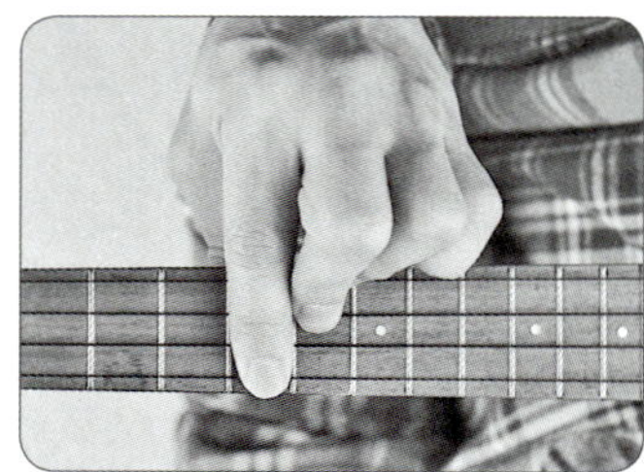

D#M7(9)

| 디 샤프 메이저 세븐 나인

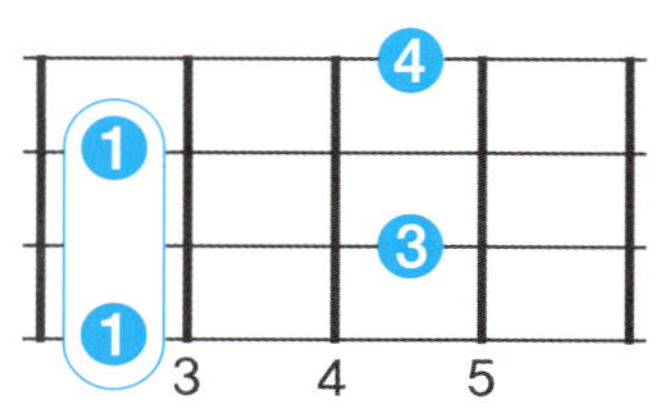
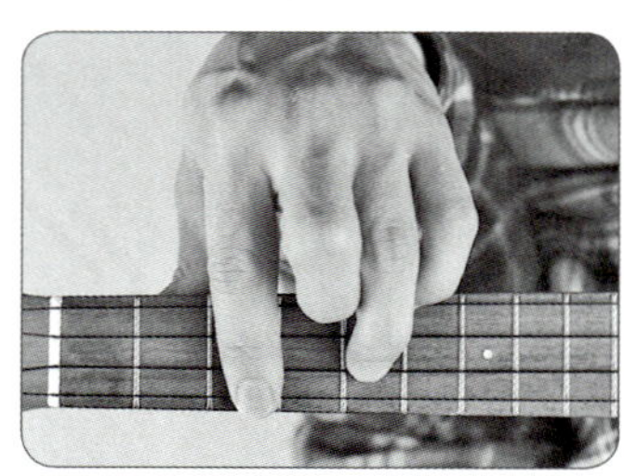

D#m6
| 디 샤프 마이너 식스

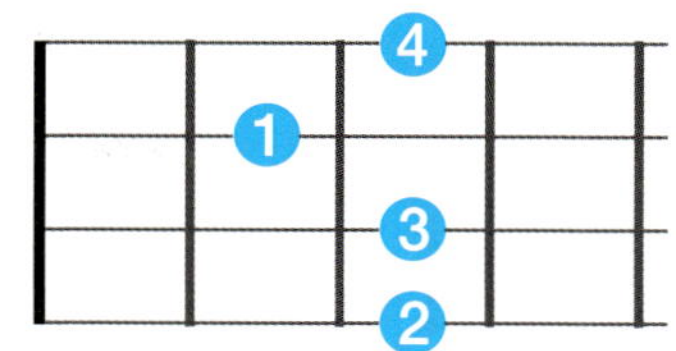
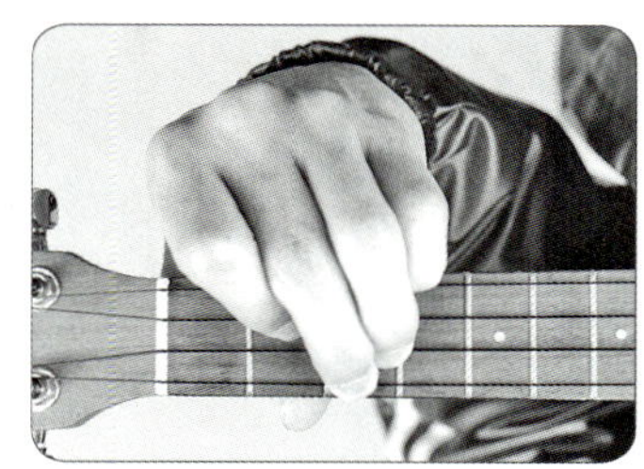

D#mM7
| 디 샤프 마이너 메이저 세븐

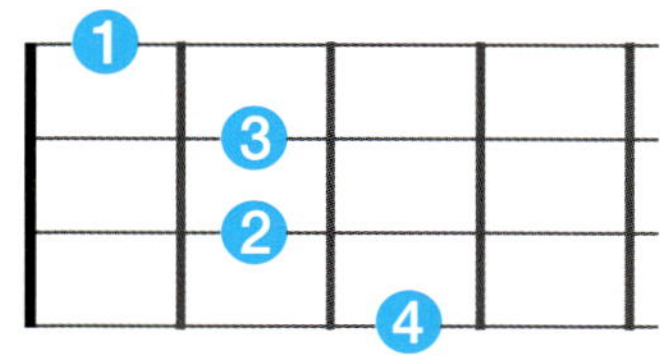
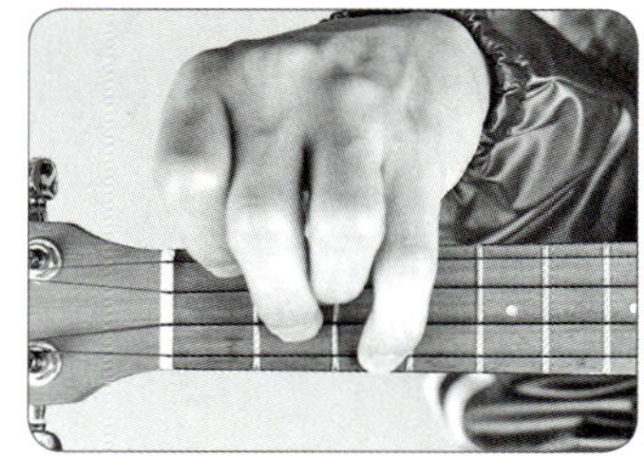

D#m7(9)
| 디 샤프 마이너 세븐 나인

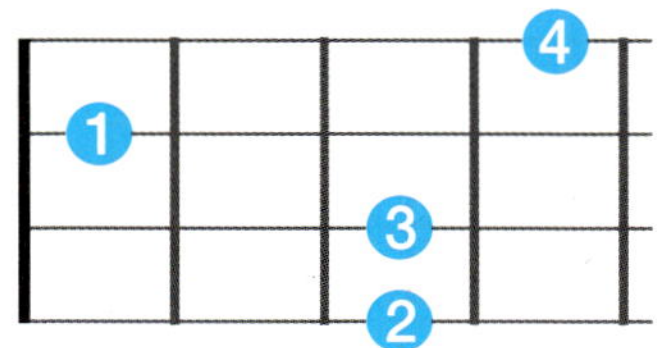
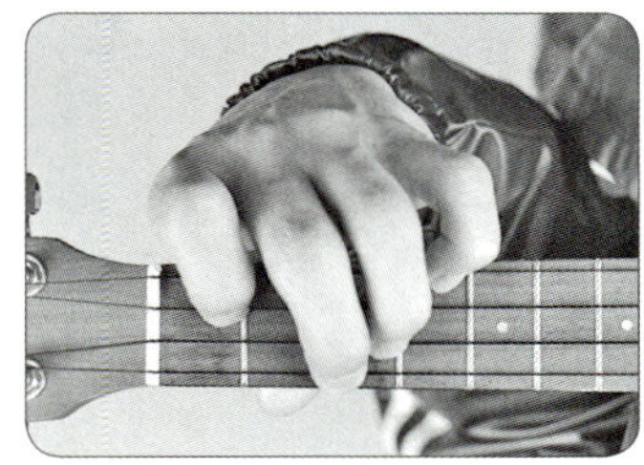

D#m7(11)
| 디 샤프 마이너 세븐 일레븐

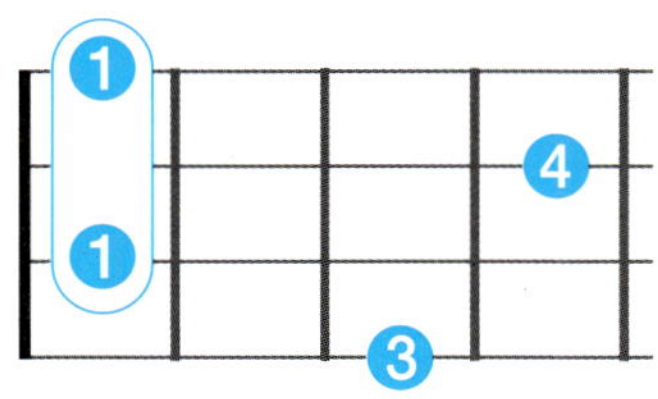
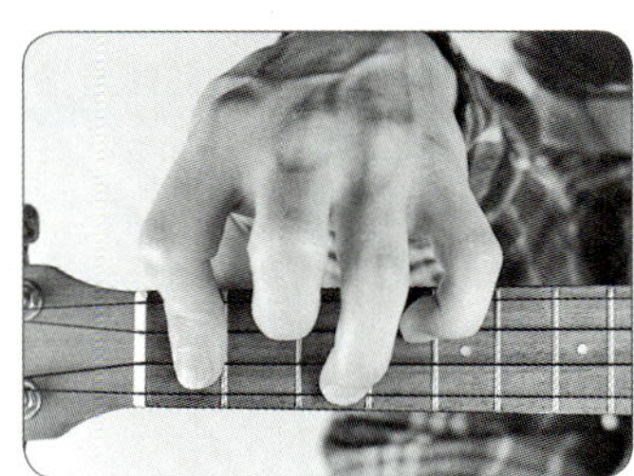

D#7sus4
| 디 샤프 세븐 서스포

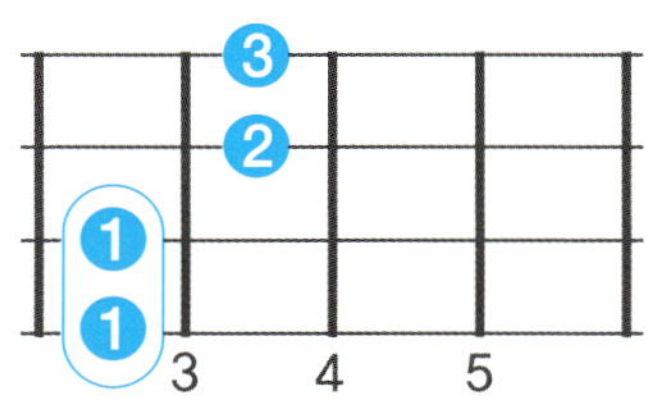
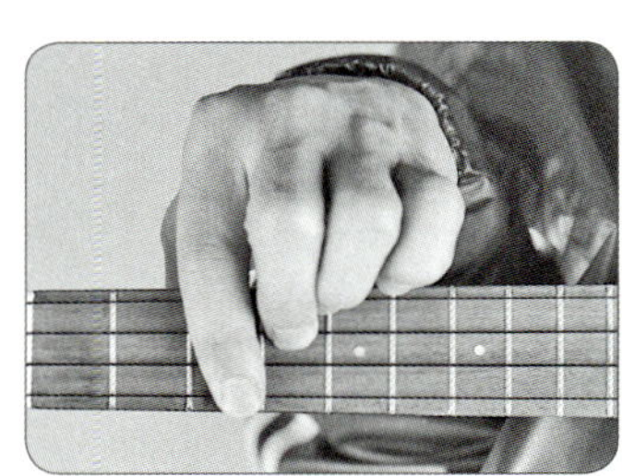

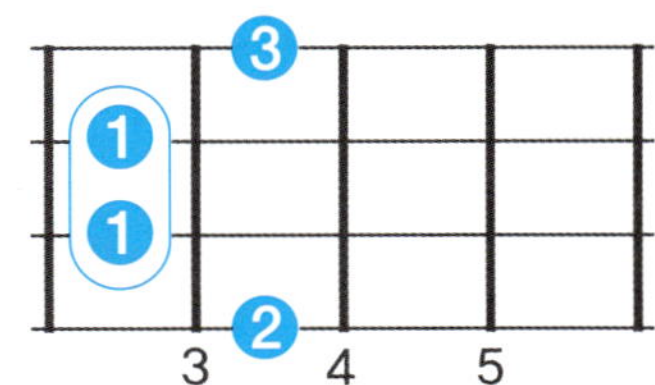

D#7(#5)

| 디 샤프 세븐 샤프 파이브

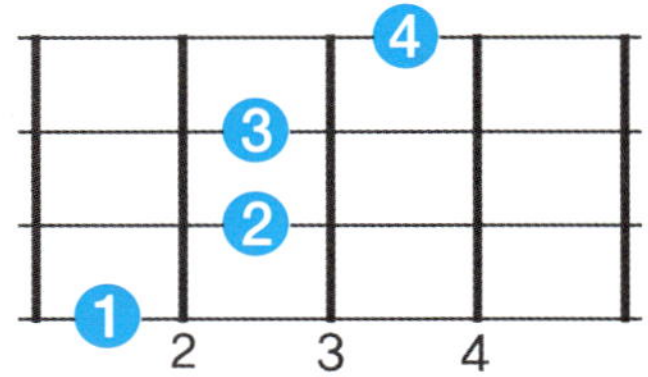

D#7(♭5)

| 디 샤프 세븐 플랫 파이브

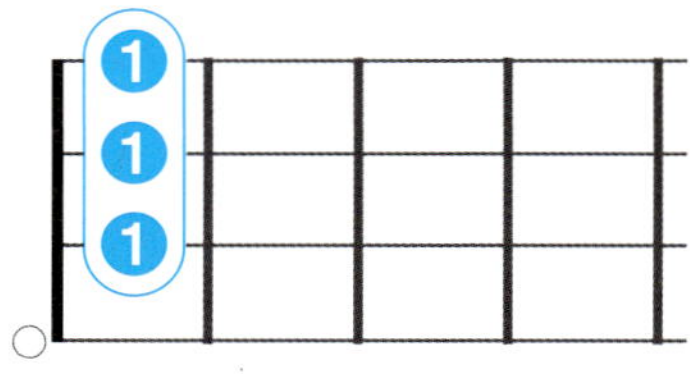

D#7(9)

| 디 샤프 세븐 나인

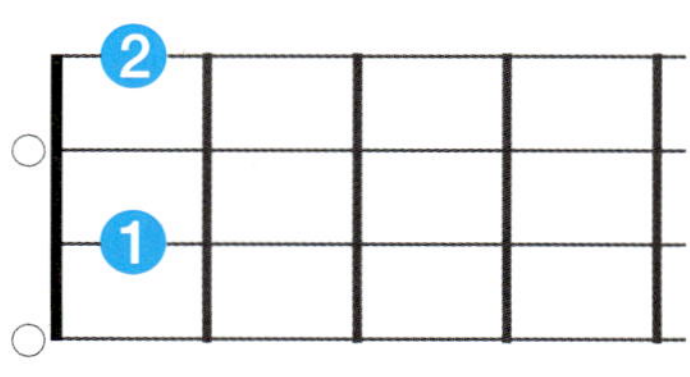

D#7(♭9)

| 디 샤프 세븐 플랫 나인

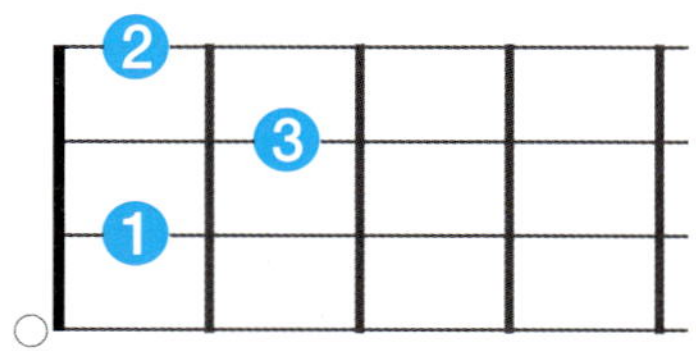

D#7(#9)

| 디 샤프 세븐 샤프 나인

E

| 이

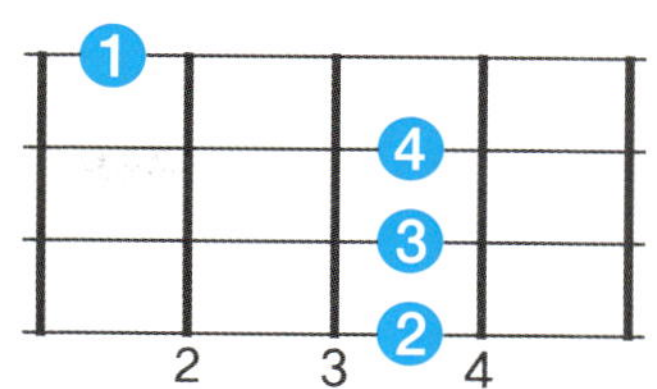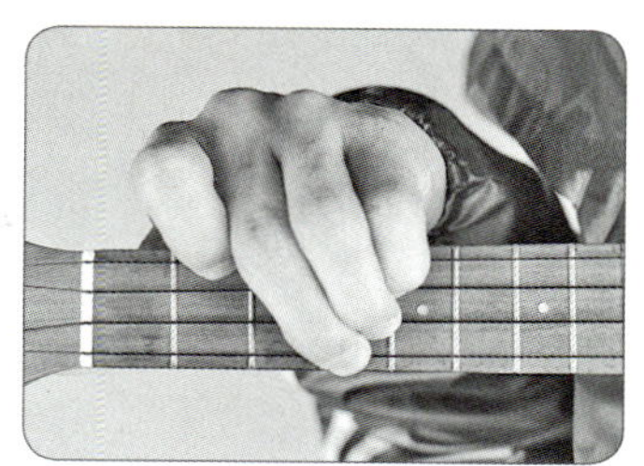

E

| 이

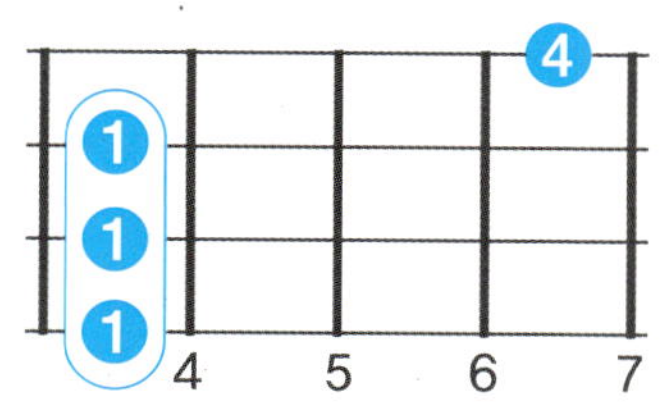

E7

| 이 세븐

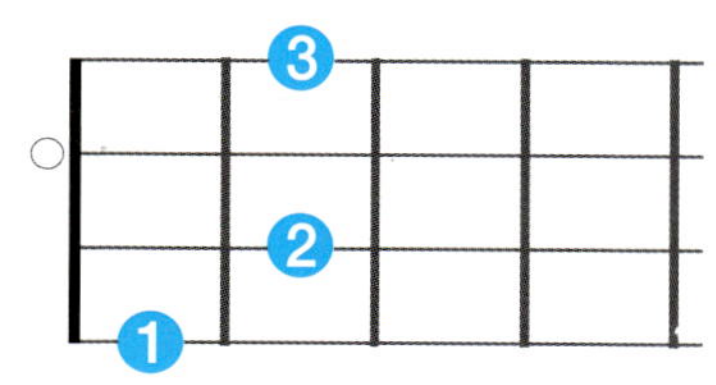

E7

| 이 세븐

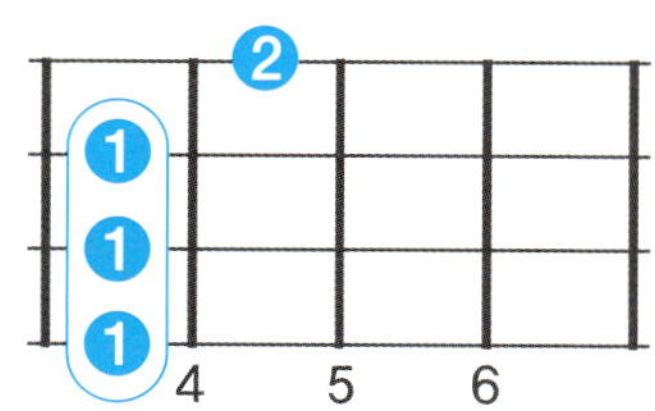

Em

| 이 마이너

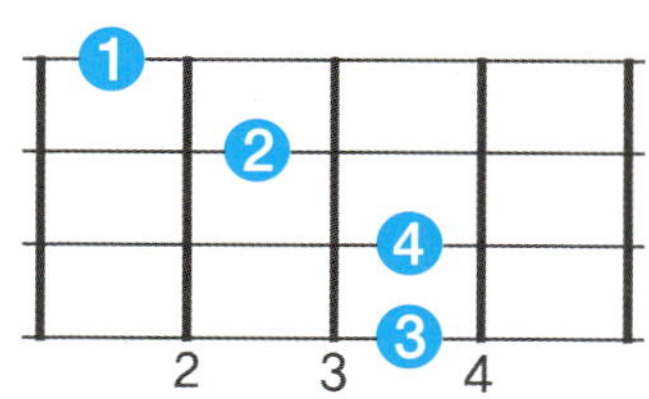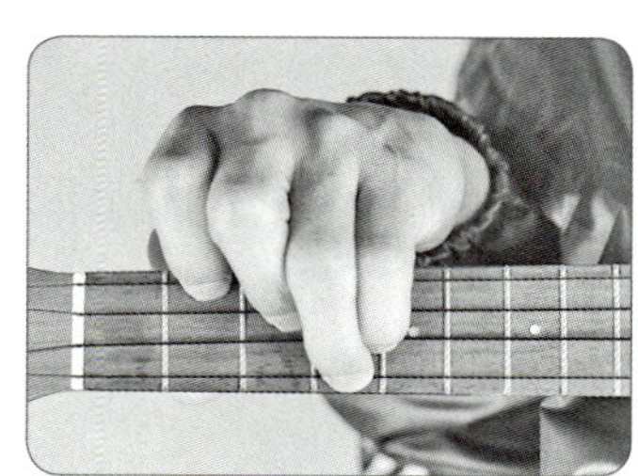

Em

| 이 마이너

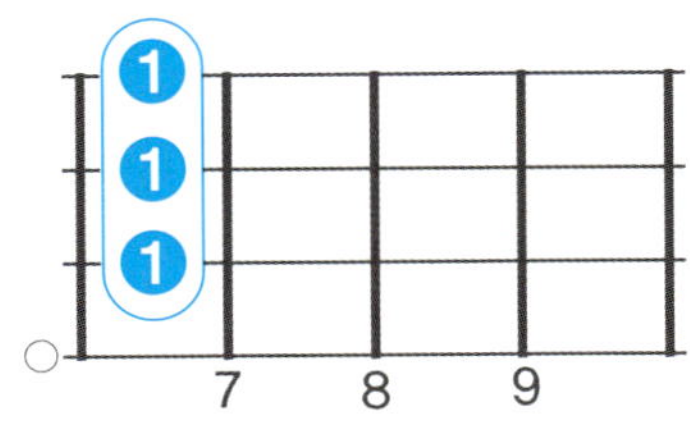

Em

| 이 마이너

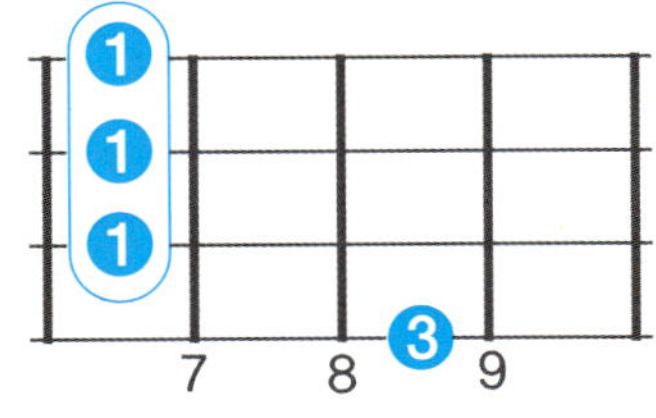

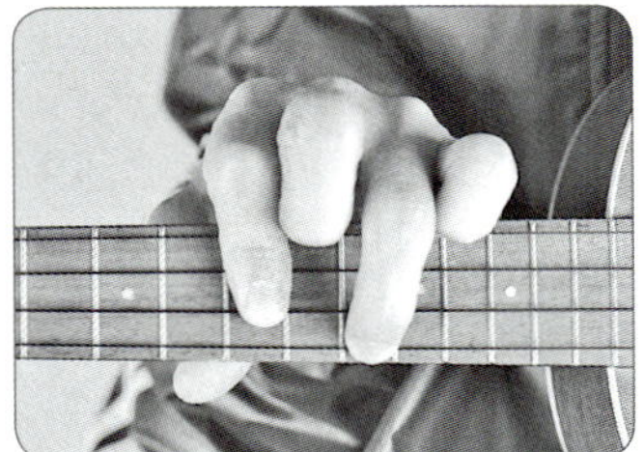

Em7

| 이 마이너 세븐

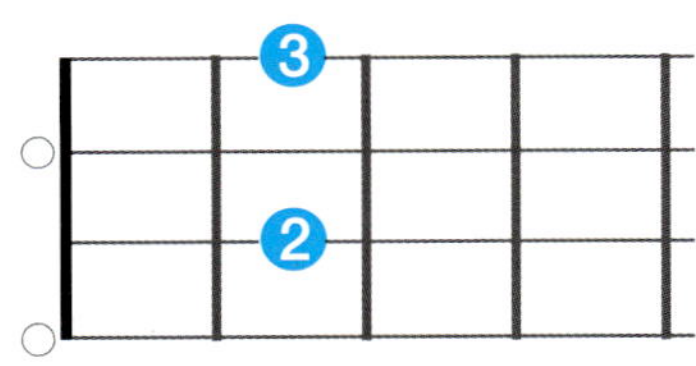

Em7

| 이 마이너 세븐

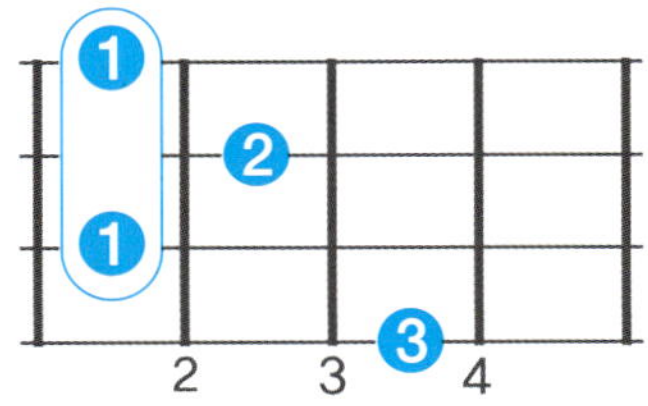

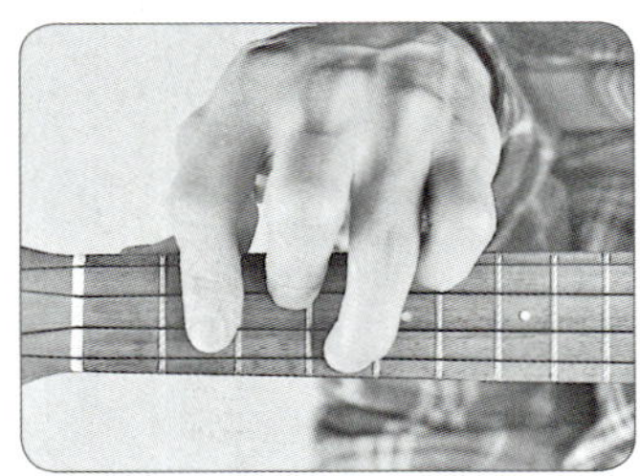

Em7

| 이 마이너 세븐

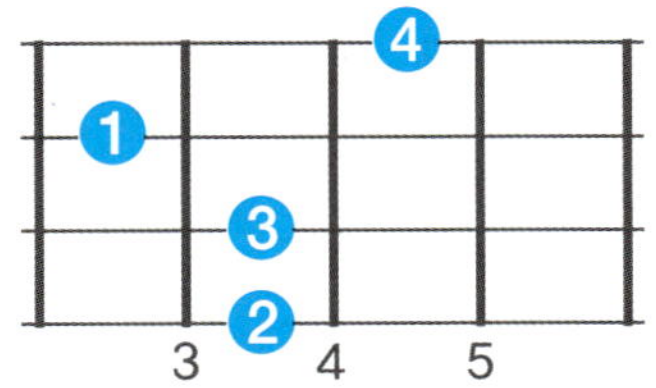

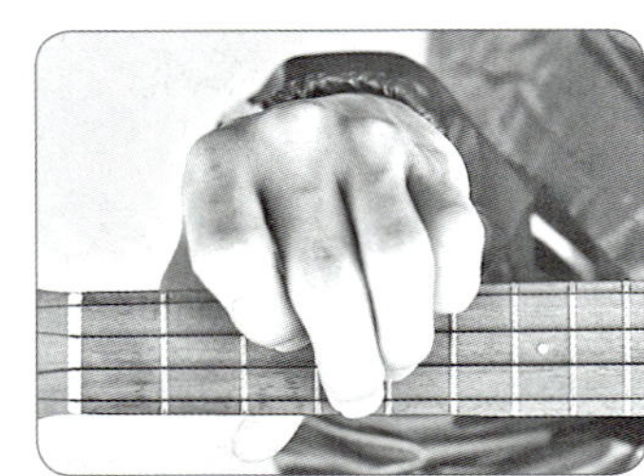

Em7

I 이 마이너 세븐

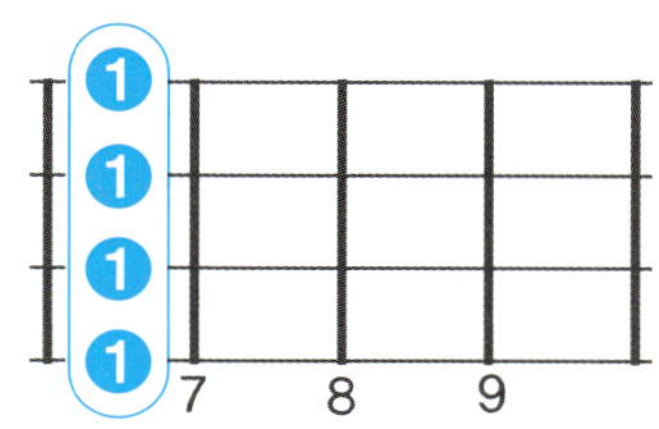
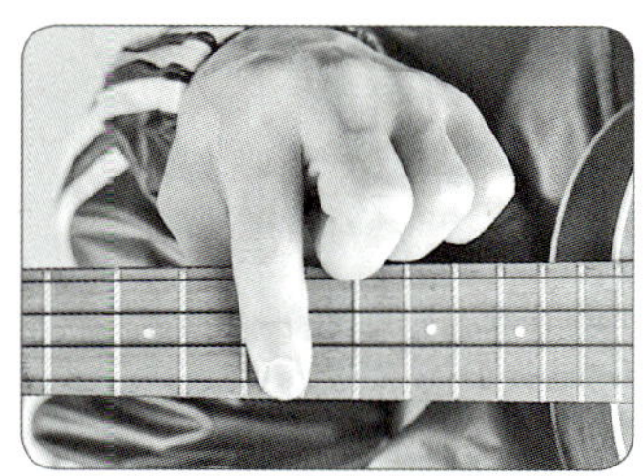

E6

I 이 식스

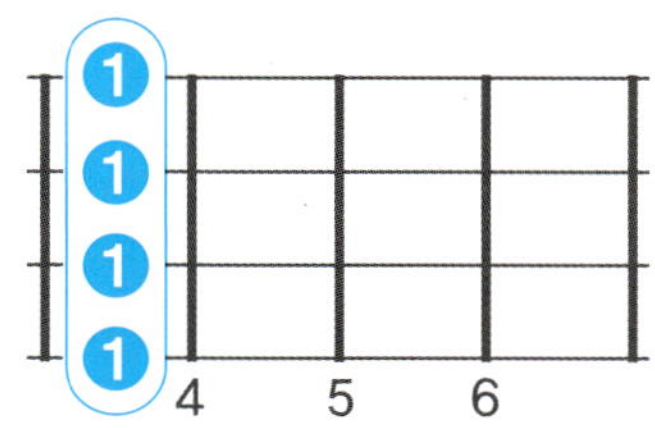

E6

I 이 식스

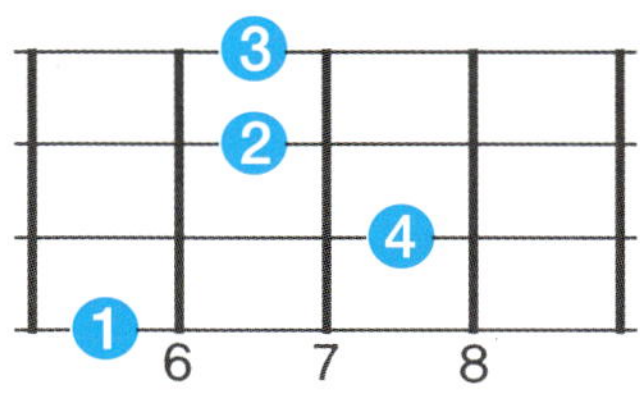

EM7

I 이 메이저 세븐

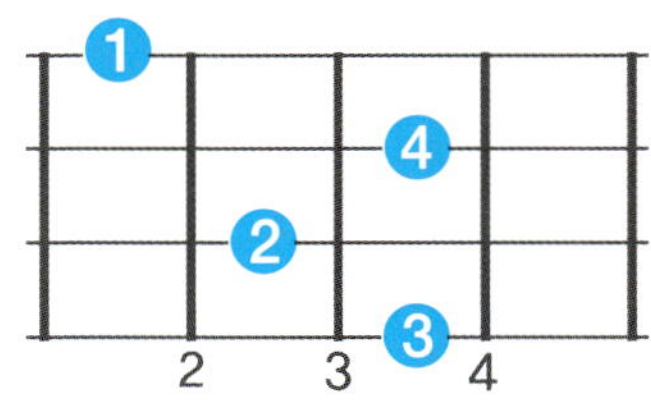
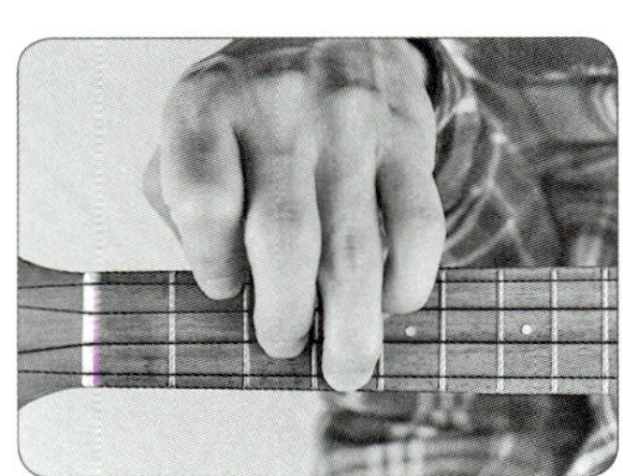

EM7

I 이 메이저 세븐

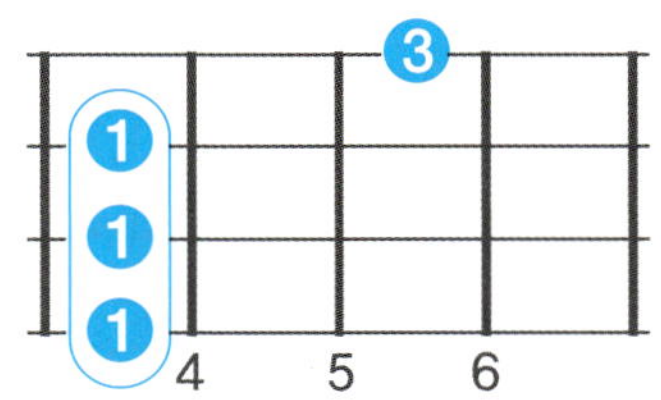

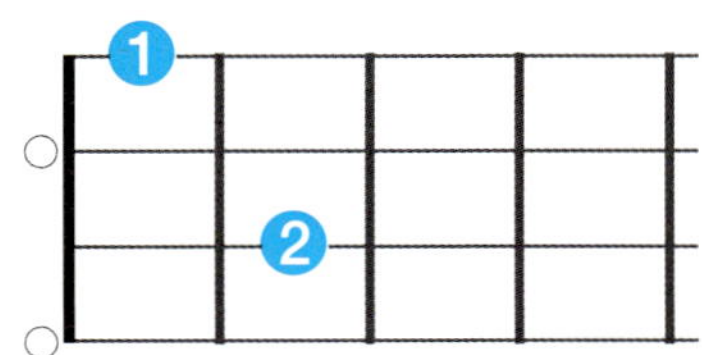
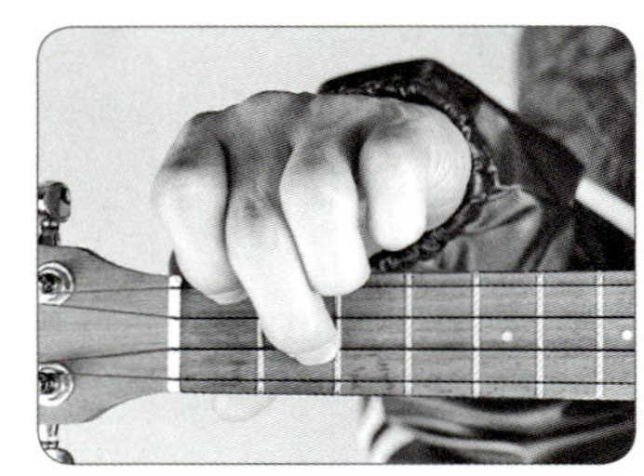

Em7(♭5)

이 마이너 세븐 플랫 파이브

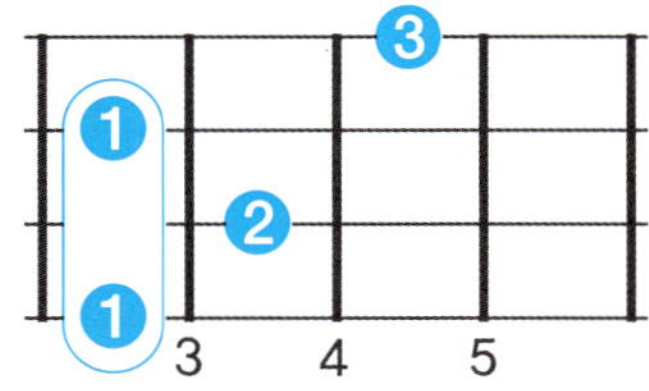
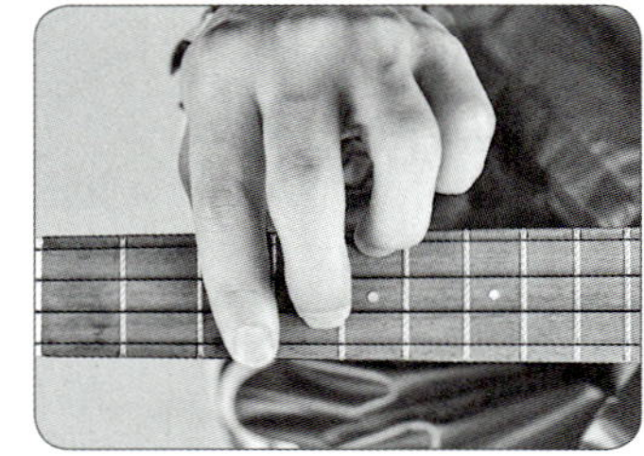

Em7(♭5)

이 마이너 세븐 플랫 파이브

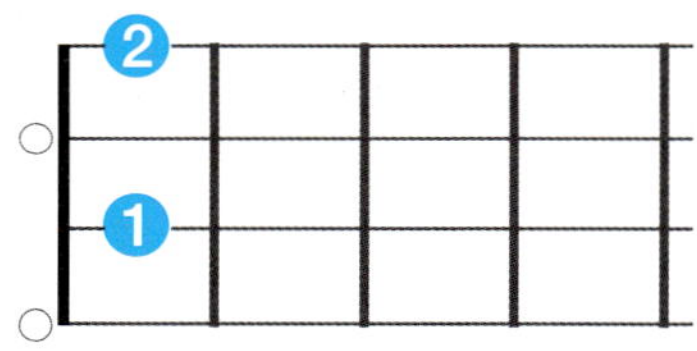

Edim

이 디미니쉬

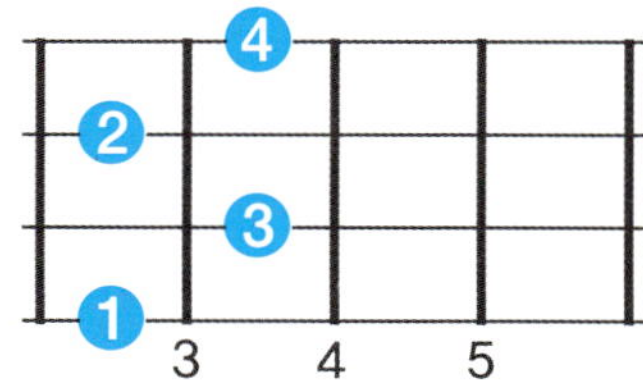
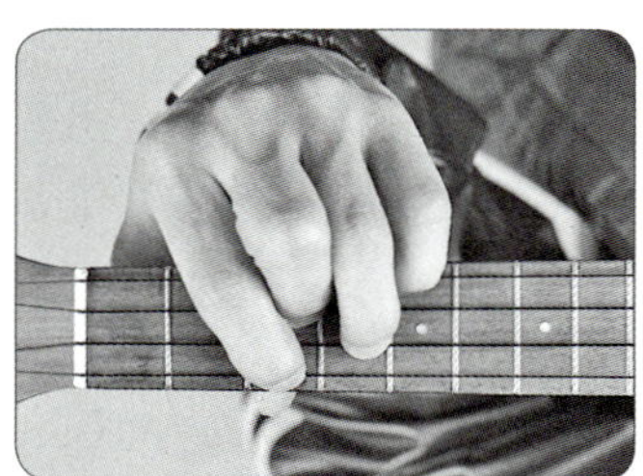

Edim

이 디미니쉬

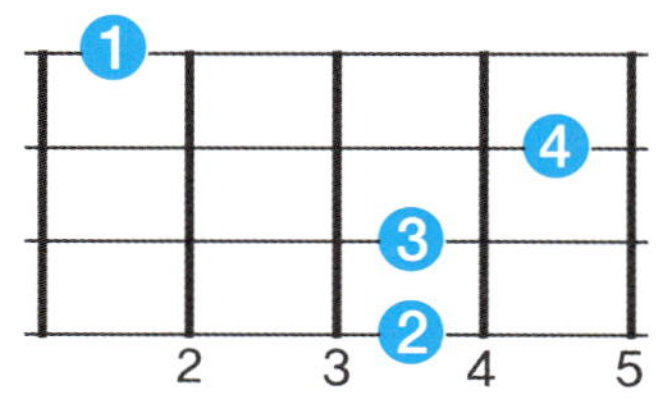
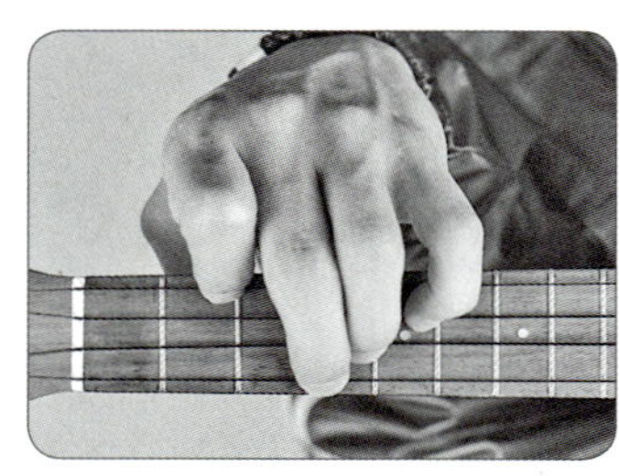

Esus4

이 서스포

Esus4

| 이 서스포

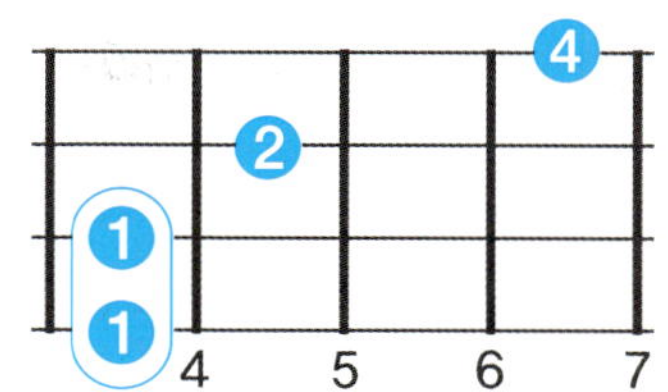
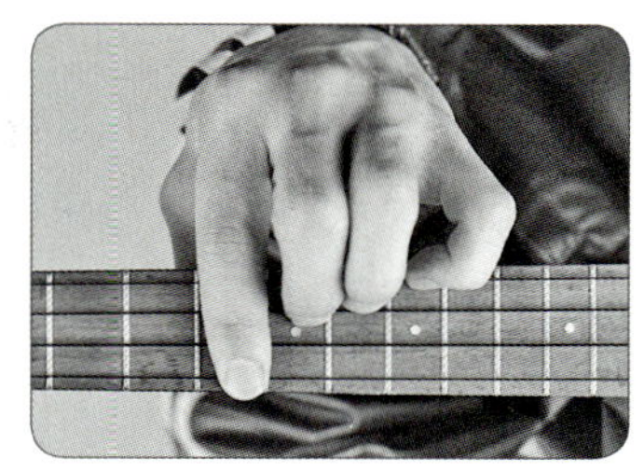

Eaug

| 이 오그먼트

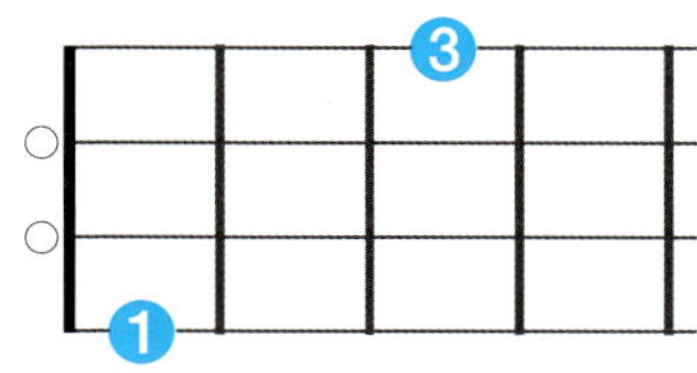

Eaug

| 이 오그먼트

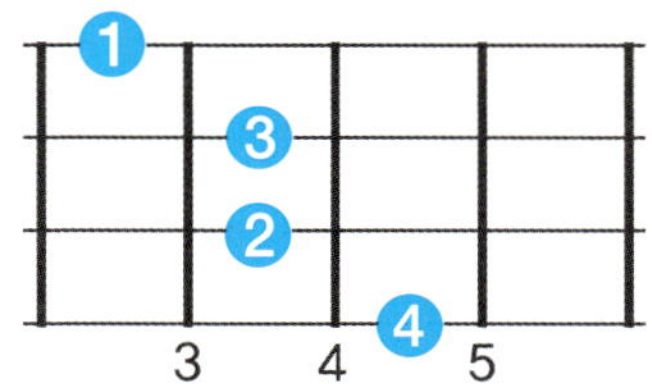
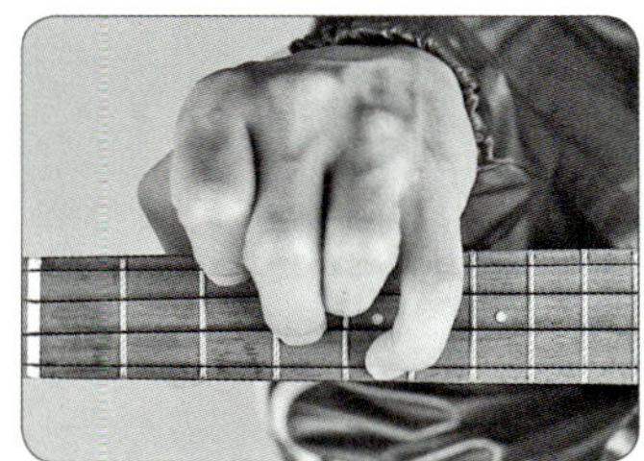

Eaug

| 이 오그먼트

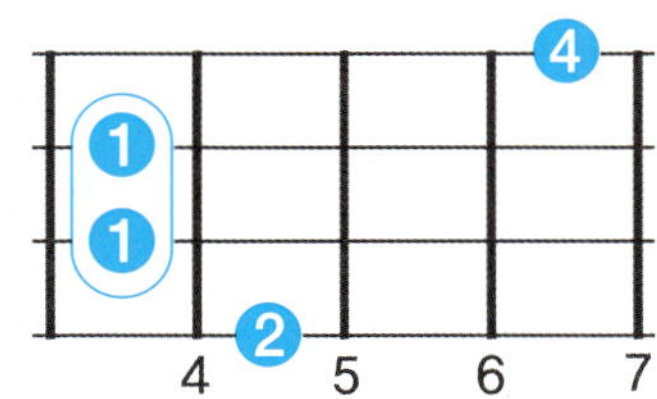

Eadd9

| 이 애드 나인

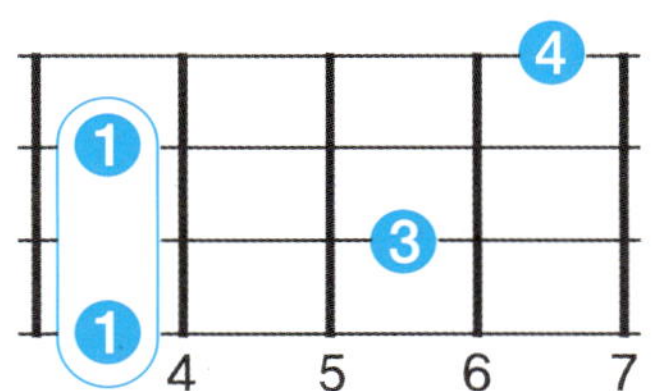
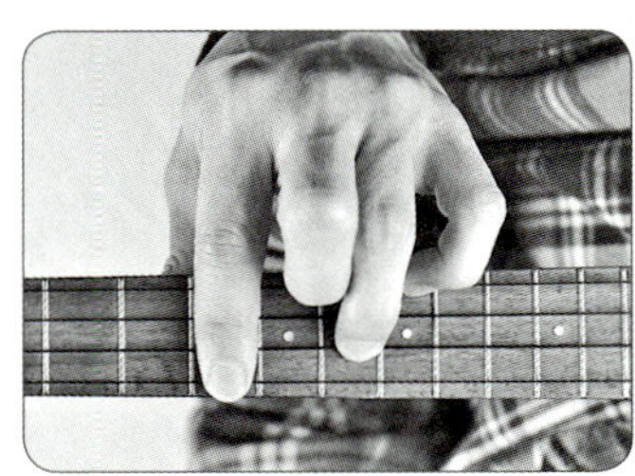

Eadd9

| 이 애드 나인

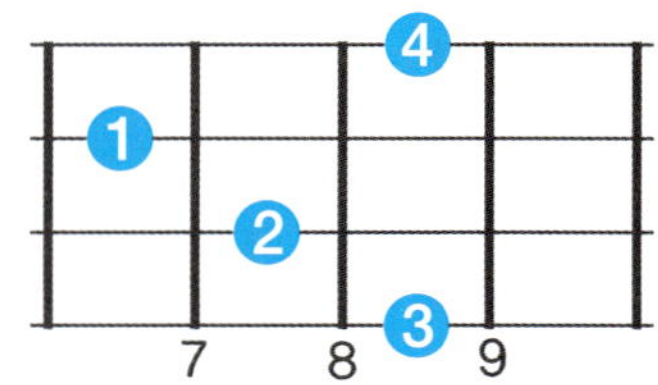

E6(9)

| 이 식스 나인

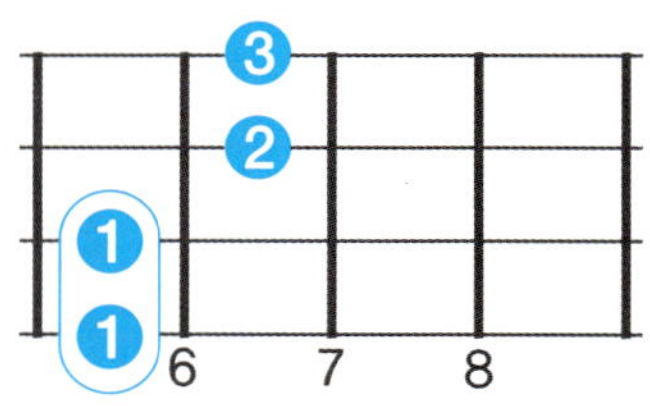

EM7(9)

| 이 메이저 세븐 나인

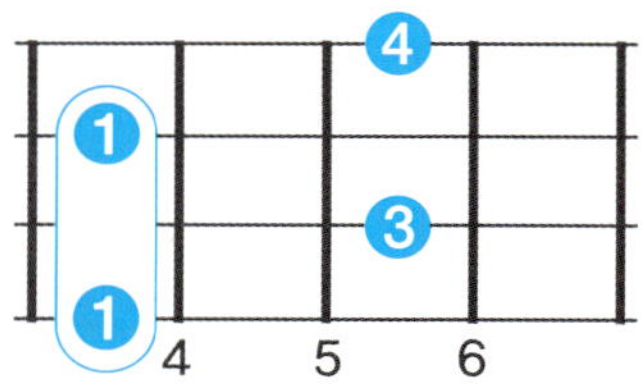

Em6

| 이 마이너 식스

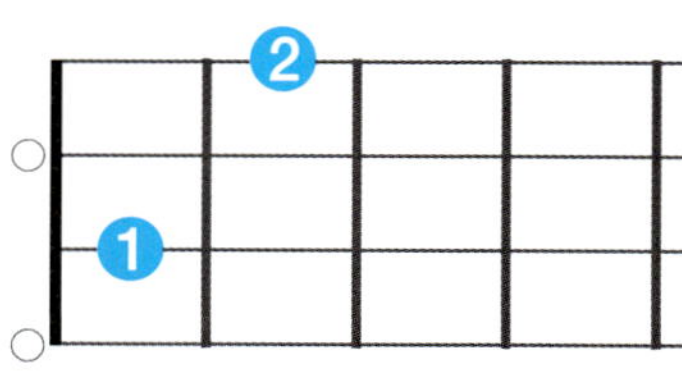

EmM7

| 이 마이너 메이저
세븐

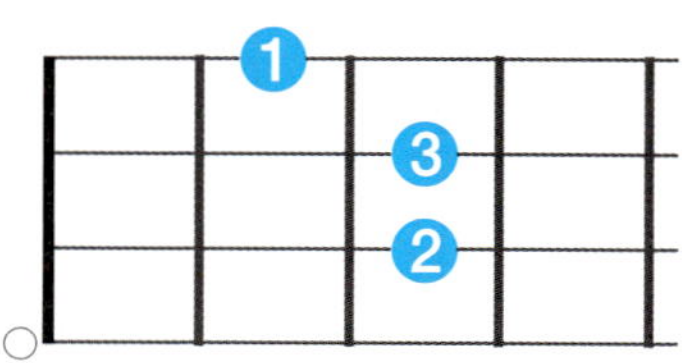
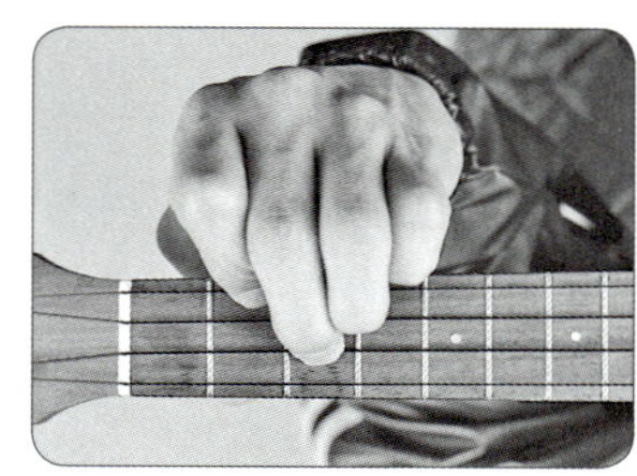

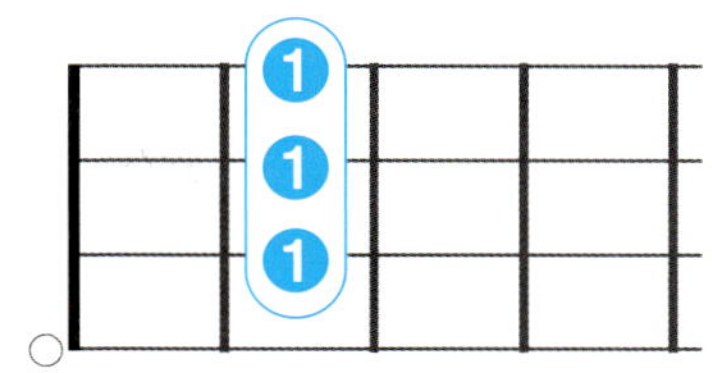

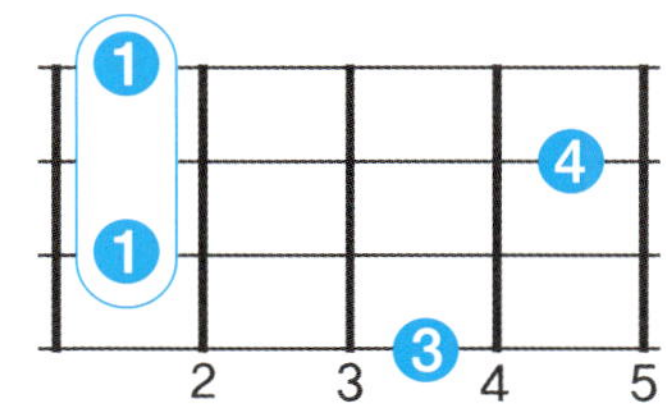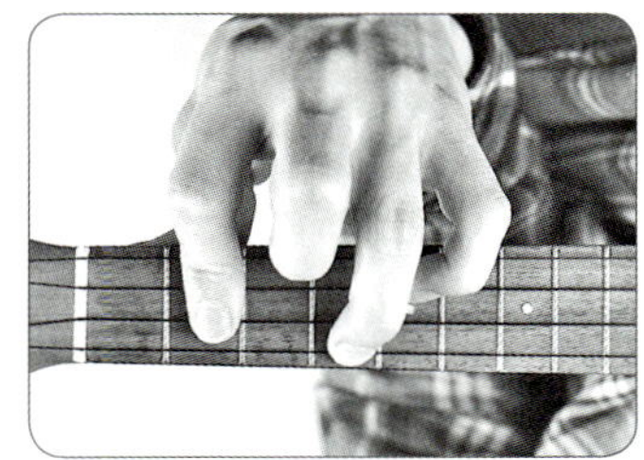

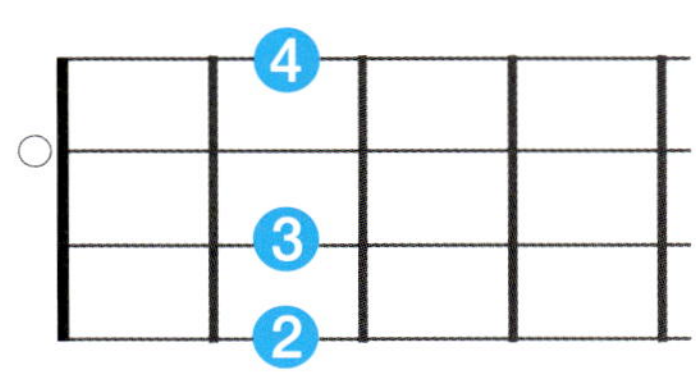

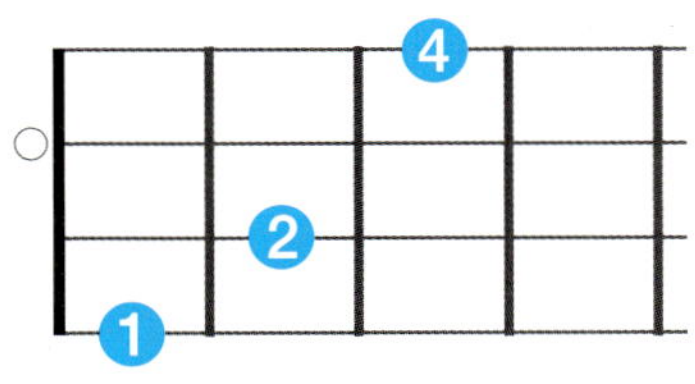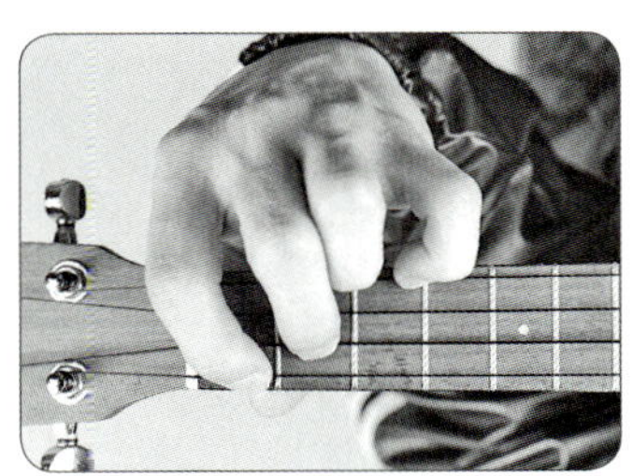

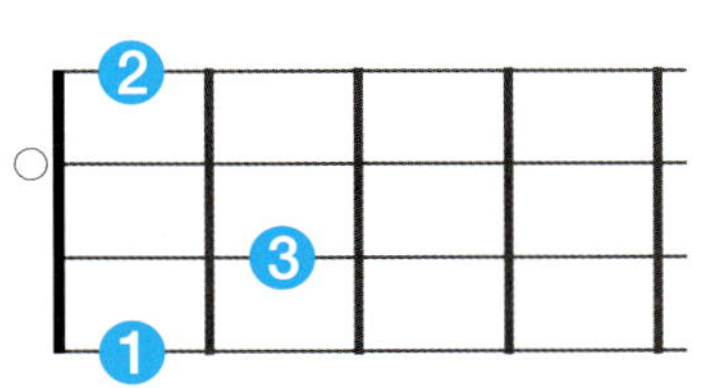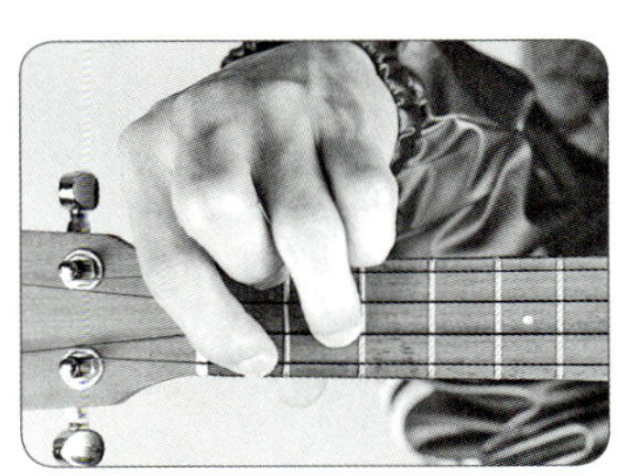

Em7(9)

| 이 마이너 세븐 나인

Em7(11)

| 이 마이너 세븐 일레븐

E7sus4

| 이 세븐 서스포

E7(♯5)

| 이 세븐 샤프 파이브

E7(♭5)

| 이 세븐 플랫 파이브

E7(9)

| 이 세븐 나인

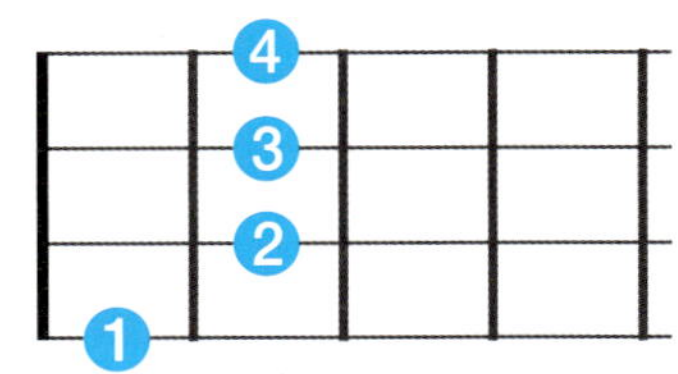

E7(♭9)

| 이 세븐 플랫 나인

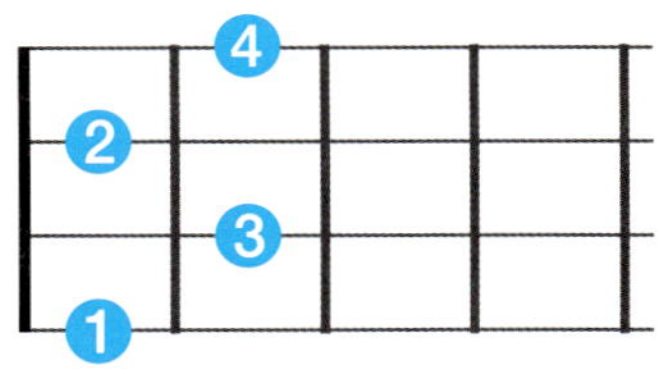

E7(♯9)

| 이 세븐 샤프 나인

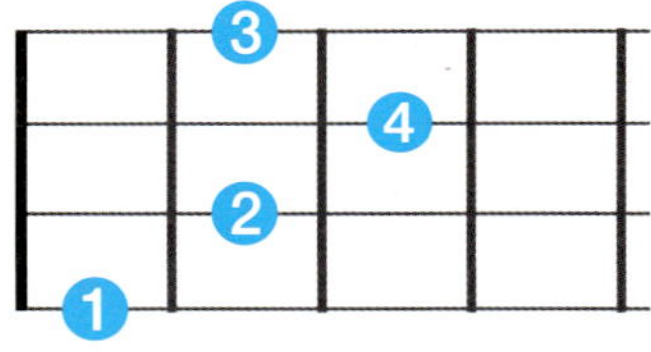

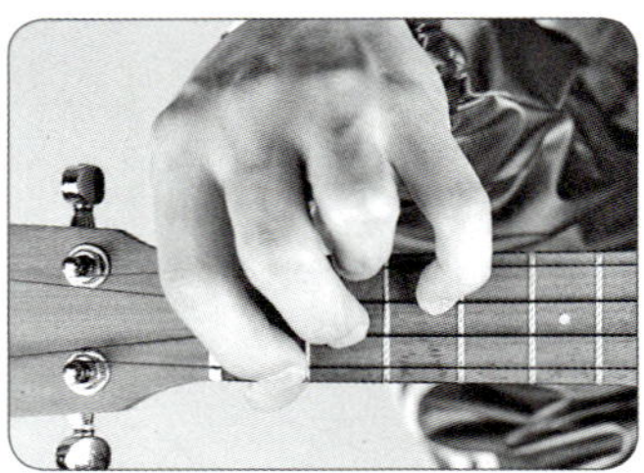

F

| 에프

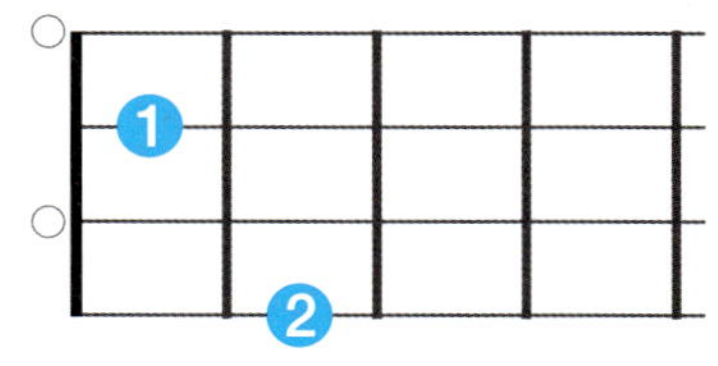

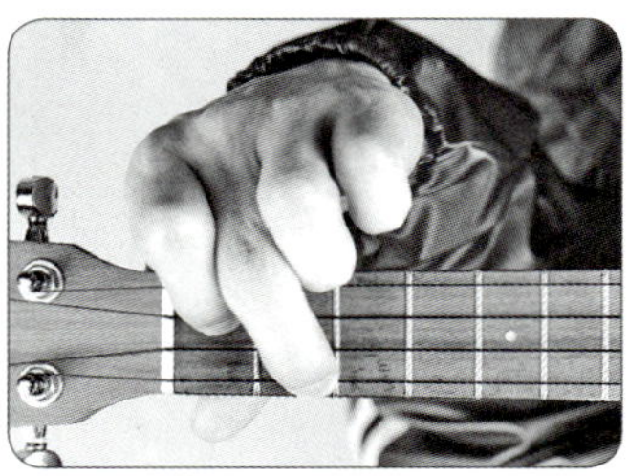

F

| 에프

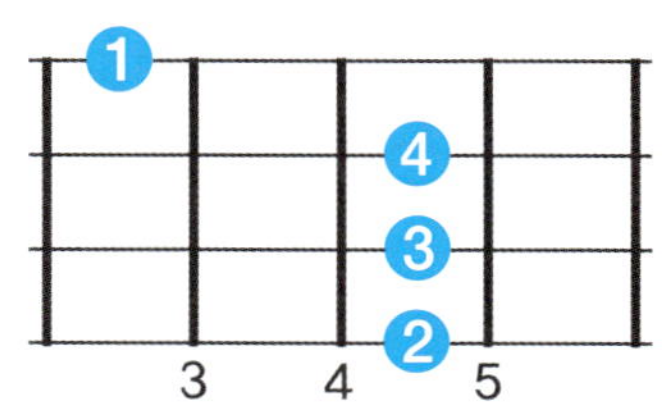

F

| 에프

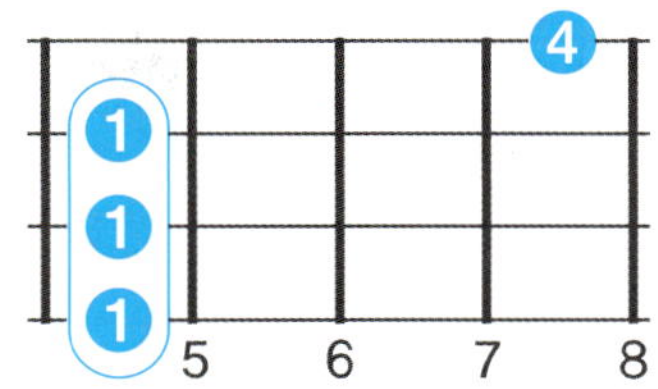

F7

| 에프 세븐

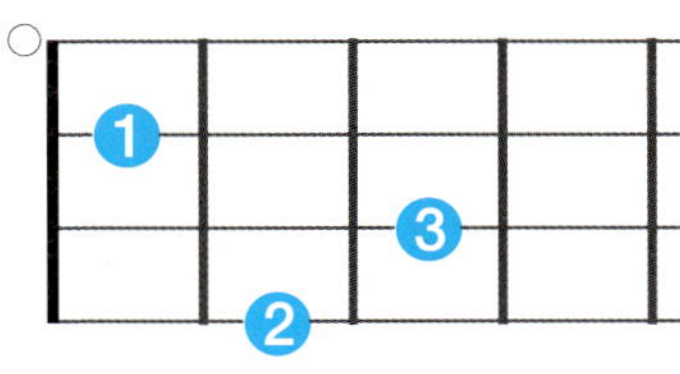

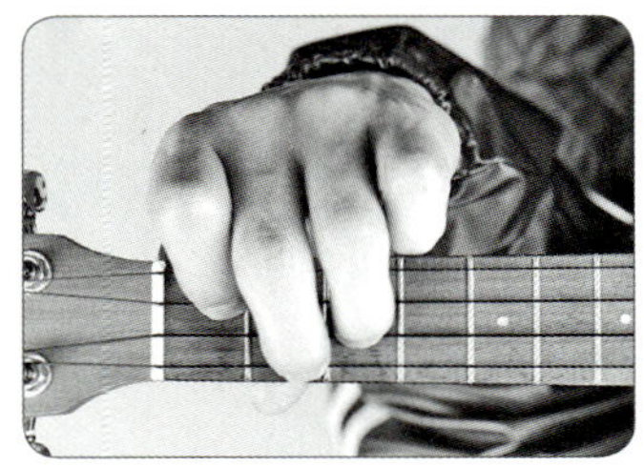

F7

| 에프 세븐

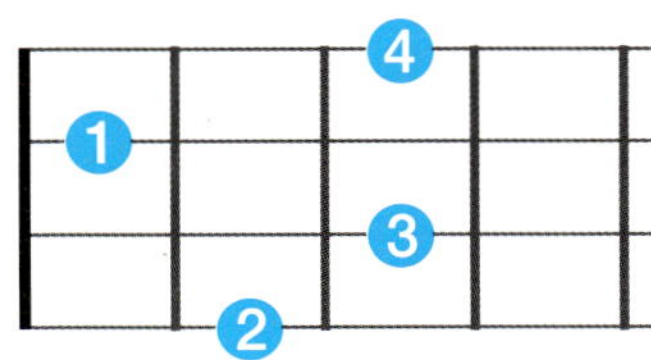

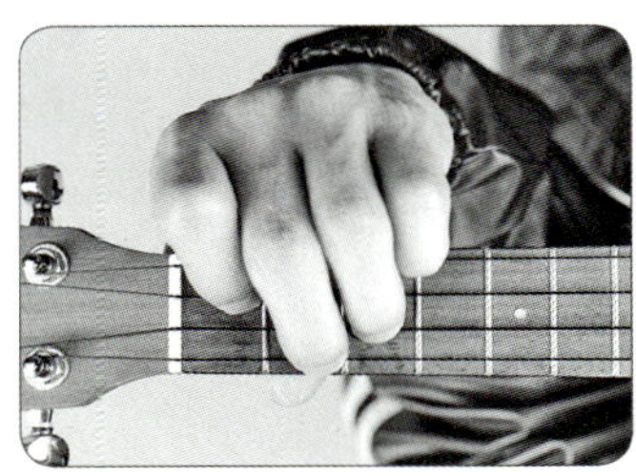

F7

| 에프 세븐

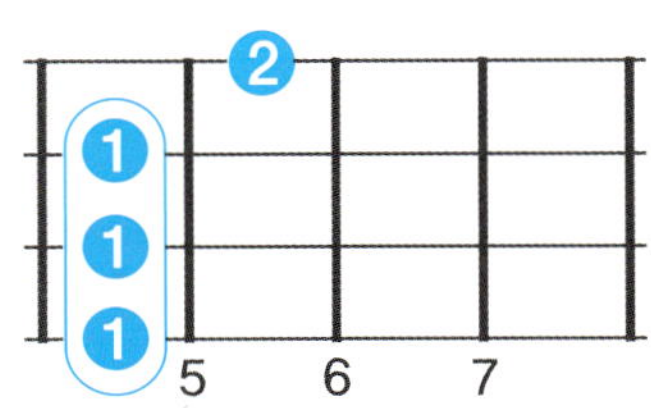

Fm

| 에프 마이너

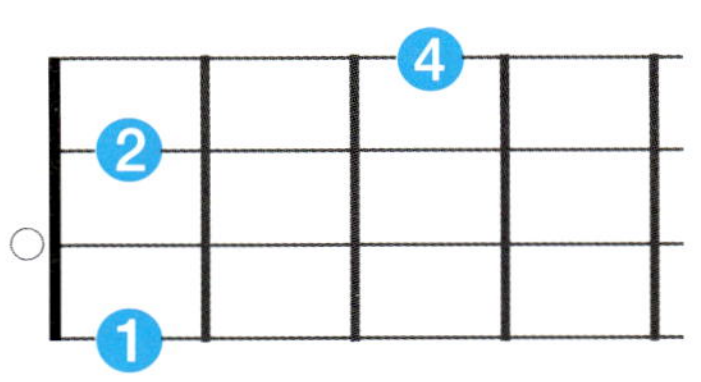

Fm

| 에프 마이너

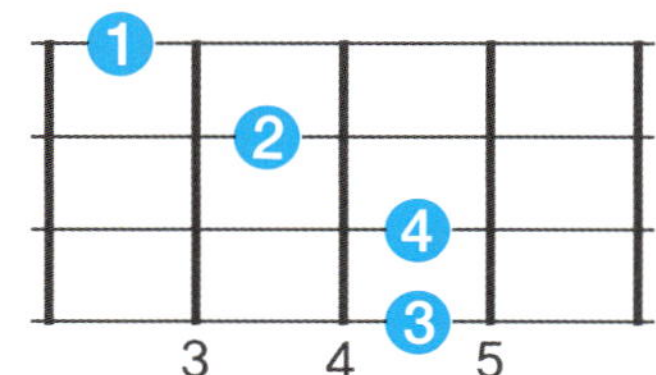

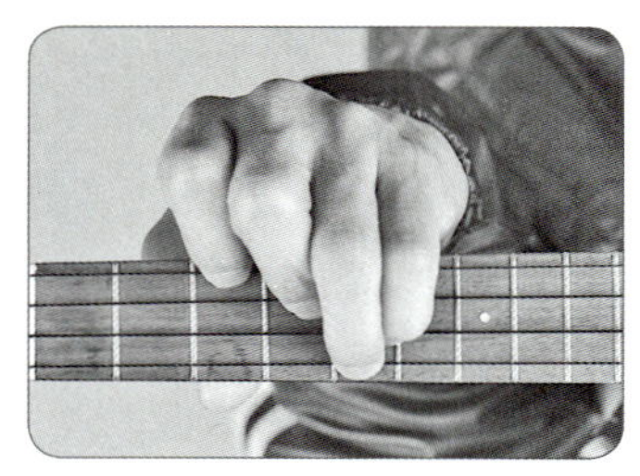

Fm7

| 에프 마이너 세븐

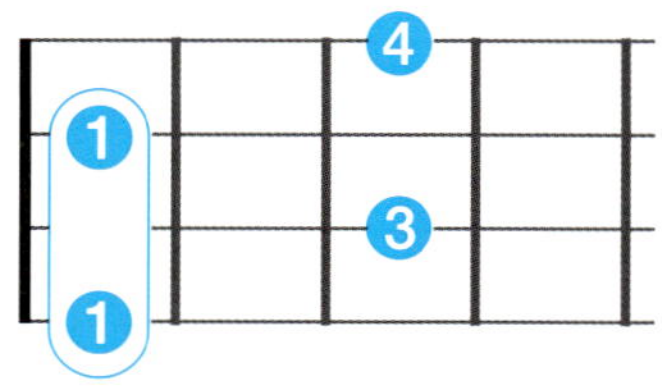

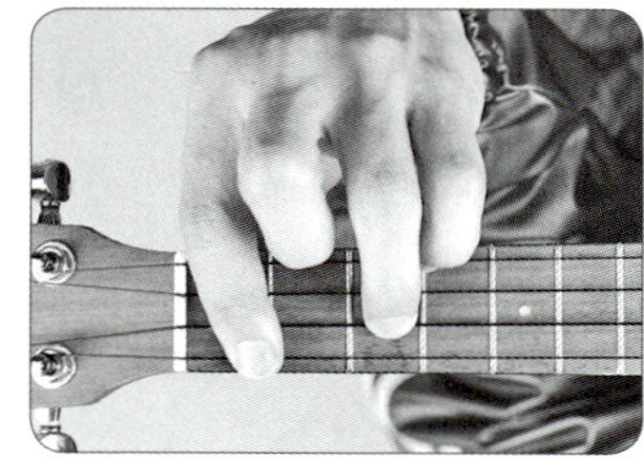

Fm7

| 에프 마이너 세븐

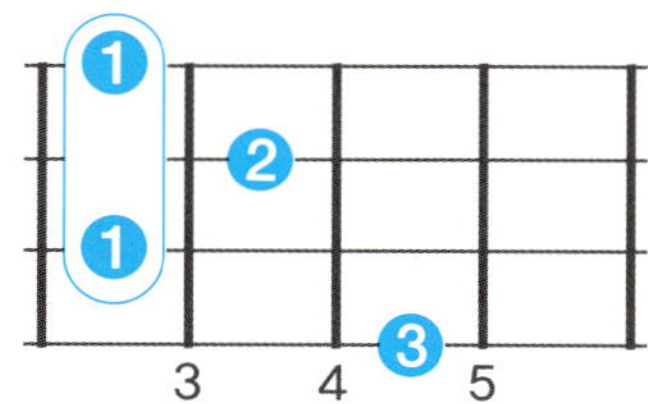

Fm7

| 에프 마이너 세븐

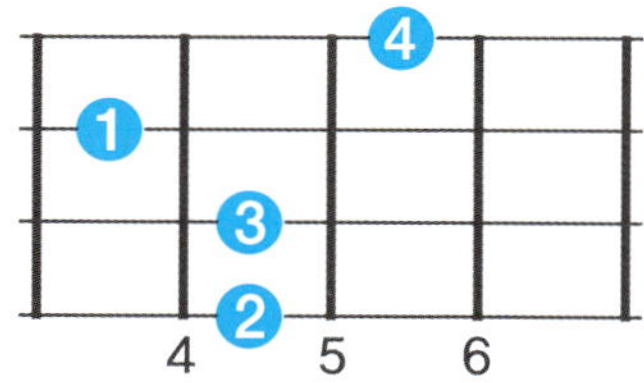

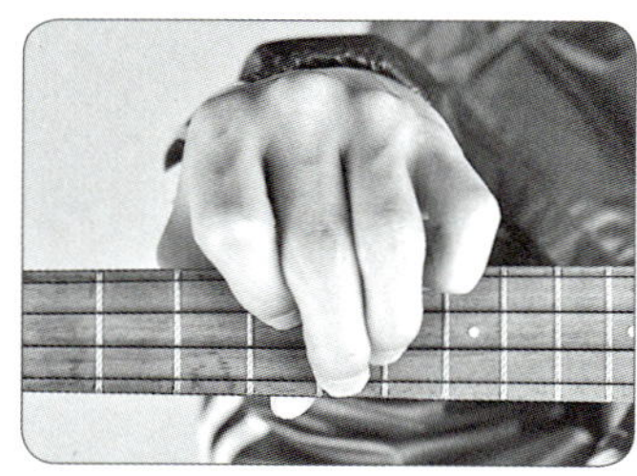

Fm7

| 에프 마이너 세븐

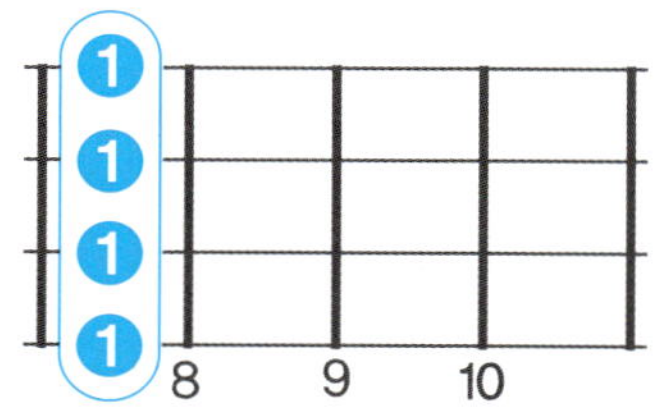

F6

| 에프 식스

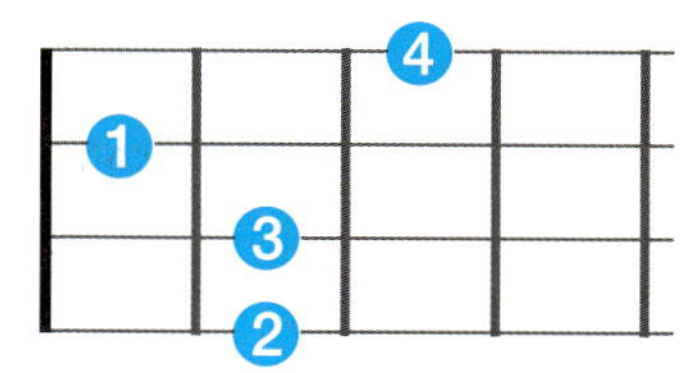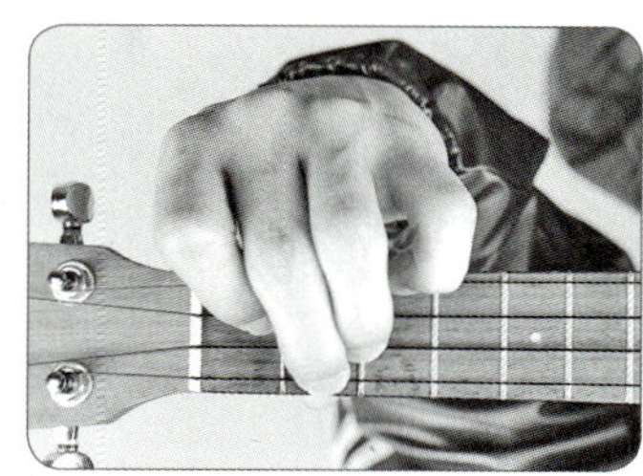

F6

| 에프 식스

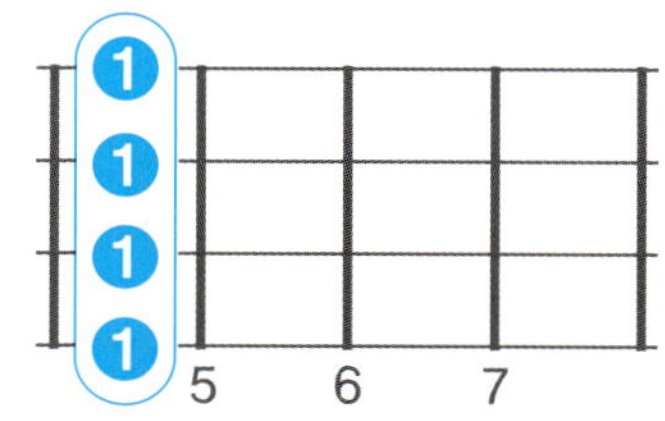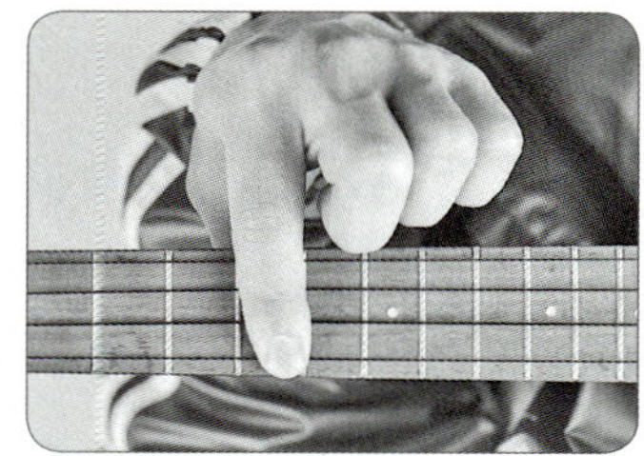

FM7

| 에프 메이저 세븐

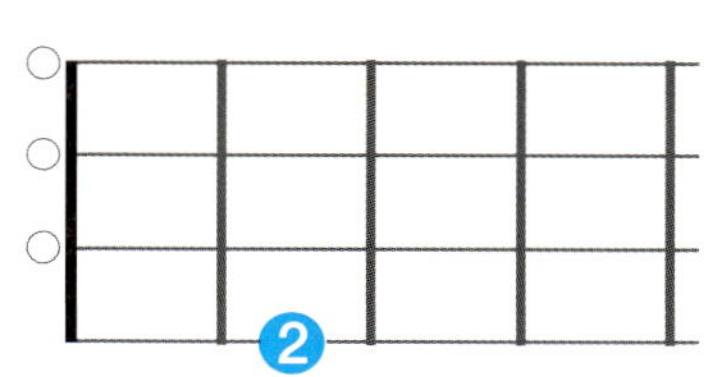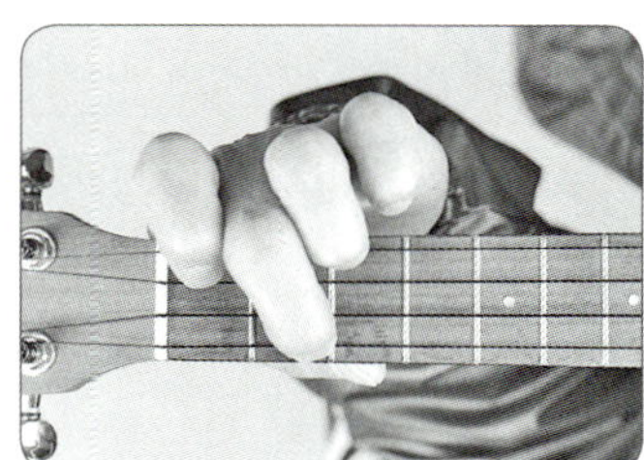

FM7

| 에프 메이저 세븐

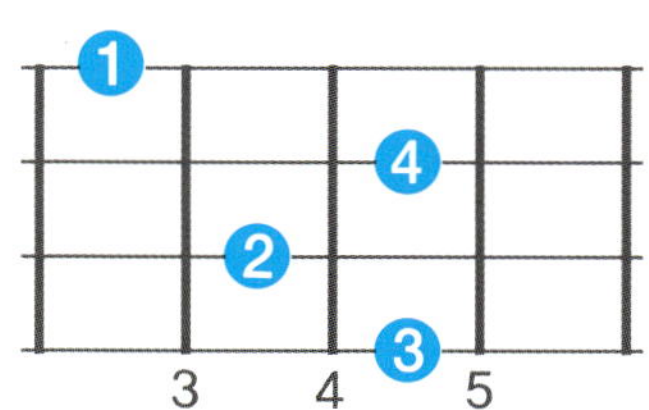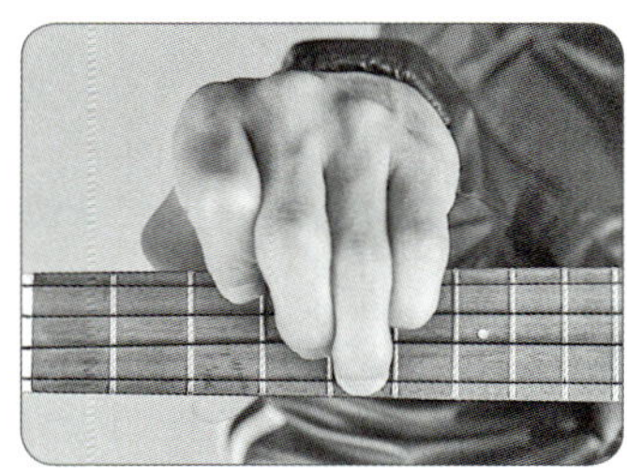

FM7

| 에프 메이저 세븐

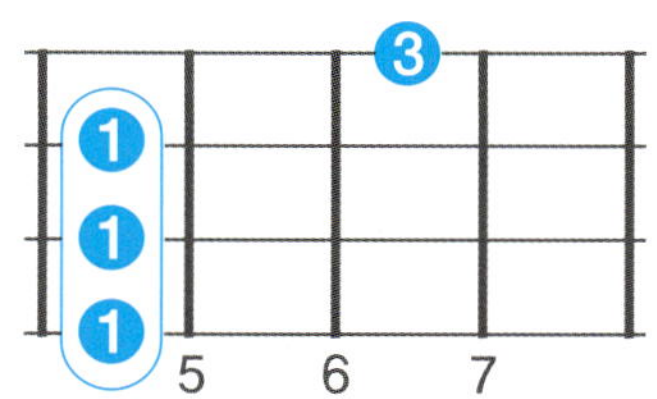

FM7

| 에프 메이저 세븐

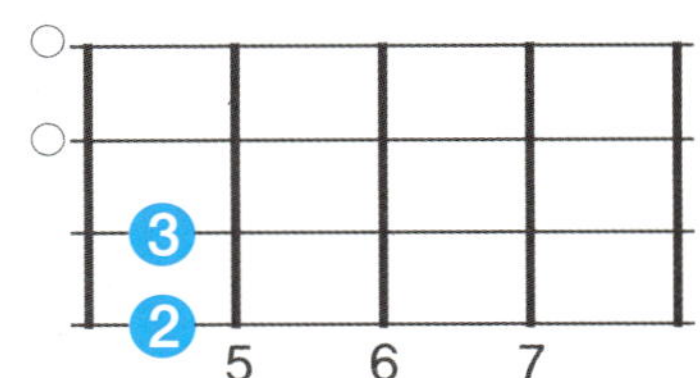

Fm7(♭5)

| 에프 마이너 세븐
플랫 파이브

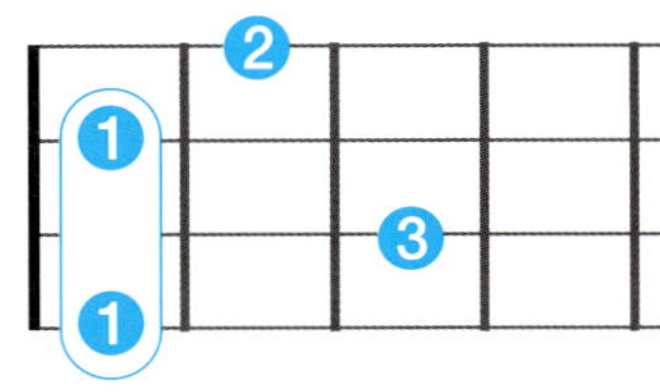

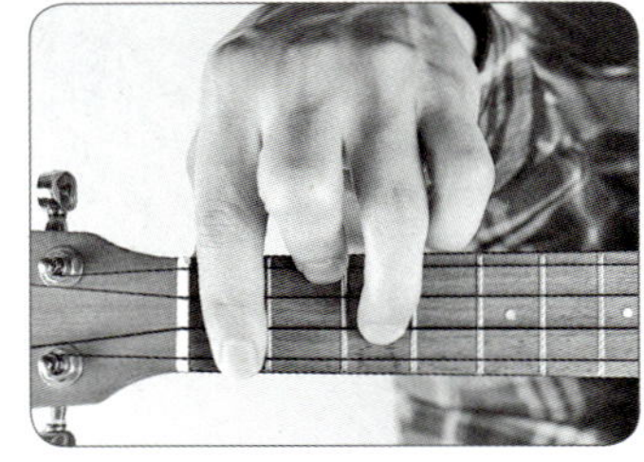

Fm7(♭5)

| 에프 마이너 세븐
플랫 파이브

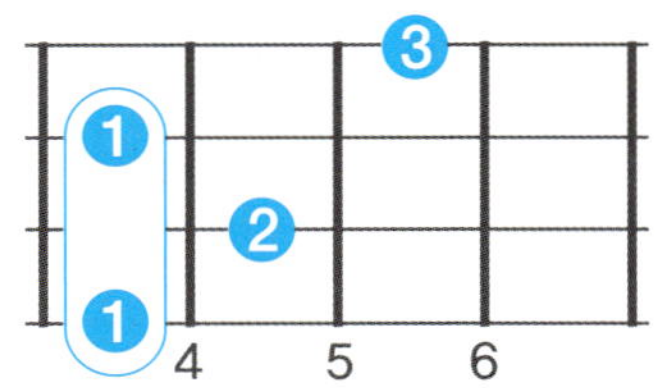

Fdim

| 에프 디미니쉬

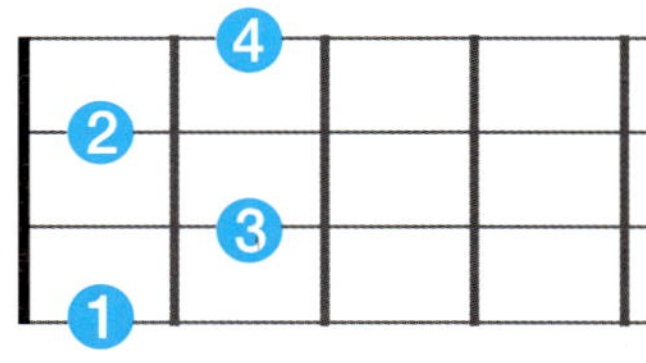

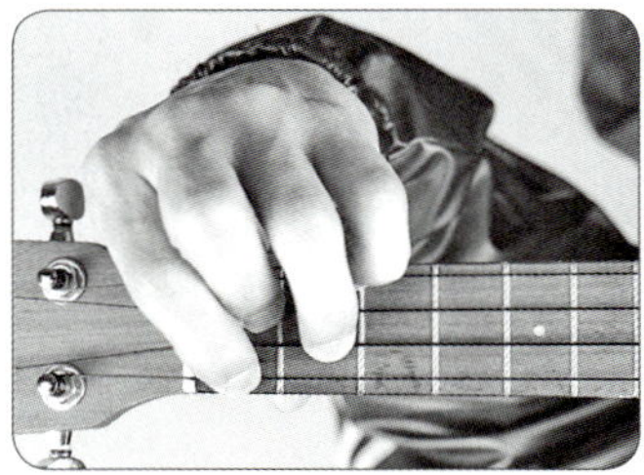

Fdim

| 에프 디미니쉬

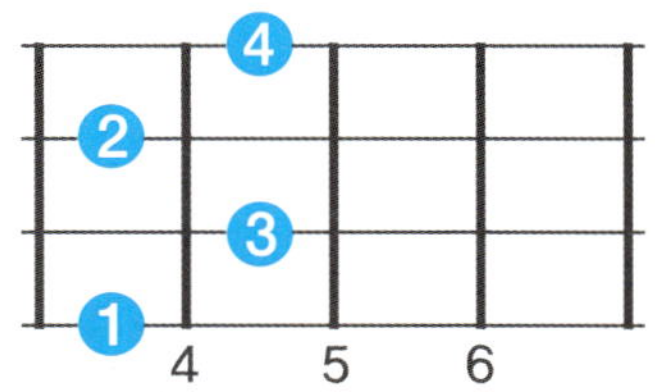

Fsus4

| 에프 서스포

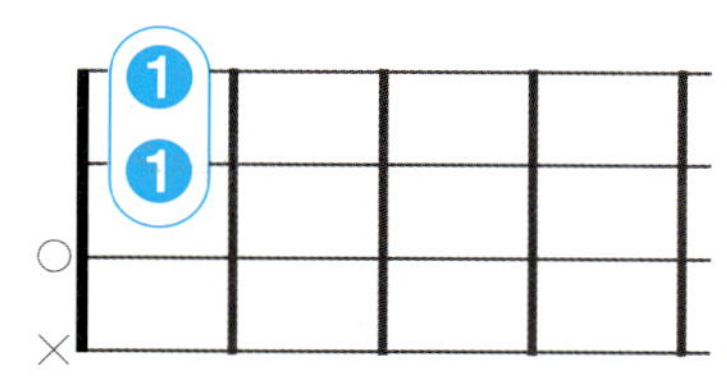

Fsus4

| 에프 서스포

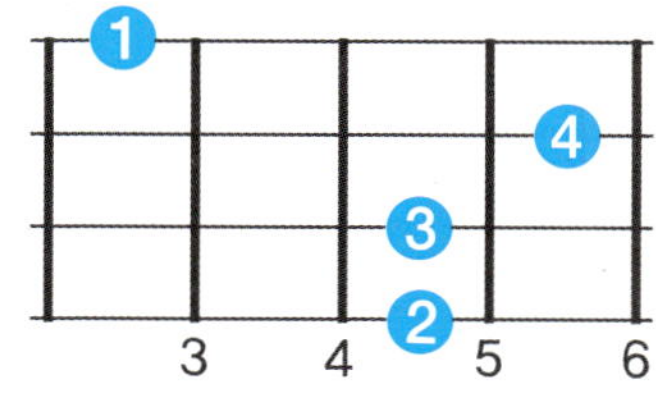

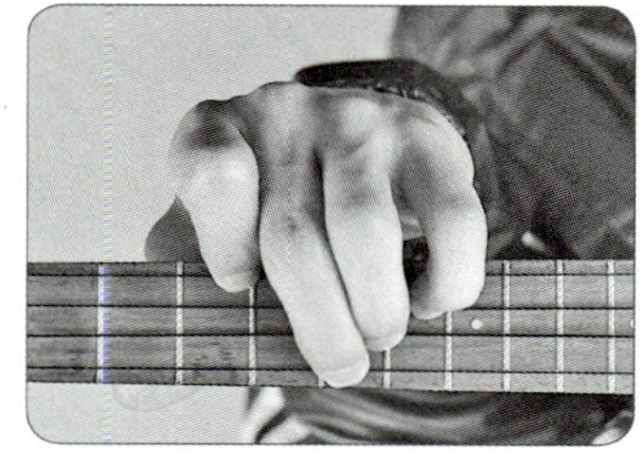

Fsus4

| 에프 서스포

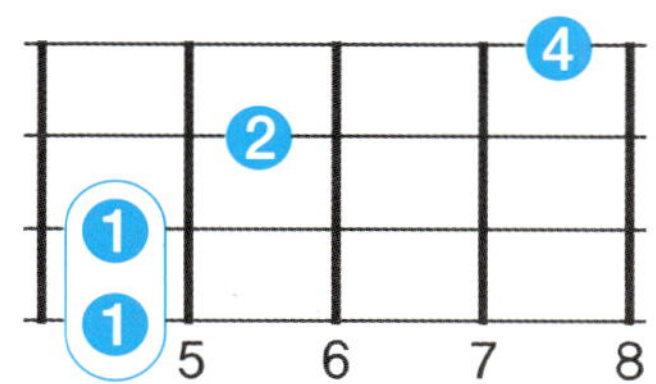

Faug

| 에프 오그먼트

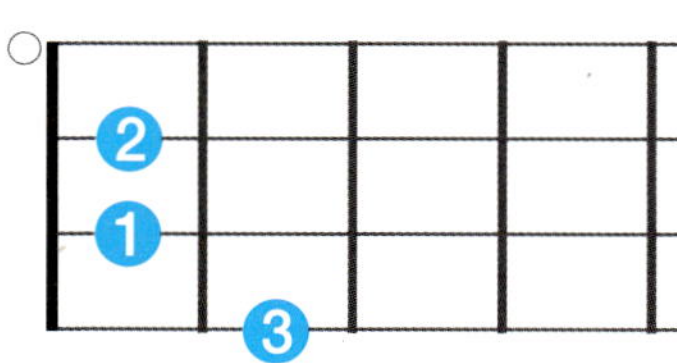
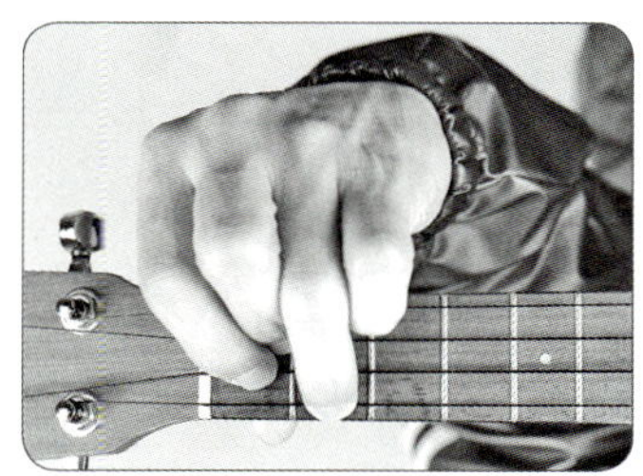

Faug

| 에프 오그먼트

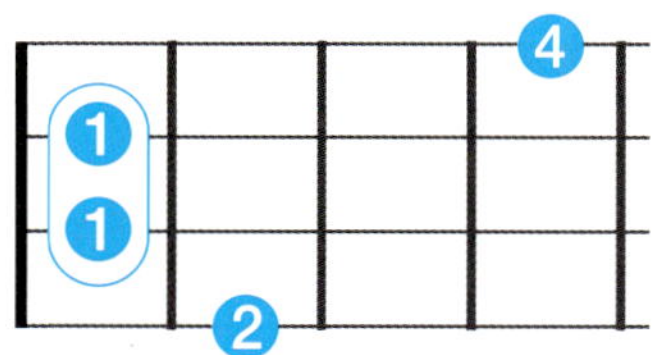

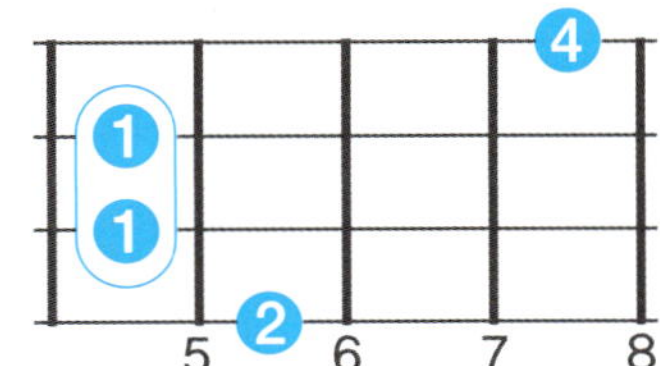

Faug

| 에프 오그먼트

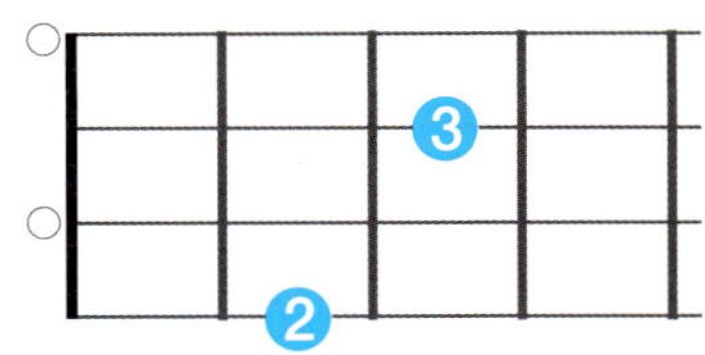
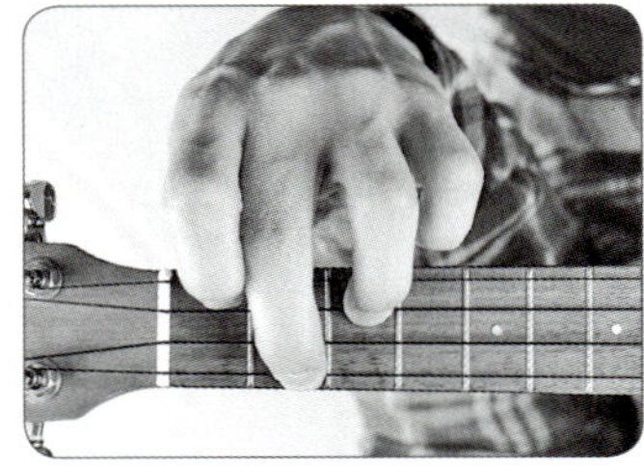

Fadd9

| 에프 애드 나인

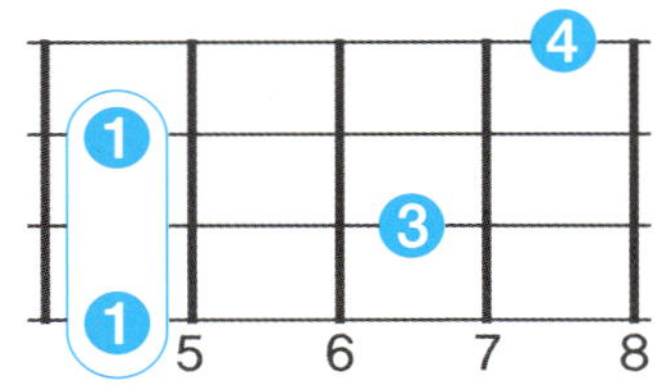
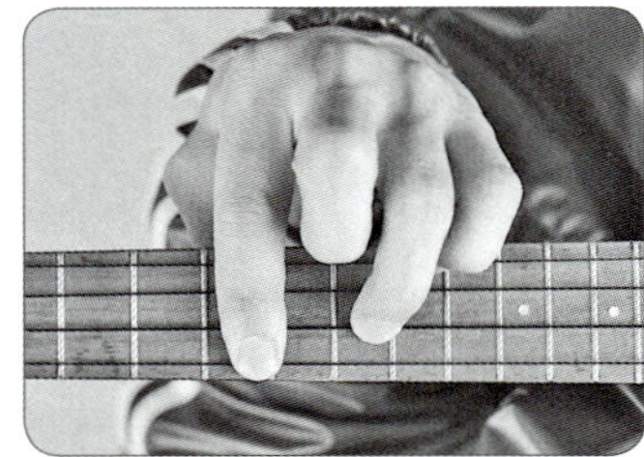

Fadd9

| 에프 애드 나인

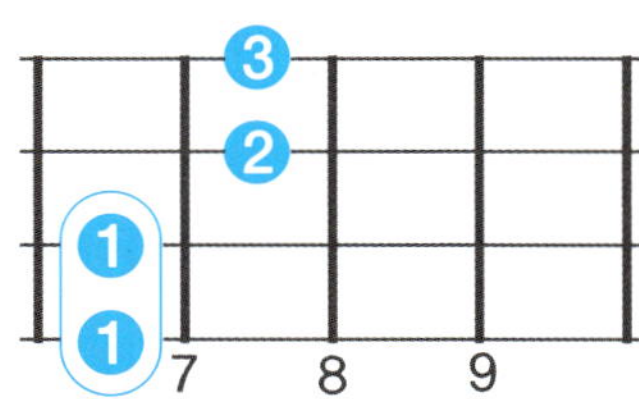

F6(9)

| 에프 식스 나인

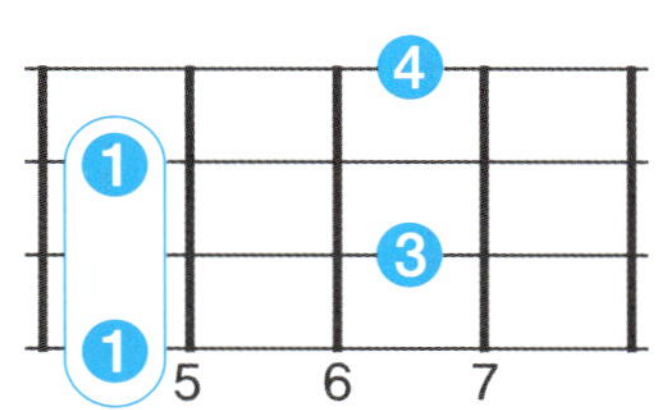
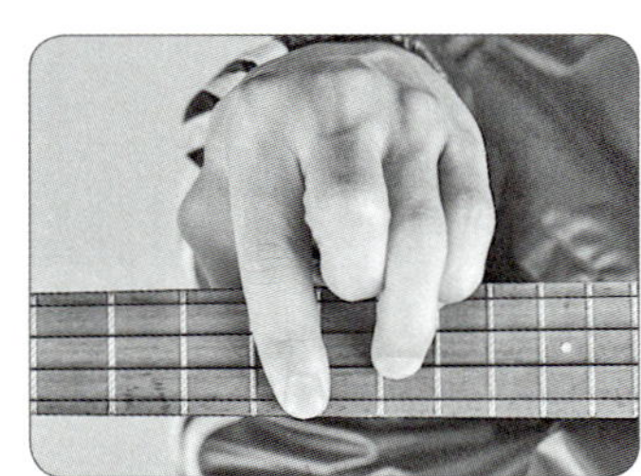

FM7(9)

| 에프 메이저 세븐 나인

Fm6

| 에프 마이너 식스

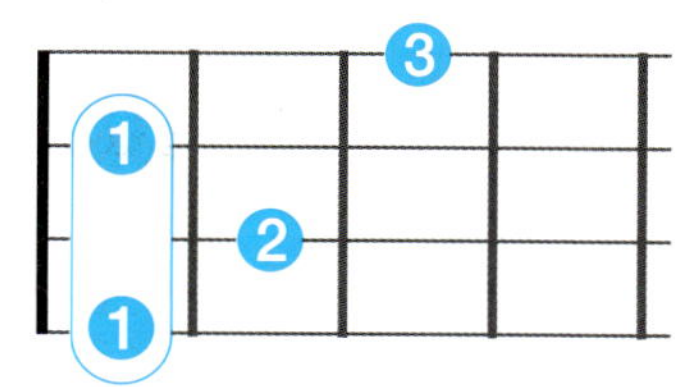
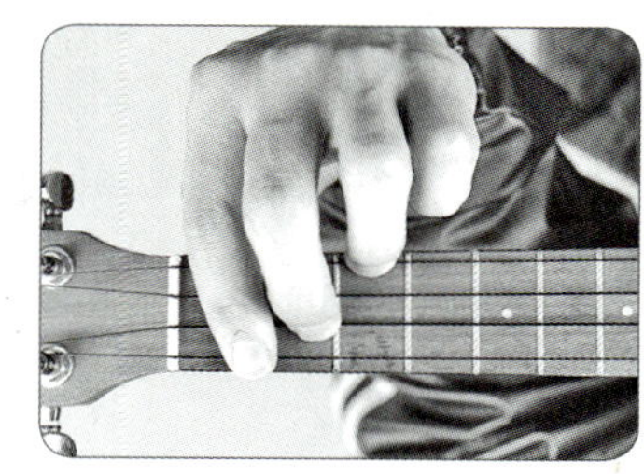

FmM7

| 에프 마이너 메이저
세븐

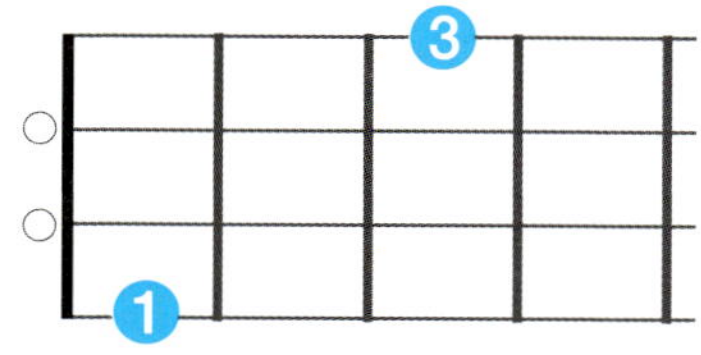
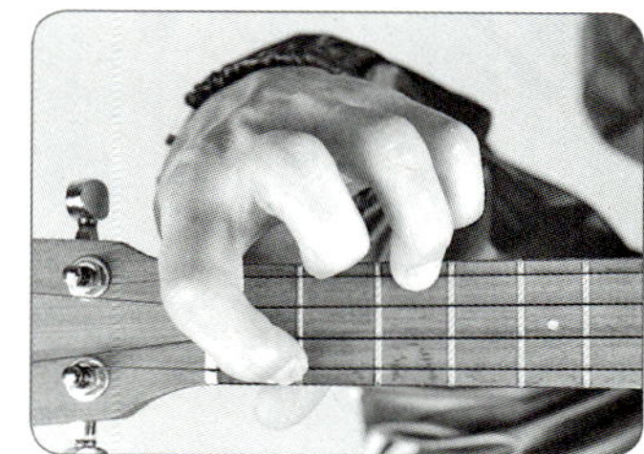

Fm7(9)

| 에프 마이너 세븐
나인

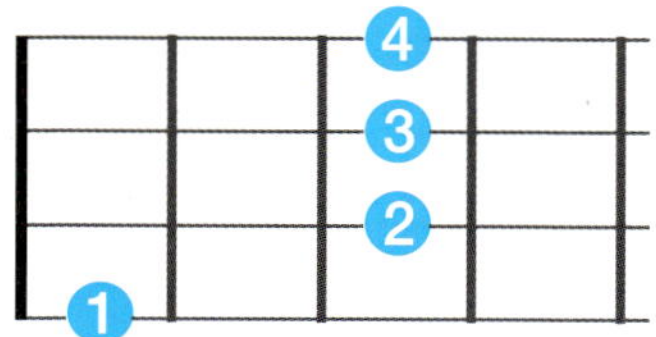
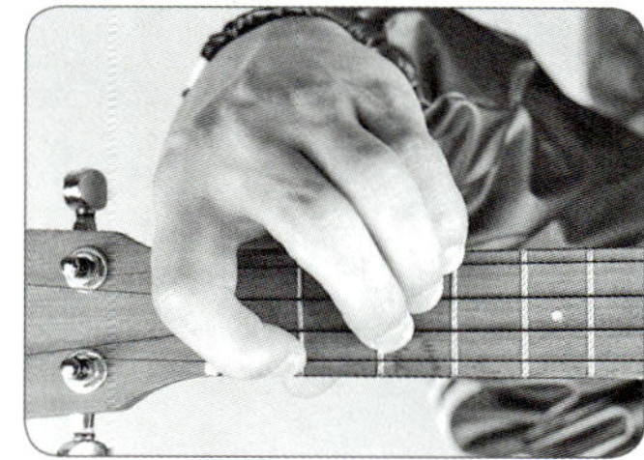

Fm7(11)

| 에프 마이너 세븐
일레븐

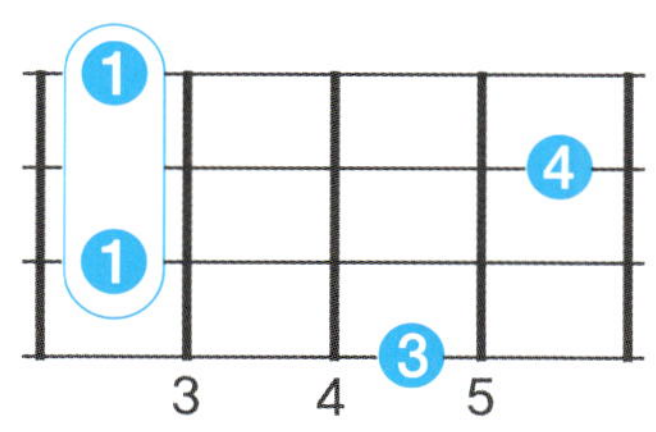

F7sus4

| 에프 세븐 서스포

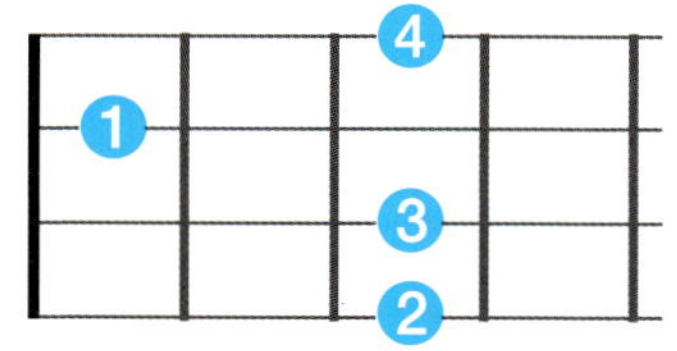
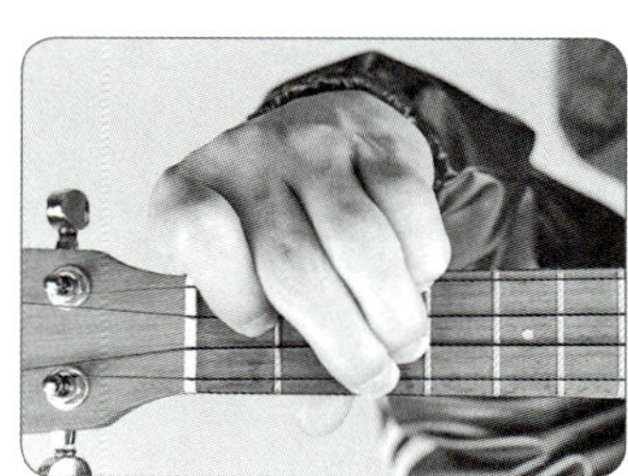

F7(♯5)

| 에프 세븐 샤프
파이브

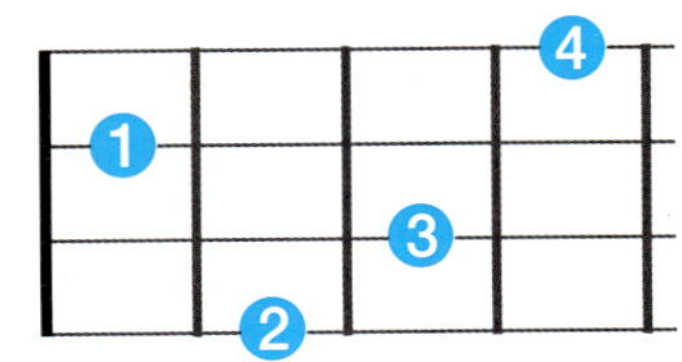

F7(♭5)

| 에프 세븐 플랫
파이브

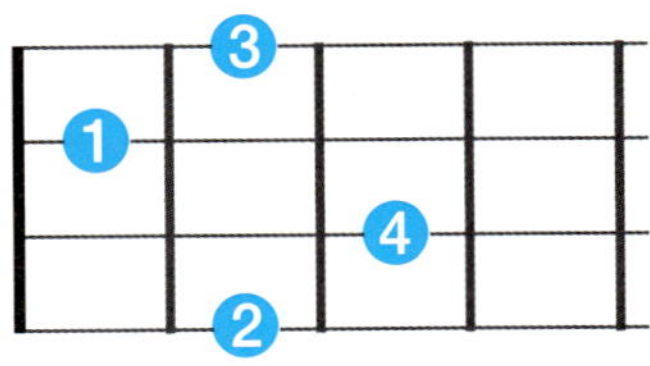
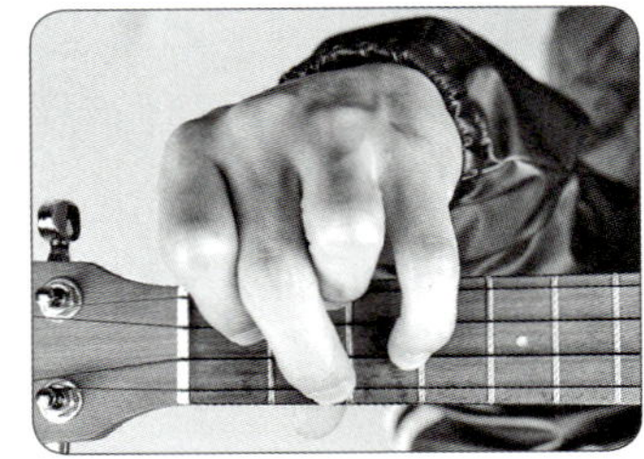

F7(9)

| 에프 세븐 나인

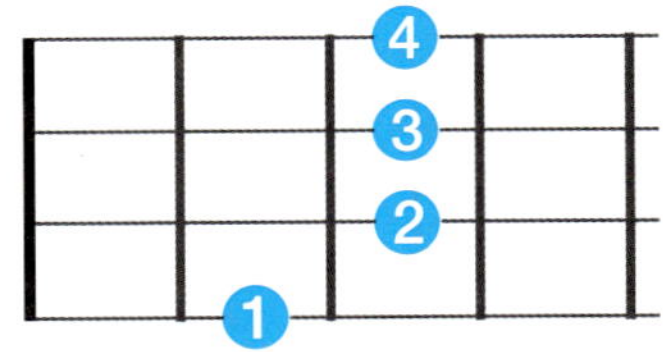
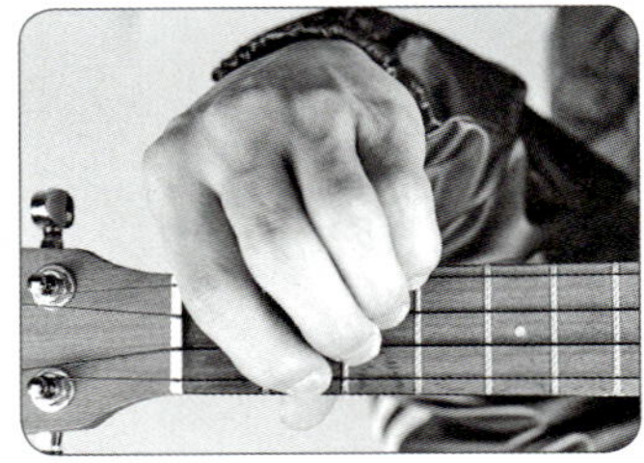

F7(♭9)

| 에프 세븐 플랫 나인

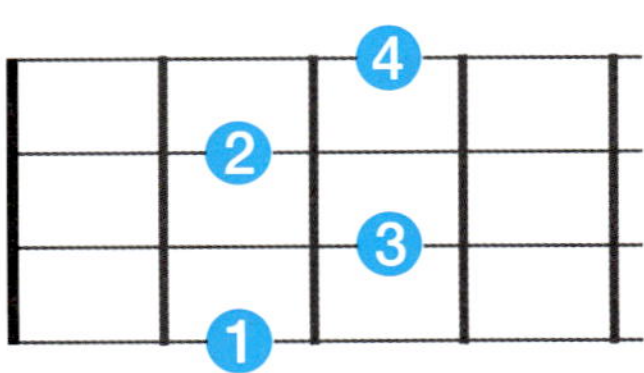

F7(♯9)

| 에프 세븐 샤프 나인

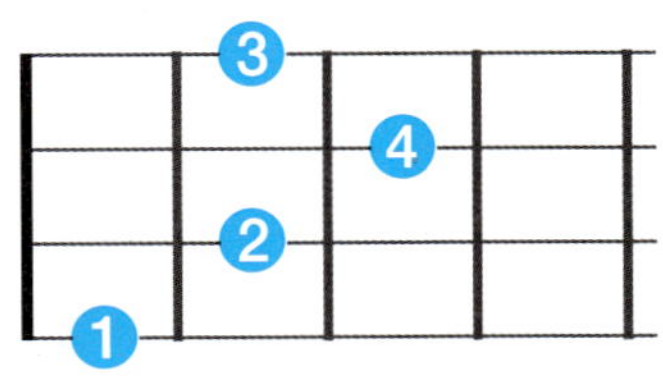

F#

| 에프 샤프

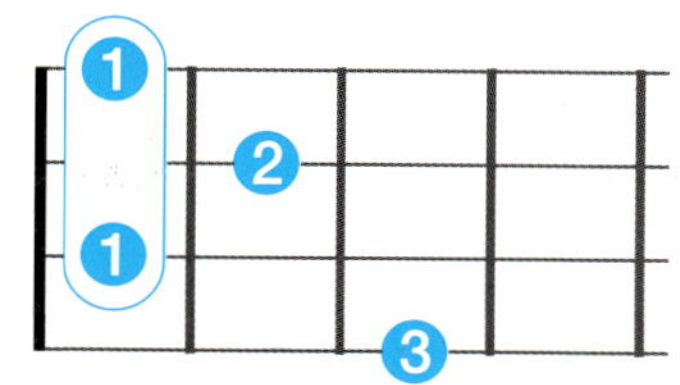
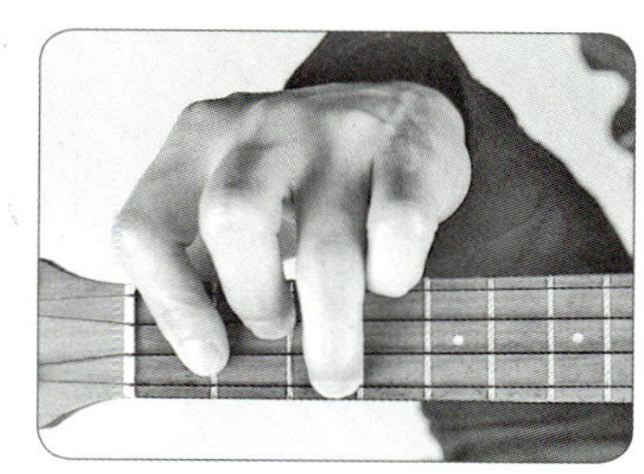

F#

| 에프 샤프

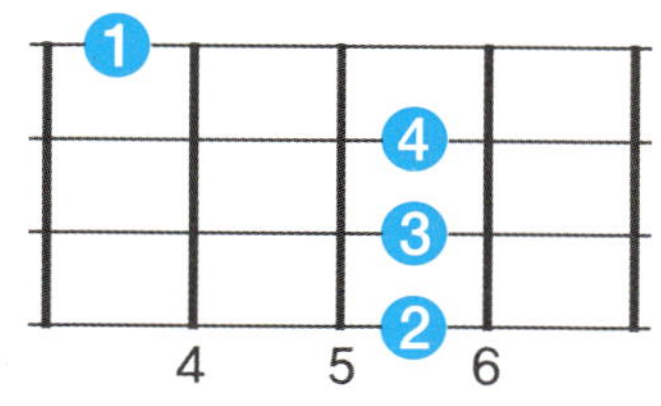
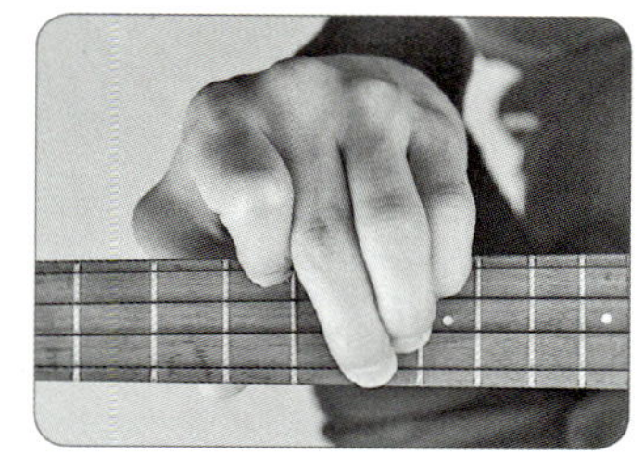

F#

| 에프 샤프

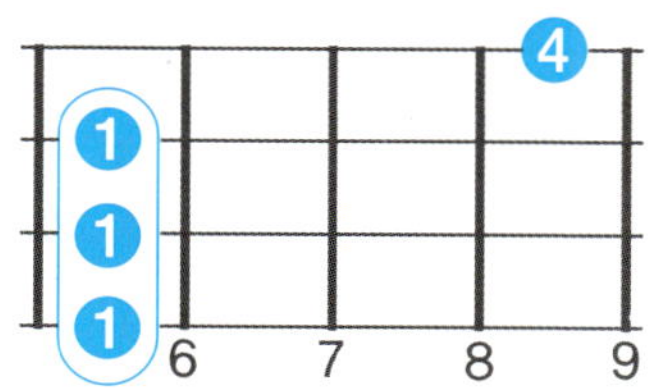

F#7

| 에프 샤프 세븐

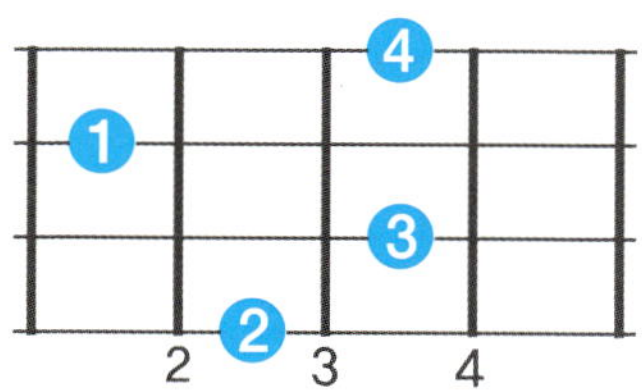
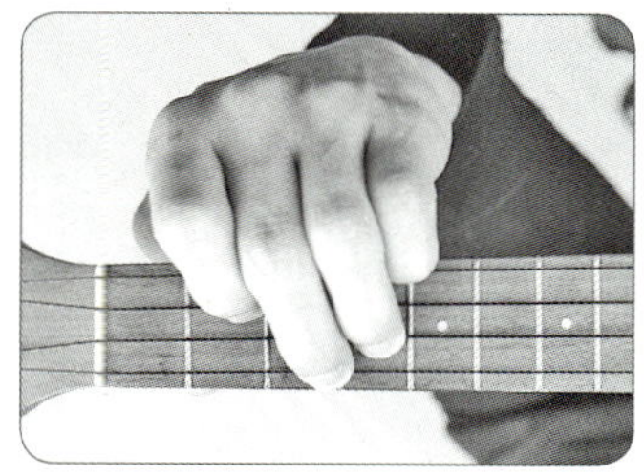

F#7

| 에프 샤프 세븐

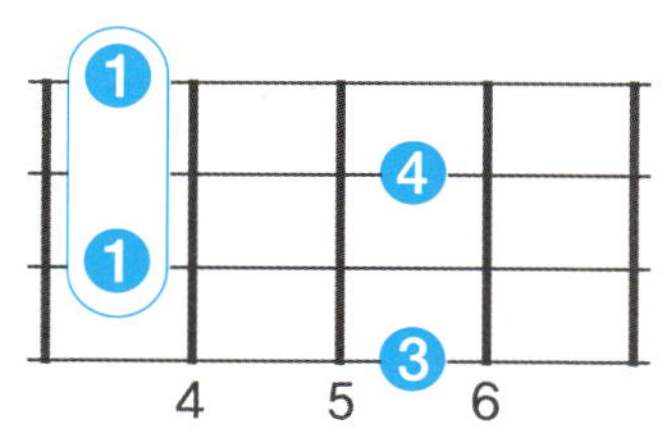

F#7

| 에프 샤프 세븐

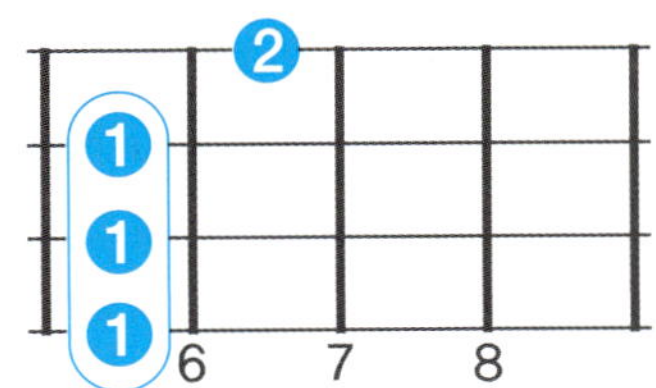

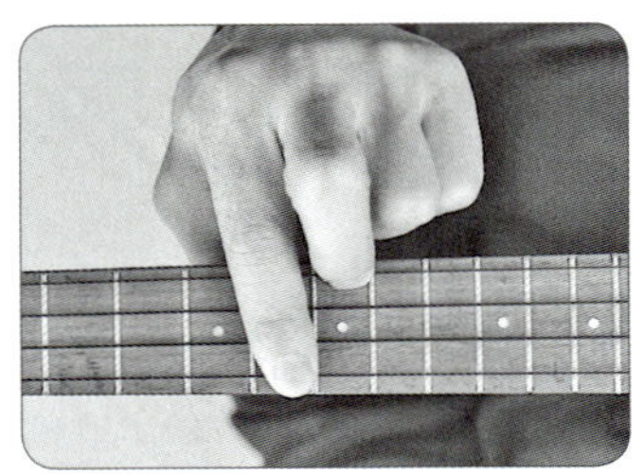

F#m

| 에프 샤프 마이너

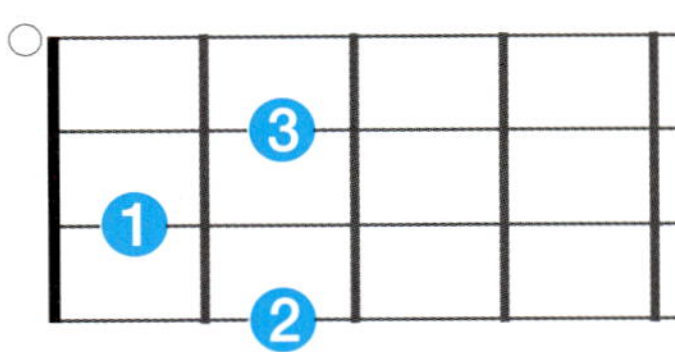

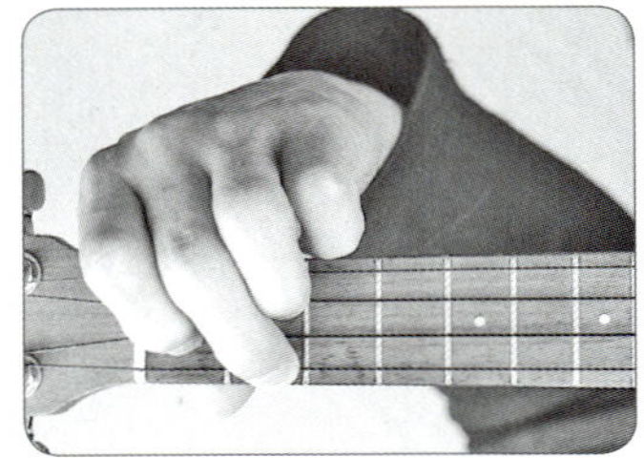

F#m

| 에프 샤프 마이너

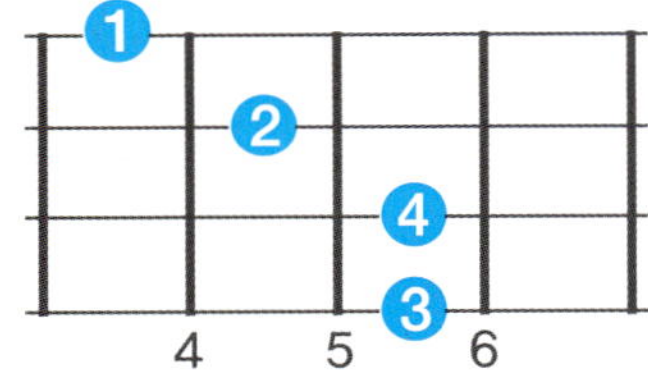

F#m7

| 에프 샤프 마이너
세븐

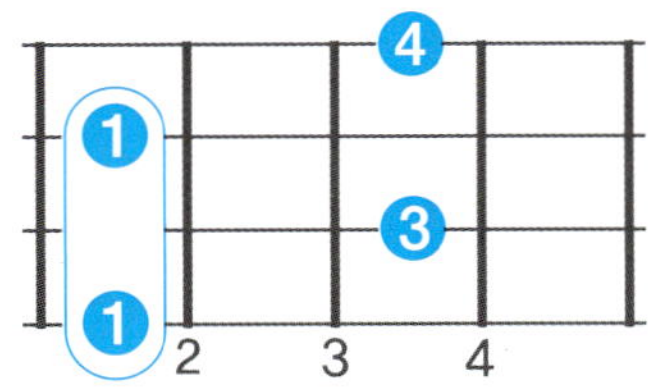

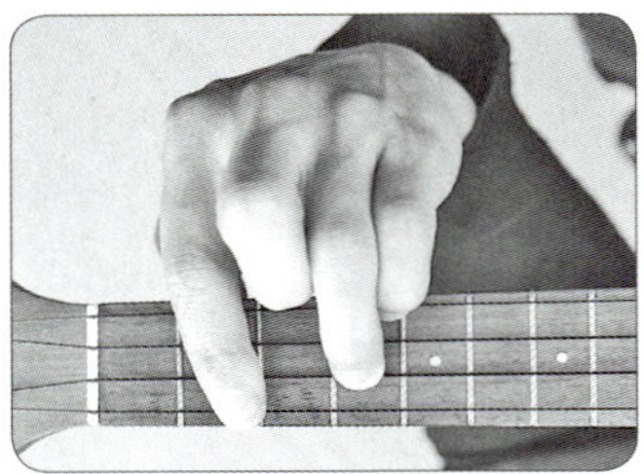

F#m7

| 에프 샤프 마이너
세븐

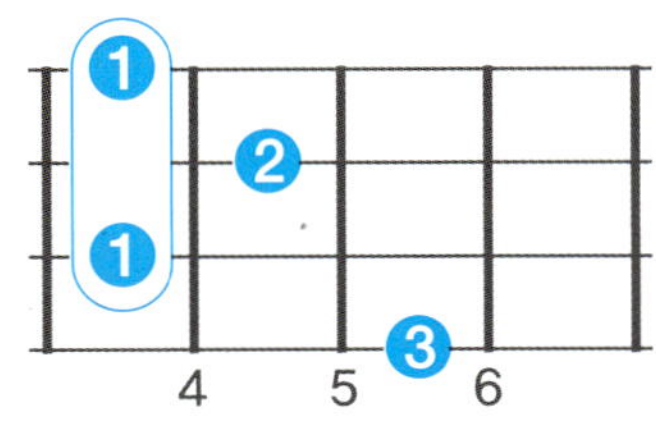

F#m7

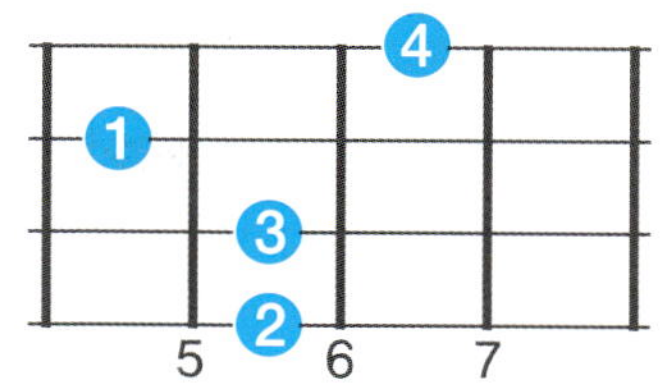

| 에프 샤프 마이너 세븐

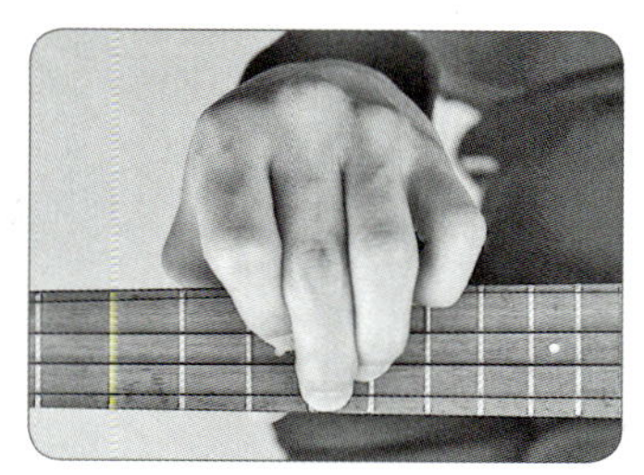

F#6

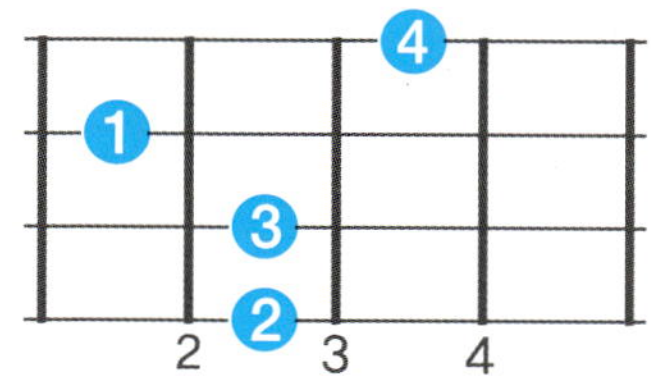

| 에프 샤프 식스

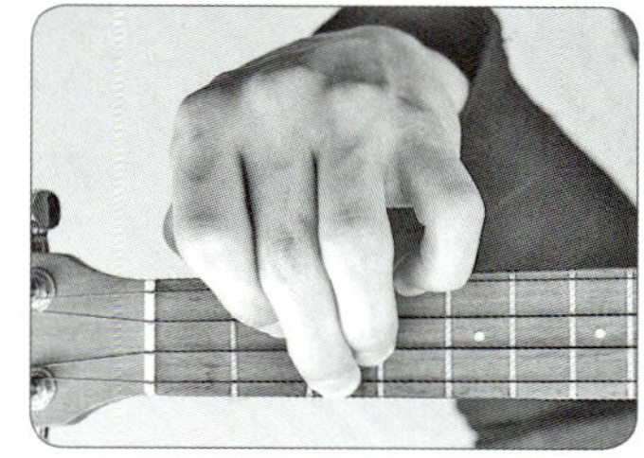

F#6

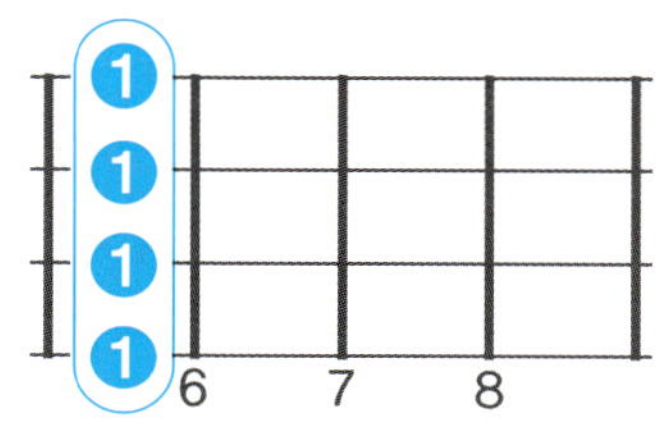

| 에프 샤프 식스

F#M7

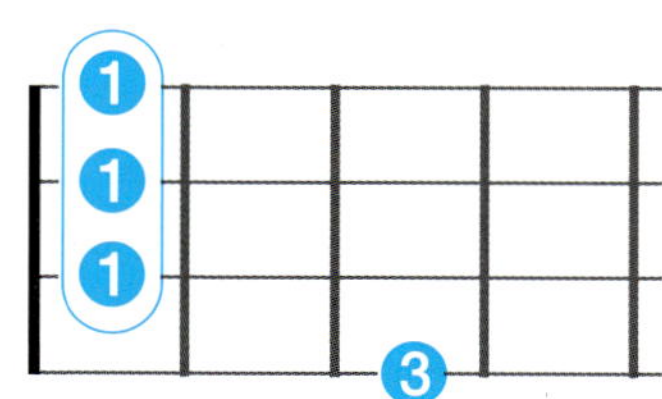

| 에프 샤프 메이저 세븐

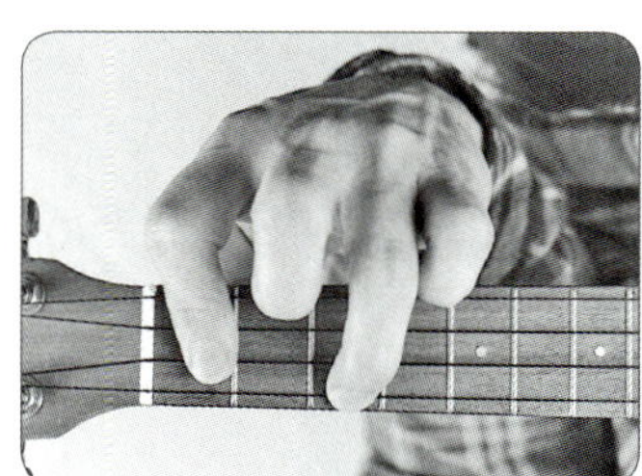

F#M7

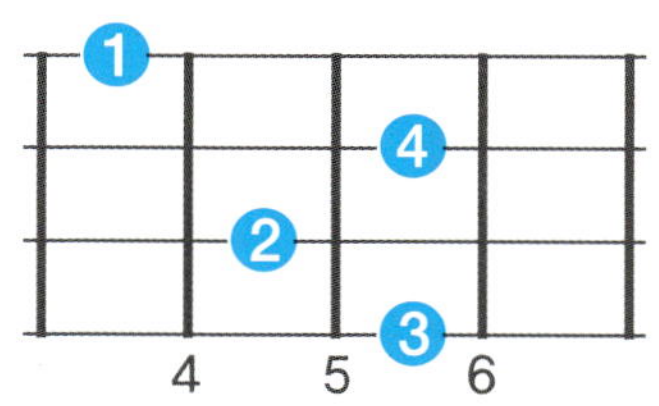

| 에프 샤프 메이저 세븐

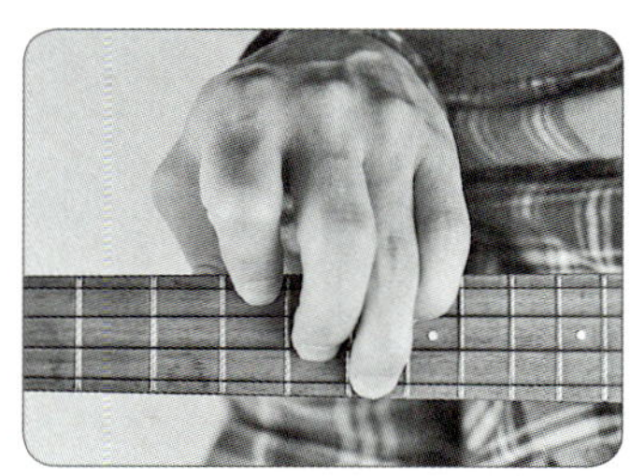

F#M7

| 에프 샤프 메이저 세븐

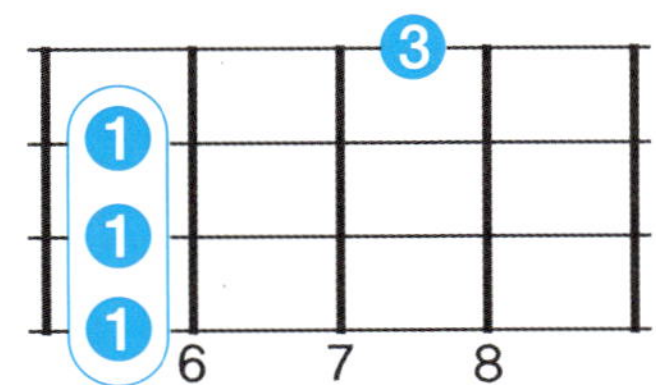

F#m7(♭5)

| 에프 샤프 마이너 세븐 플랫 파이브

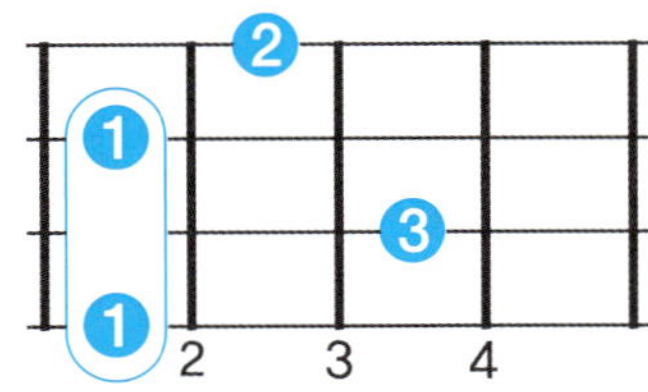

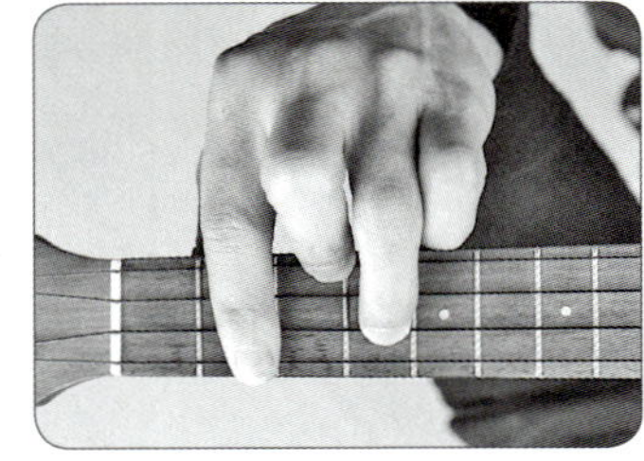

F#m7(♭5)

| 에프 샤프 마이너 세븐 플랫 파이브

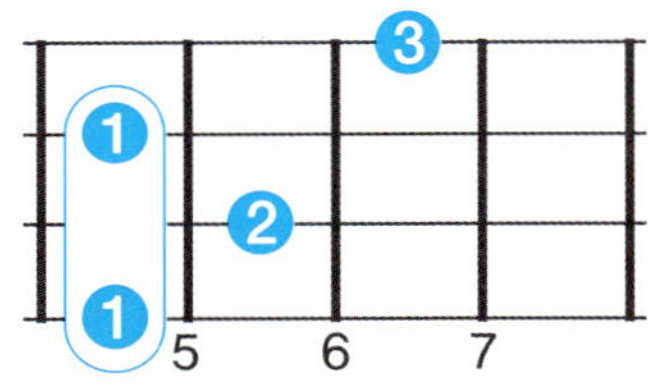

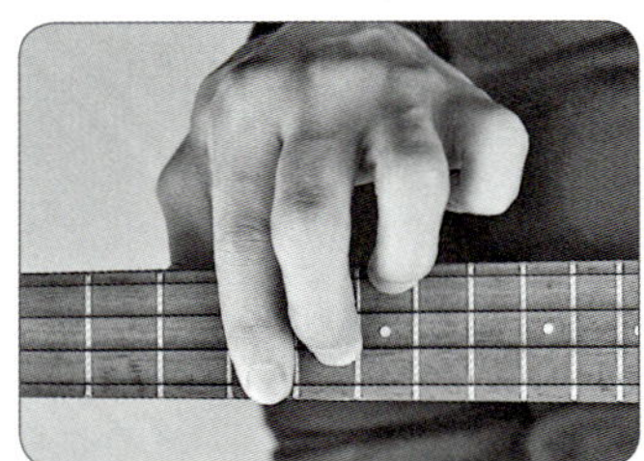

F#dim

| 에프 샤프 디미니쉬

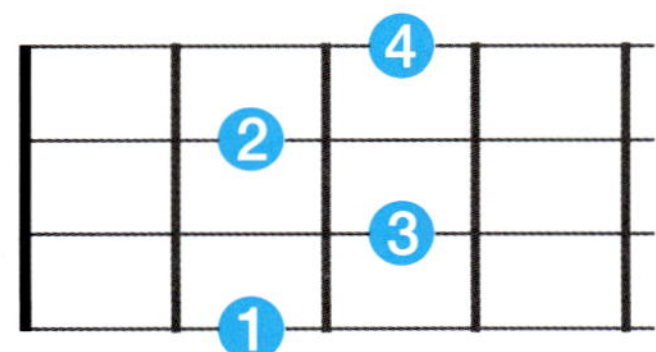

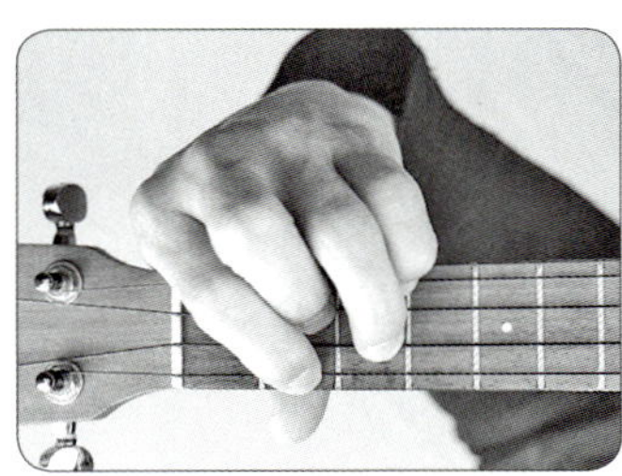

F#dim

| 에프 샤프 디미니쉬

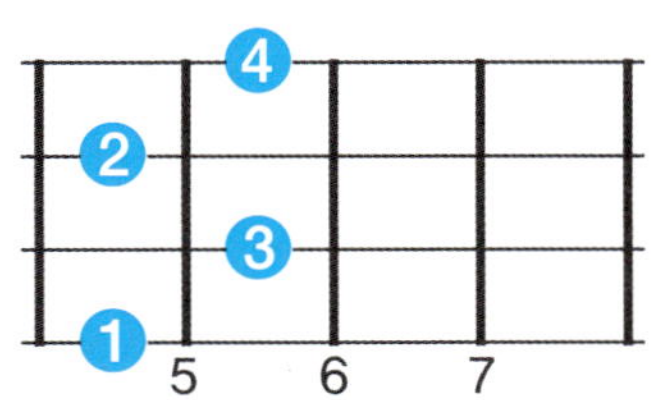

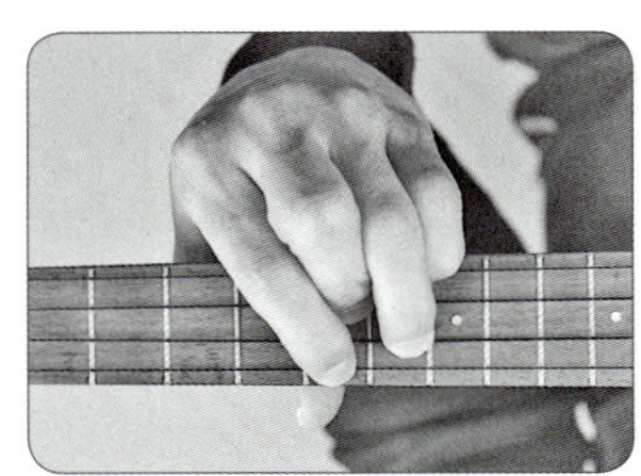

F#sus4

| 에프 샤프 서스포

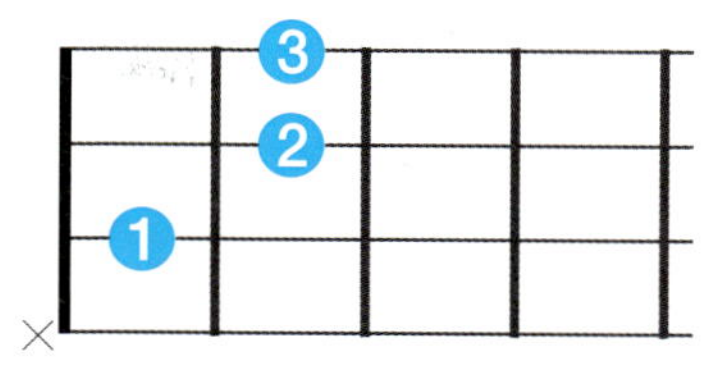

F#sus4

| 에프 샤프 서스포

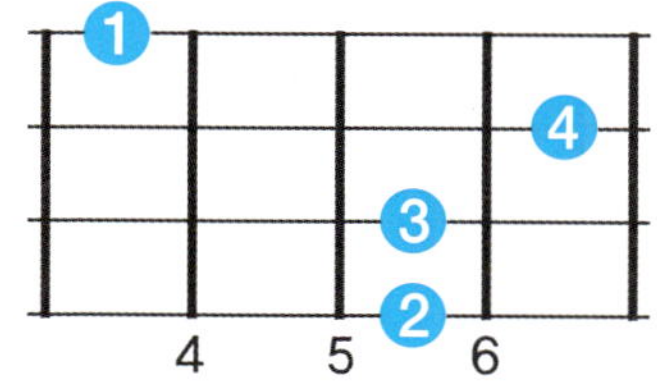
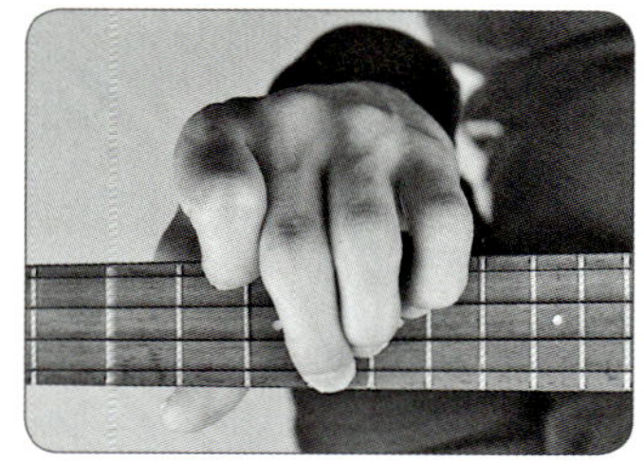

F#sus4

| 에프 샤프 서스포

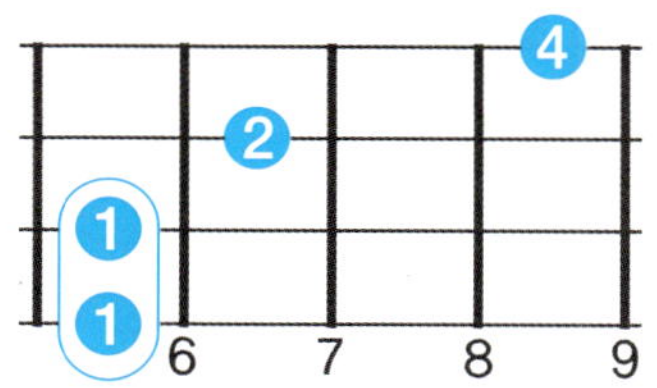

F#aug

| 에프 샤프 오그먼트

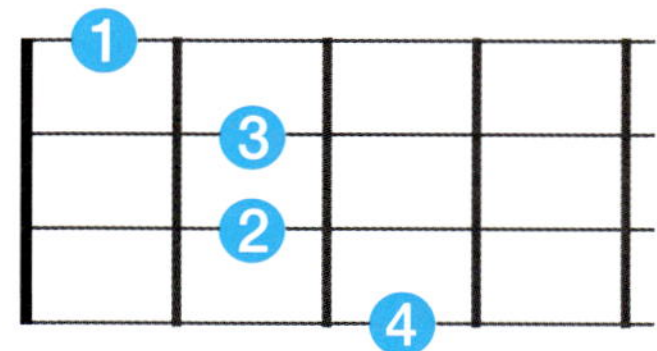

F#aug

| 에프 샤프 오그먼트

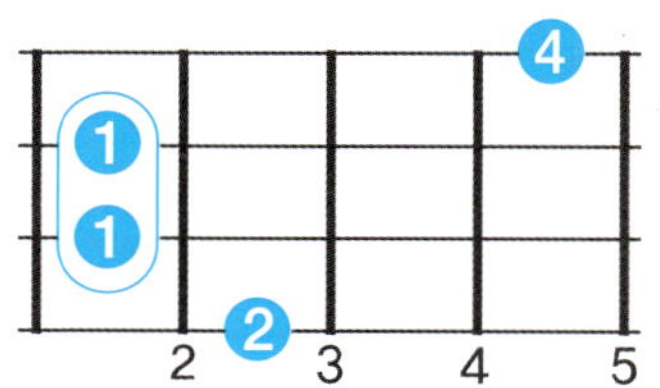

F#aug

| 에프 샤프 오그먼트

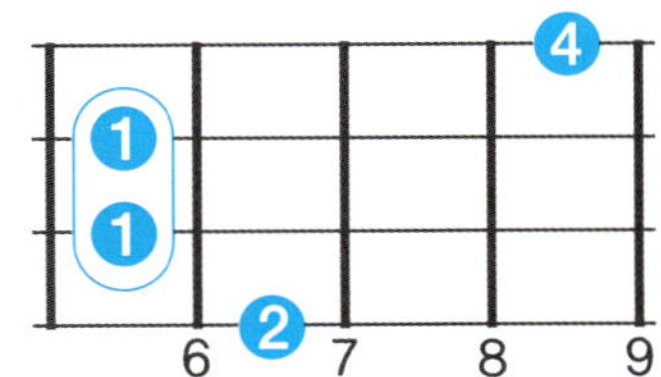
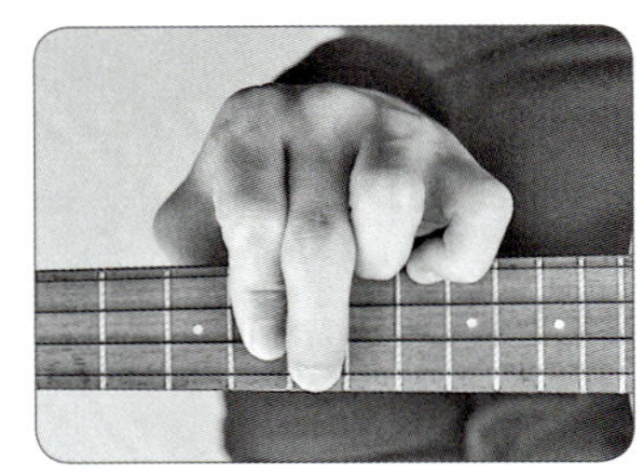

F#add9

| 에프 샤프 애드 나인

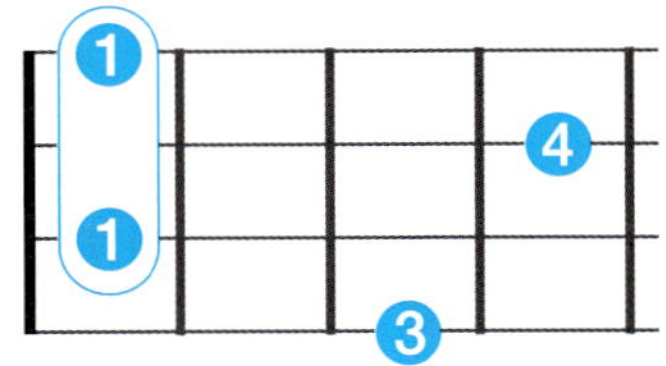
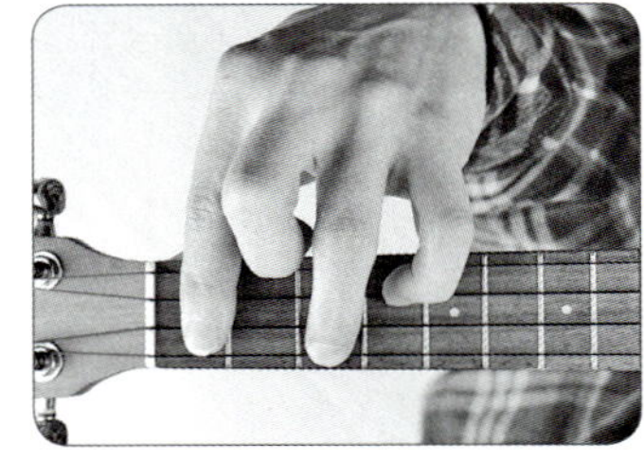

F#add9

| 에프 샤프 애드 나인

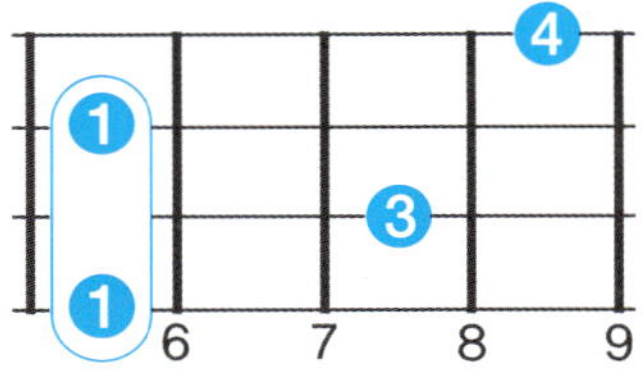

F#6(9)

| 에프 샤프 식스 나인

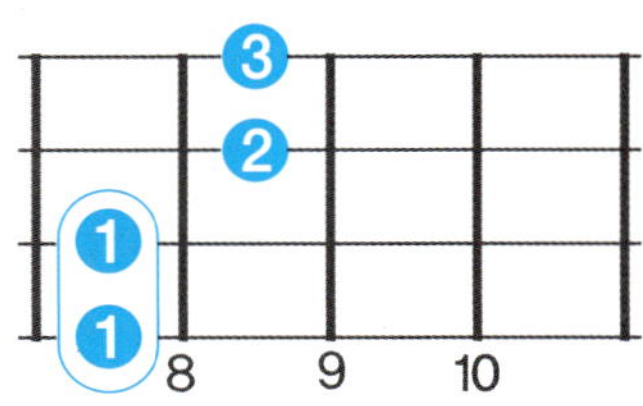

F#M7(9)

| 에프 샤프 메이저
세븐 나인

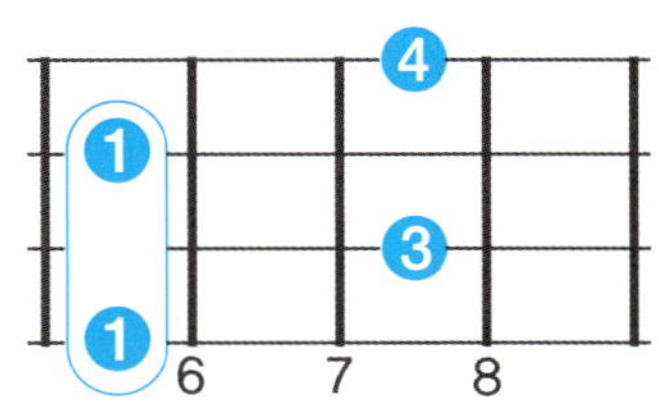

F#m6

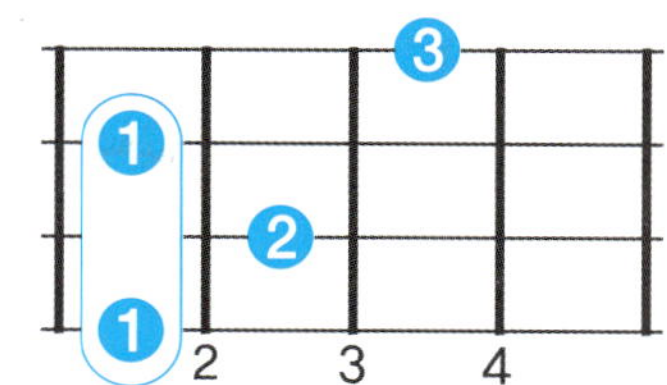

| 에프 샤프 마이너 식스

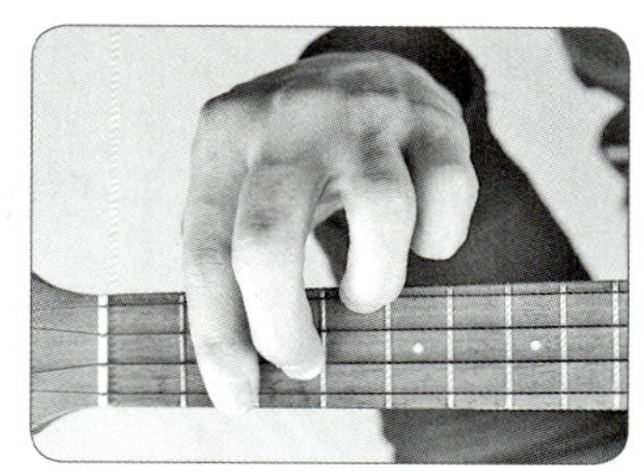

F#mM7

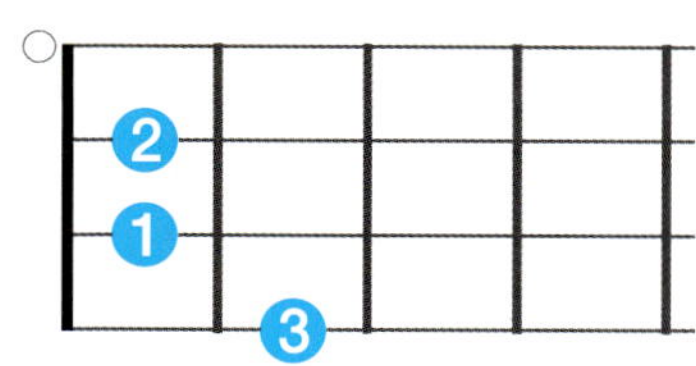

| 에프 샤프 마이너 메이저 세븐

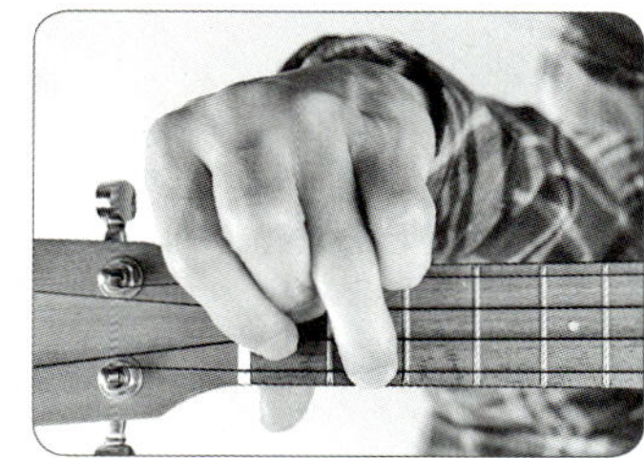

F#m7(9)

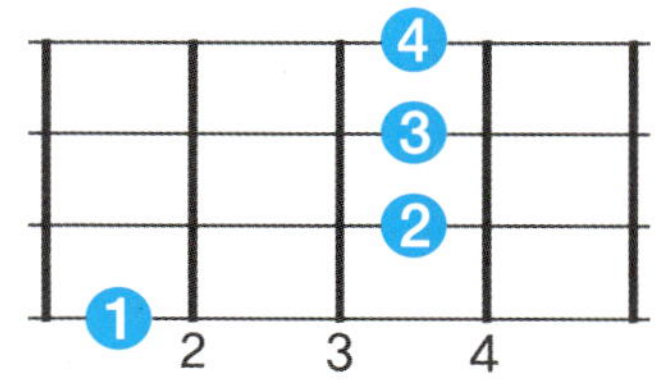

| 에프 샤프 마이너 세븐 나인

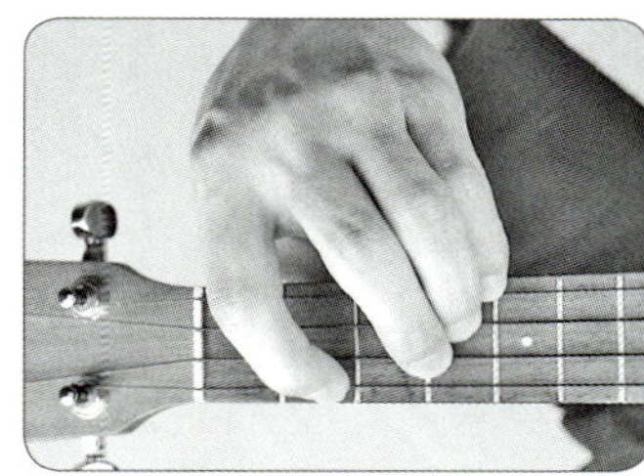

F#m7(11)

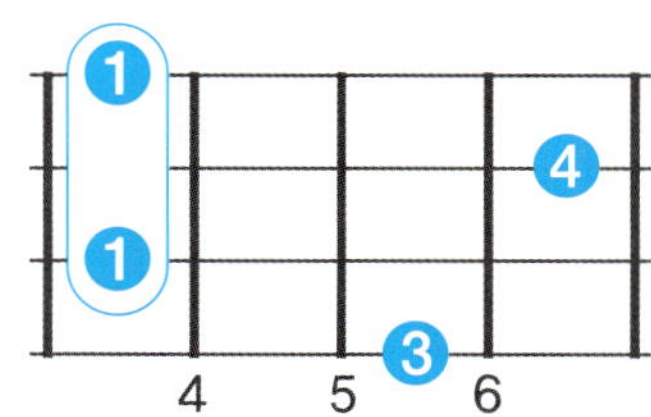

| 에프 샤프 마이너 세븐 일레븐

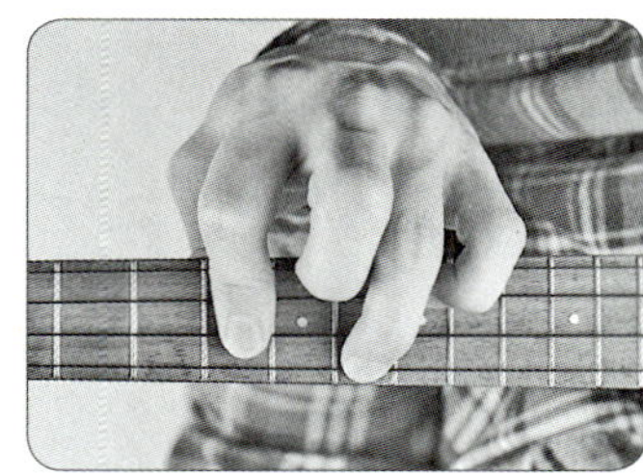

F#7sus4

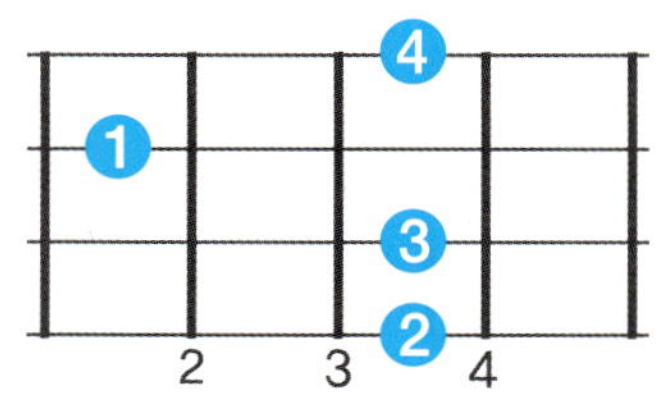

| 에프 샤프 세븐 서스포

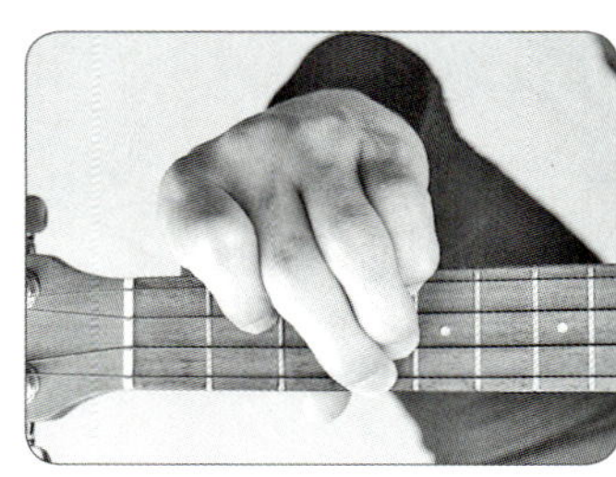

F#7(#5)

| 에프 샤프 세븐 샤프 파이브

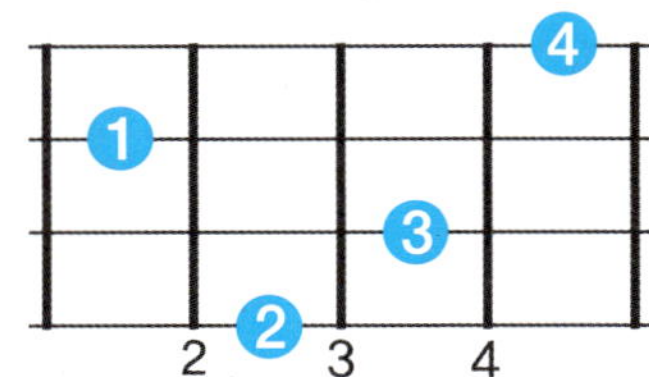

F#7(♭5)

| 에프 샤프 세븐 플랫 파이브

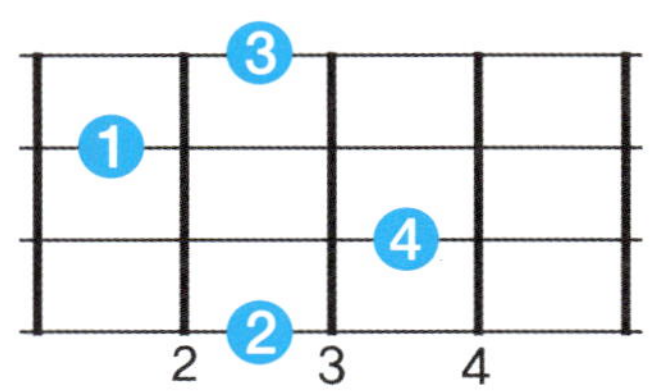
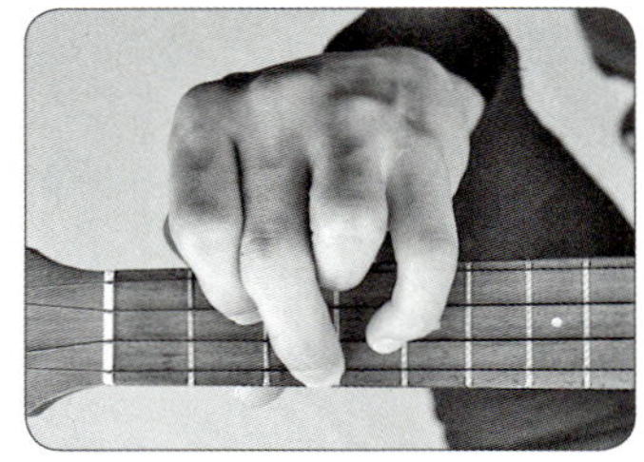

F#7(9)

| 에프 샤프 세븐 나인

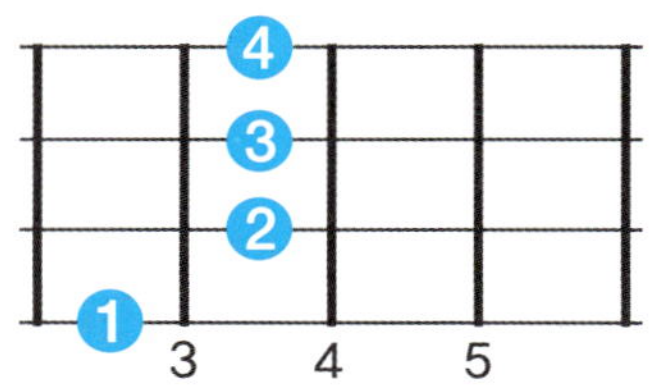
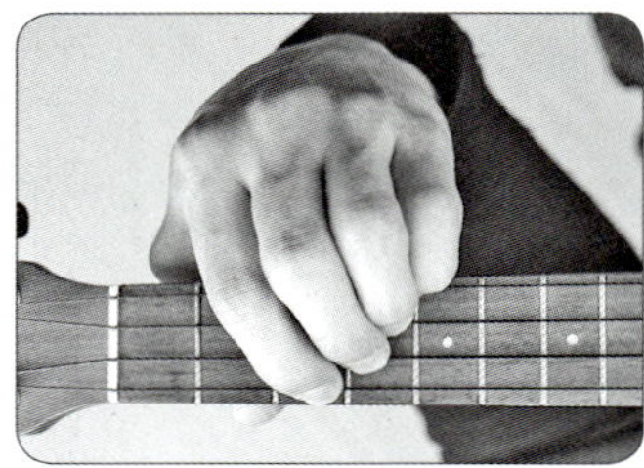

F#7(♭9)

| 에프 샤프 세븐 플랫 나인

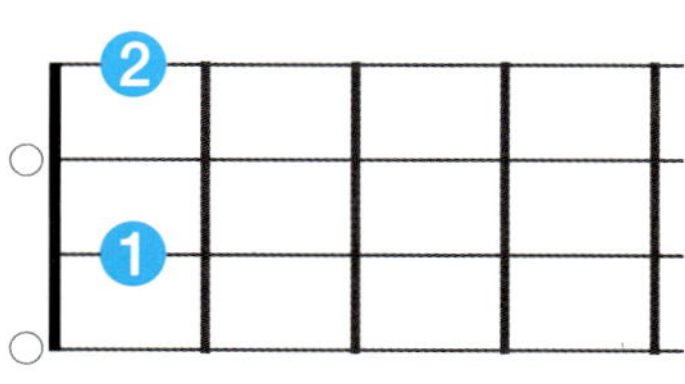

F#7(#9)

| 에프 샤프 세븐 샤프 나인

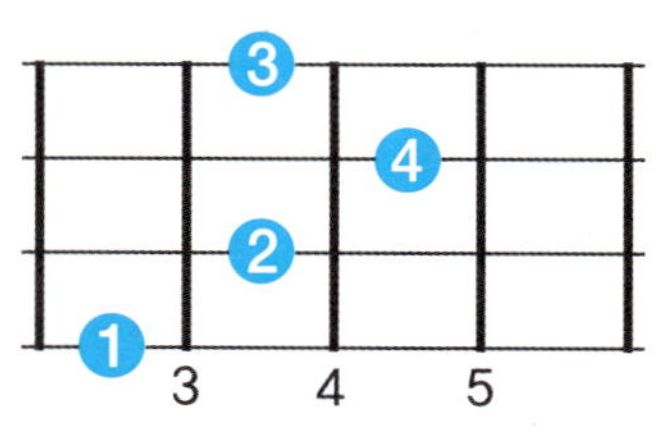

G
| 지

G
| 지

G
| 지

G
| 지

G7
| 지 세븐

G7

지 세븐

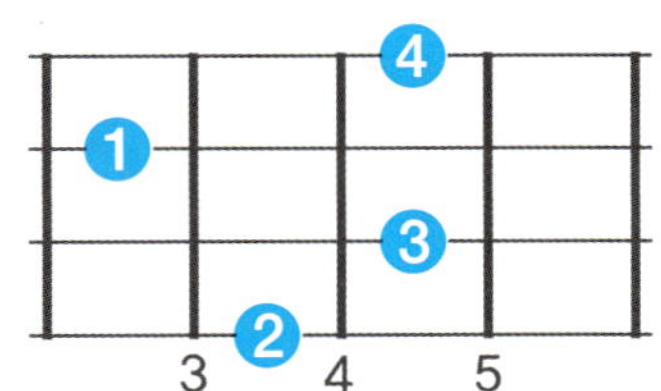

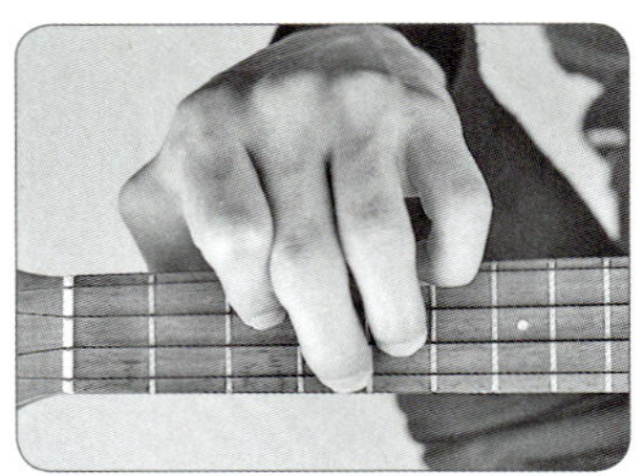

G7

지 세븐

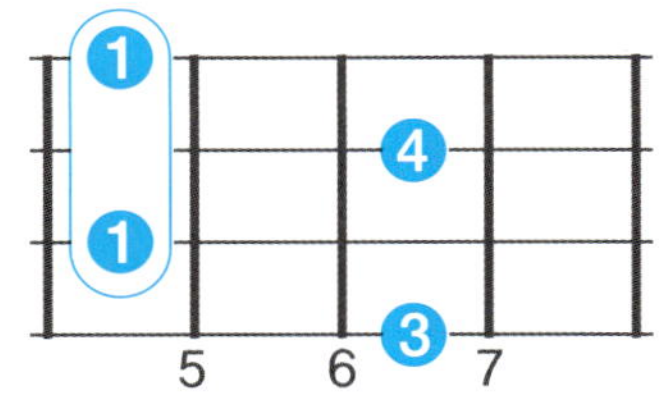

G7

지 세븐

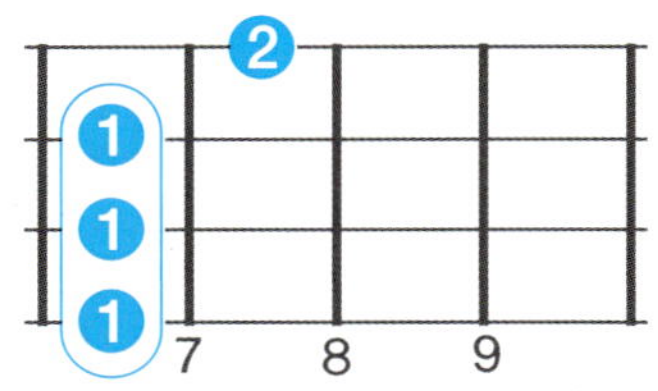

Gm

지 마이너

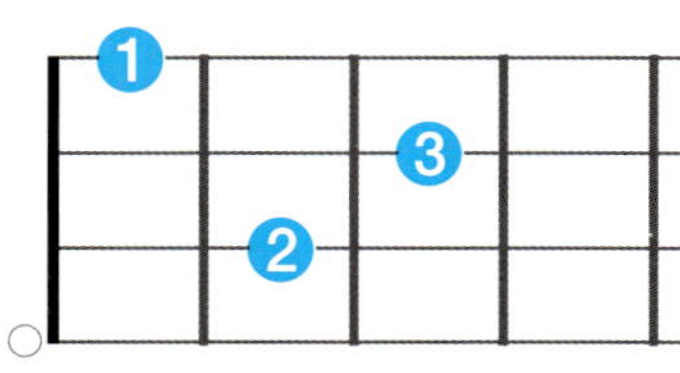

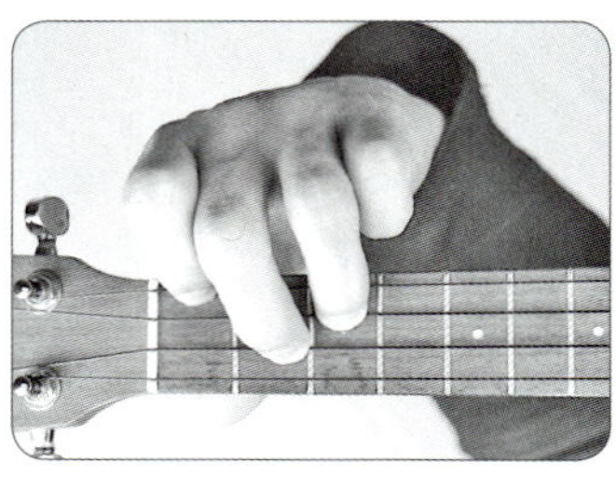

Gm

지 마이너

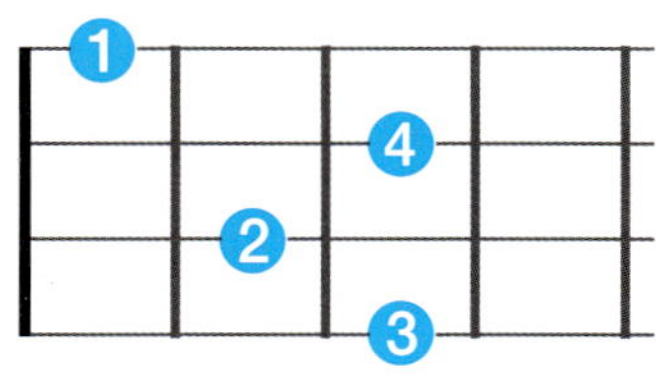

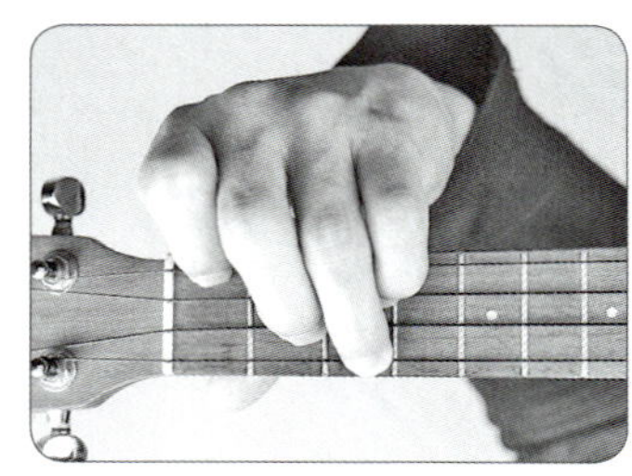

Gm

| 지 마이너

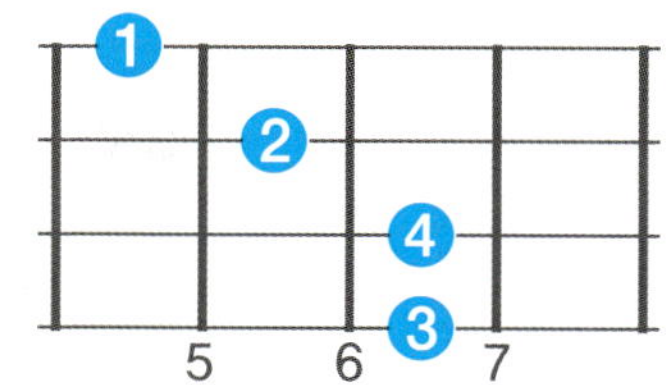
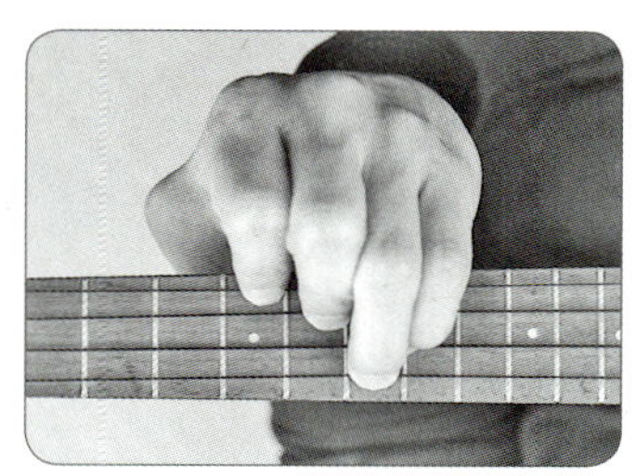

Gm7

| 지 마이너 세븐

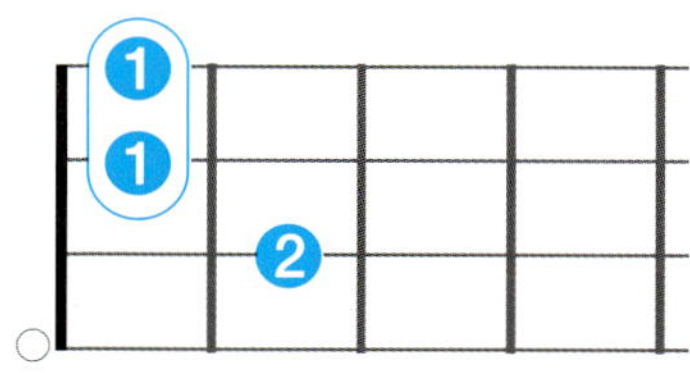
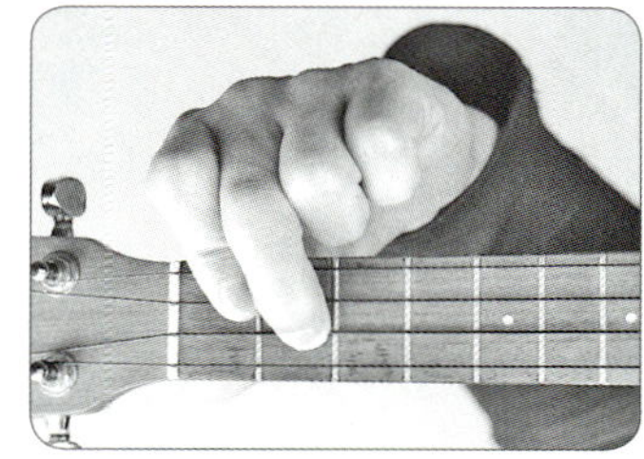

Gm7

| 지 마이너 세븐

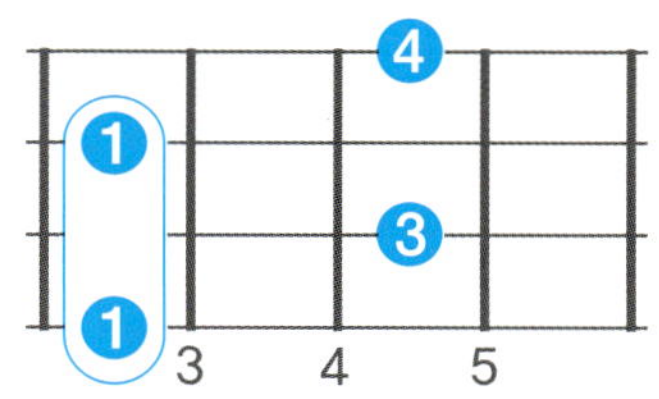
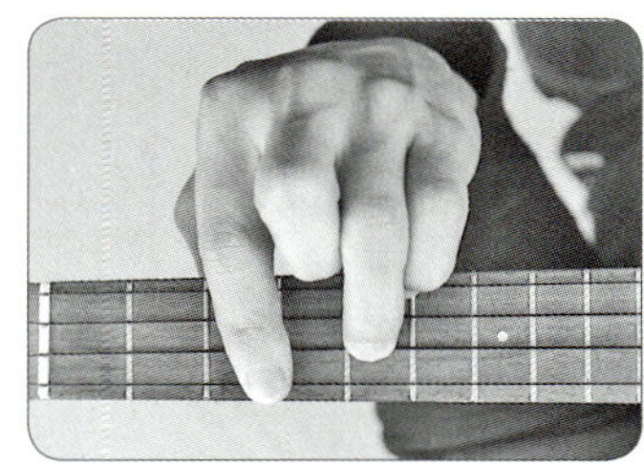

Gm7

| 지 마이너 세븐

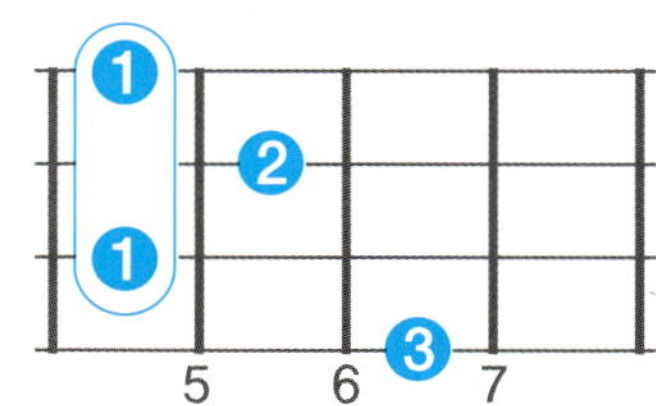

G6

| 지 식스

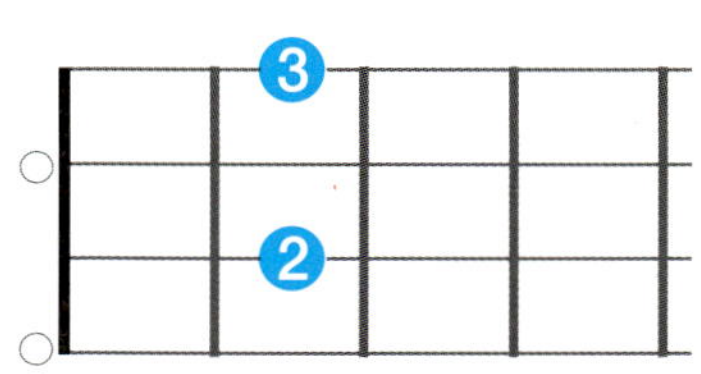
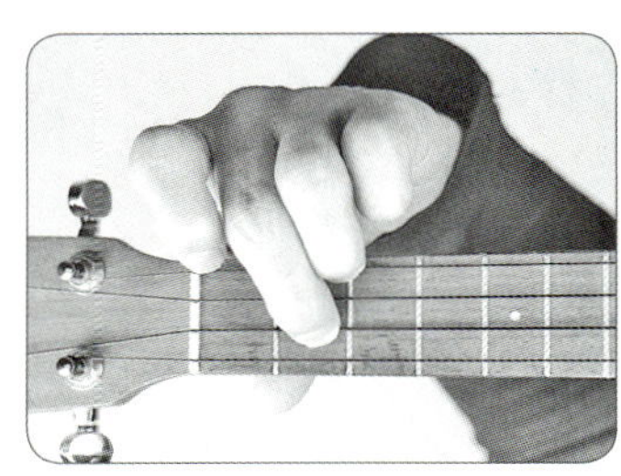

G6

| 지 식스

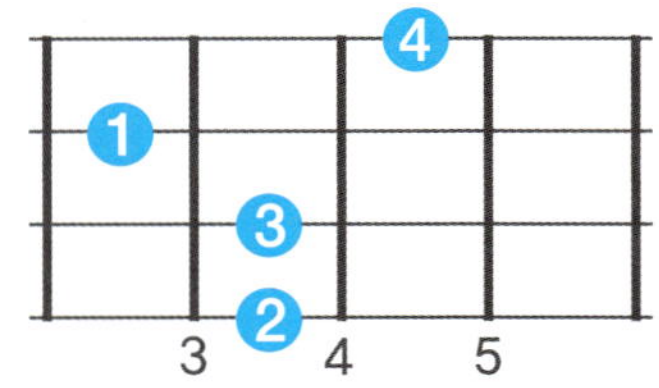

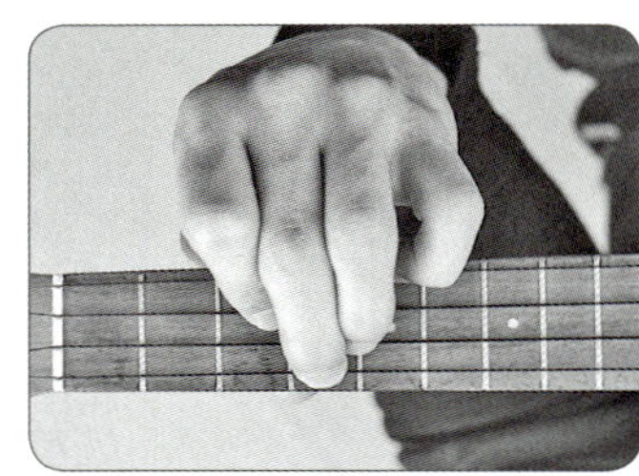

G6

| 지 식스

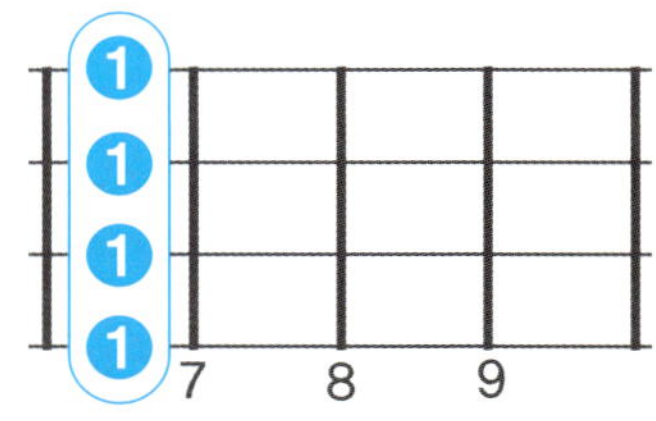

GM7

| 지 메이저 세븐

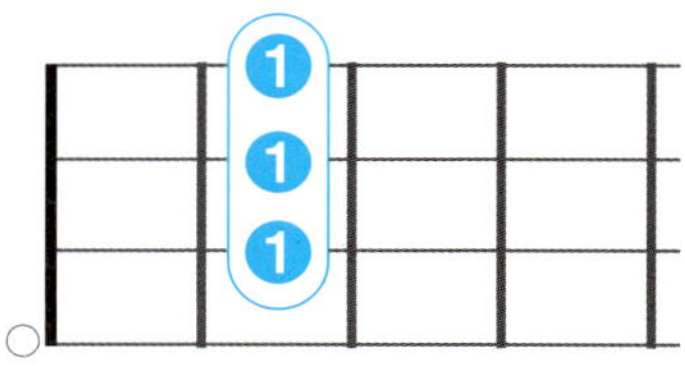

GM7

| 지 메이저 세븐

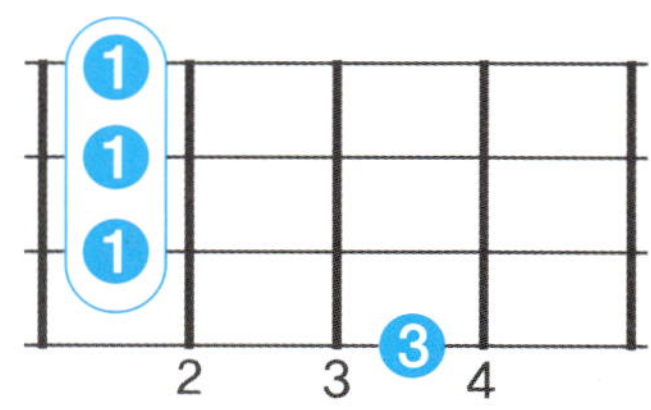

GM7

| 지 메이저 세븐

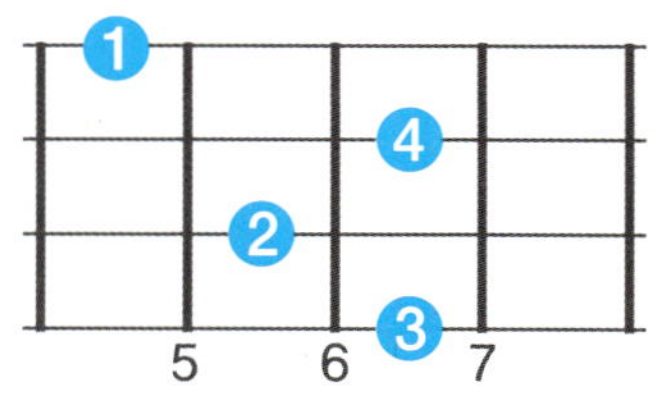

GM7

지 메이저 세븐

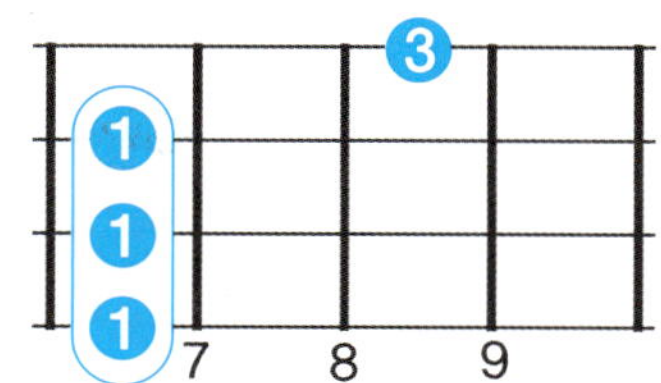

Gm7(♭5)

지 마이너 세븐 플랫
파이브

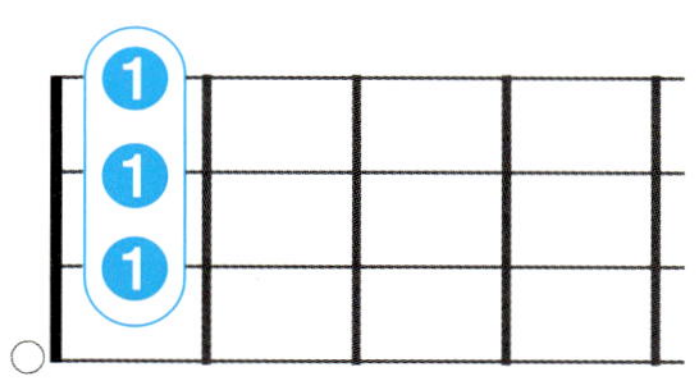

Gm7(♭5)

지 마이너 세븐 플랫
파이브

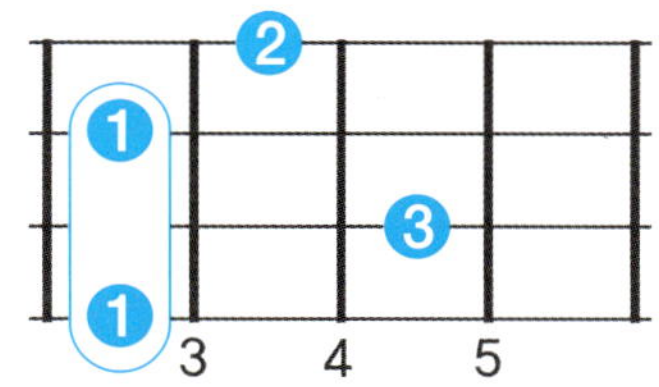

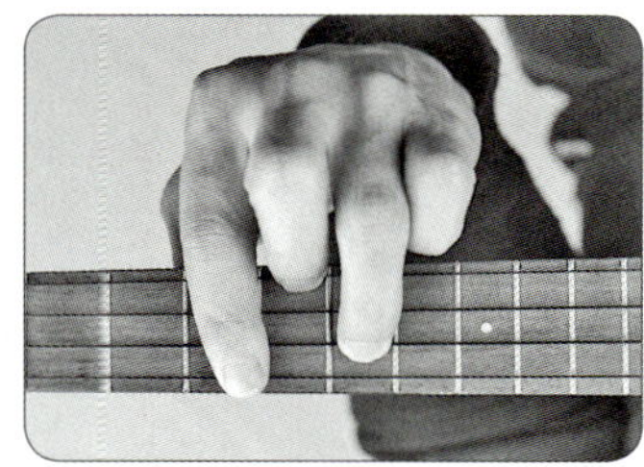

Gdim

지 디미니쉬

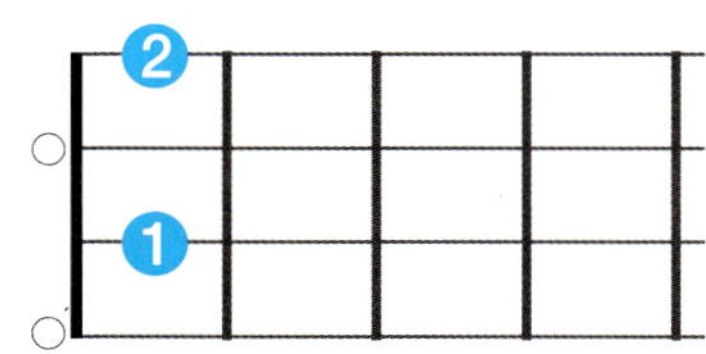

Gdim

지 디미니쉬

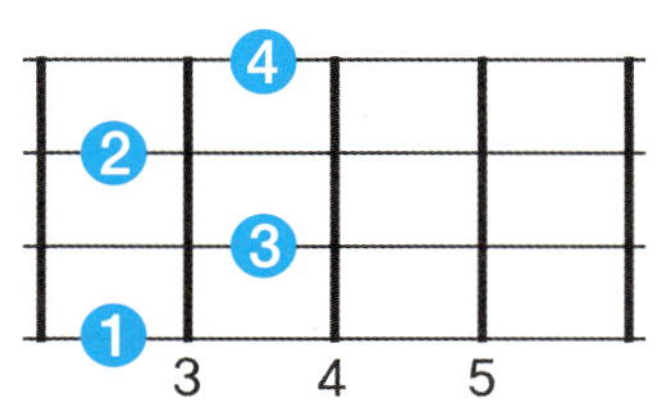

Gsus4

| 지 서스포

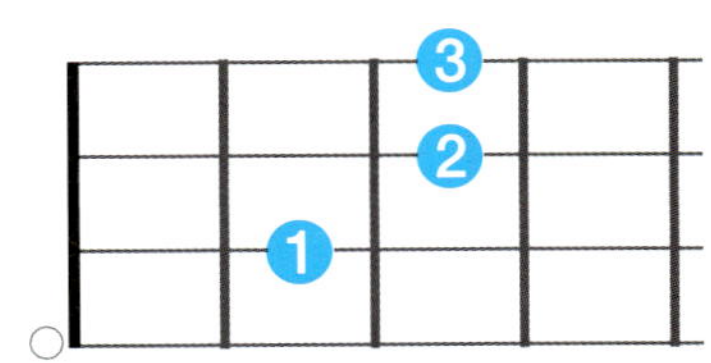
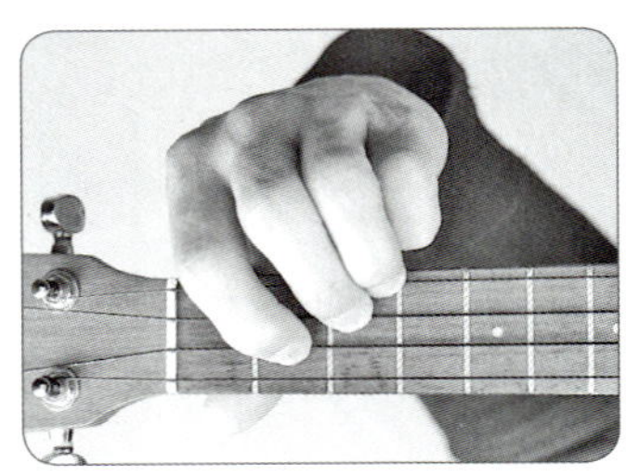

Gsus4

| 지 서스포

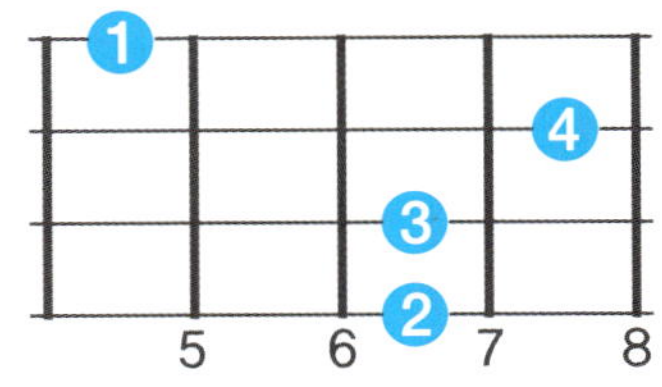

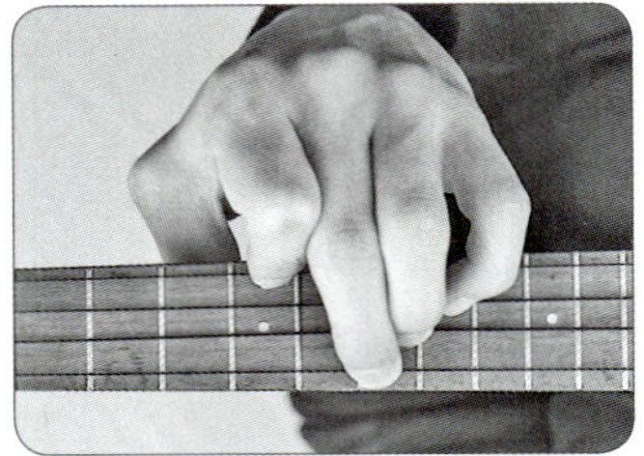

Gsus4

| 지 서스포

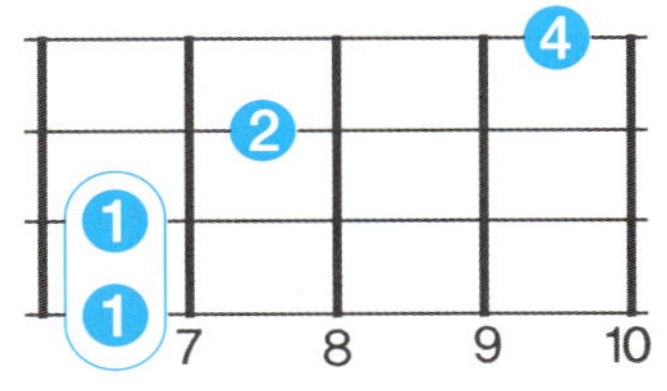

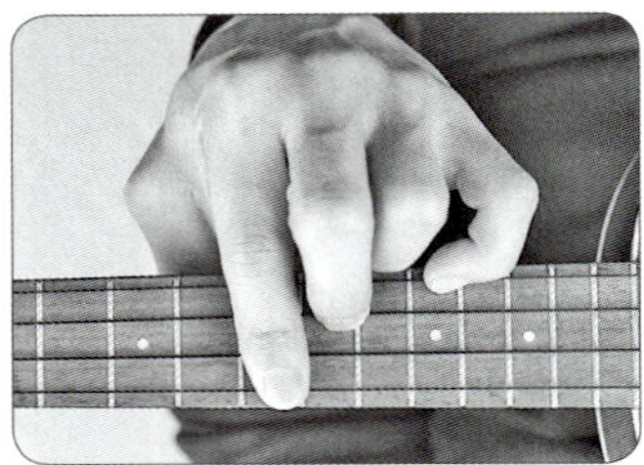

Gaug

| 지 오그먼트

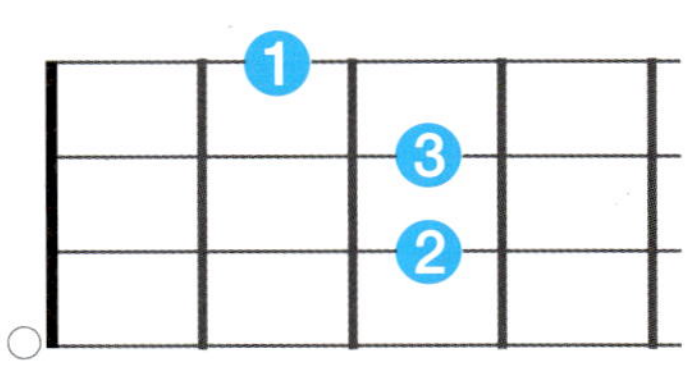
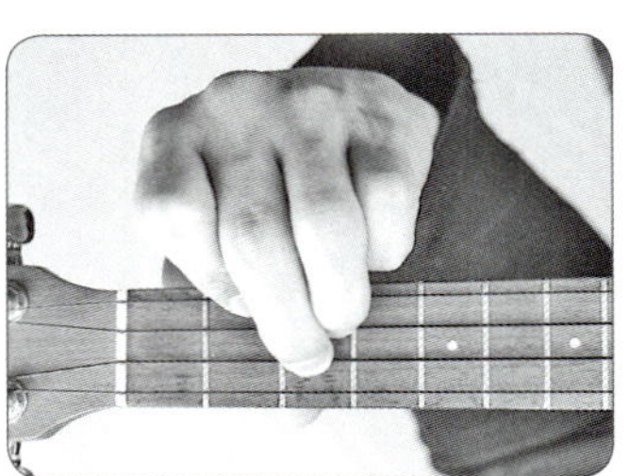

Gaug

| 지 오그먼트

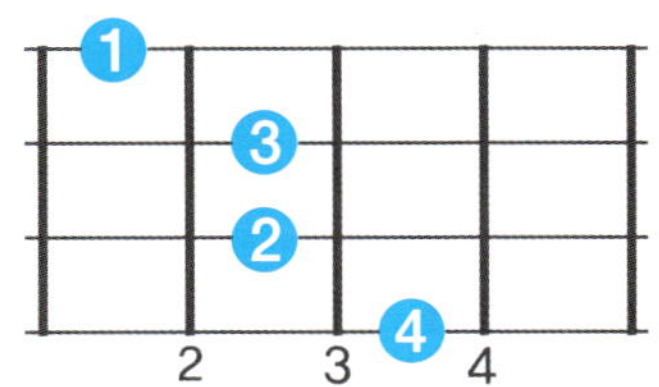

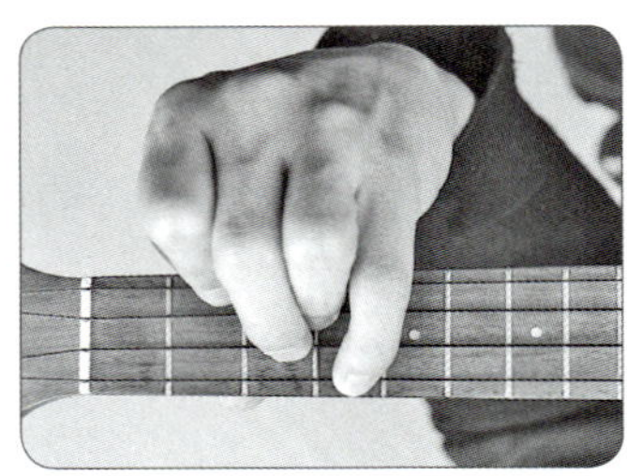

Gaug

|지 오그먼트

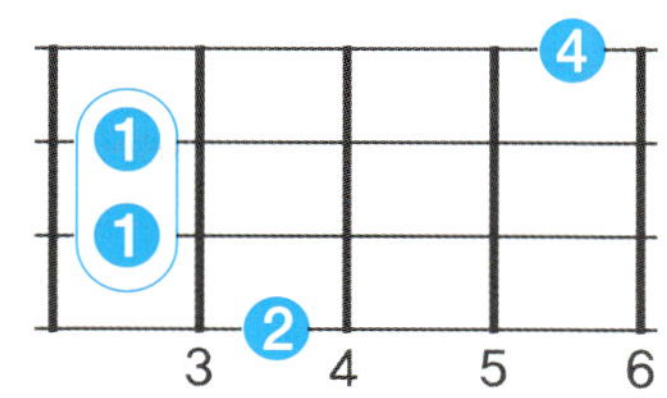

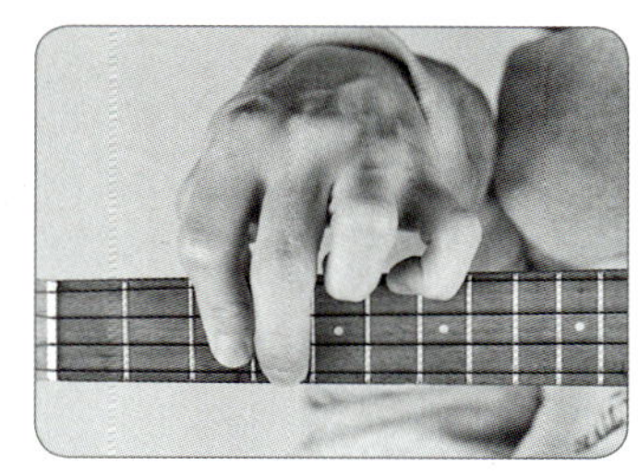

Gaug

|지 오그먼트

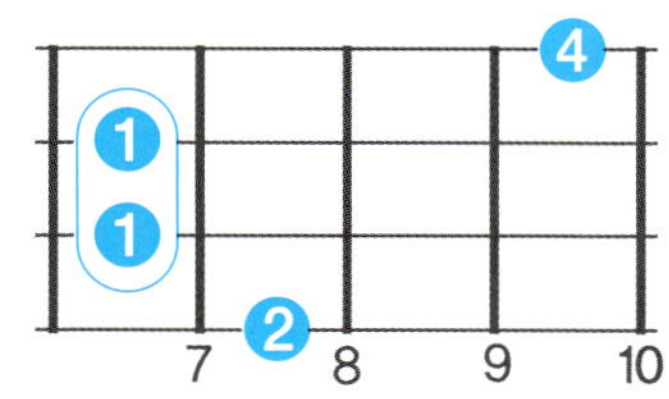

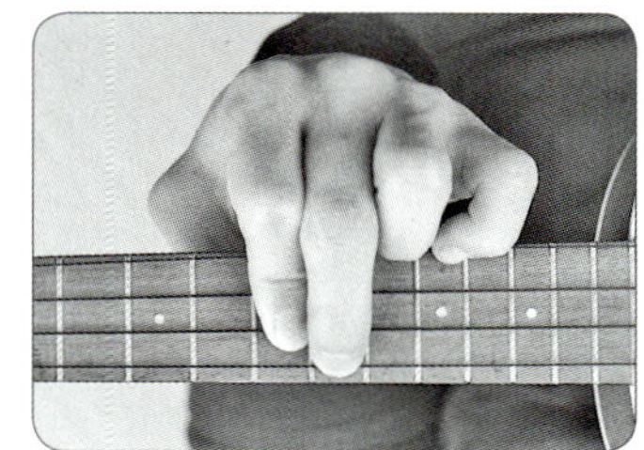

Gadd9

|지 애드 나인

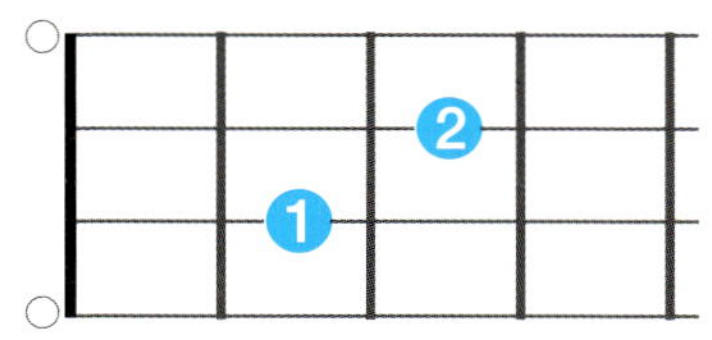

Gadd9

|지 애드 나인

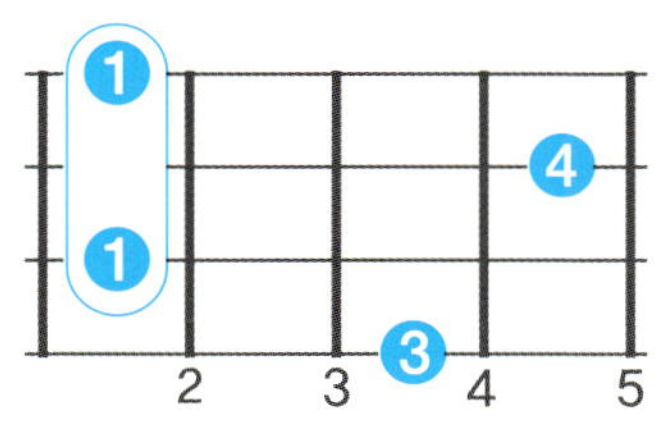

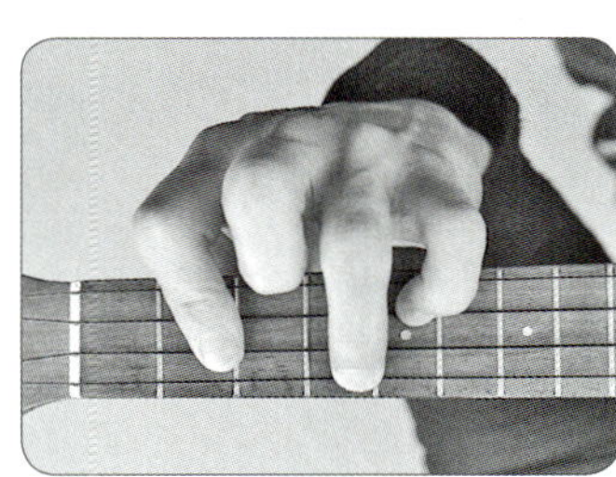

Gadd9

|지 애드 나인

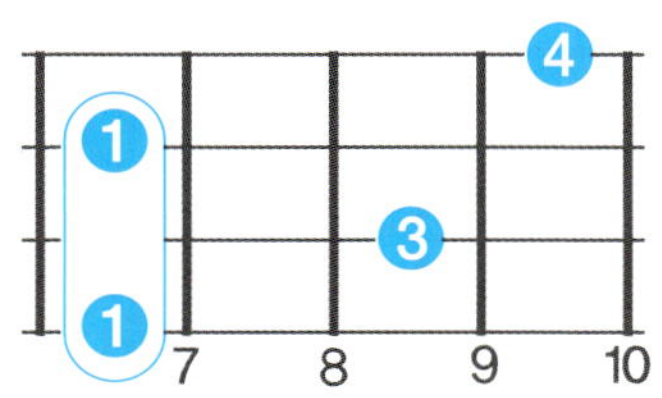

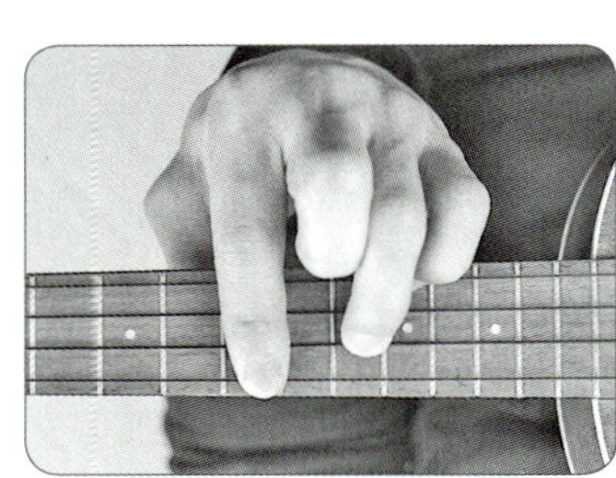

G6(9)

| 지 식스 나인

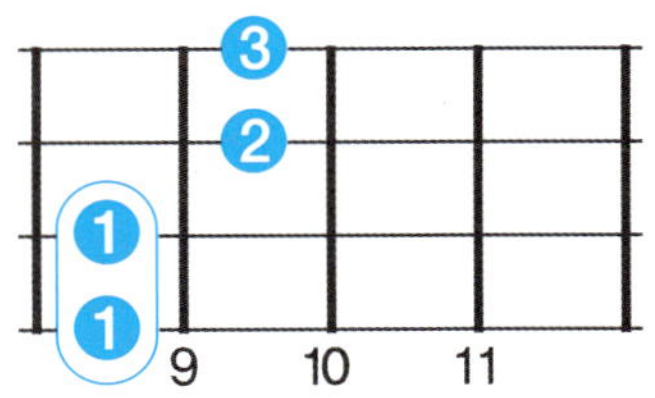

GM7(9)

| 지 메이저 세븐 나인

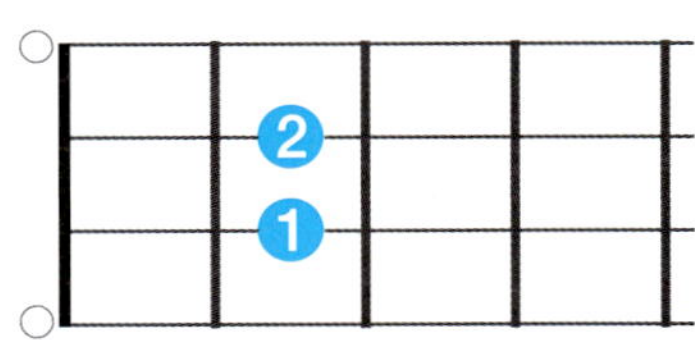

Gm6

| 지 마이너 식스

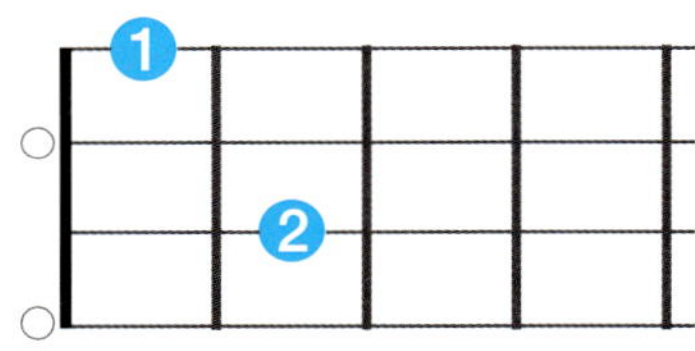

GmM7

| 지 마이너 메이저
세븐

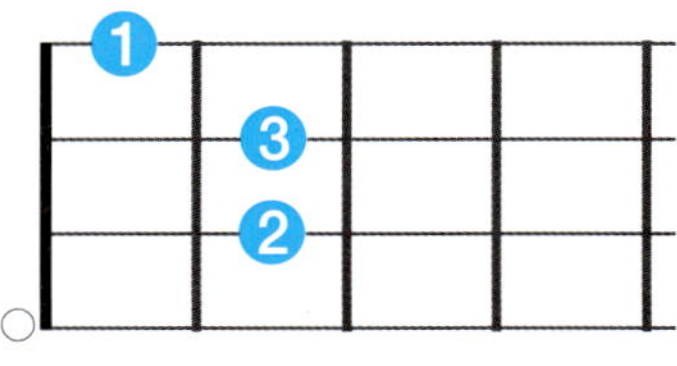
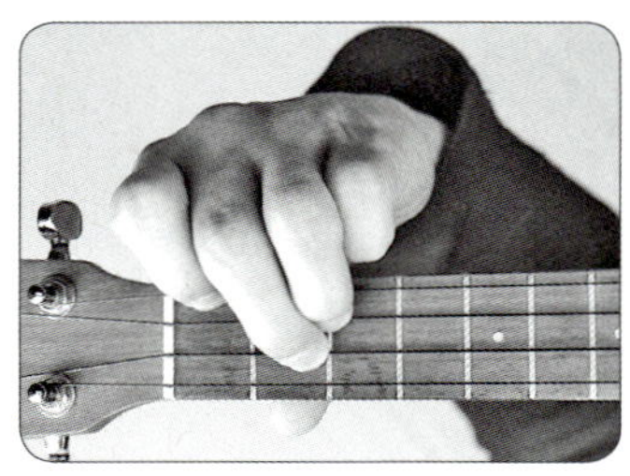

Gm7(9)

| 지 마이너 세븐
나인

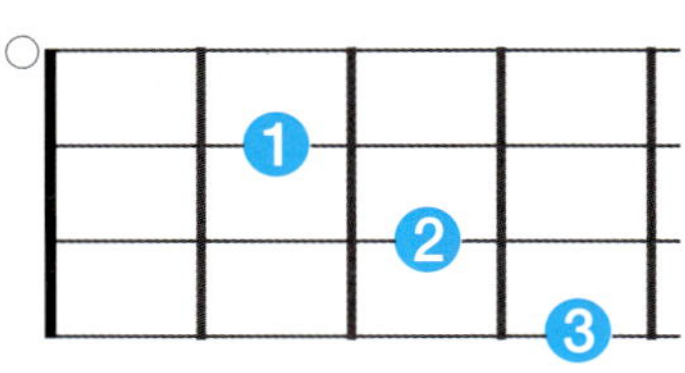

Gm7(11)

| 지 마이너 세븐 일레븐

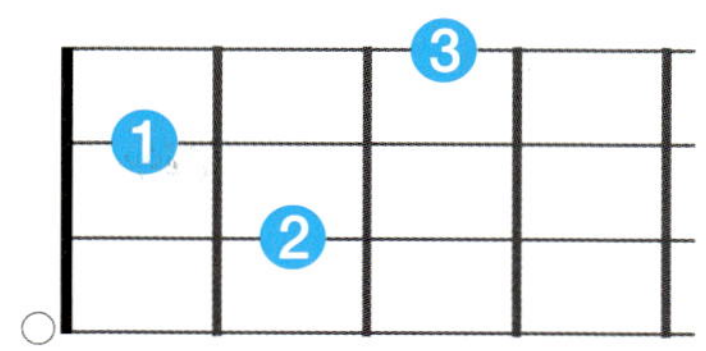

G7sus4

| 지 세븐 서스포

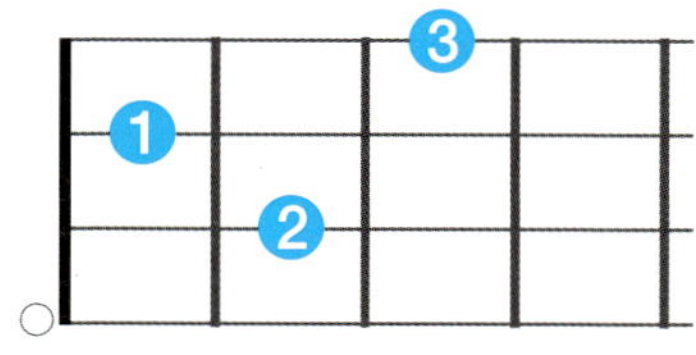

G7(♯5)

| 지 세븐 샤프 파이브

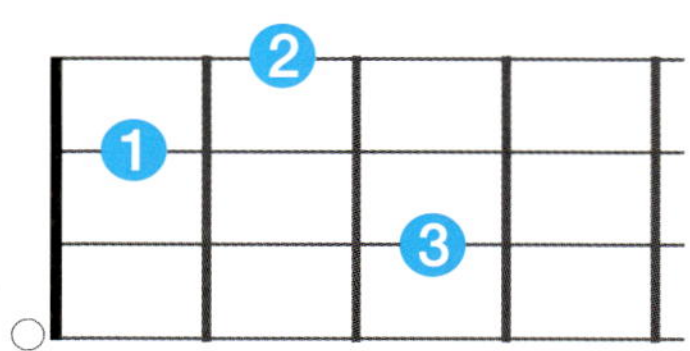
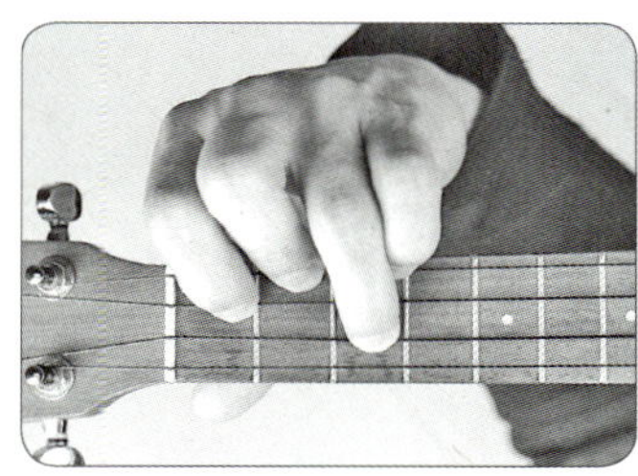

G7(♭5)

| 지 세븐 플랫 파이브

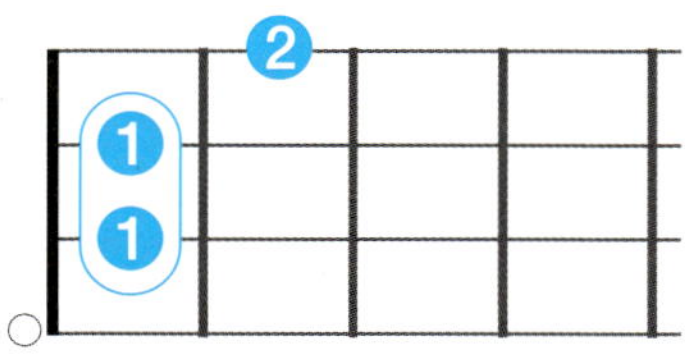

G7(9)

| 지 세븐 나인

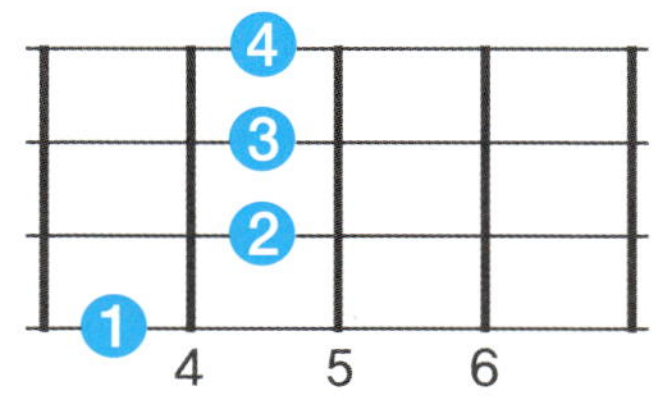

G7(♭9)

| 지 세븐 플랫 나인

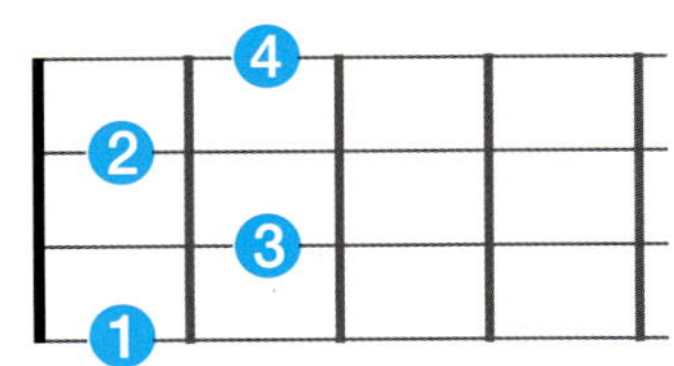

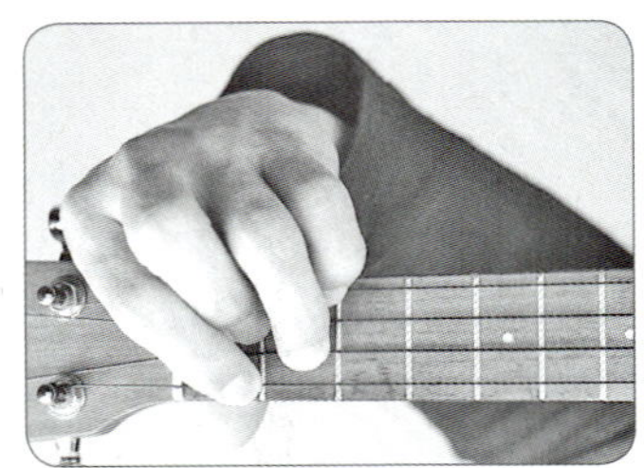

G7(#9)

| 지 세븐 샤프 나인

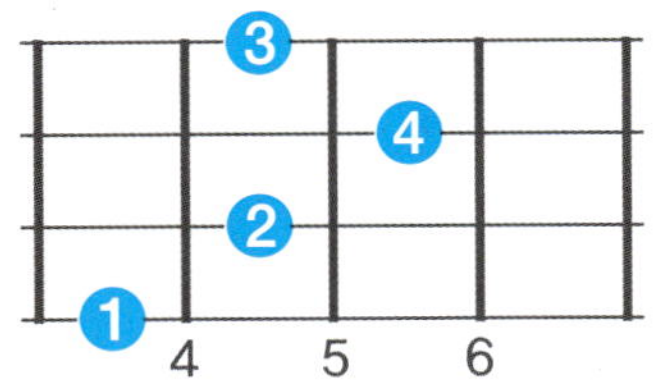

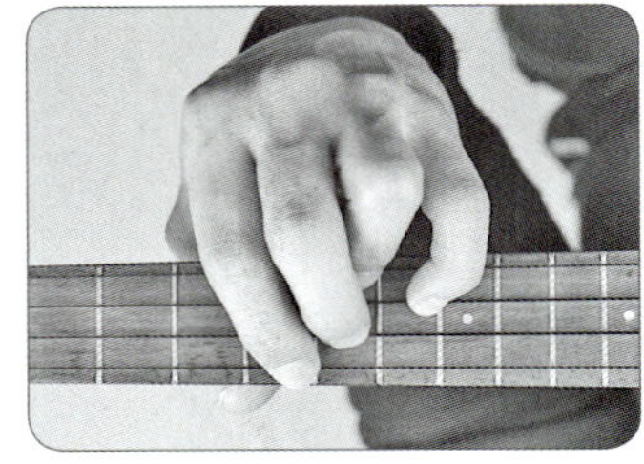

G#

| 지 샤프

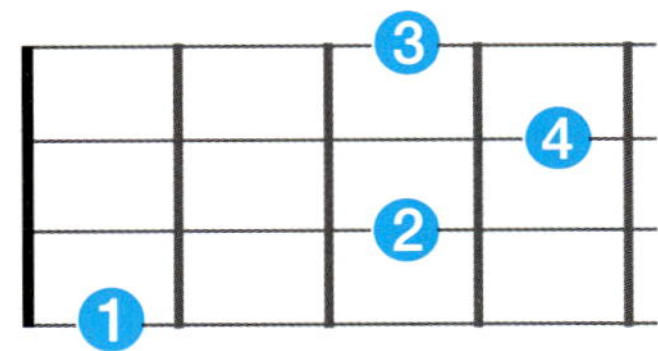

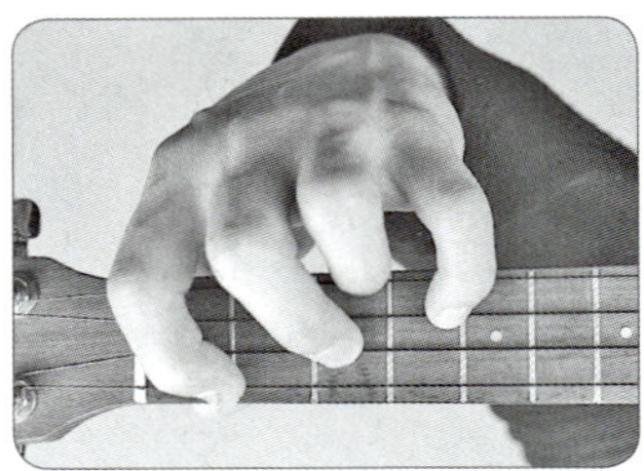

G#

| 지 샤프

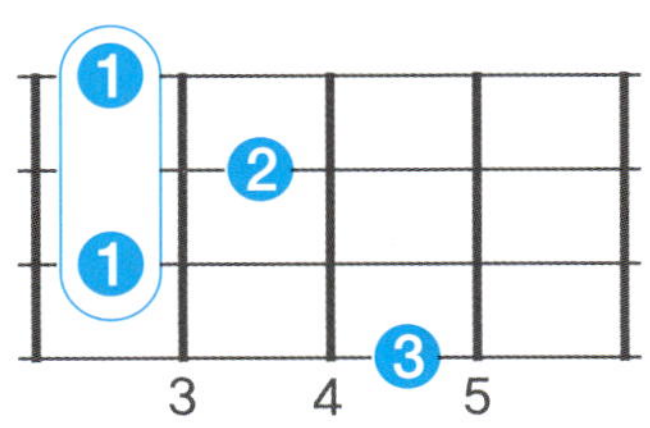

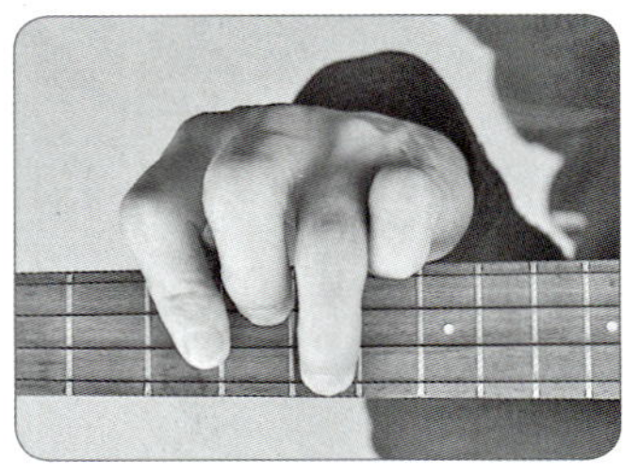

G#

| 지 샤프

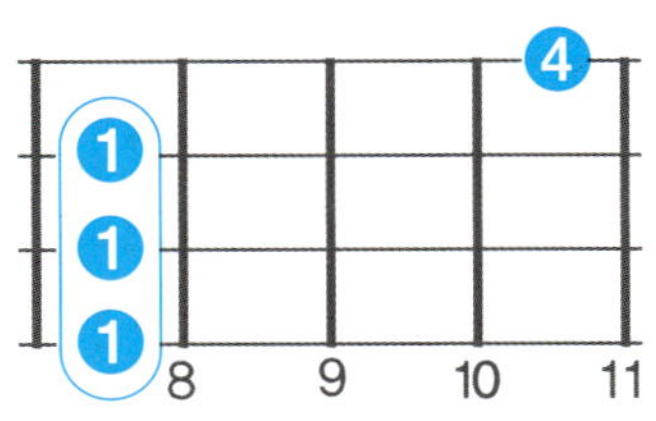

G#7
| 지 샤프 세븐

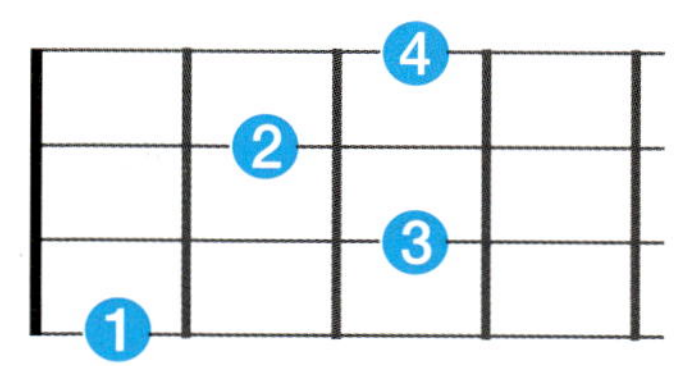

G#7
| 지 샤프 세븐
4 5 6

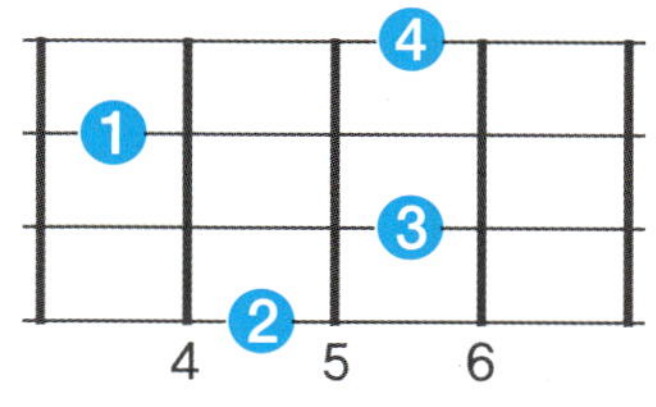
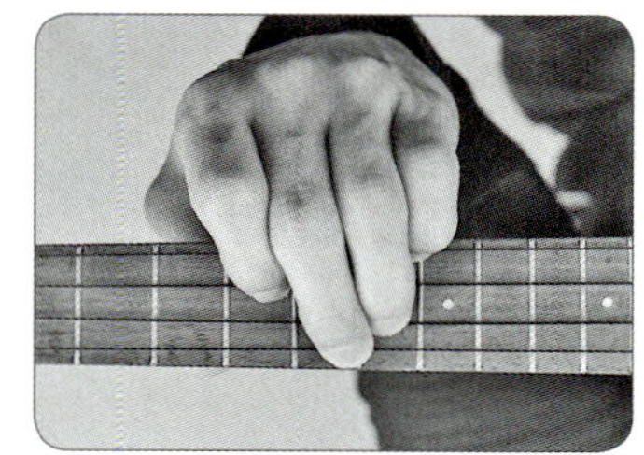

G#m
| 지 샤프 마이너

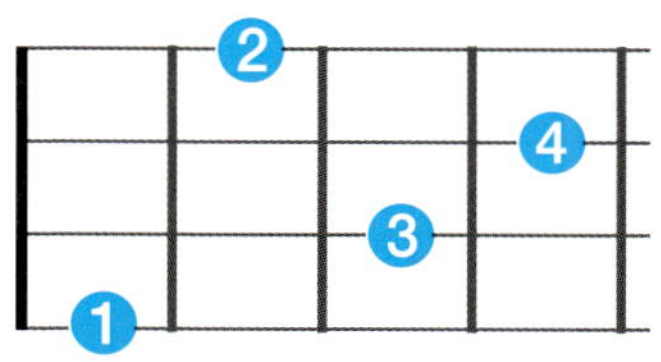
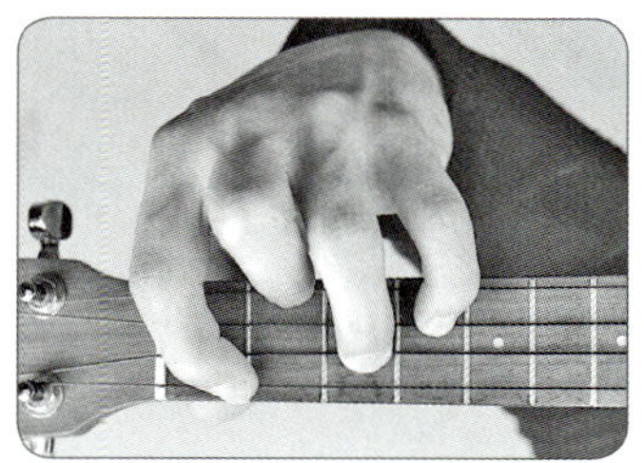

G#m
| 지 샤프 마이너
2 3 4

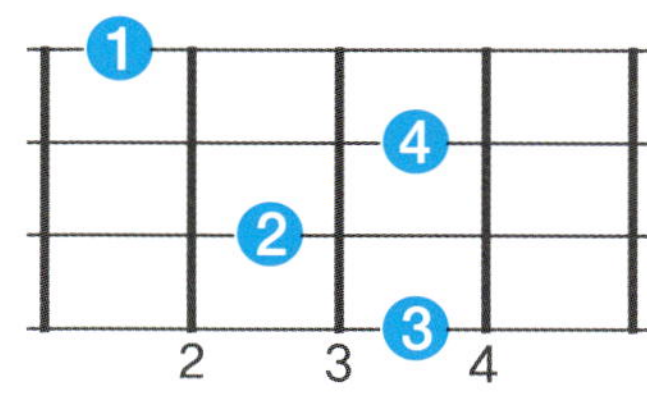
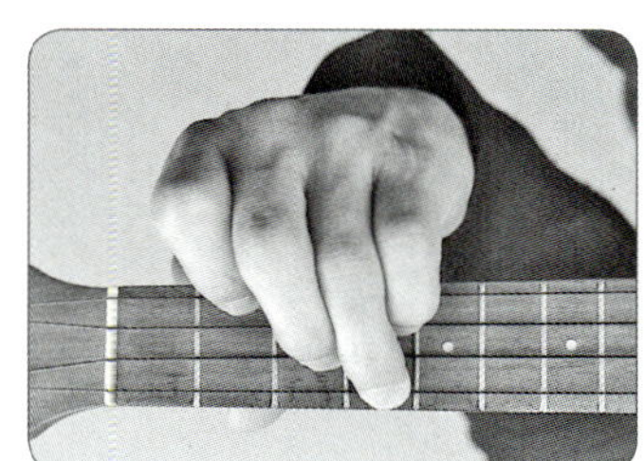

G#m
| 지 샤프 마이너
6 7 8

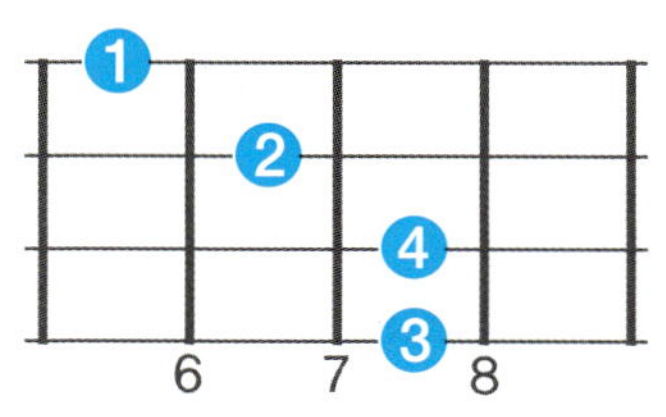
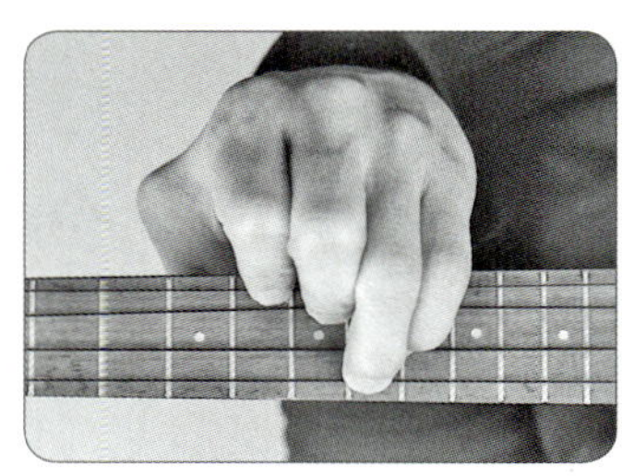

G#
Ab

G#m7

| 지 샤프 마이너 세븐

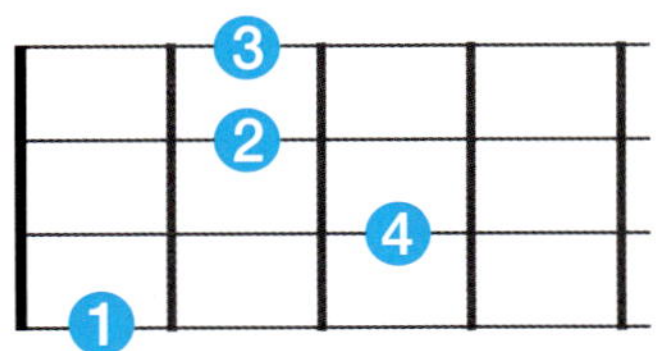
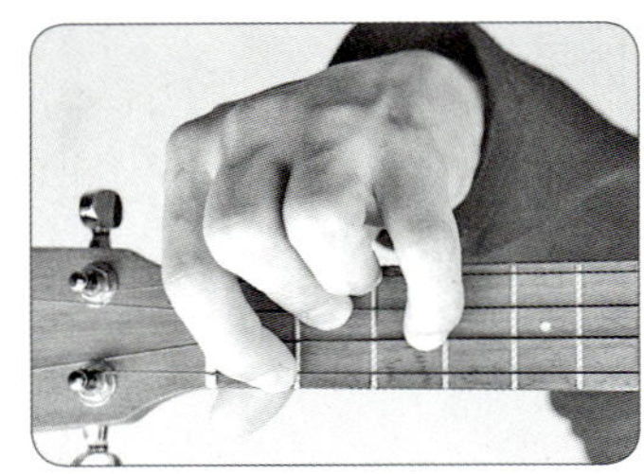

G#m7

| 지 샤프 마이너 세븐

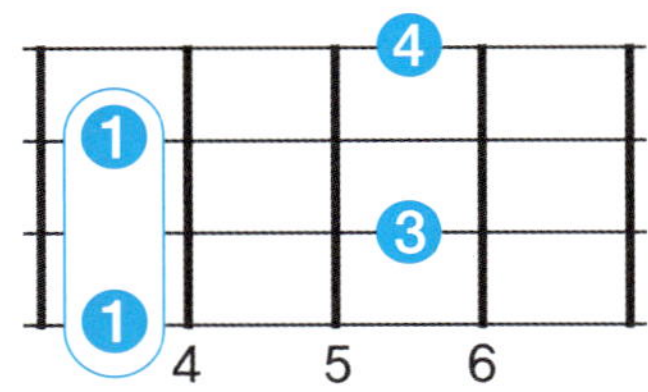
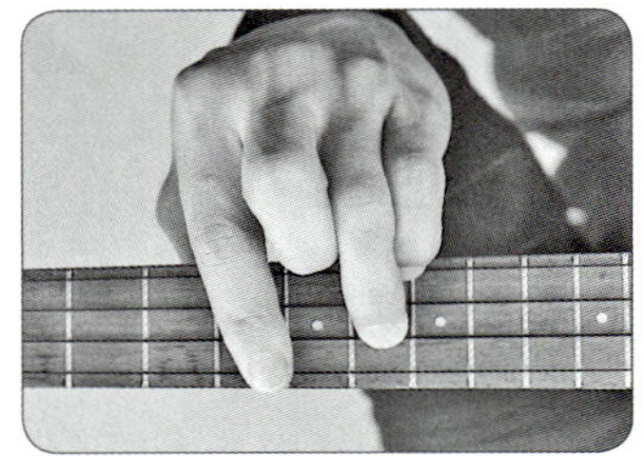

G#6

| 지 샤프 식스

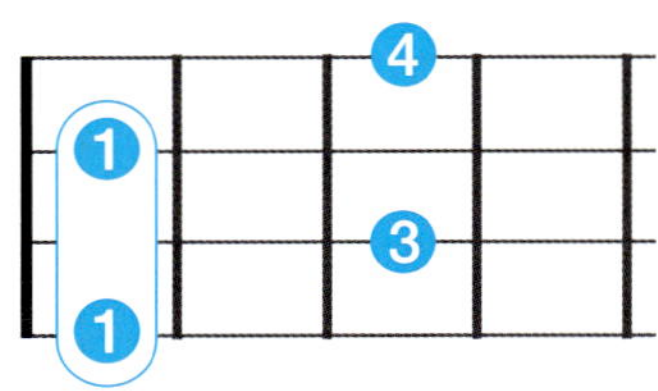
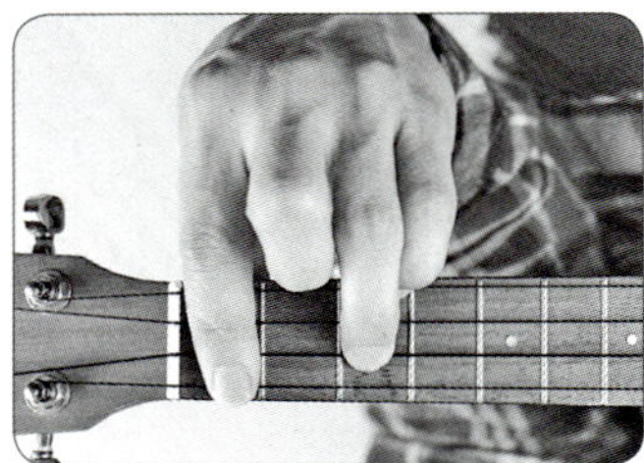

G#6

| 지 샤프 식스

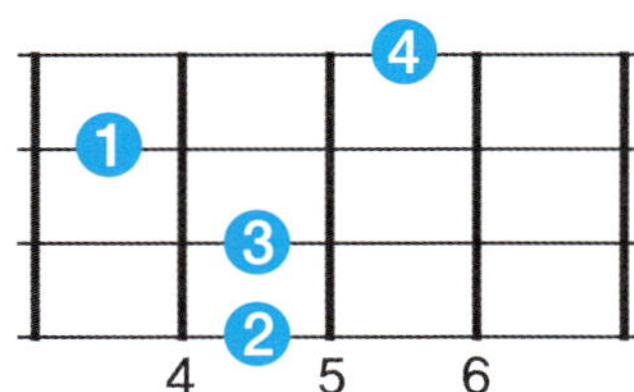
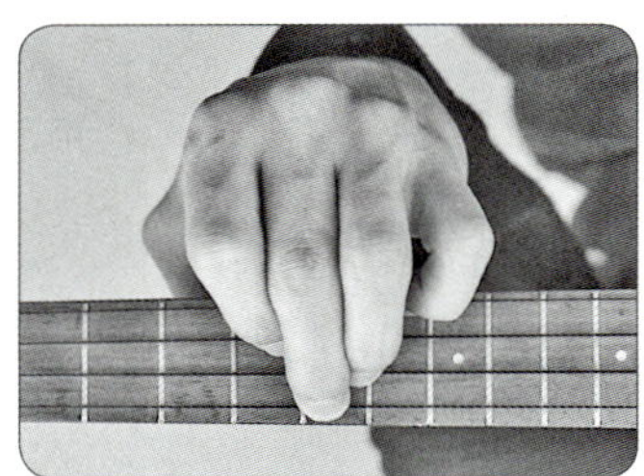

G#6

| 지 샤프 식스

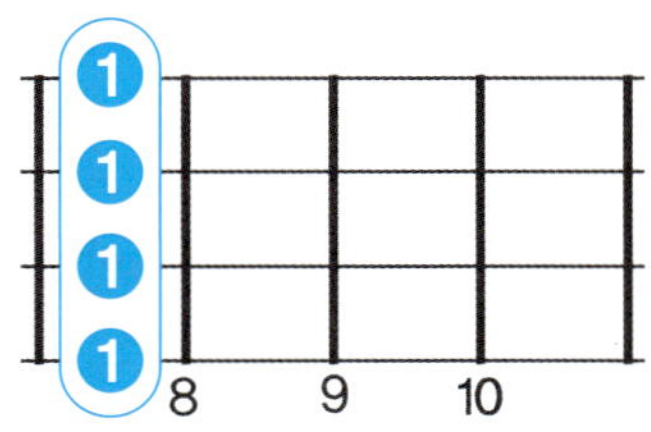
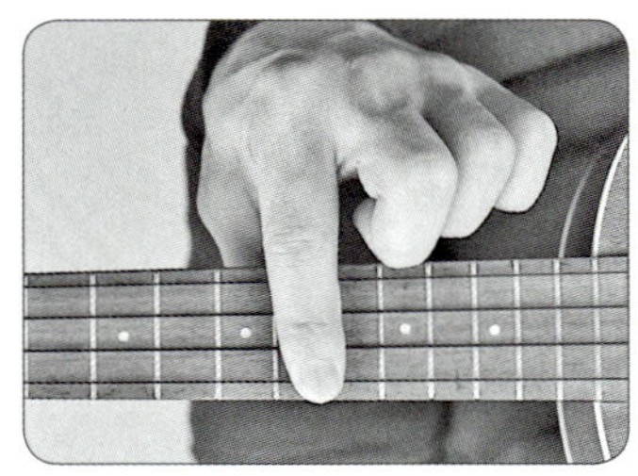

G#M7

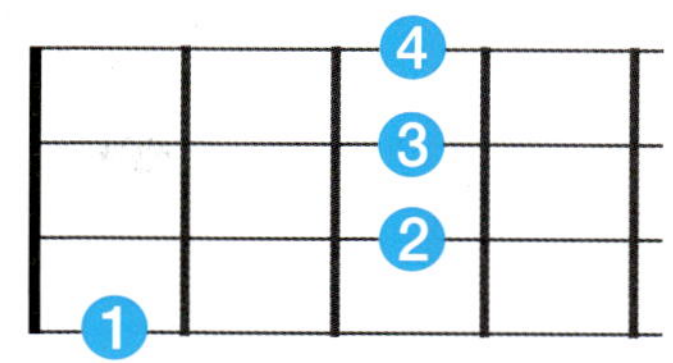

지 샤프 메이저 세븐

G#M7

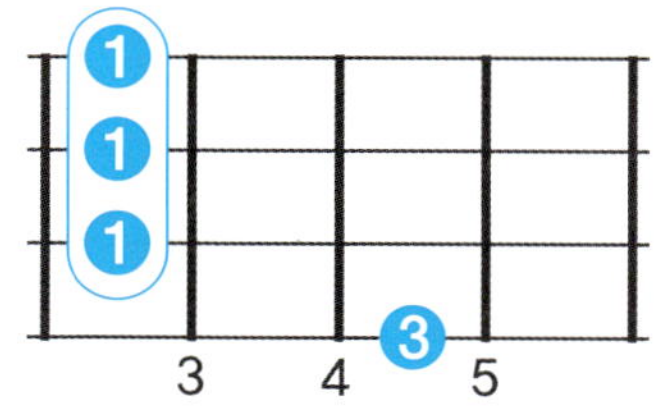

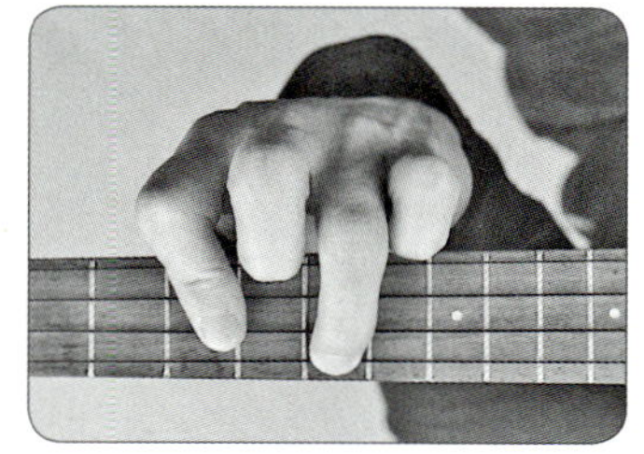

지 샤프 메이저 세븐

G#m7(♭5)

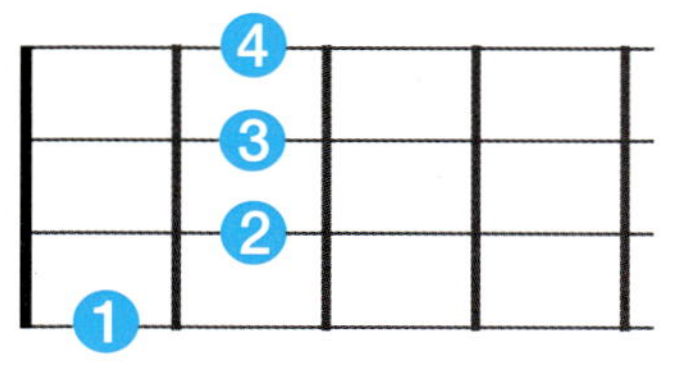

지 샤프 마이너 세븐
플랫 파이브

G#m7(♭5)

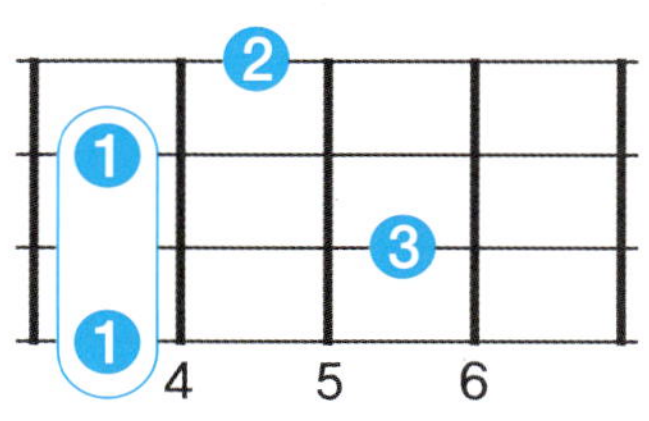

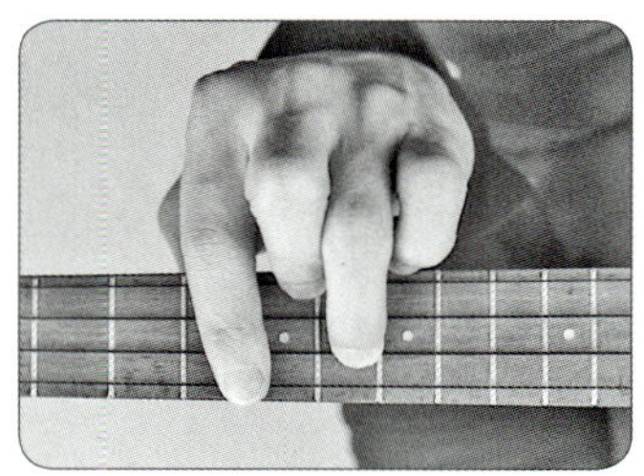

지 샤프 마이너 세븐
플랫 파이브

G#dim

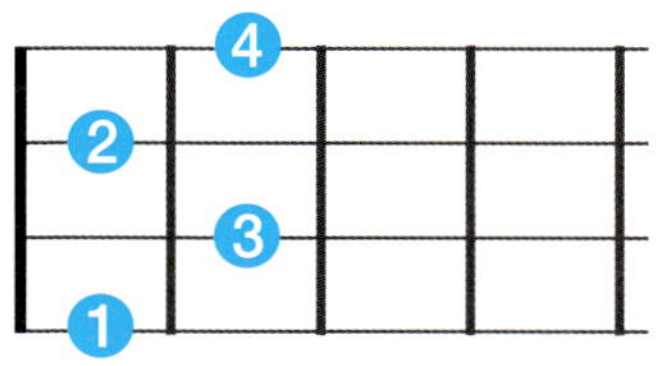

지 샤프 디미니쉬

G#dim

| 지 샤프 디미니쉬

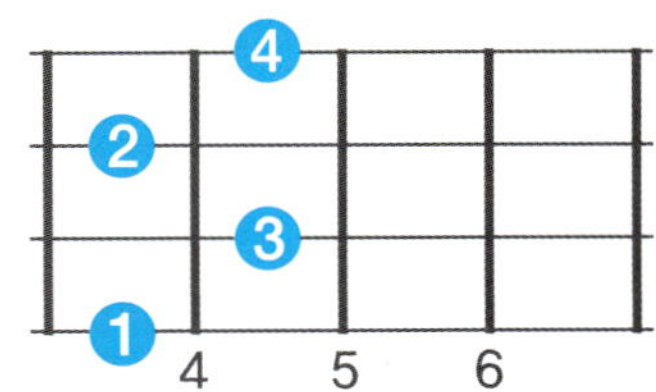

G#sus4

| 지 샤프 서스포

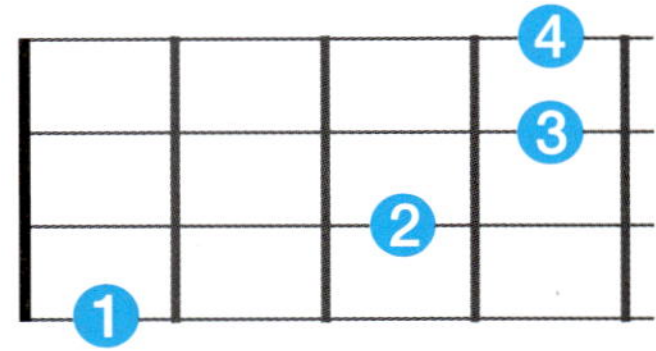

G#sus4

| 지 샤프 서스포

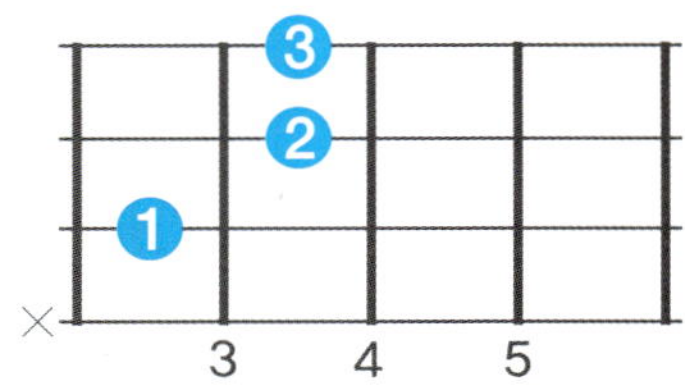

G#aug

| 지 샤프 오그먼트

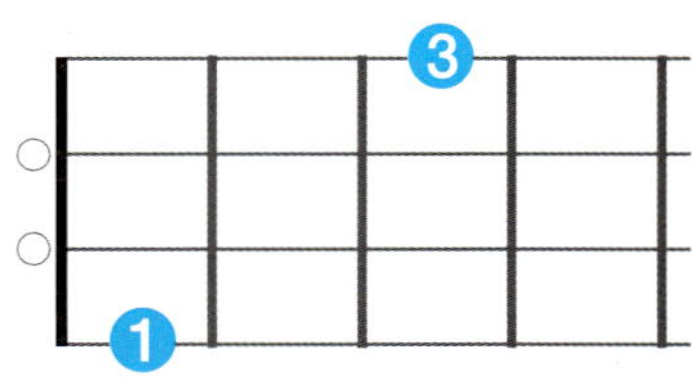

G#aug

| 지 샤프 오그먼트

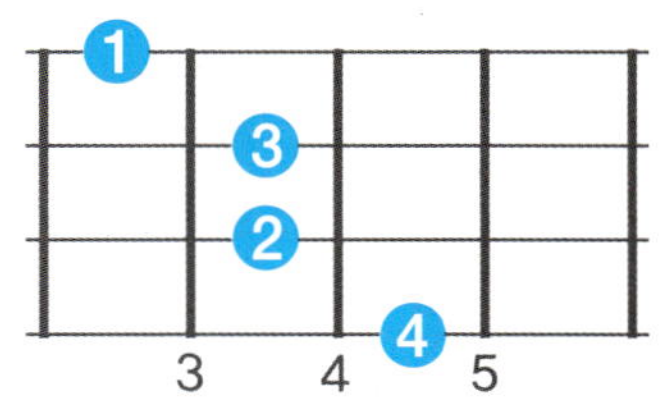
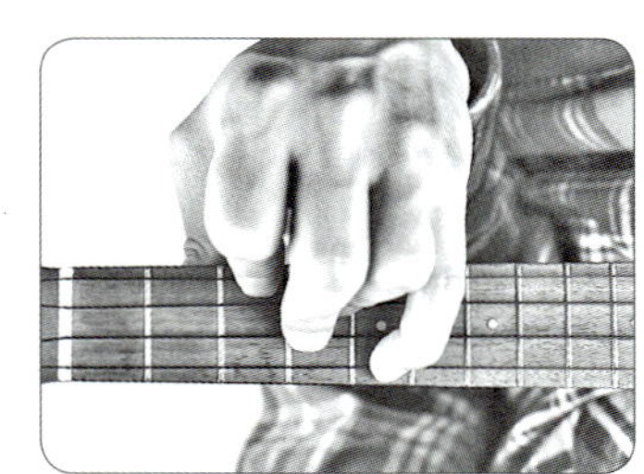

G#add9

| 지 샤프 애드 나인

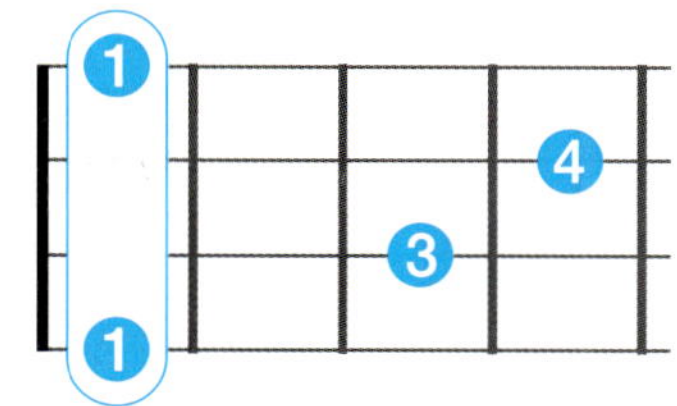 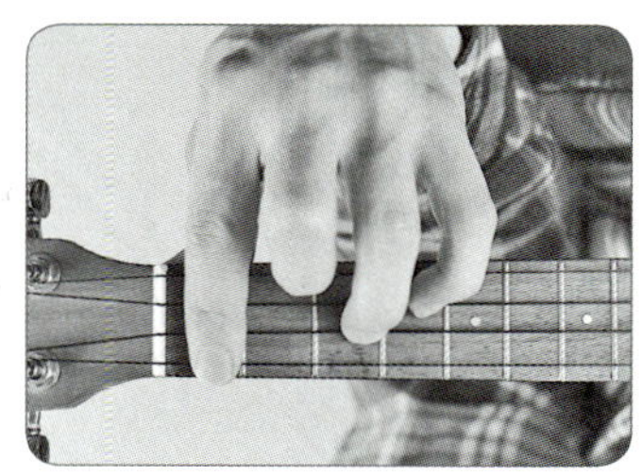

G#add9

| 지 샤프 애드 나인

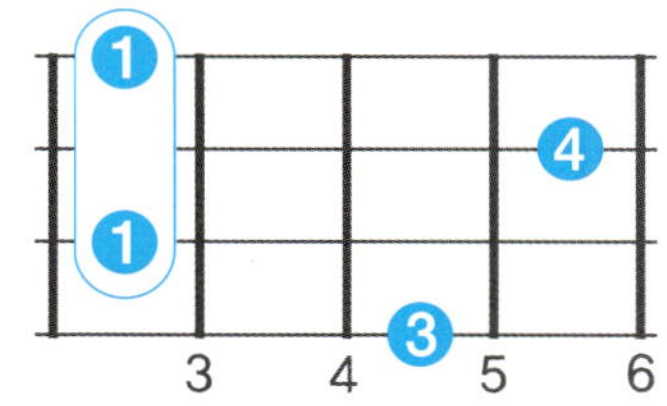 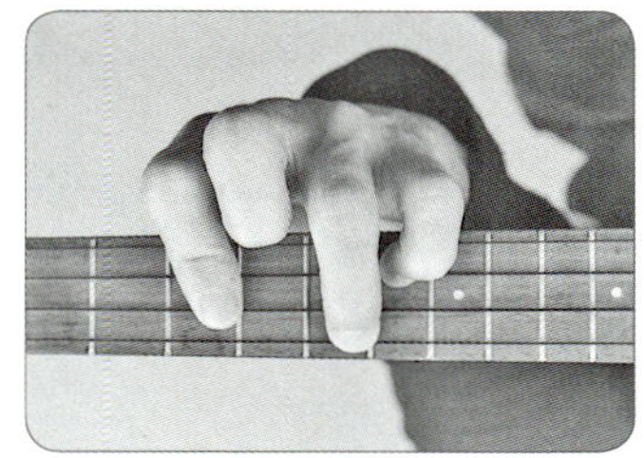

G#6(9)

| 지 샤프 식스 나인

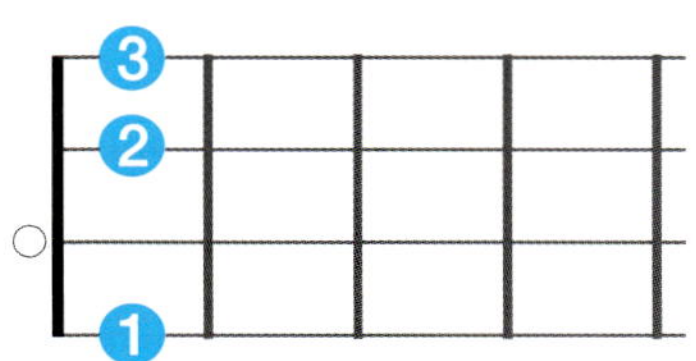 

G#M7(9)

| 지 샤프 메이저 세븐 나인

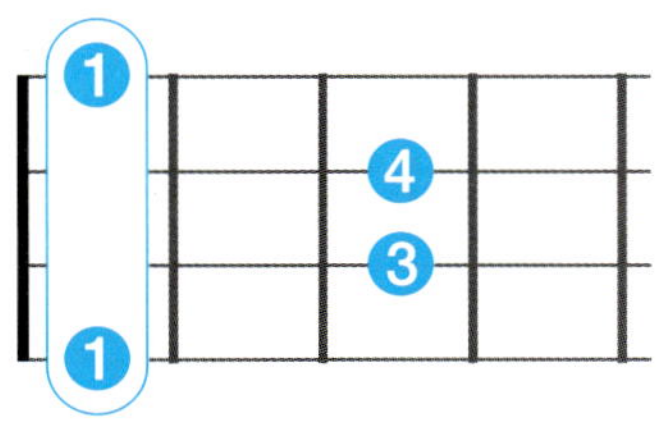 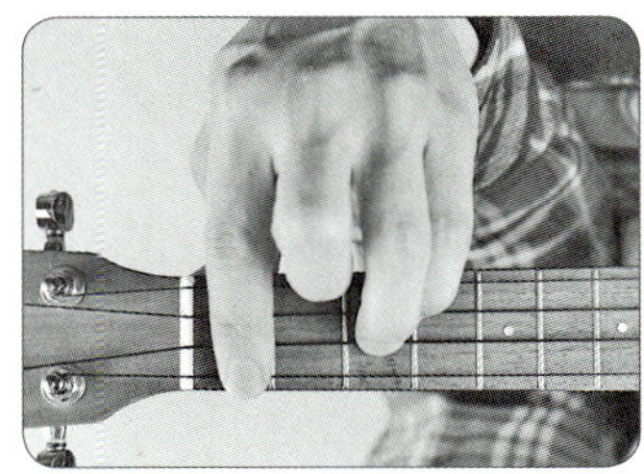

G#m6

| 지 샤프 마이너 식스

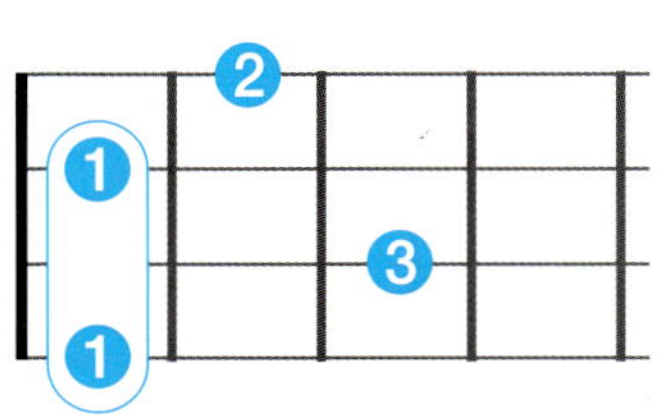 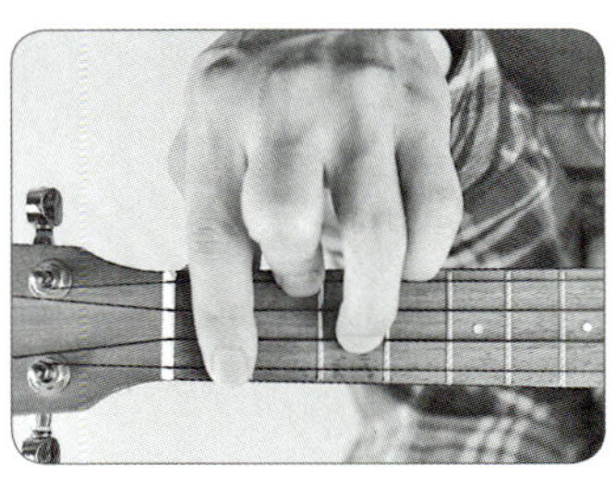

G#mM7

| 지 샤프 마이너
메이저 세븐

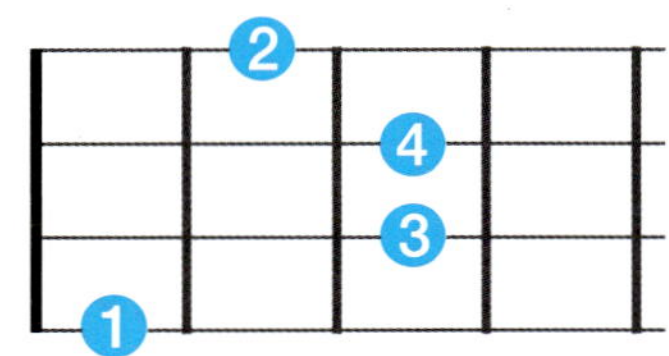

G#m7(9)

| 지 샤프 마이너
세븐 나인

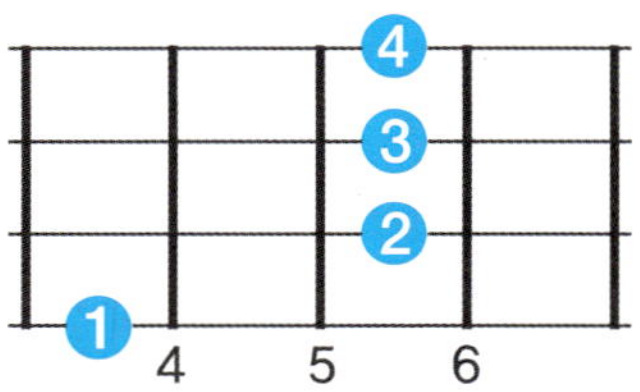

G#m7(11)

| 지 샤프 마이너
세븐 일레븐

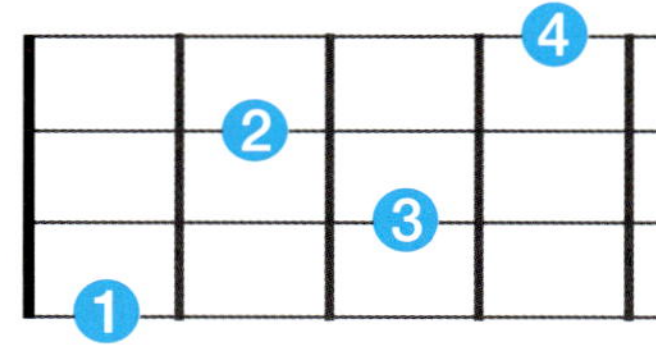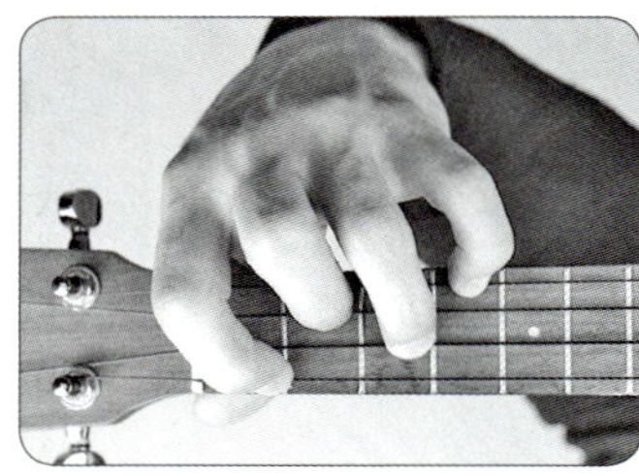

G#7sus4

| 지 샤프 세븐 서스포

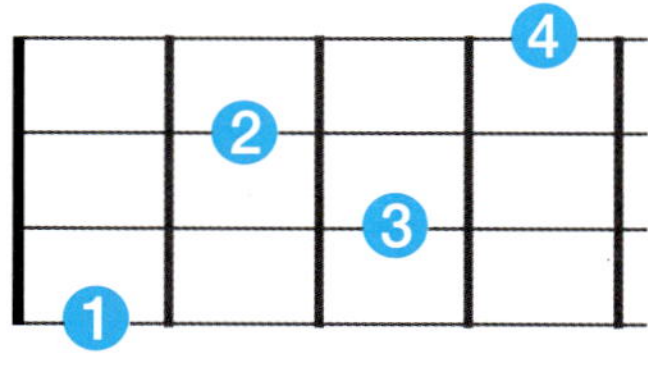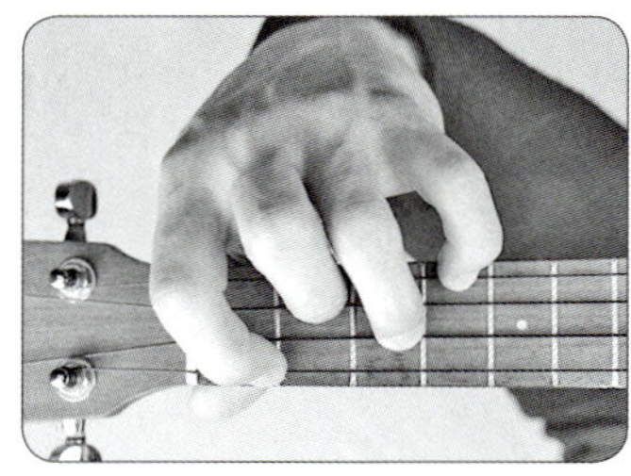

G#7(#5)

| 지 샤프 세븐 샤프
파이브

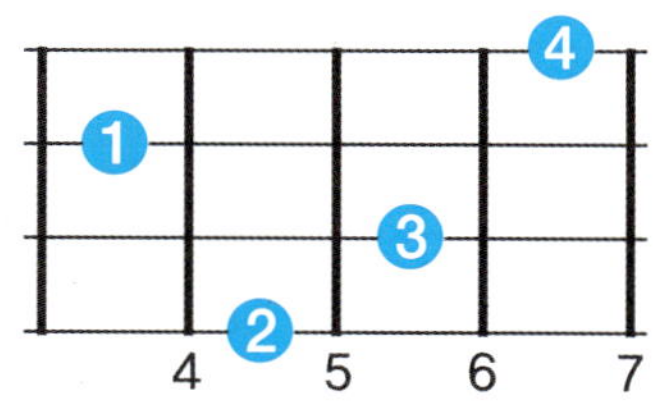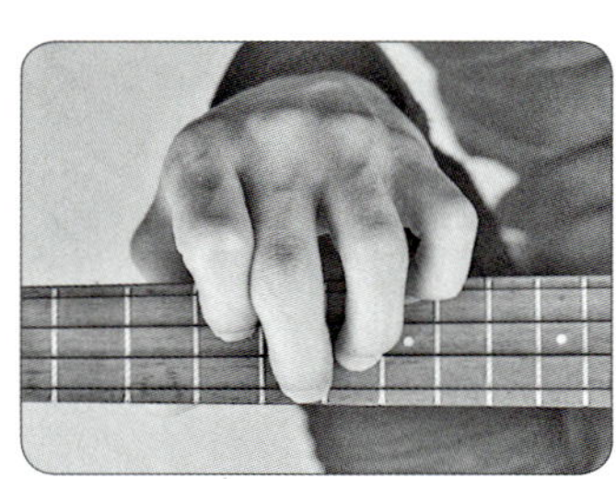

G#7(♭5)

| 지 샤프 세븐 플랫 파이브

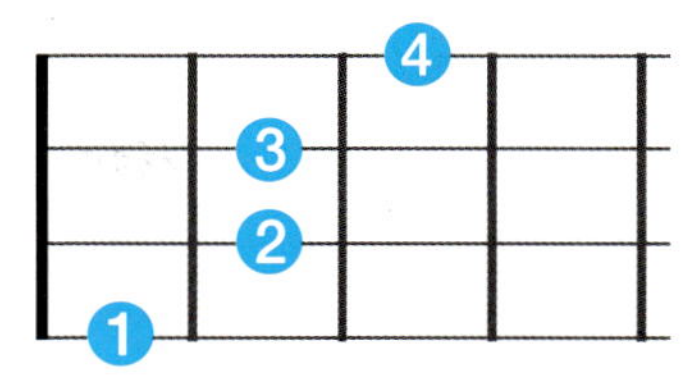

G#7(9)

| 지 샤프 세븐 나인

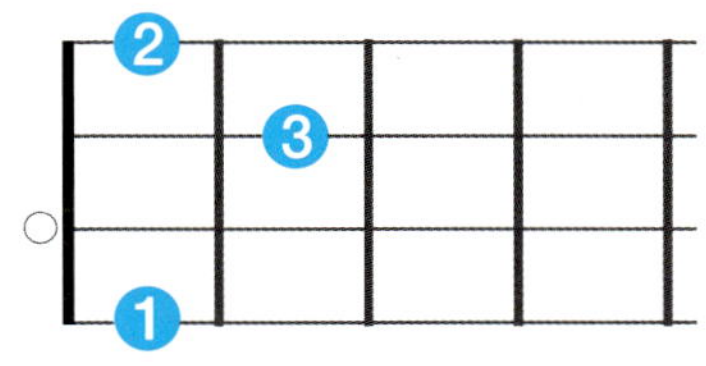

G#7(♭9)

| 지 샤프 세븐 플랫 나인

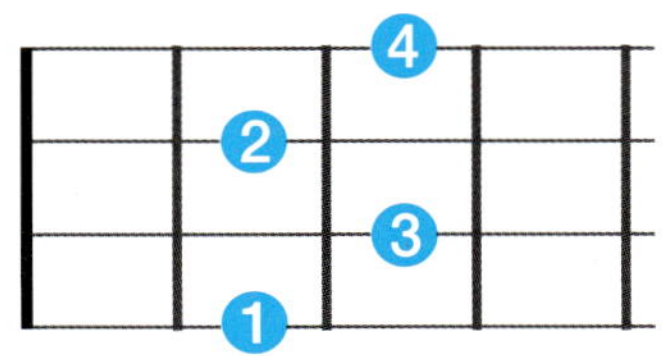
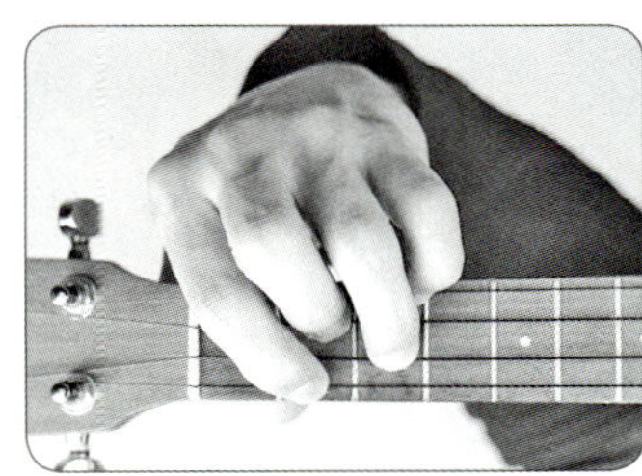

G#7(#9)

| 지 샤프 세븐 샤프 나인

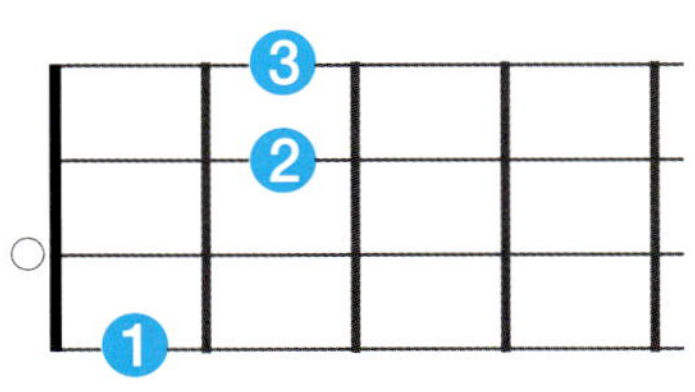

A

| 에이

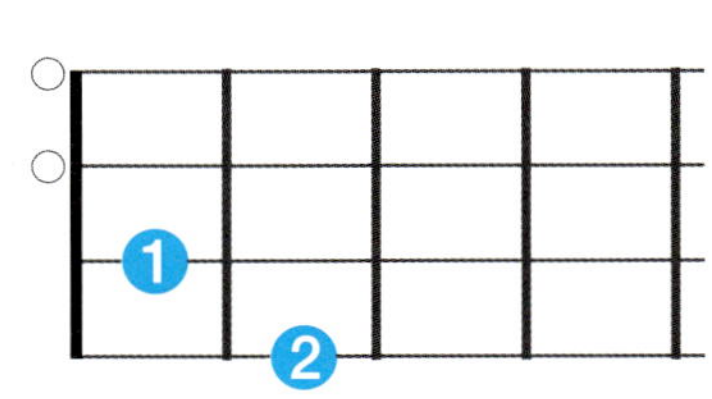
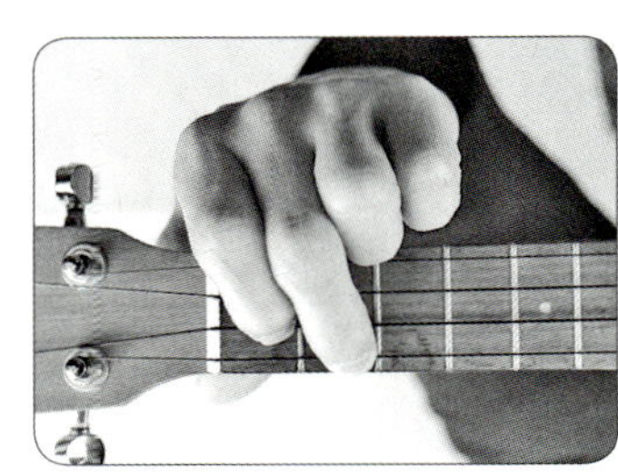

A
| 에이

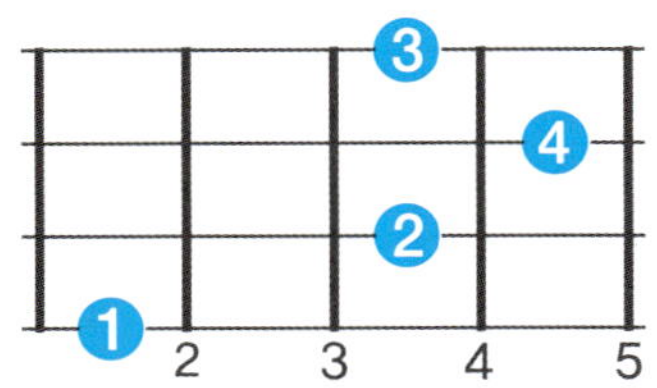
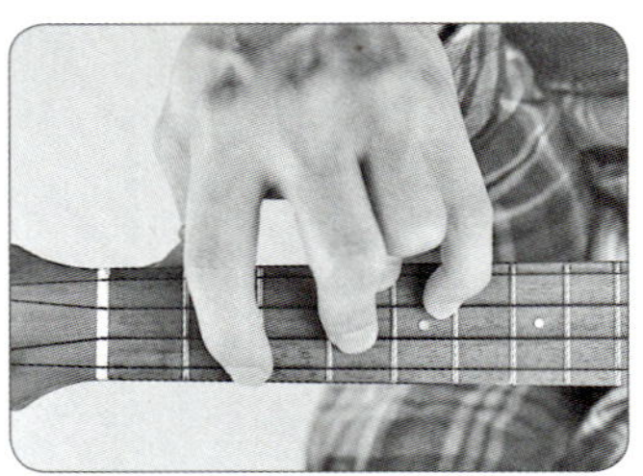

A
| 에이

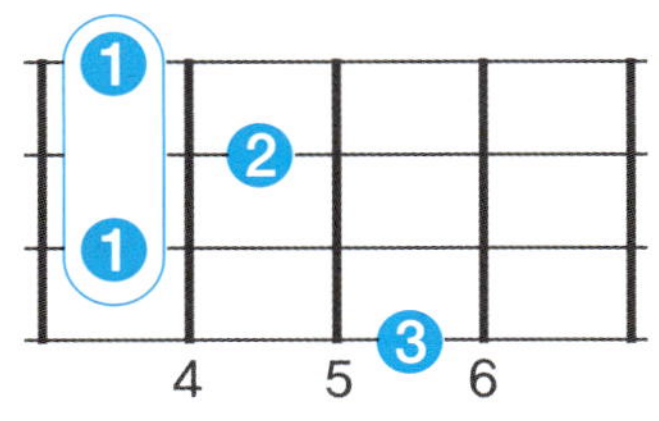
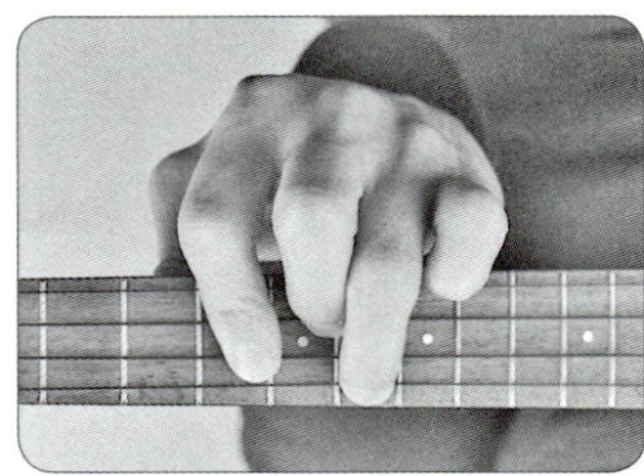

A7
| 에이 세븐

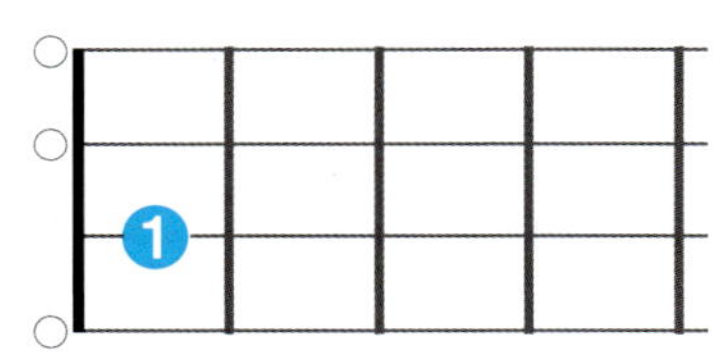

A7
| 에이 세븐

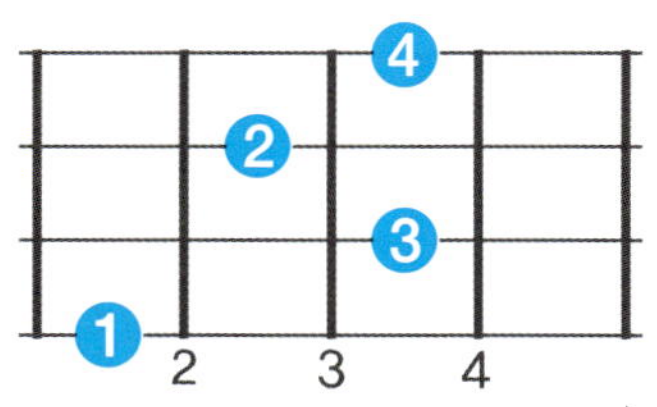
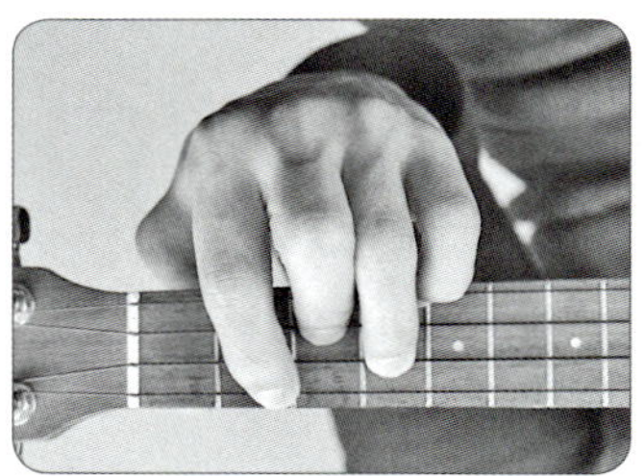

A7
| 에이 세븐

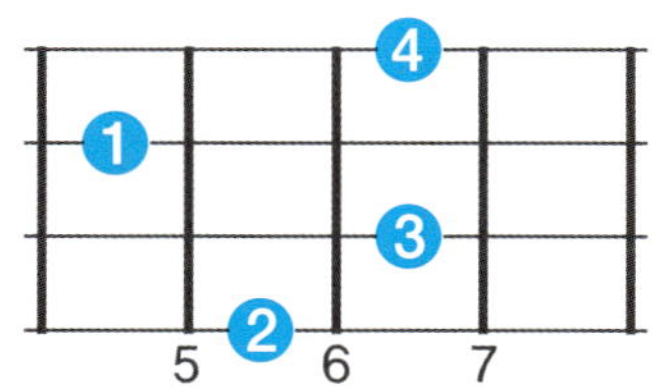
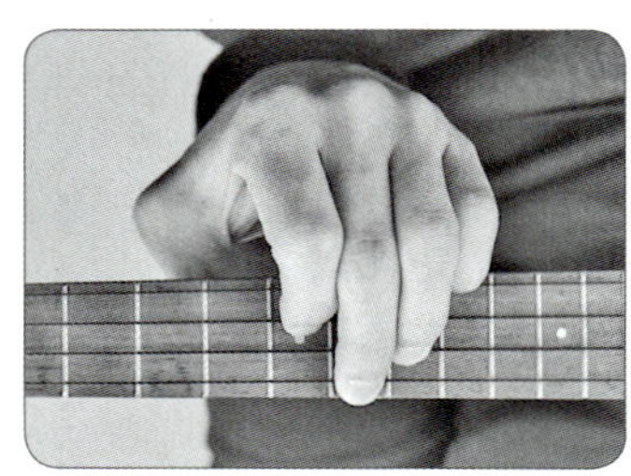

Am

| 에이 마이너

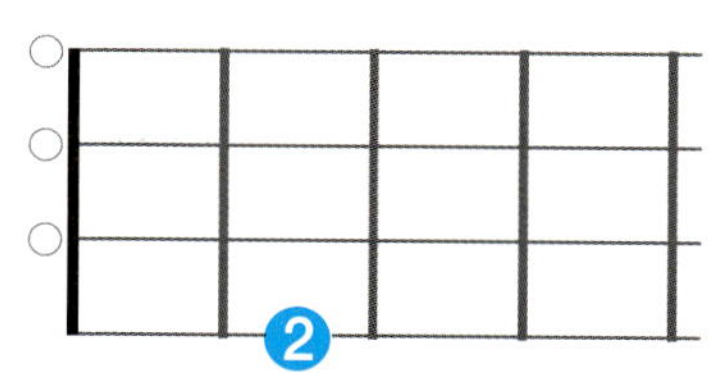
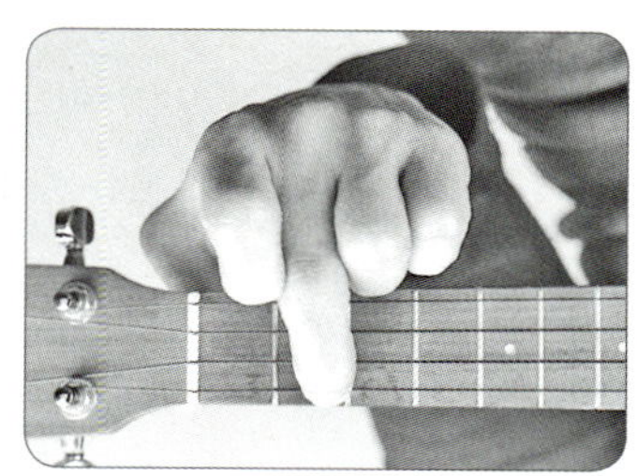

Am

| 에이 마이너

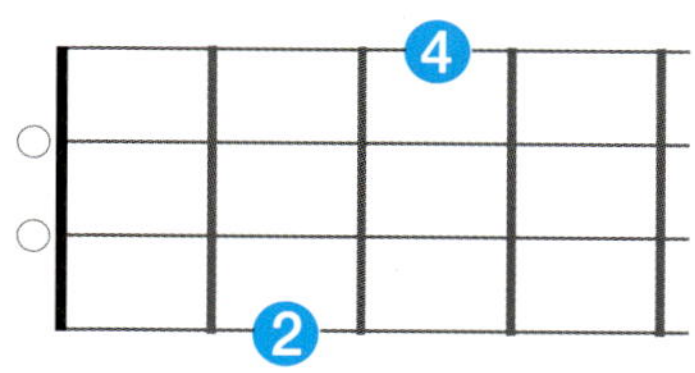
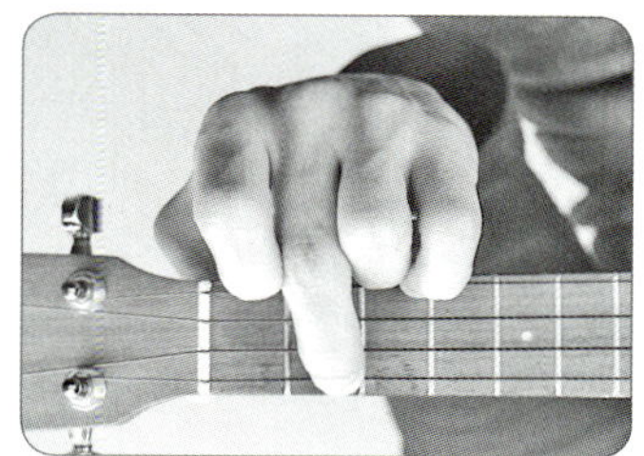

Am

| 에이 마이너

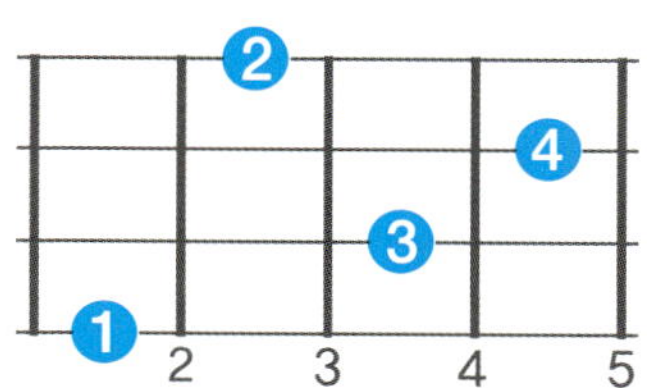
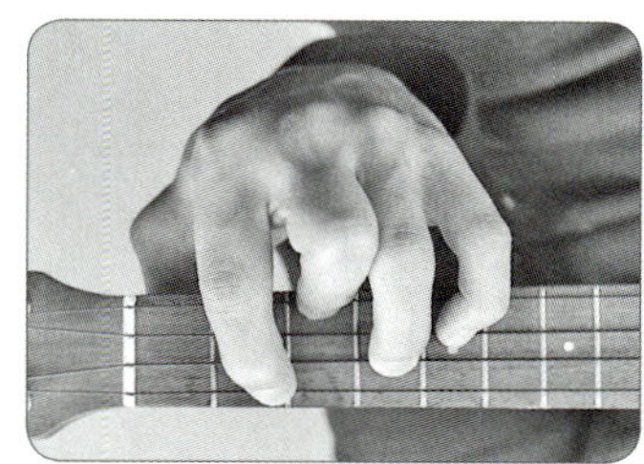

Am7

| 에이 마이너 세븐

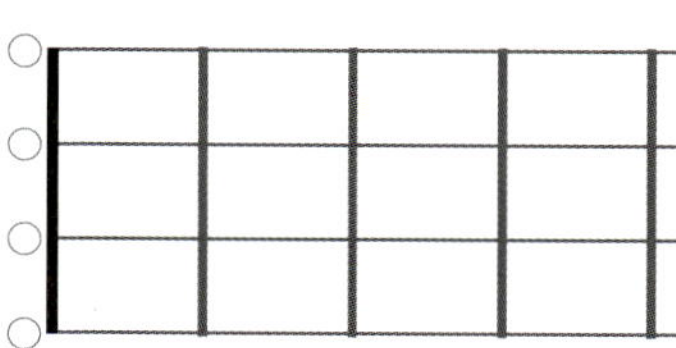

Am7

| 에이 마이너 세븐

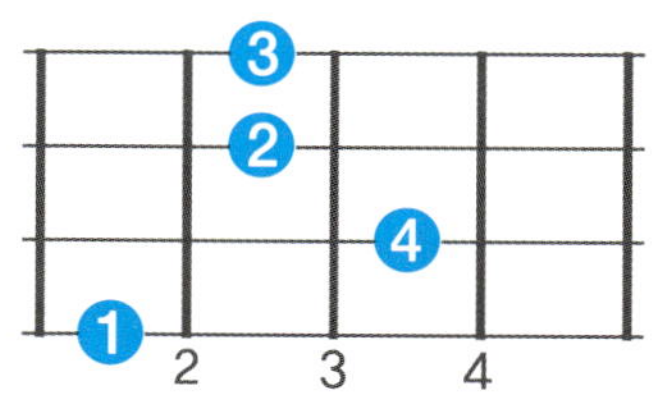

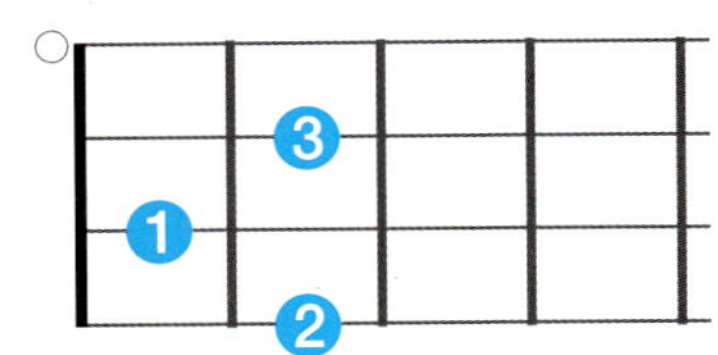

A6

| 에이 식스

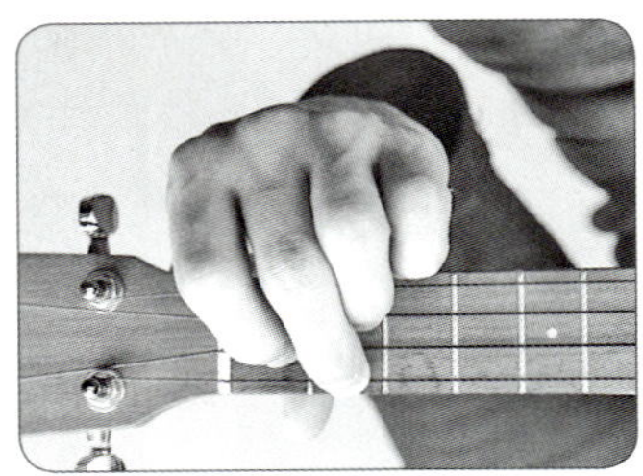

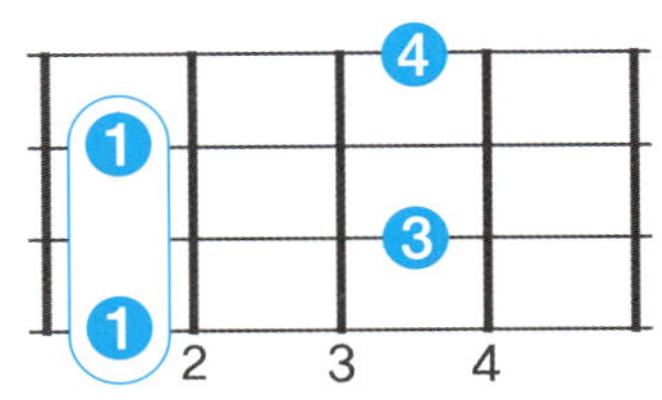

A6

| 에이 식스

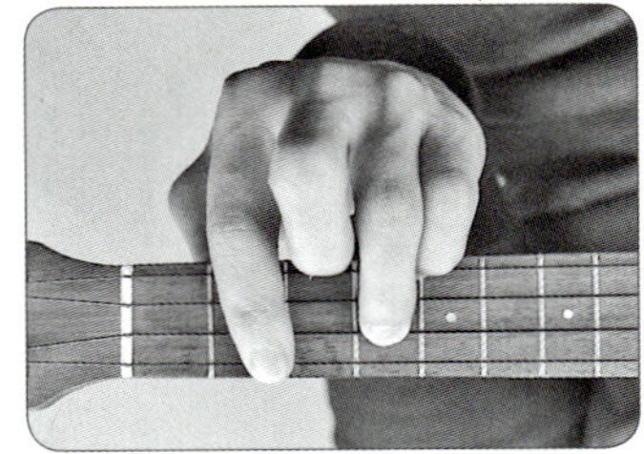

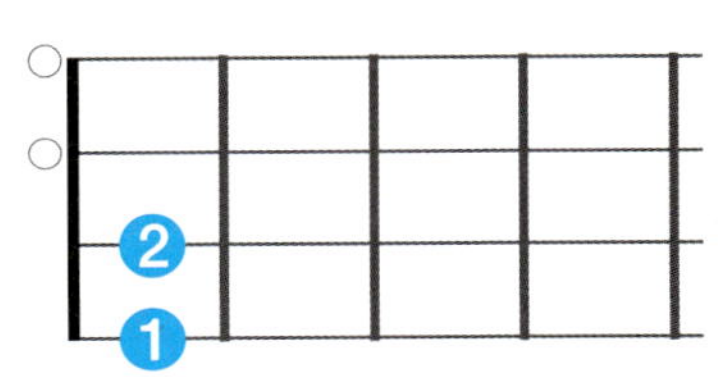

AM7

| 에이 메이저 세븐

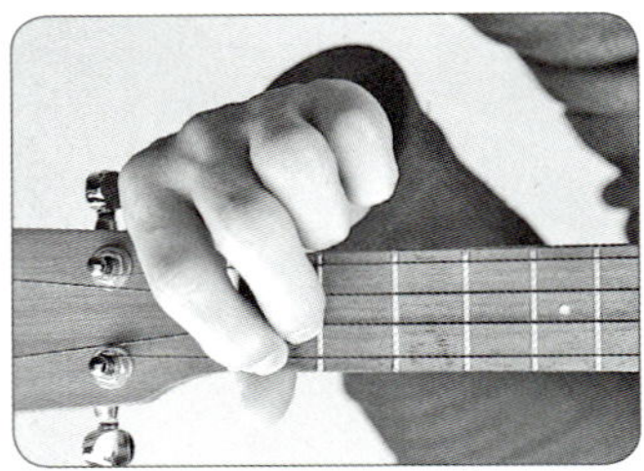

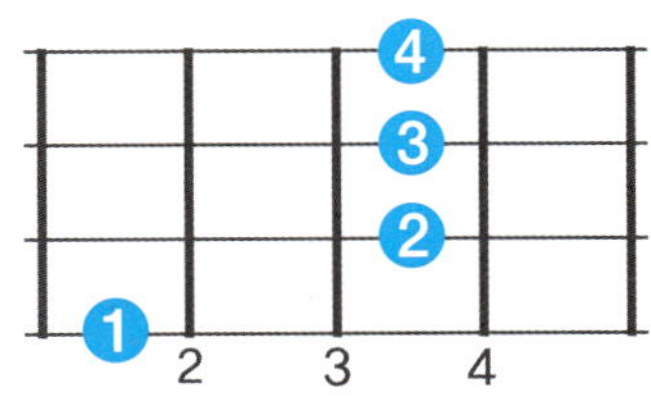

AM7

| 에이 메이저 세븐

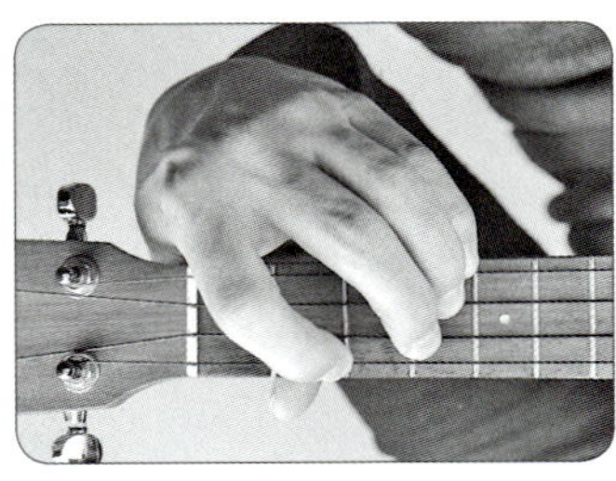

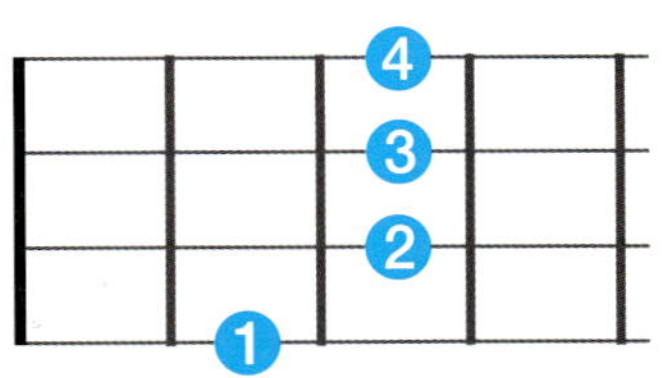

Am7(♭5)

| 에이 마이너 세븐
플랫 파이브

Am7(♭5)

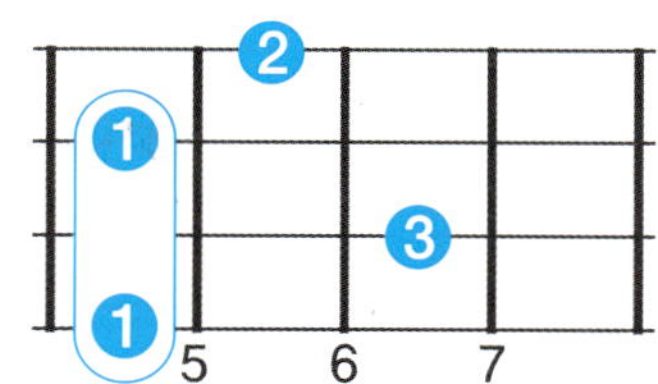

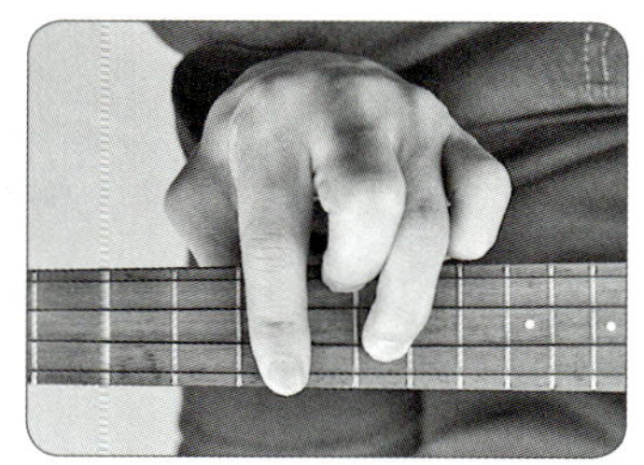

| 에이 마이너 세븐 플랫 파이브

Adim

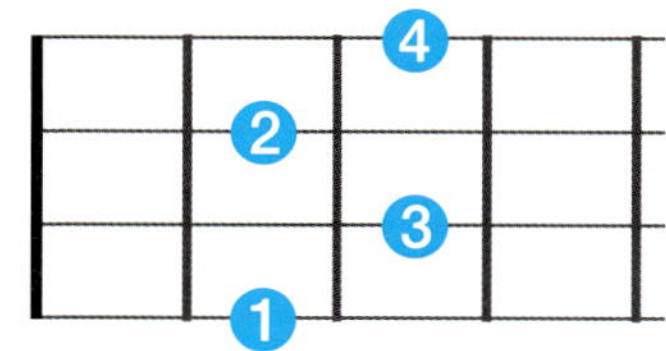

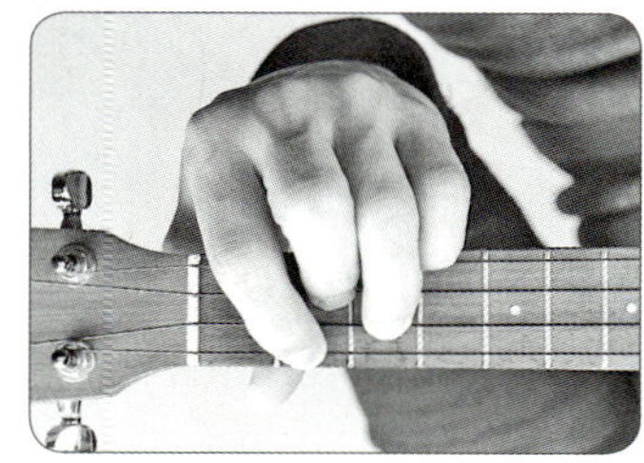

| 에이 디미니쉬

Adim

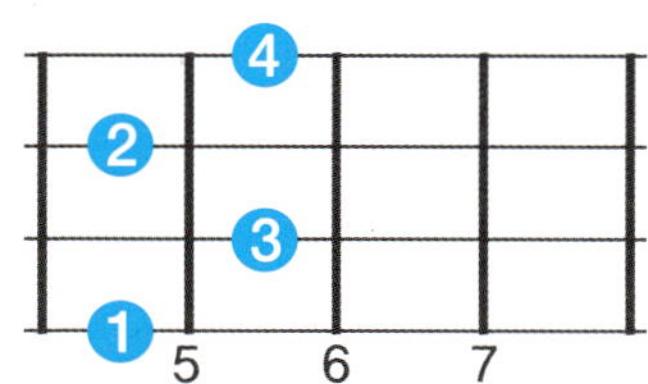

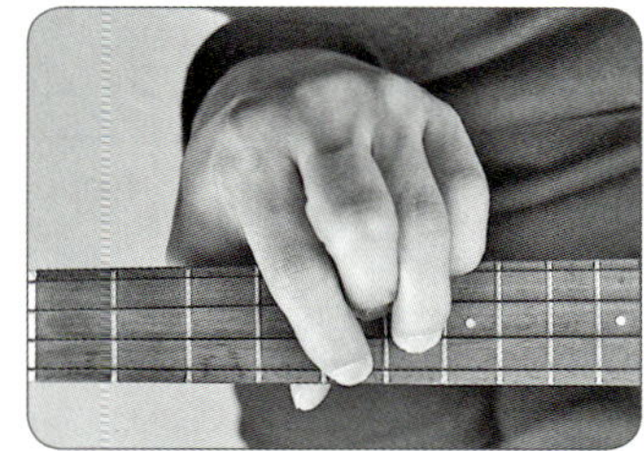

| 에이 디미니쉬

Asus4

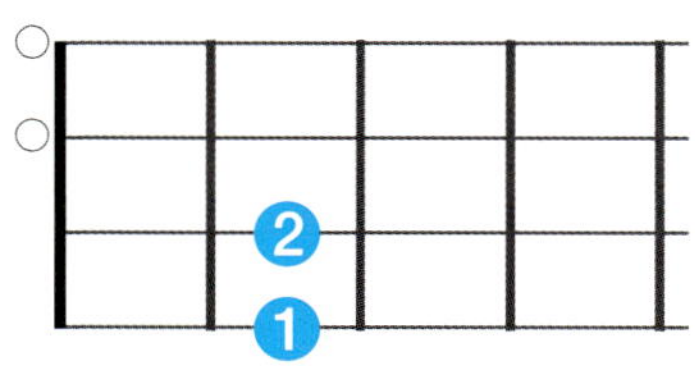

| 에이 서스포

Asus4

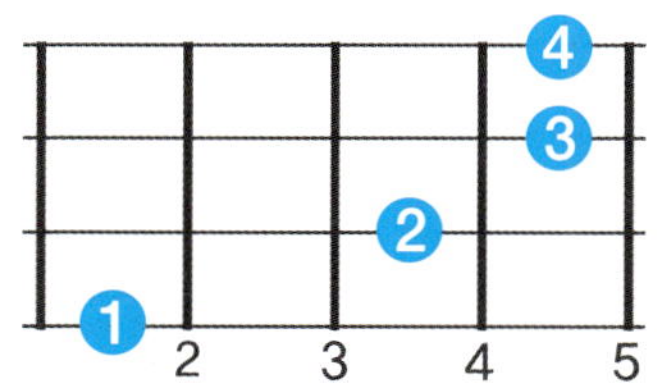

| 에이 서스포

Aaug

| 에이 오그먼트

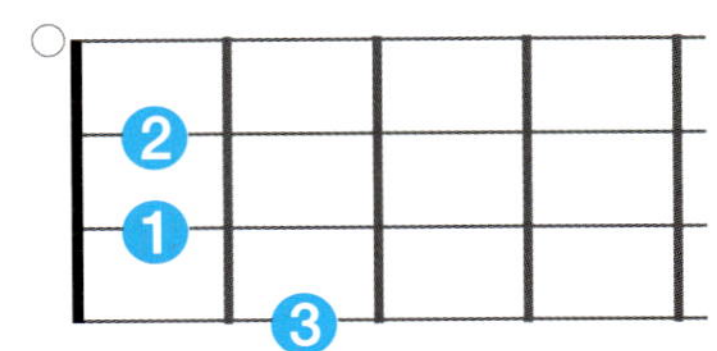

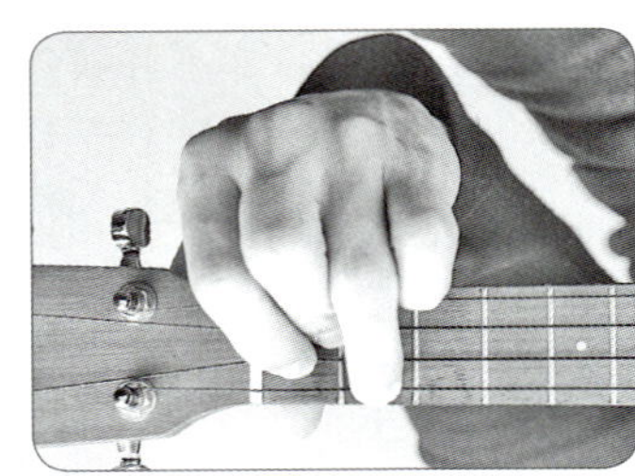

Aaug

| 에이 오그먼트

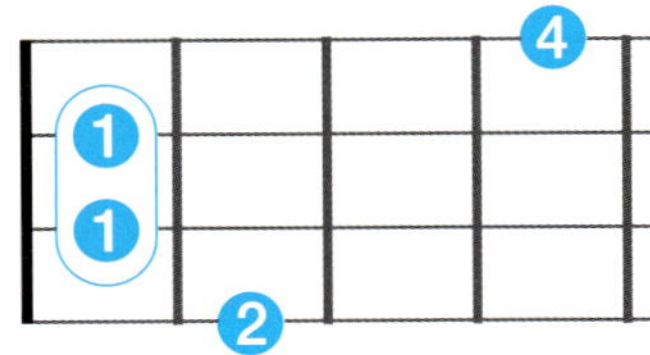

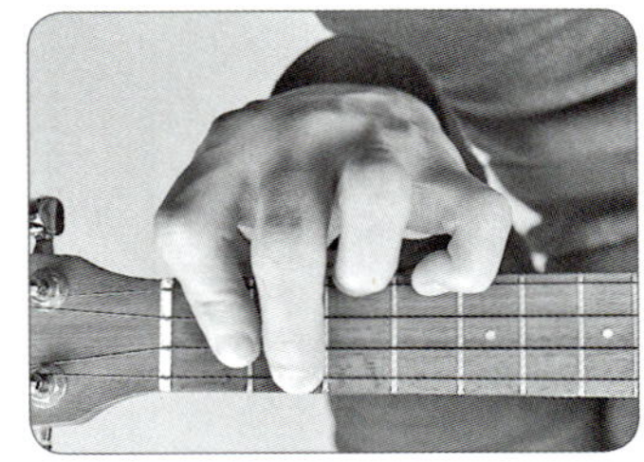

Aadd9

| 에이 애드 나인

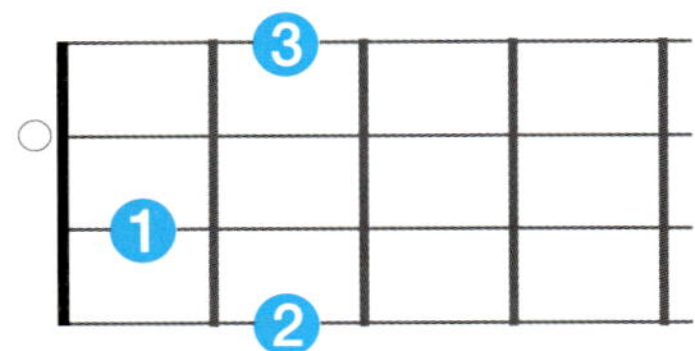

Aadd9

| 에이 애드 나인

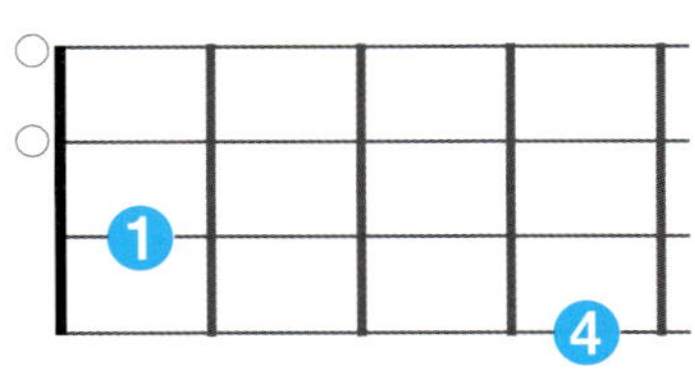

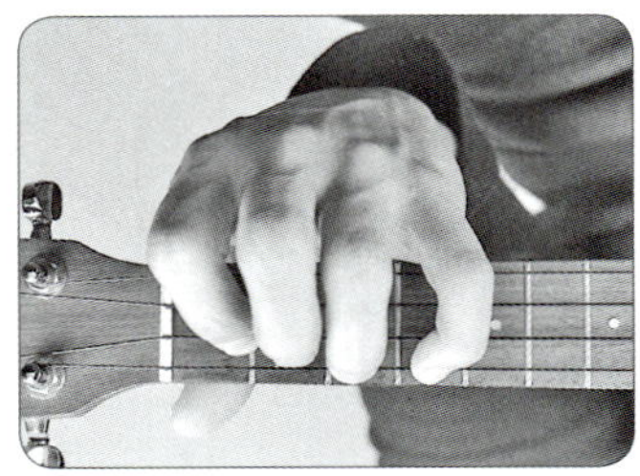

Aadd9

| 에이 애드 나인

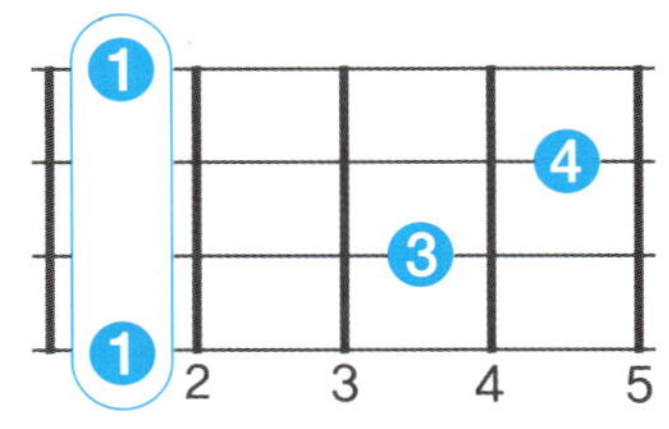

A6(9)

| 에이 식스 나인

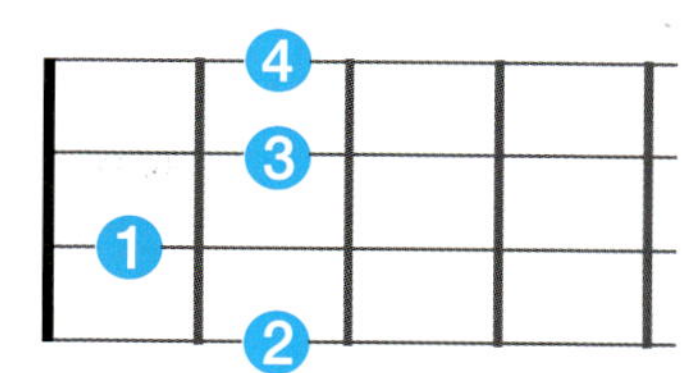

AM7(9)

| 에이 메이저 세븐
나인

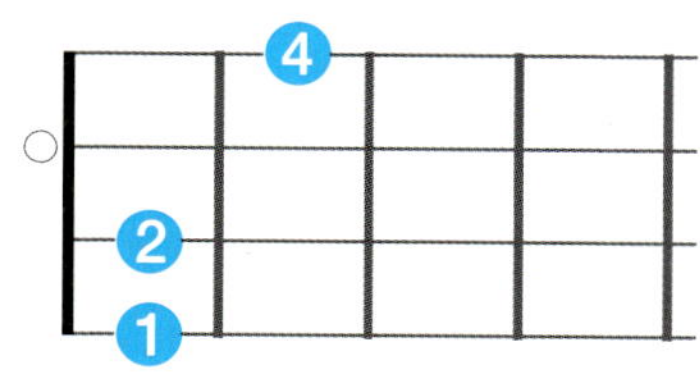

Am6

| 에이 마이너 식스

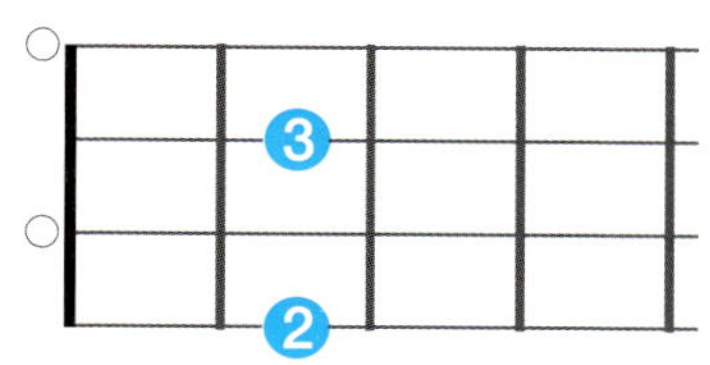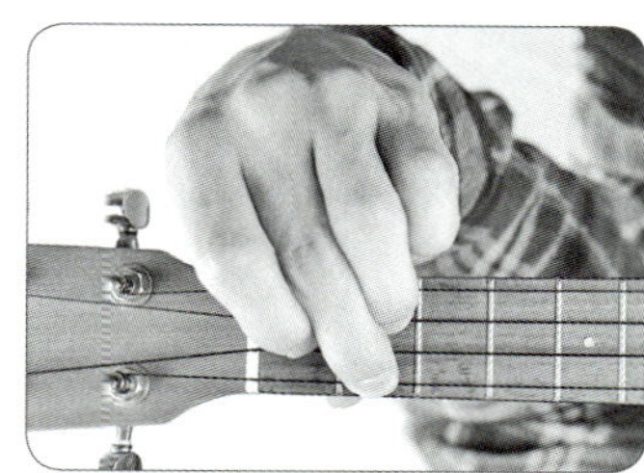

AmM7

| 에이 마이너 메이저
세븐

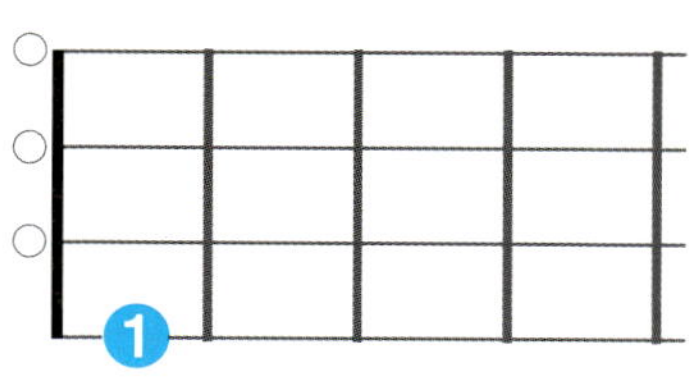

Am7(9)

| 에이 마이너 세븐
나인

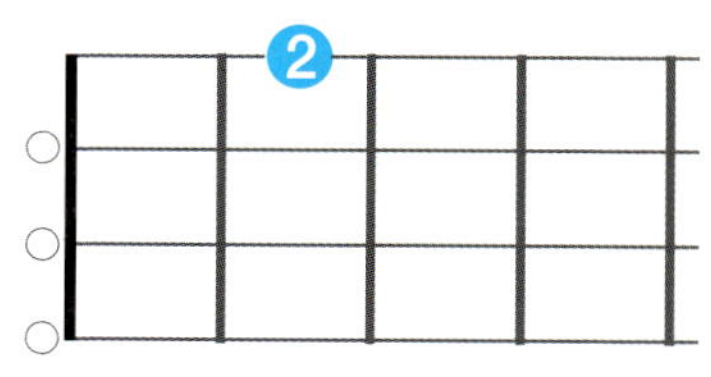

Am7(11)

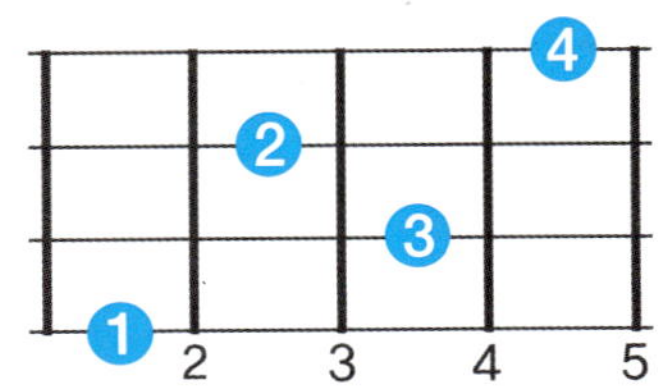

| 에이 마이너 세븐
일레븐

A7sus4

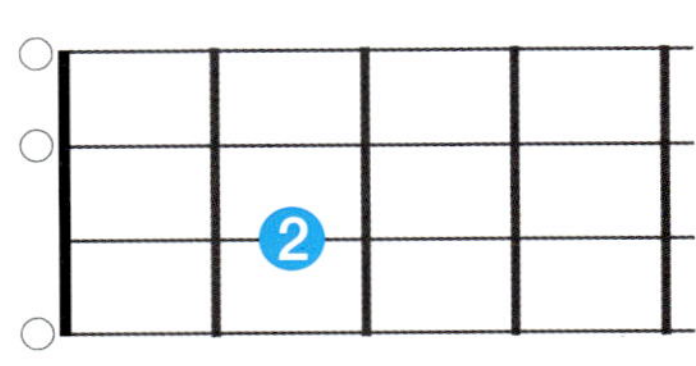

| 에이 세븐 서스포

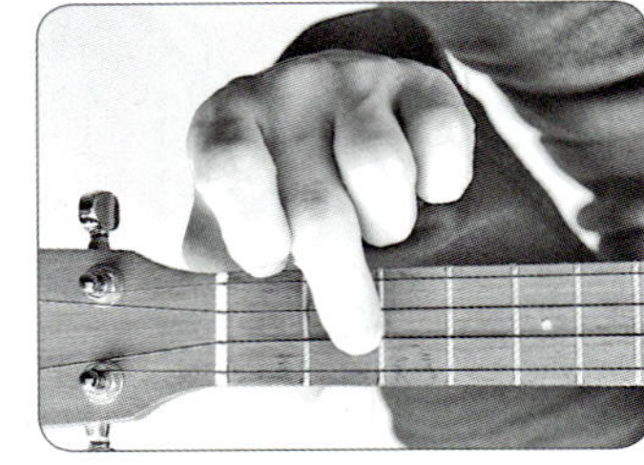

A7(♯5)

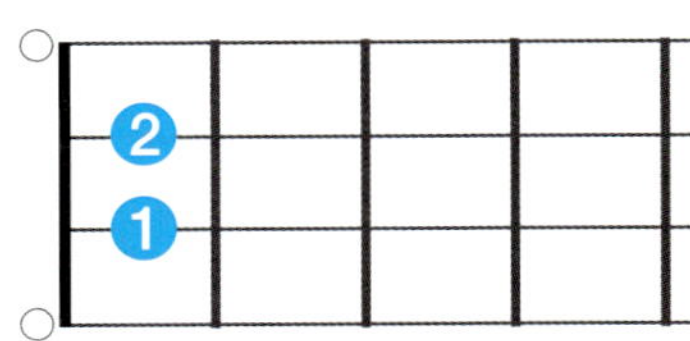

| 에이 세븐 샤프
파이브

A7(♭5)

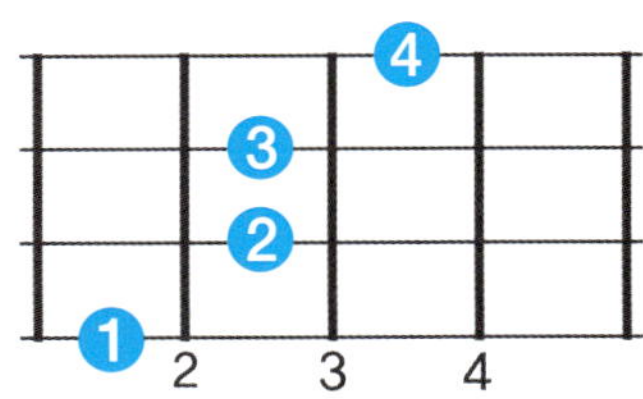

| 에이 세븐 플랫
파이브

A7(9)

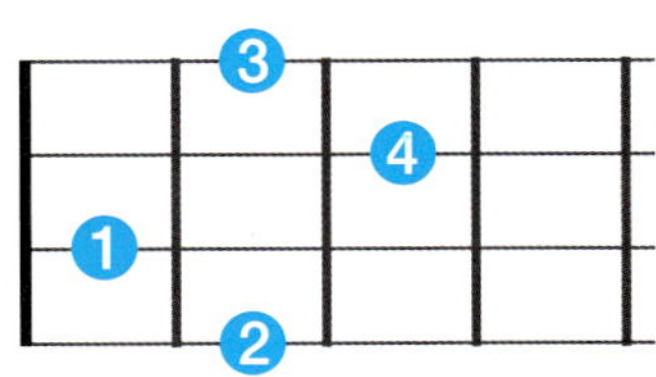

| 에이 세븐 나인

A7(♭9)

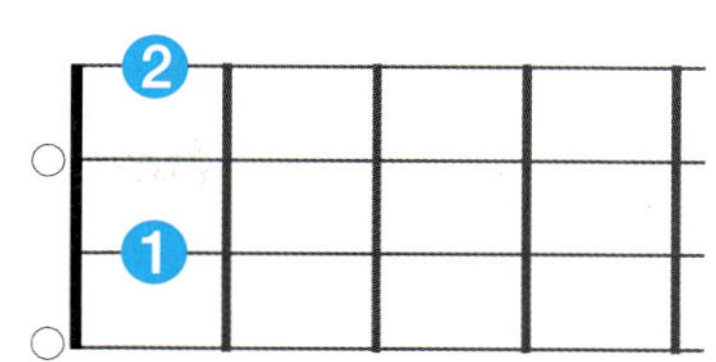

| 에이 세븐 플랫 나인

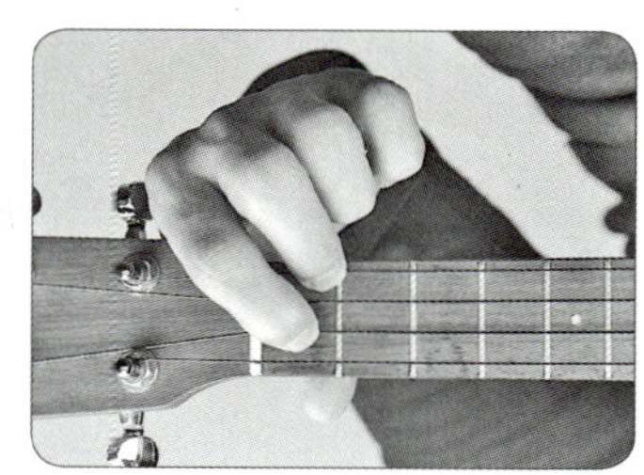

A7(♯9)

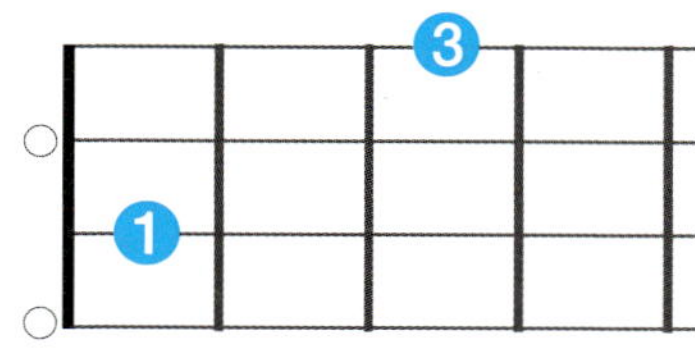

| 에이 세븐 샤프 나인

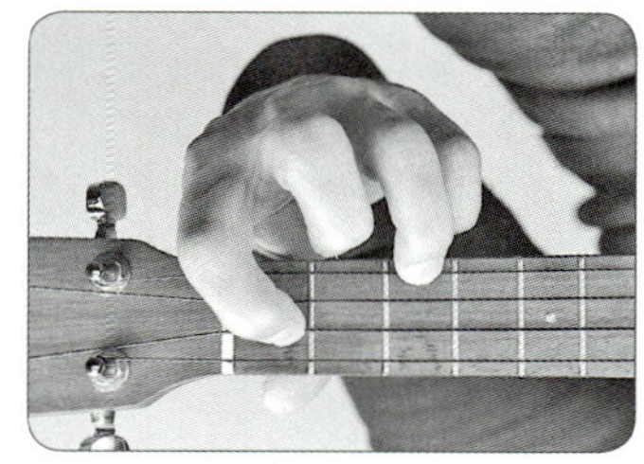

A♯

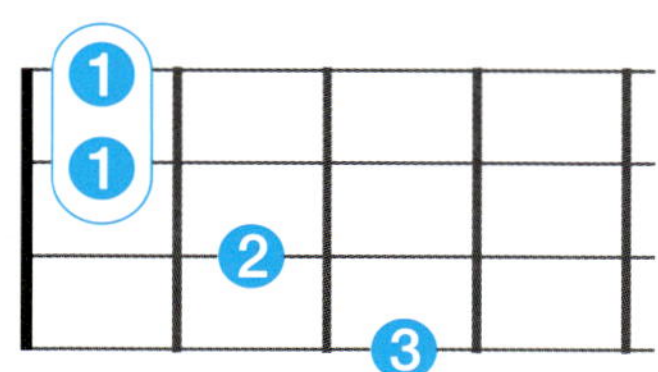

| 에이 샤프

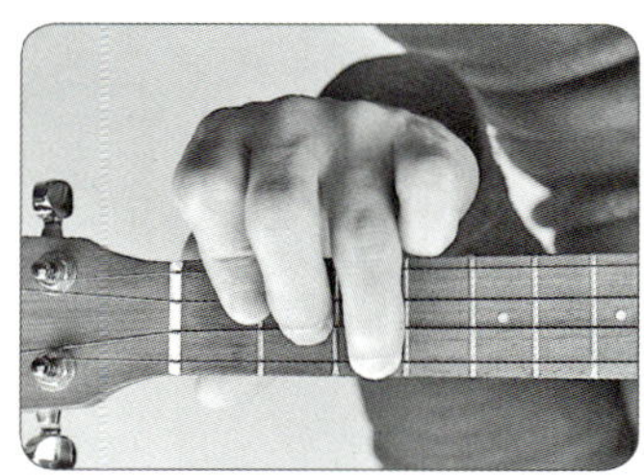

A♯

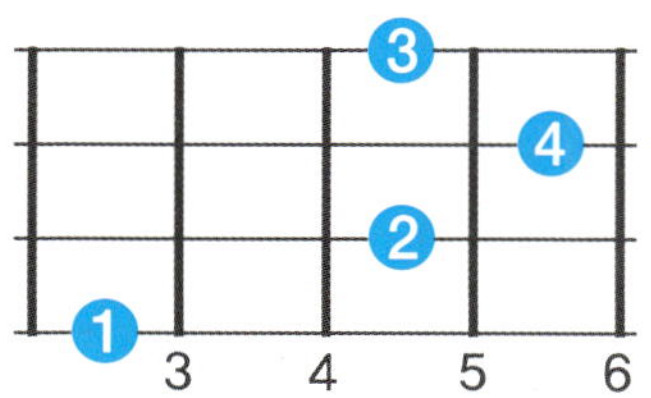

| 에이 샤프

A♯

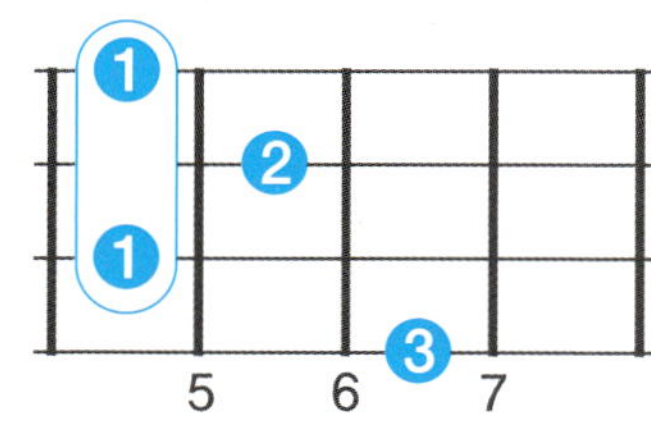

| 에이 샤프

A♯
B♭

A#7

| 에이 샤프 세븐

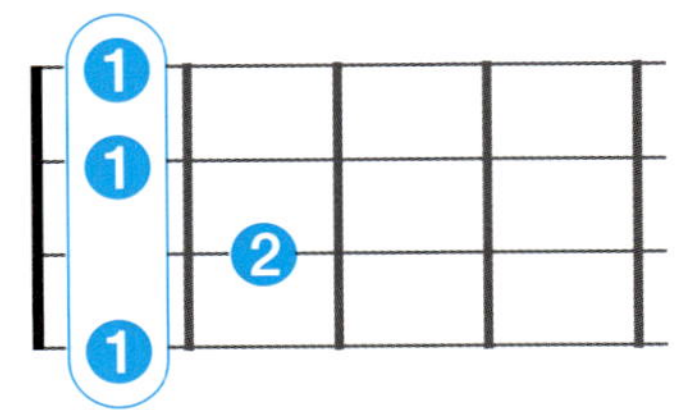
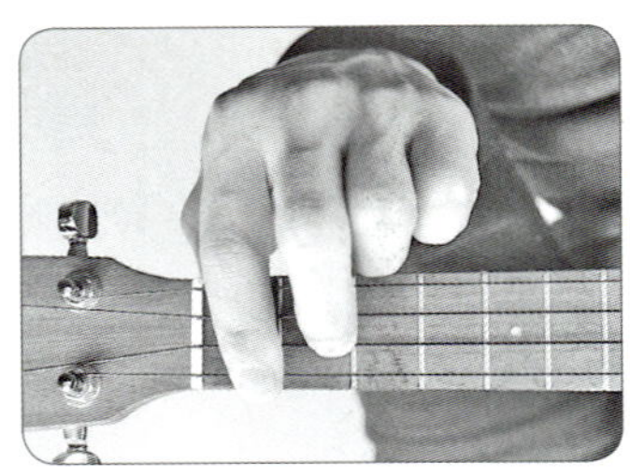

A#7

| 에이 샤프 세븐

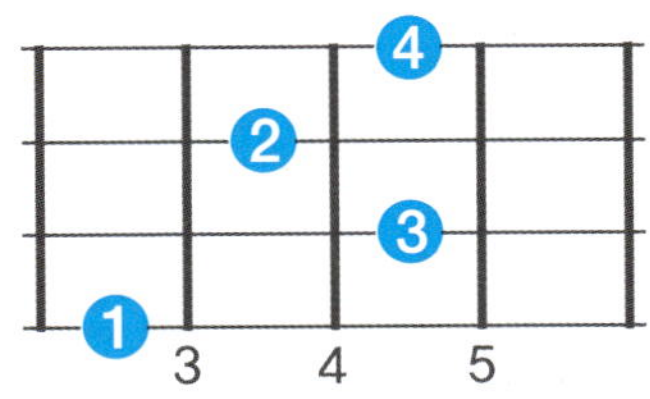
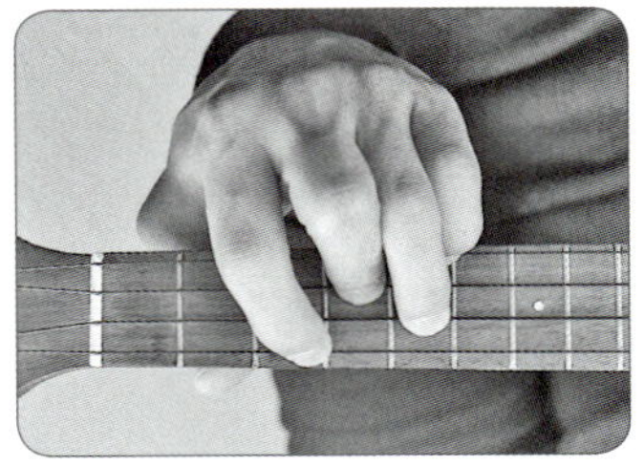

A#m

| 에이 샤프 마이너

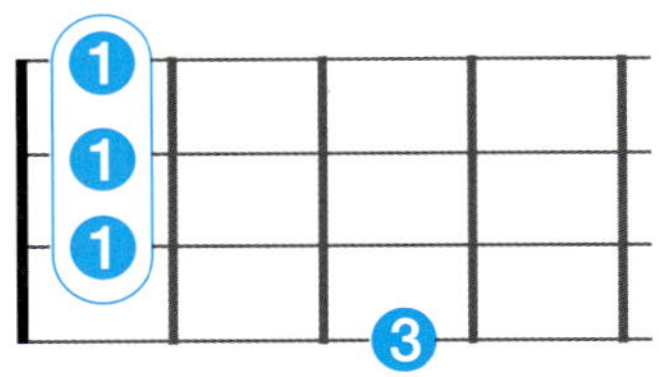
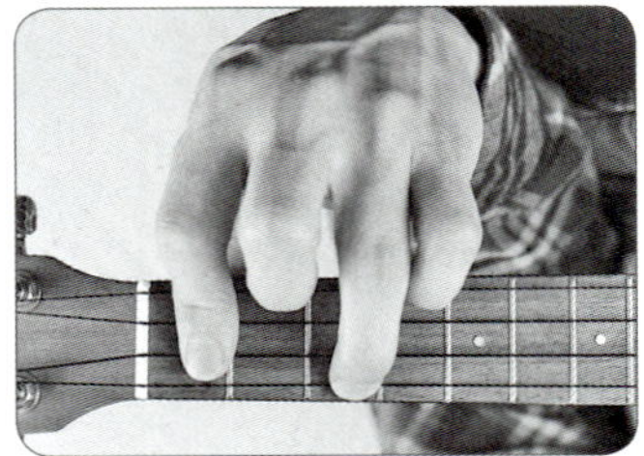

A#m

| 에이 샤프 마이너

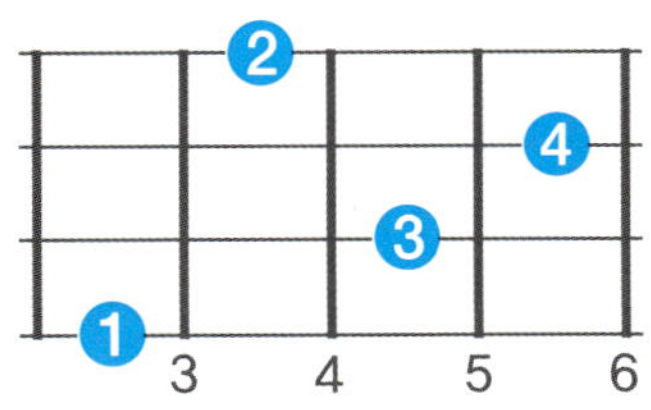
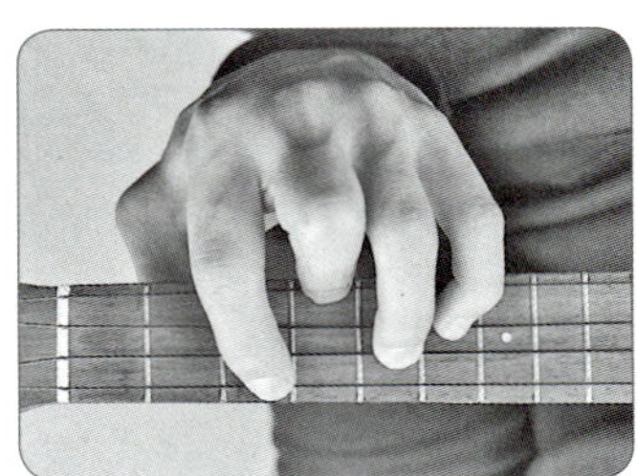

A#m7

| 에이 샤프 마이너
세븐

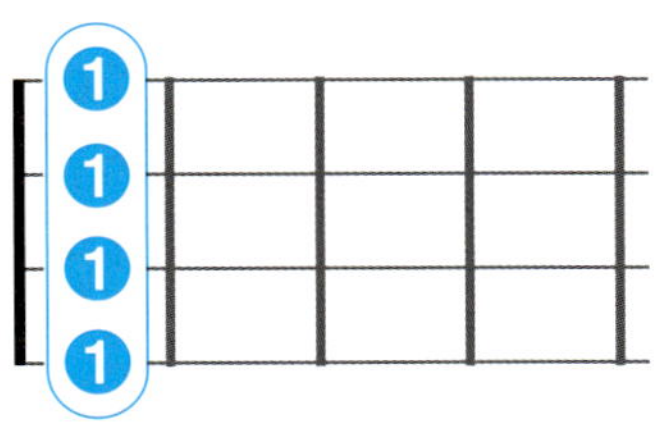

A#m7

| 에이 샤프 마이너 세븐

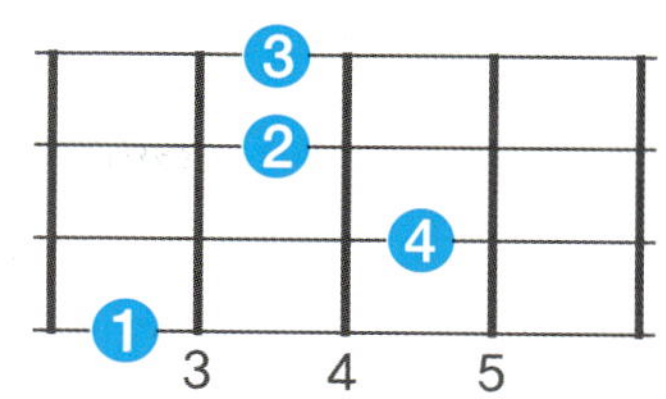

A#6

| 에이 샤프 식스

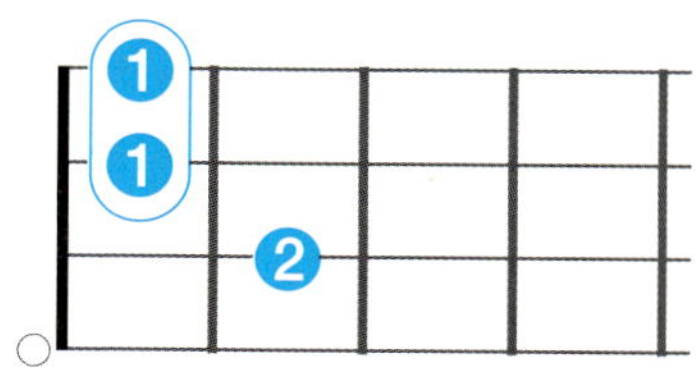

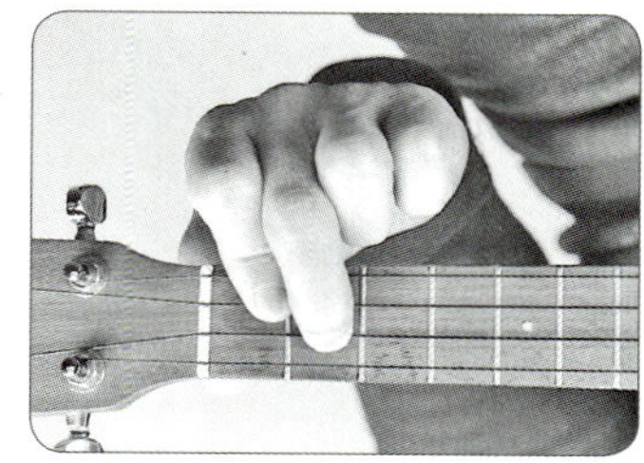

A#6

| 에이 샤프 식스

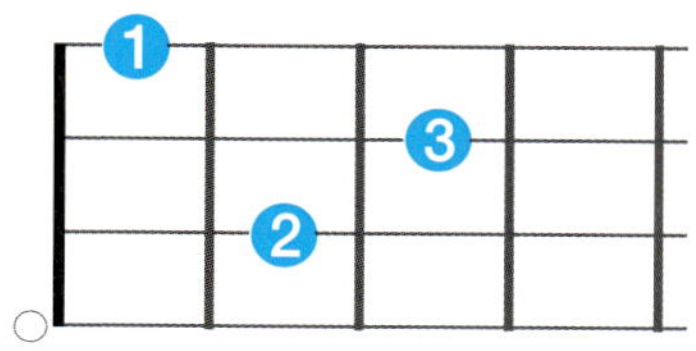

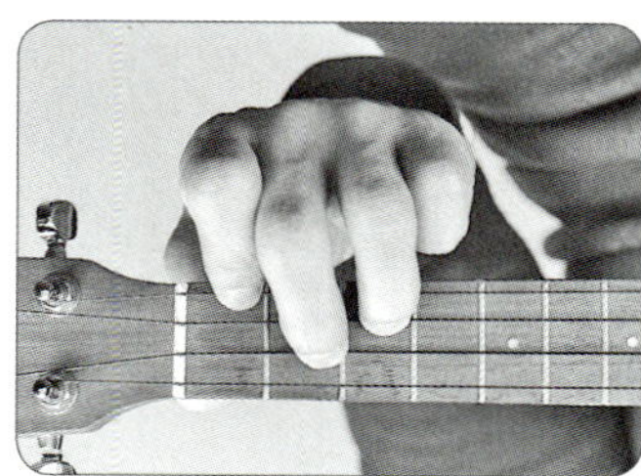

A#6

| 에이 샤프 식스

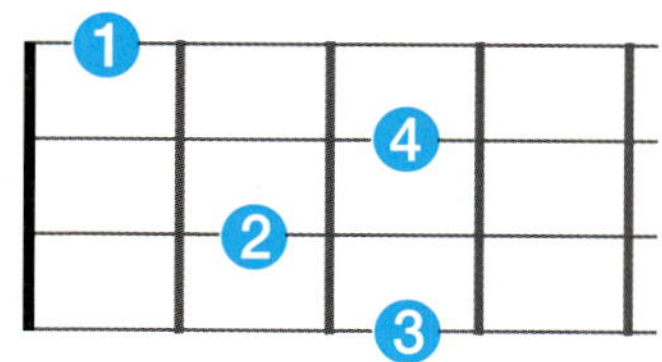

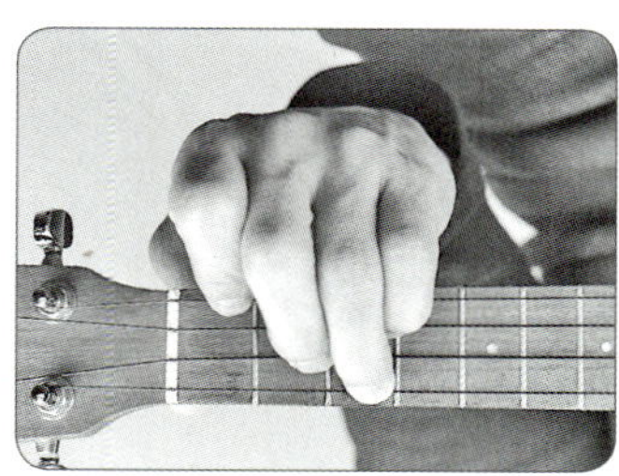

A#6

| 에이 샤프 식스

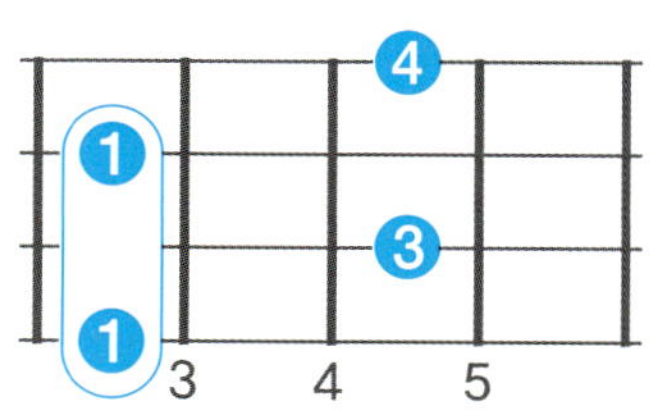

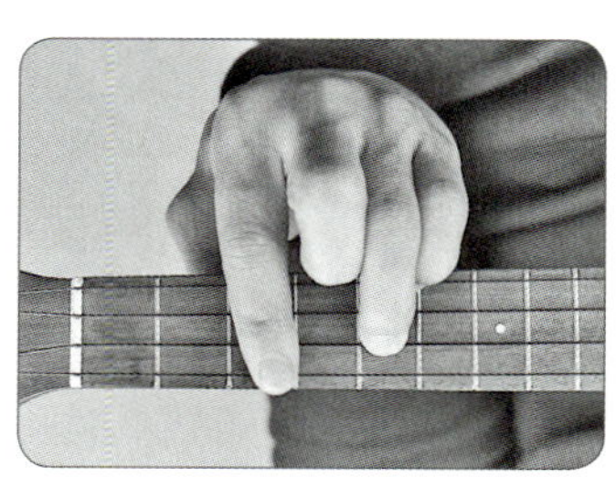

A#M7

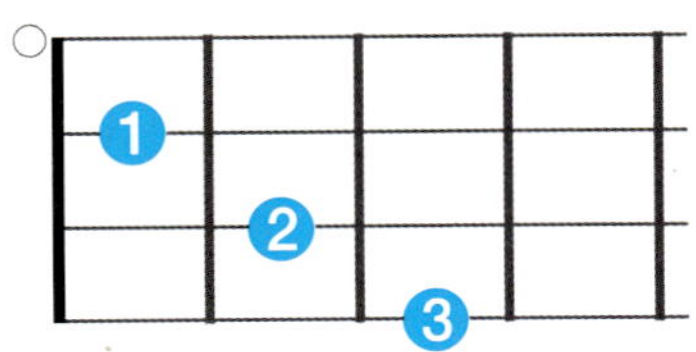

| 에이 샤프 메이저
세븐

A#M7

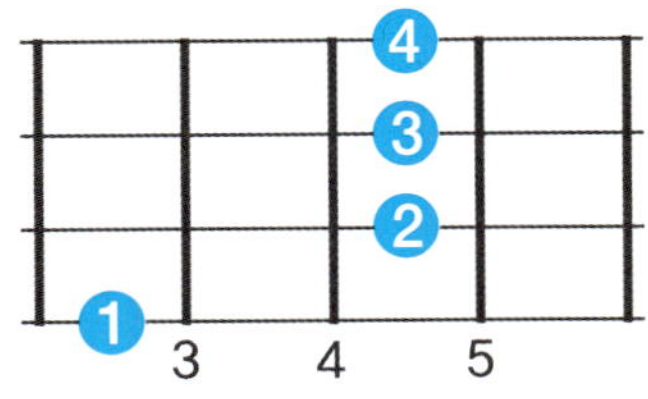

| 에이 샤프 메이저
세븐

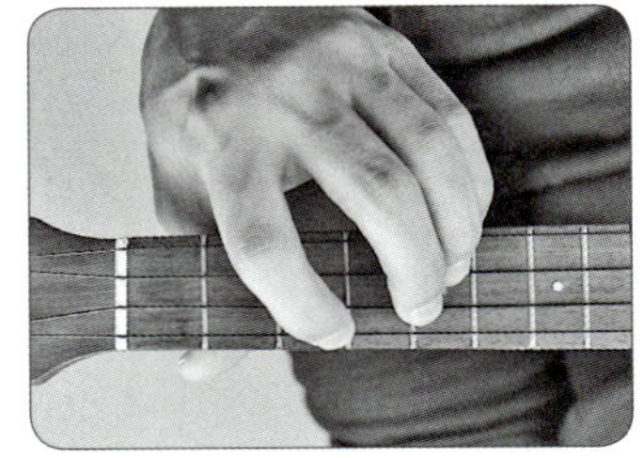

A#m7(♭5)

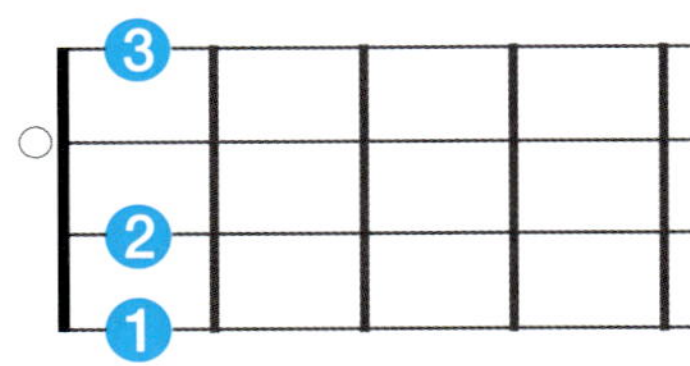

| 에이 샤프 마이너
세븐 플랫 파이브

A#m7(♭5)

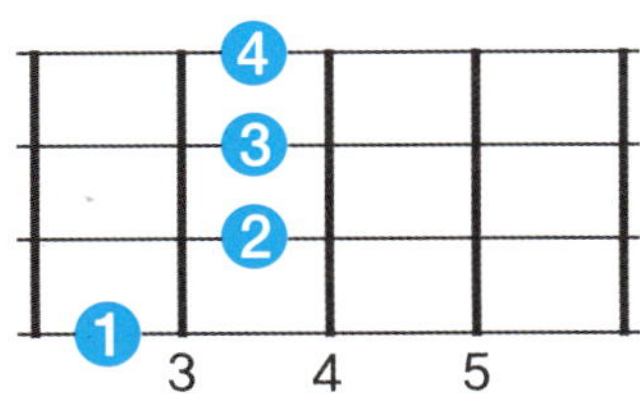

| 에이 샤프 마이너
세븐 플랫 파이브

A#dim

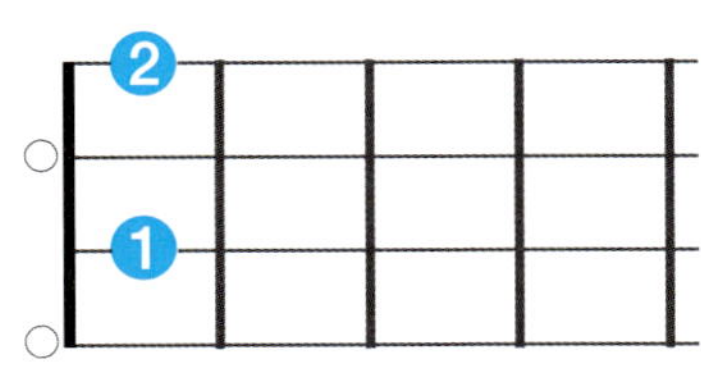

| 에이 샤프 디미니쉬

114

A#dim

| 에이 샤프 디미니쉬

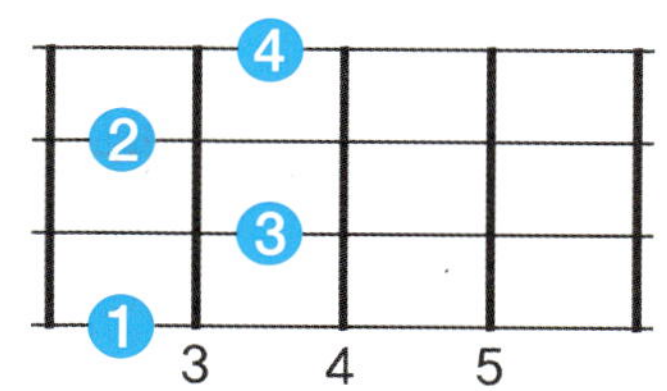

A#sus4

| 에이 샤프 서스포

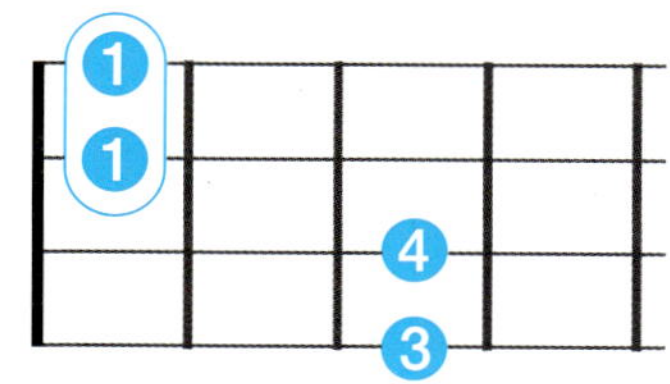
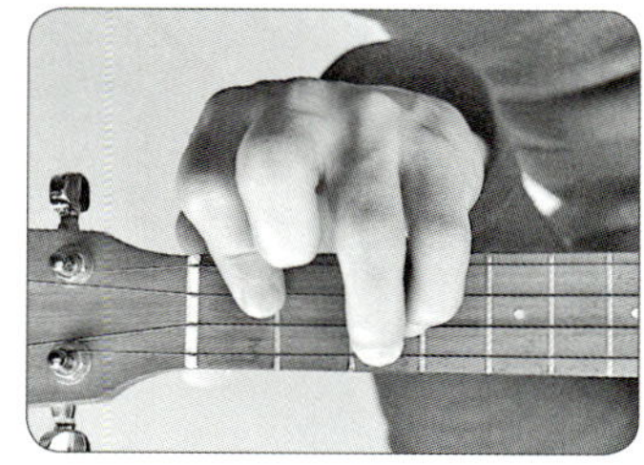

A#sus4

| 에이 샤프 서스포

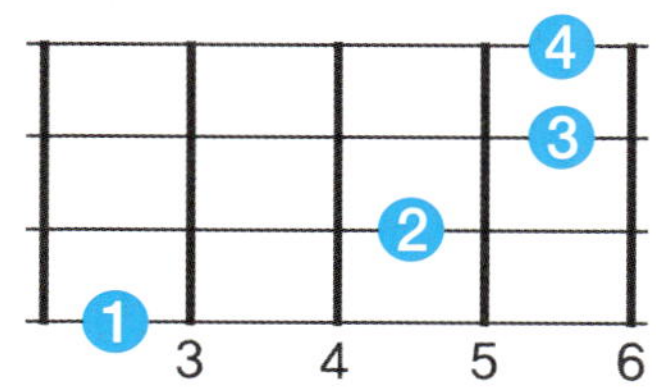
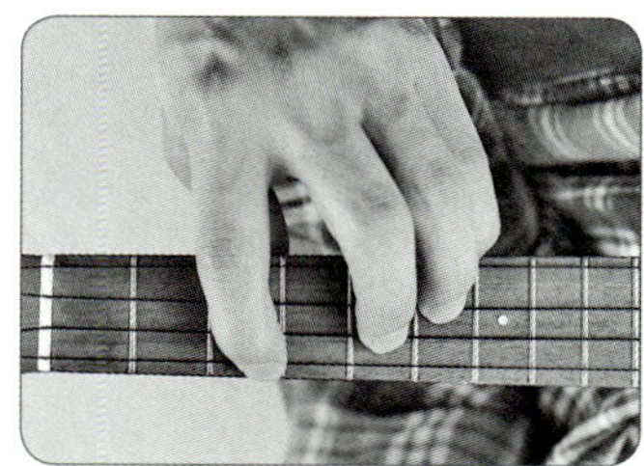

A#aug

| 에이 샤프 오그먼트

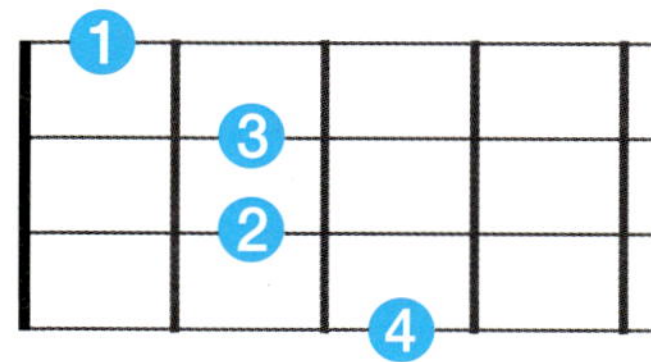

A#aug

| 에이 샤프 오그먼트

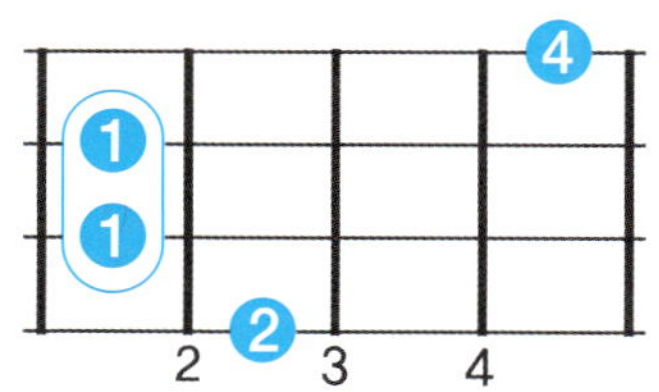
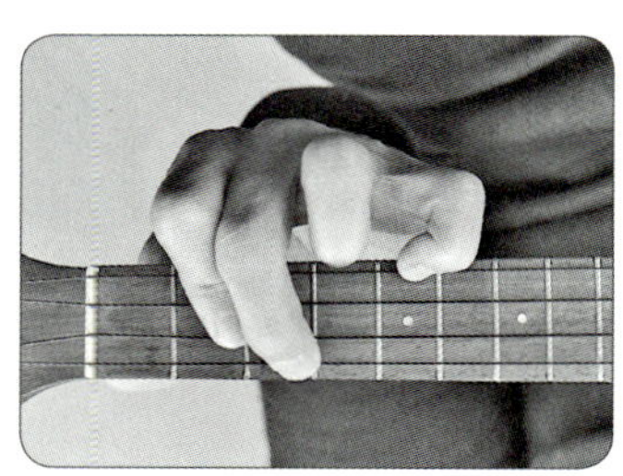

A#add9

| 에이 샤프 애드 나인

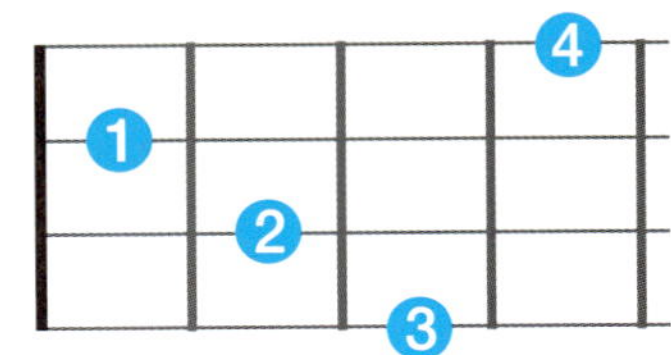

A#add9

| 에이 샤프 애드 나인

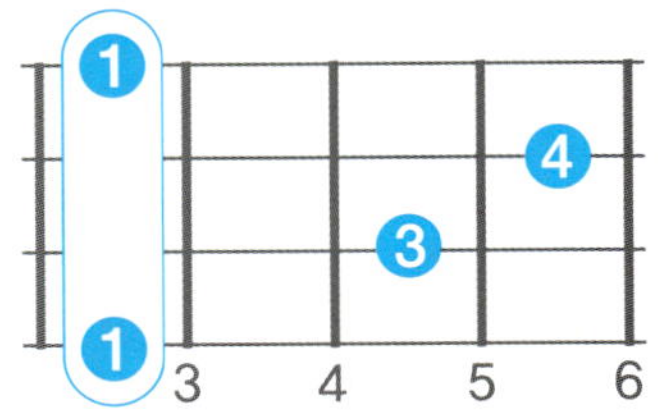

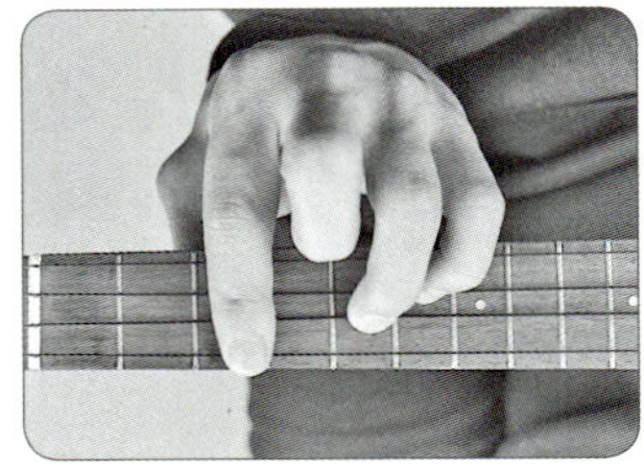

A#6(9)

| 에이 샤프 식스 나인

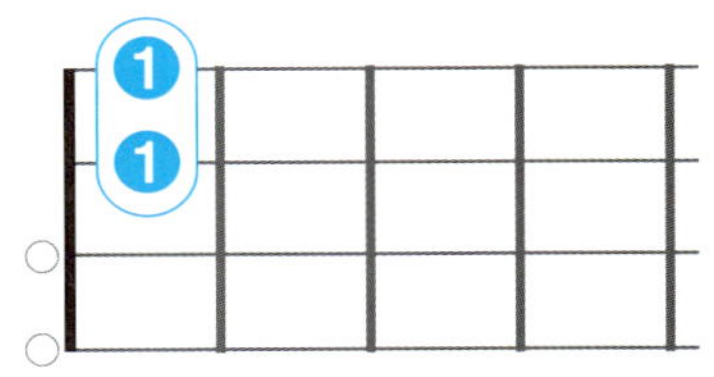

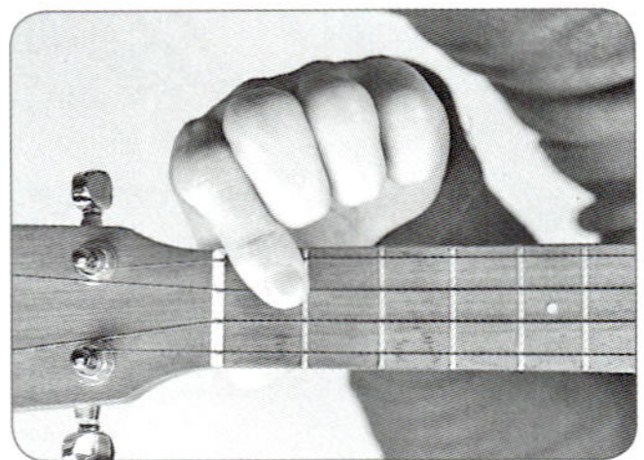

A#M7(9)

| 에이 샤프 메이저
세븐 나인

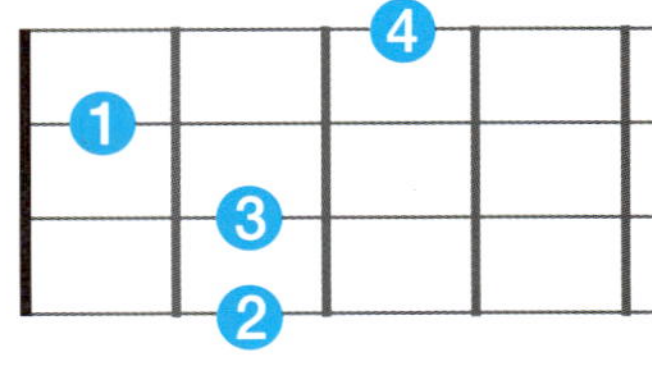

A#m6

| 에이 샤프 마이너
식스

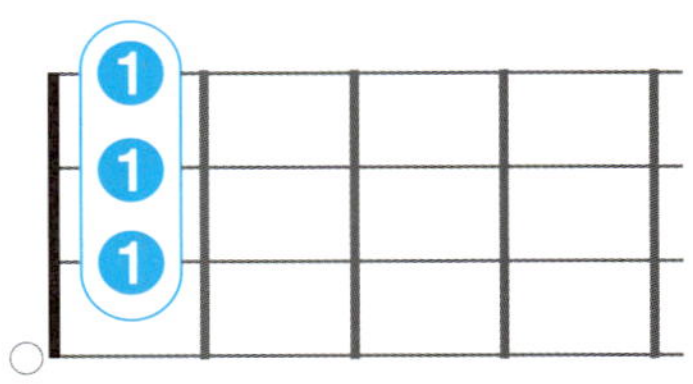

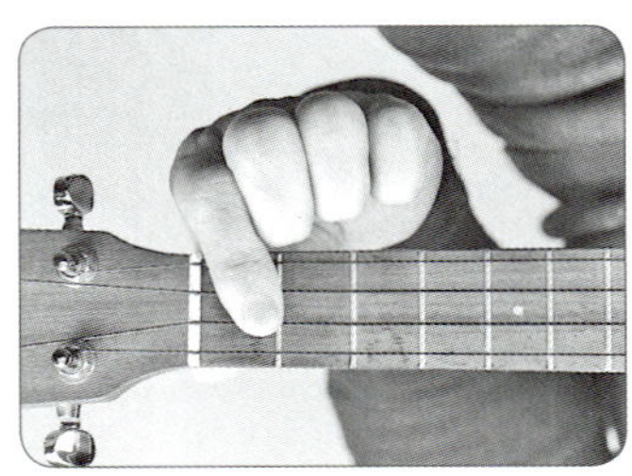

A#mM7

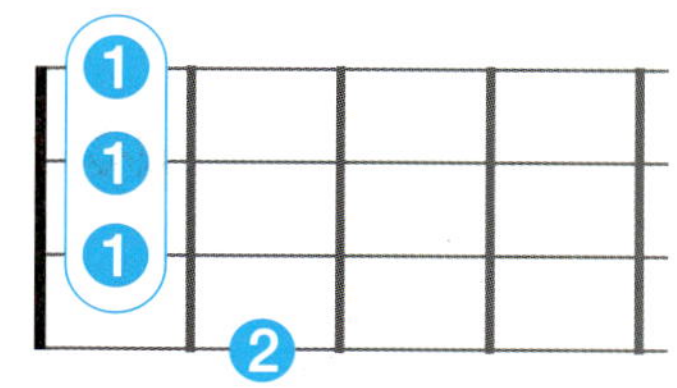

| 에이 샤프 마이너 메이저 세븐

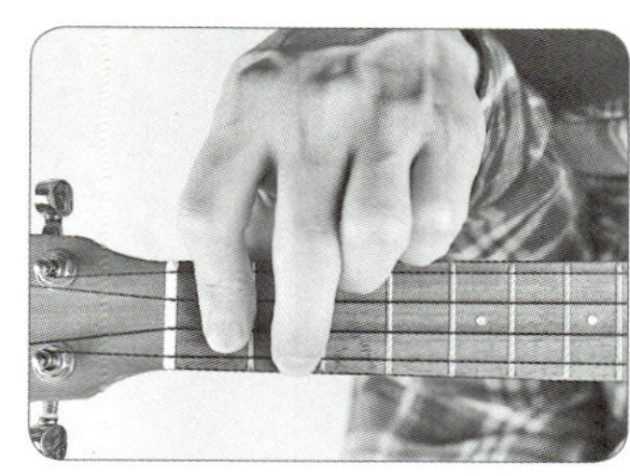

A#m7(9)

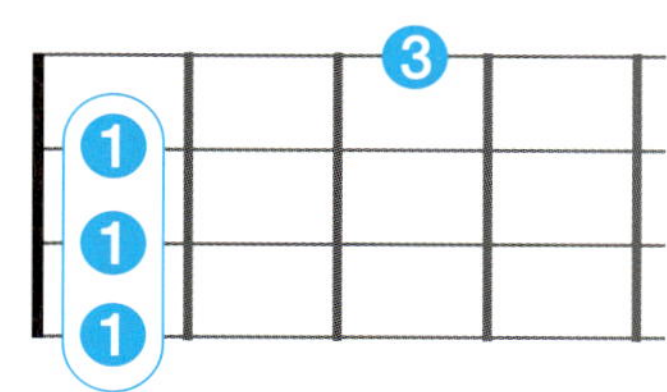

| 에이 샤프 마이너 세븐 나인

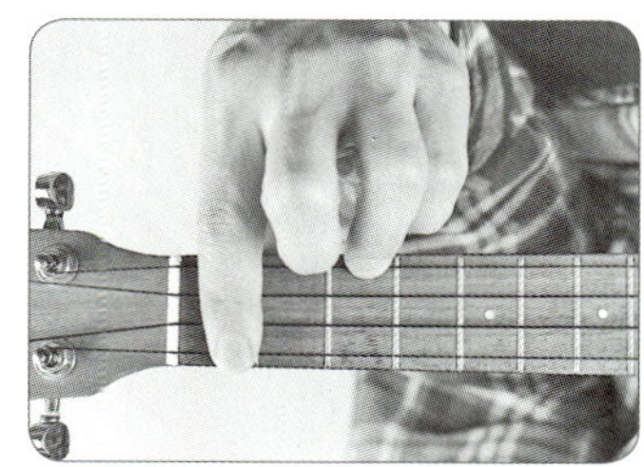

A#m7(11)

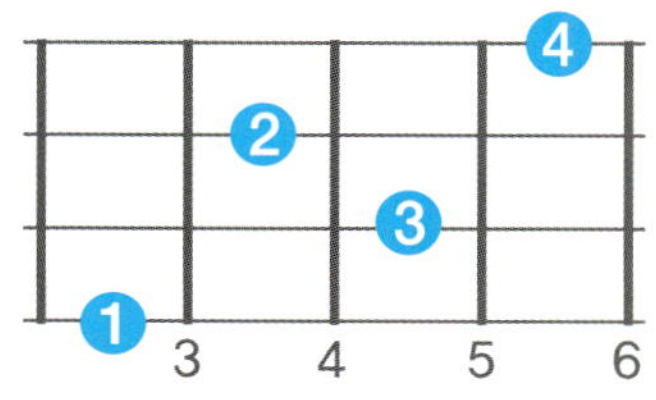

| 에이 샤프 마이너 세븐 일레븐

A#7sus4

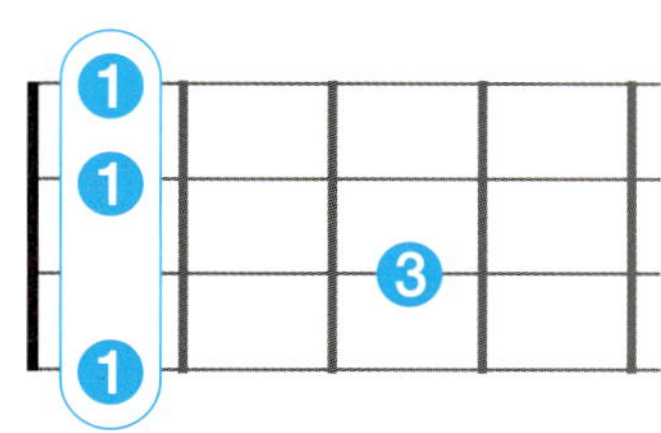

| 에이 샤프 세븐 서스포

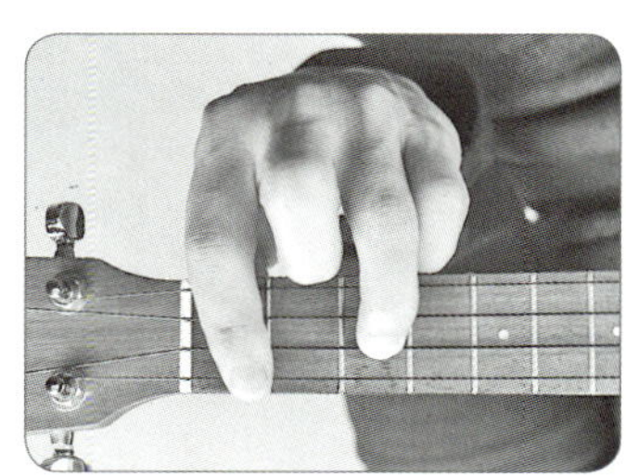

A#7(#5)

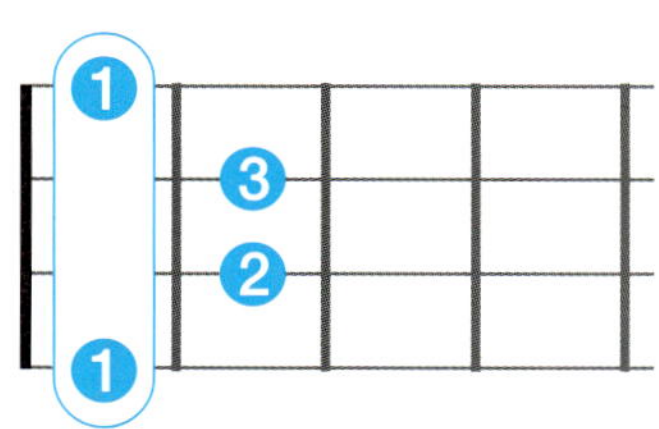

| 에이 샤프 세븐 샤프 파이브

A#7(♭5)

| 에이 샤프 세븐 플랫
  파이브

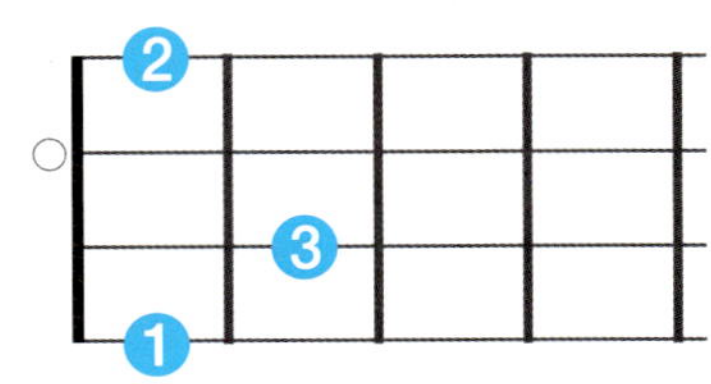
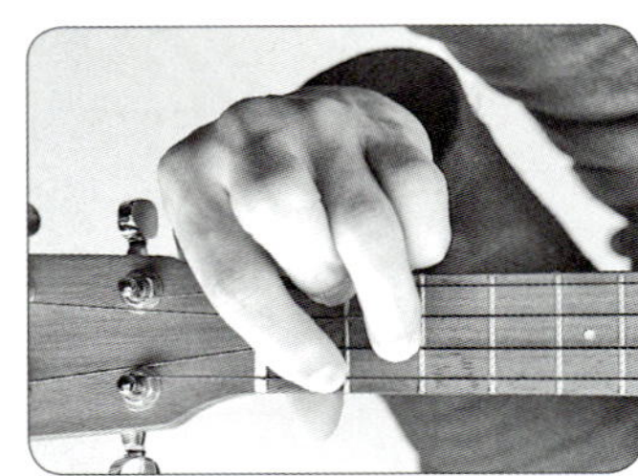

A#7(9)

| 에이 샤프 세븐 나인

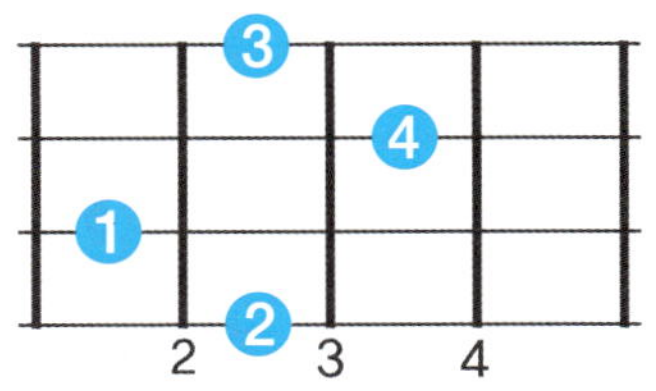
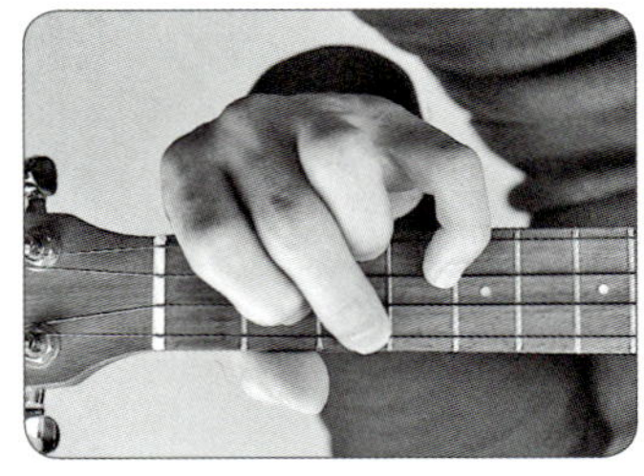

A#7(♭9)

| 에이 샤프 세븐 플랫
  나인

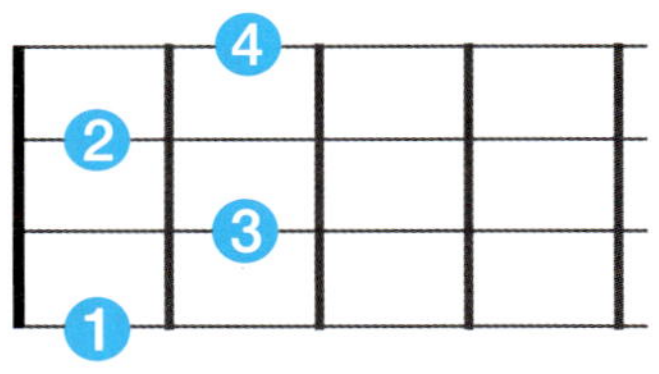

A#7(#9)

| 에이 샤프 세븐 샤프
  나인

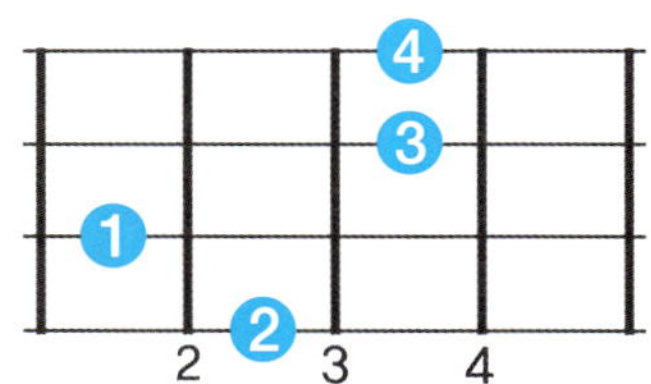

B

| 비

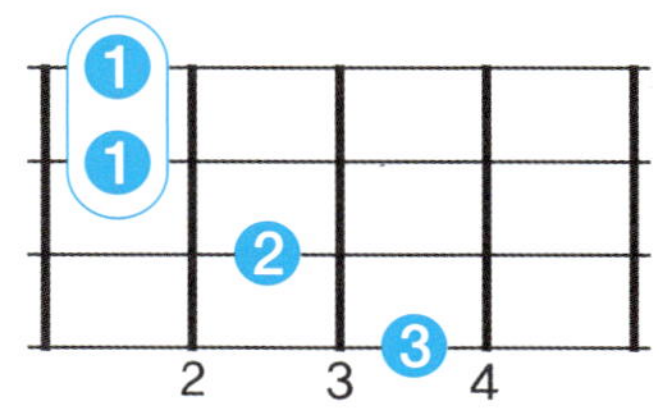

B

| 비

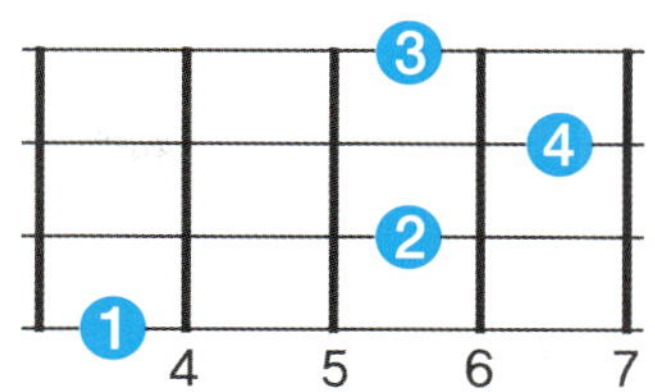

B7

| 비 세븐

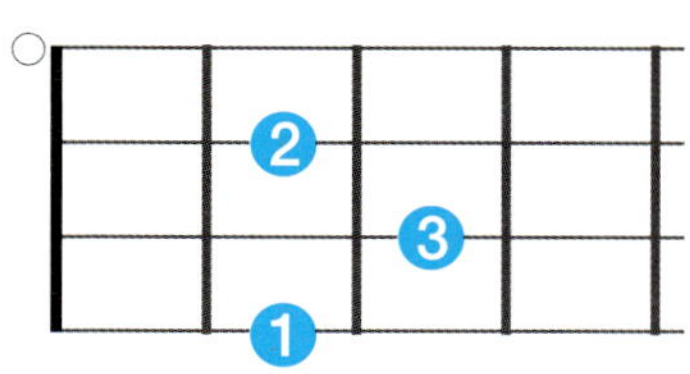
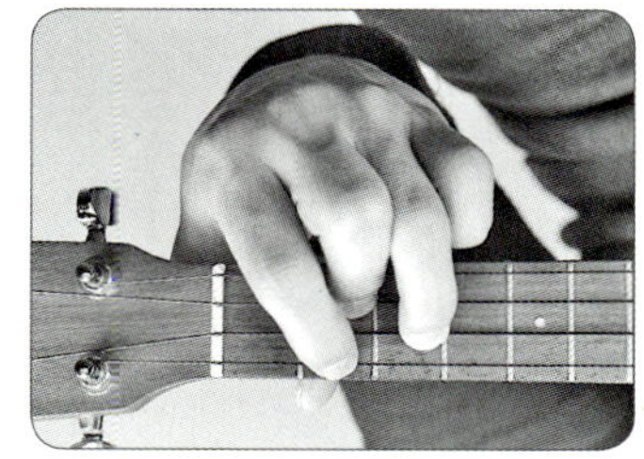

B7

| 비 세븐

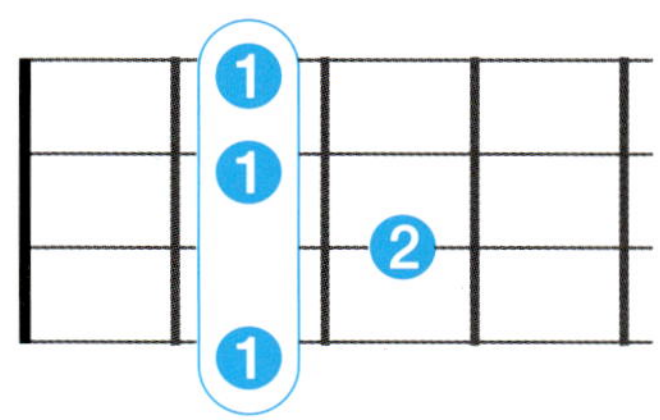
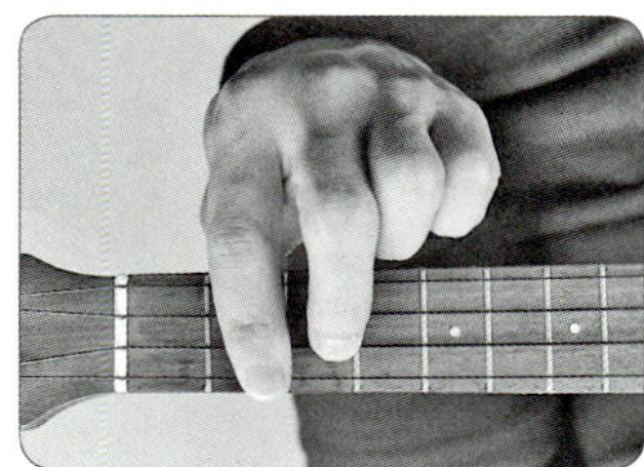

B7

| 비 세븐

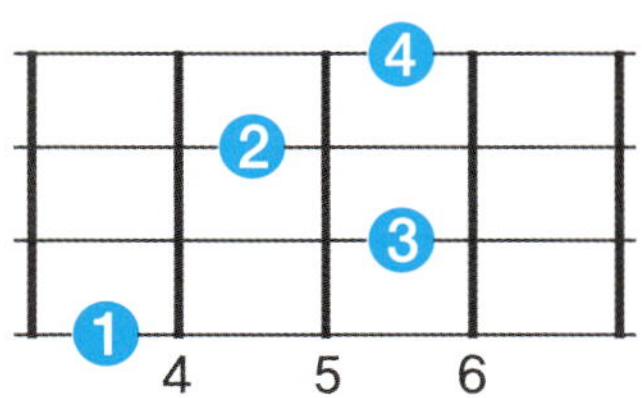
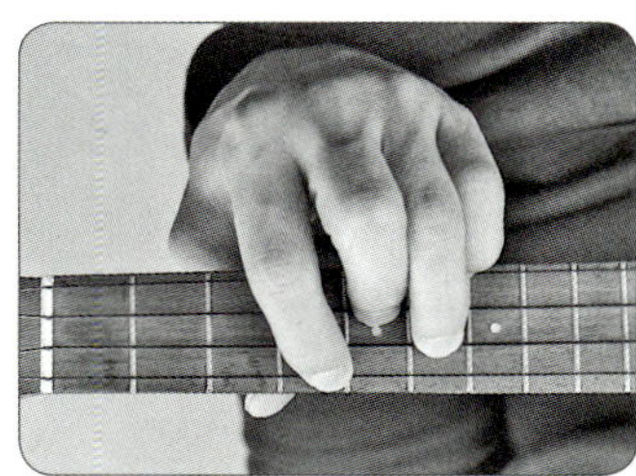

Bm

| 비 마이너

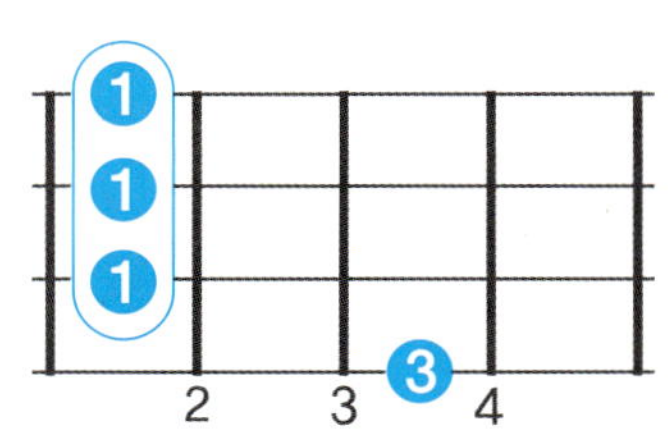
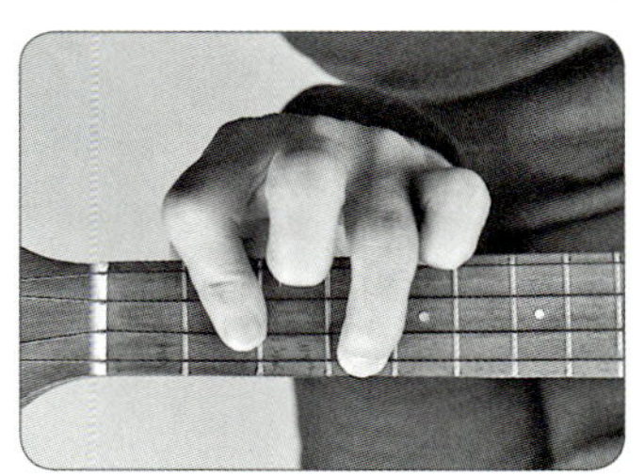

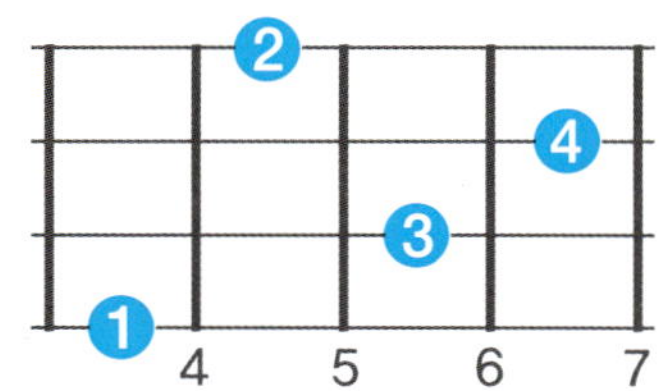

Bm
| 비 마이너

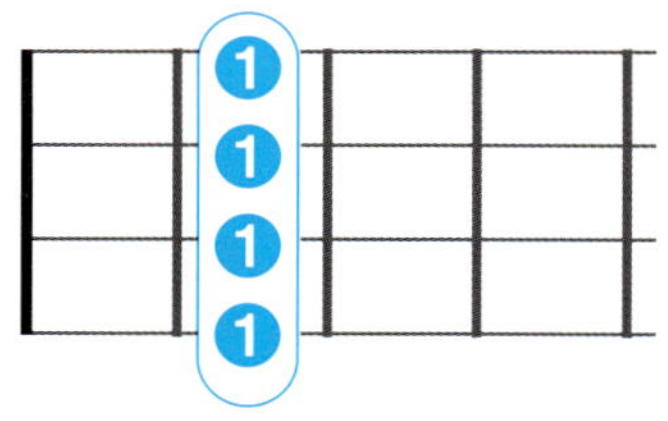

Bm7
| 비 마이너 세븐

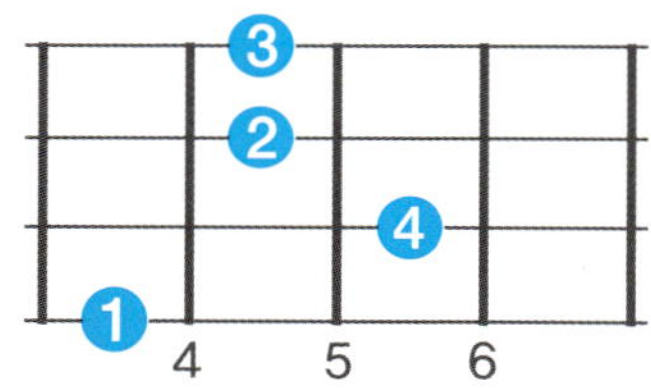
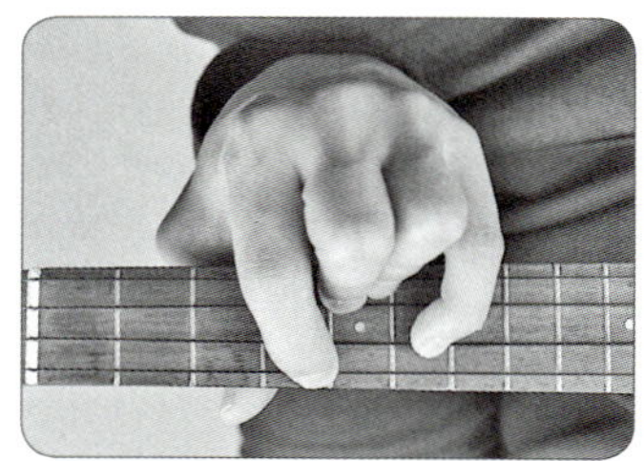

Bm7
| 비 마이너 세븐

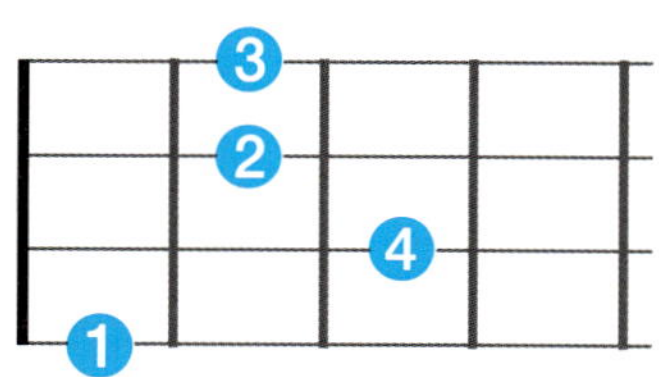
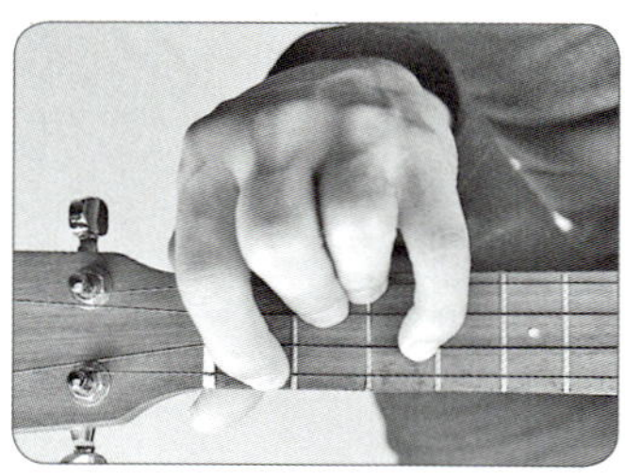

B6
| 비 식스

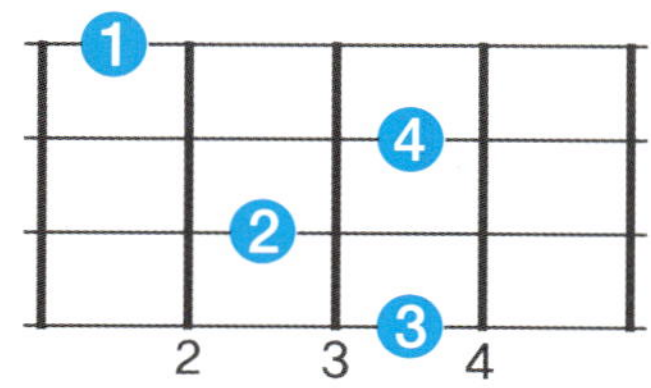
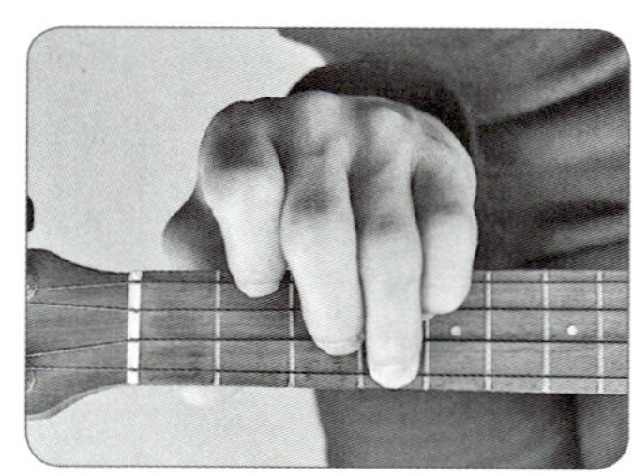

B6
| 비 식스

B6

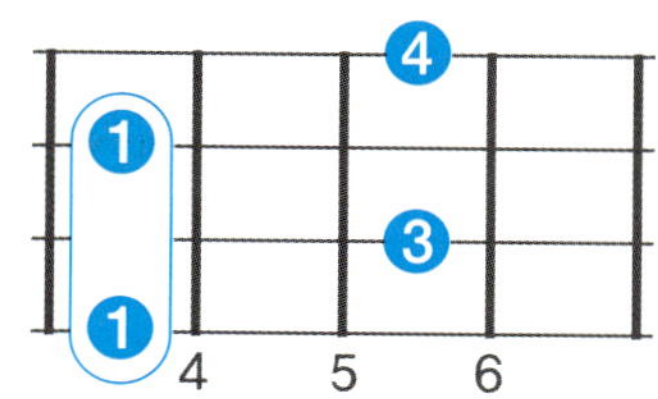

| 비 식스

BM7

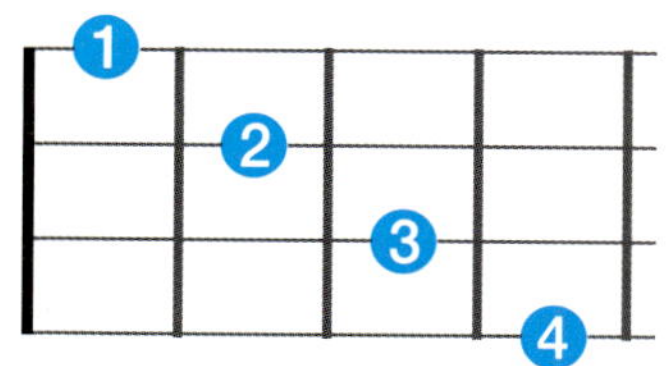

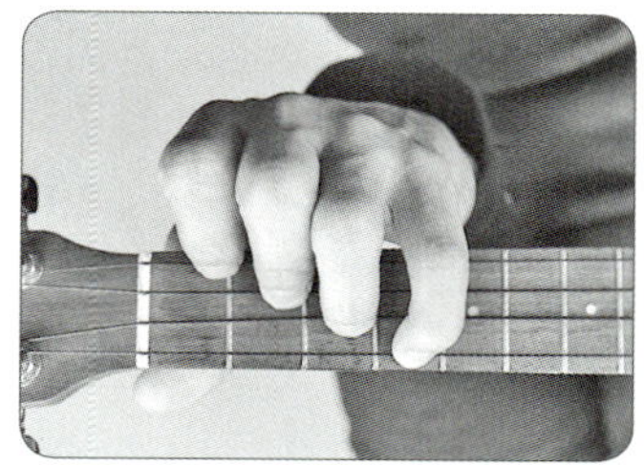

| 비 메이저 세븐

BM7

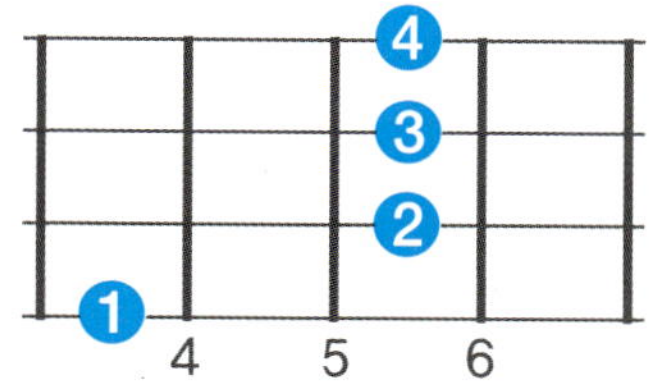

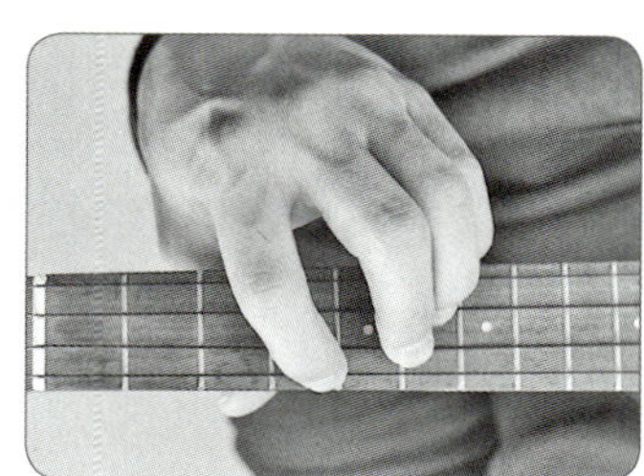

| 비 메이저 세븐

Bm7(♭5)

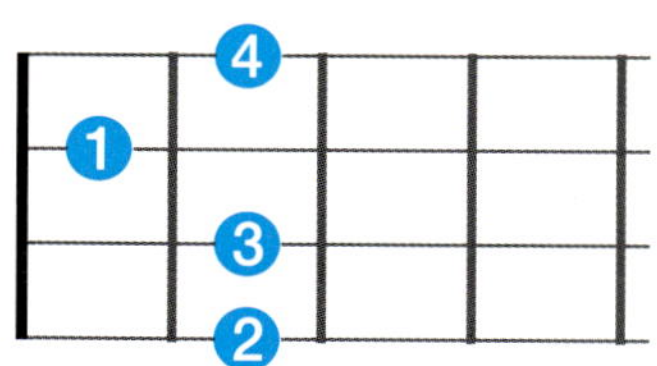

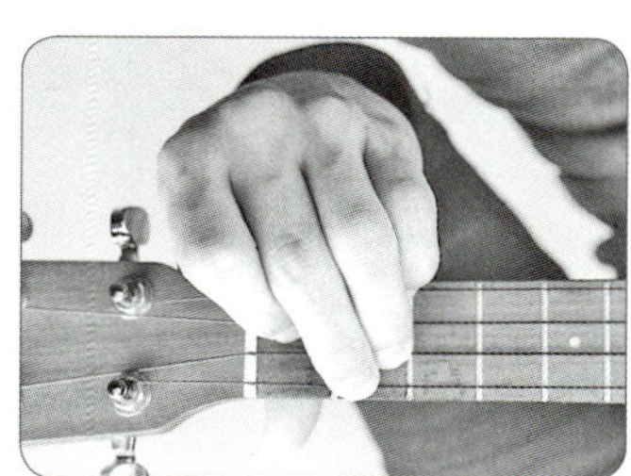

| 비 마이너 세븐 플랫
파이브

Bm7(♭5)

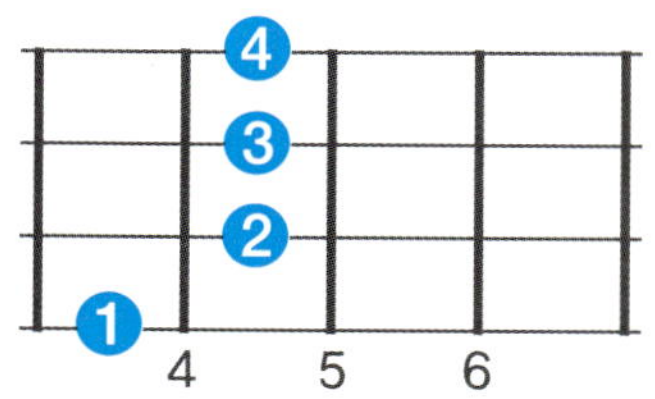

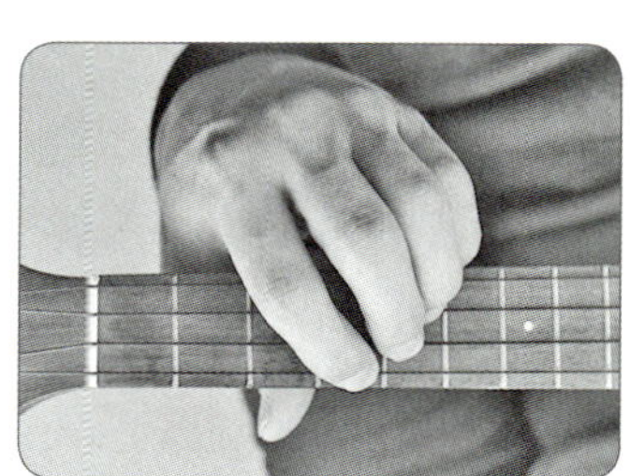

| 비 마이너 세븐 플랫
파이브

Bdim

| 비 디미니쉬

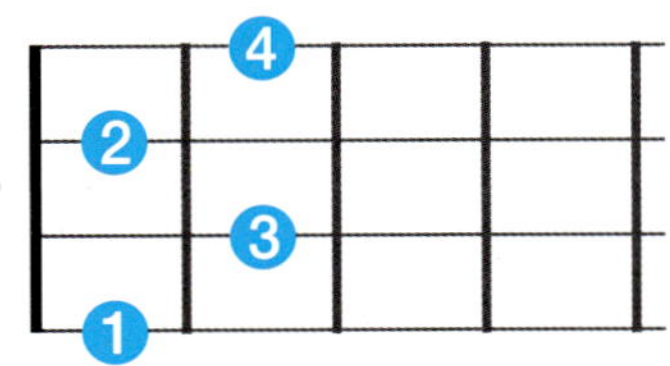

Bdim

| 비 디미니쉬

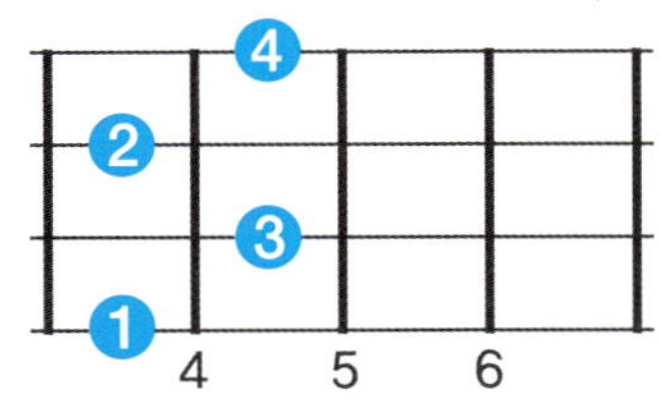

Bsus4

| 비 서스포

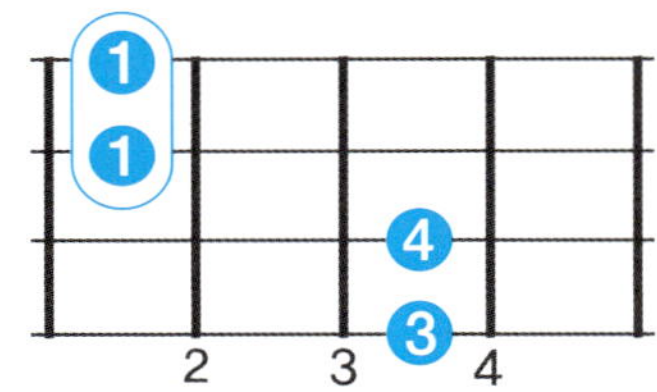

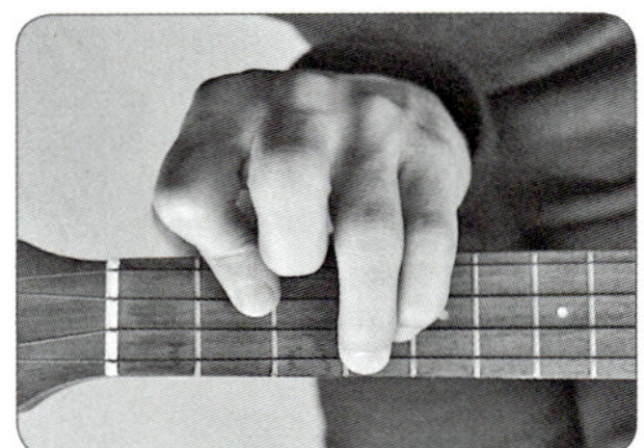

Bsus4

| 비 서스포

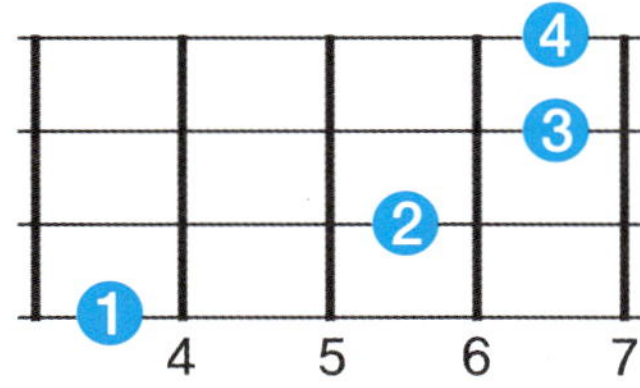

Baug

| 비 오그먼트

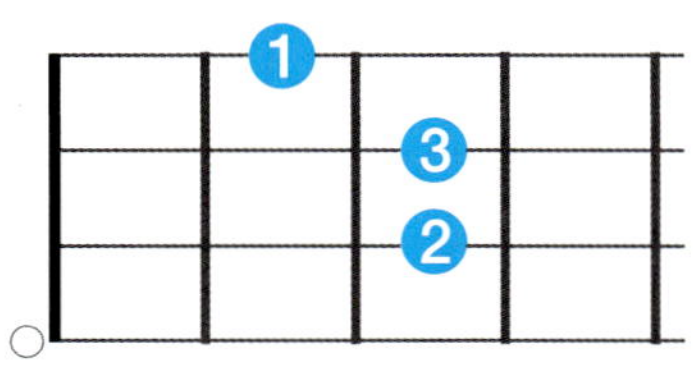

Baug

| 비 오그먼트

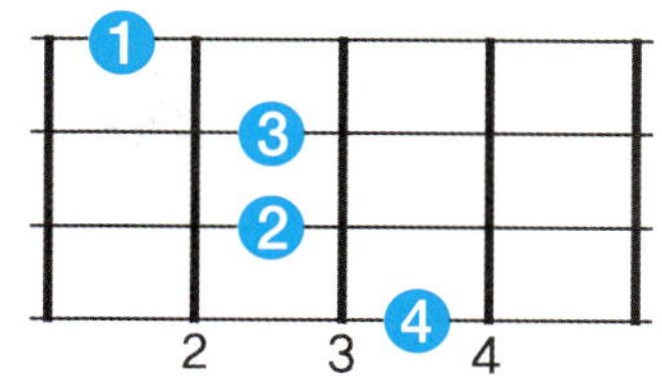

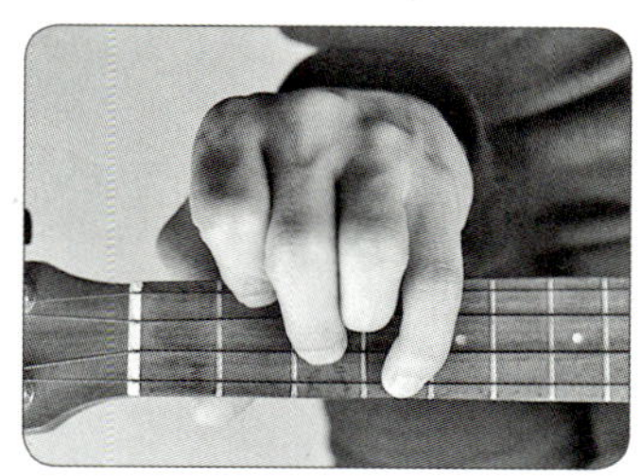

Baug

| 비 오그먼트

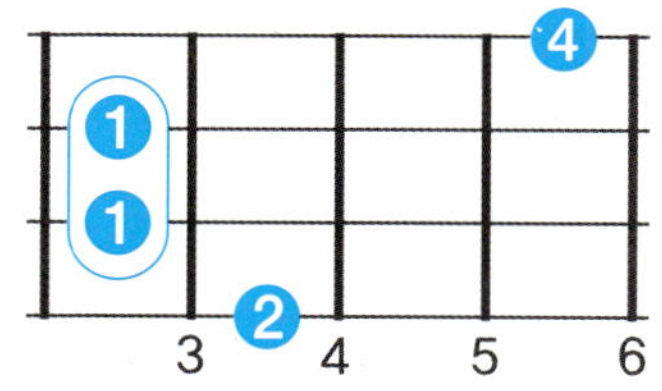

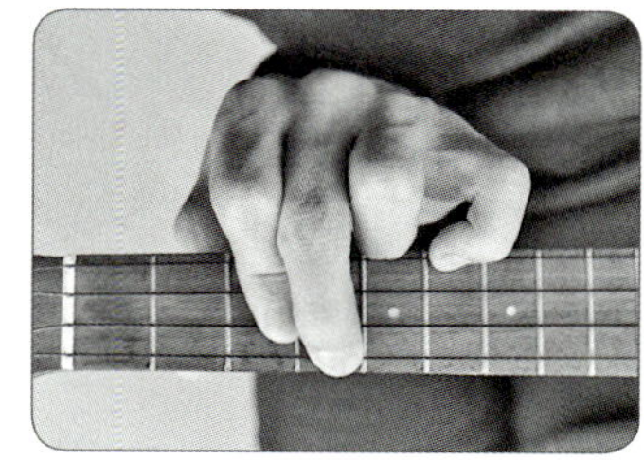

Badd9

| 비 애드 나인

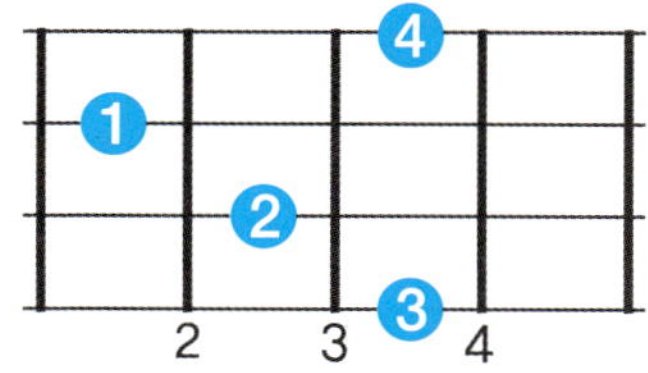

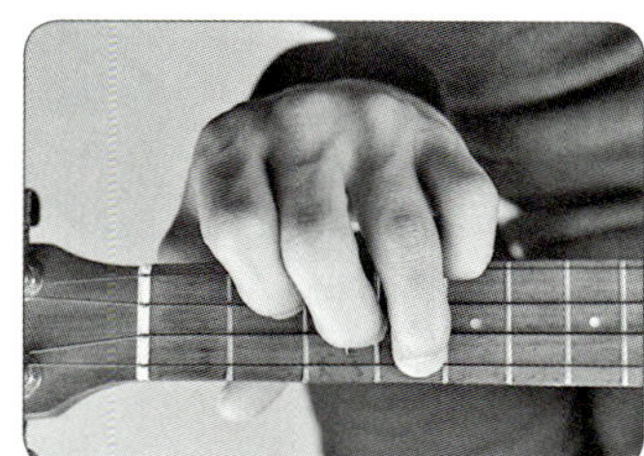

Badd9

| 비 애드 나인

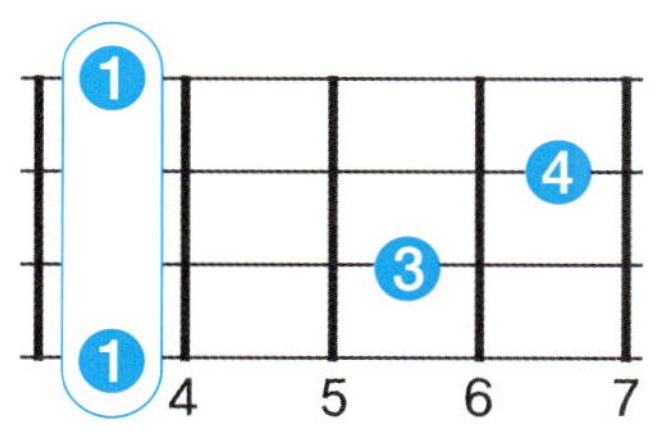

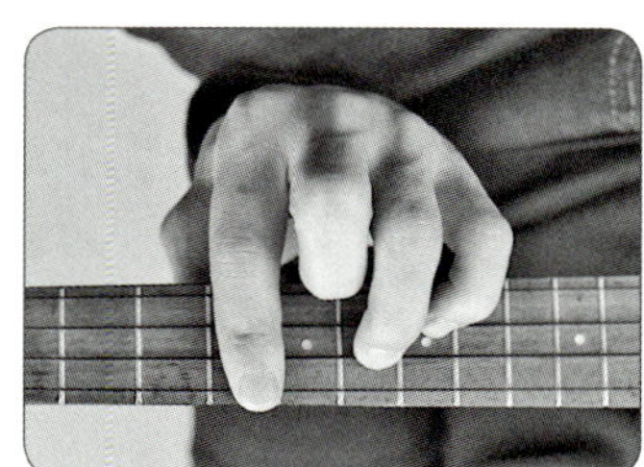

B6(9)

| 비 식스 나인

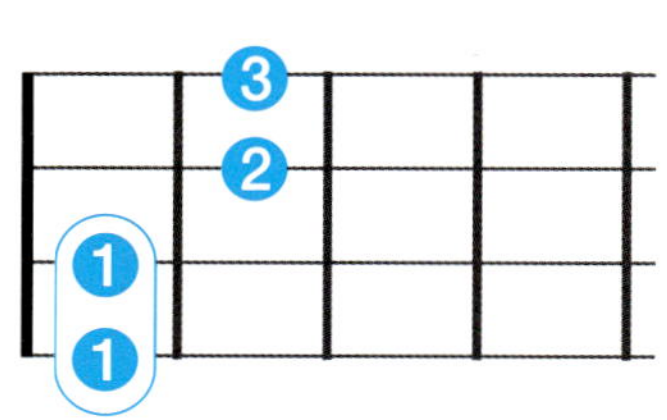

BM7(9)

| 비 메이저 세븐 나인

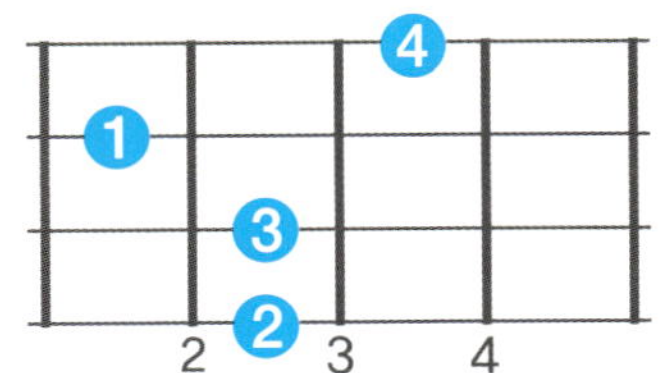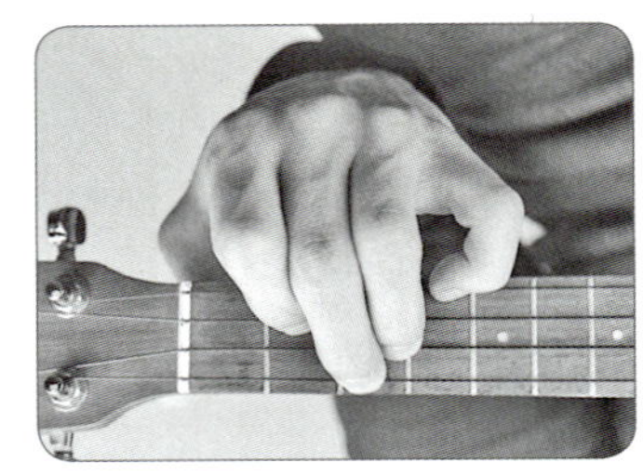

Bm6

| 비 마이너 식스

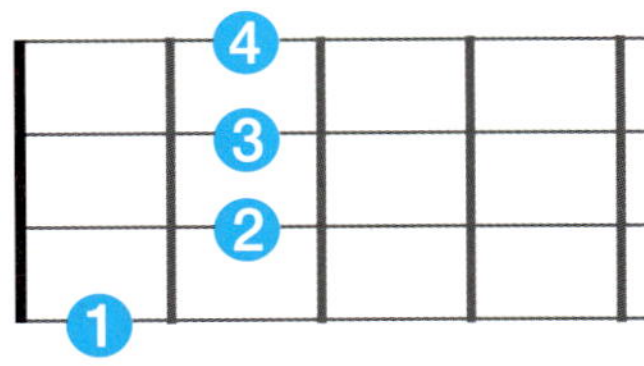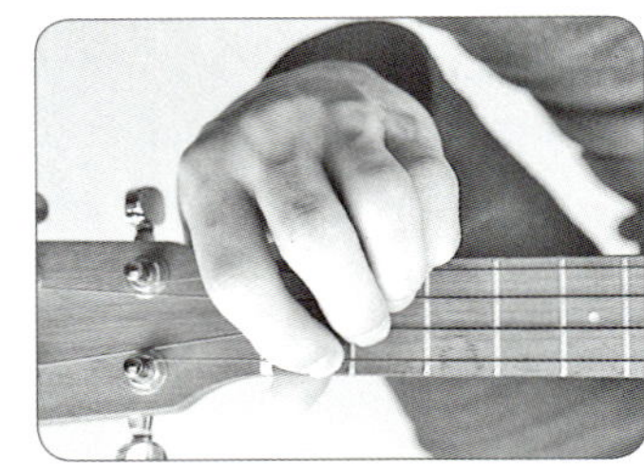

BmM7

| 비 마이너 메이저 세븐

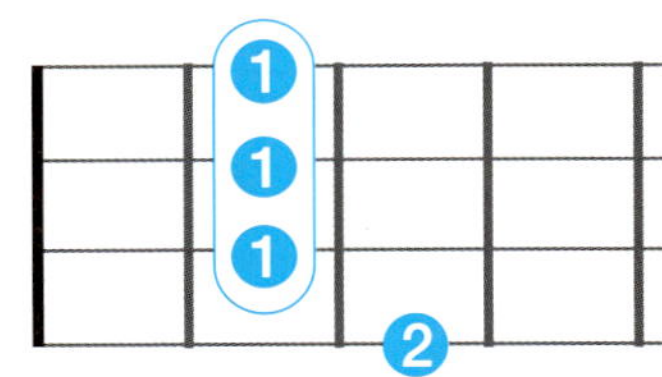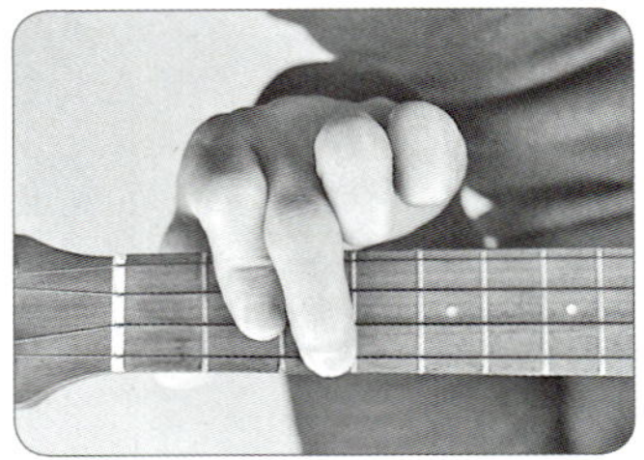

Bm7(9)

| 비 마이너 세븐 나인

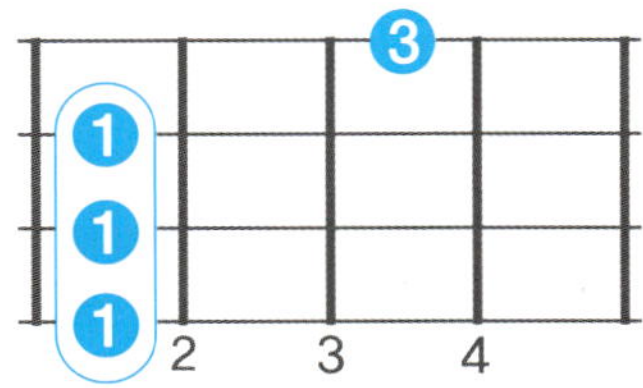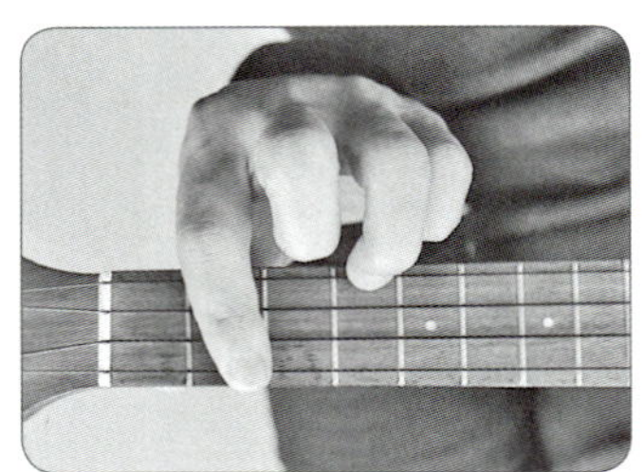

Bm7(11)

| 비 마이너 세븐 일레븐

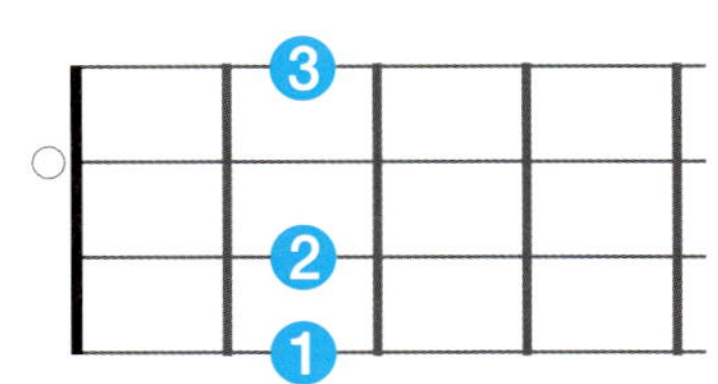

B7sus4

| 비 세븐 서스포

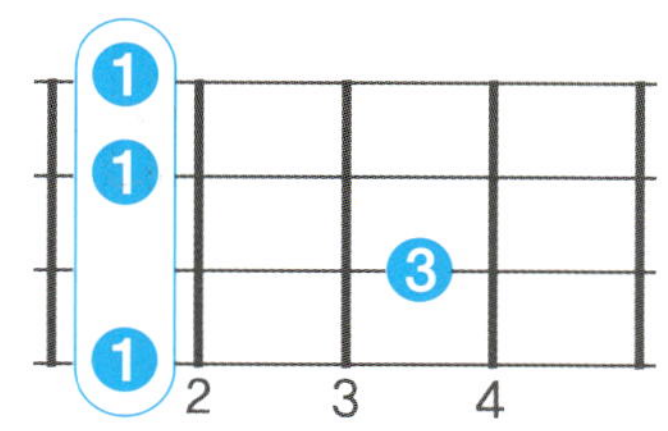
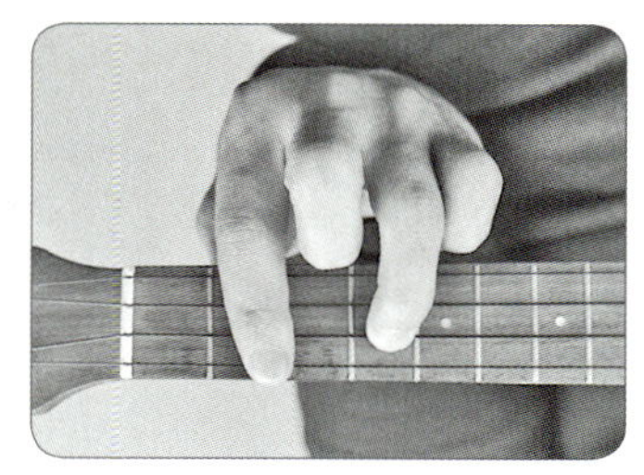

B7(♯5)

| 비 세븐 샤프 파이브

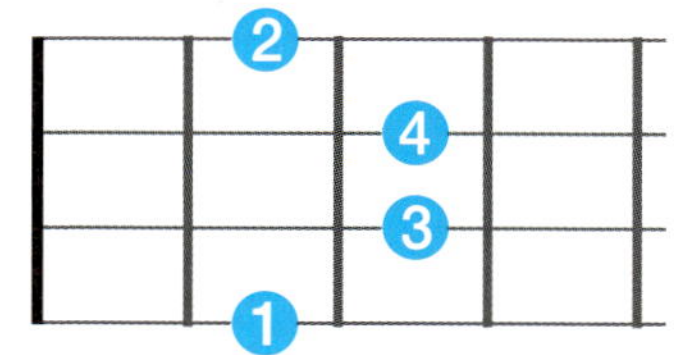
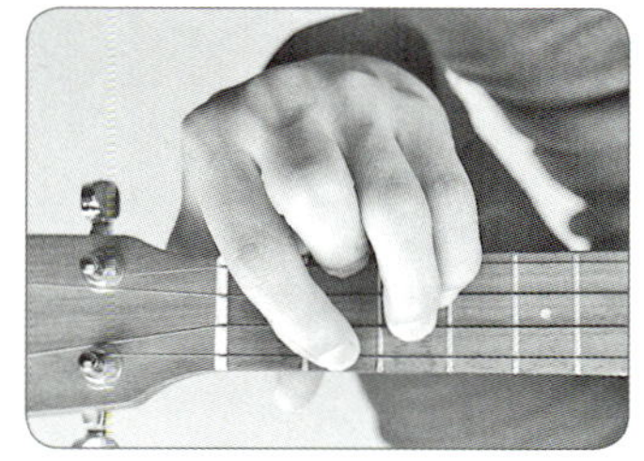

B7(♭5)

| 비 세븐 플랫 파이브

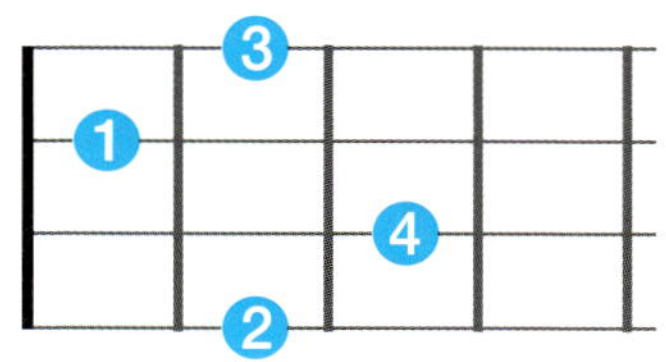
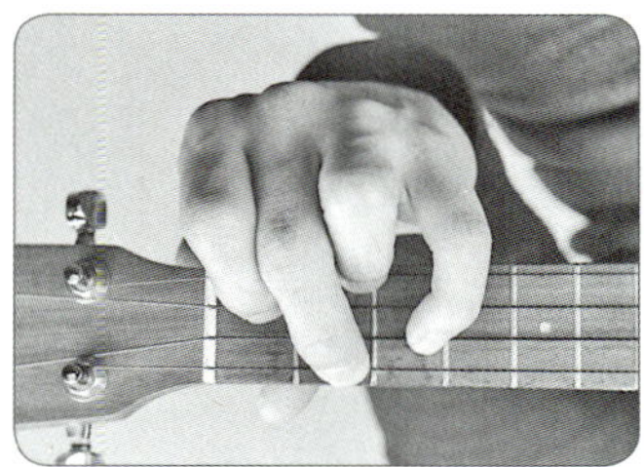

B7(9)

| 비 세븐 나인

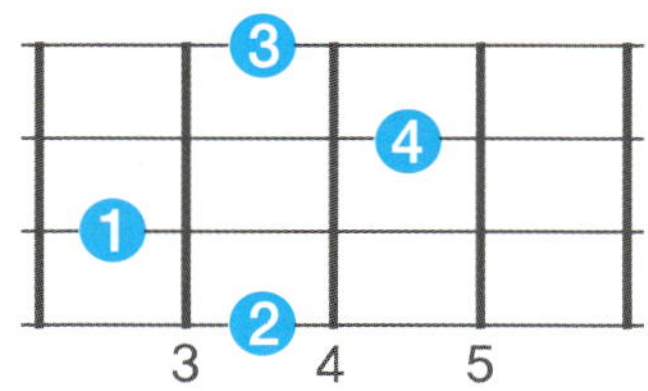
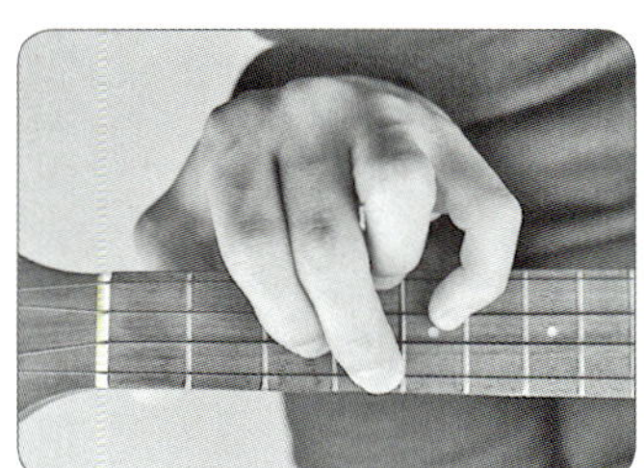

B7(♭9)

| 비 세븐 플랫 나인

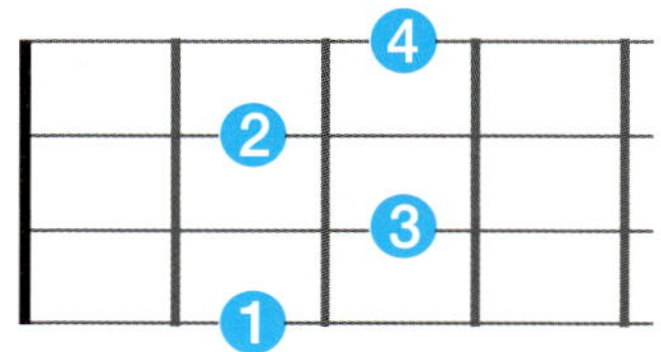

B7(♯9)

| 비 세븐 샤프 나인

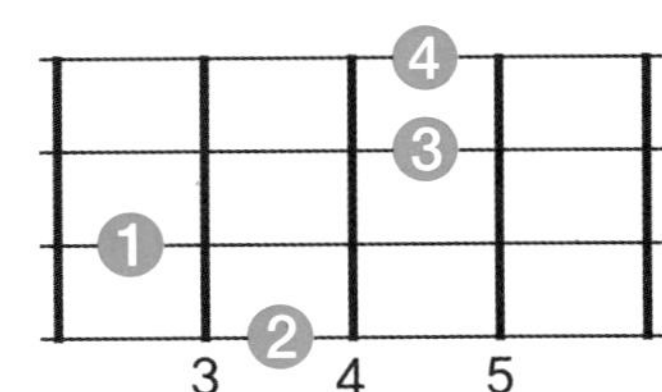

WITH
481 CHORDS

UKULELE CHORD MASTER

발 행 일	2013년 12월 31일
발 행 인	김두영
사진제공	오렌지우드
발 행 소	삼호ETM (http://www.samhomusic.com)
	우편번호 413-756
	경기도 파주시 문발동 출판문화정보산업도시 516-3
	마케팅사업부　전화 1577-3588　　팩스 (031) 955-3599
	콘텐츠기획2팀　전화 (031) 955-3589　팩스 (031) 955-5935
등 　 록	2009년 2월 12일 제321-2009-00027호

ISBN　　978-89-6721-049-6